PRÉPAS SCIENCES
collection dirigée par Bertrand Hauchecorne

Mathématiques
ECS - 1re année

nouveau programme

ouvrage coordonné par
Sylvain RONDY
Professeur au lycée Saint Jean (Douai)

Pierre BERLANDI
Professeur au lycée Saint Jean (Douai)

Gianfranco NIFFOI
Professeur au lycée Saint Michel de Picpus (Paris)

Anne-Sophie PIERSON-FERTEL
Professeur au lycée Saint Jean (Douai)

Nicolas PIERSON
Professeur au lycée Saint Jean (Douai)

ellipses

ISBN 978-2-7298-8200-6

32, rue Bargue 75740 Paris cedex 15

www.editions-ellipses.fr

Avant-propos

Réussir en classes préparatoires nécessite d'assimiler rapidement un grand nombre de connaissances, mais surtout de savoir les utiliser, à bon escient, et les rendre opérationnelles au moment opportun. Bien sûr, l'apprentissage du cours de votre professeur jour après jour est indispensable. Cependant, on constate que pour beaucoup, c'est loin d'être suffisant. Combien d'entre vous ont bien appris leur cours et pourtant se trouvent démunis lors d'un devoir surveillé, et plus grave, le jour du concours.

Cette collection a été conçue pour répondre à cette difficulté. Suivant scrupuleusement le programme, chaque ouvrage est scindé en chapitres, dont chacun correspond, en gros, à une semaine de cours.

Le résumé de cours est là pour vous remettre en mémoire toutes les notions à connaître. Sa relecture est indispensable avant un devoir surveillé ou le passage d'une colle relative au thème traité. Les résultats sont énoncés sans démonstration.

La partie « méthode » vous initie aux techniques utiles pour résoudre les exercices classiques. Compléments indispensables du cours, elles l'éclairent et l'illustrent.

La partie « vrai/faux » vous permet de tester votre recul par rapport au programme, vous révéler les mauvais réflexes à corriger. Son corrigé est l'occasion de mettre en garde contre des **erreurs classiques**.

Les exercices sont incontournables pour assimiler le programme et pour répondre aux exigences du concours. Des **indications**, que les meilleurs pourront ignorer, permettront de répondre aux besoins de chacun, selon son niveau. Les **corrigés** sont rédigés avec soin et de manière exhaustive.

Ainsi cet ouvrage vous accompagnera tout au long de l'année et vous guidera dans votre cheminement **vers le passage en deuxième année et la réussite aux concours**.

Bertrand Hauchecorne

Sommaire

Premier semestre

Deuxième semestre

Chapitre 1
Raisonnements Mathématiques

Le mathématicien italien Giuseppe **Peano** était très soucieux d'exposer les mathématiques dans un cadre précis et rigoureux. Dans son *Formulaire mathématique* publié en 1895, il introduisit de nombreux symboles nouveaux. On lui doit en particulier $\cap$ et $\cup$ désignant respectivement l'intersection et la réunion. Il utilise la lettre grecque *epsilon*, abréviation du grec *esti, il est*, pour noter l'appartenance et introduit le quantificateur existentiel qu'il note $\exists$, renversant un E pour signifier l'initiale du mot italien *esiste*. Il propose aussi de supprimer les déclinaisons du latin pour obtenir une langue internationale, simple et comprise par tous, qu'il nomme *Latino sine flexione*. Le logicien anglais Bertrand **Russell** propose un paradoxe qui remet en cause la théorie des ensembles et nécessite de la fonder sur un système d'axiomes.

Bertrand Russell
1872-1970

Objectifs

Les incontournables

▷ Savoir effectuer un raisonnement par récurrence.

▷ Savoir utiliser un raisonnement par récurrence d'ordre supérieur ou égal à 2.

▷ Savoir effectuer un raisonnement par récurrence forte (ou généralisée).

▷ Savoir mettre en œuvre un raisonnement par l'absurde.

Et plus si affinités

▷ Savoir raisonner par contraposée.

▷ Savoir manipuler les connecteurs logiques et les quantificateurs.

▷ Savoir écrire la négation d'une proposition.

Résumé de cours

Les éléments du raisonnement

Proposition

Définition 1.1. — On appelle *proposition* toute phrase $\mathcal{P}$ dont on peut dire si elle est vraie ou fausse. Lorsque l'énoncé d'une proposition porte sur une variable x, nous pourrons la noter $\mathcal{P}(x)$.

Remarque 1.1 — On écrira indifféremment " $\mathcal{P}$ " ou " $\mathcal{P}$ est vraie ".

Exemple 1.1. — Pour tout réel x strictement positif, "$\ln(x) > 0$" est une proposition dépendante de la variable x. Elle est vraie si $x > 1$, et fausse sinon.

Exemple 1.2. — "*La suite* $(u_n)_{n\in\mathbb{N}}$ *est croissante*" est une proposition. Notons qu'elle ne dépend pas de l'entier n.

Exemple 1.3. — Pour un dé lancé, "*le numéro sorti est pair*" est une proposition.

Exemple 1.4. — Pour tout réel x, "$(2x+1)e^{-x}$" n'est pas une proposition.

Quantificateurs

Notation — Le signe "$\forall$" placé devant une variable x signifie "*quel que soit x...*".
Le signe "$\exists$" placé devant une variable x signifie "*il existe (au moins) un x...*".
Le signe "$\exists!$" placé devant une variable x signifie "*il existe un unique x...*".

"$\forall x \in \mathbb{R},\ x^2+1>0$" se lit : "quel que soit le réel x, x^2+1 est strictement positif" ou "pour tout réel x, x^2+1 est strictement positif".

"$\exists x \in\ ]0,+\infty[,\ x^2-6x+1=0$" se lit : "il existe au moins un réel x strictement positif tel que x^2-6x+1 est égal à 0" (il y a d'ailleurs deux tels x : $3+2\sqrt{2}$ et $3-2\sqrt{2}$).

"$\exists! n \in \mathbb{N}^*,\ \frac{n(n+1)}{2}=3$" se lit : "il existe un unique entier naturel n non nul tel que $\frac{n(n+1)}{2}$ est égal à 3" (il s'agit du nombre 2).

Remarque 1.2. — Notons que, dans un énoncé, l'expression "*il existe un x*" signifiera toujours implicitement qu'il en existe au moins un. Si unicité il y a, elle sera explicitement mentionnée.

Propriété 1.1. — En général, la proposition $(\forall x, \exists y, \mathcal{P}(x,y))$ est différente de $(\exists y, \forall x, \mathcal{P}(x,y))$.

Exemple 1.5. — La proposition "$\forall x\in\mathbb{R},\ \exists n\in\mathbb{Z},\ n\le x<n+1$" énonce que, quel que soit le réel x, il existe un entier n, tel que x soit compris entre n et $n+1$, cette dernière valeur étant exclue. C'est une proposition vraie (qui définit d'ailleurs ce que l'on appelle la partie entière de x). Elle est différente de la suivante : "$\exists n\in\mathbb{Z}, \forall x\in\mathbb{R}, n\le x<n+1$" qui affirme, quant à elle, que tous les réels sont compris entre deux entiers fixés. Elle est évidemment fausse.

Remarque 1.3. — Dans l'expression " $\forall y \in \mathbb{R}, \exists x \in \mathbb{R}, \ldots$ ", il faut noter que x dépend de y, on devrait en toute rigueur le noter x_y ou $x(y)$, ce que l'on ne fait presque jamais.

❑ Connecteurs logiques

Définition 1.2. — La proposition contraire de $\mathcal{P}$, notée non $\mathcal{P}$ et appelée *négation* de $\mathcal{P}$, est la proposition qui est vraie lorsque $\mathcal{P}$ est fausse et qui est fausse lorsque $\mathcal{P}$ est vraie.

Propriété 1.2. — La négation de $(\forall x, \mathcal{P}(x))$ est la proposition $(\exists x, \text{non}\,\mathcal{P}(x))$.
La négation de $(\exists x, \mathcal{P}(x))$ est la proposition $(\forall x, \text{non}\,\mathcal{P}(x))$.

Exemples 1.6. — Pour un dé lancé trois fois, le contraire de "*les trois numéros obtenus sont pairs*" est "*au moins un des numéros obtenus est impair*".
La négation de " $\forall x \in \mathbb{R}, \exists n \in \mathbb{Z}, n \leq x < n+1$ " est : " $\exists x \in \mathbb{R}, \forall n \in \mathbb{Z}, x < n$ ou $x \geq n+1$ ".
La première proposition est vraie puisqu'elle définit l'entier n qui est la *partie entière* de x (voir **exemple 1.5**) et la deuxième est fausse car il n'existe pas de réel x tel qu'aucun entier ne soit dans l'intervalle $]x-1, x]$.

Définition 1.3. — Soit $\mathcal{P}$ et $\mathcal{Q}$ deux propositions. On appelle *disjonction* de $\mathcal{P}$ et $\mathcal{Q}$ la proposition ($\mathcal{P}$ ou $\mathcal{Q}$), le "ou" étant entendu ici inclusivement (soit $\mathcal{P}$, soit $\mathcal{Q}$, soit les deux).
Exemple 1.7. — Pour un dé lancé, on considère $\mathcal{P}$: "*le numéro sorti est pair*", et $\mathcal{Q}$: "*le numéro sorti est supérieur ou égal à* 3". Alors, ($\mathcal{P}$ ou $\mathcal{Q}$) est : "*le numéro sorti est* 2,3,4,5 *ou* 6".

Définition 1.4. — Soit $\mathcal{P}$ et $\mathcal{Q}$ deux propositions. On appelle *conjonction* de $\mathcal{P}$ et $\mathcal{Q}$ la proposition ($\mathcal{P}$ et $\mathcal{Q}$) (les deux simultanément).
Exemple 1.8. — En reprenant l'**exemple 1.7**, ($\mathcal{P}$ et $\mathcal{Q}$) est : "*le numéro sorti est* 4 *ou* 6".

Définition 1.5. — Soit $\mathcal{P}$ et $\mathcal{Q}$ deux propositions. On dit que $\mathcal{P}$ *implique* $\mathcal{Q}$, et on note $\mathcal{P} \Rightarrow \mathcal{Q}$, lorsque, si $\mathcal{P}$ est vraie, alors $\mathcal{Q}$ est vraie (l'implication $\mathcal{Q} \Rightarrow \mathcal{P}$ est appelée *réciproque* de $\mathcal{P} \Rightarrow \mathcal{Q}$).
Vocabulaire — Lorsque $\mathcal{P}$ implique $\mathcal{Q}$, on dit que $\mathcal{P}$ est une condition suffisante de $\mathcal{Q}$, et que $\mathcal{Q}$ est une condition nécessaire de $\mathcal{P}$.

Exemple 1.9. — Pour tout réel x, on a : $(x = x^2) \Rightarrow (x \geq 0)$ (l'implication réciproque est fausse).

Définition 1.6. — Soit $\mathcal{P}$ et $\mathcal{Q}$ deux propositions. On dit que $\mathcal{P}$ *équivaut* à $\mathcal{Q}$ (ou que $\mathcal{P}$ et $\mathcal{Q}$ sont équivalentes), et on note $\mathcal{P} \Leftrightarrow \mathcal{Q}$, lorsqu'on a, à la fois, $\mathcal{P} \Rightarrow \mathcal{Q}$ et $\mathcal{Q} \Rightarrow \mathcal{P}$.
Vocabulaire — Lorsque $\mathcal{P}$ et $\mathcal{Q}$ sont équivalentes, on dit que $\mathcal{P}$ est vraie si, et seulement si, $\mathcal{Q}$ est vraie. On dit aussi que $\mathcal{P}$ est une *condition nécessaire et suffisante* de $\mathcal{Q}$.

⇨ **Méthode 1.2. Comment montrer une équivalence par double implication ?**

Exemple 1.10. — $\forall (a,b) \in \left(\mathbb{R}_+^*\right)^2$, $(\ln a < \ln b) \Leftrightarrow (a < b)$.

Exemple 1.11. — Pour tout entier n, n est multiple de 6 si, et seulement si, n est multiple à la fois de 2 et de 3.

■ Différents types de raisonnements

❑ La contraposition

Définition 1.7. — Soit $\mathcal{P}$ et $\mathcal{Q}$ deux propositions. L'implication $(\text{non}\,\mathcal{Q} \Rightarrow \text{non}\,\mathcal{P})$ s'appelle la *contraposée* de l'implication $(\mathcal{P} \Rightarrow \mathcal{Q})$.

Exemple 1.12. — La contraposée de la proposition "*s'il pleut, alors le sol est mouillé*" est "*si le sol n'est pas mouillé, alors il ne pleut pas*".

Théorème 1.1. — Une implication et sa contraposée sont équivalentes : montrer que $\mathcal{P}$ implique $\mathcal{Q}$ revient à montrer que si $\mathcal{Q}$ n'est pas vraie, alors $\mathcal{P}$ n'est pas vraie.

$$(\mathcal{P} \Rightarrow \mathcal{Q}) \Leftrightarrow (\text{non}\,\mathcal{Q} \Rightarrow \text{non}\,\mathcal{P})$$

Remarque 1.4. — L'**exercice 1.4** (question **1**) propose un exemple de raisonnement par contraposition.

❑ Démonstration par l'absurde

Théorème 1.2. — Quelles que soient les propositions $\mathcal{P}$ et $\mathcal{Q}$, pour montrer que $\mathcal{P}$ implique $\mathcal{Q}$, on suppose que $\mathcal{P}$ est vraie, et on montre qu'il est alors impossible que $\mathcal{Q}$ soit fausse.

$$(\mathcal{P} \Rightarrow \mathcal{Q}) \Leftrightarrow ((\mathcal{P} \text{ et non}\,\mathcal{Q}) \text{ est fausse})$$

⇨ **Méthode 1.1. Comment montrer une proposition par l'absurde ?**

Remarque 1.5. — L'idée de la démonstration par l'absurde est très simple : pour montrer que $(\mathcal{P} \Rightarrow \mathcal{Q})$, on suppose que $\mathcal{P}$ est vraie et que $\mathcal{Q}$ est fausse, puis on cherche à établir une contradiction.

❑ Démonstration par récurrence

Récurrence simple

Théorème 1.3. — Pour un entier naturel n, considérons une proposition $\mathcal{P}(n)$.
Si $\mathcal{P}(n_0)$ est vraie et si, pour un entier naturel n **fixé supérieur ou égal à n_0**, la proposition $\mathcal{P}(n)$ implique la proposition $\mathcal{P}(n+1)$, alors la proposition $\mathcal{P}(n)$ est vraie pour tout entier naturel n supérieur ou égal à n_0.

⇨ **Méthode 1.3. Comment montrer une proposition par récurrence ?**

Vocabulaire. — La preuve de $\mathcal{P}(n_0)$ s'appelle l'*initialisation* de la récurrence. La vérité de l'implication $(\mathcal{P}(n) \text{ est vraie}) \Rightarrow (\mathcal{P}(n+1) \text{ est vraie})$ s'appelle l'*hérédité* de la proposition.

Attention ! Dans l'étude de l'hérédité, on ne suppose surtout pas que $\mathcal{P}(n)$ est vraie pour tout n. C'est pour un entier n **fixé** que l'on montre que, si $\mathcal{P}(n)$ est vraie, alors $\mathcal{P}(n+1)$ est encore vraie.

Remarque 1.6. — La plupart du temps, on a $n_0 = 0$ ou $n_0 = 1$.

Récurrence finie

Il se peut qu'on ait à montrer une proposition $\mathcal{P}(n)$, non pas pour tout entier naturel n, mais pour un nombre fini d'entiers successifs, mettons de l'entier n_1 à l'entier n_2, où $n_1 < n_2$. On a alors la version suivante :

Théorème 1.4. — Si $\mathcal{P}(n_1)$ est vraie et si, pour un entier n **fixé** de $[\![n_1, n_2 - 1]\!]$, $\mathcal{P}(n)$ implique $\mathcal{P}(n+1)$, alors la proposition $\mathcal{P}(n)$ est vraie quel que soit l'entier n de $[\![n_1, n_2]\!]$.

Récurrence d'ordre p (avec $p \geq 2$)

Il arrive que, pour établir une proposition à un certain rang, on ait besoin de savoir qu'elle est vraie aux p rangs précédents (souvent $p = 2$). On a alors :

Théorème 1.5. — Pour un entier naturel n, considérons une proposition $\mathcal{P}(n)$.
Si les p premières propositions $\mathcal{P}(0), \mathcal{P}(1), \ldots, \mathcal{P}(p-1)$ sont vraies et si, pour un entier naturel n **fixé** de $\mathbb{N}$, les p propositions $\mathcal{P}(n), \mathcal{P}(n+1), \ldots, \mathcal{P}(n+p-1)$ impliquent $\mathcal{P}(n+p)$, alors la proposition $\mathcal{P}(n)$ est vraie quel que soit l'entier n de $\mathbb{N}$.

⇨ **Méthode 1.4. Comment montrer une proposition par récurrence d'ordre 2 ?**

Récurrence forte

Pour établir l'hérédité d'une proposition, il se peut que l'on ait besoin de savoir si elle est vraie à tous les rangs jusqu'au $n^{\text{ème}}$ (et non pas seulement au $n^{\text{ème}}$), pour en montrer la vérité au rang $(n+1)$. On a alors le résultat suivant :

Théorème 1.6. — Pour un entier naturel n, considérons une proposition $\mathcal{P}(n)$.
Si $\mathcal{P}(0)$ est vraie et si, pour un entier naturel n **fixé**, en supposant les propositions $\mathcal{P}(k)$ vraies pour tout k de $[\![0, n]\!]$, on montre que $\mathcal{P}(n+1)$ est vraie, alors la proposition $\mathcal{P}(n)$ est vraie quel que soit l'entier naturel n.

⇨ **Un exemple de démonstration par récurrence forte sera donné au chapitre 2**

Remarque 1.7. — On ne peut pas remplacer une récurrence d'ordre 2 par une récurrence forte. Dans le cas d'une récurrence d'ordre 2, pour un entier n donné, on a besoin de la vérité de $\mathcal{P}(n)$ et de $\mathcal{P}(n+1)$ pour établir celle de $\mathcal{P}(n+2)$. La vérité d'une seule ne suffit pas ! On ne peut donc pas, contrairement à ce qui se passe dans la récurrence forte, déduire $\mathcal{P}(1)$ de $\mathcal{P}(0)$: il faut $\mathcal{P}(0)$ et $\mathcal{P}(1)$ pour obtenir $\mathcal{P}(2)$, puis enclencher la récurrence.

■■ Méthodes

■ Raisonnements

❑ Méthode 1.1. Comment montrer une proposition par l'absurde ?

> Pour montrer qu'une implication est vraie, il suffit de supposer l'hypothèse vraie et la conclusion fausse, puis d'en déduire alors une contradiction.

⇨ Exercice 1.4

Exemple. Montrer que pour tout nombre réel x différent de –3, on a : $\frac{x+1}{x+3} \neq 1$.

Par l'absurde, si l'on avait $\frac{x+1}{x+3} = 1$, alors on en déduirait $x+1 = x+3$, ce qui équivaut à $1 = 3$.

Ceci étant manifestement faux, on en déduit que : $\forall x \neq -3,\ \frac{x+1}{x+3} \neq 1$.

❑ Méthode 1.2. Comment montrer une équivalence par double implication ?

> L'équivalence $(\mathcal{P} \Leftrightarrow \mathcal{Q})$ signifie la double implication : $(\mathcal{P} \Rightarrow \mathcal{Q})$ et $(\mathcal{Q} \Rightarrow \mathcal{P})$.

⇨ Exercice 1.3

Remarque — On privilégiera cette méthode lorsque les arguments permettant d'établir l'une des deux implications sont différents de ceux permettant d'établir l'autre.

Exemple. Soit deux réels a et b. Montrer que : $\left(\forall n \in \mathbb{N},\ a2^n + b3^n = 0\right) \Leftrightarrow (a = b = 0)$.

Commençons par noter que, si $a = b = 0$, alors pour tout n de $\mathbb{N}$, on a bien $a\,2^n + b\,3^n = 0$.

Établissons l'autre implication :

Si, pour tout n de $\mathbb{N}$, on a :

$a2^n + b3^n = 0$, alors $\begin{cases} a2^0 + b3^0 = 0 \\ a2^1 + b3^1 = 0 \end{cases}$ $\left(\begin{array}{l}\text{si l'égalité est vraie pour tout } n \text{ alors elle} \\ \text{l'est en particulier pour } n = 0 \text{ et } n = 1\end{array}\right)$.

Ce système s'écrit $\begin{cases} a + b = 0 \\ 2a + 3b = 0 \end{cases}$ et on en déduit $\begin{cases} b = -a \\ 2a - 3a = 0 \end{cases}$, puis : $\begin{cases} a = 0 \\ b = 0 \end{cases}$.

Ceci prouve la seconde implication, et finalement l'équivalence.

Méthodes

Remarque — Le fait de choisir deux valeurs de n pour trouver a et b n'est pas une hérésie puisque a et b sont des constantes (indépendantes de n). Si a et b étaient des fonctions de n, tout ceci serait inacceptable.

■ Récurrences

❑ Méthode 1.3. Comment montrer une proposition par récurrence sur l'entier naturel *n* ?

n_0 est ici un entier naturel fixé.

On veut montrer que $\mathcal{P}(n)$ est vraie pour tout entier n à partir de n_0.

- Initialisation : on vérifie que $\mathcal{P}(n_0)$ est vraie.
- Hérédité : on considère un entier n fixé supérieur ou égal à n_0 tel que $\mathcal{P}(n)$ est vraie. En utilisant $\mathcal{P}(n)$, on montre qu'alors $\mathcal{P}(n+1)$ est encore vraie.
- Conclusion : $\mathcal{P}(n)$ est alors vraie pour tout n supérieur ou égal à n_0.

⇨ Exercices 1.5, 1.6, 1.7, 1.9

Exemple. On considère la suite $(u_n)_{n\in\mathbb{N}}$ définie par : $\begin{cases} u_0 = 1 \\ \forall n \in \mathbb{N}, \quad u_{n+1} = \dfrac{3u_n - 2}{u_n} \end{cases}$

Montrer que $(u_n)_{n\in\mathbb{N}}$ est constante égale à 1.

On commence par noter, pour n entier naturel, $\mathcal{P}(n)$: "$u_n = 1$".

• Initialisation : $\mathcal{P}(0)$ est vraie par choix de u_0.

• Hérédité : on suppose $\mathcal{P}(n)$ vraie (c'est-à-dire $u_n = 1$) pour un entier naturel n fixé.

On a alors $u_{n+1} = \dfrac{3\times 1 - 2}{1} = 3 - 2 = 1$, ce qui prouve que $\mathcal{P}(n+1)$ est vraie.

• En conclusion, on a bien montré, par récurrence, que : $\forall n \in \mathbb{N},\ u_n = 1$.

❑ Méthode 1.4. Comment montrer une proposition par récurrence d'ordre 2 sur l'entier naturel *n* ?

On veut montrer que $\mathcal{P}(n)$ est vraie pour tout entier n à partir de n_0.

- Initialisation : on vérifie que $\mathcal{P}(n_0)$ et $\mathcal{P}(n_0+1)$ sont vraies.
- Hérédité : on considère un entier n fixé, supérieur ou égal à n_0, tel que $\mathcal{P}(n)$ et $\mathcal{P}(n+1)$ sont vraies. Grâce à $\mathcal{P}(n)$ et $\mathcal{P}(n+1)$, on montre que $\mathcal{P}(n+2)$ est vraie.
- Conclusion : $\mathcal{P}(n)$ est vraie pour tout entier naturel n supérieur ou égal à n_0.

⇨ Exercice 1.8

Remarque. On généralise sans problème au cas d'une récurrence d'ordre 3 ou plus.

Exemple. On considère la suite $(u_n)_{n\in\mathbb{N}}$ définie par : $\begin{cases} u_0 = u_1 = -1 \\ \forall n \in \mathbb{N}, \quad u_{n+2} = 5u_{n+1} - 6u_n \end{cases}$.

Montrer que : $\forall n \in \mathbb{N}, \quad u_n = 3^n - 2^{n+1}$.

On commence par noter, pour n appartenant à $\mathbb{N}$, $\mathcal{P}(n)$: "$u_n = 3^n - 2^{n+1}$".

• Initialisation pour $n = 0$:

$3^0 - 2^1 = 1 - 2 = -1 = u_0$ et $3^1 - 2^2 = 3 - 4 = -1 = u_1$ donc $\mathcal{P}(0)$ et $\mathcal{P}(1)$ sont vraies.

• Hérédité :

On suppose $\mathcal{P}(n)$ et $\mathcal{P}(n+1)$ vraies pour un entier n naturel fixé et on va montrer que $\mathcal{P}(n+2)$ est vraie (c'est-à-dire que l'on a : $u_{n+2} = 3^{n+2} - 2^{n+3}$).

$u_{n+2} = 5u_{n+1} - 6u_n = 5(3^{n+1} - 2^{n+2}) - 6(3^n - 2^{n+1})$, car $\mathcal{P}(n+1)$ et $\mathcal{P}(n)$ sont vraies .

Comme $3^{n+1} = 3 \times 3^n$ et $2^{n+2} = 2 \times 2^{n+1}$, on a :

$u_{n+2} = (5 \times 3 - 6).3^n + (-5 \times 2 + 6).2^{n+1} = 9 \times 3^n - 4 \times 2^{n+1} = 3^{n+2} - 2^{n+3}$.

Ceci montre que $\mathcal{P}(n+2)$ est vraie.

• Conclusion : $\forall n \in \mathbb{N}, \quad u_n = 3^n - 2^{n+1}$.

Vrai/Faux

		Vrai	Faux
1.	$\forall x \in \mathbb{R},\ \forall y \in [x, +\infty[,\ \exists n \in \mathbb{N},\ x \le n \le y$.	☐	☒
2.	$\exists! y \in \mathbb{R},\ \exists! x \in \mathbb{R},\ x^2 = y$.	☒	☐
3.	La fonction *f* n'est pas la fonction nulle signifie : $\forall x \in \mathbb{R},\ f(x) \neq 0$.	☐	☒
4.	Une suite est soit croissante, soit décroissante.	☐	☒
5.	Si *f*, définie sur $\mathbb{R}$, n'est pas paire, alors : $\forall x \in \mathbb{R},\ f(x) \neq f(-x)$.	☐	☒
6.	On désigne par *a* et *b* deux réels, alors : $(ab \neq 0) \Leftrightarrow (a \neq 0 \text{ ou } b \neq 0)$.	☐	☒
7.	Il est suffisant qu'une fonction soit dérivable sur un intervalle *I* de $\mathbb{R}$ pour qu'elle soit continue sur *I*.	☒	☐
8.	Une suite $(u_n)_{n\in\mathbb{N}}$ est bornée si, et seulement si, la suite $(\lvert u_n \rvert)_{n\in\mathbb{N}}$ est majorée.	☒	☐
9.	On peut prouver par récurrence sur *n* la proposition : " $\lim\limits_{n\to+\infty} u_n = 0$ ".	☐	☒
10.	Si $\mathcal{P}(n)$ est " $u_{2n+1} \le 2^n$ ", alors $\mathcal{P}(n+1)$ est " $u_{2n+2} \le 2^{n+1}$ ".	☐	☒

Énoncé des exercices

☒ **Exercice 1.1.** * — Une inégalité concernant la fonction exponentielle.

1. Montrer l'inégalité suivante : $\forall x \in \mathbb{R},\ e^x \geq x+1$.

2. En déduire que : $\forall n \in \mathbb{N}^*, \forall t \in \left[0, \sqrt{n}\right],\ e^{t^2}\left(1-\dfrac{t^2}{n}\right)^n \leq 1$.

D'après EML

☐ **Exercice 1.2.** — Soit *f* la fonction définie pour tout réel *x* par $f(x) = e^{-x}\ln(1+e^x)$.

1. Pour tout réel *x*, calculer $f'(x)$ et vérifier que : $\forall x \in \mathbb{R},\ f(x) = 1 - f'(x) - \dfrac{e^x}{1+e^x}$.

2. En déduire une fonction *g* telle que : $\forall x \in \mathbb{R},\ g'(x) = f(x)$.

D'après EDHEC

☐ **Exercice 1.3.** ** — On considère la suite $(u_n)_{n\in\mathbb{N}}$ définie comme suit :

$$\forall n \in \mathbb{N},\ u_n = \lambda^n + \mu^n, \text{ où } \lambda \text{ et } \mu \text{ sont deux réels tels que } 0 < \lambda \leq \mu$$

Montrer que : $\lim\limits_{n\to+\infty} u_n = 0 \Leftrightarrow 0 < \lambda \leq \mu < 1$ (on pourra mettre μ^n en facteur).

☐ **Exercice 1.4.** * — Le but de cet exercice est de montrer que $\sqrt{2}$ n'appartient pas à $\mathbb{Q}$ (où l'on désigne par $\mathbb{Q}$ l'ensemble des nombres rationnels, c'est-à-dire des fractions d'entiers).

Supposons pour cela qu'il existe deux entiers *n* et *p* (avec $p \geq 1$) tels que $\sqrt{2} = \dfrac{n}{p}$. On les suppose de plus choisis de telle sorte que la fraction soit irréductible (non simplifiable).

1. Justifier que n^2 est pair puis montrer que *n* est pair.

2. En écrivant *n* sous la forme $2n'$, avec n' élément de $\mathbb{N}$, montrer que *p* lui-même est pair.

3. Conclure.

☐ **Exercice 1.5.** — On considère la suite $(u_n)_{n\in\mathbb{N}}$ définie par $u_0 = 0$ et, pour tout entier naturel *n*, $u_{n+1} = \sqrt{u_n + 6}$. Montrer que : $\forall n \in \mathbb{N},\ 0 \leq u_n \leq 3$.

☐ **Exercice 1.6.** — Soit un réel *a* positif. Montrer que : $\forall n \in \mathbb{N},\ (1+a)^n \geq 1+na$.

❑ **Exercice 1.7.** — Montrer que la proposition $\left(\forall n \in \mathbb{N},\ 2^n \geq n^2\right)$ est fausse.
Prouver en revanche que : $\forall n \geq 4,\ 2^n \geq n^2$.

❑ **Exercice 1.8.** — On considère la suite $(u_n)_{n\in\mathbb{N}}$ définie comme suit : $u_0 = u_1 = 1$ et, pour tout entier naturel n, $u_{n+2} = u_{n+1} + u_n$. Montrer que : $\forall n \in \mathbb{N},\ u_n \leq 2^n$.

❑ **Exercice 1.9.*** — On considère la suite $(u_n)_{n\in\mathbb{N}}$ définie par $u_0 = \frac{1}{2}$ et, pour tout entier naturel n, $u_{n+1} = \frac{u_n}{u_n - 1}$. Montrer que : $\forall n \in \mathbb{N},\ u_{2n} = \frac{1}{2}$ et $u_{2n+1} = -1$.

Pour vous aider à démarrer

Exercice 1.1. Pour la question **1**, étudier la fonction qui à x associe $e^x - x - 1$.
Pour la question **2**, appliquer l'inégalité de la question **1** en remplaçant x par $-t^2/n$, puis utiliser la croissance de la fonction $u \mapsto u^n$ sur $\mathbb{R}_+$.

Exercice 1.2. Pour la question **2**, une primitive de $\frac{u'}{u}$ est $\ln|u|$.

Exercice 1.3. La preuve s'obtient par double implication. L'indication de l'énoncé concerne le sens "$\Rightarrow$". L'autre implication est rapide.

Exercice 1.4. Pour la question **1**, ayant obtenu que n^2 est pair, pour montrer que n est pair, supposer que n est impair et montrer qu'alors n^2 serait impair.

Exercices 1.5 à **1.8**, faire une récurrence.

Exercice 1.9. En notant $\mathcal{R}(n)$ la proposition "$u_{2n} = \frac{1}{2}$ et $u_{2n+1} = -1$", faire attention que $\mathcal{R}(n+1)$ est la proposition "$u_{2n+2} = \frac{1}{2}$ et $u_{2n+3} = -1$".

Corrigé des vrai/faux

1.	2.	3.	4.	5.	6.	7.	8.	9.	10.
F	V	F	F	F	F	V	V	F	F

1. Il suffit de choisir $x=1{,}5$ et $y=1{,}6$.

2. Posons $P(y)$: "$\exists! x\in\mathbb{R},\ x^2=y$". Cette proposition n'est vraie que pour $y=0$.
En effet, l'équation $x^2=y$ possède deux solutions réelles si $y>0$ et aucune solution réelle si $y<0$. Ainsi on a bien : "$\exists! y\in\mathbb{R}, P(y)$", et ce "$y$" est 0.

3. f est la fonction nulle signifie : $\forall x\in\mathbb{R}, f(x)=0$.
f n'est pas la fonction nulle signifie donc : $\exists x\in\mathbb{R}, f(x)\neq 0$.
Par exemple, la fonction qui vaut 0 sur $]-\infty, 0[\ \cup\ ]0, +\infty[$ et telle que $f(0) = 3$ n'est pas la fonction nulle.

4. La suite $(u_n)_{n\in\mathbb{N}}$ définie par : $\forall n\in\mathbb{N}, u_n=(-1)^n$ prend alternativement les valeurs 1 et -1 et n'est donc ni croissante ni décroissante.

5. C'est le même problème que dans la question **3**. La fonction f n'est pas paire s'il existe un x tel que $f(-x)\neq f(x)$.

6. Les deux facteurs du produit doivent être différents de 0 si l'on veut que le produit soit différent de 0 (sinon, dès qu'un facteur est nul, on sait que le produit est nul).

7. En effet, si une fonction est dérivable sur un intervalle I alors elle y est continue.

8. • Si la suite (u_n) est bornée, alors : $\exists(m,M)\in\mathbb{R}^2, \forall n\in\mathbb{N}, m\leq u_n\leq M$.
On en déduit : $\exists(m,M)\in\mathbb{R}^2, \forall n\in\mathbb{N}, -\max(|M|,|m|)\leq u_n\leq \max(|M|,|m|)$.
En posant $A = \max(|M|, |m|)$, on a bien : $-A\leq u_n\leq A$. Par propriété de la valeur absolue, ceci donne : $\forall n\in\mathbb{N},\ |u_n|\leq A$. La suite $(|u_n|)$ est bien majorée (par A).

• Réciproquement, si, pour tout n de $\mathbb{N}$, $|u_n|\leq A$, alors on a : $\forall n\in\mathbb{N},\ -A\leq u_n\leq A$.

Ceci prouve bien que la suite (u_n) est bornée.

9. La propriété "$\lim\limits_{n\to+\infty} u_n=0$" ne dépendant pas de n, une démonstration par récurrence est absurde.

Corrigé

10. $\mathcal{P}(n)$ est la proposition "$u_{2n+1} \leq 2^n$", alors $\mathcal{P}(n+1)$ est la proposition "$u_{2(n+1)+1} \leq 2^{n+1}$", c'est-à-dire : "$u_{2n+3} \leq 2^{n+1}$".

❑ Les erreurs classiques

• Il faut bien penser que la négation de "pour tout x de A, x vérifie P" est "il existe x dans A ne vérifiant pas P" et non pas "pour tout x de A, x ne vérifie pas P".
C'est en fait la technique du contre exemple qui est ainsi mise en valeur.

• Il faut éviter de penser que les fonctions continues sont dérivables, c'est la réciproque qui est vraie : attention donc à l'utilisation abusive du symbole $\Leftrightarrow$.

• Il ne faut pas croire qu'il suffise d'ajouter 1 au hasard pour passer de la propriété $\mathcal{P}(n)$ à la propriété $\mathcal{P}(n+1)$, il faut remplacer n par $n+1$.

• Si l'on a, par exemple $m \leq u_n \leq M$, il ne faut pas conclure trop hâtivement que $|u_n| \leq M$. On peut s'en convaincre avec les exemples suivants.
$-3 \leq u_n \leq 2$, où l'on a : $|u_n| \leq 3$
$-2 \leq u_n \leq 3$, où l'on a : $|u_n| \leq 3$
$2 \leq u_n \leq 3$, où l'on a : $|u_n| \leq 3$
$-3 \leq u_n \leq -2$, où l'on a : $|u_n| \leq 3$

Corrigé des exercices

Exercice 1.1

1. On définit la fonction f par : $\forall x \in \mathbb{R}, f(x) = e^x - x - 1$.

f est sans problème dérivable sur $\mathbb{R}$ et $\forall x \in \mathbb{R}, f'(x) = e^x - 1$. La fonction exponentielle étant strictement croissante sur $\mathbb{R}$ et valant 1 en 0, on en déduit que :

$$\begin{cases} \forall x \in \mathbb{R}_-^*, f'(x) < 0 \\ f'(0) = 0 \\ \forall x \in \mathbb{R}_+^*, f'(x) > 0 \end{cases}$$

f est ainsi décroissante sur $\mathbb{R}_-^*$ et croissante sur $\mathbb{R}_+^*$, elle admet donc un minimum (absolu) en 0.

On en déduit que : $\forall x \in \mathbb{R}, f(x) \geq f(0)$, c'est-à-dire : $\forall x \in \mathbb{R},\ e^x - x - 1 \geq 0$.

On a bien montré que : $\forall x \in \mathbb{R},\ e^x \geq x + 1$.

2. Soit n un entier naturel non nul et t un élément de $\left[0, \sqrt{n}\right]$.

Écrivons l'inégalité $e^x \geq x+1$ pour $x = -\dfrac{t^2}{n}$. On obtient : $e^{-\frac{t^2}{n}} \geq \left(1 - \dfrac{t^2}{n}\right)$.

Comme t appartient à $\left[0, \sqrt{n}\right]$, alors $\left(1 - \dfrac{t^2}{n}\right) \geq 0$. De plus, la fonction $u \mapsto u^n$ est croissante sur $\mathbb{R}_+$, on peut l'appliquer à l'inégalité écrite à la deuxième ligne de cette question, ce qui donne : $e^{-t^2} \geq \left(1 - \dfrac{t^2}{n}\right)^n$. En multipliant par $e^{t^2} > 0$, on obtient : $1 \geq e^{t^2}\left(1 - \dfrac{t^2}{n}\right)^n$.

On a bien : $\forall n \in \mathbb{N}^*, \forall t \in \left[0, \sqrt{n}\right],\ e^{t^2}\left(1 - \dfrac{t^2}{n}\right)^n \leq 1$.

Exercice 1.2

1. La fonction f est dérivable sur $\mathbb{R}$, comme produit de fonctions définies et dérivables sur $\mathbb{R}$.

De plus, on a : $\forall x \in \mathbb{R},\ f'(x) = -e^{-x}\ln(1+e^x) + e^{-x}\,\dfrac{e^x}{1+e^x} = \dfrac{1}{1+e^x} - f(x)$.

Comme $\dfrac{1}{1+e^x} = \dfrac{1+e^x-e^x}{1+e^x} = 1 - \dfrac{e^x}{1+e^x}$, on trouve : $f'(x) = 1 - \dfrac{e^x}{1+e^x} - f(x)$.

On a bien montré que : $\forall x \in \mathbb{R},\ f(x) = 1 - f'(x) - \dfrac{e^x}{1+e^x}$.

Corrigé

2. Une fonction g telle que, pour tout réel x, on a $g'(x) = f(x)$ vérifie donc :

$$\forall x \in \mathbb{R},\ g'(x) = 1 - f'(x) - \frac{e^x}{1+e^x}$$

Les fonctions en présence dans le membre de droite de l'égalité ci-dessus sont toutes des dérivées connues donc on peut en déduire une fonction g solution en la définissant, par exemple, par :

$$\forall x \in \mathbb{R},\ g(x) = x - f(x) - \ln(1+e^x)$$

Exercice 1.3

Procédons par double implication.

• L'implication "$\Leftarrow$" se traite rapidement.

En effet, si $0 < \lambda \leq \mu < 1$, les suites (λ^n) et (μ^n) sont des suites géométriques dont la raison est dans $]0,1[$. Ces suites convergent donc vers 0 et, par somme, la suite (u_n) converge vers 0.

• Examinons l'implication "$\Rightarrow$".

Pour tout entier naturel n, on a : $u_n = \mu^n\left(\left(\frac{\lambda}{\mu}\right)^n + 1\right)$ (car $\mu \neq 0$).

La suite $\left(\left(\frac{\lambda}{\mu}\right)^n\right)$ est géométrique de raison $\frac{\lambda}{\mu} \in]0,1]$ (puisque $0 < \lambda \leq \mu$) donc cette suite converge vers 0 (si $\lambda < \mu$) ou vers 1 (si $\lambda = \mu$) et $\left(\left(\frac{\lambda}{\mu}\right)^n + 1\right)$ converge vers 1 ou vers 2. Or la suite (u_n) converge vers 0 par hypothèse, donc, puisque $u_n = \mu^n\left(\left(\frac{\lambda}{\mu}\right)^n + 1\right)$, la suite (μ^n) converge vers 0, ce qui prouve que μ est un élément de $]0,1[$ (on sait déjà que μ est strictement positif). Finalement, on a : $0 < \lambda \leq \mu < 1$.

⇨ *Méthode 1.2*

Exercice 1.4

Posons $\sqrt{2} = \frac{n}{p}$, avec n et p entiers naturels tels que p est non nul et $\frac{n}{p}$ non simplifiable.

1. On a alors $n = p\sqrt{2}$ donc $n^2 = 2p^2$ ce qui signifie que n^2 est pair.

Par contraposition, on montre alors que n est pair. En effet, supposons que n soit impair. Dès lors, il existe un entier naturel k tel que $n = 2k+1$. On a alors :

$$n^2 = (2k+1)^2 = 4k^2 + 4k + 1 = 2(2k^2 + 2k) + 1.$$

En posant $p = 2k^2 + 2k$, p est bien un entier naturel et on a $n^2 = 2p + 1$ donc n^2 est impair.

En conclusion, on a montré que si n est impair, alors n^2 est impair. Par contraposition comme n^2 est pair, alors n est pair.

2. n est pair signifie qu'il existe n' élément de $\mathbb{N}$, tel que $n = 2n'$. En réécrivant l'égalité $n^2 = 2p^2$, on obtient $4(n')^2 = 2p^2$ ou encore $p^2 = 2(n')^2$ ce qui montre que p^2 est pair. En raisonnant encore une fois comme ci-dessus, on obtient que p est pair.

3. Finalement p et n sont tous les deux des entiers pairs, ils sont donc tous les deux divisibles par 2 ce qui contredit le fait que $\dfrac{n}{p}$ est non simplifiable.

Donc $\sqrt{2}$ ne peut pas s'écrire sous la forme d'un quotient de deux entiers : $\sqrt{2} \notin \mathbb{Q}$.

⇨ *Méthode 1.1*

Exercice 1.5

Procédons par récurrence en posant, pour tout entier naturel n : $P(n)$: "$0 \leq u_n \leq 3$".

- $P(0)$ est vraie; en effet, $u_0 = 0$.
- Supposons $P(n)$ vraie pour un certain entier naturel n.

L'hypothèse de récurrence, $0 \leq u_n \leq 3$, donne : $6 \leq u_n + 6 \leq 9$. La croissance de la fonction racine carrée sur $\mathbb{R}_+$ assure que $\sqrt{6} \leq u_{n+1} \leq 3$, ce qui implique : $0 < u_{n+1} \leq 3$.

On a montré que $P(n+1)$ est vraie.

Finalement, par récurrence : $\forall n \in \mathbb{N},\ 0 \leq u_n \leq 3$.

⇨ *Méthode 1.3*

Exercice 1.6

Procédons par récurrence en posant, pour tout entier naturel n, $R(n)$: "$(1+a)^n \geq 1 + na$".

- $R(0)$ est vraie car $(1+a)^0 = 1 = 1 + 0 \times a$, donc $(1+a)^0 \geq 1 + 0a$.
- Supposons $R(n)$ vraie pour un certain entier naturel n.

On a $(1+a)^{n+1} = (1+a)^n (1+a)$.

Comme $(1+a) > 0$, l'hypothèse de récurrence donne $(1+a)^{n+1} \geq (1+na)(1+a)$.

Or $(1+na)(1+a) = 1 + (n+1)a + na^2 \geq 1 + (n+1)a$. Donc $R(n+1)$ est vraie.

Ainsi, par récurrence : $\forall n \in \mathbb{N},\ (1+a)^n \geq 1 + na$.

⇨ *Méthode 1.3*

Exercice 1.7

- La proposition $(\forall n \in \mathbb{N}, 2^n \geq n^2)$ est fausse puisque $2^3 = 8$ alors que $3^2 = 9$.
- Pour tout entier naturel n supérieur ou égal à 4, posons $P(n)$: "$2^n \geq n^2$".

$P(4)$ est vraie. En effet, $2^4 = 16$ et $4^2 = 16$.

Supposons $P(n)$ vraie pour un certain entier naturel n supérieur ou égal à 4.

On a alors $2^{n+1} = 2 \times 2^n \geq 2n^2$ par hypothèse de récurrence.

On doit donc montrer que : $2n^2 \geq (n+1)^2$.

En faisant la différence, on a : $2n^2 - (n+1)^2 = 2n^2 - (n^2 + 2n + 1) = n^2 - 2n - 1 = (n-1)^2 - 2$.

Comme $n - 1 \geq 3$, il est certain que $(n-1)^2 - 2$ est supérieur ou égal à 7, donc positif.

On a donc bien : $2n^2 \geq (n+1)^2$. Ainsi, $P(n+1)$ est vraie. Par récurrence : $\forall n \geq 4,\ 2^n \geq n^2$.

⇨ *Méthode 1.3*

Exercice 1.8

Procédons par récurrence double en posant pour tout entier naturel n, $R(n)$: "$u_n \leq 2^n$".

- $R(0)$ et $R(1)$ sont vraies puisque $u_0 = 1 = 2^0$ et $u_1 = 1 \leq 2^1$.
- Supposons $R(n)$ et $R(n+1)$ vraies pour un certain entier naturel n.

En appliquant l'hypothèse de récurrence, on a alors : $u_{n+2} \leq 2^{n+1} + 2^n$.

On en déduit : $u_{n+2} \leq 2^n(2+1) \leq 2^n \times 4$. Après simplification, on a bien : $u_{n+2} \leq 2^{n+2}$.

Ceci signifie que $R(n+2)$ est vraie.

Finalement, par récurrence double, pour tout entier naturel n, on a : $u_n \leq 2^n$.

⇨ *Méthode 1.4*

Exercice 1.9

Procédons par récurrence en posant pour tout entier naturel n : $R(n)$: "$u_{2n} = \frac{1}{2}$ et $u_{2n+1} = -1$".

- $R(0)$ est vraie car $u_0 = \frac{1}{2}$ et $u_1 = \dfrac{u_0}{u_0 - 1} = \dfrac{\frac{1}{2}}{\frac{1}{2} - 1} = \dfrac{\frac{1}{2}}{-\frac{1}{2}} = -1$.
- Supposons $R(n)$ vraie pour un certain entier naturel n.

On a d'une part, $u_{2n+2} = \dfrac{u_{2n+1}}{u_{2n+1} - 1}$ et, comme $u_{2n+1} = -1$, on trouve : $u_{2n+2} = \dfrac{-1}{-1-1} = \dfrac{1}{2}$.

D'autre part, $u_{2n+3} = \dfrac{u_{2n+2}}{u_{2n+2} - 1}$ et comme $u_{2n+2} = \frac{1}{2}$, on a $u_{2n+3} = \dfrac{\frac{1}{2}}{\frac{1}{2} - 1}$, ce qui donne après simplifications : $u_{2n+3} = -1$. Ainsi, $R(n+1)$ est vraie.

Finalement, par récurrence, pour tout entier naturel n, on a : $u_{2n} = \frac{1}{2}$ et $u_{2n+1} = -1$.

⇨ *Méthode 1.3*

Chapitre 2
Sommes et produits

Contrairement à nous, les Romains comptaient de bas en haut et notaient donc le résultat de leurs calculs sur la ligne du haut, en latin *summa linea*. Ceci explique le nom de *somme* que nous donnons au résultat d'une addition. Le verbe *produire,* de même racine que *conduire*, signifiait à la fin du Moyen Âge *mener en avant* donc *causer, amener.* À la Renaissance, des ouvrages apprennent aux commerçants le maniement des chiffres arabes. Ce que procure la vente, c'est-à-dire le nombre d'objets vendus multiplié par le coût unitaire, est le résultat d'une multiplication. Pour le nommer, on utilise alors le même mot que pour désigner le produit que l'on vend. Pour chacun, ils sont le résultat de la transaction.

$$n! = \prod_{i=1}^{n} i$$

■■ Objectifs

■ Les incontournables

▷ Savoir écrire une somme ou un produit symbolique (avec $\sum$ ou $\prod$).

▷ Savoir effectuer un changement d'indice.

▷ Connaître la technique du "télescopage".

▷ Connaître les sommes classiques.

■ Et plus si affinités

▷ Savoir manipuler des sommes doubles.

▷ Savoir calculer les sommes géométriques dérivées.

Résumé de cours

Sommes de nombres réels ou complexes

Présentation du symbole $\sum$

Notation. — Les sommes sont symbolisées par la lettre grecque sigma majuscule.

Pour tout entier naturel n non nul, si $x_1, x_2, ..., x_n$ désignent des réels ou des complexes, la somme $x_1 + x_2 + ... + x_n$ se note symboliquement :

$$\sum_{k=1}^{n} x_k \text{ (ou, plus rarement } \sum_{1 \leq k \leq n} x_k\text{)}.$$

Dans la somme ci-dessus, k s'appelle *l'indice*, 1 et n sont les *bornes* de la somme.
Plus généralement, quels que soient les entiers naturels p et n tels que $p \leq n$, on a :

$$x_p + x_{p+1} + ... + x_n = \sum_{k=p}^{n} x_k$$

Exemples 2.1. — $1 + 2 + 3 + ... + n = \sum_{k=1}^{n} k$.

$$1 + \frac{1}{2} + \frac{1}{3} + ... + \frac{1}{n} = \sum_{k=1}^{n} \frac{1}{k}.$$

$$1 + q + q^2 + ... + q^n = \sum_{k=0}^{n} q^k.$$

Remarque 2.1. — L'indice d'une somme est dit *muet*, ce qui signifie que l'on peut écrire :

$$x_1 + ... + x_n = \sum_{k=1}^{n} x_k = \sum_{i=1}^{n} x_i = \sum_{j=1}^{n} x_j = ...$$

Premières propriétés

Propriété 2.1. — Si $p \leq n$, alors la somme $\sum_{k=p}^{n} x_k$ contient $(n - p + 1)$ termes.

Propriété 2.2. — Somme de quelques termes d'une suite constante :

$$\forall a \in \mathbb{C}, \sum_{k=p}^{n} a = (n - p + 1)a.$$

Propriété 2.3. — $\forall i \in \mathbb{N}$, $\sum_{k=i}^{i} x_k = x_i$ (cas d'une somme réduite à un seul terme).

Propriété 2.4. — $\forall m \in \mathbb{N}^*$, $\forall n \geq m+1$, $\sum_{k=1}^{n} x_k = \sum_{k=1}^{m} x_k + \sum_{k=m+1}^{n} x_k$.

Propriété 2.5. — $\forall \lambda \in \mathbb{C}$, $\sum_{k=1}^{n} \lambda x_k = \lambda \sum_{k=1}^{n} x_k$ (factorisation par λ qui ne dépend pas de l'indice).

Propriété 2.6. — $\sum_{k=1}^{n} (x_k + y_k) = \sum_{k=1}^{n} x_k + \sum_{k=1}^{n} y_k$ (découpage d'une somme).

❑ Changement d'indice

Propriété 2.7. — Cas d'une translation d'indice
Soit deux entiers naturels n et p tels que $p \leq n$ et m un entier (positif ou négatif), alors on a :

$$\sum_{k=p}^{n} x_{k+m} = \sum_{i=p+m}^{n+m} x_i .$$

On dit que l'on a effectué le changement d'indice : $i = k + m$.

⇨ **Méthode 2.1. Comment passer de $\sum_k x_{k-p}$ (ou $\sum_k x_{k+p}$) à $\sum_i x_i$?**

Exemple 2.2. — $\forall n \in \mathbb{N}$, $\sum_{i=0}^{2n} \frac{e^i}{(i+1)^2} = \sum_{j=1}^{2n+1} \frac{e^{j-1}}{j^2}$ (on a posé : $j = i + 1$).

Propriété 2.8. — Cas d'un retournement de la somme
Soit deux entiers naturels n et p tels que $p \leq n$ et m un entier supérieur ou égal à n, alors on a :

$$\sum_{k=p}^{n} x_{m-k} = \sum_{i=m-n}^{m-p} x_i .$$

On dit que l'on a effectué le changement d'indice : $i = m - k$.

⇨ **Méthode 2.2. Comment passer de $\sum_k x_{m-k}$ à $\sum_i x_i$?**

Exemple 2.3. — $\forall n \in \mathbb{N}^*$, $\sum_{k=1}^{n} (k+1)\sqrt{n-k} = \sum_{i=0}^{n-1} (n-i+1)\sqrt{i}$ (on a posé : $i = n - k$).

Remarque 2.2. — Tout autre changement d'indice que ceux indiqués dans les **propriétés 2.7** et **2.8** (c'est-à-dire $i = k + m$ ou $i = -k + m$) conduit à une catastrophe car il modifie le nombre de termes de la somme et modifie donc la somme.

❑ Sommes usuelles

Sommes des premières puissances des *n* premiers entiers naturels non nuls

Propriété 2.9. — $\forall n \in \mathbb{N}^*, \sum_{k=1}^{n} k = \frac{n(n+1)}{2}$; $\sum_{k=1}^{n} k^2 = \frac{n(n+1)(2n+1)}{6}$; $\sum_{k=1}^{n} k^3 = \frac{n^2(n+1)^2}{4}$.

Remarque 2.3. — Il faut savoir retrouver (par récurrence) les valeurs des deux dernières sommes.

Somme géométrique

Propriété 2.10. — $\forall n \in \mathbb{N}, \sum_{k=0}^{n} q^k = \begin{cases} n+1 & \text{si } q=1 \\ \dfrac{1-q^{n+1}}{1-q} & \text{si } q \neq 1 \end{cases}$.

Remarque 2.4. — Plus généralement, lorsque $q \neq 1$, on a :

$$\forall n \geq p, \sum_{k=p}^{n} q^k = q^p \frac{1-q^{n-p+1}}{1-q}$$

On peut retenir cette formule en notant que q^p est le premier terme de la somme et $(n-p+1)$ est le nombre de termes de la somme.

❑ "Télescopage" de sommes

Propriété 2.11. — Quels que soient les nombres $x_0, ..., x_{n+1}$, réels ou complexes, on a :

$$\sum_{k=0}^{n} (x_{k+1} - x_k) = x_{n+1} - x_0$$

➪ **Méthode 2.3. Comment utiliser la technique du télescopage ?**

Il faut savoir prouver cette propriété et ne pas se contenter de l'apprendre par cœur, car elle prend plusieurs autres formes, comme par exemple : $\sum_{k=1}^{n} (x_{k-1} - x_k) = x_0 - x_n$. On en trouvera la démonstration à la **méthode 2.3**.

❑ Inégalité triangulaire

Propriété 2.12. — Quels que soient les nombres $x_0, ..., x_{n+1}$, réels ou complexes, on a :

$$\left| \sum_{k=0}^{n} x_k \right| \leq \sum_{k=0}^{n} | x_k |$$

Remarque 2.5. — Si les x_k sont réels, $|x_k|$ désigne la valeur absolue de x_k et si les x_k sont complexes, $|x_k|$ désigne le module de x_k.

■ Sommes doubles

❑ Somme double à indices indépendants

Notation — La somme des nm nombres $\left(x_{i,j}\right)$, où i parcourt l'ensemble $\{1, 2, ..., n\}$ et j parcourt l'ensemble $\{1, 2, ..., m\}$, est notée $\sum_{\substack{1\le i\le n\\1\le j\le m}} x_{i,j}$.

Remarque 2.6. — Si $m = n$, la somme $\sum_{\substack{1\le i\le n\\1\le j\le n}} x_{i,j}$ est souvent notée $\sum_{1\le i,j\le n} x_{i,j}$.

Exemple 2.4. — Avec $n = 3$, on a $\sum_{1\le i,j\le 3} x_{i,j} = x_{1,1} + x_{1,2} + x_{1,3} + x_{2,1} + x_{2,2} + x_{2,3} + x_{3,1} + x_{3,2} + x_{3,3}$.

Propriété 2.13. — Interversion de sommes : $\sum_{\substack{1\le i\le n\\1\le j\le m}} x_{i,j} = \sum_{i=1}^{n}(\sum_{j=1}^{m} x_{i,j}) = \sum_{j=1}^{m}(\sum_{i=1}^{n} x_{i,j})$.

Remarque 2.7. — Les parenthèses sont inutiles : $\sum_{\substack{1\le i\le n\\1\le j\le m}} x_{i,j} = \sum_{i=1}^{n}\sum_{j=1}^{m} x_{i,j} = \sum_{j=1}^{m}\sum_{i=1}^{n} x_{i,j}$.

❑ Exemples de sommes doubles à indices dépendants

Exemples et notations 2.5. — La somme $x_{1,2} + x_{1,3} + x_{1,4} + x_{2,3} + x_{2,4} + x_{3,4}$ se note $\sum_{1\le i<j\le 4} x_{i,j}$.

La somme $x_{1,1} + x_{1,2} + x_{1,3} + x_{1,4} + x_{2,2} + x_{2,3} + x_{2,4} + x_{3,3} + x_{3,4} + x_{4,4}$ se note $\sum_{1\le i\le j\le 4} x_{i,j}$.

Propriété 2.14. — Interversion de sommes à indices dépendants :

$$\sum_{1\le i\le j\le n} x_{i,j} = \sum_{i=1}^{n}\sum_{j=i}^{n} x_{i,j} = \sum_{j=1}^{n}\sum_{i=1}^{j} x_{i,j}$$

$$\sum_{1\le i<j\le n} x_{i,j} = \sum_{i=1}^{n-1}\sum_{j=i+1}^{n} x_{i,j} = \sum_{j=2}^{n}\sum_{i=1}^{j-1} x_{i,j}$$

⇨ **Méthodes 2.4, 2.5. Comment intervertir les Σ dans une somme double ?**

Propriété 2.15. — Quels que soient les n nombres, réels ou complexes, $x_1,...,x_n$, avec n élément de $\mathbb{N}^*$, on a :

$$(\sum_{k=1}^{n} x_k)^2 = \sum_{k=1}^{n} x_k^2 + 2\sum_{1\le i<j\le n} x_i x_j$$

■ Produit de nombres réels ou complexes

❑ Présentation du signe $\prod$

Notation. — Soit n un entier naturel non nul, et n nombres, $x_1,\dots,x_n$, réels ou complexes.

Le produit $x_1\times\cdots\times x_n$ se note symboliquement : $\prod_{k=1}^{n} x_k$

Définition 2.1. — Pour tout entier naturel n, on appelle *factorielle* de n, et on note $n!$, l'entier naturel défini par :

$$n! = \begin{cases} 1 & \text{si } n=0 \\ \prod_{k=1}^{n} k = 1\times 2\times\cdots\times n & \text{si } n\geq 1 \end{cases}$$

Définition 2.2. — Définition "récursive" de $n!$

$0! = 1$ et, pour tout n de $\mathbb{N}^*$, $n! = n\times(n-1)!$

❑ Propriétés

Propriété 2.16. — $\forall n\in\mathbb{N}^*,\ \prod_{k=1}^{n}\lambda = \lambda^n$.

Propriété 2.17. — $\forall m\in\mathbb{N}^*,\ \forall n\geq m+1,\ \prod_{k=1}^{n} x_k = (\prod_{k=1}^{m} x_k)\times(\prod_{k=m+1}^{n} x_k)$.

Propriété 2.18. — $\forall n\in\mathbb{N}^*, \prod_{k=1}^{n}(x_k y_k) = (\prod_{k=1}^{n} x_k)\times(\prod_{k=1}^{n} y_k)$.

Propriété 2.19. — Si aucun des y_k n'est nul, alors : $\prod_{k=1}^{n}\frac{x_k}{y_k} = \frac{\prod_{k=1}^{n} x_k}{\prod_{k=1}^{n} y_k}$.

Propriété 2.20. — Télescopage.

$\forall n\in\mathbb{N}, \prod_{k=0}^{n}\frac{x_{k+1}}{x_k} = \frac{x_{n+1}}{x_0}$, à la condition que $x_0,\dots,x_n$ soient non nuls.

Méthodes

Comment effectuer un changement d'indice ?

Méthode 2.1. Comment passer de $\sum_k x_{k-m}$ (ou $\sum_k x_{k+m}$) à $\sum_i x_i$?

- On désigne par m, n et p des entiers naturels tels que $m \le p \le n$.

Pour passer de $\sum_{k=p}^{n} x_{k-m}$ à $\sum_{i=p-m}^{n-m} x_i$, on pose $i = k - m$, c'est-à-dire $k = i + m$.

- Dans le terme générique de la somme, on remplace chaque k par $i + m$.
- Pour les bornes : $\begin{cases} \text{borne supérieure : lorsque } k = n, \text{ alors } i = n - m \\ \text{borne inférieure : lorsque } k = p, \text{ alors } i = p - m \end{cases}$.
- On obtient alors : $\sum_{k=p}^{n} x_{k-m} = \sum_{i=p-m}^{n-m} x_i$.

- On désigne par m, n et p des entiers naturels tels que $p \le n$.

Pour passer de $\sum_{k=p}^{n} x_{k+m}$ à $\sum_{i=p+m}^{n+m} x_i$, on pose $i = k + m$, c'est-à-dire $k = i - m$.

On obtient de même : $\sum_{k=p}^{n} x_{k+m} = \sum_{i=p+m}^{n+m} x_i$.

⇨ **Exercices 2.3, 2.4, 2.5**

Remarque. L'indice étant muet, avec un peu d'habitude, on pourra ne pas changer de lettre :

$$\sum_{k=p}^{n} x_{k-m} = \sum_{k=p-m}^{n-m} x_k \quad \text{et} \quad \sum_{k=p}^{n} x_{k+m} = \sum_{k=p+m}^{n+m} x_k$$

Exemple. Calculer la somme $S_n = \sum_{k=2}^{n+1} (k^2 - 2k + 1)$ sans la scinder en 3 sommes.

On remarque que $S_n = \sum_{k=2}^{n+1} (k-1)^2$ et on effectue le changement d'indice $i = k - 1$.

Si $k = 2$, alors $i = 1$: la nouvelle borne inférieure de la somme est 1.
Si $k = n + 1$, alors $i = n$: la nouvelle borne supérieure de la somme est n.
Il reste à remplacer k par $i + 1$ (ou $k - 1$ par i) dans le terme générique de la somme :

$$S_n = \sum_{k=2}^{n+1} (k-1)^2 = \sum_{i=1}^{n} i^2 = \frac{n(n+1)(2n+1)}{6}$$

❑ Méthode 2.2. Comment passer de $\sum\limits_{k} x_{m-k}$ à $\sum\limits_{i} x_i$?

Pour passer de $\sum\limits_{k=p}^{n} x_{m-k}$ à $\sum\limits_{i=m-n}^{m-p} x_i$, on pose $i = m - k$, c'est-à-dire $k = m - i$.

- Dans le terme générique, on remplace chaque k par $m - i$.
- Pour les bornes : $\begin{cases} \text{borne supérieure : lorsque } k = n, \text{ alors } i = m - n \\ \text{borne inférieure : lorsque } k = p, \text{ alors } i = m - p \end{cases}$.
- On obtient donc $\sum\limits_{k=p}^{n} x_{m-k} = \sum\limits_{i=m-n}^{m-p} x_i$ (on inverse les bornes car, usuellement, on

place la plus petite borne en dessous du symbole Σ et la plus grande au-dessus).

➪ **Exercice 2.3**

Exemple. Calculer la somme $S_n = \sum\limits_{k=1}^{n}(n-k+1)$ sans la scinder en 2 ou 3 sommes.

On effectue le changement d'indice $i = n - k + 1$.
Si $k = 1$, alors $i = n$: la nouvelle borne supérieure (et non inférieure) de la somme est n.
Si $k = n$, alors $i = 1$: la nouvelle borne inférieure (et non supérieure) de la somme est 1.
Il reste à remplacer $n - k + 1$ par i dans le terme générique de la somme :

$$S_n = \sum_{k=1}^{n}(n-k+1) = \sum_{i=1}^{n} i = \frac{n(n+1)}{2}.$$

❑ Méthode 2.3. Comment utiliser la technique du télescopage ?

$$\sum_{k=0}^{n}(x_{k+1} - x_k) = \sum_{k=0}^{n} x_{k+1} - \sum_{k=0}^{n} x_k \quad \text{(on a scindé la somme en deux sommes)}$$

$$= \sum_{i=1}^{n+1} x_i - \sum_{k=0}^{n} x_k \quad \left(\begin{array}{l}\text{on a fait le changement d'indice } i = k+1 \text{ dans} \\ \text{la première somme}\end{array}\right)$$

$$= \sum_{i=1}^{n} x_i + x_{n+1} - \left(\sum_{k=1}^{n} x_k + x_0\right) \quad \left(\begin{array}{l}\text{on a mis en évidence les termes} \\ \text{communs aux deux sommes}\end{array}\right)$$

$$= \sum_{i=1}^{n} x_i + x_{n+1} - \sum_{k=1}^{n} x_k - x_0 = x_{n+1} - x_0.$$

➪ **Exercices 2.4, 2.5, 2.6**

Exemple. Pour tout entier naturel n non nul, exprimer $S_n = \sum\limits_{k=1}^{n} \frac{1}{k(k+1)}$ en fonction de n.

On remarque que, quel que soit l'entier naturel k non nul, on a : $\frac{1}{k(k+1)}=\frac{1}{k}-\frac{1}{k+1}$.

$S_n=\sum_{k=1}^{n}\frac{1}{k(k+1)}=\sum_{k=1}^{n}\left(\frac{1}{k}-\frac{1}{k+1}\right)=\sum_{k=1}^{n}\frac{1}{k}-\sum_{k=1}^{n}\frac{1}{k+1}$. On fait le changement d'indice $i=k+1$ dans la deuxième somme et on a : $S_n=\sum_{k=1}^{n}\frac{1}{k}-\sum_{i=2}^{n+1}\frac{1}{i}$. On sort le terme d'indice $k=1$ de la première somme et celui d'indice $k=n+1$ de la deuxième somme et on trouve :

$$S_n=1+\sum_{k=2}^{n}\frac{1}{k}-\sum_{i=2}^{n}\frac{1}{i}-\frac{1}{n+1}=1-\frac{1}{n+1}=\frac{n}{n+1}$$

■ Comment intervertir les $\sum$ dans une somme double ?

❑ Méthode 2.4. Cas d'une double somme à indices indépendants

Dans la double somme "$\sum_{i\in I}\sum_{j\in J}$", si l'indice i n'apparaît pas dans la somme sur j, alors on intervertit tout bonnement les deux signes $\sum$: $\sum_{i\in I}\sum_{j\in J}x_{i,j}=\sum_{j\in J}\sum_{i\in I}x_{i,j}$.

Exemple. On a, sans jamais aucun problème : $\sum_{i=1}^{n}\sum_{j=1}^{n}x_{i,j}=\sum_{j=1}^{n}\sum_{i=1}^{n}x_{i,j}$.

❑ Méthode 2.5. Cas d'une double somme à indices dépendants

Pour intervertir les signes $\sum$ dans la somme : $\sum_{i=1}^{n}\sum_{j=i}^{n}x_{i,j}$, on peut procéder ainsi :

- Le système d'indices qui la décrit est $\begin{cases}1\le i\le n\\ i\le j\le n\end{cases}$.
- On synthétise ces conditions ainsi : $1\le i\le j\le n$.
- On les réorganise enfin en "partant" de j : $\begin{cases}1\le j\le n\\ 1\le i\le j\end{cases}$.
- On en déduit que la double somme s'écrit : $\sum_{j=1}^{n}\sum_{i=1}^{j}x_{i,j}$.

⇨ Exercice 2.8

Remarque 1. La nouvelle somme de gauche (somme extérieure qui est calculée en dernier), donne le résultat final, par conséquent ses bornes ne doivent pas dépendre de l'indice i de la nouvelle somme de droite (somme intérieure qui est calculée en premier).

Remarque 2. On agit de même face à la double somme $\sum_{i=1}^{n-1}\sum_{j=i+1}^{n} x_{i,j}$, qui est égale à $\sum_{j=2}^{n}\sum_{i=1}^{j-1} x_{i,j}$.

Exemple. Exprimer, pour tout n de $\mathbb{N}^*$, $\sum_{i=1}^{n}\sum_{j=i}^{n}\frac{i}{j}$ en fonction de n.

$$\sum_{i=1}^{n}\sum_{j=i}^{n}\frac{i}{j}=\sum_{j=1}^{n}\sum_{i=1}^{j}\frac{i}{j}=\sum_{j=1}^{n}\frac{1}{j}\left(\sum_{i=1}^{j} i\right)=\sum_{j=1}^{n}\frac{1}{j}\frac{j(j+1)}{2} \text{ (on a reconnu une somme usuelle)}$$

$$\sum_{i=1}^{n}\sum_{j=i}^{n}\frac{i}{j}=\frac{1}{2}\sum_{j=1}^{n}(j+1)=\frac{1}{2}\sum_{j=2}^{n+1} j \text{ (changement d'indice)}$$

$$\sum_{i=1}^{n}\sum_{j=i}^{n}\frac{i}{j}=\frac{1}{2}\left(\sum_{j=1}^{n+1} j-1\right) \quad \left(\begin{array}{l}\text{on a ajouté à la somme le terme}\\ \text{correspondant à } j=1\text{, puis on l'a retranché}\end{array}\right)$$

$$\sum_{i=1}^{n}\sum_{j=i}^{n}\frac{i}{j}=\frac{1}{2}\left(\frac{(n+1)(n+2)}{2}-1\right)=\frac{n^2+3n}{4}=\frac{n(n+3)}{4}.$$

Méthodes

Vrai/Faux

		Vrai	Faux
1.	Quel que soit l'entier naturel n non nul et quels que soient les réels $x_1,\dots,x_n$, on a : $\sum_{k=1}^{n} k\,x_k = k\sum_{k=1}^{n} x_k$.	☐	☐
2.	Quels que soient les $2n+1$ réels $x_0,\dots,x_{2n}$, on a : $\sum_{k=0}^{n} x_{2k} = \sum_{i=0}^{2n} x_i$.	☐	☐
3.	$\forall n \in \mathbb{N}^*,\ \sum_{k=1}^{n} k^3 = (\sum_{k=1}^{n} k)^2$.	☐	☐
4.	$\forall n \in \mathbb{N}^*,\ \sum_{k=2}^{n+1} k \neq \sum_{k=1}^{n} k$ et $\sum_{k=2}^{n+1} 1 = \sum_{k=1}^{n} 1$.	☐	☐
5.	$\forall n \in \mathbb{N},\ \sum_{k=0}^{n} (x_{k+2} - x_k) = x_{n+2} + x_{n+1} - x_1 - x_0$.	☐	☐
6.	Quels que soient les réels $x_1,\dots,x_n, y_1,\dots,y_n$, on a : $$\sum_{k=1}^{n} x_k y_k = (\sum_{k=1}^{n} x_k)(\sum_{k=1}^{n} y_k)$$	☐	☐
7.	La somme $\sum_{1\le i<j\le n} x_{i,j}$ contient $\frac{n(n-1)}{2}$ termes.	☐	☐
8.	On considère une suite $(u_k)_{k\in\mathbb{N}}$ et, pour tout entier naturel n, on pose : $S_n = \sum_{k=0}^{n} u_k$. On a alors $S_{2n} = \sum_{k=0}^{n} u_{2k}$.	☐	☐
9.	Quels que soient les réels strictement positifs $x_1,\dots,x_n$, on a : $$\ln(\prod_{k=1}^{n} x_k) = \sum_{k=1}^{n} \ln(x_k)$$	☐	☐
10.	Quels que soient les réels $x_1,\dots,x_n$, on a : $(\prod_{k=1}^{n} x_k)^2 = \prod_{k=1}^{n} x_k^2$.	☐	☐

Énoncé des exercices

❑ **Exercice 2.1.** — Écrire les sommes suivantes de façon symbolique (à l'aide du signe Σ) :

1. $A = 2+4+6+8+10$.

2. $B = 1-2+3-4+5-6+7-8+9-10$.

3. $C = 1+\dfrac{1}{100}+\dfrac{1}{10000}+\dfrac{1}{1000000}+\dfrac{1}{100000000}$.

❑ **Exercice 2.2.** — On désigne par n un entier naturel supérieur ou égal à 1.
Montrer que la somme des n premiers entiers naturels impairs est égale à n^2.

❑ **Exercice 2.3.** — Calculer les sommes suivantes :

1. $S_m = \sum_{i=0}^{m} 3^{-i}$, avec m élément de $\mathbb{N}$.

2. $T_n = \sum_{k=2}^{n+1} \left(k^3 - 3k^2 + 3k + 2\right)$, avec n élément de $\mathbb{N}^*$.

3. $U_n = \sum_{k=1}^{n} k \times k!$, avec n élément de $\mathbb{N}^*$.

4. $V_n = \sum_{k=0}^{n-1} (n-k)$, avec n élément de $\mathbb{N}^*$.

❑ **Exercice 2.4.** — Formule de Bernoulli. Montrer que, quels que soient les réels a et b et l'entier naturel non nul n, on a : $a^n - b^n = (a-b)\sum_{k=0}^{n-1} a^k b^{n-1-k}$.

❑ **Exercice 2.5.*** — On désigne par n un entier naturel non nul.

1. Trouver trois réels a, b et c tels que : $\forall k \in \mathbb{N}^*,\quad \dfrac{4k+1}{k(k+1)(k+2)} = \dfrac{a}{k} + \dfrac{b}{k+1} + \dfrac{c}{k+2}$.

2. En déduire une expression de la somme $\sum_{k=1}^{n} \dfrac{4k+1}{k(k+1)(k+2)}$ en fonction de n.

❑ **Exercice 2.6.*** — Soit la suite $(u_n)_{n\in\mathbb{N}}$ définie par $\begin{cases} u_0 = 1 \\ \forall n \in \mathbb{N},\quad u_{n+1} = 2u_n + n(n-1)2^n \end{cases}$.

Pour tout entier naturel n, on pose $v_n = \dfrac{u_n}{2^n}$.

1. Écrire la relation de récurrence vérifiée par la suite $(v_n)_{n\in\mathbb{N}}$.

2. En utilisant la **méthode 2.3**, donner une expression de v_n en fonction de n. En déduire u_n.

❑ **Exercice 2.7.** * — Un exemple de récurrence forte.

1. Montrer que l'on définit bien une suite $(u_n)_{n\geq 1}$, à termes strictement positifs, en posant :

$u_1 = 1$ et, pour tout entier n supérieur ou égal à 2, $u_n = \dfrac{1}{2n-1}\displaystyle\sum_{j=1}^{n-1} u_j$.

2. Déterminer u_2, puis u_3.

❑ **Exercice 2.8.** * — Calculer les sommes suivantes :

1. $K_n = \displaystyle\sum_{1\leq i<j\leq n} 1$, avec n dans $\mathbb{N}^*$.

2. $L_n = \displaystyle\sum_{i=1}^{n-1}\sum_{j=i+1}^{n} \frac{i}{j}$, avec n dans $\mathbb{N}$ et $n \geq 2$.

❑ **Exercice 2.9.** * — Calculer le produit $P_n = \displaystyle\prod_{k=2}^{n}\left(1-\frac{1}{k^2}\right)$, avec $n \geq 2$.

❑ **Exercice 2.10.** * — Justifier que, pour tout n de $\mathbb{N}^*$, on a : $\displaystyle\prod_{k=1}^{n}(2k+1) = \frac{(2n+1)!}{2^n n!}$.

■ Pour vous aider à démarrer

Exercice 2.2. La somme des n premiers entiers impairs est $\displaystyle\sum_{k=0}^{n-1}(2k+1)$.

Exercice 2.3. Pour la question **2**, remarquer que $k^3 - 3k^2 + 3k + 2 = (k-1)^3 + 3$. Poser ensuite $i = k-1$.
Pour la question **3**, écrire $k = (k+1) - 1$ facilite le calcul de U_n.

Exercice 2.5. Pour la question **2**, changer d'indice pour obtenir trois sommes de $\dfrac{1}{k}$.

Exercice 2.7. Pour la question **1**, faire une récurrence forte, en supposant pour un entier naturel n fixé non nul que, pour tout k de $[\![1, n]\!]$, u_k est bien défini et est strictement positif.

Exercice 2.8. Pour la question **2**, intervertir les symboles Σ.

Exercice 2.9. Le calcul de P_n se fait en écrivant :

$$\forall k \in [\![2,n]\!],\ 1-\frac{1}{k^2} = \frac{k^2-1}{k^2} = \frac{(k-1)(k+1)}{k^2}$$

Exercice 2.10. Il faut multiplier le produit donné par $\dfrac{2\times 4\times 6\times\cdots\times(2n)}{2\times 4\times 6\times\cdots\times(2n)}$.

Corrigé des vrai/faux

1.	2.	3.	4.	5.	6.	7.	8.	9.	10.
F	F	V	V	V	F	V	F	V	V

1. L'entier k est l'indice de la somme, il ne peut donc pas "sortir" de la somme.

2. La somme du membre de gauche contient tous les termes x_i dont les indices i sont compris entre 0 et $2n$ et sont pairs alors que la somme du membre de droite contient tous les termes x_i dont les indices sont compris entre 0 et $2n$.

3. D'après le cours, on a : $\forall n \in \mathbb{N}^*,\ \sum_{k=1}^{n} k^3 = \frac{n^2(n+1)^2}{4} = \left(\frac{n(n+1)}{2}\right)^2 = (\sum_{k=1}^{n} k)^2$.

4. $\forall n \in \mathbb{N}^*, \sum_{k=2}^{n+1} k = \sum_{k=1}^{n+1} k - 1 = \frac{(n+1)(n+2)}{2} - 1 = \frac{n(n+3)}{2}$ et $\sum_{k=1}^{n} k = \frac{n(n+1)}{2}$, donc $\sum_{k=2}^{n+1} k \neq \sum_{k=1}^{n} k$.

En revanche, $\sum_{k=2}^{n+1} 1 = \sum_{k=1}^{n} 1$ puisque dans chacune de ces expressions, on somme n fois le terme 1.

5. $\forall (x_k)_{k\in[\![0,n+2]\!]},\ \sum_{k=0}^{n}(x_{k+2} - x_k) = \sum_{k=0}^{n} x_{k+2} - \sum_{k=0}^{n} x_k = \sum_{j=2}^{n+2} x_j - \sum_{k=0}^{n} x_k = x_{n+2} + x_{n+1} - x_1 - x_0$.

On vient de faire un "double" télescopage.

6. En considérant $x_1 = 1$, $y_1 = 0$ et, pour tout i élément de $[\![2,n]\!], x_i = 0, y_i = 1$, on a, d'une part $\sum_{k=1}^{n} x_k y_k = 0$, et d'autre part, $\left(\sum_{k=1}^{n} x_k\right)\left(\sum_{k=1}^{n} y_k\right) = 1(n-1) = n-1$.

7. Il y a autant de termes dans une somme que de choix des valeurs que peuvent prendre les indices (chaque terme correspond à l'un de ces choix). Or il y a n^2 couples d'entiers de $[\![1,n]\!]$ et n couples d'entiers (i,j) tels que $i = j$, ce qui laisse $n^2 - n$ couples d'entiers (i,j) tels que $i \neq j$ et puisqu'il y a autant de couples d'entiers (i,j) tels que $i < j$ que de couples d'entiers (i,j) tels que $i > j$, on a bien $\frac{n(n-1)}{2}$ termes dans cette somme.

8. Ayant $S_n = \sum_{k=0}^{n} u_k$, si l'on veut S_{2n}, il faut remplacer n par $2n$ et rien d'autre (la suite S est fonction de n seulement, la lettre k n'est que l'indice de la somme). On a alors $S_{2n} = \sum_{k=0}^{2n} u_k$, ce qui est différent de $\sum_{k=0}^{n} u_{2k}$.

9. Il s'agit de la généralisation de la propriété bien connue : $\ln(ab) = \ln a + \ln b$, valable pour tous réels a et b strictement positifs. Il suffit de faire une démonstration par récurrence pour s'en convaincre.

10. Il s'agit de la généralisation de la propriété bien connue : $(ab)^2 = a^2b^2$, valable pour tous réels a et b. Ici aussi, on peut faire une démonstration par récurrence.

❑ Les erreurs classiques

- Dans une somme, il faut bien repérer l'indice de sommation et ne pas le sortir de la somme.
- L'indice d'une somme est muet et "n'a pas d'existence légale", la preuve c'est qu'on peut le remplacer par n'importe quelle autre lettre : $\sum_{i=0}^{n} u_i = \sum_{j=0}^{n} u_j$.
Aucun résultat d'une somme ne peut donc dépendre de l'indice de la somme.
- Dans un télescopage, il faut bien repérer quels sont les termes non communs aux deux sommes.
- Il est important de connaître le nombre de termes d'une somme simple ou d'une somme double.
- Rappelons que les seuls changements d'indice autorisés sont les suivants :
$i = k + constante$ et $i = -k + constante$.
- Il ne faut pas confondre, et ceci n'est qu'un exemple, $\sum_{k=1}^{n} k - 1$ avec $\sum_{k=1}^{n} (k-1)$.

Corrigé des exercices

Exercice 2.1

1. $A=\sum_{k=1}^{5}2k$ **2.** $B=\sum_{k=1}^{10}k(-1)^{k-1}$ **3.** $C=\sum_{k=0}^{4}\frac{1}{10^{2k}}$

Exercice 2.2

Tout entier naturel impair est de la forme $2k+1$, où k est un entier naturel.

On a $\sum_{k=0}^{n-1}(2k+1)=2\sum_{k=0}^{n-1}k+\sum_{k=0}^{n-1}1$ d'après les **propriétés 2.5** et **2.6**.

On trouve alors : $\sum_{k=0}^{n-1}(2k+1)=2\frac{(n-1)n}{2}+n=n^2$.

Exercice 2.3

1. $S_m=\sum_{i=0}^{m}3^{-i}=\sum_{i=0}^{m}\left(\frac{1}{3}\right)^i=\dfrac{1-\left(\frac{1}{3}\right)^{m+1}}{1-\frac{1}{3}}=\frac{3}{2}\left(1-\frac{1}{3^{m+1}}\right)$.

2. On remarque que : $\forall k\in[\![2,n+1]\!],\ k^3-3k^2+3k-1=(k-1)^3$. Par conséquent, on a :

$T_n=\sum_{k=2}^{n+1}\left((k-1)^3+3\right)$. En posant $i=k-1$, on trouve : $T_n=\sum_{i=1}^{n}(i^3+3)=\sum_{i=1}^{n}i^3+\sum_{i=1}^{n}3$.

On a alors : $T_n=\left(\frac{n(n+1)}{2}\right)^2+3n=\frac{n(n^3+2n^2+n+12)}{4}$.

⇨ *Méthode 2.1*

3. Soit n un entier naturel non nul. On a : $U_n=\sum_{k=1}^{n}k\,k!=\sum_{k=1}^{n}(k+1-1)k!=\sum_{k=1}^{n}\left((k+1)k!-k!\right)$.

$U_n=\sum_{k=1}^{n}(k+1)!-\sum_{k=1}^{n}k!=(n+1)!-1$ (par télescopage).

4. En faisant le changement d'indice $i=n-k$, on obtient : $V_n=\sum_{k=0}^{n-1}(n-k)=\sum_{i=1}^{n}i=\frac{n(n+1)}{2}$.

⇨ *Méthode 2.2*

Exercice 2.4

En développant : $(a-b)\sum_{k=0}^{n-1} a^k b^{n-1-k} = \sum_{k=0}^{n-1} a^{k+1} b^{n-1-k} - \sum_{k=0}^{n-1} a^k b^{n-k} = \sum_{j=1}^{n} a^j b^{n-j} - \sum_{k=0}^{n-1} a^k b^{n-k}$ (on a posé $j = k+1$ dans la première somme).

Par télescopage, on conclut : $(a-b)\sum_{k=0}^{n-1} a^k b^{n-1-k} = a^n - b^n$.

⇨ *Méthodes 2.1, 2.3*

Exercice 2.5

1. Pour tout entier naturel k non nul, on a :

$$\frac{a}{k} + \frac{b}{k+1} + \frac{c}{k+2} = \frac{a(k+1)(k+2) + bk(k+2) + ck(k+1)}{k(k+1)(k+2)}.$$

En ordonnant, ceci s'écrit : $\frac{a}{k} + \frac{b}{k+1} + \frac{c}{k+2} = \frac{k^2(a+b+c) + k(3a+2b+c) + 2a}{k(k+1)(k+2)}$.

On a donc :

$$\frac{4k+1}{k(k+1)(k+2)} = \frac{a}{k} + \frac{b}{k+1} + \frac{c}{k+2} \Leftrightarrow \frac{4k+1}{k(k+1)(k+2)} = \frac{k^2(a+b+c) + k(3a+2b+c) + 2a}{k(k+1)(k+2)}.$$

Ainsi, par identification des coefficients (des deux numérateurs), on trouve : $\begin{cases} a+b+c=0 \\ 3a+2b+c=4 \\ 2a=1 \end{cases}$.

Ce qui équivaut à $\begin{cases} b+c=-\frac{1}{2} \\ 2b+c=\frac{5}{2} \\ a=\frac{1}{2} \end{cases}$ ou encore à $\begin{cases} c=-\frac{7}{2} \\ b=3 \\ a=\frac{1}{2} \end{cases}$.

Finalement : $\forall k \in \mathbb{N}^*$, $\frac{4k+1}{k(k+1)(k+2)} = \frac{1}{2k} + \frac{3}{k+1} - \frac{7}{2(k+2)}$.

2. Pour tout entier naturel n non nul, on pose $S_n = \sum_{k=1}^{n} \frac{4k+1}{k(k+1)(k+2)}$.

D'après la question précédente, on a : $S_n = \sum_{k=1}^{n} \left(\frac{1}{2k} + \frac{3}{k+1} - \frac{7}{2(k+2)} \right)$.

On en déduit : $S_n = \sum_{k=1}^{n} \frac{1}{2k} + \sum_{k=1}^{n} \frac{3}{k+1} - \sum_{k=1}^{n} \frac{7}{2(k+2)} = \frac{1}{2}\sum_{k=1}^{n} \frac{1}{k} + 3\sum_{j=2}^{n+1} \frac{1}{j} - \frac{7}{2}\sum_{l=3}^{n+2} \frac{1}{l}$, après avoir posé $j = k+1$ dans la première somme et $l = k+2$ dans la seconde.

Ainsi, $S_n = \frac{1}{2}\left(1+\frac{1}{2}+\sum_{k=3}^{n}\frac{1}{k}\right)+3\left(\frac{1}{2}+\sum_{j=3}^{n}\frac{1}{j}+\frac{1}{n+1}\right)-\frac{7}{2}\left(\sum_{l=3}^{n}\frac{1}{l}+\frac{1}{n+1}+\frac{1}{n+2}\right)$.

D'où $S_n = \frac{9}{4}+\frac{3}{n+1}-\frac{7}{2}\left(\frac{1}{n+1}+\frac{1}{n+2}\right)+\left(\frac{1}{2}+3-\frac{7}{2}\right)\left(\sum_{k=3}^{n}\frac{1}{k}\right)=\frac{9}{4}-\frac{1}{2(n+1)}-\frac{7}{2(n+2)}$.

⇨ *Méthode 2.1*

Exercice 2.6

1. En divisant par 2^{n+1} la relation définissant la suite (u_n), on trouve : $v_{n+1} = v_n + \frac{n(n-1)}{2}$.

2. On obtient ainsi : $\forall k \in \mathbb{N}, v_{k+1} - v_k = \frac{k(k-1)}{2}$. On somme cette relation pour k allant de 0 à $n-1$ (avec $n \geq 1$) et on obtient : $\sum_{k=0}^{n-1}(v_{k+1}-v_k) = \sum_{k=0}^{n-1}\frac{k(k-1)}{2}$.

On a donc : $\sum_{k=0}^{n-1}(v_{k+1}-v_k) = \frac{1}{2}\sum_{k=0}^{n-1}k^2 - \frac{1}{2}\sum_{k=0}^{n-1}k$. En utilisant un télescopage dans la somme du membre de gauche ainsi que les sommes de référence dans le membre de droite, on obtient : $v_n - v_0 = \frac{(n-2)(n-1)n}{6}$. Puisque $v_0 = \frac{u_0}{2^0} = 1$, on a : $v_n = \frac{n^3-3n^2+2n+6}{6}$.

On en déduit que $u_n = \frac{n^3-3n^2+2n+6}{6} \times 2^n$ (ce qui est encore valable pour $n = 0$).

⇨ *Méthode 2.3*

Exercice 2.7

1. Posons $R(n)$: "u_n est bien défini et est strictement positif".

$R(1)$ est vraie. En effet, u_1 est défini et vaut 1.

Soit n un entier naturel non nul tel que $R(1)$, ..., $R(n)$ sont vraies.

Vérifions que u_{n+1}, qui est égal à $\frac{1}{2n+1}\sum_{j=1}^{n}u_j$, est bien défini et strictement positif.

Puisque, pour tout entier j compris entre 1 et n, u_j existe et est strictement positif, $\sum_{j=1}^{n}u_j$ existe et est strictement positive. Ainsi, comme $2n + 1 > 0$, on peut conclure que u_{n+1} existe et est strictement positif, ce qui prouve que $R(n+1)$ est vraie.

Finalement, pour tout entier naturel non nul n, u_n existe et est strictement positif.

Corrigé

2. Par définition de la suite, on a : $u_2 = \frac{1}{3}u_1 = \frac{1}{3}$ et $u_3 = \frac{1}{5}(u_1 + u_2) = \frac{1}{5}\left(1 + \frac{1}{3}\right) = \frac{4}{15}$.

Exercice 2.8

1. Pour déterminer la valeur de cette somme, il suffit de connaître son nombre de termes, c'est-à-dire le nombre de couples d'entiers naturels (i, j) de $[\![1,n]\!]^2$ tels que $i < j$.

On a déjà dénombré (dans le **V/F 7**) $\frac{n(n-1)}{2}$ tels couples. Il en résulte que : $K_n = \frac{n(n-1)}{2}$.

Remarque. On pouvait aussi écrire : $K_n = \sum_{1 \le i < j \le n} 1 = \sum_{j=2}^{n} \sum_{i=1}^{j-1} 1 = \sum_{j=2}^{n} (j-1) = \sum_{k=1}^{n-1} k = \frac{n(n-1)}{2}$.

2. Dans la somme intérieure, on a $i + 1 \le j \le n$, et dans la somme extérieure, on a $1 \le i \le n - 1$, on obtient alors : $2 \le j \le n$ (j ne peut pas prendre la valeur 1) et $1 \le i \le j - 1$ (puisque $i + 1 \le j$).

$$L_n = \sum_{j=2}^{n} \sum_{i=1}^{j-1} \frac{i}{j} = \sum_{j=2}^{n} \frac{1}{j}\left(\sum_{i=1}^{j-1} i\right) = \sum_{j=2}^{n} \frac{1}{j} \times \frac{(j-1)j}{2} = \frac{1}{2}\sum_{j=2}^{n}(j-1) = \frac{1}{2}\sum_{k=1}^{n-1} k = \frac{1}{2} \times \frac{n(n-1)}{2} = \frac{n(n-1)}{4}.$$

⇨ *Méthode 2.5*

Exercice 2.9

Pour tout entier naturel n supérieur ou égal à 2, on a : $P_n = \prod_{k=2}^{n} \frac{k^2 - 1}{k^2} = \prod_{k=2}^{n} \left(\frac{k-1}{k} \times \frac{k+1}{k}\right)$.

D'où $P_n = \prod_{k=2}^{n} \frac{k-1}{k} \times \prod_{k=2}^{n} \frac{k+1}{k}$ et par télescopage dans chaque produit, on obtient : $P_n = \frac{n+1}{2n}$.

Exercice 2.10

En multipliant en haut et en bas par $\prod_{k=1}^{n}(2k)$, on a : $\prod_{k=1}^{n}(2k+1) = \frac{\prod_{k=1}^{n}(2k+1) \times \prod_{k=1}^{n}(2k)}{\prod_{k=1}^{n}(2k)}$.

Le numérateur de cette expression est constitué du produit de tous les entiers pairs compris entre 2 et $2n$ multiplié par le produit de tous les entiers impairs compris entre 3 et $2n+1$, c'est-à-dire tous les entiers compris entre 1 et $2n+1$. On obtient ainsi : $\prod_{k=1}^{n}(2k+1) = \frac{\prod_{k=1}^{2n+1} k}{\prod_{k=1}^{n}(2k)} = \frac{(2n+1)!}{\prod_{k=1}^{n}(2k)}$.

De plus, $\prod_{k=1}^{n}(2k) = 2^n \prod_{k=1}^{n} k = 2^n n!$, on en déduit donc que : $\prod_{k=1}^{n}(2k+1) = \frac{(2n+1)!}{2^n n!}$.

Chapitre 3
Ensembles

Au cours du XIXe siècle, le besoin se fait sentir de séparer les mathématiques et la physique. Si les mathématiques ne se déduisent plus du monde qui nous environne, elles deviennent une discipline abstraite dont les bases reposent sur la logique, c'est-à-dire une construction intellectuelle, et non plus une matière basée sur l'expérience. Il est alors nécessaire d'en définir les fondements. La théorie des ensembles est introduite principalement par deux mathématiciens allemands. Richard **Dedekind** estime que les différents types de nombres, entiers, rationnels, réels ou complexes doivent se construire et non pas s'observer. Pour le faire, il utilise la notion abstraite d'ensemble, et d'opérations sur ceux-ci, que vient d'introduire son ami Georg **Cantor**. Ce dernier va plus loin en s'intéressant au cardinal, c'est-à-dire au nombre d'éléments, des ensembles infinis. Ces théories sont très contestées à l'époque. Georg Cantor terminera sa vie dans un hôpital psychiatrique.

Georg Cantor
1845-1918

Objectifs

Les incontournables

▷ Savoir démontrer qu'un ensemble est inclus dans un autre.

▷ Savoir démontrer que deux ensembles sont égaux.

▷ Savoir manipuler les opérations sur les ensembles.

▷ Savoir parfaitement ce qu'est une partition.

Et plus si affinités

▷ Savoir manipuler les intersections et réunions infinies d'ensembles (voir les chapitres consacrés aux probabilités).

Résumé de cours

Ensembles et éléments

Définitions, exemples et notations

Définition 3.1. — On définit un ensemble si l'on est capable d'affirmer sans ambiguïté qu'un élément appartient ou non à cet ensemble. En principe, on regroupe dans un ensemble des éléments ayant une propriété en commun.
On peut décrire un ensemble en extension, en donnant entre accolades la liste de ses éléments, comme $E = \{0, 2, 4, 6, \ldots\}$, ou en compréhension, c'est-à-dire, entre accolades toujours, en nommant les éléments, puis après une virgule, en les décrivant, ce qui, avec l'exemple précédent donne $E = \{n \in \mathbb{N}, n \text{ est pair}\}$.

Exemple 3.1. — Pour tout entier naturel n non nul, l'ensemble des entiers compris entre 1 et n, est noté $[\![1, n]\!]$, et est défini en compréhension par : $[\![1, n]\!] = \{i \in \mathbb{N}, 1 \leq i \leq n\}$.

Notations — On désigne les ensembles par des majuscules et les éléments par des minuscules.
On écrit "$x \in E$" pour traduire que "x appartient à E" ou encore que "x est élément de E".
On écrit "$x \notin E$" pour traduire que l'élément x n'appartient pas à l'ensemble E.
Le seul ensemble ayant zéro élément est l'ensemble vide, noté $\varnothing$.

Produit cartésien de deux ensembles

Définition 3.2. — Le produit cartésien des ensembles A et B est l'ensemble noté $A \times B$, on lit A *croix* B, constitué de tous les couples dont la première composante appartient à A et la deuxième à B. On a donc :

$$A \times B = \{ (x, y), x \in A \text{ et } y \in B \}$$

Remarque 3.1. — $A \times A$ est noté A^2.

Définition 3.3. — De la même façon, on définit, pour tout entier n supérieur ou égal à 2, l'ensemble $A_1 \times A_2 \times \ldots \times A_n$ des n-uplets $(x_1, x_2, \ldots, x_n)$, avec $x_1 \in A_1, x_2 \in A_2, \ldots, x_n \in A_n$.
On a donc :

$$A_1 \times A_2 \times \ldots \times A_n = \{ (x_1, x_2, \ldots, x_n), \forall i \in [\![1, n]\!], x_i \in A_i \}$$

Comparaison des ensembles

Inclusion

Définition 3.4. — On dit que l'ensemble A est *inclus* dans l'ensemble B, on note $A \subset B$, lorsque tout élément de A est élément de B.

⇨ **Méthode 3.1. Comment montrer qu'un ensemble est inclus dans un autre grâce à la définition ?**

Remarque 3.2. — Par convention, l'ensemble vide est inclus dans tout autre ensemble.

❑ Égalité

Définition 3.5. — On dit que deux ensembles A et B sont égaux, on note $A = B$, lorsque l'on a :

$$A \subset B \text{ et } B \subset A$$

⇨ **Méthode 3.4. Comment montrer que deux ensembles sont égaux grâce à la définition ?**

❑ Ensemble des parties d'un ensemble

Définitions 3.6. — On dit que l'ensemble A est une *partie* de l'ensemble E (ou encore un sous-ensemble de E) lorsque A est inclus dans E.
L'ensemble de toutes les parties de E est noté $\mathcal{P}(E)$.

Remarque 3.3. — Les phrases "$A \subset E$" et "$A \in \mathcal{P}(E)$" ont la même signification.

■ Opérations

Dans ce paragraphe, on considère des ensembles qui sont tous des parties d'un ensemble de référence, noté Ω (cette lettre est la lettre grecque omega majuscule).

❑ Intersection

Définition 3.7. — L'intersection des ensembles A et B est l'ensemble, noté $A \cap B$, (on lit "A inter B") constitué des éléments qui sont à la fois dans A et dans B. On a donc :

$$x \in A \cap B \Leftrightarrow x \in A \text{ et } x \in B$$

Définition 3.8. — De la même façon, on définit, pour tout entier naturel n non nul, l'ensemble $A_1 \cap A_2 \cap \ldots \cap A_n$, noté $\bigcap_{k=1}^{n} A_k$ (l'intersection se réduit à A_1 si $n = 1$). On a alors :

$$x \in \bigcap_{k=1}^{n} A_k \Leftrightarrow \forall k \in [\![1, n]\!], x \in A_k$$

Définition 3.9. — On définit aussi l'ensemble $\bigcap_{k=1}^{+\infty} A_k$, et on a : $x \in \bigcap_{k=1}^{+\infty} A_k \Leftrightarrow \forall k \in \mathbb{N}^*, x \in A_k$.

Propriété 3.1. — L'intersection est commutative : $A \cap B = B \cap A$.

Propriété 3.2. — L'intersection est associative : $(A \cap B) \cap C = A \cap (B \cap C) = A \cap B \cap C$.

Propriété 3.3. — $A \cap A = A$.

Propriété 3.4. — $A \subset B \Leftrightarrow A \cap B = A$.

Propriété 3.5. — Ω est élément neutre pour l'intersection : $A \cap \Omega = A$.

❑ Réunion

Définition 3.10. — La réunion des ensembles A et B est l'ensemble, noté $A \cup B$, (on lit "A union B") constitué des éléments qui sont dans l'un au moins des ensembles A ou B. On a donc :

$$x \in A \cup B \Leftrightarrow x \in A \text{ ou } x \in B$$

Remarque 3.4. — Le "ou" utilisé ci-dessus est dit inclusif : on peut avoir $x \in A \cap B$.

Définition 3.11. — De la même façon, on définit, pour tout entier naturel n non nul, l'ensemble $A_1 \cup A_2 \cup \ldots \cup A_n$, noté $\bigcup_{k=1}^{n} A_k$ (la réunion se réduit à A_1 si $n = 1$). On a alors :

$$x \in \bigcup_{k=1}^{n} A_k \Leftrightarrow \exists k \in [\![1, n]\!], x \in A_k$$

Définition 3.12. — On définit aussi l'ensemble $\bigcup_{k=1}^{+\infty} A_k$, et on a : $x \in \bigcup_{k=1}^{+\infty} A_k \Leftrightarrow \exists k \in \mathbb{N}^*, x \in A_k$.

Propriété 3.6. — La réunion est commutative : $A \cup B = B \cup A$.

Propriété 3.7. — La réunion est associative : $(A \cup B) \cup C = A \cup (B \cup C) = A \cup B \cup C$.

Propriété 3.8. — $A \cup A = A$.

Propriété 3.9. — $A \subset B \Leftrightarrow A \cup B = B$.

Propriété 3.10. — $\varnothing$ est élément neutre pour la réunion : $A \cup \varnothing = A$.

Propriété 3.11. — L'intersection et la réunion sont distributives l'une sur l'autre :

$$A \cap (B \cup C) = (A \cap B) \cup (A \cap C)$$
$$A \cup (B \cap C) = (A \cup B) \cap (A \cup C)$$

Propriété 3.12. — Un ordre à connaître : $A \cap B \subset A$ et $A \subset A \cup B$.

⇨ **Méthode 3.2. Comment montrer que E est inclus dans F en écrivant $E = F \cap G$?**
⇨ **Méthode 3.3. Comment montrer que E est inclus dans F en écrivant $F = E \cup G$?**

❑ Complémentaire

Définition 3.13. — Le complémentaire de A est l'ensemble, noté $\overline{A}$ (on lit "A barre"), contenant les éléments de Ω qui ne sont pas dans A. On a donc : $x \in \overline{A} \Leftrightarrow x \notin A$.

Propriété 3.13. — Quelques évidences : $\overline{\overline{A}} = A$; $\overline{\varnothing} = \Omega$; $\overline{\Omega} = \varnothing$.

Propriété 3.14. — $\overline{A}$ est la seule partie de Ω vérifiant : $A \cap \overline{A} = \varnothing$ et $A \cup \overline{A} = \Omega$.

Propriété 3.15. — Lois de Morgan : $\overline{A \cap B} = \overline{A} \cup \overline{B}$ et $\overline{A \cup B} = \overline{A} \cap \overline{B}$.

Propriété 3.16. — $A \subset B \Leftrightarrow \overline{B} \subset \overline{A}$.

⇨ **Méthode 3.5. Comment montrer que deux ensembles sont égaux en utilisant les propriétés des opérations ?**

■ Partition d'un ensemble *E*

❑ Partition finie de *E* en *n* classes ($n \geq 1$)

Définition 3.14. — Une partition d'un ensemble E en n classes est un ensemble $\{A_1, A_2, \ldots, A_n\}$ constitué de parties de E, appelées classes de la partition, et vérifiant :

- $\forall k \in [\![1, n]\!]$, $A_k \neq \varnothing$ (aucun A_k ne doit être vide).
- $\displaystyle\bigcup_{k=1}^{n} A_k = E$ (la réunion des A_k est égale à E).
- $\forall (i, j) \in [\![1, n]\!] \times [\![1, n]\!]$, $i \neq j$, $A_i \cap A_j = \varnothing$ (on dit que les A_i sont deux à deux disjoints, on dira en probabilités que les A_i sont deux à deux incompatibles).

Exemple 3.2. — Exemple de partition d'un ensemble E en 2 classes : $\{E \cap F, E \cap \overline{F}\}$, où F désigne une partie de E, non vide et différente de E.

Remarque 3.5. — L'**exercice 3.3** propose une propriété à connaître absolument.

❑ Partition infinie de *E*

Définition 3.15. — Une partition infinie de E est un ensemble $\{A_1, A_2, \ldots, A_k, \ldots\}$ de parties de E, toujours appelées classes de la partition, vérifiant :

- $\forall k \in \mathbb{N}^*$, $A_k \neq \varnothing$.
- $\displaystyle\bigcup_{k=1}^{+\infty} A_k = E$.
- $\forall (i, j) \in (\mathbb{N}^*)^2$, $i \neq j$, $A_i \cap A_j = \varnothing$.

Exemple 3.3. — $\{\{0\}, \{1\}, \ldots, \{n\}, \{n+1\}, \ldots\}$ est une partition infinie de $\mathbb{N}$.

■ Ensembles dénombrables, ensembles finis

❑ Ensemble dénombrable

Définition 3.16. — Un ensemble E est dit dénombrable s'il existe une bijection de E sur $\mathbb{N}$.

Remarque 3.6. — Ceci signifie qu'à chaque élément de E, on peut faire correspondre un unique entier naturel et qu'à chaque entier naturel, on peut faire correspondre un unique élément de E (voir la définition d'une bijection au **chapitre 4**).

Remarque 3.7. — Un ensemble E est dénombrable si on peut "numéroter" ses éléments avec tous les entiers naturels (on dit que les éléments de l'ensemble sont indexés par $\mathbb{N}$).

Exemple 3.4. — Les ensembles $\mathbb{N}$, $\mathbb{N}^*$, $\mathbb{Z}$ et $\mathbb{Q}$ sont dénombrables, mais $\mathbb{R}$ ne l'est pas.

❑ Ensemble fini

Définitions 3.17. — Un ensemble E est dit fini, soit s'il est vide, soit s'il existe un entier naturel n non nul tel qu'il existe une bijection de E vers $[\![1,n]\!]$.
Le nombre n est appelé *cardinal* de E, noté $\text{card}(E)$, et on a $\text{card}(\varnothing) = 0$.

Remarque 3.8. — Le cardinal d'un ensemble fini n'est rien d'autre que son nombre d'éléments.

Définitions 3.18. — On appelle *singleton* tout ensemble possédant un seul élément.
On appelle *paire* tout ensemble possédant deux éléments.

Méthodes

Inclusion

Méthode 3.1. Comment montrer qu'un ensemble est inclus dans un autre grâce à la définition ?

Pour montrer que A est inclus dans B, on prend un élément x quelconque de A et on prouve que x appartient à B.

⇨ Exercice 3.7

Exemple. Soit A l'ensemble des entiers naturels multiples de 6 et B l'ensemble des entiers naturels pairs. Montrer que $A \subset B$.
Soit n un élément de A, alors il existe un entier naturel p tel que $n = 6p = 2\,(3p)$, ce qui prouve que n est multiple de 2 et appartient donc à B. Ainsi, $A \subset B$.

Méthode 3.2. Comment montrer que E est inclus dans F en écrivant $E = F \cap G$?

Pour montrer que E est inclus dans F, on peut écrire E comme l'intersection de F et d'un autre ensemble G et utiliser le fait que $F \cap G \subset F$.

⇨ Exercice 3.1

Exemple. Soit $E = \{x \in \mathbb{R}, |x-2| \leq 3\}$ et $F = \{x \in \mathbb{R}, x \leq 5\}$. Montrer que $E \subset F$.
$E = \{x \in \mathbb{R}, |x-2| \leq 3\} = \{x \in \mathbb{R}, -3 \leq x-2 \leq 3\} = \{x \in \mathbb{R}, -1 \leq x \leq 5\} = F \cap G$, avec $G = \{x \in \mathbb{R}, -1 \leq x\}$. On a donc bien $E \subset F$.

Méthode 3.3. Comment montrer que E est inclus dans F en écrivant $F = E \cup G$?

Pour montrer que E est inclus dans F, on peut écrire F comme la réunion de E et d'un autre ensemble G et utiliser le fait que $E \subset E \cup G$.

⇨ Exercice 3.1

Exemple. Soit $E = \{x \in \mathbb{R}, x < 1\}$ et $F = \{x \in \mathbb{R}, |x-3| > 2\}$. Montrer que $E \subset F$.
$F = \{x \in \mathbb{R}, |x-3| > 2\} = \{x \in \mathbb{R}, x-3 > 2 \text{ ou } x-3 < -2\} = \{x \in \mathbb{R}, x > 5 \text{ ou } x < 1\}$.
On a donc bien : $F = E \cup G$, avec $G = \{x \in \mathbb{R}, x > 5\}$. Par conséquent : $E \subset F$.

■ Égalité d'ensembles

❑ Méthode 3.4. Comment montrer que deux ensembles sont égaux grâce à la définition ?

> Pour montrer que $A = B$, on peut procéder par double inclusion.

⇨ Exercices 3.4, 3.5

Exemple. Montrer que, si $A \cup B = A \cap B$, alors $A = B$.
Montrons dans un premier temps, que $A \subset B$.
Soit x un élément de A, alors, comme $A \subset A \cup B$, $x \in A \cup B$, mais $A \cup B = A \cap B$, on en déduit donc que $x \in A \cap B$, ce qui montre que, en particulier, $x \in B$. Ainsi, $A \subset B$.
De la même façon, on montre que $B \subset A$ et on conclut par double inclusion que $A = B$.

❑ Méthode 3.5. Comment montrer que deux ensembles sont égaux en utilisant les propriétés des opérations ?

> Pour montrer que $A = B$, on peut procéder par égalités successives en transformant A jusqu'à obtenir B.

⇨ Exercices 3.2, 3.3, 3.8

Exemple. On considère 2 parties, E et F, de Ω.
On pose $A = (E \cap F) \cup (E \cap \overline{F}) \cup (\overline{E} \cap F)$. Montrer que $A = E \cup F$.
Par associativité de la réunion, on a : $A = [(E \cap F) \cup (E \cap \overline{F})] \cup (\overline{E} \cap F)$.
Par distributivité de l'intersection sur la réunion : $A = [E \cap (F \cup \overline{F})] \cup (\overline{E} \cap F)$.
$A = [E \cap \Omega] \cup (\overline{E} \cap F) = E \cup (\overline{E} \cap F)$, car $E \subset \Omega$, ce qui implique $E \cap \Omega = E$.
Par distributivité de la réunion sur l'intersection, on obtient : $A = (E \cup \overline{E}) \cap (E \cup F)$.
$A = \Omega \cap (E \cup F)$, et pour finir : $A = E \cup F$, car $E \cup F \subset \Omega$.

Méthodes

Vrai/Faux

Les assertions suivantes sont-elles vérifiées par toutes parties A, B et C d'un ensemble Ω.

	Vrai	Faux
1. $A \cap B \subset B$.	☐	☐
2. $A \cup B \subset B$.	☐	☐
3. $(A \cap B) \cap (A \cap C) = A \cap B \cap C$.	☐	☐
4. $(B \cap A) \cup (B \cap \overline{A}) = \Omega$.	☐	☐
5. $(A \cap B) \cap (\overline{A} \cap B) = \varnothing$.	☐	☐
6. $A \cup (B \cap C) = (A \cup B) \cap (A \cup C)$.	☐	☐
7. $A \cap (B \cup C) = (A \cup B) \cap (A \cup C)$.	☐	☐
8. $A \cap \overline{B} \subset A \cup B$.	☐	☐
9. $\overline{A \cup (B \cap C)} = \overline{A} \cap \overline{B} \cap \overline{C}$.	☐	☐
10. $(A \cap \overline{B}) \cup B = A \cup B$.	☐	☐

Énoncé des exercices

❑ **Exercice 3.1.** — On considère une suite d'ensembles $\left(A_j\right)_{j\in\mathbb{N}^*}$. Pour tout entier naturel n supérieur ou égal à 1, on pose :

$$I_n = \bigcap_{k=1}^{n} A_k \quad \text{et} \quad U_n = \bigcup_{k=1}^{n} A_k$$

Montrer que, pour tout n de $\mathbb{N}^*$, on a : $I_{n+1} \subset I_n$ et $U_n \subset U_{n+1}$.

❑ **Exercice 3.2.** — Formules de Morgan généralisées.
On considère une suite d'ensembles $\left(A_j\right)_{j\in\mathbb{N}^*}$.

1. Montrer par récurrence la première formule de Morgan généralisée :

$$\forall n\in \mathbb{N}^*,\ \overline{\bigcap_{k=1}^{n} A_k} = \bigcup_{k=1}^{n} \overline{A_k}$$

2. En déduire, sans récurrence, la deuxième formule de Morgan généralisée :

$$\forall n\in \mathbb{N}^*,\ \overline{\bigcup_{k-1}^{n} A_k} = \bigcap_{k-1}^{n} \overline{A_k}$$

❑ **Exercice 3.3.** — On considère une partition $\{B_1, B_2, \ldots, B_n\}$ de Ω (avec $n \geq 1$), ainsi qu'une partie A non vide de Ω. Montrer que $A = \bigcup_{k=1}^{n} (A \cap B_k)$ et vérifier que cette réunion est formée d'ensembles deux à deux disjoints.

❑ **Exercice 3.4.** — Montrer que si l'on a $A \cup B = A \cap C$, $B \cup C = B \cap A$ et $C \cup A = C \cap B$, alors $A = B = C$.

❑ **Exercice 3.5.** * — On considère deux ensembles A et B tels qu'il existe un troisième ensemble X vérifiant : $A \cap X = B \cap X$ et $A \cup X = B \cup X$.
Montrer que $A = B$.

❑ **Exercice 3.6.** — Exhiber des exemples pour illustrer les deux affirmations suivantes :

1. Sous l'hypothèse $A \cup B = A \cup C$, on ne peut pas conclure que $B = C$.

2. Sous l'hypothèse $A \cap B = A \cap C$, on ne peut pas conclure que $B = C$.

❑ **Exercice 3.7.** * — On définit l'opération, notée \, par : $A \setminus B = A \cap \overline{B}$.

1. Déterminer $A \setminus A$ et $A \setminus \varnothing$.

2. Montrer que : $A \setminus B = A \Leftrightarrow B \setminus A = B$.

❑ **Exercice 3.8.** ** — L'opération \ ayant été définie dans l'**exercice 3.7**, on définit maintenant l'opération, notée Δ, par : $A \Delta B = (A \setminus B) \cup (B \setminus A)$.

1. Déterminer $A \Delta A$ et $A \Delta \varnothing$.

2. Montrer que $A \Delta B = (A \cup B) \setminus (A \cap B)$.

■ Pour vous aider à démarrer

Exercice 3.1. Montrer d'abord que $I_{n+1} = I_n \cap A_{n+1}$ et $U_{n+1} = U_n \cup A_{n+1}$.
Exercice 3.2. Pour la question **2**, appliquer la première question à la suite d'ensembles $\left(\overline{A_j}\right)_{j \in \mathbb{N}^*}$.
Exercice 3.3. Commencer en écrivant $A = A \cap \Omega$.
Exercice 3.4. Montrer d'abord que $A \cup B \subset C$.
Exercice 3.5. Pour l'inclusion de A dans B, on considère un élément a de A. Il faut ensuite montrer que a appartient à $B \cup X$, puis distinguer 2 cas : $a \in B$ ou $a \in X$.
Exercice 3.7. Pour la question **2**, on peut montrer une implication, puis constater que la deuxième implication s'obtient en échangeant les rôles de A et B. Le corrigé propose une deuxième méthode plus directe mais nécessitant une idée forte au départ !
Exercice 3.8. Pour la question **2**, après avoir écrit $A \Delta B = \left(A \cap \overline{B}\right) \cup \left(B \cap \overline{A}\right)$, utiliser la distributivité de la réunion sur l'intersection.

Corrigé des vrai/faux

1.	2.	3.	4.	5.	6.	7.	8.	9.	10.
V	F	V	F	V	V	F	V	F	V

1. C'est du cours : tout élément de $A \cap B$ est à la fois dans A et dans B, il est donc, entre autres, élément de B (**propriété 3.12**).

2. Voici un exemple avec $A = \{0, 1\}$ et $B = \{2, 3\}$.

On a alors : $A \cup B = \{0, 1, 2, 3\}$ et il est évident que $A \cup B$ n'est pas inclus dans B.

3. Par associativité et commutativité de l'intersection, on a :
$(A \cap B) \cap (A \cap C) = A \cap B \cap A \cap C = A \cap A \cap B \cap C$.
Comme $A \cap A = A$, on obtient bien : $(A \cap B) \cap (B \cap C) = A \cap B \cap C$.

4. Par distributivité de l'intersection sur la réunion, on a : $(B \cap A) \cup (B \cap \overline{A}) = B \cap \left(A \cup \overline{A}\right)$, ce qui donne $(B \cap A) \cup (B \cap \overline{A}) = B \cap \Omega$.
Comme $B \subset \Omega$, on trouve : $(B \cap A) \cup (B \cap \overline{A}) = B$, qui est, en général différent de Ω.

5. Par associativité de l'intersection, on a : $(A \cap B) \cap (\overline{A} \cap B) = A \cap B \cap \overline{A} \cap B$.
Or l'intersection est commutative donc $(A \cap B) \cap (\overline{A} \cap B) = A \cap \overline{A} \cap B \cap B$, puis encore par associativité : $(A \cap B) \cap (\overline{A} \cap B) = (A \cap \overline{A}) \cap (B \cap B)$. Comme $A \cap \overline{A} = \varnothing$ et $B \cap B = B$, on trouve : $(A \cap B) \cap (\overline{A} \cap B) = \varnothing \cap B = \varnothing$.

6. Par distributivité de la réunion sur l'intersection, on a : $A \cup (B \cap C) = (A \cup B) \cap (A \cup C)$.

7. L'égalité proposée ressemble à la distributivité de l'intersection sur la réunion, mais...
Si l'on prend $\Omega = \{0, 1, 2, 3\}$, $A = \{0, 1\}$, $B = \{1, 2\}$ et $C = \{1, 3\}$.

- $B \cup C = \{1, 2, 3\}$ donc $A \cap (B \cup C) = \{1\}$.
- $A \cup B = \{0, 1, 2\}$ et $A \cup C = \{0, 1, 3\}$ donc $(A \cup B) \cap (A \cup C) = \{0, 1\}$.

On a donc : $A \cap (B \cup C) \neq (A \cup B) \cap (A \cup C)$.

8. On sait que $A \cap \overline{B} \subset A$ (**propriété 3.12**) et que $A \subset A \cup B$ (**propriété 3.12**).

Corrigé

9. On peut se douter que c'est faux puisque l'on sait (grâce aux lois de Morgan) que :

$$\overline{A} \cap \overline{B} \cap \overline{C} = \overline{A \cup B \cup C}.$$

Voici un contre exemple :

Avec $\Omega = \{0, 1, 2, 3\}$, considérons les ensembles : $A = \{0, 1\}$, $B = \{1, 2\}$ et $C = \{1, 3\}$.

- Alors $B \cap C = \{1\}$ donc $A \cup (B \cap C) = \{0, 1\}$ et $\overline{A \cup (B \cap C)} = \{2, 3\}$.
- De plus, $\overline{A} = \{2, 3\}$, $\overline{B} = \{0, 3\}$ et $\overline{C} = \{0, 2\}$ donc $\overline{A} \cap \overline{B} \cap \overline{C} = \varnothing$.

10. Par distributivité de la réunion sur l'intersection, on a : $(A \cap \overline{B}) \cup B = (A \cup B) \cap (\overline{B} \cup B)$.
Comme $\overline{B} \cup B = \Omega$, on obtient $(A \cap \overline{B}) \cup B = (A \cup B) \cap \Omega$, et comme $A \cup B \subset \Omega$, la **propriété 3.4** permet de conclure : $(A \cap \overline{B}) \cup B = A \cup B$.

❑ Les erreurs classiques

- Il ne faut surtout pas confondre réunion et intersection, notamment quand il faut établir des inclusions (ce qui sera le cas en probabilités).
- Il ne faut pas utiliser une propriété de distributivité lorsque l'on est en présence d'une seule opération ($\cap$ ou $\cup$).
- Le non respect des lois de Morgan entraîne de graves erreurs, similaires aux erreurs de logique (revoir à ce sujet le chapitre 1).
- Il vaut mieux ne pas trop se fier à son intuition lorsqu'il s'agit de mettre en place des inclusions (ce que l'on appelle le bon sens n'est parfois pas suffisant, voire trompeur).

Corrigé des exercices

Exercice 3.1

Soit n un entier naturel non nul.

- Par définition, on a :

$$I_{n+1} = \bigcap_{k=1}^{n+1} A_k = A_1 \cap A_2 \cap \ldots \cap A_n \cap A_{n+1} = \left(A_1 \cap A_2 \cap \ldots \cap A_n\right) \cap A_{n+1} = I_n \cap A_{n+1}.$$

Or $I_n \cap A_{n+1} \subset I_n$ (**propriété 3.12**) ainsi : $I_{n+1} \subset I_n$.

- De même, on a :

$$U_{n+1} = \bigcup_{k=1}^{n+1} A_k = A_1 \cup A_2 \cup \ldots \cup A_n \cup A_{n+1} = \left(A_1 \cup A_2 \cup \ldots \cup A_n\right) \cup A_{n+1} = U_n \cup A_{n+1}.$$

Or $U_n \subset U_n \cup A_{n+1}$ (**propriété 3.12**) ainsi : $U_n \subset U_{n+1}$.

Finalement, pour tout n de $\mathbb{N}^*$, on a bien : $I_{n+1} \subset I_n$ et $U_n \subset U_{n+1}$.

⇨ *Méthodes 3.2, 3.3*

Exercice 3.2

1. Soit n un entier naturel non nul. Posons R(n) : "$\overline{\bigcap_{k=1}^{n} A_k} = \bigcup_{k=1}^{n} \overline{A_k}$".

Montrons par récurrence que la propriété R(n) est vraie pour tout entier naturel non nul.

- R(1) est vraie. En effet, d'une part, $\overline{\bigcap_{k=1}^{1} A_k} = \overline{A_1}$ et d'autre part $\bigcup_{k=1}^{1} \overline{A_k} = \overline{A_1}$.

On a donc : $\overline{\bigcap_{k=1}^{1} A_k} = \bigcup_{k=1}^{1} \overline{A_k}$.

- Soit n un entier naturel non nul pour lequel R(n) est vraie. Montrons qu'alors R(n + 1) est vraie.

On a : $\overline{\bigcap_{k=1}^{n+1} A_k} = \overline{\bigcap_{k=1}^{n} A_k \cap A_{n+1}} = \left(\overline{\bigcap_{k=1}^{n} A_k}\right) \cup \overline{A_{n+1}}$, par la première loi de Morgan.

$= \left(\bigcup_{k=1}^{n} \overline{A_k}\right) \cup \overline{A_{n+1}}$, par hypothèse de récurrence R(n).

D'où $\overline{\bigcap_{k=1}^{n+1} A_k} = \bigcup_{k=1}^{n+1} \overline{A_k}$. Ceci signifie que R($n$+1) est vraie.

Ainsi, par récurrence, pour tout entier naturel n non nul, on a bien : $\overline{\bigcap_{k=1}^{n} A_k} = \bigcup_{k=1}^{n} \overline{A_k}$.

Corrigé

2. Appliquons la première formule de Morgan généralisée à la suite d'ensembles $\left(\overline{A_j}\right)_{j\in\mathbb{N}^*}$.

Nous obtenons : $\forall n\in\mathbb{N}^*,\ \overline{\bigcap_{k=1}^{n}\overline{A_k}}=\bigcup_{k=1}^{n}\overline{\overline{A_k}}$. Ceci signifie que : $\forall n\in\mathbb{N}^*,\ \overline{\bigcap_{k=1}^{n}\overline{A_k}}=\bigcup_{k=1}^{n}A_k$.

En passant au complémentaire, nous obtenons bien : $\forall n\in\mathbb{N}^*, \bigcap_{k=1}^{n}\overline{A_k}=\overline{\bigcup_{k=1}^{n}A_k}$.

➪ *Méthode 3.5*

✐ *Il faut connaître ces généralisations des lois de Morgan.*

Exercice 3.3

- Montrons tout d'abord que : $A=\bigcup_{k=1}^{n}(A\cap B_k)$.

La **propriété 3.5** permet d'écrire : $A=A\cap\Omega$.

De plus, $\{B_1,B_2,..,B_n\}$ étant une partition de Ω, on a : $\Omega=\bigcup_{k=1}^{n}B_k$.

Nous obtenons donc : $A=A\cap\left(\bigcup_{k=1}^{n}B_k\right)$.

Montrons alors par récurrence la propriété R(n) : " $A\cap\left(\bigcup_{k=1}^{n}B_k\right)=\bigcup_{k=1}^{n}(A\cap B_k)$ ".

- R(1) est vraie. En effet $A\cap\left(\bigcup_{k=1}^{1}B_k\right)=A\cap B_1$ et $\bigcup_{k=1}^{1}(A\cap B_k)=A\cap B_1$.
- Soit n un entier naturel non nul tel que R(n) est vraie.

On a alors : $A\cap\left(\bigcup_{k=1}^{n+1}B_k\right)=A\cap\left(\left(\bigcup_{k=1}^{n}B_k\right)\cup B_{n+1}\right)$.

$A\cap\left(\bigcup_{k=1}^{n+1}B_k\right)=\left(A\cap\left(\bigcup_{k=1}^{n}B_k\right)\right)\cup\left(A\cap B_{n+1}\right)$ par distributivité de l'intersection sur la réunion.

$A\cap\left(\bigcup_{k=1}^{n+1}B_k\right)=\left(\bigcup_{k=1}^{n}\left(A\cap B_k\right)\right)\cup\left(A\cap B_{n+1}\right)$ par hypothèse de récurrence R(n).

D'où $A\cap\left(\bigcup_{k=1}^{n+1}B_k\right)=\bigcup_{k=1}^{n+1}\left(A\cap B_k\right)$ c'est-à-dire R(n + 1) est vraie.

Ainsi, par récurrence, pour tout entier naturel n non nul, on a : $A\cap\left(\bigcup_{k=1}^{n}B_k\right)=\bigcup_{k=1}^{n}(A\cap B_k)$.

Finalement, on a bien : $A=\bigcup_{k=1}^{n}\left(A\cap B_k\right)$.

- Montrons maintenant que cette réunion est formée d'ensembles deux à deux disjoints.

Ceci revient à montrer que : $\forall (i,j) \in [\![1;n]\!]^2, i \neq j, (A \cap B_i) \cap (A \cap B_j) = \varnothing$.

Soit *i* et *j* deux entiers compris entre 1 et *n* tels que $i \neq j$.

Alors $(A \cap B_i) \cap (A \cap B_j) = A \cap B_i \cap B_j = A \cap (B_i \cap B_j)$, par associativité et commutativité de l'intersection et grâce à la **propriété 3.3**.

De plus, par hypothèse, $B_i \cap B_j = \varnothing$, on en déduit que : $(A \cap B_i) \cap (A \cap B_j) = \varnothing$.

⇨ *Méthode 3.5*

✐ *La propriété R(n) démontrée par récurrence au cours de cet exercice est la généralisation de la propriété de distributivité de l'intersection sur la réunion. La généralisation de la distributivité de la réunion sur l'intersection se démontre de manière analogue. Il faut connaître ces généralisations.*

Exercice 3.4

Utilisons la **méthode 3.4**, pour obtenir des inclusions entre les différents ensembles.

- Puisque $A \cap C \subset C$, la relation $A \cup B = A \cap C$ donne alors $A \cup B \subset C$ ce qui implique $\begin{cases} B \subset C \\ A \subset C \end{cases}$ (**propriété 3.12**).
- Puisque $B \cap A \subset A$, la relation $B \cup C = B \cap A$ donne alors $B \cup C \subset A$, ce qui implique $\begin{cases} B \subset A \\ C \subset A \end{cases}$ (**propriété 3.12**).
- Enfin, puisque $C \cap B \subset B$, la relation $C \cup A = C \cap B$ donne alors $C \cup A \subset B$, ce qui implique $\begin{cases} C \subset B \\ A \subset B \end{cases}$ (**propriété 3.12**).

Ces six relations nous permettent de conclure, par double inclusion, que $A = B = C$.

⇨ *Méthode 3.4*

Exercice 3.5

Prouvons dans un premier temps l'inclusion : $A \subset B$ par la **méthode 3.1**.
Considérons un élément *a* quelconque dans *A*.
La **propriété 3.12** assure que *a* est un élément de $A \cup X$.
Comme $A \cup X = B \cup X$, on obtient : $a \in B \cup X$.

On raisonne alors par disjonction de cas sur l'appartenance de *a* à *X* :
Si *a* n'appartient pas à *X* alors *a* appartient à *B*.
Si *a* appartient à *X*, alors *a* appartient à $A \cap X$. Mais $A \cap X = B \cap X$ par hypothèse.
Ainsi *a* est un élément de *B* (et de *X*).
Dans les deux cas, nous concluons que *a* appartient à B, ce qui prouve l'inclusion : $A \subset B$.
L'autre inclusion se prouvant de la même façon, on obtient : $A = B$.

⇨ *Méthode 3.4*

Exercice 3.6

1. Considérons $A=\{0,1\}$, $B=\{1,2\}$ et $C=\{0,2\}$. On a $A\cup B=A\cup C=\{0,1,2\}$ mais $B\neq C$.

2. Considérons $A=\{0\}$, $B=\{0,1,2\}$ et $C=\{0,2\}$. On a $A\cap B=A\cap C=\{0\}$ mais $B\neq C$.

Exercice 3.7

1. On a facilement : $A\setminus A=A\cap\overline{A}=\varnothing$ et $A\setminus\varnothing=A\cap\overline{\varnothing}=A\cap\Omega=A$.

2. Procédons par double implication.

- Montrons d'abord que : $A\cap\overline{B}=A \Rightarrow B\cap\overline{A}=B$.

Première méthode. On procède par double inclusion.
L'inclusion $(B\cap\overline{A})\subset B$ est toujours vraie (**propriété 3.12**).
Montrons maintenant que $B\subset B\cap\overline{A}$. Considérons un élément quelconque x de B et raisonnons par l'absurde : si x était élément de A, alors x serait élément de $A\cap\overline{B}$ par hypothèse. Par conséquent, x serait élément de $\overline{B}$, ce qui est absurde. Ainsi x est élément de $\overline{A}$ et x est donc élément de $B\cap\overline{A}$, ce qui prouve que : $B\subset(B\cap\overline{A})$.
Au final, on a bien : $B\cap\overline{A}=B$
Deuxième méthode. On montre l'égalité $B\cap\overline{A}=B$ directement.
Comme, par hypothèse $A\cap\overline{B}=A$, en prenant les complémentaires, on trouve : $\overline{A}\cup B=\overline{A}$ et on a, en remplaçant : $B\cap\overline{A}=B\cap\left(\overline{A}\cup B\right)$.

Comme B est inclus dans $\overline{A}\cup B$, il reste : $B\cap\overline{A}=B$.

- Pour montrer que ($B\cap\overline{A}=B \Rightarrow A\cap\overline{B}=A$), il suffit d' échanger les rôles de A et B.
- On peut conclure : $A\cap\overline{B}=A \Leftrightarrow B\cap\overline{A}=B$.

⇨ *Méthode 3.1*

Exercice 3.8

1. En utilisant les résultats de l'exercice précédent, on obtient :

- $A\,\Delta\,A=(A\setminus A)\cup(A\setminus A)=(A\setminus A)=\varnothing$.
- $A\,\Delta\,\varnothing=(A\setminus\varnothing)\cup(\varnothing\setminus A)=A\cup\varnothing=A$.

2. Par définition, on a : $A\,\Delta\,B=\left(A\cap\overline{B}\right)\cup\left(B\cap\overline{A}\right)$.

Par distributivité, on obtient : $A\,\Delta\,B=(A\cup B)\cap(\overline{B}\cup B)\cap(A\cup\overline{A})\cap(\overline{B}\cup\overline{A})$.
Comme $(\overline{B}\cup B)=(A\cup\overline{A})=\Omega$, il reste : $A\,\Delta\,B=(A\cup B)\cap(\overline{B}\cup\overline{A})$.
Grâce aux lois de Morgan, on a : $\overline{B}\cup\overline{A}=\overline{B\cap A}=\overline{A\cap B}$, ce qui donne :
$A\,\Delta\,B=(A\cup B)\cap\overline{A\cap B}$, ce qui traduit exactement le fait que : $A\,\Delta\,B=(A\cup B)\setminus(A\cap B)$.

⇨ *Méthode 3.5*

Chapitre 4
Applications

Henri Cartan
1904-2008

Dans les années 1930, un groupe de jeunes mathématiciens, parmi lesquels Henri **Cartan**, tous sortis de l'École normale supérieure de la rue d'Ulm, comprennent le besoin essentiel de faire entrer dans l'enseignement des mathématiques les nouveaux concepts apparus au tournant du siècle. Ils font le projet d'élaborer un traité présentant les structures fondamentales des mathématiques. Souhaitant produire un ouvrage collectif, ils prennent le pseudonyme de Nicolas **Bourbaki**. Pour préciser les concepts de base, ils introduisent parfois un vocabulaire nouveau. Ils délaissent le terme *fonction*, de définition souvent assez floue à l'époque, pour le mot *application*. Poussant plus loin leur étude,ils introduisent aussi les mots *injection, surjection* et *bijection*.

■■ Objectifs

■ Les incontournables

- ▷ Savoir déterminer la composée de deux applications.
- ▷ Savoir montrer qu'une application est (ou n'est pas) une injection, une surjection.
- ▷ Savoir montrer qu'une application est une bijection.
- ▷ Savoir démontrer qu'une équation possède une seule solution.

■ Et plus si affinités

- ▷ Savoir déterminer, lorsque c'est possible, la bijection réciproque d'une bijection.

■■ Résumé de cours

■ Fonctions

Définition 4.1. — Une fonction f d'un ensemble E dans (ou vers) un ensemble F est un procédé qui permet d'associer certains éléments de E avec des éléments de F appelés leurs *images*, de telle façon que chaque élément x de E possède au maximum une image y dans F.

Notation et vocabulaire — Pour les éléments x de E ayant une image y dans F, on note $y = f(x)$ et on dit que x est un *antécédent* de y par f.

Définition 4.2. — L'ensemble E est appelé ensemble de départ de f et l'ensemble F est appelé ensemble d'arrivée de f.

Définition 4.3. — On appelle *graphe* de f l'ensemble des couples $(x, f(x))$ de $E \times F$.

Exemple 4.1. — $(x \mapsto \frac{1}{x})$ est une fonction de $\mathbb{R}$ vers $\mathbb{R}$.

■ Applications

❑ Définitions

Définition 4.4. — Une application f d'un ensemble E dans un ensemble F est une fonction de E dans F telle que chaque élément de E possède exactement une image par f dans F.
L'ensemble des applications de E dans F est noté $\mathcal{A}(E, F)$.

Exemple 4.2. — $(x \mapsto \frac{1}{x})$ est une application de $\mathbb{R}^*$ vers $\mathbb{R}$ (et même de $\mathbb{R}^*$ vers $\mathbb{R}^*$).

Remarque 4.1. — En ce qui concerne les applications de $\mathbb{R}$ dans $\mathbb{R}$, on remplace souvent le mot *application* par le mot *fonction*.

Définition 4.5. — Deux applications f et g sont égales si et seulement si elles ont même ensemble de départ E, même ensemble d'arrivée F et si, pour tout x de E, on a : $f(x) = g(x)$.

⇨ **Méthode 4.1. Comment montrer que deux applications sont égales ?**

Définition 4.6. — Soit E un ensemble. On appelle *identité* de E (ou *application identique* de E), l'application de E dans E, notée Id_E et définie par : $\forall x \in E, Id_E(x) = x$.

Définition 4.7. — Restriction d'une application.
Soit f une application d'un ensemble E dans un ensemble F et E' une partie de E. On appelle restriction de f à E', l'application notée $f_{|E'}$ définie par : $\forall x \subset E', f_{|E'}(x) - f(x)$.

❑ Opérations sur les fonctions (ou applications) de IR dans IR

Définition 4.8. — Soit f et g deux fonctions de $\mathbb{R}$ dans $\mathbb{R}$.
La fonction $f+g$ est définie par : $\forall x \in \mathbb{R}$, $(f+g)(x)=f(x)+g(x)$.
Pour tout réel α, la fonction αf est définie par : $\forall x \in \mathbb{R}$, $(\alpha f)(x)=\alpha f(x)$.
La fonction fg est définie par : $\forall x \in \mathbb{R}$, $(fg)(x)=f(x)g(x)$.

❑ Composition des applications

Définition 4.9. — Soit E, F et G trois ensembles, f une application de E dans F et g une application de F dans G. On note $g \circ f$ (et on lit "g rond f") l'application de E dans G qui à tout élément x de E associe $(g \circ f)(x) = g(f(x))$.

⇨ **Méthode 4.2. Comment composer deux applications ?**

Propriété 4.1. — La composition des applications est associative. Lorsque les composées écrites ci-après existent, on a : $(f \circ g) \circ h = f \circ (g \circ h) = f \circ g \circ h$.

Propriété 4.2. — Si f est une application de E dans F, on a :

$$f \circ Id_E = Id_F \circ f = f.$$

■ Applications particulières

❑ Injection

Définition 4.10. — Une application f d'un ensemble E dans un ensemble F est injective (ou est une injection) si chaque élément de F admet au plus un antécédent dans E par f.

Exemple 4.3. — $(x \mapsto x^2)$ est une injection de $\mathbb{R}_+$ vers $\mathbb{R}$, mais ce n'est pas une injection de $\mathbb{R}$ vers $\mathbb{R}$.

Théorème 4.1. — Une application f de E dans F est injective si et seulement si :

$$\forall (x_1, x_2) \in E^2, f(x_1) = f(x_2) \Rightarrow x_1 = x_2.$$

⇨ **Méthode 4.3. Comment montrer qu'une application est (ou n'est pas) injective ?**

❑ Surjection

Définition 4.11. — Une application f d'un ensemble E dans un ensemble F est surjective (ou est une surjection) si chaque élément de F admet au moins un antécédent dans E par f.

Exemple 4.4. — $(x \mapsto x^2)$ est une surjection de $\mathbb{R}$ vers $\mathbb{R}_+$, mais pas de $\mathbb{R}$ vers $\mathbb{R}$.

Théorème 4.2. — Une application f de E dans F est surjective si et seulement si :

$$\forall y \in F, \exists x \in E, y = f(x).$$

⇨ **Méthode 4.4. Comment montrer qu'une application est (ou n'est pas) surjective ?**

❑ Bijection

Définition 4.12. — Une application f d'un ensemble E dans un ensemble F est une application bijective (on dit aussi une bijection) si elle est injective et surjective.

Exemple 4.5. — $(x \mapsto x^2)$ est une bijection de $\mathbb{R}_+$ vers $\mathbb{R}_+$.

Théorème 4.3. — Une application f de E dans F est bijective si et seulement si :

$$\forall y \in F, \exists! x \in E, y = f(x).$$

⇨ **Méthode 4.5. Comment montrer qu'une application est bijective en résolvant une équation ?**

Remarque 4.2. — En d'autres termes, f est bijective si l'équation $y = f(x)$, d'inconnue x, possède une unique solution.

Théorème 4.4. — Une application f d'un ensemble E dans un ensemble F est une bijection de E dans F si, et seulement si, il existe une application g de F dans E telle que :

$$g \circ f = Id_E \text{ et } f \circ g = Id_F$$

⇨ **Méthode 4.7. Comment montrer qu'une application f est bijective en cherchant f^{-1} par composition ?**

Propriété 4.3. — La fonction g définie au **théorème 4.4** est unique

Définition 4.13. — La fonction g définie au **théorème 4.4** est appelée *bijection réciproque* de f et est notée f^{-1}. On a alors l'équivalence :

$$y = f(x) \Leftrightarrow x = f^{-1}(y)$$

⇨ **Méthode 4.6. Comment déterminer l'application réciproque d'une bijection ?**

Théorème 4.5. — Composée de bijections. Si f est une bijection de E dans F et si g est une bijection de F dans G, alors $g \circ f$ est une bijection de E dans G et l'on a : $(g \circ f)^{-1} = f^{-1} \circ g^{-1}$.

❑ Théorème de la bijection

Théorème 4.6. — Soit f une application, définie sur un intervalle I de $\mathbb{R}$, continue et strictement monotone sur I, alors f est une bijection de I sur l'intervalle image de I par f.

⇨ **Méthode 4.8. Comment montrer qu'une application numérique est bijective ?**

Remarque 4.3. — La continuité est abordée dans le **chapitre 12**. C'est la propriété qui garantit que l'image d'un intervalle par une fonction continue est un intervalle. Les fonctions usuelles (ln, exp, fonctions polynomiales ou rationnelles, etc) sont continues là où elles sont définies.

Théorème 4.7. — Si une application f est une bijection strictement monotone d'un intervalle I de $\mathbb{R}$ vers un intervalle J de $\mathbb{R}$, alors f et f^{-1} ont les mêmes variations.

■■ Méthodes

■ Applications, composition des applications

❑ Méthode 4.1. Comment montrer que deux applications sont égales ?

Pour montrer que deux applications sont égales, on vérifie qu'elles ont même ensemble de départ, même ensemble d'arrivée, et que, pour tout x de l'ensemble de départ, on a $f(x) = g(x)$.

⇨ **Exercice 4.3**

Exemple. Soit f et g les applications de $\mathbb{R}$ dans $\mathbb{R}$ définies par :

$$f(x) = \ln(1+e^x) \text{ et } g(x) = x + \ln(1+e^{-x}).$$

Montrer que f et g sont égales.

Pour commencer, puisque, pour tout réel x, on a : $1+e^x > 0$ et $1+e^{-x} > 0$, les applications f et g sont toutes deux définies sur $\mathbb{R}$ et à valeurs dans $\mathbb{R}$. De plus, pour tout réel x, on a :

$f(x) = \ln(e^x(e^{-x}+1)) = \ln(e^x) + \ln(e^{-x}+1) = x + \ln(e^{-x}+1) = g(x)$.

Remarque. — On pouvait aussi commencer le calcul avec $g(x)$ en écrivant $x = \ln(e^x)$.

❑ Méthode 4.2. Comment composer deux applications ?

Pour déterminer $g \circ f$, il faut calculer, pour tout x de l'ensemble de départ de f, la quantité $(g \circ f)(x) = g(f(x))$.

⇨ **Exercices 4.3, 4.4**

Exemple. Soit f et g les applications définies, pour tout réel x, par $f(x) = x^2$ et $g(x) = x + 1$. Déterminer $g \circ f$ et $f \circ g$.

Pour tout réel x, on a : $(g \circ f)(x) = g(f(x)) = g(x^2) = x^2 + 1$.

$(f \circ g)(x) = f(g(x)) = f(x+1) = (x+1)^2 = x^2 + 2x + 1$.

Remarque. — On constate que $g \circ f \neq f \circ g$.

Injections, surjections et bijections

Méthode 4.3. Comment montrer qu'une application est (ou n'est pas) injective ?

Pour montrer qu'une application f de E dans F est injective, on se donne deux éléments quelconques, x_1 et x_2, de E tels que $f(x_1) = f(x_2)$ et on montre que $x_1 = x_2$.
Pour montrer qu'une application f de E dans F n'est pas injective, on cherche deux éléments distincts de E ayant la même image.

⇨ Exercices 4.5, 4.6, 4.11, 4.12

Exemple 1. Soit f l'application de $\mathbb{N}$ dans $\mathbb{N}$ telle que, pour tout n de $\mathbb{N}$, on a $f(n) = 3n$. Montrer que f est injective.

Soit n et n' deux entiers naturels tels que $f(n) = f(n')$, on a alors $3n = 3n'$ d'où : $n = n'$. On en conclut que f est injective.

Exemple 2. Soit f l'application de $\mathbb{R}$ dans $\mathbb{R}$ telle que, pour tout x de $\mathbb{R}$, on a $f(x) = x^2$. Montrer que f n'est pas injective.

On a $f(2) = 4$ et $f(-2) = 4$ donc f n'est pas injective.

Méthode 4.4. Comment montrer qu'une application est (ou n'est pas) surjective ?

Pour montrer qu'une application f de E dans F est surjective, on se donne un élément quelconque de F et on montre qu'il a au moins un antécédent dans E.
Pour montrer qu'une application f de E dans F n'est pas surjective, on cherche un élément de F n'ayant pas d'antécédent dans E.

⇨ Exercices 4.5, 4.6, 4.11, 4.12

Exemple 1. Soit f l'application de $\mathbb{R}$ dans $\mathbb{R}_+$ telle que, pour tout x de $\mathbb{R}$, on a $f(x) = x^2$.

Montrer que f est surjective.

Pour tout y de $\mathbb{R}_+$, l'équation $f(x) = y$ possède au moins une solution ($x = \sqrt{y}$ ou $x = -\sqrt{y}$) donc f est surjective.

Exemple 2. Soit f l'application de $\mathbb{N}$ dans $\mathbb{N}$ telle que, pour tout n de $\mathbb{N}$, on a $f(n) = 3n$.

Montrer que f n'est pas surjective.

On constate que 1 n'a pas d'antécédent dans $\mathbb{N}$ (car il n'y a pas d'entier naturel n tel que $3n = 1$) donc f n'est pas surjective.

❑ Méthode 4.5. Comment montrer qu'une application est bijective en résolvant une équation ?

Pour montrer qu'une application f de E dans F est bijective, on peut montrer que l'équation $f(x) = y$ (d'inconnue x) possède une unique solution.

⇨ Exercices 4.7, 4.8

Exemple. Soit f l'application de $\mathbb{R}$ dans $\mathbb{R}$ telle que, pour tout réel x, on a $f(x) = 2x + 1$. Montrer que f est bijective.

Soit y un réel tel que $y = f(x)$. On a alors $y = 2x + 1$, d'où $x = \dfrac{y-1}{2}$. L'équation $y = f(x)$ a une seule solution donc f est bijective.

❑ Méthode 4.6. Comment déterminer l'application réciproque d'une bijection ?

Pour déterminer f^{-1}, on résout l'équation $f(x) = y$ (d'inconnue x), dont l'unique solution est $x = f^{-1}(y)$.

⇨ Exercices 4.7, 4.8

Exemple. On reprend l'application f ci-dessus, définie pour tout réel x, par $f(x) = 2x + 1$.

L'équation $y = 2x + 1$ a pour seule solution $x = \dfrac{y-1}{2}$, ce qui prouve que f^{-1} est définie par :

$\forall y \in \mathbb{R}, f^{-1}(y) = \dfrac{y-1}{2}$.

Remarque. Les deux méthodes précédentes sont très souvent couplées, puisque, après avoir montré que l'équation $y = f(x)$ possède une seule solution, on sait, par définition, que cette solution est $x = f^{-1}(y)$, ce qui définit de fait la fonction f^{-1}.

❑ Méthode 4.7. Comment montrer qu'une application f est bijective en cherchant f^{-1} par composition ?

Pour montrer qu'une application f de E dans F est bijective, on peut tenter de trouver une application g de F dans E telle que $g \circ f = Id_E$ et $f \circ g = Id_F$.

⇨ Exercice 4.4

Exemple. On pose $E = [\![1,n]\!]$ et on note f l'application qui à toute liste $L = (a_1, a_2, ..., a_{n-1}, a_n)$ de E^n associe la liste $f(L) = (a_n, a_{n-1}, ..., a_2, a_1)$.
Montrer que f est bijective et donner f^{-1}.
On s'aperçoit que f met les listes "à l'envers", ce qui donne l'idée de considérer $f \circ f$.

Pour toute liste $L = (a_1, a_2, ..., a_{n-1}, a_n)$, on a : $f \circ f(L) = f(a_n, a_{n-1}, ..., a_2, a_1)$ et, par définition de f, ceci donne : $f \circ f(L) = (a_1, a_2, ..., a_{n-1}, a_n) = L$.
On a montré que $f \circ f = Id_{E^n}$, ce qui prouve que f est bijective et que $f^{-1} = f$.

❑ Méthode 4.8. Comment montrer qu'une application numérique est bijective ?

> Pour montrer qu'une application f définie sur un intervalle I de $\mathbb{R}$ est une bijection de I sur l'intervalle $J = f(I)$, on peut montrer qu'elle est continue et strictement monotone sur I (c'est une condition suffisante).

⇨ **Exercices 4.7, 4.8, 4.9, 4.10**

Exemple. On considère la fonction g définie pour tout x de $\mathbb{R}_+^*$ par : $g(x) = \ln x + 2x + 1$. Étudier les variations de g et donner les limites de g en 0^+ et en $+\infty$.
En déduire que g est une bijection de $\mathbb{R}_+^*$ sur un intervalle que l'on déterminera.

La fonction g est continue sur $\mathbb{R}_+^*$ comme somme de fonctions continues.

De plus, g est dérivable sur $\mathbb{R}_+^*$ comme somme de fonctions dérivables et pour tout x de $\mathbb{R}_+^*$, on a : $g'(x) = \dfrac{1}{x} + 2 > 0$. Ceci montre que g est strictement croissante sur $\mathbb{R}_+^*$.

Pour finir, $\lim\limits_{\substack{x \to 0 \\ >}} g(x) = -\infty$ et $\lim\limits_{x \to +\infty} g(x) = +\infty$: l'image de $\mathbb{R}_+^*$ par f est égale à $\mathbb{R}$.

Conclusion : la fonction g est continue et strictement croissante sur $\mathbb{R}_+^*$ et $g(\mathbb{R}_+^*) = \mathbb{R}$, donc g est une bijection de $\mathbb{R}_+^*$ vers $\mathbb{R}$.

Vrai/Faux

		Vrai	Faux
1.	La fonction $(x \mapsto \frac{1}{x})$ est une bijection de $\mathbb{R}^*$ sur $\mathbb{R}^*$.	☐	☐
2.	La fonction valeur absolue est injective.	☐	☐
3.	La restriction d'une injection est encore une injection.	☐	☐
4.	La restriction d'une surjection est encore une surjection.	☐	☐
5.	Soit trois applications f, g et h de $\mathbb{R}$ dans $\mathbb{R}$. On a toujours $(f+g)\circ h = f\circ h + g\circ h$, mais en général, $h\circ(f+g) \neq h\circ f + h\circ g$.	☐	☐
6.	Si f et g sont deux applications de E dans E, on a toujours $g\circ f = f\circ g$.	☐	☐
7.	Si f est une bijection d'un intervalle I de $\mathbb{R}$ sur un intervalle J, alors f est continue et strictement monotone sur I.	☐	☐
8.	La somme de deux bijections est une bijection.	☐	☐
9.	On considère une application f de E dans F. S'il existe une application g de F dans E telle que $g\circ f = Id_E$ alors f est bijective.	☐	☐
10.	Si une application f de E dans F est injective, alors f est une bijection de E dans $f(E)$.	☐	☐

■■ Énoncé des exercices

❑ **Exercice 4.1.** — Soit f l'application définie, pour tout x de $\mathbb{R} \setminus \{1\}$, par $f(x) = \dfrac{1}{1-x}$.

Déterminer l'intervalle image de $]1, +\infty[$ par f.

❑ **Exercice 4.2.** * — Soit f l'application définie, pour tout x de $\mathbb{R} \setminus \{-3\}$, par $f(x) = \dfrac{x+4}{x+3}$.

Déterminer de quel intervalle I, l'intervalle $]1, +\infty[$ est l'image par f.

❑ **Exercice 4.3.** — Soit f et g les applications définies, pour tout réel x, par $f(x) = \ln(1+e^x)$ et $g(x) = -x$. Déterminer $f \circ g$ puis vérifier que : $\forall x \in \mathbb{R}, f(x) - (f \circ g)(x) = x$.

❑ **Exercice 4.4.** — Soit f l'application définie, pour tout x de $\mathbb{R} \setminus \{-1\}$, par : $f(x) = \dfrac{1-x}{1+x}$.

Déterminer $f \circ f$ et en déduire que f est une bijection de $\mathbb{R} \setminus \{-1\}$ vers $\mathbb{R} \setminus \{-1\}$.

❑ **Exercice 4.5.** * — Soit E, F et G trois ensembles, f une application de E dans F et g une application de F dans G.

1. Montrer que, si $g \circ f$ est injective, alors f est injective.

2. Montrer que, si $g \circ f$ est surjective, alors g est surjective.

3. Démontrer le **théorème 4.4**.

❑ **Exercice 4.6.** ** — Soit f et g les applications de $\mathbb{N}$ dans $\mathbb{N}$ définies, pour tout n de $\mathbb{N}$, par :

$$f(n) = n+1 \text{ et } g(n) = \begin{cases} 0 \text{ si } n = 0 \\ n-1 \text{ si } n \geq 1 \end{cases}$$

1. a) Montrer que f est injective, mais n'est pas surjective.

b) Montrer que g est surjective, mais n'est pas injective.

2. Déterminer les applications $g \circ f$ et $f \circ g$.

❑ **Exercice 4.7.** ** — Soit f la fonction définie par : $\forall x \in \mathbb{R}, f(x) = \dfrac{e^x - e^{-x}}{2}$.

Montrer que f est une bijection de $\mathbb{R}$ dans $\mathbb{R}$ et déterminer sa bijection réciproque.

❑ **Exercice 4.8.** ** — Soit f la fonction définie par : $\forall x \in \mathbb{R}_+, f(x) = \dfrac{e^x + e^{-x}}{2}$.

Montrer que f est une bijection de $\mathbb{R}_+$ dans $[1, +\infty[$ et déterminer sa bijection réciproque.

❑ **Exercice 4.9.** * — On note g la fonction, définie pour tout réel x, par $g(x) = x^4 - 4x + 1$.

1. Montrer que, pour tout n de $\mathbb{N}$, l'équation $g(x) = n$, d'inconnue x possède deux solutions.

On note u_n la plus grande de ces deux solutions.

2. On note h la restriction de g à l'intervalle $[1, +\infty[$.

a) Montrer que h est une bijection strictement croissante de $[1, +\infty[$ dans $[-2, +\infty[$. Qu'en déduire pour h^{-1} ?

b) Déterminer $\lim\limits_{n \to +\infty} u_n$.

❑ **Exercice 4.10.** — Pour tout entier naturel n non nul, on note f_n la fonction définie par :

$$\forall x \in]0, +\infty[, f_n(x) = x - n\ln x$$

1. Étudier cette fonction et dresser son tableau de variations.

2. En déduire, lorsque n est supérieur ou égal à 3, l'existence de deux réels, u_n et v_n, solutions de l'équation "$f_n(x) = 0$" et vérifiant $0 < u_n < n < v_n$.

D'après EDHEC

❑ **Exercice 4.11.** * — Soit f l'application de $\mathbb{N}$ dans $\mathbb{N}^*$ définie par : $\forall n \in \mathbb{N}, f(n) = n^2 + 1$. Montrer que f est injective, mais pas surjective.

❑ **Exercice 4.12.** * — Soit f la fonction, de $\mathbb{R}$ dans $\mathbb{R}_+$, définie par $f(x) = |x + 1|$.

Montrer que f est surjective mais pas injective.

■ Pour vous aider à démarrer

Exercices 4.1 et **4.2.** On peut étudier la fonction f.

Exercice 4.3. Déterminer $f \circ g$, c'est calculer, pour tout réel x, la quantité $(f \circ g)(x)$ définie par $(f \circ g)(x) = f(g(x))$.

Exercice 4.4. Même chose avec $f \circ f$.

Exercice 4.5. Pour la question **1**, se donner un x_1 et un x_2 de E tels que : $f(x_1) = f(x_2)$. Composer ensuite par g.

Pour la question **2**, utiliser la définition.

Pour la question **3**, considérer une application f de E dans F et une application g de F dans E telles que $g \circ f = Id_E$ et $f \circ g = Id_F$.

Exercice 4.6. Chercher un contre exemple qui prouve que f n'est pas surjective et un autre qui prouve que g n'est pas injective.

Exercices 4.7 et **4.8.** Pour déterminer f^{-1}, il faut résoudre l'équation $f(x) = y$, d'inconnue x et il sera judicieux de poser $X = e^x$.

Exercice 4.9. Pour la question **2**, h^{-1} a les mêmes variations que h.

Exercice 4.10. Pour la question **2**, il faut montrer que $n(1 - \ln n) < 0$.

Exercice 4.11. Pour la non-surjectivité, chercher un contre exemple.

Exercice 4.12. Pour la non-injectivité, chercher un contre exemple.

Corrigé des vrai/faux

1.	2.	3.	4.	5.	6.	7.	8.	9.	10.
V	F	V	F	V	F	F	F	F	V

1. Tout élément y de $\mathbb{R}^*$ possède un unique antécédent x dans $\mathbb{R}^*$ par la fonction inverse (il s'agit de $x=\dfrac{1}{y}$).

2. En utilisant la **méthode 4.3**, –1 et 1 sont différents et pourtant on a : $|-1| = |1| = 1$. La fonction valeur absolue n'est donc pas injective.

3. Si $f: E \to F$ est injective alors : $\forall (x,y) \in E^2, \big(f(x)=f(y) \Rightarrow x=y\big)$. Ceci étant vrai pour tout couple (x, y) d'éléments de E, c'est donc vrai pour tout couple (x, y) d'éléments d'une partie E_1 de E (puisque E_1 est inclus dans E).

On a donc : $\forall (x,y) \in E_1, \big(f(x)=f(y) \Rightarrow x=y\big)$, c'est-à-dire que $f_{|E_1}$ est injective.

4. Considérons la fonction $f:\begin{cases}\mathbb{R} \to \mathbb{R} \\ x \mapsto x\end{cases}$ qui est bijective donc surjective.

Mais la fonction $g:\begin{cases}\mathbb{R}_+ \to \mathbb{R} \\ x \mapsto x\end{cases}$, qui est la restriction de f à $\mathbb{R}_+$ n'est pas surjective. En effet, –1 ne possède pas d'antécédent par g.

5. Soulignons déjà que les fonctions existent bien puisque d'une part, h est à valeurs dans $\mathbb{R}$, et $f+g$ est définie sur $\mathbb{R}$, et que d'autre part, $f+g$ est à valeurs dans $\mathbb{R}$ et h est définie sur $\mathbb{R}$.

- De plus, $(f+g)\circ h = f\circ h + g\circ h$.

En effet, pour tout réel x, $\big((f+g)\circ h\big)(x) = (f+g)\big(h(x)\big)$.

Par définition de l'addition des fonctions, on a : $\forall x \in \mathbb{R}, \big((f+g)\circ h\big)(x) = f\big(h(x)\big) + g\big(h(x)\big)$.

Ou encore : $\forall x \in \mathbb{R}, \big((f+g)\circ h\big)(x) = (f\circ h)(x) + (g\circ h)(x)$.

- Enfin, considérons les fonctions f, g et h de $\mathbb{R}$ dans $\mathbb{R}$ telles que : $\begin{cases} f(x)=1 \\ g(x)=x \\ h(x)=x^2 \end{cases}$.

Alors, pour tout réel x, $h\circ(f+g)(x) = (x+1)^2$ et $(h\circ f)(x) + (h\circ g)(x) = 1+x^2$.

Corrigé

6. Il suffit, pour se convaincre que c'est faux, d'examiner les fonctions f et g de $\mathbb{R}$ dans $\mathbb{R}$ définies par : $f(x)=x+1$ et $g(x)=x^2$ (comme dans la **méthode 4.2**). On a alors sans difficulté l'existence des deux composées et pour tout réel x, $f\circ g(x)=f(x^2)=x^2+1$ et $g\circ f(x)=g(x+1)=(x+1)^2$. On a donc : $f\circ g\neq g\circ f$.

7. La réciproque de la proposition étudiée est vraie, mais pas la proposition elle-même.
En effet, il suffit de considérer l'intervalle $I=[-1, 1]$ et la fonction f définie par :

$$\begin{cases} f(x)=-x+1 \text{ si } x\in[-1, 0[\\ f(x)=x \text{ si } x\in[0, 1] \end{cases}.$$

f est une bijection de I sur $[0, 2]$. En effet,

- Tout élément y de $[0, 1]$ possède un unique antécédent par f : lui-même.
- Tout élément y de $]1, 2]$ possède un unique antécédent par f : $1-y$.

Pourtant, f n'est ni continue (problème en 1), ni strictement monotone puisque $f(1)>f(0)$ et $f(0)<f(-1)$. Un dessin permet de bien voir la situation.

8. Les applications $f=id_{\mathbb{R}}$ et $g=-id_{\mathbb{R}}$ sont toutes deux bijectives (chacune est d'ailleurs sa propre bijection réciproque), et pourtant $f+g$ est l'application nulle qui n'est pas bijective.

9. Il suffit de considérer la fonction f définie de $\mathbb{R}_+$ dans $\mathbb{R}$ par : $f(x)=\sqrt{x}$.
La fonction g définie de $\mathbb{R}$ dans $\mathbb{R}_+$ par $g(x)=x^2$ vérifie, pour tout réel x positif ou nul, $g\circ f(x)=x$, soit $g\circ f=Id_{\mathbb{R}_+}$, mais f n'est pas une bijection de $\mathbb{R}_+$ dans $\mathbb{R}$ (elle n'est pas surjective).
Remarque. Dans cet exemple, on n'a pas $f\circ g(x)=x$, mais $f\circ g(x)=|x|$. Tout s'arrangerait si l'on considérait ces deux fonctions de $\mathbb{R}_+$ dans $\mathbb{R}_+$.

10. Grâce à la **définition 4.12**, il suffit d'examiner la surjectivité de cette application.
Or, par définition de l'ensemble $f(E)$, on a : $\forall y\in f(E), \exists x\in E, y=f(x)$. Autrement dit, tout élément de $f(E)$ possède au moins un antécédent par f dans E donc f est surjective.

❑ Les erreurs classiques

- Il ne faut pas croire que la bijectivité de f ne dépende que de l'expression de $f(x)$: les ensembles de départ et d'arrivée ont leur rôle à jouer.
- Il ne faut pas confondre l'ensemble d'arrivée d'une fonction f et son image $f(E)$, où E désigne l'ensemble de départ de f.
- La loi de composition des applications est associative mais pas commutative.
- La loi de composition des applications est distributive à droite sur l'addition, mais pas à gauche.

Corrigé des exercices

Exercice 4.1

La fonction f est dérivable sur $]1, +\infty[$ et : $\forall x > 1,\ f'(x) = \dfrac{1}{(x-1)^2} > 0$.

x	1		$+\infty$
$f'(x)$		$+$	
$f(x)$	$-\infty$	↗	0

L'image de l'intervalle $]1, +\infty[$ par f est l'intervalle $]-\infty, 0[$.

> ✎ *C'est la continuité de f (**chapitre 12**) qui garantit que l'image de l'intervalle $]1, +\infty[$ est un intervalle.*

Exercice 4.2

La fonction f est dérivable sur $]-\infty;-3[$ et sur $]-3;+\infty[$ et : $\forall x \in \mathbb{R}\setminus\{-3\},\ f'(x) = \dfrac{-1}{(x+3)^2} < 0$.

x	$-\infty$		-3		$+\infty$
$f'(x)$		$-$	‖	$-$	
$f(x)$	1	↘	$-\infty$ ‖ $+\infty$	↘	1

C'est l'intervalle $]-3, +\infty[$ qui a pour image $]1, +\infty[$ par f.

Exercice 4.3

- La fonction g est à valeurs dans $\mathbb{R}$ et f est définie sur $\mathbb{R}$ donc $f \circ g$ est bien définie.
- De plus, on a : $\forall x \in \mathbb{R}, (f \circ g)(x) = \ln(1 + e^{g(x)}) = \ln(1 + e^{-x})$.

Enfin, on obtient : $\forall x \in \mathbb{R}, f(x) - (f \circ g)(x) = \ln(1 + e^{x}) - \ln(1 + e^{-x})$.

Par propriété algébrique de ln, on obtient : $\forall x \in \mathbb{R}, f(x) - (f \circ g)(x) = \ln\left(\dfrac{1+e^x}{1+e^{-x}}\right)$.

Comme $1 + e^x = e^x\left(e^{-x} + 1\right)$, alors, après simplification du quotient, on obtient :

$\forall x \in \mathbb{R}, f(x) - (f \circ g)(x) = \ln\left(e^x\right) = x$.

➪ *Méthodes 4.1, 4.2*

Exercice 4.4

- Montrons tout d'abord que $f \circ f$ est bien définie.

Pour cela, il suffit de prouver que : $\forall x \in \mathbb{R} \setminus \{-1\}, f(x) \neq -1$. En effet, si l'on avait $f(x) = -1$, alors on aurait $1 - x = -(1 + x)$, soit $1 = -1$, ce qui n'est pas acceptable !
Tout ceci signifie que l'équation $f(x) = -1$ n'a pas de solution dans $\mathbb{R} \setminus \{-1\}$.

- Pour tout réel x différent de -1, on a : $(f \circ f)(x) = \dfrac{1 - f(x)}{1 + f(x)}$.

Or $\dfrac{1-f(x)}{1+f(x)} = \dfrac{1 - \dfrac{1-x}{1+x}}{1 + \dfrac{1-x}{1+x}} = \dfrac{\dfrac{2x}{1+x}}{\dfrac{2}{1+x}} = x$. On obtient finalement : $\forall x \in \mathbb{R} \setminus \{-1\}, (f \circ f)(x) = x$.
Ceci veut dire que : $f \circ f = id_{\mathbb{R}\setminus\{-1\}}$.

Le **théorème 4.4** permet de conclure que f est une bijection de $\mathbb{R} \setminus \{-1\}$ dans $\mathbb{R} \setminus \{-1\}$.

➪ *Méthodes 4.2, 4.7*

Exercice 4.5

1. Supposons $g \circ f$ injective et montrons qu'alors f est injective en utilisant le **théorème 4.1.**
Pour cela, considérons deux éléments quelconques x_1 et x_2 de E tels que : $f(x_1) = f(x_2)$.
Montrons que : $x_1 = x_2$.
Comme $f(x_1) = f(x_2)$, en appliquant g, on obtient $g(f(x_1)) = g(f(x_2))$, c'est-à-dire : $(g \circ f)(x_1) = (g \circ f)(x_2)$. Or, par hypothèse, $g \circ f$ est injective donc on peut conclure $x_1 = x_2$.
L'application f est injective.

➪ *Méthode 4.3*

2. Supposons $g \circ f$ surjective et montrons qu'alors g est surjective en utilisant le **théorème 4.2**.
Considérons alors un élément quelconque z de G.
La surjectivité de $g \circ f$ assure l'existence d'un élément x de E tel que $z = (g \circ f)(x)$.
En posant $y = f(x)$, qui est un élément de F, on trouve $z = g(y)$.
Ainsi : $\forall z \in G, \exists y \in F, z = g(y)$. L'application g est surjective.

➪ *Méthode 4.4*

3. Soit f une application de E dans F et g une application de F dans E.

- Si $g \circ f = Id_E$, alors, d'après la question **1)**, comme Id_E est injective (évident), on en déduit que f est injective.
- Si $f \circ g = Id_F$, alors, d'après la question **2)**, comme Id_F est surjective (évident aussi), on en déduit que f est surjective.

Conclusion : Si $g \circ f = Id_E$ et $f \circ g = Id_F$, alors f est bijective.

Réciproquement, si f est bijective, alors, pour tout y de F, il existe un unique x de E tel que $y=f(x)$. De là, à tout y de F correspond un seul x de E, ce qui définit une fonction g de F dans E par : $x=g(y)$. Dès lors, on a :

Pour tout x de E : $(g\circ f)(x)=g(f(x))=g(y)=x$. Ainsi, on trouve $g\circ f=Id_E$.

Pour tout y de F : $(f\circ g)(y)=f(g(y))=f(x)=y$. Ainsi, on trouve $f\circ g=Id_F$.

Conclusion : il existe une fonction g de F dans E telle que $g\circ f=Id_E$ et $f\circ g=Id_F$.

Exercice 4.6

1. a) On peut déjà affirmer que f n'est pas surjective puisque l'élément 0 n'a pas d'antécédent par f dans $\mathbb{N}$, en effet, on a : $\forall n\in\mathbb{N},(n+1)\in\mathbb{N}^*$.

Prouvons maintenant que f est injective en utilisant le **théorème 4.1**.
Pour cela, considérons n_1 et n_2 deux éléments quelconques de $\mathbb{N}$ tels que : $f(n_1)=f(n_2)$.
On a alors $n_1+1=n_2+1$, c'est-à-dire $n_1=n_2$. L'application f est donc injective.

b) On peut déjà affirmer que g n'est pas injective puisque $g(0)=g(1)$ alors que $0\neq 1$.
Prouvons maintenant la surjectivité de g en utilisant le **théorème 4.2**.
Pour cela considérons un entier naturel n quelconque.
Si n est nul, l'entier 0 est un antécédent de 0 par g, puisque, par définition $g(0)=0$.
Sinon, l'entier naturel non nul $n+1$ est un antécédent de n par g puisque l'on a :
$g(n+1)=(n+1)-1=n.$
Tout entier naturel possède bien au moins un antécédent dans $\mathbb{N}$ par g donc g est surjective.

2. $\forall n\in\mathbb{N},(g\circ f)(n)=g(f(n))=g(n+1)$. Or : $(n+1)\in\mathbb{N}^*$. Donc $g(n+1)=n$.
Ce qui prouve que : $g\circ f=id_{\mathbb{N}}$.
Par contre, $(f\circ g)(0)=f(g(0))=f(0)=1$ et $\forall n\in\mathbb{N}^*,(f\circ g)(n)=f(g(n))=f(n-1)=n$.
Ce qui prouve que : $(f\circ g)(n)=\begin{cases}1 \text{ si } n=0\\ n \text{ si } n\in\mathbb{N}^*\end{cases}$, et on n'a pas : $f\circ g=id_{\mathbb{N}}$.

⇨ *Méthodes 4.3, 4.4*

Exercice 4.7

Montrons dans un premier temps que f est bijective.

- f est continue sur $\mathbb{R}$ (somme de fonctions usuelles continues sur leur ensemble de définition, ici $\mathbb{R}$).
- f est dérivable sur $\mathbb{R}$ (somme de fonctions usuelles dérivables sur leur ensemble de définition, ici $\mathbb{R}$) et on a : $\forall x\in\mathbb{R}, f'(x)=\dfrac{e^x+e^{-x}}{2}>0$ donc f est strictement croissante sur $\mathbb{R}$.

Grâce au **théorème 4.6**, nous pouvons conclure, comme $\lim\limits_{x\to+\infty} f(x)=+\infty$ et $\lim\limits_{x\to-\infty} f(x)=-\infty$, que f est une bijection de $\mathbb{R}$ dans $f(\mathbb{R})=\mathbb{R}$.

Corrigé

Déterminons maintenant la bijection réciproque de f.
Il s'agit de résoudre l'équation : $y = f(x)$ pour un réel y quelconque et où x est l'inconnue.

$$y = f(x) \Leftrightarrow y = \frac{e^x - e^{-x}}{2} \Leftrightarrow e^x - e^{-x} - 2y = 0 \Leftrightarrow e^x - \frac{1}{e^x} - 2y = 0 \Leftrightarrow e^{2x} - 1 - 2ye^x = 0$$

(en multipliant l'avant-dernière égalité par $e^x \neq 0$). On a donc : $y = f(x) \Leftrightarrow \begin{cases} X = e^x \\ X^2 - 2yX - 1 = 0 \end{cases}$.

Résolvons alors l'équation du second degré : $X^2 - 2yX - 1 = 0$.

Cette équation possède deux racines réelles distinctes : $X_1 = y - \sqrt{1+y^2}$ et $X_2 = y + \sqrt{1+y^2}$.

Ainsi : $y = f(x) \Leftrightarrow \left(e^x = X_1 \text{ ou } e^x = X_2\right)$.

Or pour tout y dans $\mathbb{R}$, on a $y^2 < y^2 + 1$, et par stricte croissance de la fonction racine carrée sur $\mathbb{R}_+$, on en déduit $\sqrt{y^2} < \sqrt{y^2+1}$, soit $|y| < \sqrt{y^2+1}$.

Nous obtenons donc : $\forall y \in \mathbb{R}, -\sqrt{y^2+1} < y < \sqrt{y^2+1}$. Ceci donne : $X_1 < 0$ et $X_2 > 0$.
Comme $X = e^x$, on doit donc rejeter X_1, puisqu'une exponentielle est strictement positive.
L'équation $y = f(x)$ a donc une unique solution (f est donc bijective) et on trouve :

$$y = f(x) \Leftrightarrow e^x = y + \sqrt{y^2+1} \Leftrightarrow x = \ln\left(y + \sqrt{y^2+1}\right).$$

Nous en concluons que : $\forall y \in \mathbb{R}, f^{-1}(y) = \ln\left(y + \sqrt{y^2+1}\right)$.

⇨ *Méthodes 4.5, 4.6, 4.8*

Exercice 4.8

- f est continue sur $\mathbb{R}_+$ (somme de fonctions usuelles continues sur leur ensemble de définition, ici $\mathbb{R}_+$).
- f est dérivable sur $\mathbb{R}_+$ (somme de fonctions usuelles dérivables sur leur ensemble de définition, ici $\mathbb{R}_+$), et on a : $\forall x \in \mathbb{R}_+, f'(x) = \dfrac{e^x - e^{-x}}{2}$.

$e^x - e^{-x} > 0 \Leftrightarrow e^x > e^{-x} \Leftrightarrow x > -x \Leftrightarrow x > 0$. Par conséquent, f est strictement croissante sur $\mathbb{R}_+$.
Grâce au **théorème 4.6**, nous pouvons conclure que f est une bijection de $\mathbb{R}_+$ dans $f(\mathbb{R}_+) = [1, +\infty[$, après examen de la limite en $+\infty$ et de la valeur de $f(0)$.
Résolvons l'équation $y = f(x)$, d'inconnue x dans $\mathbb{R}_+$, pour un y quelconque dans $[1, +\infty[$.

$y = f(x) \Leftrightarrow y = \dfrac{e^x + e^{-x}}{2} \Leftrightarrow e^x + e^{-x} - 2y = 0 \Leftrightarrow e^{2x} + 1 - 2ye^x = 0$ (en multipliant l'avant-dernière égalité par $e^x \neq 0$). On a donc : $y = f(x) \Leftrightarrow \begin{cases} X = e^x \\ X^2 - 2yX + 1 = 0 \end{cases}$.

Résolvons alors l'équation du second degré : $X^2 - 2yX + 1 = 0$.

Cette équation possède deux racines réelles, $X_1 = y - \sqrt{y^2-1}$ et $X_2 = y + \sqrt{y^2-1}$.

On sait que $X = e^x$ avec $x \geq 0$, par conséquent, on doit avoir $X \geq 1$.

Justement, comme $y \geq 1$, on a $X_2 \geq 1$, c'est donc X_2 qui convient (f étant bijective, on sait que l'équation $y = f(x)$ n'a qu'une solution, il est donc inutile d'examiner si X_1 est supérieur à 1).

Finalement, on obtient : $y = f(x) \Leftrightarrow e^x = X_2 \Leftrightarrow x = \ln X_2 \Leftrightarrow x = \ln\left(y + \sqrt{y^2 - 1}\right)$.

Pour conclure : $\forall y \in [1, +\infty[,\ f^{-1}(y) = \ln\left(y + \sqrt{y^2 - 1}\right)$.

⇨ *Méthodes 4.5, 4.6, 4.8*

Exercice 4.9

1. La fonction g est dérivable sur $\mathbb{R}$ en tant que fonction polynomiale et :
$\forall x \in \mathbb{R},\ g'(x) = 4\left(x^3 - 1\right) = 4(x-1)\left(x^2 + x + 1\right)$. Comme $x^2 + x + 1 > 0$, on en déduit le tableau de variations suivant :

x	$-\infty$		1		$+\infty$
$g'(x)$		$-$	0	$+$	
$g(x)$	$+\infty$	↘	-2	↗	$+\infty$

g est donc strictement décroissante et continue sur $I_1 =]-\infty, 1]$ donc g réalise une bijection de I_1 sur $g(I_1) = [-2, +\infty[$.
Puisque tout entier naturel n est dans $[-2, +\infty[$, on en déduit que l'équation $g(x) = n$ possède une unique solution dans $]-\infty, 1]$.
On prouve de même que l'équation $g(x) = n$ possède une unique solution dans $I_2 = [1, +\infty[$.

⇨ *Méthode 4.8*

2. a) Comme h est la restriction de g à l'intervalle I_2, h possède les mêmes propriétés que g sur I_2. On en déduit que h est une bijection strictement croissante de $[1, +\infty[$ sur $[-2, +\infty[$.
On sait alors (**théorème 4.7**) que h^{-1} est strictement croissante sur $[-2, +\infty[$ et à valeurs dans $I_2 = [1, +\infty[$. On en déduit, entre autres, que : $\begin{cases} h^{-1}(-2) = 1 \\ \lim\limits_{x \to +\infty} h^{-1}(x) = +\infty \end{cases}$.

b) On a vu que : $\forall n \in \mathbb{N},\ g(u_n) = n$. Mais comme u_n est dans I_2, on en déduit que :
$\forall n \in \mathbb{N},\ h(u_n) = n$. Ceci se traduit encore par : $\forall n \in \mathbb{N},\ u_n = h^{-1}(n)$.
La question **2.a)** nous permet de conclure que : $\lim\limits_{n \to +\infty} u_n = +\infty$.

Exercice 4.10

1. La fonction f_n est dérivable sur $]0,+\infty[$ en tant que somme de fonctions usuelles dérivables sur $]0,+\infty[$ et on a : $\forall x \in]0,+\infty[,\ f_n'(x)=\dfrac{x-n}{x}$.

On en déduit le tableau de variations de f_n :

x	0		n		$+\infty$
$f_n'(x)$		$-$	0	$+$	
$f_n(x)$	$+\infty$	$\searrow$	$n(1-\ln n)$	$\nearrow$	$+\infty$

Limite en $+\infty$: $\forall x \in]0,+\infty[,\ f_n(x)=x\left(1-n\dfrac{\ln x}{x}\right)$ et $\lim\limits_{x\to+\infty}\dfrac{\ln x}{x}=0$. On a donc :

$\lim\limits_{x\to+\infty}\left(1-n\dfrac{\ln x}{x}\right)=1$. On en déduit : $\lim\limits_{x\to+\infty} f_n(x)=+\infty$.

La limite en 0 n'est pas indéterminée : $\lim\limits_{x\to+\infty} x=0$ donc $\lim\limits_{x\to+\infty}(x-n\ln x)=+\infty$ (car $n\geq 1$).

2. La fonction f_n est continue et strictement décroissante sur $]0,n[$, donc elle réalise une bijection de $]0,n[$ sur $]n(1-\ln n),+\infty[$. Or n est supérieur ou égal à 3, donc on a $\ln n>1$ et on en déduit que $n(1-\ln n)<0$. Par conséquent, 0 est dans $]n(1-\ln n),+\infty[$ donc l'équation $f_n(x)=0$ possède une unique solution u_n dans $]0,n[$.

De même, l'équation $f_n(x)=0$ possède une unique solution v_n dans $]n,+\infty[$.

On a donc bien : $0<u_n<n<v_n$.

⇨ *Méthode 4.8*

Exercice 4.11

Soit n_1 et n_2 dans $\mathbb{N}$ tels que $f(n_1)=f(n_2)$. On a alors $n_1^2+1=n_2^2+1$, c'est-à-dire $n_1^2=n_2^2$, d'où $n_1=n_2$, puisque n_1 et n_2 sont positifs : f est donc injective.

L'entier 3 n'a pas d'antécédent n dans $\mathbb{N}$ par f (sinon on aurait $n^2=2$) donc f n'est pas surjective.

⇨ *Méthodes 4.3, 4.4*

Exercice 4.12

• Soit y un élément de $\mathbb{R}_+$. On peut constater que $f(y-1)=|y|$, mais comme y est positif, on a $f(y-1)=y$, ce qui prouve que f est surjective (puisque y possède au moins un antécédent : $y-1$).

• Par ailleurs, on a : $f(-2)=|-1|=1$ et $f(0)=1$, ce qui montre que 1 possède au moins deux antécédents (-2 et 0) donc f n'est pas injective.

⇨ *Méthodes 4.3, 4.4*

Chapitre 5
Dénombrement

Au XVIe siècle, Michael **Stifel**, un moine allemand devenu un réformateur passionné s'intéresse aux nombres au point de développer une mystique des nombres et de prophétiser la fin du monde le 3 octobre 1533. Ceci ne l'empêche pas de proposer des résultats intéressants. Il s'intéresse en particulier au développement du binôme, c'est-à-dire au calcul de $(a+b)^n$.

Blaise **Pascal**, mystique lui aussi, publie alors, en 1654, le *Traité du triangle arithmétique.* Ce triangle qui porte désormais son nom était connu bien avant lui puisque on le retrouve dans les écrits de plusieurs mathématiciens chinois, en particulier Yang **Hui** (1238-1298) ou arabes.

Blaise Pascal
1623-1662

Objectifs

Les incontournables

- ▷ Connaître le nombre de p-listes d'éléments, distincts ou non, choisis parmi n.
- ▷ Connaître le nombre de parties à p éléments d'un ensemble à n éléments.
- ▷ Connaître le nombre de parties d'un ensemble à n éléments.
- ▷ Savoir utiliser la formule du binôme de Newton.

Et plus si affinités

- ▷ Connaître les techniques de dénombrement (partition, principe multiplicatif, etc.).
- ▷ Savoir dénombrer un ensemble "compliqué" grâce aux techniques précédentes.

Résumé de cours

Techniques de dénombrement

Qu'est-ce que dénombrer ?

Le dénombrement est l'art de déterminer le cardinal d'un ensemble fini sans avoir à faire la liste des éléments de cet ensemble.

Techniques

Propriété 5.1. — Passage au complémentaire : si Ω est un ensemble fini et si A est une partie de Ω qui semble difficile à dénombrer, on peut dénombrer $\overline{A}$. On a alors :

$$\text{card}(A) = \text{card}(\Omega) - \text{card}(\overline{A})$$

⇨ **Méthode 5.1. Comment dénombrer un ensemble en passant au complémentaire ?**

Propriété 5.2. — Si $A_1, A_2, \ldots A_n$ sont des ensembles finis, alors on a :

$$\text{card}(A_1 \times A_2 \times \ldots \times A_n) = \text{card}(A_1)\,\text{card}(A_2)\ldots\,\text{card}\,(A_n)$$

⇨ **Méthode 5.2. Comment dénombrer un ensemble grâce au principe multiplicatif ?**

Propriété 5.3. — Disjonction : le cardinal d'une réunion d'ensembles finis et 2 à 2 disjoints est la somme des cardinaux de chacun de ces ensembles.

Propriété 5.4. — Partition : pour dénombrer un ensemble qui semble "grand", on peut en réaliser une partition en n classes, puis dénombrer chaque classe de la partition et, pour finir, ajouter les cardinaux de chaque classe.

⇨ **Méthode 5.3. Comment dénombrer un ensemble en effectuant une partition ?**

Remarque 5.1. — Si les n classes ont même cardinal, alors il suffit de multiplier par n le cardinal commun à toutes les classes.

Propriété 5.5. — Formule du crible (ou de Poincaré).
Si A et B sont deux ensembles finis, alors on a : $\text{card}(A \cup B) = \text{card}(A) + \text{card}(B) - \text{card}(A \cap B)$.

Remarque 5.2. — Un exemple d'utilisation de cette formule est donné à l'**exercice 5.10**.

Listes

p-listes d'éléments choisis parmi les *n* éléments d'un ensemble *E*

Définition 5.1. — Une p-liste d'éléments choisis parmi les n éléments de E (avec $n \geq 1$ et $p \geq 1$) est un p-uplet $(e_1, \ldots, e_p)$ élément de E^p.

Théorème 5.1. — Il y a n^p listes de p éléments d'un ensemble E de cardinal n.

❑ p-listes d'éléments distincts choisis parmi n

Théorème 5.2. — Si $1 \leq p \leq n$, il y a $n(n-1)\ldots(n-p+1) = \dfrac{n!}{(n-p)!}$ listes de p éléments distincts d'un ensemble E de cardinal n.

Remarque 5.3. — Si $p > n$, il n'y a aucune p-liste d'éléments distincts choisis parmi n éléments.

❑ Permutations

On désigne toujours par n un élément de $\mathbb{N}^*$ et on considère un ensemble E ayant n éléments.

Définition 5.2. — Une permutation de E est une bijection de E dans E.

Théorème 5.3. — Il y a $n\,!$ permutations d'un ensemble E à n éléments.

Remarque 5.4. — Chaque permutation de E (toujours avec $\operatorname{card}(E) = n$) est associée à la n-liste d'éléments distincts formée des images des éléments de E.
Il y a donc $n\,!$ n-listes d'éléments distincts choisis parmi n et on retrouve dans le cas particulier où $p = n$, le résultat du **théorème 5.2**.

■ Combinaisons

❑ Nombre de combinaisons

Définition 5.3. — Une combinaison de p éléments choisis parmi n est une partie à p éléments d'un ensemble à n éléments (avec $p \leq n$).

Théorème 5.4. — Le nombre de combinaisons de p éléments choisis parmi n (avec $p \leq n$) est égal à $\binom{n}{p}$, ce qui se prononce "p parmi n" et on a : $\binom{n}{p} = \dfrac{n!}{p!(n-p)!}$

Théorème 5.5. — Le nombre de parties à p éléments d'un ensemble à n éléments ($p \leq n$) est égal à $\binom{n}{p}$.

Théorème 5.6. — Le nombre $\binom{n}{p}$ est aussi égal au nombre de façons de choisir p objets distincts parmi n objets donnés (toujours avec $p \leq n$).

Conséquence 5.1. — Dans un arbre binaire (succès-échec), le nombre $\binom{n}{p}$ est égal au nombre de chemins sur lesquels on obtient p succès lors de n répétitions d'une épreuve aléatoire (voir le **chapitre 20** sur la loi binomiale).

Théorème 5.7. — Le nombre $\binom{n}{p}$ est aussi égal au nombre de suites strictement croissantes (ou strictement décroissantes) de p nombres réels choisis parmi n (toujours avec $p \leq n$).

Remarque 5.5. — Par convention, on pose $\binom{n}{p} = 0$ si $p > n$ (en effet, il n'y a aucune partie d'un ensemble à n éléments qui contient plus de n éléments !).

Définition 5.4. — Les nombres $\binom{n}{p}$ sont appelés *coefficients binomiaux* (en référence à la formule du binôme de Newton énoncée plus loin) et sont des entiers naturels.

❑ Calcul des coefficients binomiaux

Remarque 5.6. — L'expression la plus pratique pour calculer un coefficient binomial lorsque l'on connaît n et p (avec $1 \leq p \leq n$) est $\binom{n}{p} = \dfrac{n(n-1)...(n-p+1)}{p!}$.

Exemples 5.1. — $\binom{n}{2} = \frac{n(n-1)}{2}$, $\binom{n}{3} = \frac{n(n-1)(n-2)}{6}$.

❑ Propriétés des coefficients binomiaux

Propriété 5.6. — Symétrie : $\binom{n}{p} = \binom{n}{n-p}$.

On en déduit par exemple : $\binom{n}{n} = \binom{n}{0} = 1$, $\binom{n}{n-1} = \binom{n}{1} = n$, etc.

Propriété 5.7. — Formules "sans nom" mais très pratiques (à savoir démontrer) :

$$\forall p \geq 1, p\binom{n}{p} = n\binom{n-1}{p-1}$$

$$\forall p \geq 2, p(p-1)\binom{n}{p} = n(n-1)\binom{n-2}{p-2}$$

Propriété 5.8. — Triangle de Pascal : $\forall n \in \mathbb{N}^*$, $\forall p \in [\![1, n]\!]$, on a : $\binom{n}{p} = \binom{n-1}{p-1} + \binom{n-1}{p}$.

Propriété 5.9. — Formule de Vandermonde : $\forall (n_1, n_2, p) \in \mathbb{N}^3$, $\sum_{k=0}^{p} \binom{n_1}{k}\binom{n_2}{p-k} = \binom{n_1+n_2}{p}$.

Propriété 5.10. — Formule du binôme de Newton :

$$\forall (a, b) \in \mathbb{R}^2, \forall n \in \mathbb{N}, (a+b)^n = \sum_{k=0}^{n} \binom{n}{k} a^k b^{n-k} = \sum_{k=0}^{n} \binom{n}{k} a^{n-k} b^k$$

⇨ **Méthode 5.4. Comment calculer des sommes grâce à la formule du binôme de Newton ?**

Avec $a = 1$ et $b = 1$, cette formule donne : $\sum_{k=0}^{n} \binom{n}{k} = 2^n$ et l'on en déduit le théorème suivant :

Théorème 5.8. — Le nombre de parties d'un ensemble à n éléments est égal à 2^n.

■■ Méthodes

■ Dénombrer un ensemble fini

❑ Méthode 5.1. Comment dénombrer un ensemble en passant au complémentaire ?

Il est parfois plus simple de dénombrer $\overline{A}$ que A, notamment quand la description de l'ensemble A fait apparaître la locution "au moins un" ou "au moins deux", etc.

⇨ Exercice 5.7

Exemple. Dénombrer le nombre de mains de 5 cartes, choisies parmi 32, et qui contiennent au moins un as.
Il est simple de dénombrer le nombre de mains ne contenant pas d'as : il suffit de choisir 5 cartes parmi les 28 qui ne sont pas des as. On a donc $\binom{28}{5}$ mains sans as. Pour conclure, comme il y a en tout $\binom{32}{5}$ façons de choisir 5 cartes parmi 32, le nombre de mains de 5 cartes, choisies parmi 32, et qui contiennent au moins un as est égal à $\binom{32}{5} - \binom{28}{5}$.

❑ Méthode 5.2. Comment dénombrer un ensemble grâce au principe multiplicatif ?

En fait, on applique ici la définition de la multiplication : si l'on a x façons de choisir un objet et si, **pour chacun de ces choix**, on a y façons de choisir un deuxième objet, alors, en tout, on a $x\,y$ façons de choisir ce couple d'objets. Ceci n'est rien d'autre qu'une illustration de la **propriété 5.2**.

⇨ Exercice 5.5

Exemple. Un restaurant propose 3 choix d'entrées, 4 choix de plats principaux et 5 choix de desserts. Combien peut-on confectionner de menus distincts ?
Un menu est un triplet (entrée, plat, dessert) appartenant au produit cartésien $E \times P \times D$, où E désigne l'ensemble des entrées, P celui des plats et D celui des desserts, avec card(E) = 3, card(P) = 4 et card(D) = 5. On a 3 choix pour l'entrée, 4 choix pour le plat et 5 choix pour le dessert : il y a donc, en tout, $3 \times 4 \times 5 = 60$ choix de menus possibles.

❑ Méthode 5.3. Comment dénombrer un ensemble en effectuant une partition ?

Il y a deux façons d'appliquer cette méthode.
La première est de "découper" un ensemble E difficile à dénombrer en une réunion disjointe d'ensembles "plus petits" donc plus simples à dénombrer pour pouvoir dénombrer E.
La deuxième est de "découper" un ensemble E en une réunion disjointe d'ensembles "plus petits" afin seulement d'établir une égalité sommatoire (c'est-à-dire une égalité qui met en jeu une somme, souvent pas simplifiable par le calcul).

⇨ Exercice 5.8

Exemple. Preuve de la relation de Vandermonde par dénombrement.
On considère un ensemble de personnes composé de n_1 hommes et de n_2 femmes. On désire élire un bureau de p représentants choisis parmi ces $(n_1 + n_2)$ personnes.

- D'après le cours, le nombre de bureaux possibles est égal à $\binom{n_1+n_2}{p}$.
- Si l'on note B l'ensemble de tous les bureaux possibles et si l'on note, pour tout k de $[\![0, p]\!]$, B_k l'ensemble des bureaux contenant k hommes (et donc $(p-k)$ femmes), on a $B = \bigcup_{k=0}^{p} B_k$ et $\text{card}(B) = \sum_{k=0}^{p} \text{card}(B_k)$. Il suffit alors de dénombrer le nombre de bureaux composant B_k : on a $\binom{n_1}{k}$ façons de choisir les k hommes d'un bureau de B_k et, pour chacune de ces façons, on a $\binom{n_2}{p-k}$ façons de choisir les $(p-k)$ femmes, il y a donc, par principe multiplicatif, $\binom{n_1}{k}\binom{n_2}{p-k}$ bureaux dans B_k. Comme $\text{card}(B) = \sum_{k=0}^{p} \text{card}(B_k)$, on a : $\binom{n_1+n_2}{p} = \sum_{k=0}^{p} \binom{n_1}{k}\binom{n_2}{p-k}$.

■ Calcul de sommes "binomiales"

❑ Méthode 5.4. Comment calculer des sommes grâce à la formule du binôme de Newton ?

Il faut absolument reconnaître la formule du binôme de Newton ou, du moins, reconnaître que l'on a affaire à une somme très ressemblante (à un terme près, à un changement d'indice près, à une recomposition des termes de la somme près, ou encore à un panaché de tout ceci).

⇨ Exercices 5.1, 5.2, 5.4, 5.9

Exemple 1. Pour tout entier naturel n non nul, calculer $\sum_{k=1}^{n}\binom{n}{k}$.

On peut écrire $\sum_{k=1}^{n}\binom{n}{k} = \sum_{k=0}^{n}\binom{n}{k} - 1$ (on a ajouté le terme numéro 0 puis on l'a retranché).

On a donc : $\sum_{k=1}^{n}\binom{n}{k} = 2^n - 1$.

Exemple 2. Pour tout entier naturel n non nul, calculer $\sum_{k=1}^{n+1}\binom{n}{k-1}x^k$.

L'indice k apparaît sous la forme $k-1$ dans le coefficient binomial et la somme "démarre" à $k = 1$, ce sont deux bonnes raisons de faire le changement d'indice $i = k-1$.

On obtient alors : $\sum_{k=1}^{n+1}\binom{n}{k-1}x^k = \sum_{i=0}^{n}\binom{n}{i}x^{i+1} = x\sum_{i=0}^{n}\binom{n}{i}x^i = x\sum_{i=0}^{n}\binom{n}{i}x^i\,1^{n-i} = x(x+1)^n$.

Exemple 3. Pour tout entier naturel n non nul, calculer $\sum_{k=1}^{n}k\binom{n}{k}x^{k-1}$.

On utilise la formule $k\binom{n}{k} = n\binom{n-1}{k-1}$. On a alors $\sum_{k=1}^{n}k\binom{n}{k}x^{k-1} = \sum_{k=1}^{n}n\binom{n-1}{k-1}x^{k-1}$.

On met n en facteur et on pose $i = k-1$ pour obtenir :

$$\sum_{k=1}^{n}k\binom{n}{k}x^{k-1} = n\sum_{i=0}^{n-1}\binom{n-1}{i}x^i = n\sum_{i=0}^{n-1}\binom{n-1}{i}x^i\,1^{n-1-i} = n(x+1)^{n-1}.$$

Vrai/Faux

		Vrai	Faux
1.	Pour tout entier naturel n, on a $(2n)! = 2\,n!$.	☐	☐
2.	Pour tout entier naturel n, $(2n+1)!$ est impair.	☐	☐
3.	Pour tout entier naturel n supérieur ou égal à 2, $n\,!$ est pair.	☐	☐
4.	Pour tout entier p de $[\![1, n]\!]$, $n\,(n-1)\,...\,(n-p+1)$ est un multiple de $p!$	☐	☐
5.	$\forall n \in \mathbb{N}$, $\forall p \in [\![0, n]\!]$, $\sum_{k=p}^{n} \binom{n-p}{k-p} = 2^{n-p}$.	☐	☐
6.	Pour tout entier naturel n, la somme $\sum_{k=0}^{n} \binom{n}{k} (-1)^k$ est nulle.	☐	☐
7.	Le nombre d'applications d'un ensemble de n éléments vers un ensemble de p éléments est égal à n^p.	☐	☐
8.	Pour tout entier naturel n, on a : $2^{2n} \geq \binom{2n}{n}$.	☐	☐
9.	On a toujours : $\text{card}(A \cap B) + \text{card}(A \cup B) = \text{card}(A) + \text{card}(B)$.	☐	☐
10.	Il y a $\dfrac{2^n}{p!(n-p)!}$ n-listes contenant p "0" et $n-p$ "1" (avec $p \leq n$).	☐	☐

Énoncé des exercices

❑ **Exercice 5.1.** — Calculer, pour tout entier naturel n supérieur ou égal à 2, la somme :

$$\sum_{k=2}^{n} k(k-1)\binom{n}{k} x^{k-2}$$

❑ **Exercice 5.2.** — On désigne par n et k deux entiers naturels tels que $k \leq n$.

1. Montrer que : $\forall i \in [\![k,n]\!],\ \binom{n}{i}\binom{i}{k} = \binom{n}{k}\binom{n-k}{i-k}$.

2. En déduire que, pour tout réel x, on a : $\displaystyle\sum_{i=k}^{n}\binom{n}{i}\binom{i}{k}x^{n-i} = \binom{n}{k}(1+x)^{n-k}$.

❑ **Exercice 5.3.** * — On désigne par n et p deux entiers naturels tels que $p \leq n$.

1. Démontrer par récurrence sur n, la formule dite "de Pascal généralisée" : $\displaystyle\sum_{k=p}^{n}\binom{k}{p} = \binom{n+1}{p+1}$.

2. En écrivant $\binom{k}{p} = \binom{k+1}{p+1} - \binom{k}{p+1}$, retrouver la formule de Pascal généralisée.

❑ **Exercice 5.4.** * — On désigne par n et k deux entiers naturels tels que $k \leq n$.

Montrer que : $\displaystyle\sum_{p=0}^{k}\binom{n}{p}\binom{n-p}{k-p} = 2^k\binom{n}{k}$.

❑ **Exercice 5.5.** — On choisit 5 cartes au hasard d'un jeu de 32 cartes de façon à constituer ce que l'on appelle une main.

1. Quel est le nombre de mains contenant 2 valets ?

2. Quel est le nombre de mains contenant exactement 1 paire (donc contenant aussi 3 autres cartes de hauteurs différentes et différentes entre elles) ?

3. Quel est le nombre de mains contenant exactement 2 valets et 2 cœurs ?

❑ **Exercice 5.6.** — Une anagramme est un mot, ayant un sens ou non, et utilisant le même nombre de fois les mêmes lettres qu'un mot donné.

1. Combien y a-t-il d'anagrammes du mot surjection ?

2. Combien y a-t-il d'anagrammes du mot injection ?

❑ **Exercice 5.7.** — On dispose d'une urne contenant une boule numérotée 0 et une boule numérotée 1. On effectue n tirages (avec $n \geq 1$) d'une boule dans cette urne avec, à chaque fois, remise de la boule tirée.

On représente le résultat de ces n tirages par une n-liste de "0" et de "1". Combien a-t-on de n-listes possibles contenant au moins deux "0" ?

Exercice 5.8. * — On aligne n boîtes sur une table ($n \in \mathbb{N}^*$) et on dispose d'un nombre suffisant de boules.
On place les boules dans les boîtes de la façon suivante :

– on veut au plus une boule par boîte
– on ne veut jamais deux boîtes voisines non vides.

On note F_n le nombre de manières différentes de placer les boules dans ces n boîtes.
On considère maintenant $(n+2)$ boîtes. En distinguant les cas où la dernière boîte (on considérera qu'elle porte le numéro $n+2$) est ou n'est pas vide, montrer que $F_{n+2} = F_{n+1} + F_n$.
Remarque. Cette suite (suite de Fibonacci) sera étudiée à l'**exercice 15.4** du **chapitre 15** où l'on trouvera l'expression de son terme général en fonction de n.

D'après HEC

❑ **Exercice 5.9.** * — Pour tout n de $\mathbb{N}^*$, on pose $S_n = \sum\limits_{\substack{k=0 \\ k \text{ pair}}}^{n} \binom{n}{k}$ et $T_n = \sum\limits_{\substack{k=0 \\ k \text{ impair}}}^{n} \binom{n}{k}$.

Calculer $S_n + T_n$ et $S_n - T_n$, puis donner les valeurs de S_n et T_n.

D'après HEC

❑ **Exercice 5.10.** — L'étude d'un groupe de 1050 personnes concernant leur emploi, leur état civil et leur niveau d'éducation, donne les résultats suivants : 312 actifs, 470 personnes mariées, 525 bacheliers dont 42 actifs, 147 bacheliers mariés, 86 actifs mariés dont 25 bacheliers.
En notant A, B et M les ensembles constitués respectivement des actifs, des bacheliers et des mariés, et en considérant card$(A \cup B \cup M)$, montrer que cette étude est inexacte.

■ Pour vous aider à démarrer

Exercice 5.1. On peut utiliser une des **propriétés 5.7** ou dériver 2 fois $(1+x)^n$.
Exercice 5.2. Pour la question **1**, revenir aux factorielles.
Exercice 5.3. Pour la question **2**, scinder la somme obtenue puis effectuer un changement d'indice dans l'une des deux sommes.
Exercice 5.5. Pour la question **3**, faire attention au valet de cœur !
Exercice 5.6. Le mot "injection" pose plus de problèmes que "surjection" car des lettres sont répétées...
Exercice 5.7. Dénombre les listes sans "0" et celles contenant un "0".
Exercice 5.8. Si la dernière boîte n'est pas vide, la boîte précédente **doit** être vide.
Exercice 5.9. Pour le calcul de $S_n - T_n$ remarquer que :

$$S_n = \sum_{\substack{k=0 \\ k \text{ pair}}}^{n} \binom{n}{k}(-1)^k \text{ et } -T_n = \sum_{\substack{k=0 \\ k \text{ impair}}}^{n} \binom{n}{k}(-1)^k$$

Exercice 5.10. Utiliser la formule du crible.

■■ Corrigé des vrai/faux

1.	2.	3.	4.	5.	6.	7.	8.	9.	10.
F	F	V	V	V	F	F	V	V	F

1. Il suffit de considérer $n=2$ pour s'en convaincre : $4\,! = 24$ et $2\times 2\,! = 4$.

2. Prendre $n=1$, ce qui donne $3\,! = 6$, qui n'est pas impair.

3. Si $n=2$, on a : $n! = 2\times 1$. Si n est supérieur ou égal à 3, on a : $n! = 2\times\left(\underbrace{3\times\ldots\times n}_{\in\mathbb{N}}\right)$.

Dans les deux cas, $n!$ est multiple de 2, donc pair.

4. Par définition : $\binom{n}{p} = \dfrac{n!}{p!(n-p)!}$. On a donc $p!\binom{n}{p} = \dfrac{n!}{(n-p)!} = n(n-1)\ldots(n-p+1)$.

Comme $\binom{n}{p}$ est un entier naturel, on a bien montré que $n\,(n-1)\,\ldots\,(n-p+1)$ est multiple de $p!$.

5. Avec le changement d'indice $i = k-p$, on obtient :

$\sum_{k=p}^{n}\binom{n-p}{k-p} = \sum_{i=0}^{n-p}\binom{n-p}{i} = \sum_{i=0}^{n-p}\binom{n-p}{i}1^i\,1^{n-p-i} = 2^{n-p}$, d'après la formule du binôme de Newton.

6. La formule du binôme de Newton assure que : $\sum_{k=0}^{n}\binom{n}{k}(-1)^k = (1+(-1))^n$.

Si $n\geq 1$, alors effectivement $\sum_{k=0}^{n}\binom{n}{k}(-1)^k = 0$, mais si $n=0$, cette somme ne contient qu'un seul terme qui vaut $\binom{0}{0}(-1)^0 = 1$.

7. Pour chaque élément de l'ensemble de départ, on a p choix pour déterminer son image. Puisqu'il y a n éléments dans l'ensemble de départ, on en déduit que le nombre de telles applications vaut p^n, et non pas n^p.

8. $\forall n\in\mathbb{N},\ 2^{2n} = (1+1)^{2n} = \sum_{k=0}^{2n}\binom{2n}{k}1^k 1^{2n-k} = \sum_{k=0}^{2n}\binom{2n}{k}$, somme dont tous les termes sont positifs et dont le terme d'indice n vaut $\binom{2n}{n}$.

Il faut noter que, si $n = 0$, la somme ne contient qu'un seul terme et on a en fait égalité.

9. On applique la formule du crible pour une réunion de deux ensembles.

10. Pour fabriquer une telle n-liste avec p "0" et $n-p$ "1", il suffit de choisir la place des "0" : il y a $\binom{n}{p}$ possibilités, les "1" sont alors automatiquement placés (c'est-à-dire placés d'une seule façon), et on trouve $\binom{n}{p}$ n-listes avec p "0" et $n-p$ "1".

❑ Les erreurs classiques

- La factorielle de $2n$ ne s'écrit pas $2n!$, mais $(2n)!$.
- Il faut se souvenir que $\binom{n}{p}$ est un entier naturel (avec p et n entiers naturels).
- Attention à la gestion de la quantité 0^n qui vaut 0 si n est supérieur ou égal à 1, mais dans le cas où $n = 0$, on convient que $0^0 = 1$.

On peut toujours éviter d'avoir à utiliser cette convention, comme dans le **V/F 6**, en réglant d'entrée le cas particulier $n = 0$.

Corrigé des exercices

Exercice 5.1

Pour tout réel x et pour tout entier naturel n supérieur ou égal à 2, la formule du binôme de Newton permet d'écrire : $\sum_{k=0}^{n} \binom{n}{k} x^k = (1+x)^n$.

En dérivant deux fois cette relation (les fonctions polynomiales étant dérivables sur $\mathbb{R}$), on obtient : $\sum_{k=2}^{n} \binom{n}{k} k(k-1)x^{k-2} = n(n-1)(1+x)^{n-2}$.

⇨ *Méthode 5.4*

> ✐ *Les deux premiers termes de la somme, 1 et nx, "disparaissent" lors des deux dérivations.*
> *On pouvait aussi appliquer la deuxième des* ***propriétés 5.7****.*

Exercice 5.2

1. On remarque tout d'abord que :

$$\forall (k,n) \in \mathbb{N}^2, k \leq n, \forall i \in [\![k,n]\!], \binom{n}{i}\binom{i}{k} = \frac{n!}{i!(n-i)!} \times \frac{i!}{k!(i-k)!}.$$

Ceci donne : $\binom{n}{i}\binom{i}{k} = \frac{n!}{(n-i)!} \times \frac{1}{k!(i-k)!} = \frac{n!}{(n-i)!} \times \frac{1}{k!(i-k)!} \times \frac{(n-k)!}{(n-k)!}$.

En arrangeant, on a : $\binom{n}{i}\binom{i}{k} = \frac{n!}{k!(n-k)!} \times \frac{(n-k)!}{(i-k)!(n-i)!}$.

On trouve donc : $\binom{n}{i}\binom{i}{k} = \binom{n}{k}\binom{n-k}{i-k}$.

2. On en déduit que :

$$\forall (k,n) \in \mathbb{N}^2, k \leq n, \sum_{i=k}^{n} \binom{n}{i}\binom{i}{k} x^{n-i} = \sum_{i=k}^{n} \binom{n}{k}\binom{n-k}{i-k} x^{n-i} = \binom{n}{k} \sum_{i=k}^{n} \binom{n-k}{i-k} x^{n-i}.$$

Après le changement d'indice $j = i-k$, puis utilisation de la formule du binôme de Newton, on trouve : $\forall (k,n) \in \mathbb{N}^2, k \leq n, \sum_{i=k}^{n} \binom{n}{i}\binom{i}{k} x^{n-i} = \binom{n}{k} \sum_{j=0}^{n-k} \binom{n-k}{j} x^{(n-k)-j} = \binom{n}{k}(1+x)^{n-k}$.

⇨ *Méthode 5.4*

Exercice 5.3

1. Pour tout entier naturel n supérieur ou égal à p, on note $R(n)$: " $\sum_{k=p}^{n} \binom{k}{p} = \binom{n+1}{p+1}$ ".

- $R(p)$ est vraie. En effet, $\sum_{k=p}^{p} \binom{k}{p} = \binom{p}{p} = 1 = \binom{p+1}{p+1}$.

- Supposons $R(n)$ vraie pour un entier naturel n fixé, supérieur ou égal à p.

On a alors : $\sum_{k=p}^{n+1} \binom{k}{p} = \sum_{k=p}^{n} \binom{k}{p} + \binom{n+1}{p}$.

D'où : $\sum_{k=p}^{n+1} \binom{k}{p} = \binom{n+1}{p+1} + \binom{n+1}{p} = \binom{n+2}{p+1}$ (grâce à la formule de Pascal). Ainsi $R(n+1)$ est vraie.

- Par récurrence, pour tout couple (n, p) d'entiers naturels tels que $p \leq n$, $\sum_{k=p}^{n} \binom{k}{p} = \binom{n+1}{p+1}$.

2. $\sum_{k=p}^{n} \binom{k}{p} = \sum_{k=p}^{n} \left(\binom{k+1}{p+1} - \binom{k}{p+1} \right) = \sum_{k=p}^{n} \binom{k+1}{p+1} - \sum_{k=p}^{n} \binom{k}{p+1}$.

En posant $i = k+1$ dans la première somme, on obtient : $\sum_{k=p}^{n} \binom{k}{p} = \sum_{i=p+1}^{n+1} \binom{i}{p+1} - \sum_{k=p}^{n} \binom{k}{p+1}$.

On voit alors que les deux sommes en présence ont tous leurs termes en commun, sauf le numéro $(n+1)$ de la première somme et le numéro p de la deuxième. Il reste donc :

$\sum_{k=p}^{n} \binom{k}{p} = \binom{n+1}{p+1} - \binom{p}{p+1}$. Le dernier terme est nul ($p+1 > p$), et on a bien : $\sum_{k=p}^{n} \binom{k}{p} = \binom{n+1}{p+1}$.

Exercice 5.4

En recombinant les coefficients binomiaux comme à la question **1** de l'**exercice 5.2**, puis en appliquant la formule du binôme de Newton, on trouve :

$$\sum_{p=0}^{k} \binom{n}{p}\binom{n-p}{k-p} - \sum_{p=0}^{k} \binom{n}{k}\binom{k}{p} = \binom{n}{k} \sum_{p=0}^{k} \binom{k}{p} = 2^k \binom{n}{k}$$

⇨ *Méthode 5.4*

Exercice 5.5

1. Il s'agit de choisir deux valets parmi les 4 possibles, ce qui donne $\binom{4}{2}$ possibilités.

Puis il s'agit de choisir les 3 dernières cartes parmi les 28 cartes restantes soit $\binom{28}{3}$.

Par principe multiplicatif, il y a donc $\binom{4}{2} \times \binom{28}{3} = 19656$ mains contenant 2 valets.

Corrigé

2. Il s'agit d'abord de choisir la paire en deux étapes :

- le choix de la hauteur (as, roi, dame, etc.) de la paire : 8 possibilités ;
- les deux couleurs constituant la paire : $\binom{4}{2}$ possibilités.

Il reste ensuite à déterminer les trois dernières cartes de telle façon qu'elles soient de hauteurs différentes (afin de ne pas créer une deuxième paire). Il faut donc choisir trois hauteurs distinctes de $\binom{7}{3}$ façons, puis une carte dans chaque hauteur, ce qui se fait de $4 \times 4 \times 4 = 64$ façons.

Par principe multiplicatif, il y a $8 \times 64 \times \binom{4}{2}\binom{7}{3} = 107520$ mains contenant 1 paire.

3. Il faut distinguer 2 sortes de mains :

- Les mains contenant le valet de cœur.
  On prend le valet de cœur.
  On choisit le second valet parmi les 3 restants soit 3 possibilités.
  On choisit le second cœur parmi les 7 restants soit 7 possibilités.

On choisit enfin les 2 dernières cartes de la main parmi les 21 restantes (celles qui ne sont ni des cœurs, ni des valets) soit $\binom{21}{2}$ possibilités.

Le principe multiplicatif donne $21\binom{21}{2} = 4410$ mains avec le valet de cœur.

- Les mains sans le valet de cœur.
  On choisit 2 valets sur les trois possibles (pas le valet de cœur), soit $\binom{3}{2} = 3$ possibilités.
  On choisit 2 cœurs parmi les 7 possibles (pas le valet de cœur), soit $\binom{7}{2} = 21$ possibilités.
  On choisit enfin la dernière carte parmi les 21 cartes qui ne sont ni des valets, ni des cœurs.

Le principe multiplicatif donne $63 \times 21 = 1323$ mains sans le valet de cœur.

- Finalement, il y a $4410 + 1323 = 5733$ mains contenant 2 valets et 2 cœurs.

⇨ *Méthodes 5.2, 5.3*

Exercice 5.6

Une anagramme d'un mot est une permutation de l'ensemble des lettres le constituant.

1. Le mot surjection est constitué de 10 lettres distinctes.
Le nombre d'anagrammes de ce mot correspond au nombre de permutations d'un ensemble à 10 éléments soit 10! anagrammes du mot surjection.

2. Le mot injection est constitué de 9 lettres. Le "i" et le "n" apparaissent chacun 2 fois et les autres lettres sont distinctes.
Il s'agit d'abord de choisir la place des deux "i" soit $\binom{9}{2} = 36$ possibilités, puis de choisir la place des deux "n", soit $\binom{7}{2} = 21$ possibilités, puis, enfin, de choisir celle des 5 lettres distinctes restantes ce qui correspond à former une permutation d'un ensemble à 5 éléments soit 5! possibilités. On trouve ainsi, par principe multiplicatif, $36 \times 21 \times 5! = 90720$ anagrammes du mot injection.

Remarque. On pouvait aussi partir de l'idée qu'il y a 9! permutations des 9 lettres du mot "injection", puis diviser par 2! qui est le nombre de façons d'échanger les deux "i" et diviser encore par 2! qui est le nombre de façons d'échanger les deux "n". Ceci donne le même résultat.

Exercice 5.7

Passons au complémentaire et dénombrons les n-listes contenant au plus un "0", c'est-à-dire, d'une part celles contenant un "0" (il y a en n puisqu'il y a n façons de placer le "0" dans la liste) et, d'autre part, celles n'ayant aucun "0" (il n'y en a qu'une, celle qui n'est constituée que de "1"). Ainsi on compte $(n+1)$ n-listes contenant au plus un "0".

Sachant qu'il y a 2^n n-listes constituées de 0 et de 1, on en déduit qu'il y a $2^n-(n+1)$ n-listes contenant au moins deux "0".

⇨ *Méthode 5.1*

Exercice 5.8

Pour remplir les $(n+2)$ boîtes, utilisons une partition selon la composition de la boîte $n+2$.

• Si la boîte numéro $n+2$ est vide, il s'agit alors de remplir les $n+1$ boîtes restantes selon le protocole décrit dans l'énoncé soit F_{n+1} possibilités.

• Si la boîte numéro $n+2$ n'est pas vide alors le protocole impose que la boîte numéro $n+1$ soit vide (deux boîtes voisines ne peuvent être non vides c'est-à-dire pleines) mais les n boîtes restantes peuvent être remplies selon le protocole, soit F_n possibilités.

On en déduit que : $F_{n+2}=F_{n+1}+F_n$.

⇨ *Méthode 5.3*

Exercice 5.9

• $S_n+T_n = \sum\limits_{\substack{k=0\\k\text{ pair}}}^{n}\binom{n}{k} + \sum\limits_{\substack{k=0\\k\text{ impair}}}^{n}\binom{n}{k} = \sum\limits_{k=0}^{n}\binom{n}{k} = (1+1)^n = 2^n$, en appliquant la formule du binôme de Newton.

• Comme $(-1)^k=\begin{cases}1 \text{ si } k \text{ est pair}\\-1 \text{ sinon}\end{cases}$, on en déduit : $S_n=\sum\limits_{\substack{k=0\\k\text{ pair}}}^{n}\binom{n}{k}(-1)^k$ et $T_n=-\sum\limits_{\substack{k=0\\k\text{ impair}}}^{n}\binom{n}{k}(-1)^k$.

D'où : $S_n-T_n = \sum\limits_{\substack{k=0\\k\text{ pair}}}^{n}\binom{n}{k}(-1)^k + \sum\limits_{\substack{k=0\\k\text{ impair}}}^{n}\binom{n}{k}(-1)^k = \sum\limits_{k=0}^{n}(-1)^k\binom{n}{k} = (1+(-1))^n$, en appliquant la formule du binôme de Newton.

Comme n est supérieur ou égal à 1, on a finalement : $S_n-T_n=0$, soit $S_n=T_n$.

• Comme $S_n+T_n=2^n$ et $S_n-T_n=0$, on obtient, en ajoutant les deux égalités : $2S_n=2^n$.

On en conclut : $S_n=2^{n-1}$ puis $T_n=2^{n-1}$.

Corrigé

Remarque. Comme $\binom{n}{k}$ est égal au nombre de parties à k éléments d'un ensemble à n éléments, S_n est égale au nombre de ces parties ayant un nombre pair d'éléments et T_n est égale au nombre de ces parties ayant un nombre impair d'éléments.
Nous venons donc de prouver qu'un ensemble fini possède autant de parties ayant un nombre pair d'éléments que de parties ayant un nombre impair d'éléments.

⇨ *Méthode 5.4*

Exercice 5.10

En notant A, B et M les ensembles constitués respectivement des actifs, des bacheliers et des mariés, on obtient, d'après les données de l'étude :

- $\text{card}(A) = 312$, $\text{card}(B) = 525$, $\text{card}(M) = 470$.
- $\text{card}(A \cap B) = 42$, $\text{card}(B \cap M) = 147$, $\text{card}(A \cap M) = 86$.
- $\text{card}(A \cap B \cap M) = 25$.

Avec la formule du crible, on a :

$$\text{card}(A \cup B \cup M) = \text{card}([A \cup B] \cup M) = \text{card}(A \cup B) + \text{card}(M) - \text{card}([A \cup B] \cap M).$$

On en déduit :

$$\text{card}(A \cup B \cup M) = \text{card}(A \cup B) + \text{card}(M) - \text{card}([A \cap M] \cup [B \cap M]).$$

En appliquant encore deux fois la formule du crible, on obtient :

$$\text{card}(A \cup B \cup M) = \text{card}(A) + \text{card}(B) - \text{card}(A \cap B) + \text{card}(M) - \text{card}(A \cap M)$$
$$- \text{card}(B \cap M) + \text{card}(A \cap B \cap M).$$

En remplaçant par les valeurs trouvées précédemment, on en déduit :

$$\text{card}(A \cup B \cup M) = 1057$$

L'étude porte sur 1050 personnes, on devrait donc avoir $\text{card}(A \cup B \cup M) \leq 1050$. L'étude est donc inexacte.

Chapitre 6
Nombres complexes

Leonhard Euler
1707-1783

Les nombres complexes sont apparus en Italie au XVIe siècle. Niccolo **Tartaglia**, le premier, résout des équations du troisième degré. Il révèle sa formule à Jérôme **Cardan** qui la publie en 1545 dans son ouvrage *Ars Magna*. Cependant, certaines racines réelles échappaient à cette formule. En 1560, Rafaele **Bombelli** s'aperçoit qu'on les retrouve si l'on conserve des racines de nombres négatifs qui se simplifient en fin de calcul. Cela le conduit à introduire les nombres complexes dont il donne explicitement les règles de calculs. Cependant, ces nouveaux nombres, nommés imaginaires par René **Descartes** en 1637, peinent à se faire admettre. Leonhard **Euler** les utilise abondamment et ose, en 1749, cette définition :

On nomme quantité imaginaire celle qui n'est ni plus grande que zéro, ni plus petite que zéro, ni plus égale à zéro ; ce sera quelque chose d'impossible comme $\sqrt{-1}$.

Au début du siècle suivant, Carl Friedrich **Gauss** donne une construction effective de ces nombres et précise les opérations d'addition et de multiplication.

On les dénomme alors nombres complexes, c'est-à-dire composés de deux nombres, les parties réelle et imaginaire.

Objectifs

Les incontournables

- Maîtriser les opérations classiques sur les nombres complexes (somme, produit, inverse, quotient).
- Savoir calculer module et argument d'un nombre complexe.
- Savoir écrire un nombre complexe sous forme exponentielle.

Et plus si affinités

- Savoir manipuler les formules de trigonométrie.
- Savoir résoudre des équations du type $z^n = 1$.

Résumé de cours

Généralités

Définition 6.1. — On appelle nombre complexe, ou plus simplement *complexe*, toute expression de la forme $z = a+ib$, où a et b sont des **réels** et où i est un nombre tel que $i^2 = -1$. L'ensemble des nombres complexes est noté $\mathbb{C}$.

Vocabulaire et notation — L'écriture $z = a+ib$ est appelée *écriture algébrique* de z. Le **réel** a est appelé *partie réelle* de z et est noté $a = \text{Re}(z)$ et le **réel** b est appelé *partie imaginaire* de z et est noté $b = \text{Im}(z)$.

Dans le plan rapporté à un repère orthonormé $(O, \vec{u}, \vec{v})$, le point M et le vecteur $\overrightarrow{OM}$ de coordonnées (a, b) sont représentés par le complexe $a+ib$ appelé *affixe* de M (et de $\overrightarrow{OM}$).

Théorème 6.1. — Deux complexes sont égaux si et seulement si ils ont même partie réelle et même partie imaginaire. En désignant par a, b, a', b' des **réels**, on a donc :

$$a+ib = a'+ib' \Leftrightarrow a = a' \text{ et } b = b'$$

Théorème 6.2. — Somme et produit de deux complexes. Si $z = a+ib$ et $z' = a'+ib'$, on a :

$$z+z' = (a+a')+i(b+b') \quad \text{et} \quad zz' = (aa'-bb')+i(ab'+a'b)$$

Théorème 6.3. — Égalité remarquable : $(a+ib)(a-ib) = a^2+b^2$.

Théorème 6.4. — Formule du binôme de Newton.
Soit (z_1, z_2) un couple de nombres complexes et n un entier naturel. On a :

$$(z_1+z_2)^n = \sum_{k=0}^{n} \binom{n}{k} z_1^{\,k} z_2^{\,n-k} = \sum_{k=0}^{n} \binom{n}{k} z_1^{\,n-k} z_2^{\,k}$$

Conjugué, module et argument

Conjugué d'un nombre complexe

Définition 6.2. — Le conjugué du nombre complexe $z = a+ib$ où $(a,b) \in \mathbb{R}^2$ est : $\overline{z} = a-ib$.

Propriétés 6.1. — Soit z un nombre complexe. On a :

$$\overline{\overline{z}} = z \qquad z+\overline{z} = 2\,\text{Re}(z) \qquad z-\overline{z} = 2i\,\text{Im}(z)$$

Propriété 6.2. — Soit (z, z') un couple de nombres complexes. On a : $\overline{z+z'} = \overline{z}+\overline{z'}$.

Propriétés 6.3. — Soit (z,z') un couple de nombres complexes. On a :

$$\overline{zz'}=\overline{z}\ \overline{z'} \text{ et } \forall n\in\mathbb{N},\ \overline{z^n}=\left(\overline{z}\right)^n$$

Propriété 6.4. — Soit (z,z') un couple de nombres complexes avec $z'\neq 0$. On a : $\overline{\left(\dfrac{z}{z'}\right)}=\dfrac{\overline{z}}{\overline{z'}}$.

❑ Module d'un nombre complexe

Définition 6.3. — On appelle module du nombre complexe $z=a+ib$ où $(a,b)\in\mathbb{R}^2$, le nombre réel positif noté $|z|$ défini par $|z|=\sqrt{a^2+b^2}$.

Remarque 6.1. — Avec les notations du début de chapitre, on a : $|z|=\left\|\overrightarrow{OM}\right\|=OM$.

Propriétés 6.5. — Soit z un nombre complexe. On a :

$$|z|\geq 0$$

$$|z|=0 \Leftrightarrow z=0$$

Propriétés 6.6. — Soit z un nombre complexe. On a : $|z|^2=z\overline{z}$ et $|z|=|-z|=|\overline{z}|$.

Propriétés 6.7. — Soit (z,z') un couple de nombres complexes. On a :

$$|zz'|=|z||z'| \text{ et } \forall n\in\mathbb{N},\ |z^n|=|z|^n$$

Propriété 6.8. — Soit (z,z') un couple de nombres complexes avec $z'\neq 0$. On a : $\left|\dfrac{z}{z'}\right|=\dfrac{|z|}{|z'|}$.

Théorème 6.5. — Inégalité triangulaire. Soit (z,z') un couple de nombres complexes. On a :

$$|z+z'|\leq|z|+|z'|$$

❑ Argument d'un nombre complexe

Définition 6.4. — Soit un nombre complexe non nul $z=a+ib$ où $(a,b)\in\mathbb{R}^2$. On appelle argument de z (on note $\arg z$) tout réel θ tel que : $\cos\theta=\dfrac{a}{\sqrt{a^2+b^2}}$ et $\sin\theta=\dfrac{b}{\sqrt{a^2+b^2}}$.

Remarque 6.2. — $\arg z$ est une mesure de l'angle orienté $(\vec{u},\overrightarrow{OM})$.

Remarque 6.3. — Si θ est un argument de z, tout réel de la forme $\theta+2k\pi$ où $k\in\mathbb{Z}$ est encore un argument de z.

■ Forme exponentielle d'un nombre complexe

Notation — Le complexe $\cos\theta + i\sin\theta$ est noté $e^{i\theta}$.

Exemples 6.1. — $e^{i\frac{\pi}{2}} = i$, $e^{i\pi} = -1$ et $\forall k \in \mathbb{Z}$, $e^{2ik\pi} = 1$.

Théorème 6.6. — Tout nombre complexe z **non nul** s'écrit sous la forme exponentielle $z = re^{i\theta}$ avec $r > 0$ et θ réel. On a alors : $|z| = r$ et θ est un argument de z.

⇨ **Méthode 6.1. Comment passer de la forme algébrique à une forme exponentielle ?**
⇨ **Méthode 6.2. Comment simplifier un quotient de complexes ?**
⇨ **Méthode 6.3. Comment résoudre l'équation d'inconnue z, $z^n = Z$?**

Théorème 6.7. — Pour tout réel θ, on a : $\overline{e^{i\theta}} = e^{-i\theta} = \dfrac{1}{e^{i\theta}}$ et $|e^{i\theta}| = 1$.

Théorème 6.8. — Pour tous réels θ et θ', on a : $e^{i\theta} \times e^{i\theta'} = e^{i(\theta+\theta')}$.

Théorème 6.9. — Formule de Moivre. Pour tout réel θ et tout entier naturel n, on a :

$$\left(e^{i\theta}\right)^n = e^{in\theta} \text{ c'est-à-dire : } (\cos\theta + i\sin\theta)^n = \cos n\theta + i\sin n\theta$$

⇨ **Méthode 6.6. Comment exprimer cos($n\theta$) ou sin($n\theta$) en fonction des puissances de cosθ ou sinθ ?**

Théorème 6.10. — Formules d'Euler. Pour tout réel θ, on a :

$$\cos\theta = \frac{e^{i\theta} + e^{-i\theta}}{2} \text{ et } \sin\theta = \frac{e^{i\theta} - e^{-i\theta}}{2i}$$

⇨ **Méthode 6.4. Comment transformer l'expression $e^{ip} + e^{iq}$ par "passage à l'angle moitié" ?**
⇨ **Méthode 6.5. Comment simplifier certaines sommes de réels ?**

■ Principales formules de trigonométrie

Théorème 6.11. — Formules d'addition. Pour tous réels a et b, on a :

$\cos(a+b) = \cos a\cos b - \sin a\sin b$ $\qquad$ $\sin(a+b) = \sin a\cos b + \sin b\cos a$

$\cos(a-b) = \cos a\cos b + \sin a\sin b$ $\qquad$ $\sin(a-b) = \sin a\cos b - \sin b\cos a$.

Théorème 6.12. — Formules de duplication. Pour tout réel a, on a :

$\cos(2a) = \cos^2 a - \sin^2 a = 2\cos^2 a - 1 = 1 - 2\sin^2 a$ $\qquad$ $\sin(2a) = 2\sin a\cos a$

Théorème 6.13. — Formules de linéarisation. Pour tout réel a, on a :

$$\cos^2 a = \frac{1+\cos(2a)}{2} \text{ et } \sin^2 a = \frac{1-\cos(2a)}{2}.$$

Méthodes

Forme exponentielle, forme algébrique

Méthode 6.1. Comment passer de la forme algébrique à une forme exponentielle ?

Si $z=a+ib$, le module de z est $r=\sqrt{a^2+b^2}$.

Si $z\neq 0$, alors $r>0$ et on peut écrire : $z=r\left(\frac{a}{r}+i\frac{b}{r}\right)$. On cherche ensuite à reconnaître un réel θ qui vérifie $\cos\theta=\frac{a}{r}$ et $\sin\theta=\frac{b}{r}$, et on a enfin : $z=r\,e^{i\theta}$.

⇨ Exercice 6.2

Exemple. Écrire les complexes $z=\sqrt{3}+i$ et $z'=1+i$ sous forme exponentielle.

$|z|=\sqrt{3+1}=2$ d'où $z=2\left(\frac{\sqrt{3}}{2}+\frac{1}{2}i\right)=2e^{i\frac{\pi}{6}}$ car $\cos\left(\frac{\pi}{6}\right)=\frac{\sqrt{3}}{2}$ et $\sin\left(\frac{\pi}{6}\right)=\frac{1}{2}$.

$|z'|=\sqrt{1+1}=\sqrt{2}$ donc : $z'=\sqrt{2}\left(\frac{1}{\sqrt{2}}+\frac{1}{\sqrt{2}}i\right)=\sqrt{2}e^{i\frac{\pi}{4}}$ car $\cos\left(\frac{\pi}{4}\right)=\sin\left(\frac{\pi}{4}\right)=\frac{1}{\sqrt{2}}$.

Méthode 6.2. Comment simplifier un quotient de complexes ?

- On peut multiplier haut et bas par le conjugué du dénominateur.
- On peut écrire haut et bas sous forme exponentielle puis simplifier.

⇨ Exercice 6.4

Exemple 1. Simplifier $z=\frac{3-2i}{1+4i}$.

Multiplions numérateur et dénominateur par le conjugué de $1+4i$:

$$z=\frac{3-2i}{1+4i}=\frac{3-2i}{1+4i}\times\frac{1-4i}{1-4i}=\frac{-5-14i}{1+16}=-\frac{5}{17}-\frac{14}{17}i.$$

Exemple 2. Simplifier $z=\frac{\sqrt{3}+i}{1+i}$.

Compte tenu des exemples de la **méthode 6.1**, on a : $z=\frac{2e^{i\frac{\pi}{6}}}{\sqrt{2}e^{i\frac{\pi}{4}}}=\frac{2}{\sqrt{2}}e^{i\left(\frac{\pi}{6}-\frac{\pi}{4}\right)}=\sqrt{2}e^{-i\frac{\pi}{12}}$.

Utilisation des nombres complexes

Méthode 6.3. Comment résoudre l'équation d'inconnue z, $z^n = Z$?

- L'équation $z^n = Z$ possède n solutions complexes, distinctes ou non.
- Pour résoudre l'équation $z^n = Z$, on écrit l'inconnue z sous forme exponentielle en posant $z = re^{i\theta}$. On remplace dans l'équation et on identifie le module de z^n avec celui de Z et l'argument de z^n avec celui de Z (à 2π près).

⇨ Exercices 6.4, 6.7

Exemple. Résoudre l'équation $z^3 = 1$.

On cherche z sous forme exponentielle et on pose : $z = re^{i\theta}$. On a donc : $z^3 = \left(re^{i\theta}\right)^3 = r^3 e^{i3\theta}$.

On a donc : $z^3 = 1 \Leftrightarrow r^3 e^{i3\theta} = 1 \times e^{i0}$. On en déduit $r = 1$ et $3\theta = 0 + 2k\pi$, soit : $r = 1$ et $\theta = \dfrac{2k\pi}{3}$.

L'équation $z^3 = 1$ a donc exactement 3 solutions qui sont : 1, $e^{i\frac{2\pi}{3}}$ et $e^{i\frac{4\pi}{3}}$.

Remarque. On obtient ces solutions en choisissant pour k les valeurs 0, 1 et 2. Les autres valeurs de k amèneraient une des trois solutions déjà proposées puisque deux complexes, dont la différence des arguments est un multiple de 2π, sont égaux. Par exemple, on pouvait aussi écrire les solutions : 1, $e^{i\frac{2\pi}{3}}$ et $e^{-i\frac{2\pi}{3}}$ (en prenant pour k les valeurs 0, 1 et -1).

Méthode 6.4. Comment transformer l'expression $e^{ip} + e^{iq}$ par "passage à l'angle moitié" ?

Dans une expression du type $e^{ip} + e^{iq}$ où p et q sont des réels donnés, on factorise par $e^{i\frac{p+q}{2}}$. On a : $e^{ip} + e^{iq} = e^{i\frac{p+q}{2}}\left(e^{i\frac{p-q}{2}} + e^{i\frac{q-p}{2}}\right)$, c'est-à-dire encore grâce aux formules d'Euler : $e^{ip} + e^{iq} = 2\cos\dfrac{p-q}{2}e^{i\frac{p+q}{2}}$.

De la même façon, on a aussi : $e^{ip} - e^{iq} = e^{i\frac{p+q}{2}}\left(e^{i\frac{p-q}{2}} - e^{i\frac{q-p}{2}}\right) = 2i\sin\dfrac{p-q}{2}e^{i\frac{p+q}{2}}$.

⇨ Exercices 6.2, 6.3, 6.7

Exemple. Soit $\theta \in]-\pi, \pi[$. Écrire le complexe $z = 1 + e^{i\theta}$ sous forme exponentielle.

$z = 1 + e^{i\theta} = e^{i\frac{\theta}{2}}\left(e^{-i\frac{\theta}{2}} + e^{i\frac{\theta}{2}}\right) = 2\cos\dfrac{\theta}{2}e^{i\frac{\theta}{2}}$ ce qui est bien la forme exponentielle de z puisque, lorsque $\theta \in]-\pi, \pi[$, $2\cos\dfrac{\theta}{2} > 0$.

Méthodes

❑ Méthode 6.5. Comment simplifier certaines sommes de réels ?

On introduit un complexe Z_n, lui aussi sous forme de somme, de telle sorte que la somme que l'on doit simplifier soit la partie réelle ou la partie imaginaire de Z_n. On simplifie Z_n, puis on obtient la somme initiale qui vaut $\mathrm{Re}(Z_n)$ ou $\mathrm{Im}(Z_n)$.

⇨ Exercice 6.3

Exemple. Calculer pour tout entier naturel n et pour tout réel θ, $S_n = \sum_{k=0}^{n} \sin k\theta$.

On pose $Z_n = \sum_{k=0}^{n} e^{ik\theta}$. On remarque que : $S_n = \mathrm{Im}(Z_n)$. On a : $Z_n = \sum_{k=0}^{n} \left(e^{i\theta}\right)^k$.

• Si $\theta = 2p\pi$, avec $p \in \mathbb{Z}$, alors $e^{i\theta} = 1$ et $Z_n = n+1$. Par conséquent : $S_n = \mathrm{Im}(Z_n) = 0$.

• Sinon, on a : $Z_n = \dfrac{1-\left(e^{i\theta}\right)^{n+1}}{1-e^{i\theta}} = \dfrac{1-e^{i(n+1)\theta}}{1-e^{i\theta}}$. Grâce au passage à l'angle moitié et aux formules d'Euler, on a : $Z_n = \dfrac{e^{i\frac{(n+1)\theta}{2}}}{e^{i\frac{\theta}{2}}} \times \dfrac{e^{-i\frac{(n+1)\theta}{2}} - e^{i\frac{(n+1)\theta}{2}}}{e^{-i\frac{\theta}{2}} - e^{i\frac{\theta}{2}}} = e^{i\frac{n\theta}{2}} \dfrac{-2i\sin\frac{(n+1)\theta}{2}}{-2i\sin\frac{\theta}{2}} = \dfrac{\sin\frac{(n+1)\theta}{2}}{\sin\frac{\theta}{2}} e^{i\frac{n\theta}{2}}$.

Par conséquent : $S_n = \mathrm{Im}(Z_n) = \dfrac{\sin\frac{(n+1)\theta}{2}\sin\frac{n\theta}{2}}{\sin\frac{\theta}{2}}$.

❑ Méthode 6.6. Comment exprimer cos(*n*θ) ou sin(*n*θ) avec *n* entier naturel et θ réel en fonction des puissances de cosθ ou sinθ ?

D'après la formule de Moivre, on a : $\cos n\theta + i\sin n\theta = (\cos\theta + i\sin\theta)^n$.

On développe $(\cos\theta + i\sin\theta)^n$ grâce à la formule du binôme de Newton.

On identifie parties réelles ou imaginaires selon que l'on cherche $\cos n\theta$ ou $\sin n\theta$.

⇨ Exercice 6.5

Exemple. Exprimer $\cos 3\theta$ en fonction de $\cos\theta$ et $\cos^3\theta$.

$\cos 3\theta + i\sin 3\theta = (\cos\theta + i\sin\theta)^3 = \cos^3\theta + 3i\cos^2\theta\sin\theta - 3\cos\theta\sin^2\theta - i\sin^3\theta$.

En identifiant les parties réelles, on a : $\cos 3\theta = \cos^3\theta - 3\cos\theta\sin^2\theta$.

D'où : $\cos 3\theta = \cos^3\theta - 3\cos\theta\left(1-\cos^2\theta\right) = 4\cos^3\theta - 3\cos\theta$.

■■ Vrai/Faux

	Vrai	Faux
1. Le conjugué de $\frac{1}{2}-i\frac{\sqrt{3}}{2}$ est $\frac{1}{2}+i\frac{\sqrt{3}}{2}$.	☐	☐
2. L'inverse de $\frac{1}{2}-i\frac{\sqrt{3}}{2}$ est $\frac{1}{2}+i\frac{\sqrt{3}}{2}$.	☐	☐
3. On pose $j=e^{i\frac{2\pi}{3}}$. Le conjugué de $1+j$ est $1-j$.	☐	☐
4. Le nombre complexe $-2e^{-i\frac{\pi}{3}}$ a pour argument $-\frac{\pi}{3}$.	☐	☐
5. Le nombre complexe $ie^{i\frac{2\pi}{3}}$ a pour argument $-\frac{5\pi}{6}$.	☐	☐
6. On pose $j=e^{i\frac{2\pi}{3}}$. Pour tout entier naturel n, $j^{3n+1} - j$.	☐	☐
7. Si $z'=\lambda z$ avec $\lambda>0$, alors $\lvert z+z'\rvert=\lvert z\rvert+\lvert z'\rvert$.	☐	☐
8. Si $z'=\lambda z$ avec $\lambda<0$, alors $\lvert z+z'\rvert=\lvert z\rvert+\lvert z'\rvert$.	☐	☐
9. $\forall p\in\mathbb{Z}$, $e^{i(2p+1)\frac{\pi}{2}}=(-1)^p i$.	☐	☐
10. $\sqrt{i}$ est solution de l'équation $z^2=i$.	☐	☐

■■ Énoncé des exercices

❑ **Exercice 6.1.** — On considère l'équation dans $\mathbb{C}$ d'inconnue z :

$$(E) \quad z^4 - 2z^3 - z^2 - 2z + 1 = 0$$

1. En remarquant que 0 n'est pas solution de (E), vérifier que (E) équivaut à :

$$\left(z^2 + \frac{1}{z^2}\right) - 2\left(z + \frac{1}{z}\right) - 1 = 0.$$

2. En déduire toutes les solutions de (E). On pourra poser $Z = z + \frac{1}{z}$.

❑ **Exercice 6.2.** — Écrire les complexes suivants sous forme exponentielle.

1. $z_1 = \sin\theta + i\cos\theta$, où $\theta \in \mathbb{R}$.

2. $z_2 = 1 + \cos\theta + i\sin\theta$, où $\theta \in \left]-\pi, \pi\right[$.

❑ **Exercice 6.3.** — Pour tout entier naturel n, calculer $\sum_{k=0}^{n} \binom{n}{k} \cos(k\theta)$, où θ est un réel fixé.

❑ **Exercice 6.4.** — On pose $A = \frac{1 + i\sqrt{3}}{1 - i\sqrt{3}}$.

1. Résoudre l'équation $Z^3 = 1$, d'inconnue Z.

2. a) Écrire A sous forme exponentielle.

b) On pose $z_0 = e^{i\frac{2\pi}{9}}$. En remarquant que $z_0{}^3 = A$, résoudre l'équation : $z^3 = A$.

Remarque. Les solutions de $z^3 = A$ sont appelées *racines cubiques* de A et, plus généralement, les solutions de l'équation $z^n = A$ sont appelées racines $n^{\text{èmes}}$ de A.

❑ **Exercice 6.5.** — Exprimer $\sin(3\theta)$ en fonction de $\sin\theta$.

❑ **Exercice 6.6.** — Utilisation des formules d'Euler.

1. A l'aide des formules d'Euler, exprimer $\cos^3 x$ en fonction de $\cos x$ et $\cos(3x)$.

2. Exprimer $\sin^3 x$ en fonction de $\sin x$ et $\sin(3x)$.

❑ **Exercice 6.7.** ** — Complexes, tangente et produit.

1. Montrer, pour tout réel θ de $[0, 2\pi] \setminus \{\pi\}$, que : $\frac{e^{i\theta} - 1}{e^{i\theta} + 1} = i\tan\frac{\theta}{2}$.

2. Soit n un entier naturel non nul.

a) Résoudre l'équation $Z^n = 1$, d'inconnue Z.

On exprimera les solutions à l'aide des puissances de $\omega = e^{i\frac{2\pi}{n}}$.

b) Montrer que la somme des solutions de l'équation $Z^n = 1$ est nulle.

Remarque. Les solutions de $Z^n = 1$ sont appelées *racines n* ^èmes^ de l'unité.

3. Pour tout entier naturel n non nul, on considère l'équation (E_n) d'inconnue z élément de $\mathbb{C}$:

$$(1+z)^n = (1-z)^n$$

a) Vérifier que (E_n) équivaut à : $\left(\dfrac{1+z}{1-z}\right)^n = 1$.

b) En déduire toutes les solutions de (E_n).

4. On suppose que $n = 2p$ avec p entier supérieur ou égal à 2. On note pour tout entier k élément de $[\![0, 2p-1]\!] \setminus \{p\}$, $\alpha_k = i \tan \dfrac{k\pi}{2p}$. Montrer que : $\prod_{\substack{k=1 \\ k \neq p}}^{2p-1} \alpha_k = 1$.

Pour vous aider à démarrer

Exercice 6.1. Pour la question **2**, calculer Z^2.
Exercice 6.3. Penser à la formule du binôme et au passage à l'angle moitié.
Exercice 6.4. Pour la question **2 b**, montrer que l'équation $z^3 = A$ équivaut à $\left(\dfrac{z}{z_0}\right)^3 = 1$. Puis, on pensera à utiliser le résultat de la question **1**.
Exercice 6.7. Pour la question **4**, séparer le produit en 2, puis faire un changement d'indice dans une moitié. Utiliser ensuite le fait que $\tan(x + \pi/2) = -1/\tan(x)$.

Corrigé des vrai/faux

1.	2.	3.	4.	5.	6.	7.	8.	9.	10.
V	V	F	F	V	V	V	F	V	F

1. L'égalité est vraie par définition du conjugué de l'écriture algébrique d'un complexe.

2. On a : $|z| = \sqrt{\frac{1}{4}+\frac{3}{4}} = 1$ et puisque $z\bar{z} = |z|^2$, on a $z\bar{z} = 1$ d'où $\bar{z} = \frac{1}{z}$.

Remarque. On pouvait aussi calculer directement $\frac{1}{z}$.

3. Puisque $j = \cos\left(\frac{2\pi}{3}\right) + i\sin\left(\frac{2\pi}{3}\right) = -\frac{1}{2} + i\frac{\sqrt{3}}{2}$, on a : $1 + j = \frac{1}{2} + i\frac{\sqrt{3}}{2}$ et $\overline{1+j} = \frac{1}{2} - i\frac{\sqrt{3}}{2}$.

D'autre part, on a $1 - j = \frac{3}{2} - i\frac{\sqrt{3}}{2}$ donc l'égalité $\overline{1+j} = 1 - j$ est fausse.

4. Puisque $-1 = e^{i\pi}$, on a $-2e^{-i\frac{\pi}{3}} = 2e^{i\pi}e^{-i\frac{\pi}{3}} = 2e^{i\frac{2\pi}{3}}$ donc un argument de $-2e^{-i\frac{\pi}{3}}$ est $\frac{2\pi}{3}$ qui n'est pas égal à $-\frac{\pi}{3}$ (à 2π près).

Remarque. On pouvait également écrire la forme algébrique de $-2e^{-i\frac{\pi}{3}}$, puis trouver le même résultat.

5. Puisque $i = e^{i\frac{\pi}{2}}$, on a : $ie^{i\frac{2\pi}{3}} = e^{i\frac{\pi}{2}}e^{i\frac{2\pi}{3}} = e^{i\frac{7\pi}{6}}$ donc un argument de $ie^{i\frac{2\pi}{3}}$ est $\frac{7\pi}{6}$ ou si l'on préfère $-\frac{5\pi}{6}$ puisque : $\frac{7\pi}{6} - 2\pi = -\frac{5\pi}{6}$.

6. On constate que $j^3 = \left(e^{i\frac{2\pi}{3}}\right)^3 = e^{i2\pi} = 1$ et on en déduit que, pour tout entier naturel n, on a :

$j^{3n} = \left(j^3\right)^n = 1$, puis $j^{3n+1} = j \times j^{3n} = j$.

7. On a dans ce cas, $|z + z'| = |z + \lambda z| = |(1+\lambda)z| = (1+\lambda)|z| = |z| + \lambda|z|$ (la troisième égalité étant justifiée par le fait que $1 + \lambda > 0$).

De plus, puisque λ est positif, $\lambda|z|=|\lambda z|$ et on a bien : $|z+z'|=|z|+|z'|$.

8. Cette fois-ci, il suffit de prendre comme contre exemple $\lambda=-1$ et $z\neq 0$, et on obtient : $|z+z'|=0$ et $|z|+|z'|=2|z|\neq 0$.

9. Soit p un entier naturel. On a : $e^{i(2p+1)\frac{\pi}{2}}=e^{i\pi p+i\frac{\pi}{2}}=\left(e^{i\pi}\right)^p e^{i\frac{\pi}{2}}=(-1)^p i$.

10. Lorsque z est complexe, la notation $\sqrt{z}$ n'existe pas.

Ici, on peut remarquer que $i=e^{i\frac{\pi}{2}}=\left(e^{i\frac{\pi}{4}}\right)^2$. Ainsi, $e^{i\frac{\pi}{4}}=\frac{\sqrt{2}}{2}(1+i)$ et $-e^{i\frac{\pi}{4}}=-\frac{\sqrt{2}}{2}(1+i)$ sont les solutions de l'équation $z^2=i$.

❑ Les erreurs classiques

- Si l'un des deux nombres a et b est complexe non réel, il est faux de croire que le conjugué de $a+ib$ est $a-ib$.
- Si l'on a $z = re^{i\theta}$ et si r est un réel négatif, il est faux de croire que θ est un argument de z.
- Pire encore, si r est un complexe, l'écriture $z = re^{i\theta}$ n'est pas une forme exponentielle de z : r n'est donc pas le module de z et θ n'est pas un argument de z.
- La notation $\sqrt{z}$ n'a de sens que si z est un réel positif ! Il faut donc absolument éviter d'écrire $\sqrt{z}$ lorsque ce n'est pas le cas.

Corrigé des exercices

Exercice 6.1

1. Si 0 était solution de (*E*), on aurait $0=1$. C'est absurde. 0 n'est pas solution de (*E*) et on a :

$$(E) \Leftrightarrow z^2\left(z^2-2z-1-\frac{2}{z}+\frac{1}{z^2}\right)=0 \Leftrightarrow z^2-2z-1-\frac{2}{z}+\frac{1}{z^2}=0 \Leftrightarrow \left(z^2+\frac{1}{z^2}\right)-2\left(z+\frac{1}{z}\right)-1=0.$$

2. En posant $Z=z+\frac{1}{z}$, on a $Z^2=z^2+\frac{1}{z^2}+2$, soit : $z^2+\frac{1}{z^2}=Z^2-2$. On obtient alors :

$(E) \Leftrightarrow (Z^2-2)-2Z-1=0 \Leftrightarrow (Z-3)(Z+1)=0$.

Cette dernière équation possède deux racines réelles -1 et 3.

- Résolvons $z+\frac{1}{z}=-1$, équation équivalente à $z^2+z+1=0$ puisque z est non nul.

Le discriminant de cette équation vaut $-3=\left(i\sqrt{3}\right)^2$ et ses racines sont $\frac{-1-i\sqrt{3}}{2}$ et $\frac{-1+i\sqrt{3}}{2}$.

- Résolvons $z+\frac{1}{z}=3$, équation équivalente à $z^2-3z+1=0$ puisque z est non nul.

Le discriminant de cette équation vaut 5 et ses racines sont $\frac{3-\sqrt{5}}{2}$ et $\frac{3+\sqrt{5}}{2}$.

Les solutions de (*E*) sont donc $\frac{-1-i\sqrt{3}}{2}$, $\frac{-1+i\sqrt{3}}{2}$, $\frac{3-\sqrt{5}}{2}$ et $\frac{3+\sqrt{5}}{2}$.

Exercice 6.2

1. $z_1=i(\cos\theta-i\sin\theta)=e^{i\frac{\pi}{2}}e^{-i\theta}=e^{i\left(\frac{\pi}{2}-\theta\right)}$.

2. On a déjà $|z_2|^2=(1+\cos\theta)^2+\sin^2\theta=2+2\cos\theta=4\cos^2\frac{\theta}{2}$. Comme $\frac{\theta}{2}\in\left]-\frac{\pi}{2},\frac{\pi}{2}\right[$, on a $\cos\frac{\theta}{2}>0$, d'où $|z_2|=2\cos\frac{\theta}{2}$.

On a alors : $z_2=2\cos^2\frac{\theta}{2}+2i\sin\frac{\theta}{2}\cos\frac{\theta}{2}=2\cos\frac{\theta}{2}\left(\cos\frac{\theta}{2}+i\sin\frac{\theta}{2}\right)$. Ainsi $z_2=2\cos\frac{\theta}{2}e^{i\frac{\theta}{2}}$.

⇨ *Méthode 6.1*

Remarque. On aurait pu écrire $z_2=1+e^{i\theta}=e^{i\frac{\theta}{2}}\left(e^{-i\frac{\theta}{2}}+e^{i\frac{\theta}{2}}\right)$, ce qui redonne : $z_2=2\cos\frac{\theta}{2}e^{i\frac{\theta}{2}}$.

⇨ *Méthode 6.4*

Exercice 6.3

Pour tout entier naturel n, posons : $T_n = \sum_{k=0}^{n} \binom{n}{k} \cos(k\theta)$.

Puisque $\cos k\theta = \mathrm{Re}\left(e^{ik\theta}\right)$, on a $T_n = \mathrm{Re}\left(\sum_{k=0}^{n} \binom{n}{k} e^{ik\theta}\right)$.

Or $\sum_{k=0}^{n} \binom{n}{k}\left(e^{ik\theta}\right) = \sum_{k=0}^{n} \binom{n}{k}\left(e^{i\theta}\right)^k = \left(1+e^{i\theta}\right)^n$ par la formule du binôme de Newton.

De plus, on a : $\left(1+e^{i\theta}\right)^n = \left(e^{i\frac{\theta}{2}}\left(e^{-i\frac{\theta}{2}}+e^{i\frac{\theta}{2}}\right)\right)^n = \left(e^{i\frac{\theta}{2}}\left(2\cos\frac{\theta}{2}\right)\right)^n = e^{in\frac{\theta}{2}} \times 2^n \left(\cos\frac{\theta}{2}\right)^n$.

On en déduit ainsi que $T_n = 2^n \cos\frac{n\theta}{2}\left(\cos\frac{\theta}{2}\right)^n$.

⇨ *Méthodes 6.4, 6.5*

Exercice 6.4

1. On cherche Z sous forme exponentielle et on pose : $Z = re^{i\theta}$. On a : $Z^3 = \left(re^{i\theta}\right)^3 = r^3 e^{i3\theta}$.

Les complexes Z^3 et 1 sont égaux si et seulement si leurs modules sont égaux et leurs arguments égaux à 2π près. Les modules sont égaux si et seulement si $r^3 = 1$, c'est-à-dire $r = 1$ car r est positif. Les arguments sont égaux à 2π près si et seulement s'il existe un entier k tel que $3\theta = 2k\pi$, c'est-à-dire si et seulement s'il existe un entier k tel que $\theta = \frac{2k\pi}{3}$.

L'équation $Z^3 = 1$ possède donc exactement 3 solutions : 1, $e^{i\frac{2\pi}{3}}$ et $e^{i\frac{4\pi}{3}}$.

⇨ *Méthode 6.3*

2. a) En multipliant numérateur et dénominateur par $1+i\sqrt{3}$, on obtient :

$A = \frac{(1+i\sqrt{3})^2}{(1-i\sqrt{3})(1+i\sqrt{3})} = \frac{-2+2i\sqrt{3}}{4} = \frac{-1+i\sqrt{3}}{2}$. On a donc : $A = e^{i\frac{2\pi}{3}}$.

⇨ *Méthode 6.2*

b) On a en effet : ${z_0}^3 = \left(e^{i\frac{2\pi}{9}}\right)^3 = e^{i\frac{2\pi}{3}} = A$. On a donc : $z^3 = A \Leftrightarrow z^3 = {z_0}^3 \Leftrightarrow \left(\frac{z}{z_0}\right)^3 = 1$.

Compte tenu de la question **1**, on a : $\frac{z}{z_0} = 1$ ou $\frac{z}{z_0} = e^{i\frac{2\pi}{3}}$ ou $\frac{z}{z_0} = e^{i\frac{4\pi}{3}}$.

Finalement, l'équation $z^3 = A$ admet trois solutions qui sont $e^{i\frac{2\pi}{9}}$, $e^{i\frac{8\pi}{9}}$ ou $e^{i\frac{14\pi}{9}}$.

Exercice 6.5

On sait que $e^{3i\theta} = \cos 3\theta + i\sin 3\theta$ donc $\sin 3\theta$ est la partie imaginaire de $e^{3i\theta}$.

De plus, on a $e^{3i\theta} = (\cos\theta + i\sin\theta)^3$. En développant avec la formule du binôme, on obtient :

$e^{3i\theta} = (\cos\theta)^3 + 3i(\cos\theta)^2 \sin\theta + 3i^2 \cos\theta(\sin\theta)^2 + i^3(\sin\theta)^3$.

On obtient donc : $e^{3i\theta} = \cos^3\theta - 3\cos\theta\sin^2\theta + i\left(3\cos^2\theta\sin\theta - \sin^3\theta\right)$.

En identifiant les parties imaginaires dans les deux expressions de $e^{3i\theta}$, on trouve :

$\sin 3\theta = 3\cos^2\theta\sin\theta - \sin^3\theta = 3\left(1-\sin^2\theta\right)\sin\theta - \sin^3\theta = 3\sin\theta - 4\sin^3\theta$.

⇨ *Méthode 6.6*

Exercice 6.6

1. D'après les formules d'Euler, on a : $\cos x = \dfrac{e^{ix}+e^{-ix}}{2}$. On a donc :

$$\cos^3 x = \left(\frac{e^{ix}+e^{-ix}}{2}\right)^3 = \frac{e^{3ix}+3e^{2ix}e^{-ix}+3e^{ix}e^{-2ix}+e^{-3ix}}{8} = \frac{e^{3ix}+e^{-3ix}+3\left(e^{ix}+e^{-ix}\right)}{8}.$$

Pour finir, on trouve : $\cos^3 x = \dfrac{2\cos(3x)+3\times 2\cos x}{8} = \dfrac{\cos(3x)+3\cos x}{4}$.

2. De même, on trouve :

$$\sin^3 x = \left(\frac{e^{ix}-e^{-ix}}{2i}\right)^3 = \frac{e^{3ix}-3e^{2ix}e^{-ix}+3e^{ix}e^{-2ix}-e^{-3ix}}{-8i} = \frac{e^{3ix}-e^{-3ix}-3\left(e^{ix}-e^{-ix}\right)}{-8i}$$

On a enfin : $\sin^3 x = \dfrac{2i\sin(3x)-3\times 2i\sin x}{-8i} = \dfrac{3\sin x - \sin(3x)}{4}$.

Exercice 6.7

1. Soit θ un réel de $[0,2\pi]\setminus\{\pi\}$. On a : $\dfrac{e^{i\theta}-1}{e^{i\theta}+1} = \dfrac{e^{i\frac{\theta}{2}}}{e^{i\frac{\theta}{2}}} \times \dfrac{e^{i\frac{\theta}{2}}-e^{-i\frac{\theta}{2}}}{e^{i\frac{\theta}{2}}+e^{-i\frac{\theta}{2}}}$ (en factorisant par $e^{i\frac{\theta}{2}}$ au numérateur et au dénominateur). En utilisant les formules d'Euler, on obtient : $\dfrac{e^{i\theta}-1}{e^{i\theta}+1} = \dfrac{2i\sin\frac{\theta}{2}}{2\cos\frac{\theta}{2}}$.

Finalement, on a bien : $\dfrac{e^{i\theta}-1}{e^{i\theta}+1} = i\tan\dfrac{\theta}{2}$.

⇨ *Méthode 6.4*

2. a) On cherche Z sous forme exponentielle et on pose : $Z = re^{i\theta}$. On a : $Z^n = \left(re^{i\theta}\right)^n = r^n e^{in\theta}$.
Les complexes Z^n et 1 sont égaux si et seulement si leurs modules sont égaux et leurs arguments égaux à 2π près. Les modules sont égaux si et seulement si $r^n = 1$, c'est-à-dire $r = 1$ car r est positif. Les arguments sont égaux à 2π près si et seulement s'il existe un entier k tel que $n\theta = 2k\pi$, c'est-à-dire si et seulement s'il existe un entier k tel que $\theta = \dfrac{2k\pi}{n}$.

L'équation $Z^n = 1$ possède donc exactement 3 solutions qui sont : $e^{i\frac{2k\pi}{n}}$ avec $k \in [\![0, n-1]\!]$.

En posant $\omega = e^{i\frac{2\pi}{n}}$, les solutions sont $1, \omega, \omega^2, \ldots, \omega^{n-1}$.

⇨ *Méthode 6.3*

b) Avec les notations précédentes, on a : $1+\omega+\omega^2+\ldots+\omega^{n-1} = \dfrac{1-\omega^n}{1-\omega}$ puisque $\omega \neq 1$.
Comme $\omega^n = 1$ (ω est une des solutions de l'équation $Z^n = 1$), on a : $1+\omega+\omega^2+\ldots+\omega^{n-1} = 0$.

3. a) Puisque 1 n'est pas solution de l'équation (E_n), $1-z$ est non nul, et on a :

$$(E_n) \Leftrightarrow \frac{(1+z)^n}{(1-z)^n} = 1 \Leftrightarrow \left(\frac{1+z}{1-z}\right)^n = 1.$$

b) On a donc z solution de (E_n) si et seulement si $\dfrac{1+z}{1-z}$ est solution de l'équation $Z^n = 1$.
Ainsi z est solution de (E_n) si, et seulement si, il existe un entier k de $[\![0, n-1]\!]$ tel que $\dfrac{1+z}{1-z} = \omega^k$. Or : $\dfrac{1+z}{1-z} = \omega^k \Leftrightarrow 1+z = \omega^k(1-z) \Leftrightarrow z\left(\omega^k+1\right) = \omega^k - 1$.
On a : $\omega^k = e^{i\frac{2k\pi}{n}}$.

- Si n est pair, lorsque $k \in [\![0, n-1]\!]$, $\omega^k = -1$ si et seulement si $k = \dfrac{n}{2}$.

Ainsi, pour tout k élément de $[\![0, n-1]\!] \setminus \left\{\dfrac{n}{2}\right\}$, $\dfrac{1+z}{1-z} = \omega^k \Leftrightarrow z = \dfrac{\omega^k-1}{\omega^k+1} \Leftrightarrow z = i\tan\dfrac{k\pi}{n}$ grâce à la question **1** puisque dans ce cas $\dfrac{2k\pi}{n} \in [0, 2\pi] \setminus \{\pi\}$.

L'ensemble des solutions de (E_n) est donc $\left\{ i\tan\dfrac{k\pi}{n}, k \in [\![0, n-1]\!] \setminus \left\{\dfrac{n}{2}\right\} \right\}$.

- Si n est impair, alors pour tout $k \in [\![0, n-1]\!]$, $\omega^k \neq -1$.

Donc, pour tout k élément de $[\![0, n-1]\!]$, $\dfrac{1+z}{1-z} = \omega^k \Leftrightarrow z = \dfrac{\omega^k-1}{\omega^k+1} \Leftrightarrow z = i\tan\dfrac{k\pi}{n}$, toujours grâce au résultat de la question **1**.

Corrigé

L'ensemble des solutions de (E_n) est dans ce cas $\left\{ i\tan\dfrac{k\pi}{n}, k \in [\![0, n-1]\!] \right\}$.

4. On pose $n = 2p$, où p un entier supérieur ou égal à 2. On a alors :

$$\prod_{\substack{k=1\\k\neq p}}^{2p-1} \alpha_k = \prod_{\substack{k=1\\k\neq p}}^{2p-1} i\tan\left(\frac{k\pi}{2p}\right) = \prod_{k=1}^{p-1} i\tan\left(\frac{k\pi}{2p}\right) \times \prod_{k=p+1}^{2p-1} i\tan\left(\frac{k\pi}{2p}\right)$$

$$= \prod_{k=1}^{p-1} i\tan\left(\frac{k\pi}{2p}\right) \times \prod_{k=1}^{p-1} i\tan\left(\frac{(k+p)\pi}{2p}\right)$$, en changeant d'indice dans le second produit.

$$= \prod_{k=1}^{p-1} i\tan\left(\frac{k\pi}{2p}\right) \times \prod_{k=1}^{p-1} i\tan\left(\frac{k\pi}{2p} + \frac{\pi}{2}\right)$$

$$= \prod_{k=1}^{p-1} -\tan\left(\frac{k\pi}{2p}\right)\tan\left(\frac{k\pi}{2p} + \frac{\pi}{2}\right)$$ en regroupant tout sous un seul symbole Π.

Or, pour tout réel a dans $\left]0, \dfrac{\pi}{2}\right[$, on a : $\tan\left(a + \dfrac{\pi}{2}\right) = \dfrac{\sin\left(a + \dfrac{\pi}{2}\right)}{\cos\left(a + \dfrac{\pi}{2}\right)} = \dfrac{\cos a}{-\sin a} = \dfrac{-1}{\tan a}$.

On en déduit : $\tan a \tan\left(a + \dfrac{\pi}{2}\right) = -1$.

On trouve ainsi : $\displaystyle\prod_{\substack{k=1\\k\neq p}}^{2p-1} \alpha_k = \prod_{k=1}^{p-1} -\tan\left(\frac{k\pi}{2p}\right)\frac{-1}{\tan\left(\frac{k\pi}{2p}\right)} = \prod_{k=1}^{p-1} 1$ et on obtient finalement : $\displaystyle\prod_{\substack{k=1\\k\neq p}}^{2p-1} \alpha_k = 1$.

Chapitre 7
Polynômes

Monôme, *binôme*, *trinôme* et *polynôme*, avec un bel accent circonflexe, sont issus de racines grecques, bien sûr ! Il n'y a pas besoin d'avoir étudié cette langue pour reconnaître des préfixes qui signifient respectivement *un*, *deux*, *trois* et *plusieurs* que l'on rencontre dans de nombreux autres mots de la langue française. Cependant, le sens originel de la deuxième partie de ces mots est obscur. Provient-elle de *nomos* ou bien de *onoma*, mots grecs signifiant respectivement *partie* et *nom* ?

Quelle que soit l'étymologie, l'accent circonflexe ne se justific pas puisqu'il s'utilise pour transcrire la lettre grecque *oméga*, absente dans chacun de ces mots. *Binôme* est le doyen de ces termes puisqu'il apparaît vers 1550, suivi au siècle suivant par *trinôme* et *polynôme*.

$$P = \sum_{k=0}^{n} a_k X^k$$

Objectifs

Les incontournables

- ▷ Savoir déterminer le degré et le coefficient dominant d'un polynôme.
- ▷ Maîtriser les opérations sur les polynômes et connaître les formules sur le degré d'une somme ou d'un produit de polynômes.
- ▷ Connaître le théorème de la division euclidienne.
- ▷ Savoir dériver un polynôme.
- ▷ Connaître et utiliser la notion de racines multiples.
- ▷ Savoir factoriser un polynôme.

Et plus si affinités

- ▷ Savoir établir certaines propriétés sur des familles de polynômes définies par récurrence.

Résumé de cours

Généralités

Dans ce chapitre, la lettre $\mathbb{K}$ désigne $\mathbb{R}$ ou $\mathbb{C}$ et on appelle *scalaires* les éléments de $\mathbb{K}$.

Définition 7.1. — On appelle polynôme d'indéterminée X à coefficients dans $\mathbb{K}$ toute expression de la forme : $P = a_0 + a_1X + \ldots + a_nX^n = \sum_{i=0}^{n} a_iX^i$ (avec la convention $X^0 = 1$), où a_0, a_1, ..., a_n ($n \in \mathbb{N}$) sont des éléments de $\mathbb{K}$, appelés *coefficients* de P.

Si tous les coefficients de P sont nuls, P est appelé le polynôme nul et on note $P = 0$.

Remarque 7.1. — Parfois, pour éviter toute confusion, on écrit $P(X) = \sum_{i=0}^{n} a_iX^i$ au lieu de $P = \sum_{i=0}^{n} a_iX^i$.

Notation — L'ensemble des polynômes d'indéterminée X à coefficients dans $\mathbb{K}$ est noté $\mathbb{K}[X]$.

Définition 7.2. — Soit P un polynôme non nul de $\mathbb{K}[X]$ qui s'écrit $P = a_0 + a_1X + \ldots + a_nX^n$, où n est un entier tel que $a_n \neq 0$. L'entier n est appelé *degré* de P (on note $\deg P = n$) et a_n est appelé *coefficient dominant* de P.
Si $a_n = 1$, le polynôme P est dit *normalisé* ou *unitaire*.

Notation — L'ensemble des polynômes de degré inférieur ou égal à n est noté $\mathbb{K}_n[X]$.
Les polynômes de degré 0 sont les polynômes constants et non nuls.
Par convention, le polynôme nul est de degré $-\infty$.

Propriété 7.1. — Deux polynômes sont égaux s'ils ont même degré et mêmes coefficients.

Définition 7.3. — Soit P un polynôme noté $P = a_0 + a_1X + \ldots + a_nX^n$. La fonction f définie sur $\mathbb{R}$ par $f(x) = \sum_{k=0}^{n} a_kx^k$ est appelée fonction polynôme associée à P.

Remarque 7.2. — Par abus de langage, on confond polynôme et fonction polynôme.

Propriété 7.2. — L'addition des polynômes, la multiplication d'un polynôme par un scalaire et le produit des polynômes se déduisent des opérations en vigueur sur les fonctions.

Exemple 7.1. — Si $P=3X^2+5X-1$ et $Q=2X-3$, alors on a, par exemple :

$2P-3Q=2\left(3X^2+5X-1\right)-3\left(2X-3\right)=6X^2+10X-2-6X+9=6X^2+4X+7$.

$PQ=\left(3X^2+5X-1\right)\left(2X-3\right)=6X^3-9X^2+10X^2-15X-2X+3=6X^3+X^2-17X+3$.

Propriété 7.3. — Soit P et Q deux polynômes.

$$PQ=0 \Leftrightarrow P=0 \text{ ou } Q=0.$$

Propriété 7.4. — Soit P et Q deux polynômes.

$$\deg(P+Q)\leq \max(\deg P,\deg Q).$$

$$\deg(PQ)=\deg P+\deg Q.$$

Remarque 7.3. — Si P et Q sont de degrés distincts, alors : $\deg(P+Q)=\max(\deg P,\deg Q)$.

La division euclidienne

Théorème 7.1. — Théorème de la division euclidienne.
Soit A et B deux polynômes de $\mathbb{K}[X]$ avec $B\neq 0$. Alors, il existe un unique couple (Q,R) de polynômes de $\mathbb{K}[X]$ tel que $A=BQ+R$ avec $\deg R<\deg B$.

⇨ **Méthode 7.1. Comment diviser deux polynômes avec la méthode des coefficients indéterminés ?**

⇨ **Méthode 7.2. Comment diviser deux polynômes en "posant" la division euclidienne ?**

Définition 7.4. — Les polynômes Q et R sont appelés respectivement *quotient* et *reste* dans la division euclidienne de A par B.

Théorème 7.2. — Dans la division euclidienne de A par B, si $\deg A>\deg B$, alors on a :

$$\deg Q=\deg A-\deg B$$

Définition 7.5. — On dit qu'un polynôme non nul B divise un polynôme A ou que A est divisible par B si le reste dans la division de A par B est nul. Autrement dit, B divise A s'il existe un polynôme Q tel que $A=BQ$. On dit aussi que A est multiple de B.

Polynôme dérivé

Définition 7.6. — Soit le polynôme $P=a_0+a_1X+...+a_nX^n=\sum_{i=0}^{n}a_iX^i$.

Si P est un polynôme constant, alors le polynôme dérivé de P est le polynôme nul.

Si $\deg P\geq 1$, alors le polynôme dérivé de P est le polynôme noté $P'=\sum_{i=1}^{n}i\,a_iX^{i-1}$.

Définition 7.7. — On définit les polynômes dérivés successifs de P, pour tout k de $\mathbb{N}^*$, par $P^{(k)} = \left(P^{(k-1)}\right)'$, avec la convention : $P^{(0)} = P$.

Théorème 7.3. — Soit un polynôme $P = \sum_{i=0}^{n} a_i X^i$ de degré n $(a_n \neq 0)$.

$\forall k \in [\![0, n]\!]$, $\deg P^{(k)} = n - k$ et $P^{(k)} = \sum_{i=k}^{n} \frac{i!}{(i-k)!} a_i X^{i-k}$. En particulier : $P^{(n)} = n! a_n$.

$\forall k \in [\![n+1, +\infty[\![$, $P^{(k)} = 0$.

Théorème 7.4. — Formule de Taylor. Si P est un polynôme de degré n, alors on a :

$$\forall a \in \mathbb{K},\ P(X) = P(a) + P'(a)(X-a) + \frac{P''(a)}{2!}(X-a)^2 + \cdots + \frac{P^{(n)}(a)}{n!}(X-a)^n$$

■ Racines d'un polynôme

Définition 7.8. — Soit P un polynôme de $\mathbb{K}[X]$ et r un scalaire. On dit que r est une racine du polynôme P si $P(r) = 0$.

⇨ **Méthode 7.3. Comment déterminer le reste dans une division ?**

Théorème 7.5. — Soit P un polynôme de $\mathbb{K}[X]$ et r un scalaire.
r est racine de P si et seulement si $X - r$ divise P.

Théorème 7.6. — Soit n un entier naturel non nul. Si P est un polynôme qui admet n racines distinctes $r_1, r_2, \ldots, r_n$, alors le polynôme $\prod_{i=1}^{n}(X - r_i)$ divise P.

Propriété 7.5. — Tout polynôme non nul de degré n admet au plus n racines.

Propriété 7.6. — Un polynôme de degré inférieur ou égal à n et qui possède au moins $n+1$ racines est le polynôme nul.
En particulier, tout polynôme qui admet une infinité de racines est nul.

Définition 7.9. — Soit P un polynôme de $\mathbb{K}[X]$, r un élément de $\mathbb{K}$ et m un entier naturel non nul. On dit que r est racine d'*ordre de multiplicité m* du polynôme P si $(X-r)^m$ divise P et si $(X-r)^{m+1}$ ne divise pas P.

Propriété 7.7. — Autrement dit, r est racine d'ordre de multiplicité m de P s'il existe un polynôme Q tel que $P=(X-r)^m Q$ avec $Q(r)\neq 0$.

Théorème 7.7. — Soit P un polynôme de $\mathbb{K}[X]$ et m un entier naturel non nul. Le scalaire r est une racine d'ordre de multiplicité m du polynôme P si et seulement si :

$$\forall k\in[\![0,m-1]\!],\ P^{(k)}(r)=0 \text{ et } P^{(m)}(r)\neq 0.$$

Exemple 7.2. — Soit $P=2X^4-3X^3-X^2+3X-1$. Montrer que 1 est racine double de P.
On a : $P'=8X^3-9X^2-2X+3$, $P''=24X^2-18X-2$.
On vérifie aisément que $P(1)=P'(1)=0$ et que $P''(1)\neq 0$: 1 est donc bien racine double de P.

Théorème 7.8. — Théorème de d'Alembert-Gauss.
Tout polynôme de degré n de $\mathbb{C}[X]$ admet exactement n racines complexes distinctes ou non.

■ Factorisation d'un polynôme

❑ Factorisation dans $\mathbb{C}[X]$.

Théorème 7.9. — Soit P un polynôme de $\mathbb{C}[X]$ de degré n. Si l'on note $r_1, r_2,\dots, r_p$ les p racines distinctes de P d'ordre de multiplicité respectif $\alpha_1, \alpha_2,\dots, \alpha_p$ (avec p un entier naturel non nul) tel que $\sum_{i=1}^{p}\alpha_i=n$, on a : $P=a_n\prod_{i=1}^{p}(X-r_i)^{\alpha_i}$, où a_n est le coefficient dominant de P.

❑ Factorisation dans $\mathbb{R}[X]$.

Propriété 7.8. — Soit a un complexe et P un polynôme de $\mathbb{R}[X]$.
Si a est racine du polynôme P alors $\overline{a}$ est aussi racine de P avec le même ordre de multiplicité.

Théorème 7.10. — Tout polynôme P de $\mathbb{R}[X]$ peut s'écrire comme produit de polynômes à coefficients réels de degré 1 et de polynômes à coefficients réels de degré 2 n'ayant pas de racines réelles.

⇨ **Méthode 7.4. Comment factoriser un polynôme dans $\mathbb{R}[X]$?**

Exemple 7.3. — $X^3-1=(X-1)(X^2+X+1)$ et $X^4-1=(X-1)(X+1)(X^2+1)$.

■■ Méthodes

■ Division euclidienne

❑ Méthode 7.1. Comment diviser deux polynômes avec la méthode des coefficients indéterminés ?

Deux polynômes de même degré sont égaux s'ils ont les mêmes coefficients : ceci justifie la méthode d'identification des coefficients présentée ci-dessous.

⇨ Exercice 7.8

Exemple. Déterminer quotient et reste dans la division de $2X^3-5X^2-3X+4$ par $X-2$.
Le quotient est de degré 2 et le reste est constant, on peut donc poser :
$2X^3-5X^2-3X+4=(X-2)(aX^2+bX+c)+d$.
On développe et on ordonne :
$2X^3-5X^2-3X+4=aX^3+(-2a+b)X^2+(-2b+c)X+(-2c+d)$.
On identifie les coefficients des monômes de même degré, ce qui donne :
$\begin{cases} a=2 \\ -2a+b=-5 \\ -2b+c=-3 \\ -2c+d=4 \end{cases}$. On en déduit alors : $\begin{cases} a=2 \\ b=-1 \\ c=-5 \\ d=-6 \end{cases}$.
On trouve finalement : $2X^3-5X^2-3X+4=(X-2)(2X^2-X-5)-6$.

❑ Méthode 7.2. Comment diviser deux polynômes en "posant" la division euclidienne ?

On remarquera la similitude de cette méthode avec celle de la division euclidienne sur des entiers. Le plus simple est de suivre l'exemple ci-dessous.
Voici le détail du début : « en A, combien de "fois" B » ou encore « en $2X^3$, combien de "fois" X^2 » ? Il y va $2X$ fois. Puis on développe $2X(X^2-1)$. Le résultat est placé sous le dividende auquel on le retranche. La division s'arrête lorsque le reste est de degré inférieur strictement à celui du diviseur.

⇨ Exercices 7.1, 7.2, 7.5

Méthodes

Exemple. Déterminer quotient et reste dans la division de $2X^3 - X^2 - X + 2$ par $X^2 - 1$.

$$\begin{array}{r|l} 2X^3 - X^2 - X + 2 & X^2 - 1 \\ \cline{2-2} -(2X^3 \quad - 2X) & 2X - 1 \\ \cline{1-1} -X^2 + X + 2 & \\ -(-X^2 \quad + 1) & \\ \cline{1-1} X + 1 & \end{array}$$

Le quotient est donc $2X - 1$ et le reste est $X + 1$.

■ Racines d'un polynôme

❑ Méthode 7.3. Comment déterminer le reste dans une division ?

Dans la division euclidienne du polynôme *A* par un polynôme non nul *B*, on a :

$$A = BQ + R \text{ avec } \deg R < \deg B.$$

On écrit cette égalité pour chacune des racines de *B*. Cela donne, en général, assez d'équations pour trouver les coefficients de *R*. S'il manque des équations, c'est que *B* a des racines multiples. On pensera alors à dériver l'égalité $A = BQ + R$ et si α est une racine multiple de *B*, on évaluera cette nouvelle égalité en α.

⇨ **Exercice 7.6**

Exemple. Soit deux polynômes $A = X^n - 2X^{n-1} + 5$ et $B = X^2 - 3X + 2$ ($n \in \mathbb{N}$, $n \geq 2$). Déterminer le polynôme reste dans la division euclidienne de *A* par *B*.
On sait qu'il existe un unique couple de polynômes (Q, R) tel que $A = BQ + R$ avec $\deg R < \deg B$. Comme $\deg B = 2$, nécessairement *R* s'écrit $R = aX + b$ avec *a* et *b* réels.
Par ailleurs, *B* admet deux racines réelles qui sont 1 et 2. En évaluant l'égalité polynomiale $X^n - 2X^{n-1} + 5 = (X^2 - 3X + 2)Q + aX + b$ en 1 puis en 2, on obtient deux équations :
$1 - 2 + 5 = a + b$ et $2^n - 2 \times 2^{n-1} + 5 = 2a + b$. On a donc : $a + b = 4$ et $2a + b = 5$ ce qui conduit à : $a = 1$ et $b = 3$. Le reste dans la division euclidienne de *A* par *B* est donc : $R = X + 3$.

■ Factorisation

❑ Méthode 7.4. Comment factoriser un polynôme dans $\mathbb{R}[X]$?

• On peut parfois repérer des identités remarquables.
• Sinon, on peut factoriser d'abord le polynôme P dans $\mathbb{C}[X]$ en appliquant la méthode ci-dessus. Comme P est à coefficients **réels**, on sait que, si a est une racine complexe de P, alors $\overline{a}$ est racine de P. Il ne reste plus qu'à regrouper les facteurs $(X-a)$ et $(X-\overline{a})$ puis à utiliser l'égalité :

$$(X-a)(X-\overline{a})=X^2-2\operatorname{Re}(a)X+|a|^2.$$

⇨ Exercice 7.8

Exemple. Factoriser dans $\mathbb{R}[X]$ le polynôme $A=X^4+1$.

Les racines de A sont les complexes z solutions de l'équation $z^4+1=0$, c'est-à-dire $z^4=-1$.

Comme $-1=e^{i\pi}$, les racines de A sont : $e^{i\frac{\pi}{4}}$, $e^{-i\frac{\pi}{4}}$, $e^{i\frac{3\pi}{4}}$ et $e^{-i\frac{3\pi}{4}}$ (relire la **méthode 6.3** du **chapitre 6**).

La factorisation de A dans $\mathbb{C}[X]$ est : $A=\left(X-e^{i\frac{\pi}{4}}\right)\left(X-e^{-i\frac{\pi}{4}}\right)\left(X-e^{i\frac{3\pi}{4}}\right)\left(Xe^{-i\frac{3\pi}{4}}\right)$.

On reprend la factorisation précédente en rassemblant les racines conjuguées :

$A=\left(X-e^{i\frac{\pi}{4}}\right)\left(X-e^{-i\frac{\pi}{4}}\right)\left(X-e^{i\frac{3\pi}{4}}\right)\left(X-e^{-i\frac{3\pi}{4}}\right)$. On obtient :

$$A=\left(X^2-2\operatorname{Re}(e^{i\frac{\pi}{4}})X+1\right)\left(X^2-2\operatorname{Re}(e^{i\frac{3\pi}{4}})X+1\right)=\left(X^2-\sqrt{2}X+1\right)\left(X^2+\sqrt{2}X+1\right).$$

Remarque. On pouvait aussi écrire plus rapidement : $A=\left(X^2+1\right)^2-2X^2$ en reconnaissant le début d'un carré, puis, avec une identité remarquable : $A=\left(X^2-\sqrt{2}X+1\right)\left(X^2+\sqrt{2}X+1\right)$.

Vrai/Faux

		Vrai	Faux
1.	Si P et Q sont deux polynômes de degré n, alors $\deg(P+Q)=n$.	☐	☐
2.	Si P est un polynôme de degré n, $\deg P^2 = n^2$.	☐	☐
3.	$X^4 + X^2 + 1$ n'a pas de racines réelles.	☐	☐
4.	Deux polynômes normalisés (unitaires) ayant les mêmes racines avec le même ordre de multiplicité sont égaux.	☐	☐
5.	Si P est un polynôme périodique, alors P est constant.	☐	☐
6.	Si P est un polynôme de degré 3 admettant 1, 2 et 3 pour racines, alors $P=(X-1)(X-2)(X-3)$.	☐	☐
7.	Si un polynôme a tous ses coefficients positifs, alors ses racines sont dans $\mathbb{R}_-$.	☐	☐
8.	Soit n un entier naturel non nul. Le coefficient dominant du polynôme $(X+1)^n-(X-1)^n$ est $2n$.	☐	☐
9.	Si P est un polynôme de monôme dominant a_nX^n, alors $P^{(n)} = a_n$.	☐	☐
10.	Un polynôme peut être égal à son polynôme dérivé.	☐	☐

Énoncé des exercices

❑ **Exercice 7.1.** — Effectuer la division euclidienne du polynôme A par le polynôme B :

1. $A = X^3 - 3X^2$, $B = X^2 - X + 2$.

2. $A = -16X^4 - 64X^2 - X - 100$, $B = 4X^2 + 4X + 10$.

3. $A = X^4 + 6X^2 - 2X + 5$, $B = X^3 - X^2 + 4X - 4$.

❑ **Exercice 7.2.** — Déterminer les valeurs des réels a et b pour que $X^2 - 4X + 5$ divise $X^4 - 4X^3 + aX^2 - 4X + b$.

❑ **Exercice 7.3.** — On considère le polynôme P_n défini par :

$$P_n = (1+X)(1-X^n) + (2-n)X^n - n^2X^n(1-X) + n - 2\text{, où } n \geq 2.$$

1. Développer et ordonner P_n.

2. Montrer que 1 est racine double du polynôme P_n.

❑ **Exercice 7.4.** — Divisibilité d'un polynôme par un autre.

1. On considère un entier naturel n supérieur ou égal à 2 ainsi que les deux polynômes $P = X^n - 2X^{n-1} - X + 2$ et $B = X^2 - 3X + 2$. Déterminer les racines de B puis en déduire que B divise P.

2. On considère un entier naturel n non nul ainsi que les deux polynômes $P = X^{2n} - 2X^{n-1} - 2X + 3$ et $B = (X-1)^2$. Montrer de même que B divise P.

3. Soit les deux polynômes $P = X^8 - 2X^2 - 3$ et $B = X^2 + 1$. Montrer que B divise P.

❑ **Exercice 7.5.** On pose $B = (X-1)^2$.

1. Effectuer la division euclidienne par B des polynômes suivants :

a) $A_2 = 2X^3 - 3X^2 + 1$

b) $A_3 = 3X^4 - 4X^3 + 1$.

2. Soit n un entier naturel non nul. On pose $A_n = aX^{n+1} + bX^n + 1$.

a) Déterminer en fonction de n les réels a et b pour que B divise A_n.

b) Avec les valeurs de a et b trouvées ci-dessus, déterminer le polynôme quotient dans la division de A_n par B.

❑ **Exercice 7.6.** — Soit $A = X^n - 4X + 1$ et $B = (X-1)^2$ ($n \in \mathbb{N}, n \geq 2$).

Déterminer le polynôme reste dans la division euclidienne de A par B.

❑ **Exercice 7.7.** — Soit la suite de polynômes (P_n) définie par :

$$P_0 = 1 \text{ et : } \forall n \in \mathbb{N}^*,\ P_n = 1 + \frac{X}{1!} + \ldots + \frac{X(X+1)\ldots(X+n-1)}{n!}.$$

1. Écrire P_1, P_2 et P_3 sous forme factorisée.

2. En déduire une factorisation de P_n en polynômes du premier degré.

❑ **Exercice 7.8.** — Factoriser dans $\mathbb{R}[X]$ les polynômes suivants :

1. $A = X^3 - 2X^2 - X + 2$. **2.** $B = X^6 - 7X^3 - 8$. **3.** $C = X^4 + X^2 + 1$.

❑ **Exercice 7.9.** ** — On considère la suite de polynômes définie, pour tout réel x, par :

$$P_0(x) = 1,\ P_1(x) = 2x \text{ et, pour tout } n \text{ de } \mathbb{N},\ P_{n+2}(x) = 2xP_{n+1}(x) - P_n(x)$$

1. Déterminer P_2, P_3 et P_4.

2. Déterminer le coefficient dominant ainsi que le degré du polynôme P_n.

3. Étudier la parité des polynômes P_n.

❑ **Exercice 7.10.** * — Soit P un polynôme de $\mathbb{R}_n[X]$ tel que $P(0) = 0$ et vérifiant, pour tout réel x, $P(x) = P(\sin x)$. Montrer que P est le polynôme nul.

❑ **Exercice 7.11.** * — Soit P un polynôme de $\mathbb{K}[X]$ tel que $P(X+1) = P(X)$.
Montrer que $P = P(0)$.

■ Pour vous aider à démarrer

Exercice 7.2. Faire la division euclidienne de $X^4 - 4X^3 + aX^2 - 4X + b$ par $X^2 - 4X + 5$.

Exercice 7.5. Pour la question **2.b)**, utiliser la question **1** pour émettre une conjecture, puis raisonner par récurrence.

Exercice 7.7. Pour la question **2**, les trois exemples traités à la question **1** doivent permettre d'émettre la bonne hypothèse de récurrence.

Exercice 7.8. Pour la question **1**, chercher une racine évidente de A.

Pour la question **2**, on pourra poser $Y = X^3$.

Pour la question **3**, être astucieux ou factoriser d'abord dans $\mathbb{C}[X]$.

Exercice 7.9. Pour la question **2**, à partir des résultats de la question **1**, conjecturer un résultat qu'il faudra prouver par récurrence double.

Exercice 7.10. Choisir des "x" performants.

Exercice 7.11. Étudier la suite $(P(n))_{n\in\mathbb{N}}$.

Corrigé des vrai/faux

1.	2.	3.	4.	5.	6.	7.	8.	9.	10.
F	F	V	F	V	F	F	V	F	V

1. Il suffit de considérer les polynômes $P = X^n$ et $Q = -X^n$. On a alors : $P + Q = 0$.

2. Si $\deg P = n$ alors $\deg P^2 = 2n$: lorsque l'on multiplie X^n par X^n on obtient X^{2n}.

3. Pour résoudre $X^4 + X^2 + 1 = 0$, on pose $Y = X^2$ et on se ramène à l'équation du second degré $Y^2 + Y + 1 = 0$ qui ne possède aucune racine réelle car le discriminant vaut -3.

4. La proposition est fausse dans $\mathbb{R}[X]$, comme le montre les exemples suivants :

$P = (X-1)^3$ et $Q = (X-1)^3(X^2+1)$. Remarque : la proposition est vraie dans $\mathbb{C}[X]$...

5. P est périodique signifie que : $\exists T \in \mathbb{R}_+^*, \forall x \in \mathbb{R}, P(x+T) = P(x)$.
Avec $x = 0$, on obtient $P(T) = P(0)$, puis on montre par récurrence que : $\forall n \in \mathbb{N}, P(nT) = P(0)$.
On raisonne par l'absurde : si l'on avait $\deg P \geq 1$, alors comme $T > 0$, lorsque n tend vers $+\infty$, le membre de gauche tendrait vers $+\infty$ si le coefficient dominant est positif, et vers $-\infty$ sinon, alors que le membre de droite est constant. En conclusion, $\deg P \leq 0$ donc P est constant.

6. Le polynôme $Q = 2(X-1)(X-2)(X-3)$ est de degré 3 et admet 1, 2 et 3 pour racines...

7. Seules les racines réelles sont dans $\mathbb{R}_-$.

8. Le monôme de degré n de $(X+1)^n$ est X^n et celui de $(X-1)^n$ est aussi X^n : ils se neutralisent par différence donc le degré de $(X+1)^n - (X-1)^n$ est inférieur ou égal à $n-1$.
Le monôme de degré $n-1$ de $(X+1)^n - (X-1)^n$ est $nX^{n-1} - (-n)X^{n-1} = 2nX^{n-1}$ (en utilisant la formule du binôme de Newton). Le coefficient dominant est bien égal à $2n$.

9. $P^{(n)} = n!a_n$ puisque la dérivée $n^{\text{ème}}$ de X^n est $n!$.

10. Le polynôme nul est égal à son polynôme dérivé, c'est même le seul pour lequel c'est vrai !

Corrigé

❑ Les erreurs classiques

- Ne pas confondre polynôme de degré n et polynôme de $\mathbb{R}_n[X]$.
- Il faut bien maîtriser les opérations sur les degrés des polynômes.
- La proposition « a est racine complexe de P implique $\overline{a}$ est racine de P » n'est valable que pour les polynômes de $\mathbb{R}[X]$.
- Faire attention que, lorsque un énoncé demande les racines d'un polynôme de $\mathbb{R}[X]$, on sous-entend "racines réelles", sinon l'énoncé précise que l'on considère le polynôme, bien qu'à coefficients réels, comme étant élément de $\mathbb{C}[X]$.
- Il ne faut pas oublier qu'un polynôme à coefficients réels peut avoir des racines complexes.

Corrigé des exercices

Exercice 7.1

1. On trouve $A = B(X-2) - 4X + 4$. En effet :

$$\begin{array}{r|l} X^3 - 3X^2 & X^2 - X + 2 \\ \cline{2-2} -(X^3 - X^2 + 2X) & X - 2 \\ \hline -2X^2 - 2X & \\ -(-2X^2 + 2X - 4) & \\ \hline -4X + 4 & \end{array}$$

2. De la même façon, on trouve : $A = B(-4X^2 + 4X - 10) - X$.

3. On trouve : $A = B(X+1) + 3X^2 - 2X + 9$.

⇨ *Méthodes 7.1, 7.2*

Corrigé

Exercice 7.2

Effectuons la division euclidienne de $X^4 - 4X^3 + aX^2 - 4X + b$ par $X^2 - 4X + 5$.

$$\begin{array}{r|l} X^4 - 4X^3 + aX^2 - 4X + b & X^2 - 4X + 5 \\ \cline{2-2} -(X^4 - 4X^3 + 5X^2) & X^2 + (a-5) \\ \hline (a-5)X^2 - 4X + b & \\ -((a-5)X^2 - 4(a-5)X + 5(a-5)) & \\ \hline 4(a-6)X - 5(a-5) + b & \end{array}$$

Ainsi, $X^2 - 4X + 5$ divise $X^4 - 4X^3 + aX^2 - 4X + b$ si et seulement si :

$4(a-6)X - 5(a-5) + b = 0$, c'est-à-dire si et seulement si $\begin{cases} 4(a-6) = 0 \\ -5(a-5) + b = 0 \end{cases}$, soit $\begin{cases} a = 6 \\ b = 5 \end{cases}$.

⇨ *Méthode 7.2*

Exercice 7.3

1. On obtient $P_n = (n^2 - 1)X^{n+1} + (1 - n - n^2)X^n + X + n - 1$.

2. En travaillant sur l'expression de départ, on trouve facilement que $P_n(1) = 0$.

Grâce au **théorème 7.7**, pour montrer que 1 est racine double de P_n, il suffit de prouver que $P_n'(1) = 0$ et $P_n''(1) \neq 0$.

Et $P_n' = (n+1)(n^2-1)X^n + n(1-n-n^2)X^{n-1} + 1$. On a donc :

$P_n'(1) = (n+1)(n^2-1) + n(1-n-n^2) + 1 = 0$.

$P_n'' = n(n+1)(n^2-1)X^{n-1} + n(n-1)(1-n-n^2)X^{n-2}$. On a donc :

$P_n''(1) = n(n+1)(n^2-1) + n(n-1)(1-n-n^2) = n(n-1)\left((n+1)^2 + 1 - n - n^2\right)$, d'où :

$P_n''(1) = n(n-1)(n+2)$ qui est bien différent de 0 puisque n est supérieur ou égal à 2.
En conclusion : 1 est bien racine double de P_n.

Exercice 7.4

1. B admet deux racines réelles qui sont 1 et 2 et on a : $B = (X-1)(X-2)$.
De plus, on a $P(1) = 1-2-1+2 = 0$ et $P(2) = 2^n - 2\times 2^{n-1} - 2 + 2 = 0$, ce qui montre que 1 et 2 sont racines de P. Par conséquent, on peut factoriser P par $(X-1)(X-2)$, ce qui veut bien dire que B divise P.

2. B admet 1 pour racine double. De plus, on a : $P(1) = 1-2-2+3 = 0$.
Comme $P' = 2nX^{2n-1} - 2(n-1)X^{n-2} - 2$, on a aussi : $P'(1) = 2n - 2(n-1) - 2 = 0$.
En conclusion, 1 est racine double de P. Par conséquent, on peut factoriser P par $(X-1)^2$, ainsi B divise P.

3. B admet deux racines complexes conjuguées : i et $-i$ et on a : $B = (X-i)(X+i)$.
On a $P(i) = i^8 - 2i^2 - 3 = 1 + 2 - 3 = 0$. Comme i est racine de P et comme P est à coefficients réels, alors $-i$ est aussi racine de P.
Par conséquent, on peut factoriser P par $(X-i)(X+i)$, ainsi B divise P.

Exercice 7.5

1. a) On trouve $A_2 = B(2X+1)$.

b) On trouve $A_3 = B(3X^2 + 2X + 1)$.

⇨ *Méthode 7.2*

2. Soit n un entier naturel non nul.

a) $A_n = aX^{n+1} + bX^n + 1$ est divisible par $B = (X-1)^2$ si et seulement si 1 est au moins racine double de $A_n = aX^{n+1} + bX^n + 1$, soit, si et seulement si : $\begin{cases} A_n(1) = 0 \\ A_n'(1) = 0 \end{cases}$ (S).

Or $(S) \Leftrightarrow \begin{cases} a+b+1=0 \\ (n+1)a + nb = 0 \end{cases} \Leftrightarrow \begin{cases} a+b=-1 \\ n(a+b)+a=0 \end{cases} \Leftrightarrow \begin{cases} a+b=-1 \\ -n+a=0 \end{cases} \Leftrightarrow \begin{cases} b=-1-n \\ a=n \end{cases}$.

Ainsi : $A_n = aX^{n+1} + bX^n + 1$ est divisible par $B = (X-1)^2$ si et seulement si $\begin{cases} a = n \\ b = -(n+1) \end{cases}$.

b) Les deux exemples vus dans la première question laissent penser que le quotient cherché est $\sum_{i=1}^{n} i\,X^{i-1}$. On va donc montrer par récurrence que : $\forall n \in \mathbb{N}^*$, $A_n = B\sum_{i=1}^{n} iX^{i-1}$.

- Pour $n = 1$: $B\sum_{i=1}^{1} iX^{i-1} = B = A_1$ (d'après la question **2.a)**, qui donne $a = 1$ et $b = -2$).

- Soit n un entier naturel non nul tel que $A_n = B\sum_{i=1}^{n} iX^{i-1}$.

On sait que $A_n = nX^{n+1} - (n+1)X^n + 1$ et $A_{n+1} = (n+1)X^{n+2} - (n+2)X^{n+1} + 1$.
On cherche maintenant un lien entre A_{n+1} et A_n et faire la différence est tentant, puisque l'on se "débarrasse" du terme constant.
On a alors : $A_{n+1} - A_n = (n+1)X^{n+2} - (n+2)X^{n+1} - nX^{n+1} + (n+1)X^n$.
On simplifie et : $A_{n+1} - A_n = (n+1)X^{n+2} - (2n+2)X^{n+1} + (n+1)X^n$.
En factorisant, on obtient : $A_{n+1} - A_n = (n+1)X^n(X^2 - 2X + 1)$, soit : $A_{n+1} = B(n+1)X^n + A_n$.

Or par hypothèse de récurrence, on sait que $A_n = B\sum_{i=1}^{n} iX^{i-1}$.

On en déduit : $A_{n+1} = B\left((n+1)X^n + \sum_{i=1}^{n} iX^{i-1}\right) = B\sum_{i=1}^{n+1} iX^{i-1}$.

- Ainsi, pour tout entier naturel n non nul, le quotient de la division de A_n par B est $\sum_{i=1}^{n} iX^{i-1}$.

Exercice 7.6

On sait qu'il existe un unique couple de polynômes (Q,R) tel que $X^n - 4X + 1 = (X-1)^2 Q + R$ avec $\deg R < \deg B$. Comme $\deg B = 2$, nécessairement R s'écrit $R = aX + b$, avec a et b réels.
On a donc : $X^n - 4X + 1 = (X-1)^2 Q + aX + b$.
En évaluant cette égalité en 1, on obtient : $a + b = -2$.
Pour trouver une autre équation, on dérive l'égalité $X^n - 4X + 1 = (X-1)^2 Q + aX + b$, ce qui donne : $nX^{n-1} - 4 = 2(X-1)Q + (X-1)^2 Q' + a$.
En évaluant encore une fois en 1, on obtient : $a = n - 4$.
On en déduit alors, avec la première équation : $b = 2 - n$.
Le reste dans la division euclidienne de A par B est donc : $R = (n-4)X + 2 - n$.

⇨ *Méthode 7.3*

Corrigé

Exercice 7.7

1. En donnant à n les valeurs 1, 2 et 3, on trouve :

$P_1 = 1 + X$.

$$P_2 = 1 + X + \frac{X(X+1)}{2} = \frac{1}{2}(1+X)(2+X).$$

$$P_3 = 1 + X + \frac{X(1+X)}{2} + \frac{X(X+1)(X+2)}{6} = \frac{1}{6}(X+1)(X+2)(X+3).$$

2. Montrons par récurrence la propriété $R(n) : "P_n = \frac{1}{n!}\prod_{k=1}^{n}(X+k)"$ (pour $n \geq 1$).

- $R(1)$ est vraie (voir question **1.**).
- Soit n un entier naturel fixé non nul tel que $R(n)$ soit vraie.

On remarque que : $P_{n+1} = P_n + \dfrac{X(X+1)...(X+n)}{(n+1)!} = P_n + \dfrac{X}{(n+1)!}\displaystyle\prod_{k=1}^{n}(X+k)$.

On a donc, par hypothèse de récurrence : $P_{n+1} = \dfrac{1}{n!}\displaystyle\prod_{k=1}^{n}(X+k) + \dfrac{X}{(n+1)!}\displaystyle\prod_{k=1}^{n}(X+k)$.

D'où : $P_{n+1} = \left(\dfrac{1}{n!}\displaystyle\prod_{k=1}^{n}(X+k)\right)\left(1+\dfrac{X}{n+1}\right) = \left(\dfrac{1}{n!}\displaystyle\prod_{k=1}^{n}(X+k)\right)\left(\dfrac{X+n+1}{n+1}\right)$.

On a alors $P_{n+1} = \dfrac{1}{(n+1)!}\displaystyle\prod_{k=1}^{n+1}(X+k)$, ce qui prouve que $R(n+1)$ est vraie.

- Par récurrence, pour tout entier naturel n non nul, $P_n = \dfrac{1}{n!}\displaystyle\prod_{k=1}^{n}(X+k)$.

Exercice 7.8

1. Remarquons tout d'abord que 1 est racine évidente de A donc $X-1$ divise A.

Ainsi, $A = (X-1)(X^2-X-2)$ (on pourra faire la division euclidienne ou utiliser la méthode des coefficients indéterminés pour s'en persuader).

De plus, -1 est racine évidente de X^2-X-2 dont l'autre racine est nécessairement 2 (le produit des racines de X^2-X-2 valant -2).

Ainsi, $A = (X-1)(X+1)(X-2)$ est la factorisation de A dans $\mathbb{R}[X]$.

⇨ *Méthodes 7.1 (ou 7.2),7.4*

2. On remarque que : $B = (X^3)^2 - 7X^3 - 8$.

Posons $Y = X^3$ et cherchons la factorisation de $Y^2 - 7Y - 8$.

Ce trinôme a pour racines -1 et 8 et ainsi : $Y^2 - 7Y - 8 = (Y+1)(Y-8)$.

D'où $B = (X^3+1)(X^3-8)$.

• Ici encore, -1 est racine évidente de X^3+1 et, par division euclidienne (ou par identification des coefficients), on obtient :

$X^3+1=(X+1)(X^2-X+1)$ et X^2-X+1 n'a pas de racine réelle.

• De même, 2 est racine évidente de X^3-8 et, par un procédé analogue, on trouve :

$X^3-8=(X-2)(X^2+2X+4)$ et X^2+2X+4 n'a pas de racine réelle.

La factorisation de B dans $\mathbb{R}[X]$ est donc $B=(X+1)(X-2)(X^2-X+1)(X^2+2X+4)$.

⇨ *Méthodes 7.1 (ou 7.2), 7.4*

3. • Astucieusement, on remarque que :

$C= X^4+X^2+1 = X^4+2X^2+1-X^2=(X^2+1)^2-X^2$.

Grâce à l'identité remarquable "$a^2-b^2=(a+b)(a-b)$", on obtient :

$X^4+X^2+1 = (X^2+X+1)(X^2-X+1)$.

• Sans être astucieux, en posant $Y=X^2$, on a $C=Y^2+Y+1$, dont les racines sont j et $\overline{j}$.

On obtient alors : $C=(X^2-j)(X^2-\overline{j})$. Comme $j=e^{\frac{2i\pi}{3}}$, les racines carrées de j sont $e^{i\frac{\pi}{3}}$ et $e^{i\frac{4\pi}{3}}$, alors que les racines carrées de $\overline{j}$ sont les conjuguées de celles de j, soit : $e^{-i\frac{\pi}{3}}$ et $e^{-i\frac{4\pi}{3}}$.

On a alors la factorisation suivante : $C=(X-e^{i\frac{\pi}{3}})(X-e^{i\frac{4\pi}{3}})(X-e^{-i\frac{\pi}{3}})(X-e^{-i\frac{4\pi}{3}})$.

En regroupant les facteurs 1 et 3 entre eux et les facteurs 2 et 4 entre eux, on trouve :

$C=(X^2-2\cos(\pi/3)X+1)\,(X^2-2\cos(4\pi/3)X+1)=(X^2-X+1)(X^2+X+1)$

⇨ *Méthode 7.4*

Exercice 7.9

1. On applique, successivement, la relation définissant les P_n pour :

• $n=0$, ce qui donne : $P_2(x)=2xP_1(x)-P_0(x)=4x^2-1$.

• $n=1$, ce qui donne : $P_3(x)=2xP_2(x)-P_1(x)=8x^3-4x$.

• $n=2$, ce qui donne : $P_4(x)=2xP_3(x)-P_2(x)=16x^4-12x^2+1$.

2. En observant attentivement les 5 premiers polynômes de la suite $(P_n(x))$, on conjecture que P_n est de degré n et a pour coefficient dominant 2^n.

Prouvons ce résultat par récurrence double en posant, pour tout entier naturel n $R(n)$: P_n est de degré n et son coefficient dominant est 2^n.

• $R(0)$ est vraie. Le polynôme constant 1 est de degré 0 et de coefficient dominant $1=2^0$.

• $R(1)$ est vraie. Le polynôme P_1 est de degré 1 et son coefficient dominant est $2=2^1$.

• Soit n un entier naturel tel que $R(n)$ et $R(n+1)$ sont vraies.

On a alors $2xP_{n+1}(x)$ de degré $n+2$ de coefficient dominant $2\times 2^{n+1}=2^{n+2}$. De plus, P_n étant de degré n, le polynôme P_{n+2} est de degré $n+2$ et son coefficient dominant est 2^{n+2}.

Ainsi, $R(n+2)$ est vraie.

Finalement, par récurrence double, pour tout entier naturel n, P_n est de degré n et son coefficient dominant est 2^n.

3. Toujours avec les résultats de la question **1**, on conjecture que P_n a la même parité que n.

Posons $R(n): P_n$ et n ont la même parité.

0 est pair et P_0 vaut 1 qui est donc un polynôme pair. $R(0)$ est donc vraie.

1 est impair et $P_1(x)=2x$ est un polynôme impair. $R(1)$ est donc vraie.

Soit n un entier naturel tel que $R(n)$ et $R(n+1)$ sont vraies.

Distinguons deux cas :

• si $n+2$ est pair, alors n est pair. Le polynôme P_n est alors pair et P_{n+1} est impair, la fonction $x\mapsto 2xP_{n+1}(x)$ est ainsi paire. Pour tout réel x, on a : $P_{n+2}(-x)=2xP_{n+1}(x)-P_n(x)=P_{n+2}(x)$.

Le polynôme P_{n+2} est donc pair.

• si $n+2$ est impair, alors n est impair. Le polynôme P_n est alors impair et P_{n+1} est pair, la fonction $x\mapsto 2xP_{n+1}(x)$ est ainsi impaire.

Pour tout réel x, on a : $P_{n+2}(-x)=-2xP_{n+1}(x)+P_n(x)=-P_{n+2}(x)$.

Le polynôme P_{n+2} est donc impair et on en conclut que $R(n+2)$ est vraie.

Finalement, par récurrence double, pour tout entier naturel n, P_n et n ont la même parité.

Exercice 7.10

Pour tout k de $\mathbb{Z}$, on a $P(\sin(k\pi)) = P(0) = 0$.

Par hypothèse, on a $P(x) = P(\sin x)$, on en déduit que : $\forall k\in\mathbb{Z}$, $P(k\pi) = 0$. Le polynôme P a donc une infinité de racines (tous les multiples entiers de π), c'est donc le polynôme nul.

Exercice 7.11

En évaluant l'égalité polynomiale $P(X+1)=P(X)$ en tout entier naturel n, on trouve :

$$\forall n\in\mathbb{N},\ P(n+1)=P(n)$$

Ceci montre que la suite $(P(n))_{n\in\mathbb{N}}$ est constante et ainsi on obtient :

$$\forall n\in\mathbb{N}, P(n)=P(0)$$

Ainsi, pour tout n de $\mathbb{N}$, on a : $P(n)-P(0)=0$.

Ceci montre que le polynôme $P-P(0)$ possède une infinité de racines (tous les entiers naturels) donc c'est le polynôme nul et on a bien $P=P(0)$.

Chapitre 8
Matrices et systèmes linéaires

James **Sylvester** s'intéresse à des tableaux de nombres qu'il nomme *matrices* en 1850. Peu après, Arthur **Cayley** définit des opérations sur les matrices. Curieusement, c'est au barreau de Londres que les deux mathématiciens anglais se rencontrent et sympathisent malgré des caractères très différents. Sylvester est irascible, coléreux alors que Cayley est d'une gentillesse extrême. Hommes de culture tous les deux, le premier compose des poèmes alors que le second écrit des romans. Leur collaboration a fait faire de remarquables progrès à l'algèbre linéaire.

James Sylvester
1814-1897

Objectifs

Les incontournables

- ▷ Maîtriser les opérations matricielles, en particulier le produit.
- ▷ Connaître la définition d'une matrice inversible et les propriétés de l'inverse.
- ▷ Savoir inverser une matrice.
- ▷ Savoir résoudre un système linéaire.
- ▷ Savoir faire le lien entre matrice et système.

Et plus si affinités

- ▷ Savoir travailler sur des matrices de taille n.

Résumé de cours

Dans ce chapitre, la lettre $\mathbb{K}$ désigne $\mathbb{R}$ ou $\mathbb{C}$.

Généralités

Définitions

Définition 8.1. — Soit $(n,p)\in(\mathbb{N}^*)^2$. On appelle matrice à n lignes et p colonnes, à coefficients dans $\mathbb{K}$, le tableau d'éléments de $\mathbb{K}$ suivant : $A=\begin{pmatrix} a_{1,1} & a_{1,2} & \cdots & a_{1,p} \\ a_{2,1} & a_{2,2} & \cdots & a_{2,p} \\ \vdots & \vdots & & \vdots \\ a_{n,1} & a_{n,2} & \cdots & a_{n,p} \end{pmatrix}$.

Si tous les éléments de A sont nuls, on dit que A est la matrice nulle et on note $A=0$.

L'ensemble des matrices à n lignes et p colonnes à coefficients dans $\mathbb{K}$ est noté $\mathcal{M}_{n,p}(\mathbb{K})$.

Si $p=n$, la matrice A est dite *carrée* d'ordre n et on note $\mathcal{M}_n(\mathbb{K})$ l'ensemble de ces matrices.

Remarques 8.1. — La matrice A s'écrit : $A=(a_{i,j})_{1\le i\le n, 1\le j\le p}$ ou plus simplement $A=(a_{i,j})$.

On appelle matrices *lignes* les éléments de $\mathcal{M}_{1,p}(\mathbb{K})$ et matrices *colonnes* ceux de $\mathcal{M}_{n,1}(\mathbb{K})$.

On identifie les éléments de $\mathcal{M}_1(\mathbb{K})$ aux éléments de $\mathbb{K}$ que l'on appelle des *scalaires*.

Définition 8.2. — Deux matrices sont égales si elles ont même nombre de lignes, même nombre de colonnes et si elles ont les mêmes coefficients.

Addition de matrices

Définition 8.3. — Soit deux matrices $A=(a_{i,j})$ et $B=(b_{i,j})$ de $\mathcal{M}_{n,p}(\mathbb{K})$. La somme de A et B est la matrice de $\mathcal{M}_{n,p}(\mathbb{K})$, notée $A+B$, définie par $A+B=(c_{i,j})$ où :

$$\forall(i,j)\in[\![1,n]\!]\times[\![1,p]\!],\ c_{i,j}=a_{i,j}+b_{i,j}$$

Multiplication d'une matrice par un scalaire

Définition 8.4. — Soit une matrice $A=(a_{i,j})$ de $\mathcal{M}_{n,p}(\mathbb{K})$ et λ un élément de $\mathbb{K}$. Le produit de A par λ est la matrice de $\mathcal{M}_{n,p}(\mathbb{K})$, notée λA, définie par : $\lambda A=(a'_{i,j})$ où :

$$\forall(i,j)\in[\![1,n]\!]\times[\![1,p]\!],\ a'_{i,j}=\lambda a_{i,j}$$

Exemple 8.1. — Si $A=\begin{pmatrix}1 & 0 & -5\\ 2 & -4 & 6\end{pmatrix}$ et $B=\begin{pmatrix}-2 & -3 & 4\\ 1 & -4 & -5\end{pmatrix}$, alors : $2A-3B=\begin{pmatrix}8 & 9 & -22\\ 1 & 4 & 27\end{pmatrix}$.

❑ Produit de matrices

Définition 8.5. — Soit $(n,p,q)\in(\mathbb{N}^*)^3$, $A=(a_{i,j})$ une matrice de $\mathcal{M}_{n,p}(\mathbb{K})$ et $B=(b_{i,j})$ une matrice de $\mathcal{M}_{p,q}(\mathbb{K})$. Le produit de A par B est la matrice de $\mathcal{M}_{n,q}(\mathbb{K})$ notée AB définie par $AB=(c_{i,j})_{1\le i\le n,\ 1\le j\le q}$ où : $\forall(i,j)\in[\![1,n]\!]\times[\![1,q]\!]$, $c_{i,j}=\sum_{k=1}^{p}a_{i,k}\,b_{k,j}$.

⇨ **Méthode 8.1. Comment multiplier deux matrices ?**

Remarque 8.2. — Le produit matriciel n'est pas commutatif. En revanche, il se peut que deux matrices A et B commutent (c'est-à-dire qu'elles sont telles que l'on ait $AB = BA$).

Remarque 8.3. — Le produit de 2 matrices peut être nul sans qu'aucune des deux matrices ne soit nulle : par exemple, si $A=\begin{pmatrix}1 & -2\\ -2 & 4\end{pmatrix}$ et $B=\begin{pmatrix}2 & -6\\ 1 & -3\end{pmatrix}$, alors $AB=\begin{pmatrix}0 & 0\\ 0 & 0\end{pmatrix}$.

Propriétés 8.1. — Pour toutes matrices A, B, C définies de telle sorte que les opérations ci-dessous existent, on a :

- $A(BC)=(AB)C$.
- $A(B+C)=AB+AC$ et $(A+B)C=AC+BC$.
- $\forall\lambda\in\mathbb{K},\ A(\lambda B)=(\lambda A)B=\lambda AB$.

❑ Transposée d'une matrice

Définition 8.6. — Soit une matrice $A=(a_{i,j})$ de $\mathcal{M}_{n,p}(\mathbb{K})$. On appelle transposée de A la matrice de $\mathcal{M}_{p,n}(\mathbb{K})$ noté ${}^tA$ définie par ${}^tA=(a'_{i,j})$ où : $\forall(i,j)\in[\![1,p]\!]\times[\![1,n]\!]$ $a'_{i,j}=a_{j,i}$.

Exemple 8.2. — Si $A=\begin{pmatrix}1 & 0 & -5\\ 2 & -4 & 6\end{pmatrix}$, alors ${}^tA=\begin{pmatrix}1 & 2\\ 0 & -4\\ -5 & 6\end{pmatrix}$.

Propriétés 8.2. — Pour toutes matrices A et B définies de telle sorte que les opérations ci-dessous existent, on a :

- ${}^t(A+B)={}^tA+{}^tB$ et $\forall\lambda\in\mathbb{K},\ {}^t(\lambda A)=\lambda\,{}^tA$.
- ${}^t({}^tA)=A$.
- ${}^t(AB)={}^tB\,{}^tA$.

Remarque 8.4. — Si $X = \begin{pmatrix} x_1 \\ \vdots \\ x_n \end{pmatrix}$ et $Y = \begin{pmatrix} y_1 \\ \vdots \\ y_n \end{pmatrix}$, ${}^tXY$ est le scalaire égal à $\sum_{i=1}^{n} x_i y_i$.

■ Matrices carrées

❑ Matrices carrées particulières

Définitions 8.7. — Soit $A = (a_{i,j})$ une matrice de $\mathcal{M}_n(\mathbb{K})$.

- Pour tout i élément de $[\![1,n]\!]$, les scalaires $a_{i,i}$ sont appelés *coefficients diagonaux*.
- A est une matrice *triangulaire inférieure* si pour tout (i,j) de $[\![1,n]\!]^2$ tel que $i < j$, $a_{i,j} = 0$.
- A est une matrice *triangulaire supérieure* si pour tout (i,j) de $[\![1,n]\!]^2$ tel que $j < i$, $a_{i,j} = 0$.
- A est une matrice *diagonale* si pour tout (i,j) de $[\![1,n]\!]^2$ tel que $i \neq j$, $a_{i,j} = 0$.
- A est une matrice *symétrique* si ${}^tA = A$.
- A est une matrice *antisymétrique* si ${}^tA = -A$.

Définition 8.8. — La *matrice identité* est la matrice diagonale dont tous les éléments diagonaux sont égaux à 1. Elle est notée I_n ou plus simplement I.

Propriété 8.3. — $\forall A \in \mathcal{M}_n(\mathbb{K})$, $AI = IA = A$.

Définition 8.9. — Une matrice est dite *scalaire* s'il existe λ élément de $\mathbb{K}$ tel que $A = \lambda I$.

❑ Puissance d'une matrice carrée

Définition 8.10. — Soit A une matrice de $\mathcal{M}_n(\mathbb{K})$. Par convention, on pose $A^0 = I$ et, pour tout entier naturel p non nul, on pose $A^p = A^{p-1}A$.

En fait, pour tout p de $\mathbb{N}^*$, A^p est le produit de p matrices toutes égales à A.

Propriété 8.4. — Le produit de deux matrices diagonales est la matrice diagonale obtenue en multipliant entre eux les termes diagonaux de même place.

Par exemple, si $D = \begin{pmatrix} a & 0 \\ 0 & b \end{pmatrix}$ et $D' = \begin{pmatrix} a' & 0 \\ 0 & b' \end{pmatrix}$, alors : $DD' = \begin{pmatrix} aa' & 0 \\ 0 & bb' \end{pmatrix}$ et $D^n = \begin{pmatrix} a^n & 0 \\ 0 & b^n \end{pmatrix}$.

Théorème 8.1. — Formule du binôme.

Soit A et B deux matrices de $\mathcal{M}_n(\mathbb{K})$ qui commutent ($AB = BA$).

Alors pour tout entier naturel p, $(A+B)^p = \sum_{k=0}^{p} \binom{p}{k} A^k B^{p-k} = \sum_{k=0}^{p} \binom{p}{k} A^{p-k} B^k$.

⇨ **Méthode 8.2. Comment calculer une puissance d'une matrice ?**

❑ Matrices carrées inversibles

Définition 8.11. — On dit qu'une matrice A de $\mathcal{M}_n(\mathbb{K})$ est inversible s'il existe une matrice B de $\mathcal{M}_n(\mathbb{K})$ telle que $AB = BA = I$. La matrice B est appelée l'*inverse* de A et notée $B = A^{-1}$. L'ensemble des matrices inversibles à coefficients dans $\mathbb{K}$ est noté $\mathrm{GL}_n(\mathbb{K})$.

Théorème 8.2. — Si A et B sont deux matrices de $\mathcal{M}_n(\mathbb{K})$ telles que $AB = I$, alors A et B sont inversibles et on a : $A^{-1} = B$ et $B^{-1} = A$.

Propriétés 8.5. — Si A est inversible, alors :

- A^{-1} est inversible et $\left(A^{-1}\right)^{-1} = A$.
- ${}^tA$ est inversible et $\left({}^tA\right)^{-1} = {}^t\left(A^{-1}\right)$.
- Pour tout entier naturel p, A^p est inversible et $\left(A^p\right)^{-1} = \left(A^{-1}\right)^p$ que l'on note A^{-p}.
- Si A et B sont inversibles alors AB est inversible et $\left(AB\right)^{-1} = B^{-1}A^{-1}$.

Propriété 8.6. — Une matrice diagonale D est inversible lorsque tous ses coefficients diagonaux sont non nuls. D^{-1} est alors obtenue en inversant les coefficients diagonaux de D.
Par exemple, si $D = \begin{pmatrix} a & 0 \\ 0 & b \end{pmatrix}$, avec $a \neq 0$ et $b \neq 0$, alors $D^{-1} = \begin{pmatrix} 1/a & 0 \\ 0 & 1/b \end{pmatrix}$.

■ Systèmes linéaires

❑ Définitions

Définitions 8.12. — Soit n et p deux entiers naturels non nuls. On appelle *système linéaire* de n équations à p inconnues $x_1, x_2, \ldots, x_p$ le système (S)

$$\begin{cases} a_{1,1}x_1 + a_{1,2}x_2 + \ldots + a_{1,p}x_p = y_1 \\ a_{2,1}x_1 + a_{2,2}x_2 + \ldots + a_{2,p}x_p = y_2 \\ \vdots \\ a_{n,1}x_1 + a_{n,2}x_2 + \ldots + a_{n,p}x_p = y_n \end{cases}$$

où, pour tout couple (i,j) de $[\![1,n]\!] \times [\![1,p]\!]$, $a_{i,j}$ et y_i sont connus et éléments de $\mathbb{K}$.
La $i^{\text{ème}}$ équation du système est notée (L_i) et est appelée $i^{\text{ème}}$ ligne de (S).
Si pour tout i de $[\![1,n]\!]$, $y_i = 0$, le système (S) est dit *homogène*.

Définition 8.13. — Résoudre (S), c'est chercher tous les p-uplets $(x_1, x_2, .., x_p)$ vérifiant les n équations de (S).

Remarque 8.5. — Un système homogène possède au moins une solution : le p-uplet $(0, \ldots, 0)$.

Définition 8.14. — On dit que deux systèmes sont *équivalents* s'ils ont les mêmes solutions.

Définition 8.15. — Soit (S) un système linéaire de n équations à n inconnues. On dit que (S) est un *système de Cramer* si (S) admet un unique n-uplet solution.

❑ Opérations élémentaires

Définition 8.16. — Les opérations suivantes sur les lignes d'un système sont appelées opérations élémentaires (on suppose $i \neq j$) :

- $L_i \leftrightarrow L_j$ (échange de deux lignes).
- $L_i \leftarrow aL_i$ avec $a \neq 0$ (remplacement d'une ligne par son produit par un scalaire non nul).
- $L_i \leftarrow L_i + bL_j$ (remplacement d'une ligne par sa somme avec un multiple d'une autre ligne).
- Les deux dernières opérations peuvent se regrouper en : $L_i \leftarrow aL_i + bL_j$ avec $a \neq 0$.

Propriété 8.7. — Les opérations élémentaires changent tout système en un système équivalent.

❑ Méthode du pivot de Gauss

Théorème 8.3. — Grâce à des opérations élémentaires, on peut transformer tout système (S) en un système (S') dont chaque ligne contient davantage de coefficients nuls que la précédente (comprendre des coefficients nuls **avant** le premier coefficient non nul (s'il existe), ce dernier étant appelé *pivot*.
Dans le cas où (S) est un système à n équations et n inconnues, (S) est un système de Cramer si et seulement si (S') possède n pivots non nuls.

⇨ **Méthode 8.3. Comment résoudre un système par la méthode du pivot de Gauss ?**

■ Matrices et systèmes

❑ Lien entre matrices et systèmes

Propriété 8.8. — On donne : $(\mathrm{S}) \begin{cases} a_{1,1}x_1 + \cdots + a_{1,p}x_p = y_1 \\ \vdots \\ a_{n,1}x_1 + \ldots + a_{n,p}x_p = y_n \end{cases}$ et $A = \begin{pmatrix} a_{1,1} & \cdots & a_{1,p} \\ \vdots & & \vdots \\ a_{n,1} & \cdots & a_{n,p} \end{pmatrix}$.

En posant $X = \begin{pmatrix} x_1 \\ \vdots \\ x_p \end{pmatrix}$ et $Y = \begin{pmatrix} y_1 \\ \vdots \\ y_n \end{pmatrix}$, le système (S) s'écrit : $AX = Y$.

Remarque 8.6 — La matrice A de $\mathcal{M}_{n,p}(\mathbb{K})$ est appelée matrice associée au système (S).

Propriété 8.9. — Une matrice A de $\mathcal{M}_n(\mathbb{K})$ est inversible si et seulement si A est la matrice d'un système de Cramer, c'est-à-dire si le système $AX = Y$, d'inconnue X élément de $\mathcal{M}_{n,1}(\mathbb{K})$, possède une seule solution, cette solution étant $X = A^{-1}Y$.

⇨ **Méthode 8.5. Comment calculer l'inverse d'une matrice carrée par résolution de système ?**

Propriété 8.10. — Soit A une matrice de $\mathcal{M}_n(\mathbb{K})$. On a l'équivalence suivante :
A est inversible si et seulement si, pour toute matrice X de $\mathcal{M}_{n,1}(\mathbb{K})$: $AX = 0 \Leftrightarrow X = 0$.

Théorème 8.4. — Soit A une matrice triangulaire.
A est inversible si et seulement si les coefficients diagonaux de A sont tous non nuls.

❑ Réduite de Gauss d'une matrice

Définition 8.17. — Soit A une matrice carrée de $\mathcal{M}_n(\mathbb{K})$. On appelle réduite de Gauss de A, toute matrice triangulaire obtenue par des opérations élémentaires effectuées sur les lignes de A.

Remarque 8.7. — Les opérations élémentaires sur les lignes d'une matrice sont les mêmes que celles décrites sur les systèmes.

Théorème 8.5. — Soit A une matrice carrée de $\mathcal{M}_n(\mathbb{K})$.
- Si une réduite de Gauss de A est inversible, alors A est inversible.
- Si A est inversible, alors toutes ses réduites de Gauss sont inversibles.

⇨ **Méthode 8.4. Comment montrer qu'une matrice est (ou n'est pas) inversible ?**

❑ Méthode de Gauss Jordan

Théorème 8.6. — Toute matrice inversible peut se transformer en la matrice identité à l'aide d'opérations élémentaires sur les lignes de cette matrice et son inverse s'obtient en effectuant, dans le même ordre, les mêmes opérations élémentaires sur les lignes de la matrice identité.

⇨ **Méthode 8.6. Comment calculer l'inverse d'une matrice carrée par la méthode de Gauss Jordan**

Propriété 8.11. — Cas des matrices carrées d'ordre 2. La matrice $A = \begin{pmatrix} a & b \\ c & d \end{pmatrix}$ est inversible si et seulement si $ad - bc \neq 0$. Dans ce cas, on a : $A^{-1} = \dfrac{1}{ad - bc}\begin{pmatrix} d & -b \\ -c & a \end{pmatrix}$.

Méthodes

Le produit matriciel

Méthode 8.1. Comment multiplier deux matrices ?

Soit $A=(a_{i,j})$ une matrice de $\mathcal{M}_{n,p}(\mathbb{K})$ et $B=(b_{i,j})$ une matrice de $\mathcal{M}_{p,q}(\mathbb{K})$. On cherche à calculer AB.
On s'assure de la validité du produit en vérifiant que le nombre de colonnes de A est égal au nombre de lignes de B. On sait alors que $AB=(c_{i,j})\in\mathcal{M}_{n,q}(\mathbb{K})$ et, d'après la définition, pour tout couple (i,j) élément de $[\![1,n]\!]\times[\![1,q]\!]$, on a :

$c_{i,j}=\sum_{k=1}^{p}a_{i,k}b_{k,j}=a_{i,1}b_{1,j}+a_{i,2}b_{2,j}\dots+a_{i,p}b_{p,j}$. Ainsi, le coefficient $c_{i,j}$ situé à la croisée de la $i^{\text{ème}}$ ligne et de la $j^{\text{ème}}$ colonne de AB s'obtient en considérant les coefficients de la $i^{\text{ème}}$ ligne de A et de la $j^{\text{ème}}$ colonne de B.

⇨ Exercices 8.1, 8.3, 8.4, 8.5

Exemple. Soit $A=\begin{pmatrix}1&-1&3\\0&5&-2\end{pmatrix}$ et $B=\begin{pmatrix}0&-2&1&-3\\1&2&1&0\\-1&3&2&1\end{pmatrix}$. Calculer AB.

$A\in\mathcal{M}_{2,3}(\mathbb{R})$ et $B\in\mathcal{M}_{3,4}(\mathbb{R})$ donc le produit AB est possible et AB appartient à $\mathcal{M}_{2,4}(\mathbb{R})$.

$$AB=\begin{pmatrix}1&-1&3\\0&5&-2\end{pmatrix}\begin{pmatrix}0&-2&1&-3\\1&2&1&0\\-1&3&2&1\end{pmatrix}=\begin{pmatrix}-4&5&6&0\\7&4&1&-2\end{pmatrix}.$$

Par exemple, le coefficient $c_{2,3}$ du produit AB s'obtient en considérant les coefficients de la $2^{\text{ème}}$ ligne de A et ceux de la $3^{\text{ème}}$ colonne de B : $c_{2,3}=0\times1+5\times1-2\times2=1$.

Remarque. On peut aussi présenter le produit matriciel sous la forme suivante. Cette présentation est pratique pour visualiser les calculs mais prend de la place !

$$\begin{array}{c|c} & \begin{pmatrix}0&-2&1&-3\\1&2&1&0\\-1&3&2&1\end{pmatrix}\\ \hline \begin{pmatrix}1&-1&3\\0&5&-2\end{pmatrix} & \begin{pmatrix}-4&5&6&0\\7&4&1&-2\end{pmatrix}\end{array}.$$

Méthodes

❑ Méthode 8.2. Comment calculer une puissance d'une matrice ?

Soit A une matrice carrée donnée. Pour calculer A^n ($n \in \mathbb{N}$),

• On peut calculer les premières puissances A^2, A^3, ... Puis on propose une formule donnant A^n que l'on démontre souvent par récurrence.

• On peut utiliser la formule du binôme si A s'écrit comme la somme de deux matrices qui commutent (souvent, l'une de ces matrices est scalaire).

⇨ **Exercices 8.3, 8.4, 8.5, 8.6**

Exemple 1. Soit $A = \begin{pmatrix} 1 & 1 & 1 \\ 1 & 1 & 1 \\ 1 & 1 & 1 \end{pmatrix}$. Calculer, pour tout entier naturel n, la matrice A^n.

$$A^2 = \begin{pmatrix} 1 & 1 & 1 \\ 1 & 1 & 1 \\ 1 & 1 & 1 \end{pmatrix}\begin{pmatrix} 1 & 1 & 1 \\ 1 & 1 & 1 \\ 1 & 1 & 1 \end{pmatrix} = \begin{pmatrix} 3 & 3 & 3 \\ 3 & 3 & 3 \\ 3 & 3 & 3 \end{pmatrix} = 3A.$$

On propose de montrer par récurrence que pour tout entier naturel n non nul : $A^n = 3^{n-1}A$.

La proposition est vraie pour $n = 1$: en effet, on a bien $A^1 = 3^0 A$.

Supposons, pour n fixé dans $\mathbb{N}^*$, que $A^n = 3^{n-1}A$. Montrons que $A^{n+1} = 3^n A$.

$A^{n+1} = A^n \times A = 3^{n-1}A \times A = 3^{n-1}A^2 = 3^{n-1}3A$, car $A^2 = 3A$ et on a enfin $A^{n+1} = 3^n A$.

Conclusion. Pour tout entier naturel n non nul, $A^n = 3^{n-1}A$ (et bien sûr $A^0 = I$).

Remarque. Plus généralement, si A désigne la matrice de $\mathcal{M}_s(\mathbb{R})$ dont tous les éléments sont égaux à 1, on a : $\forall n \in \mathbb{N}^*, A^n = s^{n-1}A$.

Exemple 2. Soit $A = \begin{pmatrix} 5 & -4 \\ 4 & -3 \end{pmatrix}$. En posant $B = A - I$, calculer A^n pour tout entier naturel n.

$B = \begin{pmatrix} 4 & -4 \\ 4 & -4 \end{pmatrix}$. On a $A = I + B$ et, comme I et B commutent, la formule du binôme s'applique :

$$\forall n \in \mathbb{N}, A^n = (I+B)^n = \sum_{k=0}^{n} \binom{n}{k} B^k.$$

De plus, on a $B^2 = \begin{pmatrix} 4 & -4 \\ 4 & -4 \end{pmatrix}\begin{pmatrix} 4 & -4 \\ 4 & -4 \end{pmatrix} = 0$ donc : $\forall k \geq 2,\ B^k = B^2 B^{k-2} = 0$.

$$\forall n \geq 2,\ A^n = \sum_{k=0}^{1} \binom{n}{k} B^k + \sum_{k=2}^{n} \binom{n}{k} B^k = I + nB + 0 = I + nB.$$

Comme cette formule reste valable pour $n = 0$ ($A = I$) et $n = 1$ ($A = I + B$), on peut conclure :

$$\forall n \in \mathbb{N},\ A^n = I + nB = \begin{pmatrix} 1+4n & -4n \\ 4n & 1-4n \end{pmatrix}$$

■ Le pivot de Gauss

❑ Méthode 8.3. Comment résoudre un système par la méthode du pivot de Gauss ?

Décrivons la méthode dans le cas d'un système de trois équations à trois inconnues. Le lecteur pourra aisément généraliser à des systèmes "plus gros".

Soit le système (S) $\begin{cases} ax + by + cz = \alpha \\ a'x + b'y + c'z = \alpha' \\ a''x + b''y + c''z = \alpha'' \end{cases}$ d'inconnues x, y, z. On suppose $a \neq 0$. Si ce n'est pas le cas, on permute les lignes du système pour que l'inconnue x soit présente dans la première équation. La 1re étape consiste à éliminer l'inconnue x dans toutes les lignes du système à partir de la deuxième (ici, cela ne concerne que les deux dernières lignes). On effectue dans ce but les opérations élémentaires suivantes : $L_2 \leftarrow aL_2 - a'L_1$ et $L_3 \leftarrow aL_3 - a''L_1$. On obtient alors un système équivalent à (S) de la forme $\begin{cases} ax + by + cz = \alpha \\ \quad dy + ez = \beta \\ \quad d'y + e'z = \beta' \end{cases}$.

On renouvelle ce principe sur le système "grisé". Si $d \neq 0$, la 2ème étape consiste à éliminer l'inconnue y dans toutes les équations à partir de la troisième (ici, seule la dernière ligne est concernée). On effectue dans ce but l'opération élémentaire suivante : $L_3 \leftarrow dL_3 - d'L_2$. On obtient alors un système "triangulaire" équivalent à (S) : $\begin{cases} ax + by + cz = \alpha \\ \quad dy + ez = \beta \\ \quad\quad fz = \gamma \end{cases}$ que l'on résout en commençant par la dernière ligne qui donne z, ce qui permet "en remontant", d'en déduire y puis x.

⇨ Exercices 8.7, 8.8

Exemple. Résoudre le système (S) $\begin{cases} x + 2y + z = 3 \\ x - 2y + 3z = -5 \\ 2x + y + 5z = -3 \end{cases}$.

$$\begin{cases} x + 2y + z = 3 \\ x - 2y + 3z = -5 \\ 2x + y + 5z = -3 \end{cases} \underset{\substack{L_2 \leftarrow L_2 - L_1 \\ L_3 \leftarrow L_3 - 2L_1}}{\Leftrightarrow} \begin{cases} x + 2y + z = 3 \\ -4y + 2z = -8 \\ -3y + 3z = -9 \end{cases} \underset{L_3 \leftarrow 4L_3 - 3L_2}{\Leftrightarrow} \begin{cases} x + 2y + z = 3 \\ -4y + 2z = -8 \\ 6z = -12 \end{cases}.$$

ce qui conduit "en remontant" à : $z = -2$, $y = 1$ et $x = 3$.

Le système (S) admet donc un unique triplet solution : $(3, 1, -2)$.

Méthodes

❑ Méthode 8.4. Comment montrer qu'une matrice carrée est (ou n'est pas) inversible ?

> A étant une matrice carrée donnée, pour savoir si A est inversible, on peut déterminer une de ses réduites de Gauss. On conclut ensuite en utilisant le **théorème 8.5**.

⇨ Exercice 8.10

Exemple. Soit a un réel donné. La matrice $A=\begin{pmatrix} a & 1 & 1 \\ 1 & a & 1 \\ 1 & 1 & a \end{pmatrix}$ est-elle inversible ?

On cherche une réduite de Gauss de A : $A=\begin{pmatrix} a & 1 & 1 \\ 1 & a & 1 \\ 1 & 1 & a \end{pmatrix} L_1 \leftrightarrow L_3 \quad \begin{pmatrix} 1 & 1 & a \\ 1 & a & 1 \\ a & 1 & 1 \end{pmatrix}$.

Cette opération permet d'amener en 1ère ligne et 1ère colonne un coefficient non nul. On peut alors poursuivre le processus à l'aide d'opérations élémentaires :

$$\begin{pmatrix} 1 & 1 & a \\ 1 & a & 1 \\ a & 1 & 1 \end{pmatrix} \begin{matrix} L_1 \\ L_2 \leftarrow L_2 - L_1 \\ L_3 \leftarrow L_3 - aL_1 \end{matrix} \quad \begin{pmatrix} 1 & 1 & a \\ 0 & a-1 & 1-a \\ 0 & 1-a & 1-a^2 \end{pmatrix} \begin{matrix} L_1 \\ L_2 \\ L_3 \leftarrow L_3 + L_2 \end{matrix} \quad \begin{pmatrix} 1 & 1 & a \\ 0 & a-1 & 1-a \\ 0 & 0 & (1-a)(2+a) \end{pmatrix}.$$

Cette dernière matrice est une matrice triangulaire, inversible si et seulement si a est différent de 1 et de -2. Conclusion : A est inversible si et seulement si a est différent de 1 et de -2.

■ Inverse d'une matrice carrée

❑ Méthode 8.5. Comment calculer l'inverse d'une matrice carrée par résolution de système ?

> Soit A une matrice carrée. On pose le système $AX=Y$. La matrice A est inversible si, et seulement si, le système est de Cramer. Dans le cas où A est inversible, $AX=Y$ équivaut à $X=A^{-1}Y$, ce qui permet de donner A^{-1}.

⇨ Exercice 8.9

Exemple. Montrer que la matrice $A=\begin{pmatrix} 2 & -2 & 1 \\ 2 & -3 & 2 \\ -1 & 2 & 0 \end{pmatrix}$ est inversible et donner son inverse.

On note $X=\begin{pmatrix} x \\ y \\ z \end{pmatrix}$ et $Y=\begin{pmatrix} a \\ b \\ c \end{pmatrix}$. Le système $AX=Y$ s'écrit $\begin{cases} 2x-2y+z=a \\ 2x-3y+2z=b \\ -x+2y=c \end{cases}$. On le résout :

$$\begin{cases} 2x-2y+\ \ z=a \\ 2x-3y+2z=b \\ -x+2y \quad\ \ =c \end{cases} \underset{\substack{L_2\leftarrow L_2-L_1 \\ L_3\leftarrow 2L_3+L_1}}{\Leftrightarrow} \begin{cases} 2x-2y+z=a \\ \quad -y+z=-a+b \\ \quad 2y+z=a+2c \end{cases} \underset{L_3\leftarrow L_3+2L_2}{\Leftrightarrow} \begin{cases} 2x-2y+z=a \\ \quad -y+z=-a+b \\ \qquad 3z=-a+2b+2c \end{cases}$$

Le système est de Cramer (les coefficients diagonaux du système triangulaire sont tous non nuls) donc la matrice A est inversible. Ainsi $AX=Y$ équivaut à $X=A^{-1}Y$. Pour déterminer A^{-1}, il reste à achever la résolution, toujours "en remontant", et après quelques calculs, on obtient : $\begin{cases} x=\ \frac{4}{3}a-\frac{2}{3}b+\frac{1}{3}c \\ y=\ \frac{2}{3}a-\frac{1}{3}b+\frac{2}{3}c \\ z=-\frac{1}{3}a+\frac{2}{3}b+\frac{2}{3}c \end{cases}$, ce qui donne $A^{-1}=\frac{1}{3}\begin{pmatrix} 4 & -2 & 1 \\ 2 & -1 & 2 \\ -1 & 2 & 2 \end{pmatrix}$.

❑ Méthode 8.6. Comment calculer l'inverse d'une matrice carrée par la méthode de Gauss Jordan ?

> Soit A une matrice carrée. Si A est inversible, on transforme A en la matrice identité par des opérations élémentaires. Ces opérations élémentaires, appliquées dans le même ordre à la matrice identité, donnent A^{-1}.

⇨ Exercice 8.10

Exemple. Montrer que la matrice $A=\begin{pmatrix} 2 & -2 & 1 \\ 2 & -3 & 2 \\ -1 & 2 & 0 \end{pmatrix}$ est inversible et donner son inverse.

On présente côte à côte les matrices A et I. On écrit à droite les opérations élémentaires qui permettent de transformer A en I et on les applique simultanément aux deux matrices :

$$\begin{pmatrix} 2 & -2 & 1 \\ 2 & -3 & 2 \\ -1 & 2 & 0 \end{pmatrix} \begin{pmatrix} 1 & 0 & 0 \\ 0 & 1 & 0 \\ 0 & 0 & 1 \end{pmatrix} \begin{matrix} L_1 \\ L_2\leftarrow L_2-L_1 \\ L_3\leftarrow 2L_3+L_1 \end{matrix} \to \begin{pmatrix} 2 & -2 & 1 \\ 0 & -1 & 1 \\ 0 & 2 & 1 \end{pmatrix} \begin{pmatrix} 1 & 0 & 0 \\ -1 & 1 & 0 \\ 1 & 0 & 2 \end{pmatrix} \begin{matrix} L_1 \\ L_2 \\ L_3\leftarrow L_3+2L_2 \end{matrix}$$

$\begin{pmatrix} 2 & -2 & 1 \\ 0 & -1 & 1 \\ 0 & 0 & 3 \end{pmatrix} \begin{pmatrix} 1 & 0 & 0 \\ -1 & 1 & 0 \\ -1 & 2 & 2 \end{pmatrix}$. À ce stade, la matrice de gauche est une réduite de Gauss de A, triangulaire dont les coefficients diagonaux sont tous non nuls, elle est inversible donc A aussi.

$$\begin{pmatrix} 2 & -2 & 1 \\ 0 & -1 & 1 \\ 0 & 0 & 3 \end{pmatrix} \begin{pmatrix} 1 & 0 & 0 \\ -1 & 1 & 0 \\ -1 & 2 & 2 \end{pmatrix} \begin{matrix} L_1\leftarrow 3L_1-L_3 \\ L_2\leftarrow 3L_2-L_3 \\ L_3 \end{matrix} \to \begin{pmatrix} 6 & -6 & 0 \\ 0 & -3 & 0 \\ 0 & 0 & 3 \end{pmatrix} \begin{pmatrix} 4 & -2 & -2 \\ -2 & 1 & -2 \\ -1 & 2 & 2 \end{pmatrix} \begin{matrix} L_1\leftarrow L_1-2L_2 \\ L_2 \\ L_3 \end{matrix}$$

$$\begin{pmatrix} 6 & 0 & 0 \\ 0 & -3 & 0 \\ 0 & 0 & 3 \end{pmatrix} \begin{pmatrix} 8 & -4 & 2 \\ -2 & 1 & -2 \\ -1 & 2 & 2 \end{pmatrix} \begin{matrix} L_1\leftarrow (1/6)L_1 \\ L_2\leftarrow -(1/3)L_2 \\ L_3\leftarrow (1/3)L_3 \end{matrix} \to \begin{pmatrix} 1 & 0 & 0 \\ 0 & 1 & 0 \\ 0 & 0 & 1 \end{pmatrix} \frac{1}{3}\begin{pmatrix} 4 & -2 & 1 \\ 2 & -1 & 2 \\ -1 & 2 & 2 \end{pmatrix}.$$

Ainsi : $A^{-1}=\frac{1}{3}\begin{pmatrix} 4 & -2 & 1 \\ 2 & -1 & 2 \\ -1 & 2 & 2 \end{pmatrix}$.

Méthodes

■■ Vrai/Faux

A, B et C désignent des matrices définies de façon que les propositions ci-dessous aient un sens.

		Vrai	Faux
1.	Si $AB = AC$ avec $A \neq 0$, alors $B = C$.	☐	☐
2.	Les coefficients diagonaux d'une matrice antisymétrique sont tous nuls.	☐	☐
3.	Si X et Y sont des matrices colonnes de même taille, $X\,{}^tY$ est un scalaire.	☐	☐
4.	Si on a $A^2 + A = I$, on peut écrire $A(A+1) = I$ donc $A^{-1} = A+1$.	☐	☐
5.	Si A vérifie $A \neq I$ et $A^2 = A$, alors A n'est pas inversible.	☐	☐
6.	$A = 0 \Leftrightarrow A^2 = 0$.	☐	☐
7.	Si $A^2 = 2I$, alors A est inversible et $A^{-1} = 2A$.	☐	☐
8.	On suppose que A et B sont deux matrices symétriques de même format. Le produit AB est symétrique si et seulement si A et B commutent.	☐	☐
9.	Un système de Cramer homogène ne possède qu'une seule solution : la liste nulle.	☐	☐
10.	Un système de 3 équations à 3 inconnues peut avoir une infinité de solutions.	☐	☐

Énoncé des exercices

❑ **Exercice 8.1.** — Un entraînement aux calculs matriciels. On donne :

$$A=\begin{pmatrix}2&3&-2\\4&2&5\end{pmatrix},\ B=\begin{pmatrix}2&1&3\\-4&0&1\\3&-1&-2\end{pmatrix},\ C=\begin{pmatrix}-1&0&3&-2\\4&2&0&1\\3&1&-4&-3\end{pmatrix}\text{ et }D=\begin{pmatrix}-2&1&4\\3&-4&2\end{pmatrix}.$$

1. a) Calculer $2A-3D$.

b) Vérifier par le calcul que $(A+D)C=AC+DC$.

c) Vérifier par le calcul que ${}^t(AC)={}^tC\,{}^tA$.

2. Vérifier sur cet exemple l'associativité du produit matriciel, c'est-à-dire : $(AB)C=A(BC)$.

❑ **Exercice 8.2.** — Soit A et B deux matrices de $\mathcal{M}_n(\mathbb{R})$ vérifiant : $AB\neq 0$ et $BA=0$.

1. a) Montrer qu'aucune des deux matrices A et B n'est inversible.

b) Donner un exemple de matrices vérifiant ces conditions dans le cas $n=2$.

2. Calculer $(AB)^2$.

❑ **Exercice 8.3.** — Dans chacun des cas suivants, calculer A^n pour tout entier naturel n.

1. $A=\begin{pmatrix}0&-1\\1&0\end{pmatrix}$. **2.** $A=\begin{pmatrix}1&0&1\\0&0&0\\1&0&1\end{pmatrix}$.

❑ **Exercice 8.4.** — On donne $A=\begin{pmatrix}1&-2&-6\\-3&2&9\\2&0&-3\end{pmatrix}$.

1. Calculer A^2, A^3 puis A^n pour tout entier naturel n.

2. La matrice A est-elle inversible ?

❑ **Exercice 8.5.** — On donne $A=\begin{pmatrix}1&1&1\\0&1&1\\0&0&1\end{pmatrix}$ et $I=\begin{pmatrix}1&0&0\\0&1&0\\0&0&1\end{pmatrix}$.

1. Montrer que A peut s'écrire sous la forme : $A=I+J$ où J est une matrice que l'on précisera.

2. a) Calculer J^2 et J^3.

b) En déduire l'expression de A^n pour tout n entier naturel.

❑ **Exercice 8.6.** * — On donne $A=\begin{pmatrix}1&3&3\\3&1&3\\3&3&1\end{pmatrix}$, $I=\begin{pmatrix}1&0&0\\0&1&0\\0&0&1\end{pmatrix}$ et $J=\begin{pmatrix}1&1&1\\1&1&1\\1&1&1\end{pmatrix}$.

1. Exprimer A sous la forme $\alpha I+\beta J$, où α et β sont deux réels.

2. En déduire l'expression de A^n pour tout entier naturel n.

❑ **Exercice 8.7.** — Résoudre dans $\mathbb{R}^3$ le système $\begin{cases} x+2y-z=a \\ -2x-3y+3z=b \\ x+y-2z=c \end{cases}$, ($a$, b et c réels donnés).

❑ **Exercice 8.8.** * — On considère un réel λ et le système (S) : $\begin{cases}(2-\lambda)x+4z=0\\ 3x-(4+\lambda)y+12z=0\\ x-2y+(5-\lambda)z=0\end{cases}$.

Pour quelle(s) valeur(s) du paramètre λ le système (S) est-il de Cramer ?

❑ **Exercice 8.9.** * — Soit n un entier supérieur ou égal à 2 et $A=\begin{pmatrix}0&\cdots&0&\lambda_1\\ \vdots&\iddots&\lambda_2&0\\ 0&\iddots&\iddots&\vdots\\ \lambda_n&0&\ldots&0\end{pmatrix}$ où $\lambda_1,\lambda_2,\ldots,\lambda_n$ sont des scalaires non nuls. On pose $X=\begin{pmatrix}x_1\\ \vdots\\ x_n\end{pmatrix}$ et $Y=\begin{pmatrix}y_1\\ \vdots\\ y_n\end{pmatrix}$.

1. Écrire le système $AX=Y$ puis le résoudre.

2. En déduire que A est inversible et calculer l'inverse de A.

❑ **Exercice 8.10.** — Montrer que les matrices suivantes sont inversibles et donner leur inverse.

1. $A=\begin{pmatrix}1&3\\2&4\end{pmatrix}$. **2.** $B=\begin{pmatrix}1&0&2\\3&-1&1\\-2&4&3\end{pmatrix}$

❑ **Exercice 8.11.** ** — Soit n un entier supérieur ou égal à 2 et A une matrice carrée d'ordre n à coefficients complexes telle que pour tout i de $\{1,\ldots,n\}$, on a : $|a_{i,i}|>\sum_{j\neq i}|a_{i,j}|$.

Montrer que la matrice A est inversible (on pourra raisonner par l'absurde en considérant une matrice colonne X non nulle telle que $AX=0$).

D'après ESSEC

Pour vous aider à démarrer

Exercice 8.2. Pour la question **1.a)**, raisonner par l'absurde.
Exercice 8.3. Calculer les premières puissances de A pour se faire une idée.
Exercice 8.4. Pour la question **1**, le calcul de A^n nécessite de distinguer les cas A^{2p} et A^{2p+1} puis de procéder par récurrence.
Exercice 8.5. Pour la question **2.b)**, utiliser la formule du binôme.
Exercice 8.6. Pour la question **2**, penser à isoler le terme d'indice zéro dans la formule du binôme.
Exercice 8.7. Discuter, après réduction, selon que $a+b+c$ est nul ou non.
Exercice 8.8. Ne pas oublier de permuter la ligne 1 avec la ligne 3.
Exercice 8.11. Si on note x_1, ..., x_n les coefficients de X, introduire un entier i_0 de $[\![1,n]\!]$ tel que $|x_{i_0}|=\max(|x_1|,|x_2|,...,|x_n|)$. Écrire la ligne i_0 du système et chercher à contredire les hypothèses.

■■ Corrigé des vrai/faux

1.	2.	3.	4.	5.	6.	7.	8.	9.	10.
F	V	F	F	V	F	F	V	V	V

1. Considérons les matrices : $A=\begin{pmatrix}-1 & 1\\ 1 & -1\end{pmatrix}$, $B=\begin{pmatrix}1 & 1\\ 1 & 1\end{pmatrix}$ et $C=\begin{pmatrix}2 & 2\\ 2 & 2\end{pmatrix}$.

On a : $AB=AC=0$, $A\neq 0$, et pourtant $B\neq C$.

2. Soit $A=(a_{i,j})$ une matrice antisymétrique de $\mathcal{M}_n(\mathbb{K})$. On a : $\forall (i,j)\in [\![1,n]\!]^2$, $a_{i,j}=-a_{j,i}$.
En particulier : $\forall i\in [\![1,n]\!]$, $a_{i,i}=-a_{i,i}$. Ainsi, les coefficients diagonaux de A sont nuls.

3. Soit n un entier naturel non nul, X et Y deux matrices de $\mathcal{M}_{n,1}(\mathbb{K})$. La matrice ${}^tY$ est un élément de $\mathcal{M}_{1,n}(\mathbb{K})$, le produit $X\,{}^tY$ est donc bien défini et est élément de $\mathcal{M}_n(\mathbb{K})$.

4. On ne peut pas additionner des scalaires et des matrices, ainsi l'écriture "$A+1$" n'a pas de sens. Plus correctement, de l'égalité $A^2+A=I$, on peut déduire : $A(A+I)=I$.
Dès lors, la matrice A est inversible et on a : $A^{-1}=A+I$.

5. Raisonnons par l'absurde : supposons la matrice A inversible. Dès lors A^{-1} existe et en multipliant la relation $A^2=A$ par A^{-1}, on obtient $A=I$ ce qui est contraire à l'hypothèse.
Finalement, si A est une matrice telle que $A\neq I$ et $A^2=A$, alors A n'est pas inversible.

6. L'implication $A=0\Rightarrow A^2=0$ est vraie. En effet, si $A=0$, on a bien : $A^2=0\times 0=0$.
En revanche, la réciproque est fausse : la matrice $A=\begin{pmatrix}0 & 1\\ 0 & 0\end{pmatrix}$ n'est pas nulle et $A^2=0$.

7. On a : $A^2=2I \iff A\left(\frac{1}{2}A\right)=I$. La matrice A est donc inversible et on a : $A^{-1}=\frac{1}{2}A$.

8. Soit A et B deux matrices symétriques de même format.
Dès lors AB est symétrique si et seulement si ${}^t(AB)=AB$, soit, si et seulement si : ${}^tB\,{}^tA=AB$.
Comme ${}^tA=A$ et ${}^tB=B$, AB est symétrique si et seulement si : $BA=AB$.
Ainsi AB est symétrique si et seulement si A et B commutent.

9. Par définition, un système de Cramer ne possède qu'une seule solution.
Un système homogène possède au moins une solution : la liste nulle.
On en déduit que tout système de Cramer homogène possède une seule solution : la liste nulle.

10. Considérons le système suivant : $(S)\begin{cases} x+y+z=0 \\ x-y+z=0 \\ x+z=0 \end{cases}$. On a : $(S)\Leftrightarrow\begin{cases} x+z=-y \\ x+z=y \\ x+z=0 \end{cases}$.

On en déduit : $(S)\Leftrightarrow\begin{cases} y=0 \\ x=-z \end{cases}$. L'ensemble des solutions de ce système est : $\{(-z,0,z), z\in\mathbb{R}\}$.

Il existe donc des systèmes de trois équations à trois inconnues possédant une infinité de solutions.

❑ Les erreurs classiques

- La notion de puissance et d'inverse d'une matrice n'existe que pour les matrices "carrées".
- Les règles du produit matriciel ne sont absolument pas les mêmes que celles de la multiplication des nombres :
  La relation $AB = 0$ n'implique pas $A = 0$ ou $B = 0$.
  Les égalités $A^2 = A$ et $A = I$ sont rarement équivalentes (voir **V/F 5**).
- Faire attention de ne jamais ajouter une matrice et un réel (voir **V/F 4**).

Corrigé

Corrigé des exercices

Exercice 8.1

1. a) On trouve : $2A-3D=\begin{pmatrix}10 & 3 & -16\\ -1 & 16 & 4\end{pmatrix}$.

b) On a : $A+D=\begin{pmatrix}0 & 4 & 2\\ 7 & -2 & 7\end{pmatrix}$.

On en déduit que : $(A+D)C=\begin{pmatrix}22 & 10 & -8 & -2\\ 6 & 3 & -7 & -37\end{pmatrix}$.

Ensuite : $AC=\begin{pmatrix}4 & 4 & 14 & 5\\ 19 & 9 & -8 & -21\end{pmatrix}$ et $DC=\begin{pmatrix}18 & 6 & -22 & -7\\ -13 & -6 & 1 & -16\end{pmatrix}$.

Finalement, on a bien : $(A+D)C=AC+DC$.

⇨ *Méthode 8.1*

c) On a : ${}^t(AC)=\begin{pmatrix}4 & 19\\ 4 & 9\\ 14 & -8\\ 5 & -21\end{pmatrix}$. De plus, comme ${}^tA=\begin{pmatrix}2 & 4\\ 3 & 2\\ -2 & 5\end{pmatrix}$ et ${}^tC=\begin{pmatrix}-1 & 4 & 3\\ 0 & 2 & 1\\ 3 & 0 & -4\\ -2 & 1 & -3\end{pmatrix}$, on en déduit : ${}^tC\,{}^tA=\begin{pmatrix}-1 & 4 & 3\\ 0 & 2 & 1\\ 3 & 0 & -4\\ -2 & 1 & -3\end{pmatrix}\begin{pmatrix}2 & 4\\ 3 & 2\\ -2 & 5\end{pmatrix}=\begin{pmatrix}4 & 19\\ 4 & 9\\ 14 & -8\\ 5 & -21\end{pmatrix}$. Finalement : ${}^t(AC)={}^tC\,{}^tA$.

⇨ *Méthode 8.1*

2. On a : $AB=\begin{pmatrix}-14 & 4 & 13\\ 15 & -1 & 4\end{pmatrix}$ d'où $(AB)C=\begin{pmatrix}69 & 21 & -94 & -7\\ -7 & 2 & 29 & -43\end{pmatrix}$.

On a aussi : $BC=\begin{pmatrix}11 & 5 & -6 & -12\\ 7 & 1 & -16 & 5\\ -13 & -4 & 17 & -1\end{pmatrix}$ d'où $A(BC)=\begin{pmatrix}69 & 21 & -94 & -7\\ -7 & 2 & 29 & -43\end{pmatrix}$.

On retrouve bien l'associativité du produit matriciel : $(AB)C=A(BC)$.

⇨ *Méthode 8.1*

Exercice 8.2

1. a) Raisonnons par l'absurde.

• Si A est inversible, alors A^{-1} existe et la relation $BA = 0$ donne, en multipliant chaque membre par A^{-1} à droite : $B = 0 \times A^{-1} = 0$. Par conséquent, on a : $AB = A \times 0 = 0$. C'est absurde.

• Si B est inversible, alors B^{-1} existe et la relation $BA = 0$ donne, en multipliant chaque membre par B^{-1} à gauche : $A = B^{-1} \times 0 = 0$. Par conséquent, on a : $AB = 0 \times B = 0$. C'est absurde.

On en déduit qu'aucune des deux matrices A et B n'est inversible.

b) Prenons par exemple : $A = \begin{pmatrix} 0 & 1 \\ 0 & 0 \end{pmatrix}$ et $B = \begin{pmatrix} 0 & 0 \\ 0 & 1 \end{pmatrix}$. On a bien : $BA = 0$ et $AB = \begin{pmatrix} 0 & 1 \\ 0 & 0 \end{pmatrix}$.

2. Par définition d'une puissance, on a : $(AB)^2 = (AB)(AB)$.

L'associativité du produit matriciel donne alors : $(AB)(AB) = A(BA)B$.

Le produit BA étant nul, on en déduit que : $(AB)^2 = 0$.

Exercice 8.3

1. On constate que : $A^2 = \begin{pmatrix} -1 & 0 \\ 0 & -1 \end{pmatrix} = -I$, $A^3 = -A$ et $A^4 = (A^2)^2 = I$, $A^5 = A^4 A = A$.

Pour tout entier naturel n, on a alors :

- $A^{4n} = (A^4)^n = I^n = I$.
- $A^{4n+1} = A^{4n} \times A = I \times A = A$.
- $A^{4n+2} = A^{4n} \times A^2 = I \times (-I) = -I$.
- $A^{4n+3} = A^{4n} \times A^3 = I \times (-A) = -A$.

➪ *Méthodes 8.1, 8.2*

2. Regardons les premières puissances de A :

$$A^2 = \begin{pmatrix} 2 & 0 & 2 \\ 0 & 0 & 0 \\ 2 & 0 & 2 \end{pmatrix} = 2A,\quad A^3 = A^2 A = \begin{pmatrix} 4 & 0 & 4 \\ 0 & 0 & 0 \\ 4 & 0 & 4 \end{pmatrix} = 4A \text{ et } A^4 = A^2 A^2 = \begin{pmatrix} 8 & 0 & 8 \\ 0 & 0 & 0 \\ 8 & 0 & 8 \end{pmatrix} = 8A.$$

On conjecture que : $\forall n \in \mathbb{N}^*, A^n = 2^{n-1} A$.

Pour tout entier naturel n non nul, posons $R(n)$: " $A^n = 2^{n-1} A$ ".

• On a déjà vu que $R(1)$ est vraie.

• Soit n un entier naturel non nul tel que $R(n)$ est vraie.

Alors : $A^{n+1} = A^n A = 2^{n-1} A \times A = 2^{n-1} A^2 = 2^{n-1}(2A) = 2^n A$: $R(n+1)$ est donc vraie.

• Finalement, pour tout entier naturel n non nul, $A^n = 2^{n-1} A$.

✎ *De façon plus explicite,* $\forall n \in \mathbb{N}^*, A^n = \begin{pmatrix} 2^{n-1} & 0 & 2^{n-1} \\ 0 & 0 & 0 \\ 2^{n-1} & 0 & 2^{n-1} \end{pmatrix}$. *Bien sûr,* $A^0 = I$.

➪ *Méthodes 8.1, 8.2*

Exercice 8.4

1. On obtient successivement : $A^2 = \begin{pmatrix} -5 & -6 & -6 \\ 9 & 10 & 9 \\ -4 & -4 & -3 \end{pmatrix}$ et $A^3 = \begin{pmatrix} 1 & -2 & -6 \\ -3 & 2 & 9 \\ 2 & 0 & -3 \end{pmatrix} = A$.

Posons pour tout entier naturel p non nul, $R(p)$: " $A^{2p} = A^2$ et $A^{2p+1} = A$ ".

- Les calculs préliminaires prouvent que $R(1)$ est vraie.
- Soit p un entier naturel non nul tel que $R(p)$ est vraie.

Comme $A^{2p+2} = A^{2p+1}A$, et, par hypothèse de récurrence, $A^{2p+1} = A$, on en déduit : $A^{2p+2} = A^2$.
On a alors : $A^{2p+3} = A^{2p+2}A = A^2A = A^3 = A$.
On en déduit que $R(p+1)$ est vraie.

- Par récurrence, pour tout entier naturel p non nul, on a : $A^{2p} = A^2$ et $A^{2p+1} = A$.

⇨ *Méthodes 8.1, 8.2*

Remarque. On a bien sûr $A^0 = I$.

2. Utilisons un raisonnement par l'absurde.
Si A était inversible, en multipliant la relation $A^3 = A$ à gauche par A^{-1}, on obtiendrait : $A^2 = I$. Ce qui contredit le résultat de la question **1**.
La matrice A n'est donc pas inversible.

Exercice 8.5

1. Pour déterminer la matrice J telle que $A = I + J$, il suffit de calculer $A - I$.

Comme $A - I = \begin{pmatrix} 0 & 1 & 1 \\ 0 & 0 & 1 \\ 0 & 0 & 0 \end{pmatrix}$, la matrice $J = \begin{pmatrix} 0 & 1 & 1 \\ 0 & 0 & 1 \\ 0 & 0 & 0 \end{pmatrix}$ vérifie donc $A = I + J$.

2. a) On obtient rapidement : $J^2 = \begin{pmatrix} 0 & 0 & 1 \\ 0 & 0 & 0 \\ 0 & 0 & 0 \end{pmatrix}$ et $J^3 = 0$.

⇨ *Méthode 8.1*

b) Les matrices J et I commutent (la matrice I commute avec toute matrice de même format) et la formule du binôme de Newton donne : $\forall n \in \mathbb{N}$, $A^n = \sum_{k=0}^{n} \binom{n}{k} I^{n-k} J^k$.

Comme $I^{n-k} = I$ et que $I J^k = J^k$, on obtient, pour tout entier naturel n : $A^n = \sum_{k=0}^{n} \binom{n}{k} J^k$.

On remarque que, pour tout entier k supérieur ou égal à 3 : $J^k = J^3 J^{k-3} = 0$ car $J^3 = 0$.

Pour tout entier n supérieur ou égal à 3, $A^n = \sum_{k=0}^{2} \binom{n}{k} J^k + \sum_{k=3}^{n} \binom{n}{k} J^k$.

Comme $J^k = 0$ dès que k est supérieur ou égal à 3, la seconde somme est nulle.

Finalement, pour tout entier n supérieur ou égal à 3, on a : $A^n = \binom{n}{0}J^0 + \binom{n}{1}J + \binom{n}{2}J^2$.

On en déduit que, pour tout entier n supérieur ou égal à 3 : $A^n = \begin{pmatrix} 1 & n & \dfrac{n(n+1)}{2} \\ 0 & 1 & n \\ 0 & 0 & 1 \end{pmatrix}$.

On remarque enfin que cette relation est encore vraie pour $n = 0$, $n = 1$ et $n = 2$.

⇨ *Méthode 8.2*

Exercice 8.6

1. Construisons A à partir des matrices I et J.
Les termes qui ne sont pas sur la diagonale de A sont donnés par la matrice J. Il est nécessaire de prendre trois fois J pour obtenir ces coefficients dans A.
Reste à rectifier les termes diagonaux. On a besoin de $-2I$.
On obtient alors : $A = 3J - 2I$.
Remarque. On pouvait aussi poser $A = \alpha I + \beta J$, et procéder par identification des éléments de chaque matrice.

2. La matrice $2I$ (matrice scalaire) commute avec $3J$ et la formule du binôme de Newton assure que, pour tout entier naturel n, on a : $A^n = \sum_{k=0}^{n} \binom{n}{k}(3J)^k (\ \ 2I)^{n-k}$.

Comme $(3J)^k(-2I)^{n-k} = 3^k(-2)^{n-k}J^k$, alors pour tout entier naturel n, on obtient :

$$A^n = \sum_{k=0}^{n} \binom{n}{k} 3^k (-2)^{n-k} J^k$$

Il nous faut connaître les puissances de J.
Un petit calcul montre que $J^2 = 3J$. On prouve alors par récurrence que : $\forall k \in \mathbb{N}^*,\ J^k = 3^{k-1}J$.
Cette relation n'étant valable qu'à partir du rang 1, il faut isoler le premier terme de la somme donnant A^n. On en déduit alors que, pour tout entier naturel n non nul :

$$A^n = 3^0(-2)^{n-0}J^0 + \sum_{k=1}^{n}\binom{n}{k}3^k(-2)^{n-k}3^{k-1}J = (-2)^n I + \frac{1}{3}\left(\sum_{k=1}^{n}\binom{n}{k}9^k(-2)^{n-k}\right)J.$$

Or : $\sum_{k=1}^{n}\binom{n}{k}9^k(-2)^{n-k} = \sum_{k=0}^{n}\binom{n}{k}9^k(-2)^{n-k} - \binom{n}{0}9^0(-2)^{n-0} = \sum_{k=0}^{n}\binom{n}{k}9^k(-2)^{n-k} - (-2)^n$.

On a donc : $\sum_{k=1}^{n}\binom{n}{k}9^k(-2)^{n-k} = 7^n - (-2)^n$, grâce à la formule du binôme de Newton (sur les réels). Il ne reste qu'à remplacer dans l'égalité donnant A^n, ce qui donne, pour tout entier naturel n non nul : $A^n = (-2)^n I + \frac{1}{3}\left(7^n - (-2)^n\right)J$.

On remarque enfin que cette formule est encore valable pour $n = 0$.

⇨ *Méthode 8.2*

Exercice 8.7

$$\begin{cases} x+2y-z=a \\ -2x-3y+3z=b \\ x+y-2z=c \end{cases} \underset{\substack{L_2\leftarrow L_2+2L_1 \\ L_3\leftarrow L_3-L_1}}{\Longleftrightarrow} \begin{cases} x+2y-z=a \\ y+z=b+2a \\ -y-z=c-a \end{cases} \underset{L_3\leftarrow L_3+L_2}{\Longleftrightarrow} \begin{cases} x+2y-z=a \\ y+z=b+2a \\ 0=b+c+a \end{cases}.$$

On en déduit :

- Si $a+b+c\neq 0$, le système n'a pas de solution (la troisième égalité est fausse).
- Sinon, on obtient : $\begin{cases} x=3z-3a-2b \\ y=b+2a-z \end{cases}$.

Ce système possède alors une infinité de solutions : $\left\{ (3z-3a-2b,\ 2a+b-z, z),\ z\in\mathbb{R} \right\}$.

⇨ *Méthode 8.3*

Exercice 8.8

Utilisons la méthode du pivot de Gauss pour résoudre un système linéaire.

$$(S) \Longleftrightarrow \begin{cases} (2-\lambda)x + 4z = 0 \\ 3x -(4+\lambda)y + 12z = 0 \\ x - 2y + (5-\lambda)z = 0 \end{cases} \underset{L_1\leftrightarrow L_3}{\Longleftrightarrow} \begin{cases} x - 2y + (5-\lambda)z = 0 \\ 3x -(4+\lambda)y + 12z = 0 \\ (2-\lambda)x + 4z = 0 \end{cases}$$

$$(S) \underset{\substack{L_2\leftarrow L_2-3L_1 \\ L_3\leftarrow L_3-(2-\lambda)L_1}}{\Longleftrightarrow} \begin{cases} x - 2y + (5-\lambda)z = 0 \\ (2-\lambda)y + 3(\lambda-1)z = 0 \\ 2(2-\lambda)y-(\lambda-1)(\lambda-6)z=0 \end{cases} \underset{L_3\leftarrow L_3-2L_2}{\Longleftrightarrow} \begin{cases} x - 2y + (5-\lambda)z = 0 \\ (2-\lambda)y + 3(\lambda-1)z = 0 \\ -\lambda(\lambda-1)z=0 \end{cases}$$

Le système est donc de Cramer si et seulement si les coefficients diagonaux sont tous non nuls, c'est-à-dire si et seulement si λ est différent de 0, 1 et 2.

⇨ *Méthode 8.3*

Exercice 8.9

1. $AX=Y \Longleftrightarrow \begin{cases} \lambda_1 x_n = y_1 \\ \lambda_2 x_{n-1} = y_2 \\ \lambda_3 x_{n-2} = y_3 \\ \ddots \quad \vdots \\ \lambda_n x_1 = y_n \end{cases}$, ce qui s'écrit encore : $\forall i\in[\![1,n]\!], \lambda_i x_{n-i+1} = y_i$.

Les coefficients $(\lambda_i)_{1\leq i\leq n}$ étant tous non nuls, on en déduit que le système précédent possède une unique solution : le n-uplet $\left(\dfrac{y_n}{\lambda_n}, \dfrac{y_{n-1}}{\lambda_{n-1}}, \ldots, \dfrac{y_2}{\lambda_2}, \dfrac{y_1}{\lambda_1}\right)$.

2. La question précédente prouve que l'équation $AX = Y$ possède une unique solution et la **méthode 8.5** nous assure alors que la matrice A est inversible et que :

$$A^{-1} = \begin{pmatrix} 0 & \cdots & 0 & 1/\lambda_n \\ \vdots & \iddots & 1/\lambda_{n-1} & 0 \\ 0 & \iddots & \iddots & \vdots \\ 1/\lambda_1 & 0 & \cdots & 0 \end{pmatrix}$$

⇨ *Méthode 8.5*

Exercice 8.10

1. Comme $1 \times 4 - 2 \times 3 = -2 \neq 0$, la **propriété 8.11** permet d'affirmer que A est inversible et on a de plus : $A^{-1} = -\frac{1}{2}\begin{pmatrix} 4 & -3 \\ -2 & 1 \end{pmatrix}$.

2. $$\begin{pmatrix} 1 & 0 & 2 \\ 3 & -1 & 1 \\ -2 & 4 & 3 \end{pmatrix} \quad \begin{pmatrix} 1 & 0 & 0 \\ 0 & 1 & 0 \\ 0 & 0 & 1 \end{pmatrix} \quad \begin{matrix} L_1 \\ L_2 \leftarrow L_2 - 3L_1 \\ L_3 \leftarrow L_3 + 2L_1 \end{matrix}$$

$$\begin{pmatrix} 1 & 0 & 2 \\ 0 & -1 & -5 \\ 0 & 4 & 7 \end{pmatrix} \quad \begin{pmatrix} 1 & 0 & 0 \\ -3 & 1 & 0 \\ 2 & 0 & 1 \end{pmatrix} \quad \begin{matrix} L_1 \\ L_2 \\ L_3 \leftarrow L_3 + 4L_2 \end{matrix}$$

$$\begin{pmatrix} 1 & 0 & 2 \\ 0 & -1 & -5 \\ 0 & 0 & -13 \end{pmatrix} \quad \begin{pmatrix} 1 & 0 & 0 \\ -3 & 1 & 0 \\ -10 & 4 & 1 \end{pmatrix}.$$

Cette réduite de Gauss de B a tous ses pivots non nuls (1, –1 et –13) donc B est inversible.

$$\begin{pmatrix} 1 & 0 & 2 \\ 0 & -1 & -5 \\ 0 & 0 & -13 \end{pmatrix} \quad \begin{pmatrix} 1 & 0 & 0 \\ -3 & 1 & 0 \\ -10 & 4 & 1 \end{pmatrix} \quad \begin{matrix} L_1 \leftarrow 13L_1 + 2L_3 \\ L_2 \leftarrow 13L_2 - 5L_3 \\ L_3 \end{matrix}$$

$$\begin{pmatrix} 13 & 0 & 0 \\ 0 & -13 & 0 \\ 0 & 0 & -13 \end{pmatrix} \quad \begin{pmatrix} -7 & 8 & 2 \\ 11 & -7 & -5 \\ -10 & 4 & 1 \end{pmatrix}$$

Enfin, les opérations élémentaires $L_1 \leftarrow \frac{1}{13}L_1$, $L_2 \leftarrow -\frac{1}{13}L_2$ et $L_3 \leftarrow -\frac{1}{13}L_3$ donnent :

$$\begin{pmatrix} 1 & 0 & 0 \\ 0 & 1 & 0 \\ 0 & 0 & 1 \end{pmatrix} \quad \frac{1}{13}\begin{pmatrix} -7 & 8 & 2 \\ -11 & 7 & 5 \\ 10 & -4 & -1 \end{pmatrix}. \text{ Ainsi : } B^{-1} = \frac{1}{13}\begin{pmatrix} -7 & 8 & 2 \\ -11 & 7 & 5 \\ 10 & -4 & -1 \end{pmatrix}.$$

⇨ *Méthodes 8.4, 8.6*

Exercice 8.11

Pour tout entier n supérieur ou égal à 2, on considère une matrice A de $\mathcal{M}_n(\mathbb{C})$ telle que :

$$\forall i \in [\![1,n]\!], |a_{i\,i}| > \sum_{j \neq i} |a_{i\,j}|.$$

Raisonnons par l'absurde en supposant que A n'est pas inversible.
D'après la **propriété 8.10**, il existe alors une matrice colonne X non nulle telle que : $AX = 0$.

En posant $X = \begin{pmatrix} x_1 \\ \vdots \\ x_n \end{pmatrix}$, le système $AX = 0$ équivaut à : $\forall i \in [\![1, n]\!], \sum_{j=1}^{n} a_{i,j} x_j = 0$.

Soit i_0 élément de $[\![1, n]\!]$ tel que : $|x_{i_0}| = \max_{1 \leq i \leq n} |x_i|$.

Remarquons tout d'abord que $|x_{i_0}| \neq 0$, sinon, pour tout i de $[\![1,n]\!]$, on aurait $|x_i| = 0$ donc $x_i = 0$, ce qui est absurde (la colonne X étant non nulle).

On obtient alors : $a_{i_0,i_0} x_{i_0} + \sum_{j \neq i_0} a_{i_0,j} x_j = 0$. Cette relation se traduit par : $a_{i_0,i_0} x_{i_0} = -\sum_{j \neq i_0} a_{i_0,j} x_j$.

En passant au module puis en utilisant l'inégalité triangulaire, on obtient :

$$|a_{i_0,i_0} x_{i_0}| = \left| -\sum_{j \neq i_0} a_{i_0,j} x_j \right| \leq \sum_{j \neq i_0} |a_{i_0,j}| |x_j|.$$

Par définition de i_0, pour tout j différent de i_0, on a : $|x_j| \leq |x_{i_0}|$.

On obtient ainsi : $|a_{i_0,i_0}| |x_{i_0}| \leq \left(\sum_{j \neq i_0} |a_{i_0,j}| \right) |x_{i_0}|$.

Comme $|x_{i_0}| > 0$, on en déduit que : $|a_{i_0,i_0}| \leq \sum_{j \neq i_0} |a_{i_0,j}|$, ce qui contredit la définition de A.

On en conclut (par l'absurde) que la matrice A est inversible.

Chapitre 9
Espaces vectoriels

Hermann **Grassmann**, mathématicien allemand, publie en 1844 un ouvrage qui contient tous les germes de l'algèbre linéaire : combinaisons linéaires, indépendance linéaire, bases, ainsi que des notions plus complexes qui serviront soixante ans plus tard en géométrie différentielle.
Très confus, son ouvrage ne sera pas compris de ses contemporains. Il faudra attendre 1888 pour que le mathématicien italien Giuseppe **Peano** en saisisse toute l'importance et introduise l'axiomatique des espaces vectoriels, proche de celle que nous utilisons de nos jours. Quant à Grassmann, il préféra se tourner vers la linguistique et mit son intelligence au service de la traduction en allemand des textes sacrés védiques

Hermann Grassmann
1809-1877

Objectifs

Les incontournables

- ▷ Connaître les espaces vectoriels de référence.
- ▷ Savoir reconnaître un sous-espace vectoriel.
- ▷ Connaître les notions de familles libres et liées.
- ▷ Connaître la notion de famille génératrice et de sous-espace vectoriel engendré.

Et plus si affinités

- ▷ Savoir montrer la liberté de certaines familles de suites ou de fonctions.

Résumé de cours

Dans ce chapitre, la lettre $\mathbb{K}$ désigne $\mathbb{R}$ ou $\mathbb{C}$.

Espaces vectoriels

Généralités

Définition 9.1. — Soit E un ensemble non vide.
On dit que la loi + est une *loi de composition interne* sur E si : $\forall (x,y) \in E^2$, $x+y \in E$.
On dit que la loi $\cdot$ est une *loi de composition externe* sur E si : $\forall x \in E$, $\forall \lambda \in \mathbb{K}$, $\lambda \cdot x \in E$.

Exemple 9.1. — Dans $\mathcal{M}_{n,p}(\mathbb{K})$, l'addition des matrices est une loi de composition interne et la multiplication d'une matrice par un scalaire est une loi de composition externe.

Définition 9.2. — On appelle *espace vectoriel sur* $\mathbb{K}$ ou $\mathbb{K}$-espace vectoriel, tout ensemble E non vide, muni d'une loi de composition interne, notée +, et d'une loi de composition externe, notée $\cdot$, qui vérifient :

- $\forall (x,y) \in E^2$, $x+y=y+x$ (on dit que la loi + est *commutative*).
- $\forall (x,y,z) \in E^3$, $x+(y+z)=(x+y)+z$ (on dit que la loi + est *associative*).
- Il existe un élément de E noté 0_E tel que : $\forall x \in E$, $x+0_E=0_E+x=x$ (0_E est appelé *élément neutre de E pour la loi* +, il est unique et est noté 0 s'il n'y a pas de risque de confusion).
- Pour tout élément x de E, il existe un élément y de E qui vérifie : $x+y=y+x=0_E$ (y est unique et est appelé *opposé de x*. Il est noté $-x$).
- $\forall (\lambda,\mu) \in \mathbb{K}^2$, $\forall x \in E$, $(\lambda\mu)\cdot x=\lambda\cdot(\mu\cdot x)$.
- $\forall (\lambda,\mu) \in \mathbb{K}^2$, $\forall x \in E$, $(\lambda+\mu)\cdot x=\lambda\cdot x+\mu\cdot x$.
- $\forall \lambda \in \mathbb{K}$, $\forall (x,y) \in E^2$, $\lambda\cdot(x+y)=\lambda\cdot x+\lambda\cdot y$.
- $\forall x \in E$, $1\cdot x=x$.

Vocabulaire — Lorsque E est un $\mathbb{K}$-espace vectoriel, les éléments de E sont appelés *vecteurs* et les éléments de $\mathbb{K}$ sont appelés *scalaires*.

Remarque 9.1. — Le symbole $\cdot$ de la loi de composition externe qui se trouve entre un scalaire et un vecteur est la plupart du temps omis, comme c'est le cas par exemple lorsqu'on multiplie une matrice A par le réel 2 : on écrit $2A$ et non $2\cdot A$.

Propriété 9.1. — Soit E un $\mathbb{K}$-espace vectoriel. Pour tout scalaire λ (élément de $\mathbb{K}$) et pour tout vecteur x de E, on a : $\lambda x=0_E \Leftrightarrow \lambda=0$ ou $x=0_E$.

❑ Espaces vectoriels de référence

Théorème 9.1. — Pour tout n de $\mathbb{N}^*$, $\mathbb{K}^n$ est un espace vectoriel sur $\mathbb{K}$.

Remarque 9.2. — Les lois en vigueur sur $\mathbb{K}^n$ sont définies, pour tout $x=(x_1,\ldots,x_n)$, pour tout $y=(y_1,\ldots,y_n)$ de $\mathbb{K}^n$ et pour tout λ de $\mathbb{K}$, par :

$$x+y=(x_1+y_1,\ldots,x_n+y_n) \text{ et } \lambda x=(\lambda x_1,\ldots,\lambda x_n).$$

Théorème 9.2. — Pour tout (n,p) de $(\mathbb{N}^*)^2$, $\mathcal{M}_{n,p}(\mathbb{K})$ est un espace vectoriel sur $\mathbb{K}$.

Remarque 9.3. — Les lois en vigueur sur $\mathcal{M}_{n,p}(\mathbb{K})$ sont l'addition des matrices et la multiplication d'une matrice par un scalaire définies dans le **chapitre 8**.

Théorème 9.3. — L'ensemble $\mathcal{A}(\mathbb{N},\mathbb{R})$ des suites réelles est un espace vectoriel sur $\mathbb{R}$.

Remarque 9.4. — Pour toutes suites u et v de $\mathcal{A}(\mathbb{N},\mathbb{R})$ et pour tout réel λ, $u+v$ est la suite définie par : $\forall n\in\mathbb{N}$, $(u+v)_n=u_n+v_n$ et λu est la suite définie par : $\forall n\in\mathbb{N}$, $(\lambda u)_n=\lambda u_n$.

Théorème 9.4. — Soit A une partie de $\mathbb{R}$. L'ensemble $\mathcal{A}(A,\mathbb{R})$ des applications de A dans $\mathbb{R}$ est un espace vectoriel sur $\mathbb{R}$.

Remarque 9.5. — Pour toutes applications f et g de $\mathcal{A}(A,\mathbb{R})$ et pour tout λ élément de $\mathbb{R}$, $f+g$ est l'application de $\mathcal{A}(A,\mathbb{R})$ définie par : $\forall x\in A$, $(f+g)(x)=f(x)+g(x)$ et λf est l'application de $\mathcal{A}(A,\mathbb{R})$ définie par : $\forall x\in A$, $(\lambda f)(x)=\lambda f(x)$.

Théorème 9.5. — L'ensemble $\mathbb{K}[X]$ des polynômes à coefficients dans $\mathbb{K}$ est un espace vectoriel sur $\mathbb{K}$.

Remarque 9.6. — Les lois en vigueur sur $\mathbb{K}[X]$ sont l'addition des polynômes et la multiplication d'un polynôme par un scalaire.

■ Sous-espaces vectoriels

Dans toute la suite de ce chapitre, la lettre majuscule E désigne un espace vectoriel sur $\mathbb{K}$.

Définition 9.3. — On appelle *sous-espace vectoriel* de E ou *sous-espace* de E, toute partie F non vide de E telle que :

- $\forall(x,y)\in F^2$, $x+y\in F$ (on dit que F est stable pour l'addition).
- $\forall(\lambda,x)\in\mathbb{K}\times F$, $\lambda x\in F$ (on dit que F est stable pour la multiplication par un scalaire).

Théorème 9.6. — F est un sous-espace vectoriel de E si et seulement si :

- F est une partie non vide de E.
- $\forall(x,y)\in F^2$, $\forall(\lambda,\mu)\in\mathbb{K}^2$, $\lambda x+\mu y\in F$.

Remarque 9.7. — Le **théorème 9.6** est encore vrai si l'on remplace la deuxième condition par :

$$\forall(x,y)\in F^2,\ \forall\lambda\in\mathbb{K},\ \lambda x+y\in F$$

⇨ **Méthode 9.1. (1) Comment montrer qu'un ensemble est un sous-espace vectoriel ?**

Exemple 9.2. — $\{0_E\}$ et E sont des sous-espaces vectoriels de E.

Exemple 9.3. — L'ensemble $\mathbb{K}_n[X]$ des polynômes à coefficients dans $\mathbb{K}$ de degré inférieur ou égal à n (n étant un entier naturel) est un sous-espace vectoriel de $\mathbb{K}[X]$.

Propriété 9.2. — Tout sous-espace vectoriel de E est lui-même un espace vectoriel.

Propriété 9.3. — Tout sous-espace vectoriel de E contient 0_E.

Propriété 9.4. — Les seuls sous-espaces vectoriels du $\mathbb{K}$-espace vectoriel $\mathbb{K}$ sont $\{0\}$ et $\mathbb{K}$.

Propriété 9.5. — L'intersection de deux sous-espaces de E est un sous-espace de E.

■ Familles de vecteurs

❑ Combinaisons linéaires

Définition 9.4. — Soit p un entier naturel non nul. On appelle *famille* de vecteurs de E tout p-uplet $(e_1,\dots,e_p)$ formé de p vecteurs de E.

On appelle *sous-famille* de $(e_1,\dots,e_p)$ toute famille comprenant certains des vecteurs $e_1,\dots,e_p$.

On appelle *sur-famille* de $(e_1,\dots,e_p)$ toute famille comprenant au moins les vecteurs $e_1,\dots,e_p$.

Définition 9.5. — Soit p un entier naturel non nul et $\mathcal{F}=(e_1,\dots,e_p)$ une famille de p vecteurs de E. On dit qu'un vecteur x de E est *combinaison linéaire* des p vecteurs de $\mathcal{F}$ s'il existe p scalaires $\lambda_1,\dots,\lambda_p$ tels que : $x=\sum_{i=1}^{p}\lambda_i e_i$ (les λ_i sont les *coefficients* de la combinaison linéaire).

Remarque 9.8. — Le vecteur nul est combinaison linéaire de n'importe quels autres vecteurs.

Théorème 9.7. — Soit $\mathcal{F}=(e_1,\dots,e_p)$ une famille de vecteurs de E. L'ensemble de toutes les combinaisons linéaires de vecteurs de $\mathcal{F}$ est un sous-espace vectoriel de E appelé *sous-espace vectoriel engendré* par $\mathcal{F}$. Il est noté Vect $\mathcal{F}$ ou Vect $(e_1,\dots,e_p)$.

⇨ **Méthode 9.1. (2) Comment montrer qu'un ensemble est un sous-espace vectoriel de *E* ?**

Propriété 9.6. — Si $F=\text{Vect}\ (e_1,\dots,e_{p+1})$ et si e_{p+1} est combinaison linéaire des vecteurs $e_1,\dots,e_p$, alors $F=\text{Vect}(e_1,\dots,e_p)$. En particulier, $\text{Vect}\ (e_1,\dots,e_p,0_E)=\text{Vect}\ (e_1,\dots,e_p)$.

Propriété 9.7. — Si $F = \text{Vect}(\alpha_1 e_1, \ldots, \alpha_p e_p)$ et si les scalaires $\alpha_1, \ldots, \alpha_p$ sont tous non nuls, alors $F = \text{Vect}(e_1, \ldots, e_p)$.

❑ Familles libres

Définition 9.6. — Soit $\mathcal{F} = (e_1, \ldots, e_p)$ une famille de p vecteurs de E. On dit que $\mathcal{F}$ est une *famille libre*, ou que les vecteurs $e_1, \ldots, e_p$ sont *linéairement indépendants*, si toute combinaison linéaire nulle de $e_1, \ldots, e_p$ ne peut s'écrire qu'avec des scalaires tous nuls.

Autrement dit, $\mathcal{F}$ est libre si : $\sum_{i=1}^{p} \lambda_i e_i = 0 \Rightarrow \forall i \in [\![1, p]\!],\ \lambda_i = 0$.

Propriété 9.8. — Soit x un vecteur de E. La famille (x) est libre si, et seulement si : $x \neq 0_E$.

Propriété 9.9. — Soit x et y deux vecteurs de E. La famille (x, y) est libre si, et seulement si, x et y ne sont pas proportionnels (on dit aussi pas colinéaires).

Propriété 9.10. — Toute sous-famille d'une famille libre est libre.

⇨ **Méthode 9.2. Comment montrer qu'une famille est libre ?**

Propriété 9.11. — Toute famille de polynômes non nuls, de degrés 2 à 2 distincts, est libre.

❑ Familles liées

Définition 9.7. — Une famille liée est une famille qui n'est pas libre.

Propriété 9.12. — Une famille de vecteurs de E est liée si et seulement si l'un des vecteurs de cette famille est combinaison linéaire des autres (par exemple, toute famille contenant deux fois le même vecteur est liée).

Propriété 9.13. — Toute famille contenant le vecteur nul est liée et toute sur-famille d'une famille liée est liée.

⇨ **Méthode 9.3. Comment montrer qu'une famille est liée ?**

❑ Familles génératrices

Définition 9.8. — Soit $\mathcal{F} = (e_1, \ldots, e_p)$ une famille de p vecteurs de E. On dit que $\mathcal{F}$ est une *famille génératrice* de E si $E = \text{Vect}(e_1, \ldots, e_p)$, c'est-à-dire si tout vecteur de E peut s'écrire comme combinaison linéaire de vecteurs de $\mathcal{F}$.
Une famille libre et génératrice de E est appelée une *base* de E (voir **chapitre 21**).

⇨ **Méthode 9.4. Comment montrer qu'une famille est génératrice ?**

Méthodes

Structure d'espace vectoriel

❑ Méthode 9.1. Comment montrer qu'un ensemble est un sous-espace vectoriel ?

Montrer qu'un ensemble F est un sous-espace de E, c'est :
(1) Soit montrer les points suivants :

- F est une partie de E et F n'est pas vide (on peut vérifier que 0_E appartient à F).
- $\forall (x,y) \in F^2$, $\forall \lambda \in \mathbb{K}$, $\lambda x + y \in F$.

(2) Soit montrer que $F = \text{Vect}\left(e_1,\ldots,e_p\right)$, où $e_1,\ldots,e_p$ sont des vecteurs de E.

⇨ Exercices 9.1, 9.2, 9.3, 9.4

Remarque. Lorsqu'on demande de montrer que F est un espace vectoriel, on cherche à montrer que F est un sous-espace vectoriel d'un espace vectoriel connu en utilisant la méthode ci-dessus. Puis on conclut que F est lui-même un espace vectoriel selon la **propriété 9.2**.

Exemple 1. Soit $F = \left\{(x,y,z) \in \mathbb{R}^3, x+3y-z=0\right\}$. Montrer que F est un espace vectoriel.

Montrons que F est un sous-espace vectoriel de l'espace vectoriel $\mathbb{R}^3$.
- F est, par définition, inclus dans $\mathbb{R}^3$ et F n'est pas l'ensemble vide car : $0_{\mathbb{R}^3} = (0,0,0) \in F$.
- Soit $u = (x,y,z)$ et $u' = (x',y',z')$ des éléments de F.

On sait, par définition de F, que : $x+3y-z=0$ et $x'+3y'-z'=0$.
De plus, pour tout réel λ, $\lambda u + u' = (\lambda x + x', \lambda y + y', \lambda z + z')$ et on a :
$(\lambda x + x') + 3(\lambda y + y') - (\lambda z + z') = \lambda(x+3y-z) + (x'+3y'-z') = 0$ donc $\lambda u + u' \in F$.
Conclusion : F est un sous-espace vectoriel de $\mathbb{R}^3$.

Exemple 2. On donne : $I = \begin{pmatrix} 1 & 0 \\ 0 & 1 \end{pmatrix}$, $J = \begin{pmatrix} 1 & 1 \\ 1 & 1 \end{pmatrix}$ et $F = \left\{\begin{pmatrix} a+b & b \\ b & a+b \end{pmatrix}, (a,b) \in \mathbb{R}^2\right\}$.

Montrer que F est un sous-espace vectoriel de $\mathcal{M}_2(\mathbb{R})$.

On remarque que : $F = \left\{a\begin{pmatrix} 1 & 0 \\ 0 & 1 \end{pmatrix} + b\begin{pmatrix} 1 & 1 \\ 1 & 1 \end{pmatrix}, (a,b) \in \mathbb{R}^2\right\} = \left\{aI + bJ, (a,b) \in \mathbb{R}^2\right\} = \text{Vect}(I,J)$.

Comme I et J appartiennent à $\mathcal{M}_2(\mathbb{R})$, F est un sous-espace vectoriel de $\mathcal{M}_2(\mathbb{R})$.

■ Les familles de vecteurs

❑ Méthode 9.2. Comment montrer qu'une famille est libre ?

• Si la famille ne contient qu'un seul vecteur x, on utilise la propriété :
(x) est libre si et seulement si x est différent de 0_E.

• Si la famille contient deux vecteurs x et y, on utilise la propriété :
(x,y) est libre si et seulement si x et y ne sont pas proportionnels.

• Dans le cas général, pour savoir si une famille $\mathcal{F}=(e_1,\ldots,e_p)$ est libre, on écrit une combinaison linéaire nulle ($\sum_{i=1}^{p}\lambda_i e_i=0$) des vecteurs $e_1,\ldots,e_p$ et on montre que pour tout i de $[\![1,p]\!]$, $\lambda_i=0$.

⇨ Exercices 9.5, 9.7, 9.8, 9.9

Exemple. Soit $u=(-1,2,0)$, $v=(3,-5,-1)$, $w=(0,1,-2)$ trois vecteurs de l'espace $\mathbb{R}^3$. Montrer que la famille $\mathcal{F}=(u,v,w)$ est libre.
On forme une combinaison linéaire nulle des vecteurs de $\mathcal{F}$: $\alpha u+\beta v+\gamma w=0$, ce qui donne :
$(-\alpha+3\beta,\ 2\alpha-5\beta+\gamma,\ -\beta-2\gamma)=(0,\ 0,\ 0)$. Ceci est équivalent au système $(S)\begin{cases}-\alpha+3\beta=0\\2\alpha-5\beta+\gamma=0\\-\beta-2\gamma=0\end{cases}$.

$(S)\Leftrightarrow\begin{cases}\alpha=3\beta\\\beta=-\gamma\\\beta=-2\gamma\end{cases}\Leftrightarrow\begin{cases}\alpha=3\beta\\\beta=-\gamma\\\gamma=0\end{cases}\Leftrightarrow\alpha=\beta=\gamma=0$. La famille $\mathcal{F}=(u,v,w)$ est donc libre.

❑ Méthode 9.3. Comment montrer qu'une famille est liée ?

• (x) est liée si et seulement si x est le vecteur nul.

• (x,y) est liée si et seulement si x et y sont proportionnels.

• En dehors de ces deux cas particuliers, pour savoir si une famille $\mathcal{F}=(e_1,\ldots,e_p)$ est liée, on écrit une combinaison linéaire nulle ($\sum_{i=1}^{p}\lambda_i e_i=0$) des vecteurs $e_1,\ldots,e_p$ et on montre qu'il existe i_0 de $[\![1,p]\!]$ tel que λ_{i_0} n'est pas nul.

⇨ Exercices 9.5, 9.6

Exemple. Soit $A=1-X+X^2$, $B=3+X-2X^2$, $C=-1-3X+4X^2$ trois polynômes de l'espace vectoriel $\mathbb{R}_2[X]$. Montrer que la famille $\mathcal{F}=(A,B,C)$ est liée.

On forme une combinaison linéaire nulle des vecteurs de $\mathcal{F}$: $aA+bB+cC=0$.

On obtient : $a+3b-c+(-a+b-3c)X+(a-2b+4c)X^2=0$. Or, un polynôme est nul si et seulement tous ses coefficients sont nuls. On est donc amené à résoudre le système :

$$\begin{cases} a+3b-\ \ c=0 \\ -a+\ \ b-3c=0 \\ a-2b+4c=0 \end{cases} \underset{\substack{L_2\leftarrow L_2+L_1 \\ L_3\leftarrow L_3-L_1}}{\Leftrightarrow} \begin{cases} a+3b-\ \ c=0 \\ 4b-4c=0 \\ -5b+5c=0 \end{cases} \Leftrightarrow \begin{cases} a+3b-c=0 \\ b-c=0 \end{cases} \Leftrightarrow \begin{cases} a=-2c \\ b=c \end{cases}$$

, où c est un réel quelconque. En choisissant par exemple $c=1$, on trouve $a=-2$ et $b=1$. On a donc l'égalité : $-2A+B+C=0$ ce qui prouve que la famille $\mathcal{F}=(A,B,C)$ est liée.

❑ Méthode 9.4. Comment montrer qu'une famille est génératrice ?

• Pour montrer qu'une famille $\mathcal{F}=(e_1,\ldots,e_p)$ de vecteurs d'un espace vectoriel E est génératrice de E, on peut montrer que tout vecteur x de E s'écrit comme combinaison linéaire de vecteurs de $\mathcal{F}$. On cherche donc p scalaires $\lambda_1,\ldots,\lambda_p$ tels que : $x=\sum_{i=1}^{p}\lambda_i e_i$. Ceci conduit généralement à la résolution d'un système linéaire.

• Si $e_1,\ldots,e_p$ sont des vecteurs d'un espace vectoriel E et si une partie F de E s'écrit $F=\mathrm{Vect}(e_1,\ldots,e_p)$ alors la famille $\mathcal{F}=(e_1,\ldots,e_p)$ est génératrice de F.

⇨ **Exercices 9.2, 9.3.**

Exemple 1. Soit $u=(-1,2,0)$, $v=(3,-5,-1)$, $w=(0,1,-2)$ et $t=(1,-1,1)$ quatre vecteurs de l'espace vectoriel $\mathbb{R}^3$. Montrer que la famille $\mathcal{F}=(u,v,w,t)$ est génératrice de $\mathbb{R}^3$.

On remarque tout d'abord que les vecteurs de $\mathcal{F}$ sont bien éléments de $\mathbb{R}^3$.

Soit $x=(a,b,c)$ un vecteur de $\mathbb{R}^3$. Montrons qu'il existe quatre réels α, β, γ, δ tels que :

$x=\alpha u+\beta v+\gamma w+\delta t$. Ceci revient à résoudre le système : $\begin{cases} -\alpha+3\beta\qquad+\delta=a \\ 2\alpha-5\beta+\gamma-\delta=b \\ \qquad-\beta-2\gamma+\delta=c \end{cases}$.

$$\begin{cases} -\alpha+3\beta\qquad+\delta=a \\ 2\alpha-5\beta+\gamma-\delta=b \\ \qquad-\beta-2\gamma+\delta=c \end{cases} \underset{L_2\leftarrow L_2+2L_1}{\Leftrightarrow} \begin{cases} -\alpha+3\beta\qquad+\delta=a \\ \beta+\gamma+\delta=2a+b \\ -\beta-2\gamma+\delta=c \end{cases} \underset{L_3\leftarrow L_3+L_2}{\Leftrightarrow} \begin{cases} -\alpha+3\beta\qquad+\delta=a \\ \beta+\gamma+\delta=2a+b \\ -\gamma+2\delta=2a+b+c \end{cases}.$$

On trouve : $\gamma=-2a-b-c+2\delta$, $\beta=4a+2b+c-3\delta$ et $\alpha=11a+6b+3c-8\delta$ avec δ réel quelconque. Si l'on choisit, par exemple, $\delta=1$, on montre alors que tout vecteur $x=(a,b,c)$ de $\mathbb{R}^3$ s'écrit : $x=(11a+6b+3c-8)u+(4a+2b+c-3)v+(-2a-b-c+2)w+t$.

Méthodes

La famille $\mathcal{F}=(u,v,w,t)$ est donc génératrice de $\mathbb{R}^3$.

Remarque. Dans cet exemple, le choix $\delta=1$ n'est pas le plus judicieux. En choisissant $\delta=0$, on aurait : $x=(11a+6b+3c)u+(4a+2b+c)v+(-2a-b-c)w+0t$ ce qui montre que, non seulement tout vecteur x de $\mathbb{R}^3$ peut s'écrire comme combinaison linéaire des vecteurs *u*, *v*, *w* et *t* mais qu'il peut aussi s'écrire comme combinaison linéaire des seuls vecteurs *u*, *v* et *w*. La famille (u,v,w) est donc également génératrice de $\mathbb{R}^3$ ce qui laisse penser que parmi toutes les familles génératrices d'un espace vectoriel, certaines contiennent moins de vecteurs que d'autres : ce sont les bases (voir le **chapitre 21**).

Exemple 2. Déterminer une famille génératrice de : $F=\left\{\begin{pmatrix} a+b & b \\ b & a+b \end{pmatrix},(a,b)\in\mathbb{R}^2\right\}$.

Comme vu dans l'**exemple 2** de la **méthode 9.1**, en posant $I=\begin{pmatrix} 1 & 0 \\ 0 & 1 \end{pmatrix}$ et $J=\begin{pmatrix} 1 & 1 \\ 1 & 1 \end{pmatrix}$, on a :

$F=\text{Vect}\,(I,J)$. Ainsi, la famille (I,J) est génératrice de *F*.

Vrai/Faux

La lettre E désigne un espace vectoriel et u, v, w sont des vecteurs de E.

		Vrai	Faux
1.	La famille (u,v,w) est libre si, et seulement si, les familles (u,v), (u,w) et (v,w) le sont.	☐	☐
2.	Si $w \in \text{Vect}(u,v)$, la famille (u,v,w) est liée.	☐	☐
3.	Si la famille (u,v,w) est liée, w est combinaison linéaire de u et v.	☐	☐
4.	Soit n un élément de $\mathbb{N}^*$. L'ensemble $GL_n(\mathbb{R})$ des matrices carrées inversibles d'ordre n est un sous-espace vectoriel de $\mathcal{M}_n(\mathbb{R})$.	☐	☐
5.	$\mathbb{R}^2$ est un sous-espace vectoriel de $\mathbb{R}^3$.	☐	☐
6.	$\mathbb{R}_2[X]$ est un sous-espace vectoriel de $\mathbb{R}_3[X]$.	☐	☐
7.	L'ensemble $F = \{(x,y) \in \mathbb{R}^2, xy = 0\}$ est un sous-espace de l'espace vectoriel $\mathbb{R}^2$.	☐	☐
8.	Dans l'espace vectoriel E des fonctions définies sur $\mathbb{R}$ à valeurs dans $\mathbb{R}$, on note e_1, e_2 et e_3 les fonctions de E définies par : $\forall x \in \mathbb{R}$, $e_1(x) = 1$, $e_2(x) = \sin^2 x$, $e_3(x) = \cos^2 x$. La famille (e_1, e_2, e_3) est une famille liée de E.	☐	☐
9.	Si $F = \{(x,y) \in \mathbb{R}^2,\ x+y=0\}$, alors $F = \text{Vect}((1,-1))$.	☐	☐
10.	Si $F = \{(x,y,z) \in \mathbb{R}^3,\ x+y=0\}$, alors $F = \text{Vect}((1,-1,0))$.	☐	☐

■■ Énoncé des exercices

❑ **Exercice 9.1.** — Montrer que les ensembles suivants sont des sous-espaces de $\mathbb{R}^3$.

1. $F=\{(x_1,x_2,x_3)\in\mathbb{R}^3,\ x_1=x_2=x_3\}$.

2. $F=\{(x_1,x_2,x_3)\in\mathbb{R}^3\ ,\ x_1+2x_2=0\}$.

3. $F=\{(x_1,x_2,x_3)\in\mathbb{R}^3,\ x_1+x_2-x_3=0 \text{ et } 2x_1+3x_2+x_3=0\}$.

❑ **Exercice 9.2.** — Soit $F=\left\{\begin{pmatrix} a & b & c\\ b & c & a\\ c & a & b\end{pmatrix},(a,b,c)\in\mathbb{R}^3\right\}$.

Montrer que F est un sous-espace vectoriel de $\mathcal{M}_3(\mathbb{R})$ et donner une famille génératrice de F.

❑ **Exercice 9.3.** — Soit une matrice A donnée de $\mathcal{M}_2(\mathbb{R})$.

1. Montrer que l'ensemble F des matrices réelles qui commutent avec A est un espace vectoriel.

2. Dans cette question, on suppose que $A=\begin{pmatrix} 1 & 2\\ -1 & -1\end{pmatrix}$.

Déterminer explicitement les matrices de F, puis donner une famille génératrice de F.

❑ **Exercice 9.4.** — On note E l'espace vectoriel des fonctions numériques définies sur $\mathbb{R}$.
Montrer que les ensembles F définis ci-dessous sont des sous-espaces vectoriels de E.

1. F est l'ensemble des fonctions numériques définies et continues sur $\mathbb{R}$.

2. F est l'ensemble des fonctions f numériques définies sur $\mathbb{R}$ telles que $\lim\limits_{x\to+\infty} f(x)=0$.

3. F est l'ensemble des fonctions numériques paires définies sur $\mathbb{R}$.

4. F est l'ensemble des fonctions numériques impaires définies sur $\mathbb{R}$.

5. $F=\{f:x\mapsto a+b\sin x+c\cos x,(a,b,c)\in\mathbb{R}^3\}$.

❑ **Exercice 9.5.** — Famille libre ou liée dans $\mathbb{R}^3$.

1. On donne : $x_1=(1,1,1)$, $x_2=(1,0,0)$, $x_3=(1,1,0)$, $x_4=(0,0,1)$ et $x_5=(2,2,0)$.

Les familles suivantes sont-elles libres ou liées ?

(x_1,x_5), (x_3,x_5), (x_1,x_2,x_3), (x_1,x_3,x_4) et (x_1,x_2,x_3,x_4).

2. On donne : $x_1=(1,k,2)$, $x_2=(-1,8,k)$, $x_3=(1,2,1)$.

Déterminer les valeurs du réel k pour que la famille (x_1,x_2,x_3) soit liée.

❑ **Exercice 9.6.** — Famille libre ou liée dans l'espace vectoriel $\mathcal{M}_{3,2}(\mathbb{R})$.

On donne : $A=\begin{pmatrix} 1 & -1 \\ 2 & 1 \\ -1 & 0 \end{pmatrix}$, $B=\begin{pmatrix} 0 & 1 \\ -1 & 3 \\ 0 & -2 \end{pmatrix}$, $C=\begin{pmatrix} 2 & 3 \\ 0 & 0 \\ 1 & -1 \end{pmatrix}$, $D=\begin{pmatrix} 5 & -2 \\ 8 & -3 \\ -2 & 3 \end{pmatrix}$.

La famille (A,B,C,D) est-elle libre ou liée ?

❑ **Exercice 9.7.** * — Famille libre ou liée dans l'espace vectoriel E des suites numériques.

On note u, v, w les suites définies par : $\forall n \in \mathbb{N}$, $u_n = 2^n$, $v_n = 3^n$, $w_n = 4^n$.

Montrer que la famille (u,v,w) est une famille libre de E.

❑ **Exercice 9.8.** ** — Familles libres dans $\mathbb{K}[X]$.

1. On se propose de montrer dans cette question la propriété **9.9**. Soit donc n un entier naturel non nul et $(P_1, ..., P_n)$ une famille de polynômes de degrés respectifs $d_1, ..., d_n$ tels que :

$$0 \leq d_1 < d_2 < ... < d_n$$

Montrer, en raisonnant par l'absurde, que la famille $(P_1, ..., P_n)$ est une famille libre.

2. On veut montrer que la réciproque du résultat précédent est fausse. Soit a et b deux scalaires distincts et n un entier naturel. On pose pour tout k dans $[\![0,n]\!]$: $Q_k = (X-a)^k (X-b)^{n-k}$.

a) Donner, pour tout k élément de $[\![0,n]\!]$, le degré du polynôme Q_k.

b) Montrer que la famille $(Q_0, Q_1, \ldots, Q_n)$ est libre.

❑ **Exercice 9.9.** ** — Familles libres ou liées dans l'espace vectoriel E des fonctions définies sur $\mathbb{R}$ à valeurs dans $\mathbb{R}$.

1. On note f, g et h les fonctions de E définies par :

$\forall x \in \mathbb{R}$, $f(x)=1$, $g(x)=\sin x$, $h(x)=\cos x$. Montrer que la famille (f,g,h) est une famille libre de E.

2. a) On note f_0, f_1 et f_2 les fonctions de E définies par :

$\forall x \in \mathbb{R}$, $f_0(x)=1$, $f_1(x)=e^{-x}$, $f_2(x)=e^{-2x}$. Montrer que la famille (f_0, f_1, f_2) est une famille libre de E.

b) Plus généralement, si n est un entier naturel, pour tout entier k de $[\![0,n]\!]$, on note f_k la fonction définie sur $\mathbb{R}$ par : $\forall x \in \mathbb{R}$, $f_k(x) = e^{-kx}$.

Montrer que la famille $(f_0, f_1, \ldots, f_n)$ est une famille libre de E.

Pour vous aider à démarrer

Exercice 9.3. Pour la question **2**, poser $M=\begin{pmatrix} a & b \\ c & d \end{pmatrix}$ et chercher les réels a, b, c et d tels que $AM = MA$.
Exercice 9.7. Écrire un test de liberté et choisir des valeurs particulières de n.
Exercice 9.8. Pour la question **1**, supposer qu'il existe au moins un scalaire non nul tel que $\sum_{k=0}^{n} \lambda_k P_k = 0$. Noter alors k_0 le plus grand indice tel que $\lambda_{k_0} \neq 0$ et montrer que l'on aboutit à une contradiction.
Exercice 9.9. Pour la question **1**, après avoir écrit "$\forall x \in \mathbb{R},\ a + b\sin x + c\cos x = 0$", choisir des valeurs particulières de x.

Pour la question **2.a)**, après avoir écrit "$\forall x \in \mathbb{R},\ a + be^{-x} + ce^{-2x} = 0$", penser à faire tendre x vers $+\infty$.

Pour la question **2.b)**, considérer le polynôme $P = \sum_{i=0}^{n} \lambda_i X^i$.

Corrigé des vrai/faux

1.	2.	3.	4.	5.	6.	7.	8.	9.	10.
F	V	F	F	F	V	F	V	V	F

1. Plaçons nous par exemple dans l'espace vectoriel $E = \mathbb{R}^2$ et notons :
$u = (1,0)$, $v = (0,1)$ et $w = (1,1)$. Les familles (u,v), (u,w) et (v,w) sont libres car constituées de deux vecteurs non colinéaires. En revanche, la famille (u,v,w) est liée. En effet : $w = u + v$.

2. Si w est dans $\text{Vect}(u,v)$ alors w est combinaison linéaire de u et v.
On en déduit que la famille (u,v,w) est liée.

3. On se place à nouveau dans $E = \mathbb{R}^2$ et on pose : $u = (0,1)$, $v = (0,2)$ et $w = (1,1)$.
La famille (u,v,w) est liée puisque $v = 2u$, pourtant w n'est pas combinaison linéaire de u et v car sinon il existerait deux réels λ et μ tels que $(1,1) = \lambda(0,1) + \mu(0,2)$ et on aurait, entre autres, $1 = \lambda \times 0 + \mu \times 0 = 0$, ce qui est faux.

4. La contraposée de la propriété **9.3** s'énonce ainsi : si E est un espace vectoriel et F une partie de E qui ne contient pas 0_E, alors F n'est pas un sous-espace vectoriel de E.
La matrice nulle n'est pas inversible donc elle n'appartient pas à $GL_n(\mathbb{R})$.
Conclusion : $GL_n(\mathbb{R})$ n'est pas un sous-espace vectoriel de $\mathcal{M}_n(\mathbb{R})$.

5. $\mathbb{R}^2$ n'est pas une partie de $\mathbb{R}^3$ donc $\mathbb{R}^2$ n'est pas un sous-espace vectoriel de $\mathbb{R}^3$.

6. On sait déjà que $\mathbb{R}_2[X]$ est un sous espace vectoriel de $\mathbb{R}[X]$. Il reste donc à prouver que : $\mathbb{R}_2[X] \subset \mathbb{R}_3[X]$. Si P est un polynôme de degré inférieur ou égal à 2, alors, a fortiori, son degré est inférieur ou égal à 3. Ainsi, $\mathbb{R}_2[X]$ est un sous-espace vectoriel de $\mathbb{R}_3[X]$.

7. Considérons $u = (1,0)$ et $v = (0,1)$.
Les vecteurs u et v appartiennent à F (car $1 \times 0 = 0 \times 1 = 0$) mais $u + v = (1,1)$ n'appartient pas à F (car $1 \times 1 \neq 0$). F n'est donc pas un sous-espace vectoriel de $\mathbb{R}^2$.

8. La relation $\cos^2 x + \sin^2 x = 1$ étant valable pour tout réel x, on en déduit que : $e_2 + e_3 = e_1$.
La famille (e_1, e_2, e_3) est donc liée.

9. On a : $F=\{(x,y)\in\mathbb{R}^2, x+y=0\}=\{(x,-x), x\in\mathbb{R}\}=\text{Vect}((1,-1))$.

10. On donne : $F=\{(x,y,z)\in\mathbb{R}^3, x+y=0\}$. On en déduit :

$F=\{(x,-x,z),(x,z)\in\mathbb{R}^2\}$.

$F=\{x(1,-1,0)+z(0,0,1),(x,z)\in\mathbb{R}^2\}$.

$F=\text{Vect}((1,-1,0),(0,0,1))$.

Remarque. Si on avait donné $F=\{(x,y,z)\in\mathbb{R}^3, x+y=0 \text{ et } z=0\}$, alors on aurait obtenu :

$F=\{(x,-x,0), x\in\mathbb{R}\}=\text{Vect}((1,-1,0))$.

❑ Les erreurs classiques

- Pour qu'une famille de plus de trois vecteurs soit libre, il ne suffit pas que les vecteurs soient deux à deux non proportionnels.
- Faire attention que la somme de deux matrices inversibles n'est pas forcément une matrice inversible.
- Il faut être vigilant avec les parenthèses lors de l'écriture d'un sous-espace vectoriel sous forme de "Vect" : on note Vect( ) et à l'intérieur de ces parenthèses, on met le (ou les) vecteurs dont on a besoin. Ainsi, $\text{Vect}(1,0)=\text{Vect}(1)=\mathbb{R}$, alors que $\text{Vect}((1,0))$ est un sous-espace vectoriel de $\mathbb{R}^2$.

Corrigé des exercices

Exercice 9.1

1. F est un ensemble des triplets de réels (dont les composantes sont égales), donc F est inclus dans $\mathbb{R}^3$ et F est non vide puisque le vecteur nul de $\mathbb{R}^3$ a ses trois composantes égales (à 0).
Soit $u=(x_1,x_2,x_3)$ et $v=(y_1,y_2,y_3)$ deux éléments de F et λ un réel.

On a : $\lambda u+v=(\lambda x_1+y_1,\lambda x_2+y_2,\lambda x_3+y_3)$. Comme $x_1=x_2=x_3$ et $y_1=y_2=y_3$, on obtient :
$\lambda x_1+y_1=\lambda x_2+y_2=\lambda x_3+y_3$. On en conclut que $\lambda u+v\in F$.

F est donc bien un sous-espace vectoriel de $\mathbb{R}^3$.

2. F est, par définition, inclus dans $\mathbb{R}^3$ et F est non vide puisque le vecteur nul est dans F.
Soit $u=(x_1,x_2,x_3)$ et $v=(y_1,y_2,y_3)$ deux éléments de F et λ un réel.

On a : $\lambda u+v=(\lambda x_1+y_1,\lambda x_2+y_2,\lambda x_3+y_3)$. Comme $x_1+2x_2=0$ et $y_1+2y_2=0$, on obtient :
$\lambda x_1+y_1+2(\lambda x_2+y_2)=\lambda(x_1+2x_2)+(y_1+2y_2)=0$. On en conclut que $\lambda u+v\in F$.

F est donc bien un sous-espace vectoriel de $\mathbb{R}^3$.

3. F est, par définition, inclus dans $\mathbb{R}^3$ et F est non vide puisque le vecteur nul est dans F.
Soit $u=(x_1,x_2,x_3)$ et $v=(y_1,y_2,y_3)$ deux éléments de F et λ un réel.

On a : $\lambda u+v=(\lambda x_1+y_1,\lambda x_2+y_2,\lambda x_3+y_3)$.

Comme $x_1+x_2-x_3=0$, $2x_1+3x_2+x_3=0$ et $y_1+y_2-y_3=0$, $2y_1+3y_2+y_3=0$, on obtient :

- $\lambda x_1+y_1+(\lambda x_2+y_2)-(\lambda x_3+y_3)=\lambda(x_1+x_2-x_3)+(y_1+y_2-y_3)=0$.
- $2(\lambda x_1+y_1)+3(\lambda x_2+y_2)+(\lambda x_3+y_3)=\lambda(2x_1+3x_2+x_3)+(2y_1+3y_2+y_3)=0$.

On en conclut que $\lambda u+v\in F$, et F est bien un sous-espace vectoriel de $\mathbb{R}^3$.

⇨ *Méthode 9.1*

Exercice 9.2

F est, par définition, inclus dans $\mathcal{M}_3(\mathbb{R})$.

On pose : $A=\begin{pmatrix}1&0&0\\0&0&1\\0&1&0\end{pmatrix}$, $B=\begin{pmatrix}0&1&0\\1&0&0\\0&0&1\end{pmatrix}$ et $C=\begin{pmatrix}0&0&1\\0&1&0\\1&0&0\end{pmatrix}$.

On remarque que : $F=\{aA+bB+cC,(a,b,c)\in\mathbb{R}^3\}=\text{Vect}(A,B,C)$.

Ainsi, F est un sous espace vectoriel de $\mathcal{M}_3(\mathbb{R})$ et la famille (A,B,C) est génératrice de F.

⇨ *Méthodes 9.1, 9.4*

Corrigé

Exercice 9.3

1. On peut écrire que : $F = \{M \in \mathcal{M}_2(\mathbb{R}), AM = MA\}$.

Montrons que F est un sous-espace vectoriel de $\mathcal{M}_2(\mathbb{R})$.

F est, par définition, inclus dans $\mathcal{M}_2(\mathbb{R})$ et est non vide, puisque la matrice nulle de $\mathcal{M}_2(\mathbb{R})$ appartient à F (elle commute avec n'importe quelle matrice de $\mathcal{M}_2(\mathbb{R})$, en particulier avec A).

Considérons deux matrices M_1 et M_2 de F et λ un réel.

On sait donc que : $AM_1 = M_1A$ et $AM_2 = M_2A$.

On a alors : $A(\lambda M_1 + M_2) = \lambda AM_1 + AM_2 = \lambda M_1A + M_2A = (\lambda M_1 + M_2)A$.

Ceci prouve que $\lambda M_1 + M_2$ commute avec A, c'est-à-dire que $\lambda M_1 + M_2$ est élément de F.

F est alors un sous-espace vectoriel de $\mathcal{M}_2(\mathbb{R})$ et F est donc un espace vectoriel.

⇨ *Méthode 9.1*

2. Soit $M = \begin{pmatrix} a & b \\ c & d \end{pmatrix}$ un élément de $\mathcal{M}_2(\mathbb{R})$. On sait que : $M \in F \Leftrightarrow AM = MA$.

Or $AM = \begin{pmatrix} a+2c & b+2d \\ -a-c & -b-d \end{pmatrix}$ et $MA = \begin{pmatrix} a-b & 2a-b \\ c-d & 2c-d \end{pmatrix}$. Par identification des coefficients, on a :

$$M \in F \Leftrightarrow \begin{cases} a+2c = a-b \\ b+2d = 2a-b \\ -a-c = c-d \\ -b-d = 2c-d \end{cases} \Leftrightarrow \begin{cases} b+2c = 0 \\ a-b-d = 0 \\ -a-2c+d = 0 \\ -b-2c = 0 \end{cases} \Leftrightarrow \begin{cases} a-b-d = 0 \\ -b-2c = 0 \end{cases} \Leftrightarrow \begin{cases} a = -2c+d \\ b = -2c \end{cases}.$$

Ainsi : $F = \left\{ \begin{pmatrix} -2c+d & -2c \\ c & d \end{pmatrix}, (c,d) \in \mathbb{R}^2 \right\} = \left\{ c\begin{pmatrix} -2 & -2 \\ 1 & 0 \end{pmatrix} + d\begin{pmatrix} 1 & 0 \\ 0 & 1 \end{pmatrix}, (a,c) \in \mathbb{R}^2 \right\}$.

En notant $I = \begin{pmatrix} 1 & 0 \\ 0 & 1 \end{pmatrix}$ et $J = \begin{pmatrix} -2 & -2 \\ 1 & 0 \end{pmatrix}$, on a : $F = \text{Vect}(I, J)$.

Ainsi la famille (I, J) est une famille génératrice de F.

⇨ *Méthode 9.4*

Exercice 9.4

1. F est, par définition, inclus dans E et la fonction nulle étant définie et continue sur $\mathbb{R}$, elle est élément de F donc F est non vide.
La somme de deux fonctions continues sur $\mathbb{R}$ et le produit d'une fonction continue sur $\mathbb{R}$ par un scalaire sont encore des fonctions continues sur $\mathbb{R}$.
F est donc bien un sous-espace vectoriel de E.

2. F est, par définition, inclus dans E et la fonction nulle ayant une limite nulle en $+\infty$, elle est élément de F donc F est non vide.

Les propriétés sur les limites assurent la stabilité par l'addition et par la multiplication par un scalaire ($\lim\limits_{x\to+\infty}(f+g)(x) = \lim\limits_{x\to+\infty} f(x) + \lim\limits_{x\to+\infty} g(x) = 0$ et $\lim\limits_{x\to+\infty} \lambda f(x) = \lambda \lim\limits_{x\to+\infty} f(x) = 0$).

F est donc bien un sous-espace vectoriel de E.

3. F est, par définition, inclus dans E et la fonction nulle étant paire, elle est élément de F donc F est non vide.

Pour toutes fonctions f et g de F et λ un réel, $\lambda f + g$ est une fonction telle que :

$\forall x \in \mathbb{R}, (\lambda f + g)(-x) = \lambda f(-x) + g(-x) = \lambda f(x) + g(x) = (\lambda f + g)(x)$.

Ainsi, $\lambda f + g$ est une fonction paire et est donc bien un élément de F.

L'ensemble F des fonctions paires définies sur $\mathbb{R}$ est donc bien un sous-espace vectoriel de E.

4. Par un raisonnement analogue, l'ensemble des fonctions impaires définies sur $\mathbb{R}$ est un sous-espace vectoriel de E.

5. Si on note $f_1 : x \mapsto 1$ (la fonction constante sur $\mathbb{R}$ égale à 1) puis $f_2 : x \mapsto \sin x$ et $f_3 : x \mapsto \cos x$, on a directement : $F = \{af_1 + bf_2 + cf_3, (a,b,c) \in \mathbb{R}^3\} = \mathrm{Vect}(f_1, f_2, f_3)$.

Grâce au **théorème 9.7**, F est bien un sous-espace vectoriel de E.

⇨ *Méthode 9.1*

Exercice 9.5

1. • La famille (x_1, x_5) est libre car x_1 et x_5 ne sont pas proportionnels.

- On remarque que $x_5 = 2x_3$ donc la famille (x_3, x_5) est liée.
- On forme une combinaison linéaire nulle de x_1, x_2 et x_3 : $ax_1 + bx_2 + cx_3 = 0$.

Cela revient à écrire $a(1,1,1) + b(1,0,0) + c(1,1,0) = (0,0,0)$, d'où le système :

$$\begin{cases} a+b+c=0 \\ a+\quad c=0 \\ a\qquad =0 \end{cases} \Leftrightarrow \begin{cases} a=0 \\ b=0 \\ c=0 \end{cases}.$$

La famille (x_1, x_2, x_3) est donc libre.

- On remarque que $x_1 = x_3 + x_4$ donc la famille (x_1, x_3, x_4) est liée.
- La famille (x_1, x_2, x_3, x_4) est liée en tant que sur-famille de la famille liée (x_1, x_3, x_4).

2. On forme une combinaison linéaire nulle de x_1, x_2 et x_3 : $ax_1 + bx_2 + cx_3 = 0$.

Cela revient à écrire $a(1,k,2) + b(-1,8,k) + c(1,2,1) = (0,0,0)$, d'où le système :

$$\begin{cases} a-b+c=0 \\ ka+8b+2c=0 \\ 2a+kb+c=0 \end{cases} \underset{\substack{L_2\leftarrow L_2-kL_1 \\ L_3\leftarrow L_3-2L_1}}{\Leftrightarrow} \begin{cases} a-b+c=0 \\ (8+k)b+(2-k)c=0 \\ (k+2)b-c=0 \end{cases} \underset{L_2\leftarrow L_2+(2-k)L_3}{\Leftrightarrow} \begin{cases} a-b+c=0 \\ (12-k^2+k)b=0 \\ (k+2)b-c=0 \end{cases}.$$

L'échange des lignes L_2 et L_3, et des inconnues b et c donne : $\begin{cases} a+c- \quad b = 0 \\ -c+ \quad (k+2)b = 0 \\ (12-k^2+k)b = 0 \end{cases}$.

Ce système possède comme unique solution $a=b=c=0$ si et seulement si ce système est de Cramer, donc si et seulement si : $12-k^2+k \neq 0$ (c'est-à-dire si et seulement si $k \in \mathbb{R}\setminus\{-3,4\}$).
Finalement, la famille (x_1,x_2,x_3) est liée si et seulement si $k \in \{-3,4\}$.

⇨ *Méthodes 9.2, 9.3*

Exercice 9.6

On forme une combinaison linéaire nulle de A, B, C et D, $aA+bB+cC+dD=0$, et on obtient :

$$a\begin{pmatrix} 1 & -1 \\ 2 & 1 \\ -1 & 0 \end{pmatrix} + b\begin{pmatrix} 0 & 1 \\ -1 & 3 \\ 0 & -2 \end{pmatrix} + c\begin{pmatrix} 2 & 3 \\ 0 & 0 \\ 1 & -1 \end{pmatrix} + d\begin{pmatrix} 5 & -2 \\ 8 & -3 \\ -2 & 3 \end{pmatrix} = \begin{pmatrix} 0 & 0 \\ 0 & 0 \\ 0 & 0 \end{pmatrix}.$$

On obtient le système :

$$\begin{cases} a + \quad 2c+5d=0 \\ -a+b+3c-2d=0 \\ 2a-b \quad +8d=0 \\ a+3b \quad -3d=0 \\ -a+ \quad c-2d=0 \\ -2b-c+3d=0 \end{cases} \underset{\substack{L_2\leftarrow L_2+L_1 \\ L_3\leftarrow L_3-2L_1 \\ L_4\leftarrow L_4-L_1 \\ L_5\leftarrow L_5+L_1}}{\Leftrightarrow} \begin{cases} a+ \quad 2c+5d=0 \\ b+5c+3d=0 \\ -b-4c-2d=0 \\ 3b-2c-8d=0 \\ 3c+3d=0 \\ -2b-c+3d=0 \end{cases} \underset{\substack{L_3\leftarrow L_3+L_2 \\ L_4\leftarrow L_4-3L_2 \\ L_6\leftarrow L_6+2L_2}}{\Leftrightarrow} \begin{cases} a+ \quad 2c+5d=0 \\ b+5c+3d=0 \\ c+\ d=0 \\ -17c-17d=0 \\ 3c+3d=0 \\ 9c+9d=0 \end{cases}.$$

Les trois dernières équations sont superflues (car proportionnelles à la troisième).

Le système est donc équivalent à : $\begin{cases} a=-3d \\ b=2d \\ c=-d \end{cases}$.

En choisissant par exemple $d=1$, on a : $c=-1$, $b=2$ et $a=-3$.

On obtient : $-3A+2B-C+D=0$. La famille (A,B,C,D) est donc liée.

⇨ *Méthode 9.3*

Exercice 9.7

On forme une combinaison linéaire nulle de $(u_n),(v_n)$ et (w_n) : $a(u_n)+b(v_n)+c(w_n)=(0)$, où (0) désigne la suite nulle.

Cela revient à écrire : $\forall n\in\mathbb{N},\ au_n+bv_n+cw_n=0$ (ici, 0 désigne le nombre 0).

Soit encore : $\forall n\in\mathbb{N},\ a2^n+b3^n+c4^n=0$.

On obtient alors en choisissant successivement $n=0$, $n=1$ et $n=2$: (S): $\begin{cases} a+b+c=0 \\ 2a+3b+4c=0 \\ 4a+9b+16c=0 \end{cases}$.

$$(S) \underset{\substack{L_2\leftarrow L_2-2L_1\\ L_3\leftarrow L_3-4L_1}}{\Leftrightarrow} \begin{cases} a+b+c=0\\ b+2c=0\\ 5b+12c=0\end{cases} \underset{L_3\leftarrow L_3-5L_2}{\Leftrightarrow} \begin{cases} a+b+c=0\\ b+2c=0\\ 2c=0\end{cases}.$$

On obtient finalement : $a=b=c=0$, ce qui prouve la famille $\big((u_n),(v_n),(w_n)\big)$ est libre.

Remarque. On peut donner des valeurs particulières à n car a, b et c sont des constantes indépendantes de n.

⇨ *Méthode 9.2*

Exercice 9.8

1. Raisonnons par l'absurde : on suppose que la famille $(P_k)_{1\le k\le n}$ est liée. Il existe donc des scalaires $(\lambda_k)_{1\le k\le n}$ non tous nuls telle que : $\sum_{k=1}^{n}\lambda_k P_k=0$. Notons alors k_0 le plus grand indice tel que $\lambda_{k_0}\neq 0$. On a alors : $\sum_{k=1}^{k_0}\lambda_k P_k=0$. En notant $P_{k_0}=\sum_{j=0}^{d_{k_0}}a_jX^j$, $\sum_{k=1}^{k_0}\lambda_k P_k$ est un polynôme de degré d_{k_0} (somme de polynômes de degrés tous distincts) de coefficient dominant $\lambda_{k_0}a_{d_{k_0}}$.
Un polynôme étant nul si et seulement si tous ses coefficients sont nuls, on en déduit $\lambda_{k_0}a_{d_{k_0}}=0$ puis $\lambda_{k_0}=0$ (car $\deg P_{k_0}=d_{k_0}$ donc $a_{d_{k_0}}\neq 0$), ce qui est absurde. La famille $(P_k)_{1\le k\le n}$ est donc libre. Ainsi, toute famille de polynômes de degrés deux à deux distincts est libre.

2. Soit a et b deux scalaires distincts et n un entier naturel.

a) Soit k un élément de $[\![0,n]\!]$.

Comme $\deg(X-a)^k=k$ et $\deg(X-b)^{n-k}=n-k$, on en déduit : $\deg Q_k=n$.

b) Considérons une combinaison linéaire nulle des vecteurs $Q_0,Q_1,\dots,Q_n$: $\sum_{i=0}^{n}\lambda_i Q_i=0$ (E).

$$(E)\Leftrightarrow \sum_{i=0}^{n}\lambda_i(X-a)^i(X-b)^{n-i}=0 \Leftrightarrow \lambda_0(X-b)^n+\sum_{i=1}^{n}\lambda_i(X-a)^i(X-b)^{n-i}=0.$$

En évaluant la relation (E) en a, on obtient : $\lambda_0(a-b)^n=0$ (les autres termes sont nuls).

Comme a et b sont distincts, on en déduit que : $\lambda_0=0$.

La relation (E) devient alors : $\sum_{i=1}^{n}\lambda_i(X-a)^i(X-b)^{n-i}=0$.

En simplifiant par $X-a$ qui n'est pas le polynôme nul, il reste : $\sum_{i=1}^{n}\lambda_i(X-a)^{i-1}(X-b)^{n-i}=0$.

En évaluant de nouveau en a, il reste $\lambda_1(a-b)^{n-1}=0$ donc λ_1 est nul.

Corrigé

En itérant ce raisonnement, on obtient successivement la nullité de tous les λ_i.
Finalement, la famille $(Q_0, Q_1, ..., Q_n)$ est libre.

⇨ *Méthode 9.2*

Exercice 9.9

1. On forme une combinaison linéaire nulle de f, g et h en considérant trois réels a, b et c tels que : $af + bg + ch = 0$, où 0 désigne la fonction nulle.
Cela revient alors à écrire que : $\forall x \in \mathbb{R},\ a + b\sin x + c\cos x = 0$.

En choisissant les valeurs $x = 0$, $x = \dfrac{\pi}{2}$ puis $x = \pi$, il vient : $\begin{cases} a + c = 0 \\ a + b = 0 \\ a - c = 0 \end{cases}$.

Les équations 1 et 3 donnent facilement $a = c = 0$ puis on obtient $b = 0$ avec l'équation 2.
La famille (f, g, h) est donc libre.

2. a) On forme une combinaison linéaire nulle de f_1, f_2 et f_3, $af_1 + bf_2 + cf_3 = 0$, où 0 désigne la fonction nulle.
Ceci revient à écrire : $\forall x \in \mathbb{R},\ a + be^{-x} + ce^{-2x} = 0 \quad (E)$
En faisant tendre x vers $+\infty$, on obtient immédiatement : $a = 0$.
Dès lors $(E) \Leftrightarrow \forall x \in \mathbb{R},\ be^{-x} + ce^{-2x} = 0$. En multipliant par e^x, on trouve : $\forall x \in \mathbb{R},\ b + ce^{-x} = 0$.
En faisant tendre x vers $+\infty$, on obtient cette fois : $b = 0$.
Pour finir, $(E) \Leftrightarrow \forall x \in \mathbb{R},\ ce^{-2x} = 0$, et comme $e^{-2x} \neq 0$, on a : $c = 0$.
La famille (f_1, f_2, f_3) est donc libre.
Remarque. Dans les questions **1** et **2.a)**, on a le droit de donner des valeurs particulières à x (ou de faire tendre x vers $+\infty$) car les coefficients des combinaisons linéaires sont des constantes indépendantes de x (puisqu'elles sont présentées avant de faire intervenir la variable x).

b) On procède à un test de liberté. Soit donc $(\lambda_k)_{k \in [\![0,n]\!]}$ une famille de scalaires telle que $\sum_{k=0}^{n} \lambda_k f_k = 0$, ce qui équivaut à : $\forall x \in \mathbb{R},\ \sum_{k=0}^{n} \lambda_k e^{-kx} = 0$ $(*)$.

On considère alors le polynôme $P = \sum_{k=0}^{n} \lambda_k X^k$. La relation $(*)$ s'écrit : $\forall x \in \mathbb{R},\ P(e^{-x}) = 0$.
Ceci prouve que P possède une infinité de racines (ce sont les réels strictement positifs puisque $x \mapsto e^{-x}$ est une bijection de $\mathbb{R}$ dans $]0, +\infty[$), le polynôme P est donc le polynôme nul.
Par définition, ses coefficients sont tous nuls, ce qui prouve que : $\forall k \in [\![0,n]\!],\ \lambda_k = 0$.
La famille $(f_0, f_1, ..., f_n)$ est libre.

⇨ *Méthode 9.2*

Chapitre 10
Généralités sur les fonctions

En introduisant les coordonnées en géométrie, **Descartes**, le premier, utilise des fonctions pour étudier les courbes. Le mot même de *fonction* apparaît sous la plume de **Leibniz** sans définition. La première nous vient de Jean **Bernoulli** en 1718 lorsqu'il écrit : « On appelle ici fonction d'une grandeur variable, une quantité composée de quelque manière que ce soit de cette grandeur variable et de constantes ». Pour lui, comme par la suite pour **Euler**, une fonction se définit par une composition de fonctions élémentaires.
En 1837, **Dirichlet** s'approche de la notion actuelle en affirmant : si à chaque x, correspond un unique y, alors y s'appelle une fonction de x. Dès lors, il n'est plus nécessaire d'avoir l'expression de $f(x)$ pour parler de fonction.

René Descartes
1596-1650

Objectifs

Les incontournables

- ▷ Connaître le vocabulaire concernant l'ensemble $\mathbb{R}$.
- ▷ Savoir déterminer les éléments de symétrie et de périodicité d'une fonction.
- ▷ Savoir étudier le sens de variation d'une fonction.
- ▷ Connaître les propriétés des fonctions usuelles.

Et plus si affinités

- ▷ Savoir utiliser à bon escient la définition du sens de variation d'une fonction.

Résumé de cours

Définition 10.1. — Soit f une fonction de $\mathbb{R}$ dans $\mathbb{R}$. L'ensemble des réels x ayant une image par f est appelé *ensemble de définition* de f et est noté D_f.

L'ensemble $\mathbb{R}$

Intervalles

Définition 10.2. — Soit deux réels a et b, avec $a \leq b$.

Les intervalles suivants sont *ouverts* : $\mathbb{R}$, $]-\infty, a[$, $]b, +\infty[$, $]a, b[$, avec $]a, b[= \varnothing$ si $a = b$.

Les intervalles suivants sont *fermés* : $\mathbb{R}$, $]-\infty, a]$, $[b, +\infty[$, $[a, b]$, $\varnothing$.

Remarque 10.1. — Il existe des intervalles qui ne sont ni ouverts ni fermés, comme $[a, b[$.

Définition 10.3. — On note $\overline{\mathbb{R}}$ l'ensemble $\mathbb{R}$ auquel on adjoint $-\infty$ et $+\infty$ ($\overline{\mathbb{R}} = [-\infty, +\infty]$).

Remarque 10.2. — Cette notion permet de synthétiser élégamment quelques énoncés mais ce n'est qu'une notation.

Voisinage

Définition 10.4. — Soit a un élément de $\overline{\mathbb{R}}$.
- On appelle *voisinage* de a toute partie de $\mathbb{R}$ contenant un intervalle ouvert comprenant a (ou d'extrémité a dans le cas où a est un infini).
- On dit qu'une proposition $\mathcal{P}(x)$, dépendant du réel x, est vraie *au voisinage de a*, si $\mathcal{P}(x)$ est vraie pour tout x d'un intervalle ouvert contenant a (ou d'extrémité a dans les cas suivants : a est un infini, ou bien la propriété $\mathcal{P}(x)$ n'est définie que d'un côté de a).

Exemples 10.1. — La proposition " $x^2 - x \neq 0$ " est vraie au voisinage de $+\infty$, car elle l'est, par exemple, pour tout x élément de $]2, +\infty[$.

La proposition " $\ln x < 0$ " est vraie au voisinage de 0, car elle l'est pour tout x de $]0, 1/2[$.

Définition 10.5. — Soit une partie A non vide de $\mathbb{R}$.
- On dit que A est *majorée* lorsqu'il existe un réel M tel que : $\forall x \in A,\ x \leq M$. Le réel M est alors appelé un *majorant* de A (M n'est pas unique, tout réel $M' \geq M$ est aussi un majorant de A).
- On dit que A est *minorée* lorsqu'il existe un réel m tel que : $\forall x \in A,\ x \geq m$. Le réel m est alors appelé un *minorant* de A (m n'est pas unique, tout réel $m' \leq m$ est aussi un minorant de A).
- A est dite *bornée* lorsqu'elle est à la fois majorée et minorée.

Théorème 10.1. — Existence de la borne supérieure et de la borne inférieure.
• Soit une partie A non vide et majorée de $\mathbb{R}$. L'ensemble des majorants de A possède un plus petit élément, appelé *borne supérieure* de A, et noté $\sup(A)$.
• Soit une partie A non vide et minorée de $\mathbb{R}$. L'ensemble des minorants de A possède un plus grand élément, appelé *borne inférieure* de A, et noté $\inf(A)$.

Remarque 10.3. — La borne supérieure de A, lorsqu'elle existe, n'appartient pas nécessairement à A. Si elle appartient à A, c'est la plus grande valeur de A et elle est alors notée $\max(A)$.
De même, si $\inf(A)$ appartient à A, alors c'est la plus petite valeur de A, notée $\min(A)$.

Exemple 10.2. — Soit $I = [0,1[$. L'intervalle I est majoré (par exemple par 1). Sa borne supérieure est égale à 1 mais I n'a pas de maximum ($1 \notin I$). En revanche, $\min(I) = 0$.

■ Propriétés des fonctions

Définition 10.6. — Soit un repère orthogonal (xOy). On appelle *courbe représentative* de f l'ensemble (C_f) des points de coordonnées $(x, f(x))$, x parcourant l'ensemble de définition D_f.

❑ Parité, imparité

Définitions 10.7. — Soit f une fonction telle que D_f soit centré en 0.
• La fonction f est dite *paire* lorsque : $\forall x \in D_f,\ f(-x) = f(x)$.
• La fonction f est dite *impaire* lorsque : $\forall x \in D_f,\ f(-x) = -f(x)$.

Exemples 10.3. — Les fonctions suivantes sont paires : $x \mapsto x^{2n}$ ($n \in \mathbb{Z}$), $x \mapsto |x|$, $x \mapsto \cos x$.
Les fonctions suivantes sont impaires : $x \mapsto x^{2n+1}$ ($n \in \mathbb{Z}$), $x \mapsto \sin x$, $x \mapsto \tan x$.

Propriété 10.1. — Si f est paire, alors (C_f) est symétrique par rapport à l'axe (Oy).
Si f est impaire, alors (C_f) est symétrique par rapport à l'origine O du repère.

⇨ **Méthode 10.1. Comment étudier la parité d'une fonction ?**

❑ Périodicité

Définition 10.8. — La fonction f est dite *périodique* lorsqu'il existe un réel non nul T tel que : $x \in D_f \Leftrightarrow x + T \in D_f$ et $\forall x \in D_f,\ f(x+T) = f(x)$.
On dit alors que f est T-périodique, et le réel T est appelé une *période* de f.

⇨ **Méthode 10.2. Comment montrer qu'une fonction est périodique ?**

Remarque 10.4. — Dans la pratique, on recherche une période strictement positive et la plus petite possible.

❑ Majorants, minorants, extremums locaux, extremums globaux

Définitions 10.9. — Soit une fonction *f* définie sur une partie *A* de $\mathbb{R}$.

• La fonction *f* est dite *majorée* sur *A* lorsque l'ensemble $f(A)$ est majoré, c'est-à-dire lorsqu'il existe un réel *M* tel que : $\forall x \in A, f(x) \leq M$. Le réel *M* est alors appelé un *majorant* de *f* sur *A* (*M* n'est pas unique).

• La fonction *f* est dite *minorée* sur *A* lorsque l'ensemble $f(A)$ est minoré, c'est-à-dire lorsqu'il existe un réel *m* tel que : $\forall x \in A, f(x) \geq m$. Le réel *m* est alors appelé un *minorant* de *f* sur *A* (*m* n'est pas unique).

• La fonction *f* est dite *bornée* lorsqu'elle est à la fois majorée et minorée.

Théorème 10.2. — La fonction *f* est bornée si, et seulement si, $|f|$ est majorée.

Définitions 10.10. — Soit *f* une fonction définie sur une partie *A* de $\mathbb{R}$ et x_0 un point de *A*.

• On dit que *f* admet un *maximum global* sur *A* en x_0, lorsque : $\forall x \in A, f(x) \leq f(x_0)$.

On note alors $f(x_0) = \max\limits_{x \in A} f(x)$.

• On dit que *f* admet un *maximum local* sur *A* en x_0, lorsqu'il existe un voisinage *V* de x_0 tel que : $\forall x \in A \cap V, f(x) \leq f(x_0)$ ($f(x_0)$ est le plus grand des "*f*(*x*)" *autour de* x_0).

• On dit que *f* admet un *minimum global* sur *A* en x_0, lorsque : $\forall x \in A, f(x) \geq f(x_0)$.

On note alors $f(x_0) = \min\limits_{x \in A} f(x)$.

• On dit que *f* admet un *minimum local* sur *A* en x_0, lorsqu'il existe un voisinage *V* de x_0 tel que : $\forall x \in A \cap V, f(x) \geq f(x_0)$ ($f(x_0)$ est le plus petit des "*f*(*x*)" *autour de* x_0).

Remarque 10.5. — Il existe des fonctions sans maximum et des fonctions sans minimum.

Théorème 10.3. — Borne inférieure, borne supérieure d'une fonction *f*.

• Si la fonction *f* est majorée sur *A*, alors l'ensemble de ses majorants admet un plus petit élément, appelé *borne supérieure de f* sur *A*, et noté $\sup\limits_{x \in A} f(x)$.

• Si la fonction *f* est minorée sur *A*, alors l'ensemble de ses minorants admet un plus grand élément, appelé *borne inférieure de f* sur *A*, et noté $\inf\limits_{x \in A} f(x)$.

Remarque 10.6. — La borne supérieure de *f* sur *A*, si elle existe, n'est pas nécessairement atteinte en un point de *A*. En revanche, si elle est atteinte en un point de *A*, alors elle est bien sûr le maximum global de *f* sur *A* (même remarque à propos de la borne inférieure et du minimum).

Exemple 10.4. — On considère la fonction *f* définie sur [1, 9[dont la courbe est la suivante :

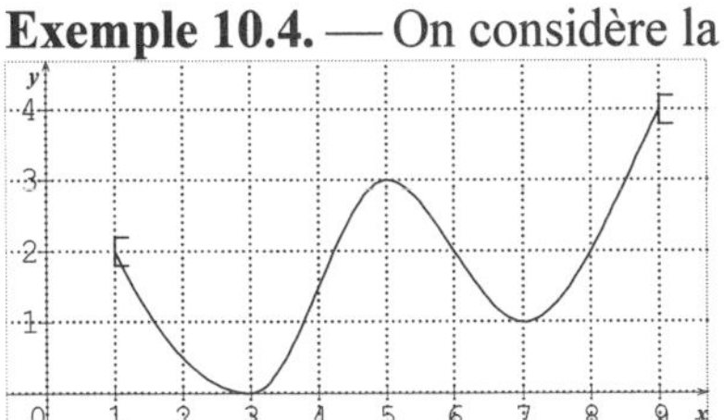

f est bornée sur [1, 9[(minorée par 0 et majorée par 4).
f présente deux maximums locaux sur [1, 9[: l'un en 1, égal à 2 et l'autre en 5, égal à 3. *f* ne présente pas de maximum global sur [1, 9[mais sa borne supérieure est égale à 4.
f présente deux minimums locaux sur [1, 9[: l'un en 3, égal à 0 (c'est même un minimum global), l'autre en 7, égal à 1.

❑ Sens de variation

Définition 10.11. — Soit une fonction f définie sur un intervalle I de $\mathbb{R}$.

• La fonction f est *croissante* sur I lorsque : $\forall(x, y) \in I^2,\ x \leq y \Rightarrow f(x) \leq f(y)$.

La fonction f est *strictement croissante* sur I lorsque : $\forall(x, y) \in I^2,\ x < y \Rightarrow f(x) < f(y)$.

• La fonction f est *décroissante* sur I lorsque : $\forall(x, y) \in I^2,\ x \leq y \Rightarrow f(x) \geq f(y)$.

La fonction f est *strictement décroissante* sur I lorsque : $\forall(x, y) \in I^2,\ x < y \Rightarrow f(x) > f(y)$.

• La fonction f est *monotone* sur I lorsque f est soit croissante, soit décroissante sur I. La fonction f est *strictement monotone* sur I lorsqu'elle est soit strictement croissante, soit strictement décroissante sur I.

Remarque 10.7. — Nous verrons au **chapitre 13** un outil commode pour étudier le sens de variation de certaines fonctions (il s'agit bien sûr de la dérivée).

⇨ **Méthode 10.3. Comment étudier les variations d'une fonction grâce à la définition ?**

Propriété 10.2. — Sens de variation d'une somme.
Si plusieurs fonctions ont le même sens de variation sur un intervalle I, alors leur somme a ce même sens de variation sur I.

Remarque 10.8. — Si au moins l'une d'elles est strictement monotone, la somme l'est aussi.
Exemple 10.5. — Si f et g sont croissantes sur un intervalle I, alors $f+g$ est croissante sur I.

Remarque 10.9. — Il existe des règles pour le sens de variation d'un produit de fonctions monotones, mais il y a trop de cas à considérer pour qu'il soit utile de les retenir. La dérivation donnera les moyens de s'en sortir sans trop de mal.

Propriété 10.3. — Sens de variation d'une composée de fonctions.
Si f est monotone sur I, et si g est monotone sur $f(I)$, alors $g \circ f$ est monotone sur I selon la règle suivante : si f et g ont le même sens de variation, alors $g \circ f$ est croissante sur I, si f et g ont des sens de variation opposés, alors $g \circ f$ est décroissante sur I.

Remarque 10.10. — La fonction $g \circ f$ n'est strictement monotone que si f et g le sont toutes les deux.
Exemple 10.6. — Considérons la fonction f définie sur $[0, +\infty[$ par : $x \mapsto e^x(e^x - 1)$.
La fonction exp est croissante sur $[0, +\infty[$, à valeurs dans $[1, +\infty[$. Or, la fonction $x \mapsto x(x-1)$ est croissante sur $[1, +\infty[$ (variation d'un trinôme) donc finalement, f est croissante sur $[0, +\infty[$.

Propriété 10.4. — Sens de variation d'une bijection réciproque.
Soit f une fonction définie sur un intervalle I de $\mathbb{R}$, réalisant une bijection de I sur un intervalle J de $\mathbb{R}$. Si f est strictement monotone sur I, alors f^{-1} a le même sens de variation que f, sur J.

Méthodes

Parité, imparité et périodicité d'une fonction

❑ Méthode 10.1. Comment étudier la parité d'une fonction ?

Toujours en deux temps :

• Vérifier que : $\forall x \in D_f,\ -x \in D_f$, c'est-à-dire que D_f est centré en 0 (pour cela, il suffit de le constater en déterminant D_f).

• Exprimer $f(-x)$ à l'aide de $f(x)$. Si pour tout x de D_f, $f(-x) = f(x)$ alors f est paire, et si pour tout x de D_f, $f(-x) = -f(x)$, alors f est impaire.

Une astuce. Se souvenir que la somme de deux fonctions de même parité est une fonction de cette parité, et que le produit de deux fonctions de même parité est paire alors que le produit de deux fonctions de parités opposées est impaire.

⇨ Exercices 10.1, 10.2, 10.3

Exemple. Étudier la parité de la fonction f définie sur $\mathbb{R}$ par : $x \mapsto e^x - e^{-x}$.

• f est définie sur $\mathbb{R}$ qui est centré en 0.

• $\forall x \in \mathbb{R}, f(-x) = e^{-x} - e^x = -(e^x - e^{-x}) = -f(x)$.

Conclusion : f est impaire.

❑ Méthode 10.2. Comment montrer qu'une fonction est périodique ?

Pour montrer qu'une fonction f est T-périodique, on procède en deux temps :

• On vérifie (il s'agit juste de le constater) que D_f est lui-même « périodique » c'est-à-dire que quel que soit le réel x de D_f, $x + T$ appartient aussi à D_f.

• On vérifie ensuite que : $\forall x \in D_f,\ f(x+T) = f(x)$.

⇨ Exercices 10.4, 10.5

Exemple. Montrer que la fonction f, qui à x associe $x - \lfloor x \rfloor$, est périodique, de période $T = 1$ (on rappelle que $\lfloor x \rfloor$ désigne la partie entière de x).

• On commence par constater que, f étant définie sur $\mathbb{R}$, alors quel que soit le réel x, $x + 1$ appartient encore à $\mathbb{R}$.

• Considérons un réel x quelconque. Par définition, $\lfloor x \rfloor \in \mathbb{Z}$ et $\lfloor x \rfloor \le x < \lfloor x \rfloor + 1$. On en déduit en ajoutant 1 à chaque membre, que : $\lfloor x \rfloor + 1 \le x + 1 < (\lfloor x \rfloor + 1) + 1$.

Comme $\lfloor x \rfloor + 1$ appartient à $\mathbb{Z}$, on en déduit, par unicité de la partie entière, que : $\lfloor x+1 \rfloor = \lfloor x \rfloor + 1$.

On a donc :

$\forall x \in \mathbb{R}, f(x+1) = (x+1) - \lfloor x+1 \rfloor = x+1-(\lfloor x \rfloor +1) = x+1-\lfloor x \rfloor -1 = x - \lfloor x \rfloor = f(x)$.

Conclusion : *f* est périodique, de période 1.

■ Sens de variation d'une fonction

❑ Méthode 10.3. Comment étudier les variations d'une fonction grâce à la définition ?

Nous verrons au **chapitre 13** que, pour les fonctions *dérivables*, le signe de la dérivée donne le sens de variation.
L'utilisation de la définition est bien adaptée aux fonctions qui ne sont pas dérivables, ou pour celles dont on ne sait pas si elles le sont.

⇨ **Exercices 10.6, 10.7, 10.8**

Exemple. Étudier le sens de variation de la fonction *f* définie par : $\forall x \in \mathbb{R}$, $f(x) = \int_0^1 e^{t^2 x} dt$.

On considère deux réels *x* et *y* tels que $x \leq y$.

Pour tout *t* de $[0,1]$, on a donc : $t^2 x \leq t^2 y$ (puisque t^2 est positif) et, par croissance de la fonction exponentielle, on obtient : $e^{t^2 x} \leq e^{t^2 y}$.

Les fonctions $t \mapsto e^{t^2 x}$ et $t \mapsto e^{t^2 y}$ étant continues sur $[0,1]$ et les bornes étant dans l'ordre croissant ($0 < 1$), on peut intégrer et on a : $\int_0^1 e^{t^2 x} dt \leq \int_0^1 e^{t^2 y} dt$, c'est-à-dire : $f(x) \leq f(y)$.

Bilan : $\forall (x,y) \in \mathbb{R}^2$, $x < y \Rightarrow f(x) \leq f(y)$. La fonction *f* est donc croissante sur $\mathbb{R}$.

Vrai/Faux

	Vrai	Faux
1. La fonction $x \mapsto \dfrac{1}{x}$ est bornée sur $[1, +\infty[$.	☐	☐
2. La seule fonction définie sur $\mathbb{R}$ à la fois paire et impaire, est la fonction nulle.	☐	☐
3. Si une fonction f est impaire, alors $f(0) = 0$.	☐	☐
4. Si une fonction f est paire, alors : $x \mapsto xf(x)$ est impaire.	☐	☐
5. Si une fonction f est impaire, alors : $x \mapsto \lvert f(x) \rvert$ est paire.	☐	☐
6. Si une fonction f est T-périodique, alors, pour tout x de D_f, on a : $\forall k \in \mathbb{Z}, f(x+kT) = f(x)$	☐	☐
7. Si une fonction f est T-périodique, alors la fonction $x \mapsto f(\frac{x}{2})$ admet $\dfrac{T}{2}$ comme période.	☐	☐
8. Si quel que soit le réel x, $f(x+1) \geq f(x)$, alors f est croissante sur $\mathbb{R}$.	☐	☐
9. Si une fonction f est croissante sur les intervalles I et J, alors elle l'est sur $I \cup J$.	☐	☐
10. Si la fonction f est strictement croissante sur un ensemble I, alors quels que soient les réels x et y de I : $f(x) < f(y) \Leftrightarrow x < y$.	☐	☐

Énoncé des exercices

❑ **Exercice 10.1.** — Étudier la parité de chacune des fonctions suivantes (on n'oubliera pas de déterminer les ensembles de définition des trois premières fonctions) :

1. $f(x)=\dfrac{e^{2x}-1}{e^{2x}+1}\cdot$ **2.** $f(x)=\ln\left(x+\sqrt{x^2+1}\right)\cdot$ **3.** $f(x)=\ln\left(\dfrac{1+x}{1-x}\right)\cdot$

❑ **Exercice 10.2.** — Soit une fonction f définie sur $\mathbb{R}$.

1. Justifier que si f est paire, alors elle n'est pas bijective. Une fonction périodique peut-elle être bijective ?

2. Supposons que f soit impaire et bijective de $\mathbb{R}$ dans $\mathbb{R}$. Montrer que sa bijection réciproque est elle-même impaire.

❑ **Exercice 10.3.** — Soit la fonction f définie sur $\mathbb{R}$ par : $f(x)=\sqrt{1-\cos x}$.
Justifier que l'on peut restreindre l'étude de f à $[0,\pi]$.

❑ **Exercice 10.4.*** — Périodes déduites de périodes connues.

1. Soit f la fonction définie sur $\mathbb{R}$ par f : $x\mapsto\cos 2x+\sin 2x$.
Montrer que f est périodique, de période π.

2. Soit g la fonction définie sur $\mathbb{R}$ par g : $x\mapsto\cos 3x+\sin 3x$.
Quelle est la période de f ?

❑ **Exercice 10.5.*** — Soit h la fonction définie sur $\mathbb{R}$ par $h(x)=e^{e^x}$ et soit E l'ensemble des fonctions f définies sur $]1,+\infty[$ et vérifiant : $\forall x\in\,]1,+\infty[,\ f(x)=f(x^2)$.

1. L'ensemble E est-il vide ?

2. Soit f une fonction définie sur $]1,+\infty[$. Montrer que f appartient à E si, et seulement si, $f\circ h$ est ln2-périodique.

❑ **Exercice 10.6.*** — Soit une fonction ψ définie sur $\mathbb{R}_+^*$, strictement positive sur $]1,+\infty[$, et vérifiant : $\forall x>0,\ \psi(xy)=\psi(x)+\psi(y)$.

1. Soit deux réels a et b tels que $0<a<b$. Donner le signe de $\psi(b)-\psi(a)$ et en déduire le sens de variation de ψ sur $\mathbb{R}_+^*$.

2. Donner une fonction simple, vérifiant les conditions imposées dans cet exercice.

❑ **Exercice 10.7.**** — Le but de cet exercice est de déterminer les fonctions f définies et strictement croissantes sur $\mathbb{R}$, à valeurs dans $\mathbb{R}$, telles que : $\forall x\in\mathbb{R},\ (f\circ f)(x)=x$.

Soit f une telle fonction. On suppose qu'il existe un réel x tel que $f(x) \neq x$. En distinguant les cas $f(x) < x$ et $f(x) > x$, aboutir à une contradiction. Que peut-on conclure ?

❑ **Exercice 10.8.** ** — Soit a un réel strictement positif. On note P_a la fonction polynomiale définie sur $\mathbb{R}$ par $P_a(x) = x^3 + ax - 1$ et on admet que l'équation $P_a(x) = 0$ admet une unique solution réelle. On la note $u(a)$ et on considère alors la fonction u définie sur $\mathbb{R}_+$, qui à tout réel positif a associe $u(a)$.

1. En comparant $P_a(u(a))$ et $P_a(0)$, montrer que : $\forall a \geq 0,\ u(a) > 0$.

2. a) Montrer que, quels que soient les réels positifs a et b, on a : $P_a(u(b)) = (a - b)u(b)$.

b) En déduire le sens de variation de la fonction u.

D'après HEC

■ Pour vous aider à démarrer

Exercice 10.1. Pour la question **2**, montrer d'abord que $\sqrt{x^2 + 1} > |x|$.

Exercice 10.2. Pour la question **1**, montrer que f n'est pas injective.
Pour la question **2**, se donner un réel y et poser $x = f^{-1}(y)$, écrire y en fonction de f et de x, puis utiliser l'imparité de f.

Exercice 10.3. Ne pas oublier que la fonction f est paire.

Exercice 10.4. Pour la question **2**, tenter $\frac{2\pi}{3}$.

Exercice 10.5. Pour la question **2**, montrer d'abord que $(f \circ h)(x + \ln 2) = f(e^{2e^x})$.

Exercice 10.6. Pour la question **1**, faire attention que ψ n'est pas donnée dérivable puis penser à écrire $b = \frac{b}{a} \times a$.

Exercice 10.7. Faire attention que f n'est pas donnée dérivable puis penser à composer les inégalités proposées par f qui est strictement croissante sur $\mathbb{R}$.

Exercice 10.8. Pour la question **1**, utiliser le résultat du **V/F 10**.
Pour la question **2.a)**, utiliser la définition de $u(b)$, à savoir : $P_b(u(b)) = 0$.
Pour la question **2.b)**, comparer $P_a(u(a))$ et $P_a(u(b))$. Ici aussi, on ne sait pas que u est dérivable.

Corrigé des vrai/faux

1.	2.	3.	4.	5.	6.	7.	8.	9.	10.
V	V	F	V	V	V	F	F	F	V

1. Pour tout x de l'intervalle $[1,+\infty[$, on a : $0<\frac{1}{x}\leq 1$. On en déduit que la fonction inverse est bornée sur $[1,+\infty[$.

2. Soit f une fonction définie sur $\mathbb{R}$ qui est à la fois paire et impaire.
- Comme f est paire, pour tout réel x, on a : $f(-x)=f(x)$.
- Comme f est impaire, pour tout réel x, on a : $f(-x)=-f(x)$.

On obtient ainsi, pour tout x réel : $f(x)=-f(x)$.
On en déduit que, pour tout x réel : $2f(x)=0$ puis $f(x)=0$.
f est donc bien la fonction nulle.

3. Considérons la fonction inverse, c'est-à-dire la fonction f définie sur $\mathbb{R}^*$ par $f(x) = \frac{1}{x}$.
La fonction f est impaire mais ne s'annule pas en 0 (elle n'est pas définie en 0).

4. Soit f une fonction paire. Pour tout x de D_f, on a : $(-x)f(-x)=-xf(x)=-(xf(x))$, par parité de f. La fonction $x\mapsto xf(x)$ est donc impaire.

5. Soit f une fonction impaire. Pour tout x de D_f, on a : $|f(-x)|=|-f(x)|=|f(x)|$.
La fonction $x\mapsto|f(x)|$ est donc paire.

6. Soit f une fonction T-périodique et x un élément de son ensemble de définition.
Pour tout entier naturel k, on pose $R(k)$: « $\forall x\in D_f, f(x+kT)=f(x)$ ».
$R(0)$ est clairement vraie.
Soit k un entier naturel tel que $R(k)$ est vraie.
On a alors, pour tout x de D_f, $f(x+(k+1)T)=f((x+T)+kT)=f(x+T)=f(x)$, par hypothèse de récurrence (appliquée à $x + T$) puis par définition de la périodicité. $R(k + 1)$ est donc vraie.
Finalement, par récurrence, on obtient : $\forall k\in\mathbb{N}, f(x+kT)=f(x)$.

Enfin, pour tout entier naturel k, on a : $f(x-kT)=f((x-kT)+kT)=f(x)$ d'après l'égalité précédente. La relation proposée est donc vérifiée pour tout entier relatif.

7. En notant g la fonction $x \mapsto f(\frac{x}{2})$, on a : $g(x+\frac{T}{2}) = f(\frac{x}{2}+\frac{T}{4})$ dont on ne peut pas dire grand-chose. En revanche, on a : $g(x+2T) = f(\frac{x+2T}{2}) = f(\frac{x}{2}+T) = f(x)$. Ceci prouve que g admet $2T$ comme période. Pour préciser, voici un exemple :

La fonction cosinus est 2π-périodique, mais $x \mapsto \cos\left(\frac{x}{2}\right)$ n'est pas π-périodique.

En effet, $\cos\left(\frac{x+\pi}{2}\right)=\cos\left(\frac{x}{2}+\frac{\pi}{2}\right)=-\sin\left(\frac{x}{2}\right)$ qui n'est pas égal à $\cos\left(\frac{x}{2}\right)$ pour tout x réel.

8. C'est tentant, mais c'est faux ! C'est valable pour les suites (si $u_{n+1} \geq u_n$, alors la suite (u_n) est croissante), mais ici, on a besoin d'une fonction un peu "tordue".

Considérons la fonction f définie sur $\mathbb{R}$ par : $f(x)=\begin{cases} x^3 \text{ si } x \in \mathbb{R} \setminus \mathbb{Z} \\ x \text{ sinon} \end{cases}$.

On a bien : $\forall x \in \mathbb{R}, f(x+1) \geq f(x)$. En effet :

- Si x est dans $\mathbb{Z}$, $x+1$ est aussi dans $\mathbb{Z}$, on a donc : $f(x+1)=x+1$ et $f(x)=x$.

On en déduit alors facilement que : $f(x+1) \geq f(x)$.

- Sinon, $f(x+1)=(x+1)^3=x^3+3x^2+3x+1=f(x)+3x^2+3x+1$.

Comme $3x^2+3x+1$ a un discriminant strictement négatif, $3x^2+3x+1$ est toujours positif et on obtient : $f(x+1) \geq f(x)$.

Pourtant f n'est pas croissante. En effet, $2{,}5<3$ et pourtant $f(3)=3$ et $f(2{,}5)=\frac{125}{8}>3$.

Ainsi : $2{,}5<3$ n'implique pas $f(2{,}5) \leq f(3)$.

9. Considérons la fonction f définie pour tout x non nul par : $f(x)=-\frac{1}{x}$.

f est bien croissante sur $\mathbb{R}_-^*$ et sur $\mathbb{R}_+^*$, et pourtant f n'est pas croissante sur $\mathbb{R}^*$.

Par exemple, on a : $-2<3$ et $f(-2)>f(3)$. En effet, $f(-2)=\frac{1}{2}$ et $f(3)=-\frac{1}{3}$.

10. Soit f une fonction strictement croissante sur un ensemble I.

- Par définition, on a : $\forall (x,y) \in I^2, x<y \Rightarrow f(x)<f(y)$.
- Prouvons que : $\forall (x,y) \in I^2, f(x)<f(y) \Rightarrow x<y$.

Utilisons la contraposée, c'est-à-dire prouvons que : $\forall (x,y) \in I^2, x \geq y \Rightarrow f(x) \geq f(y)$.

Corrigé

Soit $(x,y)\in I^2$.

• Si $x=y$ alors nécessairement $f(x)=f(y)$ et l'inégalité est bien vérifiée.

• Sinon, $x>y$ et alors par stricte croissance de f sur I, on a : $f(x)>f(y)$ et donc $f(x)\geq f(y)$.

On a ainsi bien prouvé que : $\forall(x,y)\in I^2, x\geq y\Rightarrow f(x)\geq f(y)$.

Autrement dit : $\forall(x,y)\in I^2, f(x)<f(y)\Rightarrow x<y$.

Finalement, si f est strictement croissante sur I alors : $\forall(x,y)\in I^2, f(x)<f(y)\Leftrightarrow x<y$.

❑ Les erreurs classiques

• Lorsque l'on étudie la monotonie d'une fonction, il est impératif de préciser que l'on travaille sur des intervalles.

• Pour étudier la parité d'une fonction, il est nécessaire d'examiner au préalable son ensemble de définition. Ensuite seulement, on compare $f(-x)$ avec $f(x)$ ou $-f(x)$.

• Ne pas confondre l'étude des variations d'une suite, pour laquelle on compare u_{n+1} et u_n, avec celle des fonctions, pour laquelle la comparaison de $f(x+1)$ et $f(x)$ est inopérante. La seule chose que l'on puisse affirmer, mais elle est sans grand intérêt, c'est que si f est croissante, alors on a bien $f(x+1)\geq f(x)$.

Corrigé des exercices

Exercice 10.1

1. Pour tout réel x, $e^{2x}+1\neq 0$, on a donc : $D_f=\mathbb{R}$ et D_f est centré en 0.

Pour tout réel x, $f(-x)=\dfrac{e^{-2x}-1}{e^{-2x}+1}$. En multipliant le numérateur et le dénominateur par e^{2x} qui est non nul, on obtient : $f(-x)=\dfrac{1-e^{2x}}{1+e^{2x}}=-\dfrac{e^{2x}-1}{e^{2x}+1}$.

Finalement, pour tout réel x, $f(-x)=-f(x)$ et f est donc impaire.

2. Pour tout x réel, on a : $x^2+1>x^2\geq 0$. Par stricte croissance de la fonction racine carrée sur $\mathbb{R}_+$, on obtient : $\sqrt{x^2+1}>\sqrt{x^2}$. Finalement, puisque $\sqrt{x^2}=|x|$, on a : $\sqrt{x^2+1}>|x|$.

- si $x\leq 0$, comme $\sqrt{x^2+1}>|x|$, on a $\sqrt{x^2+1}>-x$, c'est-à-dire : $x+\sqrt{x^2+1}>0$.
- si $x>0$, $x+\sqrt{x^2+1}>0$ est toujours vérifiée puisque $\sqrt{x^2+1}>0$ et $x>0$.

Finalement, $D_f=\mathbb{R}$ donc D_f est centré en 0.

Pour tout réel x, $f(-x)=\ln\left(-x+\sqrt{x^2+1}\right)=\ln\left(\dfrac{\left(\sqrt{x^2+1}-x\right)\left(\sqrt{x^2+1}+x\right)}{\sqrt{x^2+1}+x}\right)$.

Après simplifications, $f(-x)=\ln\left(\frac{1}{\sqrt{x^2+1}+x}\right)=-\ln\left(\sqrt{x^2+1}+x\right)$.

Finalement, pour tout réel x, $f(-x)=-f(x)$ et f est donc impaire.

3. $x\in D_f \Leftrightarrow \dfrac{1+x}{1-x}>0$. Faisons un tableau de signes :

x	$-\infty$		-1		1		$+\infty$
$1+x$		$-$	0	$+$	|	$+$	
$1-x$		$+$	|	$+$	0	$-$	
$\dfrac{1+x}{1-x}$		$-$	0	$+$	||	$-$	

On en déduit que : $D_f=]-1,1[$, qui est bien centré en 0.

De plus, pour tout réel x de $]-1,1[$, $f(-x)=\ln\left(\dfrac{1-x}{1+x}\right)=\ln\left(\dfrac{1}{\frac{1+x}{1-x}}\right)=-\ln\left(\dfrac{1+x}{1-x}\right)$.

On en déduit que, pour tout réel x de $]-1,1[$, $f(-x)=-f(x)$ et f est donc impaire.

⇨ *Méthode 10.1*

Exercice 10.2

1. Supposons *f* paire.

Considérons un réel x non nul. La parité de *f* assure alors que : $f(x)=f(-x)$.

x étant différent de $-x$, la fonction *f* n'est pas injective donc elle n'est pas bijective.
Finalement, si *f* est paire, elle ne peut pas être bijective.

Soit *f* une fonction T-périodique (avec $T>0$). Soit x un réel, on a : $f(x)=f(x+T)$. Comme x et $x+T$ ne sont pas égaux, on en conclut que *f* n'est pas injective et donc pas bijective.

2. Supposons *f* impaire et bijective de $\mathbb{R}$ dans $\mathbb{R}$.

Soit y un réel quelconque. On pose $x=f^{-1}(y)$ et on a alors : $y=f(x)$. Par imparité de *f*, on obtient : $y=-f(-x)$, soit : $-y=f(-x)$.

En appliquant f^{-1}, cette égalité s'écrit : $f^{-1}(-y)=-x$.

Comme $x=f^{-1}(y)$, on obtient : $f^{-1}(-y)=-f^{-1}(y)$. Finalement, f^{-1} est aussi impaire.

⇨ *Méthode 10.1*

Exercice 10.3

- $\forall x\in\mathbb{R},\ \cos x\leq 1$, donc $1-\cos x\geq 0$ et ainsi $D_f=\mathbb{R}$.
- $\forall x\in\mathbb{R}, f(x+2\pi)=\sqrt{1-\cos(x+2\pi)}=\sqrt{1-\cos x}=f(x)$, donc *f* est 2π-périodique.

On peut ainsi restreindre l'étude de *f* à un intervalle d'amplitude 2π, par exemple $[-\pi, \pi]$.

- $\mathbb{R}$ est centré en 0 et $\forall x\in\mathbb{R}, f(-x)=\sqrt{1-\cos(-x)}=\sqrt{1-\cos x}=f(x)$, donc *f* est paire.

On peut finalement restreindre encore l'étude de *f* à $[0, \pi]$.

⇨ *Méthodes 10.1, 10.2*

Exercice 10.4

1. La fonction *f* est définie sur $\mathbb{R}$.

Pour tout réel x, on a : $f(x+\pi)=\cos(2x+2\pi)+\sin(2x+2\pi)=\cos(2x)+\sin(2x)=f(x)$.

L'avant-dernière égalité est justifiée par le fait que cos et sin sont périodiques de période 2π.
La fonction *f* est donc périodique de période π.

2. La fonction g est définie sur $\mathbb{R}$ et, pour tout réel x, on a :

$$g\left(x+\frac{2\pi}{3}\right)=\cos\left(3\left(x+\frac{2\pi}{3}\right)\right)+\sin\left(3\left(x+\frac{2\pi}{3}\right)\right)=\cos(3x+2\pi)+\sin(3x+2\pi).$$

Comme cos et sin sont périodiques de période 2π, on obtient :

$g\left(x+\frac{2\pi}{3}\right)=\cos(3x)+\sin(3x)=g(x)$. La fonction g est donc périodique de période $\frac{2\pi}{3}$.

⇨ *Méthode 10.2*

Exercice 10.5

1. Les fonctions constantes vérifient, pour tout réel x, $f(x)=f(x^2)$ donc E n'est pas vide.

2. Procédons par double implication.
Soit f une fonction définie sur $]1,+\infty[$.

- Montrons que si f est dans E alors $f\circ h$ est ln2-périodique.

Considérons une fonction quelconque f de E.
Alors pour tout réel x, $(f\circ h)(x+\ln 2)=f(h(x+\ln 2))=f\left(e^{e^{x+\ln 2}}\right)$.

Comme $e^{e^{x+\ln 2}}=e^{e^x e^{\ln 2}}=e^{2e^x}$, on obtient alors :
$\forall x\in\mathbb{R}, (f\circ h)(x+\ln 2)=f\left(e^{2e^x}\right)=f\left(\left(e^{e^x}\right)^2\right)=f\left(e^{e^x}\right)$, puisque f appartient à E.

On en conclut que : $\forall x\in\mathbb{R}$, $(f\circ h)(x+\ln 2)=(f\circ h)(x)$ et $f\circ h$ est ln2-périodique.

⇨ *Méthode 10.2*

- Réciproquement, montrons que si $f\circ h$ est ln2-périodique alors f appartient à E.

La fonction h étant continue et strictement croissante sur $\mathbb{R}$, elle réalise une bijection de $\mathbb{R}$ dans $h(\mathbb{R})=]1,+\infty[$, on en déduit que : $\forall x\in\ ]1,+\infty[$, $\exists!\, y\in\mathbb{R}$, $x=h(y)=e^{e^y}$.
On a alors : $f(x)=(f\circ h)(y)=(f\circ h)(y+\ln 2)$, par hypothèse.
Ceci signifie : $f(x)=f\left(e^{e^{y+\ln 2}}\right)=f\left(\left(e^{e^y}\right)^2\right)=f(x^2)$. La fonction f appartient à E.

Exercice 10.6

1. Pour tous réels a et b strictement positifs, on a : $\psi(b)=\psi\left(\dfrac{b}{a}\times a\right)=\psi\left(\dfrac{b}{a}\right)+\psi(a)$.

Ceci s'écrit encore : $\psi(b)-\psi(a)-\psi\left(\dfrac{b}{a}\right)$.

Pour tous réels a et b tels que $0<a<b$, on a : $\dfrac{b}{a}>1$. Par définition, la fonction ψ est à valeurs strictement positives sur $]1,+\infty[$ donc $\psi\left(\dfrac{b}{a}\right)>0$. On obtient alors : $\psi(b)-\psi(a)>0$.

Finalement, pour tous réels a et b tels que $0<a<b$, on a : $\psi(b)>\psi(a)$.
La fonction ψ est donc strictement croissante sur $\mathbb{R}_+^*$.

⇨ *Méthode 10.3*

2. La fonction ln répond à la question.
Elle est en effet définie sur $\mathbb{R}_+^*$, strictement positive sur $]1,+\infty[$.
De plus, pour tous réels strictement positifs x et y, on a : $\ln(xy)=\ln x+\ln y$.

Corrigé

Exercice 10.7

Soit f une fonction définie et strictement croissante sur $\mathbb{R}$ telle que : $\forall x \in \mathbb{R},\ f \circ f(x) = x$.

Supposons qu'il existe un réel x tel que $f(x) \neq x$.

• Supposons que $f(x) < x$. On en déduit, en composant par f qui est strictement croissante sur $\mathbb{R}$ que : $f \circ f(x) < f(x)$, soit : $x < f(x)$. Ce qui contredit l'hypothèse.

• De même, si on suppose que : $f(x) > x$. Toujours par stricte croissance de f sur $\mathbb{R}$, on en déduit : $f \circ f(x) > f(x)$, soit : $x > f(x)$. Ce qui contredit à nouveau l'hypothèse.

• On vient donc de prouver par l'absurde que : $\forall x \in \mathbb{R}, f(x) = x$.

⇨ *Méthode 10.3*

Exercice 10.8

1. Par définition de $u(a)$, on a $P_a(u(a)) = 0$, et un simple calcul montre que $P_a(0) = -1$.

On en déduit que : $P_a(u(a)) > P_a(0)$.

Par ailleurs, pour tout réel x, on a : $P_a'(x) = 3x^2 + a$.

Comme a est strictement positif, on en déduit : $P_a'(x) > 0$.

La fonction P_a est donc strictement croissante sur $\mathbb{R}$ et l'inégalité $P_a(u(a)) > P_a(0)$, écrite trois lignes plus haut, implique : $u(a) > 0$ (se référer au **V/F 10**).

2. a) .Par définition de $u(b)$, on a $P_b(u(b)) = 0$, c'est-à-dire $(u(b))^3 + bu(b) - 1 = 0$.

Dès lors, $P_a(u(b)) = (u(b))^3 + au(b) - 1 = \underbrace{(u(b))^3 + bu(b) - 1}_{P_b(u(b))=0} + au(b) - bu(b)$.

Finalement, $P_a(u(b)) = (a-b)u(b)$.

b) Par définition de $u(a)$, on a : $P_a(u(a)) = 0$.

De plus, $P_a(u(b)) = (a-b)u(b) < 0$ car $a - b < 0$ et $u(b) > 0$ (d'après la question **1**).

ainsi, $P_a(u(b)) < P_a(u(a))$. La stricte croissance de P_a sur $\mathbb{R}$ assure que : $u(b) < u(a)$.

Finalement, pour tous réels a et b tels que $a < b$, on a : $u(b) < u(a)$.

On en déduit donc que la fonction u est strictement décroissante sur $\mathbb{R}_+$.

⇨ *Méthode 10.3*

Chapitre 11
Limites et asymptotes

Les Anciens, déjà, s'intéressaient aux courbes. Deux siècles avant Jésus-Christ, **Dioclès** introduit la cissoïde, ce qui signifie *en forme de lierre*, pour résoudre le problème de la duplication du cube. Peu après, **Nicomède** introduit la conchoïde, en forme de coquillage, pour trouver une solution à celui de la trisection de l'angle (la trisection de l'angle consiste à partager géométriquement un angle en trois parties égales). La conchoïde de Nicomède possède une asymptote verticale.

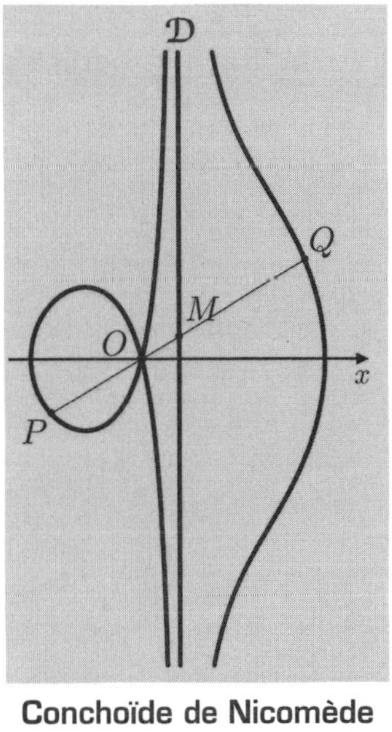

Conchoïde de Nicomède

Objectifs

Les incontournables

- ▷ Connaître les limites de référence.
- ▷ Savoir exploiter des inégalités pour déterminer des limites.

Et plus si affinités

- ▷ Savoir utiliser les définitions des limites.
- ▷ Savoir étudier les branches infinies de la courbe d'une fonction.

■■ Résumé de cours

■ Limites

❑ Limite finie en un point

Définition 11.1. — Soit un réel ℓ et une fonction f définie au voisinage du réel x_0. On dit que la limite de f en x_0 est égale à ℓ lorsque $f(x)$ peut être rendu aussi proche que l'on veut de ℓ, pourvu que x s'approche suffisamment près de x_0 :

$$\forall \varepsilon > 0,\ \exists \alpha > 0,\ \forall x \in D_f, \left| x - x_0 \right| \leq \alpha \Rightarrow \left| f(x) - \ell \right| \leq \varepsilon$$

On note alors : $\lim\limits_{x \to x_0} f(x) = \ell$ ou $\lim\limits_{x_0} f = \ell$, ou encore $f(x) \underset{x \to x_0}{\to} \ell$.

Remarque 11.1. — L'usage des « ε » est réservé aux exercices théoriques ou très difficiles.

Propriété 11.1. — Si f est définie en x_0 et si f admet une limite ℓ en x_0, alors $\ell = f(x_0)$ et on dit que f est *continue* en x_0 (voir **chapitre 12**).

Théorème 11.1. — Si f admet une limite en x_0, alors celle-ci est unique.

Définition 11.2. — Limite à gauche en x_0, limite à droite en x_0.

• Soit un réel ℓ et une fonction f définie sur un voisinage à gauche de x_0. On dit que la limite de f à gauche en x_0 est égale à ℓ lorsque :

$$\forall \varepsilon > 0,\ \exists \alpha > 0,\ \forall x \in D_f,\ x_0 - \alpha \leq x < x_0 \Rightarrow \left| f(x) - \ell \right| \leq \varepsilon$$

On note alors : $\lim\limits_{x \to x_0^-} f(x) = \ell$ ou $\lim\limits_{\substack{x \to x_0 \\ x < x_0}} f(x) = \ell$.

• Soit un réel ℓ et une fonction f définie sur un voisinage à droite de x_0. On dit que la limite de f à droite en x_0 est égale à ℓ lorsque :

$$\forall \varepsilon > 0,\ \exists \alpha > 0,\ \forall x \in D_f,\ x_0 < x \leq x_0 + \alpha \Rightarrow \left| f(x) - \ell \right| \leq \varepsilon$$

On note alors : $\lim\limits_{x \to x_0^+} f(x) = \ell$ ou $\lim\limits_{\substack{x \to x_0 \\ x > x_0}} f(x) = \ell$.

Remarque 11.2. — L'existence de la limite à gauche en x_0 ou de la limite à droite en x_0 ne dépend, ni de l'existence, ni de la valeur de $f(x_0)$.

Théorème 11.2. — Soit f une fonction définie au voisinage de x_0.

• Si f n'est pas définie en x_0 alors on a : $\lim\limits_{x \to x_0^+} f(x) = \lim\limits_{x \to x_0^-} f(x) = \ell \Leftrightarrow \lim\limits_{x \to x_0} f(x) = \ell$.

• Si f est définie en x_0 alors on a : $\lim\limits_{x \to x_0^+} f(x) = \lim\limits_{x \to x_0^-} f(x) = f(x_0) \Leftrightarrow \lim\limits_{x \to x_0} f(x) = f(x_0)$.

⇨ **Méthode 11.4. Comment utiliser les limites à gauche et à droite ?**

Remarque 11.3. — L'étude de la limite de *f* en un point à l'aide des limites à droite et à gauche est pertinente dès que $f(x)$ s'exprime différemment à droite et à gauche du point en question.

Exemple 11.1. — La fonction *partie entière* : $x \mapsto \lfloor x \rfloor$ admet une limite à gauche en 1, égale à 0, et une limite à droite en 1, égale à 1, mais elle n'admet pas de limite en 1.

❑ Limite infinie en un point

Définitions 11.3. — Soit une fonction *f* définie au voisinage du réel x_0. On dit que la limite de *f* en x_0 est égale à $+\infty$ lorsque :

$$\forall A \in \mathbb{R},\ \exists \alpha > 0,\ \forall x \in D_f,\ |x - x_0| \leq \alpha \Rightarrow f(x) \geq A$$

On note alors : $\lim\limits_{x \to x_0} f(x) = +\infty$ ou bien $\lim\limits_{x_0} f = +\infty$.

• À gauche en x_0 : $\forall A \in \mathbb{R},\ \exists \alpha > 0,\ \forall x \in D_f,\ x_0 - \alpha \leq x < x_0 \Rightarrow f(x) \geq A$ ($\lim\limits_{x \to x_0^-} f(x) = +\infty$).

• À droite en x_0 : $\forall A \in \mathbb{R},\ \exists \alpha > 0,\ \forall x \in D_f,\ x_0 < x \leq x_0 + \alpha \Rightarrow f(x) \geq A$ ($\lim\limits_{x \to x_0^+} f(x) = +\infty$).

On définit de même le cas de la limite égale à $-\infty$ lorsque *x* tend vers x_0 :
$\forall A \in \mathbb{R},\ \exists \alpha > 0,\ \forall x \in D_f,\ |x - x_0| \leq \alpha \Rightarrow f(x) \leq A$ (on note $\lim\limits_{x \to x_0} f(x) = -\infty$).

• À gauche en x_0 : $\forall A \in \mathbb{R},\ \exists \alpha > 0,\ \forall x \in D_f,\ x_0 - \alpha \leq x < x_0 \Rightarrow f(x) \leq A$ ($\lim\limits_{x \to x_0^-} f(x) = -\infty$).

• À droite en x_0 : $\forall A \in \mathbb{R},\ \exists \alpha > 0,\ \forall x \in D_f,\ x_0 < x \leq x_0 + \alpha \Rightarrow f(x) \leq A$ ($\lim\limits_{x \to x_0^+} f(x) = -\infty$).

❑ Limites en l'infini

Définitions 11.4. — Limite finie en l'infini. Soit une fonction *f* définie au voisinage de $+\infty$ et un réel ℓ. On dit que la limite de *f* en $+\infty$ est égale à ℓ lorsque :

$$\forall \varepsilon > 0,\ \exists B > 0,\ \forall x \geq B,\ |f(x) - \ell| \leq \varepsilon$$

On note $\lim\limits_{x \to +\infty} f(x) = \ell$ ou $\lim\limits_{+\infty} f = \ell$.

De même, on note $\lim\limits_{x \to -\infty} f(x) = \ell$ lorsque : $\forall \varepsilon > 0,\ \exists B < 0,\ \forall x \leq B,\ |f(x) - \ell| \leq \varepsilon$.

Définitions 11.5. — Limites infinies en l'infini.
Soit une fonction *f* définie au voisinage de $+\infty$.

• $\lim\limits_{x \to +\infty} f(x) = +\infty \Leftrightarrow \forall A \in \mathbb{R},\ \exists B > 0,\ \forall x \geq B,\ f(x) \geq A$.

• $\lim\limits_{x \to +\infty} f(x) = -\infty \Leftrightarrow \forall A \in \mathbb{R},\ \exists B > 0,\ \forall x \geq B,\ f(x) \leq A$.

Soit une fonction *f* définie au voisinage de $-\infty$.

• $\lim\limits_{x \to -\infty} f(x) = +\infty \Leftrightarrow \forall A \in \mathbb{R},\ \exists B < 0,\ \forall x \leq B,\ f(x) \geq A$.

• $\lim\limits_{x \to -\infty} f(x) = -\infty \Leftrightarrow \forall A \in \mathbb{R},\ \exists B < 0,\ \forall x \leq B,\ f(x) \leq A$.

■ Théorèmes généraux sur les limites

❑ Limites et opérations (a désigne un élément de $\overline{\mathbb{R}}$)

Limite d'une somme

$\lim_a f$	$-\infty$	$+\infty$	$-\infty$	ℓ	ℓ
$\lim_a g$	$-\infty$	$+\infty$	$+\infty$	$+\infty$	$-\infty$
$\lim_a (f+g)$	$-\infty$	$+\infty$	FI	$+\infty$	$-\infty$

FI signifie : forme indéterminée

Limite d'un produit

$\lim_a f$	$\pm\infty$	$\ell \neq 0$	0
$\lim_a g$	$\pm\infty$	$\pm\infty$	$\pm\infty$
$\lim_a (fg)$	$\pm\infty$	$\pm\infty$	FI

la règle des signes donne le signe de la limite du produit

⇨ Méthode 11.1. Comment calculer une limite indéterminée avec des racines carrées ?

Limite de l'inverse d'une fonction

$\lim_a f$	$\pm\infty$	$\ell \neq 0$	0 $\left(\text{et } f(x)<0 \text{ au voisinage de } a\right)$	0 $\left(\text{et } f(x)>0 \text{ au voisinage de } a\right)$
$\lim_a \frac{1}{f}$	0	$\frac{1}{\ell}$	$-\infty$	$+\infty$

❑ Limites et composition

Théorème 11.3. — Soit trois éléments a, b et c de $\overline{\mathbb{R}}$. On considère une fonction f définie au voisinage de a et une fonction g définie au voisinage de b.

$$\text{Si } \lim_{x\to a} f(x) = b \text{ et } \lim_{x\to b} g(x) = c, \text{ alors } \lim_{x\to a} g(f(x)) = c.$$

Remarque 11.4. — On adapte le **théorème 11.3** au cas où les limites en jeu sont des limites lorsque x tend vers a^+, vers a^-, vers b^+ ou encore vers b^-.

❑ Limites usuelles (formes indéterminées)

Théorème 11.4. — $\lim_{x\to 0} \frac{e^x - 1}{x} = 1$. $\lim_{x\to 0} \frac{\ln(1+x)}{x} = 1$. $\lim_{x\to 1} \frac{\ln x}{x-1} = 1$.

$\lim_{x\to 0} \frac{\sin x}{x} = 1$. $\lim_{x\to 0} \frac{1-\cos x}{x^2} = \frac{1}{2}$. $\lim_{x\to 0} \frac{\tan x}{x} = 1$.

Théorème 11.5. — Croissances comparées. $\lim_{x\to 0^+} x \ln x = 0$; $\lim_{x\to +\infty} \frac{\ln x}{x} = 0$; $\lim_{x\to +\infty} \frac{e^x}{x} = +\infty$.

Plus généralement : $\forall \alpha > 0$, $\lim_{x\to 0^+} x^\alpha \ln x = 0$; $\lim_{x\to +\infty} \frac{\ln x}{x^\alpha} = 0$ et $\lim_{x\to +\infty} \frac{e^x}{x^\alpha} = +\infty$.

Si indétermination, l'exponentielle l'emporte sur la puissance, qui l'emporte sur le logarithme.

❑ Limite et ordre

Théorème 11.6. — Prolongement des inégalités.
Si au voisinage de a, $f < g$ ou $f \leq g$, et si $\lim\limits_{x \to a} f(x) = \ell$ et $\lim\limits_{x \to a} g(x) = \ell'$, alors $\ell \leq \ell'$.

Remarque 11.5. — On dit qu'on est passé à la limite dans l'inégalité. Il est important de noter que l'inégalité obtenue est toujours large.

Théorème 11.7. — Théorème de comparaison des limites.
- Si au voisinage de a, $f(x) \leq g(x)$, et si $\lim\limits_{x \to a} f(x) = +\infty$, alors $\lim\limits_{x \to a} g(x) = +\infty$.
- Si au voisinage de a, $f(x) \leq g(x)$, et si $\lim\limits_{x \to a} g(x) = -\infty$, alors $\lim\limits_{x \to a} f(x) = -\infty$.

⇨ **Méthode 11.2. Comment utiliser le théorème de comparaison ?**

Théorème 11.8. — Théorème d'encadrement (dit aussi "des gendarmes").
Soit trois fonctions f, g et h définies au voisinage de a et soit ℓ un réel.
Si au voisinage de a, $f(x) \leq g(x) \leq h(x)$, si $\lim\limits_{x \to a} f(x) = \ell$ et si $\lim\limits_{x \to a} h(x) = \ell$, alors $\lim\limits_{x \to a} g(x) = \ell$.

Théorème 11.9. — Conséquence importante.
Si au voisinage de a, $\left| f(x) - \ell \right| \leq g(x)$ et si $\lim\limits_{x \to a} g(x) = 0$, alors $\lim\limits_{x \to a} f(x) = \ell$.

⇨ **Méthode 11.3. Comment utiliser le théorème d'encadrement ?**

❑ Limite et sens de variation

Théorème 11.10. — Théorème de limite monotone.
Si f est une fonction monotone sur $]a, b[$, avec a et b éléments de $\overline{\mathbb{R}}$, alors :
- f admet en tout point de l'intervalle $]a, b[$ une limite (finie) à droite et à gauche.
- f possède une limite (finie ou infinie) en a et en b.

Plus précisément :

	f croissante	**f décroissante**
f majorée	f admet une limite finie en b^-	f admet une limite finie en a^+
f non majorée	$\lim\limits_{x \to b^-} f(x) = +\infty$	$\lim\limits_{x \to a^+} f(x) = +\infty$
f minorée	f admet une limite finie en a^+	f admet une limite finie en b^-
f non minorée	$\lim\limits_{x \to a^+} f(x) = -\infty$	$\lim\limits_{x \to b^-} f(x) = -\infty$

■ Asymptotes et branches infinies **(a, b et x_0 désignent des réels)**

Théorème 11.11. — Soit une fonction f définie au voisinage d'un réel x_0. Si la limite (à droite ou à gauche) de f en x_0 est infinie, alors (C_f) a une asymptote *verticale* d'équation $x = x_0$.

Théorème 11.12. — Soit une fonction f définie au voisinage de $+\infty$.
Si $\lim\limits_{x \to +\infty} f(x) = a$, alors ($C_f$) a en $+\infty$ une asymptote *horizontale* d'équation $y = a$.
Si $\lim\limits_{x \to +\infty} (f(x) - (ax + b)) = 0$, alors ($C_f$) a en $+\infty$ une asymptote *oblique* d'équation $y = ax + b$.

Remarque 11.6. — On définit de même une asymptote horizontale ou oblique en $-\infty$.

⇨ **Méthode 11.5. Comment trouver une asymptote oblique ?**

Théorème 11.13. — Soit une fonction f telle que $\lim\limits_{x \to +\infty} f(x) = +\infty$.

Si $\lim\limits_{x \to +\infty} \dfrac{f(x)}{x} = 0$, alors (C_f) a une branche parabolique (en $+\infty$) de direction (Ox).

Si $\lim\limits_{x \to +\infty} \dfrac{f(x)}{x} = +\infty$, alors (C_f) a une branche parabolique (en $+\infty$) de direction (Oy)

⇨ **Méthode 11.6. Comment étudier systématiquement les branches infinies de (C_f) ?**

Exemples 11.2. — Au voisinage de $+\infty$, les courbes ayant une branche parabolique de direction (Ox) "ressemblent" à celles de $x \mapsto \ln x$ ou de $x \mapsto \sqrt{x}$ et les courbes qui ont une branche parabolique de direction (Oy) "ressemblent" à celles de $x \mapsto e^x$ ou de $x \mapsto x^2$.

Remarque 11.7. — On définit de même les branches paraboliques lorsque x tend vers $-\infty$.

■■ Méthodes

■ Calculs de limites

❑ Méthode 11.1. Comment calculer des limites indéterminées avec racines carrées ?

Dans le cas où la quantité dont on veut la limite fait apparaître une expression de la forme $\sqrt{u}+v$, ou $\sqrt{u}-v$, ou $\sqrt{u}+\sqrt{v}$, ou encore $\sqrt{u}-\sqrt{v}$, alors une idée est de multiplier par la *quantité conjuguée* de cette expression (c'est-à-dire la même expression en changeant le signe « – » en « + » et vice versa). L'identité remarquable $(a-b)(a+b)=a^2-b^2$ fait disparaître les racines carrées et permet de conclure.

⇨ Exercice 11.1

Exemple. Calculer $\lim\limits_{x\to 1}\dfrac{x-1}{\sqrt{x^2+1}-\sqrt{2}}$.

$\lim\limits_{x\to 1}(x-1)=\lim\limits_{x\to 1}(\sqrt{x^2+1}-\sqrt{2})=0$: la première analyse conduit à une forme indéterminée.

La quantité conjuguée de $\sqrt{x^2+1}-\sqrt{2}$ est $\sqrt{x^2+1}+\sqrt{2}$. En multipliant haut et bas par cette quantité, pour tout x différent de 1 et de –1, on obtient :

$$\frac{x-1}{\sqrt{x^2+1}-\sqrt{2}}=\frac{(x-1)(\sqrt{x^2+1}+\sqrt{2})}{(\sqrt{x^2+1}-\sqrt{2})(\sqrt{x^2+1}+\sqrt{2})}=\frac{(x-1)(\sqrt{x^2+1}+\sqrt{2})}{(\sqrt{x^2+1})^2-(\sqrt{2})^2}=\frac{(x-1)(\sqrt{x^2+1}+\sqrt{2})}{x^2-1}.$$

On trouve enfin : $\dfrac{x-1}{\sqrt{x^2+1}-\sqrt{2}}=\dfrac{\sqrt{x^2+1}+\sqrt{2}}{x+1}$. Comme $\lim\limits_{x\to 1}(\sqrt{x^2+1}+\sqrt{2})=2\sqrt{2}$ et $\lim\limits_{x\to 1}(x+1)=2$, alors $\lim\limits_{x\to 1}\dfrac{\sqrt{x^2+1}+\sqrt{2}}{x+1}=\dfrac{2\sqrt{2}}{2}=\sqrt{2}$. Par suite, $\lim\limits_{x\to 1}\dfrac{x-1}{\sqrt{x^2+1}-\sqrt{2}}=\sqrt{2}$.

❑ Méthode 11.2. Comment utiliser le théorème de comparaison ?

On suppose qu'au voisinage de a (a élément de $\overline{\mathbb{R}}$), on a : $f(x)\leq g(x)$.

- si $\lim\limits_{x\to a} f(x)=+\infty$, alors $\lim\limits_{x\to a} g(x)=+\infty$
- si $\lim\limits_{x\to a} g(x)=-\infty$, alors $\lim\limits_{x\to a} f(x)=-\infty$.

⇨ Exercice 11.1

Exemple. Calculer $\lim\limits_{x\to+\infty} \dfrac{x}{2-\sin x}$ et $\lim\limits_{x\to-\infty} \dfrac{x}{2-\sin x}$.

On sait que, pour tout réel x, on a $-1 \le \sin x \le 1$ donc : $\forall x \in \mathbb{R},\ 1 \le 2-\sin x \le 3$.

On en déduit que : $\dfrac{1}{3} \le \dfrac{1}{2-\sin x} \le 1$ (car les membres de l'inégalité sont strictement positifs), puis enfin : $\forall x \ge 0,\ \dfrac{x}{3} \le \dfrac{x}{2-\sin x} \le x$. De cette double inégalité, en ne retenant que celle de gauche, on obtient : $\dfrac{x}{2-\sin x} \ge \dfrac{x}{3}$.

Comme $\lim\limits_{x\to+\infty} \dfrac{x}{3} = +\infty$, alors par comparaison, on a : $\lim\limits_{x\to+\infty} \dfrac{x}{2-\sin x} = +\infty$.

En multipliant l'inégalité $\dfrac{1}{3} \le \dfrac{1}{2-\sin x} \le 1$ par x négatif, on obtient : $\forall x \le 0,\ x \le \dfrac{x}{2-\sin x} \le \dfrac{x}{3}$.

Avec l'inégalité de droite, comme $\lim\limits_{x\to-\infty} \dfrac{x}{3} = -\infty$, par comparaison on a : $\lim\limits_{x\to-\infty} \dfrac{x}{2-\sin x} = -\infty$.

❑ Méthode 11.3. Comment utiliser le théorème d'encadrement ?

> Si au voisinage de a, où a est élément de $\overline{\mathbb{R}}$, $f(x) \le g(x) \le h(x)$, et si les limites de f et h en a sont finies et égales à un même réel ℓ, alors $\lim\limits_{x\to a} g(x) = \ell$.

⇨ Exercice 11.4

Exemple 1. Calculer $\lim\limits_{x\to+\infty} \dfrac{\lfloor x \rfloor}{x+1}$ ($\lfloor x \rfloor$ est la partie entière de x).

$\forall x \in \mathbb{R},\ \lfloor x \rfloor \le x < \lfloor x \rfloor + 1$ (définition de la partie entière), d'où : $x-1 < \lfloor x \rfloor \le x$.

Au voisinage de $+\infty$, on peut diviser par $x+1 > 0$, ce qui donne : $\dfrac{x-1}{x+1} \le \dfrac{\lfloor x \rfloor}{x+1} < \dfrac{x}{x+1}$.

Au voisinage de $+\infty$, on a : $\dfrac{x-1}{x+1} = 1 - \dfrac{2}{x+1}$, donc $\lim\limits_{x\to+\infty} \dfrac{x-1}{x+1} = 1$. On a aussi : $\dfrac{x}{x+1} = 1 - \dfrac{1}{x+1}$, donc $\lim\limits_{x\to+\infty} \dfrac{x}{x+1} = 1$. D'après le théorème d'encadrement, $\lim\limits_{x\to+\infty} \dfrac{\lfloor x \rfloor}{x+1} = 1$.

Exemple 2. Calculer $\lim\limits_{x\to+\infty} \dfrac{\sin x}{x}$.

On sait que $-1 \le \sin x \le 1$ et, en divisant par x strictement positif, on a tout de suite :
$\dfrac{-1}{x} \le \dfrac{\sin x}{x} \le \dfrac{1}{x}$. Comme $\lim\limits_{x\to+\infty} \dfrac{1}{x} = 0$, on obtient, par encadrement : $\lim\limits_{x\to+\infty} \dfrac{\sin x}{x} = 0$.

❑ Méthode 11.4. Comment utiliser les limites à gauche et à droite ?

Cette méthode est incontournable dans le cas où l'expression de f est différente à droite et à gauche de x_0 (exemple 1), mais aussi dans d'autres cas (exemple 2).
La fonction f admet une limite en x_0 dans les deux cas suivants :

- Si f n'est pas définie en x_0 et si la limite de f à gauche en x_0 et la limite de f à droite en x_0 existent et sont égales.
- Si f est définie en x_0 et si la limite de f à gauche en x_0 et la limite de f à droite en x_0 existent et sont égales à $f(x_0)$: on dit alors que f est continue en x_0.

⇨ Exercices 11.1, 11.2, 11.4

Exemple 1. Étudier la limite en 0 de la fonction f définie par $\begin{cases} f(x)=0 \text{ si } x\geq 0 \\ f(x)=e^{1/x} \text{ si } x<0 \end{cases}$.

- $\lim\limits_{x\to 0^-} f(x)=\lim\limits_{x\to 0^-} e^{1/x}=\lim\limits_{u\to -\infty} e^u=0$ (on a posé $u=1/x$). On a donc : $\lim\limits_{x\to 0^-} f(x)=f(0)$.
- $\lim\limits_{x\to 0^+} f(x)=\lim\limits_{x\to 0^+} 0=0=f(0)$.

Conclusion : f a une limite en 0 et $\lim\limits_{x\to 0} f(x)=0$.

Exemple 2. Étudier la limite de la fonction f définie par $f(x)=e^{1/x}$ en 0.

- $\lim\limits_{x\to 0^-} f(x)=\lim\limits_{x\to 0^-} e^{1/x}=\lim\limits_{u\to -\infty} e^u=0$ (déjà vu à l'**exemple 1**)
- $\lim\limits_{x\to 0^+} f(x)=\lim\limits_{x\to 0^+} e^{1/x}=\lim\limits_{u\to +\infty} e^u=+\infty$ (on a posé $u=1/x$).

Conclusion : f n'a pas de limite en 0, mais elle a une limite à gauche en 0, égale à 0.

■ Les branches infinies de la courbe (C_f)

❑ Méthode 11.5. Comment trouver une asymptote oblique ?

Si au voisinage de $\pm\infty$, on a $f(x)=ax+b+g(x)$, où $\lim\limits_{x\to\pm\infty} g(x)=0$, alors ($C_f$) admet en $\pm\infty$ la droite d'équation $y=ax+b$ pour asymptote.

⇨ Exercice 11.5

Exemple. On considère la fonction f définie sur $\mathbb{R}$ par : $f(x)=\ln(e^x+1)$. Montrer que la courbe représentative de f possède une asymptote oblique en $+\infty$.
Pour tout réel x, on peut écrire : $f(x)=\ln\left(e^x(1+e^{-x})\right)=\ln(e^x)+\ln(1+e^{-x})=x+\ln(1+e^{-x})$.
On a $\lim\limits_{x\to+\infty}\left(f(x)-x\right)=\lim\limits_{x\to+\infty}\ln(1+e^{-x})=0$ donc la droite d'équation $y=x$ est asymptote oblique à (C_f) en $+\infty$.

❑ Méthode 11.6. Comment étudier systématiquement les branches infinies ?

Soit une fonction f telle que $\lim\limits_{x\to+\infty} f(x)=+\infty$ (ou $\lim\limits_{x\to+\infty} f(x)=-\infty$). Pour étudier la branche infinie en $+\infty$, on procède ainsi :

- Si $\lim\limits_{x\to+\infty} \dfrac{f(x)}{x}=0$: (C_f) possède une branche parabolique de direction (Ox).
- Si $\lim\limits_{x\to+\infty} \dfrac{f(x)}{x}=\pm\infty$: (C_f) possède une branche parabolique de direction (Oy).
- Si $\lim\limits_{x\to+\infty} \dfrac{f(x)}{x}=a$, où a est un réel non nul, alors on poursuit ainsi :

Si $\lim\limits_{x\to+\infty} (f(x)-ax)=b\in\mathbb{R}$: la droite d'équation $y=ax+b$ est asymptote à (C_f).

Si $\lim\limits_{x\to+\infty} (f(x)-ax)=\pm\infty$: (C_f) a pour direction asymptotique la droite D: $y=ax$.

⇨ Exercice 11.5

Exemple. Étudier la branche infinie (en $+\infty$) de (C_f), où f est définie par : $f(x)=\sqrt{x^2-x+1}$.

Au voisinage de $+\infty$, on a : $f(x)=\sqrt{x^2\left(1-\dfrac{1}{x}+\dfrac{1}{x^2}\right)}=|x|\sqrt{1-\dfrac{1}{x}+\dfrac{1}{x^2}}=x\sqrt{1-\dfrac{1}{x}+\dfrac{1}{x^2}}$.

La continuité de la fonction $\sqrt{\ }$ en 1 et $\lim\limits_{x\to+\infty} 1-\dfrac{1}{x}+\dfrac{1}{x^2}=1$ assurent que : $\lim\limits_{x\to+\infty} \sqrt{1-\dfrac{1}{x}+\dfrac{1}{x^2}}=1$.

On a donc $\lim\limits_{x\to+\infty} f(x)=+\infty$.

L'étude de la branche infinie de (C_f) est donc légitime et de plus : $\lim\limits_{x\to+\infty} \dfrac{f(x)}{x}=1$. On étudie maintenant la limite de $f(x)-x$ en $+\infty$:

Pour tout $x>0$, on a : $f(x)-x=\sqrt{x^2-x+1}-x=x\left(\sqrt{1-\dfrac{1}{x}+\dfrac{1}{x^2}}-1\right)$.

En utilisant l'expression conjuguée, il vient : $\sqrt{1-\dfrac{1}{x}+\dfrac{1}{x^2}}-1=\dfrac{-\dfrac{1}{x}+\dfrac{1}{x^2}}{\sqrt{1-\dfrac{1}{x}+\dfrac{1}{x^2}}+1}$.

On en déduit : $f(x)-x=\dfrac{-1+\dfrac{1}{x}}{\sqrt{1-\dfrac{1}{x}+\dfrac{1}{x^2}}+1}$. Par quotient de limites, on a : $\lim\limits_{x\to+\infty}\big(f(x)-x\big)=-\dfrac{1}{2}$.

Conclusion : la droite d'équation $y=x-\dfrac{1}{2}$ est asymptote à (C_f) en $+\infty$.

Méthodes

Vrai/Faux

	Vrai	Faux
1. On a $\lim\limits_{x\to 0^+} \frac{1}{x}e^{1/x} = +\infty$ par croissances comparées.	☐	☐
2. Si une fonction f est croissante sur $\mathbb{R}$ et si, pour tout réel x, on a $f(x) \leq 1$, alors $\lim\limits_{x\to+\infty} f(x) = 1$.	☐	☐
3. Soit f une fonction à valeurs positives sur $\mathbb{R}$. On a alors : $\lim\limits_{x\to+\infty} f(x) \geq 0$	☐	☐
4. Le quotient $\frac{x}{\ln x}$ conduit à une forme indéterminée en 0, à droite de 0.	☐	☐
5. Si f est bornée sur $\mathbb{R}$ et si $\lim\limits_{x\to+\infty} g(x) = 0$, alors $\lim\limits_{x\to+\infty} f(x)g(x) = 0$.	☐	☐
6. Si $\lim\limits_{x\to a} f(x) = \ell$ et $\lim\limits_{x\to a} g(x) = \ell$, où ℓ est un réel, alors $\lim\limits_{x\to a} \frac{f(x)}{g(x)} = 1$.	☐	☐
7. $\lim\limits_{x\to+\infty} \left(1+\frac{1}{x}\right)^x = 1$.	☐	☐
8. Si $\lim\limits_{x\to+\infty} f(x) = 0$, alors f est de signe constant au voisinage de $+\infty$.	☐	☐
9. Si $\lim\limits_{x\to a}(f(x) - g(x)) = 0$, alors $\lim\limits_{x\to a} f(x) = \lim\limits_{x\to a} g(x)$ (a fini ou infini).	☐	☐
10. Si f est bornée sur $\mathbb{R}$ et si $\lim\limits_{x\to+\infty} g(x) = +\infty$, alors $\lim\limits_{x\to+\infty} \frac{f(x)}{g(x)} = 0$.	☐	☐

■■ Énoncé des exercices

❑ **Exercice 11.1.** — Dans chacun des cas suivants, déterminer les limites de la fonction f aux bornes de son domaine de définition :

1. $f(x)=\dfrac{x^2+1}{x-1}$. **2.*** $f(x)=\dfrac{\ln x}{x^2-1}$. **3.*** $f(x)=x^{1/x}$.

4. $f(x)=\dfrac{x^2-1}{\sqrt{3x^2+1}-2}$. **5.*** $f(x)=x+\cos x$.

❑ **Exercice 11.2.*** — Étudier les limites des fonctions suivantes en x_0.

1. f est définie sur $\mathbb{R}^*$ par : $f(x)=\dfrac{|x|}{x}$ ($x_0=0$).

2. f est définie sur $\mathbb{R}^*$ par : $f(x)=xe^{1/x}$ ($x_0=0$).

3. f est définie sur $\mathbb{R}$ par : $f(x)=0$ si $x\leq 1$ et $f(x)=x^{\ln(\ln x)}$ si $x>1$ ($x_0=1$).

❑ **Exercice 11.3.*** — Soit deux réels strictement positifs a et b. Calculer $\lim\limits_{x\to+\infty}\dfrac{(\ln x)^a}{x^b}$.

❑ **Exercice 11.4.*** — On considère la fonction f définie sur $\mathbb{R}^*$ par : $f(x)=x\left\lfloor\dfrac{1}{x}\right\rfloor$.

On rappelle que $\lfloor t\rfloor$ désigne la *partie entière* de t, c'est-à-dire le seul nombre entier vérifiant :

$$\lfloor t\rfloor\leq t<\lfloor t\rfloor+1.$$

1. Exprimer $f(x)$ pour $x>1$. En déduire la limite de f en $+\infty$.

2. S'inspirer de la question précédente pour déterminer la limite de f en $-\infty$.

3. a) Montrer que : $\forall x>0,\ 1-x<f(x)\leq 1$. En déduire que f admet une limite à droite en 0.

b) Montrer de même que f admet une limite à gauche en 0.

❑ **Exercice 11.5.*** — Étudier les limites en $+\infty$ des fonctions f définies ci-dessous puis les branches infinies de leurs courbes représentatives au voisinage de $+\infty$.

1. $\forall x>0,\ f(x)=x+\ln x$.

2. $\forall x>0,\ f(x)=x\exp(\frac{1}{x})$ (on pourra considérer $f(x)-x$).

3. $\forall x>-1,\ f(x)=\dfrac{x^2-x+1}{x+1}$ (on déterminera les réels a, b et c tels que : $f(x)=ax+b+\dfrac{c}{x+1}$).

❑ **Exercice 11.6.** ** — Encore un peu de partie entière.

1. Montrer que : $\forall x \in \mathbb{R},\ \frac{1}{2} \leq \frac{1}{2-(x-\lfloor x \rfloor)} \leq 1$.

2. En déduire la valeur de $\lim\limits_{x \to +\infty} \frac{x}{2-(x-\lfloor x \rfloor)}$.

❑ **Exercice 11.7.** * — Le but de cet exercice est de montrer que les seules fonctions définies sur $\mathbb{R}$, périodiques, admettant une limite finie en $+\infty$, sont les fonctions constantes.
On considère donc une fonction *f*, définie sur $\mathbb{R}$, périodique de période T ($T>0$), et on suppose que *f* admet une limite en $+\infty$, que l'on note ℓ.

1. Montrer que : $\forall n \in \mathbb{N},\ \forall x \in \mathbb{R}, f(x) = f(x+nT)$.

2. En déduire que, pour tout réel *x*, on a : $f(x) = \ell$ et conclure.

❑ **Exercice 11.8.** * — À l'aide de la définition d'une limite, montrer que, si $\lim\limits_{x \to +\infty} f(x) = \ell$ ($\ell \in \mathbb{R}$), alors il existe un réel *a* strictement positif tel que *f* est bornée sur $[a, +\infty[$.

■ Pour vous aider à démarrer

Exercice 11.1. Pour la question **3**, transformer $x^{1/x}$ à l'aide des fonctions exp et ln.
Exercice 11.2. Pour la question **2**, poser $u = 1/x$.
Pour la question **3**, poser $u = \ln x$.
Exercice 11.4. Pour la question **2**, travailler pour des *x* plus petits que -1.
Exercice 11.5. Pour la question **2**, mettre en facteur *x* dans $f(x)-x$.
Exercice 11.6. Pour la question **2**, multiplier l'encadrement précédent par $x \geq 0$, puis utiliser la **méthode 11.2**.
Exercice 11.7. Pour la question **2**, faire tendre *n* vers $+\infty$.

Corrigé des vrai/faux

1.	2.	3.	4.	5.	6.	7.	8.	9.	10.
F	F	F	F	V	F	F	F	F	V

1. On a : $\lim_{x\to 0^+} \frac{1}{x} = +\infty$. Par composition de limites, on obtient : $\lim_{x\to 0^+} e^{\frac{1}{x}} = +\infty$. Ensuite, par produit de limites, on obtient : $\lim_{x\to 0^+} \frac{1}{x} e^{\frac{1}{x}} = +\infty$ (sans forme indéterminée donc sans être obligé de citer les croissances comparées).

2. Un majorant n'est pas nécessairement la limite ! Considérons la fonction : $f : x \mapsto -e^{-x}$.
Pour tout réel x, on a $e^{-x} > 0$ donc : $-e^{-x} < 0 \leq 1$.
La fonction f est croissante sur $\mathbb{R}$, majorée par 1, mais on a : $\lim_{x\to+\infty} f(x) = 0$.

3. Le problème qui pourrait se poser n'est pas le signe de la limite mais son existence.
Prenons f la fonction définie sur $\mathbb{R}$ par : $\forall x \in \mathbb{R}, f(x) = 1 + \cos x$.
On a clairement : $\forall x \in \mathbb{R}, f(x) \geq 0$. Pourtant, f n'a pas de limite en $+\infty$ parce que la fonction cosinus n'en a pas.

4. On a, pour tout réel x strictement positif : $\frac{x}{\ln x} = x \times \frac{1}{\ln x}$.

Comme $\lim_{x\to 0^+} \ln x = -\infty$, on a : $\lim_{x\to 0^+} \frac{1}{\ln x} = 0$.

Le quotient $\frac{x}{\ln x}$ possède alors, par produit de limites, une limite nulle quand x tend vers 0^+.

Remarque. "$\frac{0}{\infty}$" n'est pas une forme indéterminée, pas plus que "$\frac{\infty}{0}$".

5. Soit f une fonction bornée sur $\mathbb{R}$ et g une fonction de limite nulle en $+\infty$.
Comme f est bornée, il existe un réel M tel que : $\forall x \in \mathbb{R}, |f(x)| \leq M$.
On en déduit que : $\forall x \in \mathbb{R}, 0 \leq |f(x)g(x)| = |f(x)||g(x)| \leq M|g(x)|$.

Puisque $\lim_{x\to+\infty} g(x) = 0$, alors $\lim_{x\to+\infty} |g(x)| = 0$ donc : $\lim_{x\to+\infty} M|g(x)| = 0$.

Corrigé

Finalement, par encadrement, on obtient : $\lim_{x\to+\infty} f(x)g(x)=0$.

6. Si f et g ont toutes les deux une limite nulle en a, il y a un problème.
Il suffit de considérer f et g telles que : $f(x)=x^2$ et $g(x)=x$, avec $a=0$.

On a bien : $\lim_{x\to 0} f(x)=\lim_{x\to 0} g(x)=0$ et pourtant : $\lim_{x\to 0}\frac{f(x)}{g(x)}=\lim_{x\to 0} x=0\neq 1$.

Remarque. Si ℓ est un réel **non nul** tel que $\lim_{x\to a} f(x)=\lim_{x\to a} g(x)=\ell$, alors $\lim_{x\to a}\frac{f(x)}{g(x)}=1$ (en tant que quotient de limites sans problème).

7. Pour tout x strictement positif, on a : $\left(1+\frac{1}{x}\right)^x=e^{x\ln\left(1+\frac{1}{x}\right)}$.

On a : $x\ln\left(1+\frac{1}{x}\right)=\frac{\ln\left(1+\frac{1}{x}\right)}{\frac{1}{x}}$. En posant $X=\frac{1}{x}$, on a : $\lim_{x\to+\infty}\frac{\ln\left(1+\frac{1}{x}\right)}{\frac{1}{x}}=\lim_{X\to 0}\frac{\ln(1+X)}{X}=1$.

On obtient donc : $\lim_{x\to+\infty} x\ln\left(1+\frac{1}{x}\right)=1$.

Par composition de limites, on trouve : $\lim_{x\to+\infty}\left(1+\frac{1}{x}\right)^x=e$.

Remarque. Ce qui autorise la composition de limites ci-dessus est en fait la continuité de la fonction exponentielle en 1 : voir le **chapitre 12**.

8. Une limite nulle en $+\infty$ n'assure pas un signe constant au voisinage de $+\infty$.

Considérons la fonction f définie sur $\mathbb{R}_+^*$ par : $\forall x\in\mathbb{R}_+^*, f(x)=\frac{1}{x}\cos x$.

Comme la fonction cos est bornée par -1 et 1, on en déduit que : $\forall x\in\mathbb{R}_+^*, \frac{-1}{x}\leq f(x)\leq\frac{1}{x}$.

Le théorème d'encadrement assure que : $\lim_{x\to+\infty} f(x)=0$.

Pourtant f change de signe au voisinage de $+\infty$. En effet, pour tout entier naturel k, $f((2k+1)\pi)=\frac{-1}{(2k+1)\pi}<0$ alors que $f(2k\pi)=\frac{1}{2k\pi}>0$.

9. Une nouvelle fois, c'est la question de l'existence des limites qui peut poser problème.

Soit f et g deux fonctions définies sur $\mathbb{R}_+^*$ par : $f(x)=\cos x+\frac{1}{x}$ et $g(x)=\cos x$.

On a bien : $\lim_{x\to+\infty}\left(f(x)-g(x)\right)=\lim_{x\to+\infty}\frac{1}{x}=0$. Pourtant, ni *f* ni *g* n'a de imite en $+\infty$ car sinon la fonction cosinus en aurait une.

10. Soit *f* une fonction bornée alors il existe deux réels *m* et *M* tels que :
$\forall x\in\mathbb{R}, m\leq f(x)\leq M$.

Comme $\lim_{x\to+\infty} g(x)=+\infty$, la fonction *g* est strictement positive pour un *x* assez grand (revoir la définition d'une limite infinie).

On peut alors, pour tout *x* assez grand, diviser par $g(x)>0$ et obtenir : $\frac{m}{g(x)}\leq\frac{f(x)}{g(x)}\leq\frac{M}{g(x)}$.

Le théorème d'encadrement permet de conclure que : $\lim_{x\to+\infty}\frac{f(x)}{g(x)}=0$.

❑ Les erreurs classiques

- Dans tous les cas, avant de se lancer des calculs, se poser la question de l'existence de la limite.
- Dans le cadre du théorème d'encadrement, il ne faut pas passer à la limite sur l'encadrement, mais seulement constater que les fonctions qui encadrent ont la même limite finie, ce qui garantit que la fonction encadrée a une limite finie et que cette limite est égale à la limite commune des fonctions qui encadrent.
- Pour étudier la limite d'une expression sous forme de puissance, il faut toujours passer à la forme exponentielle ($1^\infty, 0^0$ et ∞^0 sont des formes indéterminées).

Corrigé

Corrigé des exercices

Exercice 11.1

1. On constate que $D_f = \mathbb{R} \setminus \{1\}$.

Au voisinage de $\pm\infty$, les polynômes se comportent comme leur monôme de plus haut degré, on en déduit que : $\lim\limits_{x \to +\infty} f(x) = \lim\limits_{x \to +\infty} \dfrac{x^2}{x} = \lim\limits_{x \to +\infty} x = +\infty$ et $\lim\limits_{x \to -\infty} f(x) = \lim\limits_{x \to -\infty} \dfrac{x^2}{x} = \lim\limits_{x \to -\infty} x = -\infty$.

Enfin, en 1, on a : $\lim\limits_{x \to 1} x^2 + 1 = 2$, on en déduit que : $\lim\limits_{x \to 1^+} f(x) = +\infty$ et $\lim\limits_{x \to 1^-} f(x) = -\infty$.

⇨ *Méthode 11.4*

2. On remarque que : $x \in D_f \Leftrightarrow (x > 0 \text{ et } x^2 \neq 1)$. D'où $D_f =]0,1[\cup]1,+\infty[$.

• Les opérations sur les limites donnent : $\lim\limits_{x \to 0^+} f(x) = +\infty$.

• Remarquons ensuite que : $\forall x \in D_f, \dfrac{\ln x}{x^2 - 1} = \dfrac{\ln x}{(x-1)(x+1)}$.

D'après le **théorème 11.4**, on sait que : $\lim\limits_{x \to 1} \dfrac{\ln x}{x - 1} = 1$.

De plus, $\lim\limits_{x \to 1}(x+1) = 2$. On en déduit que : $\lim\limits_{x \to 1} \dfrac{\ln x}{x^2 - 1} = \dfrac{1}{2}$.

• On a, par produit de limites : $\lim\limits_{x \to +\infty} \dfrac{\ln x}{x^2 - 1} = \lim\limits_{x \to +\infty} \dfrac{\ln x}{x^2} \times \dfrac{1}{1 - \dfrac{1}{x^2}} = 0$ (croissances comparées pour le premier quotient).

3. Passons à la forme exponentielle : $f(x) = e^{\frac{1}{x}\ln x}$. On en déduit : $D_f = \mathbb{R}_+^*$.

• Les opérations sur les limites donnent (sans indétermination) : $\lim\limits_{x \to 0^+} \dfrac{1}{x} \ln x = -\infty$.

Par composition des limites, on obtient : $\lim\limits_{x \to 0^+} f(x) = 0$.

• On sait que : $\lim\limits_{x \to +\infty} \dfrac{1}{x} \ln x = \lim\limits_{x \to +\infty} \dfrac{\ln x}{x} = 0$ (croissances comparées).

Par continuité de la fonction exponentielle en 0, on obtient : $\lim\limits_{x \to +\infty} f(x) = 1$.

4. On remarque que pour tout x réel, $3x^2 + 1$ est positif donc : $x \in D_f \Leftrightarrow \sqrt{3x^2 + 1} - 2 \neq 0$.

On résout : $\sqrt{3x^2 + 1} - 2 = 0 \Leftrightarrow \sqrt{3x^2 + 1} = 2 \Leftrightarrow 3x^2 + 1 = 4 \Leftrightarrow 3x^2 = 3 \Leftrightarrow x = 1$ ou $x = -1$.

On en déduit : $D_f = \left]-\infty,-1\right[\cup \left]-1,1\right[\cup \left]1,+\infty\right[$.

Pour tout x de D_f, on a :

$$f(x)=\frac{\left(x^2-1\right)\left(\sqrt{3x^2+1}+2\right)}{\left(\sqrt{3x^2+1}-2\right)\left(\sqrt{3x^2+1}+2\right)}=\frac{\left(x^2-1\right)\left(\sqrt{3x^2+1}+2\right)}{3x^2-3}=\frac{\sqrt{3x^2+1}+2}{3}.$$

On obtient alors : $\lim\limits_{x\to\pm\infty} f(x)=+\infty$, $\lim\limits_{x\to -1} f(x)=\dfrac{4}{3}$ et $\lim\limits_{x\to 1} f(x)=\dfrac{4}{3}$.

⇨ *Méthode 11.1*

5. $D_f=\mathbb{R}$. Comme, pour tout réel x, on a : $-1\leq \cos x\leq 1$.

On en déduit que : $\forall x\in\mathbb{R}, x-1\leq f(x)\leq x+1$.

D'une part, on a : $\lim\limits_{x\to+\infty} x-1=+\infty$. On en déduit alors que $\lim\limits_{x\to+\infty} f(x)=+\infty$ par théorème de comparaison (minoration) appliqué au membre de gauche.

D'autre part, comme $\lim\limits_{x\to-\infty} x+1=-\infty$, on en déduit que $\lim\limits_{x\to-\infty} f(x)=-\infty$ par théorème de comparaison (majoration) appliqué au membre de droite.

⇨ *Méthode 11.2*

Exercice 11.2

1. Pour tout réel x strictement positif, on a $|x|=x$ donc $f(x)=1$. Ainsi : $\lim\limits_{x\to 0^+} f(x)=1$.

De même, pour tout réel x strictement négatif, $f(x)=-1$ et ainsi : $\lim\limits_{x\to 0^-} f(x)=-1$.

D'après le **théorème 11.2**, f n'admet pas de limite en 0.

2. On a tout d'abord : $\lim\limits_{x\to 0^-}\dfrac{1}{x}=-\infty$. Par composition puis produit, on obtient : $\lim\limits_{x\to 0^-} f(x)=0$.

D'autre part, pour tout x non nul, on a : $f(x)=\dfrac{e^{\frac{1}{x}}}{\frac{1}{x}}$. Comme $\lim\limits_{x\to 0^+}\dfrac{1}{x}=+\infty$, en posant $u=\dfrac{1}{x}$, on obtient : $\lim\limits_{x\to 0^+} f(x)=\lim\limits_{u\to+\infty}\dfrac{e^u}{u}=+\infty$ (croissances comparées). Ici encore, f n'a pas de limite en 0.

3. La fonction f étant nulle sur $\left]-\infty,1\right]$, on a déjà : $\lim\limits_{x\to 1^-} f(x)=0$.

Ensuite, pour tout réel x strictement supérieur à 1, on a : $x^{\ln(\ln x)}=e^{\ln(\ln x)\ln x}$.

Comme $\lim\limits_{x\to 1^+}\ln x=0^+$, en posant $u=\ln x$, on obtient : $\lim\limits_{x\to 1^+}\ln x\times\ln(\ln x)=\lim\limits_{u\to 0^+} u\ln u=0$.

Par continuité de la fonction exponentielle en 0, on en déduit que : $\lim\limits_{x\to 1^+} x^{\ln(\ln x)}=1$.

On a donc : $\lim\limits_{x\to 1^+} f(x)=1$. La fonction f ne possède pas de limite en 1.

⇨ *Méthode 11.4*

Exercice 11.3

Soit a et b deux réels strictement positifs. On a : $\forall x > 1,\ \dfrac{(\ln x)^a}{x^b} = \left(\dfrac{\ln x}{x^{b/a}}\right)^a$.

Comme $\dfrac{b}{a} > 0$, on a $\lim\limits_{x \to +\infty} \dfrac{\ln x}{x^{b/a}} = 0$ puis, $\lim\limits_{x \to +\infty} \left(\dfrac{\ln x}{x^{b/a}}\right)^a = \lim\limits_{X \to 0^+} X^a = \lim\limits_{X \to 0^+} e^{a \ln X} = 0$ (car $a > 0$).

Finalement, on obtient : $\lim\limits_{x \to +\infty} \dfrac{(\ln x)^a}{x^b} = 0$.

Exercice 11.4

1. Pour tout réel x strictement supérieur à 1, on a : $0 < \dfrac{1}{x} < 1$. On en déduit : $\forall x > 1, \left\lfloor \dfrac{1}{x} \right\rfloor = 0$.

Finalement, pour tout réel x strictement supérieur à 1, on a $f(x) = 0$, donc : $\lim\limits_{x \to +\infty} f(x) = 0$.

2. De même, pour tout réel x strictement inférieur à -1, on a : $-1 < \dfrac{1}{x} < 0$. On en déduit :

$\left\lfloor \dfrac{1}{x} \right\rfloor = -1$, puis $f(x) = -x$. Par conséquent, on a : $\lim\limits_{x \to -\infty} f(x) = +\infty$.

3. a) Pour tout réel x strictement positif, on a, par définition : $\left\lfloor \dfrac{1}{x} \right\rfloor \leq \dfrac{1}{x} < \left\lfloor \dfrac{1}{x} \right\rfloor + 1$.

En recentrant cet encadrement, on en déduit : $\dfrac{1}{x} - 1 < \left\lfloor \dfrac{1}{x} \right\rfloor \leq \dfrac{1}{x}$.

En multipliant cet encadrement par x positif, on obtient : $\forall x > 0,\ 1 - x < f(x) \leq 1$.

Comme $\lim\limits_{x \to 0^+} (1 - x) = 1$, le théorème d'encadrement permet de conclure que f possède une limite à droite en 0 et : $\lim\limits_{x \to 0^+} f(x) = 1$.

b) En utilisant le même encadrement que l'on multiplie toujours par x (supposé cette fois négatif), on obtient : $\forall x < 0,\ 1 \leq f(x) < 1 - x$.

Comme $\lim\limits_{x \to 0^-} (1 - x) = 1$, le théorème d'encadrement permet de conclure que f possède une limite à gauche en 0 et : $\lim\limits_{x \to 0^-} f(x) = 1$.

La fonction f a une limite en 0 et $\lim\limits_{x \to 0} f(x) = 1$.

⇨ *Méthodes 11.3, 11.4*

Exercice 11.5

1. Comme $f(x)=x+\ln x$, on a sans indétermination : $\lim\limits_{x\to+\infty} f(x)=+\infty$.

On a aussi : $\lim\limits_{x\to+\infty}\dfrac{f(x)}{x}=\lim\limits_{x\to+\infty}(1+\dfrac{\ln x}{x})=1$ (puisque l'on sait que $\lim\limits_{x\to+\infty}\dfrac{\ln x}{x}=0$).

Pour finir, $\lim\limits_{x\to+\infty}\left(f(x)-x\right)=\lim\limits_{x\to+\infty}\ln x=+\infty$: la courbe C_f possède au voisinage de $+\infty$ une direction asymptotique, la droite D d'équation $y=x$.

⇨ *Méthode 11.6*

2. Comme $\lim\limits_{x\to+\infty}\dfrac{1}{x}=0$, on en déduit $\lim\limits_{x\to+\infty}e^{1/x}=1$, puis par produit : $\lim\limits_{x\to+\infty}f(x)=+\infty$.

On a aussi : $\lim\limits_{x\to+\infty}\dfrac{f(x)}{x}=\lim\limits_{x\to+\infty}e^{1/x}=1$. Enfin : $\forall x>0, f(x)-x=x\left(e^{1/x}-1\right)=\dfrac{e^{1/x}-1}{1/x}$.

Comme $\lim\limits_{x\to+\infty}\dfrac{1}{x}=0$ et comme $\lim\limits_{u\to0}\dfrac{e^u-1}{u}=1$, on obtient, par composée, $\lim\limits_{x\to+\infty}\left(f(x)-x\right)=1$.

La courbe C_f possède au voisinage de $+\infty$ une asymptote oblique Δ d'équation : $y=x+1$.

⇨ *Méthode 11.5*

3. Déterminons *a*, *b* et *c* tels que : $\forall x>-1, f(x)=ax+b+\dfrac{c}{x+1}$.

Pour tout réel x strictement supérieur à -1, on a :

$$f(x)=ax+b+\frac{c}{x+1}\Leftrightarrow\frac{x^2-x+1}{x+1}=\frac{ax^2+(a+b)x+(b+c)}{x+1}$$

$$f(x)=ax+b+\frac{c}{x+1}\Leftrightarrow x^2-x+1=ax^2+(a+b)x+(b+c)$$

$$f(x)=ax+b+\frac{c}{x+1}\Leftrightarrow\begin{cases}a=1\\a+b=-1\\b+c=1\end{cases}\Leftrightarrow a=1,\ b=-2 \text{ et } c=3.$$

Finalement, pour tout réel x strictement supérieur à -1, on a : $f(x)=x-2+\dfrac{3}{x+1}$.

Comme $\lim\limits_{x\to+\infty}\dfrac{3}{x+1}=0$, on obtient alors : $\lim\limits_{x\to+\infty}\left(f(x)-(x-2)\right)=0$.

La droite d'équation $y=x-2$ est asymptote oblique à C_f au voisinage de $+\infty$.

⇨ *Méthode 11.5*

Corrigé

Exercice 11.6

1. Par définition de la partie entière, on sait que : $\forall x \in \mathbb{R}$, $\lfloor x \rfloor \leq x < \lfloor x \rfloor + 1$.

On a alors : $0 \leq x - \lfloor x \rfloor < 1$. On en déduit : $0 \geq -(x - \lfloor x \rfloor) > -1$.

En ajoutant 2, on obtient : $2 \geq 2 - (x - \lfloor x \rfloor) > 1$.

Les membres de l'inégalité sont strictement positifs donc : $\forall x \in \mathbb{R}$, $\dfrac{1}{2} \leq \dfrac{1}{2-(x-\lfloor x \rfloor)} \leq 1$.

2. En multipliant par x positif, on trouve : $\forall x \geq 0$, $\dfrac{x}{2} \leq \dfrac{x}{2-(x-\lfloor x \rfloor)} \leq x$.

De cette double inégalité, on ne retient que celle de gauche : $\dfrac{x}{2-(x-\lfloor x \rfloor)} \geq \dfrac{x}{2}$.

Comme $\lim\limits_{x \to +\infty} \dfrac{x}{2} = +\infty$, alors par minoration : $\lim\limits_{x \to +\infty} \dfrac{x}{2-(x-\lfloor x \rfloor)} = +\infty$.

Méthode 11.2

Exercice 11.7

1. Posons, pour tout entier naturel n, $R(n)$: « $f(x) = f(x+nT)$ ».
$R(0)$ est évidemment vraie.
Soit n un entier naturel tel que $R(n)$ est vraie.
On a alors : $f(x+(n+1)T) = f((x+nT)+T) = f(x+nT)$, puisque f est T-périodique.

Grâce à $R(n)$, on obtient ainsi : $f(x+(n+1)T) = f(x)$. $R(n+1)$ est donc vraie.

Finalement, par récurrence, pour tout entier naturel n, $f(x+nT) = f(x)$.

On obtient ainsi : $\forall x \in \mathbb{R}, \forall n \in \mathbb{N}, f(x+nT) = f(x)$. $\quad (*)$

2. Comme $\lim\limits_{n \to +\infty} (x+nT) = +\infty$, on a : $\lim\limits_{n \to +\infty} f(x+nT) = \lim\limits_{X \to +\infty} f(X) = \ell$.

En passant à la limite dans $(*)$, quand n tend vers $+\infty$, on obtient : $\forall x \in \mathbb{R}$, $\ell = f(x)$.

Ceci prouve que f est constante sur $\mathbb{R}$.

Exercice 11.8

Par définition de la limite en $+\infty$, on peut écrire : $\forall \varepsilon > 0, \exists a > 0, \forall x \geq a, |f(x) - \ell| \leq \varepsilon$.
Ceci s'écrit aussi : $\forall \varepsilon > 0, \exists a > 0, \forall x \geq a, \ \ell - \varepsilon \leq f(x) \leq \ell + \varepsilon$.
Par définition d'une fonction bornée, on constate que f est bornée sur $[a, +\infty[$.

Chapitre 12
Continuité

Les notions de limite et de continuité sont omniprésentes en analyse. À l'époque de **Leibniz** et d'**Euler**, le concept de fonction ne fait qu'émerger, interdisant de donner une définition précise à ces notions. On parle plutôt alors de discontinuité pour des fonctions particulières. Un besoin de définition précis se fait sentir dès le XVIIIe siècle avec Jean **Le Rond d'Alembert**, mais ce qu'il propose est très confus, faute d'une construction des nombres réels. La définition donnée par **Cauchy**, au début du siècle suivant, est déjà plus satisfaisante. Cependant, c'est le mathématicien allemand Karl **Weierstrass** qui introduit la définition actuelle avec des ε et des α.

Jean Le Rond d'Alembert
1717-1783

■■ Objectifs

■ Les incontournables

- ▷ Savoir étudier la continuité d'une fonction en un point.
- ▷ Savoir utiliser le théorème des valeurs intermédiaires.
- ▷ Savoir utiliser le théorème de la bijection.

■ Et plus si affinités

- ▷ Savoir utiliser la définition de la continuité.

Résumé de cours

Continuité en un point

Premières définitions

Définition 12.1. — Soit une fonction f définie sur un voisinage d'un réel x_0, où x_0 appartient à l'ensemble de définition D_f de f. On dit que f est *continue* en x_0 si f admet une limite finie en x_0, cette limite étant nécessairement égale à $f(x_0)$.

La fonction f est *continue à droite* en x_0 lorsque $\lim_{x \to x_0^+} f(x) = f(x_0)$.

La fonction f est *continue à gauche* en x_0 lorsque $\lim_{x \to x_0^-} f(x) = f(x_0)$.

Remarque 12.1. — Pour que f soit continue en x_0, il est nécessaire que f soit définie en x_0.

Remarque 12.2. — On rappelle que $\lim_{x \to x_0} f(x) = f(x_0)$ signifie :

$$\forall \varepsilon > 0,\ \exists \alpha > 0,\ \forall x \in D_f \quad |x - x_0| \leq \alpha \Rightarrow |f(x) - f(x_0)| \leq \varepsilon .$$

Théorème 12.1. — Une fonction f définie en x_0, est continue en x_0 si, et seulement si, f est continue à gauche et à droite en x_0.

Exemple 12.1. — Soit la fonction f définie sur $\mathbb{R}$ par : $f(x) = e^x$ si $x < 0$ et $f(x) = x^2$ si $x \geq 0$. On a : $\lim_{x \to 0^-} f(x) = \lim_{x \to 0^-} e^x = 1 \neq f(0)$, et $\lim_{x \to 0^+} f(x) = \lim_{x \to 0^+} x^2 = 0 = f(0)$. Donc la fonction f n'est pas continue en 0, mais est continue à droite en 0.

⇨ **Méthodes 12.1. et 12.2. Comment étudier la continuité d'une fonction en un point ?**

Prolongement par continuité

Définition 12.2. — Soit une fonction f définie au voisinage d'un réel x_0, **mais pas en x_0**. Si f admet une limite réelle ℓ en x_0, alors la fonction g, coïncidant avec f sur D_f, et telle que $g(x_0) = \ell$, est continue en x_0.

La fonction g s'appelle le *prolongement par continuité* de f en x_0.

Remarque 12.3. — Souvent on prolonge f par continuité en x_0, en posant tout simplement $f(x_0) = \ell$ (on confond alors les fonctions f et g).

Exemple 12.2. — La fonction f, définie sur $]0, +\infty[$ par $f(x) = x \ln x$, est prolongeable par continuité en 0 (à droite) en posant $f(0) = 0$, puisque $\lim_{x \to 0^+} f(x) = \lim_{x \to 0^+} x \ln x = 0$.

⇨ **Méthode 12.3. Comment prolonger une fonction par continuité en un point ?**

■ Continuité sur un intervalle

❑ Généralités

Définition 12.3. — On dit qu'une fonction est continue sur un intervalle I si elle est continue en tout point de I.
L'ensemble des fonctions continues sur l'intervalle I est noté $C(I)$ ou $C^0(I)$.

Remarque 12.4. — Si I est de la forme $[a, b[$, $]a, b]$ ou $[a, b]$, alors f est continue sur I lorsqu'elle est continue en tout point de $]a, b[$ et continue à droite en a si I contient a, et à gauche en b si I contient b.

Théorème 12.2. — Les fonctions polynomiales (en particulier les fonctions constantes), les fonctions rationnelles (quotient de fonctions polynomiales), la fonction *valeur absolue*, les fonctions *logarithme népérien* et *exponentielle*, les fonctions puissances (en particulier *racine carrée*), les fonctions *sinus*, *cosinus*, *tangente* et *arctangente* sont continues là où elles sont définies.

Exemple 12.3. — Si n est un entier, la fonction *partie entière* est continue sur tout intervalle $[n, n+1[$, puisqu'elle est constante égale à n sur cet intervalle.

Exemple 12.4. — Soit f la fonction définie par : $f(x)=2x+1$ si $x \leq 0$ et $f(x)=3x-1$ si $x>0$.
La fonction f est continue sur $]-\infty, 0[$ et sur $]0, +\infty[$ car sur chacun de ces intervalles, f est affine. De plus, $\lim\limits_{x \to 0^-} f(x) = \lim\limits_{x \to 0^-} (2x+1) = 1 = f(0)$ et $\lim\limits_{x \to 0^+} f(x) = \lim\limits_{x \to 0^+} (3x-1) = -1 \neq f(0)$.
La fonction f n'est donc pas continue en 0 et ainsi, f n'est pas continue sur $\mathbb{R}$.

Théorème 12.3. — Si f et g sont deux fonctions continues sur un intervalle I, alors :
$f+g$, λf (où λ est un réel quelconque) et fg sont continues sur I.

Si, de plus, g ne s'annule pas sur I, alors $\dfrac{f}{g}$ est continue sur I.

Théorème 12.4. — Si f est une fonction continue sur l'intervalle I, à valeurs dans l'intervalle J, et si g est continue sur J, alors $g \circ f$ est continue sur I.

❑ Le théorème des valeurs intermédiaires

Théorème 12.5. — L'image d'un intervalle par une fonction continue est un intervalle.

Théorème 12.6. — Version équivalente du théorème des valeurs intermédiaires.
Soit une fonction f continue sur $[a, b]$, avec $a<b$. Quel que soit le réel λ compris entre $f(a)$ et $f(b)$, il existe (au moins) un réel c appartenant à $[a, b]$ tel que $f(c)=\lambda$.

⇨ **Méthode 12.4. Comment utiliser le théorème des valeurs intermédiaires ?**

Remarque 12.5. — Le réel c n'est pas nécessairement unique.

Théorème 12.7. — Conséquence importante du théorème des valeurs intermédiaires.
Toute fonction continue qui change de signe sur un intervalle, s'annule au moins une fois sur cet intervalle.

❑ Image d'un segment par une fonction continue

Définition 12.4. — On appelle *segment* tout intervalle de $\mathbb{R}$ fermé et borné.

Théorème 12.8. — Si une fonction *f* est continue sur le segment $[a,b]$, alors *f* est bornée sur $[a,b]$ et atteint ses bornes.

⇨ **Méthode 12.5. Comment utiliser la continuité sur un segment ?**

Remarque 12.6. — Ce théorème énonce que *f* admet un maximum et un minimum sur $[a, b]$. Si on note $m = \min\limits_{x\in[a,b]} f(x)$ et $M = \max\limits_{x\in[a,b]} f(x)$, alors on a : $f([a,b]) = [m,M]$.
Ceci a pour conséquence le théorème suivant :

Théorème 12.9. — L'image d'un segment par une fonction continue est un segment.

❑ Théorème de la bijection

Théorème 12.10. — Si une fonction *f* est continue et strictement monotone sur un intervalle *I*, alors *f* définit une bijection de l'intervalle *I* sur l'intervalle $J = f(I)$, image de *I* par *f*.

Théorème 12.11. — Théorème de la bijection.
Si une fonction *f* est continue et strictement monotone sur un intervalle *I*, alors quel que soit le réel *b* appartenant à l'intervalle *J*, image de l'intervalle *I* par *f*, l'équation $f(x) = b$ admet une unique solution sur *I*.

⇨ **Méthode 12.6. Comment utiliser le théorème de la bijection ?**

Théorème 12.12. — Si *f* est une bijection de l'intervalle *I* sur l'intervalle *J*, alors la bijection réciproque f^{-1} de *f* est une bijection de *J* sur *I*, elle est continue sur *J* et elle possède sur *J* le même sens de variation que *f*.
Pour finir, les courbes représentatives de *f* et f^{-1} dans un repère orthonormé sont symétriques par rapport à la droite d'équation $y = x$.

Remarque 12.7. — On peut illustrer ce qui précède en considérant les courbes des fonctions "logarithme népérien" et "exponentielle" (ces fonctions sont réciproques l'une de l'autre).

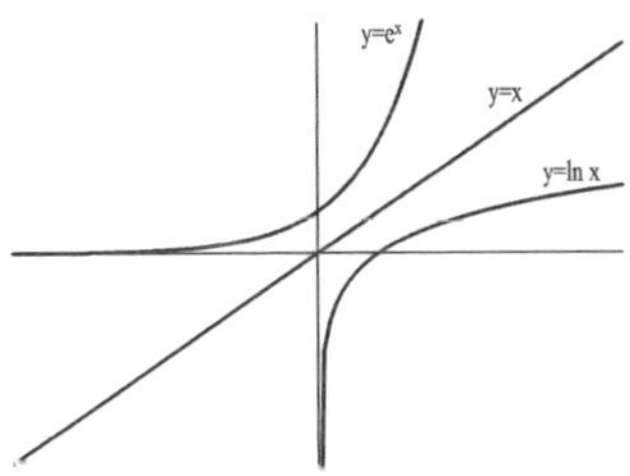

Méthodes

Continuité d'une fonction en un point

Méthode 12.1. Comment étudier la continuité d'une fonction f en un point x_0 lorsque $f(x)$ est défini "à part" en x_0 ?

> Pour montrer que f est continue en x_0, il suffit de montrer que $\lim\limits_{x\to x_0} f(x) = f(x_0)$.

⇨ **Exercices 12.1, 12.2, 12.4**

Exemple 1. Étudier la continuité en 1 de la fonction f définie par $\begin{cases} f(x) = \dfrac{\ln x}{x-1} & \text{si } x \neq 1 \\ f(1) = 1 \end{cases}$.

On sait que $\lim\limits_{x\to 1} \dfrac{\ln x}{x-1} = 1$ (limite usuelle) donc $\lim\limits_{x\to 1} f(x) = f(1)$.

Conclusion : f est continue en 1.

Exemple 2. Étudier la continuité en 3 de f définie par $\begin{cases} f(x) = \dfrac{\sqrt{x+1}-2}{x-3} & \text{si } x \in [0,3[\cup]3,+\infty[\\ f(3) = \dfrac{1}{4} \end{cases}$

$$\forall x \in [0,3[\cup]3,+\infty[,\ \frac{\sqrt{x+1}-2}{x-3} = \frac{(\sqrt{x+1}-2)(\sqrt{x+1}+2)}{(x-3)(\sqrt{x+1}+2)} = \frac{x-3}{(x-3)(\sqrt{x+1}+2)} = \frac{1}{\sqrt{x+1}+2}$$

On a donc, $\lim\limits_{x\to 3} \dfrac{\sqrt{x+1}-2}{x-3} = \lim\limits_{x\to 3} \dfrac{1}{\sqrt{x+1}+2} = \dfrac{1}{4}$. Comme $f(3) = \dfrac{1}{4}$, on a donc : $\lim\limits_{x\to 3} f(x) = f(3)$.

Conclusion : f est continue en 3.

Méthode 12.2. Comment étudier la continuité d'une fonction en un point x_0 lorsque l'expression de $f(x)$ change en x_0 ?

> Pour étudier la continuité de f en x_0, il suffit de calculer $\lim\limits_{x\to x_0^-} f(x)$, $\lim\limits_{x\to x_0^+} f(x)$ et $f(x_0)$. Si $\lim\limits_{x\to x_0^-} f(x) = f(x_0)$ et $\lim\limits_{x\to x_0^+} f(x) = f(x_0)$, alors f est continue en x_0.

⇨ **Exercices 12.3, 12.4**

Exemple. Soit la fonction f définie par $\begin{cases} f(x) = x \text{ si } x \leq 0 \\ f(x) = \dfrac{1}{x} e^{-1/x} \text{ si } x > 0 \end{cases}$.

- Commençons par remarquer que $f(0) = 0$.
- $\lim\limits_{x \to 0^-} f(x) = \lim\limits_{x \to 0^-} x = 0 = f(0)$.
- En posant $X = \dfrac{1}{x}$, on a $\lim\limits_{x \to 0^+} \dfrac{1}{x} e^{-1/x} = \lim\limits_{X \to +\infty} X e^{-X} = 0$ (limite usuelle), donc $\lim\limits_{x \to 0^+} f(x) = f(0)$.

Conclusion : f est continue en 0.

❑ Méthode 12.3. Comment prolonger une fonction par continuité en un point ?

L'opportunité de prolonger une fonction f par continuité en un point x_0 ne se présente que lorsque cette fonction **n'est pas** définie en un **réel** x_0. Il s'agit alors de savoir si cette fonction admet une limite réelle ℓ en x_0. Si oui, on pose $f(x_0) = \ell$ et la fonction f ainsi prolongée est continue en x_0. Sinon, f n'est tout simplement pas prolongeable par continuité en x_0.

Remarque. En donnant une valeur à $f(x_0)$, on modifie l'ensemble de définition de f, et donc on modifie la fonction f elle-même (puisque l'ensemble de définition d'une fonction fait partie intégrante de la définition de cette fonction). C'est pourquoi la fonction prolongée est parfois notée différemment (par exemple $\tilde{f}$).

⇨ Exercice 12.6

Exemple 1. Peut-on prolonger par continuité en 0 la fonction f définie sur $\mathbb{R}_+^*$ par $f(x) = x^x$?

Commençons par remarquer que, quel que soit le réel x strictement positif, $f(x) = e^{x \ln x}$.

Or, $\lim\limits_{x \to 0^+} x \ln x = 0$ (négligeabilité classique), et $\lim\limits_{X \to 0} e^X = 1$, donc, par composition des limites, $\lim\limits_{x \to 0^+} e^{x \ln x} = 1$, c'est-à-dire que $\lim\limits_{x \to 0^+} f(x) = 1$. On note $\tilde{f}$ la fonction définie comme suit :

$$\tilde{f}(x) = f(x) \text{ si } x > 0 \text{ et } \tilde{f}(0) = 1.$$

La fonction $\tilde{f}$ ainsi définie sur $\mathbb{R}_+$ est continue en 0.

Exemple 2. Peut-on prolonger par continuité en 0 la fonction définie sur $\mathbb{R}^*$ par $f(x) = \dfrac{e^x - 1}{x^3}$?

On peut écrire $f(x) = \dfrac{e^x - 1}{x} \times \dfrac{1}{x^2}$.

De plus, on sait que $\lim\limits_{x \to 0} \dfrac{e^x - 1}{x} = 1$ et $\lim\limits_{x \to 0} \dfrac{1}{x^2} = +\infty$, par conséquent : $\lim\limits_{x \to 0} f(x) = +\infty$.

Conclusion : f n'est pas prolongeable par continuité en 0.

■ Utilisation de la continuité

❑ Méthode 12.4. Comment utiliser le théorème des valeurs intermédiaires ?

Pour montrer que l'équation $f(x)=0$ admet (au moins) une solution sur un intervalle I, il suffit de vérifier que f est continue sur I et que I contient deux réels a et b tels que $f(a)f(b)<0$.

⇨ Exercices 12.7, 12.8, 12.11

Exemple. Montrer que tout polynôme P de degré impair possède au moins une racine réelle.
On note n le degré de P et a le coefficient dominant de P (on suppose pour l'instant a strictement positif).
Comme $a>0$, on a $\lim\limits_{x\to-\infty} P(x)=\lim\limits_{x\to-\infty} ax^n=-\infty$ (n est impair) et $\lim\limits_{x\to+\infty} P(x)=\lim\limits_{x\to+\infty} ax^n=+\infty$.

- $\lim\limits_{x\to-\infty} P(x)=-\infty$, donc il existe un réel x_1 tel que $P(x_1)<0$ (sinon, on aurait $P(x)\geq 0$, pour tout réel x, ce qui contredirait la limite égale à $-\infty$ en $-\infty$).
- $\lim\limits_{x\to+\infty} P(x)=+\infty$, donc il existe un réel x_2 tel que $P(x_2)>0$ (même raison).

On a donc $P(x_1)P(x_2)<0$. La fonction P étant continue sur $\mathbb{R}$ (c'est un polynôme), le théorème des valeurs intermédiaires assure l'existence d'un réel c entre x_1 et x_2 tel que $P(c)=0$.
Finalement, l'équation $P(x)=0$ admet (au moins) une solution réelle.
Remarque. La preuve est similaire si on suppose a strictement négatif.

❑ Méthode 12.5. Comment utiliser la continuité sur un segment ?

La continuité d'une fonction sur un segment assure que cette fonction est bornée.

⇨ Exercice 12.12

Exemple. Montrer que toute fonction continue et périodique sur $\mathbb{R}$ est bornée (sur $\mathbb{R}$).
Notons f une fonction continue et périodique sur $\mathbb{R}$. On note t une période strictement positive de f. La fonction f étant continue sur le segment $[0, t]$, elle y est bornée et atteint ses bornes. Notons alors m le minimum de f et M le maximum de f sur $[0, t]$.
Soit alors un réel x quelconque. Il existe un entier k tel que $kt\leq x<(k+1)t$ (l'entier k est la partie entière de x/t). On a alors $0\leq x-kt<t$, c'est-à-dire : $x-kt\in[0,t]$.
Par suite, puisque f est bornée sur $[0, t]$, on a : $m\leq f(x-kt)\leq M$.

Or t est une période de f, donc $f(x-kt)=f(x)$ et ainsi : $\forall x\in\mathbb{R},\ m\leq f(x)\leq M$.

Conclusion : la fonction f est bornée.

❑ Méthode 12.6. Comment utiliser le théorème de la bijection ?

Si une fonction f est continue et strictement monotone sur un intervalle I, alors f est une bijection de I sur $f(I)$.
Pour trouver le nombre de solutions de l'équation $f(x)=y$, d'inconnue x, on étudie le sens de variation de f, on met ainsi en évidence des intervalles $[a, b]$ (éventuellement ouverts en a ou en b, a et b étant finis ou non) sur lesquels f est continue, strictement monotone, et tels que l'image de $[a, b]$ par f contienne y : le théorème de la bijection assure alors l'existence et l'unicité d'une solution sur $[a, b]$.

⇨ **Exercices 12.9, 12.10**

Exemple. Montrer que l'équation $x^3-3x^2+1=0$ possède une unique solution dans l'intervalle $]2,+\infty[$.

Soit f la fonction définie par : $\forall x \in \mathbb{R}$, $f(x)=x^3-3x^2+1$.

Bien que les rappels sur la dérivation soient faits plus tard, on se souvient que f est dérivable sur $\mathbb{R}$ et que l'on a : $\forall x \in \mathbb{R}$, $f'(x)=3x^2-6x=3x(x-2)$.

Pour tout x strictement supérieur à 2, on a $f'(x)>0$ donc f est strictement croissante sur $]2,+\infty[$. En outre, f est continue sur $]2,+\infty[$ car elle est polynomiale. Comme $f(2)=-3$ et $\lim\limits_{x\to+\infty} f(x)=\lim\limits_{x\to+\infty} x^3=+\infty$, f réalise une bijection de $]2,+\infty[$ sur $]-3,+\infty[$.

Pour finir, 0 appartient à $]-3,+\infty[$ donc 0 possède un unique antécédent dans $]2,+\infty[$, ce qui signifie que l'équation $x^3-3x^2+1=0$ possède une seule solution dans l'intervalle $]2,+\infty[$.

Remarque. Le même théorème permettrait de démontrer que l'équation proposée a aussi une solution sur chacun des intervalles $]-\infty,0[$ et $]0,2[$.

Méthodes

Vrai/Faux

		Vrai	Faux
1.	Si une fonction f est continue sur $\mathbb{R}$, strictement négative sur $\mathbb{R}_-^*$ et strictement positive sur $\mathbb{R}_+^*$, alors $f(0)=0$.	☐	☐
2.	Si une fonction est continue sur $[a,b]$, alors elle est bornée sur $[a,b]$.	☐	☐
3.	Si une fonction est bornée sur $[a,b]$, alors elle est continue sur $[a,b]$.	☐	☐
4.	L'image de l'intervalle $[a,b]$ par une fonction continue est, soit l'intervalle $[f(a),f(b)]$, soit l'intervalle $[f(b),f(a)]$.	☐	☐
5.	Si une fonction est continue sur un intervalle et ne s'y annule pas, alors elle garde un signe constant sur cet intervalle.	☐	☐
6.	La fonction $f: x \mapsto e^{-1/x^2}$ est prolongeable par continuité en 0.	☐	☐
7.	Si f est continue et strictement monotone sur $[0,1]$, et si $f(0)f(1)<0$, alors l'équation $f(x)=x$ a toujours une seule solution sur $[0,1]$.	☐	☐
8.	L'image d'un intervalle borné par une fonction continue est un intervalle borné.	☐	☐
9.	Le prolongement par continuité, en 0, de la fonction f définie sur $]0,+\infty[$ par $f(x)=x^{1/2}$, est la fonction *racine carrée*.	☐	☐
10.	Si une fonction f vérifie : $\forall(x,y)\in\mathbb{R}^2,\ \lvert f(x)-f(y)\rvert \leq \lvert x-y\rvert$, alors f est continue sur $\mathbb{R}$.	☐	☐

Énoncé des exercices

❑ **Exercice 12.1.** — Montrer que chacune des fonctions suivantes est continue sur $\mathbb{R}$.

1. $f(x) = \dfrac{x}{e^x - 1}$ si $x \neq 0$ et $f(0) = 1$.

2.* $f(x) = \dfrac{\sin^2 x}{1 - \cos x}$ si $x \in \mathbb{R} \setminus \{2k\pi,\ k \in \mathbb{Z}\}$ et $f(2k\pi) = 2$ $(k \in \mathbb{Z})$.

❑ **Exercice 12.2.** — Étudier la continuité de la fonction f définie sur $]-1, +\infty[$ par :

$$\begin{cases} f(x) = \dfrac{x}{\ln(1+x)} & \text{si } x \in]-1, 0[\cup]0, +\infty[\\ f(0) = 1 \end{cases}$$

❑ **Exercice 12.3.** — Étudier la continuité de la fonction f définie sur $\mathbb{R}$ par :

$$\begin{cases} f(x) = 0 \text{ si } x < 0 \\ f(x) = e^x \text{ si } x \geq 0 \end{cases}$$

❑ **Exercice 12.4.** — Soit la fonction f définie par $f(x) = \dfrac{|x-1|}{1-\sqrt{x}}$ si $x \in [0,1[\cup]1, +\infty[$ et $f(1) = 2$. Montrer que f n'est pas continue en 1.

❑ **Exercice 12.5.** — Étudier la continuité en 0 de la fonction f définie sur $\mathbb{R}$ par :

$$f(x) = x - \lfloor x \rfloor$$

❑ **Exercice 12.6.** — Pour chacune des fonctions f suivantes, dire si elle admet un prolongement par continuité au point x_0 considéré, et si oui, l'effectuer.

1. f est définie sur $]0,1[$ par : $f(x) = \dfrac{1}{\ln x}$; $x_0 = 0$, puis $x_0 = 1$.

2. f est définie sur $]0, +\infty[$ par : $f(x) = x^\alpha$; $x_0 = 0$ (on discutera selon les valeurs du réel α).

❑ **Exercice 12.7.*** — On considère une fonction f, continue sur $[0,1]$, et prenant ses valeurs dans l'intervalle $[0,1]$.

On note g la fonction définie sur $[0,1]$ par : $g(x) = f(x) - x$.

1. Quel est le signe de $g(0)$? Quel est celui de $g(1)$?

2. En déduire qu'il existe au moins un réel x_0 de $[0,1]$ tel que $f(x_0) = x_0$.

❑ **Exercice 12.8.** * — On considère un réel p de $]0,1[$ et on note $q = 1 - p$.

Montrer que l'équation $x^2 - qx - pq = 0$, d'inconnue x, admet deux racines réelles distinctes, notées r et s, vérifiant : $-1 < r < 0 < s < 1$.

D'après HEC

❑ **Exercice 12.9.** — Montrer que l'équation $e^{-x^2} = x$ admet une unique solution sur $\mathbb{R}_+^*$.

❑ **Exercice 12.10.** — On désigne par n un entier naturel supérieur ou égal à 2.

On note f la fonction définie sur $\mathbb{R} \setminus [\![1,n]\!]$ par : $f(x) = \sum_{k=1}^{n} \frac{1}{x-k}$. Le but de cet exercice est de déterminer le nombre de solutions de l'équation $f(x) = 0$.

1. En étudiant le signe de $f(x)$ pour x appartenant à $]-\infty,1[$, montrer que l'équation $f(x) = 0$ n'a aucune solution sur l'intervalle $]-\infty,1[$.

2. Montrer que l'équation $f(x) = 0$ n'a aucune solution sur l'intervalle $]n,+\infty[$.

3. Pour tout entier i de $[\![1,n-1]\!]$, étudier le sens de variation de f sur l'intervalle $]i,i+1[$ et déterminer les limites de f aux bornes de cet intervalle.

4. Conclure.

❑ **Exercice 12.11.** * — On désigne par n un entier naturel non nul et on considère n réels distincts $a_1, a_2, \ldots, a_n$, tous éléments de $[0, 1]$.

On considère la fonction f_n définie pour tout réel x de $[0, 1]$ par : $f_n(x) = \frac{1}{n}\sum_{k=1}^{n} | x - a_k |$.

Calculer $f_n(0) + f_n(1)$ et en déduire qu'il existe au moins un réel u de $[0, 1]$ tel que $f_n(u) = \frac{1}{2}$.

❑ **Exercice 12.12.** * — Le but de cet exercice est de montrer que toute fonction continue sur $\mathbb{R}$, de limite finie en $-\infty$ et $+\infty$, est bornée.

Soit donc f une telle fonction. On note $\lim_{x \to -\infty} f(x) = a$ et $\lim_{x \to +\infty} f(x) = b$.

1. En utilisant la définition de la limite de f en $-\infty$, justifier l'existence d'un réel négatif B tel que : $\forall x < B,\ a - 1 \leq f(x) \leq a + 1$.

2. Montrer de même qu'il existe un réel x_b positif tel que : $\forall x > B',\ b - 1 \leq f(x) \leq b + 1$.

3. Justifier l'existence de deux réels m et M tels que : $\forall x \in [B, B'],\ m \leq f(x) \leq M$.

4. Conclure.

Pour vous aider à démarrer

Exercice 12.1. Pour la question **2**, penser à : $\sin^2 x = 1 - \cos^2 x$.
Exercice 12.4. Écrire $f(x)$ différemment selon que $x > 1$ ou $x < 1$.
Exercice 12.5. Se souvenir que $\lfloor x \rfloor$ est le seul entier vérifiant : $\lfloor x \rfloor \leq x < \lfloor x \rfloor + 1$ et appliquer cette définition pour des réels x éléments de $]-1, 0[$ et pour des réels x éléments de $[0, 1[$.
Exercice 12.8. L'équation étant polynomiale de degré deux, elle admet au plus deux solutions distinctes. Évaluer $x^2 - qx - pq$ en -1, en 0 et en 1.
Exercice 12.9. Utiliser le théorème de la bijection.
Exercice 12.12. Pour les questions **1** et **2**, prendre $\varepsilon = 1$ dans la définition.

Corrigé des vrai/faux

1.	2.	3.	4.	5.	6.	7.	8.	9.	10.
V	V	F	F	V	V	F	F	V	V

1. La fonction f est strictement positive sur $\mathbb{R}_+^*$ et strictement négative sur $\mathbb{R}_-^*$. Comme f est continue sur $\mathbb{R}$, le théorème des valeurs intermédiaires garantit que f s'annule au moins une fois. Comme elle ne s'annule ni sur $\mathbb{R}_+^*$, ni sur $\mathbb{R}_-^*$, c'est qu'elle s'annule en 0.
On en conclut que : $f(0)=0$.

2. C'est un résultat du cours, se référer au **théorème 12.8.**

3. La fonction partie entière est bornée sur l'intervalle $[-1,1]$ car elle ne prend que les valeurs -1, 0 et 1. Pourtant cette fonction n'est pas continue en 0 donc pas continue sur $[-1,1]$.

4. Considérons la fonction carrée sur l'intervalle $[-1,1]$.
On prouve grâce aux variations de cette fonction que : $f([-1,1])=[0,1]$.
Or, l'intervalle $[0,1]$ n'est ni égal à $[f(-1),f(1)]$ ni à $[f(1),f(-1)]$.

5. Considérons une fonction continue sur un intervalle I et ne s'y annulant pas.
Prouvons, par l'absurde, que f garde un signe constant sur cet intervalle.
Si f changeait de signe sur cet intervalle, le théorème des valeurs intermédiaires assurerait qu'il existe un élément c de cet intervalle en lequel f s'annule, ce qui contredirait le fait que f ne s'annule pas. On en conclut que f garde un signe constant sur cet intervalle.

6. Comme, $\lim\limits_{x\to 0} -\dfrac{1}{x^2}=-\infty$, on en déduit, par composition de limites, que : $\lim\limits_{x\to 0} e^{-\frac{1}{x^2}}=0$.

La fonction f : $x\mapsto e^{-\frac{1}{x^2}}$ est donc prolongeable par continuité en 0 en posant $f(0)=0$.

7. La fonction $f:x\mapsto x-\dfrac{1}{2}$ est continue et strictement croissante sur $[0,1]$.

De plus, $f(0)f(1)=-\dfrac{1}{2}\times\dfrac{1}{2}=-\dfrac{1}{4}<0$.

Pourtant l'équation $f(x)=x$ n'a pas de solution sur $[0,1]$ puisque cette équation équivaut à $x-\frac{1}{2}=x$, ce qui donne $-\frac{1}{2}=0$ (!).

Remarque. L'équation "$f(x) = 0$", elle, a une unique solution sur $[0,1]$.

8. La fonction logarithme est continue sur l'intervalle $]0,1]$, qui est borné.

Sa stricte croissance sur cet intervalle nous assure que $f(]0,1])=\left]\lim\limits_{x\to 0^+}\ln x,\ \ln 1\right]=]-\infty,\ 0]$.

L'intervalle $]-\infty,\ 0]$ n'est pas borné. L'image d'un intervalle borné par une fonction continue sur cet intervalle n'est donc pas nécessairement un intervalle borné.

9. La fonction *f* définie sur $\mathbb{R}_+^*$ par $f(x)=x^{1/2}$ vérifie : $\forall x>0, x^{\frac{1}{2}}=e^{\frac{1}{2}\ln x}=e^{\ln\sqrt{x}}=\sqrt{x}$.

De plus, comme $\lim\limits_{x\to 0^+}\frac{1}{2}\ln x=-\infty$, on en déduit, par composée, que : $\lim\limits_{x\to 0^+}x^{\frac{1}{2}}=0=\sqrt{0}$.

On en conclut que le prolongement par continuité de *f* en 0 est la fonction racine carrée.

10. Montrons que *f* est continue en tout point x_0 de $\mathbb{R}$.

On a : $\forall x\in\mathbb{R}, 0\leq|f(x)-f(x_0)|\leq|x-x_0|$.

Le théorème d'encadrement assure alors que : $\lim\limits_{x\to x_0}f(x)=f(x_0)$.

Cela signifie que *f* est continue en tout x_0 de $\mathbb{R}$ donc *f* est continue sur $\mathbb{R}$.

❑ Les erreurs classiques

- Il faut bien distinguer « *f* continue en x_0 » (cas où $x_0\in D_f$) de « *f* prolongeable par continuité en x_0 » (cas où $x_0\notin D_f$).
- Pour des équations du type $f(x)=g(x)$, on n'applique jamais le théorème des valeurs intermédiaires ou le théorème de la bijection à la fonction *f* mais à $f-g$.
- La dérivabilité en un point implique la continuité en ce point. Pourtant, on n'utilise quasiment jamais la dérivabilité pour prouver la continuité (surtout lorsque la question est abordée d'entrée de jeu dans un problème).
- On ne peut pas parler de prolongement par continuité en « l'infini ».
- L'image de l'intervalle $[a,b]$ par une fonction continue est toujours un intervalle, mais seules les variations de *f* permettent de savoir de quel intervalle il s'agit.

Corrigé des exercices

Exercice 12.1

1. La fonction $x \mapsto \dfrac{x}{e^x - 1}$ est continue sur $]-\infty, 0[$ et $]0, +\infty[$, en tant que quotient de fonctions continues sur ces intervalles, dont le dénominateur ne s'annule pas.

De plus, comme $\lim\limits_{x \to 0} \dfrac{e^x - 1}{x} = 1$, on a : $\lim\limits_{x \to 0} f(x) = \dfrac{1}{1} = 1 = f(0)$.

On en déduit que *f* est continue en 0.

Finalement, *f* est continue sur $\mathbb{R}$.

2. La fonction $x \mapsto \sin^2 x$ est continue sur $\mathbb{R}$.

La fonction $x \mapsto 1 - \cos x$ étant continue sur $\mathbb{R}$ et ne s'annulant qu'en les réels $2k\pi$ (*k* entier relatif), on en déduit que *f* est continue sur tous les intervalles $]2k\pi, 2(k+1)\pi[$, avec *k* entier.

Soit *k* un entier relatif.

On remarque que : $\forall x \in \mathbb{R}, \sin^2 x = 1 - \cos^2 x$.

On en déduit que : $\forall x \in \mathbb{R} \setminus \{2k\pi, k \in \mathbb{Z}\}, f(x) = 1 + \cos x$. Or : $\lim\limits_{x \to 2k\pi} 1 + \cos x = 2$.

On en conclut que : $\lim\limits_{x \to 2k\pi} f(x) = 2 = f(2k\pi)$. La fonction *f* est ainsi continue en $2k\pi$.

Finalement, *f* est continue sur $\mathbb{R}$. ⇨ *Méthode 12.1*

Exercice 12.2

Étudions la continuité de *f* sur $]-1, 0[$, sur $]0, +\infty[$, et enfin en 0.

• Sur $]-1, 0[$, *f* est continue en tant que quotient bien défini de deux fonctions continues sur cet intervalle.

• Sur $]0, +\infty[$, le raisonnement et la conclusion sont les mêmes : *f* est continue sur $]0, +\infty[$.

• On sait que $\lim\limits_{x \to 0} \dfrac{\ln(1+x)}{x} = 1$ donc $\lim\limits_{x \to 0} \dfrac{x}{\ln(1+x)} = 1$, soit $\lim\limits_{x \to 0} f(x) = f(0)$. Ainsi, *f* est continue en 0.

Conclusion : *f* est continue sur $]-1, +\infty[$. ⇨ *Méthode 12.1*

Exercice 12.3

Sur l'intervalle $]-\infty, 0[$, *f* est continue en tant que fonction constante sur cet intervalle.

• Sur l'intervalle $]0, +\infty[$, *f* est continue (c'est une fonction de référence).

• $\lim\limits_{x \to 0^-} f(x) = \lim\limits_{x \to 0^-} 0 = 0 \neq f(0)$ et $\lim\limits_{x \to 0^+} f(x) = \lim\limits_{x \to 0^+} e^x = 1 = f(0)$, donc *f* n'est pas continue en 0.

Conclusion : *f* est continue sur $]-\infty, 0[$ et sur $]0, +\infty[$, mais pas en 0 (seulement à droite).

⇨ *Méthode 12.2*

Exercice 12.4

Commençons par remarquer que, du fait de la valeur absolue : $\begin{cases} f(x) = \dfrac{1-x}{1-\sqrt{x}} \text{ si } x \in [0,1[\\ f(1) = 2 \\ f(x) = \dfrac{x-1}{1-\sqrt{x}} \text{ si } x > 1 \end{cases}$.

- On a donc $f(1) = 2$.
- $\forall x \in [0,1[$, $\dfrac{1-x}{1-\sqrt{x}} = \dfrac{(1-x)(1+\sqrt{x})}{(1-\sqrt{x})(1+\sqrt{x})} = \dfrac{(1-x)(1+\sqrt{x})}{1-x} = 1+\sqrt{x}$.

On a alors, $\lim\limits_{x\to 1^-} \dfrac{1-x}{1-\sqrt{x}} = \lim\limits_{x\to 1^-}(1+\sqrt{x}) = 2$, c'est-à-dire $\lim\limits_{x\to 1^-} f(x) = f(1)$.

- $\forall x > 1$, $\dfrac{x-1}{1-\sqrt{x}} = -\dfrac{1-x}{1-\sqrt{x}} = -1-\sqrt{x}$ (voir le calcul fait pour x élément de $[0,1[$).

On a alors, $\lim\limits_{x\to 1^+} \dfrac{x-1}{1-\sqrt{x}} = \lim\limits_{x\to 1^+}(-1-\sqrt{x}) = -2$, et donc $\lim\limits_{x\to 1^+} f(x) \neq f(1)$.

Conclusion : *f* n'est pas continue en 1. Plus précisément, *f* est continue à gauche en 1 mais pas à droite en 1.

⇨ *Méthodes 12.1, 12.2*

Exercice 12.5

Commençons par remarquer que $f(0) = 0 - \lfloor 0 \rfloor = 0$.

- $\forall x \in]-1,0[$, $\lfloor x \rfloor = -1$, donc $f(x) = x+1$, si bien que $\lim\limits_{x\to 0^-} f(x) = \lim\limits_{x\to 0^-}(x+1) = 1$.
- $\forall x \in [0,1[$, $\lfloor x \rfloor = 0$, donc $f(x) = x$, si bien que $\lim\limits_{x\to 0^+} f(x) = \lim\limits_{x\to 0^+} x = 0$.

Conclusion : *f* n'est donc pas continue en 0. Plus précisément, elle est continue à droite en 0 mais pas à gauche en 0.

⇨ *Méthode 12.2*

Exercice 12.6

1. Connaissant les limites de la fonction logarithme aux bornes de son ensemble de définition, on obtient : $\lim\limits_{x\to 0^+} f(x) = 0$ et $\lim\limits_{x\to 1^-} f(x) = -\infty$.

La fonction *f* est donc prolongeable par continuité en 0 en posant $f(0) = 0$ mais pas en 1.

2. On désigne par α un réel et pour tout réel x strictement positif, on a : $f(x) = e^{\alpha \ln x}$.

Comme, on sait que : $\lim\limits_{x\to 0^+} \ln x = -\infty$, trois cas sont à distinguer.

- Si α est strictement positif, $\lim\limits_{x\to 0^+} \alpha \ln x = -\infty$, et, par composition , on a : $\lim\limits_{x\to 0^+} f(x) = 0$.

La fonction *f* est, dans ce cas, prolongeable par continuité en 0 en posant $f(0) = 0$.

Corrigé

- Si α est nul, alors, pour tout x strictement positif, $f(x)=1$. Comme $\lim_{x\to 0^+} f(x)=1$, on en conclut qu'alors, *f* est prolongeable par continuité en 0 en posant $f(0)=1$.
- Si α est strictement négatif, on obtient : $\lim_{x\to 0} \alpha \ln x = +\infty$. Ainsi, par composition de limites, on obtient : $\lim_{x\to 0^+} f(x) = +\infty$. La fonction *f* n'est pas prolongeable par continuité en 0.

⇨ *Méthode 12.3*

Exercice 12.7

1. On a tout d'abord $g(0)=f(0)\geq 0$ car *f* est à valeurs dans $[0,1]$.
De même, $g(1)=f(1)-1\leq 0$ car $f(1) \leq 1$, puisque *f* est à valeurs dans $[0,1]$.

2. La fonction g est continue sur $[0,1]$ comme somme de fonctions continues sur $[0,1]$.
De plus, $g(0)g(1)\leq 0$.
Le théorème des valeurs intermédiaires assure qu'il existe un réel x_0 de $[0,1]$ tel que : $g(x_0)=0$. On en conclut qu'il existe un réel x_0 de $[0,1]$ tel que : $f(x_0)=x_0$.

⇨ *Méthode 12.4*

Exercice 12.8

L'équation $x^2-qx-pq=0$ est une équation polynomiale de degré 2 et possède donc au plus deux racines réelles.
En posant $f(x)=x^2-qx-pq$, on remarque alors que :
- $f(-1)=1+q-pq=1+q(1-p)=1+q^2>0$.
- $f(0)=-pq=-p(1-p)<0$ (car p appartient à $]0,1[$).
- $f(1)=1-q-pq=p-pq=p(1-q)=p^2>0$.

La fonction *f* étant continue sur $\mathbb{R}$ en tant que fonction polynomiale, le théorème des valeurs intermédiaires appliqué deux fois assure que la fonction *f* s'annule au moins une fois sur $]-1,0[$ et au moins une fois sur $]0,1[$.
On peut maintenant conclure que l'équation $x^2-qx-pq=0$ possède deux racines réelles r et s telles que : $-1<r<0<s<1$.

⇨ *Méthode 12.4*

Exercice 12.9

Commençons par noter *f* la fonction définie sur $\mathbb{R}$ par $f(x)=e^{-x^2}-x$.
- Puisque, quel que soit le réel x, $e^{-x^2}>0$, alors l'égalité $e^{-x^2}=x$ ne peut avoir lieu que si $x>0$. On en déduit que l'équation $e^{-x^2}=x$ n'a pas de solution sur $]-\infty,0]$.

• Sur $\mathbb{R}_+^*$, la fonction $x \mapsto e^{-x^2}$ est strictement décroissante (par composition) et comme la fonction $x \mapsto -x$ est strictement décroissante sur $\mathbb{R}_+^*$, la fonction *f* est strictement décroissante sur $\mathbb{R}_+^*$ comme somme de deux fonctions strictement décroissantes sur $\mathbb{R}_+^*$. En outre, *f* est continue sur $\mathbb{R}_+^*$ comme somme de telles fonctions, donc *f* définit une bijection de $\mathbb{R}_+^*$ sur l'image de $\mathbb{R}_+^*$. Comme $f(0)=1$ et $\lim\limits_{x\to+\infty} f(x)=-\infty$, *f* réalise une bijection de $\mathbb{R}_+^*$ sur $]-\infty, 1[$. Puisque 0 appartient à $]-\infty, 1[$, l'équation $f(x)=0$ a une unique solution sur $\mathbb{R}_+^*$, ce qui signifie que l'équation $e^{-x^2}=x$ admet une unique solution sur $\mathbb{R}_+^*$.

⇨ *Méthode 12.6*

✐ *Pour obtenir la monotonie de f, on aurait pu (en anticipant sur le chapitre suivant), dériver f. On trouverait alors :* $\forall x>0, f'(x)=-\left(2xe^{-x^2}+1\right)<0$.

Ceci permet de conclure plus vite que f est strictement décroissante sur $\mathbb{R}_+^*$.

Exercice 12.10

1. Pour tout *x* élément de $]-\infty,1[$ et pour tout *k* élément de $[\![1,n]\!]$, on a : $x-k<0$.
On en déduit que : $f(x)<0$.
L'équation $f(x)=0$ ne peut donc pas avoir de solution sur $]-\infty,1[$.

2. Pour tout *x* élément de $]n,+\infty[$ et pour tout *k* élément de $[\![1,n]\!]$, on a : $x-k>0$.
On en déduit que : $f(x)>0$.
L'équation $f(x)=0$ ne peut donc pas avoir de solution sur $]n,+\infty[$.

3. On rappelle que *n* est supérieur ou égal à 2. Pour tout *i* élément de $[\![1,n-1]\!]$, la fonction *f* est dérivable sur $]i, i+1[$, en tant que fonction rationnelle bien définie sur $]i, i+1[$.

De plus, pour tout *x* de $]i, i+1[$, on a : $f'(x)=\sum\limits_{k=1}^{n}\frac{-1}{(x-k)^2}$.

Un carré étant toujours positif, on en déduit que $f'(x)$ est strictement négative pour tout *x* de $]i, i+1[$. La fonction *f* est donc strictement décroissante sur $]i, i+1[$.
Déterminons la limite de $f(x)$ quand *x* tend vers *i* par valeurs supérieures.
Tous les termes de la somme définissant *f* ont une limite finie sauf le terme d'indice $k=i$.

Pour ce dernier, on a : $\lim\limits_{x\to i^+}\frac{1}{x-i}=+\infty$.

On en conclut, par sommes de limites, que : $\lim\limits_{x\to i^+} f(x)=+\infty$.

Pour la limite quand *x* tend vers $i+1$ par valeurs inférieures, tous les termes de la somme définissant *f* ont une limite finie sauf le terme d'indice $k=i+1$.

Corrigé

Pour ce dernier, on a : $\lim\limits_{x\to(i+1)^-} \frac{1}{x-(i+1)} = -\infty$. On en conclut que : $\lim\limits_{x\to(i+1)^-} f(x) = -\infty$.

4. D'après la question **3**, pour tout i de $[\![1,n-1]\!]$, f est continue et strictement décroissante sur $]i,\, i+1[$ et réalise ainsi une bijection de $]i,\, i+1[$ sur $]-\infty,+\infty[$.
Comme 0 est un élément de $]-\infty,+\infty[$, nous pouvons affirmer que l'équation $f(x)=0$ possède une unique solution sur l'intervalle $]i,\, i+1[$. Ceci étant valable pour tout i de $[\![1,n-1]\!]$.
On en conclut que l'équation $f(x)=0$ possède $n-1$ solutions réelles.

⇨ *Méthode 12.6*

Exercice 12.11

Comme $a_1, a_2, \ldots, a_n$, sont éléments de [0, 1], on a : $\forall k \in [\![1,n]\!],\ a_k \geq 0$ et $1-a_k \geq 0$. On en déduit alors : $f_n(0) = \frac{1}{n}\sum_{k=1}^{n} |-a_k| = \frac{1}{n}\sum_{k=1}^{n} a_k$ et $f_n(1) = \frac{1}{n}\sum_{k=1}^{n} |1-a_k| = \frac{1}{n}\sum_{k=1}^{n}(1-a_k)$.

On a alors : $f_n(0)+f_n(1) = \frac{1}{n}\sum_{k=1}^{n} a_k + \frac{1}{n}\sum_{k=1}^{n}(1-a_k) = \frac{1}{n}\sum_{k=1}^{n} 1 = 1.$

Comme f_n est à valeurs dans [0, 1], deux cas sont à considérer :

- Soit $f_n(0) = f_n(1) = \frac{1}{2}$ et l'équation $f_n(x) = \frac{1}{2}$ a au moins deux solutions : 0 et 1.
- Soit l'un des deux nombres $f_n(0)$ ou $f_n(1)$ est plus grand que $\frac{1}{2}$ et l'autre est plus petit que $\frac{1}{2}$, et dans ce cas, comme f_n est continue sur [0, 1] (la fonction valeur absolue l'est), le théorème des valeurs intermédiaires garantit qu'il existe au moins un réel u de]0, 1[tel que $f_n(u) = \frac{1}{2}$.

⇨ *Méthode 12.4*

Exercice 12.12

1. Utilisons la définition de $\lim\limits_{x\to-\infty} f(x) = a$, avec $\varepsilon = 1$: $\exists B<0,\ \forall x<B,\ |f(x)-a| \leq 1$.
Ainsi, il existe un réel négatif B tel que : $\forall x<B,\ a-1 \leq f(x) \leq a+1$: f est bornée sur $]-\infty, B[$.

2. En exploitant de façon similaire la définition de $\lim\limits_{x\to+\infty} f(x) = b$, on obtient l'existence d'un réel B' positif tel que : $\forall x > B',\ b-1 \leq f(x) \leq b+1$: f est bornée sur $]B', +\infty[$.

3. La fonction f est continue sur le segment $[B, B']$, on en conclut que f est bornée sur $[B, B']$.

⇨ *Méthode 12.5*

4. Grâce aux trois questions précédentes, f est bornée sur $\mathbb{R}$.

Chapitre 13
Dérivabilité

Plusieurs mathématiciens, parmi lesquels Pierre **de Fermat**, ont cherché à définir la pente de la tangente à une courbe en un point. Il faut cependant attendre **Newton** pour donner une bonne définition en introduisant ce que nous appelons de nos jours la dérivée. Inspiré par une approche cinématique, bien qu'il se rende compte que sa théorie est plus générale, il l'appelle *fluxion*. Son travail, terminé en 1666, ne sera publié qu'en 1687. Entre temps, **Leibniz** introduit, de manière un peu différente, le même concept. S'est-il inspiré des idées de Newton ? On ne le sait pas. Une querelle s'élèvera entre les eux hommes sur la primauté de cette découverte.

Pierre de Fermat
1601-1665

Objectifs

Les incontournables

- ▷ Savoir étudier la dérivabilité d'une fonction en un point et sur un intervalle.
- ▷ Connaître les formules de dérivation des fonctions usuelles.
- ▷ Savoir interpréter graphiquement la limite du taux d'accroissement en un point.
- ▷ Savoir utiliser les inégalités des accroissements finis.

Et plus si affinités

- ▷ Savoir utiliser le théorème de Rolle.

Résumé de cours

Dérivabilité en un point

Premières définitions

Définition 13.1. — Soit une fonction f définie au voisinage d'un réel x_0 appartenant à son ensemble de définition. On dit que f est *dérivable* en x_0 lorsque le rapport $\dfrac{f(x)-f(x_0)}{x-x_0}$, appelé *taux d'accroissement de f en x_0*, a une limite finie lorsque x tend vers x_0.
Dans ce cas, cette limite, que l'on note $f'(x_0)$, est appelée *nombre dérivé* de f en x_0.

⇨ **Méthode 13.1. Comment étudier la dérivabilité en un point ?**

Remarque 13.1. — En posant $x = x_0 + h$, le calcul de $\lim\limits_{x\to x_0} \dfrac{f(x)-f(x_0)}{x-x_0}$ est souvent rendu plus simple et se ramène à $\lim\limits_{h\to 0} \dfrac{f(x_0+h)-f(x_0)}{h}$.

Si f est dérivable en x_0, on a alors : $f'(x_0) = \lim\limits_{h\to 0} \dfrac{f(x_0+h)-f(x_0)}{h}$.

Définition 13.2. — La fonction f est dite *dérivable à droite* (ou *à gauche*) en x_0 lorsque le taux d'accroissement de f en x_0 admet une limite à droite (ou à gauche) en x_0. Cette limite est alors appelée *nombre dérivé de f à droite* (ou *à gauche*) *en* x_0, que l'on note $f'_d(x_0)$ (ou $f'_g(x_0)$).

Remarque 13.2. — Si f n'est pas définie à gauche de x_0, alors la notion de dérivabilité à droite se confond avec celle de dérivabilité tout court (de même en échangeant *gauche* et *droite*).

Théorème 13.1. — Une fonction f est dérivable en x_0 si, et seulement si, f est dérivable à droite et à gauche en x_0, et si de plus $f'_d(x_0) = f'_g(x_0)$.

Exemple 13.1. — La fonction $f : x \mapsto |x|$ n'est pas dérivable en 0, mais $f'_g(0) = -1$ et $f'_d(0) = 1$.

Remarque 13.3. — Si f est dérivable en x_0, alors f est continue en x_0. La réciproque est fausse, comme le montre la fonction *valeur absolue*, continue en 0, mais pas dérivable en 0.

Interprétation graphique

Théorème 13.2. — On note (C_f) la courbe de la fonction f dans un repère orthogonal. Si f est dérivable en x_0, alors (C_f) admet une tangente au point $(x_0, f(x_0))$, de coefficient directeur égal à $f'(x_0)$. Son équation est donc : $y = f'(x_0)(x-x_0) + f(x_0)$.

Théorème 13.3. — On note toujours (C_f) la courbe de la fonction f dans un repère orthogonal.

• Si f n'est pas dérivable en x_0 mais admet une dérivée à gauche (ou à droite) en x_0, alors on parle de *demi tangente* (même équation en remplaçant $f'(x_0)$ par $f'_g(x_0)$ (ou $f'_d(x_0)$)).

• Si f n'est pas dérivable en x_0 mais si $\lim\limits_{x\to x_0}\dfrac{f(x)-f(x_0)}{x-x_0}=\infty$ ($+\infty$ ou $-\infty$), alors (C_f) admet une tangente *verticale* au point $(x_0, f(x_0))$ (ou une demi tangente verticale si la limite n'est infinie qu'à gauche ou à droite en x_0).

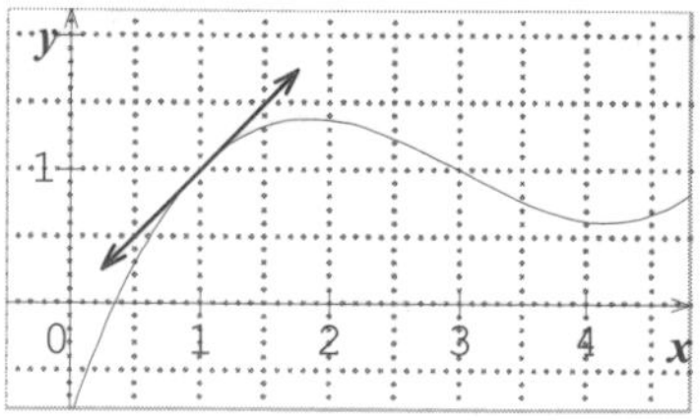

f est dérivable en 1 et $f'(1)=1$

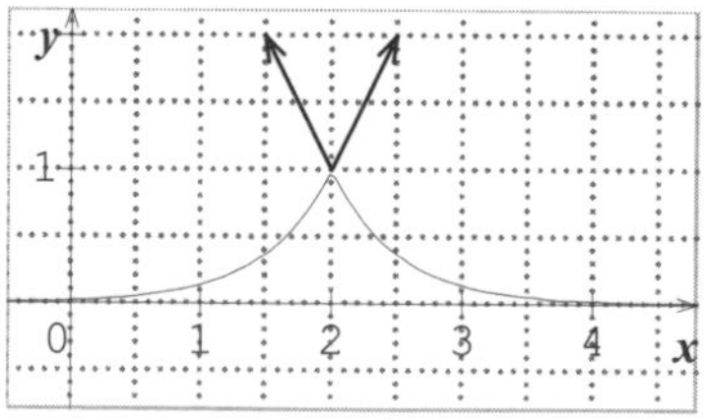

f n'est pas dérivable en 2 et $f'_g(2)=2$ et $f'_d(2)=-2$

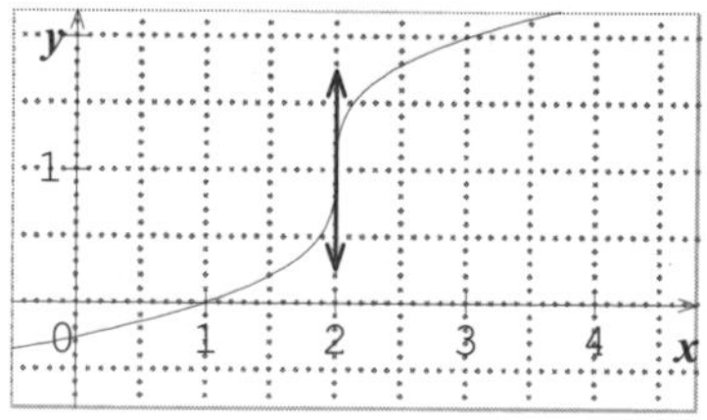

f n'est pas dérivable en 2 et $\lim\limits_{x\to 2}\dfrac{f(x)-f(2)}{x-2}=+\infty$

Dérivabilité sur un intervalle

Fonction dérivée

Définition 13.3. — On dit qu'une fonction f est dérivable sur un intervalle I d'extrémités a et b ($a<b$) lorsque f est dérivable en tout point de $]a,b[$, à droite en a si l'intervalle est fermé en a, et à gauche en b si l'intervalle est fermé en b.
On note $D^1(I)$ l'ensemble des fonctions dérivables sur I.

Définition 13.4. — L'ensemble des points en lesquels une fonction f est dérivable est appelé *l'ensemble de dérivabilité* de f. La fonction qui, à tout réel x de cet ensemble, fait correspondre $f'(x)$ s'appelle *fonction dérivée* de f (ou plus simplement *dérivée* de f), et est notée f'.

Définition 13.5. — Définition de la fonction *Arctan* (on prononce *arc tangente*)
La restriction de la fonction *tangente* à l'intervalle $]-\pi/2, \pi/2[$ est une bijection strictement croissante de $]-\pi/2,\pi/2[$ sur $\mathbb{R}$.
Sa bijection réciproque est notée *Arctan*, elle est dérivable sur $\mathbb{R}$ et est une bijection strictement croissante de $\mathbb{R}$ sur $]-\pi/2, \pi/2[$ (la dérivée figure dans le tableau suivant).

Théorème 13.4. — Les fonctions polynomiales, les fonctions rationnelles (quotient de fonctions polynomiales), les fonctions *exponentielle* et *logarithme népérien*, la fonction $x\mapsto x^\alpha$ (où α est un réel non entier), ainsi que les fonctions trigonométriques et *arctangente*, sont dérivables là où elles sont définies. Les fonctions *valeur absolue*, *racine carrée*, plus généralement $x\mapsto \sqrt[n]{x}$ (avec n entier supérieur ou égal à 2), ne sont pas dérivables en 0.

❑ Dérivation et opérations

$f(x)$	$f'(x)$
a (constante)	0
x^α ($\alpha \in \mathbb{R}^*$)	$\alpha x^{\alpha-1}$
$\sqrt{x}$	$\dfrac{1}{2\sqrt{x}}$
$\ln\|x\|$	$\dfrac{1}{x}$
e^x	e^x
a^x ($a>0$)	$(\ln a)a^x$

$f(x)$	$f'(x)$
$\cos x$	$-\sin x$
$\sin x$	$\cos x$
$\tan x$	$1+\tan^2 x$ ou $\dfrac{1}{\cos^2 x}$
$\text{Arctan}\, x$	$\dfrac{1}{1+x^2}$

***u* et *v* sont des fonctions dérivables**	
$(u+v)' = u'+v'$	$(\lambda u)' = \lambda u'$, $\lambda \in \mathbb{R}$
$(uv)' = u'v + uv'$	$(u \circ v)' = v' \times (u' \circ v)$
$\left(\dfrac{u}{v}\right)' = \dfrac{u'v - uv'}{v^2}$	$\left(\dfrac{1}{u}\right)' = -\dfrac{u'}{u^2}$
$(u^\alpha)' = \alpha u' u^{\alpha-1}$ ($\alpha \in \mathbb{R}^*$)	$\left(\sqrt{u}\right)' = \dfrac{u'}{2\sqrt{u}}$
$(\ln\|u\|)' = \dfrac{u'}{u}$	$(e^u)' = u'e^u$
$(\sin u)' = u'\cos u$	$(\cos u)' = -u'\sin u$
$(\text{Arctan}\, u)' = \dfrac{u'}{1+u^2}$	

❑ Dérivation et composition

Théorème 13.5. — Si f est une fonction dérivable sur un intervalle I, à valeurs dans un intervalle J, et si g est une fonction dérivable sur J, alors $g \circ f$ est dérivable sur I et on a :

$$\forall x \in I,\ (g \circ f)'(x) = g'(f(x)) \times f'(x)$$

Théorème 13.6. — Soit f une fonction bijective d'un intervalle I sur un intervalle J, et dérivable sur I. Soit y élément de J. Si f' ne s'annule pas en $f^{-1}(y)$, alors f^{-1} est dérivable en y et on a :

$$(f^{-1})'(y) = \frac{1}{f'(f^{-1}(y))}$$

Remarque 13.4. — On retrouve le fait que f et f^{-1} ont les mêmes variations (**théorème 4.7**).

❑ Dérivation et sens de variation

Théorème 13.7. — Soit une fonction f dérivable sur un intervalle I.
- Si, quel que soit le réel x de I, on a $f'(x) \geq 0$, alors f est croissante sur I.
- Si, quel que soit le réel x de I, on a $f'(x) \leq 0$, alors f est décroissante sur I.
- Si, quel que soit le réel x de I, on a $f'(x) > 0$, alors f est strictement croissante sur I.
- Si, quel que soit le réel x de I, on a $f'(x) < 0$, alors f est strictement décroissante sur I.
- Si, quel que soit le réel x de I, on a $f'(x) = 0$, alors f est constante sur I.

Remarque 13.5. — Si quel que soit le réel x de I, on a $f'(x) \geq 0$, mais si f' ne s'annule qu'un nombre **fini** de fois sur I, alors f est **strictement** croissante sur I (idem pour la décroissance).

⇨ **Méthode 13.2. Comment étudier les variations d'une fonction ?**

Théorème 13.8. — Soit une fonction f dérivable sur un intervalle ouvert I, et x_0 un réel de I. f admet un extremum local en x_0 si, et seulement si, $f'(x_0)=0$ et f' change de signe en x_0.

Remarque 13.6. — Si f' passe d'une valeur négative à une valeur positive, l'extremum local est un minimum local, sinon c'est un maximum local.

❑ Le théorème de Rolle et ses conséquences

Théorème 13.9. — Théorème de Rolle. Soit une fonction f continue sur un intervalle $[a,b]$ et dérivable sur $]a,b[$. Si $f(a)=f(b)$, alors il existe un réel c de $]a,b[$ tel que $f'(c)=0$.

Remarque 13.7. — Le réel c n'est pas nécessairement unique.

⇨ **Méthode 13.3. Comment utiliser le théorème de Rolle ?**

Théorème 13.10. — Théorème des accroissements finis. Si une fonction f est continue sur $[a,b]$ et dérivable sur $]a,b[$, alors il existe un réel c de $]a,b[$ tel que :

$$f(b)-f(a)=(b-a)f'(c).$$

Remarque 13.8. — Dans la pratique, lorsqu'on veut appliquer le théorème de Rolle ou celui des accroissements finis à une fonction f entre deux réels a et b, il suffit de vérifier la dérivabilité de f sur un intervalle I contenant a et b.

Théorème 13.11. — Inégalités des accroissements finis.

- Soit une fonction f continue sur $[a,b]$ et dérivable sur $]a,b[$, avec $a<b$. S'il existe deux réels m et M tels que, quel que soit le réel x de $]a,b[$, $m \leq f'(x) \leq M$, alors :

$$m(b-a) \leq f(b)-f(a) \leq M(b-a)$$

- Soit f une fonction dérivable sur un intervalle I. S'il existe un réel k tel que, pour tout réel x de I, on a $|f'(x)| \leq k$, alors :

$$\forall (a,b) \in I^2,\ |f(b)-f(a)| \leq k|b-a|$$

⇨ **Méthode 13.4. Comment utiliser les inégalités des accroissements finis ?**

Théorème 13.12. — Théorème de prolongement de la dérivée. Si f est une fonction continue sur $[a,b]$, dérivable sur $]a,b]$ et telle que $\lim_{x\to a^+} f'(x)=\ell$ (avec $\ell \in \mathbb{R}$). alors f est dérivable sur $[a,b]$, et on a : $f'(a)=\ell$. De plus, f' est continue en a.

Remarque 13.9. — On peut énoncer le même théorème du côté de b.

Remarque 13.10. — Si la limite de f' en a est infinie, alors f n'est pas dérivable en a mais (C_f) admet une demi tangente verticale au point d'abscisse a.

Méthodes

Dérivabilité

Méthode 13.1. Comment étudier la dérivabilité d'une fonction en un point ?

En chaque point où la dérivabilité d'une fonction f n'est pas assurée par les théorèmes généraux, il est nécessaire d'utiliser la définition. C'est le cas si f est définie de façon particulière en x_0 (voir l'exemple ci-dessous), ou si f est définie à l'aide d'une racine carrée.

La fonction f est dérivable en x_0 si $\lim_{x \to x_0} \frac{f(x)-f(x_0)}{x-x_0}$ est un nombre réel.

Lorsque c'est le cas, on a : $f'(x_0) = \lim_{x \to x_0} \frac{f(x)-f(x_0)}{x-x_0} = \lim_{h \to 0} \frac{f(x_0+h)-f(x_0)}{h}$.

⇨ **Exercices 13.1, 13.3**

Exemple. Soit la fonction f définie sur $[0,+\infty[$ par : $f(0)=0$ et $f(x)=x^2 \ln x$ si $x>0$.
La fonction f est-elle dérivable en 0 ? Si oui, que vaut $f'(0)$?

$\forall x>0$, $\frac{f(x)-f(0)}{x-0} = \frac{x^2 \ln x}{x} = x \ln x$, et $\lim_{x \to 0^+} x \ln x = 0$, donc $\lim_{x \to 0^+} \frac{f(x)-f(0)}{x-0} = 0$.

Conclusion : f est dérivable en 0, et $f'(0)=0$.

Méthode 13.2. Comment étudier les variations d'une fonction ?

Pour étudier le sens de variation d'une fonction f dérivable sur son ensemble de définition, on étudie le signe de $f'(x)$ sur cet ensemble.

- Avant de dériver une fonction, on justifie (même brièvement) sa dérivabilité.
- On ne parle de monotonie que sur un intervalle, pas sur une réunion d'intervalles.
- Pour étudier le signe de $f'(x)$, il peut être utile d' étudier une fonction auxiliaire.
- Pour étudier les extremums locaux d'une fonction f dérivable sur un **intervalle ouvert** $]a,b[$, il suffit de calculer $f'(x)$ pour tout x de $]a,b[$: f admet alors un extremum local en x_0 si et seulement si f' s'annule et change de signe en x_0.

⇨ **Exercices 13.2, 13.4, 13.5, 13.8**

Exemple 1. Étudier le sens de variation de la fonction f définie sur $\mathbb{R}$ par :

$$f(x) = (x^2 - 2x + 2)e^x.$$

La fonction f est dérivable sur $\mathbb{R}$ comme produit de telles fonctions (fonction polynomiale et exponentielle) et : $\forall x \in \mathbb{R}, f'(x) = (2x-2)e^x + (x^2 - 2x + 2)e^x = x^2 e^x$.

On a donc : $\forall x \in \mathbb{R}, f'(x) \geq 0$ et ne s'annule qu'en 0. Ainsi, f est **strictement** croissante sur $\mathbb{R}$.

Exemple 2. Soit un réel a. On définit la fonction F_a sur $\mathbb{R}$ par : $F_a(x) = ax - e^x$. Discuter suivant les valeurs du réel a, l'existence du maximum de F_a sur $\mathbb{R}$ et donner éventuellement sa valeur.

La fonction F_a est dérivable sur $\mathbb{R}$ comme différence de telles fonctions (polynomiale et exponentielle) et, pour tout réel x, $F_a'(x) = a - e^x$.

- Si $a \leq 0$, alors quel que soit le réel x, $F_a'(x) < 0$. La fonction F_a' ne s'annulant pas sur $\mathbb{R}$ (qui est un intervalle ouvert), F_a n' admet pas de maximum.
- Si $a > 0$, alors : $F_a'(x) \geq 0 \Leftrightarrow a - e^x \geq 0 \Leftrightarrow e^x \leq a \Leftrightarrow x \leq \ln a$.

La fonction F_a' est positive sur $]-\infty, \ln a]$, nulle en $\ln a$ et négative sur $[\ln a, +\infty[$, donc F_a admet un maximum en $\ln a$, égal à $F_a(\ln a) = a \ln a - a$.

Le théorème de Rolle et ses conséquences

Méthode 13.3. Comment utiliser le théorème de Rolle ?

On appelle zéro d'une fonction, tout réel en lequel la fonction s'annule (les zéros d'une fonction polynomiale sont tout simplement ses racines).
Le théorème de Rolle est souvent appliqué pour prouver l'existence d'un zéro de la dérivée entre deux zéros de la fonction.

⇨ Exercice 13.7

Exemple. Soit un entier naturel n supérieur ou égal à 2 et deux réels u et v. Montrer que l'équation $x^{2n} + ux + v = 0$, d'inconnue réelle x, admet au plus deux solutions.

Nous allons effectuer un raisonnement par l'absurde en supposant que l'équation admet au moins trois racines réelles que nous noterons a, b et c (choisies telles que $a < b < c$).

Notons alors f la fonction définie sur $\mathbb{R}$ par $f(x) = x^{2n} + ux + v$, de telle sorte que $f(a) = f(b) = f(c) = 0$.

Puisque $f(a) = f(b)$ et f est dérivable sur $\mathbb{R}$ (f est polynomiale) qui contient a et b, alors, d'après le théorème de Rolle, il existe un réel d appartenant à $]a,b[$ tel que $f'(d) = 0$. Et puisque $f(b) = f(c)$, alors pour les mêmes raisons, il existe un réel e appartenant à $]b,c[$ tel que $f'(e) = 0$. La fonction f' a donc au moins deux racines distinctes (d et e sont bien différents car ils sont tels que $a < d < b < e < c$).

Or, quel que soit le réel x, $f'(x)=2nx^{2n-1}+u$ (n est non nul, il n'y a donc pas de problème d'écriture), et donc : $f'(x)=0 \Leftrightarrow 2nx^{2n-1}+u=0 \Leftrightarrow x^{2n-1}=-\dfrac{u}{2n}$ (n non nul). Mais, l'entier $2n-1$ étant impair, la fonction $x \mapsto x^{2n-1}$ est une bijection de $\mathbb{R}$ sur $\mathbb{R}$ donc l'équation $x^{2n-1}=-\dfrac{u}{2n}$ admet une seule solution sur $\mathbb{R}$. Par suite, f' possède une seule racine réelle, d'où la contradiction.

Finalement, l'hypothèse initiale est intenable : l'équation ne peut admettre trois racines ou plus, ce qui veut bien dire qu'elle en admet au plus deux, ce qu'il fallait démontrer.

❑ Méthode 13.4. Comment utiliser les inégalités des accroissements finis ?

> Pour appliquer l'une des inégalités des accroissements finis à la fonction f entre a et b, il suffit, soit d'encadrer $f'(x)$ sur $[a,b]$, avec $a<b$, soit de majorer $|f'(x)|$ sur un intervalle I contenant a et b, avec a et b quelconques dans I.

⇨ **Exercices 13.9, 15.8 du chapitre 15**

Exemple. Soit f la fonction définie, pour tout réel x de $I=[3,+\infty[$, par : $f(x)=\sqrt{6+x}$.

Montrer que, pour tout couple (x, y) de réels de I, on a : $|f(x)-f(y)| \leq \dfrac{1}{6}|x-y|$.

La fonction f est dérivable sur I et on a : $\forall t \in I,\ f'(t)=\dfrac{1}{2\sqrt{6+t}}$. Comme $\sqrt{6+t} \geq 3$, on en déduit : $|f'(t)|=f'(t) \leq \dfrac{1}{6}$. La deuxième inégalité des accroissements finis donne le résultat.

Vrai/Faux

		Vrai	Faux
1.	Si une fonction f possède un extremum en a alors $f'(a) = 0$.	☐	☐
2.	S'il existe un réel a tel que $f'(a) = 0$, alors f possède un extremum en a.	☐	☐
3.	Soit une fonction f dérivable sur $\mathbb{R}$. Si f est paire, alors f' est impaire.	☐	☐
4.	Si f' est positive sur les intervalles $]-\infty,0[$ et $]0,+\infty[$, alors f est croissante sur $\mathbb{R}^*$.	☐	☐
5.	Soit deux fonctions f et g dérivables sur un intervalle I de $\mathbb{R}$. Si pour tout réel x de I, on a $f(x) \leq g(x)$, alors $f'(x) \leq g'(x)$.	☐	☐
6.	Si f est définie et dérivable sur $\mathbb{R}$ et si, pour tout réel x, $f'(x) \geq 0$, il est possible que f soit strictement croissante sur $\mathbb{R}$.	☐	☐
7.	Si f est dérivable sur $\mathbb{R}_+$ et si $\lim\limits_{x \to +\infty} f'(x) = 0$, alors f est bornée sur $\mathbb{R}_+$.	☐	☐
8.	Si f est dérivable sur $\mathbb{R}$ et telle que $f(0) = 0$, alors la fonction $g : x \mapsto \dfrac{f(x)}{x}$ est prolongeable par continuité en 0.	☐	☐
9.	Soit k un réel et I un intervalle. Si une fonction f est définie sur I et vérifie : $\forall (a, b) \in I^2, \lvert f(b) - f(a) \rvert \leq k \lvert b - a \rvert$, alors on a : $\forall x \in I, \lvert f'(x) \rvert \leq k$	☐	☐
10.	Soit f et g deux fonctions dérivables sur $]-\infty,0[$ et sur $]0,+\infty[$ vérifiant : $\forall x \in \mathbb{R}^*, f'(x) = g'(x)$. Alors, il existe un réel k tel que : $\forall x \in \mathbb{R}^*, f(x) = g(x) + k$	☐	☐

■■ Énoncé des exercices

❑ **Exercice 13.1.** — Étudier la dérivabilité des fonctions f suivantes au point x_0 :

1. $\forall x \in \mathbb{R}$, $f(x)=\left|x^3\right|$ en $x_0=0$. **2.** $\forall x \in [1,+\infty[$, $f(x)=\sqrt{x^3-1}$ en $x_0=1$.

❑ **Exercice 13.2.** * — Une étude de fonction.

1. Déterminer l'ensemble D des réels x tel que $e^x-e^{-x}>0$.

On définit la fonction f sur D par $f(x)=\ln(e^x-e^{-x})$. On note (C) sa courbe représentative dans un repère orthonormé.

2. a) Étudier le sens de variation de f et donner les limites de f aux bornes de D.

b) Montrer l'existence d'un unique réel a vérifiant $f(a)=0$, et donner la valeur exacte de a.

c) Montrer que le coefficient directeur de la tangente à (C) au point d'abscisse a vaut $\sqrt{5}$.

D'après EDHEC

❑ **Exercice 13.3.** ** — On note f la fonction définie par $f(0)=1$, $f(1)=0$ et, pour tout x strictement positif et différent de 1, par : $f(x)=\exp\left(\frac{1}{\ln x}\right)$.

1. Montrer que f est continue en 0 et continue à gauche en 1.

2. a) La fonction f est-elle dérivable en 0 ?

b) Déterminer les limites suivantes : $\lim\limits_{x\to 1^-}\dfrac{\ln x}{x-1}$ et $\lim\limits_{x\to 1^-}\dfrac{1}{\ln x}\exp\left(\frac{1}{\ln x}\right)$.

c) En déduire que f est dérivable à gauche en 1, et donner $f'_g(1)$.

3. Dresser le tableau de variation de f.

❑ **Exercice 13.4.** * — On considère la fonction f définie sur $[0,1]$ par $f(x)=x\sqrt{1-x^2}$.

1. Montrer que f admet un maximum et un minimum sur $[0,1]$.

2. Calculer $f(0)$ et en déduire le minimum de f sur $[0,1]$.

3. Montrer que f atteint son maximum sur $]0,1[$ et le déterminer.

D'après HEC

❑ **Exercice 13.5.** — On définit la fonction f sur $\mathbb{R}$ par $f(x)=\dfrac{e^x-e^{-x}}{e^x+e^{-x}}$.

1. Étudier le sens de variation de f, ses limites aux bornes de son ensemble de définition et tracer enfin sa courbe représentative dans un repère orthonormé.

2. Montrer que, quel que soit le réel x, on a : $f'(x)=1-\left(f(x)\right)^2$.

3. a) Montrer que f est bijective de $\mathbb{R}$ sur $]-1,1[$.

b) Montrer que f^{-1} est dérivable sur $]-1,1[$ et donner une expression de $(f^{-1})'(x)$.

❑ **Exercice 13.6.** — Égalités et inégalités trigonométriques.

1. Montrer que : $\forall x \in [0, \pi/2],\ \frac{2}{\pi}x \leq \sin x \leq x$.

2. Montrer que : $\forall x \in \mathbb{R},\ 1 - \frac{x^2}{2} \leq \cos x \leq 1$.

3. Montrer que : $\forall x \in [0, \pi/2[,\ x \leq \tan x$.

4. Montrer que : $\forall x > 0,\ \arctan x + \arctan \frac{1}{x} = \frac{\pi}{2}$.

❑ **Exercice 13.7.** — On considère une fonction g continue sur $[0,+\infty[$, dérivable sur $]0,+\infty[$, telle que $g(0)=0$ et $\lim\limits_{x\to+\infty} g(x)=0$.

On considère la fonction G définie sur $[0,1]$ par $\begin{cases} G(x) = g\left(\frac{1}{x}-1\right) & \text{si } x \in]0,1] \\ G(0) = g(0) \end{cases}$.

1. Justifier que G est continue sur $[0,1]$ et dérivable sur $]0,1[$.

2. Montrer qu'il existe un réel a de $]0,1[$ tel que $G'(a)=0$.

3. En déduire qu'il existe un réel c strictement positif tel que $g'(c)=0$.

❑ **Exercice 13.8.** — Pour tout x strictement positif, on pose $f(x) = x^{\ln x} = \exp\left((\ln x)^2\right)$.

Montrer que f est dérivable sur $\mathbb{R}_+^*$ puis donner l'expression de $f'(x)$ pour tout x de $\mathbb{R}_+^*$ et en déduire les variations de f sur $\mathbb{R}_+^*$.

❑ **Exercice 13.9.** — Montrer que : $\forall x > 0,\ \frac{1}{x+1} \leq \ln(x+1) - \ln x \leq \frac{1}{x}$.

■ Pour vous aider à démarrer

Exercice 13.2. Pour la question **2.b)**, poser $X = e^x$.

Exercice 13.3. Pour la question **2.a)**, se rappeler que $\lim\limits_{u\to 0} \frac{e^u - 1}{u} = 1$.

Exercice 13.4. Pour la question **2**, s'aider du signe de f sur $[0,1]$.
Pour la question **3**, calculer d'abord $f(1)$, puis réfléchir au fait qu'il suffit ensuite de trouver la solution de $f'(x)=0$ sur $]0,1[$.

Exercice 13.5. Pour la question **3.b)**, utiliser le **théorème 13.6** puis la question **2**.

Exercice 13.6. Penser à étudier des fonctions.

Exercice 13.7. Pour la question **2**, comparer $G(0)$ et $G(1)$.

Corrigé des vrai/faux

1.	2.	3.	4.	5.	6.	7.	8.	9.	10.
F	F	V	F	F	V	F	V	F	F

1. Considérons la fonction $f: x \mapsto x^2$ sur $[0,1]$ qui est croissante sur cet intervalle et possède un maximum en 1, pourtant $f'(1) = 2 \neq 0$.

2. Considérons la fonction $f: x \mapsto x^3$ qui est dérivable sur $\mathbb{R}$. On a $f'(0) = 0$ et pourtant, la fonction *f* ne présente pas d'extremum en 0 car *f* est strictement croissante sur $\mathbb{R}$ (voir **V/F 6**).

3. Soit *f* une fonction dérivable sur $\mathbb{R}$.
Si *f* est une fonction paire alors pour tout réel *x*, $f(x) = f(-x)$.
En dérivant cette relation (ce qui est possible puisque *f* est dérivable sur $\mathbb{R}$ donc la fonction $x \mapsto f(-x)$ l'est aussi), on obtient : $\forall x \in \mathbb{R}, f'(x) = -f'(-x)$.
Ceci signifie bien que f' est impaire.

4. Considérons la fonction *f* définie sur $\mathbb{R}^*$ par : $\forall x \in \mathbb{R}^*, f(x) = -\dfrac{1}{x}$.
Cette fonction est dérivable sur $]-\infty, 0[$ et $]0, +\infty[$ en tant qu'opposé d'une fonction de référence dérivable sur $]-\infty, 0[$ et $]0, +\infty[$. Pour tout réel *x* non nul, on a : $f'(x) = \dfrac{1}{x^2} \geq 0$.
Pour autant, *f* n'est pas croissante sur $\mathbb{R}^*$ puisque l'on a : $-1 < 2$ et $f(-1) = 1 > -\dfrac{1}{2} = f(2)$.

5. Considérons les fonctions *f* et *g* définies sur $\mathbb{R}$ par : $f(x) = 0$ et $g(x) = e^{-x}$
On remarque que pour tout réel *x*, on a : $f(x) < g(x)$. On a donc, a fortiori : $f(x) \leq g(x)$.
Les fonctions *f* et *g* sont dérivables sur $\mathbb{R}$ et pour tout réel *x*, on a : $f'(x) = 0$ et $g'(x) = -e^{-x} < 0$. Ainsi, pour tout réel *x*, on a : $f'(x) > g'(x)$.

6. Considérons la fonction $f: x \mapsto x^3$ qui est définie et dérivable sur $\mathbb{R}$. Pour tout réel *x*, on a : $f'(x) = 3x^2 \geq 0$.
Soit *x* et *y* deux réels tels que : $x < y$.

On a : $x^3 - y^3 = (x-y)(x^2+yx+y^2) = (x-y)\left(\frac{1}{2}\left((x+y)^2+x^2+y^2\right)\right)$.

Comme $x-y<0$ et $\frac{1}{2}\left((x+y)^2+x^2+y^2\right)>0$ (une somme de carrés étant positive et x et y ne pouvant être nuls simultanément puisque $x<y$), on en déduit : $x^3-y^3<0$.
La fonction f est donc strictement croissante sur $\mathbb{R}$.

7. Le fait que $\lim_{x\to+\infty} f'(x)=0$ n'assure pas que la fonction f est bornée.
Considérons la fonction f définie sur $\mathbb{R}_+$ par : $\forall x\in\mathbb{R}_+, f(x)=\ln(1+x)$.
La fonction f est dérivable sur $\mathbb{R}_+$ en tant que composée de la fonction $x\mapsto x+1$, dérivable sur $\mathbb{R}_+$ à valeurs dans $[2,+\infty[$, et de la fonction ln dérivable sur $[2,+\infty[$. De plus, pour tout réel x positif, on a : $f'(x)=\frac{1}{x+1}$. On en déduit donc : $\lim_{x\to+\infty} f'(x)=0$.
Ainsi, f est dérivable sur $\mathbb{R}_+$ et $\lim_{x\to+\infty} f'(x)=0$, pourtant la fonction f n'est pas bornée : sa limite en $+\infty$ est égale à $+\infty$.

8. Par définition de la dérivabilité de f en 0, et aussi car $f(0)=0$, on a :

$$\lim_{x\to0}\frac{f(x)}{x}=\lim_{x\to0}\frac{f(x)-f(0)}{x-0}=f'(0)$$

On en déduit que la fonction g est prolongeable par continuité en 0, en posant : $g(0)=f'(0)$.

9. Considérons la fonction valeur absolue et l'intervalle $I=\mathbb{R}$.
On a bien : $\forall(a,b)\in\mathbb{R}^2, |f(b)-f(a)|=||b|-|a||\leq|b-a|$.($k$ est donc égal à 1)
Pourtant la fonction valeur absolue n'est pas dérivable en 0.
On n'a donc pas la relation : $\forall x\in\mathbb{R}, |f'(x)|\leq1$.
Remarque. L'utilisation du théorème d'encadrement permet de déduire de la relation :
$\forall(a,b)\in\mathbb{R}^2, |f(b)-f(a)|\leq k|b-a|$ que f est continue sur $\mathbb{R}$, mais rien d'autre.

10. Soit f et g les fonctions définies par : $\forall x\in\mathbb{R}^*, f(x)=\frac{1}{x}$ et $g(x)=\begin{cases}\frac{1}{x}+1 & \text{si } x<0\\ \frac{1}{x}+2 & \text{si } x>0\end{cases}$.

Elles vérifient bien : $\forall x\in\mathbb{R}^*, f'(x)=g'(x)$. En revanche, il existe pas de constante k telle que, pour tout x de $\mathbb{R}^*$, on ait $f(x)=g(x)+k$. (on a $k=1$ sur $\mathbb{R}_-^*$ et $k=2$ sur $\mathbb{R}_+^*$)
Remarque. La réponse aurait été vraie si l'ensemble sur lequel la relation $f'(x)=g'(x)$ était donnée était un intervalle.

❑ Les erreurs classiques

- La dérivabilité de f en un point a implique sa continuité en a mais la réciproque est fausse.
- Si f est une fonction dérivable sur I, la positivité de f' sur I n'assurera la croissance de f sur I que si I est un intervalle.
- On ne peut pas dériver les inégalités.
- Bien comprendre la différence entre $f'(1)$ et la dérivée de $x \mapsto f(1)$. Dans le premier cas, on dérive f d'abord et ensuite on applique en 1. Dans le second, on applique en 1 et on dérive ensuite (ce qui donnera nécessairement 0).
- Une fonction f dérivable sur un intervalle ouvert possède un extremum en a si f' s'annule en changeant de signe en a.
- Une fonction peut avoir un extremum en un point sans pour autant que la dérivée s'annule en ce point : ce peut être le cas si le point en question est l'extrémité d'un segment, ou, tout simplement, si la fonction n'est pas dérivable en ce point.

Corrigé des exercices

Exercice 13.1

1. Pour tout réel x, en utilisant les propriétés de la valeur absolue, on a :
$|x^3| = |x x^2| = |x||x^2| = |x|x^2$.

On obtient alors, pour tout réel x non nul : $t(x) = \dfrac{f(x) - f(0)}{x - 0} = \dfrac{x^2|x|}{x} = x|x|$.

De plus, $\lim\limits_{x \to 0} x|x| = 0$. On conclut: $\lim\limits_{x \to 0} t(x) = 0$. Ainsi, f est dérivable en 0 et $f'(0) = 0$.

2. On pose, pour tout réel x strictement supérieur à 1 : $t(x) = \dfrac{f(x) - f(1)}{x - 1} = \dfrac{\sqrt{x^3 - 1} - 0}{x - 1}$.

Comme $x^3 - 1 = (x-1)(x^2 + x + 1)$, on obtient après simplification : $t(x) = \dfrac{\sqrt{x^2 + x + 1}}{\sqrt{x - 1}}$.

Comme $\lim\limits_{x \to 1} \sqrt{x^2 + x + 1} = \sqrt{3}$ et comme $\lim\limits_{x \to 1^+} \sqrt{x - 1} = 0^+$, par quotient on a : $\lim\limits_{x \to 1} t(x) = +\infty$.
La fonction f n'est pas dérivable en 1.

⇨ *Méthode 13.1*

Exercice 13.2

1. Comme la fonction ln est une bijection strictement croissante sur $\mathbb{R}_+^*$, alors pour tout réel x, on a : $e^x - e^{-x} > 0 \Leftrightarrow e^x > e^{-x} \Leftrightarrow x > -x$.
On obtient donc : $e^x - e^{-x} > 0 \Leftrightarrow x > 0$. On en déduit : $D = \mathbb{R}_+^*$.

2. a) La fonction $x \mapsto e^x - e^{-x}$ est dérivable sur D (en tant que différence de telles fonctions) et à valeurs strictement positives (d'après la question **1**).
La fonction ln est dérivable sur $\mathbb{R}_+^*$ donc, par composition, la fonction f est dérivable sur D.

De plus, pour tout x de D, $f'(x) = \dfrac{e^x + e^{-x}}{e^x - e^{-x}}$.
Le numérateur est strictement positif en tant que somme d'exponentielles.
Le dénominateur est strictement positif par définition de D.
On en déduit que pour tout x de D, $f'(x)$ est strictement positif et f est ainsi strictement croissante sur D.
Comme $\lim\limits_{x \to 0^+} (e^x - e^{-x}) = 1 - 1 = 0$ et, comme $e^x - e^{-x} > 0$ sur D, alors $\lim\limits_{x \to 0^+} (e^x - e^{-x}) = 0^+$.
On a donc (par composition de limite) : $\lim\limits_{x \to 0^+} \ln(e^x - e^{-x}) = \lim\limits_{u \to 0^+} \ln u = -\infty$.

On en déduit : $\lim_{x \to 0^+} f(x) = -\infty$.

Enfin, comme $\lim_{x \to +\infty} e^x = +\infty$ et $\lim_{x \to +\infty} e^{-x} = 0$, on a : $\lim_{x \to +\infty} \left(e^x - e^{-x}\right) = +\infty$.

On a donc (par composition de limite) : $\lim_{x \to +\infty} \ln\left(e^x - e^{-x}\right) = \lim_{u \to +\infty} \ln u = +\infty$.

On en déduit : $\lim_{x \to +\infty} f(x) = +\infty$.

⇨ *Méthode 13.2*

b) La fonction *f* est continue sur *D* (nous avons prouvé qu'elle y était dérivable).
De plus, *f* est strictement croissante sur *D*.
Elle réalise donc une bijection de *D* sur $f(D) = \mathbb{R}$ (en utilisant les limites de la question **2.a)**).
Comme 0 est dans $\mathbb{R}$, l'équation $f(x) = 0$ possède une unique solution sur *D*.
L'équation $f(x) = 0$ est équivalente à $e^x - e^{-x} = 1$ (par bijectivité de la fonction ln).
Or $e^x - e^{-x} = 1 \Leftrightarrow e^{2x} - 1 = e^x \Leftrightarrow X^2 - X - 1 = 0$ (en posant $X = e^x$).
Cette équation du second degré a un discriminant valant 5 et l'équation possède alors deux racines réelles : $X_1 = \dfrac{1-\sqrt{5}}{2} < 0$ et $X_2 = \dfrac{1+\sqrt{5}}{2}$.

Seule l'équation $e^x = X_2$ possède une solution, c'est $\ln\left(\dfrac{1+\sqrt{5}}{2}\right)$. Ainsi, $a = \ln\left(\dfrac{1+\sqrt{5}}{2}\right)$.

c) Le coefficient directeur de la tangente (*T*) à la courbe (*C*) au point d'abscisse *a* est donné par : $f'(a) = \dfrac{e^a + e^{-a}}{e^a - e^{-a}}$.

Puisque *f*(*a*) est nul, on sait que : $e^a - e^{-a} = 1$. On en déduit donc : $f'(a) = e^a + e^{-a}$.

Enfin, $e^a + e^{-a} = \dfrac{1+\sqrt{5}}{2} + \dfrac{2}{1+\sqrt{5}} = \dfrac{\left(1+\sqrt{5}\right)^2 + 4}{2\left(1+\sqrt{5}\right)} = \dfrac{10+2\sqrt{5}}{2\left(1+\sqrt{5}\right)} = \dfrac{5+\sqrt{5}}{1+\sqrt{5}} = \dfrac{\sqrt{5}\left(\sqrt{5}+1\right)}{1+\sqrt{5}} = \sqrt{5}$.

Le coefficient directeur de la tangente (*T*) à la courbe (*C*) est $f'(a) = \sqrt{5}$.

✎ *Pour minimiser les calculs, en partant de l'égalité* $e^a - e^{-a} = 1$, *on pouvait déduire* $e^{-a} = e^a - 1$, *d'où :* $e^a + e^{-a} = 2e^a - 1 = 2 \times \dfrac{1+\sqrt{5}}{2} - 1 = \sqrt{5}$.

Exercice 13.3

1. On sait que $\lim_{x \to 0^+} \ln x = -\infty$ donc : $\lim_{x \to 0^+} \dfrac{1}{\ln x} = 0$.
Ainsi, par composition avec la fonction exponentielle continue en 0, on a :
$\lim_{x \to 0^+} f(x) = 1 = f(0)$. On en conclut que *f* est continue en 0.

Corrigé

D'autre part, on sait que $\lim_{x\to 1^-} \ln x = 0^-$ donc $\lim_{x\to 1^-} \dfrac{1}{\ln x} = -\infty$ et puisque $\lim_{X\to -\infty} e^X = 0$, on obtient : $\lim_{x\to 1^-} f(x) = 0 = f(1)$. La fonction *f* est donc continue à gauche en 1.

2. a) Pour tout réel x de $]0,1[$, on a : $t(x) = \dfrac{f(x)-f(0)}{x-0} = \dfrac{1}{x}\left(\exp\left(\dfrac{1}{\ln x}\right)-1\right)$.

Il faut être malin et écrire :

$t(x) = \dfrac{1}{x\ln x}\left(\dfrac{\exp\left(\dfrac{1}{\ln x}\right)-1}{\dfrac{1}{\ln x}}\right)$. Comme $\lim_{x\to 0^+} \dfrac{1}{\ln x} = 0$, on a : $\lim_{x\to 0^+} \dfrac{\exp\left(\dfrac{1}{\ln x}\right)-1}{\dfrac{1}{\ln x}} = \lim_{u\to 0} \dfrac{e^u-1}{u} = 1$.

De plus, $\lim_{x\to 0^+} x\ln x = 0^-$ donc $\lim_{x\to +\infty} t(x) = -\infty$. On en conclut que *f* n'est pas dérivable en 0.

⇨ *Méthode 13.1*

b) On sait que : $\lim_{x\to 1^-} \dfrac{\ln x}{x-1} = 1$.

De plus, grâce au changement de variable $X = \dfrac{1}{\ln x}$, on a : $\lim_{x\to 1^-} \dfrac{1}{\ln x}\exp\left(\dfrac{1}{\ln x}\right) = \lim_{X\to -\infty} Xe^X = 0$.

c) Pour tout réel x de $]0,1[$, on a : $t(x) = \dfrac{f(x)-f(1)}{x-1} = \dfrac{1}{x-1}\exp\left(\dfrac{1}{\ln x}\right)$.

On en déduit que : $t(x) = \dfrac{\ln x}{x-1} \times \dfrac{1}{\ln x}\exp\left(\dfrac{1}{\ln x}\right)$.

En utilisant les deux résultats de la question **3.b)**, on en déduit : $\lim_{x\to 1^-} t(x) = 0$.

Ainsi, *f* est dérivable à gauche en 1 et $f'_g(1) = 0$.

⇨ *Méthode 13.1*

3. La fonction *f* est dérivable sur $]0,1[$ et sur $]1,+\infty[$ comme composée de $x \mapsto \dfrac{1}{\ln x}$ qui est définie et dérivable sur ces intervalles et de la fonction exponentielle qui est partout dérivable.

De plus, pour tout réel x de $]0,1[\cup]1,+\infty[$, on a : $f'(x) = \dfrac{-1}{x(\ln x)^2}\exp\left(\dfrac{1}{\ln x}\right)$. Un carré étant positif et la fonction exponentielle étant à valeurs dans $\mathbb{R}_+^*$, la dérivée de *f* est du signe de $\dfrac{-1}{x}$, c'est-à-dire strictement négative. De plus, on a : $\lim_{x\to 1^+} f(x) = +\infty$ et $\lim_{x\to +\infty} f(x) = 1$.

On en déduit alors le tableau de variations suivant :

x	0		1		$+\infty$
f'	$\|\|$	$-$	$\|\|$	$-$	
f	1	$\searrow$	$0 \;\|\|\; +\infty$	$\searrow$	1

Exercice 13.4

1. On note f la fonction définie sur $[0, 1]$ par : $f(x) = x\sqrt{1-x^2}$.

La fonction $x \mapsto x$ est continue sur $[0, 1]$ et, comme, pour tout x de $[0, 1]$, on a $1 - x^2 \geq 0$, alors $x \mapsto \sqrt{1-x^2}$ est aussi continue sur $[0, 1]$. Par conséquent, f est continue sur le segment $[0, 1]$ comme produit de fonctions continues. Elle y est donc bornée et atteint ses bornes donc f admet un minimum et un maximum sur $[0, 1]$.

2. On a facilement $f(0) = 0$.

De plus, f est positive sur $[0, 1]$, car $f(x)$ est un produit de facteurs positifs.

On en déduit que le minimum de f sur $[0, 1]$ vaut 0 et est atteint en 0.

3. On a aussi $f(1) = 0$, et comme f n'est pas la fonction nulle sur $[0, 1]$, on en conclut que le maximum de f est atteint en un point x_0 de $]0, 1[$ en lequel f' s'annule en changeant de signe.

Pour tout x de $]0,1[$, $f'(x) = \sqrt{1-x^2} - \dfrac{x^2}{\sqrt{1-x^2}} = \dfrac{1-2x^2}{\sqrt{1-x^2}}$.

Une racine carrée étant toujours positive, $f'(x)$ est du signe de $1-2x^2$.

Le trinôme $1-2x^2$ possède deux racines : $\dfrac{1}{\sqrt{2}}$ et $-\dfrac{1}{\sqrt{2}}$.

On a de plus : $1-2x^2 > 0 \Leftrightarrow x \in \left]-\dfrac{1}{\sqrt{2}}, \dfrac{1}{\sqrt{2}}\right[$.

Comme x appartient à [0, 1], on obtient : f' positive sur $\left]0, \dfrac{1}{\sqrt{2}}\right[$, nulle en $\dfrac{1}{\sqrt{2}}$, puis négative sur $\left]\dfrac{1}{\sqrt{2}}, 1\right[$. La fonction f est donc croissante sur $\left]0, \dfrac{1}{\sqrt{2}}\right[$, puis décroissante sur $\left]\dfrac{1}{\sqrt{2}}, 1\right[$.

Par conséquent, elle atteint son maximum en $\dfrac{1}{\sqrt{2}}$ et ce maximum vaut $f\left(\dfrac{1}{\sqrt{2}}\right) = \dfrac{1}{2}$.

⇨ *Méthode 13.2*

Exercice 13.5

1. La fonction f est dérivable sur $\mathbb{R}$ en tant que quotient de fonctions dérivables sur $\mathbb{R}$ dont le dénominateur ne s'annule pas.

De plus, pour tout réel x, on a : $f'(x)=\dfrac{\left(e^x+e^{-x}\right)^2-\left(e^x-e^{-x}\right)^2}{\left(e^x+e^{-x}\right)^2}=\dfrac{4}{\left(e^x+e^{-x}\right)^2}>0$.

Conclusion : f est strictement croissante sur $\mathbb{R}$.

⇨ *Méthode 13.2*

On a : $f(x)=\dfrac{e^x-e^{-x}}{e^x+e^{-x}}=\dfrac{e^x\left(1-e^{-2x}\right)}{e^x\left(1+e^{-2x}\right)}=\dfrac{1-e^{-2x}}{1+e^{-2x}}$.

Comme $\lim\limits_{x\to+\infty}\dfrac{1-e^{-2x}}{1+e^{-2x}}=1$, on obtient : $\lim\limits_{x\to+\infty}f(x)=1$.

De la même façon, on a : $f(x)=\dfrac{e^x-e^{-x}}{e^x+e^{-x}}=\dfrac{e^{-x}\left(e^{2x}-1\right)}{e^{-x}\left(e^{2x}+1\right)}=\dfrac{e^{2x}-1}{e^{2x}+1}$.

Comme $\lim\limits_{x\to-\infty}\dfrac{e^{2x}-1}{e^{2x}+1}=\dfrac{-1}{1}=-1$, on obtient : $\lim\limits_{x\to-\infty}f(x)=-1$.

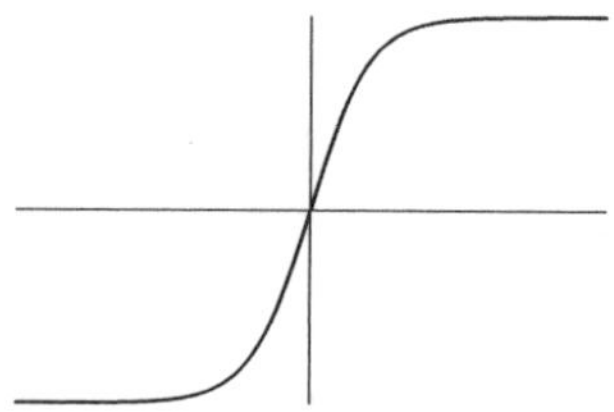

2. En réinvestissant la toute première expression de $f'(x)$, on en déduit :

$$f'(x)=\frac{\left(e^x+e^{-x}\right)^2-\left(e^x-e^{-x}\right)^2}{\left(e^x+e^{-x}\right)^2}=\frac{\left(e^x+e^{-x}\right)^2}{\left(e^x+e^{-x}\right)^2}-\frac{\left(e^x-e^{-x}\right)^2}{\left(e^x+e^{-x}\right)^2}=1-\left(\frac{e^{-x}-e^x}{e^{-x}+e^x}\right)^2.$$

Ainsi, pour tout réel x, on a : $f'(x)=1-\left(f(x)\right)^2$.

3. a) On a prouvé que f est strictement croissante sur $\mathbb{R}$. Elle y est de plus continue.
Ainsi, f réalise une bijection de $\mathbb{R}$ sur $\left]\lim\limits_{x\to-\infty}f(x),\lim\limits_{x\to+\infty}f(x)\right[=]-1,1[$.

b) On sait déjà que, pour tout réel x, on a : $f'(x)>0$.
La dérivée de f ne s'annulant pas sur $\mathbb{R}$, f^{-1} est dérivable sur $]-1,1[$ et on a :

$$\forall x\in]-1,1[,\left(f^{-1}\right)'(x)=\frac{1}{f'\left(f^{-1}(x)\right)}=\frac{1}{1-\left(f\left(f^{-1}(x)\right)\right)^2}=\frac{1}{1-x^2}.$$

Exercice 13.6

1. • Pour établir l'inégalité $\sin x \leq x$, on va étudier la fonction f définie par :

$\forall x \in \left[0, \frac{\pi}{2}\right]$, $f(x) = x - \sin x$.

Cette fonction est dérivable sur $\mathbb{R}$ donc sur $\left[0, \frac{\pi}{2}\right]$ et on a : $\forall x \in \left[0, \frac{\pi}{2}\right]$, $f'(x) = 1 - \cos x \geq 0$.

Ceci prouve que f est croissante sur $\left[0, \frac{\pi}{2}\right]$ et, comme $f(0) = 0$, on en déduit :

$\forall x \in \left[0, \frac{\pi}{2}\right]$, $f(x) \geq 0$, ce qui prouve que : $\forall x \in \left[0, \frac{\pi}{2}\right]$, $\sin x \leq x$.

• Pour établir l'inégalité $\frac{2}{\pi} x \leq \sin x$, on va étudier la fonction g définie par :

$\forall x \in \left[0, \frac{\pi}{2}\right]$, $g(x) = \sin x - \frac{2}{\pi} x$. La fonction g est dérivable sur $\mathbb{R}$ donc sur $\left[0, \frac{\pi}{2}\right]$ et on a :

$\forall x \in \left[0, \frac{\pi}{2}\right]$, $g'(x) = \cos x - \frac{2}{\pi}$.

Comme la restriction h de la fonction cosinus à $\left[0, \frac{\pi}{2}\right]$ est continue et strictement décroissante sur $\left[0, \frac{\pi}{2}\right]$, elle réalise une bijection de $\left[0, \frac{\pi}{2}\right]$ sur $[0, 1]$ et, comme $\frac{2}{\pi}$ appartient à $[0, 1]$, on a : $g'(x) \geq 0 \Leftrightarrow \cos x \geq \frac{2}{\pi} \Leftrightarrow x \leq h^{-1}\left(\frac{2}{\pi}\right)$. La fonction g est donc croissante sur $\left[0, h^{-1}\left(\frac{2}{\pi}\right)\right]$ et décroissante sur $\left[h^{-1}\left(\frac{2}{\pi}\right), \frac{\pi}{2}\right]$. Elle atteint son maximum en $h^{-1}\left(\frac{2}{\pi}\right)$ et vaut 0 en 0 et en $\frac{\pi}{2}$.

En conclusion, g est positive, ce qui prouve que : $\forall x \in \left[0, \frac{\pi}{2}\right]$, $\frac{2}{\pi} x \leq \sin x$.

On a bien montré que : $\forall x \in \left[0, \frac{\pi}{2}\right]$, $\frac{2}{\pi} x \leq \sin x \leq x$.

2. • On sait depuis le lycée que : $\forall x \in \mathbb{R}$, $\cos x \leq 1$.

• Pour établir l'inégalité $1 - \frac{x^2}{2} \leq \cos x$, on va étudier la fonction f définie par :

$$\forall x \in \mathbb{R},\ f(x) = \cos x - 1 + \frac{x^2}{2}$$

Corrigé

Cette fonction est dérivable deux fois sur $\mathbb{R}$ et on a : $f'(x)=-\sin x+x$ et $f''(x)=-\cos x+1$. La fonction f'' est positive sur $\mathbb{R}$ donc f' est croissante sur $\mathbb{R}$ et, comme $f'(0)=0$, on en déduit : $\forall x\in\mathbb{R}_+,\ f'(x)\geq 0$ et $\forall x\in\mathbb{R}_-,\ f'(x)\leq 0$.

Remarque. Ceci généralise le résultat vu au premier point de la première question ($\sin x\leq x$).

La fonction f décroît sur $\mathbb{R}_-$ et croît sur $\mathbb{R}_+$ donc elle passe par un minimum en 0 et ce minimum vaut $f(0)=0$, ce qui prouve que f est positive sur $\mathbb{R}$, soit : $\forall x\in\mathbb{R},\ 1-\frac{x^2}{2}\leq\cos x$.

Conclusion : $\forall x\in\mathbb{R},\ 1-\frac{x^2}{2}\leq\cos x\leq 1$.

3. Cette fois, on va étudier la fonction f qui à tout réel x de $\left[0,\frac{\pi}{2}\right[$ associe : $f(x)=\tan x-x$.

Cette fonction est dérivable sur $\left[0,\frac{\pi}{2}\right[$ et on a : $f'(x)=1+\tan^2 x-1=\tan^2 x$.

Comme f' est positive, la fonction f est croissante sur $\left[0,\frac{\pi}{2}\right[$ et, comme de plus $f(0)=0$, on en conclut que : $\left[0,\frac{\pi}{2}\right[$, $f(x)\geq 0$. Bilan : $\left[0,\frac{\pi}{2}\right[$, $x\leq\tan x$.

4. Soit f la fonction définie sur $\mathbb{R}_+^*$ par : $f(x)=\arctan x+\arctan\frac{1}{x}$. La fonction inverse étant dérivable sur $\mathbb{R}_+^*$ à valeurs dans $\mathbb{R}_+^*$ et la fonction arctan étant dérivable sur $\mathbb{R}_+^*$, on en déduit par composition, puis par somme, que f est dérivable sur $\mathbb{R}_+^*$.

De plus, pour tout réel x strictement positif, on a :

$$f'(x)=\frac{1}{1+x^2}-\frac{1}{x^2}\frac{1}{1+\frac{1}{x^2}}=\frac{1}{1+x^2}-\frac{1}{1+x^2}=0$$

La fonction f' étant nulle sur l'intervalle $\mathbb{R}_+^*$, on en déduit que f est constante sur $\mathbb{R}_+^*$.

Enfin, on a $f(1)=2\arctan(1)=2\times\frac{\pi}{4}=\frac{\pi}{2}$. On a donc, pour tout réel x strictement positif, $f(x)=\frac{\pi}{2}$. Conclusion : $\forall x\in\mathbb{R}_+^*,\ \arctan x+\arctan\frac{1}{x}=\frac{\pi}{2}$.

Exercice 13.7

1. Comme la fonction $x\mapsto\frac{1}{x}-1$ est continue sur $]0,1]$, à valeurs dans $\mathbb{R}_+$ et que la fonction g est continue sur $\mathbb{R}_+$, alors, par composition, la fonction G est continue sur $]0,1]$.

Examinons la continuité en 0.

En posant $X=\frac{1}{x}-1$, on a : $\lim_{x\to 0^+} G(x)=\lim_{X\to+\infty} g(X)=0$.

Comme $0=g(0)$ et $g(0)=G(0)$, on en déduit que : $\lim_{x\to 0^+} G(x)=G(0)$.

G est bien continue en 0.

Finalement, G est continue sur $[0,1]$.

• Comme la fonction $x\mapsto \frac{1}{x}-1$ est dérivable sur $]0,1[$ à valeurs dans $\mathbb{R}_+^*$, et que la fonction g est dérivable sur $\mathbb{R}_+^*$, alors, par composition, la fonction G est dérivable sur $]0,1[$.

2. On remarque que : $G(1)=g(0)=G(0)$.

La fonction G étant de plus continue sur $[0,1]$ et dérivable sur $]0,1[$, nous pouvons appliquer le théorème de Rolle et il existe ainsi un réel a de $]0,1[$ tel que $G'(a)=0$.

⇨ *Méthode 13.3*

3. On remarque alors que : $\forall x\in\,]0,1[,\ G'(x)=-\frac{1}{x^2}g'\left(\frac{1}{x}-1\right)$.

La relation $G'(a)=0$ se traduit donc par : $-\frac{1}{a^2}g'\left(\frac{1}{a}-1\right)=0$. On en déduit que : $g'\left(\frac{1}{a}-1\right)=0$.

Ainsi, il existe un réel $c=\frac{1}{a}-1$ strictement positif (car a appartient à $]0,1[$) tel que $g'(c)=0$.

Exercice 13.8

• On a : $x\in D_f \Leftrightarrow (x>0$ et $\ln x$ existe$)$. On en déduit que : $D_f=\mathbb{R}_+^*$.

• Pour tout réel x de $\mathbb{R}_+^*$, on a : $f(x)=e^{(\ln x)^2}$.

La fonction f est donc composée de la fonction logarithme qui est dérivable sur $\mathbb{R}_+^*$ et à valeurs dans $\mathbb{R}$, et des fonctions "carré" et exponentielle dérivables sur $\mathbb{R}$. Par conséquent, f est dérivable sur $\mathbb{R}_+^*$. On a alors, pour tout x de $\mathbb{R}_+^*$: $f'(x)=2\times\frac{1}{x}\times\ln x\times e^{(\ln x)^2}=\frac{2\ln x}{x}e^{(\ln x)^2}$.

Le signe de $f'(x)$ est celui de $\frac{\ln x}{x}$ et on a le tableau de signes suivant :

x	0		1		$+\infty$
x		+		+	
$\ln x$		−	0	+	
$\frac{\ln x}{x}$		−	0	+	

On en conclut que f est décroissante sur $]0,1]$ puis croissante sur $[1,+\infty[$.

Corrigé

Exercice 13.9

La fonction logarithme népérien est dérivable sur $]0, +\infty[$ donc on peut appliquer la première inégalité des accroissements finis sur l'intervalle $[x, x+1]$, avec $x > 0$.

De plus, on a : $\forall t \in]0, +\infty[$, $\ln'(t) = \dfrac{1}{t}$. Comme la fonction inverse décroît sur $]0, +\infty[$, on obtient : $\forall x > 0$, $\forall t \in [x, x+1]$, $\dfrac{1}{x+1} \leq \ln'(t) \leq \dfrac{1}{x}$.

L'inégalité des accroissements finis s'écrit alors :

$$\forall x > 0,\ \frac{1}{x+1}(x+1-x) \leq \ln(x+1) - \ln x \leq \frac{1}{x}(x+1-x)$$

Finalement, on obtient :

$$\forall x > 0,\ \frac{1}{x+1} \leq \ln(x+1) - \ln x \leq \frac{1}{x}$$

Chapitre 14
Suites

Augustin-Louis **Cauchy** pensait avoir démontré la convergence des suites de réels dont les termes sont infiniment proches les uns des autres à partir d'un certain rang – on les appelle désormais des *suites de Cauchy*. Charles **Méray** se rendit compte que cette erreur était due au fait que l'ensemble **R** des nombres réels n'avait jamais été défini correctement. Il en entreprit alors une construction, en 1869, en partant des rationnels. Son but était de donner un fondement à l'analyse en créant de nouveaux nombres, au lieu d'étudier, comme on le faisait jusqu'alors, les propriétés de nombres dont l'existence résultait de l'évidence géométrique. En 1872, Karl **Weierstrass**, Richard **Dedekind** et Georg **Cantor** publièrent chacun un travail du même type.

Karl Weierstrass
1815-1897

■■ Objectifs

■ Les incontournables

▷ Savoir étudier le sens de variation d'une suite.

▷ Savoir étudier la convergence d'une suite.

■ Et plus si affinités

▷ Savoir étudier des suites qui ne sont pas définies explicitement.

■■ Résumé de cours

■ Généralités

❑ Définition

Définition 14.1. — On appelle *suite réelle* (ou plus simplement *suite*) toute application u d'une partie I de $\mathbb{N}$ (souvent $I = \mathbb{N}$ ou $I = \mathbb{N}^*$) dans $\mathbb{R}$.

Notations 14.1— Le réel $u(n)$ est toujours noté u_n. Si la suite u est définie sur I, on peut la noter $(u_n)_{n\in I}$. Elle pourra être notée (u_n) s'il n'y a pas d'ambiguïté sur son ensemble de définition.
On note $\mathcal{A}(\mathbb{N},\mathbb{R})$ l'ensemble des suites réelles.

Les définitions qui suivent sont données pour des suites définies sur une partie I infinie de $\mathbb{N}$.

❑ Majoration, minoration, sens de variation

Définition 14.2. — Suite majorée, minorée, bornée.

• On dit que la suite $(u_n)_{n\in I}$ est *majorée* lorsqu'il existe un réel M tel que : $\forall n \in I,\ u_n \leq M$.
Le réel M est alors appelé un *majorant* de la suite.

• On dit que la suite $(u_n)_{n\in I}$ est *minorée* lorsqu'il existe un réel m tel que : $\forall n \in I,\ u_n \geq m$.
Le réel m est alors appelé un *minorant* de la suite.

• On dit que la suite $(u_n)_{n\in I}$ est *bornée* lorsqu'elle est à la fois majorée et minorée.

Propriété 14.1. — Caractérisation des suites bornées.
La suite $(u_n)_{n\in I}$ est bornée si, et seulement si, il existe un réel M tel que : $\forall n \in I,\ |u_n| \leq M$.

Définition 14.3. — Suites croissantes, décroissantes.

• On dit que la suite $(u_n)_{n\in I}$ est *croissante* lorsque : $\forall n \in I,\ u_{n+1} \geq u_n$.

• On dit que la suite $(u_n)_{n\in I}$ est *décroissante* lorsque : $\forall n \in I,\ u_{n+1} \leq u_n$.

• On dit que la suite $(u_n)_{n\in I}$ est *monotone* lorsqu'elle est soit croissante, soit décroissante.

• On définit la stricte croissance, la stricte décroissance et la stricte monotonie en remplaçant les inégalités larges par des inégalités strictes.

Définition 14.4. — Suites constantes, stationnaires. On dit que la suite $(u_n)_{n\in I}$ est *constante* lorsque, pour tout n de I, on a : $u_{n+1} = u_n$. Si cette égalité n'a lieu qu'à partir d'un certain rang n_0, la suite est dite *stationnaire* et il existe alors un réel α tel que : $\forall n \geq n_0,\ u_n = \alpha$.

⇨ **Méthode 14.1. Comment étudier le sens de variation d'une suite ?**

Convergence, divergence

Définitions

Définition 14.5. — On dit que la suite $(u_n)_{n\in\mathbb{N}}$ *converge* vers le réel ℓ si tout intervalle ouvert contenant ℓ contient tous les termes de la suite $(u_n)_{n\in\mathbb{N}}$ sauf un nombre fini d'entre eux.

Comme tout intervalle ouvert contenant ℓ contient un intervalle du type $[\ell-\varepsilon,\ \ell+\varepsilon]$, on obtient une définition équivalente :

$$\lim_{n\to+\infty} u_n = \ell \iff \forall\varepsilon>0,\ \exists n_0\in\mathbb{N},\ \forall n\geq n_0,\ |u_n-\ell|\leq\varepsilon$$

On dit alors que ℓ est la *limite* de la suite $(u_n)_{n\in\mathbb{N}}$ et on note : $\lim\limits_{n\to+\infty} u_n = \ell$.

Une suite qui n'est pas convergente est dite *divergente*.

Propriété 14.2. — La limite d'une suite, lorsqu'elle existe, est unique.

Propriété 14.3. — Toute suite convergente est bornée.

La réciproque est fausse, comme le montre le cas de la suite $((-1)^n)_{n\in\mathbb{N}}$.

Définition 14.6. — On dit que $(u_n)_{n\in\mathbb{N}}$ tend vers $+\infty$, et on écrit $\lim\limits_{n\to+\infty} u_n = +\infty$, si tout intervalle du type $[A,\ +\infty[$ contient tous les termes de la suite, sauf un nombre fini d'entre eux.
En d'autres termes :

$$\forall A>0,\ \exists n_0\in\mathbb{N},\ \forall n\geq n_0,\ u_n\geq A$$

On dit que $(u_n)_{n\in\mathbb{N}}$ tend vers $-\infty$, et on écrit $\lim\limits_{n\to+\infty} u_n = -\infty$, si tout intervalle du type $]-\infty,\ B]$ contient tous les termes de la suite, sauf un nombre fini d'entre eux.
En d'autres termes :

$$\forall B<0,\ \exists n_0\in\mathbb{N},\ \forall n\geq n_0,\ u_n\leq B$$

Remarque 14.1. — Dans les deux cas ci-dessus, $(u_n)_{n\in\mathbb{N}}$ diverge, mais une suite divergente n'a pas nécessairement une limite infinie : elle peut ne pas avoir de limite, comme $((-1)^n)_{n\in\mathbb{N}}$.

Convergence et opérations

Limite d'une somme

$\lim\limits_{n\to+\infty} u_n$	$-\infty$	$+\infty$	$-\infty$	ℓ	ℓ
$\lim\limits_{n\to+\infty} v_n$	$-\infty$	$+\infty$	$+\infty$	$+\infty$	$-\infty$
$\lim\limits_{n\to+\infty} (u_n+v_n)$	$-\infty$	$+\infty$	FI	$+\infty$	$-\infty$

FI signifie : forme indéterminée

Limite d'un produit

$\lim\limits_{n\to+\infty} u_n$	$\pm\infty$	$\pm\infty$	$\pm\infty$
$\lim\limits_{n\to+\infty} v_n$	$\pm\infty$	$\ell\neq 0$	0
$\lim\limits_{n\to+\infty} (u_nv_n)$	$\pm\infty$	$\pm\infty$	FI
	la règle des signes donne le signe de la limite du produit		

Remarque 14.2. — En cas de forme indéterminée, il y a un vrai travail à fournir pour "lever" l'indétermination. Les outils seront donnés plus loin.

Limite de l'inverse d'une suite

$\lim\limits_{n\to+\infty} u_n$	$\pm\infty$	$\ell \neq 0$	0 $\begin{pmatrix}\text{et } u_n < 0 \text{ à partir} \\ \text{d'un certain rang}\end{pmatrix}$	0 $\begin{pmatrix}\text{et } u_n > 0 \text{ à partir} \\ \text{d'un certain rang}\end{pmatrix}$
$\lim\limits_{n\to+\infty} \dfrac{1}{u_n}$	0	$\dfrac{1}{\ell}$	$-\infty$	$+\infty$

❑ Convergence et monotonie

Théorème 14.1. — Théorème de limite monotone (suite croissante ou décroissante).

- Si $(u_n)_{n\in\mathbb{N}}$ est une suite croissante et majorée, alors $(u_n)_{n\in\mathbb{N}}$ est convergente.
  Si $(u_n)_{n\in\mathbb{N}}$ est une suite croissante mais non majorée, alors : $\lim\limits_{n\to+\infty} u_n = +\infty$.
- Si $(u_n)_{n\in\mathbb{N}}$ est une suite décroissante et minorée, alors $(u_n)_{n\in\mathbb{N}}$ est convergente.
  Si $(u_n)_{n\in\mathbb{N}}$ est une suite décroissante mais non minorée, alors : $\lim\limits_{n\to+\infty} u_n = -\infty$.

⇨ **Méthode 14.2. Comment montrer qu'une suite converge avec le théorème de limite monotone ?**

❑ Limite et composition

Théorème 14.2. — Soit une fonction f de $\mathbb{R}$ dans $\mathbb{R}$ et une suite $(u_n)_{n\in\mathbb{N}}$.

Si $\lim\limits_{n\to+\infty} u_n = a$ et si $\lim\limits_{x\to a} f(x) = b$, alors $\lim\limits_{n\to+\infty} f(u_n) = b$.

Cas particulier important.

Si $\lim\limits_{n\to+\infty} u_n = \ell \in \mathbb{R}$ et si f est continue en ℓ, alors $\lim\limits_{n\to+\infty} f(u_n) = f(\ell)$.

❑ Convergence et ordre

Théorème 14.3. — Théorème de prolongement des inégalités.

Soit deux suites $(u_n)_{n\in\mathbb{N}}$ et $(v_n)_{n\in\mathbb{N}}$ telles que $u_n \leq v_n$, au moins à partir d'un certain rang.

Si $(u_n)_{n\in\mathbb{N}}$ converge vers ℓ_1 et $(v_n)_{n\in\mathbb{N}}$ converge vers ℓ_2, alors $\ell_1 \leq \ell_2$.

Remarque 14.3. — Attention ! Si l'on a $u_n < v_n$ à la place de $u_n \leq v_n$, la conclusion reste $\ell_1 \leq \ell_2$: les inégalités strictes deviennent larges après passage à la limite.

Théorème 14.4. — Théorème d'encadrement.

Soit trois suites $(u_n)_{n\in\mathbb{N}}$, $(v_n)_{n\in\mathbb{N}}$ et $(w_n)_{n\in\mathbb{N}}$ telles que $v_n \leq u_n \leq w_n$, au moins à partir d'un certain rang. Si $(v_n)_{n\in\mathbb{N}}$ et $(w_n)_{n\in\mathbb{N}}$ convergent vers la même limite ℓ, alors :

$$(u_n)_{n\in\mathbb{N}} \text{ converge et } \lim_{n\to+\infty} u_n = \ell$$

⇨ **Méthode 14.3. Comment montrer qu'une suite converge par encadrement ?**

Cas particulier important : soit deux suites $(u_n)_{n\in\mathbb{N}}$ et $(v_n)_{n\in\mathbb{N}}$, et un réel ℓ tels que, au moins à partir d'un certain rang, on a $|u_n - \ell| \leq v_n$. Si $\lim_{n\to+\infty} v_n = 0$, alors $\lim_{n\to+\infty} u_n = \ell$.

Théorème 14.5. — Soit deux suites $(u_n)_{n\in\mathbb{N}}$ et $(v_n)_{n\in\mathbb{N}}$ telles que $u_n \leq v_n$, au moins à partir d'un certain rang.
- Si $\lim_{n\to+\infty} u_n = +\infty$, alors $\lim_{n\to+\infty} v_n = +\infty$.
- Si $\lim_{n\to+\infty} v_n = -\infty$, alors $\lim_{n\to+\infty} u_n = -\infty$.

⇨ **Méthode 14.4. Comment montrer qu'une suite tend vers l'infini par majoration ou minoration ?**

❑ Convergence et suites adjacentes

Définition 14.7. — On dit que deux suites $(u_n)_{n\in\mathbb{N}}$ et $(v_n)_{n\in\mathbb{N}}$ sont *adjacentes* lorsque l'une est croissante, l'autre décroissante, et $\lim_{n\to+\infty} (u_n - v_n) = 0$.

Théorème 14.6. — Deux suites adjacentes convergent et leurs limites sont égales.

❑ Convergence et nombres réels

Théorème 14.7. — Tout nombre réel est limite d'une suite de nombres rationnels.

■ Étude asymptotique des suites

❑ Limites usuelles

Théorème 14.8. — Pour tout réel α strictement positif, on a : $\lim_{n\to+\infty} n^\alpha = +\infty$ et $\lim_{n\to+\infty} \frac{1}{n^\alpha} = 0$.

Pour tout réel q élément de $]-1, 1[$, on a : $\lim_{n\to+\infty} q^n = 0$.

Pour tout réel q élément de $]1, +\infty[$, on a : $\lim_{n\to+\infty} q^n = +\infty$.

❑ Croissances comparées

Théorème 14.9. — Pour tout réel $a > 0$ et pour tout réel $b > 0$, on a : $\lim_{n\to+\infty} \frac{(\ln n)^b}{n^a} = 0$.

Théorème 14.10. — Pour tout réel $a > 0$ et pour tout réel q de $\left]-1, 1\right[$, on a : $\lim_{n\to+\infty} n^a q^n = 0$.

Théorème 14.11. — Pour tout réel q, on a : $\lim_{n\to+\infty} \frac{q^n}{n!} = 0$.

Méthodes

Étude d'une suite

❑ Méthode 14.1. Comment étudier le sens de variation d'une suite ?

• Si on a : $\forall n \in \mathbb{N},\ u_{n+1} - u_n \geq 0$, alors la suite (u_n) est croissante.
• Si on a : $\forall n \in \mathbb{N},\ u_{n+1} - u_n \leq 0$, alors la suite (u_n) est décroissante.
(Si les inégalités sont strictes, la monotonie est également stricte).
Remarque. Lorsque $u_n > 0$, on peut aussi procéder comme suit :
Si $\dfrac{u_{n+1}}{u_n} \leq 1$, alors (u_n) est décroissante et si $\dfrac{u_{n+1}}{u_n} \geq 1$, alors (u_n) est croissante.

⇨ Exercices 14.3, 14.5, 14.9

Exemple. Soit la suite (u_n) définie par : $\forall n \geq 1,\ u_n = \sum_{k=1}^{n} \dfrac{1}{k}$. Étudier les variations de cette suite.

$\forall n \geq 1,\ u_{n+1} - u_n = \sum_{k=1}^{n+1} \dfrac{1}{k} - \sum_{k=1}^{n} \dfrac{1}{k} = \dfrac{1}{n+1} \geq 0$. La suite (u_n) est croissante.

❑ Méthode 14.2. Comment montrer qu'une suite converge à l'aide du théorème de limite monotone ?

Une suite croissante et majorée, ou décroissante et minorée, est convergente.
Remarque. Ce théorème ne permet pas de calculer la limite de la suite.

⇨ Exercices 14.3,14.6

Exemple. Soit (x_n) la suite définie par $x_0 = 2$, ainsi que par la relation : $\forall n \in \mathbb{N},\ x_{n+1} = \dfrac{x_n}{1 + n x_n^2}$.

Montrer que la suite (x_n) est positive. En déduire qu'elle est convergente.
• La positivité se traite par une récurrence : on a $x_0 \geq 0$ et si l'on suppose, pour un n fixé dans $\mathbb{N}$, que $x_n \geq 0$, alors $x_{n+1} \geq 0$ en tant que quotient bien défini de réels positifs.
• Par ailleurs, $x_{n+1} - x_n = \dfrac{x_n}{1 + n x_n^2} - x_n = \dfrac{-n x_n^3}{1 + n x_n^2} \leq 0$ (puisque $x_n^3 \geq 0$) donc la suite (x_n) est décroissante.
• (x_n) est décroissante et minorée (par 0) donc convergente, mais on ne connaît pas sa limite.

❑ Méthode 14.3. Comment montrer qu'une suite converge avec le théorème d'encadrement ?

> Si l'on peut encadrer (au moins à partir d'un certain rang) u_n entre deux termes de suites qui convergent vers la même limite, alors (u_n) converge vers cette limite.
> Si $\exists n_0 \in \mathbb{N},\ \forall n \geq n_0,\ v_n \leq u_n \leq w_n$ et si $\lim\limits_{n\to+\infty} v_n = \lim\limits_{n\to+\infty} w_n = \ell$, alors $\lim\limits_{n\to+\infty} u_n = \ell$.
>
> • Ce théorème permet de prouver la convergence de (u_n) et de trouver sa limite.
>
> • Ce théorème requiert non seulement la convergence des suites (v_n) et (w_n) mais l'égalité de leurs limites.

⇨ Exercices 14.2, 14.4, 14.6, 14.7

Exemple. Soit (u_n) la suite définie par : $\forall n \geq 1,\ u_n = \sum\limits_{k=0}^{n} \dfrac{n}{n^2+k}$.

Montrer que la suite (u_n) converge et donner sa limite.
Pour tout k de $[\![0,n]\!]$, on a : $n^2 \leq n^2 + k \leq n^2 + n$.

Tout étant strictement positif, la décroissance de la fonction inverse sur $]0, +\infty[$ donne :
$\dfrac{1}{n^2+n} \leq \dfrac{1}{n^2+k} \leq \dfrac{1}{n^2}$. Comme $n > 0$, on obtient : $\dfrac{n}{n^2+n} \leq \dfrac{n}{n^2+k} \leq \dfrac{n}{n^2}$.

En simplifiant, on trouve : $\dfrac{1}{n+1} \leq \dfrac{n}{n^2+k} \leq \dfrac{1}{n}$.

En sommant, il vient : $\sum\limits_{k=0}^{n} \dfrac{1}{n+1} \leq \sum\limits_{k=0}^{n} \dfrac{n}{n^2+k} \leq \sum\limits_{k=0}^{n} \dfrac{1}{n}$. Ceci s'écrit : $1 \leq u_n \leq \dfrac{n+1}{n}$.

Comme $\lim\limits_{n\to+\infty} 1 = \lim\limits_{n\to+\infty} \dfrac{n+1}{n} = 1$, alors (u_n) converge et sa limite est égale à 1.

❑ Méthode 14.4. Comment montrer qu'une suite tend vers l'infini par majoration ou minoration ?

> Une suite minorée par une suite qui tend vers $+\infty$ tend elle-même vers $+\infty$.
> Une suite majorée par une suite qui tend vers $-\infty$ tend elle-même vers $-\infty$.

⇨ Exercice 14.6

Exemple. On pose : $\forall n \geq 1,\ u_n = \sum\limits_{k=1}^{n} e^{1/k}$. Montrer que $\lim\limits_{n\to+\infty} u_n = +\infty$.

Pour tout entier naturel k supérieur ou égal à 1, on a : $e^{1/k} \geq 1$. On en déduit :

$\forall n \geq 1,\ \sum\limits_{k=1}^{n} e^{1/k} \geq \sum\limits_{k=1}^{n} 1$, c'est-à-dire : $u_n \geq n$. Or $\lim\limits_{n\to+\infty} n = +\infty$, donc $\lim\limits_{n\to+\infty} u_n = +\infty$.

Vrai/Faux

		Vrai	Faux
1.	Si la suite (u_n) est croissante et si, pour tout entier naturel n, on a : $0 \leq u_n \leq 1$, alors $\lim\limits_{n\to+\infty} u_n = 1$.	☐	☐
2.	Toute suite de réels strictement positifs de limite nulle est décroissante à partir d'un certain rang.	☐	☐
3.	Si pour tout n de $\mathbb{N}$, on a $u_{n+1} > u_n$, alors $\lim\limits_{n\to+\infty} u_n = +\infty$.	☐	☐
4.	Si $\lim\limits_{n\to+\infty} (u_{n+1} - u_n) = 0$, alors (u_n) converge.	☐	☐
5.	Si (u_n) est une suite convergente, alors $\lim\limits_{n\to+\infty} \dfrac{u_{n+1}}{u_n} = 1$.	☐	☐
6.	Si, pour tout n de $\mathbb{N}^*$, $u_n = \sum\limits_{k=1}^{n} \dfrac{1}{k}$ alors $u_{2n} = \sum\limits_{k=1}^{n} \dfrac{1}{2k}$.	☐	☐
7.	Si, pour tout entier naturel n, on a $u_{2n+2} \geq u_{2n}$, alors la suite $(u_{2n})_{n\in\mathbb{N}}$ est croissante.	☐	☐
8.	Toute suite non majorée diverge.	☐	☐
9.	Si $\lim\limits_{n\to+\infty} u_n = 1$ alors $\lim\limits_{n\to+\infty} u_n^{\,n} = 1$.	☐	☐
10.	Si les suites (u_{2n}) et (u_{2n+1}) convergent alors la suite (u_n) converge.	☐	☐

Énoncé des exercices

Exercice 14.1. — Étudier la limite de la suite (u_n) dans les cas suivants :

1. $\forall n \geq 2,\ u_n = \dfrac{n+1}{\sqrt{n^3 - 2n + 1}}$.

2. $\forall n \in \mathbb{N},\ u_n = \dfrac{a^n - b^n}{a^n + b^n}$, où $0 \leq a < b$.

3. $\forall n \geq 1,\ u_n = \dfrac{n^2\left(\ln(n+1) - \ln n\right)}{\sqrt{n^2 + 1}}$.

Exercice 14.2.* — On définit la suite (u_n) par $u_0 = 1$ et : $\forall n \in \mathbb{N},\ u_{n+1} = 1 + \dfrac{u_n}{n+1}$.

1. Établir que : $\forall n \in \mathbb{N},\ 1 \leq u_n \leq 2$.

2. Montrer que (u_n) converge vers 1.

Exercice 14.3. — Soit deux réels a et b tels que $0 < a < b$.
On considère les deux suites (a_n) et (b_n) définies par la donnée de $a_0 = a$, $b_0 = b$, ainsi que par les relations : $\forall n \in \mathbb{N},\ a_{n+1} = \sqrt{a_n b_n}$ et $b_{n+1} = \dfrac{1}{2}(a_n + b_n)$.

1. Montrer que (a_n) et (b_n) sont bien définies et à termes strictement positifs.

2. a) Montrer que : $\forall n \in \mathbb{N},\ b_{n+1} - a_{n+1} = \dfrac{1}{2}(\sqrt{b_n} - \sqrt{a_n})^2$. En déduire : $\forall n \in \mathbb{N},\ a_n \leq b_n$.

b) Montrer que : $\forall n \in \mathbb{N},\ a_{n+1} - a_n = \left(\sqrt{b_n} - \sqrt{a_n}\right)\sqrt{a_n}$ et $b_{n+1} - b_n = \dfrac{1}{2}(a_n - b_n)$.

3. Montrer que les suites (a_n) et (b_n) sont convergentes et ont même limite.

Exercice 14.4. — On se propose de démontrer le **théorème 14.7** qui précise que tout réel est limite d'une suite de rationnels.
On rappelle que, pour tout réel u, $\lfloor u \rfloor$ désigne la partie entière de u, c'est-à-dire le seul entier vérifiant : $\lfloor u \rfloor \leq u < \lfloor u \rfloor + 1$.

1. Montrer que : $\forall x \in \mathbb{R}, \forall n \in \mathbb{N}^*,\ \dfrac{\lfloor nx \rfloor}{n} \leq x < \dfrac{\lfloor nx \rfloor + 1}{n}$.

2. En déduire que, pour tout réel x, la suite $\left(\dfrac{\lfloor nx \rfloor}{n}\right)_{n\geq 1}$ converge, et déterminer sa limite.

❑ **Exercice 14.5.** — On considère les suites (a_n) et (b_n) définies par : $\forall n \in \mathbb{N},\ a_n = \sum_{k=0}^{n} \frac{1}{k!}$ et $b_n = a_n + \frac{1}{n!}$. Montrer que ces deux suites sont convergentes et de même limite.

❑ **Exercice 14.6.** ** — Étude d'une *suite implicite*.
On désigne par n un entier supérieur ou égal à 3.
On note f_n la fonction définie sur $\mathbb{R}_+^*$ par : $\forall x > 0,\ f_n(x) = x - n \ln x$.

1. Montrer que l'équation $f_n(x) = 0$ admet exactement deux solutions. En notant u_n la plus petite et v_n la plus grande de ces deux solutions, on vérifiera que : $\forall n \geq 3,\ 0 < u_n < n < v_n$.

2. Donner la limite de la suite $(v_n)_{n \geq 3}$.

3. a) Montrer que $\forall n \geq 3,\ 1 < u_n < e$.

b) Montrer que $\forall n \geq 3,\ f_n(u_{n+1}) = \ln u_{n+1}$. En déduire le sens de variation de $(u_n)_{n \geq 3}$.

c) Montrer que $(u_n)_{n \geq 3}$ est convergente, puis en encadrant $\ln u_n$, établir que $\lim_{n \to +\infty} u_n = 1$.

D'après EDHEC

❑ **Exercice 14.7.** ** — Étude d'une deuxième *suite implicite*.
Soit f la fonction définie sur $]0, +\infty[$ par : $f(x) = x + \ln x$.

1. Prouver que f est une bijection strictement croissante de $]0, +\infty[$ sur $\mathbb{R}$.

2. a) Pour tout n de $\mathbb{N}^*$, montrer que l'équation $x + \ln x = n$ possède une unique solution, que l'on notera x_n.

b) Calculer x_1. Étudier la monotonie et la convergence de la suite (x_n).

3. a) Pour tout n de $\mathbb{N}^*$, comparer $f(n)$ et n. En déduire que $x_n \leq n$.

b) En déduire que : $\forall n \in \mathbb{N}^*,\ n - \ln n \leq x_n$.

c) Déterminer $\lim_{n \to +\infty} \frac{x_n}{n}$.

D'après HEC

❑ **Exercice 14.8.** ** — On pose : $\begin{cases} u_0 = 2,\ u_1 = 0,\ u_2 = 7 \\ \forall n \in \mathbb{N},\ u_{n+3} = 3u_{n+1} - 2u_n \end{cases}$.

On note $M = \begin{pmatrix} 0 & 1 & 0 \\ 0 & 0 & 1 \\ -2 & 3 & 0 \end{pmatrix}$ et on pose, pour tout entier naturel n : $X_n = \begin{pmatrix} u_n \\ u_{n+1} \\ u_{n+2} \end{pmatrix}$.

1. Pour tout entier naturel n, que vaut le produit MX_n ? En déduire X_n en fonction de M et X_0.

2. Montrer que quel que soit l'entier naturel n, la première ligne de M^n est :

$$\left(\frac{1}{9}\left((-2)^n - 6n + 8\right) \quad \frac{1}{9}\left((-2)^{n+1} + 3n + 2\right) \quad \frac{1}{9}\left((-2)^n + 3n - 1\right) \right)$$

3. En déduire, pour tout entier naturel n, l'expression de u_n en fonction de n.

D'après ESSEC

❑ **Exercice 14.9.** ** — On définit la suite $(S_n)_{n\in\mathbb{N}^*}$ par $\forall n \in \mathbb{N}^*$, $S_n = \sum_{k=1}^{n} \frac{(-1)^k}{k}$.

1. Montrer que les suites $(S_{2n})_{n\in\mathbb{N}^*}$ et $(S_{2n+1})_{n\in\mathbb{N}}$ sont adjacentes.

2. Conclure, en utilisant la définition de la convergence, que la suite $(S_n)_{n\in\mathbb{N}^*}$ converge.

❑ **Exercice 14.10.** ** — Soit $(u_n)_{n\in\mathbb{N}}$ une suite strictement croissante qui converge vers ℓ. Montrer que : $\forall n \in \mathbb{N}$, $u_n < \ell$.

■ Pour vous aider à démarrer

Exercice 14.2. Pour la question **1**, traiter le cas $n = 0$ à part.
Exercice 14.3. Pour la question **1**, procéder par récurrence.
Pour la question **2.a)**, ne pas oublier de vérifier à part que $a_0 \leq b_0$.
Pour la question **3**, utiliser $a_n \leq b_n$ pour obtenir les variations des suites (a_n) et (b_n).
Exercice 14.5. Montrer que les deux suites sont adjacentes.
Exercice 14.6. Pour la question **1**, dériver f_n pour obtenir ses variations.
Pour la question **3.a)**, étudier le signe de $f_n(1)$ et de $f_n(e)$.
Pour la question **3.b)**, calculer $f_n(u_{n+1})$ et $f_n(u_n)$ et utiliser les variations de f_n.
Pour la question **3.c)**, écrire $u_n = n \ln u_n$ et se souvenir de la question **3.a)**.
Exercice 14.7. Pour la question **1**, dériver f pour obtenir ses variations.
Pour la question **2.a)**, utiliser le théorème de la bijection.
Pour la question **2.b)**, utiliser f^{-1} pour calculer la limite de (x_n).
Exercice 14.9. Pour la question **1**, calculer $S_{2n+2} - S_{2n}$ et $S_{2n+3} - S_{2n+1}$.
Exercice 14.10. Raisonner par l'absurde

Corrigé des vrai/faux

1.	2.	3.	4.	5.	6.	7.	8.	9.	10.
F	F	F	F	F	F	V	V	F	F

1. On considère la suite $(u_n)_{n\in\mathbb{N}}$ définie par : $\forall n \in \mathbb{N},\ u_n = \frac{1}{2}(1-\frac{1}{n+1})$. Il est facile de vérifier qu'elle est croissante, que tous ses termes sont compris entre 0 et 1 et pourtant sa limite vaut $\frac{1}{2}$.

2. On considère la suite $(u_n)_{n\in\mathbb{N}^*}$ définie par : $\forall n \in \mathbb{N}^*,\ u_n = \frac{2+(-1)^n}{n}$.

$(u_n)_{n\in\mathbb{N}^*}$ est à termes strictement positifs et on a : $\forall n \in \mathbb{N}^*,\ \frac{1}{n} \leq u_n \leq \frac{3}{n}$.

Comme $\lim\limits_{n\to+\infty} \frac{1}{n} = \lim\limits_{n\to+\infty} \frac{3}{n} = 0$, le théorème d'encadrement assure que $\lim\limits_{n\to+\infty} u_n = 0$.

Pourtant, pour tout entier naturel n, on a $u_{2n+1} = \frac{1}{2n+1}$, $u_{2n+2} = \frac{3}{2n+2}$ et $u_{2n+3} = \frac{1}{2n+3}$, et on montre aisément que : $u_{2n+1} < u_{2n+2}$, mais $u_{2n+2} > u_{2n+3}$. La suite (u_n) n'est donc pas décroissante.

3. On considère la suite $(u_n)_{n\in\mathbb{N}}$ définie par : $\forall n \in \mathbb{N},\ u_n = 1 - \frac{1}{n+1}$. On a bien $u_{n+1} > u_n$, pour tout entier naturel n, et pourtant la suite (u_n) converge vers 1.

4. Considérons la suite (u_n) définie par : $\forall n \in \mathbb{N}^*,\ u_n = \ln n$.

Pour tout entier naturel n non nul, on a : $u_{n+1} - u_n = \ln(n+1) - \ln(n) = \ln\left(1+\frac{1}{n}\right)$.

On en déduit que $\lim\limits_{n\to+\infty}(u_{n+1} - u_n) = 0$, mais pourtant la suite (u_n) diverge.

La propriété " $\lim\limits_{n\to+\infty}(u_{n+1} - u_n) = 0 \Rightarrow (u_n)$ converge" est fausse.

5. Considérons la suite (u_n) définie, pour tout entier naturel n non nul par : $u_n = e^{-n}$.

La suite (u_n) converge vers 0 mais $\frac{u_{n+1}}{u_n} = \frac{1}{e}$, ce qui ne tend pas vers 1 lorsque n tend vers $+\infty$.

Corrigé

6. Si, pour tout n de $\mathbb{N}^*, u_n = \sum_{k=1}^{n} \frac{1}{k}$, on a alors $u_{2n} = \sum_{k=1}^{2n} \frac{1}{k}$.

Ainsi, $u_2 = \sum_{k=1}^{4} \frac{1}{k} = \frac{25}{12}$ alors que $\sum_{k=1}^{2} \frac{1}{2k} = \frac{3}{4}$. On en conclut que : $u_{2n} \neq \sum_{k=1}^{n} \frac{1}{2k}$.

7. Si l'on pose $v_n = u_{2n}$, alors effectivement $v_{n+1} - v_n = u_{2n+2} - u_{2n} \geq 0$. La suite (v_n) est bien croissante, ce qui veut dire que la suite (u_{2n}) l'est.

8. On sait que toute suite convergente est bornée, donc majorée.
Par contraposée, on en déduit que toute suite non majorée n'est pas convergente, c'est-à-dire divergente.

9. Posons, pour tout entier naturel n non nul, $u_n = 1 + \frac{1}{n}$. On a donc $\lim_{n \to +\infty} u_n = 1$.

D'autre part, on a : $u_n{}^n = \left(1 + \frac{1}{n}\right)^n = e^{n \ln\left(1+\frac{1}{n}\right)}$.

De plus, $\lim_{n \to +\infty} n \ln\left(1 + \frac{1}{n}\right) = \lim_{n \to +\infty} \frac{\ln\left(1 + \frac{1}{n}\right)}{\frac{1}{n}} = \lim_{X \to 0} \frac{\ln(1+X)}{X} = 1$.

Comme la fonction exponentielle est continue en 0, on obtient : $\lim_{n \to +\infty} u_n{}^n = e \neq 1$.

10. Considérons la suite (u_n) définie par : $\forall n \in \mathbb{N}, u_n = (-1)^n$.

La suite (u_{2n}) converge vers 1 (suite constante égale à 1).

La suite (u_{2n+1}) converge vers -1 (suite constante égale à -1).

Pourtant, la suite (u_n) diverge.

❑ Les erreurs classiques

- On ne peut passer à la limite dans un encadrement que dans deux cas :
  - si on est dans le cadre du théorème d'encadrement ;
  - si on a prouvé la convergence de toutes les quantités en jeu.
- Il faut faire attention aux encadrements qui ne prouvent rien.
- Il faut prendre garde aux décalages d'indice, notamment dans les raisonnements de monotonie. Par exemple si on examine la monotonie de la suite (u_{2n}), c'est bien le signe de $u_{2n+2} - u_{2n}$ (et pas $u_{2n+1} - u_{2n}$) qu'il faut étudier.
- Dans l'expression : $\forall n \in \mathbb{N}, u_n \leq M$, M ne sera qualifié de majorant pour le théorème de limite monotone que s'il est indépendant de n.

Corrigé des exercices

Exercice 14.1

1. On a : $u_n = \dfrac{n\left(1+\dfrac{1}{n}\right)}{\sqrt{n^2\left(n-\dfrac{2}{n}+\dfrac{1}{n^2}\right)}} = \dfrac{1+\dfrac{1}{n}}{\sqrt{n-\dfrac{2}{n}+\dfrac{1}{n^2}}}$. Comme $\lim\limits_{n\to+\infty} n-\dfrac{2}{n}+\dfrac{1}{n^2}=+\infty$, grâce au **théorème 14.2**, on obtient : $\lim\limits_{n\to+\infty}\sqrt{n-\dfrac{2}{n}+\dfrac{1}{n^2}}=+\infty$. D'autre part, on a : $\lim\limits_{n\to+\infty} 1+\dfrac{1}{n}=1$. On en déduit : $\lim\limits_{n\to+\infty} u_n = 0$.

2. On a : $u_n = \dfrac{b^n\left(\dfrac{a^n}{b^n}-1\right)}{b^n\left(\dfrac{a^n}{b^n}+1\right)} = \dfrac{\dfrac{a^n}{b^n}-1}{\dfrac{a^n}{b^n}+1} = \dfrac{\left(\dfrac{a}{b}\right)^n-1}{\left(\dfrac{a}{b}\right)^n+1}$.

Comme $0 \le \dfrac{a}{b} < 1$, on a, d'après le **théorème 14.8**, $\lim\limits_{n\to+\infty}\left(\dfrac{a}{b}\right)^n = 0$, d'où : $\lim\limits_{n\to+\infty} u_n = -1$.

3. On remarque que, pour tout entier naturel non nul, on a : $n^2\left(\ln(n+1)-\ln n\right) = n^2\ln\left(1+\dfrac{1}{n}\right)$.

D'autre part, on a : $\sqrt{n^2+1} = n\sqrt{1+\dfrac{1}{n^2}}$. On en déduit : $u_n = \dfrac{n\ln\left(1+\dfrac{1}{n}\right)}{\sqrt{1+\dfrac{1}{n^2}}}$.

De plus, on a $n\ln\left(1+\dfrac{1}{n}\right) = \dfrac{\ln\left(1+\dfrac{1}{n}\right)}{\dfrac{1}{n}}$ et on a ainsi : $\lim\limits_{n\to+\infty}\dfrac{\ln\left(1+\dfrac{1}{n}\right)}{\dfrac{1}{n}} = \lim\limits_{x\to0}\dfrac{\ln(1+x)}{x} = 1$.

Comme $\lim\limits_{n\to+\infty}\sqrt{1+\dfrac{1}{n^2}} = 1$, on en conclut : $\lim\limits_{n\to+\infty} u_n = 1$.

Exercice 14.2

1. Pour tout entier naturel non nul n, posons $P(n)$: "$1 \le u_n \le 2$".

$P(1)$ est vraie puisque $u_1 = 1+\dfrac{1}{1} = 2$.

Soit n un entier naturel non nul fixé pour lequel on suppose $P(n)$ vraie.

Puisque $1 \leq u_n \leq 2$, on obtient facilement : $\frac{1}{n+1} \leq \frac{u_n}{n+1} \leq \frac{2}{n+1}$.

On en déduit alors, en ajoutant 1 à chaque membre de l'encadrement, que :

$1+\frac{1}{n+1} \leq u_{n+1} \leq 1+\frac{2}{n+1}$, d'où, en élargissant un peu : $1 \leq u_{n+1} \leq 1+\frac{2}{n+1}$.

Comme $n \geq 1$, on a $n+1 \geq 2$ et ainsi $\frac{2}{n+1} \leq 1$. On en déduit alors : $1 \leq u_{n+1} \leq 2$. Ceci prouve que $P(n+1)$ est vraie.

Finalement, par récurrence : $\forall n \in \mathbb{N}^*, 1 \leq u_n \leq 2$.

Ce résultat est encore vrai si $n = 0$ (car $u_0 = 1$) donc $\forall n \in \mathbb{N}, 1 \leq u_n \leq 2$.

2. Pour tout entier naturel n, comme $1 \leq u_n \leq 2$, on obtient, en divisant tout par $n+1$, puis en ajoutant 1 à chaque membre : $\forall n \in \mathbb{N}, 1+\frac{1}{n+1} \leq u_{n+1} \leq 1+\frac{2}{n+1}$.

Ainsi, en descendant d'un rang, on trouve : $\forall n \in \mathbb{N}^*,\ 1+\frac{1}{n} \leq u_n \leq 1+\frac{2}{n}$.

Comme $\lim\limits_{n\to+\infty}\left(1+\frac{1}{n}\right) = \lim\limits_{n\to+\infty}\left(1+\frac{2}{n}\right) = 1$, le théorème d'encadrement permet de conclure que la suite (u_n) converge vers 1.

⇨ *Méthode 14.3*

Exercice 14.3

1. Pour tout entier naturel n, posons $P(n)$: " a_n et b_n sont bien définis et strictement positifs".
$P(0)$ est vraie. En effet, a_0 et b_0 sont bien définis et l'énoncé donne $a_0 = a > 0$ et $b_0 = b > 0$.
Soit n un entier naturel fixé tel que $P(n)$ est vraie.

Puisque a_n et b_n sont bien définis et $a_n > 0$ et $b_n > 0$, on a $a_n b_n > 0$ et donc $a_{n+1} = \sqrt{a_n b_n}$ existe bien et est strictement positif (racine carrée d'un nombre strictement positif).

De même, $b_{n+1} = \frac{1}{2}(a_n + b_n)$ existe bien et est strictement positif (moyenne arithmétique de termes positifs). Ainsi, $P(n + 1)$ est vraie.

Finalement, par récurrence, pour tout entier naturel n, a_n et b_n sont bien définis et strictement positifs.

2. a) Pour tout entier naturel n, on a :

$b_{n+1} - a_{n+1} = \frac{1}{2}\left((a_n + b_n) - 2\sqrt{a_n b_n}\right) = \frac{1}{2}\left((a_n + b_n) - 2\sqrt{a_n}\sqrt{b_n}\right)$ et on reconnaît une identité remarquable. Ainsi, $b_{n+1} - a_{n+1} = \frac{1}{2}\left(\sqrt{b_n} - \sqrt{a_n}\right)^2 \geq 0$.

De plus, comme $b \geq a$, on a : $b_0 \geq a_0$. Ainsi, pour tout entier naturel n, on a : $b_n \geq a_n$.

b) • Comme pour tout entier naturel n, a_n est positif, on a : $a_n = \sqrt{a_n}\sqrt{a_n}$.

On en déduit : $a_{n+1} - a_n = \sqrt{a_n}\left(\sqrt{b_n} - \sqrt{a_n}\right)$.

• Pour tout entier naturel n, on a : $b_{n+1} - b_n = \dfrac{1}{2}(a_n + b_n - 2b_n) = \dfrac{1}{2}(a_n - b_n)$.

3. De la relation $a_n \le b_n$, on obtient :

• Grâce à la question **2.b)**, on a : $b_{n+1} - b_n \le 0$: la suite (b_n) est donc une suite décroissante.

• Par croissance de la fonction racine carrée sur $\mathbb{R}_+$, on a $\sqrt{a_n} \le \sqrt{b_n}$ et on obtient $a_{n+1} - a_n \ge 0$: la suite (a_n) est donc une suite croissante.

Puisque (a_n) est une suite croissante et (b_n) est une suite décroissante, on étend l'inégalité de la question **2.a)** en : $a_0 \le a_n \le b_n \le b_0$.

Ainsi la suite (a_n) est croissante et majorée par b_0 et la suite (b_n) est décroissante et minorée par a_0. D'après le théorème de limite monotone, ces deux suites sont convergentes.

Notons alors ℓ_1 et ℓ_2 les limites respectives de (a_n) et (b_n).

En passant à la limite sur les relations définissant les suites (a_n) et (b_n), on obtient :

$\ell_1 = \sqrt{\ell_1 \ell_2}$ et $\ell_2 = \dfrac{1}{2}(\ell_1 + \ell_2)$.

La deuxième relation donne $\ell_1 = \ell_2$, ce qui rend la première relation inutile : $\ell_1 = |\ell_1| = \ell_1$ (car $\ell_1 \ge a_0 > 0$). Finalement, les suites (a_n) et (b_n) convergent et ont même limite.

⇨ *Méthodes 14.1, 14.2*

Exercice 14.4

1. Pour tout réel y, $\lfloor y \rfloor \le y < \lfloor y \rfloor + 1$ (par définition de la partie entière).

En appliquant cet encadrement à $y = nx$ (avec x dans $\mathbb{R}$ et n dans $\mathbb{N}^*$), on obtient :

$\lfloor nx \rfloor \le nx < \lfloor nx \rfloor + 1$. En divisant cet encadrement par $n > 0$, on obtient : $\dfrac{\lfloor nx \rfloor}{n} \le x < \dfrac{\lfloor nx \rfloor + 1}{n}$.

2. L'inégalité de droite de l'encadrement précédent s'écrit : $\dfrac{\lfloor nx \rfloor}{n} > x - \dfrac{1}{n}$.

En associant cette inégalité à l'inégalité de gauche du même encadrement, on obtient :

$x - \dfrac{1}{n} < \dfrac{\lfloor nx \rfloor}{n} \le x$, valable pour tout entier naturel n non nul.

Comme $\lim\limits_{n \to +\infty} x - \dfrac{1}{n} = \lim\limits_{n \to +\infty} x = x$, le théorème d'encadrement assure que $\lim\limits_{n \to +\infty} \dfrac{\lfloor nx \rfloor}{n} = x$.

⇨ *Méthode 14.3*

Exercice 14.5

- $\forall n \in \mathbb{N},\ a_{n+1} - a_n = \sum_{k=0}^{n+1} \frac{1}{k!} - \sum_{k=0}^{n} \frac{1}{k!} = \frac{1}{(n+1)!}$, donc $a_{n+1} - a_n \geq 0$ et (a_n) est croissante.
- $\forall n \in \mathbb{N},\ b_{n+1} - b_n = a_{n+1} - a_n + \frac{1}{(n+1)!} - \frac{1}{n!} = \frac{2}{(n+1)!} - \frac{1}{n!} = \frac{2}{(n+1)!} - \frac{n+1}{(n+1)!} = -\frac{(n-1)}{(n+1)!}$, donc,

dès que n est supérieur ou égal à 1, on a : $b_{n+1} - b_n \leq 0$. La suite $(b_n)_{n\geq 1}$ est décroissante.

- $\forall n \in \mathbb{N},\ b_n - a_n = \frac{1}{n!}$ donc $\lim\limits_{n\to+\infty} (b_n - a_n) = 0$.

Les suites (a_n) et (b_n) sont adjacentes donc elles convergent et ont la même limite.

⇨ *Méthode 14.1*

Exercice 14.6

1. La fonction f_n est dérivable sur $\mathbb{R}_+^*$ en tant que somme de fonctions dérivables sur $\mathbb{R}_+^*$ et pour tout x strictement positif, $f_n'(x) = 1 - \frac{n}{x} = \frac{x-n}{x}$.

On en déduit que f_n' est du signe de $x - n$, ce qui permet d'écrire les deux points suivants :

- La fonction f_n est strictement décroissante sur $]0,n[$.

Puisque f_n est aussi continue sur $]0,n[$, elle réalise une bijection de $]0,n[$ sur $\left]f_n(n), \lim\limits_{x\to 0} f_n(x)\right[=]n - n\ln n, +\infty[$. En effet, $\lim\limits_{x\to 0^+} f_n(x) = +\infty$ (somme de limites usuelles).

Or pour tout entier n supérieur à 3, on a $n > e$, donc $\ln n > 1$ et $n - n\ln n = n(1 - \ln n) < 0$, donc $0 \in]n - n\ln n, +\infty[$. Ainsi, l'équation $f_n(x) = 0$ possède une unique solution u_n sur $]0,n[$.

- La fonction f_n est strictement croissante sur $]n,+\infty[$. Comme f_n est aussi continue sur $]n,+\infty[$, elle réalise une bijection de $]n,+\infty[$ sur $]n - n\ln n, +\infty[$. En effet, $\lim\limits_{x\to+\infty} f_n(x) = \lim\limits_{x\to+\infty} x\left(1 - n\frac{\ln x}{x}\right) = +\infty$ puisque $\lim\limits_{x\to+\infty} \frac{\ln x}{x} = 0$.

Comme $0 \in]n - n\ln n, +\infty[$, l'équation $f_n(x) = 0$ possède une unique solution v_n sur $]n,+\infty[$.
L'équation $f_n(x) = 0$ possède deux solutions, u_n et v_n, qui vérifient : $\forall n \geq 3,\ 0 < u_n < n < v_n$.

2. On a vu que : $\forall n \geq 3, n < v_n$. Comme $\lim\limits_{n\to+\infty} n = +\infty$, on en déduit, grâce au théorème de comparaison, que : $\lim\limits_{n\to+\infty} v_n = +\infty$.

⇨ *Méthode 14.4*

3. a) Pour tout n supérieur ou égal à 3, on a : $f_n(1)=1>0$ et $f_n(e)=e-n<0$. On en déduit : $\forall n\geq 3,\ f_n(e)<f_n(u_n)<f_n(1)$. Puisque 1, e et u_n sont des éléments de $]0,n[$, la stricte décroissance de f_n sur $]0,n[$ assure que : $\forall n\geq 3,\ 1<u_n<e$.

b) On remarque que : $\forall n\geq 3, f_n(u_{n+1})=u_{n+1}-n\ln(u_{n+1})=\underbrace{u_{n+1}-(n+1)\ln(u_{n+1})}_{f_{n+1}(u_{n+1})}+\ln(u_{n+1})$.

Par définition de la suite $(u_n)_{n\geq 3}$, pour tout n supérieur ou égal à 3, $f_{n+1}(u_{n+1})=0$, on en déduit que : $\forall n\geq 3, f_n(u_{n+1})=\ln(u_{n+1})$.

D'après la question **3.a)**, $u_{n+1}>1$ donc : $\forall n\geq 3, f_n(u_{n+1})=\ln(u_{n+1})>0$.

Comme $f_n(u_n)=0$, on en déduit que : $\forall n\geq 3, f_n(u_{n+1})>f_n(u_n)$.

Les réels u_n et u_{n+1} étant dans $]0,n[$, et la fonction f_n étant strictement décroissante sur $]0,n[$, on obtient : $\forall n\geq 3,\ u_{n+1}<u_n$: la suite $(u_n)_{n\geq 3}$ est donc décroissante.

c) La suite $(u_n)_{n\geq 3}$ est décroissante et minorée par 1 (question **3.a**), elle converge donc.

La relation $f_n(u_n)=0$ se traduit par $u_n=n\ln(u_n)$, soit encore : $\dfrac{u_n}{n}=\ln(u_n)$.

Comme $1<u_n<e$, on en déduit que : $\dfrac{1}{n}<\dfrac{u_n}{n}<\dfrac{e}{n}$.

Finalement, pour tout entier n supérieur ou égal à 3, on a : $\dfrac{1}{n}<\ln(u_n)<\dfrac{e}{n}$.

Le théorème d'encadrement nous permet de conclure que : $\lim\limits_{n\to+\infty}\ln(u_n)=0$.

La continuité en 0 de la fonction exponentielle prouve alors que : $\lim\limits_{n\to+\infty}u_n=1$.

⇨ *Méthodes 14.2, 14.3*

Exercice 14.7

1. La fonction f est dérivable sur $\mathbb{R}_+^*$ en tant que somme de fonctions usuelles dérivables sur $\mathbb{R}_+^*$ et, pour tout réel x strictement positif, $f'(x)=1+\dfrac{1}{x}>0$.

La fonction f est donc strictement croissante sur $\mathbb{R}_+^*$.

Puisqu'elle y est également continue, elle réalise une bijection de $\mathbb{R}_+^*$ sur $f(\mathbb{R}_+^*)=\mathbb{R}$ (car $\lim\limits_{x\to 0^+}f(x)=-\infty$ et $\lim\limits_{x\to+\infty}f(x)=+\infty$).

2. a) Le théorème de la bijection assure de l'existence d'une unique solution x_n sur $\mathbb{R}_+^*$ à l'équation $x+\ln x=n$. On a donc : $\forall n\in\mathbb{N}^*, f(x_n)=n$.

b) • On remarque déjà que : $1+\ln 1=1$ donc 1 est solution de l'équation $x+\ln x=1$.
Par unicité de la solution, on en déduit que : $x_1=1$.

• Pour étudier la monotonie de la suite $(x_n)_{n\in\mathbb{N}^*}$, on part du constat simple que : $n<n+1$.
On obtient alors, par définition de la suite $(x_n)_{n\in\mathbb{N}^*}$: $f(x_n)<f(x_{n+1})$.
La stricte croissance de f sur $\mathbb{R}_+^*$ assure alors que : $\forall n\in\mathbb{N}^*, x_n<x_{n+1}$.
La suite $(x_n)_{n\in\mathbb{N}^*}$ est donc croissante.
• La relation $f(x_n)=n$ s'écrit aussi $x_n=f^{-1}(n)$.
On a vu à la question **1** que $\lim\limits_{x\to+\infty} f(x)=+\infty$, on a donc : $\lim\limits_{x\to+\infty} f^{-1}(x)=+\infty$.
On en déduit que : $\lim\limits_{n\to+\infty} x_n=\lim\limits_{n\to+\infty} f^{-1}(n)=+\infty$.

3. a) Comme $n\geq 1$, on a $\ln n\geq 0$ et ainsi : $f(n)=n+\ln n\geq n$.
De plus, on sait que $f(x_n)=n$, on en déduit : $\forall n\in\mathbb{N}^*, f(n)\geq f(x_n)$.
La stricte croissance de f sur $\mathbb{R}_+^*$ assure alors que : $\forall n\in\mathbb{N}^*, n\geq x_n$.

b) Par définition de la suite (x_n), on a $x_n+\ln x_n=n$, soit : $x_n=n-\ln x_n$. On vient de voir à la question **3.a)**, que $n\geq x_n$ d'où l'on déduit $-\ln x_n\geq -\ln n$. On obtient alors :

$$\forall n\in\mathbb{N}^*,\ x_n\geq n-\ln n$$

c) Les résultats des questions **3.a)** et **3.b)** donnent : $\forall n\in\mathbb{N}^*, n-\ln n\leq x_n\leq n$.
On a , en divisant par $n\geq 1>0$: $\forall n\in\mathbb{N}^*, 1-\dfrac{\ln n}{n}\leq\dfrac{x_n}{n}\leq 1$.
Comme $\lim\limits_{n\to+\infty}\dfrac{\ln n}{n}=0$ on en déduit que : $\lim\limits_{n\to+\infty}\left(1-\dfrac{\ln n}{n}\right)=1$.
Le théorème d'encadrement nous permet alors de conclure que : $\lim\limits_{n\to+\infty}\dfrac{x_n}{n}=1$.

⇨ *Méthode 14.3*

Exercice 14.8

1. On remarque que : $MX_n=\begin{pmatrix}u_{n+1}\\u_{n+2}\\3u_{n+1}-2u_n\end{pmatrix}=\begin{pmatrix}u_{n+1}\\u_{n+2}\\u_{n+3}\end{pmatrix}$.
On en déduit que : $\forall n\in\mathbb{N}, MX_n=X_{n+1}$.
Pour tout entier naturel n, posons $R(n)$: " $X_n=M^nX_0$ ".
$R(0)$ est vraie. En effet : $M^0X_0=I\,X_0=X_0$.
Soit n un entier naturel tel que $R(n)$ soit vraie, c'est-à-dire : $X_n=M^nX_0$.

On a : $X_{n+1} = MX_n = M\left(M^n X_0\right) = M^{n+1}X_0$ donc $R(n+1)$ est vraie.

Finalement, par récurrence, pour tout entier naturel n, on a : $X_n = M^n X_0$.

2. Pour tout entier naturel n, posons $P(n)$:

"la première ligne de M^n est $\left(\frac{1}{9}\left((-2)^n - 6n+8\right) \quad \frac{1}{9}\left((-2)^{n+1}+3n+2\right) \quad \frac{1}{9}\left((-2)^n+3n-1\right)\right)$ ".

• $P(0)$ est vraie, car, d'une part $M^0 = I$ dont la première ligne est $(1 \quad 0 \quad 0)$ et d'autre part :

$\frac{1}{9}\left((-2)^0 - 6\times 0+8\right)=1$, $\frac{1}{9}\left((-2)^{0+1}+3\times 0+2\right)=0$ et $\frac{1}{9}\left((-2)^{0+1}+3\times 0+2\right)=0$.

• Soit n un entier naturel tel que $P(n)$ soit vraie.

De la relation $M^{n+1} = M^n \times M$, on sait, par définition du produit matriciel, que la première ligne de M^{n+1} s'obtient en multipliant la première ligne de M^n par les colonnes de M.

On obtient alors dans l'ordre :

- $\frac{1}{9}\left((-2)^n - 6n+8\right)\times 0+\frac{1}{9}\left((-2)^{n+1}+3n+2\right)\times 0+\frac{1}{9}\left((-2)^n+3n-1\right)\times(-2)$.
- $\frac{1}{9}\left((-2)^n - 6n+8\right)\times 1+\frac{1}{9}\left((-2)^{n+1}+3n+2\right)\times 0+\frac{1}{9}\left((-2)^n+3n-1\right)\times 3$.
- $\frac{1}{9}\left((-2)^n - 6n+8\right)\times 0+\frac{1}{9}\left((-2)^{n+1}+3n+2\right)\times 1+\frac{1}{9}\left((-2)^n+3n-1\right)\times 0$.

Après simplifications, la première ligne de M^{n+1} est :

$$\left(\frac{1}{9}\left((-2)^{n+1} - 6(n+1)+8\right) \quad \frac{1}{9}\left((-2)^{n+2}+3(n+1)+2\right) \quad \frac{1}{9}\left((-2)^{n+1}+3(n+1)-1\right)\right)$$

$P(n+1)$ est donc vraie.

Finalement, par récurrence, pour tout entier naturel n, la première ligne de M^n est :

$$\left(\frac{1}{9}\left((-2)^n - 6n+8\right) \quad \frac{1}{9}\left((-2)^{n+1}+3n+2\right) \quad \frac{1}{9}\left((-2)^n+3n-1\right)\right)$$

3. Comme $X_n = M^n X_0$, le premier coefficient de X_n, c'est-à-dire u_n, s'obtient en multipliant la première ligne de M^n par la colonne $X_0 = \begin{pmatrix} 2 \\ 0 \\ 7 \end{pmatrix}$.

En effectuant ce produit, on obtient : $\forall n \in \mathbb{N}$, $u_n = (-2)^n + n + 1$.

Exercice 14.9

1. • Pour tout entier naturel n non nul, on a : $S_{2n+2} - S_{2n} = \frac{(-1)^{2n+2}}{2n+2} + \frac{(-1)^{2n+1}}{2n+1}$ (après télescopage, il reste les deux derniers termes de S_{2n+2}).

Corrigé

$S_{2n+2} - S_{2n} = \dfrac{1}{2n+2} - \dfrac{1}{2n+1} = \dfrac{-1}{(2n+1)(2n+2)} < 0$, ce qui signifie que la suite (S_{2n}) est décroissante.

• On a de la même façon : $S_{2n+3} - S_{2n+1} = \dfrac{(-1)^{2n+3}}{2n+3} + \dfrac{(-1)^{2n+2}}{2n+2}$.

Après simplifications, on trouve $S_{2n+3} - S_{2n+1} = \dfrac{1}{(2n+3)(2n+2)} > 0$, ce qui signifie que la suite (S_{2n+1}) est croissante.

• Enfin, $S_{2n+1} - S_{2n} = \dfrac{(-1)^{2n+1}}{2n+1} = \dfrac{-1}{2n+1} \underset{n\to+\infty}{\to} 0$.

Les suites (S_{2n}) et (S_{2n+1}) sont donc adjacentes et convergent alors vers la même limite.

2. Montrons maintenant que la suite (S_n) converge et fixons un réel ε strictement positif.
Comme (S_{2n}) converge vers ℓ, alors il existe un entier n_ε tel que : $\forall n \geq n_\varepsilon,\ |S_{2n} - \ell| \leq \varepsilon$.
Comme (S_{2n+1}) converge vers ℓ, alors il existe un entier n'_ε tel que : $\forall n \geq n'_\varepsilon,\ |S_{2n+1} - \ell| \leq \varepsilon$.
Posons $n''_\varepsilon = \max(2n_\varepsilon, 2n'_\varepsilon + 1)$.
Pour tout entier naturel m tel que $m \geq n''_\varepsilon$, on a deux options :

• Si m est pair, on a $m = 2n$ et on a $2n \geq 2n_\varepsilon$ donc $n \geq n_\varepsilon$ et ainsi : $|S_m - \ell| \leq \varepsilon$.

• Si m est impair, on a $m = 2n+1$ et on a $2n+1 \geq 2n'_\varepsilon + 1$ donc $n \geq n'_\varepsilon$ et ainsi : $|S_m - \ell| \leq \varepsilon$.

Dans les deux cas : $\forall m \geq n''_\varepsilon,\ |S_m - \ell| \leq \varepsilon$.
Ceci montre que la suite $(S_n)_{n\in\mathbb{N}^*}$ converge vers ℓ.

⇨ *Méthode 14.1*

Exercice 14.10

Soit (u_n) une suite strictement croissante qui converge vers ℓ.
Raisonnons par l'absurde en supposant que : $\exists N \in \mathbb{N},\ u_N \geq \ell$.
Par stricte croissance de (u_n), on a : $\forall n \geq N+1,\ u_n \geq u_{N+1} > \ell$.
En passant à la limite quand n tend vers $+\infty$, on obtient : $\ell \geq u_{N+1} > \ell$. Ceci est impossible donc on a bien montré par l'absurde que :
Toute suite strictement croissante convergeant vers ℓ vérifie : $\forall n \in \mathbb{N},\ u_n < \ell$.

Chapitre 15
Suites usuelles

Dans l'Antiquité, les Grecs déjà se passionnaient pour les nombres entiers. Leur vision était géométrique puisqu'ils les représentaient par des points. Ils nommaient ainsi nombres carrés ceux que l'on peut disposer en carré ; nous parlons encore de nos jours du carré d'un nombre. Les nombres triangles sont ceux de la forme $n(n+1)/2$, c'est-à-dire somme des n premiers entiers. Le mot *arithmétique* vient du mot grec *arithmos* qui signifie *nombre*. Pour le traduire, les Romains choisirent le mot *numerus* qui désignait une grande quantité. Dans notre langue encore, *nombre* a toujours les deux sens. Comme *arithmos*, il désigne un nombre, mais on retrouve son sens latin originel dans l'expression *ils sont venus en nombre*. Au Moyen Âge, le mathématicien italien **Fibonacci** introduit une suite récurrente qu'il étaye sur la reproduction de couples de lapins.

Fibonacci
env. 1180-env. 1250

Objectifs

Les incontournables

- Savoir utiliser les suites arithmétiques et géométriques.
- Savoir étudier les suites arithmético-géométriques.
- Savoir étudier les suites vérifiant une relation de récurrence d'ordre 2.

Et plus si affinités

- Savoir étudier les suites (u_n) vérifiant une relation de la forme $u_{n+1} = f(u_n)$.
- Savoir étudier les suites aux récurrences linéaires imbriquées.

Résumé de cours

Suites arithmétiques

Définition 15.1. — On dit que la suite $(u_n)_{n\in\mathbb{N}}$ est *arithmétique* lorsque $u_{n+1}-u_n$ ne dépend pas de n, c'est-à-dire lorsqu'il existe un réel r, indépendant de n, appelé *raison* de $(u_n)_{n\in\mathbb{N}}$, tel que :

$$\forall n\in\mathbb{N},\ u_{n+1}=u_n+r$$

⇨ **Méthode 15.1. Comment montrer qu'une suite est arithmétique ?**

Théorème 15.1. — Soit une suite arithmétique $(u_n)_{n\in\mathbb{N}}$ de raison r. On a : $\forall n\in\mathbb{N},\ u_n=u_0+nr$.
Plus généralement, on a : $\forall(n,\ p)\in\mathbb{N}^2,\ u_n=u_p+(n-p)r$.

Suites géométriques

Définition

Définition 15.2. — On dit que la suite $(u_n)_{n\in\mathbb{N}}$ est *géométrique* lorsqu'il existe un réel q, indépendant de n, appelé *raison* de $(u_n)_{n\in\mathbb{N}}$, tel que : $\forall n\in\mathbb{N},\ u_{n+1}=q\,u_n$.

⇨ **Méthode 15.2. Comment montrer qu'une suite est géométrique ?**

Théorème 15.2. — Soit une suite géométrique $(u_n)_{n\in\mathbb{N}}$ de raison q. On a : $\forall n\in\mathbb{N},\ u_n=u_0q^n$.
Plus généralement, on a : $\forall p\in\mathbb{N}$, $\forall n\geq p,\ u_n=u_pq^{n-p}$.

Limites

Théorème 15.3. — Convergence de la suite $(q^n)_{n\in\mathbb{N}}$

- Si $|q|<1$, alors $\lim\limits_{n\to+\infty} q^n=0$.
- Si $q=1$, alors la suite $(q^n)_{n\in\mathbb{N}}$ est constante égale à 1 donc elle converge vers 1.
- Si $q>1$, alors $\lim\limits_{n\to+\infty} q^n=+\infty$.
- Si $q\leq-1$, alors la suite $(q^n)_{n\in\mathbb{N}}$ diverge (elle est bornée si $q=-1$, non bornée sinon).

Croissances comparées

Théorème 15.4. — Pour tout réel $a>0$ et pour tout réel q de $]-1,1[$, on a : $\lim\limits_{n\to+\infty} n^a q^n=0$.

Théorème 15.5. — Pour tout réel q, on a : $\lim\limits_{n\to+\infty}\dfrac{q^n}{n!}=0$.

Suites arithmético-géométriques

Définition 15.3. — On dit que la suite $(u_n)_{n\in\mathbb{N}}$ est *arithmético-géométrique* lorsqu'il existe deux réels a et b, indépendants de n, avec $a \neq 1$, tels que : $\forall n \in \mathbb{N},\ u_{n+1} = au_n + b$.

Remarque 15.1. — Si $a = 1$, la suite est arithmétique et si $b = 0$, elle est géométrique.

Théorème 15.6. — Soit la suite $(u_n)_{n\in\mathbb{N}}$, définie par : $\forall n \in \mathbb{N},\ u_{n+1} = au_n + b$ (avec $a \neq 1$).
Si x est le réel vérifiant $x = ax + b$, alors la suite $(u_n - x)$ est géométrique de raison a.

⇨ **Méthode 15.3. Comment étudier une suite arithmético-géométrique ?**

Suites vérifiant une relation de récurrence linéaire d'ordre 2

Définition 15.4. — On dit que la suite $(u_n)_{n\in\mathbb{N}}$ est une *suite récurrente linéaire d'ordre* 2 lorsqu'il existe deux réels a et b, indépendants de n, tels que : $\forall n \in \mathbb{N},\ u_{n+2} = au_{n+1} + bu_n$.
L'équation (E) " $x^2 - ax - b = 0$ " est appelée *équation caractéristique* de la suite (u_n).

Théorème 15.7. — Schéma d'étude de $(u_n)_{n\in\mathbb{N}}$ vérifiant : $\forall n \in \mathbb{N},\ u_{n+2} = au_{n+1} + bu_n$.

- Si l'équation (E) admet deux solutions r_1 et r_2, alors il existe deux réels λ et μ tels que :
$$\forall n \in \mathbb{N},\ u_n = \lambda r_1^n + \mu r_2^n$$
- Si l'équation (E) admet une seule solution r, alors il existe deux réels λ et μ tels que :
$$\forall n \in \mathbb{N},\ u_n = (\lambda + \mu n) r^n$$
- Si l'équation (E) admet deux solutions complexes conjuguées $\rho e^{i\theta}$ et $\rho e^{-i\theta}$ distinctes, alors il existe deux réels λ et μ tels que :
$$\forall n \in \mathbb{N},\ u_n = \rho^n(\lambda \cos n\theta + \mu \sin n\theta)$$

⇨ **Méthode 15.4. Comment étudier une suite récurrente linéaire d'ordre 2 ?**

Suites vérifiant une relation de la forme $u_{n+1} = f(u_n)$

Théorème 15.8. — Théorème du point fixe.
Soit une fonction f définie sur une partie A de $\mathbb{R}$ telle que $f(A) \subset A$, et une suite $(u_n)_{n\in\mathbb{N}}$ de réels de A, définie par $u_{n+1} = f(u_n)$. Si $(u_n)_{n\in\mathbb{N}}$ converge vers ℓ et si f est continue en ℓ, alors $f(\ell) = \ell$ (on dit que ℓ est un *point fixe* de f).

Remarque 15.2. Aucun autre résultat n'est à connaître pour l'étude de ce genre de suites.

Méthodes

Étude des suites usuelles

Méthode 15.1. Comment montrer qu'une suite est arithmétique ?

Pour montrer qu'une suite $(u_n)_{n\in\mathbb{N}}$ est arithmétique, il suffit d'exprimer, pour tout entier naturel n, la différence $u_{n+1}-u_n$, et de constater que c'est un réel indépendant de n. Dans ce cas, ce réel est la raison de la suite.

⇨ Exercices 15.1, 15.2

Exemple. Soit la suite $(u_n)_{n\in\mathbb{N}}$ définie par : $\begin{cases} u_0 = 1 \\ \forall n\in\mathbb{N},\ u_{n+1} = 3u_n + 3^n. \end{cases}$

Pour tout n de $\mathbb{N}$, on pose $v_n = \dfrac{u_n}{3^n}$. Montrer que la suite $(v_n)_{n\in\mathbb{N}}$ est arithmétique.

$$\forall n\in\mathbb{N},\ v_{n+1}-v_n = \frac{u_{n+1}}{3^{n+1}} - \frac{u_n}{3^n} = \frac{3u_n+3^n}{3^{n+1}} - \frac{u_n}{3^n} = \frac{u_n}{3^n} + \frac{1}{3} - \frac{u_n}{3^n} = \frac{1}{3}.$$

La quantité $v_{n+1}-v_n$ ne dépend pas de n, donc la suite $(v_n)_{n\in\mathbb{N}}$ est arithmétique, de raison $\dfrac{1}{3}$.

Méthode 15.2. Comment montrer qu'une suite est géométrique ?

Pour montrer qu'une suite $(u_n)_{n\in\mathbb{N}}$ est géométrique, il suffit d'exprimer, pour tout entier naturel n, la quantité u_{n+1} sous la forme $q\,u_n$, où q est un réel indépendant de n. Dans ce cas, ce réel est la raison de la suite.

On peut aussi considérer le quotient $\dfrac{u_{n+1}}{u_n}$ et montrer qu'il est indépendant de n, mais cela suppose que l'on ait prouvé au préalable que u_n n'est jamais nul.

⇨ Exercice 15.3

Exemple. Soit la suite $(u_n)_{n\in\mathbb{N}}$ définie par la donnée de $u_0 > 1$ et par la relation de récurrence :

$$\forall n\in\mathbb{N},\ u_{n+1} = u_n^2 - 2u_n + 2.$$

En écrivant $u_{n+1} = (u_n - 1)^2 + 1$, il est facile de prouver par récurrence que : $\forall n\in\mathbb{N},\ u_n > 1$.

On pose alors : $\forall n\in\mathbb{N},\ v_n = \ln(u_n - 1)$. Montrer que la suite $(v_n)_{n\in\mathbb{N}}$ est géométrique.

$\forall n\in\mathbb{N},\ v_{n+1} = \ln(u_{n+1}-1) = \ln(u_n^2 - 2u_n + 1) = \ln((u_n-1)^2) = 2\ln(u_n - 1) = 2v_n$. La suite $(v_n)_{n\in\mathbb{N}}$ est donc géométrique, de raison 2.

❑ Méthode 15.3. Comment étudier une suite arithmético-géométrique ?

On considère donc une suite (u_n) telle que : $\forall n \in \mathbb{N},\ u_{n+1} = au_n + b,\ a \neq 1$.

• Comme $a \neq 1$, il existe un réel x tel que $x = ax + b$ et on a : $x = b/(1-a)$.

• On soustrait alors membre à membre les deux égalités : $\left[\begin{array}{l} u_{n+1} = au_n + b \\ x = ax + b \end{array}\right.$.

On trouve $u_{n+1} - x = a(u_n - x)$; la suite $(u_n - x)$ est donc géométrique, de raison a.

• On en déduit que : $\forall n \in \mathbb{N},\ u_n - x = (u_0 - x)a^n$, puis $u_n = (u_0 - x)a^n + x$.

⇨ Exercice 15.4

Exemple. Soit la suite u définie par $u_1 = 1$ et la relation : $\forall n \in \mathbb{N}^*,\ u_{n+1} = 2u_n + 3$.
Déterminer u_n en fonction de n, pour tout n de $\mathbb{N}^*$.
L'équation $x = 2x + 3$ a pour solution $x = -3$.

On soustrait membre à membre les deux égalités $\left[\begin{array}{l} u_{n+1} = 2u_n + 3 \\ x = 2x + 3 \end{array}\right.$. On obtient $u_{n+1} - x = 2(u_n - x)$, soit $u_{n+1} + 3 = 2(u_n + 3)$. La suite $(u_n + 3)_{n \geq 1}$ est donc géométrique de raison 2, d'où : $\forall n \geq 1,\ u_n + 3 = 2^{n-1}(u_1 + 3)$. En arrangeant : $\forall n \geq 1,\ u_n = 2^{n+1} - 3$.

❑ Méthode 15.4. Comment étudier une suite récurrente linéaire d'ordre 2 ?

On suppose connus deux termes de la suite (souvent u_0 et u_1, mais pas toujours).
On considère l'équation caractéristique (E) : $x^2 - ax - b = 0$.

• Si (E) admet 2 racines réelles distinctes r_1 et r_2, alors : $\forall n \in \mathbb{N},\ u_n = \lambda r_1^n + \mu r_2^n$.

Avec $n = 0$ et $n = 1$, on obtient le système : $\left\{\begin{array}{l} \lambda + \mu = u_0 \\ \lambda r_1 + \mu r_2 = u_1 \end{array}\right.$, ce qui donne λ et μ.

• Si (E) admet une seule racine réelle r_0, alors : $\forall n \in \mathbb{N},\ u_n = (\lambda + \mu n) r_0^n$.

Avec $n = 0$ et $n = 1$, on obtient le système : $\left\{\begin{array}{l} \lambda = u_0 \\ (\lambda + \mu) r_0 = u_1 \end{array}\right.$, ce qui donne λ et μ.

• Si (E) admet deux racines complexes conjuguées, $\rho e^{i\theta}$ et $\rho e^{-i\theta}$, alors :
$\forall n \in \mathbb{N},\ u_n = \rho^n(\lambda \cos n\theta + \mu \sin n\theta)$.

Avec $n = 0$ et $n = 1$, on obtient $\left\{\begin{array}{l} \lambda = u_0 \\ \lambda\rho\cos\theta + \mu\rho\sin\theta = u_1 \end{array}\right.$, ce qui donne λ et μ.

⇨ Exercices 15.4, 15.5

Exemple 1. Soit la suite u définie par : $\forall n \in \mathbb{N},\ u_{n+2} = 5u_{n+1} - 6u_n$ (avec $u_0 = u_1 = 1$).

Déterminer u_n en fonction de n, pour tout n de $\mathbb{N}$.

La suite (u_n) vérifie une relation de récurrence linéaire d'ordre 2.

L'équation caractéristique de (u_n) est : $x^2 - 5x + 6 = 0$. Cette équation a deux racines réelles distinctes : il s'agit de 2 et 3.

Il existe donc deux réels λ et μ tels que : $\forall n \in \mathbb{N},\ u_n = \lambda 2^n + \mu 3^n$.

Pour $n = 0$ et $n = 1$, on obtient le système $\begin{cases} \lambda + \mu = 1 \\ 2\lambda + 3\mu = 1 \end{cases}$, d'où $\lambda = 2$ et $\mu = -1$.

Conclusion : $\forall n \in \mathbb{N},\ u_n = 2^{n+1} - 3^n$.

Exemple 2. Soit la suite u définie par : $\forall n \in \mathbb{N},\ u_{n+2} = 4u_{n+1} - 4u_n$ (avec $u_0 = 1$ et $u_1 = 4$).

Déterminer u_n en fonction de n, pour tout n de $\mathbb{N}$.

La suite (u_n) vérifie une relation de récurrence linéaire d'ordre 2.

L'équation caractéristique de (u_n) est : $x^2 - 4x + 4 = 0$, soit $(x-2)^2 = 0$. Cette équation admet une seule racine, égale à 2. Il existe donc deux réels λ et μ tels que $\forall n \in \mathbb{N},\ u_n = (\lambda + \mu n)2^n$.

Pour $n = 0$ et $n = 1$, on obtient le système $\begin{cases} \lambda = 1 \\ 2(\lambda + \mu) = 4 \end{cases}$, d'où $\lambda = 1$ et $\mu = 1$.

Conclusion : $\forall n \in \mathbb{N},\ u_n = (1 + n)2^n$.

Exemple 3. Soit la suite u définie par : $\forall n \in \mathbb{N},\ u_{n+2} = u_{n+1} - u_n$ (avec $u_0 = 1$ et $u_1 = 0$).

Déterminer u_n en fonction de n, pour tout n de $\mathbb{N}$.

La suite (u_n) vérifie une relation de récurrence linéaire d'ordre 2.

L'équation caractéristique de (u_n) est : $x^2 - x + 1 = 0$. Elle admet deux racines complexes conjuguées : $e^{i\pi/3}$ et $e^{-i\pi/3}$. Il existe donc deux réels λ et μ tels que :

$\forall n \in \mathbb{N},\ u_n = 1^n(\lambda \cos(n\pi/3) + \mu \sin(n\pi/3)) = \lambda \cos(n\pi/3) + \mu \sin(n\pi/3)$.

Pour $n = 0$ et $n = 1$, on obtient $\begin{cases} \lambda = 1 \\ \lambda/2 + \sqrt{3}\mu/2 = 0 \end{cases}$ d'où $\lambda = 1$ et $\mu = -1/\sqrt{3}$.

Conclusion : $\forall n \in \mathbb{N},\ u_n = \cos\dfrac{n\pi}{3} - \dfrac{1}{\sqrt{3}}\sin\dfrac{n\pi}{3}$.

Vrai/Faux

		Vrai	Faux
1.	Si une suite vérifie, pour tout entier naturel n, $u_{n+3} = 5u_{n+1} - 6u_n$, alors il existe deux réels λ et μ tels que : $\forall n \in \mathbb{N}$, $u_n = \lambda 2^n + \mu 3^n$.	☐	☐
2.	Si la suite $(u_n)_{n\in\mathbb{N}}$ est arithmétique, alors la suite $(e^{u_n})_{n\in\mathbb{N}}$ est géométrique.	☐	☐
3.	Toute suite arithmétique de raison non nulle diverge.	☐	☐
4.	Toute suite géométrique de raison négative diverge.	☐	☐
5.	Si la suite (u_n) vérifie la relation $u_{n+1} = (n+1)\,u_n$, avec $u_0 = 1$, alors : $\forall n \in \mathbb{N},\ u_n = (n+1)^n$	☐	☐
6.	Une suite (u_n) vérifiant la relation $u_{n+1} = u_n + 2n + 3$ est arithmético-géométrique.	☐	☐
7.	Une suite géométrique de raison nulle est la suite nulle.	☐	☐
8.	La suite des entiers naturels est arithmétique.	☐	☐
9.	La suite u définie par : $\forall n \in \mathbb{N}^*,\ u_{n+1} = 2u_n - u_{n-1}$ et $u_0 = u_1 = 1$ est une suite récurrente linéaire d'ordre 2.	☐	☐
10.	Si $0 < a < b$ alors la suite $\left(\dfrac{a^n}{b^n}\right)$ converge vers 0.	☐	☐

Énoncé des exercices

Exercice 15.1. — Soit $(u_n)_{n\in\mathbb{N}}$ une suite vérifiant : $\forall n\in\mathbb{N},\ u_{n+2}=2u_{n+1}-u_n$.
On définit la suite $(v_n)_{n\in\mathbb{N}}$ par : $\forall n\in\mathbb{N},\ v_n=u_{n+1}-u_n$.
Calculer, pour tout entier naturel n, $v_{n+1}-v_n$. Que peut-on en déduire pour $(u_n)_{n\in\mathbb{N}}$?

Exercice 15.2. — Soit (u_n) la suite définie par $u_0=0$ et : $\forall n\in\mathbb{N},\ u_{n+1}=\sqrt{u_n^2+1}$.

Pour tout n de $\mathbb{N}$, on pose $v_n=u_n^2$. Montrer que (v_n) est arithmétique et en déduire $\lim\limits_{n\to+\infty} u_n$.

Exercice 15.3. — Soit $(u_n)_{n\in\mathbb{N}}$ la suite définie par $u_0=\dfrac{2}{3}$ et : $\forall n\in\mathbb{N},\ u_{n+1}=\dfrac{u_n}{2-u_n}$.

1. Montrer que, pour tout n de $\mathbb{N}$, u_n existe et appartient à $]0,\ 1[$.

2. On pose : $\forall n\in\mathbb{N},\ v_n=1-\dfrac{1}{u_n}$.

  a) Montrer que la suite $(v_n)_{n\in\mathbb{N}}$ est géométrique.

  b) En déduire, pour tout n de $\mathbb{N}$, v_n, puis u_n en fonction de n, et déterminer $\lim\limits_{n\to+\infty} u_n$.

Exercice 15.4. — Dans chacun des cas suivants, exprimer u_n en fonction de n.

1. $u_1=0$ et $\forall n\geq 1,\ u_{n+1}=-u_n+2$.

2. $u_0=u_1=1$ et $\forall n\in\mathbb{N},\ u_{n+2}=u_{n+1}+u_n$ (suite dite de *Fibonacci*).

3. $u_1=1$, $u_2=0$ et $\forall n\geq 1,\ u_{n+2}=u_{n+1}-\dfrac{1}{4}u_n$.

4. $u_0=1$, $u_1=0$ et $\forall n\in\mathbb{N},\ u_{n+2}-2\sqrt{2}u_{n+1}+4u_n=0$.

Exercice 15.5. * — On considère les deux suites (x_n) et (y_n) définies par :

$$x_0=2,\ y_0=-1 \text{ et : } \forall n\in\mathbb{N},\ \begin{cases} x_{n+1}=-2x_n+y_n \\ y_{n+1}=2x_n-3y_n \end{cases}.$$

1. Déterminer deux réels a et b tels que : $\forall n\in\mathbb{N},\ x_{n+2}=a\,x_{n+1}+b\,x_n$.

2. En déduire une expression de x_n, puis de y_n, en fonction de n, $n\in\mathbb{N}$.

Exercice 15.6. — On considère la suite (u_n) définie par $u_0=1$ et la relation :

$$\forall n\in\mathbb{N},\ u_{n+1}=u_n e^{-u_n}$$

1. Montrer que (u_n) est positive.

2. En déduire qu'elle converge et donner sa limite.

❑ **Exercice 15.7.** — Soit (u_n) la suite définie par son premier terme $u_0 = 1$ et la relation de récurrence : $\forall n \in \mathbb{N},\ u_{n+1} = u_n + u_n{}^4$.

1. Étudier le sens de variation de la suite (u_n).
2. Montrer que, pour tout entier naturel n, on a $u_n \geq 1$.
3. a) Montrer que si la suite (u_n) convergeait vers une certaine limite ℓ, on aurait $\ell = 0$.
b) Conclure quant à la limite de la suite (u_n).

❑ **Exercice 15.8.*** — Soit f la fonction définie sur $\mathbb{R}$ par : $f(x) = \exp(-\frac{1}{2}x^2)$.

On définit la suite (u_n) par $u_0 = 0$ et : $\forall n \in \mathbb{N},\ u_{n+1} = f(u_n)$.

1. a) Montrer que l'équation $f(x) = x$, d'inconnue $x \in [0,1]$, admet une seule solution, notée λ.
b) Montrer que quel que soit le réel x de $[0,1]$, $f(x)$ appartient aussi à $[0,1]$.
c) Montrer que : $\forall x \in [0,1],\ |f'(x)| \leq \frac{1}{\sqrt{e}}$.
2. a) Montrer que : $\forall n \in \mathbb{N},\ u_n \in [0,1]$.
b) Montrer que : $\forall n \in \mathbb{N},\ |u_{n+1} - \lambda| \leq \frac{1}{\sqrt{e}}|u_n - \lambda|$. En déduire : $\forall n \in \mathbb{N},\ |u_n - \lambda| \leq \left(\frac{1}{\sqrt{e}}\right)^n$.
c) Établir que (u_n) est convergente et déterminer sa limite.

■ Pour vous aider à démarrer

Exercice 15.2. Exprimer v_{n+1} en fonction de u_{n+1} puis de u_n et enfin de v_n.
Exercice 15.5. Pour la question **1**, écrire $x_{n+2} = -2x_{n+1} + y_{n+1}$ puis remplacer y_{n+1}.
Exercice 15.6. Pour la question **1**, faire une récurrence.
Pour la question **2**, établir que la suite (u_n) est décroissante.
Exercice 15.7. Pour la question **2**, faire une récurrence.
Pour la question **3.b)**, montrer par l'absurde que (u_n) diverge.
Exercice 15.8. Pour la question **1.a)**, appliquer bien sûr le théorème de la bijection mais certainement pas à la fonction f.
Pour la question **2.a)**, faire une récurrence.
Pour la question **2.b)**, utiliser une inégalité des accroissements finis, puis faire une récurrence.

Corrigé des vrai/faux

1.	2.	3.	4.	5.	6.	7.	8.	9.	10.
F	V	V	F	F	F	F	V	V	V

1. La suite (u_n) vérifie la relation $u_{n+3} = 5u_{n+1} - 6u_n$, donc (u_n) n'est pas une suite récurrente linéaire d'ordre 2 (elle ne vérifie pas $u_{n+2} = 5u_{n+1} - 6u_n$), et on ne peut pas conclure que : $\forall n \in \mathbb{N}, u_n = \lambda 2^n + \mu 3^n$.

2. Si la suite (u_n) est arithmétique, il existe un réel r tel que : $\forall n \in \mathbb{N}, u_{n+1} = u_n + r$.
On en déduit que : $\forall n \in \mathbb{N}, e^{u_{n+1}} = e^{u_n + r} = e^{u_n} e^r$.
Finalement, il existe un réel $q = e^r$ tel que $e^{u_{n+1}} = qe^{u_n}$. La suite (e^{u_n}) est donc géométrique.

3. Soit (u_n) une suite arithmétique de raison non nulle r.
Alors pour tout entier naturel n, $u_n = u_0 + nr$.
Comme $r \neq 0$, alors $\lim\limits_{n\to+\infty} nr = \pm\infty$, et on en déduit que la suite (u_n) diverge vers $\pm\infty$.

4. Toute suite géométrique de raison q appartenant à $]-1,0]$ converge vers 0, donc une suite géométrique de raison négative ne diverge pas systématiquement.

5. On peut se convaincre que c'est faux avec par exemple : $u_1 = 1 \neq (1+1)^1 = 2$.
Remarque. Attention ! La suite (u_n) n'est pas géométrique car $(n+1)$ dépend de n.

6. Une suite (u_n) vérifiant $u_{n+1} = u_n + 2n + 3$ n'est pas arithmético-géométrique car $(2n + 3)$ dépend de n.

7. Soit (u_n) la suite définie par : $u_0 = 1$ et $\forall n \in \mathbb{N}^*$, $u_n = 0$. On a bien : $\forall n \in \mathbb{N}$, $u_{n+1} = qu_n$ avec $q = 0$. Cette suite est géométrique de raison nulle mais n'est pas la suite nulle.

8. Soit (u_n) la suite des entiers naturels. On a : $\forall n \in \mathbb{N}$, $u_n = n$.
Par conséquent, on en déduit : $\forall n \in \mathbb{N}$, $u_{n+1} = n + 1 = u_n + 1$. On en conclut que la suite (u_n) est arithmétique de raison égale à 1.

9. La suite u définie par : $\forall n \in \mathbb{N}^*, u_{n+1} = 2u_n - u_{n-1}$ et $u_0 = u_1 = 1$ est bien une suite récurrente linéaire d'ordre 2. En effet, la relation $\forall n \in \mathbb{N}^*, u_{n+1} = 2u_n - u_{n-1}$ est équivalente à $\forall k \in \mathbb{N},\ u_{k+2} = 2u_{k+1} - u_k$.(il suffit de poser $n = k + 1$).

10. On a : $\forall n \in \mathbb{N}, \dfrac{a^n}{b^n} = \left(\dfrac{a}{b}\right)^n$. Comme $0 < a < b$, on en déduit : $0 < \dfrac{a}{b} < 1$.

On en conclut que : $\lim\limits_{n \to +\infty} \dfrac{a^n}{b^n} = 0$.

❑ Les erreurs classiques

- Une relation du type : $u_{n+3} = au_{n+1} + bu_n$ ne définit pas une suite récurrente linéaire d'ordre 2, mais d'ordre 3.
- Si une suite (u_n) vérifie une relation du type $u_{n+1} = q_n u_n$, on ne peut pas en déduire que la suite (u_n) est géométrique car q_n dépend de n.
- Une relation du type $u_{n+1} = au_n + b$ ne définit une suite arithmético-géométrique que si a et b sont indépendants de n.
- De même, une relation du type $u_{n+2} = au_{n+1} + bu_n$ ne définit une suite récurrente linéaire d'ordre 2 que si a et b sont indépendants de n.

Corrigé des exercices

Exercice 15.1

Pour tout entier naturel, on a : $v_{n+1} - v_n = (u_{n+2} - u_{n+1}) - (u_{n+1} - u_n) = u_{n+2} - 2u_{n+1} + u_n = 0$.

On obtient alors : $v_{n+1} - v_n = 0$.

La suite (v_n) est donc constante égale à $v_0 = u_1 - u_0$ donc : $\forall n \in \mathbb{N}$, $v_n = u_1 - u_0$.

On en déduit, par définition de la suite (v_n), que : $\forall n \in \mathbb{N}$, $u_{n+1} - u_n = u_1 - u_0$.

Ceci permet de conclure que la suite (u_n) est arithmétique de raison $u_1 - u_0$.

⇨ *Méthode 15.1*

Exercice 15.2

On a : $v_{n+1} = (u_{n+1})^2 = 1 + u_n^2$. Ainsi , on obtient : $v_{n+1} = 1 + v_n$.

La suite (u_n) est donc arithmétique de raison 1 et de premier terme $v_0 = u_0^2 = 0$.

On a donc pour tout entier naturel n, $v_n = n$.

Puisque $u_n \geq 0$ (u_n est une racine carrée), on en déduit : $u_n = \sqrt{n}$.

On a alors facilement : $\lim\limits_{n \to +\infty} u_n = +\infty$.

⇨ *Méthode 15.1*

Exercice 15.3

1. Posons $P(n)$: "u_n existe et $0 < u_n < 1$".

Initialisation : $P(0)$ est vraie. En effet, u_0 existe et vaut $\frac{2}{3}$ par définition.

Hérédité : soit n un entier naturel tel que $P(n)$ soit vraie.

Comme par hypothèse de récurrence, on a $0 < u_n < 1$ alors u_{n+1} existe (puisque $2 - u_n \neq 0$). De plus, on a $1 < 2 - u_n < 2$, puis $\frac{1}{2} < \frac{1}{2 - u_n} < 1$, et enfin, en multipliant membre à membre avec $0 < u_n < 1$, on trouve : $0 < \frac{u_n}{2 - u_n} < 1$. On a montré que u_{n+1} existe et $u_{n+1} \in]0, 1[$.

Conclusion : $P(n+1)$ vraie.

Finalement, on a montré par récurrence que, pour tout entier naturel n, on a : $0 < u_n < 1$.

2. La question précédente nous assure de l'existence de la suite (v_n).

a) Pour tout entier naturel n, on a : $v_{n+1} = 1 - \frac{1}{u_{n+1}} = 1 - \frac{2 - u_n}{u_n} = 1 - \frac{2}{u_n} + 1 = 2(1 - \frac{1}{u_n})$.

Corrigé

Ainsi, on obtient : $v_{n+1} = 2v_n$.

La suite (v_n) est donc géométrique de raison 2 et de premier terme $v_0 = \dfrac{u_0 - 1}{u_0} = -\dfrac{1}{2}$.

⇨ *Méthode 15.2*

b) La question précédente nous assure donc que : $\forall n \in \mathbb{N},\ v_n = -\dfrac{1}{2} \times 2^n = -2^{n-1}$.

Comme $v_n = \dfrac{u_n - 1}{u_n}$, on a : $u_n v_n = u_n - 1$. On en tire : $u_n = \dfrac{1}{1 - v_n} = \dfrac{1}{1 + 2^{n-1}}$.

Comme $\lim\limits_{n \to +\infty} 2^{n-1} = +\infty$, on trouve : $\lim\limits_{n \to +\infty} u_n = 0$.

Exercice 15.4

1. La suite u est arithmético-géométrique. Le réel x vérifiant $x = -x + 2$ est $x = 1$.

On soustrait membre à membre les deux égalités $\left[\begin{array}{l} u_{n+1} = -u_n + 2 \\ x = -x + 2 \end{array}\right.$, d'où : $u_{n+1} - x = -(u_n - x)$.

En remplaçant x par 1, on a : $u_{n+1} - 1 = -(u_n - 1)$.

La suite $(u_n - 1)$ est donc géométrique de raison -1 et on a : $\forall n \in \mathbb{N}^*,\ u_n - 1 = (-1)^{n-1}(u_1 - 1)$.

Ainsi, comme $u_1 = 0$ $\forall n \in \mathbb{N}^*,\ u_n = (-1)^n + 1$.

⇨ *Méthode 15.3*

2. La suite (u_n) vérifie une relation de récurrence linéaire d'ordre 2.

L'équation caractéristique associée est : $x^2 - x - 1 = 0$, de discriminant $5 > 0$ et de racines $r_1 = \dfrac{1 - \sqrt{5}}{2}$ et $r_2 = \dfrac{1 + \sqrt{5}}{2}$.

Il existe donc deux réels λ et μ tels que, pour tout entier naturel n, on a : $u_n = \lambda(r_1)^n + \mu(r_2)^n$.

Pour $n = 0$ et $n = 1$, on obtient $\begin{cases} \lambda + \mu = 1 \\ \lambda r_1 + \mu r_2 = 1 \end{cases}$, soit $\begin{cases} \lambda + \mu = 1 \\ \mu(r_2 - r_1) = 1 - r_1 \end{cases}$ ($L_2 \leftarrow L_2 - r_1 L_1$).

Après calculs, on trouve : $\mu = \dfrac{1 + \sqrt{5}}{2\sqrt{5}}$ et $\lambda = \dfrac{\sqrt{5} - 1}{2\sqrt{5}}$.

Finalement, pour tout entier naturel n, on a : $u_n = \dfrac{1}{\sqrt{5}}\left(\left(\dfrac{1 + \sqrt{5}}{2}\right)^{n+1} - \left(\dfrac{1 - \sqrt{5}}{2}\right)^{n+1}\right)$.

⇨ *Méthode 15.4*

3. La suite (u_n) vérifie une relation de récurrence linéaire d'ordre 2.

L'équation caractéristique associée est $x^2 - x + \dfrac{1}{4} = 0$, de discriminant 0 et de racine $r = \dfrac{1}{2}$.

Donc il existe λ et μ réels tels que, pour tout entier naturel n non nul, on a : $u_n = (\lambda + \mu n) r^n$.

Pour $n = 1$ et $n = 2$, on obtient $\begin{cases} \dfrac{1}{2}(\lambda + \mu) = 1 \\ \dfrac{1}{4}(\lambda + 2\mu) = 0 \end{cases}$, soit $\begin{cases} \lambda + \mu = 2 \\ \lambda + 2\mu = 0 \end{cases}$, d'où : $\mu = -2$, $\lambda = 4$.

Finalement : $\forall n \in \mathbb{N}^*$, $u_n = (4 - 2n)\left(\dfrac{1}{2}\right)^n = (2 - n)\left(\dfrac{1}{2}\right)^{n-1}$.

⇨ *Méthode 15.4*

4. La suite (u_n) vérifie une relation de récurrence linéaire d'ordre 2.

L'équation caractéristique associée est $x^2 - 2\sqrt{2}x + 4 = 0$, de discriminant $-8 < 0$, et ses racines sont : $r_1 = \sqrt{2}(1 - i) = 2e^{-i\frac{\pi}{4}}$ et $r_2 = \sqrt{2}(1 + i) = 2e^{i\frac{\pi}{4}}$.

Il existe donc deux réels λ et μ tels que, pour tout entier naturel n, on a :

$$u_n = 2^n \left(\lambda \cos n\frac{\pi}{4} + \mu \sin n\frac{\pi}{4} \right)$$

Pour $n = 0$ et $n = 1$, on obtient $\begin{cases} \lambda = 1 \\ 2\left(\lambda\dfrac{\sqrt{2}}{2} + \mu\dfrac{\sqrt{2}}{2}\right) = 0 \end{cases}$, soit $\begin{cases} \lambda = 1 \\ \lambda + \mu = 0 \end{cases}$, d'où $\mu = -1$ et $\lambda = 1$.

Finalement, pour tout entier naturel n, on a : $u_n = 2^n \left(\cos n\dfrac{\pi}{4} - \sin n\dfrac{\pi}{4} \right)$.

⇨ *Méthode 15.4*

Exercice 15.5

1. Par définition des suites (x_n) et (y_n), on a : $\forall n \in \mathbb{N}$, $x_{n+2} = -2x_{n+1} + y_{n+1}$ (première égalité de définition des suites (x_n) et (y_n) écrite au rang supérieur). Or, toujours par définition des suites (x_n) et (y_n), on a aussi : $\forall n \in \mathbb{N}$, $y_{n+1} = 2x_n - 3y_n$.

On en déduit : (∗) $\forall n \in \mathbb{N}$, $x_{n+2} = -2x_{n+1} + 2x_n - 3y_n$.

Mais, encore par définition des suites (x_n) et (y_n), on a : $\forall n \in \mathbb{N}$, $x_{n+1} = -2x_n + y_n$.

On en déduit cette fois : $y_n = x_{n+1} + 2x_n$.

En remplaçant dans (∗), on obtient : $x_{n+2} = -2x_{n+1} + 2x_n - 3(x_{n+1} + 2x_n)$.

En arrangeant, on a finalement : $x_{n+2} = -5x_{n+1} - 4x_n$.

On a donc trouvé : $a = -5$ et $b = -4$.

2. La suite (x_n) vérifie une relation de récurrence linéaire d'ordre 2. L'équation caractéristique associée est $x^2 + 5x + 4 = 0$ de discriminant 9 et de racines $r_1 = -4$ et $r_2 = -1$.

Il existe donc deux réels λ et μ tels que, pour tout entier naturel n, $x_n = \lambda(-4)^n + \mu(-1)^n$.

Pour $n=0$ et $n=1$, on a $x_0=2$ et $x_1=-2x_0+y_0=-2\times 2-1=-5$.

On obtient alors le système $\begin{cases}\lambda+\mu=2\\ -4\lambda-\mu=-5\end{cases}$, équivalent à $\begin{cases}\lambda+\mu=2\\ 3\mu=3\end{cases}$ ($L_2\leftarrow L_2+4L_1$), ce qui donne : $\mu=1$ et $\lambda=1$.

Finalement, pour tout entier naturel n, on a : $x_n=(-4)^n+(-1)^n$.

D'après l'énoncé, pour tout entier naturel n, $y_n=x_{n+1}+2x_n$. On obtient, en remplaçant :

$y_n=(-4)^{n+1}+(-1)^{n+1}+2\left((-4)^n+(-1)^n\right)=-4(-4)^n-(-1)^n+2(-4)^n+2(-1)^n$.

On a donc : $y_n=-2(-4)^n+(-1)^n$.

⇨ *Méthode 15.4*

Exercice 15.6

1. Par récurrence, $u_0=1\geq 0$ et, si l'on suppose pour un certain entier naturel n que $u_n\geq 0$, alors par produit, on a $u_{n+1}\geq 0$ (puisque u_n et e^{-u_n} sont positifs).

Conclusion : $\forall n\in\mathbb{N}$, $u_n\geq 0$.

2. Pour tout entier naturel n, on a : $u_{n+1}-u_n=u_n(e^{-u_n}-1)$, ce qui est négatif (car $u_n\geq 0$ et, dès lors : $e^{-u_n}\leq 1$). La suite (u_n) est donc décroissante.

La suite (u_n) est décroissante et minorée ($u_n\geq 0$) donc elle converge vers un certain réel ℓ.

Comme la fonction $x\mapsto xe^{-x}$ est continue sur $\mathbb{R}$, elle est continue en ℓ et on a $f(\ell)=\ell$. Ceci s'écrit $\ell(e^{-\ell}-1)=0$ et donne : $\ell=0$.

Exercice 15.7

1. Pour tout entier naturel n, $u_{n+1}-u_n={u_n}^4\geq 0$ et donc la suite (u_n) est bien croissante.

2. Posons pour tout entier naturel n, $P(n)$: "$u_n\geq 1$".

$P(0)$ est vraie puisque $u_0=1$.

Soit n un entier naturel fixé pour lequel on suppose $P(n)$ vraie. On a donc $u_n\geq 1$, et par croissance de la fonction $x\mapsto x^4$ sur $\mathbb{R}_+$, on obtient ${u_n}^4\geq 1$.

Ainsi $u_{n+1}\geq 2\geq 1$ et $P(n+1)$ est vraie.

Finalement, par récurrence, pour tout entier naturel n, on a : $u_n\geq 1$.

3. a) Supposons que la suite (u_n) converge vers un réel ℓ.

Comme la fonction $x\mapsto x+x^4$ est continue sur $\mathbb{R}$, elle est aussi continue en ℓ et, en appliquant le **théorème 15.8**, on a : $\ell=\ell^4+\ell$

On en déduit $\ell^4=0$ puis $\ell=0$.

b) Si la suite (u_n) convergeait vers un réel ℓ, on aurait, grâce à la question **3.a)**, $\ell = 0$.
Mais le théorème de prolongement des inégalités (**théorème 14.3**) appliqué à l'inégalité obtenue à la question **2** nous donne alors $\ell \geq 1$ ce qui est contradictoire.
La suite (u_n) n'est donc pas convergente, et puisqu'elle est croissante, on obtient $\lim\limits_{n \to +\infty} u_n = +\infty$.

Exercice 15.8

1. a) Soit g la fonction définie sur $[0,1]$ par : $\forall x \in [0,1], g(x) = f(x) - x$.
La fonction g est dérivable sur $[0,1]$ (somme de fonctions dérivables sur $[0,1]$).

Pour tout x de $[0,1]$, $g'(x) = f'(x) - 1 = -\left(xe^{-\frac{1}{2}x^2} + 1\right) < 0$.

La fonction g est donc strictement décroissante sur $[0,1]$. Puisqu'elle y est continue, elle réalise une bijection de $[0,1]$ dans $[g(1), g(0)] = \left[e^{-\frac{1}{2}} - 1, 1\right]$.

Comme $-\frac{1}{2} < 0$, alors $e^{-\frac{1}{2}} < 1$ (par stricte croissance de la fonction exponentielle sur $\mathbb{R}$) et on en déduit : $0 \in \left[e^{-\frac{1}{2}} - 1, 1\right]$. Il existe donc un unique réel λ de $[0,1]$ tel que $g(\lambda) = 0$.

Finalement, l'équation $f(x) = x$ possède une unique solution λ sur $[0,1]$.

b) On a vu que : $\forall x \in [0,1], f'(x) = -xe^{-\frac{1}{2}x^2} \leq 0$.
La fonction f est donc décroissante sur $[0,1]$ et pour tout x de $[0,1]$, on a : $f(1) \leq f(x) \leq f(0)$.
Comme $f(1) = e^{-\frac{1}{2}} > 0$ et $f(0) = 1$, on en déduit que : $\forall x \in [0,1], f(x) \in [0,1]$.

c) Posons pour tout réel x de $[0,1]$, $h(x) = |f'(x)| = xe^{-\frac{1}{2}x^2}$.

La fonction h est dérivable et pour tout x de $[0,1]$, on a : $h'(x) = (1 - x^2)e^{-\frac{1}{2}x^2} \geq 0$.
On en déduit que h est croissante sur $[0,1]$ et ainsi : $\forall x \in [0,1], h(0) \leq h(x) \leq h(1)$.
Comme $h(0) = 0$ et $h(1) = e^{-\frac{1}{2}} = \frac{1}{\sqrt{e}}$, on obtient : $\forall x \in [0,1], |f'(x)| \leq \frac{1}{\sqrt{e}}$.

2. a) Pour tout entier naturel n, posons $R(n)$: "$u_n \in [0,1]$".
$R(0)$ est vraie puisque $u_0 = 0$.
Soit n un entier naturel tel que $R(n)$ est vraie : d'après la question **1.b)**, $f(u_n) \in [0,1]$.

Ainsi, $u_{n+1} \in [0,1]$ et $R(n+1)$ est vraie.

Finalement, pour tout entier naturel n, on a : $u_n \in [0,1]$.

b) La fonction f est dérivable (donc continue) sur $[0,1]$ et : $\forall x \in [0,1], |f'(x)| \leq \frac{1}{\sqrt{e}}$.

De plus, pour tout entier naturel n : $u_n \in [0,1]$ et $\lambda \in [0,1]$.

L'inégalité des accroissements finis donne : $\forall n \in \mathbb{N}, |f(u_n) - f(\lambda)| \leq \frac{1}{\sqrt{e}} |u_n - \lambda|$.

D'après la question **1.a)**, on a $f(\lambda) = \lambda$ et, par définition de la suite u : $f(u_n) = u_{n+1}$.

Finalement : $\forall n \in \mathbb{N}, |u_{n+1} - \lambda| \leq \frac{1}{\sqrt{e}} |u_n - \lambda|$.

Pour tout entier naturel n, posons $R(n)$: "$|u_n - \lambda| \leq \left(\frac{1}{\sqrt{e}}\right)^n$".

$R(0)$ est vraie. En effet, $|u_0 - \lambda| = \lambda \leq 1$ et $1 = \left(\frac{1}{\sqrt{e}}\right)^0$.

Soit n un entier naturel tel que $R(n)$ est vraie.

Comme $|u_{n+1} - \lambda| \leq \frac{1}{\sqrt{e}} |u_n - \lambda|$, l'hypothèse de récurrence donne : $|u_{n+1} - \lambda| \leq \frac{1}{\sqrt{e}} \left(\frac{1}{\sqrt{e}}\right)^n$.

Ainsi : $|u_{n+1} - \lambda| \leq \left(\frac{1}{\sqrt{e}}\right)^{n+1}$ et $R(n+1)$ est vraie.

Finalement, pour tout entier naturel n, on a : $|u_n - \lambda| \leq \left(\frac{1}{\sqrt{e}}\right)^n$.

c) D'après la question précédente, on a : $\forall n \in \mathbb{N}, 0 \leq |u_n - \lambda| \leq \left(\frac{1}{\sqrt{e}}\right)^n$.

Comme $0 \leq \frac{1}{\sqrt{e}} < 1$, la suite $\left(\left(\frac{1}{\sqrt{e}}\right)^n\right)$ converge vers 0.

Par le théorème d'encadrement, la suite (u_n) converge vers λ.

Chapitre 16
Intégration sur un segment

Intégration : tout étudiant de prépa en rêve ! Mais quel rapport avec celle étudiée en maths ? Ce mot provient du latin *integer* signifiant *non touché* donc *intact*. Par extension, il qualifie ce qui forme un tout. L'anglais l'a repris pour désigner un entier comme on le voit dans les programmes informatiques. Jacques **Bernoulli** reprend en 1696 l'adjectif latin *integralis* pour parler du calcul intégral naissant. À l'époque, le but principal était de calculer l'aire située sous une courbe. On passait ainsi de l'équation de cette courbe, c'est-à-dire du bord de la surface, à l'aire, donc à la surface entière, intégrale.

Objectifs

Les incontournables

- ▷ Connaître le lien entre intégrale et primitive.
- ▷ Connaître par cœur les primitives usuelles.
- ▷ Savoir intégrer par parties.
- ▷ Savoir réaliser un changement de variable.

Et plus si affinités

- ▷ Savoir étudier une fonction définie par une intégrale.
- ▷ Savoir utiliser les propriétés des intégrales en lien avec les inégalités.

Résumé de cours

Intégrale et primitive

Définition 16.1. — Soit une fonction f définie sur un intervalle I de $\mathbb{R}$. On appelle *primitive* de f sur I toute fonction F dérivable sur I telle que, pour tout x de I, $F'(x) = f(x)$.

Théorème 16.1. — Toute fonction continue sur un intervalle I de $\mathbb{R}$ admet une primitive sur I.

Théorème 16.2. — Si une fonction f est continue sur un intervalle I et si F est une primitive de f sur I, alors toute primitive de f sur I est de la forme $F + k$, où k est une constante réelle.

Théorème 16.3. — Soit une fonction f continue sur un intervalle I, et F une primitive de f sur I. Pour tout couple (a, b) d'éléments de I, le réel $F(b) - F(a)$ est indépendant de la primitive F choisie.

Définition 16.2. — Soit une fonction f continue sur un intervalle I, et F une primitive de f sur I. Pour tout couple (a, b) d'éléments de I, on appelle *intégrale* de a à b de la fonction f (ou *intégrale* de f entre a et b), le réel noté $\int_a^b f(x)dx$, et défini par : $\int_a^b f(x)dx = F(b) - F(a)$.
La fonction f est appelée l'*intégrande*.

Remarque 16.1. — Dans les calculs, la quantité $F(b) - F(a)$ est notée $\left[F(x) \right]_a^b$.

Remarque 16.2. — On déduit de la définition que $\int_a^b f(x)dx = -\int_b^a f(x)dx$ et $\int_a^a f(x)dx = 0$.

Fonction définie par une intégrale

Théorème 16.4. — Soit une fonction f continue sur un intervalle I et soit x_0 un élément de I.
La fonction F, définie pour tout x de I, par $F(x) = \int_{x_0}^x f(t)dt$, est de classe C^1 et c'est **la** primitive de f qui s'annule en x_0.

Théorème 16.5. — Soit deux fonctions u et v dérivables sur un intervalle I, à valeurs dans J, et une fonction f continue sur J. La fonction φ définie sur I par $\varphi(x) = \int_{u(x)}^{v(x)} f(t)dt$ est dérivable sur I, et pour tout réel x de I, $\varphi'(x) = v'(x)f(v(x)) - u'(x)f(u(x))$.

⇨ **Méthode 16.4. Comment dériver une intégrale fonction de ses bornes ?**
⇨ **Méthode 16.5. Comment étudier la parité d'une intégrale fonction de ses bornes ?**

❑ Théorème de prolongement des fonctions de classe C^k

Théorème 16.6. — Si f est de classe C^k sur $]a,b]$ et si $f^{(k)}$ a une limite finie en a, alors f admet un prolongement de classe C^k sur $[a,b]$.

Remarque 16.3 — On a un résultat analogue si l'intervalle est ouvert en b.
Remarque 16.4 — La preuve de ce théorème s'appuie sur le **théorème 16.4**.

❑ Équation différentielle $f' = fg$

Théorème 16.7. — Soit une fonction g continue sur un intervalle I. Les fonctions f dérivables sur I, solutions de l'équation " $\forall x \in I, f'(x) = g(x) f(x)$ ", sont les fonctions f définies pour tout x de I, par $f(x) = k\, e^{G(x)}$, où G est une primitive de g sur I et k un réel indépendant de x.

■ Propriétés

❑ Linéarité de l'intégration

Propriété 16.1. — Soit deux fonctions f et g continues sur un intervalle I, et soit a et b deux éléments de I. Pour tous réels λ et μ, on a : $\int_a^b (\lambda f(x) + \mu g(x))dx = \lambda \int_a^b f(x)dx + \mu \int_a^b g(x)dx$.

❑ Relation de Chasles

Propriété 16.2. — Soit une fonction f continue sur un intervalle I.

$\forall (a, b, c) \in I^3$, on a : $\int_a^b f(x)dx = \int_a^c f(x)dx + \int_c^b f(x)dx$

❑ Intégration et inégalités

Propriété 16.3. — Si f est continue, positive sur $[a,b]$, avec $a \le b$, alors on a : $\int_a^b f(x)dx \ge 0$.

Propriété 16.4. — Soit deux fonctions f et g continues sur $[a,b]$ (avec $a \le b$).
Si pour tout réel x de $[a,b]$, on a $f(x) \le g(x)$, alors : $\int_a^b f(x)dx \le \int_a^b g(x)dx$.

⇨ **Méthode 16.1. Comment encadrer (ou seulement minorer ou majorer) une intégrale ?**

Propriété 16.5. — • Si une fonction f est continue, positive sur $[a,b]$, avec $a < b$, et si f n'est pas la fonction nulle, alors on a : $\int_a^b f(x)dx > 0$.

• Si une fonction f est continue, positive sur $[a,b]$, si $a < b$, et si $\int_a^b f(x)dx = 0$, alors f est identiquement nulle sur $[a,b]$ (c'est-à-dire : $\forall x \in [a,b], f(x) = 0$).

Propriété 16.6. — Inégalité triangulaire. Si a et b sont deux réels tels que $a \leq b$ et si f est une fonction continue sur $[a,b]$, alors on a : $\left|\int_a^b f(x)dx\right| \leq \int_a^b |f(x)|dx$.

Interprétation graphique

Théorème 16.8. — Si f est continue et positive sur $[a,b]$, alors $\int_a^b f(x)dx$ est égale à l'aire de la surface comprise entre les droites d'équations $x=a$ et $x=b$, l'axe des abscisses et la courbe représentative de f dans un repère orthogonal.

❑ Valeur moyenne d'une fonction sur un intervalle

Définition 16.3. — Valeur moyenne. Soit une fonction f continue sur $[a,b]$, avec $a < b$. On appelle *valeur moyenne* de f sur $[a,b]$ le réel μ défini par : $\mu = \frac{1}{b-a}\int_a^b f(x)dx$.

Théorème 16.9. — Inégalité de la moyenne. Si m et M sont deux réels tels que, pour tout x de $[a,b]$, avec $a < b$, on a $m \leq f(x) \leq M$, alors : $m \leq \mu \leq M$.

❑ Sommes de Riemann

Définition 16.4. — Soit une fonction f continue sur $[a,b]$ et un entier naturel n non nul. On appelle *sommes de Riemann* associées à f sur $[a,b]$, les sommes suivantes :

$$S_n = \frac{b-a}{n}\sum_{k=1}^{n} f(a+k\frac{b-a}{n}) \text{ et } T_n = \frac{b-a}{n}\sum_{k=0}^{n-1} f(a+k\frac{b-a}{n})$$

Théorème 16.10. — Les suites $(S_n)_{n\in\mathbb{N}^*}$ et $(T_n)_{n\in\mathbb{N}^*}$ précédentes convergent vers $\int_a^b f(x)dx$.

Cas particulier. — Si f est une fonction continue sur $[0,1]$, alors on a :

$$\lim_{n\to+\infty}\frac{1}{n}\sum_{k=0}^{n-1} f\left(\frac{k}{n}\right) = \lim_{n\to+\infty}\frac{1}{n}\sum_{k=1}^{n} f\left(\frac{k}{n}\right) = \int_0^1 f(t)dt$$

Intégrale d'une fonction continue par morceaux

Définition 16.5. — Une fonction f est dite *continue par morceaux* sur $[a,b]$ lorsque f est continue sur $[a,b]$ sauf en un nombre fini de points $x_1 < \cdots < x_n$ de $[a,b]$, en lesquels f a une limite finie à droite et à gauche (on notera f_i la restriction de f à $]x_i, x_{i+1}[$, $x_0 = a$ et $x_{n+1} = b$).

Définition 16.6. — Pour tout i de $[\![0,n]\!]$, notons $\tilde{f}_i$ le prolongement par continuité de f_i à l'intervalle $[x_i, x_{i+1}]$. L'intégrale de f sur $[a,b]$ est définie par : $\int_a^b f(x)dx = \sum_{i=0}^{n} \int_{x_i}^{x_{i+1}} \tilde{f}_i(x)dx.$

Propriétés 16.7. — Propriétés des intégrales de fonctions continues par morceaux. Les propriétés suivantes sont conservées : la linéarité, la relation de Chasles, la positivité, l'inégalité triangulaire et l'inégalité de la moyenne. Seule la propriété **16.5** n'est pas conservée.

■ Calcul des intégrales

❑ Primitives usuelles

$f(x)$	$F(x)$	$f(x)$	$F(x)$
a ($a \in \mathbb{R}$)	ax	$\frac{1}{x}$	$\ln\lvert x\rvert$
x^α ($\alpha \neq -1$)	$\frac{x^{\alpha+1}}{\alpha+1}$	$\frac{1}{\sqrt{x}}$	$2\sqrt{x}$
$\cos x$	$\sin x$	$\sin x$	$-\cos x$
e^x	e^x	a^x $a>0$	$\frac{a^x}{\ln a}$
$\ln x$	$x\ln x - x$	$\frac{1}{1+x^2}$	$\operatorname{Arctan} x$

f	F	f	F
$au'+bv'$ $(a,b)\in\mathbb{R}^2$	$au+bv$	$\frac{u'}{u}$	$\ln\lvert u\rvert$
$u'u^\alpha$ ($\alpha \neq -1$)	$\frac{u^{\alpha+1}}{\alpha+1}$	$\frac{u'}{\sqrt{u}}$	$2\sqrt{u}$
$u'\cos u$	$\sin u$	$u'\sin u$	$-\cos u$
$u'e^u$	e^u	$u'a^u$ ($a>0$)	$\frac{a^u}{\ln a}$
Dans ce tableau u et v sont des fonctions		$\frac{u'}{1+u^2}$	$\operatorname{Arctan} u$

❑ Intégration par parties

Théorème 16.11. — Pour toutes fonctions u et v de classe C^1 sur $[a,b]$, on a :

$$\int_a^b u'(x)v(x)dx = [u(x)v(x)]_a^b - \int_a^b u(x)v'(x)dx.$$

⇨ **Méthode 16.2. Comment utiliser l'intégration par parties ?**

❑ Changement de variable

Théorème 16.12. — Soit une fonction f continue sur un intervalle I, et φ une fonction de classe C^1 sur $[a,b]$, telle que $\varphi([a,b]) \subset I$. On a alors : $\int_a^b f(\varphi(x))\varphi'(x)dx = \int_{\varphi(a)}^{\varphi(b)} f(u)du$.

⇨ **Méthode 16.3. Comment faire un changement de variable ?**

Remarque 16.5 — Soit a un réel positif et f une fonction continue sur $[-a, a]$. Le changement de variable $u=-x$ permet de montrer que :

- Si f est paire, alors : $\int_{-a}^{a} f(x)dx = 2\int_0^a f(x)dx$.
- Si f est impaire, alors : $\int_{-a}^{a} f(x)dx = 0$.

Méthodes

Intégration et ordre

Méthode 16.1. Comment encadrer (ou seulement minorer ou majorer) une intégrale ?

Soit deux réels a et b tels que $a \leq b$.

Pour encadrer l'intégrale $\int_a^b f(x)dx$, il faut commencer par encadrer $f(x)$ sur $[a,b]$. Ayant obtenu $g(x) \leq f(x) \leq h(x)$, si les fonctions f, g et h sont continues sur $[a,b]$, alors on peut *intégrer* l'encadrement $g(x) \leq f(x) \leq h(x)$ sur $[a,b]$ et en déduire : $\int_a^b g(x)dx \leq \int_a^b f(x)dx \leq \int_a^b h(x)dx$ (on dit qu'*on a intégré l'inégalité avec les bornes dans l'ordre croissant*).

On encadre souvent une intégrale dépendant d'un paramètre pour en trouver la limite lorsque ce paramètre tend vers $+\infty$ (voir l'exemple ci-dessous).

⇨ Exercice 16.5

Exemple. Montrer que, quel que soit l'entier naturel n, $0 \leq \int_0^1 \frac{x^n}{x+1}dx \leq \frac{1}{n+1}$. En déduire la limite de $\int_0^1 \frac{x^n}{x+1}dx$ lorsque n tend vers $+\infty$.

Pour tout x de $[0,1]$, on a $1+x \geq 1$, d'où $0 \leq \frac{1}{x+1} \leq 1$. Comme $x^n > 0$, on obtient : $0 \leq \frac{x^n}{x+1} \leq x^n$.
Les fonctions en présence sont continues sur $[0,1]$ et les bornes sont dans l'ordre croissant ($0 \leq 1$), on peut donc intégrer les inégalités sur [0, 1] : $\int_0^1 0dx \leq \int_0^1 \frac{x^n}{1+x}dx \leq \int_0^1 x^n dx$.

On a donc : $0 \leq \int_0^1 \frac{x^n}{1+x}dx \leq \left[\frac{x^{n+1}}{n+1}\right]_0^1$. Pour finir, on obtient bien : $0 \leq \int_0^1 \frac{x^n}{1+x}dx \leq \frac{1}{n+1}$.

Comme $\lim_{n\to+\infty} \frac{1}{n+1} = 0$, on en déduit, par encadrement, que : $\lim_{n\to+\infty} \int_0^1 \frac{x^n}{1+x}dx = 0$.

Remarque. Il ne faut jamais passer à la limite dans l'intégrale : aucun théorème ne garantit que la limite trouvée soit celle de l'intégrale. On peut s'en convaincre avec l'exemple suivant :
$\lim_{n\to+\infty} \int_0^1 2nt\, e^{-nt^2} dt = 1$ et $\int_0^1 \lim_{n\to+\infty} 2nt\, e^{-nt^2} dt = 0$.

Méthodes

■ Calcul d'une intégrale

❑ Méthode 16.2. Comment utiliser l'intégration par parties ?

Pour u et v de classe C^1 sur $[a,b]$, $\int_a^b u'(t)v(t)dt = [u(t)v(t)]_a^b - \int_a^b u(t)v'(t)dt$.

⇨ Exercices 16.1, 16.6

Exemple 1. Calculer $I = \int_0^1 te^t dt$.

L'intégrande est le produit de $t \mapsto e^t$ et de $t \mapsto t$ (polynomiale, donc candidat à être dérivée).

On pose donc $\left| \begin{array}{ll} u'(t) = e^t & u(t) = e^t \\ v(t) = t & v'(t) = 1 \end{array} \right.$. Les fonctions u et v sont de classe C^1 sur $[0,1]$. On peut donc intégrer par parties : $\int_0^1 te^t dt = \left[te^t\right]_0^1 - \int_0^1 e^t dt$. Par suite, $I = e - \left[e^t\right]_0^1 = e - (e-1) = 1$.

Exemple 2. Calculer $J = \int_1^e t \ln t \, dt$.

On pose $\left| \begin{array}{ll} u'(t) = t & u(t) = \frac{1}{2}t^2 \\ v(t) = \ln t & v'(t) = 1/t \end{array} \right.$. Les fonctions u et v sont de classe C^1 sur $[1,e]$ donc on peut intégrer par parties et on obtient :

$$J = \int_1^e t \ln t \, dt = \left[\frac{t^2}{2}\ln t\right]_1^e - \int_1^e \frac{t^2}{2} \times \frac{1}{t} dt = \frac{1}{2}e^2 - \frac{1}{2}\int_1^e t \, dt = \frac{1}{2}e^2 - \frac{1}{2}\left[\frac{t^2}{2}\right]_1^e = \frac{1}{4}(e^2+1).$$

❑ Méthode 16.3. Comment faire un changement de variable ?

D'après le programme officiel, les changements de variables affines sont les seuls dont on peut avoir l'initiative, les autres doivent être suggérés par l'énoncé.

Soit l'intégrale $I = \int_a^b f(t)dt$.

- On pose $u = \varphi(t)$, avec φ de classe C^1 sur $[a,b]$ et $du = \varphi'(t)\, dt$.
- Ensuite, on gère les bornes :

lorsque $t = a$, alors $u = \varphi(a)$ et lorsque $t = b$, alors $u = \varphi(b)$.

- Pour finir, on exprime $f(t)$ et dt uniquement en fonction de u, afin d'obtenir $\int_a^b f(t)dt = \int_{\varphi(a)}^{\varphi(b)} g(u)du$, cette dernière intégrale étant plus simple à calculer.

⇨ Exercice 16.1

Exemple. Calculer l'intégrale $\int_0^1 \frac{\ln(1+e^t)}{1+e^{-t}}dt$ à l'aide du changement de variable $u = 1+e^t$.

Notons φ la fonction définie par $\varphi(t) = 1+e^t$. On a $\varphi(0) = 2$ et $\varphi(1) = 1+e$. La fonction φ est de classe C^1 sur $[0,1]$ donc le changement de variable est licite.

En outre, comme $t = \ln(u-1)$, on a : $dt = \frac{du}{u-1}$.

On a donc : $\int_0^1 \frac{\ln(1+e^t)}{1+e^{-t}}dt = \int_2^{e+1} \frac{\ln u}{1+e^{-\ln(u-1)}} \times \frac{du}{u-1} = \int_2^{e+1} \frac{\ln u}{1+\frac{1}{u-1}} \times \frac{du}{u-1} = \int_2^{e+1} \frac{\ln u}{u} du$.

On obtient enfin : $\int_0^1 \frac{\ln(1+e^t)}{1+e^{-t}}dt = \left[\frac{1}{2}(\ln u)^2\right]_2^{e+1} = \frac{1}{2}\left((\ln(e+1))^2 - (\ln 2)^2\right)$.

■ Intégrale fonction de ses bornes

❑ Méthode 16.4. Comment dériver une intégrale fonction de ses bornes ?

On considère la fonction φ définie sur un intervalle I par : $\varphi(x) = \int_{u(x)}^{v(x)} f(t)dt$.

La fonction f étant continue sur J, elle y admet des primitives. On note alors F l'une d'entre elles et, quel que soit le réel x de I, on a :

$$\varphi(x) = \left[F(t)\right]_{u(x)}^{v(x)} = F(v(x)) - F(u(x))$$

Il reste alors à appliquer les règles bien connues sur la dérivabilité des fonctions composées : si u et v sont dérivables sur I, à valeurs dans J, alors puisque F est dérivable sur J (primitive d'une fonction continue, elle y est même de classe C^1), les fonctions $F \circ v$ et $F \circ u$ sont dérivables sur I, et par suite φ aussi.

En outre :

$$\forall x \in I,\ \varphi'(x) = v'(x)F'(v(x)) - u'(x)F'(u(x)) = v'(x)f(v(x)) - u'(x)f(u(x)).$$

⇨ **Exercices 16.4, 16.5**

Exemple. (*d'après EML*) Soit la fonction f définie sur $\mathbb{R}$ par $f(t) = \frac{e^t}{\sqrt{1+t^2}}$. Montrer que l'on définit bien une fonction G sur $\mathbb{R}$ en posant pour tout réel x : $G(x) = \int_{-x}^{x} f(t)dt$.

Montrer que G est de classe C^1 sur $\mathbb{R}$, puis calculer $G'(x)$ pour tout réel x.

• La fonction f est continue sur $\mathbb{R}$, donc continue sur tout intervalle de la forme $[-x,x]$ ou $[x,-x]$ (selon que x est positif ou négatif). L'intégrale de f entre $-x$ et x est donc définie, quel que soit le réel x. Ainsi, G est bien définie sur $\mathbb{R}$.

• La fonction $f : t \mapsto \dfrac{e^t}{\sqrt{1+t^2}}$ étant continue sur $\mathbb{R}$, elle admet des primitives. Notons F l'une d'entre elles. Alors, pour tout réel x, on a : $G(x)=\left[F(t)\right]_{-x}^{x}=F(x)-F(-x)$. La fonction F étant de classe C^1 sur $\mathbb{R}$ (primitive d'une fonction continue sur $\mathbb{R}$), et la fonction $x \mapsto -x$ aussi, alors G est de classe C^1 sur $\mathbb{R}$ et on a :

$$\forall x \in \mathbb{R},\ G'(x)=F'(x)-(-F'(-x))=f(x)+f(-x)=\frac{e^x}{\sqrt{1+x^2}}+\frac{e^{-x}}{\sqrt{1+(-x)^2}}=\frac{e^x+e^{-x}}{\sqrt{1+x^2}}.$$

❑ Méthode 16.5. Comment étudier la parité d'une intégrale fonction de ses bornes ?

> On considère toujours la fonction φ, définie sur un intervalle I centré en 0, par : $\varphi(x)=\int_{u(x)}^{v(x)} f(t)dt$. Pour montrer que φ est paire (ou impaire), le changement de variable $z=-t$ est efficace.

⇨ Exercice 16.4

Exemple. Soit la fonction G définie par : $\forall x \in \mathbb{R},\ G(x)=\int_0^x \frac{1}{\sqrt{t^2+1}}dt$.

Montrer que G est impaire.

Il n'y a aucun problème de définition de la fonction G (car t^2+1 est toujours strictement positif et $g : t \mapsto \dfrac{1}{\sqrt{t^2+1}}$ est bien continue sur $\mathbb{R}$). Pour tout réel x, on a : $G(-x)=\int_0^{-x}\frac{1}{\sqrt{t^2+1}}dt$.

On pose $z=-t$ qui est bien de classe C^1 sur $\mathbb{R}$. On a $dz=-dt$ et en remplaçant, on trouve :

$$G(-x)=\int_0^x \frac{1}{\sqrt{(-z)^2+1}}(-dz)=-\int_0^x \frac{1}{\sqrt{z^2+1}}dz=-G(x).$$

Conclusion : la fonction G est impaire.

Vrai/Faux

	Vrai	Faux
1. Si f est continue sur $[0,1]$, alors on a l'équivalence : $\forall t \in [0,1], f(t) \geq 0 \iff \int_0^1 f(t)dt \geq 0$	☐	☐
2. Une primitive de la fonction $x \mapsto 2^x$ sur $\mathbb{R}$ est la fonction $x \mapsto \dfrac{2^{x+1}}{x+1}$.	☐	☐
3. Une primitive de $x \mapsto \dfrac{1}{\sin x}$ sur $]0,\pi[$ est $x \mapsto \dfrac{1}{2}\ln\left(\dfrac{1-\cos x}{1+\cos x}\right)$.	☐	☐
4. Une primitive de $x \mapsto \dfrac{2x}{x^2-1}$ sur $]-1,1[$ est $x \mapsto \ln(x^2-1)$.	☐	☐
5. Toute primitive d'une fonction impaire est paire et toute primitive d'une fonction paire est impaire.	☐	☐
6. Si une fonction f est T périodique, alors $\int_a^{a+T} f(t)dt - \int_0^T f(t)dt$.	☐	☐
7. $\int_0^1 \sqrt{\ln(1+e^t)}\,dt = 0$.	☐	☐
8. Si une fonction f est continue sur $\mathbb{R}$, alors $\lim\limits_{x\to 0} \dfrac{1}{x}\int_0^x f(t)dt = f(0)$.	☐	☐
9. Soit une fonction f continue sur $\mathbb{R}$. On définit la fonction G sur $\mathbb{R}$ par $G(x) = \int_1^{x^2} f(t)dt$. Alors G est dérivable sur $\mathbb{R}$, et pour tout réel x, $G'(x) = 2x\,f(x^2) - f(1)$.	☐	☐
10. Pour calculer $\int_0^1 x^3 e^{x^2} dx$, une bonne idée est d'intégrer par parties en posant $u'(x) = e^{x^2}$ et $v(x) = x^3$.	☐	☐

■■ Énoncé des exercices

❑ **Exercice 16.1.** * — Calculer les intégrales suivantes.

1. $A=\int_0^1 x e^{-x^2} dx$. **2.** $B=\int_{1/2}^1 \frac{\exp(1/t)}{t^2} dt$. **3.** $C=\int_0^1 x^3 e^{x^2} dx$.

4. $D=\int_0^{\pi/4} \tan x \, dx$. **5.** $E=\int_{-\pi}^{\pi} x \sin x \, dx$. **6.** $F=\int_0^1 \frac{e^u}{1+e^{-u}} du$ (poser $x=e^u$).

❑ **Exercice 16.2.** — Pour tout entier naturel *n*, on note $u_n=\int_0^{\pi/4} \tan^n t \, dt$.

1. Pour tout entier naturel *n*, que vaut $u_{n+2}+u_n$?

2. Étudier le sens de variation de la suite $(u_n)_{n\in\mathbb{N}}$.

3. En déduire que $(u_n)_{n\in\mathbb{N}}$ converge, puis déterminer sa limite.

D'après ESCP

❑ **Exercice 16.3.** * — Calculer $\lim_{n\to+\infty} \frac{1}{n\sqrt{n}} \sum_{k=1}^{n} \sqrt{k}$.

❑ **Exercice 16.4.** — On considère la fonction *F* définie par $F(x)=\int_x^{2x} \frac{dt}{t^4+1}$.

1. Montrer que *F* est définie sur $\mathbb{R}$ et étudier la parité de *F*.

2. Montrer que *F* est de classe C^1 sur $\mathbb{R}$ puis, pour tout réel *x*, calculer $F'(x)$.

❑ **Exercice 16.5.** ** — On définit la fonction *f* sur $[0,1]$ par :

$$\begin{cases} f(0)=0 \quad \text{et} \quad f(1)=\ln 2 \\ f(x)=\int_x^{x^2} \frac{dt}{\ln t} \quad \text{si } 0<x<1 \end{cases}$$

1. Montrer que *f* est bien définie sur $[0,1]$.

2. a) Pour tout réel *x* de $]0,1[$, calculer $\int_x^{x^2} \frac{dt}{t \ln t}$.

b) Établir que, pour tout réel *x* de $]0,1[$, on a : $x^2 \ln 2 \leq f(x) \leq x \ln 2$.

c) En déduire que *f* est continue sur $[0,1]$.

3. Montrer que *f* est de classe C^1 sur $]0,1[$, puis déterminer ses variations.

D'après EDHEC

❑ **Exercice 16.6.** * — Intégrales de Wallis. On pose : $\forall n \in \mathbb{N},\ u_n = \int_0^{\pi/2} (\cos t)^n \, dt$.

1. Montrer, grâce à une intégration par parties, que : $\forall n \in \mathbb{N},\ (n+2)\ u_{n+2} = (n+1)\ u_n$.

2. En déduire que : $\forall n \in \mathbb{N},\ u_{2n} = \dfrac{(2n)!}{(2^n \times n!)^2} \times \dfrac{\pi}{2}$.

3. Montrer que : $\forall n \in \mathbb{N},\ (n+1)\ u_{n+1}\ u_n = \dfrac{\pi}{2}$. En déduire la valeur de u_{2n+1}.

D'après ECRICOME

❑ **Exercice 16.7.** — Calculer, pour tout n de $\mathbb{N}$, la somme $\displaystyle\sum_{k=0}^{n} \frac{\binom{n}{k}}{k+1}$.

❑ **Exercice 16.8.** * * — Une fonction définie par une intégrale.

1. Montrer que, pour tout x positif, $\int_0^1 \sqrt{1+t^2 x}\, dt$ existe.

2. Étudier le sens de variation de la fonction f définie par : $\forall x \in \mathbb{R}_+,\ f(x) = \int_0^1 \sqrt{1+t^2 x}\, dt$.

■ Pour vous aider à démarrer

Exercice 16.1. Pour les questions **3** et **5**, intégrer par parties.
Exercice 16.2. Pour la question **2**, remarquer que : $\forall t \in [0, \pi/4],\ 0 \le \tan t \le 1$.

Pour la question **3**, noter ℓ la limite de (u_n) et utiliser la question **1**.

Exercice 16.3. Faire apparaître une somme de Riemann.
Exercice 16.4. Pour la question **1**, afin d'étudier la parité de F, faire le changement de variable $u = -t$.

Exercice 16.5. Pour la question **2.a)**, $\dfrac{1}{t \ln t}$ est de la forme $\dfrac{U'}{U}$.

Pour la question **2.b)**, faire attention que l'on a : $x^2 \le x$.
Exercice 16.6. Pour la question **2**, faire une récurrence.

Exercice 16.7. Écrire $\dfrac{1}{k+1} = \int_0^1 x^k dx$ puis utiliser la formule du binôme et la linéarité de l'intégration.
Exercice 16.8. Pour la question **2**, se donner deux réels positifs x et y tels que $x \le y$ puis comparer $f(x)$ et $f(y)$.

Corrigé des vrai/faux

1.	2.	3.	4.	5.	6.	7.	8.	9.	10.
F	F	V	F	F	V	F	V	F	F

1. Le sens direct fait l'objet de la **propriété 16.3** et est donc correct.

La réciproque est fausse. Considérons la fonction f définie sur $[0,1]$ par : $f(t)=2t-\dfrac{1}{2}$.

On a alors : $\int_0^1 (2t-\frac{1}{2})dt=\left[t^2-\frac{t}{2}\right]_0^1=\frac{1}{2}\geq 0$ et pourtant f change de signe sur $[0,1]$.

2. La fonction $f:\ x\mapsto 2^x$ est continue sur $\mathbb{R}$. Elle y possède donc des primitives mais la fonction $g:\ x\mapsto\dfrac{2^{x+1}}{x+1}$ n'en est pas une. En effet, on a : $f(x)=e^{x\ln 2}$. Les primitives de f sont donc les fonctions F définies par : $\forall x\in\mathbb{R}$, $F(x)=\dfrac{1}{\ln 2}e^{x\ln 2}+K=\dfrac{1}{\ln 2}2^x+K$.

3. La fonction $x\mapsto\dfrac{1}{\sin x}$ est continue sur $]0,\pi[$ en tant qu'inverse d'une fonction continue sur $]0,\pi[$ qui ne s'annule pas. Elle admet donc des primitives sur $]0,\pi[$.

La fonction $x\mapsto\dfrac{1-\cos x}{1+\cos x}$ est dérivable sur $]0,\pi[$ en tant que quotient de fonctions dérivables sur $]0,\pi[$ dont le dénominateur ne s'annule pas. Cette fonction est à valeurs dans $\mathbb{R}_+^*$.

La fonction ln étant dérivable sur $\mathbb{R}_+^*$, par composition, la fonction $g:x\mapsto\dfrac{1}{2}\ln\left(\dfrac{1-\cos x}{1+\cos x}\right)$ est dérivable sur $]0,\pi[$.

De plus, pour tout x de $]0,\pi[$, $g'(x)=\dfrac{1}{2}\times\dfrac{\dfrac{\sin x(1+\cos x)+\sin x(1-\cos x)}{(1+\cos x)^2}}{\dfrac{1-\cos x}{1+\cos x}}$.

Après simplifications, on a : $g'(x)=\dfrac{\sin x}{(1-\cos x)(1+\cos x)}=\dfrac{\sin x}{1-\cos^2 x}=\dfrac{1}{\sin x}$.

Ainsi, une primitive de $x\mapsto\dfrac{1}{\sin x}$ sur $]0,\pi[$ est $x\mapsto\dfrac{1}{2}\ln\left(\dfrac{1-\cos x}{1+\cos x}\right)$.

4. La fonction $x \mapsto \ln(x^2-1)$ n'est pas définie sur $]-1,1[$, puisque x^2-1 est négatif sur l'intervalle $]-1,1[$.

En fait une primitive de $x \mapsto \dfrac{2x}{x^2-1}$ sur $]-1,1[$ est $x \mapsto \ln\left| x^2-1\right|$, soit $x \mapsto \ln(1-x^2)$.

5. Soit *f* une fonction continue sur un intervalle *I* centré en 0. Toute primitive *F* de *f* sur *I* est définie par : $\forall x \in I,\ F(x) = \int_0^x f(t)dt + K$, où *K* est un réel indépendant de *x*.

Ainsi, on a : $F(-x) = \int_0^{-x} f(t)dt + K = -\int_0^x f(-u)du + K$ (on a posé $u=-t$).

Si *f* est impaire, alors on en déduit que : $F(-x) = \int_0^x f(u)du + K = F(x)$ et *F* est alors paire.

En revanche, si *f* est paire, alors on en déduit que : $F(-x) = -\int_0^x f(u)du + K = -F(x) + 2K$.

Il suffit de choisir *K* non nul pour avoir $F(-x) \neq -F(x)$: *F* n'est donc pas nécessairement impaire (seule la primitive de *f* qui s'annule en 0 est impaire).
Par exemple une primitive sur $\mathbb{R}$ de $x \mapsto 3x^2$ (qui est paire) est $x \mapsto x^3+1$ (qui n'est ni paire, ni impaire).

6. Soit *f* une fonction *T*-périodique. La relation de Chasles assure que :
$\int_a^{a+T} f(t)dt = \int_a^0 f(t)dt + \int_0^T f(t)dt + \int_T^{a+T} f(t)dt$.

En posant $u = t-T$ dans la troisième intégrale, on obtient : $\int_T^{a+T} f(t)dt = \int_0^a f(u+T)du$.

La périodicité de *f* donne alors : $\int_T^{a+T} f(t)dt = \int_0^a f(u)du$. La première et la troisième intégrale sont donc opposées et on en conclut que : $\int_a^{a+T} f(t)dt = \int_0^T f(t)dt$.

7. La fonction $f : t \mapsto \sqrt{\ln(1+e^t)}$ est continue et positive sur $[0,1]$, donc : $\int_0^1 \sqrt{\ln(1+e^t)}dt \geq 0$.

De plus, $f(0) = \sqrt{\ln 2} > 0$ donc d'après la **propriété 16.5**, on a : $\int_0^1 \sqrt{\ln(1+e^t)}dt > 0$.

8. Soit *f* une fonction continue sur $\mathbb{R}$. On désigne par *F* une primitive de *f* sur $\mathbb{R}$.

Pour tout réel *x* non nul, on a : $\dfrac{1}{x}\int_0^x f(t)dt = \dfrac{F(x)-F(0)}{x}$.

F étant dérivable sur $\mathbb{R}$ (elle est même de classe C^1), on a :

$\lim\limits_{x\to 0} \dfrac{1}{x}\int_0^x f(t)dt = \lim\limits_{x\to 0} \dfrac{F(x)-F(0)}{x} = F'(0)$. On obtient donc : $\lim\limits_{x\to 0} \dfrac{1}{x}\int_0^x f(t)dt = f(0)$.

9. Si f est continue sur $\mathbb{R}$, et si F est une primitive de f sur $\mathbb{R}$ alors, la fonction carrée étant dérivable, la fonction G définie sur $\mathbb{R}$ par $G(x)=\int_1^{x^2} f(t)dt$ est dérivable sur $\mathbb{R}$. Mais, pour tout réel x, on a : $G(x)=F(x^2)-F(1)$.

Comme $F(1)$ est une constante, on en conclut que : $\forall x \in \mathbb{R}, G'(x)=2xF'(x^2)=2xf(x^2)$.

10. Poser $u'(x)=e^{x^2}$ et $v(x)=x^3$ va poser problème.

On ne peut, en effet, expliciter de primitives de $x \mapsto e^{x^2}$ bien qu'on sache qu'elles existent.

Il serait plus judicieux de poser : $u'(x)=xe^{x^2}$ et $v(x)=x^2$.

❑ Les erreurs classiques

- À chaque manipulation d'inégalités avec des intégrales, il faut vérifier l'ordre des bornes de l'intégrale.
- Dans la relation de Chasles, il n'y a aucune contrainte sur les positions relatives des réels a, b et c.
- Il ne faut pas confondre ces deux fonctions : $x \mapsto x^a$ et $x \mapsto a^x$ (voir **V/F 2**).
- Une primitive de $\dfrac{U'}{U}$ est $\ln|U|$ et pas $\ln(U)$.
- Lorsque l'intégrande contient plusieurs variables, il convient de bien repérer quelle est la variable d'intégration indiquée par "dt" ou "dx" ou...
- Lorsque l'on vient de calculer une intégrale avec des bornes dans le bon sens, si l'intégrande est de signe constant sur l'intervalle d'intégration, l'intégrale sera de même signe. Cela permet de « contrôler » son résultat.
- Lorsque l'on souhaite primitiver une expression « proche » d'une fonction de référence, on ne peut ajuster qu'avec une constante multiplicative.

Ainsi, $x \mapsto \dfrac{1}{3\sqrt{x}}$ se primitive en $x \mapsto \dfrac{2}{3}\sqrt{x}$ mais $x \mapsto 2e^{x^2}$ ne se primitive pas en $x \mapsto \dfrac{1}{x}e^{x^2}$ (il suffit de dériver cette dernière fonction pour s'en convaincre).

- Dans un changement de variable, l'ancienne et la nouvelle variable ne peuvent coexister dans la même intégrale.

Corrigé des exercices

Exercice 16.1

Notons une fois pour toutes que, dans cet exercice, les fonctions intégrées sont continues sur l'intervalle d'intégration.

1. À une constante près, la fonction intégrée est une expression du type $u'\exp(u)$.

Ainsi, $A = -\frac{1}{2}\int_0^1 \left(-2xe^{-x^2}\right)dx = -\frac{1}{2}\left[e^{-x^2}\right]_0^1$. Finalement, on obtient : $A = \frac{1}{2}\left(1 - e^{-1}\right)$.

2. Au signe près, on reconnaît le type $u'\exp(u)$.

Ainsi, $B = \int_{1/2}^1 \frac{\exp(1/t)}{t^2}dt = \left[-\exp(1/t)\right]_{1/2}^1 = e^2 - e$.

3. On pose $\left|\begin{array}{ll} u'(x) = xe^{x^2} & u(x) = \frac{1}{2}e^{x^2} \\ v(x) = x^2 & v'(x) = 2x \end{array}\right.$. Les fonctions u et v sont de classe C^1 sur $[0,1]$ donc on peut intégrer par parties et on trouve :

$$C = \int_0^1 x^3 e^{x^2}dx = \left[\frac{1}{2}x^2 e^{x^2}\right]_0^1 - \int_0^1 xe^{x^2}dx = \frac{e}{2} - \int_0^1 xe^{x^2}dx$$

De plus, $\int_0^1 xe^{x^2}dx = \left[\frac{1}{2}e^{x^2}\right]_0^1 = \frac{e-1}{2}$. Finalement, $C = \frac{1}{2}$.

⇨ *Méthode 16.2*

4. Pour tout x de $\left[0, \frac{\pi}{4}\right]$, $\tan x = \frac{\sin x}{\cos x} = -\frac{-\sin x}{\cos x}$.

On reconnaît alors une expression du type $\frac{u'}{u}$ et on obtient : $D = \left[-\ln\left(|\cos x|\right)\right]_0^{\frac{\pi}{4}} = \ln\sqrt{2}$.

5. La fonction $x \mapsto x\sin x$ est paire, donc (voir la **remarque 16.5**) on a : $E = 2\int_0^\pi x\sin x\,dx$.

On pose $\left|\begin{array}{ll} u'(x) = \sin x & u(x) = -\cos x \\ v(x) = x & v'(x) = 1 \end{array}\right.$. Les fonctions u et v sont de classe C^1 sur $[0,\pi]$ donc on peut intégrer par parties et on a : $E = 2\left(\left[-x\cos x\right]_0^\pi + \int_0^\pi \cos x\,dx\right) = 2\left(\left[-x\cos x + \sin x\right]_0^\pi\right) = 2\pi$.

⇨ *Méthode 16.2*

Corrigé

Remarque. On n'était, bien sûr, pas obligé d'utiliser la parité.

6. Pour tout u de $[0,1]$, on a : $\dfrac{e^u}{1+e^{-u}} = \dfrac{e^u}{e^u+1}e^u$. Ainsi, on a : $F = \int_0^1 \dfrac{e^u}{1+e^u}e^u du$.

Notons φ la fonction définie par $\varphi(u) = e^u$.

La fonction φ est de classe C^1 sur $[0,1]$ et pour tout u de $[0,1]$, on a : $\varphi'(u) = e^u$.

Le changement de variable $x = \varphi(u)$ est donc licite et on obtient :

$$F = \int_{\varphi(0)}^{\varphi(1)} \frac{x}{1+x}dx = \int_1^e \frac{x}{1+x}dx = \int_1^e \frac{x+1-1}{1+x}dx = \int_1^e \left(1 - \frac{1}{1+x}\right)dx = \left[x - \ln|1+x|\right]_1^e.$$

Finalement, on trouve que : $F = e - 1 - \ln(1+e) + \ln 2$.

⇨ *Méthode 16.3*

Exercice 16.2

1. La linéarité de l'intégration assure que : $u_{n+2} + u_n = \int_0^{\pi/4} \tan^n t(\tan^2 t + 1)dt$.

Or, pour tout t de $\left[0, \frac{\pi}{4}\right]$, on a : $(\tan)'(t) = \tan^2 t + 1$.

L'intégrande est alors du type $f'f^n$ dont on connaît une primitive.

Ainsi, $u_{n+2} + u_n = \left[\dfrac{1}{n+1}\tan^{n+1} t\right]_0^{\pi/4} = \dfrac{1}{n+1}$.

2. La linéarité de l'intégrale assure que : $u_{n+1} - u_n = \int_0^{\pi/4} \tan^n t(\tan t - 1)dt$.

Or, pour tout t de $\left[0, \frac{\pi}{4}\right]$, on a $0 \leq \tan t \leq 1$ et :

- d'une part : $0 \leq \tan^n t \leq 1$ (par croissance de la fonction $t \mapsto t^n$ sur $[0, 1]$).
- d'autre part : $\tan t - 1 \leq 0$.

On en conclut que, pour tout t de $\left[0, \frac{\pi}{4}\right]$, $\tan^n t(\tan t - 1) \leq 0$.

Les bornes sont dans l'ordre croissant et les fonctions sont continues sur $\left[0, \frac{\pi}{4}\right]$, on peut alors conclure que : $u_{n+1} - u_n \leq 0$. La suite $(u_n)_{n\in\mathbb{N}}$ est donc décroissante.

3. Comme nous l'avons vu lors de la question précédente : $\forall t \in \left[0, \frac{\pi}{4}\right], 0 \leq \tan^n t \leq 1$.

En intégrant cet encadrement sur $\left[0, \frac{\pi}{4}\right]$, bornes dans l'ordre croissant, on conclut : $0 \leq u_n \leq \dfrac{\pi}{4}$.

La suite $(u_n)_{n\in\mathbb{N}}$ est donc minorée par 0, et, puisqu'elle est décroissante, on peut affirmer qu'elle converge vers un réel ℓ de $\left[0, \frac{\pi}{4}\right]$.

En passant à la limite quand n tend vers $+\infty$ dans la relation obtenue à la question **2**, on obtient : $2\ell = 0$. On en conclut que la suite $(u_n)_{n\in\mathbb{N}}$ converge vers 0.

Exercice 16.3

On remarque que, pour tout entier naturel n non nul, $\frac{1}{n\sqrt{n}}\sum_{k=1}^{n}\sqrt{k}=\frac{1}{n}\sum_{k=1}^{n}\sqrt{\frac{k}{n}}$. On reconnaît une somme de Riemann associée à la fonction racine carrée, qui est continue sur [0, 1].

On peut affirmer que : $\lim_{n\to+\infty}\frac{1}{n\sqrt{n}}\sum_{k=1}^{n}\sqrt{k}=\int_0^1\sqrt{t}dt=\left[\frac{2}{3}t\sqrt{t}\right]_0^1=\frac{2}{3}$.

Exercice 16.4

1. Les fonctions $x\mapsto x$ et $x\mapsto 2x$ sont définies sur $\mathbb{R}$ et à valeurs dans $\mathbb{R}$.

La fonction $t\mapsto\frac{1}{1+t^4}$ est continue sur $\mathbb{R}$ et on en conclut que F est définie sur $\mathbb{R}$.

On a $D_F=\mathbb{R}$, qui est centré en 0.

De plus, pour tout réel x, on a : $F(-x)=\int_{-x}^{-2x}\frac{1}{1+t^4}dt$.

Le changement de variable $u=-t$ donne alors : $\int_{-x}^{-2x}\frac{1}{1+t^4}dt=-\int_{x}^{2x}\frac{1}{1+(-u)^4}du$.

Finalement, pour tout réel x, on a : $F(-x)=-F(x)$. La fonction F est donc impaire.

⇨ *Méthode 16.5*

2. La fonction $t\mapsto\frac{1}{1+t^4}$ est continue sur $\mathbb{R}$.

Les fonctions $x\mapsto x$ et $x\mapsto 2x$ sont de classe C^1 sur $\mathbb{R}$ à valeurs dans $\mathbb{R}$. La fonction F est donc C^1 sur $\mathbb{R}$ et, pour tout réel x, on a : $F'(x)=2\frac{1}{1+(2x)^4}-\frac{1}{1+x^4}=\frac{1-14x^4}{(1+x^4)(1+16x^4)}$.

⇨ *Méthode 16.4*

Exercice 16.5

1. Les fonctions $x\mapsto x$ et $x\mapsto x^2$ sont définies sur $]0,1[$ et à valeurs dans $]0,1[$.

De plus, la fonction $t\mapsto\frac{1}{\ln t}$ est continue sur $]0,1[$. On en conclut que f est définie sur $]0,1[$.

Les valeurs en 0 et 1 étant données à part, on peut affirmer que f est définie sur $[0,1]$.

2. a) $\int_x^{x^2}\frac{dt}{t\ln t}=\int_x^{x^2}\frac{\frac{1}{t}}{\ln t}dt=\left[\ln|\ln t|\right]_x^{x^2}=\ln\left|\ln x^2\right|-\ln\left|\ln x\right|$.

✎ *Comme x appartient à $]0,1[$, la variable d'intégration t appartient à $]0,1[$ et la valeur absolue dans le logarithme est absolument nécessaire.*

Corrigé

On remarque alors que : $\ln\left|\ln x^2\right| = \ln\left|2\ln x\right| = \ln\left(2\left|\ln x\right|\right) = \ln 2 + \ln\left|\ln x\right|$.

Finalement, pour tout x de $\left]0,1\right[$, $\int_x^{x^2} \frac{dt}{t\ln t} = \ln 2$.

b) On remarque que, pour tout x de $\left]0,1\right[$, on a : $x^2 \leq x$.

On en déduit alors, pour tout t de $\left[x^2, x\right]$: $x^2 \leq t \leq x$.

Comme $\ln t$ est négatif, on a : $x\ln t \leq t\ln t \leq x^2 \ln t < 0$.

La décroissance de la fonction inverse sur $\mathbb{R}_-^*$ assure alors que : $\frac{1}{x^2 \ln t} \leq \frac{1}{t\ln t} \leq \frac{1}{x\ln t}$.

Les bornes étant dans l'ordre décroissant, on a : $\int_x^{x^2} \frac{1}{x\ln t}dt \leq \int_x^{x^2} \frac{1}{t\ln t}dt \leq \int_x^{x^2} \frac{1}{x^2\ln t}dt$.

On obtient donc : $\frac{1}{x}f(x) \leq \ln 2 \leq \frac{1}{x^2}f(x)$.

En multipliant l'inégalité de gauche par x (strictement positif), on a : $f(x) \leq x\ln 2$.

De même, en multipliant l'inégalité de droite par x^2 (strictement positif), on a : $f(x) \geq x^2 \ln 2$.

On en conclut que : $\forall x \in \left]0,1\right[, \; x^2 \ln 2 \leq f(x) \leq x\ln 2$.

⇨ *Méthode 16.1*

c) Comme $\lim\limits_{x\to 0} x\ln 2 = \lim\limits_{x\to 0} x^2 \ln 2 = 0$, le théorème d'encadrement permet d'affirmer que :
$\lim\limits_{x\to 0^+} f(x) = 0 = f(0)$. La fonction f est donc continue en 0.

De même, $\lim\limits_{x\to 1} x\ln 2 = \lim\limits_{x\to 1} x^2 \ln 2 = \ln 2$, le théorème d'encadrement donne alors :
$\lim\limits_{x\to 1^-} f(x) = \ln 2 = f(1)$. La fonction f est donc continue en 1.

De plus, la fonction $t \mapsto \frac{1}{\ln t}$ est continue sur $\left]0,1\right[$ et les fonctions $x \mapsto x$ et $x \mapsto x^2$ sont continues sur $\left]0,1\right[$ et à valeurs dans $\left]0,1\right[$, la fonction f est donc continue sur $\left]0,1\right[$.

Finalement, la fonction f est continue sur $\left[0,1\right]$.

3. La fonction $t \mapsto \frac{1}{\ln t}$ est continue sur $\left]0,1\right[$ et les fonctions $x \mapsto x$ et $x \mapsto x^2$ sont de classe C^1 sur $\left]0,1\right[$ et à valeurs dans $\left]0,1\right[$ donc la fonction f est de classe C^1 sur $\left]0,1\right[$.

De plus, pour tout x de $\left]0,1\right[$, $f'(x) = \frac{2x}{\ln x^2} - \frac{1}{\ln x} = \frac{2x}{2\ln x} - \frac{1}{\ln x} = \frac{x-1}{\ln x} > 0$.

La fonction f est croissante sur $\left]0,1\right[$ et comme elle est continue, elle est croissante sur $\left[0,1\right]$.

⇨ *Méthode 16.4*

Exercice 16.6

1. Dans l'intégrale définissant u_{n+2}, on pose : $u(t)=(\cos t)^{n+1}$ et $v'(t)=\cos t$. On peut alors choisir $v(t)=\sin t$ et on a : $u'(t)=-(n+1)(\cos t)^n \sin t$. Les fonctions u et v étant de classe C^1 sur $[0,\ \pi/2]$, l'intégration par parties est licite et on trouve :

$$u_{n+2}=\left[\sin t(\cos t)^{n+1}\right]_0^{\pi/2}+(n+1)\int_0^{\pi/2}\sin^2 t(\cos t)^n\,dt=(n+1)\int_0^{\pi/2}(1-\cos^2 t)(\cos t)^n\,dt.$$

(le crochet est nul car $\sin 0=0$ et $(\cos\frac{\pi}{2})^{n+1}=0$, puisque $n+1\geq 1$).

En développant dans l'intégrale restante et, toujours par linéarité, on obtient :

$$u_{n+2}=(n+1)\left(\int_0^{\pi/2}(\cos t)^n\,dt-\int_0^{\pi/2}(\cos t)^{n+2}\,dt\right)=(n+1)(u_n-u_{n+2})=(n+1)u_n-(n+1)u_{n+2}.$$

On trouve bien : $\forall n\in\mathbb{N},\ (n+2)\ u_{n+2}=(n+1)\ u_n$.

⇨ *Méthode 16.2*

2. Procédons par récurrence.

• Pour $n=0$, $\dfrac{(2\times 0)!}{(2^0\times 0!)^2}\times\dfrac{\pi}{2}=\dfrac{\pi}{2}$ et $u_0=\dfrac{\pi}{2}$ (d'après la question **1**).

On a bien : $u_0=\dfrac{(2\times 0)!}{(2^0\times 0!)^2}\times\dfrac{\pi}{2}$.

• Si l'on suppose que, pour un certain n de $\mathbb{N}$, on a $u_{2n}=\dfrac{(2n)!}{(2^n\times n!)^2}\times\dfrac{\pi}{2}$, alors, d'après la question **1**, on trouve :

$$u_{2(n+1)}=u_{2n+2}=\frac{2n+1}{2n+2}u_{2n}=\frac{2n+1}{2n+2}\times\frac{(2n)!}{(2^n\times n!)^2}\times\frac{\pi}{2}=\frac{1}{2(n+1)}\times\frac{(2n+1)!}{(2^n\times n!)^2}\times\frac{\pi}{2}.$$

En multipliant haut et bas par $(2n+2)$, on obtient :

$$u_{2n+2}=\frac{2n+2}{2(n+1)(2n+2)}\times\frac{(2n+1)!}{(2^n\times n!)^2}\times\frac{\pi}{2}=\frac{(2n+2)!}{(2^{n+1}\times(n+1)!)^2}\times\frac{\pi}{2}.$$

On a bien montré par récurrence que : $\forall n\in\mathbb{N},\ u_{2n}=\dfrac{(2n)!}{(2^n\times n!)^2}\times\dfrac{\pi}{2}$.

3. En multipliant par u_{n+1} les deux membres de l'égalité trouvée à la question **1**, on a :

$\forall n\in\mathbb{N},\ (n+2)\ u_{n+2}\,u_{n+1}=(n+1)\ u_{n+1}\,u_n$

Si l'on pose $v_n=(n+1)u_n\,u_{n+1}$, ceci donne : $v_{n+1}=v_n$. La suite (v_n) est donc constante, de premier terme $v_0=u_0\,u_1=\dfrac{\pi}{2}$, ce qui prouve que : $\forall n\in\mathbb{N},\ v_n=\dfrac{\pi}{2}$.

En d'autres termes : $\forall n\in\mathbb{N},\ (n+1)\,u_{n+1}\,u_n=\dfrac{\pi}{2}$.

D'après la relation écrite ci-dessus, en remplaçant n par $2n$, on a : $u_{2n+1}=\dfrac{\pi}{2(2n+1)u_{2n}}$.

Avec le résultat de la question 2b), on obtient :

$$u_{2n+1} = \frac{\pi}{2(2n+1)\dfrac{(2n)!}{(2^n \times n!)^2} \times \dfrac{\pi}{2}} = \frac{(2^n \times n!)^2}{(2n+1)!}$$

Exercice 16.7

Pour tout entier naturel k, on a : $\int_0^1 x^k dx = \left[\frac{x^{k+1}}{k+1}\right]_0^1 = \frac{1}{k+1}$.

D'après la formule du binôme de Newton, on a : $\forall x \in \mathbb{R}, \sum_{k=0}^{n} \binom{n}{k} x^k = (1+x)^n$.

En intégrant cette relation sur l'intervalle $[0,1]$ (les fonctions en jeu étant bien sûr continues sur cet intervalle), on obtient par linéarité de l'intégration : $\sum_{k=0}^{n} \binom{n}{k} \int_0^1 x^k dx = \int_0^1 (1+x)^n dx$.

On en déduit : $\sum_{k=0}^{n} \binom{n}{k} \left[\frac{x^{k+1}}{k+1}\right]_0^1 = \left[\frac{(x+1)^{n+1}}{n+1}\right]_0^1$. On a finalement : $\sum_{k=0}^{n} \binom{n}{k} \frac{1}{k+1} = \frac{2^{n+1}-1}{n+1}$.

Exercice 16.8

1. Comme x est positif, on est sûr que, pour tout t de $[0, 1]$, $1+t^2x$ l'est aussi. Ainsi la fonction $t \mapsto \sqrt{1+t^2x}$ est bien définie sur $[0, 1]$ et continue sur $[0, 1]$ comme composée de fonctions continues. En conclusion, $\int_0^1 \sqrt{1+t^2x}\, dt$ existe.

2. Soit deux réels x et y éléments de $\mathbb{R}_+$ tels que $x \leq y$.

Pour tout t de $[0,1]$, on a : $t^2x \leq t^2y$ (puisque t^2 est positif) et, en ajoutant 1, on obtient :

$$1+t^2x \leq 1+t^2y$$

La fonction racine carrée est croissante sur $\mathbb{R}_+$ donc : $\sqrt{1+t^2x} \leq \sqrt{1+t^2y}$.

On intègre sur $[0, 1]$, les bornes étant dans l'ordre croissant ($0<1$), et on a :

$\int_0^1 \sqrt{1+t^2x}\, dt \leq \int_0^1 \sqrt{1+t^2y}\, dt$, c'est-à-dire : $f(x) \leq f(y)$.

On a montré que, si x et y sont deux réels positifs tels que $x \leq y$, alors $f(x) \leq f(y)$.

Par conséquent, la fonction f est croissante sur $\mathbb{R}_+$.

Chapitre 17
Probabilité sur un univers fini

Le verbe latin *probare* signifiait *vérifier* ; le mot *probabilité* lui-même apparaît dans notre langue vers 1350. La logique de Port royal l'utilise pour désigner quelque chose de mesurable dans le but d'aider les hommes à s'orienter en tenant compte de l'utilité de leurs actes ; le pari pascalien en est un exemple.

Vers la fin du XVIIIe siècle, il évince peu à peu le mot *chance* pour désigner la théorie mathématique traitant du hasard et s'impose sous la plume de **Condorcet** et de **Laplace**. Pourtant, en 1843, Antoine **Cournot** allie les deux mots dans le titre de son ouvrage *Exposition de la théorie des chances et des probabilités*.

**Marie Caritat,
Marquis de Condorcet
1743-1794**

■■ Objectifs

■ Les incontournables

- ▷ Savoir écrire symboliquement un événement simple décrit "en français".
- ▷ Savoir reconnaître une situation d'équiprobabilité.
- ▷ Savoir faire la différence entre réunion et intersection.

■ Et plus si affinités

- ▷ Savoir démontrer une inclusion entre deux événements.

Résumé de cours

Les événements

Épreuve aléatoire

Définitions 17.1. — On appelle *épreuve aléatoire* (ou *expérience aléatoire*) une expérience dont les résultats ne dépendent que du hasard.
L'ensemble de tous les résultats possibles, noté Ω, est appelé *univers* associé à l'expérience.
Chaque élément de Ω est un *possible* : un seul d'entre eux est observé à l'issue de l'épreuve.

On suppose dans la suite de ce chapitre que Ω est fini.

Définition 17.2. — Un *événement* est une partie de Ω, c'est-à-dire un ensemble dont les éléments sont des éléments de Ω. Chaque partie de Ω est un événement.

Notation 17.1. — On note $\mathcal{P}(\Omega)$ l'ensemble des parties de Ω, c'est-à-dire l'ensemble des événements.

Exemple 17.1. — Lors du lancer d'un dé, on a $\Omega = \{1, 2, 3, 4, 5, 6\}$. L'événement « le numéro obtenu est pair » est la partie $\{2, 4, 6\}$ de Ω.

Exemple 17.2. — Lors du lancer de deux pièces, Ω peut être défini par $\Omega = \{PF, PP, FF, FP\}$. L'événement « on obtient au moins un *Pile* » est $\{PF, PP, FP\}$.

Définitions 17.3. — Ω est appelé l'*événement certain*, $\varnothing$ est appelé l'*événement impossible*. Les *singletons* de Ω (parties à 1 élément) sont appelés *événements élémentaires*.

Opérations sur les événements

Définition 17.4. — L'événement $A \cap B$ (on lit "A inter B") est l'événement qui est réalisé si et seulement si A et B sont réalisés.

⇨ **Méthode 17.1. Comment reconnaître et écrire une intersection ?**

Exemple 17.3. — Lors du lancer d'un dé, si l'on note A l'événement « le numéro obtenu est pair » et B l'événement « le numéro obtenu est supérieur ou égal à 5 », alors on a :

$$A = \{2, 4, 6\},\ B = \{5, 6\} \text{ et } A \cap B = \{6\}$$

Définition 17.5. — L'événement $A \cup B$ (on lit "A union B") est l'événement qui est réalisé si et seulement si l'un au moins des événements A ou B est réalisé.

⇨ **Méthode 17.2. Comment reconnaître et écrire une réunion ?**

Exemple 17.4. — Lors du lancer d'un dé, si l'on note toujours A l'événement « le numéro obtenu est pair » et B l'événement « le numéro obtenu est supérieur ou égal à 5 », alors on a :

$$A=\{2, 4, 6\},\ B=\{5, 6\} \text{ et } A\cup B=\{2, 4, 5, 6\}$$

On constate qu'effectivement $A\cup B$ est réalisé dès que l'un au moins des événements A ou B est réalisé (éventuellement les deux si par exemple on obtient le numéro 6).

Définition 17.6. — L'événement $\overline{A}$ (on lit "A barre") est l'événement *contraire* de A : il est réalisé si, et seulement si, A ne l'est pas.

Exemple 17.5. — Lors du lancer d'un dé, si A est l'événement $\{1, 3, 4\}$ alors $\overline{A} = \{2, 5, 6\}$.

Propriété 17.1. — Quelques évidences : $\overline{\overline{A}} = A$; $\overline{\varnothing} = \Omega$; $\overline{\Omega} = \varnothing$.

Propriété 17.2. — $\overline{A}$ est la seule partie de Ω vérifiant : $A\cap \overline{A} = \varnothing$ et $A\cup \overline{A} = \Omega$.

❑ Comparaison des événements

Définition 17.7. — $A \subset B$ signifie que A est inclus dans B, c'est-à-dire que chaque élément de A est élément de B.
En termes probabilistes, ceci veut dire que la réalisation de A implique celle de B.

Exemple 17.6. — Lors du lancer d'un dé, en notant A l'événement « le numéro obtenu est pair » et B l'événement « le numéro obtenu est supérieur ou égal à 2 », alors on a :

$$A=\{2, 4, 6\} \text{ et } B=\{2, 3, 4, 5, 6\}$$

On constate effectivement que A est inclus dans B et ceci signifie bien que, si le numéro obtenu est pair, alors il est supérieur ou égal à 2 (et pas le contraire : il faut s'en convaincre avec l'événement « obtenir le numéro 3 » qui réalise B mais pas A).

Définition 17.8. — Deux événements A et B sont égaux si l'on a : $A\subset B$ et $B\subset A$.

❑ Opérations et inclusion

Théorème 17.1 — Soit A et B deux événements quelconques.

$$\text{Si } A\subset B \text{ alors } \overline{B} \subset \overline{A}$$

Théorème 17.2 — Soit A et B deux événements quelconques. On a :

$$A\cap B\subset A \text{ et } A\subset A\cup B$$

❑ Opérations et égalité

Théorème 17.3 — Lois de Morgan.
Quels que soient les événements A et B, on a : $\overline{A\cap B} = \overline{A} \cup \overline{B}$ et $\overline{A\cup B} = \overline{A} \cap \overline{B}$.

Remarque 17.1. — On peut généraliser ces égalités au cas de n événements A_1, A_2, ..., A_n :

$\overline{A_1 \cap A_2 \cap ... \cap A_n} = \overline{A_1} \cup \overline{A_2} \cup ... \cup \overline{A_n}$ et $\overline{A_1 \cup A_2 \cup ... \cup A_n} = \overline{A_1} \cap \overline{A_2} \cap ... \cap \overline{A_n}$.

❑ Système complet d'événements

Définition 17.9. — Deux événements A et B sont dits *incompatibles* si $A \cap B = \varnothing$.
En fait, deux événements sont *incompatibles* s'ils ne peuvent pas se réaliser simultanément.

Exemple 17.7. — Lors du lancer d'un dé, si l'on note A l'événement « le numéro obtenu est multiple de 3 » et B l'événement « le numéro obtenu est inférieur ou égal à 2 », alors A et B sont incompatibles. En effet, on a : $A = \{3, 6\}$, $B = \{1, 2\}$ et $A \cap B = \varnothing$.

Définition 17.10. — La famille $(A_1, A_2, ..., A_n)$ est un *système complet d'événements* si les A_k sont deux à deux incompatibles et si leur réunion est égale à Ω.

Exemple 17.8. — Pour tout événement A, $\left(A, \overline{A}\right)$ est un système complet d'événements.

■ Probabilité

❑ Définition

Définition 17.11. — On appelle *probabilité* définie sur $\mathcal{P}(\Omega)$, toute application P de $\mathcal{P}(\Omega)$ dans $[0, 1]$ vérifiant $P(\Omega) = 1$ et telle que, si A et B sont deux événements incompatibles, alors :

$$P(A \cup B) = P(A) + P(B)$$

Le triplet $(\Omega, \mathcal{P}(\Omega), P)$ est appelé espace probabilisé.

❑ Un exemple de probabilité : l'équiprobabilité

Définition 17.12. — Lors d'une épreuve aléatoire pour laquelle Ω est fini, on dit que l'on est en situation d'équiprobabilité lorsque les événements élémentaires ont tous la même probabilité.

Exemple 17.9. — On lance une pièce *équilibrée* et on note P_k (respectivement F_k) l'événement « obtenir *Pile* (respectivement *Face*) au $k^{\text{ème}}$ lancer ($k \geq 1$) ». On a alors $P(P_k) = P(F_k) = \frac{1}{2}$.

Exemple 17.10. — Si l'on extrait *au hasard* une boule d'une urne contenant n boules, alors chaque boule a une probabilité égale à $\frac{1}{n}$ d'être tirée de cette urne.

Exemple 17.11. — On lance deux fois un dé *équilibré* à 6 faces numérotées 1, 2, ..., 6, alors Ω est constitué des 36 couples (i, j), où i est le numéro du premier lancer et j celui du second.

Chacun de ces 36 résultats a une probabilité égale à $\frac{1}{36}$ de se produire.

Définition 17.13. — Pour rappel, le cardinal d'un ensemble fini A, noté $\text{card}(A)$, est le nombre d'éléments de A.

Théorème 17.4. — Dans le cas de l'équiprobabilité, la probabilité d'un événement A est égale à :

$$P(A) = \frac{\text{card}(A)}{\text{card}(\Omega)}$$

❑ Conséquences de la définition d'une probabilité

Propriété 17.3. — $P(\varnothing) = 0$.

Propriété 17.4. — Pour toute famille $(A_1, A_2, \ldots, A_n)$ d'événements 2 à 2 incompatibles, on a :

$$P\left(\bigcup_{k=1}^{n} A_k\right) = \sum_{k=1}^{n} P(A_k)$$

Propriété 17.5. — Pour tout événement A, on a : $P(\overline{A}) = 1 - P(A)$.

⇨ **Méthode 17.3. Comment utiliser l'événement contraire ?**

Propriété 17.6. — Croissance de la probabilité. On désigne par A et B deux événements :

si $A \subset B$, alors $P(A) \leq P(B)$

❑ Formules du crible (ou formules de Poincaré)

Ces formules donnent la probabilité d'une réunion de 2 ou 3 événements quelconques.

Théorème 17.5. — Si A et B sont des événements quelconques, alors on a :

$$P(A \cup B) = P(A) + P(B) - P(A \cap B)$$

Théorème 17.6. — Si A, B et C sont des événements quelconques, alors on a :

$$P(A \cup B \cup C) = P(A) + P(B) + P(C) - P(A \cap B) - P(B \cap C) - P(A \cap C) + P(A \cap B \cap C)$$

❑ Formule des probabilités totales (première version)

Théorème 17.7. — Si $(A_1, A_2, \ldots, A_n)$ est un système complet d'événements, alors pour tout événement B, on a : $P(B) = \sum_{k=1}^{n} P(B \cap A_k)$.

Exemple 17.12. — Cas particulier très important :

Avec $n = 2$, en posant $A_1 = A$ et $A_2 = \overline{A}$, la formule des probabilités totales associée au système complet d'événements $(A, \overline{A})$ s'écrit : $P(B) = P(B \cap A) + P(B \cap \overline{A})$.

Remarque 17.2. — Une version beaucoup plus performante de cette formule sera étudiée au **chapitre 18** (conditionnement et indépendance).

Méthodes

Opérations sur les événements

Méthode 17.1. Comment reconnaître et écrire une intersection ?

On repère une intersection à la présence (parfois implicite) des mots suivants : "et", "chaque", "chacun", "tous", "tout" dans la définition d'un événement.

⇨ Exercices 17.1, 17.2, 17.4

Exemple. On désigne par n un entier naturel non nul. Une épreuve consiste à lancer n fois une pièce. Pour tout k de $[\![1, n]\!]$, on note P_k l'événement « on obtient *Pile* lors du $k^{\text{ème}}$ lancer » et on note A_n l'événement « on n'obtient que des *Piles* pendant les n lancers ».
Écrire A_n en fonction de certains des événements P_k.
Ici, il faut comprendre que A_n est réalisé si et seulement si *chacun* des n lancers donne *Pile*, ce qui amène à écrire : $A_n = \bigcap_{k=1}^{n} P_k$ ou encore $A_n = P_1 \cap P_2 \cap ... \cap P_n$.

Méthode 17.2. Comment reconnaître et écrire une réunion ?

On repère une réunion à la présence (parfois implicite) des mots ou expressions suivants : "ou", "au moins", "il existe" dans la définition d'un événement.

⇨ Exercices 17.1, 17.2, 17.4

Exemple. Une épreuve consiste à extraire successivement n boules d'une urne contenant des boules blanches et des boules rouges (avec n dans $\mathbb{N}^*$). Pour tout entier naturel k non nul, on note B_k l'événement « on obtient une boule blanche lors du $k^{\text{ème}}$ tirage » et A_n l'événement « on obtient au moins une boule blanche lors des n tirages effectués ». Écrire A_n en fonction de certains des événements B_k.
Ici, il faut comprendre que A_n est réalisé si et seulement si *au moins un* des n tirages donne une boule blanche, ce qui amène à écrire : $A_n = \bigcup_{k=1}^{n} B_k$ ou encore $A_n = B_1 \cup B_2 \cup ... \cup B_n$.

Remarque. Cette réunion n'est pas composée d'événements deux à deux incompatibles : il se peut que plusieurs boules blanches soient obtenues à des tirages différents.

■ Calcul de probabilités

❑ Méthode 17.3. Comment utiliser l'événement contraire ?

Si un événement A semble compliqué (comme peut l'être, par exemple, une réunion), il est intéressant de calculer $P(\overline{A})$ puis conclure avec $P(A) = 1 - P(\overline{A})$.

⇨ Exercices 17.6, 17.7

Exemple. On lance un dé rouge et un dé vert, tous les deux équilibrés, et dont les faces sont numérotées de 1 à 6. Déterminer la probabilité que l'un au moins de ces dés montre un entier pair sur sa face supérieure (après immobilisation !).
Si l'on note A l'événement « l'un au moins des dés montre un entier pair sur sa face supérieure », alors $\overline{A}$ est l'événement « les deux dés montrent un entier impair sur leur face supérieure ».
Sur les $6^2 = 36$ couples possibles de résultats, il y a $3^2 = 9$ couples pour lesquels les dés montrent un entier impair : 3 possibilités (1, 3 ou 5) pour le dé rouge et 3 également pour le dé vert). On a donc par équiprobabilité : $P(\overline{A}) = \dfrac{9}{36} = \dfrac{1}{4}$. Par conséquent $P(A) = \dfrac{3}{4}$.
On peut bien sûr vérifier ce résultat en listant les couples pour lesquels au moins l'un des deux dés donne un entier pair, mais c'est vraiment plus long.

■■ Vrai/Faux

		Vrai	Faux
1.	On effectue un certain nombre de tirages d'une boule avec remise dans une urne contenant des boules blanches et des boules noires et on note A l'événement « on n'obtient que des boules noires ». L'événement $\overline{A}$ est « on n'obtient que des boules blanches ».	☐	☐
2.	On lance une pièce et, pour tout entier naturel n non nul, on note A_n l'événement : « on n'obtient que des *Piles* pendant les n premiers lancers ». On a : $A_{n+1} \cap A_n = A_n$.	☐	☐
3.	On lance une pièce et, pour tout entier naturel n non nul, on note B_n l'événement « on obtient au moins un *Pile* pendant les n premiers lancers ». On a : $B_n \subset B_{n+1}$.	☐	☐
4.	Si A et B sont deux événements, alors $P(A \cap B) \leq P(B)$.	☐	☐
5.	Deux événements A et B sont incompatibles si et seulement si : $A \subset \overline{B}$	☐	☐
6.	Si deux événements A et B sont incompatibles alors on a : $\overline{A} \subset B$.	☐	☐
7.	Si A et B sont deux événements, alors $P(A \cup B) = 1 - P(\overline{A} \cap \overline{B})$.	☐	☐
8.	Si A et B sont deux événements, alors $P(A \cap \overline{B}) = P(A) - P(B)$.	☐	☐
9.	Si A et B sont deux événements, alors $P(A \cap B) = P(A)P(B)$.	☐	☐
10.	Si A, B et C sont trois événements, alors il est possible que l'on ait : $P(A \cup B \cup C) = P(A) + P(B) + P(C) - P(A \cap B) - P(B \cap C) - P(A \cap C)$.	☐	☐

■■ Énoncé des exercices

❑ **Exercice 17.1.** — Une épreuve aléatoire consiste à tirer successivement deux cartes d'un jeu. Soit A l'événement « la première carte tirée est rouge » et B l'événement : « la deuxième carte tirée est rouge ». Écrire les événements suivants à l'aide de A et B et des opérations autorisées sur les événements.
R : « Au moins l'une des cartes est rouge ».
S : « Une seule des cartes est rouge ».

❑ **Exercice 17.2.** — Une épreuve aléatoire consiste à effectuer des lancers successifs d'un dé.
Pour tout entier naturel k supérieur ou égal à 1, A_k désigne l'événement : « le $k^{\text{ème}}$ lancer a fourni un as ». Exprimer les événements ci-dessous à l'aide des événements A_k et des opérations autorisées sur les événements.

1. E_2 : « Le premier as a été obtenu au deuxième lancer ».
   E_5 : « Le premier as a été obtenu au cinquième lancer ».
   E_n : « Le premier as a été obtenu au $n^{\text{ème}}$ lancer », (avec n entier supérieur ou égal à 2).

2. G_3 : « Le deuxième as a été obtenu au troisième lancer ».
   G_4 : « Le deuxième as a été obtenu au quatrième lancer ».

❑ **Exercice 17.3.** — Démontrer l'inégalité suivante : $P(E\cap F) \geq P(E) + P(F) - 1$.

❑ **Exercice 17.4.** — On désigne par E et F deux événements. On considère une épreuve aléatoire lors de laquelle E et F peuvent se réaliser et on s'intéresse à l'événement :

A : « un seul d'entre eux se réalise »

1. Écrire A comme une réunion de deux événements incompatibles.

2. Exprimer $P\left(E\cap\overline{F}\right)$ à l'aide de $P(E)$ et $P(E\cap F)$, puis exprimer $P\left(\overline{E}\cap F\right)$ à l'aide de $P(F)$ et $P(E\cap F)$. En déduire alors que : $P(A) = P(E) + P(F) - 2\,P(E\cap F)$.

❑ **Exercice 17.5.** — On extrait 3 cartes d'un jeu de 32 cartes, une par une, avec remise à chaque fois de la carte tirée.

1. Quelle est la probabilité que l'on obtienne 3 valets ?

2. Quelle est la probabilité que l'on obtienne 3 fois une carte de même hauteur ?

❑ **Exercice 17.6.** — On extrait 3 cartes d'un jeu de 52 cartes, une par une, avec remise à chaque fois de la carte tirée. Quelle est la probabilité qu'au moins une de ces cartes soit un roi ?

❑ **Exercice 17.7.** — On extrait n boules d'une urne contenant une boule noire et une boule blanche, une par une, avec remise à chaque fois de la boule tirée. Quelle est la probabilité qu'au moins l'une des boules tirées soit blanche ?

❑ **Exercice 17.8.** — On lance un dé équilibré deux fois de suite.

1. Quelle est la probabilité que la somme des numéros obtenus soit égale à 8 ?

2. Il y a 11 sommes possibles (tous les entiers entre 2 et 12). Pourquoi la probabilité calculée à la première question n'est-elle pas tout simplement égale à $\frac{1}{11}$?

❑ **Exercice 17.9.** — Une urne contient $2n$ boules numérotées de 1 à $2n$ (avec $n \geq 1$). On extrait au hasard une boule de cette urne.

1. Quelle est la probabilité que le numéro obtenu soit inférieur ou égal à n ?

2. Quelle est la probabilité que le numéro obtenu soit pair ?

3. Reprendre ces 2 questions avec une urne contenant $2n+1$ boules numérotées de 0 à $2n$.

❑ **Exercice 17.10.** * * — Deux inégalités concernant la réunion d'événements.

1. Soit E et F deux événements. Montrer que $P(E \cup F) \leq P(E) + P(F)$.

2. a) En déduire que, si A, B et C sont trois événements, alors on a :

$$P(A \cup B \cup C) \leq P(A) + P(B) + P(C)$$

b) En écrivant l'inégalité précédente pour les événements $\overline{A}$, $\overline{B}$ et $\overline{C}$, établir que, si trois événements A, B et C sont équiprobables, de même probabilité p, et vérifient $P(A \cap B \cap C) = 0$, alors on a : $p \leq \frac{2}{3}$.

■ Pour vous aider à démarrer

Exercice 17.2. Pour la question **1**, la locution "le premier as..." impose que l'on n'obtienne aucun as avant.
Pour la question **2**, la locution "le deuxième as..." impose que l'on obtienne un as avant, mais où est-il ?
Exercice 17.3. Utiliser la formule du crible (**théorème 17.5**).
Exercice 17.4. Pour la question **1**, traduire le fait que, soit E se réalise et pas F, soit F se réalise et pas E.
Exercice 17.5. Pour la question **1**, il y a 4 valets dans le jeu donc 4 chances d'avoir un valet à chaque tirage.
Pour la question **2**, il y a 8 "hauteurs" de carte : les 7, les 8, les 9, les 10, les valets, les dames, les rois et les as.
Exercice 17.6. Considérer l'événement contraire $\overline{A}$ de celui qui est proposé.

Exercice 17.7. Considérer aussi l'événement contraire $\overline{A}$ puis montrer qu'il y a, en tout, 2^n tirages possibles. Combien d'entre eux sont-ils favorables à $\overline{A}$?
Exercice 17.8. Pour la question **1**, il y a 36 couples dans Ω. Combien d'entre eux donnent une somme égale à 8 ?
Exercice 17.9. Pour la question **1**, combien a-t-on de boules portant des numéros inférieurs ou égaux à *n* dans l'urne ?
Pour la question **2**, les numéros pairs sont : 2, 4, …, $2n$. Combien sont-ils ?
Exercice 17.10. Pour la question **1**, utiliser la formule du crible (**théorème 17.5**).
Pour la question **2.a)**, appliquer la question **1** avec $E = A \cup B$ et $F = C$.

Corrigé des vrai/faux

1.	2.	3.	4.	5.	6.	7.	8.	9.	10.
F	F	V	V	V	F	V	F	F	V

1. L'événement A « on n'obtient que des boules noires » signifie que toutes les boules obtenues sont noires. Affirmer que A ne s'est pas réalisé, c'est être capable de déceler une boule blanche parmi les boules tirées, c'est-à-dire que l'événement $\overline{A}$ est : « il existe au moins une boule qui est blanche parmi les boules obtenues ».

2. Si l'on n'a obtenu que des *Piles* pendant les $n+1$ premiers lancers c'est qu'en particulier, on n'a obtenu que des *Piles* pendant les n premiers lancers. On a donc $A_{n+1} \subset A_n$ et on en déduit : $A_{n+1} \cap A_n = A_{n+1}$.

Remarque. On pouvait aussi écrire $A_n = \bigcap_{k=1}^{n} P_k$, où P_k désigne l'événement « obtenir *Pile* au $k^{\text{ème}}$ lancer ». On a alors : $A_{n+1} = \bigcap_{k=1}^{n+1} P_k = \left(\bigcap_{k=1}^{n} P_k\right) \cap P_{n+1} = A_n \cap P_{n+1}$, ce qui prouve que $A_{n+1} \subset A_n$.

3. Si l'on obtient au moins un *Pile* pendant les n premiers lancers, alors, a fortiori, on a au moins un *Pile* avec un lancer de plus, soit pendant les $n+1$ premiers lancers. On a donc : $B_n \subset B_{n+1}$.

Remarque. On pouvait aussi écrire $B_n = \bigcup_{k=1}^{n} P_k$, où P_k désigne l'événement « obtenir *Pile* au $k^{\text{ème}}$ lancer ». On a alors : $B_{n+1} = \bigcup_{k=1}^{n+1} P_k = \left(\bigcup_{k=1}^{n} P_k\right) \cup P_{n+1} = B_n \cup P_{n+1}$, ce qui prouve l'inclusion de B_n dans B_{n+1} (grâce au **théorème 17.2** qui assure que $B_n \subset B_n \cup P_{n+1}$).

4. Puisque $(A \cap B) \subset B$, on a $P(A \cap B) \leq P(B)$ par croissance de la probabilité.

5. Dire que A et B sont incompatibles signifie $A \cap B = \varnothing$. Ceci veut dire que les éléments ω de A ne sont pas éléments de B, c'est-à-dire : $A \subset \overline{B}$ (on a aussi $B \subset \overline{A}$).

6. On considère un lancer de dé à 6 faces numérotées de 1 à 6.
Si A désigne l'événement « obtenir 1 ou 2 » et si B désigne l'événement « obtenir 5 ou 6 », alors $\overline{A}$ désigne l'événement « obtenir 3, 4, 5 ou 6 ». On constate que A et B sont incompatibles, et pourtant $\overline{A}$ n'est pas inclus dans B.

Corrigé

Remarque. Si l'on se réfère à la question précédente, dire que A et B sont incompatibles signifie $A \subset \overline{B}$, c'est-à-dire $B \subset \overline{A}$ (**théorème 17.1**) et non pas $\overline{A} \subset B$.

7. Le système $\left(A \cup B, \overline{A \cup B}\right)$ est un système complet d'événements.

On a donc : $P(A \cup B) + P\left(\overline{A \cup B}\right) = 1$.

Les lois de Morgan assurent que $\overline{A \cup B} = \overline{A} \cap \overline{B}$. On en déduit : $P(A \cup B) + P\left(\overline{A} \cap \overline{B}\right) = 1$.

8. La formule des probabilités totales associée au système complet d'événements $\left(B, \overline{B}\right)$ s'écrit : $P(A) = P(A \cap B) + P\left(A \cap \overline{B}\right)$. On a donc : $P\left(A \cap \overline{B}\right) = P(A) - P(A \cap B)$.

Remarques. L'égalité $P\left(A \cap \overline{B}\right) = P(A) - P(B)$ est vraie si B est inclus dans A, en revanche elle est absurde si $P(A) < P(B)$.

9. Il faut se convaincre que ce n'est pas dans le cours !
Toujours en reprenant l'expérience de la question **6**, on remarque que : $A \cap B = \varnothing$.
On a donc $P(A \cap B) = 0$, alors que $P(A)P(B) = \frac{1}{3} \times \frac{1}{3} = \frac{1}{9}$.

10. D'après la formule du crible (pour 3 événements), il faut chercher trois événements A, B et C tels que la probabilité $P(A \cap B \cap C)$ soit nulle.
Si l'on considère le lancer d'un dé à 6 faces ainsi que les événements :
A : « obtenir le numéro 1 ou le numéro 2 », B : « obtenir le numéro 2 ou le numéro 3 » et C : « obtenir le numéro 1 ou le numéro 3 ou le numéro 4 », on a bien $P(A \cap B \cap C) = 0$.

On peut de plus vérifier que : $P(A) = P(B) = \frac{1}{3}$, $P(C) = \frac{1}{2}$, $P(A \cap B) = \frac{1}{6}$, $P(B \cap C) = \frac{1}{6}$, $P(A \cap C) = \frac{1}{6}$ et $P(A \cup B \cup C) = \frac{4}{6} = \frac{2}{3}$. On a bien :

$$P(A \cup B \cup C) = P(A) + P(B) + P(C) - P(A \cap B) - P(B \cap C) - P(A \cap C)$$

❑ Les erreurs classiques

- Ne pas confondre $\cap$ et $\cup$ (encore moins que dans le **chapitre 3**).
- Le non respect des lois de Morgan entraîne de graves erreurs de logique.
- Il vaut mieux ne pas trop se fier à son intuition lorsqu'il s'agit de mettre en place des inclusions (ce que l'on appelle le bon sens est souvent trompeur).
- Lorsque la locution " au moins un" est présente, c'est que l'on a affaire à une réunion et pas à une intersection qui, elle se repère souvent à la locution "on n'obtient **que**...".

Corrigé des exercices

Exercice 17.1

Au moins l'une des cartes est rouge : $R = A \cup B$.

Une seule des cartes est rouge (donc l'autre est noire) : $S = \left(A \cap \overline{B}\right) \cup \left(\overline{A} \cup B\right)$.

➪ *Méthodes 17.1, 17.2*

Exercice 17.2

1. • E_2 : « Le premier as a été obtenu au deuxième lancer » donc $E_2 = \overline{A_1} \cap A_2$ (autre chose qu'un as au premier lancer, et un as au deuxième).

• E_5 : « Le premier as a été obtenu au cinquième lancer ».

$E_5 = \overline{A_1} \cap \overline{A_2} \cap \overline{A_3} \cap \overline{A_4} \cap A_5$ (aucun as lors des 4 premiers lancers, puis un as au cinquième).

• E_n : « Le premier as a été obtenu au $n^{\text{ème}}$ lancer ».

$E_n = \overline{A_1} \cap \overline{A_2} \cap \ldots \cap \overline{A_{n-1}} \cap A_n$ (aucun as lors des $n-1$ premiers lancers, puis un as au $n^{\text{ème}}$).

On peut écrire : $E_n = \left(\bigcap_{k=1}^{n-1} \overline{A_k}\right) \cap A_n$.

2. • G_3 : « Le deuxième as a été obtenu au troisième lancer ». Il faut et il suffit que l'on obtienne, soit un as au premier tirage, pas d'as au deuxième et enfin un as au troisième tirage, soit pas d'as au premier tirage, un as au deuxième et de nouveau un as au troisième tirage.

On a donc : $G_3 = \left(A_1 \cap \overline{A_2} \cap A_3\right) \cup \left(\overline{A_1} \cap A_2 \cap A_3\right)$.

• G_4 : « Le deuxième as a été obtenu au quatrième lancer ».

De la même façon, on a :

$G_4 = \left(A_1 \cap \overline{A_2} \cap \overline{A_3} \cap A_4\right) \cup \left(\overline{A_1} \cap A_2 \cap \overline{A_3} \cap A_4\right) \cup \left(\overline{A_1} \cap \overline{A_2} \cap A_3 \cap A_4\right)$.

➪ *Méthodes 17.1, 17.2*

Exercice 17.3

On sait que $P(E \cup F) = P(E) + P(F) - P(E \cap F)$ et on sait aussi que $P(E \cup F) \leq 1$ (une probabilité est inférieure ou égale à 1), on a donc : $P(E) + P(F) - P(E \cap F) \leq 1$. On en déduit :

$$P(E \cap F) \geq P(E) + P(F) - 1$$

Exercice 17.4

1. L'événement « un seul d'entre eux se réalise » est l'événement « E se réalise mais pas F **ou** F se réalise mais pas E ». On a donc : $A = \left(E \cap \overline{F}\right) \cup \left(\overline{E} \cap F\right)$.

$E\cap\overline{F}$ et $\overline{E}\cap F$ sont incompatibles car, par associativité et commutativité de l'intersection, on a : $\left(E\cap\overline{F}\right)\cap\left(\overline{E}\cap F\right)=\left(E\cap\overline{E}\right)\cap\left(\overline{F}\cap F\right)=\varnothing\cap\varnothing=\varnothing$.

2. Les événements $E\cap\overline{F}$ et $\overline{E}\cap F$ sont incompatibles donc : $P(A)=P\left(E\cap\overline{F}\right)+P\left(\overline{E}\cap F\right)$.

• La formule des probabilités totales, appliquée à l'événement E, avec le système complet d'événements $\left(F,\overline{F}\right)$, s'écrit : $P(E)=P(E\cap F)+P\left(E\cap\overline{F}\right)$.

On en déduit : $P\left(E\cap\overline{F}\right)=P(E)-P(E\cap F)$.

• De même, la formule des probabilités totales, associée au système complet d'événements $\left(E,\overline{E}\right)$, s'écrit : $P(F)=P(F\cap E)+P\left(F\cap\overline{E}\right)$.

On en déduit : $P\left(\overline{E}\cap F\right)=P(F)-P(E\cap F)$.

En synthétisant les résultats obtenus aux deux points précédents, on obtient :
$P(A)=P(E)-P(E\cap F)+P(F)-P(E\cap F)=P(E)+P(F)-2P(E\cap F)$.

⇨ *Méthodes 17.1, 17.2*

Exercice 17.5

1. Soit A l'événement « les trois cartes tirées sont des valets ».

• À chaque tirage, il y a 32 résultats possibles, ce qui fait pour trois tirages : 32^3 résultats possibles. Par conséquent : $\text{card}(\Omega)=32^3$.

• Si l'on veut obtenir trois fois un valet, il y a 4 façons de faire à chaque tirage (valet de pique, valet de cœur, valet de carreau ou valet de trèfle) ce qui fait pour 3 tirages : 4^3 façons de faire. Par conséquent : $\text{card}(A)=4^3$. La probabilité cherchée est : $P(A)=\dfrac{4^3}{32^3}=\left(\dfrac{4}{32}\right)^3=\dfrac{1}{8^3}=\dfrac{1}{512}$.

2. L'événement « obtenir 3 fois une carte de même hauteur » est la réunion de 8 événements du type de A, tous de probabilité $\dfrac{1}{512}$: « les trois cartes tirées sont des 7 », « les trois cartes tirées sont des 8 »,…, « les trois cartes tirées sont des rois », « les trois cartes tirées sont des as ».
Ces événements sont deux à deux incompatibles et la probabilité de leur réunion est donc égale à la somme des probabilités de chacun d'entre eux.

Conclusion : la probabilité d'obtenir 3 fois une carte de même hauteur est égale à $8\times\dfrac{1}{512}=\dfrac{1}{64}$.

Exercice 17.6

Soit A l'événement « au moins l'une des cartes tirées est un roi ». Cherchons la probabilité de l'événement contraire $\overline{A}$: « n'obtenir aucun roi ».

• À chaque tirage, il y a 52 résultats possibles, ce qui fait pour trois tirages : 52^3 résultats possibles. Par conséquent : $\text{card}(\Omega)=52^3$.

• Si l'on veut n'obtenir aucun roi, il y a 48 façons de le faire à chaque tirage, ce qui fait pour trois tirages : 48^3 résultats possibles. Par conséquent : $\text{card}(\overline{A})=48^3$.

Par équiprobabilité, on obtient : $P(\overline{A})=\frac{48^3}{52^3}=\left(\frac{48}{52}\right)^3=\left(\frac{12}{13}\right)^3=\frac{1728}{2197}$.

On en déduit alors : $P(A)=1-\frac{1728}{2197}=\frac{469}{2197}$.

⇨ *Méthode 17.3*

Exercice 17.7

Soit A l'événement « au moins l'une des boules tirées est blanche ». Cherchons la probabilité de l'événement contraire $\overline{A}$: « obtenir n boules noires ».

• À chaque tirage, il y a deux résultats possibles (boule blanche ou boule noire), ce qui fait 2^n tirages possibles en tout : $\text{card}(\Omega)=2^n$.

• Si l'on veut n'obtenir que des boules noires, il y a une seule façon de faire à chaque tirage (tirer la boule noire), ce qui donne un seul tirage favorable à l'événement $\overline{A}$: $\text{card}(\overline{A})=1$.

Par équiprobabilité, on obtient : $P(\overline{A})=\frac{1}{2^n}$. On en déduit alors : $P(A)=1-\frac{1}{2^n}$.

⇨ *Méthode 17.3*

Exercice 17.8

1. L'épreuve consiste à lancer deux fois un dé équilibré et faire la somme des nombres obtenus. Assimilons les résultats de cette expérience à des couples (a,b), où a désigne le résultat du premier lancer et b le résultat du deuxième lancer.
Comme $a\in[\![1,6]\!]$ et $b\in[\![1,6]\!]$, on a tout de suite $\text{card}(\Omega)=36$.
Dénombrons alors les couples de Ω dont la somme des composantes vaut 8.
Il y a $(2,6),(3,5),(4,4),(5,3)$ et $(6,2)$ soit 5 couples.

Par équiprobabilité, la probabilité d'obtenir une somme égale à 8 vaut donc $\frac{5}{36}$.

2. Cette probabilité n'est pas $\frac{1}{11}$: certes il y a 11 sommes possibles mais ces sommes ne sont pas équiprobables. En effet, la somme 2 par exemple ne se réalise que pour le couple $(1,1)$ alors que, par exemple, la somme 7 se réalise pour 6 couples distincts.

Remarque. Au vu de l'énoncé, nous aurions pu choisir comme univers Ω l'ensemble des 11 sommes qu'il est possible d'obtenir. L'inconvénient est que ce choix-là ne conduit pas à une situation d'équiprobabilité et se trouve donc être un peu dangereux.

Corrigé

Exercice 17.9

1. On a $\Omega=[\![1,2n]\!]$ donc $\text{card}(\Omega)=2n$.

Un numéro est inférieur ou égal à n si ce numéro est, soit 1, soit 2,..., soit n.

Par équiprobabilité, la probabilité que le numéro soit inférieur ou égal à n est $\dfrac{n}{2n}=\dfrac{1}{2}$.

2. Il y a exactement n numéros pairs dans Ω et ces numéros sont : $2, 4, ..., 2n$.

Par équiprobabilité, la probabilité que le numéro soit pair est donc aussi $\dfrac{1}{2}$.

3. Cette fois $\Omega=[\![0,2n]\!]$ et $\text{card}(\Omega)=2n+1$.

L'équiprobabilité assure toujours que la probabilité que le numéro soit inférieur ou égal à n est $\dfrac{n+1}{2n+1}$ (il y a en effet $n+1$ numéros inférieurs ou égaux à n : 0, 1, …, n).

De même, la probabilité que le numéro soit pair est aussi égale à $\dfrac{n+1}{2n+1}$ (il y a $n+1$ numéros pairs : 0, 2, ..., $2n$).

Exercice 17.10

1. On sait que, si E et F sont deux événements, on a :
$P(E\cup F)=P(E)+P(F)-P(E\cap F)$.
Comme $P(E\cap F)\geq 0$, on a $P(E\cup F)\leq P(E)+P(F)$.

2. a) En appliquant cette inégalité avec $E=A\cup B$ et $F=C$, on obtient :

$$P(A\cup B\cup C)\leq P(A\cup B)+P(C)$$

Mais on sait que : $P(A\cup B)\leq P(A)+P(B)$.
Par conséquent, on a : $P(A\cup B)+P(C)\leq P(A)+P(B)+P(C)$.
De $P(A\cup B\cup C)\leq P(A\cup B)+P(C)$ et $P(A\cup B)+P(C)\leq P(A)+P(B)+P(C)$, on déduit que $P(A\cup B\cup C)\leq P(A)+P(B)+P(C)$.

b) On sait que : $P(A)=P(B)=P(C)=p$ et $P(A\cap B\cap C)=0$.

En appliquant l'inégalité de la question **2.a)** aux événements $\overline{A}$, $\overline{B}$ et $\overline{C}$, on obtient :

$$P\left(\overline{A}\cup\overline{B}\cup\overline{C}\right)\leq P\left(\overline{A}\right)+P\left(\overline{B}\right)+P\left(\overline{C}\right)$$

On obtient ainsi, grâce aux lois de Morgan : $P\left(\overline{A\cap B\cap C}\right)\leq P\left(\overline{A}\right)+P\left(\overline{B}\right)+P\left(\overline{C}\right)$.

Par équiprobabilité des événements, on a alors : $1\leq 3(1-p)$, c'est-à-dire : $1\leq 3-3p$.

Finalement, on obtient : $p\leq\dfrac{2}{3}$.

Chapitre 18
Conditionnement Indépendance (univers fini)

Abraham **de Moivre** fuit la France à dix-huit ans à la révocation de l'Edit de Nantes. Il lit avec passion *Principia*, le principal ouvrage de **Newton** puis il rencontre ce dernier et devient son ami.
Son principal apport aux mathématiques concerne les probabilités. Poursuivant l'œuvre de Jacques **Bernoulli**, il établit par exemple que la probabilité de la conjonction (on dit de nos jours l'intersection) de deux événements indépendants est le produit de leurs probabilités. Il étudie la loi binomiale et voit qu'en un certain sens, elle a pour limite la loi normale.

Abraham de Moivre
1667-1754

Objectifs

Les incontournables

▷ Savoir utiliser la formule des probabilités composées.

▷ Savoir utiliser la formule des probabilités totales.

▷ Savoir montrer que deux événements sont indépendants.

Et plus si affinités

▷ Savoir utiliser la formule de Bayes.

▷ Savoir distinguer l'indépendance d'épreuves de celle d'événements associés.

Résumé de cours

On suppose dans tout ce chapitre que Ω est fini.

Conditionnement

Probabilités conditionnelles

Définition 18.1. — Soit A et B deux événements d'un espace probabilisé $(\Omega, \mathcal{P}(\Omega), P)$ tels que $P(A) \neq 0$. On appelle « probabilité de B sachant que A est réalisé » ou « probabilité de B sachant A » ou encore « probabilité de B conditionnellement à l'événement A », le réel noté $P_A(B)$ défini par : $P_A(B) = \dfrac{P(A \cap B)}{P(A)}$.

Remarque 18.1. — Dans la pratique (en excluant donc certains exercices théoriques), il est plus simple de déterminer $P_A(B)$ que $P(A \cap B)$. La définition ci-dessus est donc performante quand on l'utilise pour calculer $P(A \cap B)$ sous la forme : $P(A \cap B) = P(A)P_A(B)$.

⇨ **Méthode 18.1. Comment calculer la probabilité de l'intersection de deux événements ?**

Théorème 18.1. — L'application P_A est une probabilité sur $(\Omega, \mathcal{P}(\Omega))$.

Propriétés 18.1. — Quelques conséquences à connaître.
$P_A(\Omega) = 1$.
$P_A(\varnothing) = 0$.
$P_A(\overline{B}) = 1 - P_A(B)$.
$P_A(E \cup F) = P_A(E) + P_A(F) - P_A(E \cap F)$.

Formule des probabilités composées

Théorème 18.2. — Si $A_1, A_2, ..., A_n$ sont n événements d'un espace probabilisé $(\Omega, \mathcal{P}(\Omega), P)$, tels que $P(A_1 \cap A_2 \cap ... \cap A_{n-1}) \neq 0$, alors on a :

$$P\left(\bigcap_{k=1}^{n} A_k\right) = P(A_1)\ P_{A_1}(A_2)\ P_{A_1 \cap A_2}(A_3) \ldots P_{A_1 \cap A_2 \cap \ldots \cap A_{n-1}}(A_n)$$

⇨ **Méthode 18.2. Comment calculer la probabilité de l'intersection de plusieurs événements ?**

Exemple 18.1. — Cette formule est intéressante lorsque l'on a affaire à une (ou des) urne(s) à contenu évolutif (on ne remet pas les boules déjà extraites ou l'on n'en remet que certaines, ou l'on remet les boules extraites accompagnées de boules supplémentaires...).

❑ Formule des probabilités totales

Théorème 18.3. — Rappel (première version)
Si $\left(A_1, A_2,..., A_n\right)$ est un système complet d'événements, alors pour tout événement B, on a :

$$P(B)=\sum_{k=1}^{n}P(B\cap A_k)$$

Théorème 18.4. — Conséquence immédiate (deuxième version).
Si $\left(A_1, A_2,..., A_n\right)$ est un système complet d'événements, chacun étant de probabilité non nulle, alors pour tout événement B, on a :

$$P(B)=\sum_{k=1}^{n}P(A_k)P_{A_k}(B)$$

⇨ **Méthode 18.5. Comment appliquer la formule des probabilités totales ?**

Remarque 18.2. — Des deux théorèmes précédents, c'est le **théorème 18.4** qui est le plus performant, les probabilités conditionnelles $P_{A_k}(B)$ étant très souvent faciles à déterminer.

Remarque 18.3. — Il va de soi que si les événements du système complet utilisé sont numérotés différemment que de 1 à n, ces formules restent valables.
Par exemple, si $\left(A_0, A_1,..., A_n\right)$ est un système complet d'événements, chacun étant de probabilité non nulle, alors pour tout événement B, on a : $P(B)=\sum_{k=0}^{n}P(A_k)P_{A_k}(B)$.

Exemple 18.2. — Avec le système complet d'événements $(A, \overline{A})$, en supposant $P\left(A\right)\neq 0$ et $P\left(\overline{A}\right)\neq 0$, la formule des probabilités totales s'écrit : $P(B) = P(A)P_A(B) + P(\overline{A})\,P_{\overline{A}}(B)$.

❑ Formule de Bayes

Théorème 18.5. — Si A et B sont deux événements de probabilités non nulles, on a :

$$P_B(A)=\frac{P(A)P_A(B)}{P(B)}$$

Théorème 18.6. — Formule de Bayes généralisée.
Si $\left(A_1, A_2,..., A_n\right)$ est un système complet d'événements, alors pour tout événement B de probabilité non nulle, on a :

$$\forall i\in[\![1, n]\!],\ P_B(A_i)=\frac{P(A_i)P_{A_i}(B)}{\sum_{k=1}^{n}P(A_k)P_{A_k}(B)}$$

⇨ **Méthode 18.6. Comment utiliser la formule de Bayes ?**

Remarque 18.4. — Cette dernière formule semble compliquée, mais elle est tout simplement obtenue en appliquant la formule des probabilités totales à la probabilité $P(B)$ du dénominateur de la formule de Bayes (**théorème 18.5**).

■ Indépendance

❑ Indépendance deux à deux de plusieurs événements

Définition 18.2. — Soit deux événements A et B définis sur un espace probabilisé $(\Omega, \mathcal{P}(\Omega), P)$. On dit que A et B sont indépendants si : $P(A \cap B) = P(A)\,P(B)$.

⇨ **Méthode 18.4. Comment montrer que deux événements sont indépendants ?**

Théorème 18.7. — Si $P(A) \neq 0$, alors A et B sont indépendants si et seulement si $P_A(B) = P(B)$.

Remarque 18.5. — Si $P(B) \neq 0$, alors A et B sont indépendants si et seulement si $P_B(A) = P(A)$.

Définition 18.3. — Soit $A_1, A_2, \ldots, A_n$ des événements définis sur un même espace probabilisé $(\Omega, \mathcal{P}(\Omega), P)$. On dit que ces événements sont deux à deux indépendants si, pour tout couple (i, j) d'éléments distincts de $[\![1, n]\!]$, les événements A_i et A_j sont indépendants.

Théorème 18.8. — Si deux événements A et B sont indépendants, alors A et $\overline{B}$ sont indépendants, $\overline{A}$ et B sont indépendants, et, pour finir, $\overline{A}$ et $\overline{B}$ sont indépendants.

Remarque 18.6. — La démonstration de ce résultat est proposée à l'**exercice 18.2**.

❑ Indépendance mutuelle de plusieurs événements

Définition 18.4. — Soit $A_1, A_2, \ldots, A_n$ des événements définis sur un même espace probabilisé $(\Omega, \mathcal{P}(\Omega), P)$. On dit que ces événements sont mutuellement indépendants si, pour tout k de $[\![1, n]\!]$ et pour toute liste $(i_1, i_2, \ldots, i_k)$ d'éléments distincts de $[\![1, n]\!]$, on a :

$$P\left(A_{i_1} \cap A_{i_2} \cap \ldots \cap A_{i_k}\right) = P\left(A_{i_1}\right)P\left(A_{i_2}\right) \ldots P\left(A_{i_k}\right).$$

⇨ **Méthode 18.3. Comment calculer la probabilité d'une intersection d'événements mutuellement indépendants ?**

Exemple 18.3. — Les événements A, B et C sont mutuellement indépendants si et seulement si :
1) $P(A \cap B) = P(A)\,P(B)$, $P(A \cap C) = P(A)\,P(C)$, $P(B \cap C) = P(B)\,P(C)$
2) $P(A \cap B \cap C) = P(A)\,P(B)\,P(C)$.

Exemple 18.4. — On lance deux dés, l'un rouge, l'autre bleu, et on désigne par A l'événement « le numéro obtenu avec le dé rouge est pair », B « le numéro obtenu avec le dé bleu est pair » et C « la somme des deux numéros obtenus est paire ».

On vérifie assez vite que : $P(A)=\frac{1}{2}$, $P(B)=\frac{1}{2}$, $P(C)=\frac{1}{2}$, $P(A\cap B)=\frac{1}{4}$, $P(B\cap C)=\frac{1}{4}$, $P(A\cap C)=\frac{1}{4}$ et $P(A\cap B\cap C)=\frac{1}{4}$. On a donc :

$$P(A\cap B)=P(A)P(B)$$
$$P(B\cap C)=P(B)P(C)$$
$$P(A\cap C)=P(A)P(C)$$
$$P(A\cap B\cap C)\neq P(A)P(B)P(C)$$

Ceci montre que A, B et C sont deux à deux indépendants, mais pas mutuellement indépendants.

Théorème 18.9. — Si n événements A_k sont mutuellement indépendants, il en est de même pour les événements B_k, où B_k désigne, soit A_k, soit $\overline{A_k}$.

Exemple 18.5. — Si A_1, A_2, A_3 et A_4 sont indépendants, alors A_1, $\overline{A_2}$, $\overline{A_3}$ et A_4 le sont aussi.

Théorème 18.10. — Si des événements sont mutuellement indépendants alors tout événement formé avec certains d'entre eux est indépendant de tout événement formé à partir d'autres.

Remarque 18.7. — Le théorème précédent est parfois appelé le "*lemme des coalitions*".

Remarque 18.8. — Lors d'épreuves dites indépendantes (lancers successifs d'une pièce donnée, tirages avec remise dans une urne dont le contenu est connu, …), les résultats de chaque épreuve sont mutuellement indépendants, on peut parler, à ce sujet, d'indépendance "naturelle".
En revanche, il ne faut pas en conclure que tous les événements liés à une suite d'épreuves indépendantes sont indépendants. Voici un exemple assez parlant.

On lance un certain nombre de fois une pièce équilibrée (la probabilité de faire *Pile* vaut $\frac{1}{2}$) et, pour tout entier naturel k non nul, on note P_k (respectivement F_k) l'événement « on obtient *Pile* (respectivement *Face*) au $k^{\text{ème}}$ lancer » et, pour finir, on pose $E_k = P_k \cap F_{k+1}$.

On a (par indépendance des lancers) : $P(E_k) = P(P_k)\,P(F_{k+1}) = \frac{1}{2} \times \frac{1}{2} = \frac{1}{4}$.

De même, on a $P(E_{k+1}) = \frac{1}{4}$, mais :

$P(E_k \cap E_{k+1}) = P(P_k \cap F_{k+1} \cap P_{k+1} \cap F_{k+2}) = P(P_k \cap \varnothing \cap F_{k+2}) = P(\varnothing) = 0$.
On a donc : $P(E_k \cap E_{k+1}) \neq P(E_k)\,P(E_{k+1})$.

On pouvait aussi remarquer plus directement que $P_{E_k}(E_{k+1}) = 0$, alors que $P(E_{k+1}) = \frac{1}{4}$.

Quelle que soit la manière de procéder, on constate que les événements E_k et E_{k+1} ne sont pas indépendants.

■■ Méthodes

■ Intersection d'événements, indépendance

❑ Méthode 18.1. Comment calculer la probabilité de l'intersection de deux événements ?

On utilise la définition d'une probabilité conditionnelle sous l'une des deux formes suivantes, selon les probabilités que l'on pense déjà connaître.

$$P(A \cap B) = P(B)\,P_B(A) \text{ ou } P(A \cap B) = P(A)\,P_A(B)$$

⇨ Exercices 18.5, 18.6

Exemple. On extrait 2 boules au hasard, successivement et sans remise, d'une urne contenant 4 boules blanches et 6 boules noires. Quelle est la probabilité d'obtenir 2 boules noires ?
En notant, pour tout entier k supérieur ou égal à 1, N_k l'événement « on obtient une boule noire au $k^{\text{ème}}$ tirage », on cherche la probabilité de $N_1 \cap N_2$.

On a alors : $P(N_1 \cap N_2) = P(N_1)\,P_{N_1}(N_2)$. Par équiprobabilité, $P(N_1) = \dfrac{6}{10}$ et, comme il ne reste pour le $2^{\text{ème}}$ tirage que 9 boules en tout dont 5 boules noires, on a $P_{N_1}(N_2) = \dfrac{5}{9}$.

En conclusion : $P(N_1 \cap N_2) = \dfrac{6}{10} \times \dfrac{5}{9} = \dfrac{1}{3}$.

❑ Méthode 18.2. Comment calculer la probabilité de l'intersection de plusieurs événements ?

Il faut utiliser la formule des probabilités composées et soigner particulièrement les explications justifiant les valeurs des probabilités conditionnelles qui sont en jeu.
Souvent, $A_1, A_2, \ldots, A_n$ sont des événements se produisant dans l'ordre chronologique. Dès lors, c'est parce que l'on sait que A_1 s'est produit qu'il est possible de déterminer $P_{A_1}(A_2)$, puis c'est parce que l'on sait que A_1 et A_2 se sont produits qu'il est possible de déterminer $P_{A_1 \cap A_2}(A_3)$ et ainsi de suite.

⇨ Exercices 18.4, 18.5, 18.6

Exemple. Une urne contient n boules blanches et n boules noires. On effectue n tirages au hasard d'une boule sans remise de la boule dans l'urne. Quelle est la probabilité que les n boules tirées soient blanches ?

Méthodes

• En notant, pour tout entier $k \geq 1$, B_k l'événement « on obtient une boule blanche au $k^{\text{ème}}$ tirage », on cherche la probabilité de l'événement $\bigcap_{k=1}^{n} B_k = B_1 \cap \ldots \cap B_n$.

• On applique la formule des probabilités composées, ce qui donne :

$$P(\bigcap_{k=1}^{n} B_k) = P(B_1)\, P_{B_1}(B_2)\;\; P_{B_1 \cap B_2}(B_3)\; \ldots\; P_{B_1 \cap \ldots \cap B_{n-1}}(B_n)$$

• En remplaçant les différentes probabilités par leur expression en fonction de n (en prenant soin de remarquer qu'après chaque tirage, il y a une boule blanche en moins dans l'urne, ce qui fait qu'il manquera $(n-1)$ boules blanches au moment de calculer $P_{B_1 \cap \ldots \cap B_{n-1}}(B_n)$.

On trouve : $P(\bigcap_{k=1}^{n} B_k) = \dfrac{n}{2n} \times \dfrac{n-1}{2n-1} \times \ldots \times \dfrac{n-(n-1)}{2n-(n-1)} = \dfrac{n!}{2n(2n-1)\ldots(n+1)}$.

Le dénominateur est égal à $\dfrac{(2n)!}{n!}$ et on obtient finalement : $P(\bigcap_{k=1}^{n} B_k) = \dfrac{(n!)^2}{(2n)!}$.

❑ Méthode 18.3. Comment calculer la probabilité d'une intersection d'événements mutuellement indépendants ?

> La probabilité de l'intersection d'événements mutuellement indépendants est égale au produit des probabilités de chacun de ces événements.
> Ceci se produit lorsque l'on réalise des épreuves dites indépendantes (jeux de pile ou face, lancers d'un dé, tirages avec remise dans une urne, ...).

⇨ **Exercice 18.7**

Exemple. On lance n fois ($n \geq 2$) une pièce amenant *Pile* avec la probabilité p (avec $0 < p < 1$). Quelle est la probabilité que le premier *Pile* arrive au $n^{\text{ème}}$ lancer ?
En notant, pour tout entier naturel k non nul, P_k l'événement « on obtient *Pile* au $k^{\text{ème}}$ lancer », on cherche la probabilité de l'événement $E_n = \overline{P_1} \cap \ldots \cap \overline{P_{n-1}} \cap P_n$.
On a (par indépendance des lancers) : $P(E_n) = P(\overline{P_1}) \ldots P(\overline{P_{n-1}})\, P(P_n) = (1-p)^{n-1}p$.

❑ Méthode 18.4. Comment montrer que deux événements sont indépendants ?

> A et B sont indépendants si : $P(A \cap B) = P(A)\, P(B)$.
> Dans le cas où $P(A) \neq 0$, on peut montrer que $P_A(B) = P(B)$.
> Dans le cas où $P(B) \neq 0$, on peut montrer que $P_B(A) = P(A)$.

⇨ **Exercices 18.2, 18.3**

Exemple. On lance deux fois un dé équilibré et on considère les 3 événements suivants :
E_1 « la somme des 2 lancers est égale à 6 », E_2 « la somme des 2 lancers est égale à 7 » et F « le premier lancer a donné un 4 ».

Étudier l'indépendance de E_1 et F, puis celle de E_2 et F.

On a $E_1 = \{(1, 5), (2, 4), (3, 3), (4, 2), (5, 1)\}$ donc (par équiprobabilité) $P(E_1) = \dfrac{5}{36}$.

On a $E_2 = \{(1, 6), (2, 5), (3, 4), (4, 3), (5, 2), (6, 1)\}$ donc $P(E_2) = \dfrac{6}{36} = \dfrac{1}{6}$.

On a $F = \{(4, 1), (4, 2), (4, 3), (4, 4), (4, 5), (4, 6)\}$ donc $P(F) = \dfrac{6}{36} = \dfrac{1}{6}$.

- $E_1 \cap F = \{(4, 2)\}$ donc $P(E_1 \cap F) = \dfrac{1}{36}$, alors que $P(E_1)P(F) = \dfrac{5}{216}$.

Les événements E_1 et F ne sont pas indépendants.

- $E_2 \cap F = \{(4, 3)\}$ donc $P(E_2 \cap F) = \dfrac{1}{36}$. Comme on a $P(E_2)\,P(F) = \dfrac{1}{6} \times \dfrac{1}{6} = \dfrac{1}{36}$, les

événements E_2 et F sont indépendants.

Remarque — Cet exercice montre à quel point l'indépendance n'est pas une notion intuitive, il ne faut pas se laisser influencer par ce que l'on croit être du bon sens...

■ Systèmes complets d'événements

❑ Méthode 18.5. Comment appliquer la formule des probabilités totales ?

- Avec le système complet $\left(A, \overline{A}\right)$: $P(B) = P(A)P_A(B) + P(\overline{A})\,P_{\overline{A}}(B)$.

On utilise la formule des probabilités totales lorsque l'on sent que l'on hésite entre deux options, et que l'on serait prêt à faire l'erreur de donner deux valeurs différentes à la probabilité cherchée selon que l'on choisisse l'une ou l'autre option.

- Avec le système complet $\left(A_1, A_2, \ldots, A_n\right)$: $P(B) = \sum_{k=1}^{n} P(A_k)P_{A_k}(B)$.

C'est la même chose, on utilise la formule des probabilités totales chaque fois que l'on ressent un manque d'informations pour pouvoir calculer $P(B)$. On cherche le système complet d'événements $\left(A_1, A_2, \ldots, A_n\right)$, les probabilités conditionnelles $P_{A_k}(B)$ étant faciles à calculer.

⇨ Exercices 18.2, 18.6, 18.7, 18.8

Exemple 1. Une compagnie d'assurances estime que les gens peuvent être classés en deux catégories : ceux qui ont plus de deux accidents de voiture par an et les autres. Elle estime que la première catégorie représente 30 % de la population. Par ailleurs, des études statistiques montrent que la probabilité pour un individu de la première catégorie d'avoir un accident de voiture dans l'année est égale 0,4 alors que cette probabilité vaut 0,2 pour un individu de la deuxième catégorie.

Quelle est la probabilité qu'un nouveau client (dénommé plus loin "le client") de cette compagnie ait un accident durant l'année qui suit la signature de son contrat ?

- Le malaise est vite identifié : à quelle catégorie appartient ce nouveau client ? On n'en sait RIEN ! C'est ceci qui est typique de l'utilisation de la formule des probabilités totales.
- Notons C l'événement « "le client" appartient à la première catégorie » et A l'événement « "le client" aura un accident durant l'année suivant la signature de son contrat ».

La formule des probabilités totales s'écrit : $P(A) = P(C)\, P_C(A) + P(\overline{C}\,)\, P_{\overline{C}}(A)$.

L'énoncé donne toutes les valeurs numériques, on peut donc remplacer et on trouve $P(A) = 0{,}26$.

Exemple 2. On dispose de n urnes ($n \geq 2$), numérotées de 1 à n, et telles que, pour tout k élément de $[\![1, n]\!]$, l'urne numérotée k contient k boules blanches et $(n-k)$ boules noires. On choisit une urne au hasard et on en extrait une boule. Quelle est la probabilité que cette boule soit blanche ?

Ici aussi, c'est typique : la réponse serait facile si l'on SAVAIT dans quelle urne on joue !

- On met donc en place le système complet d'événements $(U_1, U_2, ..., U_n)$ adapté à la situation, en ayant bien sûr noté U_k l'événement « l'urne numérotée k a été choisie ».
- On note B l'événement « on obtient une boule blanche » et on a $P(B) = \sum_{k=1}^{n} P(U_k)P_{U_k}(B)$.

L'urne étant choisie au hasard, on a $P(U_k) = \dfrac{1}{n}$ et comme l'urne numérotée k contient n boules dont k boules blanches, on a $P_{U_k}(B) = \dfrac{k}{n}$.

En remplaçant, on obtient : $P(B) = \sum_{k=1}^{n} \dfrac{1}{n} \times \dfrac{k}{n} = \dfrac{1}{n^2} \sum_{k=1}^{n} k = \dfrac{1}{n^2} \times \dfrac{n(n+1)}{2} = \dfrac{n+1}{2n}$.

❑ Méthode 18.6. Comment utiliser la formule de Bayes ?

> On utilise cette formule quand on a l'impression de "remonter le temps"... On sait qu'un événement B s'est réalisé et on cherche la probabilité d'un événement A, *antérieur* à B. On recherche la probabilité de la cause de B : $P_B(A) = \dfrac{P(A)P_A(B)}{P(B)}$.

⇨ Exercices 18.6, 18.8

Exemple. On reprend la situation décrite dans l'**exemple 2** précédent.

On choisit une urne au hasard, on en extrait une boule et on constate qu'elle est blanche. Quelle est la probabilité que cette boule provienne de l'urne numérotée 1 ?

On cherche $P_B(U_1)$ et la formule de Bayes donne :

$$P_B(U_1) = \frac{P(U_1)P_{U_1}(B)}{P(B)} = \frac{\frac{1}{n} \times \frac{1}{n}}{\frac{n+1}{2n}} = \frac{1}{n^2} \times \frac{2n}{n+1} = \frac{2}{n(n+1)}.$$

Vrai/Faux

		Vrai	Faux
1.	Si A et B sont deux événements tels que $A \subset B$, alors on a $P_A(B) = 1$.	☐	☐
2.	A est un événement tel que $P(B) \neq 0$ et $P(B) \neq 1$. Pour tout événement B, on a : $P_{\overline{B}}(A) = 1 - P_B(A)$.	☐	☐
3.	Pour tout couple d'événements (A, B), on a : $$P(A) = P_B(A) + P_{\overline{B}}(A).$$	☐	☐
4.	Si A est indépendant de B et de C et si B et C sont incompatibles, alors A est indépendant de $B \cup C$.	☐	☐
5.	Quels que soient les événements A et B, on a $P_B(A) \leq P(A)$.	☐	☐
6.	Si A, B et C sont deux à deux indépendants, alors il est, en général, faux d'écrire que : $P(A \cap B \cap C) = P(A)\,P(B)\,P(C)$.	☐	☐
7.	Si A et B sont indépendants, alors $P(A \cup B) = P(A)\,P(\overline{B}) + P(B)$.	☐	☐
8.	On lance un dé deux fois, on note A l'événement « Le premier lancer donne un 6 » et B l'événement « La somme des numéros obtenus à ces deux lancers est égale à 11 ». On a $P_A(B) = 1/36$.	☐	☐
9.	On lance quatre fois une pièce et, pour tout n de $\mathbb{N}^*$, on note P_n (resp. F_n) l'événement « le $n^{\text{ème}}$ lancer donne un *Pile* (resp. *Face*) ». Les événements $P_1 \cap F_2$ et $P_3 \cap F_4$ sont indépendants.	☐	☐
10.	On lance trois fois une pièce donnant *Pile* avec la probabilité p $(0 < p < 1)$. Pour tout n de $\mathbb{N}^*$, on note P_n (resp. F_n) l'événement « le $n^{\text{ème}}$ lancer donne un *Pile* (resp. *Face*) » et on pose $E_n = P_n \cap P_{n+1}$. Par indépendance des lancers, on a : $P(E_1 \cap E_2) = p^4$.	☐	☐

Énoncé des exercices

Exercice 18.1. — On considère deux événements, A et B, la probabilité de l'événement A étant différente de 0.

1. On suppose A et B incompatibles, quelle est la valeur de $P_A(B)$?

2. On suppose que A est inclus dans B, quelle est la valeur de $P_A(B)$?

Exercice 18.2. — Preuve du **théorème 18.8**. Soit A et B deux événements indépendants.

1. Justifier que $P(A \cap \overline{B}) = P(A) - P(A \cap B)$ et en déduire que A et $\overline{B}$ sont indépendants.

2. Utiliser ce qui précède pour établir que $\overline{A}$ et B sont indépendants puis que $\overline{A}$ et $\overline{B}$ sont également indépendants.

Exercice 18.3. — On considère deux événements A et B indépendants.

Montrer directement, grâce aux lois de Morgan, et sans utiliser l'exercice précédent, que $\overline{A}$ et $\overline{B}$ sont indépendants.

Exercice 18.4. — Une urne contient 5 boules rouges et 4 boules vertes. On extrait 3 boules au hasard, successivement et sans remise de cette urne.
Quelle est la probabilité que l'on obtienne 2 boules vertes ?

Exercice 18.5. — On dispose d'une urne qui contient 5 boules noires et 3 boules blanches. On extrait des boules de cette urne, une par une et sans remise.

Pour tout n de $[\![1, 8]\!]$, on note E_n l'événement « la première boule noire est obtenue au $n^{\text{ème}}$ tirage » et B_n l'événement « on obtient une boule blanche au $n^{\text{ème}}$ tirage ».

1. Exprimer E_1, E_2, E_3 et E_4 en fonction de certains des événements B_k (et $\overline{B_k}$) puis donner les probabilités de E_1, E_2, E_3 et E_4.

2. Déterminer $P(E_n)$ pour tout entier naturel n supérieur ou égal à 5.

Exercice 18.6. — On dispose de deux urnes U et V. L'urne U contient 5 boules noires et 3 boules blanches et l'urne V contient 6 boules noires et 2 boules blanches.
On notera U l'événement « les tirages ont lieu dans l'urne U », V l'événement « les tirages ont lieu dans l'urne V » et B_k l'événement « obtenir une boule blanche au $k^{\text{ème}}$ tirage.

1. On choisit une urne *au hasard* et on en extrait une boule.

a) Quelle est la probabilité que cette boule soit noire ?

b) On constate que la boule tirée est noire. Calculer la probabilité qu'elle provienne de U.

2. On choisit une urne *au hasard* et on en extrait des boules, une par une et sans remise.
Pour tout n de $[\![1, 4]\!]$, on note E_n l'événement « la $1^{\text{ère}}$ boule noire apparaît au $n^{\text{ème}}$ tirage ».

Exprimer E_n en fonction de certains des événements B_k (et $\overline{B_k}$), puis déterminer, pour tout n de $[\![1, 4]\!]$, la probabilité $P(E_n)$.

❑ **Exercice 18.7.** * — Un joueur est en présence de 2 urnes A et B.
Dans l'urne A, il y a une boule blanche et trois boules rouges. Dans l'urne B, il y a trois boules blanches et une boule rouge.
Il dispose d'autre part de 2 dés non pipés qu'il lance une fois. Si la somme des points obtenus est inférieure ou égal à 7, il choisit l'urne A. Si elle est strictement supérieure à 7, il choisit l'urne B.
Il tire alors, dans l'urne choisie, 4 boules une par une et avec remise.
On notera respectivement R_4, A et B les événements « obtenir 4 boules rouges », « effectuer les tirages dans l'urne A » et « effectuer les tirages dans l'urne B ».
Quelle est la probabilité qu'il n'obtienne que des boules rouges ?

❑ **Exercice 18.8.** ** — Le finaliste d'un jeu télévisé est placé face à trois portes P_1, P_2 et P_3. Derrière l'une d'entre elles, il y a une voiture et derrière les deux autres il n'y a rien. L'animateur sait derrière quelle porte se trouve la voiture et le candidat l'ignore bien sûr. Le candidat choisit la porte P_1. À cet instant l'animateur ouvre la porte P_3 derrière laquelle le candidat constate qu'il n'y a rien et l'animateur propose au candidat de changer son choix s'il le souhaite.
On note V_i l'événement : « la voiture se trouve derrière la porte numérotée i » et E l'événement : « le présentateur ouvre la porte numérotée 3 ».

1. a) Déterminer sans calcul $P_{V_1}(E)$, $P_{V_2}(E)$ et $P_{V_3}(E)$.

b) Calculer $P_E(V_1)$ et $P_E(V_2)$.

2. Le candidat augmentera-t-il sa probabilité de gagner à ce jeu en changeant de choix ?

■ Pour vous aider à démarrer

Exercice 18.1. Revenir à la définition d'une probabilité conditionnelle.
Exercice 18.2. Utiliser le fait que : $A = (A \cap B) \cup (A \cap \overline{B})$.
Exercice 18.3. Utiliser la formule du crible.
Exercices 18.4, 18.5. Utiliser la formule des probabilités composées.
Exercice 18.6. Pour la question **1.b)**, utiliser la formule de Bayes. Pour la question **2**, utiliser la formule des probabilités totales.
Exercice 18.7. Pour la question **1**, utiliser la formule des probabilités totales. Pour la question **2**, c'est la formule de Bayes.
Exercice 18.8. Pour la question **1.b)**, utiliser la formule de Bayes.

Corrigé des vrai/faux

1.	2.	3.	4.	5.	6.	7.	8.	9.	10.
V	F	F	V	F	F	V	F	V	F

1. La relation $A \subset B$ signifie que si A est réalisé alors B l'est aussi. On en déduit que $P_A(B)=1$.

Remarque. Dans le cas où A n'est pas de probabilité nulle, on peut se convaincre en écrivant : $P_A(B)=\dfrac{P(A\cap B)}{P(A)}$. Comme A est inclus dans B, on a $A \cap B = A$, d'où $P_A(B)=1$.

2. On considère l'expérience suivante : on lance un dé cubique équilibré et on note le numéro obtenu. Soit A l'événement : « obtenir 2 » et B l'événement : « obtenir un numéro pair ».

Il y a trois numéros pairs entre 1 et 6, donc $P(B)=\dfrac{1}{2}$. On a bien $P(B)\neq 0$ et $P(B)\neq 1$.

De plus, comme 2 est pair, on a : $P_B(A)=\dfrac{1}{3}$ et $P_{\overline{B}}(A)=0$. On en déduit : $1-P_B(A)\neq P_{\overline{B}}(A)$.

Remarque. Il ne faut pas confondre avec l'égalité $P_B(\overline{A})=1-P_B(A)$, vue aux **propriétés 18.1**.

3. En considérant la même expérience qu'à la question **2**, on a :

$P_B(A)=\dfrac{1}{3}$, $P_{\overline{B}}(A)=0$ et $P(A)=\dfrac{1}{6}$. On en déduit donc : $P(A)\neq P_B(A)+P_{\overline{B}}(A)$.

Remarque. Il ne faut pas confondre avec la formule des probabilités totales :

$$P(A) = P(B)\,P_B(A) + P(\overline{B})\,P_{\overline{B}}(A).$$

4. Il s'agit de comparer $P(A\cap(B\cup C))$ et $P(A)P(B\cup C)$.

Par distributivité de l'intersection par rapport à la réunion :

$P(A\cap(B\cup C))=P((A\cap B)\cup(A\cap C))$.

Comme B et C sont incompatibles, alors $A\cap B$ et $A\cap C$ le sont également. En effet, $(A\cap B)\cap(A\cap C)=A\cap(B\cap C)=A\cap\varnothing=\varnothing$.

On en déduit que : $P(A\cap(B\cup C))=P(A\cap B)+P(A\cap C)$.

Or, par indépendance de A et B, et par indépendance de A et C, on a :

$P(A\cap B)+P(A\cap C)=P(A)P(B)+P(A)P(C)=P(A)(P(B)+P(C))$.

L'incompatibilité de B et C assure alors que : $P(A\cap(B\cup C))=P(A)P(B\cup C)$.

5. Encore une fois, avec l'expérience de la question **2**, on a : $P_B(A)=\frac{1}{3}$ et $P(A)=\frac{1}{6}$.

On en déduit que la relation $P_B(A)\leq P(A)$ est fausse en général.

Remarque. Ceci apparaît très nettement si l'on choisit $B = A$, car alors : $P_B(A) = P_A(A) = 1$, qui est supérieur (et pas inférieur) à $P(A)$!

6. Toujours avec la même expérience et en notant C l'événement : « obtenir un 5 », on a les résultats suivants : $P(B)=\frac{1}{2}$, $P(A)=P(C)=\frac{1}{6}$ et $P(A\cap B\cap C)=0$ puisque A et C sont incompatibles. On en déduit que : $P(A\cap B\cap C)\neq P(A)P(B)P(C)$.

Remarque. Seule l'indépendance *mutuelle* de A, B, C donne $P(A\cap B\cap C) = P(A)\,P(B)\,P(C)$.

7. Par la formule du crible, on a : $P(A\cup B)=P(A)+P(B)-P(A\cap B)$.

L'indépendance de A et B assure que : $P(A\cup B)=P(A)+P(B)-P(A)P(B)$.

On obtient alors : $P(A\cup B)=P(A)(1-P(B))+P(B)=P(A)P(\overline{B})+P(B)$.

8. Si l'on sait que le premier lancer a donné 6, alors, pour avoir une somme égale à 11, il faut et il suffit que l'on obtienne 5 au deuxième lancer, ce qui donne $P_A(B)=\frac{1}{6}$.

9. Les événements P_n étant mutuellement indépendants (car les lancers de la pièce sont indépendants), le "lemme des coalitions" assure que $P_1\cap\overline{P_2}$ et $P_3\cap\overline{P_4}$ sont indépendants.

10. On a : $E_1\cap E_2=(P_1\cap P_2)\cap(P_2\cap P_3)=P_1\cap P_2\cap P_3$.

Par indépendance, $P(E_1\cap E_2)=P(P_1\cap P_2\cap P_3)=p^3\neq p^4$ (car p n'est ni égal à 0, ni égal à 1).

❑ Les erreurs classiques

- Il ne faut pas confondre incompatibilité et indépendance des événements A et B :
  - L'incompatibilité se traduit par : $A\cap B=\varnothing$, ce qui implique $P(A\cap B)=0$
  - L'indépendance se traduit par : $P(A\cap B)=P(A)P(B)$.
- L'indépendance 2 à 2 n'implique pas l'indépendance mutuelle.
- Il ne faut pas "trahir" la formule des probabilités totales (voir le **V/F 3**).
- Il faut absolument faire l'effort de réflexion suffisant pour ne pas confondre $P_B(A)$ et $P(A\cap B)$: dans le premier cas, on SAIT que B est réalisé et on ne s'occupe donc pas de sa probabilité (en fait, on a un renseignement supplémentaire qui permet de trouver plus facilement la probabilité de A), alors que dans le deuxième cas, on se pose la question de savoir si, et A, et B se réalisent.

Corrigé des exercices

Exercice 18.1

1. D'après la **définition 18.1** et puisque $P(A) \neq 0$, on a : $P_A(B) = \dfrac{P(A \cap B)}{P(A)}$.

L'incompatibilité de A et B assure alors que : $P(A \cap B) = 0$. On en déduit que : $P_A(B) = 0$.

2. De même, on a toujours : $P_A(B) = \dfrac{P(A \cap B)}{P(A)}$.

L'inclusion de A dans B assure que : $A \cap B = A$. On en déduit que : $P_A(B) = 1$ (normal, non ?).

Exercice 18.2

On considère deux événements, A et B, indépendants.

1. La formule des probabilités totales associée au système complet d'événements $\left(B, \overline{B}\right)$ s'écrit : $P(A) = P(A \cap B) + P\left(A \cap \overline{B}\right)$.

On a ainsi : $P\left(A \cap \overline{B}\right) = P(A) - P(A \cap B)$.

L'indépendance de A et B assure que : $P(A \cap B) = P(A)\,P(B)$.

La relation obtenue au début de la question se traduit par : $P\left(A \cap \overline{B}\right) = P(A) - P(A)\,P(B)$.

On obtient alors $P\left(A \cap \overline{B}\right) = P(A)(1 - P(B)) = P(A)P\left(\overline{B}\right)$: A et $\overline{B}$ sont indépendants.

2. De la même façon, avec la formule des probabilités totales associée au système complet d'événements $\left(A, \overline{A}\right)$, on a $P(B) = P(A \cap B) + P\left(\overline{A} \cap B\right)$, ce qui prouve que :

$P\left(\overline{A} \cap B\right) = P(B) - P(A \cap B)$. L'indépendance de A et B assure alors que :

$P\left(\overline{A} \cap B\right) = P(B) - P(A)P(B) = P\left(\overline{A}\right)P(B)$. On en déduit que $\overline{A}$ et B sont indépendants.

Enfin on prouve, avec la formule des probabilités totales associée au système complet d'événements $\left(B, \overline{B}\right)$, que : $P\left(\overline{A}\right) = P\left(\overline{A} \cap B\right) + P\left(\overline{A} \cap \overline{B}\right)$.

On en déduit : $P\left(\overline{A} \cap \overline{B}\right) = P\left(\overline{A}\right) - P\left(\overline{A} \cap B\right)$. L'indépendance de $\overline{A}$ et B assure alors que :

$P\left(\overline{A} \cap \overline{B}\right) = P\left(\overline{A}\right) - P\left(\overline{A}\right)P(B) = P\left(\overline{A}\right)P\left(\overline{B}\right)$. On en déduit que $\overline{A}$ et $\overline{B}$ sont indépendants.

⇨ *Méthodes 18.4, 18.5*

Exercice 18.3

Soit A et B deux événements indépendants.

Les lois de Morgan donnent : $\overline{A} \cap \overline{B} = \overline{A \cup B}$, puis : $P\left(\overline{A} \cap \overline{B}\right) = P\left(\overline{A \cup B}\right)$.

Or $P\left(\overline{A \cup B}\right) = 1 - P(A \cup B) = 1 - \left(P(A) + P(B) - P(A \cap B)\right)$.

L'indépendance de A et B nous permet d'écrire : $P\left(\overline{A \cup B}\right) = 1 - P(A) - P(B) + P(A)P(B)$.

On a donc : $P\left(\overline{A \cup B}\right) = 1 - P(B) - P(A)\left(1 - P(B)\right) = P\left(\overline{B}\right) - P(A)P\left(\overline{B}\right)$.

La factorisation par $P\left(\overline{B}\right)$ donne alors : $P\left(\overline{A \cup B}\right) = P\left(\overline{B}\right)\left(1 - P(A)\right)$.

Finalement, on a $P\left(\overline{A} \cap \overline{B}\right) = P\left(\overline{A \cup B}\right) = P\left(\overline{A}\right)P\left(\overline{B}\right)$ donc $\overline{A}$ et $\overline{B}$ sont indépendants.

⇨ *Méthode 18.4*

Exercice 18.4

Pour tout entier i de $[\![1,3]\!]$, notons V_i l'événement « obtenir une boule verte au $i^{\text{ème}}$ tirage » et A l'événement « obtenir deux boules vertes lors des trois tirages ».

On a : $A = (V_1 \cap V_2 \cap \overline{V_3}) \cup (V_1 \cap \overline{V_2} \cap V_3) \cup (\overline{V_1} \cap V_2 \cap V_3)$.

Le contenu de l'urne étant évolutif (tirages successifs sans remise), nous allons appliquer la formule des probabilités composées.

On obtient alors : $P\left(V_1 \cap V_2 \cap \overline{V_3}\right) - P(V_1)\, P_{V_1}(V_2)\, P_{V_1 \cap V_2}\left(\overline{V_3}\right)$.

- Il y a 4 boules vertes pour 9 boules au total dans l'urne avant le premier tirage. L'équiprobabilité assure que $P(V_1) = \dfrac{4}{9}$.
- Sachant V_1, il reste 3 boules vertes pour 8 boules au total dans l'urne avant le deuxième tirage. L'équiprobabilité assure alors que : $P_{V_1}(V_2) = \dfrac{3}{8}$.
- Sachant $V_1 \cap V_2$, il reste toujours 5 boules rouges pour 7 boules au total dans l'urne avant le troisième tirage. L'équiprobabilité assure alors que : $P_{V_1 \cap V_2}\left(\overline{V_3}\right) = \dfrac{5}{7}$.

Finalement la probabilité d'obtenir trois boules vertes est $\dfrac{4}{9} \times \dfrac{3}{8} \times \dfrac{5}{7} = \dfrac{5}{42}$.

On trouve de même : $P(V_1 \cap \overline{V_2} \cap V_3) = \dfrac{4}{9} \times \dfrac{5}{8} \times \dfrac{3}{7} = \dfrac{5}{42}$ et $P(\overline{V_1} \cap V_2 \cap V_3) = \dfrac{5}{9} \times \dfrac{4}{8} \times \dfrac{3}{7} = \dfrac{5}{42}$.

Les événements $(V_1 \cap V_2 \cap \overline{V_3})$, $(V_1 \cap \overline{V_2} \cap V_3)$ et $(\overline{V_1} \cap V_2 \cap V_3)$ étant deux à deux incompatibles, on a : $P(A) = 3 \times \dfrac{5}{42} = \dfrac{5}{14}$.

⇨ *Méthode 18.2*

Exercice 18.5

1. • On a déjà $E_1 = \overline{B_1}$. Il y a 5 boules noires pour 8 boules au total dans l'urne avant le premier tirage. Par équiprobabilité, on trouve $P\left(\overline{B_1}\right)=\frac{5}{8}$, d'où : $P(E_1)=\frac{5}{8}$.

Si i est un entier naturel supérieur ou égal à 2, E_i signifie « n'obtenir que des boules blanches pendant les $(i-1)$ premiers tirages puis une boule noire au $i^{\text{ème}}$ tirage ».

On a donc : $E_2 = B_1 \cap \overline{B_2}$, $E_3 = B_1 \cap B_2 \cap \overline{B_3}$ et $E_4 = B_1 \cap B_2 \cap B_3 \cap \overline{B_4}$.

La formule des probabilités composées donne :

- $P(E_2)=P\left(B_1 \cap \overline{B_2}\right)=P(B_1)\, P_{B_1}\left(\overline{B_2}\right)$.

Avant le premier tirage, il y a 8 boules dans l'urne dont 3 boules blanches donc : $P(B_1)=\frac{3}{8}$.

Sachant qu'une boule blanche a été tirée au premier tirage, il reste 2 boules blanches et 5 boules noires avant le deuxième tirage, d'où : $P_{B_1}\left(\overline{B_2}\right)=\frac{5}{7}$. Finalement, on obtient : $P(E_2)=\frac{15}{56}$.

- $P(E_3)=P\left(B_1 \cap B_2 \cap \overline{B_3}\right)=P(B_1)\, P_{B_1}(B_2)\, P_{B_1 \cap B_2}\left(\overline{B_3}\right)=\frac{3}{8}\times\frac{2}{7}\times\frac{5}{6}=\frac{5}{56}$.
- $P(E_4)=P\left(B_1 \cap B_2 \cap B_3 \cap \overline{B_4}\right)=P(B_1)\, P_{B_1}(B_2) P_{B_1 \cap B_2}(B_3) P_{B_1 \cap B_2 \cap B_3}\left(\overline{B_4}\right)$.

On obtient alors : $P(E_4)=\frac{3}{8}\times\frac{2}{7}\times\frac{1}{6}\times\frac{5}{5}=\frac{1}{56}$.

2. Puisqu'il n'y a que trois boules blanches et que les tirages sont sans remise, la première boule noire apparaît au maximum au quatrième tirage, d'où : $\forall n \geq 5,\ P(E_n)=0$.

⇨ *Méthodes 18.1, 18.2*

Exercice 18.6

1. a) On cherche $P\left(\overline{B_1}\right)$. Comme (U, V) est un système complet d'événements, la formule des probabilités totales s'écrit : $P\left(\overline{B_1}\right)=P(U)P_U\left(\overline{B_1}\right)+P(V)P_V\left(\overline{B_1}\right)$.

Le choix de l'urne se faisant au hasard, on a : $P(U)=P(V)=\frac{1}{2}$.

Par équiprobabilité, $P_U\left(\overline{B_1}\right)=\frac{5}{8}$ et $P_V\left(\overline{B_1}\right)=\frac{3}{4}$ et on obtient : $P\left(\overline{B_1}\right)=\frac{11}{16}$.

b) On cherche $P_{\overline{B_1}}(U)$ et grâce à la formule de Bayes (le choix de l'urne étant antérieur au tirage d'une boule), on trouve : $P_{\overline{B_1}}(U)=\dfrac{P_U\left(\overline{B_1}\right)P(U)}{P\left(\overline{B_1}\right)}=\dfrac{\frac{5}{8}\times\frac{1}{2}}{\frac{11}{16}}=\dfrac{5}{11}$.

⇨ *Méthodes 18.5, 18.6*

2. • On a : $E_1=\overline{B_1}$ et dès que n est supérieur ou égal à 2, $E_n=\left(\bigcap_{i=1}^{n-1}B_i\right)\cap\overline{B_n}$.

On obtient facilement : $P(E_1)=\dfrac{11}{16}$ (il s'agit de la situation de la question **1.a**).

• Pour le calcul de $P(E_2)$, on applique la formule des probabilités totales, toujours avec le système complet d'événements (U, V) et on a : $P(E_2)=P_U(E_2)P(U)+P_V(E_2)P(V)$.

Le choix de l'urne se faisant au hasard, on trouve : $P(E_2)=\dfrac{1}{2}P_U(E_2)+\dfrac{1}{2}P_V(E_2)$.

Pour calculer $P_U(E_2)$, il s'agit de choisir **dans l'urne *U*** une boule blanche puis une boule noire.

On obtient ainsi : $P_U(E_2)=\dfrac{3}{8}\times\dfrac{5}{7}=\dfrac{15}{56}$.

Pour calculer $P_V(E_2)$, il s'agit de choisir **dans l'urne *V*** une boule blanche puis une boule noire.

On obtient ainsi : $P_V(E_2)=\dfrac{2}{8}\times\dfrac{6}{7}=\dfrac{3}{14}$. Finalement, on trouve : $P(E_2)=\dfrac{27}{112}$.

• De même, on a : $P(E_3)=P_U(E_3)P(U)+P_V(E_3)P(V)=\dfrac{1}{2}P_U(E_3)+\dfrac{1}{2}P_V(E_3)$.

Pour calculer $P_U(E_3)$, il s'agit de tirer successivement dans l'urne U deux boules blanches puis une boule noire. On obtient ainsi : $P_U(E_3)=\dfrac{3}{8}\times\dfrac{2}{7}\times\dfrac{5}{6}=\dfrac{5}{56}$.

Pour calculer $P_V(E_3)$, il s'agit de tirer successivement dans l'urne V deux boules blanches puis une boule noire. On obtient ainsi : $P_V(E_3)=\dfrac{2}{8}\times\dfrac{1}{7}\times\dfrac{6}{6}=\dfrac{1}{28}$. Finalement, on a : $P(E_3)=\dfrac{7}{112}$.

• Pour finir : $P(E_4)=P_U(E_4)P(U)+P_V(E_4)P(V)=\dfrac{1}{2}P_U(E_4)+\dfrac{1}{2}P_V(E_4)$.

Pour calculer $P_U(E_4)$, il s'agit de tirer successivement dans l'urne U trois boules blanches puis une boule noire. On obtient ainsi : $P_U(E_4)=\dfrac{3}{8}\times\dfrac{2}{7}\times\dfrac{1}{6}\times\dfrac{5}{5}=\dfrac{1}{56}$.

Pour calculer $P_V(E_4)$, il s'agit de tirer successivement dans l'urne V trois boules blanches puis une boule noire. L'urne V ne contenant que deux boules blanches, cette probabilité est nulle.

On obtient ainsi : $P_V(E_4)=0$. Finalement, on trouve : $P(E_4)=\dfrac{1}{112}$.

⇨ *Méthodes 18.1, 18.2, 18.5*

Exercice 18.7

La formule des probabilités totales associées au système complet d'événements (A, B) s'écrit :

$$P(R_4)=P_A(R_4)P(A)+P_B(R_4)P(B)$$

• Les résultats des deux dés peuvent être assimilés à des couples d'éléments de $[\![1,6]\!]$.

Il y a 21 couples d'éléments de $[\![1,6]\!]$ dont la somme des composantes est inférieur ou égal à 7 : $(1,1),(1,2),\dots,(1,6),(2,1),\dots,(2,5),(3,1),\dots,(3,4),\dots,(6,1)$.

Par équiprobabilité, on a : $P(A)=\frac{21}{36}=\frac{7}{12}$ et $P(B)=\frac{15}{36}=\frac{5}{12}$.

• Sachant que l'on effectue les tirages dans l'urne A, il y a 3 boules rouges sur un total de 4 boules avant chaque tirage (il y a remise). On en déduit par indépendance que : $P_A(R_4)=\left(\frac{3}{4}\right)^4$.

• De la même façon, $P_B(R_4)=\left(\frac{1}{4}\right)^4$.

• Finalement, on trouve :

$$P(R_4)=\frac{7}{12}\left(\frac{3}{4}\right)^4+\frac{5}{12}\left(\frac{1}{4}\right)^4=\frac{7\times 81+5}{12\times 16\times 16}=\frac{572}{12\times 16\times 16}=\frac{4\times 143}{12\times 16\times 16}=\frac{143}{12\times 64}=\frac{143}{768}.$$

⇨ *Méthodes 18.3, 18.5*

Exercice 18.8

1. a) • $P_{V_1}(E)=\frac{1}{2}$, car sachant que la voiture est derrière la porte 1 (choisie par le joueur), le présentateur peut ouvrir la porte 3 comme la porte 2 avec la même probabilité.

• $P_{V_2}(E)=1$, car sachant que la voiture est derrière la porte 2, le présentateur ne peut ouvrir que la porte 3.

• $P_{V_3}(E)=0$, car le présentateur sait que la voiture est derrière la porte 3, donc il ne l'ouvre pas.

b) (V_1,V_2,V_3) est un système complet d'événements et, en tenant compte du fait que $P(V_1)=P(V_2)=P(V_3)=\frac{1}{3}$, la formule de Bayes généralisée donne :

$$P_E(V_1)=\frac{P_{V_1}(E)P(V_1)}{P_{V_1}(E)P(V_1)+P_{V_2}(E)P(V_2)+P_{V_3}(E)P(V_3)}=\frac{\frac{1}{2}\times\frac{1}{3}}{\frac{1}{2}\times\frac{1}{3}+1\times\frac{1}{3}+0}=\frac{\frac{1}{6}}{\frac{1}{2}}=\frac{1}{3}$$

et $$P_E(V_2)=\frac{P_{V_2}(E)P(V_2)}{P_{V_1}(E)P(V_1)+P_{V_2}(E)P(V_2)+P_{V_3}(E)P(V_3)}=\frac{1\times\frac{1}{3}}{\frac{1}{2}\times\frac{1}{3}+1\times\frac{1}{3}+0}=\frac{\frac{1}{3}}{\frac{1}{2}}=\frac{2}{3}.$$

2. Finalement, le joueur augmentera sa probabilité de gagner en changeant de choix (à méditer).

⇨ *Méthodes 18.5, 18.6*

Chapitre 19
Variables aléatoires finies

On considère souvent **Pascal** et **Fermat** comme les initiateurs du calcul des probabilités. On oublie qu'au siècle précédent, Jérôme **Cardan** avait écrit (mais non publié) un ouvrage sur ce thème. Ce personnage excentrique touchait à toutes les disciplines en particulier la médecine, les mathématiques et l'astrologie. Dans son livre *Liber de ludo aleae*, on retrouve les coefficients binomiaux mais aussi bien d'autres résultats utilisés dans les études de probabilités discrètes.

Jérôme Cardan
1501-1576

■■ Objectifs

■ Les incontournables

- ▷ Savoir déterminer la loi d'une variable aléatoire finie.
- ▷ Savoir déterminer la loi d'une variable aléatoire finie, fonction d'une autre.
- ▷ Savoir calculer espérance et variance d'une variable aléatoire finie.
- ▷ Savoir utiliser le théorème de transfert.

■ Et plus si affinités

- ▷ Savoir déterminer la fonction de répartition d'une variable aléatoire finie.
- ▷ Savoir ce que représentent concrètement l'espérance et la variance.

Résumé de cours

On suppose dans ce chapitre que l'univers Ω est fini.

Loi d'une variable aléatoire finie

Exemples et premières définitions

Exemple 19.1. — Une urne contient 10 boules blanches et 10 boules rouges. On réalise 3 tirages d'une boule en remettant la boule tirée après chaque tirage et on appelle X le nombre de boules blanches obtenues. On dit que X est une variable aléatoire.
Par exemple, en notant B_k l'événement « on obtient une boule blanche au $k^{\text{ème}}$ tirage », l'événement $(B_1 \cap B_2 \cap \overline{B_3}) \cup (B_1 \cap \overline{B_2} \cap B_3) \cup (\overline{B_1} \cap B_2 \cap B_3)$ sera noté $(X = 2)$.

Exemple 19.2. — Une pièce amène *pile* avec la probabilité p (avec $0 < p < 1$) et *face* avec la probabilité $1 - p$. On lance 20 fois cette pièce. On appelle Y le numéro du lancer auquel on obtient le premier *pile* et on pose $Y = 0$ si l'on n'obtient que des *faces*. On dit que Y est une variable aléatoire.
Par exemple, en notant P_k l'événement « on obtient un *pile* au $k^{\text{ème}}$ lancer », l'événement $\overline{P_1} \cap \overline{P_2} \cap P_3$ sera noté $(Y = 3)$ ou $[Y = 3]$.

Définition 19.1. — Si Ω est un ensemble fini, on appelle *variable aléatoire* toute application X de Ω dans $\mathbb{R}$.

Définition 19.2. — L'ensemble des valeurs que peut prendre une variable aléatoire X est appelé *support* de X, ou aussi *univers image* de X, et est noté $X(\Omega)$.

Exemple 19.3. — Dans l'**exemple 19.1**, $X(\Omega) = [\![0,3]\!]$ et dans l'**exemple 19.2**, $Y(\Omega) = [\![0,20]\!]$.

Remarque 19.1. — Les variables aléatoires X et Y de l'**exemple 19.3** sont dites *finies* car leurs supports sont des ensembles finis.

Remarque 19.2. — Au deuxième semestre, nous étudierons toutes les variables aléatoires dites *discrètes*, ce sont les variables aléatoires finies (étudiées au premier semestre), mais aussi les variables aléatoires discrètes et infinies (pour lesquelles le support est, par exemple, $\mathbb{N}$ ou $\mathbb{N}^*$). Nous étudierons aussi des variables aléatoires non discrètes dites "à densité" (pour lesquelles le support est, par exemple, $[0, 1]$, $\mathbb{R}$ ou $\mathbb{R}_+^*$).

❑ Événements liés à une variable aléatoire finie

Exemple 19.4. — On lance deux dés dont les faces sont numérotées de 1 à 6 et on appelle S la somme des points portés par les faces supérieures après immobilisation des dés.

- L'événement $(S = 4)$ est l'ensemble $\{ (1, 3), (2, 2), (3, 1) \}$.
- L'événement $(S \leq 4)$ est l'ensemble $\{ (1, 1), (1, 2), (1, 3), (2, 1), (2, 2), (3, 1) \}$.

Définition 19.3. Si $X(\Omega) = \{x_1, x_2, ..., x_n\}$, alors la famille $\left([X = x_k] \right)_{k \in [\![1, n]\!]}$ est appelée système complet d'événements associé à la variable aléatoire X.

Exemple 19.5. — Considérons la variable aléatoire S de l'**exemple 19.4**.
La famille $([S=2], [S=3], [S=4], ..., [S=10], [S=11], [S=12])$ est le système complet d'événements associé à la variable aléatoire S.

❑ Loi d'une variable aléatoire finie

Définition 19.4. — Déterminer la loi d'une variable aléatoire finie X, définie sur l'espace probabilisé $(\Omega, \mathcal{P}(\Omega), P)$, c'est trouver le support $X(\Omega)$, puis donner, pour tout x_k de $X(\Omega)$, la valeur des probabilités $P(X = x_k)$.

⇨ **Méthode 19.1. Comment déterminer la loi d'une variable aléatoire finie?**

Exemple 19.6. — À titre d'exercice, on peut vérifier que, pour la variable aléatoire S de l'**exemple 19.4**, on a $S(\Omega) = \{2, 3, \ldots, 12\}$ et :

k	2	3	4	5	6	7	8	9	10	11	12
$P(S = k)$	1/36	1/18	1/12	1/9	5/36	1/6	5/36	1/9	1/12	1/18	1/36

Propriété 19.1. — Si X est une variable aléatoire, définie sur $(\Omega, \mathcal{P}(\Omega), P)$, et telle que $X(\Omega) = \{x_1, x_2, ..., x_n\}$, on a : $\sum_{k=1}^{n} P(X = x_k) = 1$.

❑ Fonction de répartition d'une variable aléatoire finie

Définition 19.5. — Si X est une variable aléatoire finie, on appelle fonction de répartition de X, la fonction F définie, pour tout réel x, par $F(x) = P(X \leq x)$.

Propriété 19.2. — La fonction de répartition F d'une variable aléatoire finie est croissante (au sens large) sur $\mathbb{R}$, continue à droite en tout point de $\mathbb{R}$, et admet les deux limites suivantes :

$$\lim_{x \to -\infty} F(x) = 0 \text{ et } \lim_{x \to +\infty} F(x) = 1$$

Propriété 19.3. — Si X est une variable aléatoire telle que $X(\Omega)=\{x_1, x_2, ..., x_n\}$, avec $x_1 < x_2 < ... < x_n$, alors sa fonction de répartition est définie, pour tout réel x, par :
$F(x)=0$ si $x < x_1$.
$F(x)=P(X=x_1)+P(X=x_2)+...+P(X=x_k)$ si $x_k \leq x < x_{k+1}$ (avec $1 \leq k \leq n-1$).
$F(x)=1$ si $x \geq x_n$.

Exemple 19.7. — Si $X(\Omega)$ ne contient que des entiers naturels, on a :

$$\forall n \in X(\Omega),\ F(n) = P(X \leq n) = \sum_{k=0}^{n} P(X=k)$$

Propriété 19.4. — Soit X une variable aléatoire finie, de fonction de répartition F. Pour tout couple de réels (a, b) tel que $a < b$, on a :

$$P(a < X \leq b) = F(b) - F(a)$$

Propriété 19.5. — Soit X une variable aléatoire finie, à valeurs entières (c'est-à-dire que $X(\Omega)$ est fini et ne contient que des nombres entiers), et de fonction de répartition F. On a :

$$\forall k \in X(\Omega),\ P(X=k) = F(k) - F(k-1)$$

Propriété 19.6. — La fonction de répartition d'une variable aléatoire X détermine parfaitement la loi de X : si des variables aléatoires ont la même fonction de répartition, elles ont la même loi.

Remarque 19.3. — La **propriété 19.6** est une conséquence immédiate de la **propriété 19.5** dans le cas où X est une variable aléatoire finie, à valeurs entières.

Espérance d'une variable aléatoire finie

Définitions et exemples

Définition 19.6. — Si X est une variable aléatoire définie sur $(\Omega, \mathcal{P}(\Omega), P)$, et telle que $X(\Omega)=\{x_1, x_2, ..., x_n\}$, l'espérance de X est le réel noté $E(X)$ défini par :

$$E(X)=\sum_{k=1}^{n} x_k\, P(X=x_k)$$

⇨ **Méthode 19.2. Comment calculer l'espérance d'une variable aléatoire finie?**

Remarque 19.4. — En particulier, si $X(\Omega)=[\![1,n]\!]$, on obtient : $E(X)=\sum_{k=1}^{n} k\,P(X=k)$.

Exemple 19.8. — Si $X(\Omega) = \{-3, 2, 4\}$, alors on évite le symbole Σ et on écrit :

$$E(X) = -3P(X=-3) + 2P(X=2) + 4P(X=4).$$

Remarque 19.5. — L'espérance d'une variable aléatoire finie X est la moyenne des valeurs prises par X, pondérée par les probabilités de chacune de ces valeurs.

■ Transformée d'une variable aléatoire discrète

❑ Définition

Théorème 19.1. — Soit une variable aléatoire finie X et une application g de $X(\Omega)$ dans $\mathbb{R}$.

L'application Y de Ω dans $\mathbb{R}$, définie, pour tout ω de Ω, par $Y(\omega) = g(X(\omega))$, est une variable aléatoire finie, notée $g(X)$.

Remarque 19.6. — Soit deux réels a et b. Si X est une variable aléatoire finie, alors $aX + b$ est, elle aussi, une variable aléatoire finie. Il en est de même de X^2, e^X, etc.

❑ Théorème de transfert

Théorème 19.2. — Soit X une variable aléatoire finie, telle que $X(\Omega) = \{x_1, x_2, ..., x_n\}$, et g une application de $X(\Omega)$ dans $\mathbb{R}$. L'espérance de la variable $g(X)$ est donnée par :

$$E(g(X)) = \sum_{k=1}^{n} g(x_k)P(X = x_k)$$

❑ Propriétés de l'espérance

Propriété 19.7. — Conséquence du théorème de transfert.
Soit X une variable aléatoire finie. Quels que soient les réels a et b, on a :

$$E(aX + b) = aE(X) + b$$

Définition 19.7. — Une variable aléatoire est dite *centrée* si son espérance est nulle.

Propriété 19.8. — Si X est une variable aléatoire finie, alors la variable aléatoire $X - E(X)$ est centrée.

■ Variance d'une variable aléatoire discrète finie

❑ Définitions et exemples

Définition 19.8. — Moment d'ordre 2.
Soit X une variable aléatoire finie, telle que $X(\Omega) = \{x_1, x_2, ..., x_n\}$. L'espérance de la variable aléatoire X^2 est appelée *moment d'ordre* 2 de X et on a : $E(X^2) = \sum_{k=1}^{n} x_k{}^2 P(X = x_k)$.

Remarque 19.7. — Si par exemple $X(\Omega) = [\![1, n]\!]$, on obtient : $E(X^2) = \sum_{k=1}^{n} k^2 P(X = k)$.

Définition 19.9. — Soit X une variable aléatoire finie, telle que $X(\Omega)=\{x_1, x_2, ..., x_n\}$.
On appelle *variance* de X le réel, noté $V(X)$, défini par :

$$V(X)=E\left(\left(X-E(X)\right)^2\right)=\sum_{k=1}^{n}(x_k-E(X))^2\,P(X=x_k)$$

Remarque 19.8. — La variance est un réel positif ou nul.

Remarque 19.9. — La variance mesure la dispersion de la variable aléatoire par rapport à son espérance.

Définition 19.10. — Si X est une variable aléatoire finie, on appelle *écart type* de X, le réel positif, noté σ_X, défini par : $\sigma_X = \sqrt{V(X)}$.

❑ Propriétés de la variance

Propriété 19.9. — Formule de Koenig-Huygens. Si X est une variable aléatoire finie, on a :

$$V(X)=E(X^2)-(E(X))^2$$

Remarque 19.10. — Le calcul pratique de la variance se fait avec la **propriété 19.9** ci-dessus.

⇨ **Méthode 19.3. Comment calculer la variance d'une variable discrète ?**

Propriété 19.10. — Si a et b sont deux réels quelconques et si X est une variable aléatoire finie, on a :

$$V(aX+b)=a^2V(X)$$

Définition 19.11. — Une variable aléatoire finie est dite *réduite* si sa variance est égale à 1.

Définition 19.12. — Une variable aléatoire finie X est dite *centrée réduite* si :

$$E(X)=0 \text{ et } V(X)=1$$

Propriété 19.11. — Soit X une variable aléatoire finie de variance non nulle.
La variable aléatoire $X^* = \dfrac{X-E(X)}{\sqrt{V(X)}}$ est une variable centrée réduite : c'est la variable centrée réduite associée à X.

■■ Méthodes

■ Loi de probabilité d'une variable aléatoire

❑ Méthode 19.1. Comment déterminer la loi d'une variable aléatoire finie ?

Pour déterminer la loi d'une variable aléatoire finie X, il faut commencer par déterminer le support $X(\Omega)$. Ensuite, il faut traduire correctement l'énoncé afin de cerner correctement les événements $(X = k)$, puis utiliser les propriétés de la probabilité.
Parfois, il est utile de passer par l'intermédiaire de la fonction de répartition (voir l'**exercice 19.7**).

⇨ Exercices 19.3, 19.4, 19.6, 19.7

Exemple. On lance deux fois une pièce équilibrée (la pièce donne *Pile* avec la probabilité $1/2$ et *Face* avec la probabilité $1/2$). On note X le nombre de *Piles* obtenus lors de ces 2 lancers. Quelle est la loi de X ? On pourra noter P_k l'événement « on obtient *Pile* au $k^{\text{ème}}$ lancer ».

- Tout d'abord, on a : $X(\Omega) = \{0, 1, 2\}$.
- $(X = 0) = \overline{P_1} \cap \overline{P_2}$ et, par indépendance des lancers, donc par indépendance de $\overline{P_1}$ et $\overline{P_2}$, on a : $P(X = 0) = \frac{1}{2} \times \frac{1}{2} = \frac{1}{4}$.
- $(X = 1) = (P_1 \cap \overline{P_2}) \cup (\overline{P_1} \cap P_2)$. Par incompatibilité des événements entre parenthèses, on obtient : $P(X = 1) = P(P_1 \cap \overline{P_2}) + P(\overline{P_1} \cap P_2) = \frac{1}{4} + \frac{1}{4} = \frac{1}{2}$ (toujours l'indépendance).
- $(X = 2) = P_1 \cap P_2$ et, par indépendance : $P(X = 2) = \frac{1}{2} \times \frac{1}{2} = \frac{1}{4}$.

Remarque. La loi de X est une loi binomiale qui sera étudiée au **chapitre 20**.

■ Espérance et variance d'une variable aléatoire finie

❑ Méthode 19.2. Comment calculer l'espérance d'une variable aléatoire finie ?

On applique la définition et on utilise les procédés de sommation que l'on connaît.

⇨ Exercices 19.1, 19.2, 19.3, 19.4

Exemple 1. On suppose que X est une variable aléatoire dont la loi est donnée par :

$X(\Omega) = \{-3, 2, 4\}$ et $P(X=-3) = \frac{1}{3}$, $P(X=2) = \frac{1}{2}$ et $P(X=4) = \frac{1}{6}$. Calculer l'espérance $E(X)$.

On a : $E(X) = -3P(X=-3) + 2P(X=2) + 4P(X=4) = -3\times\frac{1}{3} + 2\times\frac{1}{2} + 4\times\frac{1}{6} = \frac{2}{3}$.

Exemple 2. Soit une variable aléatoire X dont la loi est donnée par :

$$\forall k \in [\![1, n]\!],\ P(X=k) = \frac{1}{n}$$

Calculer l'espérance de X.

Par définition, on a : $E(X) = \sum_{k=1}^{n} k\, P(X=k)$.

En remplaçant, on trouve : $E(X) = \sum_{k=1}^{n} k \times \frac{1}{n} = \frac{1}{n}\sum_{k=1}^{n} k = \frac{1}{n}\times\frac{n(n+1)}{2} = \frac{n+1}{2}$.

❑ Méthode 19.3. Comment calculer la variance d'une variable discrète ?

On applique la définition et on utilise les procédés de sommation que l'on connaît pour calculer le moment d'ordre 2. On finit avec la formule de Koenig-Huygens.

⇨ Exercices 19.1, 19.2, 19.3, 19.4

Exemple 1. On considère une variable aléatoire X dont la loi est donnée par :

$X(\Omega) = \{-3, 2, 4\}$ et $P(X=-3) = \frac{1}{3}$, $P(X=2) = \frac{1}{2}$ et $P(X=4) = \frac{1}{6}$. Calculer la variance de X.

- On calcule $E(X)$.

$$E(X) = -3\times\frac{1}{3} + 2\times\frac{1}{2} + 4\times\frac{1}{6} = -1 + 1 + \frac{2}{3} = \frac{2}{3}.$$

- On calcule le moment d'ordre 2.

$$E(X^2) = (-3)^2 \times P(X=-3) + 2^2 \times P(X=2) + 4^2 \times P(X=4).$$

$$E(X^2) = 9\times\frac{1}{3} + 4\times\frac{1}{2} + 16\times\frac{1}{6} = 3 + 2 + \frac{8}{3} = 5 + \frac{8}{3} = \frac{23}{3}.$$

- Pour finir, on sait que $V(X) = E(X^2) - (E(X))^2$.

On a donc : $V(X) = \frac{23}{3} - \frac{4}{9} = \frac{69}{9} - \frac{4}{9} = \frac{65}{9}$.

Exemple 2. On considère une variable aléatoire X dont la loi est donnée par :

$$\forall k \in [\![1, n]\!],\ P(X=k) = \frac{1}{n}$$

Calculer la variance de X.

• On a : $E(X)=\sum_{k=1}^{n} k\times\frac{1}{n}=\frac{1}{n}\sum_{k=1}^{n} k=\frac{1}{n}\times\frac{n(n+1)}{2}=\frac{n+1}{2}$.

• On calcule le moment d'ordre 2.

$$E(X^2)=\sum_{k=1}^{n} k^2\,P(X=k)=\sum_{k=1}^{n} k^2\times\frac{1}{n}=\frac{1}{n}\sum_{k=1}^{n} k^2=\frac{1}{n}\times\frac{n(n+1)(2n+1)}{6}=\frac{(n+1)(2n+1)}{6}.$$

• Pour finir, on sait que $V(X)=E(X^2)-(E(X))^2$.

On a donc : $V(X)=\frac{(n+1)(2n+1)}{6}-\frac{(n+1)^2}{4}=\frac{2(n+1)(2n+1)-3(n+1)^2}{12}$.

$$V(X)=\frac{(n+1)\big(2(2n+1)-3(n+1)\big)}{12}=\frac{(n+1)(4n+2-3n-3)}{12}=\frac{(n+1)(n-1)}{12}=\frac{n^2-1}{12}.$$

Vrai/Faux

	Vrai	Faux
1. Soit X une variable aléatoire prenant les valeurs 0, 1 et 2. Si $P(X=0)=\frac{1}{2}$ et $P(X=1)=\frac{1}{4}$, alors on a $P(X=2)=\frac{1}{4}$.	☐	☐
2. Soit X une variable aléatoire prenant ses valeurs dans $[\![0,n]\!]$. Pour tout k de $[\![0,n]\!]$, on a : $P(X=k)=P(X>k-1)-P(X>k)$.	☐	☐
3. Si F désigne la fonction de répartition d'une variable aléatoire X finie, alors, pour tout couple (a, b) de réels tels que $a<b$, on a : $P(a \leq X \leq b)=F(b)-F(a)$	☐	☐
4. Si $X(\Omega)=[\![0,n]\!]$, alors e^X a une espérance et on a : $E\left(e^X\right)=\sum_{k=0}^{n} e^k P\left(X=k\right)$	☐	☐
5. L'espérance d'une variable aléatoire est toujours positive.	☐	☐
6. Si X est une variable aléatoire dont le support est $[\![0,n]\!]$, alors $E\left(X\right)$ appartient à $[\![0,n]\!]$.	☐	☐
7. Si X est une variable aléatoire prenant les valeurs -1, 0 et 1, alors $E\left(X\right)=0$.	☐	☐
8. Si X est une variable aléatoire, on a : $\sigma_{aX+b}=a\sigma_X$.	☐	☐
9. On suppose que la loi de X est donnée par : $P\left(X=-1\right)=\frac{1}{3}$ et $P\left(X=1\right)=\frac{2}{3}$. La variable centrée réduite associée à X est $X^*=\frac{3X-1}{2\sqrt{2}}$	☐	☐
10. $\left(E(X)\right)^2>E(X^2)$.	☐	☐

■■ Énoncé des exercices

❑ **Exercice 19.1.** — On considère une variable aléatoire X prenant les valeurs 0, 1, 2 et 3.
On donne $P(X=0)=\dfrac{1}{10}$, $P(X=1)=\dfrac{1}{8}$ et $P(X=2)=\dfrac{1}{5}$.

1. Déterminer $P(X=3)$.
2. Calculer l'espérance et la variance de X.

❑ **Exercice 19.2.** — On considère une variable aléatoire X prenant les valeurs 0, 1, 2, 3 et 4.
On donne $P(X=0)=\dfrac{1}{10}$, $P(X=1)=\dfrac{1}{4}$ et $P(X=2)=\dfrac{1}{2}$.

1. Sachant que les événements $(X=3)$ et $(X=4)$ sont équiprobables, déterminer $P(X=3)$.
2. Calculer l'espérance et la variance de X.

❑ **Exercice 19.3.** — On pioche successivement deux boules, sans remettre la première boule, dans une urne contenant 5 boules numérotées de 1 à 5. On note X la valeur absolue de la différence des deux numéros obtenus.
Donner la loi de X puis calculer l'espérance et la variance de X.

❑ **Exercice 19.4.*** — On pioche successivement deux boules, avec remise de la première boule, dans une urne contenant 5 boules numérotées de 1 à 5. On note X la valeur absolue de la différence des deux numéros obtenus.
Donner la loi de X puis calculer l'espérance et la variance de X.

❑ **Exercice 19.5.** — Soit une variable aléatoire X, de fonction de répartition F, et dont la loi est donnée par : $X(\Omega)=\{-1,0,2\}$, $P(X=-1)=\dfrac{1}{6}$, $P(X=0)=\dfrac{1}{3}$ et $P(X=2)=\dfrac{1}{2}$.
Donner l'expression de $F(x)$ en distinguant les cas : $x<-1$, $-1\leq x<0$, $0\leq x<2$ et $x\geq 2$.

❑ **Exercice 19.6.**** — On désigne par n un entier naturel supérieur ou égal à 2.

On lance n fois une pièce équilibrée (c'est-à-dire une pièce donnant "*Pile*" avec la probabilité $\dfrac{1}{2}$ et "*Face*" également avec la probabilité $\dfrac{1}{2}$), les lancers étant supposés indépendants.

On note Z la variable aléatoire qui vaut 0 si l'on n'obtient aucun "*Pile*" pendant ces n lancers et qui, dans le cas contraire, prend pour valeur le rang du premier "*Pile*".

1. Déterminer, en argumentant soigneusement, l'ensemble $Z(\Omega)$.
2. a) Pour tout k de $Z(\Omega)$, calculer $P(Z=k)$. On distinguera les cas $k=0$ et $k\geq 1$.
b) Vérifier que $\displaystyle\sum_{k\in Z(\Omega)} P(Z=k)=1$.

❑ **Exercice 19.7.** * — On tire deux boules au hasard, une par une et sans remise, d'une urne contenant n boules numérotées de 1 à n. On appelle S la variable aléatoire égale au plus grand des deux numéros obtenus.

1. Déterminer $S(\Omega)$, puis, pour tout k de $S(\Omega)$, donner la valeur de la probabilité $P(S \leq k)$.

2. En déduire la loi de S.

❑ **Exercice 19.8.** — Autour du théorème de transfert.

1. On considère une variable aléatoire X dont la loi est donnée par :

$$P(X=2)=\frac{1}{4},\ P(X=3)=\frac{1}{4} \text{ et } P(X=4)=\frac{1}{2}$$

On pose $Y=\dfrac{1}{X}$. Calculer l'espérance de Y.

2. On considère une variable aléatoire X dont la loi est donnée par :

$$P(X=1)=\frac{1}{3},\ P(X=4)=\frac{1}{3} \text{ et } P(X=9)=\frac{1}{3}$$

On pose $Z=\sqrt{X}$. Calculer l'espérance de Z.

❑ **Exercice 19.9.** * — On considère une variable aléatoire X dont la loi est donnée par :

$$P(X=1)=\frac{1}{5},\ P(X=e)=\frac{3}{5} \text{ et } P(X=e^2)=\frac{1}{5}$$

On pose $Y=\ln X$.

1. Calculer l'espérance de Y grâce au théorème de transfert.

2. Montrer que $\dfrac{1+3e+e^2}{5} \neq e$ et en déduire que : $\ln\big(E(X)\big) \neq E(\ln X)$.

■ Pour vous aider à démarrer

Exercice 19.1. Pour la question **1**, on dispose d'un système complet d'événements.
Exercice 19.2. Pour la question **1**, même remarque, avec de plus :

$$P(X=3)=P(X=4)$$

Exercices 19.3 et **19.4.** Lister toutes les possibilités de doubles tirages et calculer, pour chacun d'entre eux, la valeur que prend X.
Exercice 19.5. Utiliser la **propriété 19.3**.
Exercice 19.6. Pour la question **2.a)**, l'événement (Z = 0) signifie que l'on n'a obtenu que des "faces" pendant les n lancers.
Exercice 19.7. Pour la question **1**, justifier que, pour tout k de $[\![2, n]\!]$, $(S \leq k)$ est réalisé si et seulement si les 2 numéros obtenus sont inférieurs ou égaux à k.
Pour la question **2**, utiliser la **propriété 19.5** : $P(S=k)=P(S \leq k)-P(S \leq k-1)$.
Exercice 19.9. Pour la question **2**, simplifier $\dfrac{1+3e+e^2}{5}-e$.

Corrigé des vrai/faux

1.	2.	3.	4.	5.	6.	7.	8.	9.	10.
V	V	F	V	F	V	F	F	V	F

1. Par définition du système complet d'événements associé à X, on a :
$P(X=0)+P(X=1)+P(X=2)=1$. Comme $P(X=0)=\frac{1}{2}$ et $P(X=1)=\frac{1}{4}$, on en déduit :
$P(X=2)=1-\frac{1}{2}-\frac{1}{4}=\frac{1}{2}-\frac{1}{4}=\frac{1}{4}$.

2. Pour tout entier naturel k de $[\![0, n]\!]$, on a, par définition de "$\geq$" :

$$(X\geq k)=(X>k)\cup(X=k)$$

Les événements $(X>k)$ et $(X=k)$ étant incompatibles, on en déduit que :
$P(X\geq k)=P(X>k)+P(X=k)$, d'où : $P(X=k)=P(X\geq k)-P(X>k)$.
Comme X prend des valeurs entières, on a : $(X\geq k)=(X>k-1)$.
Par conséquent, pour tout k de $[\![0, n]\!]$, on a : $P(X=k)=P(X>k-1)-P(X>k)$.

Remarques.

- Pour $k=0$, cette relation donne $P(X=0)=P(X>-1)-P(X>0)$.
Comme toutes les valeurs prises par X sont supérieures à -1, ceci s'écrit :
$P(X=0)=1-P(X>0)$, ce qui est correct.
- Pour $k=n$, cette relation donne $P(X=n)=P(X>n-1)-P(X>n)$.
Comme toutes les valeurs prises par X sont inférieures ou égales à n, ceci s'écrit :
$P(X=n)=P(X>n-1)$, ce qui est également correct.
- On pouvait aussi, plus simplement utiliser la **propriété 19.5** qui stipule que, pour une variable aléatoire prenant des valeurs entières, on a, en notant F sa fonction de répartition :

$$P(X=k)=F(k)-F(k-1)$$

On en déduit alors : $P(X=k)=\left(1-P(X>k)\right)-\left(1-P(X>k-1)\right)=P(X>k-1)-P(X>k)$.

3. On a $P(a\leq X\leq b)=P(X=a)+P(a<X\leq b)$, et d'après la **propriété 19.4**, on a aussi :
$F(b)-F(a)=P(a<X\leq b)$. On en conclut que : $P(a\leq X\leq b)=P(X=a)+F(b)-F(a)$.
Il suffit de choisir une variable aléatoire X telle que $P(X=a)\neq 0$ pour constater que l'on n'a pas l'égalité proposée.

4. Comme $X(\Omega)$ est fini, e^X a une espérance et le théorème de transfert assure que :

$$E(e^X)=\sum_{k=0}^{n} e^k P(X=k)$$

5. Considérons une variable aléatoire X telle que :
$X(\Omega)=\{-1,0\}$ et $P(X=-1)=P(X=0)=\frac{1}{2}$. On a : $E(X)=(-1)\times\frac{1}{2}+0\times\frac{1}{2}=-\frac{1}{2}$.
L'espérance d'une variable aléatoire n'est donc pas toujours positive.

6. On sait que $E(X)=\sum_{k=0}^{n} k\,P(X=k)$. De plus, pour tout entier naturel k tel que $0\le k\le n$, on peut écrire, en multipliant les trois membres par $P(X=k)\ge 0$: $0\le k\,P(X=k)\le n\,P(X=k)$.
En sommant cette double inégalité pour k allant de 0 à n, on trouve :
$0\le \sum_{k=0}^{n} k\,P(X=k)\le n\sum_{k=0}^{n} P(X=k)$.
Au milieu, on reconnaît l'espérance de X, quant à la somme de droite, elle vaut 1, puisque $(X=k)_{0\le k\le n}$ est un système complet d'événements. On a donc : $0\le E(X)\le n$.

7. C'était tentant mais c'est faux !
Considérons par exemple une variable aléatoire X dont la loi est donnée par :

$$P(X=-1)=\frac{3}{8},\ P(X=0)=\frac{1}{8} \text{ et } P(X=1)=\frac{1}{2}$$

Le calcul de l'espérance donne :
$E(X)=-1\times P(X=-1)+0\times P(X=0)+1\times P(X=1)=-\frac{3}{8}+\frac{1}{2}=\frac{1}{8}$.

Remarque. Si les probabilités $P(X=-1)$ et $P(X=1)$ avaient été égales, alors on aurait effectivement obtenu $E(X)=0$.

8. On a par définition : $\sigma_{aX+b}=\sqrt{V(aX+b)}$. La **propriété 19.10** donne alors :
$\sigma_{aX+b}=\sqrt{a^2V(X)}=|a|\sqrt{V(X)}$.
Finalement, $\sigma_{aX+b}=|a|\sigma_X$ et σ_{aX+b} n'est égal à $a\sigma_X$ que si a est positif.

9. Comme la loi de X est donnée par : $P(X=-1)=\frac{1}{3}$ et $P(X=1)=\frac{2}{3}$, on a :

- $E(X)=(-1)\times\frac{1}{3}+1\times\frac{2}{3}=-\frac{1}{3}+\frac{2}{3}=\frac{1}{3}$.
- $E(X^2)=(-1)^2\times\frac{1}{3}+1^2\times\frac{2}{3}=\frac{1}{3}+\frac{2}{3}=1$.

Corrigé

• $V(X)=E(X^2)-(E(X))^2=1-\frac{1}{9}=\frac{8}{9}$.

On a donc : $X^*=\frac{X-E(X)}{\sqrt{V(X)}}=\frac{X-\frac{1}{3}}{\sqrt{\frac{8}{9}}}=\frac{X-\frac{1}{3}}{\frac{2\sqrt{2}}{3}}=\frac{3\left(X-\frac{1}{3}\right)}{2\sqrt{2}}=\frac{3X-1}{2\sqrt{2}}$.

10. On sait que la variance d'une variable aléatoire est positive et qu'elle est égale à $E(X^2)-(E(X))^2$, on a donc : $E(X^2)\geq(E(X))^2$, et pas le contraire.

❑ Les erreurs classiques

- Faire très attention à la différence entre inégalités strictes et larges lors de la manipulation des fonctions de répartition.
- Lorsqu'on donne la loi d'une variable aléatoire X dont le support est $X(\Omega)=\{x_k,\ k\in I\}$, il est bon de vérifier que $\sum_{k\in I}P(X=x_k)=1$.
- L'espérance n'est pas forcément positive, mais la variance l'est.
- Ne pas confondre variance et moment d'ordre 2.

Corrigé des exercices

Exercice 19.1

1. On sait que X prend les valeurs 0, 1, 2 et 3 donc $\big((X=0),(X=1)),(X=2),(X=3)\big)$ est un système complet d'événements.
Par conséquent, on a : $P(X=0)+P(X=1)+P(X=2)+P(X=3)=1$.
En remplaçant par leurs valeurs les probabilités connues, on obtient :
$\frac{1}{10}+\frac{1}{8}+\frac{1}{5}+P(X=3)=1$.

En réduisant au même dénominateur, on trouve : $\frac{4}{40}+\frac{5}{40}+\frac{8}{40}+P(X=3)=1$.

On a donc : $P(X=3)=1-\frac{17}{40}=\frac{23}{40}$.

2. Par définition de l'espérance, on a :
$E(X)=0\times P(X=0)+1\times P(X=1)+2\times P(X=2)+3\times P(X=3)$

En remplaçant, on trouve : $E(X)=\frac{1}{8}+2\times\frac{1}{5}+3\times\frac{23}{40}=\frac{5}{40}+\frac{16}{40}+\frac{69}{40}=\frac{90}{40}=\frac{9}{4}$.

⇨ *Méthode 19.2*

Par définition du moment d'ordre 2, on a :
$E(X^2)=0^2\times P(X=0)+1^2\times P(X=1)+2^2\times P(X=2)+3^2\times P(X=3)$

En remplaçant, on trouve : $E(X^2)=\frac{1}{8}+4\times\frac{1}{5}+9\times\frac{23}{40}=\frac{5}{40}+\frac{32}{40}+\frac{207}{40}=\frac{244}{40}=\frac{61}{10}$.

Pour finir, on sait que $V(X)=E(X^2)-(E(X))^2=\frac{61}{10}-\left(\frac{9}{4}\right)^2=\frac{61}{10}-\frac{81}{16}=\frac{488}{80}-\frac{405}{80}=\frac{83}{80}$.

⇨ *Méthode 19.3*

Exercice 19.2

1. X prend les valeurs 0, 1, 2, 3 et 4 donc $\big((X=0),(X=1)),(X=2),(X=3),(X=4)\big)$ est un système complet d'événements.
Par conséquent, on a : $P(X=0)+P(X=1)+P(X=2)+P(X=3)+P(X=4)=1$.
Les événements $(X=3)$ et $(X=4)$ sont équiprobables donc $P(X=4)=P(X=3)$, on obtient donc (en remplaçant les probabilités connues) : $\frac{1}{10}+\frac{1}{4}+\frac{1}{2}+2P(X=3)=1$

En réduisant au même dénominateur, on trouve : $\frac{2}{20}+\frac{5}{20}+\frac{10}{20}+P(X=3)=1$.

On a donc : $2P(X=3)=1-\frac{17}{20}=\frac{3}{20}$.

On en déduit : $P(X=3)=P(X=4)=\frac{3}{40}$.

2. • Par définition de l'espérance, on a :

$E(X)=0\times P(X=0)+1\times P(X=1)+2\times P(X=2)+3\times P(X=3)+4\times P(X=4)$

En remplaçant, on trouve : $E(X)=\frac{1}{4}+2\times\frac{1}{2}+3\times\frac{3}{40}+4\times\frac{3}{40}=\frac{10}{40}+\frac{40}{40}+\frac{9}{40}+\frac{12}{40}=\frac{71}{40}$.

⇨ *Méthode 19.2*

Par définition du moment d'ordre 2, on a :

$E(X^2)=0^2\times P(X=0)+1^2\times P(X=1)+2^2\times P(X=2)+3^2\times P(X=3)+4^2\times P(X=4)$.

En remplaçant, on trouve :

$E(X^2)=\frac{1}{4}+4\times\frac{1}{2}+9\times\frac{3}{40}+16\times\frac{3}{40}=\frac{1}{4}+2+\frac{27}{40}+\frac{48}{40}=\frac{10}{40}+\frac{80}{40}+\frac{27}{40}+\frac{48}{40}=\frac{165}{40}=\frac{33}{8}$.

Pour finir, on sait que $V(X)=E(X^2)-(E(X))^2=\frac{33}{8}-\left(\frac{71}{40}\right)^2=\frac{6600}{1600}-\frac{5041}{1600}=\frac{1559}{1600}$.

⇨ *Méthode 19.3*

Exercice 19.3

On pioche successivement deux boules, sans remise de la première boule, dans une urne contenant 5 boules numérotées de 1 à 5. On note X la valeur absolue de la différence des deux numéros obtenus.

Recherche de la loi de X.

Si l'on modélise les deux tirages par un couple dont la première composante est le numéro du premier tirage et la deuxième le numéro du deuxième tirage, alors les différentes possibilités sont : (1, 2), (1, 3), (1, 4), (1, 5), (2, 1), (2, 3), (2, 4), (2, 5), (3, 1), (3, 2), (3, 4), (3, 5), (4, 1), (4, 2), (4, 3), (4, 5), (5, 1), (5, 2), (5, 3), (5, 4).

La probabilité d'obtenir l'un quelconque de ces couples est $\frac{1}{5}\times\frac{1}{4}=\frac{1}{20}$ (on a 5 choix pour le premier numéro puis 4 choix pour le second puisqu'il n'y a pas remise de la boule tirée au premier tirage).

Les valeurs prises par X sont 1, 2, 3 et 4.

• X prend la valeur 1 si l'on obtient un des 8 couples :

(1, 2), (2, 1), (2, 3), (3, 2), (3, 4), (4, 3), (4, 5) et (5, 4) donc $P(X=1)=\frac{8}{20}=\frac{2}{5}$.

• X prend la valeur 2 si l'on obtient un des 6 couples :

(1, 3), (2, 4), (3, 1), (3, 5), (4, 2), et (5, 3) donc $P(X=2)=\frac{6}{20}=\frac{3}{10}$.

• X prend la valeur 3 si l'on obtient un des 4 couples :

(1, 4), (2, 5), (4, 1) et (5, 2) donc $P(X=3)=\dfrac{4}{20}=\dfrac{1}{5}$.

• X prend la valeur 4 si l'on obtient un des 2 couples :

(1, 5) et (5, 1) donc $P(X=4)=\dfrac{2}{20}=\dfrac{1}{10}$.

On vérifie bien que $P(X=1)+P(X=2)+P(X=3)+P(X=4)=1$.

⇨ *Méthode 19.1*

Calcul de l'espérance de *X*.

Par définition, on a : $E(X)=1\times\dfrac{2}{5}+2\times\dfrac{3}{10}+3\times\dfrac{1}{5}+4\times\dfrac{1}{10}=\dfrac{2}{5}+\dfrac{3}{5}+\dfrac{3}{5}+\dfrac{2}{5}=2$.

⇨ *Méthode 19.2*

Calcul de la variance de *X*.

Par définition, on a : $E(X^2)=1\times\dfrac{2}{5}+4\times\dfrac{3}{10}+9\times\dfrac{1}{5}+16\times\dfrac{1}{10}=\dfrac{2}{5}+\dfrac{6}{5}+\dfrac{9}{5}+\dfrac{8}{5}=\dfrac{25}{5}=5$.

On a donc : $V(X)=E(X^2)-(E(X))^2=5-4=1$.

⇨ *Méthode 19.3*

Exercice 19.4

Recherche de la loi de *X*.

L'exercice est presque le même sauf que les couples (1, 1), (2, 2), (3, 3), (4, 4) et (5, 5) sont possibles puisqu'il y a remise. On a donc en tout 25 couples possibles :
(1, 1), (1, 2), (1, 3), (1, 4), (1, 5), (2, 1), (2, 2), (2, 3), (2, 4), (2, 5), (3, 1), (3, 2), (3, 3), (3, 4), (3, 5), (4, 1), (4, 2), (4, 3), (4, 4), (4, 5), (5, 1), (5, 2), (5, 3), (5, 4), (5, 5).

La probabilité d'obtenir l'un quelconque de ces couples est $\dfrac{1}{5}\times\dfrac{1}{5}=\dfrac{1}{25}$ (on a 5 choix pour le premier numéro puis 5 choix pour le second puisqu'il y a remise de la boule tirée au premier tirage).

Les valeurs prises par X sont cette fois 0, 1, 2, 3 et 4.

• X prend la valeur 0 si l'on obtient un des 5 couples :

(1, 1), (2, 2), (3, 3), (4, 4) et (5, 5) donc $P(X=0)=\dfrac{5}{25}=\dfrac{1}{5}$

• X prend la valeur 1 si l'on obtient un des 8 couples :

(1, 2), (2, 1), (2, 3), (3, 2), (3, 4), (4, 3), (4, 5) et (5, 4) donc $P(X=1)=\dfrac{8}{25}$.

• X prend la valeur 2 si l'on obtient un des 6 couples :

(1, 3), (2, 4), (3, 1), (3, 5), (4, 2), et (5, 3) donc $P(X=2)=\dfrac{6}{25}$.

• X prend la valeur 3 si l'on obtient un des 4 couples :

(1, 4), (2, 5), (4, 1) et (5, 2) donc $P(X=3)=\dfrac{4}{25}$.

Corrigé

• X prend la valeur 4 si l'on obtient un des 2 couples :

(1, 5) et (5, 1) donc $P(X=4)=\dfrac{2}{25}$.

On vérifie bien que $P(X=0)+P(X=1)+P(X=2)+P(X=3)+P(X=4)=1$.

⇨ *Méthode 19.1*

Calcul de l'espérance de *X*.

Par définition, on a : $E(X)=0\times\dfrac{1}{5}+1\times\dfrac{8}{25}+2\times\dfrac{6}{25}+3\times\dfrac{4}{25}+4\times\dfrac{2}{25}=\dfrac{40}{25}=\dfrac{8}{5}$.

⇨ *Méthode 19.2*

Calcul de la variance de *X*.

Par définition, on a :

$E(X^2)=0\times\dfrac{1}{5}+1\times\dfrac{8}{25}+4\times\dfrac{6}{25}+9\times\dfrac{4}{25}+16\times\dfrac{2}{25}=\dfrac{8}{25}+\dfrac{24}{25}+\dfrac{36}{25}+\dfrac{32}{25}=\dfrac{100}{25}=4$.

On a donc : $V(X)=E(X^2)-(E(X))^2=4-\dfrac{64}{25}=\dfrac{100}{25}-\dfrac{64}{25}=\dfrac{36}{25}$.

⇨ *Méthode 19.3*

Exercice 19.5

Soit F la fonction de répartition de la variable aléatoire X.

• Si $x<-1$, $F(x)=P(X\leq x)=0$, car pour tout x strictement inférieur à -1, x n'est pas dans le support de X.

• Si $-1\leq x<0$, $F(x)=P(X\leq x)=P(X=-1)=\dfrac{1}{6}$, car -1 est la seule valeur du support de X appartenant à $]-\infty,x]$.

• Si $0\leq x<2$, $F(x)=P(X\leq x)=P((X=-1)\cup(X=0))=\dfrac{1}{6}+\dfrac{1}{3}=\dfrac{1}{2}$ (par incompatibilité), car 0 et -1 sont les seules valeurs du support de X appartenant à $]-\infty,x]$.

• Si $2\leq x$, $F(x)=P(X\leq x)=1$, car toutes les valeurs du support de X appartiennent à $]-\infty,x]$.

Exercice 19.6

1. Si un "pile" doit survenir, ceci peut se produire lors de n'importe quel lancer, entre le premier et le $n^{\text{ème}}$ lancer donc $Z(\Omega)$ contient les entiers 1, 2, …, n.

L'énoncé précisant que Z prend la valeur 0 si aucun "pile" ne survient, on peut conclure que :

$$Z(\Omega)=[\![0,n]\!]$$

2. a) En notant P_k l'événement « on obtient "pile" au $k^{\text{ème}}$ lancer », on a :

• $(Z=0)=\overline{P_1}\cap\overline{P_2}\cap\ldots\cap\overline{P_n}$, et, par indépendance des lancers, on obtient :

$$P(Z=0)=P(\overline{P_1})P(\overline{P_2})\ldots P(\overline{P_n})$$

La pièce étant équilibrée, on a finalement : $P(Z=0) = \left(\frac{1}{2}\right)^n$.

- Pour tout k de $[\![1, n]\!]$ on a : $(Z = k) = \overline{P_1} \cap \ldots \cap \overline{P_{k-1}} \cap P_k$. Toujours par indépendance des lancers, on trouve : $P(Z=k) = \left(\frac{1}{2}\right)^k$.

⇨ *Méthode 19.1*

b) $\sum_{k=0}^{n} P(Z=k) = \left(\frac{1}{2}\right)^n + \sum_{k=1}^{n}\left(\frac{1}{2}\right)^k = \left(\frac{1}{2}\right)^n + \frac{1}{2}\times\frac{1-\left(\frac{1}{2}\right)^n}{1-\frac{1}{2}} = \left(\frac{1}{2}\right)^n + 1 - \left(\frac{1}{2}\right)^n$.

On a donc $\sum_{k=0}^{n} P(Z=k) = 1$, ce qui confirme que Z est bien une variable aléatoire.

Exercice 19.7

1. On a bien sûr $S(\Omega) = [\![2,n]\!]$ et, pour tout k de $[\![2,n]\!]$, $(S \leq k)$ est réalisé si et seulement si les deux numéros obtenus sont inférieurs ou égaux à k (en effet, dire que le plus grand des deux numéros obtenus est inférieur ou égal à k, c'est dire que les deux le sont).
La probabilité $P(S \leq k)$ est la probabilité de tirer une première boule dont le numéro est inférieur ou égal à k (avec la probabilité $\frac{k}{n}$, puisqu'il y a n boules dont k ont un numéro inférieur ou égal à k), puis une deuxième boule dont le numéro est inférieur ou égal à k (avec la probabilité $\frac{k-1}{n-1}$, puisqu'il ne reste plus que $n-1$ boules dans l'urne dont $k-1$ ont un numéro inférieur ou égal à k). On a donc, grâce à la formule des probabilités composées :

$$\forall k \in [\![2,n]\!],\ P(S \leq k) = \frac{k}{n}\times\frac{k-1}{n-1} = \frac{k(k-1)}{n(n-1)} \qquad (*)$$

2. Grâce à la **propriété 19.5**, on peut écrire : $\forall k \in [\![2,n]\!],\ P(S=k) = P(S \leq k) - P(S \leq k-1)$.
Remarquons que, pour $k=2$, cette égalité fait intervenir la probabilité $P(S \leq 1)$ pour laquelle on peut tout de même utiliser l'expression $(*)$ puisque cette dernière fournit $P(S \leq 1) = 0$, ce qui est correct.
Ainsi, on en déduit : $\forall k \in [\![2,n]\!],\ P(S=k) = \frac{k(k-1)}{n(n-1)} - \frac{(k-1)(k-2)}{n(n-1)} = \frac{2(k-1)}{n(n-1)}$.

⇨ *Méthode 19.1*

Exercice 19.8

1. Comme l'espérance de X s'écrit $E(X) = 2\times P(X=2) + 3\times P(X=3) + 4\times P(X=4)$, le théorème de transfert précise que, comme $Y = \frac{1}{X}$, alors l'espérance de Y s'écrit :

$E(Y)=\frac{1}{2}\times P(X=2)+\frac{1}{3}\times P(X=3)+\frac{1}{4}\times P(X=4)$.

On en déduit : $E(Y)=\frac{1}{2}\times\frac{1}{4}+\frac{1}{3}\times\frac{1}{4}+\frac{1}{4}\times\frac{1}{2}$. Après simplification, on trouve : $E(Y)=\frac{1}{3}$.

2. Comme l'espérance de X s'écrit $E(X)=1\times P(X=1)+4\times P(X=4)+9\times P(X=9)$, le théorème de transfert précise que, comme $Z=\sqrt{X}$, alors l'espérance de Z s'écrit :

$E(Z)=\sqrt{1}\times P(X=2)+\sqrt{4}\times P(X=3)+\sqrt{9}\times P(X=4)$.

On en déduit : $E(Z)=1\times\frac{1}{3}+2\times\frac{1}{3}+3\times\frac{1}{3}=\frac{1}{3}+\frac{2}{3}+\frac{3}{3}=\frac{6}{3}=2$.

Exercice 19.9

1. Comme l'espérance de X s'écrit $E(X)=1\times P(X=1)+e\times P(X=e)+e^2\times P(X=e^2)$, le théorème de transfert précise que, comme $Y=\ln X$, alors l'espérance de Y s'écrit :

$E(Y)=\ln 1\times P(X=1)+\ln e\times P(X=e)+\ln(e^2)\times P(X=e^2)$.

On a donc : $E(Y)=0\times P(X=1)+1\times P(X=e)+2\times P(X=e^2)=0\times\frac{1}{5}+1\times\frac{3}{5}+2\times\frac{1}{5}=1$.

2. Comme $P(X=1)=\frac{1}{5}$, $P(X=e)=\frac{3}{5}$ et $P(X=e^2)=\frac{1}{5}$, l'espérance de X est :

$E(X)=1\times\frac{1}{5}+e\times\frac{3}{5}+e^2\times\frac{1}{5}=\frac{1+3e+e^2}{5}$.

$\frac{1+3e+e^2}{5}-e=\frac{1+3e+e^2-5e}{5}=\frac{1-2e+e^2}{5}=\frac{(e-1)^2}{5}\neq 0$ (car $e>1$).

On en déduit que $\frac{1+3e+e^2}{5}\neq e$, d'où $\ln(E(X))\neq 1$, c'est-à-dire : $\ln(E(X))\neq E(\ln X)$.

Chapitre 20
Lois finies usuelles

Au Moyen-Age, le mot *loi* exprime la règle divine symbolisée par les tables données par Dieu à Moïse au sommet du mont Sinaï. A la Renaissance, son sens s'étend aux règles imposées par la conscience. On voit alors poindre la notion de loi physique puis par extension ce mot désigne l'équation mathématique qui régit ce phénomène. Adolphe **Quételet**, mathématicien et sociologue belge, développe l'étude statistique des mensurations et du comportement humain ; il définit ainsi ce qu'il appelle *l'homme moyen*. S'inspirant de la physique, il cherche à y trouver ce que l'on nomme tout naturellement des lois. Pour effectuer ces travaux, il introduit des méthodes statistiques théoriques, domaine où le mot *loi* s'utilise par extension. Ceci se généralise et on parle désormais de loi uniforme, loi binomiale, etc, qui sont des modélisations d'expériences aléatoires classiques. Remarquons que les anglais préfèrent employer le mot *distribution* et les Allemands *Verteilung* (*répartition*).

Adolphe Quételet
1796-1874

Objectifs

Les incontournables

- ▷ Connaître les caractéristiques des lois usuelles (support, loi, espérance et variance).
- ▷ Savoir reconnaître une situation dans laquelle une variable aléatoire suit une loi usuelle.

Et plus si affinités

- ▷ Savoir utiliser une loi usuelle pour en étudier une qui semble proche par changement de variable aléatoire.

Résumé de cours

Les lois discrètes finies

Variable aléatoire certaine (ou constante)

Définition 20.1. — Une variable aléatoire est certaine si elle ne prend qu'une seule valeur a.
On a alors : $P(X = a) = 1$.

Propriété 20.1. — Si X est certaine, avec $X(\Omega) = \{a\}$, alors $E(X) = a$ et $V(X) = 0$.

Théorème 20.1. — Si X est une variable aléatoire finie de variance nulle, alors il existe un réel a pour lequel $P\left(X = a\right) = 1$. On dit que X est une variable quasi certaine.

Loi uniforme $\mathcal{U}(\llbracket 1, n \rrbracket)$

Définition 20.2. — Une variable aléatoire X suit la loi uniforme sur $\llbracket 1, n \rrbracket$, ce que l'on note $X \hookrightarrow \mathcal{U}\left(\llbracket 1, n \rrbracket\right)$, si : $X(\Omega) = \llbracket 1, n \rrbracket$ et $\forall k \in \llbracket 1, n \rrbracket$, $P(X = k) = \dfrac{1}{n}$

Propriété 20.2. — Si X est une variable aléatoire suivant la loi uniforme $\mathcal{U}\left(\llbracket 1, n \rrbracket\right)$, alors X possède une espérance et une variance données par : $E(X) = \dfrac{n+1}{2}$ et $V(X) = \dfrac{n^2 - 1}{12}$.

⇨ **Méthode 20.1. Comment reconnaître une loi uniforme ?**

Définition 20.3. — Généralisation. On désigne par a et b deux entiers tels que $a < b$.
Une variable aléatoire X suit la loi uniforme $\mathcal{U}\left(\llbracket a, b \rrbracket\right)$, ce que l'on note $X \hookrightarrow \mathcal{U}\left(\llbracket a, b \rrbracket\right)$, si :

$$\forall k \in \llbracket a, b \rrbracket, P(X = k) = \frac{1}{b - a + 1}$$

Propriété 20.3. — Soit a et b deux entiers tels que $a < b$.

$$X \hookrightarrow \mathcal{U}\left(\llbracket a, b \rrbracket\right) \Leftrightarrow X - a + 1 \hookrightarrow \mathcal{U}\left(\llbracket 1, b - a + 1 \rrbracket\right)$$

Propriété 20.4. — Conséquence.
Si X est une variable aléatoire suivant la loi uniforme $\mathcal{U}\left(\llbracket a, b \rrbracket\right)$, alors X possède une espérance et une variance données par : $E(X) = \dfrac{a+b}{2}$ et $V(X) = \dfrac{\left(b - a + 1\right)^2 - 1}{12}$.

❑ Loi de Bernoulli de paramètre p ($p \in [0, 1]$) : $\mathcal{B}(p)$

Définition 20.4. — Une variable aléatoire suit la loi de Bernoulli de paramètre p, ce que l'on note $X \hookrightarrow \mathcal{B}(p)$, si :

$$X(\Omega) = \{0, 1\} \text{ et } P(X = 1) = p$$

Remarque 20.1. — On a bien sûr $P(X = 0) = 1 - p$.

Propriété 20.5. — Si X est une variable aléatoire suivant la loi de Bernoulli $\mathcal{B}(p)$, alors X possède une espérance et une variance données par : $E(X) = p$ et $V(X) = p(1-p)$.

⇨ **Méthode 20.2. Comment reconnaître une loi de Bernoulli ?**

❑ Loi binomiale de paramètres n et p ($p \in [0, 1]$) : $\mathcal{B}(n, p)$

Définition 20.5. — Une variable aléatoire suit la loi binomiale de paramètres n et p, ce que l'on note $X \hookrightarrow \mathcal{B}(n, p)$, si : $X(\Omega) = [\![0, n]\!]$ et $\forall k \in [\![0, n]\!]$, $P(X = k) = \binom{n}{k} p^k (1-p)^{n-k}$

Propriété 20.6. — Si X est une variable aléatoire suivant la loi binomiale $\mathcal{B}(n, p)$, alors X possède une espérance et une variance données par : $E(X) = np$ et $V(X) = np(1-p)$.

Théorème 20.2. — Une variable aléatoire suivant la loi binomiale $\mathcal{B}(n, p)$ peut être considérée comme le nombre de succès obtenus au cours de n épreuves *indépendantes*, chacune ayant deux issues possibles, le succès de probabilité p et l'échec de probabilité $1 - p$.

⇨ **Méthode 20.3. Comment reconnaître une loi binomiale ?**

Propriété 20.7. — Rappel : formule du binôme de Newton.

$$\forall (a,b) \in \mathbb{R}^2, \forall n \in \mathbb{N}, (a+b)^n = \sum_{k=0}^{n} \binom{n}{k} a^k b^{n-k} = \sum_{k=0}^{n} \binom{n}{k} a^{n-k} b^k$$

Remarque 20.2. — Voici une démonstration dans le cas où a et b sont des entiers naturels. Considérons une urne contenant a boules blanches et b boules noires. On effectue n tirages d'une boule, avec à chaque fois remise de la boule tirée.
Soit X la variable aléatoire comptant le nombre de boules blanches : on sait que X suit la loi binomiale $\mathcal{B}(n, \frac{a}{a+b})$. Du fait que X est une variable aléatoire de support $[\![0, n]\!]$, on a $\sum_{k=0}^{n} P(X = k) = 1$, ce qui donne : $\sum_{k=0}^{n} \binom{n}{k} \left(\frac{a}{a+b}\right)^k \left(\frac{b}{a+b}\right)^{n-k} = 1$.

On en déduit $\sum_{k=0}^{n} \binom{n}{k} \frac{a^k b^{n-k}}{(a+b)^n} = 1$, ce qui s'écrit encore : $\frac{1}{(a+b)^n} \sum_{k=0}^{n} \binom{n}{k} a^k b^{n-k} = 1$. En multipliant les deux membres par $(a+b)^n$, on a bien : $\sum_{k=0}^{n} \binom{n}{k} a^k b^{n-k} = (a+b)^n$.

Méthodes

Comment reconnaître une loi usuelle ?

Méthode 20.1. Comment reconnaître une loi uniforme ?

La loi uniforme est la loi de l'équiprobabilité, garantie par la locution « au hasard ». On la reconnaît lorsque les événements $(X = k)$ ont la même probabilité.

⇨ Exercices 20.1, 20.2

Exemple. On extrait une boule au hasard d'une urne qui contient n boules numérotées de 1 à n ($n \geq 1$). Quelle est la loi de la variable aléatoire X égale au numéro de la boule obtenue ?

Comme le tirage est fait au hasard, chaque boule possède la même probabilité $\frac{1}{n}$ d'être extraite de l'urne. Par conséquent : X suit la loi $\mathcal{U}(\llbracket 1, n \rrbracket)$.

Méthode 20.2. Comment reconnaître une loi de Bernoulli ?

Une variable aléatoire X suit une loi de Bernoulli si elle prend la valeur 1 lorsque l'événement A « obtenir un succès » est réalisé et la valeur 0 dans le cas contraire, lors d'une épreuve à deux issues (obtenir un succès ou pas).
Le paramètre de la loi est égal à $P(X = 1) = P(A)$.

⇨ Exercices 20.1, 20.3, 20.5, 20.6

Exemple. On lance une pièce donnant *Pile* avec la probabilité p et *Face* avec la probabilité $1 - p$. Quelle est la loi de la variable aléatoire X, qui vaut 1 si lors du premier lancer, on obtient *Pile* et 0 sinon ?
X suit une loi de Bernoulli puisqu'elle prend comme seules valeurs 0 et 1. De plus, le paramètre de cette loi est p puisque la probabilité d'obtenir un succès (faire *Pile*) est égale à p.
Conclusion : X suit la loi $\mathcal{B}(p)$.

Méthode 20.3. Comment reconnaître une loi binomiale ?

Les variables binomiales sont des compteurs de succès lors de la répétition de plusieurs épreuves identiques, indépendantes (par exemple des tirages avec remise) et à deux issues (succès ou échec).

⇨ Exercices 20.4, 20.7

Exemple. On lance n fois une pièce, donnant *Pile* avec la probabilité p et *Face* avec la probabilité $1-p$. Quelle est la loi de la variable aléatoire X égale au nombre de *Piles* obtenus ?

Les lancers d'une pièce étant, par nature, indépendants, la variable X est égale au nombre de succès (faire *Pile*) obtenus au cours de n épreuves indépendantes et comme la, probabilité du succès est égale à p, on peut conclure que X suit la loi $\mathcal{B}(n,p)$.

Vrai/Faux

	Vrai	Faux
1. Si X suit la loi $\mathcal{U}(\llbracket 1, n \rrbracket)$, alors $2X$ suit la loi $\mathcal{U}(\llbracket 2, 2n \rrbracket)$.	☐	☐
2. Si X suit la loi $\mathcal{U}(\llbracket 1, n+1 \rrbracket)$, alors on a : $E(X) = \dfrac{n+2}{2}$ et $V(X) = \dfrac{n^2}{12}$.	☐	☐
3. Si X suit la loi $\mathcal{B}(p)$, alors $1-X$ suit aussi la loi $\mathcal{B}(p)$.	☐	☐
4. Les deux propositions suivantes sont équivalentes : « X suit la loi uniforme sur $\llbracket 0,1 \rrbracket$ » et « X suit la loi de Bernoulli de paramètre $\dfrac{1}{2}$ ».	☐	☐
5. Si la loi de X est donnée par : $P(X=1) = P(X=2) = \dfrac{1}{2}$, alors X suit la loi de Bernoulli de paramètre $\dfrac{1}{2}$.	☐	☐
6. Si la loi de X est donnée par : $P(X=1) = P(X=2) = \dfrac{1}{2}$, alors X suit une loi uniforme.	☐	☐
7. Si X suit la loi $\mathcal{B}(n, p)$, alors on a : $P(X \geq 1) = 1 - p^n$.	☐	☐
8. Si X suit la loi $\mathcal{B}(n, p)$, alors on a : $P(X=0) = (1-p)^n$.	☐	☐
9. Si X suit la loi $\mathcal{B}(n, \dfrac{1}{2})$, alors on a : $P(X=1) = P(X=n-1)$.	☐	☐
10. Si X suit la loi $\mathcal{B}(n, \dfrac{1}{3})$, alors on a : $P(X=1) = \dfrac{n}{3^n}$.	☐	☐

Énoncé des exercices

❑ **Exercice 20.1.** — Un mobile se déplace sur les points à coordonnées entières d'un axe gradué. Il est au départ à l'origine (point d'abscisse 0) et se déplace à chaque saut, de façon équiprobable, soit d'une unité vers la droite (son abscisse augmente de 1), soit de deux unités vers la droite (son abscisse augmente de 2). On admet que les sauts sont indépendants les uns des autres.
On note X_1 la variable aléatoire égale à l'abscisse du mobile après le premier saut et, pour tout entier naturel k supérieur ou égal à 2, on note X_k la variable aléatoire égale à la différence entre l'abscisse du mobile après le $k^{\text{ème}}$ saut et l'abscisse du mobile après le $(k-1)^{\text{ème}}$ saut $(k \geq 2)$.
1. Donner la loi de X_1 puis justifier que, pour tout entier naturel k supérieur ou égal à 2, X_k a la même loi que X_1.
2. Pour tout entier naturel k non nul, on pose $Y_k = X_k - 1$. Reconnaître la loi suivie par Y_k.

❑ **Exercice 20.2.*** — On désigne par n un entier naturel non nul. Une urne contient n boules numérotées de 1 à n. On extrait une par une des boules de cette urne (sans remise) jusqu'à obtenir la boule numérotée n. On note alors X la variable aléatoire égale au rang du tirage où l'on obtient la boule numérotée n. Déterminer la loi de X (on pourra considérer les événements N_j : « la boule numérotée n apparaît au $j^{\text{ème}}$ tirage).

❑ **Exercice 20.3.** — On tire une boule au hasard dans une urne contenant n boules blanches $(n \geq 1)$ et m boules noires $(m \geq 1)$. On note X la variable aléatoire qui vaut 1 si l'on obtient une boule blanche et 0 si l'on obtient une boule noire. Quelle est la loi de X ?

❑ **Exercice 20.4.** — On procède à n lancers d'un dé dont les six faces sont numérotées de 1 à 6. On note X la variable aléatoire égale au nombre de fois où l'on obtient un numéro pair. Quelle est la loi de X ?

❑ **Exercice 20.5.*** — Une propriété intéressante des variables aléatoires suivant une loi de Bernoulli. On désigne par p un réel de $]0, 1[$.
1. Montrer que, si X suit la loi $\mathcal{B}(p)$, alors X^2 suit aussi la loi $\mathcal{B}(p)$.
2. Montrer que, si X suit la loi $\mathcal{B}(p)$, alors $X = X^2$ (il s'agit ici de montrer que les variables aléatoires sont égales, et pas seulement qu'elles ont la même loi comme à la question **1**).

❑ **Exercice 20.6.** — On désigne par p un réel de $]0, 1[$ et on considère une variable aléatoire X dont la loi est donnée par : $P(X = 1) = p$ et $P(X = -1) = 1 - p$.
1. Calculer l'espérance et la variance de X.
2. On pose $Y = \dfrac{1+X}{2}$. Quelle est la loi de la variable aléatoire Y ?

3. On pose $Z=\dfrac{1-X}{2}$. Quelle est la loi de la variable aléatoire Z ?

❑ **Exercice 20.7.** — On considère une variable aléatoire X suivant la loi binomiale de paramètres n et p (n entier naturel et p élément de $]0, 1[$).
On pose $Y=n-X$. Donner par deux méthodes différentes la loi de Y.

❑ **Exercice 20.8.** * — Où l'on découvre une loi usuelle dans une situation qui ne permettait pas de s'en douter. On considère l'ensemble $E_n=[\![1,n]\!]$, avec, bien sûr, n supérieur ou égal à 1.

1. Rappeler quel est le nombre de parties de l'ensemble E_n.

2. On dispose de morceaux de papier identiques. Sur chacun d'eux, on écrit une partie de E_n (pour la partie vide, on n'inscrit rien) et on place ces papiers dans une urne. On extrait au hasard un papier de l'urne (chaque papier a donc la même probabilité d'être extrait de l'urne), et on note X la variable aléatoire égale au nombre d'entiers écrits sur ce morceau de papier.

a) Pour tout k de $[\![0,n]\!]$, déterminer le cardinal de $(X=k)$.

b) Reconnaître alors la loi de X et donner son espérance et sa variance.

❑ **Exercice 20.9.** — On lance une pièce donnant "*Pile*" avec la probabilité p et "*Face*" avec la probabilité $q=1-p$. On suppose que $p\in\,]0,1[$ et on admet que les lancers sont mutuellement indépendants.
Pour tout entier naturel k, supérieur ou égal à 2, on dit que le $k^{\text{ème}}$ lancer est un changement s'il amène un résultat différent de celui du $(k-1)^{\text{ème}}$ lancer.
On note P_k (respectivement F_k) l'événement « on obtient "*Pile*" (respectivement "*Face*") au $k^{\text{ème}}$ lancer ». Pour tout entier naturel n supérieur ou égal à 2, on note X_n la variable aléatoire égale au nombre de changements survenus durant les n premiers lancers.

1. Reconnaître la loi de X_2.

2. a) Donner la loi de X_3.

b) Vérifier que, si $p=q$, X_3 suit une loi binomiale et en donner les paramètres.

❑ **Exercice 20.10.** — Soit X une variable aléatoire suivant la loi binomiale de paramètres n et p (avec $0<p<1$). Calculer, pour tout réel t, l'espérance de la variable aléatoire e^{tX}.

■ Pour vous aider à démarrer

Exercice 20.1. Pour la question **1**, déterminer $X_1(\Omega)$ en tout premier.

Pour la question **2**, déterminer $(X_k-1)(\Omega)$ en tout premier.

Exercice 20.2. On a $(X=1)=N_1$ et, pour tout entier j supérieur ou égal à 2, on a :

$(X=j)=\overline{N_1}\cap\overline{N_2}\cap\ldots\cap\overline{N_{j-1}}\cap N_j$.

Exercice 20.3. Comme $X(\Omega)=\{0,1\}$, on sait que X suit une loi de Bernoulli. Il reste à déterminer $P(X=1)$.

Exercice 20.4. La variable aléatoire X est un compteur de succès lors de n épreuves indépendantes.

Exercice 20.5. Pour la question **2**, il faut montrer que $X-X^2=0$.

Exercice 20.6. Pour les questions **2** et **3**, déterminer d'abord $Y(\Omega)$ et $Z(\Omega)$.

Exercice 20.7. On peut procéder par le calcul à l'aide de la loi de X ou réfléchir à ce que représente Y si on assimile X au nombre de succès obtenus lors de n épreuves indépendantes pour lesquelles le succès est de probabilité p.

Exercice 20.8. Pour la question **2.a)**, combien y a-t-il de parties à k éléments d'un ensemble à n éléments ?

Exercice 20.9. Pour la question **1**, en 2 lancers, on peut avoir 0 ou 1 changement. Pour la question **2.a)**, en trois lancers, on peut avoir 0, 1 ou 2 changements.

Exercice 20.10. Utiliser le théorème de transfert.

Corrigé des vrai/faux

1.	2.	3.	4.	5.	6.	7.	8.	9.	10.
F	F	F	V	F	V	F	V	V	F

1. Si X suit la loi uniforme sur $[\![1,n]\!]$, alors le support de la variable $2X$ est $\{2, 4, 6,..., 2n\}$ qui est différent de $[\![2,2n]\!]$. Ainsi, la variable $2X$ ne suit pas la loi uniforme sur $[\![2,2n]\!]$.

2. On sait que si X suit la loi uniforme sur $[\![1,n]\!]$, alors : $E(X)=\dfrac{n+1}{2}$ et $V(X)=\dfrac{n^2-1}{12}$.

On en déduit que si X suit la loi uniforme sur $[\![1,n+1]\!]$, on a (en remplaçant n par $n+1$) :

$E(X)=\dfrac{n+2}{2}$ et $V(X)=\dfrac{(n+1)^2-1}{12}=\dfrac{n^2+2n}{12}$. Ainsi, $V(X)\neq\dfrac{n^2}{12}$.

3. Soit X une variable aléatoire suivant la loi de Bernoulli de paramètre p.
Le support de la variable aléatoire $1-X$ est $\{0,1\}$ et on a :
$P(1-X=0)=P(X=1)=p$ et $P(1-X=1)=P(X=0)=1-p$.
On en déduit que la variable $1-X$ suit la loi de Bernoulli de paramètre $1-p$.

4. X suit la loi uniforme sur $[\![0,1]\!]$ signifie : $X(\Omega)=[\![0,1]\!]$ et $P(X=1)=P(X=0)=\dfrac{1}{2}$.

X suit la loi de Bernoulli de paramètre $\dfrac{1}{2}$ signifie : $X(\Omega)=[\![0,1]\!]$ et $P(X=1)=P(X=0)=\dfrac{1}{2}$.

La proposition « X suit la loi uniforme sur $[\![0,1]\!]$ » est bien équivalente à « X suit la loi de Bernoulli de paramètre $\dfrac{1}{2}$ ».

5. Le support d'une variable suivant une loi de Bernoulli est l'ensemble $\{0, 1\}$.
Ici, on a $X(\Omega) = \{1, 2\}$ donc X ne suit pas une loi de Bernoulli.

6. Le fait que : $P(X=1)=P(X=2)=\dfrac{1}{2}$ définit complètement la loi de la variable X puisque $P(X=1)+P(X=2)=1$. L'équiprobabilité garantit que X suit la loi uniforme sur $[\![1,2]\!]$.

Corrigé

7. Si X suit la loi binomiale de paramètres n et p, alors, en posant $q=1-p$, on a :
$P(X\geq 1)=P(\overline{X=0})=1-P(X=0)=1-q^n$, ce qui n'est pas nécessairement égal à $1-p^n$ (sauf si $p=q$, c'est-à-dire si $p=\dfrac{1}{2}$).

8. Si X suit la loi binomiale de paramètres n et p, alors on a effectivement :
$P(X=0)=\binom{n}{0}p^0(1-p)^{n-0}=(1-p)^n$.

9. Si X suit la loi $\mathcal{B}(n, \dfrac{1}{2})$, alors on a :

$$P(X=1)=\binom{n}{1}\left(\frac{1}{2}\right)^1\left(1-\frac{1}{2}\right)^{n-1}=\binom{n}{1}\left(\frac{1}{2}\right)^1\left(\frac{1}{2}\right)^{n-1}=n\left(\frac{1}{2}\right)^n=\frac{n}{2^n}.$$

De même, on a : $P(X=n-1)=\binom{n}{n-1}\left(\dfrac{1}{2}\right)^{n-1}\left(1-\dfrac{1}{2}\right)^1=\binom{n}{n-1}\left(\dfrac{1}{2}\right)^{n-1}\left(\dfrac{1}{2}\right)^1=n\left(\dfrac{1}{2}\right)^n=\dfrac{n}{2^n}$.

On a bien : $P(X=1)=P(X=n-1)$.

10. Si X suit la loi $\mathcal{B}(n, \dfrac{1}{3})$, alors on a : $P(X=1)=\binom{n}{1}\left(\dfrac{1}{3}\right)^1\left(\dfrac{2}{3}\right)^{n-1}=n\times\dfrac{1}{3}\times\dfrac{2^{n-1}}{3^{n-1}}=\dfrac{n2^{n-1}}{3^n}$

Conclusion : $P(X=1)\neq\dfrac{n}{3^n}$.

❑ Les erreurs classiques

- À elles seules, les valeurs des $P(X=x_k)$ ne suffisent pas pour reconnaître une loi usuelle, on a besoin en plus de vérifier que le support de X est "le bon". Il faut absolument connaître les supports des lois usuelles par cœur.
- Ne jamais oublier que, si X suit la loi binomiale de paramètres n et p, alors, pour tout k de $[\![0, n]\!]$, on a : $P(X=k)=\binom{n}{k}p^k(1-p)^{n-k}$

Corrigé des exercices

Exercice 20.1

1. Comme l'abscisse du mobile peut augmenter d'une ou deux unités, alors comme le départ a lieu depuis l'origine, X_1 peut prendre les valeurs 1 ou 2 donc : $X_1(\Omega)=\{1, 2\}$. De plus, par équiprobabilité, on sait que $P(X_1=1)=\dfrac{1}{2}$ et $P(X_1=2)=\dfrac{1}{2}$: $X_1 \hookrightarrow \mathcal{U}([\![1, 2]\!])$.

L'indépendance des sauts garantit que X_1 et X_k suivent la même loi : la règle de déplacement du mobile entre le $(k-1)^{\text{ème}}$ point visité et le $k^{\text{ème}}$ point visité étant la même que celle entre le départ et le premier point visité. Par conséquent : $X_k \hookrightarrow \mathcal{U}([\![1, 2]\!])$.

2. Comme $X_k(\Omega)=\{1, 2\}$ et comme $Y_k = X_k - 1$, on obtient $Y_k(\Omega)=\{0, 1\}$, ce qui prouve que Y_k suit une loi de Bernoulli.

De plus, $P(Y_k=1)=P(X_k-1=1)=P(X_k=2)=\dfrac{1}{2}$ donc Y_k suit la loi $\mathcal{B}(\frac{1}{2})$.

⇨ *Méthodes 20.1, 20.2*

Exercice 20.2

La boule numérotée n peut être piochée au mieux au premier tirage et au pire au dernier. Par conséquent : $X(\Omega)=[\![1, n]\!]$.

On a : $(X=1)=N_1$: on obtient la boule numérotée n dès le premier tirage.

Ainsi : $P(X=1)=P(N_1)=\dfrac{1}{n}$.

Pour tout j de $[\![2, n]\!]$, on a : $(X=j)=\overline{N_1}\cap\overline{N_2}\cap\ldots\cap\overline{N_{j-1}}\cap N_j$: en effet, comme il n'y a pas remise, obtenir la boule numérotée n au $j^{\text{ème}}$ tirage impose qu'on ne l'ait pas obtenue avant.

$P(\overline{N_1})=\dfrac{n-1}{n}$: on veut l'une des boules qui ne portent pas le numéro n et il y en a $(n-1)$.

$P_{\overline{N_1}}(\overline{N_2})=\dfrac{n-2}{n-1}$: il manque une boule dans l'urne (tirages sans remise), il reste donc $(n-1)$ boules dont $(n-2)$ qui ne portent pas le numéro n.

$P_{\overline{N_1}\cap\ldots\cap\overline{N_{j-2}}}(\overline{N_{j-1}})=\dfrac{(n-1)-(j-2)}{n-(j-2)}$: on sait qu'il y a eu $(j-2)$ tirages sans remise dans l'urne donc il reste $n-(j-2)$ boules dans l'urne et $(n-1)-(j-2)$ boules qui ne portent pas le numéro n.

Avec la formule des probabilités composées, on trouve :

$$P(X=j)=P\left(\overline{N_1}\cap\overline{N_2}\cap\ldots\cap\overline{N_{j-1}}\cap N_j\right)=\frac{n-1}{n}\times\frac{n-2}{n-1}\times\ldots\times\frac{(n-1)-(j-2)}{n-(j-2)}\times\frac{1}{n-(j-1)}.$$

On a donc : $P(X=j)=\frac{n-1}{n}\times\frac{n-2}{n-1}\times\ldots\times\frac{n-j+1)}{n-j+2}\times\frac{1}{n-j+1}$.

Les numérateurs des fractions ci-dessus se simplifient avec les dénominateurs des fractions qui sont à leur droite et on obtient : $P(X=j)=\frac{1}{n}$.

Conclusion : X suit la loi uniforme $\mathcal{U}_{[\![1,n]\!]}$.

⇨ *Méthode 20.1*

Exercice 20.3

Comme X prend les seules valeurs 0 et 1, on est sûr que X suit une loi de Bernoulli. Il reste à déterminer son paramètre.
Il y a $n+m$ boules dans l'urne dont n sont des boules blanches. La probabilité d'obtenir une boule blanche lors de ce tirage est donc $\frac{n}{n+m}$ (par équiprobabilité). Par conséquent, on a :

$P(X=1)=\frac{n}{n+m}$. Ainsi, X suit la loi de Bernoulli de paramètre $\frac{n}{n+m}$.

⇨ *Méthode 20.2*

Exercice 20.4

L'événement A « obtenir un numéro pair » est de probabilité $\frac{3}{6}=\frac{1}{2}$. Les lancers de dés sont "naturellement" indépendants, et, ici aussi, X compte le nombre de succès (obtenir un numéro pair), on peut donc conclure que X suit la loi $\mathcal{B}(n,\frac{1}{2})$.

⇨ *Méthode 20.3*

Exercice 20.5

1. Comme X suit la loi de Bernoulli $\mathcal{B}(p)$, on a : $X(\Omega)=\{0,1\}$ et $P(X=1)=p$.

Le support de la variable X^2 est donc : $X^2(\Omega)=\{0^2,1^2\}=\{0,1\}$.

De plus, $P(X^2=1)=P(X=1)$ puisque $X(\Omega)=\{0,1\}$. Ainsi, $P(X^2=1)=p$.

On en conclut que X^2 suit la loi de Bernoulli de paramètre p.

⇨ *Méthode 20.2*

2. Dans cette question, il faut montrer l'égalité de X et X^2. Considérons pour cela la variable aléatoire X^2-X. On a : $X^2-X=X(X-1)$. Comme X ne prend que les valeurs 0 et 1, ce dernier produit est toujours nul. On obtient alors : $X^2-X=0$, c'est-à-dire : $X^2=X$.

Exercice 20.6

1. On a : $E(X)=1\times P(X=1)-1\times P(X=-1)=p-(1-p)=2p-1$.

$E(X^2)=1^2 P(X=1)+(-1)^2 P(X-1)=p+(1-p)=1$.

On en conclut que : $V(X)=E(X^2)-(E(X))^2=1-(2p-1)^2=4p(1-p)$.

2. Comme $X(\Omega)=\{-1, 1\}$, on a : $Y(\Omega)=\left\{\frac{1+(-1)}{2}, \frac{1+1}{2}\right\}=\{0, 1\}$.

De plus, $P(Y=1)=P\left(\frac{1+X}{2}=1\right)=P(1+X=2)=P(X=1)=p$.

On en conclut que Y suit la loi de Bernoulli de paramètre p.

3. Comme $X(\Omega)=\{-1, 1\}$, on a : $Z(\Omega)=\left\{\frac{1-(-1)}{2}, \frac{1-1}{2}\right\}=\{0, 1\}$.

De plus, $P(Z=1)=P\left(\frac{1-X}{2}=1\right)=P(1-X=2)=P(X=-1)=1-p$.

On en conclut que Z suit la loi de Bernoulli de paramètre $1-p$.

⇨ *Méthode 20.2*

Exercice 20.7

• Première manière. Puisque $X(\Omega)=[\![0,n]\!]$, on a : $Y(\Omega)=[\![0,n]\!]$.

De plus, pour tout k de $[\![0,n]\!]$, on a : $P(Y=k)=P(n-X=k)=P(X=n-k)$.

Or, en posant $q=1-p$, on a : $P(X=n-k)=\binom{n}{n-k}p^{n-k}q^k=\binom{n}{k}q^k(1-q)^{n-k}$.

On en conclut que Y suit la loi binomiale de paramètres n et $q=1-p$.

• Deuxième manière. Puisque X compte le nombre de succès (de probabilité p) au cours de n épreuves identiques indépendantes à 2 issues, la variable $n-X$ compte le nombre d'échecs (de probabilité $1-p$) au cours de ces mêmes n épreuves.

On en conclut donc que Y suit la loi binomiale de paramètres n et $1-p$.

⇨ *Méthode 20.3*

Exercice 20.8

1. Comme E_n est un ensemble à n éléments, le nombre de parties de E_n est égal à 2^n.

2. a) Soit k un élément de $[\![0,n]\!]$. Le nombre de papiers sur lesquels sont inscrits k nombres est égal au nombre de parties à k éléments de $[\![1,n]\!]$. Ainsi, le cardinal de $(X=k)$ est $\binom{n}{k}$.

Corrigé

b) Le nombre total de papiers étant égal à 2^n et les tirages étant faits "au hasard", on a, par équiprobabilité (loi uniforme) : $\forall k \in [\![0,n]\!]$, $P(X=k)=\dfrac{\binom{n}{k}}{2^n}=\binom{n}{k}\left(\frac{1}{2}\right)^k \times \left(\frac{1}{2}\right)^{n-k}$.

On en conclut que X suit la loi $\mathcal{B}\left(n,\dfrac{1}{2}\right)$. Ainsi, on a : $E(X)=\dfrac{n}{2}$ et $V(X)=\dfrac{n}{4}$.

Exercice 20.9

1. Pendant les deux premiers lancers, il peut se produire 0 ou 1 changement donc :

$$X_2(\Omega)=\{0,1\}$$

On a un changement si "face" est suivi de "pile" ou si "pile" est suivi de "face" donc : $(X_2=1)=(P_1\cap F_2)\cup(F_1\cap P_2)$, d'où, par incompatibilité (on ne peut pas avoir "pile" et "face" au premier lancer), $P(X_2=1)=P(P_1\cap F_2)+P(F_1\cap P_2)$ ce qui donne, par indépendance des lancers, $P(X_2=1)=2pq$. On en déduit que X_2 suit la loi $\mathcal{B}(2pq)$.

2. a) On a au plus deux changements en trois lancers donc $X_3(\Omega)=\{0,1,2\}$.

- $(X_3=0)=(P_1\cap P_2\cap P_3)\cup(F_1\cap F_2\cap F_3)$.

$P(X_3=0)=p^3+q^3$ (les considérations d'incompatibilité et d'indépendance sont les mêmes que dans la question précédente).

- $(X_3=1)=(P_1\cap P_2\cap F_3)\cup(P_1\cap F_2\cap F_3)\cup(F_1\cap F_2\cap P_3)\cup(F_1\cap P_2\cap P_3)$.

$P(X_3=1)=p^2q+pq^2+pq^2+p^2q=2(p^2q+pq^2)=2pq(p+q)=2pq.$

- $(X_3=2)=(P_1\cap F_2\cap P_3)\cup(F_1\cap P_2\cap F_3)$.

$P(X_3=2)=p^2q+pq^2=pq(p+q)=pq.$

On vérifie, par exemple en développant $q^3=(1-p)^3=1-3p+3p^2-p^3$, que :
$P(X_3=0)+P(X_3=1)+P(X_3=2)=1$.
En résumé : $P(X_3=0)=p^3+q^3$, $P(X_3=1)=2pq$, $P(X_3=2)=pq$.

b) Si $p=q$, on obtient : $P(X_3=0)=\dfrac{1}{4}$, $P(X_3=1)=\dfrac{1}{2}$ et $P(X_3=2)=\dfrac{1}{4}$. On peut alors écrire : $P(X_3=0)=\binom{2}{0}\left(\frac{1}{2}\right)^0\left(1-\frac{1}{2}\right)^2$, $P(X_3=1)=\binom{2}{1}\left(\frac{1}{2}\right)^1\left(1-\frac{1}{2}\right)^1$ et $P(X_3=2)=\binom{2}{2}\left(\frac{1}{2}\right)^2\left(1-\frac{1}{2}\right)^0$.
Il apparaît que X_3 suit la loi binomiale $\mathcal{B}(2,\frac{1}{2})$.

Exercice 20.10

Grâce au théorème de transfert, on a :

$E(e^{tX})=\sum\limits_{k=0}^{n} e^{tk}P(X=k)=\sum\limits_{k=0}^{n} e^{tk}\binom{n}{k}p^k(1-p)^{n-k}=\sum\limits_{k=0}^{n}\binom{n}{k}(e^t p)^k(1-p)^{n-k}$. Avec la formule du binôme, on trouve : $E(e^{tX})=(e^t p+1-p)^n=(p(e^t-1)+1)^n$.

Chapitre **21**

Espaces vectoriels de dimension finie

Les espaces vectoriels ont été introduits par **Cayley** et **Grassmann** au milieu du XIXe siècle. Cependant, le premier ne proposait qu'un calcul sur des n-uplets et la formalisation du second était des plus obscures. Ce fut l'œuvre de Giuseppe **Peano** de déchiffrer le travail du mathématicien allemand et de donner le premier, en 1888, une définition satisfaisante d'un espace vectoriel. Il introduisit les applications linéaires et montra que cette théorie ne se réduit pas à la dimension finie en citant l'exemple des polynômes. Giuseppe **Peano** est aussi connu pour son axiomatique des entiers naturels et pour avoir construit une courbe remplissant un carré. On lui doit d'astucieux contre-exemples qui ont remis en cause des assertions qui semblaient pourtant bien établies.

Giuseppe Peano
1858-1932

Objectifs

Les incontournables

- ▷ Connaître la notion de base et savoir déterminer les coordonnées d'un vecteur dans une base.
- ▷ Connaître les dimensions des espaces de référence et savoir déterminer la dimension d'un espace "simple".
- ▷ Connaître les notions de somme, somme directe et supplémentarité de sous-espaces vectoriels.

Et plus si affinités

- ▷ Savoir manipuler des sommes de r sous-espaces vectoriels.
- ▷ Savoir utiliser le théorème de la base incomplète.

Résumé de cours

Dans ce chapitre, la lettre $\mathbb{K}$ désigne $\mathbb{R}$ ou $\mathbb{C}$.

Généralités

Bases et dimension

Définition 21.1. — L'espace vectoriel E est dit de *dimension finie* s'il possède une famille génératrice ayant un nombre fini de vecteurs.

Définition 21.2. — Soit $n \in \mathbb{N}^*$ et $\mathcal{B} = (e_1, \ldots, e_n)$ une famille de n vecteurs de E. On dit que $\mathcal{B}$ est une *base* de E si $\mathcal{B}$ est à la fois libre et génératrice de E.

⇨ Méthode 21.1. (1) Comment montrer qu'une famille est une base ?

Propriété 21.1. — La famille $\mathcal{B} = (e_1, \ldots, e_n)$ est une base de E si, et seulement si, pour tout vecteur x de E, il existe un unique n-uplet $(x_1, \ldots, x_n)$ d'éléments de $\mathbb{K}$ tel que : $x = \sum_{i=1}^{n} x_i e_i$.

Vocabulaire. — Les scalaires $x_1, \ldots, x_n$ sont appelés les *coordonnées* de x dans la base $\mathcal{B}$.

Théorème 21.1. — Tout espace vectoriel de dimension finie, non réduit au vecteur nul, admet une base.

Théorème 21.2. — Théorème de la dimension.
Toutes les bases d'un espace vectoriel de dimension finie ont le même nombre de vecteurs.

Définition 21.3. — Le nombre n de vecteurs, commun à toutes les bases de E, est appelé *dimension* de E. On dit que E est de dimension n et on note : $\dim E = n$.

Remarque 21.1. — Par convention, si l'espace E est réduit au seul vecteur 0_E, on a $\dim E = 0$.

Vocabulaire — Tout espace vectoriel de dimension 1 est appelé *droite*. Tout espace vectoriel de dimension 2 est appelé *plan*.

Dimension des espaces vectoriels de référence

Théorème 21.3. — $\mathbb{K}^n$ est un $\mathbb{K}$- espace vectoriel de dimension finie et $\dim \mathbb{K}^n = n$.
Pour tout entier i de $[\![1, n]\!]$, on note $e_i = (0, \ldots, 0, 1, 0, \ldots, 0)$ le vecteur de $\mathbb{K}^n$ formé de zéros sauf un 1 en $i^{\text{ème}}$ position. La famille $(e_1, \ldots, e_n)$ est une base de $\mathbb{K}^n$, appelée *base canonique* de $\mathbb{K}^n$.

Théorème 21.4. — $\mathcal{M}_{n,p}(\mathbb{K})$ est un espace vectoriel de dimension finie et $\dim \mathcal{M}_{n,p}(\mathbb{K}) = np$. Pour tout couple (i,j) de $[\![1,n]\!] \times [\![1,p]\!]$, on note $E_{i,j}$ la matrice de $\mathcal{M}_{n,p}(\mathbb{K})$ dont tous les coefficients sont nuls sauf celui à la croisée de la $i^{\text{ème}}$ ligne et de la $j^{\text{ème}}$ colonne qui vaut 1. La famille $(E_{i,j})_{1 \le i \le n, 1 \le j \le p}$ est une base de $\mathcal{M}_{n,p}(\mathbb{K})$, appelée base canonique de $\mathcal{M}_{n,p}(\mathbb{K})$.

Théorème 21.5. — $\mathbb{K}_n[X]$ est un espace vectoriel de dimension finie et $\dim \mathbb{K}_n[X] = n+1$. $\mathcal{B} = (1, X, X^2, \ldots, X^n)$ est une base de $\mathbb{K}_n[X]$, appelée base canonique de $\mathbb{K}_n[X]$.

❑ Théorème de la base incomplète

Théorème 21.6. — Théorème de la base incomplète. Soit E un espace vectoriel de dimension n. Toute famille libre $(e_1, \ldots, e_p)$ de p vecteurs de E $(p < n)$ peut être complétée par $n-p$ vecteurs $e_{p+1}, \ldots, e_n$ de E, de telle sorte que la famille $(e_1, \ldots, e_p, e_{p+1}, \ldots, e_n)$ soit une base de E.

Théorème 21.7. — Soit E un espace vectoriel de dimension n.
- Toute famille libre de E possède au plus n vecteurs.
- Toute famille libre de n vecteurs de E est une base de E.

Théorème 21.8. — Soit E un espace vectoriel de dimension n.
- Toute famille génératrice de E possède au moins n vecteurs.
- Toute famille génératrice formée de n vecteurs de E est une base de E.

⇨ **Méthode 21.1. (2) Comment montrer qu'une famille est une base ?**

❑ Sous-espaces vectoriels

Propriété 21.2. Soit E un espace vectoriel de dimension finie.
Tout sous-espace vectoriel F de E est de dimension finie et on a : $\dim F \le \dim E$.

Définition 21.4. — Soit E un espace vectoriel de dimension n (avec n supérieur ou égal à 2). Tout sous-espace vectoriel de E de dimension $n-1$ est appelé *hyperplan* de E.

Théorème 21.9. — Soit E un espace vectoriel de dimension finie. Si F est un sous-espace vectoriel de E tel que $\dim F = \dim E$, alors $F = E$.

Définition 21.5. — Soit E un espace vectoriel et $(e_1, \ldots, e_n)$ une famille de vecteurs de E. On appelle *rang de la famille* $(e_1, \ldots, e_n)$, et on note $\mathrm{rg}(e_1, \ldots, e_n)$, la dimension de $\mathrm{Vect}(e_1, \ldots, e_n)$.

Remarque 21.2. — Le rang de $(e_1, \ldots, e_n)$ est égal au cardinal de la plus grande famille libre contenue dans $(e_1, \ldots, e_n)$.

■ Somme de deux sous-espaces vectoriels

❑ Somme

Définition 21.6. — Soit E un espace vectoriel de dimension finie, F et G deux sous-espaces vectoriels de E. On appelle *somme* de F et G l'ensemble, noté $F+G$, défini par :

$$F+G=\{x_1+x_2,\ (x_1,x_2)\in F\times G\}.$$

Théorème 21.10. — La somme de deux sous-espaces vectoriels de E est un sous-espace vectoriel de E.

Théorème 21.11. — Formule de Grassmann. Soit E un espace vectoriel de dimension finie. Si F et G sont deux sous-espaces vectoriels de E, on a :

$$\dim(F+G)=\dim F+\dim G-\dim(F\cap G)$$

Théorème 21.12. — Soit E un espace vectoriel de dimension finie, F et G deux sous-espaces vectoriels de E, de bases respectives $\mathcal{B}_1=(f_1, f_2, ..., f_p)$ et $\mathcal{B}_2=(g_1, g_2, ..., g_q)$.
La famille $\mathcal{B}=(f_1, f_2, ..., f_p, g_1, g_2, ..., g_q)$ est une famille génératrice de $F+G$.

Remarque 21.3. — La famille $\mathcal{B}=(f_1, f_2, ..., f_p, g_1, g_2, ..., g_q)$ obtenue par juxtaposition des bases de F et G n'est, en général, pas une base de $F+G$ (voir l'**exercice 21.9**).

❑ Somme directe

Définition 21.7. — Soit E un espace vectoriel de dimension finie, F et G deux sous-espaces vectoriels de E. On dit que la somme $F+G$ est *directe* si : $F\cap G=\{0_E\}$.
Lorsque la somme $F+G$ est directe, elle est notée $F\oplus G$.

⇨ **Méthode 21.2. Comment montrer que deux sous-espaces vectoriels sont en somme directe ?**

❑ Sous-espaces vectoriels supplémentaires

Définition 21.8. — Soit E un espace vectoriel de dimension finie, F et G deux sous-espaces vectoriels de E. On dit que E est *somme directe* de F et G (ou que F et G sont *supplémentaires* dans E) si : $E=F\oplus G$.

Théorème 21.13. — E est somme directe de F et G si, et seulement si, pour tout vecteur x de E, il existe un unique couple (x_1,x_2) de $F\times G$ tel que : $x=x_1+x_2$.

⇨ **Méthode 21.3. Comment montrer, avec un raisonnement analyse-synthèse, que l'espace *E* est somme directe de deux sous-espaces ?**

Théorème 21.14. — Soit E un espace vectoriel de dimension finie, F et G deux sous-espaces vectoriels de E, de bases respectives $\mathcal{B}_1$ et $\mathcal{B}_2$.
E est somme directe de F et G si, et seulement si, la famille obtenue par *concaténation* (c'est-à-dire juxtaposition) des bases $\mathcal{B}_1$ et $\mathcal{B}_2$ est une base de E.

Théorème 21.15. — Soit E un espace vectoriel de dimension finie, F et G deux sous-espaces vectoriels de E. L'espace vectoriel E est somme directe de F et G si, et seulement si :

$$F \cap G = \{0_E\} \text{ et } \dim F + \dim G = \dim E .$$

Théorème 21.16. — Soit E un espace vectoriel de dimension finie, F et G deux sous-espaces vectoriels de E. L'espace vectoriel E est somme directe de F et G si, et seulement si :

$$E = F + G \text{ et } \dim F + \dim G = \dim E .$$

⇨ **Méthode 21.4. Comment montrer, en utilisant les dimensions, que deux sous-espaces sont supplémentaires ?**

Théorème 21.17. — Soit E un espace vectoriel de dimension finie.
Tout sous-espace vectoriel F de E admet au moins un sous-espace supplémentaire G dans E et on a : $\dim G = \dim E - \dim F$.

■ Somme de *r* sous-espaces vectoriels

Ce paragraphe généralise les notions précédentes à une somme de r sous-espaces vectoriels.

❑ Somme

Définition 21.9. — Soit E un espace vectoriel de dimension finie et F_1, F_2, ..., F_r des sous-espaces vectoriels de E.

On appelle *somme* de F_1, F_2, ..., F_r, l'ensemble noté $F_1 + F_2 + \ldots + F_r$ ou $\sum_{i=1}^{r} F_i$ défini par :

$$F_1 + F_2 + \ldots + F_r = \{x_1 + x_2 + \ldots + x_r, (x_1, x_2, \ldots, x_r) \in F_1 \times F_2 \times \ldots \times F_r\}.$$

Théorème 21.18. — La somme de r sous-espaces de E est un sous-espace vectoriel de E.

❑ Somme directe

Définition 21.10. — Soit E un espace vectoriel de dimension finie et F_1, F_2, ..., F_r des sous-espaces vectoriels de E. On dit que la somme $F = \sum_{i=1}^{r} F_i$ est *directe* si pour tout vecteur x de F, il existe un unique r-uplet $(x_1, x_2, \ldots, x_r)$ de $F_1 \times F_2 \times \ldots \times F_r$ tel que : $x = x_1 + x_2 + \ldots + x_r$.

Dans ce cas, on note $F = F_1 \oplus F_2 \oplus \ldots \oplus F_r$ ou $F = \bigoplus_{i=1}^{r} F_i$.

Théorème 21.19. — Soit E un espace vectoriel de dimension finie et F_1, F_2, ..., F_r des sous-espaces vectoriels de E.
La somme $F_1 + F_2 + ... + F_r$ est directe si, et seulement si, pour tout r-uplet $(x_1, ..., x_r)$ de $F_1 \times ... \times F_r$, on a l'implication : $x_1 + x_2 + ... + x_r = 0 \Rightarrow \forall i \in [\![1, r]\!],\ x_i = 0$.

⇨ **Méthode 21.5. Comment montrer qu'une somme de r sous-espaces est directe ?**

❑ Sous-espaces vectoriels supplémentaires

Définition 21.11. — Soit E un espace vectoriel de dimension finie et F_1, F_2, ..., F_r des sous-espaces vectoriels de E. On dit que E est *somme directe* de F_1, F_2, ..., F_r (ou que F_1, F_2, ..., F_r sont *supplémentaires* dans E) si : $E = \bigoplus_{i=1}^{r} F_i$.

Théorème 21.20. — Soit E un espace vectoriel de dimension finie et F_1, F_2, ..., F_r des sous-espaces vectoriels de E.
E est somme directe de F_1, F_2, ..., F_r si, et seulement si, pour tout vecteur x de E, il existe un unique r-uplet $(x_1, x_2, ..., x_r)$ de $F_1 \times F_2 \times ... \times F_r$ tel que : $x = x_1 + x_2 + ... + x_r$.

Théorème 21.21. — Soit E un espace vectoriel de dimension finie et F_1, F_2, ..., F_r des sous-espaces vectoriels de E, de bases respectives $\mathcal{B}_1$, $\mathcal{B}_2$, ..., $\mathcal{B}_r$.
E est somme directe de F_1, F_2, ..., F_r si, et seulement si, la famille obtenue par *concaténation* (c'est-à-dire juxtaposition) des bases $\mathcal{B}_1$, $\mathcal{B}_2$, ..., $\mathcal{B}_r$ est une base de E.

Théorème 21.22. — Soit E un espace vectoriel de dimension finie et F_1, F_2, ..., F_r des sous-espaces vectoriels de E.
E est somme directe de F_1, F_2, ..., F_r si, et seulement si :

$$E = \sum_{i=1}^{r} F_i \quad \text{et} \quad \sum_{i=1}^{r} \dim F_i = \dim E .$$

En d'autres termes, E est somme directe de F_1, F_2, ..., F_r si, et seulement si, les deux conditions suivantes sont réalisées :

- $\forall x \in E$, $\exists (x_1, x_2, ..., x_r) \in F_1 \times F_2 \times ... \times F_r$ tel que : $x = x_1 + x_2 + ... + x_r$.
- $\dim F_1 + \dim F_2 + ... + \dim F_r = \dim E$.

■■ Méthodes

■ Bases et dimension

❑ Méthode 21.1. Comment montrer qu'une famille est une base ?

Pour montrer qu'une famille $\mathcal{B}=(e_1,\dots,e_n)$ est une base d'un espace vectoriel E :

(1) Si on ne connaît pas la dimension de E, on peut utiliser la **définition 21.1** et montrer que $\mathcal{B}$ est à la fois une famille libre et génératrice de E ;

(2) Si on sait que E est de dimension n, on peut utiliser les **théorèmes 21.7** ou **21.8.** Il suffit de montrer que $\mathcal{B}$ est libre ou bien que $\mathcal{B}$ est génératrice de E.

⇨ **Exercices 21.1, 21.2, 21.3, 21.4, 21.5, 21.7, 21.8, 21.9, 21.10**

Exemple 1. Soit E l'espace vectoriel des matrices antisymétriques d'ordre 3 à coefficients réels, on donne : $A=\begin{pmatrix}0&1&0\\-1&0&0\\0&0&0\end{pmatrix}$, $B=\begin{pmatrix}0&0&1\\0&0&0\\-1&0&0\end{pmatrix}$, $C=\begin{pmatrix}0&0&0\\0&0&1\\0&-1&0\end{pmatrix}$.

Montrer que la famille $\mathcal{B}=(A,B,C)$ est une base de E.

• Remarquons que les matrices A, B, C sont bien éléments de E.

• Toute matrice M de E s'écrit : $M=\begin{pmatrix}0&a&b\\-a&0&c\\-b&-c&0\end{pmatrix}$ où a, b, c sont des réels quelconques. On a donc : $M=aA+bB+cC$ ce qui montre que $\mathcal{B}$ est une famille génératrice de E.

• De plus, $aA+bB+cC=0 \Leftrightarrow \begin{pmatrix}0&a&b\\-a&0&c\\-b&-c&0\end{pmatrix}=0 \Leftrightarrow a=b=c=0$. Donc $\mathcal{B}$ est libre.

La famille $\mathcal{B}$, qui est à la fois libre et génératrice de E, est une base de E.

Exemple 2. Soit $u=(-1,2,0)$, $v=(3,-5,-1)$, $w=(0,1,-2)$ trois vecteurs de l'espace $\mathbb{R}^3$. Montrer que la famille $\mathcal{F}=(u,v,w)$ est une base de $\mathbb{R}^3$.

On montre que la famille $\mathcal{F}=(u,v,w)$ est libre (on se reportera à l'exemple de la **méthode 9.2** du **chapitre 9**).

Comme cette famille est composée de trois vecteurs de $\mathbb{R}^3$ qui est un espace vectoriel de dimension 3, on en déduit que : la famille $\mathcal{F}=(u,v,w)$ est une base de $\mathbb{R}^3$.

Somme directe, supplémentarité de deux sous-espaces

Méthode 21.2. Comment montrer que la somme de deux sous-espaces est directe ?

Pour montrer que la somme de deux sous-espaces vectoriels F et G de E est directe, on montre que $F \cap G = \{0_E\}$. Pour cela, on considère un vecteur x dans $F \cap G$ et on montre que $x = 0_E$. Cela prouve que $F \cap G \subset \{0_E\}$ et comme $\{0_E\} \subset F \cap G$ (0_E appartient à tout sous-espace vectoriel de E), l'égalité est établie.

⇨ Exercice 21.6

Exemple. Dans l'espace $\mathbb{R}^3$, on donne $F = \{(x,y,z) \in \mathbb{R}^3, x+3y-z=0\}$ et $G = \mathrm{Vect}((1,1,1))$. Montrer que F et G sont des sous-espaces vectoriels de $\mathbb{R}^3$ et que la somme $F+G$ est directe.

• F est un sous-espace de $\mathbb{R}^3$ comme le montre l'**exemple 1** de la **méthode 9.1** du **chapitre 9.** G est, par définition, le sous-espace vectoriel de $\mathbb{R}^3$ engendré par la famille $((1,1,1))$.

• Montrons que la somme $F+G$ est directe. Soit $u \in F \cap G$. Comme u appartient à G, il existe un réel α tel que $u = (\alpha,\alpha,\alpha)$ et comme u appartient à F, α vérifie l'égalité : $\alpha + 3\alpha - \alpha = 0$. On en déduit $\alpha = 0$ puis $u = 0_{\mathbb{R}^3}$. Donc $F \cap G \subset \{0_{\mathbb{R}^3}\}$ et comme l'inclusion réciproque est vraie, on a : $F \cap G = \{0_{\mathbb{R}^3}\}$. La somme $F+G$ est directe.

Méthode 21.3. Comment montrer, avec un raisonnement analyse synthèse, que deux sous-espaces sont supplémentaires ?

Pour montrer que deux sous-espaces vectoriels F et G d'un espace E sont supplémentaires dans E, on peut effectuer un raisonnement par *analyse-synthèse*. Il s'écrit en deux temps :

• partie analyse : pour tout vecteur x de E, on suppose qu'il existe deux vecteurs y et z respectivement dans F et G tels que $x = y + z$. On exprime, par des conditions nécessaires, y et z en fonction de x ;

• partie synthèse : pour tout vecteur x de E, on propose deux vecteurs y et z dont l'expression en fonction de x est celle obtenue dans la partie analyse, puis on vérifie que : $y \in F$, $z \in G$ et $y + z = x$.

⇨ Exercice 21.11

Remarque. La partie analyse montre que si une décomposition de x comme somme d'un vecteur de F et d'un vecteur de G existe, alors cette décomposition est unique et la partie synthèse montre que cette décomposition convient. Ce type de raisonnement se généralise et permet de montrer, de la même manière que r sous-espaces vectoriels (r entier supérieur ou égal à 3) sont supplémentaires. On pourra, à cet effet, se reporter à l'**exercice 22.12 du chapitre 22**.

Exemple. On note $\mathcal{S}_n(\mathbb{K})$ l'ensemble des matrices carrées symétriques d'ordre n à coefficients dans $\mathbb{K}$ et $\mathcal{A}_n(\mathbb{K})$ l'ensemble des matrices carrées antisymétriques d'ordre n à coefficients dans $\mathbb{K}$. Montrer que $\mathcal{S}_n(\mathbb{K})$ et $\mathcal{A}_n(\mathbb{K})$ sont des sous-espaces supplémentaires dans $\mathcal{M}_n(\mathbb{K})$.

On vérifiera grâce à la **méthode 9.1** du **chapitre 9** que $\mathcal{S}_n(\mathbb{K})$ et $\mathcal{A}_n(\mathbb{K})$ sont des sous-espaces de $\mathcal{M}_n(\mathbb{K})$.

• Soit M une matrice de $\mathcal{M}_n(\mathbb{K})$.

On suppose qu'il existe un couple (A,B) dans $\mathcal{S}_n(\mathbb{K})\times\mathcal{A}_n(\mathbb{K})$ tel que $M=A+B$.

On a : ${}^tM={}^tA+{}^tB=A-B$ (puisque A et B sont respectivement symétrique et antisymétrique).

Des égalités $M=A+B$ et ${}^tM=A-B$, on tire : $A=\frac{1}{2}(M+{}^tM)$ et $B=\frac{1}{2}(M-{}^tM)$.

• Soit M une matrice de $\mathcal{M}_n(\mathbb{K})$. On pose $A=\frac{1}{2}(M+{}^tM)$ et $B=\frac{1}{2}(M-{}^tM)$.

${}^tA=\frac{1}{2}\left({}^tM+{}^t({}^tM)\right)=\frac{1}{2}({}^tM+M)=A$ donc A est bien élément de $\mathcal{S}_n(\mathbb{K})$.

${}^tB=\frac{1}{2}\left({}^tM-{}^t({}^tM)\right)=\frac{1}{2}({}^tM-M)=-B$ donc B est bien élément de $\mathcal{A}_n(\mathbb{K})$.

Enfin, on a : $A+B=\frac{1}{2}(M+{}^tM)+\frac{1}{2}(M-{}^tM)=M$.

Conclusion : $\mathcal{M}_n(\mathbb{K})=\mathcal{S}_n(\mathbb{K})\oplus\mathcal{A}_n(\mathbb{K})$.

Remarque. Ce résultat est classique : on pourra retenir que $\mathcal{S}_n(\mathbb{K})$ et $\mathcal{A}_n(\mathbb{K})$ sont des sous-espaces supplémentaires dans $\mathcal{M}_n(\mathbb{K})$ et que toute matrice M de $\mathcal{M}_n(\mathbb{K})$ s'écrit $M=\frac{1}{2}(M+{}^tM)+\frac{1}{2}(M-{}^tM)$, où $\frac{1}{2}(M+{}^tM)$ est une matrice symétrique et où $\frac{1}{2}(M-{}^tM)$ est une matrice antisymétrique.

❑ Méthode 21.4. Comment montrer, en utilisant les dimensions, que deux sous-espaces sont supplémentaires ?

> Soit F et G deux sous-espaces d'un espace vectoriel E de dimension finie.
> Pour montrer que $E=F\oplus G$, on peut vérifier que :
> $$F\cap G=\{0_E\} \text{ et } \dim F+\dim G=\dim E.$$

⇨ **Exercices 21.7, 21.8**

Exemple. Dans l'espace $\mathbb{R}^3$, on donne $F=\{(x,y,z)\in\mathbb{R}^3, x+3y-z=0\}$ et $G=\mathrm{Vect}((1,1,1))$. Montrer que $\mathbb{R}^3=F\oplus G$.

Grâce à l'exemple de la **méthode 21.2**, on sait déjà que F et G sont des sous-espaces vectoriels de $\mathbb{R}^3$ et que la somme $F+G$ est directe (c'est-à-dire $F \cap G = \{0_E\}$).
On note $w=(1,1,1)$ et on a $G = \text{vect}\ (w)$. Comme w est non nul, la famille (w) est libre et comme elle est génératrice de G, c'est une base de G et on a : $\dim G = 1$.
On a $F = \{(-3y+z,y,z),(y,z)\in\mathbb{R}^2\} = \{y(-3,1,0)+z(1,0,1),(y,z)\in\mathbb{R}^2\}$.
En notant $u=(-3,1,0)$ et $v=(1,0,1)$, on obtient : $F = \text{Vect}(u,v)$. La famille (u,v) est génératrice de F et elle est libre car composée de deux vecteurs non proportionnels. La famille (u,v) est donc une base de F et $\dim F = 2$. En conclusion, on a bien : $\dim F + \dim G = \dim \mathbb{R}^3$.
Les deux conditions sont remplies et on peut conclure que : $\mathbb{R}^3 = F \oplus G$.

■ Somme directe, supplémentarité de *r* sous-espaces

❑ Méthode 21.5. Comment montrer qu'une somme de *r* sous-espaces est directe ?

Pour montrer que la somme de trois sous-espaces F_1, F_2 et F_3 est directe, on montre que : $\forall (x_1,x_2,x_3)\in F_1\times F_2\times F_3,\ x_1+x_2+x_3=0 \Rightarrow x_1=x_2=x_3=0$.
La généralisation à n sous-espaces se fait sans difficulté.

⇨ Exercice 22.13 (chapitre suivant)

Exemple. Dans l'espace vectoriel $\mathbb{R}_3[X]$, on donne : $F=\{P\in\mathbb{R}_3[X], P(X)=P(-X)\}$, $G=\{P\in\mathbb{R}_3[X], P(0)=P(1)=P(2)=0\}$ et $H=\{P\in\mathbb{R}_3[X], P(1)=P(2)=P(3)=0\}$.
Montrer que la somme de F, G et H est directe.
Soit P_1, P_2, P_3 des vecteurs appartenant respectivement à F, G et H tels que $P_1+P_2+P_3=0$.
En évaluant cette égalité en 1 puis en 2, on obtient : $P_1(1)=P_1(2)=0$.
Comme P_1 appartient à F, on a donc aussi : $P_1(-1)=P_1(-2)=0$.
Le polynôme P_1 de $\mathbb{R}_3[X]$, possède au moins quatre racines distinctes, c'est donc le polynôme nul.
Puisque P_1 est nul, il ne reste plus que l'égalité $P_2+P_3=0$ et, en l'évaluant en 0 puis en 3, on trouve : $P_3(0)=0$ et $P_2(3)=0$.
Les polynômes P_2 et P_3 possèdent donc eux aussi au moins quatre racines distinctes (0, 1, 2 et 3). Finalement, on a : $P_1=P_2=P_3=0$.
La somme $F+G+H$ est directe et on peut donc la noter $F\oplus G\oplus H$.

Vrai/Faux

		Vrai	Faux
1.	$\text{Vect}(1,1,1)$ est un sous-espace vectoriel de $\mathbb{K}^3$ de dimension 1.	☐	☐
2.	On pose $E = \text{Vect}((1,1,1),(1,0,1),(0,1,0))$. On a $\dim E = 2$.	☐	☐
3.	$\mathbb{R}_n[X]$ et $\mathbb{R}^n$ ont même dimension.	☐	☐
4.	Soit E un espace vectoriel de dimension n. Toute famille d'au moins $n+1$ vecteurs est liée.	☐	☐
5.	Soit E un espace vectoriel de dimension n ($n \geq 2$). Toute famille d'au moins $n+1$ vecteurs de E, non nuls et deux à deux distincts, est génératrice de E.	☐	☐
6.	Soit F un sous-espace vectoriel d'un espace vectoriel E. On a : $F + F = F$.	☐	☐
7.	Soit E, F et G trois sous-espaces vectoriels de $\mathbb{R}^2$. Si on a $E \oplus F = \mathbb{R}^2$ et $E \oplus G = \mathbb{R}^2$, alors $F = G$.	☐	☐
8.	Soit F et G deux sous-espaces vectoriels supplémentaires d'un espace vectoriel E. Si x est un vecteur qui n'appartient pas à F, alors x appartient à G.	☐	☐
9.	Si F, G, H sont des sous-espaces vectoriels d'un espace vectoriel E tels que $F \cap G \cap H = \{0\}$, alors la somme $F + G + H$ est directe.	☐	☐
10.	On note $\mathcal{B} = (e_1, e_2, e_3)$ la base canonique de $\mathbb{R}^3$. On a : $$\mathbb{R}^3 = \text{Vect}(e_1) \oplus \text{Vect}(e_2) \oplus \text{Vect}(e_3)$$	☐	☐

Énoncé des exercices

❑ **Exercice 21.1.** — Dans l'espace vectoriel $\mathbb{R}^3$, on donne : $u=(-1,2,0)$, $v=(3,-5,-1)$, et $w=(0,1,-2)$.

1. Montrer que la famille $\mathcal{B}=(u,v,w)$ est une base de $\mathbb{R}^3$.

2. On considère le vecteur $t=(1,-2,1)$. Déterminer les coordonnées de t dans la base $\mathcal{B}$.

❑ **Exercice 21.2.** — Dans l'espace vectoriel $\mathbb{R}^3$, on donne :

$$u_1=(1,0,-1),\ u_2=(-1,2,1) \text{ et } u_3=(3,-4,-3).$$

1. Quel est le rang de la famille (u_1,u_2,u_3) ?

2. On note F le sous-espace engendré par la famille (u_1,u_2,u_3). Déterminer une base de F et préciser sa dimension.

❑ **Exercice 21.3.** — Dans l'espace vectoriel $\mathcal{M}_2(\mathbb{R})$, on donne :

$$A=\begin{pmatrix}1&0\\0&0\end{pmatrix},\ B=\begin{pmatrix}1&2\\0&0\end{pmatrix},\ C=\begin{pmatrix}1&2\\3&0\end{pmatrix} \text{ et } D=\begin{pmatrix}1&2\\3&4\end{pmatrix}.$$

1. Montrer que la famille $\mathcal{B}=(A,B,C,D)$ est une base de $\mathcal{M}_2(\mathbb{R})$.

2. On considère la matrice $M=\begin{pmatrix}6&4\\0&4\end{pmatrix}$. Déterminer les coordonnées de M dans la base $\mathcal{B}$.

❑ **Exercice 21.4.** — Dans $\mathcal{M}_2(\mathbb{R})$, on donne : $A=\begin{pmatrix}0&1\\0&1\end{pmatrix}$, $D=\begin{pmatrix}0&0\\0&1\end{pmatrix}$, $U=\begin{pmatrix}1&0\\0&0\end{pmatrix}$.

On note E, l'ensemble des matrices carrées M d'ordre deux telles que : $AM=MD$.

1. Vérifier que E est un sous-espace vectoriel de $\mathcal{M}_2(\mathbb{R})$.

2. Soit $M=\begin{pmatrix}x&y\\z&t\end{pmatrix}$ une matrice de $\mathcal{M}_2(\mathbb{R})$.

Montrer que M appartient à E si et seulement si : $z=0$ et $y=t$.

3. Montrer que (U,A) est une base de E.

❑ **Exercice 21.5.** — Ensembles de matrices particulières.

1. Montrer que l'ensemble $\mathcal{D}_3(\mathbb{R})$ des matrices diagonales de $\mathcal{M}_3(\mathbb{R})$ est un sous-espace vectoriel de $\mathcal{M}_3(\mathbb{R})$ dont on précisera la dimension.

2. Même question avec $\mathcal{S}_3(\mathbb{R})$, l'ensemble des matrices symétriques de $\mathcal{M}_3(\mathbb{R})$.

3. Donner plus généralement la dimension de $\mathcal{S}_n(\mathbb{R})$.

❑ **Exercice 21.6.** — Soit $F = \text{Vect}\big((1,1,1)\big)$ et $G = \text{Vect}\big((1,2,3)\big)$ deux sous-espaces de $\mathbb{R}^3$. Montrer que la somme $F+G$ est directe.

❑ **Exercice 21.7.** — On considère les ensembles :
$E = \{(x,y,z) \in \mathbb{R}^3,\ x+y-z=0 \text{ et } 2x+y=0\}$ et $F = \{(x,y,z) \in \mathbb{R}^3,\ y=0\}$.

1. a) Montrer que E est un sous-espace vectoriel de $\mathbb{R}^3$.

Remarque. Les égalités $x+y-z=0$ et $2x+y=0$ s'appellent les équations cartésiennes de E.

b) Déterminer une base de E et donner sa dimension.

2. Montrer que F est un sous-espace vectoriel de $\mathbb{R}^3$ et donner sa dimension.

3. En déduire que : $\mathbb{R}^3 = E \oplus F$.

❑ **Exercice 21.8.** — Donner les équations cartésiennes (voir définition à l'**exercice 21.7**) des sous-espaces vectoriels de $\mathbb{R}^3$ définis par :

1. $E = \text{Vect}\big((1,2,3),(-1,0,1)\big)$.

2. $F = \text{Vect}\big((1,-1,1)\big)$.

3. Montrer que : $\mathbb{R}^3 = E \oplus F$.

❑ **Exercice 21.9.** — On considère les sous-espaces vectoriels de $\mathbb{R}^3$ suivants :
$E = \{(x,y,z) \in \mathbb{R}^3,\ x = y+z\}$ et $F = \{(x,y,z) \in \mathbb{R}^3,\ x = y-z\}$.

1. Montrer que $\mathbb{R}^3 = E + F$.

2. Les sous-espaces E et F sont-ils supplémentaires ? Quelle est la dimension de $E \cap F$?

❑ **Exercice 21.10.** — On considère le sous-espace vectoriel de $\mathbb{R}^3$ suivant :
$E = \{(x,y,z) \in \mathbb{R}^3,\ x = y+z\}$. Déterminer une base de E, puis trouver un supplémentaire de E.

❑ **Exercice 21.11.*** — Dans l'espace vectoriel E des fonctions numériques définies sur $\mathbb{R}$, on note F l'ensemble des fonctions paires et G l'ensemble des fonctions impaires.
Montrer que F et G sont des sous-espaces vectoriels supplémentaires de E.

■ Pour vous aider à démarrer

Exercice 21.2. Pour la question **1**, tester la liberté de la famille (u_1, u_2, u_3).
Exercice 21.3. Il suffit de montrer que (A, B, C, D) est libre.
Exercice 21.4. Pour la question **2**, identifier les coefficients de AM et MD.
Pour la question **3**, utiliser la question **2** qui prouve que la famille (U, A) est génératrice de E, puis montrer qu'elle est libre.
Exercice 21.5. Pour la question **1**, écrire la forme générale d'une matrice diagonale puis, écrire $\mathcal{D}_3(\mathbb{R})$ comme sous-espace engendré par une famille de trois matrices (à définir) extraits de la base canonique de $\mathcal{M}_3(\mathbb{R})$.
Même idée pour la question **2**.
Pour la question **3**, proposez une famille génératrice de $\mathcal{S}_n(\mathbb{R})$ en généralisant le résultat précédent puis, montrer que cette famille est libre. Pour la dimension de $\mathcal{S}_n(\mathbb{R})$, comprendre que cela conduit à dénombrer les couples (i, j) tels que $1 \leq i < j \leq n$.
Exercice 21.6. Utiliser la **méthode 21.2**.
Exercice 21.7. Pour la question **1.b**, utiliser les équations cartésiennes de E pour trouver une famille génératrice de E.
Pour la question **2**, trouver d'abord une famille génératrice de F.
Pour la question **3**, utiliser la **méthode 21.4**.
Exercice 21.8. Pour la question **3**, utiliser la **méthode 21.4**.
Exercice 21.9. Pour la question **1**, trouver d'abord des bases de E et F.
Pour la question **2**, étudier $E \cap F$ puis, penser à la formule de Grassmann.
Exercice 21.10. Trouver une base de E et la compléter en une base de $\mathbb{R}^3$.
Exercice 21.11. Effectuer un raisonnement analyse-synthèse (**méthode 21.3**).

Corrigé des vrai/faux

1.	2.	3.	4.	5.	6.	7.	8.	9.	10.
F	V	F	V	F	V	F	F	F	V

1. $\mathrm{Vect}(1, 1, 1)$ est un sous-espace vectoriel de $\mathbb{K}$ (!). En effet, la seule parenthèse écrite signifie que l'on considère la famille constituée de trois vecteurs égaux au scalaire 1. On peut donc "simplifier" et obtenir : $\mathrm{Vect}(1, 1, 1) = \mathrm{Vect}(1)$.

Comme $\mathrm{Vect}(1)$ est l'ensemble des vecteurs proportionnels au **scalaire** 1, c'est donc $\mathbb{K}$.

2. Il est certain que le premier vecteur est la somme des deux autres donc on a :
$E = \mathrm{Vect}((1, 1, 1), (1, 0, 1), (0, 1, 0)) = \mathrm{Vect}((1, 0, 1), (0, 1, 0))$. Les deux vecteurs restants forment une famille libre (deux vecteurs non proportionnels), cette famille est donc une base de E et E est de dimension 2.

3. Attention au cours ! On a : $\dim \mathbb{R}_n[X] = n+1$ et $\dim \mathbb{R}^n = n$ donc $\mathbb{R}_n[X]$ et $\mathbb{R}^n$ n'ont pas même dimension.

4. Soit E un espace vectoriel de dimension n. Toute famille libre de E possède au plus n vecteurs. Ainsi, par contraposée, toute famille d'au moins $n+1$ vecteurs de E est liée.

5. Soit E un espace vectoriel de dimension n ($n \geq 2$). Une famille d'au moins $n+1$ vecteurs, même non nuls et deux à deux distincts, n'est pas nécessairement génératrice de E.
En effet, si l'on choisit un vecteur x_1 non nul de E, la famille $(x_1, 2x_1, ..., (n+1)x_1)$ n'est pas génératrice de E car $\mathrm{Vect}\ (x_1, 2x_1, ..., (n+1)x_1) = \mathrm{Vect}(x_1) \neq E$ (car $\dim E > 1$).

6. • Montrons que $F \subset F + F$.
Pour tout x de F, $x = x + 0_E$ et, comme 0_E appartient à F (puisque F est un sous-espace de E), on a bien : $x \in F + F$.

• Montrons que $F + F \subset F$.
Pour tout x de $F+F$, $\exists (y,z) \in F^2, x = y + z$. Comme F est un sous-espace vectoriel de E, $y+z$ est un élément de F. Tout élément x de $F+F$ est donc élément de F.
On en conclut que si F est un sous-espace vectoriel de E, on a : $F = F + F$.

7. En prenant $E = \mathrm{Vect}((1,0))$, $F = \mathrm{Vect}((0,1))$ et $G = \mathrm{Vect}((1,1))$, on a :

• La famille obtenue par juxtaposition des bases de E et F est une base de $\mathbb{R}^2$ puisque c'est la base canonique de $\mathbb{R}^2$. Par conséquent, on a : $E \oplus F = \mathbb{R}^2$.

• La famille obtenue par juxtaposition des bases de E et G est aussi une base de $\mathbb{R}^2$ puisque c'est une famille libre (deux vecteurs non proportionnels) de $\mathbb{R}^2$ et que $\mathbb{R}^2$ est de dimension 2. Par conséquent, on a : $E \oplus G = \mathbb{R}^2$.
En conclusion, on a $E \oplus F = \mathbb{R}^2$ et $E \oplus G = \mathbb{R}^2$, mais pourtant F est différent de G.

8. Considérons les sous-espaces vectoriels de $\mathbb{R}^2$: $E = \text{Vect}\big((1,0)\big)$, $F = \text{Vect}\big((0,1)\big)$. Comme on l'a vu dans le **V/F 7**, on a : $E \oplus F = \mathbb{R}^2$. Le vecteur $x = (1,1)$ n'appartient ni à E, ni à F.

9. Considérons $E = \mathbb{R}^3$, $F = \text{Vect}\big((1,1,1)\big)$, $G = \text{Vect}\big((1,0,1)\big)$ et $H = \text{Vect}\big((0,1,0)\big)$. Bien sûr, on a : $\{0\} \subset F \cap G \cap H$. Par ailleurs, si x est élément de $F \cap G \cap H$, alors x appartient à G donc sa deuxième composante est nulle. Mais x appartient aussi à H donc sa première et sa troisième composante sont nulles. Ainsi, tout élément de $F \cap G \cap H$ est nul.
On en déduit que : $F \cap G \cap H \subset \{0\}$. On a donc montré : $F \cap G \cap H = \{0\}$.
Cependant, l'implication $\left[\forall (x,y,z) \in F \times G \times H, (x+y+z=0) \Rightarrow x=y=z=0\right]$ n'est pas vraie.
En effet, en choisissant $x = (1,1,1)$, $y = (-1,0,-1)$ et $z = (0,-1,0)$, on a bien : $x \in F$, $y \in G$, $z \in H$ et $x+y+z=0$. Pourtant, aucun des vecteurs x, y ou z n'est le vecteur nul.
La somme $F+G+H$ n'est donc pas directe.

10. Notons $F_1 = \text{Vect}(e_1)$, $F_2 = \text{Vect}(e_2)$ et $F_3 = \text{Vect}(e_3)$.
F_1, F_2, F_3 ont pour base respective (e_1), (e_2), (e_3) et la concaténation de ces bases est une base de $\mathbb{R}^3$. Ainsi, $\mathbb{R}^3 = \text{Vect}(e_1) \oplus \text{Vect}(e_2) \oplus \text{Vect}(e_3)$.

❑ Les erreurs classiques

• Ne pas oublier les parenthèses de la famille dans l'écriture d'un sous-espace engendré.
• Si $\dim E = 1$, toute famille d'au moins deux vecteurs distincts de E est génératrice de E (il faut y réfléchir). En revanche, si $\dim E = n \geq 2$, une famille d'au moins $n+1$ vecteurs de E n'est pas forcément génératrice de E (voir **V/F 2**).
• Tout sous-espace d'un espace E, différent de E et de $\{0_E\}$, a une infinité de supplémentaires !
• Si A et B sont deux sous-espaces vectoriels de E, la somme $A+B$ est directe si, et seulement si : $A \cap B = \{0\}$. Mais si A, B et C sont trois sous-espaces vectoriels de E, $A \cap B \cap C = \{0\}$ ne permet pas de conclure que la somme $A+B+C$ est directe.

Corrigé

Corrigé des exercices

Exercice 21.1

1. Montrons tout d'abord que la famille (u,v,w) est libre.

$au+bv+cw=0 \Leftrightarrow (-a,2a,0)+(3b,-5b,-b)+(0,c,-2c)=(0,0,0)$. Par identification :

$$au+bv+cw=0 \Leftrightarrow \begin{cases}-a+3b & =0\\ 2a-5b+c & =0\\ -b-2c & =0\end{cases} \underset{L_2\leftarrow L_2+2L_1}{\Leftrightarrow} \begin{cases}-a+3b & =0\\ b+c & =0\\ -b-2c & =0\end{cases} \underset{L_3\leftarrow L_3+L_2}{\Leftrightarrow} \begin{cases}-a+3b & =0\\ b+c & =0\\ -c & =0\end{cases}.$$

On obtient ainsi : $a=b=c=0$. La famille $\mathcal{B}=(u,v,w)$ est bien libre.

De plus, cette famille est constituée de trois vecteurs de $\mathbb{R}^3$ qui est de dimension 3.
On déduit du **théorème 21.7** que la famille $\mathcal{B}=(u,v,w)$ est une base de $\mathbb{R}^3$.

2. On cherche des réels a, b et c tels que : $t=au+bv+cw$, soit :
$(1,-2,1)=(-a,2a,0)+(3b,-5b,-b)+(0,c,-2c)$. On a donc :

$$t=au+bv+cw \Leftrightarrow \begin{cases}-a+3b & =1\\ 2a-5b+c & =-2\\ -b-2c & =1\end{cases} \underset{L_2\leftarrow L_2+2L_1}{\Leftrightarrow} \begin{cases}-a+3b & =1\\ b+c & =0\\ -b-2c & =1\end{cases} \underset{L_3\leftarrow L_3+L_2}{\Leftrightarrow} \begin{cases}-a+3b & =1\\ b+c & =0\\ -c & =1\end{cases}.$$

On en déduit que $c=-1$, $b=1$ et $a=2$, ce qui donne $t=2u+v-w$.
Les coordonnées de t dans $\mathcal{B}$ sont donc : $(2,1,-1)$. On remarque qu'elles sont différentes de celles de t dans la base canonique de $\mathbb{R}^3$, qui sont $(1,-2,1)$.

⇨ *Méthode 21.1*

Exercice 21.2

1. Testons la liberté de la famille (u_1,u_2,u_3). La relation $au_1+bu_2+cu_3=0$ conduit au système : $(S)\begin{cases}a-b+3c=0\\ 2b-4c=0\\ -a+b-3c=0\end{cases}$. Comme $L_3=-L_1$, on a : $(S)\Leftrightarrow\begin{cases}a-b+3c=0\\ 2b-4c=0\end{cases}\Leftrightarrow\begin{cases}a=-c\\ b=2c\end{cases}$.

La famille (u_1,u_2,u_3) n'est donc pas libre et on a, par exemple (avec $c=1$) : $-u_1+2u_2+u_3=0$, on en déduit : $\text{Vect}(u_1,u_2,u_3)=\text{Vect}(u_1,u_2)$.

De plus, les vecteurs u_1 et u_2 sont non proportionnels donc la famille (u_1,u_2) est libre.
On en conclut que la famille (u_1,u_2,u_3) est de rang 2.

2. En notant $F=\text{Vect}(u_1,u_2,u_3)$, la question précédente prouve que : $F=\text{Vect}(u_1,u_2)$.

La famille (u_1, u_2) étant libre, on en déduit que (u_1, u_2) est une base de F et que $\dim F = 2$.

⇨ *Méthode 21.1*

Exercice 21.3

1. Prouvons que la famille $\mathcal{B} = (A, B, C, D)$ est libre.

$$aA + bB + cC + dD = 0 \Leftrightarrow a\begin{pmatrix}1 & 0\\0 & 0\end{pmatrix} + b\begin{pmatrix}1 & 2\\0 & 0\end{pmatrix} + c\begin{pmatrix}1 & 2\\3 & 0\end{pmatrix} + d\begin{pmatrix}1 & 2\\3 & 4\end{pmatrix} = \begin{pmatrix}0 & 0\\0 & 0\end{pmatrix}.$$

Par identification, on trouve : $aA + bB + cC + dD = 0 \Leftrightarrow \begin{cases} a + b + c + d = 0 \\ 2b + 2c + 2d = 0 \\ 3c + 3d = 0 \\ 4d = 0 \end{cases}$.

On obtient alors : $d = c = b = a = 0$ et la famille $\mathcal{B} = (A, B, C, D)$ est bien libre.

De plus, elle est constituée de 4 matrices de $\mathcal{M}_2(\mathbb{R})$, qui est de dimension 4.

On peut donc en conclure que la famille $\mathcal{B} = (A, B, C, D)$ est une base de $\mathcal{M}_2(\mathbb{R})$.

2. Cherchons a, b, c et d tels que : $aA + bB + cC + dD = M$.

Or : $aA + bB + cC + dD = M \Leftrightarrow \begin{cases} a + b + c + d = 6 \\ 2b + 2c + 2d = 4 \\ 3c + 3d = 0 \\ 4d = 4 \end{cases} \Leftrightarrow \begin{cases} a = 4 \\ b = 2 \\ c = -1 \\ d = 1 \end{cases}$.

Finalement, les coordonnées de M dans la base $\mathcal{B}$ sont : $(4, 2, -1, 1)$.

⇨ *Méthode 21.1*

Exercice 21.4

1. L'ensemble E est, par définition, inclus dans $\mathcal{M}_2(\mathbb{R})$ et n'est pas vide puisque la matrice nulle vérifie $A0 = 0 = 0D$.

Soit M_1 et M_2 deux éléments de E et λ un réel. On a alors : $A(\lambda M_1 + M_2) = \lambda AM_1 + AM_2$.

Comme M_1 et M_2 sont éléments de E, on a : $AM_1 = M_1D$ et $AM_2 = M_2D$. On en déduit : $A(\lambda M_1 + M_2) = \lambda M_1 D + M_2 D = (\lambda M_1 + M_2)D$. La matrice $\lambda M_1 + M_2$ appartient donc à E.

Conclusion : E est un sous-espace vectoriel de $\mathcal{M}_2(\mathbb{R})$.

2. En posant $M = \begin{pmatrix}x & y\\z & t\end{pmatrix}$, on a : $AM = \begin{pmatrix}z & t\\z & t\end{pmatrix}$ et $MD = \begin{pmatrix}0 & y\\0 & t\end{pmatrix}$.

On en déduit : $M \in E \Leftrightarrow AM = MD \Leftrightarrow \begin{cases} z = 0 \\ y = t \end{cases}$

Corrigé

3. Grâce à la question **2**, on obtient : $M \in E \Leftrightarrow \exists (x,y) \in \mathbb{R}^2, M = \begin{pmatrix} x & y \\ 0 & y \end{pmatrix}$.

Autrement dit, on a : $E = \left\{ \begin{pmatrix} x & y \\ 0 & y \end{pmatrix}, (x,y) \in \mathbb{R}^2 \right\} = \{ xU + yA, (x,y) \in \mathbb{R}^2 \} = \mathrm{Vect}\,(U,A)$.

La famille (U,A) est donc génératrice de E. Elle est, de plus, constituée de deux vecteurs non colinéaires, la famille (U,A) est donc libre. Finalement, (U,A) est une base de E.

⇨ *Méthode 21.1*

Exercice 21.5

1. Par définition, on a : $\mathcal{D}_3(\mathbb{R}) = \left\{ \begin{pmatrix} a & 0 & 0 \\ 0 & b & 0 \\ 0 & 0 & c \end{pmatrix}, (a,b,c) \in \mathbb{R}^3 \right\}$. Avec les matrices de la base canonique de $\mathcal{M}_3(\mathbb{R})$, on en déduit que : $\mathcal{D}_3(\mathbb{R}) = \{ aE_{1,1} + bE_{2,2} + cE_{3,3}, (a,b,c) \in \mathbb{R}^3 \}$.

Ainsi, $\mathcal{D}_3(\mathbb{R}) = \mathrm{Vect}(E_{1,1}, E_{2,2}, E_{3,3})$ donc $\mathcal{D}_3(\mathbb{R})$ est un sous-espace vectoriel de $\mathcal{M}_3(\mathbb{R})$ et la famille $(E_{1,1}, E_{2,2}, E_{3,3})$ est génératrice de $\mathcal{D}_3(\mathbb{R})$.

Cette famille est libre puisque constituée de vecteurs extraits de la base canonique de $\mathcal{M}_3(\mathbb{R})$.

Finalement, la famille $(E_{1,1}, E_{2,2}, E_{3,3})$ est une base de $\mathcal{D}_3(\mathbb{R})$ et on a : $\dim \mathcal{D}_3(\mathbb{R}) = 3$.

2. La matrice $M = \begin{pmatrix} a & b & c \\ d & e & f \\ g & h & m \end{pmatrix}$ est symétrique si et seulement si $\begin{cases} b = d \\ c = g \\ f = h \end{cases}$. On en déduit que :

$\mathcal{S}_3(\mathbb{R}) = \left\{ \begin{pmatrix} a & b & c \\ b & d & e \\ c & e & f \end{pmatrix}, (a,b,c,d,e,f) \in \mathbb{R}^6 \right\}$ ou encore :

$\mathcal{S}_3(\mathbb{R}) = \{ aE_{1,1} + b(E_{1,2} + E_{2,1}) + c(E_{1,3} + E_{3,1}) + dE_{2,2} + e(E_{2,3} + E_{3,2}) + fE_{3,3}, (a,b,c,d,e,f) \in \mathbb{R}^6 \}$.

Ainsi, $\mathcal{S}_3(\mathbb{R}) = \mathrm{Vect}(E_{1,1},\ E_{1,2} + E_{2,1},\ E_{1,3} + E_{3,1},\ E_{2,2},\ E_{2,3} + E_{3,2},\ E_{3,3})$ donc $\mathcal{S}_3(\mathbb{R})$ est un sous-espace vectoriel de $\mathcal{M}_3(\mathbb{R})$ et $\mathcal{F} = (E_{1,1},\ E_{1,2} + E_{2,1},\ E_{1,3} + E_{3,1},\ E_{2,2},\ E_{2,3} + E_{3,2},\ E_{3,3})$ est génératrice de $\mathcal{S}_3(\mathbb{R})$.

Prouvons que la famille $\mathcal{F}$ est libre en effectuant un test de liberté. On a :

$$aE_{1,1} + b(E_{1,2} + E_{2,1}) + c(E_{1,3} + E_{3,1}) + d\,E_{22} + e(E_{2,3} + E_{3,2}) + f\,E_{3,3} = 0 \Leftrightarrow \begin{pmatrix} a & b & c \\ b & d & e \\ c & e & f \end{pmatrix} = 0.$$

On obtient par identification des 9 éléments de chaque matrice : $a = b = c = d = e = f = 0$.

La famille $\mathcal{F}$ est donc libre et constitue une base de $\mathcal{S}_3(\mathbb{R})$, qui est ainsi de dimension 6.

3. En généralisant les résultats précédents, on a : $\mathcal{S}_n(\mathbb{R}) = \text{Vect}\left(\left(E_{i,i}\right)_{1\leq i\leq n}, \left(E_{i,j}+E_{j,i}\right)_{1\leq i<j\leq n}\right)$.

On peut montrer que la famille $\mathcal{F} = \left(\left(E_{i,i}\right)_{1\leq i\leq n}, \left(E_{i,j}+E_{j,i}\right)_{1\leq i<j\leq n}\right)$ est une base de $\mathcal{S}_n(\mathbb{R})$.

De plus, on sait qu'il y a $\dfrac{n(n-1)}{2}$ couples (i,j) de $[\![1,n]\!]^2$ tels que $i<j$ (voir le **V/F 7** du **chapitre 2**). On en déduit donc que la famille $\mathcal{F}$ contient $n+\dfrac{n(n-1)}{2}$ éléments soit $\dfrac{n(n+1)}{2}$ éléments. Finalement, $\dim \mathcal{S}_n(\mathbb{R}) = \dfrac{n(n+1)}{2}$.

⇨ *Méthode 21.1*

Exercice 21.6

Pour prouver que la somme $F+G$ est directe, il suffit de prouver que $F\cap G=\{0_E\}$.
Procédons par double inclusion.

- On a clairement $\{0_E\}\subset F\cap G$ puisque $F\cap G$ est un sous-espace vectoriel de $\mathbb{R}^3$.
- Pour tout élément de x de $F\cap G$, on a : $\exists\alpha\in\mathbb{R}, x=(\alpha,\alpha,\alpha)$ et $\exists\beta\in\mathbb{R}, x=(\beta,2\beta,3\beta)$.

Ce qui donne le système : $\begin{cases}\alpha=\beta\\ \alpha=2\beta\\ \alpha=3\beta\end{cases}$ qui n'a comme solution que : $\alpha=\beta=0$.

On vient donc de prouver que, si x est un élément de $F\cap G$, alors $x=0_E$.
La somme $F+G$ est donc directe.

⇨ *Méthode 21.2*

Exercice 21.7

1. a) On peut, par exemple écrire que $E=\{(x,y,z)\in\mathbb{R}^3,\ z=x+y \text{ et } y=-2x\}$.
On en déduit que $E=\{(x,y,z)\in\mathbb{R}^3,\ z=-x \text{ et } y=-2x\}$, ce que l'on peut noter :
$E=\{(x,-2x,-x),\ x\in\mathbb{R}\}=\{x(1,-2,-1),\ x\in\mathbb{R}\}$. Ceci prouve que $E=\text{Vect}((1,-2,-1))$.
Ainsi, E est le sous-espace de $\mathbb{R}^3$ engendré par le seul vecteur $(1,-2,-1)$.

b) Le vecteur $(1,-2,-1)$ n'étant pas nul, la famille $((1,-2,-1))$ est libre donc c'est une base de E et on en déduit que $\dim E=1$.

2. On écrit $F=\{(x,y,z)\in\mathbb{R}^3,\ y=0\}=\{(x,0,z),\ x\in\mathbb{R},\ z\in\mathbb{R}\}$.
On a alors : $F=\{x(1,0,0)+z(0,0,1),\ x\in\mathbb{R},\ z\in\mathbb{R}\}$.

Corrigé

Ceci montre que F est le sous-espace de $\mathbb{R}^3$ engendré par la famille $((1,0,0),(0,0,1))$. Cette famille est constituée de deux vecteurs non proportionnels, elle est donc libre et c'est une base de F. On en déduit alors que $\dim F = 2$.

3. • On a déjà : $\dim E + \dim F = 3 = \dim \mathbb{R}^3$.

• Montrons maintenant que : $E \cap F = \{0\}$. Soit (x,y,z) un élément de $E \cap F$.

Comme (x,y,z) appartient à E, on a : $x+y-z=0$ et $2x+y=0$.

Comme (x,y,z) appartient à F, on a : $y=0$.

Au total, on obtient : $y=0$, $x-z=0$ et $2x=0$, ce qui donne $x=y=z=0$.

Conclusion : $E \cap F = \{0\}$, puisque l'inclusion de $\{0\}$ dans $E \cap F$ est évidente.

Les deux points précédents prouvent que $\mathbb{R}^3 = E \oplus F$.

⇨ *Méthodes 21.1, 21.4*

Exercice 21.8

1. Soit (x,y,z) un vecteur de E. Par définition de E, il existe deux réels a et b tels que : $(x,y,z)=a(1,2,3)+b(-1,0,1)$, ce qui donne : $(x,y,z)=(a-b,2a,3a+b)$.

On a alors le système : $\begin{cases} a-b=x \\ 2a=y \\ 3a+b=z \end{cases}$ qui est équivalent à : $\begin{cases} b=\dfrac{y}{2}-x \\ a=y/2 \\ 3\dfrac{y}{2}+\dfrac{y}{2}-x=z \end{cases} \Leftrightarrow \begin{cases} b=\dfrac{y}{2}-x \\ a=y/2 \\ 2y-x=z \end{cases}$.

La troisième équation, que l'on peut écrire $x-2y+z=0$, est l'équation cartésienne de E.

2. Soit (x,y,z) un vecteur de F. Par définition de F, il existe un réel a tel que : $(x,y,z)=a(1,-1,1)$, ce qui donne : $(x,y,z)=(a,-a,a)$.

On a alors le système : $\begin{cases} a=x \\ -a=y \\ a=z \end{cases}$ qui est équivalent à : $\begin{cases} a=x \\ -x=y \\ x=z \end{cases}$. Les deux dernières équations sont les équations cartésiennes de E : $-x=y$ et $x=z$, ce que l'on peut écrire : $y=-x$ et $z=x$.

3. • On a évidemment $\dim E = 2$ et $\dim F = 1$ donc : $\dim E + \dim F = 3 = \dim \mathbb{R}^3$.

• Montrons maintenant que $E \cap F = \{0\}$ en considérant un élément (x,y,z) de $E \cap F$.

D'après la question **1**, comme (x,y,z) appartient à E, on a : $x-2y+z=0$.

D'après la question **2**, comme (x,y,z) appartient à F, on a : $y=-x$ et $z=x$.

En remplaçant y par $-x$ et z par x, la première équation donne : $x+2x+x=0$, soit $4x=0$.

On obtient donc $x=0$, puis $y=0$ et $z=0$, c'est-à-dire : $(x,y,z)=(0,0,0)$.

Conclusion : $E \cap F = \{0\}$.

Les deux points précédents prouvent que $\mathbb{R}^3 = E \oplus F$.

⇨ *Méthodes 21.1, 21.4*

Exercice 21.9

On considère les sous-espaces vectoriels de $\mathbb{R}^3$ suivants :
$E = \{(x,y,z) \in \mathbb{R}^3,\ x = y+z\}$ et $F = \{(x,y,z) \in \mathbb{R}^3,\ x = y-z\}$.

1. On peut montrer comme à **l'exercice 21.7** que E et F sont tous deux de dimension 2, qu'une base de E est la famille $((1,1,0),(1,0,1))$ et qu'une base de F est la famille $((1,1,0),(1,0,-1))$.

En juxtaposant ces deux bases, on obtient, après élimination du vecteur qui leur est commun, la famille $((1,1,0),(1,0,1),(1,0,-1))$, qui est donc génératrice de $E+F$.

De plus, cette famille est libre car si l'on se donne trois réels a, b et c tels que $a(1,1,0)+b(1,0,1)+c(1,0,-1)=(0,0,0)$, on obtient :

$\begin{cases} a+b+c=0 \\ a=0 \\ b-c=0 \end{cases}$, ce qui équivaut à : $\begin{cases} b+c=0 \\ a=0 \\ b=c \end{cases}$, soit : $\begin{cases} 2c=0 \\ a=0 \\ b=c \end{cases}$. On en déduit : $a=b=c=0$.

La famille $((1,1,0),(1,0,1),(1,0,-1))$ est une famille libre et elle est génératrice de $E+F$, c'est donc une base de $E+F$. On en déduit que $E+F$ est un sous-espace de $\mathbb{R}^3$ qui possède la même dimension que $\mathbb{R}^3$, d'où : $\mathbb{R}^3 = E+F$.

2. Les sous-espaces E et F ne sont pas supplémentaires car $E \cap F$ n'est pas réduit au vecteur nul (par exemple, le vecteur $(1,1,0)$ appartient à $E \cap F$).

La formule de Grassmann s'écrit : $\dim(E+F) = \dim E + \dim F - \dim(E \cap F)$.

Comme $E+F = \mathbb{R}^3$, on obtient : $\dim \mathbb{R}^3 = \dim E + \dim F - \dim(E \cap F)$.

En remplaçant les dimensions connues, on trouve : $\dim(E \cap F) = 1$.

Remarque. En observant les bases de E et F, il est facile d'avoir ce résultat et même en prime de constater qu'une base de $E \cap F$ est la famille $((1,1,0))$.

⇨ *Méthode 21.1*

Exercice 21.10

On écrit $E = \{(y+z,y,z),\ y \in \mathbb{R},\ z \in \mathbb{R}\} = \{y(1,1,0)+z(1,0,1),\ y \in \mathbb{R},\ z \in \mathbb{R}\}$.

Ceci montre que E est le sous-espace de $\mathbb{R}^3$ engendré par la famille $((1,1,0),(1,0,1))$.

Cette famille est constituée de deux vecteurs non proportionnels, elle est donc libre et c'est une base de E. On en déduit alors que $\dim E = 2$.

Il reste donc à trouver un vecteur pour compléter la famille $((1,1,0),(1,0,1))$ en une base de $\mathbb{R}^3$, ce vecteur formera une base d'un supplémentaire de *E*. On dirait que le vecteur $(1,0,0)$ fait l'affaire. Vérifions que la famille $((1,1,0),(1,0,1),(1,0,0))$ est une base de $\mathbb{R}^3$.

Testons d'abord sa liberté :

Soit trois réels *a*, *b* et *c* tels que $a(1,1,0)+b(1,0,1)+c(1,0,0)=(0,0,0)$.

On obtient le système : $\begin{cases} a+b+c=0 \\ a=0 \\ b=0 \end{cases}$ dont la seule solution est $a=b=c=0$.

La famille $((1,1,0),(1,0,1),(1,0,0))$ est une famille libre de $\mathbb{R}^3$ contenant trois vecteurs donc, comme $\dim \mathbb{R}^3 = 3$, c'est une base de $\mathbb{R}^3$.

On a donc trouvé un supplémentaire de *E*, le sous-espace $F = \text{Vect}\big((1,0,0)\big)$.

⇨ *Méthode 21.1*

Exercice 21.11

Nous avons déjà prouvé au **chapitre 9** dans l'**exercice 9.4** que *F* et *G* sont des sous-espaces vectoriels de *E*. Procédons par analyse-synthèse pour prouver que : $E = F \oplus G$.

- Soit *f* une fonction numérique définie sur $\mathbb{R}$. On suppose qu'il existe (g,h) dans $F \times G$ telles que : $f = g + h$. On a pour tout réel *x* : $\begin{cases} f(x) = g(x) + h(x) \\ f(-x) = g(x) - h(x) \end{cases}$.

En ajoutant ces deux égalités, on a : $\forall x \in \mathbb{R},\ g(x) = \frac{1}{2}\big(f(x) + f(-x)\big)$.

On en déduit : $\forall x \in \mathbb{R},\ h(x) = \frac{1}{2}\big(f(x) - f(-x)\big)$.

- Soit *f* une fonction de $\mathbb{R}$ dans $\mathbb{R}$.

Considérons les fonctions *g* et *h* définies sur $\mathbb{R}$ par : $\forall x \in \mathbb{R}, \begin{cases} g(x) = \frac{1}{2}\big(f(x) + f(-x)\big) \\ h(x) = \frac{1}{2}\big(f(x) - f(-x)\big) \end{cases}$.

On a alors pour tout réel *x* :

1) $g(-x) = \frac{1}{2}\big(f(-x) + f(x)\big) = g(x)$ donc *g* est dans *F*.

2) $h(-x) = \frac{1}{2}\big(f(-x) - f(x)\big) = -\left(\frac{1}{2}\big(f(x) - f(-x)\big)\right) = -h(x)$ donc *h* est dans *G*.

3) $g(x) + h(x) = \left(\frac{1}{2}\big(f(x) + f(-x)\big)\right) + \left(\frac{1}{2}\big(f(x) - f(-x)\big)\right) = f(x)$ donc $f = g + h$.

Finalement, *F* et *G* des sous-espaces vectoriels supplémentaires de *E*.

⇨ *Méthode 21.3*

Chapitre 22
Applications linéaires

Quelle étrange aventure que celle du mot *scalaire*
avant d'arriver dans les DS des étudiants !
Issu d'une racine indo-européenne signifiant *lever le pied*,
il donne le mot grec *skandalon* qui désigne un dispositif faisant trébucher,
donc un piège. Les premiers Chrétiens l'utilisaient au sens figuré
d'incitation au péché ; par l'intermédiaire du latin, il donne,
en français, les mots *scandale* et *esclandre*. Du mot latin, dérive *scala*
qui désigne la *marche* puis l'*échelle* ou l'*escalier* lui-même avec pour
adjectif associé *scalaris*. Son emploi en mathématiques provient de
l'analogie entre les barreaux d'une échelle et les nombres entiers.
Avec les nombres réels, et *a fortiori* complexes,
la comparaison est abusive mais le terme est cependant conservé.

Objectifs

Les incontournables

- ▷ Maîtriser les notions d'application linéaire, d'endomorphisme, d'isomorphisme et d'automorphisme.
- ▷ Connaître les définitions du noyau et de l'image d'une application linéaire.
- ▷ Savoir déterminer noyau et image d'une application linéaire.

Et plus si affinités

- ▷ Savoir déterminer le projeté d'un vecteur.
- ▷ Savoir reconnaître un projecteur.
- ▷ Savoir établir des inclusions entre noyaux et/ou images.

Résumé de cours

Dans ce chapitre, la lettre $\mathbb{K}$ désigne $\mathbb{R}$ ou $\mathbb{C}$ et E, F, G sont des espaces vectoriels sur $\mathbb{K}$.

Généralités

Définitions et exemples

Définitions 22.1. — On appelle *application linéaire* de E dans F toute application f de E dans F telle que : $\forall(x,y)\in E^2,\ f(x+y)=f(x)+f(y)$ et $\forall x\in E,\ \forall\lambda\in\mathbb{K},\ f(\lambda x)=\lambda f(x)$.

L'ensemble des applications linéaires de E dans F est noté $\mathcal{L}(E,F)$.

- On appelle *forme linéaire* sur E, toute application linéaire de E dans $\mathbb{K}$. L'ensemble des formes linéaires sur E est noté $\mathcal{L}(E,\mathbb{K})$.
- On appelle *endomorphisme* de E, toute application linéaire de E dans E. L'ensemble des endomorphismes de E est noté $\mathcal{L}(E)$.
- On appelle *isomorphisme* de E dans F, toute application linéaire bijective de E dans F.
- On appelle *automorphisme* de E, tout isomorphisme de E dans E, ou, ce qui revient au même, tout endomorphisme bijectif de E. L'ensemble des automorphismes de E, appelé groupe linéaire, est noté $GL(E)$.

⇨ **Méthode 22.1. Comment montrer qu'une application est linéaire ?**

Propriété 22.1. — f est une application linéaire de E dans F si, et seulement si :

$$\forall(x,y)\in E^2,\ \forall(\lambda,\mu)\in\mathbb{K}^2,\ f(\lambda x+\mu y)=\lambda f(x)+\mu f(y)$$

Propriété 22.2. — f est une application linéaire de E dans F si, et seulement si :

$$\forall(x,y)\in E^2,\ \forall\lambda\in\mathbb{K},\ f(\lambda x+y)=\lambda f(x)+f(y)$$

Exemple 22.1. — L'application identité de E, notée $Id_E : x\mapsto x$, est un automorphisme de E.

Exemple 22.2. — L'application $P\mapsto P'$ est une application linéaire de $\mathbb{R}[X]$ dans $\mathbb{R}[X]$.

Exemple 22.3. — L'application $f\mapsto\int_a^b f(t)dt$ est une forme linéaire sur l'espace des fonctions continues de $[a,b]$ dans $\mathbb{R}$.

Propriété 22.3. — Pour toute application linéaire de E dans F, on a : $f(0_E)=0_F$.

Propriété 22.4. — Soit f une application linéaire de E dans F. Pour tous vecteurs $x_1,\dots,x_n$ de E et tous scalaires $\lambda_1,\dots,\lambda_n$, on a : $f\left(\sum_{i=1}^{n}\lambda_i x_i\right)=\sum_{i=1}^{n}\lambda_i f(x_i)$.

❑ Addition et multiplication par un scalaire des applications linéaires

Propriété 22.5. — $\mathcal{L}(E,F)$ est un espace vectoriel. En particulier, $\mathcal{L}(E)$ est aussi un espace vectoriel.

Remarque 22.1. — Les lois en vigueur sur l'espace vectoriel $\mathcal{L}(E,F)$ sont l'addition des applications et la multiplication d'une application par un scalaire.

Remarque 22.2. — *GL(E)*, muni de l'addition des applications et de la multiplication d'une application par un scalaire, n'est pas un espace vectoriel.

❑ Composition des applications linéaires

Propriété 22.6. — Si f est une application linéaire de E dans F et si g est une application linéaire de F dans G, alors $g \circ f$ est une application linéaire de E dans G.
En particulier, la composée de deux endomorphismes de E est un endomorphisme de E.

Propriété 22.7. — Si f est un automorphisme de E, alors f^{-1} est un automorphisme de E.

Propriété 22.8. — La composée de deux automorphismes f et g de E est un automorphisme de E et on a : $(g\circ f)^{-1}=f^{-1}\circ g^{-1}$.

Propriété 22.9. — Dans $\mathcal{L}(E)$, la loi $\circ$ est distributive par rapport à l'addition, c'est-à-dire : soit f, g, h des endomorphismes de E : $(f+g)\circ h=f\circ h+g\circ h$ et $f\circ(g+h)=f\circ g+f\circ h$.

Remarque 22.3. — En réalité, la linéarité n'intervient pas dans la première égalité, qui est vraie pour toutes applications f, g, h. Développons la seconde : pour tout vecteur x de E,

$$(f\circ(g+h))(x)=f((g+h)(x))=f(g(x)+h(x))=f(g(x))+f(h(x))=(f\circ g+f\circ h)(x)$$

On s'aperçoit ici que la linéarité de f intervient pour justifier la 3ème égalité. À ce propos, on relira avec profit le **V/F 5** du **chapitre 4**.

Définition 22.2. — Soit f un endomorphisme de E. Par convention, on pose $f^0=Id_E$ et, pour tout entier naturel p non nul, on pose $f^p=f^{p-1}\circ f$.

Remarque 22.4. — En fait, pour tout p élément de $\mathbb{N}^*$, f^p est la composée de p applications toutes égales à f.

Théorème 22.1. — Formule du binôme de Newton. Soit f et g deux endomorphismes de E qui commutent ($f \circ g = g \circ f$). Alors : $\forall p \in \mathbb{N}$, $(f+g)^p = \sum_{k=0}^{p} \binom{p}{k} f^k \circ g^{p-k} = \sum_{k=0}^{p} \binom{p}{k} f^{p-k} \circ g^k$.

■ Noyau et image d'une application linéaire

❑ Noyau

Définition 22.3. — Soit f une application linéaire de E dans F.
On appelle *noyau de f*, noté Ker$f$, le sous-ensemble de E défini par : $\text{Ker} f = \{x \in E, f(x) = 0_F\}$.

⇨ **Méthode 22.2. Comment déterminer le noyau d'une application linéaire ?**

Propriété 22.10. — Soit f une application linéaire de E dans F.
Ker f est un sous-espace vectoriel de E

Théorème 22.2. — Une application linéaire f de E dans F est injective si, et seulement si :
$$\text{Ker} f = \{0_E\}$$

⇨ **Méthode 22.4. Comment montrer qu'une application linéaire est (ou pas) injective ?**

Propriété 22.11. — Soit f un endomorphisme de E et λ un scalaire.
L'ensemble $\{x \in E, f(x) = \lambda x\}$ est $\text{Ker}(f - \lambda Id_E)$. C'est donc un sous-espace vectoriel de E.

Remarque 22.5. — Il suffit de remarquer qu'on a les équivalences suivantes :
$f(x) = \lambda x \iff f(x) - \lambda x = 0_E \iff (f - \lambda Id_E)(x) = 0_E \iff x \in \text{Ker}(f - \lambda Id_E)$.

❑ Image

Définition 22.4. — Soit f une application linéaire de E dans F. On appelle *image de f*, notée $\text{Im} f$, le sous-ensemble de F défini par : $\text{Im} f = \{y \in F, \exists x \in E, y = f(x)\}$.

⇨ **Méthode 22.3. Comment déterminer l'image d'une application linéaire ?**

Propriété 22.12. — Soit f une application linéaire de E dans F.
$\text{Im} f$ est un sous-espace vectoriel de F

Théorème 22.3. — Une application linéaire f de E dans F est surjective si, et seulement si :
$$\text{Im} f = F$$

⇨ **Méthode 22.5. Comment montrer qu'une application linéaire est (ou pas) surjective ?**

■ Projecteurs

Dans ce paragraphe, F_1 et F_2 sont deux sous-espaces vectoriels supplémentaires dans E. Pour tout vecteur x de E, on note (x_1, x_2) l'unique couple de $F_1 \times F_2$ tel que : $x = x_1 + x_2$.

❑ Généralités

Définition 22.5. — On appelle *projecteur de E* sur F_1, parallèlement à (ou de direction) F_2, l'application p qui, à tout vecteur x de E, associe $p(x) = x_1$. On appelle *projecteur de E* sur F_2, parallèlement à F_1, l'application q qui, à tout vecteur x de E, associe $q(x) = x_2$.
Les projecteurs p et q sont appelés *projecteurs associés*.

Propriété 22.13. — Tout projecteur de E est un endomorphisme de E.

Théorème 22.4. — Soit p et q deux projecteurs de E.

Les projecteurs p et q sont associés si, et seulement si : $\begin{cases} p + q = Id_E \\ p \circ q = q \circ p = 0 \end{cases}$.

❑ Propriétés

Propriété 22.14. — Soit p un projecteur de E sur F_1, parallèlement à F_2. On a :

- $F_1 = \operatorname{Im} p = \operatorname{Ker}(p - Id_E)$ ($\operatorname{Im} p$ est donc l'ensemble des vecteurs x de E tels que $p(x) = x$).
- $F_2 = \operatorname{Ker} p$.

Remarque 22.6. — Si p est un projecteur de E, on a $\operatorname{Ker} p \oplus \operatorname{Im} p = E$ (la réciproque est fausse).

Propriété 22.15. — Soit p un projecteur de E sur F_1, parallèlement à F_2.
Pour tout vecteur x de E, on a : $p(x) \in F_1$ et $x - p(x) \in F_2$.

⇨ **Méthode 22.6. Comment déterminer le projeté d'un vecteur ?**

Théorème 22.5. — Caractérisation des projecteurs. Soit f un endomorphisme de E.
f est un projecteur de E si, et seulement si : $f \circ f = f$

⇨ **Méthode 22.7. Comment montrer qu'un endomorphisme est un projecteur ?**

Remarque 22.7. — Plus précisément, si f est un endomorphisme de E tel que $f \circ f = f$, alors f est le projecteur sur $\operatorname{Im} f$ parallèlement à $\operatorname{Ker} f$.

Méthodes

Linéarité, noyau, image

❑ Méthode 22.1. Comment montrer qu'une application est linéaire ?

Pour montrer qu'une application $f : E \to F$ est linéaire, on montre que :

$$\forall (u,v) \in E^2,\ \forall \lambda \in \mathbb{K},\ f(\lambda u + v) = \lambda f(u) + f(v)$$

Lorsqu'on demande de montrer que f est un endomorphisme de E, en plus des critères de linéarité définis ci-dessus, il faut vérifier que : $\forall u \in E,\ f(u) \in E$.

⇨ **Exercices 22.1, 22.2, 22.3, 22.4, 22.5, 22.6, 22.7, 22.8**

Exemple. Soit f l'application définie par : $\forall (x,y) \in \mathbb{R}^2,\ f((x,y)) = (x-y,\ 2x-3y,\ x+2y)$.
Montrer que f est une application linéaire de $\mathbb{R}^2$ dans $\mathbb{R}^3$.
Par définition, f est bien une application de $\mathbb{R}^2$ dans $\mathbb{R}^3$. Soit deux vecteurs $u = (x,y)$ et $u' = (x',y')$ de $\mathbb{R}^2$ et un réel λ. On a $\lambda u + u' = (\lambda x + x',\ \lambda y + y')$ et par définition de f :

$f(\lambda u + u') = (\lambda x + x' - (\lambda y + y'),\ 2(\lambda x + x') - 3(\lambda y + y'),\ \lambda x + x' + 2(\lambda y + y'))$

$f(\lambda u + u') = \lambda(x-y,\ 2x-3y,\ x+2y) + (x'-y',\ 2x'-3y',\ x'+2y')$

$f(\lambda u + u') = \lambda f(u) + f(u')$ ce qui montre que : $f \in \mathcal{L}(\mathbb{R}^2, \mathbb{R}^3)$.

❑ Méthode 22.2. Comment déterminer le noyau d'une application linéaire ?

Pour chercher le noyau d'une application linéaire de E dans F, on détermine les vecteurs x de E tels que $f(x) = 0_F$.

⇨ **Exercices 22.3, 22.5, 22.6, 22.8**

Exemple 1. Soit f l'endomorphisme de $\mathbb{R}^2$ défini par :
$\forall u = (x,y) \in \mathbb{R}^2,\ f(u) = (x+y, 2x+2y)$. Déterminer $\text{Ker} f$.
Soit $u = (x,y)$ un vecteur de $\mathbb{R}^2$.
On a : $u \in \text{Ker} f \Leftrightarrow f(u) = 0_{\mathbb{R}^2} \Leftrightarrow (x+y, 2x+2y) = (0,0) \Leftrightarrow x+y=0$.
Donc $\text{Ker} f = \{(x,-x), x \in \mathbb{R}\}$ c'est-à-dire : $\text{Ker} f = \text{Vect}\,((1,-1))$.

Méthodes

Exemple 2. Soit f l'endomorphisme de $\mathbb{R}[X]$ défini par : $\forall P \in \mathbb{R}[X],\ f(P)=P'$ où P' désigne le polynôme dérivé de P. Déterminer Ker f.
Soit P un polynôme de $\mathbb{R}[X]$. On a : $P \in \operatorname{Ker} f \Leftrightarrow f(P)=0 \Leftrightarrow P'=0 \Leftrightarrow P \in \mathbb{R}_0[X]$.
On a donc : $\operatorname{Ker} f = \mathbb{R}_0[X]$.

❑ Méthode 22.3. Comment déterminer l'image d'une application linéaire ?

> Pour chercher l'image d'une application linéaire de E dans F, on détermine les vecteurs y de F qui s'écrivent comme image par f d'un vecteur x de E.

⇨ **Exercices 22.4, 22.6, 22.8**

Exemple. Soit f l'endomorphisme de $\mathbb{R}^2$ défini, pour tout $u=(x,y)$ de $\mathbb{R}^2$, par : $f(u)=(x+y,\ 2x+2y)$. Déterminer $\operatorname{Im} f$.
On cherche les vecteurs $v=(a,b)$ de $\mathbb{R}^2$ pour lesquels il existe $u=(x,y)$ de $\mathbb{R}^2$ tel que : $f(u)=v$. On a : $f(u)=v \Leftrightarrow (x+y,\ 2x+2y)=(a,b) \Leftrightarrow \begin{cases} x+\ y=a \\ 2x+2y=b \end{cases} \Leftrightarrow \begin{cases} x+\ y=a \\ 2a=b \end{cases}$.
On en déduit que, nécessairement : $b=2a$.
Tout vecteur v de $\operatorname{Im} f$ est donc de la forme $(a,2a)$. Réciproquement, $(a,2a)$ est l'image par f de $(a/2,\ a/2)$, donc on peut conclure que : $\operatorname{Im} f = \{(a,2a), a\in\mathbb{R}\} = \operatorname{Vect}((1,2))$.
Remarque. Une méthode plus performante pour déterminer $\operatorname{Im} f$ sera étudiée au **chapitre 23**.

■ Injection, surjection

❑ Méthode 22.4. Comment montrer qu'une application linéaire est (ou n'est pas) injective ?

> Pour montrer qu'une application linéaire f de E dans F est injective, on cherche son noyau Ker$f$. L'application f est injective si et seulement si Ker$f$= $\{0_E\}$.

⇨ **Exercices 22.7, 22.8**

Exemple 1. Soit f l'endomorphisme de $\mathbb{R}[X]$ défini par : $\forall P \in \mathbb{R}[X],\ f(P)=P'$.
L'endomorphisme f est-il injectif ?
On a vu (**exemple 2** de la **méthode 22.2**) que $\operatorname{Ker} f = \mathbb{R}_0[X] \neq \{0\}$ donc f n'est pas injective.

Exemple 2. Soit $A=\begin{pmatrix}1 & -1\\ 2 & 1\end{pmatrix}$ et *f* l'endomorphisme de $\mathcal{M}_2(\mathbb{R})$ défini par :

$\forall M\in\mathcal{M}_2(\mathbb{R}),\ f(M)=AM$. Vérifier que *A* est inversible puis que l'application *f* est injective.

A est inversible car $1\times 1-2\times(-1)\neq 0$. Déterminons les matrices *M* de $\mathcal{M}_2(\mathbb{R})$ telles que $f(M)=0$. $f(M)=0 \Leftrightarrow AM=0 \Leftrightarrow A^{-1}\times AM=A^{-1}\times 0 \Leftrightarrow M=0$.

Donc $\operatorname{Ker} f=\{0\}$ et *f* est injective.

❑ Méthode 22.5. Comment montrer qu'une application linéaire est (ou n'est pas) surjective ?

> Pour montrer qu'une application linéaire *f* de *E* dans *F* est surjective, on cherche son image $\operatorname{Im} f$. L'application *f* est surjective si et seulement si $\operatorname{Im} f=F$.

⇨ **Exercice 22.8**

Exemple 1. Soit *f* l'endomorphisme de $\mathbb{R}^2$ défini par :
$\forall u=(x,y)\in\mathbb{R}^2,\ f(u)=(x+y,\,2x+2y)$. L'endomorphisme *f* est-il surjectif ?

On a vu à l'exemple de la **méthode 22.3** que $\operatorname{Im} f=\operatorname{Vect}((1,2))$.

On a $\operatorname{Vect}((1,2))\neq\mathbb{R}^2$ puisque, par exemple, le couple $(1,\,1)$ n'appartient pas à $\operatorname{Vect}((1,2))$.

Par conséquent: *f* n'est pas surjectif.

Exemple 2. Soit *f* l'endomorphisme de $\mathbb{R}[X]$ défini par : $\forall P\in\mathbb{R}[X]$.
L'endomorphisme *f* est-il surjectif ?
Déterminons $\operatorname{Im} f$. On cherche les polynômes *Q* de $\mathbb{R}[X]$ pour lesquels il existe un polynôme *P* de $\mathbb{R}[X]$ tel que $f(P)=Q$. Notons $Q=\sum_{k=0}^{n}a_kX^k$ et posons $P=\sum_{k=0}^{n}\frac{a_k}{k+1}X^{k+1}$.

P est bien un polynôme qui vérifie : $f(P)=Q$. Conclusion : $\operatorname{Im} f=\mathbb{R}[X]$.
Ainsi, l'endomorphisme *f* est surjectif.

■ Projecteurs

❑ Méthode 22.6. Comment déterminer le projeté d'un vecteur ?

> Soit deux sous-espaces F_1 et F_2 supplémentaires dans *E* et *p* la projection sur F_1 parallèlement à F_2. Pour exprimer $p(x)$ où *x* est un vecteur de *E*, on détermine l'unique couple (x_1,x_2) de $F_1\times F_2$ tel que $x=x_1+x_2$. Par définition, $p(x)=x_1$.

⇨ **Exercice 22.10**

Exemple. On a vu, dans l'exemple de la **méthode 21.3** du **chapitre 21**, que :

$$\mathcal{M}_2(\mathbb{R}) = \mathcal{S}_2(\mathbb{R}) \oplus \mathcal{A}_2(\mathbb{R}).$$

On note p le projecteur sur $\mathcal{S}_2(\mathbb{R})$ parallèlement à $\mathcal{A}_2(\mathbb{R})$ et on considère la matrice $M = \begin{pmatrix} 1 & -4 \\ 2 & 1 \end{pmatrix}$. Déterminer $p(M)$.

On a vu, dans cet exemple que M s'écrit $M = A + B$ avec :

$$A = \frac{1}{2}(M + {}^tM) \in \mathcal{S}_2(\mathbb{R}) \text{ et } B = \frac{1}{2}(M - {}^tM) \in \mathcal{A}_2(\mathbb{R}).$$

Par définition, on a : $p(M) = A = \frac{1}{2}(M + {}^tM) = \begin{pmatrix} 1 & -1 \\ -1 & 1 \end{pmatrix}$.

❑ Méthode 22.7. Comment montrer qu'un endomorphisme est un projecteur ?

> Soit f un endomorphisme de E. Pour montrer que f est un projecteur, on peut montrer que $f \circ f = f$.
>
> Pour préciser de quel projecteur il s'agit, on détermine $\operatorname{Ker} f$ et $\operatorname{Im} f$ (se reporter aux **méthodes 22.2** et **22.3**).
>
> L'application f est alors le projecteur sur $\operatorname{Im} f$, parallèlement à $\operatorname{Ker} f$.

⇨ **Exercices 22.6, 22.11**

Exemple. On considère l'endomorphisme f de $\mathbb{R}^2$ défini pour tout couple (x_1, x_2) de $\mathbb{R}^2$ par : $f((x_1, x_2)) = (4x_1 - 6x_2,\ 2x_1 - 3x_2)$. Montrer que f est un projecteur que l'on précisera.

• Pour tout élément $x = (x_1, x_2)$ de $\mathbb{R}^2$, on a : $f \circ f((x_1, x_2)) = f((4x_1 - 6x_2, 2x_1 - 3x_2))$.

Ainsi, $f \circ f(x) = (4(4x_1 - 6x_2) - 6(2x_1 - 3x_2), 2(4x_1 - 6x_2) - 3(2x_1 - 3x_2))$.

Après simplifications : $\forall x = (x_1, x_2) \in \mathbb{R}^2,\ f \circ f(x) = (4x_1 - 6x_2, 2x_1 - 3x_2) = f(x)$.

Ainsi : $f \circ f = f$ et f est donc un projecteur.

• Déterminons $\operatorname{Ker} f$. Soit $x = (x_1, x_2)$ de $\mathbb{R}^2$. On a : $x \in \operatorname{Ker} f \Leftrightarrow f(x) = 0 \Leftrightarrow \begin{cases} 4x_1 - 6x_2 = 0 \\ 2x_1 - 3x_2 = 0 \end{cases}$.

$x \in \operatorname{Ker} f \Leftrightarrow 2x_1 - 3x_2 = 0 \Leftrightarrow x_2 = \frac{2}{3}x_1$. Ainsi, $\operatorname{Ker} f = \operatorname{Vect}\left((1, \frac{2}{3})\right) = \operatorname{Vect}((3,2))$.

• Déterminons $\operatorname{Im} f$. On note $\mathcal{B} = (e_1, e_2)$ la base canonique de $\mathbb{R}^2$.

$\operatorname{Im} f = \operatorname{Vect}(f(e_1), f(e_2)) = \operatorname{Vect}((4,2), (-6,-3)) = \operatorname{Vect}((2,1))$.

Conclusion : f est le projecteur sur $\operatorname{Im} f = \operatorname{Vect}((2,1))$ parallèlement à $\operatorname{Ker} f = \operatorname{Vect}((3,2))$.

Vrai/Faux

		Vrai	Faux
1.	On considère l'application f définie par : $$\forall P \in \mathbb{R}_2[X], f(P) = (X^2 - 1)P' - 2XP$$ L'application f est un endomorphisme de $\mathbb{R}_2[X]$.	☐	☐
2.	Soit n un entier naturel. On considère l'endomorphisme f de $\mathbb{R}_n[X]$, défini par : $\forall P \in \mathbb{R}_n[X],\ f(P) = P'$. L'endomorphisme f n'est ni injectif, ni surjectif.	☐	☐
3.	Soit l'endomorphisme f de $\mathbb{R}[X]$, défini par : $\forall P \in \mathbb{R}[X]\ f(P) = P'$. L'endomorphisme f n'est ni injectif, ni surjectif.	☐	☐
4.	Soit E un espace vectoriel. L'application nulle de E est un endomorphisme de E.	☐	☐
5.	L'application f définie par : $\forall P \in \mathbb{R}_2[X],\ f(P) = P^2$ est linéaire.	☐	☐
6.	Si f est un endomorphisme d'un espace vectoriel E tel que $\operatorname{Im} f \subset \operatorname{Ker} f$, alors $f^2 = f \circ f$ est l'application nulle.	☐	☐
7.	Soit f un endomorphisme d'un espace vectoriel E. Si x est un vecteur non nul de E, tel que $f(x) = 2x$, alors l'application $f - 2Id_E$ n'est pas injective.	☐	☐
8.	Soit f un endomorphisme d'un espace vectoriel E. La somme $\operatorname{Ker}(f - 3Id_E) + \operatorname{Ker}(f - 2Id_E)$ est directe.	☐	☐
9.	Soit E un espace vectoriel. L'endomorphisme Id_E est un projecteur.	☐	☐
10.	Si p est un projecteur de E, alors $Id_E - p$ est aussi un projecteur de E.	☐	☐

■■ Énoncé des exercices

❑ **Exercice 22.1.** — Soit f et g les applications de $\mathbb{R}^3$ dans $\mathbb{R}^3$ définies par : $f\big((x,y,z)\big)=\big(x,\ y,\ 0\big)$ et $g\big((x,y,z)\big)=\big(x,\ y,\ 1\big)$. Les applications f et g sont-elles linéaires ?

❑ **Exercice 22.2.** — Soit A une matrice donnée de $\mathcal{M}_n(\mathbb{R})$ et f l'application de $\mathcal{M}_n(\mathbb{R})$ dans $\mathcal{M}_n(\mathbb{R})$ définie par : $\forall M\in\mathcal{M}_n(\mathbb{R}),\ f(M)=AM$. Montrer que f est linéaire.

❑ **Exercice 22.3.** — Soit f l'application de $\mathbb{R}_2[X]$ dans $\mathbb{R}^3$ définie par : $\forall P\in\mathbb{R}_2[X],\ f(P)=\big(P(0),\ P(1),\ P(2)\big)$. Montrer que f est linéaire et déterminer Ker$f$.

❑ **Exercice 22.4.** — Soit a_1,a_2,a_3 trois réels donnés. On considère l'application f définie par : $\forall\big(x_1,x_2,x_3\big)\in\mathbb{R}^3,\ f\big(\big(x_1,x_2,x_3\big)\big)=a_1x_1+a_2x_2+a_3x_3$

1. Montrer que f est une forme linéaire sur $\mathbb{R}^3$.

2. Déterminer $\operatorname{Im} f$.

❑ **Exercice 22.5.** — Soit f l'application de $\mathbb{R}_2[X]$ dans $\mathbb{R}^3$ définie par : $\forall P\in\mathbb{R}_2[X],\ f(P)=\big(P(0),\ P'(1),\ P''(2)\big)$. Montrer que f est linéaire et déterminer Ker$f$.

❑ **Exercice 22.6.** — On considère l'application f définie par :

$$\forall\big(x_1,x_2\big)\in\mathbb{R}^2,\ f\big(\big(x_1,x_2\big)\big)=\big(4x_1-6x_2,\ 2x_1-3x_2\big).$$

1. Montrer que f est un endomorphisme de $\mathbb{R}^2$.

2. Déterminer Ker$f$ puis $\operatorname{Im} f$.

3. Montrer que f est un projecteur que l'on précisera.

❑ **Exercice 22.7.** —E désigne l'espace vectoriel des suites réelles et f l'application qui, à toute suite u de E, associe la suite v définie par : $\forall n\in\mathbb{N},\ v_n=u_{n+1}$.

1. Montrer que l'application f est un endomorphisme de E.

2. L'endomorphisme f est-il injectif ?

❑ **Exercice 22.8.*** — Soit f l'application qui, à tout polynôme P de $\mathbb{R}_3\big[X\big]$, associe le polynôme $f\big(P\big)=Q$, où Q est le polynôme quotient dans la division euclidienne de P par le polynôme $X-2$.

1. Montrer que f est un endomorphisme de $\mathbb{R}_3\big[X\big]$.

2. a) Déterminer Ker f. L'endomorphisme f est-il injectif ?
b) Déterminer Im f. L'endomorphisme f est-il surjectif ?

❑ **Exercice 22.9.** * * — Soit E un espace vectoriel et soit f un endomorphisme de E.

1. a) Montrer que : $\text{Ker} f \subset \text{Ker} f^2$.

b) Montrer que : $\text{Im} f^2 \subset \text{Im} f$.

2. Montrer que : $\text{Ker} f = \text{Ker} f^2 \Leftrightarrow \text{Im} f \cap \text{Ker} f = \{0\}$.

❑ **Exercice 22.10.** * — Soit F et G les deux sous-espaces vectoriels de $\mathbb{R}^3$ définis par :

$$F = \{(a,b,c) \in \mathbb{R}^3, a - b + c = 0\} \text{ et } G = \text{Vect}\left((1,1,1)\right)$$

1. Montrer que F et G sont supplémentaires dans $\mathbb{R}^3$.

2. Déterminer le projeté du vecteur $x = (a,b,c)$ sur F parallèlement à G.

❑ **Exercice 22.11.** — On considère un endomorphisme f de l'espace vectoriel $\mathbb{R}^n$ vérifiant la relation : $f^2 = \frac{1}{2}(f + Id)$, où Id désigne l'application identité de $\mathbb{R}^n$. On suppose de plus que f n'est pas une homothétie (c'est-à-dire que la famille (Id, f) est libre).

1. Exprimer f^3 comme combinaison linéaire de Id et de f.

2. a) Établir que, pour tout entier naturel n, il existe un unique couple (a_n, b_n) de nombres réels tel que : $f^n = a_n f + b_n Id$ avec $a_{n+1} = \frac{1}{2}a_n + b_n$ et $b_{n+1} = \frac{1}{2}a_n$.

b) En déduire, pour tout entier naturel n, les expressions de a_n et b_n en fonction de n.

c) Vérifier que $\lim\limits_{n\to+\infty} a_n = \frac{2}{3}$ et que $\lim\limits_{n\to+\infty} b_n = \frac{1}{3}$.

3. On convient d'appeler limite de $f^n = a_n f + b_n Id$, quand n tend vers $+\infty$, l'endomorphisme p défini par : $p = \frac{2}{3}f + \frac{1}{3}Id$. Montrer que p est un projecteur.

D'après HEC

❑ **Exercice 22.12.** — Soit f un endomorphisme d'un espace vectoriel E. On suppose que l'endomorphisme f vérifie : $f^3 = f$. Montrer que $E = \text{Ker} f \oplus \text{Ker}(f - Id_E) \oplus \text{Ker}(f + Id_E)$.

❑ **Exercice 22.13** * *. — Soit n un entier supérieur ou égal à 2. Pour tout entier i de $[\![1,n]\!]$, p_i désigne un projecteur de E. On suppose que : $p_1 + p_2 + \ldots + p_n = Id_E$. On suppose de plus, que pour tout couple (i,j) de $[\![1,n]\!]^2$: $i \neq j \Rightarrow p_i \circ p_j = 0$.
Montrer que la somme $\text{Im}\, p_1 + \ldots + \text{Im}\, p_n$ est directe.

D'après EML

Pour vous aider à démarrer

Exercice 22.2. Utiliser les propriétés du produit matriciel.
Exercice 22.3. Écrire $P = aX^2 + bX + c$.
Exercice 22.4. Pour la question **2**, une disjonction de cas s'impose ! Il faut discuter selon que les réels a_1, a_2, a_3 sont tous nuls ou non.
Exercice 22.5. Écrire $P = aX^2 + bX + c$.
Exercice 22.6. Pour la question **3**, déterminer $f \circ f$.
Exercice 22.7. Pour la question **2**, construire une suite u non nulle telle que $f(u) = 0$.
Exercice 22.8. Se reporter, si nécessaire, au **chapitre 7** et revoir le théorème de la division euclidienne. Dans cet exercice, il faut noter que le reste est un polynôme constant.
Exercice 22.9. Pour la question **2**, il faut raisonner par double implication. Dans le sens "gauche-droite", prendre y dans $\operatorname{Im} f \cap \operatorname{Ker} f$ et montrer que $y = 0$. Dans le sens "droite-gauche", ne pas oublier que l'inclusion $\operatorname{Ker} f \subset \operatorname{Ker} f^2$ est acquise grâce à la question **1.** Il reste donc à montrer que $\operatorname{Ker} f^2 \subset \operatorname{Ker} f$.
Exercice 22.10. Pour la question **2**, revoir la **méthode 22.6**.
Exercice 22.11. Pour la question **2.a)**, ne pas oublier de traiter l'unicité. Pour la question **2.b)**, on peut vérifier que la suite (a_n) vérifie une relation de récurrence linéaire d'ordre 2.
Pour la question **3**, déterminer $p \circ p$.
Exercice 22.12. Effectuer un raisonnement analyse-synthèse en s'inspirant de la **méthode 21.3** du **chapitre 21**.
Exercice 22.13. Utiliser la **méthode 21.5** du **chapitre 21**.

Corrigé des vrai/faux

1.	2.	3.	4.	5.	6.	7.	8.	9.	10.
V	V	F	V	F	V	V	V	V	V

1. Soit P un polynôme de $\mathbb{R}_2[X]$.
En notant $P = aX^2 + bX + c$, on obtient, après calculs : $f(P) = -bX^2 - 2(a+c)X - b$.
Par conséquent, pour tout P de $\mathbb{R}_2[X]$, $f(P)$ appartient bien à $\mathbb{R}_2[X]$.
Considérons maintenant deux polynômes P et Q de $\mathbb{R}_2[X]$ et λ un réel.
$f(\lambda P + Q) = (X^2-1)(\lambda P + Q)' - 2X(\lambda P + Q)$. Par linéarité de la dérivation, on a alors :
$f(\lambda P + Q) = = (X^2-1)(\lambda P' + Q') - 2\lambda XP - 2XQ = \lambda\left((X^2-1)P' - 2XP\right) + (X^2-1)Q' - 2XQ$.
Finalement, $f(\lambda P + Q) = \lambda f(P) + f(Q)$ et f est bien un endomorphisme de $\mathbb{R}_2[X]$.

2. Tout polynôme constant a une image nulle par f donc $\operatorname{Ker} f \neq \{0\}$ et f n'est pas injectif.
De plus, le polynôme $P = X^n$ n'a pas d'antécédent par f. En effet, les polynômes Q vérifiant $Q' = P$ s'écrivent sous la forme $Q = \dfrac{1}{n+1}X^{n+1} + k$ (où k est une constante réelle), mais aucun d'entre eux n'appartient à $\mathbb{R}_n[X]$.

3. Tout polynôme constant a une image nulle par f donc $\operatorname{Ker} f \neq \{0\}$ et f n'est pas injectif.
Soit $P = \sum_{k=0}^{n} a_k X^k$ un polynôme de $\mathbb{R}[X]$ (que l'on suppose donc de degré au plus n).
Le polynôme $Q = \sum_{k=0}^{n} \dfrac{a_k}{k+1} X^{k+1}$ vérifie : $f(Q) = P$. Tout polynôme P de $\mathbb{R}[X]$ possède donc au moins un antécédent dans $\mathbb{R}[X]$ par f donc f est surjectif.

4. L'application nulle de E, que l'on va noter θ, est définie par : $\forall x \in E, \theta(x) = 0_E$.
Pour tout couple (x, y) de vecteurs de E et pour tout scalaire λ, on a, par définition de θ :
$\theta(\lambda x + y) = 0_E$. On a aussi $\lambda\,\theta(x) + \theta(y) = \lambda 0_E + 0_E = 0_E$.
On a donc : $\theta(\lambda x + y) = \lambda\,\theta(x) + \theta(y)$, et θ est bien linéaire.
De plus, comme 0_E appartient à E, alors, pour tout x de E, $\theta(x)$ appartient à E.
On peut conclure : θ est un endomorphisme de E.

Corrigé

5. Prenons $P = X$ et $\lambda = 2$. $f(\lambda P) = f(2X) = 4X^2$ et $\lambda f(P) = 2f(X) = 2X^2$.
Comme l'égalité $f(\lambda P) = \lambda f(P)$ n'est pas vérifiée, f n'est pas une application linéaire.

6. Pour tout élément x de E, on a : $f^2(x) = f(f(x))$.
Par définition, l'élément $f(x)$ appartient à $\operatorname{Im} f$.
Par hypothèse, cet élément est aussi dans $\operatorname{Ker} f$ (car on a supposé $\operatorname{Im} f \subset \operatorname{Ker} f$), on obtient donc : $f(f(x)) = 0$. Finalement, pour tout vecteur x de E, on a : $f^2(x) = 0$.
L'application f^2 est donc l'application nulle.

7. S'il existe un réel x non nul tel que $f(x) = 2x$, alors x appartient à $\operatorname{Ker}(f - 2id)$.
Ainsi, $\operatorname{Ker}(f - 2id) \neq \{0\}$ et $f - 2id$ n'est pas injective.

8. Prouvons que $\operatorname{Ker}(f - 2id) \cap \operatorname{Ker}(f - 3id) = \{0\}$.
• $\operatorname{Ker}(f - 2id) \cap \operatorname{Ker}(f - 3id)$ étant un sous-espace vectoriel de E, on en déduit :
$\{0\} \subset \operatorname{Ker}(f - 2id) \cap \operatorname{Ker}(f - 3id)$.
• Soit x un élément de $\operatorname{Ker}(f - 2id) \cap \operatorname{Ker}(f - 3id)$.
On a donc : $f(x) = 2x$ et $f(x) = 3x$. En soustrayant les deux équations, on trouve : $x = 0$.
On en conclut : $\operatorname{Ker}(f - 2id) \cap \operatorname{Ker}(f - 3id) \subset \{0\}$.
Finalement, $\operatorname{Ker}(f - 2id) \cap \operatorname{Ker}(f - 3id) = \{0\}$ et la somme $\operatorname{Ker}(f - 2id) + \operatorname{Ker}(f - 3id)$ est directe.

9. On sait que $E = E \oplus \{0_E\}$ et tout vecteur x de E s'écrit $x = x + 0_E$. Comme $Id_E(x) = x$, on en déduit que Id_E est le projecteur sur E parallèlement à $\{0_E\}$.

10. Tout d'abord, $Id_E - p$ est un endomorphisme de E et on a : $(Id_E - p)^2 = Id_E - 2p + p^2$.
Comme $p^2 = p$, on obtient : $(Id_E - p)^2 = Id_E - 2p + p = Id_E - p$. Ceci prouve que $Id_E - p$ est un projecteur de E. C'est d'ailleurs le projecteur associé à p.

❑ Les erreurs classiques

• Pour justifier qu'une application est linéaire, lorsque le contexte est compliqué, il ne faut pas hésiter à expliciter $\lambda u + v$ en fonction des notations utilisées.
• Attention à ne pas confondre la technique de justification de linéarité d'une application avec la technique de caractérisation d'un sous-espace vectoriel.
• Attention à ne pas confondre l'espace d'arrivée et l'espace image.

Corrigé des exercices

Exercice 22.1

Soit (x,y,z) et (r,s,t) deux éléments de $\mathbb{R}^3$ et λ un réel.

• On a : $f\left(\lambda(x,y,z)+(r,s,t)\right)=f\left((\lambda x+r,\lambda y+s,\lambda z+t)\right)=(\lambda x+r,\lambda y+s,0)$, puis :

$f\left(\lambda(x,y,z)+(r,s,t)\right)=\lambda(x,y,0)+(r,s,0)=\lambda f\left((x,y,z)\right)+f\left((r,s,t)\right)$.

f est donc une application linéaire.

• On remarque que : $g\left((0,0,0)\right)=(0,0,1)\neq(0,0,0)$.

Grâce à la **propriété 22.3**, on conclut que *g* n'est pas linéaire.

⇨ *Méthode 22.1*

Exercice 22.2

Soit *M* et *N* deux matrices de $\mathcal{M}_n(\mathbb{R})$ et λ un réel.

On a : $f(\lambda M+N)=A(\lambda M+N)=\lambda AM+AN=\lambda f(M)+f(N)$.

f est donc bien linéaire.

⇨ *Méthode 22.1*

Exercice 22.3

• Soit *P* et *Q* deux polynômes de $\mathbb{R}_2[X]$ et λ un réel.

$$\begin{aligned}\text{On a : } f(\lambda P+Q)&=\left((\lambda P+Q)(0),(\lambda P+Q)(1),(\lambda P+Q)(2)\right)\\&=\left(\lambda P(0)+Q(0),\lambda P(1)+Q(1),\lambda P(2)+Q(2)\right)\\&=\lambda\left(P(0),P(1),P(2)\right)+\left(Q(0),Q(1),Q(2)\right)=\lambda f(P)+f(Q).\end{aligned}$$

f est donc linéaire.

• Soit $P=aX^2+bX+c$ un polynôme de $\operatorname{Ker} f$. On a alors :

$f(P)=0\Leftrightarrow\left(P(0),P(1),P(2)\right)=(0,0,0)$. Le polynôme *P*, de degré au plus 2, a donc trois racines distinctes donc c'est le polynôme nul. En conclusion, Ker *f* = {0}.

⇨ *Méthodes 22.1, 22.2*

Exercice 22.4

1. Considérons $x=(x_1,x_2,x_3)$, $y=(y_1,y_2,y_3)$ deux éléments de $\mathbb{R}^3$ et λ un réel.

On a : $\lambda x+y=(\lambda x_1+y_1,\lambda x_2+y_2,\lambda x_3+y_3)$.

On en déduit : $f(\lambda x+y)=a_1(\lambda x_1+y_1)+a_2(\lambda x_2+y_2)+a_3(\lambda x_3+y_3)$.

Après réarrangement : $f(\lambda x+y)=\lambda(a_1x_1+a_2x_2+a_3x_3)+(a_1y_1+a_2y_2+a_3y_3)=\lambda f(x)+f(y)$.

En conclusion, f est une application linéaire de $\mathbb{R}^3$ dans $\mathbb{R}$, c'est-à-dire une forme linéaire définie sur $\mathbb{R}^3$.

2. Comme Im f est un sous-espace vectoriel de $\mathbb{R}$, et que $\dim \mathbb{R} = 1$, on a deux options : soit Im f est de dimension nulle et $\operatorname{Im} f = \{0\}$, soit Im f est de dimension 1 et $\operatorname{Im} f = \mathbb{R}$.
Deux cas se présentent :
- si les trois réels a_1, a_2 et a_3 sont nuls, alors f est l'application nulle et $\operatorname{Im} f = \{0\}$.
- sinon, il existe au moins un réel a_1, a_2 ou a_3 qui n'est pas nul. Supposons que ce soit a_1.

On a alors $f\big((1,0,0)\big) = a_1 \neq 0$, ce qui prouve que f n'est pas la forme linéaire nulle et on en déduit que $\operatorname{Im} f \neq \{0\}$. Par conséquent : $\operatorname{Im} f = \mathbb{R}$.

⇨ *Méthodes 22.1, 22.3*

Exercice 22.5

- Soit P et Q deux polynômes de $\mathbb{R}_2[X]$ et λ un réel.

On a : $f(\lambda P+Q)=\Big((\lambda P+Q)(0),(\lambda P+Q)'(1),(\lambda P+Q)''(2)\Big)$.

Par linéarité de la dérivation, on obtient :

$$\begin{aligned} f(\lambda P+Q) &= \big(\lambda P(0)+Q(0),\lambda P'(1)+Q'(1),\lambda P''(2)+Q''(2)\big). \\ &= \lambda\big(P(0),P'(1),P''(2)\big)+\big(Q(0),Q'(1),Q''(2)\big)=\lambda f(P)+f(Q). \end{aligned}$$

L'application f est donc linéaire.

- Soit $P = aX^2+bX+c$ un polynôme de $\operatorname{Ker} f$.

On a alors : $f(P)=0 \Leftrightarrow \big(P(0),P'(1),P''(2)\big)=(0,0,0)$.

Or, $P(0)=c$, $P'(1)=2a+b$ et $P''(2)=2a$. On en déduit le système : $\begin{cases} 2a+b=0 \\ 2a=0 \\ c=0 \end{cases}$.

Ce dernier équivaut à : $a=b=c=0$. Finalement, $\operatorname{Ker} f = \{0\}$.

⇨ *Méthodes 22.1, 22.2*

Exercice 22.6

1. Par construction, f est bien une application de $\mathbb{R}^2$ dans lui-même.
Considérons deux éléments $x=(x_1,x_2)$ et $y=(y_1,y_2)$ de $\mathbb{R}^2$ et λ un réel.

On a : $\lambda x+y=(\lambda x_1+y_1,\lambda x_2+y_2)$.

De plus,
$$\begin{aligned} f(\lambda x+y) &= \big(4(\lambda x_1+y_1)-6(\lambda x_2+y_2),2(\lambda x_1+y_1)-3(\lambda x_2+y_2)\big) \\ &= (4\lambda x_1-6\lambda x_2,2\lambda x_1-3\lambda x_2)+(4y_1-6y_2,2y_1-3y_2). \end{aligned}$$

On a $f(\lambda x+y)=\lambda f(x)+f(y)$ donc f est une application linéaire de $\mathbb{R}^2$ dans lui-même, c'est-à-dire un endomorphisme de $\mathbb{R}^2$.

2. On cherche $u=(x_1,x_2)$ de $\mathbb{R}^2$ tel que $f(u)=0$.

Or $f(u)=0 \Leftrightarrow \begin{cases}4x_1-6x_2=0\\2x_1-3x_2=0\end{cases} \Leftrightarrow 2x_1-3x_2=0 \Leftrightarrow x_2=\frac{2}{3}x_1 \Leftrightarrow u=(x_1,\frac{2}{3}x_1) \Leftrightarrow u=x_1(1,\frac{2}{3})$.

Ainsi, $\operatorname{Ker} f=\operatorname{Vect}\left((1,\frac{2}{3})\right)=\operatorname{Vect}((3,2))$.

Soit $v=(y_1,y_2)$ un élément de $\mathbb{R}^2$.

On cherche les vecteurs $u=(x_1,x_2)$ de $\mathbb{R}^2$ tel que $f(u)=v$.

Or $f(u)=v \Leftrightarrow \begin{cases}4x_1-6x_2=y_1\\2x_1-3x_2=y_2\end{cases} \underset{L_2\leftarrow 2L_2-L_1}{\Leftrightarrow} \begin{cases}2y_2=y_1\\2x_1-3x_2=y_2\end{cases}$.

Tout vecteur de $\operatorname{Im} f$ est donc de la forme $(2y_2, y_2)$, par conséquent : $\operatorname{Im} f \subset \operatorname{Vect}((2,1))$.

Réciproquement, $(2, 1)$ est bien dans $\operatorname{Im} f$, puisque, par exemple, $(2,1)=f((2,1))$.

On en déduit (par linéarité) que : $\operatorname{Vect}((2,1)) \subset \operatorname{Im} f$.

Par double inclusion : $\operatorname{Im} f=\operatorname{Vect}((2,1))$.

3. Pour tout élément $x=(x_1,x_2)$ de $\mathbb{R}^2$, on a : $f\circ f((x_1,x_2))=f((4x_1-6x_2,2x_1-3x_2))$.

On a donc : $f\circ f(x)=(4(4x_1-6x_2)-6(2x_1-3x_2),2(4x_1-6x_2)-3(2x_1-3x_2))$.

Après simplifications : $\forall (x_1,x_2)\in\mathbb{R}^2\ f\circ f((x_1,x_2))=(4x_1-6x_2,2x_1-3x_2)=f((x_1,x_2))$.

On a donc : $f\circ f=f$. Ainsi, f est le projecteur sur $\operatorname{Vect}((2,1))$ parallèlement à $\operatorname{Vect}((3,2))$.

⇨ *Méthodes 22.1, 22.2, 22.3, 22.7*

Exercice 22.7

1. Pour toute suite u de E, $f(u)$ est aussi un élément de E.

De plus, pour tout couple de suites (u,v) de E et pour tout réel λ, la suite $w=f(\lambda u+v)$ est définie par : $\forall n\in\mathbb{N}, w_n=(\lambda u+v)_{n+1}=\lambda u_{n+1}+v_{n+1}$.

On en déduit que : $f(\lambda u+v)=\lambda f(u)+f(v)$, et f est un endomorphisme de E.

2. Considérons la suite u définie par : $u_0=1$ et $\forall n\in\mathbb{N}^*$, $u_n=0$. La suite $v=f(u)$ est alors définie par : $\forall n\in\mathbb{N}, v_n=u_{n+1}=0$. On a donc $f(u)=0$ et f n'est pas injectif, puisque u n'est pas la suite nulle.

⇨ *Méthodes 22.1, 22.4*

Exercice 22.8

1. Soit P un élément de $\mathbb{R}_3[X]$. Comme $f(P)$ est le quotient dans la division euclidienne de P par $X-2$ (qui est de degré 1), on a la relation : $\deg f(P)=\deg P-1$ si P est au moins de degré 1, ou $f(P)=0$ si P est constant. Ainsi, $f(P)$ est un élément de $\mathbb{R}_3[X]$.

Corrigé

Considérons maintenant deux éléments P_1 et P_2 de $\mathbb{R}_3[X]$ et λ un réel.
Grâce au théorème de la division euclidienne, on a :

- $P_1 = f(P_1)(X-2) + R_1$, où R_1 est un polynôme constant.
- $P_2 = f(P_2)(X-2) + R_2$, où R_2 est un polynôme constant.

On combine ces deux relations et on obtient : $\lambda P_1 + P_2 = (\lambda f(P_1) + f(P_2))(X-2) + (\lambda R_1 + R_2)$.
Le polynôme $\lambda R_1 + R_2$ étant constant (en tant que somme de polynômes constants), cette relation traduit bien la division euclidienne de $\lambda P_1 + P_2$ par $X-2$.
Par définition de *f*, on a aussi : $\lambda P_1 + P_2 = f(\lambda P_1 + P_2)(X-2) + R$ avec *R* un polynôme constant.
Par unicité des polynômes quotient (et reste) dans la division euclidienne de $\lambda P_1 + P_2$ par $(X-2)$, on en déduit que : $f(\lambda P_1 + P_2) = \lambda f(P_1) + f(P_2)$.
L'application *f* est donc un endomorphisme de $\mathbb{R}_3[X]$.

2. a) Soit *P* un élément de $\mathbb{R}_3[X]$.
P est dans $\operatorname{Ker} f$ si seulement si le quotient de *P* dans la division euclidienne par $X-2$ est nul. Par définition de la division euclidienne, on a alors : $P = 0 \times (X-2) + R$ avec *R* polynôme constant. Finalement, *P* est dans $\operatorname{Ker} f$ si et seulement si *P* est un polynôme constant.
On a donc $\operatorname{Ker} f = \mathbb{R}_0[X]$. Ainsi $\operatorname{Ker} f \neq \{0\}$ et *f* n'est pas injectif.

b) On remarque tout d'abord que tout élément de $\operatorname{Im} f$ est dans $\mathbb{R}_2[X]$. En effet, si *P* est un élément de $\mathbb{R}_3[X]$ alors $f(P)$ est le quotient dans la division euclidienne de *P* par $X-2$ et est donc de degré au plus 2. Ainsi, $\operatorname{Im} f \subset \mathbb{R}_2[X]$.
Réciproquement, tout élément $Q = a + bX + cX^2$ de $\mathbb{R}_2[X]$ possède au moins un antécédent par *f*, par exemple : $(X-2)(a + bX + cX^2)$ qui est bien un élément de $\mathbb{R}_3[X]$.
On en déduit que $\mathbb{R}_2[X] \subset \operatorname{Im} f$. Finalement : $\operatorname{Im} f = \mathbb{R}_2[X]$.
Comme $\operatorname{Im} f \neq \mathbb{R}_3[X]$, *f* n'est pas surjectif.

⇨ *Méthodes 22.1, 22.2, 22.3, 22.4, 22.5*

Exercice 22.9

1. a) Soit *x* un élément de $\operatorname{Ker} f$. Montrons que : $x \in \operatorname{Ker} f^2$.
En utilisant le fait que *x* est dans $\operatorname{Ker} f$, puis la **propriété 22.3**, on obtient :
$f^2(x) = f(f(x)) = f(0) = 0$.
Ainsi, tout élément *x* de $\operatorname{Ker} f$ est dans $\operatorname{Ker} f^2$, soit : $\operatorname{Ker} f \subset \operatorname{Ker} f^2$.

b) Soit *y* un élément de $\operatorname{Im} f^2$. Montrons que : $y \in \operatorname{Im} f$.
y est dans $\operatorname{Im} f^2$ signifie qu'il existe un élément *x* de *E* tel que : $y = f^2(x)$.

On a alors : $y = f(f(x))$ et en posant $z = f(x)$, on obtient : $y = f(z)$.
Ainsi, y est dans $\operatorname{Im} f$.
Dès lors, tout élément y de $\operatorname{Im} f^2$ est dans $\operatorname{Im} f$ soit $\operatorname{Im} f^2 \subset \operatorname{Im} f$.

2. Procédons par double implication.

• Prouvons que : $\operatorname{Ker} f = \operatorname{Ker} f^2 \Rightarrow \operatorname{Im} f \cap \operatorname{Ker} f = \{0\}$.

Soit y un élément de $\operatorname{Im} f \cap \operatorname{Ker} f$.

Comme y est dans $\operatorname{Im} f$, il existe x élément de E tel que : $y = f(x)$.

De plus, y est dans $\operatorname{Ker} f$ donc $f(y) = 0$, ce qui donne $f(f(x)) = 0$, c'est-à-dire $f^2(x) = 0$.

Ainsi, x est dans $\operatorname{Ker} f^2$. Comme $\operatorname{Ker} f = \operatorname{Ker} f^2$ (par hypothèse), alors x est aussi dans $\operatorname{Ker} f$ donc $f(x) = 0$, soit $y = 0$.

Finalement : $\operatorname{Im} f \cap \operatorname{Ker} f \subset \{0\}$. L'autre inclusion est évidente et nous en déduisons que : $\operatorname{Ker} f = \operatorname{Ker} f^2 \Rightarrow \operatorname{Im} f \cap \operatorname{Ker} f = \{0\}$.

• Prouvons que : $\operatorname{Im} f \cap \operatorname{Ker} f = \{0\} \Rightarrow \operatorname{Ker} f = \operatorname{Ker} f^2$.

Nous avons déjà prouvé que : $\operatorname{Ker} f \subset \operatorname{Ker} f^2$ à la question **1.a)**.

Prouvons maintenant que : $\operatorname{Ker} f^2$ est inclus dans $\operatorname{Ker} f$, sous l'hypothèse $\operatorname{Im} f \cap \operatorname{Ker} f = \{0\}$.

Soit alors x un élément de $\operatorname{Ker} f^2$. Prouvons qu'il est dans $\operatorname{Ker} f$, c'est-à-dire que : $f(x) = 0$.

Puisque x est dans $\operatorname{Ker} f^2$, $f^2(x) = f(f(x)) = 0$ donc $f(x)$ est dans $\operatorname{Ker} f$.

Mais, par définition, $f(x)$ est dans $\operatorname{Im} f$ donc $f(x)$ est dans $\operatorname{Ker} f \cap \operatorname{Im} f$ qui est réduit au vecteur nul par hypothèse. Nous en déduisons que : $f(x) = 0$.

Finalement : $\operatorname{Im} f \cap \operatorname{Ker} f = \{0\} \Rightarrow \operatorname{Ker} f = \operatorname{Ker} f^2$.

En conclusion : $\operatorname{Ker} f = \operatorname{Ker} f^2 \Leftrightarrow \operatorname{Im} f \cap \operatorname{Ker} f = \{0\}$.

Exercice 22.10

1. Remarquons tout d'abord que F et G sont bien des sous-espaces de $\mathbb{R}^3$ et procédons par analyse synthèse.

• Soit $x = (a,b,c)$ un élément de $\mathbb{R}^3$.

On suppose qu'il existe (y,z) dans $F \times G$ tels que : $x = y + z$.

Dire que $y = (y_1, y_2, y_3)$ est dans F signifie que : $y_1 - y_2 + y_3 = 0$.

Dire que z est dans G signifie qu'il existe un réel α tel que : $z = (\alpha, \alpha, \alpha)$.

Corrigé

Ainsi, $x=y+z \Leftrightarrow \begin{cases} a=y_1+\alpha \\ b=y_2+\alpha \\ c=y_3+\alpha \\ y_1-y_2+y_3=0 \end{cases} \underset{L_4\leftarrow L_4+L_1-L_2+L_3}{\Leftrightarrow} \begin{cases} a=y_1+\alpha \\ b=y_2+\alpha \\ c=y_3+\alpha \\ a-b+c=\alpha \end{cases} \Leftrightarrow \begin{cases} y_1=b-c \\ y_2=2b-a-c \\ y_3=b-a \\ \alpha=a-b+c \end{cases}$

• Soit $x=(a,b,c)$ un élément de $\mathbb{R}^3$.

On pose : $y=(b-c,\ 2b-a-c,\ b-a)$ et $z=(a-b+c,\ a-b+c,\ a-b+c)$.

On a alors :

- $y+z=(a,b,c)$ et donc $y+z=x$.
- $(b-c)-(2b-a-c)+(b-a)=0$ donc y est un élément de F.
- $z=(\alpha,\alpha,\alpha)$ avec $\alpha=a-b+c$ donc z est un élément de G.

On peut donc conclure que : $F\oplus G=\mathbb{R}^3$.

2. Nous venons de voir que $x=(a,b,c)$ s'écrit sous la forme $y+z$ avec :
$y=(b-c,\ 2b-a-c,\ b-a)$ dans F et $z=(a-b+c)(1,1,1)$ dans G.
On en déduit que le projeté de (a,b,c) sur F parallèlement à G est $(b-c,\ 2b-a-c,\ b-a)$.

⇨ *Méthode 22.6*

Exercice 22.11

1. On a : $f^3=f\circ f^2=f\circ\left(\frac{1}{2}(f+Id)\right)=\frac{1}{2}(f^2+f)=\frac{1}{2}\left(\frac{1}{2}(f+Id)+f\right)=\frac{1}{4}(3f+Id)$.

2. a) • Montrons d'abord que, pour tout entier naturel n, s'il existe un couple de réels (a_n,b_n) tel que $f^n=a_nf+b_nId$, alors ce couple est unique. Pour cela, on suppose qu'il existe deux couples (a_n,b_n) et (c_n,d_n) de réels tels que $f^n=a_nf+b_nId$ et $f^n=c_nf+d_nId$.
Par différence, il vient : $(a_n-c_n)f+(b_n-d_n)Id=0$. Comme la famille (f,Id) est libre, on obtient : $a_n-c_n=0$ et $b_n-d_n=0$. On en déduit que : $a_n=c_n$ et $b_n=d_n$.

• Pour l'existence, procédons par récurrence. On considère, pour tout entier naturel n, la proposition $R(n)$: "il existe un couple (a_n,b_n) de nombres réels tel que : $f^n=a_nf+b_nId$ ".
La proposition $R(0)$ est vraie. En effet, on a : $f^0=Id=0f+1Id$. Les réels $a_0=0$ et $b_0=1$ conviennent et, par unicité de l'écriture, ce sont les seuls.
Supposons, pour n fixé dans $\mathbb{N}$, que $R(n)$ est vraie.
$f^{n+1}=f^n\circ f=(a_nf+b_nId)\circ f$ par hypothèse de récurrence.

$f^{n+1}=a_nf^2+b_nf=a_n\frac{1}{2}(f+Id)+b_nf$ car $f^2=\frac{1}{2}(f+Id)$.

$f^{n+1}=\left(\frac{a_n}{2}+b_n\right)f+\frac{a_n}{2}Id$.

Ainsi, en posant $a_{n+1} = \frac{1}{2}a_n + b_n$ et $b_{n+1} = \frac{1}{2}a_n$, la proposition $R(n+1)$ est vraie.

Par unicité de l'écriture, il n'y a pas d'autres réels que ceux définis ci dessus. On a bien montré par récurrence, que pour tout entier naturel *n*, il existe un unique couple (a_n, b_n) de réels tels que : $f^n = a_n f + b_n Id$ avec $a_{n+1} = \frac{1}{2}a_n + b_n$ et $b_{n+1} = \frac{1}{2}a_n$.

b) En combinant les relations définissant a_{n+2} et b_{n+1}, on a :

$$\forall n \in \mathbb{N},\ a_{n+2} = \frac{1}{2}a_{n+1} + b_{n+1} = \frac{1}{2}(a_{n+1} + a_n)$$

La suite (a_n) est donc une suite récurrente linéaire d'ordre deux dont l'équation caractéristique est : $x^2 - \frac{1}{2}x - \frac{1}{2} = 0$. Cette équation possède deux solutions : $-\frac{1}{2}$ et 1.

On en déduit qu'il existe deux réels α et β tels que : $\forall n \in \mathbb{N},\ a_n = \alpha\left(-\frac{1}{2}\right)^n + \beta$.

Ces réels α et β vérifient les égalités : $a_0 = \alpha + \beta$ et $a_1 = -\frac{1}{2}\alpha + \beta$. Or $a_0 = 0$ et $b_0 = 1$, donc $a_1 = \frac{1}{2}a_0 + b_0 = 1$. On en déduit : $\alpha + \beta = 0$ et $-\frac{1}{2}\alpha + \beta = 1$. Ainsi : $\alpha = -\frac{2}{3}$ et $\beta = \frac{2}{3}$.

Finalement, on a : $\forall n \in \mathbb{N},\ a_n = \frac{2}{3}\left(1 - \left(-\frac{1}{2}\right)^n\right)$.

Comme $b_n = a_{n+1} - \frac{1}{2}a_n$, on en déduit : $\forall n \in \mathbb{N},\ b_n = \frac{1}{3}\left(1 + 2\left(-\frac{1}{2}\right)^n\right)$.

c) Comme $-1 < -\frac{1}{2} < 1$, on a : $\lim\limits_{n \to +\infty}\left(-\frac{1}{2}\right)^n = 0$. On en conclut : $\lim\limits_{n \to +\infty} a_n = \frac{2}{3}$ et $\lim\limits_{n \to +\infty} b_n = \frac{1}{3}$.

3. On a : $p \circ p = \left(\frac{2}{3}f + \frac{1}{3}Id\right) \circ \left(\frac{2}{3}f + \frac{1}{3}Id\right) = \frac{4}{9}f^2 + \frac{4}{9}f + \frac{1}{9}Id$. Comme $f^2 = \frac{1}{2}(f + Id)$, on en déduit : $p \circ p = \frac{2}{3}f + \frac{1}{3}Id = p$. L'endomorphisme *p* est donc un projecteur.

⇨ *Méthode 22.7*

Exercice 22.12

On effectue un raisonnement analyse-synthèse.

• Soit *x* un vecteur de *E*. On suppose qu'il existe trois vecteurs x_1, x_2 et x_3 respectivement dans $\operatorname{Ker} f$, $\operatorname{Ker}(f - Id_E)$ et $\operatorname{Ker}(f + Id_E)$ tels que $x = x_1 + x_2 + x_3$.

Corrigé

Rappelons que pour tout scalaire λ, on a : $x \in \operatorname{Ker}(f-\lambda Id_E) \Leftrightarrow f(x)=\lambda x$.
Ici, on a donc : $f(x_1)=0$, $f(x_2)=x_2$ et $f(x_3)=-x_3$.
On en déduit que : $f(x)=x_2-x_3$. En appliquant à nouveau *f*, on obtient : $f^2(x)=x_2+x_3$.
De ces deux égalités, on peut conclure que : $x_2=\frac{1}{2}\left(f^2(x)+f(x)\right)$ et $x_3=\frac{1}{2}\left(f^2(x)-f(x)\right)$.
Enfin, puisque $x=x_1+x_2+x_3$, on a nécessairement : $x_1=x-x_2-x_3=x-f^2(x)$.

• Soit x un vecteur de E.

On propose : $x_1=x-f^2(x)$, $x_2=\frac{1}{2}\left(f^2(x)+f(x)\right)$ et $x_3=\frac{1}{2}\left(f^2(x)-f(x)\right)$.
Comme $f^3=f$, on a successivement :
$f(x_1)=f(x)-f^3(x)=0$ donc : $x_1 \in \operatorname{Ker} f$.
$f(x_2)=\frac{1}{2}\left(f^3(x)+f^2(x)\right)=\frac{1}{2}\left(f(x)+f^2(x)\right)=x_2$ donc : $x_2 \in \operatorname{Ker}(f-Id_E)$.
$f(x_3)=\frac{1}{2}\left(f^3(x)-f^2(x)\right)=\frac{1}{2}\left(f(x)-f^2(x)\right)=-x_3$ donc : $x_3 \in \operatorname{Ker}(f+Id_E)$.
Enfin, on a : $x_1+x_2+x_3=x-f^2(x)+\frac{1}{2}f^2(x)+\frac{1}{2}f(x)+\frac{1}{2}f^2(x)-\frac{1}{2}f(x)=x$.

• Conclusion : $E=\operatorname{Ker} f \oplus \operatorname{Ker}(f-Id_E) \oplus \operatorname{Ker}(f+Id_E)$.

Exercice 22.13

Soit n un entier supérieur ou égal à 2. Soit $y_1,\dots,y_n$ n vecteurs appartenant respectivement à $\operatorname{Im} p_1,\dots,\operatorname{Im} p_n$ tels que $y_1+\dots+y_n=0$. Pour tout i de $[\![1,n]\!]$, y_i appartient à $\operatorname{Im} p_i$ donc il existe un vecteur x_i de E tel que $y_i=p_i(x_i)$. On a donc : $p_1(x_1)+\dots+p_n(x_n)=0$.
Pour tout entier j de $[\![1,n]\!]$, on applique le projecteur p_j à la relation précédente :
$p_j\left(\sum_{i=1}^{n} p_i(x_i)\right)=0$ donc $\sum_{i=1}^{n}(p_j \circ p_i)(x_i)=0$ (linéarité de p_j).
Pour $i \neq j$, $p_j \circ p_i=0$ et de plus, $p_j \circ p_j=p_j$ (p_j est un projecteur), donc il reste :
$p_j(x_j)=0$. Ainsi : $\forall j \in [\![1,n]\!]$, $y_j=0$.
En conclusion, la somme $\operatorname{Im} p_1 \oplus \dots \oplus \operatorname{Im} p_n$ est directe.

Chapitre 23
Applications linéaires en dimension finie

L'œuvre du mathématicien anglais Arthur **Cayley** touche à tous les domaines des mathématiques. Contrairement à **Grassmann**, il introduit les espaces vectoriels de manière très pragmatique en considérant des n-uplets. Il définit la somme et le produit de deux matrices ainsi que l'équation caractéristique dont les racines sont les valeurs propres. Les talents d'Arthur Cayley sont immenses puisqu'il est l'auteur de plusieurs romans, qu'il peint des aquarelles, parle au moins cinq langues et pratique l'escalade dans les Alpes.

Arthur Cayley
1821-1895

■■ Objectifs

■ Les incontournables

▷ Connaître les notions de noyau et d'image d'une application linéaire.

▷ Savoir écrire la matrice d'une application linéaire relativement à des bases données.

▷ Connaître la notion de rang.

▷ Connaître et savoir utiliser le théorème du rang.

▷ Connaître la notion de polynôme annulateur.

■ Et plus si affinités

▷ Savoir utiliser le rang d'une application linéaire.

Résumé de cours

Dans ce chapitre, la lettre $\mathbb{K}$ désigne $\mathbb{R}$ ou $\mathbb{C}$ et les lettres E, F, G des $\mathbb{K}$-espaces vectoriels de dimensions finies.

Applications linéaires

Image d'une base par une application linéaire

Théorème 23.1. — Soit E et F deux espaces vectoriels et $\mathcal{B}=(e_1,\ldots,e_n)$ une base de E.
Toute application linéaire f de E dans F est parfaitement définie par la donnée des vecteurs $f(e_1),\ldots,f(e_n)$.

Théorème 23.2. — Conséquence importante.
Si f et g sont deux applications linéaires de E dans F qui coïncident sur la base $\mathcal{B}$, c'est-à-dire telles que, pour tout i de $[\![1,n]\!]$, $f(e_i)=g(e_i)$, alors $f=g$.

Théorème 23.3. — Soit f une application linéaire de E dans F et $\mathcal{B}=(e_1,\ldots,e_n)$ une base de E.
L'image par f d'une base de E est une famille génératrice de $\operatorname{Im} f$, c'est-à-dire :

$$\operatorname{Im} f=\operatorname{Vect}\left(f(e_1),\ldots,f(e_n)\right)$$

Définition 23.1. — On appelle *rang de f*, et on note $\operatorname{rg}(f)$, la dimension de $\operatorname{Im} f$.

⇨ **Méthode 23.1. Comment déterminer l'image et le rang d'une application linéaire ?**

Théorème 23.4. — Soit f une application linéaire de E dans F. On a : $\operatorname{rg}(f)=0 \Leftrightarrow f=0$.

Théorème 23.5. — L'image d'une famille libre de E par une application linéaire injective de E dans F, est une famille libre de F.

Théorème 23.6. — L'image d'une famille génératrice de E par une application linéaire surjective de E dans F, est une famille génératrice de F.

Théorème 23.7. — Soit f une application linéaire de E dans F, où E et F sont des espaces vectoriels de dimension finie.

- Si f est bijective, l'image par f d'une base de E est une base de F.
- S'il existe une base de E dont l'image par f est une base de F, alors f est bijective.

❑ Dimension et application linéaire

Définition 23.2. — Deux espaces vectoriels E et F de dimension finie sont *isomorphes* s'il existe un isomorphisme de E dans F.

Théorème 23.8. — Tout $\mathbb{K}$-espace vectoriel de dimension n est isomorphe à $\mathbb{K}^n$.

Théorème 23.9. — Soit deux espaces vectoriels E et F de dimension finie.
E et F sont isomorphes si et seulement si : $\dim E = \dim F$.

Théorème 23.10. — Théorème du rang. Soit f une application linéaire de E dans F, où E est un espace vectoriel de dimension finie. On a :

$$\dim E = \dim \operatorname{Im} f + \dim \operatorname{Ker} f \text{, c'est-à-dire } \dim E = rg(f) + \dim \operatorname{Ker} f.$$

⇨ **Méthode 23.5. Comment utiliser le théorème du rang ?**

Théorème 23.11. — Si f est une application linéaire de E dans F avec $\dim E = \dim F$. On a :

$$f \text{ injective} \Leftrightarrow f \text{ surjective} \Leftrightarrow f \text{ bijective} \Leftrightarrow \operatorname{rg}(f) = \dim F$$

Théorème 23.12. — Conséquence du **théorème 23.11.** Si E est un espace vectoriel de dimension finie, tout endomorphisme injectif (ou surjectif) de E est un automorphisme de E.

■ Matrice d'une application linéaire

❑ Applications linéaires et matrices

Définition 23.3. — Soit E un espace vectoriel de dimension p, de base $\mathcal{B} = (e_1, \dots, e_p)$, et F un espace vectoriel de dimension n, de base $\mathcal{B}' = (e'_1, \dots, e'_n)$. Si f est une application linéaire de E dans F, on appelle *matrice de f relativement aux bases* $\mathcal{B}$ et $\mathcal{B}'$ la matrice de $\mathcal{M}_{n,p}(\mathbb{K})$, notée $\operatorname{mat}_{\mathcal{B},\mathcal{B}'}(f)$, dont la $j^{\text{ème}}$ colonne est formée des coordonnées du vecteur $f(e_j)$ dans la base $\mathcal{B}'$.

⇨ **Méthode 23.2. Comment écrire la matrice d'une application linéaire ?**

Remarque 23.1. — Soit E un espace vectoriel de base $\mathcal{B}$ et soit f un endomorphisme de E.
La matrice $\operatorname{mat}_{\mathcal{B},\mathcal{B}}(f)$ de f dans la base $\mathcal{B}$ est une matrice carrée de $\mathcal{M}_n(\mathbb{K})$, notée $\operatorname{mat}_{\mathcal{B}}(f)$.

Théorème 23.13. — Soit E un espace vectoriel de dimension n.
Quelle que soit la base $\mathcal{B}$ de E, $\operatorname{mat}_{\mathcal{B}}(Id_E) = I_n$, où I_n désigne la matrice identité de $\mathcal{M}_n(\mathbb{K})$.

Théorème 23.14. — Soit E un espace vectoriel de dimension p, de base $\mathcal{B}$, et F un espace vectoriel de dimension n, de base $\mathcal{B}'$. L'application qui à tout f de $\mathcal{L}(E,F)$ associe la matrice $\operatorname{mat}_{\mathcal{B},\mathcal{B}'}(f)$ de $\mathcal{M}_{n,p}(\mathbb{K})$ est un isomorphisme d'espaces vectoriels. On a donc :

$$\dim \mathcal{L}(E,F) = \dim E \times \dim F$$

Définition 23.4. — Soit A une matrice de $\mathcal{M}_{n,p}(\mathbb{K})$. Si $\mathcal{B}$ et $\mathcal{B}'$ désignent les bases canoniques respectives de $\mathbb{K}^p$ et $\mathbb{K}^n$, l'application linéaire f de $\mathbb{K}^p$ dans $\mathbb{K}^n$, telle que $\text{mat}_{\mathcal{B},\mathcal{B}'}(f) = A$, est appelée *application linéaire canoniquement associée à A*. Elle est définie pour tout $(x_1,\dots,x_p)$ de $\mathbb{K}^p$ par $f((x_1,\dots,x_p)) = (y_1,\dots,y_n)$, où l'on a : $\forall i \in [\![1,n]\!],\ y_i = \sum_{k=1}^{p} a_{i,k}x_k$.

❑ Opérations

Théorème 23.15. — Soit E un espace vectoriel de base $\mathcal{B}$ et F un espace vectoriel de base $\mathcal{B}'$. Pour toutes applications linéaires f et g de E dans F et pour tout scalaire λ, on a :

$$\text{mat}_{\mathcal{B},\mathcal{B}'}(f+g) = \text{mat}_{\mathcal{B},\mathcal{B}'}(f) + \text{mat}_{\mathcal{B},\mathcal{B}'}(g) \text{ et } \text{mat}_{\mathcal{B},\mathcal{B}'}(\lambda f) = \lambda \text{mat}_{\mathcal{B},\mathcal{B}'}(f)$$

Théorème 23.16. — Soit E, F et G trois espaces vectoriels de bases respectives $\mathcal{B}_1$, $\mathcal{B}_2$ et $\mathcal{B}_3$. Si f est une application linéaire de E dans F et g une application linéaire de F dans G, alors :

$$\text{mat}_{\mathcal{B}_1,\mathcal{B}_3}(g \circ f) = \text{mat}_{\mathcal{B}_2,\mathcal{B}_3}(g) \times \text{mat}_{\mathcal{B}_1,\mathcal{B}_2}(f)$$

Théorème 23.17. — Soit E un espace vectoriel de base $\mathcal{B}$ et f un endomorphisme de E, alors :

$$\forall k \in \mathbb{N},\ \text{mat}_{\mathcal{B}}(f^k) = (\text{mat}_{\mathcal{B}}(f))^k.$$

Théorème 23.18. — Soit E un espace vectoriel de base $\mathcal{B}$ et F un espace vectoriel de base $\mathcal{B}'$ tels que : $\dim E = \dim F$. L'application linéaire f de E dans F est bijective si et seulement si $\text{mat}_{\mathcal{B},\mathcal{B}'}(f)$ est inversible et dans ce cas : $\text{mat}_{\mathcal{B}',\mathcal{B}}(f^{-1}) = (\text{mat}_{\mathcal{B},\mathcal{B}'}(f))^{-1}$.

Théorème 23.19. — En particulier, soit f un endomorphisme de E, où E est un espace vectoriel de base $\mathcal{B}$. L'endomorphisme f est bijectif si et seulement si $\text{mat}_{\mathcal{B}}(f)$ est inversible.

❑ Image d'un vecteur

Théorème 23.20. — Soit E un espace vectoriel de dimension p de base $\mathcal{B}$ et F un espace vectoriel de dimension n de base $\mathcal{B}'$. Soit f une application linéaire de E dans F et $A = \text{mat}_{\mathcal{B},\mathcal{B}'}(f)$. Soit x un vecteur de E et y le vecteur de F défini par $y = f(x)$.

On note X (respectivement Y) le vecteur colonne de $\mathcal{M}_{p,1}(\mathbb{K})$ (respectivement $\mathcal{M}_{n,1}(\mathbb{K})$) formé des coordonnées de x (respectivement y) dans la base $\mathcal{B}$ (respectivement dans la base $\mathcal{B}'$).

On a : $y = f(x) \Leftrightarrow Y = AX$.

Remarque 23.2. — En particulier, chercher le noyau de f revient à résoudre l'équation $AX = 0$.

⇨ **Méthode 23.3. Comment déterminer matriciellement Ker f ?**

❑ Rang d'une matrice

Définition 23.5. — Le rang d'une matrice A de $\mathcal{M}_{n,p}(\mathbb{K})$ est le rang de la famille de ses vecteurs colonnes dans $\mathcal{M}_{n,1}(\mathbb{K})$. On le note $\mathrm{rg}(A)$.

Théorème 23.21. — Pour toute matrice A de $\mathcal{M}_{n,p}(\mathbb{K})$, on a : $\mathrm{rg}(A)=0 \Leftrightarrow A=0$.

Théorème 23.22. — Une matrice A de $\mathcal{M}_n(\mathbb{K})$ est inversible si, et seulement si : $\mathrm{rg}(A)=n$.

Théorème 23.23. — Soit E un espace vectoriel de dimension p, de base $\mathcal{B}$, et F un espace vectoriel de dimension n, de base $\mathcal{B}'$. Soit f une application linéaire de E dans F et A la matrice de f relativement aux bases $\mathcal{B}$ et $\mathcal{B}'$. On a : $\mathrm{rg}(f) = \mathrm{rg}(A)$.

Remarque 23.3. — Le rang d'une application linéaire est donc égal au rang de n'importe laquelle de ses matrices.

⇨ **Méthode 23.4. Comment déterminer matriciellement rg(*f*) ?**

❑ Polynôme d'endomorphisme, polynôme matriciel

Définition 23.6. — Soit f un endomorphisme d'un espace vectoriel E de dimension n et A sa matrice, élément de $\mathcal{M}_n(\mathbb{K})$, relativement à une base de E.

Soit r un entier naturel et P un polynôme de $\mathbb{K}[X]$ tel que : $P=\sum_{k=0}^{r} a_k X^k$.

$P(f)$ est l'endomorphisme de E défini par : $P(f)=\sum_{k=0}^{r} a_k f^k$.

$P(A)$ est la matrice de $\mathcal{M}_n(\mathbb{K})$ définie par : $P(A)=\sum_{k=0}^{r} a_k A^k$.

Exemple 23.1. — Si $P=3X^2-X-2$, alors : $P(f)=3f^2-f-2Id_E$ et $P(A)=3A^2-A-2I$.

Propriétés 23.1. — Soit P et Q deux polynômes de $\mathbb{K}[X]$, α et β deux éléments de $\mathbb{K}$. On a :

$$(\alpha P+\beta Q)(f)=\alpha P(f)+\beta Q(f) \quad \text{et} \quad (PQ)(f)=P(f)\circ Q(f)$$

$$(\alpha P+\beta Q)(A)=\alpha P(A)+\beta Q(A) \quad \text{et} \quad (PQ)(A)=P(A)\,Q(A)$$

Définition 23.7. — On dit que le polynôme P est *annulateur* de f (respectivement de A) si $P(f)=0$ (respectivement $P(A)=0$).

Exemple 23.2. — Si f est un projecteur de E, alors le polynôme $P=X^2-X$ est annulateur de f. En effet, tout projecteur f vérifie : $f^2=f$. On a donc bien : $P(f)=0$.

⇨ **Méthode 23.6. Comment calculer, avec un polynôme annulateur, l'inverse d'une matrice ou la réciproque d'un automorphisme ?**

Méthodes

Généralités

❑ Méthode 23.1. Comment déterminer l'image et/ou le rang d'une application linéaire ?

Soit E un $\mathbb{K}$-espace vectoriel de base $\mathcal{B}=(e_1,\dots,e_n)$ et F un $\mathbb{K}$-espace vectoriel.

- Si $f\in\mathcal{L}(E,F)$ on a : $\operatorname{Im} f=\operatorname{Vect}(f(e_1),\dots,f(e_n))$ et $\operatorname{rg}(f)=\dim\operatorname{Im} f$.
- En particulier, si $f\in\mathcal{L}(E,\mathbb{K})$, on a deux cas de figures possibles :

  soit $\operatorname{Im} f=\{0\}$ et $\operatorname{rg}(f)=0$ (et f est l'application nulle de E dans $\mathbb{K}$)

  soit $\operatorname{Im} f=\mathbb{K}$ et $\operatorname{rg}(f)=1$.

⇨ Exercices 23.2, 23.3, 23.6, 23.9, 23.10

Exemple. Soit f l'endomorphisme de $\mathbb{R}_2[X]$ défini pour tout polynôme P de $\mathbb{R}_2[X]$ par $f(P)=XP'$. Déterminer $\operatorname{Im} f$, puis le rang de f.

Soit $\mathcal{B}=(1,X,X^2)$ la base canonique de $\mathbb{R}_2[X]$. On a : $\operatorname{Im} f=\operatorname{Vect}(f(1),f(X),f(X^2))$.

Or, $f(1)=0$, $f(X)=X$ et $f(X^2)=2X^2$, donc $\operatorname{Im} f=\operatorname{Vect}(0,X,2X^2)=\operatorname{Vect}(X,X^2)$.

La famille (X,X^2) est libre car formée de deux vecteurs non proportionnels donc (X,X^2) est une base de $\operatorname{Im} f$ qui est de dimension 2 et $\operatorname{rg}(f)=2$.

❑ Méthode 23.2. Comment écrire la matrice d'une application linéaire?

Soit f une application linéaire d'un espace E de base $\mathcal{B}=(e_1,\dots,e_p)$ dans un espace F de base $\mathcal{B}'=(e'_1,\dots,e'_n)$. Pour écrire $\operatorname{mat}_{\mathcal{B},\mathcal{B}'}(f)$, on procède comme suit :

- On écrit $f(e_1)$, $f(e_2)$, …, $f(e_p)$ comme combinaisons linéaires de e'_1, ..., e'_n.
- On obtient la matrice cherchée en plaçant les coordonnées de $f(e_1)$ dans la 1ère colonne, celles de $f(e_2)$ dans la 2ème colonne et ainsi de suite jusqu'à $f(e_p)$.

⇨ Exercices 23.1, 23.3, 23.4, 23.5, 23.6, 23.8

Exemple. Soit f l'application linéaire de $\mathbb{R}^3$ dans $\mathbb{R}^2$ définie par :

$$\forall(x,y,z)\in\mathbb{R}^3,\ f((x,y,z))=(-x+y-z,\ 2x-3y-5z)$$

Méthodes

Déterminer la matrice A de f relativement aux bases canoniques de $\mathbb{R}^3$ et de $\mathbb{R}^2$.

On note $\mathcal{B}=(e_1,e_2,e_3)$ la base canonique de $\mathbb{R}^3$ et $\mathcal{B}'=(f_1,f_2)$ la base canonique de $\mathbb{R}^2$. On rappelle que $e_1=(1,0,0)$, $e_2=(0,1,0)$, $e_3=(0,0,1)$ et que $f_1=(1,0)$, $f_2=(0,1)$. On a :
$f(e_1)=(-1,2)=-f_1+2f_2$, $f(e_2)=(1,-3)=f_1-3f_2$ et $f(e_3)=(-1,-5)=-f_1-5f_2$.

La matrice de f relativement aux bases canoniques de $\mathbb{R}^2$ et $\mathbb{R}^3$ est donc : $A=\begin{pmatrix}-1 & 1 & -1\\ 2 & -3 & -5\end{pmatrix}$.

■ Noyau, image et rang (version matricielle)

❑ Méthode 23.3. Comment déterminer matriciellement Ker f ?

Soit f une application linéaire d'un espace E de base $\mathcal{B}$ dans un espace F de base $\mathcal{B}'$. On note $A=\operatorname{mat}_{\mathcal{B},\mathcal{B}'}(f)$. Si x est un vecteur de E et X la matrice colonne formée des coordonnées de x dans la base $\mathcal{B}$, on a les équivalences suivantes :

$$x\in \operatorname{Ker} f \iff f(x)=0 \iff AX=0.$$

⇨ **Exercices 23.1, 23.6, 23.10**

Exemple. Soit E un $\mathbb{R}$- espace vectoriel de base $\mathcal{B}=(e_1,e_2,e_3)$. On note f l'endomorphisme de E tel que : $\operatorname{mat}_{\mathcal{B}}(f)=A$ où $A=\begin{pmatrix}1 & -2 & 1\\ -1 & 1 & 0\\ 1 & 3 & -4\end{pmatrix}$. Déterminer Ker f.

Soit $x=ae_1+be_2+ce_3$ un vecteur de E. On a : $x\in\operatorname{Ker} f \iff f(x)=0 \iff AX=0$ en posant :
$X=\begin{pmatrix}a\\ b\\ c\end{pmatrix}$. D'où : $x\in\operatorname{Ker} f \iff \begin{cases}a-2b+\ c=0\\ -a+b\qquad =0\\ a+3b-4c=0\end{cases} \iff \begin{cases}a-2b+\ c=0\\ a=b\\ a+3b-4c=0\end{cases} \iff \begin{cases}a=c\\ b=c\end{cases}$.

On a donc : $\operatorname{Ker} f=\{ce_1+ce_2+ce_3,\ c\in\mathbb{R}\}=\operatorname{Vect}\,(e_1+e_2+e_3)$.

❑ Méthode 23.4. Comment déterminer matriciellement rg(f) ?

Il suffit de chercher le rang de n'importe laquelle de ses matrices (appelons-la A).

• Le rang de la matrice A est le rang de la famille de ses vecteurs colonnes.

• Cas particuliers : si A est la matrice nulle alors rg $(A)=0$ donc rg(f) = 0, et si A est une matrice de $\mathcal{M}_n(\mathbb{K})$ inversible, alors rg $(A)=n$ donc rg(f) = n.

⇨ **Exercices 23.3, 23.7**

Exemple. Soit f l'endomorphisme de $\mathbb{R}^3$ dont la matrice dans la base canonique (e_1, e_2, e_3) de $\mathbb{R}^3$ est $A = \begin{pmatrix} 1 & -2 & 1 \\ -1 & 1 & 0 \\ 1 & 3 & -4 \end{pmatrix}$. Déterminer le rang de f.

On note C_1, C_2, C_3 les vecteurs colonnes de A. On observe que : $C_1 + C_2 + C_3 = 0$. La famille (C_1, C_2, C_3) est donc liée et le rang de (C_1, C_2, C_3) est inférieur ou égal à 2. Comme C_1 et C_2 ne sont pas proportionnels, on peut conclure : $\text{rg}(A) = 2$ et $\text{rg}(f) = 2$.

❑ Méthode 23.5. Comment utiliser le théorème du rang ?

> Soit E un espace de dimension finie et f une application linéaire de E dans F.
> Souvent, la recherche de l'un des ensembles $\text{Im}\, f$ ou $\text{Ker} f$ est délicate.
> Ayant obtenu l'un des deux, par exemple $\text{Im}\, f$, le théorème du rang donne $\dim \text{Ker} f$. C'est une information importante dans la recherche de $\text{Ker} f$.

⇨ Exercices 23.2, 23.3, 23.6, 23.9

Exemple. On reprend l'exemple ci-dessus.

Le théorème du rang donne $\dim \mathbb{R}^3 = \text{rg}(f) + \dim \text{Ker} f$, et comme $\text{rg}(f) = 2$, on a $\dim \text{Ker} f = 1$.

La relation $C_1 + C_2 + C_3 = 0$ traduit que $f(e_1) + f(e_2) + f(e_3) = 0$ et, par linéarité de f, on a : $f(e_1 + e_2 + e_3) = 0$. Le vecteur $e_1 + e_2 + e_3$ appartient à $\text{Ker} f$ et est non nul donc la famille $(e_1 + e_2 + e_3)$ est une base de $\text{Ker} f$.

❑ Méthode 23.6. Comment calculer, avec un polynôme annulateur, l'inverse d'une matrice ou la réciproque d'un automorphisme ?

> • Soit $P = a_0 + a_1 X + \ldots + a_r X^r$ ($r \in \mathbb{N}^*$) un polynôme tel que $a_0 \neq 0$.
> Si P est annulateur d'une matrice carrée A, on peut écrire :
>
> $A \times \left(a_1 I + \ldots + a_r A^{r-1}\right) = -a_0 I$ ou encore $A \times \left(-\frac{1}{a_0}\left(a_1 I + \ldots + a_r A^{r-1}\right)\right) = I$.
>
> Ceci prouve que A est inversible et on a : $A^{-1} = -\frac{1}{a_0}\left(a_1 I + \ldots + a_r A^{r-1}\right)$.
>
> • Si P est annulateur de l'endomorphisme f, on obtient de même :
>
> $f \circ \left(-\frac{1}{a_0}\left(a_1 Id_E + \ldots + a_r f^{r-1}\right)\right) = Id_E$ et on a : $f^{-1} = -\frac{1}{a_0}\left(a_1 Id_E + \ldots + a_r f^{r-1}\right)$.

⇨ Exercices 23.11, 23.12, 23.13

Méthodes

Exemple. Soit la matrice $A = \begin{pmatrix} 2 & -2 & 1 \\ 2 & -3 & 2 \\ -1 & 2 & 0 \end{pmatrix}$.

Vérifier que le polynôme $P = X^2 + 2X - 3$ est annulateur de A. En déduire que A est inversible et exprimer A^{-1} en fonction de A et de I.

$A^2 = \begin{pmatrix} 2 & -2 & 1 \\ 2 & -3 & 2 \\ -1 & 2 & 0 \end{pmatrix}\begin{pmatrix} 2 & -2 & 1 \\ 2 & -3 & 2 \\ -1 & 2 & 0 \end{pmatrix} = \begin{pmatrix} -1 & 4 & -2 \\ -4 & 9 & -4 \\ 2 & -4 & 3 \end{pmatrix}$. On en déduit :

$$A^2 + 2A - 3I = \begin{pmatrix} -1 & 4 & -2 \\ -4 & 9 & -4 \\ 2 & -4 & 3 \end{pmatrix} + 2\begin{pmatrix} 2 & -2 & 1 \\ 2 & -3 & 2 \\ -1 & 2 & 0 \end{pmatrix} - 3\begin{pmatrix} 1 & 0 & 0 \\ 0 & 1 & 0 \\ 0 & 0 & 1 \end{pmatrix} = \begin{pmatrix} 0 & 0 & 0 \\ 0 & 0 & 0 \\ 0 & 0 & 0 \end{pmatrix}.$$

Ainsi, le polynôme $P = X^2 + 2X - 3$ est annulateur de A. De l'égalité $A^2 + 2A - 3I = 0$, on tire $A(A+2I) = 3I$ puis, $A\left(\frac{1}{3}(A+2I)\right) = I$. La matrice A est donc inversible et : $A^{-1} = \frac{1}{3}A + \frac{2}{3}I$.

Vrai/Faux

	Vrai	Faux
1. Soit f une application linéaire de $\mathbb{R}^3$ dans $\mathbb{R}^3$. Si $\operatorname{Ker} f$ est réduit au vecteur nul de $\mathbb{R}^3$, alors f est l'application nulle.	☐	☐
2. Soit f une application linéaire de $\mathbb{R}^3$ dans $\mathbb{R}^3$. Si $\operatorname{Im} f$ est réduite au vecteur nul de $\mathbb{R}^3$, alors f est l'application nulle.	☐	☐
3. Soit f une application linéaire de $\mathbb{R}^2$ dans $\mathbb{R}^2$. Il est possible que $\operatorname{Ker} f = \operatorname{Im} f$.	☐	☐
4. Soit f un endomorphisme de $\mathbb{R}^3$ dont la matrice A dans la base canonique de $\mathbb{R}^3$ est telle que $A^2 = 0$. L'endomorphisme f n'est pas bijectif.	☐	☐
5. Soit f une application linéaire de $\mathbb{R}^2$ dans $\mathbb{R}^3$. Les matrices de f appartiennent à $\mathcal{M}_{2,3}(\mathbb{R})$.	☐	☐
6. Soit f une application linéaire de $\mathbb{R}^2$ dans $\mathbb{R}^3$ et g une application linéaire de $\mathbb{R}^3$ dans $\mathbb{R}^2$. Les matrices de $g \circ f$ appartiennent à $\mathcal{M}_2(\mathbb{R})$.	☐	☐
7. Soit E un espace vectoriel de base $\mathcal{B} = (e_1, \ldots, e_n)$ et f une application linéaire de E dans un espace F. Si f est injective, alors $(f(e_1), \ldots, f(e_n))$ est une base de $\operatorname{Im} f$.	☐	☐
8. Il existe au moins un endomorphisme de $\mathcal{M}_2(\mathbb{R})$ qui soit injectif mais non surjectif.	☐	☐
9. Soit f un endomorphisme de E. On note $\mathcal{B}$ une base de E et A la matrice de l'endomorphisme f dans la base $\mathcal{B}$. f est un projecteur de E si, et seulement si : $A^2 = A$.	☐	☐
10. Pour tout réel a, le rang de la matrice $\begin{pmatrix} a & a & a \\ a & a & a \\ a & a & a \end{pmatrix}$ est égal à 1.	☐	☐

■■ Énoncé des exercices

❑ **Exercice 23.1.** — Soit E un espace vectoriel de base $\mathcal{B}=(i,j,k)$ et f l'endomorphisme de E défini par : $f(i)=-3i+j+k$, $f(j)=-2i+j+4k$, $f(k)=4i-j+2k$.

1. Écrire la matrice A de f dans la base $\mathcal{B}$.

2. Déterminer Ker f.

❑ **Exercice 23.2.*** — Soit n un entier naturel non nul et u l'endomorphisme de $\mathbb{R}_n[X]$ défini par : $\forall P\in\mathbb{R}_n[X],\ u(P)=XP'-P$ (P' désignant le polynôme dérivé de P).

1. Déterminer une base de Im u et en déduire le rang de u.

2. Donner alors une base de Ker u.

❑ **Exercice 23.3.** — On note $\mathcal{B}=(e_1,e_2,e_3)$ la base canonique de $\mathbb{R}^3$ et u l'endomorphisme de $\mathbb{R}^3$ défini par : $u(e_1)=u(e_2)=u(e_3)=e_1+e_2+e_3$.

1. Écrire la matrice A de u dans la base $\mathcal{B}$. Préciser le rang de A.

2. L'endomorphisme u est-il bijectif ?

3. Déterminer l'image et le noyau de u.

❑ **Exercice 23.4.*** — On donne : $\forall x\in\mathbb{R},\ f_1(x)=1,\ f_2(x)=e^x,\ f_3(x)=e^{-x}$. Soit E le sous-espace vectoriel de $\mathcal{A}(\mathbb{R},\mathbb{R})$ engendré par $\mathcal{B}=(f_1,f_2,f_3)$ et d l'application qui à toute fonction de E associe sa dérivée.

1. Vérifier que $\mathcal{B}$ est une base de E.

2. Montrer que d est un endomorphisme de E.

3. Donner la matrice A de d dans la base $\mathcal{B}$.

❑ **Exercice 23.5.** — On désigne par $\mathbb{R}_3[X]$ l'espace vectoriel des fonctions polynomiales, à coefficients réels, de degré inférieur ou égal à 3. On considère l'application φ de $\mathbb{R}_3[X]$ vers $\mathbb{R}^4$ définie par : $\forall P\in\mathbb{R}_3[X],\ \varphi(P)=(P(1),P(2),P(3),P(4))$.

1. Montrer que φ est linéaire.

2. a) Écrire la matrice de φ relativement aux bases canoniques de $\mathbb{R}_3[X]$ et $\mathbb{R}^4$.

b) L'application φ est-elle un isomorphisme de $\mathbb{R}_3[X]$ dans $\mathbb{R}^4$?

❑ **Exercice 23.6.** — Soit $A=\begin{pmatrix}1&1\\0&1\end{pmatrix}$. On considère l'application φ qui, à toute matrice M de $\mathcal{M}_2(\mathbb{R})$, associe la matrice $\varphi(M)=AM-MA$.

1. Montrer que φ est un endomorphisme de $\mathcal{M}_2(\mathbb{R})$.

2. Déterminer la matrice B de φ dans la base canonique $\mathcal{B}=(K_1,K_2,K_3,K_4)$ de $\mathcal{M}_2(\mathbb{R})$, où

$$K_1=\begin{pmatrix}1&0\\0&0\end{pmatrix},\ K_2=\begin{pmatrix}0&1\\0&0\end{pmatrix},\ K_3=\begin{pmatrix}0&0\\1&0\end{pmatrix},\ K_4=\begin{pmatrix}0&0\\0&1\end{pmatrix}$$

3. En déduire Ker φ et Imφ.

❑ **Exercice 23.7.** — Déterminer le rang de l'endomorphisme f de $\mathbb{R}^3$ dont la matrice dans la base canonique de $\mathbb{R}^3$ est $A=\begin{pmatrix}2&2&0\\-1&0&1\\0&-2&-2\end{pmatrix}$.

❑ **Exercice 23.8.*** — Soit f un endomorphisme de $\mathbb{R}^3$ tel que $f^3=0$ et $f^2\neq 0$.

1. Justifier l'existence d'un vecteur e_1 n'appartenant pas à Ker f^2.

2. Montrer que la famille $(e_1, f(e_1), f^2(e_1))$ est une base de $\mathbb{R}^3$ et donner la matrice de f dans cette base.

❑ **Exercice 23.9.** — Dans cet exercice, n désigne un entier supérieur ou égal à 2. On désigne par I la matrice unité de $\mathcal{M}_n(\mathbb{R})$. Pour toute matrice M de $\mathcal{M}_n(\mathbb{R})$, on appelle trace de M et on note $tr(M)$ la somme des coefficients diagonaux de M. On note tr l'application qui à toute matrice de $\mathcal{M}_n(\mathbb{R})$ associe sa trace.

1. Montrer que tr est une forme linéaire sur $\mathcal{M}_n(\mathbb{R})$ et établir que : $\operatorname{Im} tr=\mathbb{R}$.

2. En déduire la dimension de Ker tr.

3. Établir que : $\mathcal{M}_n(\mathbb{R})=\operatorname{Ker} tr\oplus \operatorname{Vect}(I)$.

D'après EDHEC

❑ **Exercice 23.10.** — On note $\mathcal{B}=(e_1,e_2,e_3)$ la base canonique de $\mathbb{R}^3$.

On considère l'endomorphisme f de $\mathbb{R}^3$ dont la matrice dans $\mathcal{B}$ est : $A=\dfrac{1}{2}\begin{pmatrix}1&0&-1\\0&0&0\\-1&0&1\end{pmatrix}$.

1. Déterminer Ker f, puis Im f.

2. Montrer que f est un projecteur que l'on précisera.

❑ **Exercice 23.11.*** — Soit p et q deux projecteurs associés d'un espace vectoriel E et f l'endomorphisme de E défini par : $f=3p-q$.

1. Vérifier que $P=X^2-2X-3$ est un polynôme annulateur de f.

2. En déduire que f est bijectif et déterminer f^{-1} en fonction de f et Id_E.

❑ **Exercice 23.12.*** — Soit E un espace vectoriel de dimension n. On note Id_E l'application identité de E. On considère un endomorphisme f de E tel que : $f^3 = 0$ et $f^2 \neq 0$.

1. Rappeler une factorisation de $X^3 - 1$ dans $\mathbb{R}[X]$.

2. En déduire que $Id_E - f$ est bijectif et expliciter $(Id_E - f)^{-1}$ en fonction de f.

❑ **Exercice 23.13.*** — Soit n un entier naturel supérieur ou égal à 2 et A une matrice carrée d'ordre n. On suppose qu'il existe un entier naturel p non nul tel que : $A^{p-1} \neq 0$ et $A^p = 0$.

1. Montrer que A n'est pas inversible.

2. a) Vérifier que : $X^p = 1 - (1 - X)(1 + X + ... + X^{p-1})$.

b) En remarquant que X^p est un polynôme annulateur de A, montrer que $I - A$ est inversible et calculer son inverse.

3. Montrer également que $I + A$ est inversible et donner son inverse.

■ Pour vous aider à démarrer

Exercice 23.1. Pour la question **1**, les vecteurs $f(i)$, $f(j)$ et $f(k)$ fournissent les colonnes de A.
Pour la question **2**, résoudre $AX = 0$ puis en déduire Ker$f$.

Exercice 23.2. Pour la question **1**, utiliser $\text{Im}\, u = \text{Vect}(u(1), u(X), ..., u(X^n))$.

Exercice 23.4. Pour la question **1**, le test de liberté se ramène à :
$\forall x \in \mathbb{R}$, $\lambda_1 f_1(x) + \lambda_2 f_2(x) + \lambda_3 f_3(x) = 0$. On pourra multiplier par e^x et faire tendre x vers... Devinez quoi.

Exercice 23.5. Pour la question **2.b)**, chercher une réduite de Gauss de A.

Exercice 23.6. Pour la question **2**, noter que la matrice de φ est d'ordre 4.
Pour la question **3**, travailler matriciellement.

Exercice 23.7. Il faut scruter attentivement les colonnes !

Exercice 23.8. Pour la question **2**, faire un test de liberté et appliquer f.

Exercice 23.9. Pour la fin de la question **1**, ne pas oublier de justifier que tr n'est pas l'application nulle.

Exercice 23.10. Pour la question **2**, montrer matriciellement que $f^2 = f$.

Exercice 23.12. Pour la question **2**, appliquer l'égalité précédente en utilisant les polynômes d'endomorphismes.

Exercice 23.13. Pour la question **3**, calculer $(1 + X)\sum_{k=0}^{p-1}(-1)^k X^k$.

■■ Corrigé des vrai/faux

1.	2.	3.	4.	5.	6.	7.	8.	9.	10.
F	V	V	V	F	V	V	F	V	F

1. Le cours signale que, si le noyau d'un endomorphisme *f* est réduit au vecteur nul, alors *f* est injectif et comme on est dans le cas d'un endomorphisme d'un espace de dimension finie ($\mathbb{R}^3$), on en déduit que *f* est bijectif, ce qui prouve que ce n'est pas l'endomorphisme nul.
On peut aussi donner un contre-exemple en considérant l'application *identité* de $\mathbb{R}^3$ dans $\mathbb{R}^3$. Cette application est bien linéaire, son noyau est réduit au vecteur nul (car $Id_{\mathbb{R}^3}(x)=0 \Leftrightarrow x=0$) et ce n'est bien sûr pas l'application nulle.

2. Soit *f* un endomorphisme de $\mathbb{R}^3$ dans $\mathbb{R}^3$ tel que $\operatorname{Im} f$ est réduite au vecteur nul de $\mathbb{R}^3$.
Cela signifie que : $\operatorname{Im} f=\{0_{\mathbb{R}^3}\}$.
Ainsi, tout élément de $\mathbb{R}^3$ a pour image par *f* le vecteur nul de $\mathbb{R}^3$.
L'application *f* est donc, par définition, l'application nulle.

3. Considérons l'application linéaire de $\mathbb{R}^2$ dans $\mathbb{R}^2$, dont la matrice dans la base canonique de $\mathbb{R}^2$ est : $M=\begin{pmatrix} 1 & 1 \\ -1 & -1 \end{pmatrix}$.

D'une part : $MX=0 \Leftrightarrow \begin{cases} x_1+x_2=0 \\ -x_1-x_2=0 \end{cases} \Leftrightarrow x_1+x_2=0$.

On en déduit que : $\operatorname{Ker} f =\{(x_1,-x_1), x_1\in\mathbb{R}\}=\operatorname{Vect}((1,-1))$.

D'autre part, en notant $\mathcal{B}=(e_1,e_2)$ la base canonique de $\mathbb{R}^2$, on a : $\operatorname{Im} f=\operatorname{Vect}(f(e_1),f(e_2))$.

De plus, $f(e_1)=(1,-1)=f(e_2)$ donc $\operatorname{Im} f=\operatorname{Vect}(f(e_1))=\operatorname{Vect}((1,-1))$.

Finalement, on obtient : $\operatorname{Ker} f=\operatorname{Im} f$.

4. Supposons que *f* soit bijectif. Dès lors, la matrice *A* serait inversible et la matrice A^2 serait aussi inversible (en tant que produit de deux matrices inversibles). C'est absurde car $A^2=0$ et la matrice nulle n'est pas inversible. Ainsi, *f* n'est pas bijectif.

5. Si *f* est une application linéaire de $\mathbb{R}^2$ (qui est un espace vectoriel de dimension 2) dans $\mathbb{R}^3$ (qui est un espace vectoriel de dimension 3), alors les matrices de *f* appartiennent à $\mathcal{M}_{3,2}(\mathbb{R})$ et non pas $\mathcal{M}_{2,3}(\mathbb{R})$: chacune des deux colonnes donne les coordonnées des images des 2 vecteurs d'une base de $\mathbb{R}^2$ dans une base de 3 vecteurs de $\mathbb{R}^3$.

Corrigé

6. Par propriété de la composition des applications linéaires, $g \circ f$ est une application linéaire de $\mathbb{R}^2$ dans $\mathbb{R}^2$. Les matrices de $g \circ f$ appartiennent donc à $\mathcal{M}_2(\mathbb{R})$.

7. On sait déjà que la famille $\big(f(e_1),\dots,f(e_n)\big)$ est génératrice de $\operatorname{Im} f$. Effectuons un test de liberté. On a : $\displaystyle\sum_{i=1}^{n}\lambda_i f(e_i)=0 \Leftrightarrow f\left(\sum_{i=1}^{n}\lambda_i e_i\right)=0$ par linéarité de f

$$\Leftrightarrow \sum_{i=1}^{n}\lambda_i e_i = 0 \text{ par injectivité de } f$$

$$\Leftrightarrow \forall i\in[\![1,n]\!], \lambda_i = 0 \text{ (car } \mathcal{B}=(e_1,\dots,e_n) \text{ est une base de } E).$$

Finalement, la famille $\big(f(e_1),\dots,f(e_n)\big)$ est libre.

On en déduit que la famille $\big(f(e_1),\dots,f(e_n)\big)$ est une base de $\operatorname{Im} f$.

8. Tout endomorphisme de $\mathcal{M}_2(\mathbb{R})$ injectif est nécessairement surjectif et donc bijectif d'après le **théorème 23.12** (l'espace $\mathcal{M}_2(\mathbb{R})$ étant de dimension finie).

9. Comme $\operatorname{mat}_{\mathcal{B}} f = A$, alors on a : $\operatorname{mat}_{\mathcal{B}}(f^2) = A^2$.

On sait que f est un projecteur de E si, et seulement si : $f^2 = f$.

Par conséquent, f est un projecteur de E si, et seulement si : $A^2 = A$.

10. Posons $u = \begin{pmatrix}1\\1\\1\end{pmatrix}$. On a $\operatorname{rg}(A) = \operatorname{rg}(au, au, au) = \operatorname{rg}(au)$.

Si $a = 0$, alors $\operatorname{rg}(A) = 0$ (A est la matrice nulle) et, si $a \neq 0$, $\operatorname{rg}(A) = \operatorname{rg}(u) = 1$ (u est non nul).

❑ Les erreurs classiques

- Étant donnée une application linéaire f de E dans F, il faut connaître les deux équivalences suivantes :
L'application linéaire f est nulle si, et seulement si, $\operatorname{Im} f = \{0\}$.
L'application linéaire f est nulle si, et seulement si, $\operatorname{Ker} f = E$.
- Une matrice ayant ses colonnes égales n'est pas nécessairement de rang 1.

■■ Corrigé des exercices

Exercice 23.1

1. Par lecture de l'énoncé, la matrice de f dans la base $\mathcal{B}$ est : $A=\begin{pmatrix} -3 & -2 & 4 \\ 1 & 1 & -1 \\ 1 & 4 & 2 \end{pmatrix}$

⇨ *Méthode 23.2*

2. Soit x un élément de E et $X = \begin{pmatrix} a \\ b \\ c \end{pmatrix}$ la matrice colonne de $\mathcal{M}_{3,1}(\mathbb{R})$ constituée des coordonnées de x dans la base $\mathcal{B}$. On sait que : $x \in \operatorname{Ker} f \Leftrightarrow AX = 0$.

Or, on a : $AX = 0 \Leftrightarrow \begin{cases} -3a-2b+4c=0 \\ a+b-c=0 \\ a+4b+2c=0 \end{cases} \underset{\substack{L_2 \leftarrow 3L_2+L_1 \\ L_3 \leftarrow 3L_3+L_1}}{\Leftrightarrow} \begin{cases} -3a-2b+4c=0 \\ b+c=0 \\ 10b+10c=0 \end{cases} \Leftrightarrow \begin{cases} -3a-2b+4c=0 \\ b+c=0 \end{cases}$.

On en déduit : $AX = 0 \Leftrightarrow \begin{cases} a=2c \\ b=-c \end{cases} \Leftrightarrow X = \begin{pmatrix} 2c \\ -c \\ c \end{pmatrix} = c\begin{pmatrix} 2 \\ -1 \\ 1 \end{pmatrix}$.

On trouve donc : $\operatorname{Ker} f = \operatorname{Vect}(2i - j + k)$.

⇨ *Méthode 23.3*

Exercice 23.2

1. Un petit calcul montre que : $u(X^0) = -X^0$, et : $\forall k \in [\![1,n]\!],\ u(X^k) = (k-1)X^k$.

On sait, d'après le cours, que $\operatorname{Im} u = \operatorname{Vect}\big(u(1), u(X), ..., u(X^n)\big)$ et on a alors :

$\operatorname{Im} u = \operatorname{Vect}(-X^0, 0, X^2, 2X^3, ..., (n-1)X^n) = \operatorname{Vect}(1, X^2, X^3, ..., X^n)$.

La famille $(1, X^2, X^3, ..., X^n)$ est une sous-famille de la base canonique de $\mathbb{R}_n[X]$ donc elle est libre et on en déduit que $\operatorname{rg}(u) = n$.

⇨ *Méthode 23.1*

2. Grâce au théorème du rang, on a alors : $\dim \operatorname{Ker} u = 1$.

Comme $u(X) = 0$, on voit que X appartient à $\operatorname{Ker} u$.

La famille (X) étant formée d'un seul vecteur non nul, elle est libre et c'est une base de $\operatorname{Ker} u$.

⇨ *Méthode 23.5*

Exercice 23.3

1. Les composantes des vecteurs $u(e_1)$, $u(e_2)$ et $u(e_3)$ dans la base $\mathcal{B}$ sont $(1,1,1)$.

On en déduit que : $A = \text{mat}_{\mathcal{B}}(u) = \begin{pmatrix} 1 & 1 & 1 \\ 1 & 1 & 1 \\ 1 & 1 & 1 \end{pmatrix}$.

La matrice A est constituée de 3 colonnes identiques donc le rang de A est égal au rang de la famille $\left(\begin{pmatrix} 1 \\ 1 \\ 1 \end{pmatrix}\right)$ qui est égal à 1.

⇨ *Méthodes 23.2, 23.4*

2. D'après le **théorème 23.22**, A est inversible si et seulement si $rg(A) = 3$.
La question **1** nous permet donc d'affirmer que A n'est pas inversible.
Comme $\text{mat}_{\mathcal{B}}(u) = A$, le **théorème 23.19** assure alors que u n'est pas bijectif.

3. Comme (e_1, e_2, e_3) est une base de $\mathbb{R}^3$, on sait que :

$$\text{Im}\, u = \text{Vect}(u(e_1), u(e_2), u(e_3)) = \text{Vect}(e_1 + e_2 + e_3)$$

La famille $(e_1 + e_2 + e_3)$ est donc génératrice de $\text{Im}\, u$. Étant constituée d'un seul vecteur non nul, cette famille est libre. On en conclut que la famille $(e_1 + e_2 + e_3)$ est une base de $\text{Im}\, u$.
Le théorème du rang assure que $\text{Ker}\, u$ est de dimension 2.
On remarque alors que : $u(e_1 - e_2) = u(e_1) - u(e_2) = 0$ et $u(e_1 - e_3) = u(e_1) - u(e_3) = 0$.
Les vecteurs $e_1 - e_2$ et $e_1 - e_3$ sont donc des éléments de $\text{Ker}\, u$.
Ces deux vecteurs ne sont pas proportionnels donc la famille $(e_1 - e_2,\, e_1 - e_3)$ est libre.
La famille $(e_1 - e_2,\, e_1 - e_3)$ est libre et constituée de deux vecteurs de $\text{Ker}\, u$, qui est de dimension 2, donc $(e_1 - e_2,\, e_1 - e_3)$ est une base de $\text{Ker}\, u$.

⇨ *Méthodes 23.1, 23.5*

Exercice 23.4

1. Effectuons un test de liberté sur la famille $\mathcal{B}$. Posons : $\lambda_1 f_1 + \lambda_2 f_2 + \lambda_3 f_3 = 0$ (*E*).
On a : (*E*) $\Leftrightarrow \forall x \in \mathbb{R},\ \lambda_1 f_1(x) + \lambda_2 f_2(x) + \lambda_3 f_3(x) = 0 \Leftrightarrow \forall x \in \mathbb{R}, \lambda_1 + \lambda_2 e^x + \lambda_3 e^{-x} = 0$.
En multipliant par $e^x > 0$: (*E*) $\Leftrightarrow \forall x \in \mathbb{R},\ \lambda_1 e^x + \lambda_2 e^{2x} + \lambda_3 = 0$.
En faisant tendre x vers $-\infty$, on obtient : $\lambda_3 = 0$.
L'équation (*E*) devient : $\forall x \in \mathbb{R},\ \lambda_1 + \lambda_2 e^x = 0$. En faisant de nouveau tendre x vers $-\infty$, on obtient : $\lambda_1 = 0$. Il reste : $\forall x \in \mathbb{R},\ \lambda_2 e^x = 0$.
Comme la fonction exponentielle ne s'annule pas sur $\mathbb{R}$, on en déduit : $\lambda_2 = 0$.
La famille $\mathcal{B}$ est libre, or elle est, par définition, génératrice de *E*, donc c'est une base de *E*.

2. La dérivation est linéaire donc l'application d l'est aussi. On remarque ensuite que, pour tout réel x, on a : $d(f_1)(x)=0$ (la dérivée d'une fonction constante est nulle).

$d(f_2)(x)=f_2'(x)=e^x=f_2(x)$ et $d(f_3)(x)=f_3'(x)=-e^{-x}=-f_3(x)$.

On en déduit que $d(f_1)$, $d(f_2)$ et $d(f_3)$ sont des éléments de E.

De plus, tout vecteur f de E s'écrit $f=a_1f_1+a_2f_2+a_3f_3$ et, par linéarité de d, on obtient :

$d(f)=a_1d(f_1)+a_2d(f_2)+a_3d(f_3)$, ce qui prouve que $d(f)$ appartient à E.

Ainsi, d est un endomorphisme de E.

3. Grâce à la question **2**, la matrice A de d dans la base $\mathcal{B}$ est : $A=\begin{pmatrix} 0 & 0 & 0 \\ 0 & 1 & 0 \\ 0 & 0 & -1 \end{pmatrix}$.

⇨ *Méthode 23.2*

Exercice 23.5

1. Pour tout couple (P,Q) d'éléments de $\mathbb{R}_3[X]$ et pour tout réel λ, on a :

$$\begin{aligned}\varphi(\lambda P+Q)&=((\lambda P+Q)(1),(\lambda P+Q)(2),(\lambda P+Q)(3),(\lambda P+Q)(4))\\&=(\lambda P(1)+Q(1),\lambda P(2)+Q(2),\lambda P(3)+Q(3),\lambda P(4)+Q(4))\\&=\lambda(P(1),P(2),P(3),P(4))+(Q(1),Q(2),Q(3),Q(4)).\end{aligned}$$

Ainsi, on a : $\varphi(\lambda P+Q)=\lambda\varphi(P)+\varphi(Q)$. L'application φ est donc linéaire.

2. a) En notant (P_0,P_1,P_2,P_3) la base canonique de $\mathbb{R}_3[X]$. On a successivement :

- $\varphi(P_0)=(P_0(1),P_0(2),P_0(3),P_0(4))=(1,1,1,1)$.
- $\varphi(P_1)=(P_1(1),P_1(2),P_1(3),P_1(4))=(1,2,3,4)$.
- $\varphi(P_2)=(P_2(1),P_2(2),P_2(3),P_2(4))=(1,4,9,16)$.
- $\varphi(P_3)=(P_3(1),P_3(2),P_3(3),P_3(4))=(1,8,27,64)$.

La matrice de φ relativement aux bases canoniques de $\mathbb{R}_3[X]$ et $\mathbb{R}^4$ est :

$$A=\begin{pmatrix} 1 & 1 & 1 & 1 \\ 1 & 2 & 4 & 8 \\ 1 & 3 & 9 & 27 \\ 1 & 4 & 16 & 64 \end{pmatrix}$$

⇨ *Méthode 23.2*

Corrigé

b) Cherchons une réduite de Gauss de A.

En effectuant les opérations $\begin{cases} L_2 \leftarrow L_2 - L_1 \\ L_3 \leftarrow L_3 - L_1 \\ L_4 \leftarrow L_4 - L_1 \end{cases}$, puis $\begin{cases} L_3 \leftarrow L_3 - 2L_2 \\ L_4 \leftarrow L_4 - 3L_2 \end{cases}$ et enfin $L_4 \leftarrow L_4 - 3L_3$, on obtient successivement :

$$\begin{pmatrix} 1 & 1 & 1 & 1 \\ 0 & 1 & 3 & 7 \\ 0 & 2 & 8 & 26 \\ 0 & 3 & 15 & 63 \end{pmatrix}, \begin{pmatrix} 1 & 1 & 1 & 1 \\ 0 & 1 & 3 & 7 \\ 0 & 0 & 2 & 12 \\ 0 & 0 & 6 & 42 \end{pmatrix} \text{ et } \begin{pmatrix} 1 & 1 & 1 & 1 \\ 0 & 1 & 3 & 7 \\ 0 & 0 & 2 & 12 \\ 0 & 0 & 0 & 6 \end{pmatrix}$$

Cette dernière réduite ayant tous ses pivots non nuls, elle est inversible donc la matrice A est inversible et ainsi, φ est bijective.

On en conclut que φ est un isomorphisme de $\mathbb{R}_3[X]$ dans $\mathbb{R}^4$.

Exercice 23.6

1. Pour tout couple (M,N) de matrices de $\mathcal{M}_2(\mathbb{R})$ et pour tout réel λ, on a :

$\varphi(\lambda M + N) = A(\lambda M + N) - (\lambda M + N)A = \lambda AM + AN - \lambda MA - NA$.

On a donc : $\varphi(\lambda M + N) = \lambda(AM - MA) + (AN - NA)$.

On en déduit : $\varphi(\lambda M + N) = \lambda\varphi(M) + \varphi(N)$.

L'application φ est donc une application linéaire de $\mathcal{M}_2(\mathbb{R})$ dans lui même (le produit et la somme de matrices de $\mathcal{M}_2(\mathbb{R})$ est encore une matrice de $\mathcal{M}_2(\mathbb{R})$).

L'application φ est alors un endomorphisme de $\mathcal{M}_2(\mathbb{R})$.

2. On a : $\varphi(K_1) = AK_1 - K_1A = \begin{pmatrix} 1 & 0 \\ 0 & 0 \end{pmatrix} - \begin{pmatrix} 1 & 1 \\ 0 & 0 \end{pmatrix} = \begin{pmatrix} 0 & -1 \\ 0 & 0 \end{pmatrix} = -K_2$.

De même, on trouve : $\varphi(K_2) = \begin{pmatrix} 0 & 0 \\ 0 & 0 \end{pmatrix}$, $\varphi(K_3) = \begin{pmatrix} 1 & 0 \\ 0 & -1 \end{pmatrix} = K_1 - K_4$ et $\varphi(K_4) = \begin{pmatrix} 0 & 1 \\ 0 & 0 \end{pmatrix} = K_2$.

Ainsi, la matrice de φ dans la base canonique de $\mathcal{M}_2(\mathbb{R})$ est : $B = \begin{pmatrix} 0 & 0 & 1 & 0 \\ -1 & 0 & 0 & 1 \\ 0 & 0 & 0 & 0 \\ 0 & 0 & -1 & 0 \end{pmatrix}$.

⇨ *Méthode 23.2*

3. Soit $M=\begin{pmatrix} a & b \\ c & d \end{pmatrix}$ un élément de $\mathcal{M}_2(\mathbb{R})$ et X la matrice colonne de $\mathcal{M}_{4,1}(\mathbb{R})$ constituée des coordonnées de M dans la base canonique de $\mathcal{M}_2(\mathbb{R})$. On sait que : $M \in \operatorname{Ker}\varphi \Leftrightarrow BX=0$.

On a : $X=\begin{pmatrix} a \\ b \\ c \\ d \end{pmatrix}$. On en déduit : $BX=0 \Leftrightarrow \begin{cases} c=0 \\ -a+d=0 \\ -c=0 \end{cases} \Leftrightarrow \begin{cases} c=0 \\ a=d \end{cases}$.

Ainsi : $\operatorname{Ker}\varphi=\left\{\begin{pmatrix} a & b \\ 0 & a \end{pmatrix}, (a,b)\in\mathbb{R}^2\right\}=\operatorname{Vect}\left(\begin{pmatrix} 1 & 0 \\ 0 & 1 \end{pmatrix}, \begin{pmatrix} 0 & 1 \\ 0 & 0 \end{pmatrix}\right)=\operatorname{Vect}(K_1+K_4, K_2)$.

La famille $(K_1+K_4,\, K_2)$ est donc génératrice de Ker φ et constituée de deux vecteurs non proportionnels donc cette famille est libre. Finalement, c'est une base de $\operatorname{Ker}\varphi$.

On sait que $\operatorname{Im}\varphi = \operatorname{Vect}\left(\varphi(K_1),\varphi(K_2),\varphi(K_3),\varphi(K_4)\right)$ et on déduit de la question **2** que : $\operatorname{Im}\varphi = \operatorname{Vect}(K_2,\, K_1-K_4)$. La famille $(K_2,\, K_1-K_4)$ est génératrice de $\operatorname{Im}\varphi$.

D'après le théorème du rang, $\dim \operatorname{Im}\varphi = 2$ donc $(K_2,\, K_1-K_4)$ est une base de $\operatorname{Im}\varphi$.

⇨ *Méthodes 23.1, 23.3, 23.5*

Exercice 23.7

Notons $U=\begin{pmatrix} 2 \\ -1 \\ 0 \end{pmatrix}$, $V=\begin{pmatrix} 2 \\ 0 \\ -2 \end{pmatrix}$ et $W=\begin{pmatrix} 0 \\ 1 \\ -2 \end{pmatrix}$. Cherchons le rang de la famille (U,V,W).

On remarque que $U+W=V$ donc le rang de la famille (U,V,W) est égal au rang de la famille (U,W). Comme les vecteurs U et W ne sont pas proportionnels, on en déduit que le rang de la famille (U,W) est 2. Finalement, le rang de A vaut 2 et le rang de f également.

⇨ *Méthode 23.4*

Exercice 23.8

1. Supposons que : $\forall x\in\mathbb{R}^3,\ x\in \operatorname{Ker} f^2$. On a alors : $\forall x\in\mathbb{R}^3, f^2(x)=0$. Ceci est absurde par hypothèse ($f^2\neq 0$). On en conclut qu'il existe un vecteur e_1 n'appartenant pas à $\operatorname{Ker} f^2$.

2. On a $e_1\neq 0$ (sinon $f^2(e_1)$ serait nul).

Montrons que : $ae_1+bf(e_1)+cf^2(e_1)=0 \Rightarrow a=b=c=0$.

En composant la relation $ae_1+bf(e_1)+cf^2(e_1)=0$ par f, on obtient, par linéarité de f:

$$af(e_1)+bf^2(e_1)+cf^3(e_1)=0$$

Corrigé

Or, par hypothèse, $f^3(e_1)=0$, il reste alors : $af(e_1)+bf^2(e_1)=0$. En composant de nouveau par *f*, on obtient : $af^2(e_1)=0$. On en déduit que a est nul car $f^2(e_1)\neq 0$. En remontant, on obtient finalement que b et c sont également nuls. La famille $(e_1, f(e_1), f^2(e_1))$ est libre.

De plus, cette famille est composée de trois éléments appartenant à $\mathbb{R}^3$ qui est de dimension 3, cette famille est donc une base de $\mathbb{R}^3$.

Pour finir, la matrice de *f* dans la base $(e_1, f(e_1), f^2(e_1))$ est : $\begin{pmatrix} 0 & 0 & 0 \\ 1 & 0 & 0 \\ 0 & 1 & 0 \end{pmatrix}$.

⇨ *Méthode 23.2*

Exercice 23.9

1. • Soit $A=(a_{i,j})$ et $B=(b_{i,j})$ deux matrices de $\mathcal{M}_n(\mathbb{R})$ et λ un réel.

On sait alors que $\lambda A+B=(\lambda a_{i,j}+b_{i,j})$ et on en déduit : $tr(\lambda A+B)=\sum_{i=1}^{n}(\lambda a_{i,i}+b_{i,i})$.

En scindant la somme, on obtient : $tr(\lambda A+B)=\lambda\sum_{i=1}^{n}a_{i,i}+\sum_{i=1}^{n}b_{i,i}=\lambda tr(A)+tr(B)$.

L'application "trace" est donc linéaire et comme la trace d'une matrice est un réel, *tr* est une forme linéaire sur $\mathcal{M}_n(\mathbb{R})$.

• Im *tr* est un sous-espace vectoriel de $\mathbb{R}$, il est donc soit de dimension 0 et Im *tr* ne contient que le réel 0, soit de dimension 1 et Im *tr* est alors égale à $\mathbb{R}$. Comme $tr(I) = n \neq 0$, la première possibilité n'est pas recevable. En conclusion : Im $tr = \mathbb{R}$.

⇨ *Méthode 23.1*

2. D'après la formule du rang, on a : $\dim \mathcal{M}_n(\mathbb{R}) = \dim \operatorname{Im} tr + \dim \operatorname{Ker} tr$.

Comme $\dim \operatorname{Im} tr = 1$, on a : $\dim \operatorname{Ker} tr = n^2-1$.

⇨ *Méthode 23.5*

3. La matrice I n'étant pas la matrice nulle, on a : $\dim \operatorname{Vect}(I) = 1$. Ceci permet d'écrire :

$\dim \mathcal{M}_n(\mathbb{R}) = \dim \operatorname{Ker} tr + \dim \operatorname{Vect}(I)$.

Il reste donc à montrer que $\operatorname{Vect}(I) \cap \operatorname{Ker} tr = \{0\}$.

Soit donc M une matrice appartenant à $\operatorname{Vect}(I) \cap \operatorname{Ker} tr$. Comme M appartient à $\operatorname{Vect}(I)$, il existe un réel α tel que $M=\alpha I$ et on a $tr(M)=n\alpha$.

Comme, de plus, M appartient à Ker *tr*, on obtient $n\alpha = 0$.

L'énoncé indiquant que n est supérieur ou égal à 2, on a donc $\alpha = 0$, ce qui donne $M = 0$.

On vient de montrer que : $\operatorname{Vect}(I) \cap \operatorname{Ker} tr \subset \{0\}$. L'inclusion réciproque étant évidente (tous les espaces vectoriels contiennent le vecteur nul), on a bien : $\mathcal{M}_n(\mathbb{R}) = \operatorname{Ker} tr \oplus \operatorname{Vect}(I)$.

Exercice 23.10

1. Déterminons Ker*f*. Soit $x=(x_1,x_2,x_3)$ élément de $\mathbb{R}^3$.

On a : $x\in\mathrm{Ker}f \Leftrightarrow f(x)=0 \Leftrightarrow A\begin{pmatrix}x_1\\x_2\\x_3\end{pmatrix}=0 \Leftrightarrow \begin{cases}\frac{1}{2}x_1-\frac{1}{2}x_3=0\\-\frac{1}{2}x_1+\frac{1}{2}x_3=0\end{cases} \Leftrightarrow x_3=x_1$. On obtient donc :

$\mathrm{Ker}f=\{(x_1,x_2,x_1),(x_1,x_2)\in\mathbb{R}^2\}=\{x_1(1,0,1)+x_2(0,1,0),(x_1,x_2)\in\mathbb{R}^2\}=\mathrm{Vect}((1,0,1),(0,1,0))$.

Déterminons $\mathrm{Im}\,f$. On sait que : $\mathrm{Im}\,f=\mathrm{Vect}\,(f(e_1),f(e_2),f(e_3))$.

Par lecture matricielle, on a : $f(e_1)=\frac{1}{2}e_1-\frac{1}{2}e_3$, $f(e_2)=0$ et $f(e_3)=-\frac{1}{2}e_1+\frac{1}{2}e_3$.

Comme $f(e_3)=-f(e_1)=\frac{1}{2}(e_1-e_3)$, on en déduit : $\mathrm{Im}\,f=\mathrm{Vect}\,(e_1-e_3)=\mathrm{Vect}((1,0,-1))$.

⇨ *Méthodes 23.1, 23.3*

2. On vérifie facilement que $A^2=A$. On en déduit que $f^2=f$ donc *f* est un projecteur.
Plus précisément, *f* est le projecteur sur $\mathrm{Vect}((1,0,-1))$ parallèlement à $\mathrm{Vect}((1,0,1),(0,1,0))$.

Exercice 23.11

1. On a : $P(f)=f^2-2f-3Id_E=(3p-q)^2-2(3p-q)-3Id_E$. En développant, on obtient :
$P(f)=9p^2-3p\circ q-3q\circ p+q^2-6p+2q-3Id_E$. Les projecteurs p et q étant associés, on a :
$p^2=p$, $q^2=q$ et $p\circ q=q\circ p=0$. On en déduit : $P(f)=3p+3q-3Id_E=3(p+q)-3Id_E$.
Comme $p+q=Id_E$ (*p* et *q* sont des projecteurs associés), on obtient : $P(f)=0$.
Ainsi, le polynôme $P=X^2-2X-3$ est annulateur de *f*.

2. On a les équivalences suivantes :

$$f^2-2f-3Id_E=0 \Leftrightarrow f^2-2f=3Id_E \Leftrightarrow f\circ(f-2Id_E)=3Id_E \Leftrightarrow f\circ\left[\frac{1}{3}(f-2Id_E)\right]=Id_E.$$

L'endomorphisme *f* est donc bijectif et : $f^{-1}=\frac{1}{3}f-\frac{2}{3}Id_E$.

⇨ *Méthode 23.6*

Exercice 23.12

1. On doit connaître cette identité remarquable : $X^3-1=(X-1)(X^2+X+1)$.

2. En évaluant l'égalité précédente en *f*, on obtient : $f^3-Id=(f-Id)\circ(f^2+f+Id)$.
Comme f^3 est nulle, on obtient : $-Id=(f-Id)\circ(f^2+f+Id)$.

Corrigé

Ceci s'écrit encore : $Id = (Id - f) \circ (f^2 + f + Id)$.

L'application $Id_E - f$ est donc bijective et on a : $(Id_E - f)^{-1} = f^2 + f + Id$.

⇨ *Méthode 23.6*

Exercice 23.13

1. Si A était inversible, en multipliant la relation $A^p = 0$ par A^{-1}, on obtiendrait $A^{p-1} = 0$, ce qui est absurde. La matrice A n'est donc pas inversible.

2. a) On a : $(1-X)(1+X+...+X^{p-1}) = (1-X)\sum_{k=0}^{p-1} X^k = \sum_{k=0}^{p-1} X^k - \sum_{k=0}^{p-1} X^{k+1} = \sum_{k=0}^{p-1} X^k - \sum_{h=1}^{p} X^h$ (on a posé $h = k+1$ dans la deuxième somme).

Par télescopage, on obtient : $(1-X)(1+X+...+X^{p-1}) = 1 - X^p$.

On obtient donc : $X^p = 1 - (1-X)(1+X+...+X^{p-1})$.

b) Puisque $A^p = 0$, le polynôme $P = 1 - (1-X)(1+X+...+X^{p-1})$ est annulateur de A.

Nous avons : $P(A) = I - (I-A)(I+A+...+A^{p-1})$.

Puisque $P(A) = 0$, il vient : $(I-A)(I+A+...+A^{p-1}) = I$.

Cela signifie que $I - A$ est inversible et on a : $(I-A)^{-1} = \sum_{k=0}^{p-1} A^k$.

3. Développons $(1+X)\sum_{k=0}^{p-1} (-1)^k X^k$.

On a : $(1+X)\sum_{k=0}^{p-1} (-1)^k X^k = \sum_{k=0}^{p-1} (-1)^k X^k + \sum_{k=0}^{p-1} (-1)^k X^{k+1} = \sum_{k=0}^{p-1} (-1)^k X^k - \sum_{k=0}^{p-1} (-1)^{k+1} X^{k+1}$.

Le changement d'indice $h = k+1$ donne : $(1+X)\sum_{k=0}^{p-1} (-1)^k X^k = \sum_{k=0}^{p-1} (-1)^k X^k - \sum_{h=1}^{p} (-1)^h X^h$.

Toujours par télescopage, on obtient : $(1+X)\sum_{k=0}^{p-1} (-1)^k X^k = 1 - (-1)^p X^p$.

Comme $A^p = 0$, nous avons : $(I+A)\sum_{k=0}^{p-1} (-1)^k A^k = I$.

Cela signifie que $I + A$ est inversible et on a : $(I+A)^{-1} = \sum_{k=0}^{p-1} (-1)^k A^k$.

⇨ *Méthode 23.6*

Chapitre 24
Équivalence et négligeabilité

Edmund **Landau** était un mathématicien allemand. Il enseigna dans les universités de Berlin puis de Göttingen. Chassé de son poste par les Nazis, il dut fuir l'Allemagne en 1934. Ses travaux concernaient les nombres premiers mais aussi les fonctions. Dans ce domaine, pour les comparer au voisinage d'un point, il introduisit l'écriture $f=o(g)$ pour exprimer que f est négligeable devant g. Il choisit pour le noter la lettre *o* car c'est l'initiale du mot *Ordnung* qui signifie *ordre*. On désigne de nos jours cette écriture sous le nom de *notation de Landau*, pourtant, elle ne s'apprend pas au berceau.

Edmund Landau
1877-1938

Objectifs

Les incontournables

- Savoir trouver un équivalent.
- Savoir utiliser les équivalents.
- Savoir utiliser la notation "petit o".

Et plus si affinités

- Savoir exploiter le lien entre négligeabilité et équivalence.

Résumé de cours

Comparaison des fonctions (a désigne un élément de $\overline{\mathbb{R}}$)

Négligeabilité

Définition 24.1. — Soit deux fonctions f et g définies au voisinage de a. On dit que f est *négligeable* devant g au voisinage de a lorsqu'il existe une fonction ε définie au voisinage de a, de limite égale à 0 en a, telle que $f(x) = \varepsilon(x)g(x)$ au voisinage de a.

On note (notation de Landau) : $f(x) \underset{x\to a}{=} o(g(x))$ ou plus simplement $f(x) \underset{a}{=} o(g(x))$.

On prononce : $f(x)$ est un "petit o" de $g(x)$ lorsque x est au voisinage de a.

Mise en garde 24.1. — La relation $f(x) \underset{a}{=} o(g(x))$ signifie que f appartient à l'ensemble des fonctions négligeables devant g au voisinage de a. Ainsi, si $f(x) \underset{a}{=} o(g(x))$ et $h(x) \underset{a}{=} o(g(x))$, on ne doit pas conclure que $f = h$ (même au voisinage de a).

Remarque 24.1. — $f(x) \underset{a}{=} o(1)$ signifie que $\lim\limits_{x\to a} f(x) = 0$.

Théorème 24.1. En pratique, si g ne s'annule pas au voisinage de a, alors :

$$f(x) \underset{a}{=} o(g(x)) \Leftrightarrow \lim_{x\to a} \frac{f(x)}{g(x)} = 0$$

Théorème 24.2. — Négligeabilités classiques : $\forall \alpha > 0$, $\ln x \underset{+\infty}{=} o(x^\alpha)$ et $x^\alpha \underset{+\infty}{=} o(e^x)$.

Remarque 24.2. — $o(f(x)) \pm o(f(x)) = o(f(x))$.

Propriétés 24.1. — Soit des fonctions f, g et h, définies au voisinage de a.

- Si $f(x) \underset{a}{=} o(h(x))$ et $g(x) \underset{a}{=} o(h(x))$, alors, si α et β sont 2 réels : $\alpha f(x) + \beta g(x) \underset{a}{=} o(h(x))$.
- Si $f(x) \underset{a}{=} o(g(x))$ et $g(x) \underset{a}{=} o(h(x))$, alors $f(x) \underset{a}{=} o(h(x))$.
- Si $f(x) \underset{a}{=} o\big(g(x)\big)$, alors $f(x)h(x) \underset{a}{=} o\big(g(x)h(x)\big)$.

Équivalence

Définition 24.2. — Soit deux fonctions f et g définies au voisinage de a. On dit que f et g sont *équivalentes* au voisinage de a lorsqu'il existe une fonction ε définie au voisinage de a, de limite égale à 0 en a, telle que $f(x) = (1+\varepsilon(x))g(x)$ au voisinage de a.

On note : $f(x) \underset{x\to a}{\sim} g(x)$ ou plus simplement $f(x) \underset{a}{\sim} g(x)$.

On prononce : $f(x)$ est équivalent à $g(x)$ lorsque x est au voisinage de a.

Théorème 24.3. — Équivalence et négligeabilité.

$$f(x) \underset{a}{\sim} g(x) \Leftrightarrow f(x) \underset{a}{=} g(x) + o(g(x))$$

Théorème 24.4. — En pratique, si g ne s'annule pas au voisinage de a, alors :

$$f(x) \underset{a}{\sim} g(x) \Leftrightarrow \lim_{x \to a} \frac{f(x)}{g(x)} = 1$$

⇨ **Méthode 24.1. Comment trouver un équivalent ?**

Propriétés 24.2. — Soit des fonctions f, g et h, définies au voisinage de a.
- Si $f(x) \underset{a}{\sim} g(x)$, alors $f(x)h(x) \underset{a}{\sim} g(x)h(x)$.
- Si $f(x) \underset{a}{\sim} g(x)$, alors $|f(x)| \underset{a}{\sim} |g(x)|$.
- Si $f(x) \underset{a}{\sim} g(x)$, alors quel que soit l'entier naturel n, $f^n(x) \underset{a}{\sim} g^n(x)$.
- Si de plus f et g ne s'annulent pas au voisinage de a, alors $\dfrac{1}{f(x)} \underset{a}{\sim} \dfrac{1}{g(x)}$.
- Si de plus f et g sont strictement positives au voisinage de a, alors : $\forall \alpha \in \mathbb{R}$, $f^\alpha(x) \underset{a}{\sim} g^\alpha(x)$.

Remarque 24.3. — On peut multiplier et diviser les équivalents, mais on ne peut ni les additionner, ni les composer (sauf par une fonction puissance d'exposant constant ou par la fonction valeur absolue).

Propriété 24.3. — Transitivité de l'équivalence.

$$\text{Si } f(x) \underset{a}{\sim} g(x) \text{ et si } g(x) \underset{a}{\sim} h(x), \text{ alors } f(x) \underset{a}{\sim} h(x)$$

Théorème 24.5. — Équivalents classiques.
- Un polynôme non nul est équivalent au voisinage de 0 à son monôme de plus bas degré.
- Un polynôme non nul est équivalent au voisinage de $\pm\infty$ à son monôme de plus haut degré.
- $e^x - 1 \underset{0}{\sim} x$; $\ln(1+x) \underset{0}{\sim} x$; $(1+x)^\alpha - 1 \underset{0}{\sim} \alpha x$; $\sin x \underset{0}{\sim} x$; $1 - \cos x \underset{0}{\sim} \dfrac{x^2}{2}$; $\tan x \underset{0}{\sim} x$.

Théorème 24.6. — Si $f(x) \underset{a}{\sim} g(x)$ et $\lim_{x \to a} f(x) = \ell$ (ℓ élément de $\overline{\mathbb{R}}$) alors $\lim_{x \to a} g(x) = \ell$.

⇨ **Méthode 24.2. Comment trouver une limite à l'aide d'équivalents ?**

Comparaison de suites

Négligeabilité

Définition 24.3. — On dit que (u_n) est *négligeable* devant (v_n) au voisinage de $+\infty$, ou plus simplement, que (u_n) est *négligeable* devant (v_n), s'il existe une suite (ε_n) qui converge vers 0 et qui vérifie $u_n = \varepsilon_n v_n$ (à partir d'un certain rang). On note : $u_n \underset{+\infty}{=} o(v_n)$ et on lit : « u_n est un "petit o" de v_n ».

Remarque 24.4. — $u_n \underset{+\infty}{=} o(1)$ signifie que la suite (u_n) converge vers 0.

Mise en garde 24.2 — La notation "petit o" repose sur un abus d'écriture : $o(w_n)$ ne désigne pas une suite particulière, mais toute suite possédant la propriété d'être négligeable devant (w_n). Par conséquent, si $u_n \underset{+\infty}{=} o(w_n)$ et $v_n \underset{+\infty}{=} o(w_n)$, on n'a pas nécessairement $u_n = v_n$.

En fait, on a $o(w_n) - o(w_n) = o(w_n)$, et non pas $o(w_n) - o(w_n) = 0$.

Théorème 24.7. — Si $v_n \neq 0$ (à partir d'un certain rang), alors : $u_n \underset{+\infty}{=} o(v_n) \Leftrightarrow \lim\limits_{n \to +\infty} \dfrac{u_n}{v_n} = 0$.

Propriétés 24.4. — Soit trois suites (u_n), (v_n) et (w_n).
- Si $u_n \underset{+\infty}{=} o(v_n)$ et $v_n \underset{+\infty}{=} o(w_n)$, alors : $u_n \underset{+\infty}{=} o(w_n)$.
- Si $u_n \underset{+\infty}{=} o(w_n)$ et si $v_n \underset{+\infty}{=} o(w_n)$, alors : $\forall (a,b) \in \mathbb{R}^2,\ au_n + bv_n \underset{+\infty}{=} o(w_n)$.

Théorème 24.8. — Pour tout réel $a > 0$ et pour tout réel q de $]-1, 1[$, on a : $q^n \underset{n \to +\infty}{=} o\left(\dfrac{1}{n^a}\right)$.

Remarque 24.5. — La notion de négligeabilité est utile pour établir la convergence de séries d'un certain type (voir au **chapitre 25**).

Équivalence

Définition 24.4. — Les suites (u_n) et (v_n) sont dites *équivalentes* (lorsque n est au voisinage de $+\infty$) lorsqu'il existe une suite (α_n) qui converge vers 1 et qui vérifie $u_n = \alpha_n v_n$ (au moins à partir d'un certain rang).
On note : $u_n \underset{n \to +\infty}{\sim} v_n$ ou plus simplement $u_n \underset{+\infty}{\sim} v_n$, et on lit : « u_n est équivalent à v_n ».

Théorème 24.9. — Équivalence et négligeabilité : $u_n \underset{+\infty}{\sim} v_n \Leftrightarrow u_n \underset{+\infty}{=} v_n + o(v_n)$

Théorème 24.10. — Dans la pratique, si $v_n \neq 0$ (à partir d'un certain rang), alors :

$$u_n \underset{+\infty}{\sim} v_n \Leftrightarrow \lim_{n \to +\infty} \frac{u_n}{v_n} = 1$$

Exemple 24.1. — $e^n + n^2 \underset{+\infty}{\sim} e^n$, car $\lim_{n\to+\infty} \frac{e^n + n^2}{e^n} = \lim_{n\to+\infty} (1+\frac{n^2}{e^n}) = 1$.

Propriétés 24.5. — Équivalents et opérations.

- Si $u_n \underset{+\infty}{\sim} v_n$, alors $u_n w_n \underset{+\infty}{\sim} v_n w_n$.
- Si $u_n \underset{+\infty}{\sim} v_n$ et si $u_n \neq 0$ et $v_n \neq 0$ (au moins à partir d'un certain rang), alors $\frac{1}{u_n} \underset{+\infty}{\sim} \frac{1}{v_n}$.
- Si $u_n \underset{+\infty}{\sim} v_n$ et si $u_n > 0$ et $v_n > 0$ (au moins à partir d'un certain rang) alors quel que soit le réel a strictement positif : $u_n^{\,a} \underset{+\infty}{\sim} v_n^{\,a}$ (avec a indépendant de n).
- Si $u_n \underset{+\infty}{\sim} v_n$ alors $|u_n| \underset{+\infty}{\sim} |v_n|$.

Remarque 24.6. — On peut multiplier et diviser les équivalents, mais on ne peut ni les additionner, ni les composer (sauf par une fonction puissance d'exposant constant ou par la fonction valeur absolue).

Propriété 24.6. — Transitivité de l'équivalence.

Si $u_n \underset{+\infty}{\sim} v_n$ et si $v_n \underset{+\infty}{\sim} w_n$, alors $u_n \underset{+\infty}{\sim} w_n$

Théorème 24.11. — Limite et équivalence.

- Si $u_n \underset{+\infty}{\sim} v_n$ et si la suite (v_n) a une limite (éventuellement infinie), alors (u_n) a la même limite.
- Si $(u_n)_{n\in\mathbb{N}}$ converge vers un réel ℓ **non nul**, alors $u_n \underset{+\infty}{\sim} \ell$.

⇨ **Méthode 24.2. Comment trouver une limite à l'aide d'équivalents ?**

Théorème 24.12. — Équivalents usuels.

- $a_0 + a_1 n + \cdots + a_{k-1} n^{k-1} + a_k n^k \underset{+\infty}{\sim} a_k n^k$ (si $a_k \neq 0$).
- Si $\lim_{n\to+\infty} u_n = 0$, alors :

$\ln(1+u_n) \underset{+\infty}{\sim} u_n$. $\quad e^{u_n} - 1 \underset{+\infty}{\sim} u_n$. $\quad (1+u_n)^a - 1 \underset{+\infty}{\sim} a u_n$.

$\sin u_n \underset{+\infty}{\sim} u_n$. $\quad 1 - \cos u_n \underset{+\infty}{\sim} \frac{1}{2} u_n^2$. $\quad \tan u_n \underset{+\infty}{\sim} u_n$.

⇨ **Méthode 24.1. Comment trouver un équivalent ?**

Remarque 24.7. — La notion d'équivalence est fondamentale pour l'étude de la convergence d'un grand nombre de séries (voir au **chapitre 25**).

■■ Méthodes

❑ Méthode 24.1. Comment trouver un équivalent ?

• Il est bon de reconnaître des équivalents usuels et de s'en servir (**exemple 1**)
• Il est souvent très intéressant de factoriser par le facteur prépondérant puis éventuellement simplifier en cas de fraction (**exemple 2**).
• On peut aussi obtenir un équivalent par encadrement (**exemple 3**).

⇨ Exercices 24.1, 24.3, 24.4, 24.5, 24.6, 24.7, 24.8, 24.10

Exemple 1. Soit la fonction *f* définie par : $\forall x \in \mathbb{R}^*,\ f(x) = \dfrac{e^{-x}-1}{x^2}$.

Donner un équivalent de $f(x)$ lorsque x est au voisinage de 0.

D'après le cours, on sait que $e^t - 1 \underset{0}{\sim} t$. En remplaçant t par $-x$ (on peut car, lorsque x tend vers 0, alors $-x$ tend aussi vers 0), on obtient : $e^{-x}-1 \underset{0}{\sim} -x$.

En divisant par x^2, on trouve : $f(x) \underset{0}{\sim} -\dfrac{1}{x}$.

Exemple 2. Soit la suite (u_n) définie par : $\forall n \in \mathbb{N}^*$, $u_n = n-(\ln n)^2$. Donner un équivalent de u_n.

$\forall n \in \mathbb{N}^*$, $u_n = n\left(1 - \dfrac{(\ln n)^2}{n}\right) = n\left(1 - \left(\dfrac{\ln n}{\sqrt{n}}\right)^2\right)$.

Comme $\lim\limits_{n\to+\infty} \dfrac{\ln n}{\sqrt{n}} = 0$, on en déduit : $\lim\limits_{n\to+\infty} \left(1 - \left(\dfrac{\ln n}{\sqrt{n}}\right)^2\right) = 1$, ce qui prouve que : $\lim\limits_{n\to+\infty} \dfrac{u_n}{n} = 1$.

Par conséquent : $u_n \underset{+\infty}{\sim} n$.

Exemple 3. On suppose qu'une suite $(u_n)_{n\geq 1}$ vérifie : $\forall n \in \mathbb{N}^*,\ n \leq u_n \leq 2n$.
Donner un équivalent de $\ln u_n$.
Comme tout est strictement positif dans l'encadrement ci-dessus, on peut prendre le logarithme népérien qui est une fonction croissante sur $]0, +\infty[$.
On obtient : $\ln n \leq \ln u_n \leq \ln n + \ln 2$.
Pour tout entier n supérieur ou égal à 2, on peut diviser par $\ln n$ qui est strictement positif et on trouve : $1 \leq \dfrac{\ln u_n}{\ln n} \leq 1 + \dfrac{\ln 2}{\ln n}$. Comme $\lim\limits_{n\to+\infty} \dfrac{\ln 2}{\ln n} = 0$, on conclut par encadrement que :

$\lim\limits_{n\to+\infty} \dfrac{\ln u_n}{\ln n} = 1$. Ceci établit que : $\ln u_n \underset{+\infty}{\sim} \ln n$.

Remarque — En prenant $u_n = n+1$, ce qui vérifie bien la relation donnée, cet exercice prouve, entre autres, que : $\ln(n+1) \underset{+\infty}{\sim} \ln n$.

❑ Méthode 24.2. Comment calculer une limite à l'aide d'équivalents ?

> • Si $f(x) \underset{a}{\sim} g(x)$ et si $\lim_{x\to a} g(x) = \ell$ alors $\lim_{x\to a} f(x) = \ell$.
> • Si $u_n \underset{+\infty}{\sim} v_n$ et si $\lim_{n\to+\infty} v_n = \ell$, alors $\lim_{n\to+\infty} u_n = \ell$.
> **Remarque.** Les deux points précédents sont valables même si $\ell = +\infty$ ou $\ell = -\infty$.
> • Si ℓ est un réel non nul, alors : $f(x) \underset{a}{\sim} \ell \Leftrightarrow \lim_{x\to a} f(x) = \ell$.
> • Si ℓ est un réel non nul, alors : $u_n \underset{+\infty}{\sim} \ell \Leftrightarrow \lim_{n\to+\infty} u_n = \ell$.

Exercices 24.3, 24.5, 24.7, 24.8

Exemple 1. Calculer $\lim_{n\to+\infty} \left(1+\frac{1}{n}\right)^n$.

On a : $\left(1+\frac{1}{n}\right)^n = \exp\left(n\ln\left(1+\frac{1}{n}\right)\right)$. Cherchons tout d'abord $\lim_{n\to+\infty} n\ln\left(1+\frac{1}{n}\right)$.

Comme $\lim_{n\to+\infty} \frac{1}{n} = 0$, on sait (**théorème 24.12**) que $\ln\left(1+\frac{1}{n}\right) \underset{+\infty}{\sim} \frac{1}{n}$.

L'équivalence est compatible avec le produit donc $n\ln\left(1+\frac{1}{n}\right) \underset{+\infty}{\sim} n\times\frac{1}{n}$, d'où $n\ln\left(1+\frac{1}{n}\right) \underset{+\infty}{\sim} 1$.

On a donc : $\lim_{n\to+\infty} n\ln\left(1+\frac{1}{n}\right) = 1$.

Comme la fonction exponentielle est continue en 1, on obtient finalement :

$$\lim_{n\to+\infty} \left(1+\frac{1}{n}\right)^n = e$$

Exemple 2. Calculer $\lim_{x\to+\infty} \frac{9x^2-x+2}{x^3+3}$.

$\frac{9x^2-x+2}{x^3+3} \underset{+\infty}{\sim} \frac{9x^2}{x^3}$ donc $\lim_{x\to+\infty} \frac{9x^2-x+2}{x^3+3} = \lim_{x\to+\infty} \frac{9x^2}{x^3} = \lim_{x\to+\infty} \frac{9}{x} = 0$.

■■ Vrai/Faux

	Vrai	Faux
1. Si $\lim\limits_{x\to 0} f(x)=0$ alors $f(x) \underset{0}{\sim} 0$.	☐	☐
2. Si (u_n) est une suite convergente, alors $u_{n+1} \underset{+\infty}{\sim} u_n$.	☐	☐
3. Soit deux fonctions f et g telles que le quotient $\dfrac{f(x)}{g(x)}$ est défini au voisinage de 0. Si $f(x) \underset{0}{=} x^2+o(x^2)$ et $g(x) \underset{0}{=} 2x^2+o(x^2)$, alors $\lim\limits_{x\to 0}\dfrac{f(x)}{g(x)}=\dfrac{1}{2}$.	☐	☐
4. Si $\lim\limits_{n\to+\infty} u_n = \lim\limits_{n\to+\infty} v_n$, alors $u_n \underset{+\infty}{\sim} v_n$.	☐	☐
5. Si pour tout entier naturel n supérieur ou égal à 1, on a $\dfrac{1}{n} \leq u_n \leq \dfrac{2}{n}$, alors il existe un réel a de $[1, 2]$ tel que $u_n \underset{+\infty}{\sim} \dfrac{a}{n}$.	☐	☐
6. Si $\lim\limits_{x\to a} f(x)=\ell$ et $\lim\limits_{x\to a} g(x)=\ell$, où ℓ est un réel, alors $f(x) \underset{a}{\sim} g(x)$.	☐	☐
7. Si $u_n \underset{+\infty}{\sim} \dfrac{1}{n}$, alors $u_n+u_{n+1} \underset{+\infty}{\sim} \dfrac{2}{n}$.	☐	☐
8. Si u_n est négligeable devant $\dfrac{1}{n+1}$, alors u_n est négligeable devant $\dfrac{1}{n}$.	☐	☐
9. Si $\lim\limits_{x\to a}(f(x)-g(x))=0$, alors $e^{f(x)} \underset{a}{\sim} e^{g(x)}$ (a fini ou infini).	☐	☐
10. Si f est bornée sur $\mathbb{R}$ et si $\lim\limits_{x\to+\infty} g(x)=+\infty$, alors $f(x) \underset{+\infty}{=} o(g(x))$.	☐	☐

Énoncé des exercices

Exercice 24.1. — Déterminer un équivalent des fonctions suivantes au voisinage de x_0.

1 $f(x)=\dfrac{1}{x}-\dfrac{1}{x+1}$ ($x_0=+\infty$).

2. $f(x)=\dfrac{x\ln(1+x)}{1+x}$ ($x_0=0$).

3. $f(x)=1-\sqrt{1-x^2}$ ($x_0=0$).

4. $f(x)=x-\ln x$ ($x_0=0$).

5.* $f(x)=\tan x-\sin x$ ($x_0=0$).

Exercice 24.2.* — Dans chacun des cas suivants, dire quelle suite est négligeable devant l'autre au voisinage de $+\infty$.

1. $(n^a)_{n\in\mathbb{N}}$ et $(n^b)_{n\in\mathbb{N}}$, où $a<b$.

2. $(a^n)_{n\in\mathbb{N}}$ et $(b^n)_{n\in\mathbb{N}}$, où $0<a<b$.

Il faut savoir retrouver ces deux résultats.

Exercice 24.3.* — Étudier la limite de la suite (u_n) dans les cas suivants :

1. $\forall n\geq 2,\ u_n=\dfrac{n+1}{\sqrt{n^3-2n+1}}$.

2. $\forall n\in\mathbb{N},\ u_n=\dfrac{a^n-b^n}{a^n+b^n}$, où $0<a<b$.

3. $\forall n\in\mathbb{N}, u_n=n\cos\dfrac{1}{n}-n$

4. $\forall n\geq 1,\ u_n=\dfrac{n^2(\ln(n+1)-\ln(n))}{\sqrt{n^2+1}}$.

Exercice 24.4.* —Pour tout entier n supérieur ou égal à 1, on pose $S_n=\sum_{k=1}^{n}\dfrac{1}{k}$.

1. **a)** Montrer que, pour tout entier naturel k non nul, on a : $\dfrac{1}{k+1}\leq\int_k^{k+1}\dfrac{1}{t}dt\leq\dfrac{1}{k}$.

b) En déduire que, pour tout entier n supérieur ou égal à 2, on a : $S_n-1\leq\ln n\leq S_n-\dfrac{1}{n}$.

2. Établir alors un encadrement de S_n, puis montrer que : $S_n\underset{+\infty}{\sim}\ln n$.

Exercice 24.5.* — Soit une fonction f définie et décroissante sur $\mathbb{R}$ telle que :

$$f(x)+f(1+x)\underset{+\infty}{\sim}\frac{1}{x}$$

1. Montrer que : $\forall x\in\mathbb{R}, f(x+1)\leq\dfrac{1}{2}\big(f(x)+f(1+x)\big)\leq f(x)$.

2. En déduire un encadrement de $f(x)$, puis un équivalent de $f(x)$ au voisinage de $+\infty$. Donner la limite de f en $+\infty$.

❑ **Exercice 24.6.** * — On définit la suite (u_n) par $u_0=1$ et : $\forall n\in\mathbb{N},\ u_{n+1}=1+\dfrac{u_n}{n+1}$.

1. a) Montrer que : $\forall n\in\mathbb{N},\ 1\le u_n\le 2$.

b) Montrer que (u_n) converge vers 1.

2. Déterminer un équivalent de u_n-1, et en déduire un réel a tel que $u_n-1\underset{+\infty}{=}\dfrac{a}{n}+o(\dfrac{1}{n})$.

D'après HEC

❑ **Exercice 24.7.** * — Soit k un entier naturel fixé. Calculer la limite de $\dfrac{\binom{n}{k}}{n^k}$ lorsque n tend vers $+\infty$.

❑ **Exercice 24.8.** * — Trouver un équivalent des fonctions suivantes au voisinage de x_0 puis en déduire leur limite lorsque x tend vers x_0

1. $f(x)=\sqrt{x+\sqrt{x}}-\sqrt{x}$ ($x_0=+\infty$).

2. $f(x)=\ln(e^x-e^{-x})-x$ ($x_0=+\infty$).

❑ **Exercice 24.9.** * — On se propose de démontrer que $\ln(n!)\underset{+\infty}{\sim}\ln(n^n)$, alors que $n!$ n'est pas équivalent à n^n (en effet, la formule de Stirling qui est hors programme, mais que l'on peut montrer grâce aux intégrales de Wallis, donne : $n!\underset{+\infty}{\sim}\sqrt{2\pi n}\,n^n e^{-n}$).

Pour tout entier n supérieur ou égal à 2, on pose $u_n=\dfrac{\ln(n!)}{\ln(n^n)}$.

1. a) Montrer que, pour tout entier k supérieur ou égal à 2, on a : $\displaystyle\int_{k-1}^{k}\ln t\,dt\le\ln k\le\int_{k}^{k+1}\ln t\,dt$.

b) En déduire un encadrement de $\ln(n!)$, puis de u_n, pour tout n supérieur ou égal à 2.

2. Conclure.

❑ **Exercice 24.10.** * — On considère la suite (u_n) définie par son premier terme $u_0=1$ et par la relation suivante, valable pour tout entier naturel n : $u_{n+1}=u_n+\dfrac{1}{u_n}$.

On admet que chaque terme de cette suite est parfaitement défini et strictement positif.

1. a) Pour tout entier naturel k, exprimer ${u_{k+1}}^2-{u_k}^2$ en fonction de ${u_k}^2$.

b) En déduire que : $\forall n\in\mathbb{N}^*,\ {u_n}^2=2n+1+\displaystyle\sum_{k=0}^{n-1}\frac{1}{{u_k}^2}$.

c) Montrer que : $\forall n \in \mathbb{N}^*, u_n^2 \geq 2n+1$. En déduire la limite de la suite (u_n).

2. A l'aide du résultat précédent et de l'**exercice 24.4**, montrer que, pour tout entier n supérieur ou égal à 2, on a :

$$u_n^2 \leq 2n + \frac{5}{2} + \frac{\ln(n-1)}{n}$$

3. En déduire que : $u_n \underset{+\infty}{\sim} \sqrt{2n}$.

D'après EDHEC

■ Pour vous aider à démarrer

Exercice 24.1. Pour la question **1**, ne pas soustraire d'équivalents.

Pour la question **5**, écrire $\tan x = \dfrac{\sin x}{\cos x}$ puis mettre $\sin x$ en facteur.

Exercice 24.2. Pour les questions **1** et **2**, faire le quotient.

Exercice 24.3. Pour les questions **1**, **2** et **4**, trouver un équivalent simple.

Pour la question **3,** mettre n en facteur.

Exercice 24.4. Pour la question **1.b)**, sommer l'encadrement précédent.

Pour la question **2**, diviser les trois membres de l'encadrement de S_n par $\ln n$ (avec $n \geq 2$).

Exercice 24.5. Pour la question **1**, utiliser la décroissance de *f*.

Exercice 24.6. Pour la question **1.a)**, montrer d'abord la propriété par récurrence pour n dans $\mathbb{N}^*$, puis traiter à part le cas $n = 0$.

Pour la question **2**, partir de $u_n = 1 + \dfrac{u_{n-1}}{n}$ (valable pour n dans $\mathbb{N}^*$), puis finir en utilisant le **théorème 24.9**.

Exercice 24.7. Écrire $\binom{n}{k}$ à l'aide de factorielles puis simplifier.

Exercice 24.8. Pour la question **2**, mettre e^x en facteur dans le logarithme.

Exercice 24.9. Pour la question **1.b)**, sommer l'encadrement précédent.

Exercice 24.10. Pour la question **2**, majorer $\dfrac{1}{2k+1}$ par $\dfrac{1}{2k}$.

Corrigé des vrai/faux

1.	2.	3.	4.	5.	6.	7.	8.	9.	10.
F	F	V	F	F	F	V	V	V	V

1. La fonction *f*, définie par $f(x)=x$, a une limite nulle en 0, pourtant $f(x)$ n'est pas équivalent à 0 puisque : $\lim\limits_{x\to 0}\dfrac{0}{f(x)}=\lim\limits_{x\to 0}\dfrac{0}{x}=\lim\limits_{x\to 0}0=0\neq 1$.

2. Considérons la suite (u_n) définie pour tout entier naturel *n* non nul par : $u_n=e^{-n}$.

La suite (u_n) converge vers 0 mais $\dfrac{u_{n+1}}{u_n}=\dfrac{1}{e}$, ce qui ne tend pas vers 1 lorsque *n* tend vers $+\infty$, autrement dit : u_n et u_{n+1} ne sont pas équivalents.

3. La relation $f(x)\underset{0}{=}x^2+o(x^2)$ se traduit par : $f(x)\underset{0}{\sim}x^2$. De même, on a : $g(x)\underset{0}{\sim}2x^2$.

Par compatibilité du quotient avec les équivalents, on obtient : $\dfrac{f(x)}{g(x)}\underset{0}{\sim}\dfrac{1}{2}$.

On en conclut alors que : $\lim\limits_{x\to 0}\dfrac{f(x)}{g(x)}=\dfrac{1}{2}$.

4. On considère les suites (u_n) et (v_n) définies par : $\forall n\in\mathbb{N}^*, u_n=\dfrac{1}{n}$ et $v_n=\dfrac{1}{n^2}$.

On a : $\lim\limits_{n\to+\infty}u_n=\lim\limits_{n\to+\infty}v_n=0$, et pourtant $\dfrac{u_n}{v_n}=n$ ne tend pas vers 1 quand *n* tend vers $+\infty$.

5. Avec l'hypothèse sur la suite (u_n), on a : $\forall a\in[1,2]$, $\forall n\in\mathbb{N}^*$, $\dfrac{1}{a}\leq\dfrac{u_n}{a/n}\leq\dfrac{2}{a}$.

Cet encadrement ne permet en aucun cas de conclure que $\dfrac{u_n}{a/n}$ possède une limite, ni que, le cas échéant, cette limite soit égale à 1 (considérer $u_n=\dfrac{3+(-1)^n}{2n}$ pour se convaincre).

6. Si f et g ont toutes les deux une limite nulle en a, il n'y a pas équivalence au voisinage de a. Il suffit de considérer f et g telles que : $f(x)=x^2$ et $g(x)=x$, avec $a=0$.

On a bien : $\lim\limits_{x\to 0} f(x)=\lim\limits_{x\to 0} g(x)=0$ et pourtant : $\lim\limits_{x\to 0}\dfrac{f(x)}{g(x)}=\lim\limits_{x\to 0} x=0\neq 1$.

Remarque. Si ℓ est un réel **non nul** tel que $\lim\limits_{x\to a} f(x)=\lim\limits_{x\to a} g(x)=\ell$, alors $\lim\limits_{x\to a}\dfrac{f(x)}{g(x)}=1$ (en tant que quotient de limites sans problème) et on peut conclure que : $f(x)\underset{a}{\sim} g(x)$.

7. On a : $n(u_n+u_{n+1})=nu_n+(n+1)u_{n+1}-u_{n+1}$.

Comme $u_n\underset{+\infty}{\sim}\dfrac{1}{n}$, on a $\lim\limits_{n\to\infty} nu_n=\lim\limits_{n\to+\infty}(n+1)u_{n+1}=1$ et comme $\lim\limits_{n\to+\infty} u_{n+1}=\lim\limits_{n\to+\infty}\dfrac{1}{n+1}=0$, on obtient : $\lim\limits_{n\to+\infty} n(u_n+u_{n+1})=2$. Ceci prouve que : $u_n+u_{n+1}\underset{+\infty}{\sim}\dfrac{2}{n}$.

Remarque : le résultat obtenu ne signifie pas que l'on a le droit d'ajouter deux équivalents.

8. Supposons $u_n\underset{+\infty}{=}o(\dfrac{1}{n+1})$. On a donc $\lim\limits_{n\to+\infty}\dfrac{u_n}{\frac{1}{n+1}}=0$, c'est-à-dire : $\lim\limits_{n\to+\infty}(n+1)u_n=0$.

On peut écrire $\dfrac{u_n}{\frac{1}{n}}=nu_n=\dfrac{n}{n+1}\times(n+1)u_n$, et comme $\lim\limits_{n\to+\infty}\dfrac{n}{n+1}=1$ et $\lim\limits_{n\to+\infty}(n+1)u_n=0$, on obtient : $\lim\limits_{n\to+\infty}\dfrac{u_n}{\frac{1}{n}}=0$, ce qui prouve que $u_n\underset{+\infty}{=}o(\dfrac{1}{n})$.

9. Soit f et g deux fonctions telles que : $\lim\limits_{x\to a}(f(x)-g(x))=0$. On a : $\dfrac{e^{f(x)}}{e^{g(x)}}=e^{f(x)-g(x)}$.

Par continuité de la fonction exponentielle en 0, on en déduit que : $\lim\limits_{x\to a}\dfrac{e^{f(x)}}{e^{g(x)}}=\lim\limits_{x\to a} e^{f(x)-g(x)}=1$.

Ainsi : $e^{f(x)}\underset{a}{\sim} e^{g(x)}$.

10. Soit f une fonction bornée alors il existe deux réels m et M tels que :

$$\forall x\in\mathbb{R},\ m\leq f(x)\leq M$$

Comme $\lim\limits_{x\to+\infty} g(x)=+\infty$, la fonction g est strictement positive pour un x assez grand (revoir la définition d'une limite infinie).

On peut alors, pour tout x assez grand, diviser par $g(x)>0$ et obtenir : $\dfrac{m}{g(x)}\leq\dfrac{f(x)}{g(x)}\leq\dfrac{M}{g(x)}$.

Le théorème d'encadrement permet de conclure que : $\lim_{x \to +\infty} \frac{f(x)}{g(x)} = 0$.

On en déduit que : $f(x) \underset{+\infty}{=} o(g(x))$.

❑ Les erreurs classiques

- Il est interdit de composer et/ou d'ajouter des équivalents.
- Deux expressions ayant même limite en a (limite finie ou pas) ne sont pas nécessairement équivalentes en a.

Corrigé

Corrigé des exercices

Exercice 24.1

1. En mettant au même dénominateur, on trouve pour tout x de $\mathbb{R} \setminus \{-1, 0\}$: $f(x) = \dfrac{1}{x(x+1)}$.

Comme $x(x+1) \underset{+\infty}{\sim} x^2$, on a, par compatibilité des équivalents avec le quotient : $f(x) \underset{+\infty}{\sim} \dfrac{1}{x^2}$.

2. On sait que : $\ln(1+x) \underset{0}{\sim} x$ et $x+1 \underset{0}{\sim} 1$. Par compatibilité avec le produit puis le quotient, on obtient : $f(x) \underset{0}{\sim} x^2$.

3. Au voisinage de 0, on a : $f(x) = 1 - (1-x^2)^{\frac{1}{2}}$.

Comme $\lim\limits_{x \to 0} x^2 = 0$, il vient $(1-x^2)^{\frac{1}{2}} - 1 \underset{0}{\sim} -\dfrac{1}{2}x^2$. On en conclut : $f(x) \underset{0}{\sim} \dfrac{1}{2}x^2$.

4. Comme $\lim\limits_{x \to 0^+} \ln x = -\infty$ et $\lim\limits_{x \to 0} x = 0$, il vient : $x \underset{0^+}{=} o(\ln x)$. On en conclut : $f(x) \underset{0^+}{\sim} -\ln x$.

5. $f(x) = \dfrac{\sin x}{\cos x} - \sin x = \sin x \left(\dfrac{1}{\cos x} - 1 \right) = \sin x \times \dfrac{1-\cos x}{\cos x}$.

On sait que $\cos x \underset{0}{\sim} 1$ (c'est sa limite, et elle est non nulle!), que $\sin x \underset{0}{\sim} x$ et que $1-\cos x \underset{0}{\sim} \dfrac{x^2}{2}$.

Par quotient et produit, on obtient : $f(x) \underset{0}{\sim} \dfrac{x^3}{2}$.

⇨ *Méthode 24.1*

Exercice 24.2

1. Soit a et b deux réels tels que $a < b$.

On a $n^a \underset{n \to +\infty}{=} o(n^b)$. En effet, comme $b - a > 0$, on a bien $\lim\limits_{n \to +\infty} \dfrac{n^a}{n^b} = \lim\limits_{n \to +\infty} \dfrac{1}{n^{b-a}} = 0$.

2. Soit a et b deux réels tels que $0 < a < b$.

On a $a^n \underset{n \to +\infty}{=} o(b^n)$. En effet, comme $0 < a < b$, on a $0 < \dfrac{a}{b} < 1$ donc :

$\lim\limits_{n \to +\infty} \dfrac{a^n}{b^n} = \lim\limits_{n \to +\infty} \left(\dfrac{a}{b} \right)^n = 0$ (limite d'une suite géométrique dont la raison appartient à $]-1, 1[$).

Exercice 24.3

1. On a d'une part, $n+1 \underset{+\infty}{\sim} n$ et d'autre part, $n^3-2n+1 \underset{+\infty}{\sim} n^3$.

D'après la **propriété 24.5**, avec $a=\dfrac{1}{2}$, on a : $\sqrt{n^3-2n+1} \underset{+\infty}{\sim} n^{3/2}$. Par compatibilité des équivalents avec la division, on obtient : $u_n \underset{+\infty}{\sim} \dfrac{1}{\sqrt{n}}$. Comme $\lim\limits_{n\to+\infty} \dfrac{1}{\sqrt{n}}=0$, on a : $\lim\limits_{n\to+\infty} u_n=0$.

2. Comme $0<a<b$, on a, d'après l'**exercice 24.2** : $a^n \underset{n\to+\infty}{=} o\left(b^n\right)$.

On en déduit : $a^n-b^n \underset{+\infty}{\sim} -b^n$ et $a^n+b^n \underset{+\infty}{\sim} b^n$. On a donc $u_n \underset{+\infty}{\sim} -1$, d'où : $\lim\limits_{n\to+\infty} u_n=-1$.

> ✎ *On pouvait aussi mettre en facteur b^n au numérateur et au dénominateur, puis simplifier par b^n et utiliser la limite d'une suite géométrique.*

3. Pour tout n de $\mathbb{N}^*$, on a : $n\cos\left(\dfrac{1}{n}\right)-n=-n\left(1-\cos\left(\dfrac{1}{n}\right)\right)$. Comme $\lim\limits_{n\to+\infty} \dfrac{1}{n}=0$, on obtient :

$1-\cos\left(\dfrac{1}{n}\right) \underset{+\infty}{\sim} \dfrac{1}{2n^2}$. On a donc $n\cos\left(\dfrac{1}{n}\right)-n \underset{+\infty}{\sim} \dfrac{-1}{2n}$ et ainsi : $\lim\limits_{n\to+\infty} n\cos\left(\dfrac{1}{n}\right)-n=\lim\limits_{n\to+\infty} \dfrac{-1}{2n}=0$.

4. On remarque que, pour tout entier naturel non nul, on a : $n^2\left(\ln(n+1)-\ln n\right)=n^2\ln\left(1+\dfrac{1}{n}\right)$.

Or $\ln\left(1+\dfrac{1}{n}\right) \underset{+\infty}{\sim} \dfrac{1}{n}$ donc $n^2\left(\ln(n+1)-\ln n\right) \underset{+\infty}{\sim} n$.

De plus, $n^2+1 \underset{+\infty}{\sim} n^2$ et en appliquant la **propriété 24.5**, avec $a=\dfrac{1}{2}$, on a : $\sqrt{n^2+1} \underset{+\infty}{\sim} n$.

Par compatibilité des équivalents avec la division, on obtient : $u_n \underset{+\infty}{\sim} 1$, d'où $\lim\limits_{n\to+\infty} u_n=1$.

⇨ *Méthodes 24.1, 24.2*

Exercice 24.4

1. a) La fonction $t\mapsto\dfrac{1}{t}$ est continue et décroissante sur $\mathbb{R}_+^*$, donc, pour tout entier naturel k non nul et pour tout réel t de $[k,k+1]$, on a :

$\dfrac{1}{k+1}\leq\dfrac{1}{t}\leq\dfrac{1}{k}$. En intégrant l'encadrement sur $[k,k+1]$, on obtient : $\dfrac{1}{k+1}\leq\displaystyle\int_k^{k+1}\frac{1}{t}\,dt\leq\frac{1}{k}$.

b) Pour tout entier n supérieur ou égal à 2, en sommant l'encadrement de la question **1.a)** pour k allant de 1 à $n-1$, on obtient : $\displaystyle\sum_{k=1}^{n-1}\frac{1}{k+1}\leq\sum_{k=1}^{n-1}\int_k^{k+1}\frac{1}{t}\,dt\leq\sum_{k=1}^{n-1}\frac{1}{k}$.

Corrigé

En utilisant la relation de Chasles dans le terme central et la définition de S_n dans les autres termes, on a : $S_n - 1 \leq \int_1^n \frac{1}{t} dt \leq S_n - \frac{1}{n}$.

Comme : $\int_1^n \frac{1}{t} dt = \ln n - \ln 1 = \ln n$, on obtient finalement : $\forall n \geq 2,\ S_n - 1 \leq \ln n \leq S_n - \frac{1}{n}$.

2. En utilisant l'inégalité de gauche, on obtient : $S_n \leq \ln n + 1$. De l'inégalité de droite, il vient : $\ln n + \frac{1}{n} \leq S_n$. On en conclut que : $\ln n + \frac{1}{n} \leq S_n \leq \ln n + 1$.

Pour tout entier n supérieur ou égal à 2, $\ln n$ est strictement positif, on obtient donc, en divisant l'encadrement précédent par $\ln n$: $1 + \frac{1}{n \ln n} \leq \frac{S_n}{\ln n} \leq 1 + \frac{1}{\ln n}$.

De plus $\lim\limits_{n \to +\infty} n \ln n = +\infty$ et $\lim\limits_{n \to +\infty} \ln n = +\infty$, donc $\lim\limits_{n \to +\infty} 1 + \frac{1}{n \ln n} = \lim\limits_{n \to +\infty} 1 + \frac{1}{\ln n} = 1$. Le théorème d'encadrement permet de conclure que $\lim\limits_{n \to +\infty} \frac{S_n}{\ln n} = 1$, c'est-à-dire : $S_n \underset{+\infty}{\sim} \ln n$.

⇨*Méthode 24.1*

Exercice 24.5

1. La décroissance de f sur $\mathbb{R}$ assure que : $\forall (x,y) \in \mathbb{R}^2, (x < y) \Rightarrow (f(x) \geq f(y))$.

Comme $x \leq x+1$, on en déduit : $\forall x \in \mathbb{R},\ f(x) \geq f(x+1)$ $\quad (*)$

- En ajoutant $f(x)$ à chaque membre de cette inégalité, on obtient :

$2f(x) \geq f(x) + f(x+1)$, c'est-à-dire : $f(x) \geq \frac{1}{2}(f(x) + f(x+1))$.

- En ajoutant $f(x+1)$ à chaque membre de l'inégalité $(*)$, on obtient :

$f(x) + f(x+1) \geq 2f(x+1)$, c'est-à-dire : $\frac{1}{2}(f(x) + f(x+1)) \geq f(x+1)$.

Finalement, pour tout réel x, $f(x+1) \leq \frac{1}{2}(f(x) + f(x+1)) \leq f(x)$.

2. L'inégalité de droite donne directement : $\frac{1}{2}(f(x) + f(x+1)) \leq f(x)$.

L'inégalité de gauche étant valable pour tout réel x, on obtient (en remplaçant $x+1$ par x) :

$$f(x) \leq \frac{1}{2}(f(x-1) + f(x))$$

On en déduit : $\forall x \in \mathbb{R}, \frac{1}{2}(f(x) + f(x+1)) \leq f(x) \leq \frac{1}{2}(f(x-1) + f(x))$.

On sait, par hypothèse, que : $\frac{1}{2}(f(x) + f(x+1)) \underset{+\infty}{\sim} \frac{1}{2x}$.

On a de même : $\frac{1}{2}\left(f(x-1)+f(x)\right) \underset{+\infty}{\sim} \frac{1}{2(x-1)} \underset{+\infty}{\sim} \frac{1}{2x}$.

On se doute que : $f(x) \underset{+\infty}{\sim} \frac{1}{2x}$. Prouvons-le.

Pour tout réel x strictement positif, on a : $x\left(f(x)+f(x+1)\right) \leq 2x\,f(x) \leq x\left(f(x-1)+f(x)\right)$.

Comme $\lim_{x\to+\infty} x\left(f(x)+f(x+1)\right)=1$ et $\lim_{x\to+\infty} x\left(f(x-1)+f(x)\right)=1$, le théorème d'encadrement s'applique et donne : $\lim_{x\to+\infty} 2x\,f(x)=1$. On a bien $f(x) \underset{+\infty}{\sim} \frac{1}{2x}$ et on en déduit : $\lim_{x\to+\infty} f(x)=0$.

⇨ *Méthodes 24.1, 24.2*

Exercice 24.6

1. a) Pour tout entier naturel non nul n, posons $P(n)$: "$1 \leq u_n \leq 2$".

$P(1)$ est vraie puisque $u_1 = 1+\frac{1}{1} = 2$.

Soit n un entier naturel non nul fixé pour lequel on suppose $P(n)$ vraie.

On a donc $1 \leq u_n \leq 2$ et, en divisant par $n+1>0$, on obtient : $\frac{1}{n+1} \leq \frac{u_n}{n+1} \leq \frac{2}{n+1}$.

On en déduit alors, en ajoutant 1 à chaque membre de l'encadrement, que :

$1+\frac{1}{n+1} \leq u_{n+1} \leq 1+\frac{2}{n+1}$, d'où, en élargissant un peu : $1 \leq u_{n+1} \leq 1+\frac{2}{n+1}$.

Comme $n \geq 1$, on a $n+1 \geq 2$ et ainsi $\frac{2}{n+1} \leq 1$. On en déduit alors : $1 \leq u_{n+1} \leq 2$, ce qui prouve que $P(n+1)$ est vraie.

Finalement, par récurrence, pour tout entier naturel n non nul, on a : $1 \leq u_n \leq 2$.

Ce résultat est encore vrai si $n = 0$ (puisque $u_0 = 1$).

b) Pour tout entier naturel n, comme $1 \leq u_n \leq 2$, on obtient, en divisant tout par $n+1$, puis en ajoutant 1 à chaque membre : $\forall n \in \mathbb{N},\ 1+\frac{1}{n+1} \leq u_{n+1} \leq 1+\frac{2}{n+1}$.

Ainsi, en descendant d'un rang, on trouve : $\forall n \in \mathbb{N}^*,\ 1+\frac{1}{n} \leq u_n \leq 1+\frac{2}{n}$.

Comme $\lim_{n\to+\infty}\left(1+\frac{1}{n}\right) = \lim_{n\to+\infty}\left(1+\frac{2}{n}\right) = 1$, on obtient par encadrement : $\lim_{n\to+\infty} u_n = 1$.

2. La relation de récurrence définissant (u_n) s'écrit : $\forall n \in \mathbb{N}^*,\ u_n - 1 = \frac{u_{n-1}}{n}$.

Ainsi, on a $\frac{u_n - 1}{\frac{1}{n}} = u_{n-1}$ et, d'après la question **1.b)**, on trouve : $\lim_{n\to+\infty} \frac{u_n - 1}{\frac{1}{n}} = \lim_{n\to+\infty} u_{n-1} = 1$.

Corrigé

Ceci signifie que : $u_n - 1 \underset{+\infty}{\sim} \frac{1}{n}$. Le **théorème 24.9** donne : $u_n - 1 \underset{+\infty}{=} \frac{1}{n} + o\left(\frac{1}{n}\right)$

⇨ *Méthode 24.1*

Exercice 24.7

$\forall n \geq k,\ \frac{\binom{n}{k}}{n^k} = \frac{1}{n^k} \times \frac{n!}{k!(n-k)!} = \frac{1}{n^k} \times \frac{1}{k!} \times n(n-1)\cdots(n-k+1)$.

Or, $\forall i \in [\![0, k-1]\!],\ n - i \underset{n\to+\infty}{\sim} n$ donc $n(n-1)\cdots(n-k+1) \underset{n\to+\infty}{\sim} n^k$ (il y a ici k facteurs tous équivalents à n). Ainsi : $\frac{\binom{n}{k}}{n^k} \underset{n\to+\infty}{\sim} \frac{1}{k!}$. Par suite, on obtient : $\lim\limits_{n\to+\infty} \frac{\binom{n}{k}}{n^k} = \frac{1}{k!}$.

⇨ *Méthodes 24.1, 24.2*

Exercice 24.8

1. Au voisinage de $+\infty$, la mise en facteur de $\sqrt{x}$ donne : $f(x) = \sqrt{x}\left(\sqrt{1 + \frac{\sqrt{x}}{x}} - 1\right)$.

Ainsi, après simplifications, il vient : $f(x) = \sqrt{x}\left(\left(1 + \frac{1}{\sqrt{x}}\right)^{\frac{1}{2}} - 1\right)$.

Comme $\lim\limits_{x\to+\infty} \frac{1}{\sqrt{x}} = 0$, on a : $\left(1 + \frac{1}{\sqrt{x}}\right)^{\frac{1}{2}} - 1 \underset{+\infty}{\sim} \frac{1}{2\sqrt{x}}$. La compatibilité des équivalents avec le produit assure que $f(x) \underset{+\infty}{\sim} \frac{1}{2}$. On en déduit : $\lim\limits_{x\to+\infty} f(x) = \frac{1}{2}$.

2. On a déjà : $f(x) = \ln\left(e^x\left(1 - e^{-2x}\right)\right) - x = x + \ln\left(1 - e^{-2x}\right) - x = \ln\left(1 - e^{-2x}\right)$.

Comme $\lim\limits_{x\to+\infty} e^{-2x} = 0$, il vient : $f(x) \underset{+\infty}{\sim} e^{-2x}$. On en déduit : $\lim\limits_{x\to+\infty} f(x) = 0$.

⇨ *Méthodes 24.1, 24.2*

Exercice 24.9

1. a) La croissance de la fonction ln sur $\mathbb{R}_+^*$ assure que :

- $\forall k \geq 2, \forall t \in [k-1, k], \ln t \leq \ln k$. En intégrant sur $[k-1, k]$, on obtient : $\int_{k-1}^{k} \ln t\, dt \leq \ln k$ (puisque l'on a : $\int_{k-1}^{k} \ln k\, dt = (k - (k-1))\ln k = \ln k$).

- $\forall t \in [k, k+1], \ln k \leq \ln t$. En intégrant l'inégalité sur $[k, k+1]$, on obtient : $\ln k \leq \int_{k}^{k+1} \ln t\, dt$.

Finalement, pour tout entier k supérieur ou égal à 2, $\int_{k-1}^{k} \ln t\, dt \leq \ln k \leq \int_{k}^{k+1} \ln t\, dt$.

b) Pour tout n supérieur ou égal à 2, en sommant la relation précédente pour k allant de 2 à n, on obtient : $\sum_{k=2}^{n}\int_{k-1}^{k}\ln t\,dt \le \sum_{k=2}^{n}\ln k \le \sum_{k=2}^{n}\int_{k}^{k+1}\ln t\,dt$.

La relation de Chasles sur les intégrales assure alors que : $\int_{1}^{n}\ln t\,dt \le \sum_{k=2}^{n}\ln k \le \int_{2}^{n+1}\ln t\,dt$.

Les propriétés algébriques de la fonction ln nous donnent : $\sum_{k=2}^{n}\ln k = \ln\prod_{k=2}^{n}k = \ln(n!)$.

Sachant que la fonction $t \mapsto t\ln t - t$ est une primitive de la fonction ln sur $\mathbb{R}_+^*$, on obtient :
$\forall n \ge 2,\ n\ln n - n + 1 \le \ln(n!) \le (n+1)\ln(n+1) - (n+1) - 2\ln 2 + 2$.

• On remarque que : $\forall n \ge 2,\ n\ln n = \ln(n^n)$.

Comme $\ln(n^n)$ est non nul, en divisant l'encadrement précédent par $\ln(n^n)$, c'est-à-dire par $n\ln n$, on obtient : $\forall n \ge 2,\ 1 - \dfrac{1}{\ln n} + \dfrac{1}{n\ln n} \le u_n \le \left(1+\dfrac{1}{n}\right)\dfrac{\ln(n+1)}{\ln n} - \left(1+\dfrac{1}{n}\right)\dfrac{1}{\ln n} + \dfrac{2-2\ln 2}{n\ln n}$.

2. • On a sans indétermination : $\lim\limits_{n\to+\infty}\left(1 - \dfrac{1}{\ln n} + \dfrac{1}{n\ln n}\right) = 1$.

• $\lim\limits_{n\to+\infty}\dfrac{\ln(n+1)}{\ln n} = \lim\limits_{n\to+\infty}\dfrac{\ln\left(n\left(1+\frac{1}{n}\right)\right)}{\ln n} = \lim\limits_{n\to+\infty}\dfrac{\ln n + \ln\left(1+\frac{1}{n}\right)}{\ln n} = \lim\limits_{n\to+\infty}\left(1 + \dfrac{1}{\ln n}\times\ln\left(1+\frac{1}{n}\right)\right) = 1$.

Par conséquent, on obtient : $\lim\limits_{n\to+\infty}\left(1+\dfrac{1}{n}\right)\dfrac{\ln(n+1)}{\ln n} - \left(1+\dfrac{1}{n}\right)\dfrac{1}{\ln n} + \dfrac{2-2\ln 2}{n\ln n} = 1$.

• Le théorème d'encadrement donne $\lim\limits_{n\to+\infty} u_n = 1$, ce qui signifie : $\ln(n!) \underset{+\infty}{\sim} \ln(n^n)$.

Exercice 24.10

1. a) On a : $u_{k+1}^2 - u_k^2 = (u_k + \dfrac{1}{u_k})^2 - u_k^2$, donc, en développant : $u_{k+1}^2 - u_k^2 = 2 + \dfrac{1}{u_k^2}$.

b) Sommons ces égalités pour k allant de 0 à $n-1$ (avec $n \ge 1$) :
$\sum_{k=0}^{n-1}(u_{k+1}^2 - u_k^2) = \sum_{k=0}^{n-1} 2 + \sum_{k=0}^{n-1}\dfrac{1}{u_k^2}$. Les termes de la somme du membre de gauche se neutralisent et il reste $u_n^2 - u_0^2 = 2n + \sum_{k=0}^{n-1}\dfrac{1}{u_k^2}$. Comme $u_0 = 1$, on a : $u_n^2 = 2n + 1 + \sum_{k=0}^{n-1}\dfrac{1}{u_k^2}$.

Corrigé

c) Comme $\sum_{k=0}^{n-1} \frac{1}{u_k^2} \geq 0$ (cette somme est même strictement positive) alors, d'après la question 2b), on a : $u_n^2 \geq 2n+1$. De plus, u_n est strictement positif donc : $u_n \geq \sqrt{2n+1}$.
Or $\lim_{n\to+\infty} \sqrt{2n+1} = +\infty$, d'où, par minoration : $\lim_{n\to+\infty} u_n = +\infty$.

2. D'après la question **1.c)**, on a : $u_k^2 \geq 2k+1$ donc $\frac{1}{u_k^2} \leq \frac{1}{2k+1}$.

En utilisant la question **1.b)**, on trouve : $u_n^2 \leq 2n+1+\sum_{k=0}^{n-1} \frac{1}{2k+1}$.

En sortant le terme correspondant à $k = 0$, on obtient : $u_n^2 \leq 2n+2+\sum_{k=1}^{n-1} \frac{1}{2k+1}$ (ceci est désormais valable seulement pour $n \geq 2$).Comme, pour $k \geq 1$, on a $\frac{1}{2k+1} \leq \frac{1}{2k}$, on arrive à :

$u_n^2 \leq 2n+2+\sum_{k=1}^{n-1} \frac{1}{2k}$, d'où : $\forall n \geq 2,\ u_n^2 \leq 2n+2+\frac{1}{2}\sum_{k=1}^{n-1}\frac{1}{k}$.

D'après l'**exercice 24.4**, on a $\sum_{k=1}^{n-1}\frac{1}{k} \leq \ln(n-1)+1$ $(n \geq 2)$ donc : $u_n^2 \leq 2n+2+\frac{1}{2}(\ln(n-1)+1)$.

Ceci s'écrit encore : $\forall n \geq 2,\ u_n^2 \leq 2n+\frac{5}{2}+\frac{1}{2}\ln(n-1)$

3. Avec les résultats des questions **1.c)** et **2**, on a :$\forall n \geq 2,\ 2n+1 \leq u_n^2 \leq 2n+\frac{5}{2}+\frac{1}{2}\ln(n-1)$

En divisant par $2n > 0$, on obtient : $1+\frac{1}{2n} \leq \frac{u_n^2}{2n} \leq 1+\frac{5}{4n}+\frac{\ln(n-1)}{4n}$.

Comme $\ln(n-1) \leq \ln n$, on trouve : $\forall n \geq 2,\ 1+\frac{1}{2n} \leq \frac{u_n^2}{2n} \leq 1+\frac{5}{4n}+\frac{\ln n}{4n}$.

$\lim_{n\to+\infty} \frac{1}{n} = 0$ et $\lim_{n\to+\infty} \frac{\ln n}{n} = 0$ donc $\lim_{n\to+\infty} 1+\frac{1}{2n} = 1$ et $\lim_{n\to+\infty} 1+\frac{5}{4n}+\frac{\ln n}{4n} = 1$.

Le théorème d'encadrement permet d'affirmer que $\lim_{n\to+\infty} \frac{u_n^2}{2n} = 1$ donc : $u_n^2 \underset{+\infty}{\sim} 2n$

En prenant la racine carrée (ce qui est licite avec les équivalents), on obtient :$| u_n | \underset{+\infty}{\sim} \sqrt{2n}$

Comme u_n est positif, on a finalement : $u_n \underset{+\infty}{\sim} \sqrt{2n}$.

⇨ *Méthode 24.1*

Chapitre 25
Séries

L'utilisation de la somme d'une série apparaît dès l'Antiquité avec **Archimède**, pour des calculs d'aires et de volumes. Il faut attendre la deuxième moitié du XVIIe siècle pour voir se développer l'étude des séries, en particulier avec le développement du calcul différentiel et intégral. Jean **Le Rond d'Alembert** s'y intéresse aussi. C'est sans doute par ses discussions avec **Diderot** que le mot *série*, jusqu'alors utilisé avant tout en mathématiques, entre dans le langage courant. En 1821, Augustin-Louis **Cauchy** établit le premier une théorie rigoureuse. Il énonce même, cinq ans avant la naissance du mathématicien allemand, la règle de convergence des séries de **Riemann**.

Augustin-Louis Cauchy
1789-1857

Objectifs

Les incontournables

▷ Savoir étudier la nature d'une série à l'aide de la définition.

▷ Connaître les sommes des séries usuelles.

▷ Savoir appliquer les critères de convergence dans le cas des séries à termes positifs.

Et plus si affinités

▷ Savoir réaliser un "test de Riemann".

▷ Savoir utiliser la série $\sum(u_{n+1} - u_n)$ pour étudier la suite (u_n).

Résumé de cours

Définitions

Définitions 25.1. — Soit (u_n) une suite réelle. On pose : $\forall n \in \mathbb{N},\ S_n = \sum_{k=0}^{n} u_k$.

Étudier la nature de la *série de terme général* u_n, c'est étudier si la suite (S_n) est convergente ou pas.
La suite $(S_n)_{n\in\mathbb{N}}$ est appelée *suite des sommes partielles* de la série.

Notation 25.1. — La série de terme général u_n est souvent notée $\sum u_n$. Attention, ceci n'est qu'une notation sans aucun sens "sommatoire" car la somme n'a ni indice, ni bornes !
S'il y a le moindre risque de confusion avec une "vraie" somme (comme par exemple S_n), il vaut mieux écrire en entier « la série de terme général u_n ».

Remarque 25.1. — Il est possible que la suite (u_n) ne soit définie qu'à partir du rang 1, ou même du rang n_0, il suffit alors de changer la borne inférieure des sommes que l'on rencontre.

Nature d'une série

Séries convergentes, séries divergentes

Définition 25.2. — Soit une suite $(u_n)_{n\in\mathbb{N}}$. On dit que la série $\sum u_n$ converge, lorsque la suite $(S_n)_{n\in\mathbb{N}}$ des sommes partielles associée converge. Sinon, on dit que la série diverge.
Dans le cas où la série $\sum u_n$ converge, la limite de la suite $(S_n)_{n\in\mathbb{N}}$ est appelée *somme de la série de terme général* u_n et on la note $\sum_{k=0}^{+\infty} u_k$. On a donc : $\sum_{k=0}^{+\infty} u_k = \lim_{n\to+\infty} \sum_{k=0}^{n} u_k$.

Remarque 25.2. — Il existe des séries dont il est facile de trouver la somme, ce sont celles dont le terme général s'écrit sous la forme $u_n = v_{n+1} - v_n$. En effet, on peut écrire :
$\forall n \in \mathbb{N}^*,\ S_{n-1} = \sum_{k=0}^{n-1} u_k = \sum_{k=0}^{n-1} (v_{k+1} - v_k) = v_n - v_0$. Il ne reste plus alors qu'à connaître le comportement de la **suite** (v_n) pour conclure sur la **série** $\sum u_n$ (et réciproquement).

⇨ **Méthode 25.1. Comment utiliser la suite des sommes partielles ?**
⇨ **Méthode 25.6. Comment calculer la somme d'une série grâce aux sommes partielles ?**

Exemple 25.1. — Soit un réel q tel que $|q| < 1$. Pour tout n de $\mathbb{N}$, on a : $\sum_{k=0}^{n} q^k = \frac{1-q^{n+1}}{1-q}$.

Comme $\lim_{n\to+\infty} q^{n+1} = 0$, alors $\lim_{n\to+\infty} \sum_{k=0}^{n} q^k = \frac{1}{1-q}$, ce qui veut dire que la série $\sum q^n$ converge.

En prime, on a le résultat : $\sum_{k=0}^{+\infty} q^k = \frac{1}{1-q}$.

Exemple 25.2. — Considérons la série $\sum 1$. Pour tout n de $\mathbb{N}$, on a : $\sum_{k=0}^{n} 1 = n+1$.

Comme $\lim_{n\to+\infty} (n+1) = +\infty$, on a $\lim_{n\to+\infty} \sum_{k=0}^{n} 1 = +\infty$, donc la série $\sum 1$ diverge.

Propriété 25.1. — Si les séries $\sum v_n$ et $\sum w_n$ convergent, alors quels que soient les réels a et b, la série $\sum (av_n + bw_n)$ converge. Dans ce cas, $\sum_{n=0}^{+\infty} (av_n + bw_n) = a\sum_{n=0}^{+\infty} v_n + b\sum_{n=0}^{+\infty} w_n$.

⇨ **Méthode 25.7. Comment calculer la somme d'une série par combinaison linéaire ?**

Mise en garde 25.1. — Il peut se faire que la série $\sum (av_n + bw_n)$ converge, alors que les séries $\sum v_n$ et $\sum w_n$ divergent. On ne "scinde" donc pas la somme d'une série convergente en deux sommes de séries sans avoir vérifié au préalable que ces deux séries convergent.

Théorème 25.1. — Condition nécessaire de convergence.
Si la série $\sum u_n$ converge, alors $\lim_{n\to+\infty} u_n = 0$, mais la réciproque est fausse.
En contraposant : si u_n ne tend pas vers 0, alors la série $\sum u_n$ diverge.

Remarque 25.3. — Ce résultat est facile à établir en remarquant que : $\forall n \in \mathbb{N}^*$, $u_n = S_n - S_{n-1}$.
Puisque la série converge, en notant S sa somme, on a $\lim_{n\to+\infty} S_{n-1} = \lim_{n\to+\infty} S_n = S$, d'où $\lim_{n\to+\infty} u_n = 0$.

Définition 25.3. — Si la série de terme général u_n est convergente, on appelle reste d'ordre n de la série, le réel noté R_n, défini par : $\forall n \in \mathbb{N}$, $R_n = \sum_{k=n+1}^{+\infty} u_k$.

Théorème 25.2. — Le reste d'une série convergente tend vers 0 lorsque n tend vers $+\infty$, soit :

$$\text{Si } \sum u_n \text{ converge, alors } \lim_{n\to+\infty} \sum_{k=n+1}^{+\infty} u_k = 0.$$

Remarque 25.4. — Pour prouver ce théorème, il suffit d'écrire $R_n = S - S_n$, puis utiliser le fait que $\lim\limits_{n\to+\infty} S_n = S$.

❑ Séries absolument convergentes

Définition 25.4. — La série $\sum u_n$ est *absolument convergente* lorsque la série $\sum |u_n|$ converge.

Théorème 25.3. — Toute série absolument convergente est convergente.

⇨ **Méthode 25.5. Comment utiliser la convergence absolue ?**

Remarque 25.5. — La réciproque est fausse : la série $\sum \frac{(-1)^n}{n}$ est convergente (se reporter à l'**exercice 14.9** du **chapitre 14** ou à l'**exercice 27.2** du **chapitre 27**) mais elle ne converge pas absolument (voir l'**exercice 25.5**).

Théorème 25.4. — Si une série est absolument convergente, alors on ne change ni sa nature, ni sa somme, en changeant l'ordre de sommation de ses termes.

Remarque 25.6. — Toute série Σu_n absolument convergente est la différence de deux séries à termes positifs convergentes : $\Sigma \max(0, u_n)$ et $\Sigma \max(0, -u_n)$.

■ Séries à termes positifs

❑ Somme partielle d'une série à termes positifs

Propriété 25.2. — La suite (S_n) des sommes partielles associée à une série à termes positifs est croissante (car $S_{n+1} - S_n = u_{n+1} \geq 0$).

- Si la suite des sommes partielles est majorée alors la série $\sum u_n$ converge.
- Sinon, la série diverge et $\lim\limits_{n\to+\infty} S_n = +\infty$.

❑ Critères de convergence

Mise en garde 25.2. — Les trois critères qui suivent ne donnent pas la somme de la série.

Théorème 25.5. — Critère d'équivalence.
Soit deux séries $\sum u_n$ et $\sum v_n$ à termes positifs, au moins à partir d'un certain rang.
Si $u_n \underset{+\infty}{\sim} v_n$, alors les séries $\sum u_n$ et $\sum v_n$ sont de même nature (si l'une converge, alors l'autre converge et si l'une diverge, alors l'autre diverge).

⇨ **Méthode 25.2. Comment utiliser le critère d'équivalence ?**

Remarque 25.7. — Le critère d'équivalence est aussi valable si les deux séries sont à termes négatifs à partir d'un certain rang.

Théorème 25.6. — Critère de comparaison.
Soit deux suites $(u_n)_{n\in\mathbb{N}}$ et $(v_n)_{n\in\mathbb{N}}$ telles que $0 \leq u_n \leq v_n$ (au moins à partir d'un certain rang).
- si la série $\sum v_n$ converge, alors la série $\sum u_n$ converge.
- si la série $\sum u_n$ diverge, alors la série $\sum v_n$ diverge.

⇨ **Méthode 25.3. Comment utiliser le critère de comparaison ?**

Théorème 25.7. — Critère de négligeabilité.
Soit deux séries $\sum u_n$ et $\sum v_n$ à termes positifs, au moins à partir d'un certain rang.
Si $u_n \underset{+\infty}{=} o(v_n)$ et si la série $\sum v_n$ converge, alors la série $\sum u_n$ converge.

⇨ **Méthode 25.4. Comment utiliser le critère de négligeabilité ?**

Séries usuelles

Séries géométriques

Théorème 25.8. — Les séries $\sum q^k$, $\sum kq^{k-1}$ et $\sum k(k-1)q^{k-2}$ convergent si et seulement si $|q|<1$. On a alors les égalités suivantes :

- $\displaystyle\sum_{k=0}^{+\infty} q^k = \frac{1}{1-q}$
- $\displaystyle\sum_{k=1}^{+\infty} kq^{k-1} = \frac{1}{(1-q)^2}$ (série dite *géométrique "dérivée d'ordre* 1")
- $\displaystyle\sum_{k=2}^{+\infty} k(k-1)q^{k-2} = \frac{2}{(1-q)^3}$ (série dite *géométrique "dérivée d'ordre* 2")

Séries de Riemann

Définition 25.5. — On appelle *série de Riemann* toute série $\sum \frac{1}{n^\alpha}$, où α est un réel constant.

Théorème 25.9. — La série $\sum \frac{1}{n^\alpha}$ converge si, et seulement si, $\alpha > 1$.

Exemple 25.3. — Cas $\alpha = 1$: la série $\sum \frac{1}{n}$ est appelée *série harmonique*. Elle est divergente.

Séries exponentielles

Théorème 25.10. — Quel que soit le réel x, la série $\sum \frac{x^n}{n!}$ converge, et on a : $\displaystyle\sum_{n=0}^{+\infty} \frac{x^n}{n!} = e^x$.

■ Nature d'une série

❑ Méthode 25.1. Comment utiliser la suite des sommes partielles ?

Si on sait calculer la somme partielle d'une série, alors il est facile de donner la nature de la série, et en prime, la valeur de sa somme lorsqu'elle converge.
Si on peut mettre le terme général d'une série sous la forme $v_{n+1} - v_n$, alors on sait calculer la somme partielle, puis conclure sur la nature de la série.

⇨ Exercices 25.5, 25.7

Exemple 1. Étudier la nature de la série de terme général $\ln(1+\frac{1}{n})$ (avec $n \geq 1$).

$$\forall n \geq 1,\ S_n = \sum_{k=1}^{n} \ln(1+\frac{1}{k}) = \sum_{k=1}^{n} \ln(\frac{k+1}{k}) = \sum_{k=1}^{n} \left(\ln(k+1) - \ln(k)\right) = \ln(n+1).$$

On en déduit que la suite (S_n) est de même nature que la suite $(\ln(n+1))_{n\geq 1}$, c'est-à-dire divergente. Par définition, la série de terme général $\ln(1+1/n)$ est donc divergente.

Exemple 2. Voir l'exemple de la **méthode 25.6** pour un cas de série convergente.

❑ Méthode 25.2. Comment utiliser le critère d'équivalence ?

Si la série $\sum u_n$ est à termes positifs et si u_n est équivalent à v_n quand n tend vers l'infini, alors les séries $\sum u_n$ et $\sum v_n$ sont de même nature.
En revanche, en cas de convergence, on ne peut rien dire quant à leurs sommes.

⇨ Exercices 25.1, 25.7

Exemple. Étudier, selon les valeurs du réel a strictement positif, la nature de la série de terme général $\frac{n^2+2}{n^a+1}$ (avec $n \in \mathbb{N}$).

Comme a est strictement positif, on a $\lim_{n\to+\infty} n^a = +\infty$ donc : $n^a + 1 \underset{+\infty}{\sim} n^a$.

On en déduit : $\frac{n^2+2}{n^a+1} \underset{+\infty}{\sim} \frac{n^2}{n^a} \underset{+\infty}{\sim} \frac{1}{n^{a-2}}$.

La série de terme général $\frac{1}{n^{a-2}}$ converge si, et seulement si : $a-2>1$ (série de Riemann). Les séries étant à termes positifs, le critère d'équivalence s'applique et la série de terme général $\frac{n^2+2}{n^a+1}$ converge si, et seulement si, $a-2>1$, c'est-à-dire si, et seulement si : $a>3$.

❑ Méthode 25.3. Comment utiliser le critère de comparaison ?

On considère la série $\sum u_n$.
• Si u_n est majoré par le terme général v_n d'une série convergente (au moins à partir d'un certain rang), et si les séries sont à termes positifs, alors la série $\sum u_n$ est convergente.
• Si u_n est minoré par le terme général w_n d'une série divergente (au moins à partir d'un certain rang), et si les séries sont à termes positifs, alors la série $\sum u_n$ est divergente.

⇨ **Exercice 25.1**

Exemple. Étudier la nature de la série de terme général $\frac{\ln(n)}{n}$ (avec $n \in \mathbb{N}^*$).

Pour tout entier n supérieur ou égal à 3, on a $\ln(n) \geq 1$ et on en déduit que : $\forall n \geq 3,\ \frac{\ln(n)}{n} \geq \frac{1}{n}$.

Comme la série de terme général $\frac{1}{n}$ diverge et comme les séries en jeu sont à termes positifs, on conclut, grâce au critère de comparaison, que la série $\sum \frac{\ln(n)}{n}$ diverge.

❑ Méthode 25.4. Comment utiliser le critère de négligeabilité ?

Dans le cas où il existe un réel α strictement supérieur à 1 tel que : $\lim\limits_{n\to+\infty} n^{\alpha}u_n = 0$, alors $u_n \underset{n\to+\infty}{=} o(\frac{1}{n^{\alpha}})$. Or, la série $\sum \frac{1}{n^{\alpha}}$ est une série de Riemann convergente (car $\alpha > 1$), donc, si u_n est positif (au moins à partir d'un certain rang), le critère de convergence par négligeabilité s'applique : la série $\sum u_n$ converge.
Remarque : cette méthode est particulièrement efficace dans le cas où le terme général tend "très vite" vers 0. Il faut comprendre "suffisamment vite pour que, avec $\alpha > 1$, $n^{\alpha}u_n$ tende vers 0".
On dit que l'on a effectué un test de Riemann.

⇨ **Exercice 25.1**

Exemple. Étudier la nature de la série de terme général $e^{-\sqrt{n}}$.

On essaie de montrer que $e^{-\sqrt{n}}$ est négligeable au voisinage de $+\infty$, par rapport à $\frac{1}{n^2}$. En effet, en posant $X=\sqrt{n}$, on a $\lim\limits_{n\to+\infty} n^2 e^{-\sqrt{n}} = \lim\limits_{X\to+\infty} X^4 e^{-X} = 0$. On en déduit que : $e^{-\sqrt{n}} \underset{n\to+\infty}{=} o(\frac{1}{n^2})$.

Comme la série $\sum \frac{1}{n^2}$ est une série de Riemann convergente (car de paramètre $\alpha = 2 > 1$) et comme les séries sont à termes positifs, le critère de convergence par négligeabilité s'applique : la série $\sum e^{-\sqrt{n}}$ converge.

❑ Méthode 25.5. Comment utiliser la convergence absolue ?

> Si le terme général de la série $\sum u_n$ présente un facteur $(-1)^n$, un cosinus, un sinus ou toute autre quantité bornée de signe non constant, alors tester la convergence absolue de la série est une idée qui s'impose. En général, on majorera $|u_n|$ par le terme général d'une série convergente et on conclura grâce au critère de convergence des séries à termes positifs par comparaison.

⇨ **Exercice 25.1**

Exemple. Montrer que la série de terme général $\frac{\cos n}{n^3}$ ($n \geq 1$) est convergente.

$\forall n \geq 1, \left|\frac{\cos n}{n^3}\right| = \frac{|\cos n|}{n^3} \leq \frac{1}{n^3}$. Or, la série $\sum \frac{1}{n^3}$ est une série de Riemann convergente (car de paramètre $\alpha = 3 > 1$). Les séries étant à termes positifs, le critère de convergence par comparaison s'applique : la série $\sum \left|\frac{\cos n}{n^3}\right|$, converge, c'est-à-dire que la série $\sum \frac{\cos n}{n^3}$ converge absolument. Par suite, la série $\sum \frac{\cos n}{n^3}$ converge.

Remarque. Si une série est absolument divergente, on ne peut rien conclure sur sa convergence.

■ Calcul de la somme d'une série convergente

❑ Méthode 25.6. Comment calculer la somme d'une série grâce aux sommes partielles ?

> Par définition, la somme de la série $\sum u_n$ est la limite de la suite des sommes partielles, lorsque cette limite existe.

⇨ **Exercices 25.3, 25.4, 25.9**

Méthodes

Exemple. Montrer que la série de terme général $\dfrac{1}{n(n+1)}$ ($n \geq 1$) est convergente.

On pose : $\forall n \in \mathbb{N}^*,\ S_n = \sum_{k=1}^{n} \dfrac{1}{k(k+1)}$ et on remarque que : $\forall k \geq 1,\ \dfrac{1}{k(k+1)} = \dfrac{1}{k} - \dfrac{1}{k+1}$.

$$\forall n \in \mathbb{N}^*,\ S_n = \sum_{k=1}^{n} \frac{1}{k(k+1)} = \sum_{k=1}^{n} \left(\frac{1}{k} - \frac{1}{k+1}\right) = \sum_{k=1}^{n} \frac{1}{k} - \sum_{k=1}^{n} \frac{1}{k+1} = \sum_{k=1}^{n} \frac{1}{k} - \sum_{k=2}^{n+1} \frac{1}{k} = 1 - \frac{1}{n+1}.$$

Comme $\lim\limits_{n \to +\infty} \left(1 - \dfrac{1}{n+1}\right) = 1$, la suite des sommes partielles $(S_n)_{n \in \mathbb{N}^*}$ converge vers 1. Par suite, la série $\sum \dfrac{1}{n(n+1)}$ converge et $\sum_{n=1}^{+\infty} \dfrac{1}{n(n+1)} = 1$.

❑ Méthode 25.7. Comment calculer la somme d'une série par combinaison linéaire ?

> On suppose que, pour tout n de $\mathbb{N}$, on a $u_n = av_n + bw_n$ (au moins à partir d'un certain rang), où a et b sont deux réels. Si les séries $\sum v_n$ et $\sum w_n$ convergent, alors la série $\sum u_n$ converge et de plus : $\sum_{n=0}^{+\infty} u_n = a \sum_{n=0}^{+\infty} v_n + b \sum_{n=0}^{+\infty} w_n$.

⇨ **Exercice 25.2**

Exemple. Montrer que la série de terme général $u_n = \dfrac{n^2+n-1}{n!}$ ($n \in \mathbb{N}$) est convergente.

$$\forall n \in \mathbb{N},\ u_n = \frac{n^2+n-1}{n!} = \frac{n(n-1)+2n-1}{n!}.$$

$$\text{Donc : } \forall n \geq 2,\ u_n = \frac{n(n-1)}{n!} + 2\frac{n}{n!} - \frac{1}{n!} = \frac{1}{(n-2)!} + 2\frac{1}{(n-1)!} - \frac{1}{n!}.$$

On reconnaît une combinaison linéaire de termes généraux de séries convergentes (ce sont des termes généraux de séries exponentielles, à un décalage d'indice près, ce qui ne change pas la nature de la série), donc la série $\sum u_n$ converge. En outre :

$$\sum_{n=0}^{+\infty} u_n = \sum_{n=0}^{+\infty} \frac{n^2+n-1}{n!} = -1 + 1 + \sum_{n=2}^{+\infty} \left(\frac{1}{(n-2)!} + 2\frac{1}{(n-1)!} - \frac{1}{n!}\right)$$ (on a sorti de la somme les deux premiers termes)

$$\sum_{n=0}^{+\infty} u_n = \sum_{n=2}^{+\infty} \frac{1}{(n-2)!} + 2\sum_{n=2}^{+\infty} \frac{1}{(n-1)!} - \sum_{n=2}^{+\infty} \frac{1}{n!}$$ (les trois séries convergent)

$$\sum_{n=0}^{+\infty} u_n = \sum_{n=0}^{+\infty} \frac{1}{n!} + 2\sum_{n=1}^{+\infty} \frac{1}{n!} - \sum_{n=2}^{+\infty} \frac{1}{n!}$$ (on a changé d'indice dans les deux premières sommes du membre de droite)

$$\sum_{n=0}^{+\infty} u_n = \sum_{n=0}^{+\infty} \frac{1}{n!} + 2\left(\sum_{n=0}^{+\infty} \frac{1}{n!} - 1\right) - \left(\sum_{n=0}^{+\infty} \frac{1}{n!} - 1 - 1\right) = e + 2(e-1) - (e-1-1) = 2e.$$

Vrai/Faux

		Vrai	Faux
1.	Si (u_n) est décroissante, de limite égale à 0, alors la série $\sum u_n$ converge.	☐	☐
2.	La série $\sum \frac{1}{\sqrt{n}}$ converge.	☐	☐
3.	La série de terme général nul est convergente, de somme égale à 0.	☐	☐
4.	La série $\sum ne^{-n}$ est convergente.	☐	☐
5.	Soit $(u_n)_{n\in\mathbb{N}}$ une suite de réels positifs. La série de terme général u_n est de même nature que la série de terme général $\ln(1+u_n)$.	☐	☐
6.	Soit $(u_n)_{n\in\mathbb{N}}$ une suite de réels. Si la série $\sum(u_{n+1}-u_n)$ converge, alors la suite (u_n) converge, et la somme de la série est égale à la limite de (u_n).	☐	☐
7.	Si la série $\sum(u_{n+1}-u_n)$ converge, alors la série de terme général u_n converge aussi.	☐	☐
8.	La suite $\left(\sum_{k=0}^{n}\frac{n^k}{k!}\right)_{n\in\mathbb{N}}$ est convergente en tant que suite des sommes partielles associée à une série exponentielle.	☐	☐
9.	On considère la suite (u_n) définie par : $\forall n\in\mathbb{N}^*$, $u_n=\frac{1}{n^n}$. Les deux assertions suivantes sont vraies : • La série de terme général u_n est une série de Riemann. • La série de terme général u_n est convergente.	☐	☐
10.	Soit $(u_n)_{n\in\mathbb{N}}$ une suite de réels. Si la série de terme général u_n est absolument convergente, alors la série de terme général ${u_n}^2$ est convergente.	☐	☐

■■ Énoncé des exercices

❑ **Exercice 25.1.** — Étudier la nature des séries dont les termes généraux sont les suivants (en cas de convergence, on n'en demande pas la somme).

1. $a_n = e^{1/n} - 1$ $(n \in \mathbb{N}^*)$. **2.** $b_n = \dfrac{(\ln n)^2}{n^3}$ $(n \in \mathbb{N}^*)$ **3.** $c_n = \dfrac{\cos(n) - \sin(n)}{n^2}$ $(n \in \mathbb{N}^*)$.

❑ **Exercice 25.2.** — Montrer que les séries, dont les termes généraux suivent, sont convergentes, et donner leurs sommes.

1. $a_n = \dfrac{n}{e^{2n}}$ $(n \in \mathbb{N}^*)$. **2.** $b_n = \dfrac{n^3}{n!}$ $(n \in \mathbb{N}^*)$. **3.** $c_n = \dfrac{n^2}{2^n}$ $(n \in \mathbb{N}^*)$.

❑ **Exercice 25.3.** — Pour tout k de $\mathbb{N}^*$, on pose $v_k = \ln\left(1 + \dfrac{2}{k(k+3)}\right)$.

1. En remarquant que $k^2 + 3k + 2$ se factorise, écrire pour tout entier naturel k non nul, v_k sous la forme $u_{k+1} - u_k$.

2. En déduire que la série de terme général v_n converge et donner la valeur de $\sum_{n=1}^{+\infty} v_n$.

❑ **Exercice 25.4.** — Pour tout n de $\mathbb{N}^*$, on pose $u_n = \dfrac{(-1)^{n+1} n}{4n^2 - 1}$.

1. Trouver deux réels a et b tels que : $\forall k \geq 1,\ \dfrac{k}{4k^2 - 1} = \dfrac{a}{2k+1} + \dfrac{b}{2k-1}$.

2. En déduire que la série de terme général u_n converge et calculer $\sum_{n=1}^{+\infty} \dfrac{(-1)^{n+1} n}{4n^2 - 1}$.

❑ **Exercice 25.5.*** — On se propose de montrer de deux façons différentes que la série harmonique diverge. Pour cela, on pose : $\forall n \geq 1,\ S_n = \sum_{k=1}^{n} \dfrac{1}{k}$.

1. a) En appliquant, pour tout entier naturel k non nul, l'inégalité des accroissements finis à la fonction ln entre k et $k+1$, et en sommant les inégalités ainsi obtenues, montrer que :

$$\forall n \geq 1,\ S_n \geq \ln(n+1)$$

b) En déduire la réponse au problème posé.

2. a) Quel que soit l'entier naturel n non nul, montrer que $S_{2n} - S_n \geq \dfrac{1}{2}$.

b) Supposons que la suite (S_n) converge, et notons alors ℓ sa limite. Que dire alors de la suite (S_{2n}) ? Conclure alors quant au problème posé.

❑ **Exercice 25.6.** — Soit la fonction f définie par $f(x)=\ln(\ln x)$.

1. Donner l'ensemble de définition de f et vérifier que f' est décroissante sur $[2,+\infty[$.

2. a) Montrer que, pour tout entier k supérieur ou égal à 2, on a : $f(k+1)-f(k)\leq\dfrac{1}{k\ln k}$.

b) En déduire que : $\forall n\geq 2,\ \displaystyle\sum_{k=2}^{n}\frac{1}{k\ln k}\geq\ln(\ln(n+1))-\ln(\ln 2)$.

c) En déduire la nature de la série de terme général $\dfrac{1}{k\ln k}$.

❑ **Exercice 25.7.** * — Soit la suite (u_n) définie par la donnée de u_0, élément de $]0, 1[$, et par la relation, valable pour tout n de $\mathbb{N}$: $u_{n+1}=u_n-u_n^2$.

1. a) Montrer que : $\forall n\in\mathbb{N},\ u_n\in\,]0,1[$.

b) Montrer que la suite (u_n) converge, et déterminer sa limite ℓ.

2. a) Quelle est la nature de la série $\Sigma\,(\ln u_{n+1}-\ln u_n)$?

b) Déterminer un équivalent de $\ln u_{n+1}-\ln u_n$ lorsque n tend vers $+\infty$, et en déduire la nature de la série $\Sigma\, u_n$.

❑ **Exercice 25.8.** ** — Étude d'une fonction définie comme somme d'une série.

1. Montrer que, quel que soit le réel x, positif ou nul, la série $\sum\dfrac{1}{2^k+x}$ $(k\in\mathbb{N})$ converge.

2. Pour tout réel x positif ou nul, on pose $f(x)=\displaystyle\sum_{k=0}^{+\infty}\frac{1}{2^k+x}$.

a) Montrer que : $\forall x\geq 0,\ f(2x)=\dfrac{1}{2}f(x)+\dfrac{1}{1+2x}$.

b) Montrer que f est décroissante sur $\mathbb{R}_+$.

c) Montrer que f admet une limite en $+\infty$, puis la déterminer.

❑ **Exercice 25.9.** ** — Le but de cet exercice est de généraliser les résultats du **théorème 25.8** sur les séries géométriques dérivées et d'étudier la série appelée " série du binôme négatif ". Pour tout entier naturel r et pour tout réel q appartenant à $]0, 1[$, on considère la suite $(S_n(r))_{n\geq r}$ définie par : $\forall n\geq r,\ S_n(r)=\displaystyle\sum_{k=r}^{n}\binom{k}{r}q^{k-r}$.

1. Quelques résultats préliminaires.

a) Justifier à l'aide d'un résultat du cours la convergence de la suite $(S_n(r))_{n\geq r}$ dans le cas où r est égal à 0, à 1, puis à 2. Quelle est sa limite dans chacun de ces cas ?

b) Pour r fixé, montrer que : $\dbinom{n}{r+1}\underset{n\to+\infty}{\sim}\dfrac{n^{r+1}}{(r+1)!}$. En déduire que $\displaystyle\lim_{n\to+\infty}\binom{n}{r+1}q^{n-r}=0$.

2. a) Montrer que, pour tout entier naturel n supérieur ou égal à $r + 1$:

$$(1-q)S_n(r+1) = S_{n-1}(r) - \binom{n}{r+1} q^{n-r}$$

b) Pour un certain entier naturel r, on suppose que la série $\sum \binom{k}{r} q^{k-r}$ $(k \geq r)$ converge, et que sa somme est : $\sum_{k=r}^{+\infty} \binom{k}{r} q^{k-r} = \frac{1}{(1-q)^{r+1}}$.

Montrer alors que la série $\sum \binom{k}{r+1} q^{k-r-1}$ converge et que : $\sum_{k=r+1}^{+\infty} \binom{k}{r+1} q^{k-r-1} = \frac{1}{(1-q)^{r+2}}$.

c) Conclure par récurrence sur r que $\sum \binom{k}{r} q^{k-r}$ converge, et que : $\sum_{k=r}^{+\infty} \binom{k}{r} q^{k-r} = \frac{1}{(1-q)^{r+1}}$.

D'après HEC

Pour vous aider à démarrer

Exercice 25.1. Utiliser les critères de convergence.

Exercice 25.3. Pour la question **1**, écrire $\ln(\frac{ab}{cd}) = \ln(\frac{a/c}{d/b}) = \ln(\frac{a}{c}) - \ln(\frac{d}{b})$.

Exercice 25.5. Pour la question **2.a)**, minorer chaque terme de la somme $S_{2n} - S_n$ par le plus petit d'entre eux.

Exercice 25.6. Pour la question **2.a)**, utiliser l'inégalité des accroissements finis.

Exercice 25.7. Pour la question **1.a)**, procéder par récurrence.

Pour la question **2.a)**, considérer la somme partielle de la série concernée.

Exercice 25.8. Pour la question **2.a)**, mettre en facteur 1/2 dans le terme général de la série qui définit $f(2x)$, puis effectuer un changement d'indice.

Pour la question **2.b)**, ne surtout pas dériver ! On ne sait pas si f est dérivable (une somme **finie** de fonctions dérivables est dérivable mais on ne sait rien d'une somme **infinie**). Il faut se donner deux réels x et y ($0 \leq x < y$), et comparer $f(x)$ et $f(y)$.

Pour la question **2.c)**, voir si f ne serait pas minorée.

Exercice 25.9. Pour la question **1.b)**, écrire $\binom{n}{r+1} = \frac{n(n-1)...(n-r)}{(r+1)!}$. Pour finir la question, on trouve la limite de $n^{r+1}q^n$, par exemple, en prenant le logarithme népérien et en faisant apparaître la quantité $\frac{\ln n}{n}$.

Pour la question **2.a)**, écrire la quantité $(1-q)S_n(r+1)$ comme deux sommes en distribuant $(1-q)$ sur la somme définissant $S_n(r+1)$. Pour finir, changer d'indice dans une somme, sortir un terme de chacune des sommes, puis regrouper les sommes qui restent en une seule somme pour laquelle la formule de Pascal sera utile.

Corrigé des vrai/faux

1.	2.	3.	4.	5.	6.	7.	8.	9.	10.
F	F	V	V	V	F	F	F	F	V

1. On considère la suite $(u_n)_{n\in\mathbb{N}^*}$ définie pour tout entier naturel n non nul par : $u_n = \frac{1}{n}$. Cette suite est bien décroissante et de limite nulle.

Pourtant la série de terme général $\frac{1}{n}$ diverge en tant que série de Riemann de paramètre 1.

2. Comme pour tout entier naturel n non nul, $\sqrt{n} = n^{\frac{1}{2}}$, on en déduit que la série de terme général $\frac{1}{\sqrt{n}}$ diverge (série de Riemann de paramètre $\frac{1}{2} \leq 1$).

3. Considérons la série de terme général $u_k = 0$. Alors la somme partielle $S_n = \sum_{k=0}^{n} 0$ est nulle.

Ainsi la suite (S_n) est convergente de limite nulle, ce qui signifie que la série de terme général 0 est convergente de somme nulle.

4. Pour tout entier naturel n, on a : $ne^{-n} = n\left(\frac{1}{e}\right)^n = \frac{1}{e} \times n\left(\frac{1}{e}\right)^{n-1}$.

La série de terme général $n\left(\frac{1}{e}\right)^{n-1}$ converge en tant que série géométrique dérivée d'ordre 1 de raison $\frac{1}{e}$ ($\left|\frac{1}{e}\right| = \frac{1}{e} < 1$).

La **propriété 25.1** assure alors que la série de terme général ne^{-n} converge.

5. Soit (u_n) une suite de réels positifs.

Si la série de terme général u_n converge, alors $\lim\limits_{n\to+\infty} u_n = 0$ et on dispose de l'équivalent classique : $\ln(1+u_n) \underset{+\infty}{\sim} u_n$. Les suites (u_n) et $(\ln(1+u_n))$ étant à termes positifs, par critère d'équivalence, la série de terme général $\ln(1+u_n)$ converge.

Corrigé

Réciproquement, si la série de terme général $\ln(1+u_n)$ converge, on a : $\lim_{n\to+\infty} \ln(1+u_n)=0$. Par continuité de l'exponentielle, on en déduit que $\lim_{n\to+\infty}(1+u_n)=1$, puis $\lim_{n\to+\infty} u_n=0$.

On a alors : $\ln(1+u_n)\underset{+\infty}{\sim} u_n$. Les suites (u_n) et $(\ln(1+u_n))$ étant à termes positifs, par critère d'équivalence, la série de terme général u_n converge.

Finalement, on peut conclure que : $\sum u_n$ converge si et seulement si $\sum \ln(1+u_n)$ converge. Autrement dit : les séries $\sum u_n$ et $\sum \ln(1+u_n)$ sont de même nature.

6. Supposons que la série de terme général $(u_{n+1}-u_n)$ converge.

Ceci signifie que la somme $\sum_{k=0}^{n-1}(u_{k+1}-u_k)$ possède une limite finie S quand n tend vers $+\infty$.

Mais $\sum_{k=0}^{n-1}(u_{k+1}-u_k)=u_n-u_0$ (par télescopage) donc on en déduit donc que la suite (u_n) possède une limite, mais cette limite vaut $S+u_0$.

Finalement, si la série de terme général $(u_{n+1}-u_n)$ converge, la suite (u_n) converge mais la somme de la série n'est pas égale à la limite de (u_n).

7. Considérons la suite (u_n) définie, pour tout n de $\mathbb{N}$*, par : $u_n=\frac{1}{n}$.

La série de terme général $(u_{n+1}-u_n)$ converge. En effet, on a $\sum_{k=1}^{n}(u_{k+1}-u_k)=\frac{1}{n+1}-1$ (par télescopage) et on en déduit que la série de terme général $u_{n+1}-u_n$ converge avec, en prime :

$$\sum_{k=1}^{+\infty}(u_{k+1}-u_k)=-1$$

Pourtant, la série de terme général u_n diverge (série de Riemann de paramètre 1).

8. Le terme général d'une série exponentielle s'écrit $u_n=\frac{x^n}{n!}$, avec x indépendant de n. La suite des sommes partielles associée à cette série est donc $(\sum_{k=0}^{n}\frac{x^k}{k!})_{n\in\mathbb{N}}$.

Remarque. Pour $n\geq 1$, en minorant $\sum_{k=0}^{n}\frac{n^k}{k!}$ par n (deuxième terme de la somme), on montre que : $\lim_{n\to+\infty}\sum_{k=0}^{n}\frac{n^k}{k!}=+\infty$.

9. Une série de Riemann est une série dont le terme général est du type $\frac{1}{n^\alpha}$ avec α indépendant de n. La série de terme général $\frac{1}{n^n}$ n'est donc pas une série de Riemann.

En revanche, dès que n est supérieur ou égal à 2, on a : $\frac{1}{n^n} \leq \frac{1}{n^2}$. Le critère de comparaison pour les séries à termes positifs garantit alors la convergence de la série de terme général $\frac{1}{n^n}$.

10. Considérons une série $\sum u_n$, absolument convergente.

Puisque la série de terme général $|u_n|$ converge, on en déduit grâce au **théorème 25.1** que $\lim_{n\to+\infty} |u_n| = 0$. Par définition de la limite (avec $\varepsilon = 1$), il existe un entier naturel N tel que :

$$\forall n \geq N, |u_n| \leq 1$$

On en déduit donc : $\forall n \geq N,\ |u_n|^2 \leq |u_n|$.

Comme $|u_n|^2 = u_n{}^2$, on obtient :

$$\forall n \geq N, u_n{}^2 \leq |u_n|$$

Les suites $(|u_n|)$ et $(u_n{}^2)$ sont à termes positifs et la série de terme général $|u_n|$ converge, donc, avec le critère de comparaison (**théorème 25.6**), la série de terme général $u_n{}^2$ converge.

❑ Les erreurs classiques

- Ne pas confondre la suite de terme général u_n, la série de terme général u_n et la suite des sommes partielles associées à la série.
- Avant de découper une somme, il faut s'assurer que toutes les sommes ainsi créées existent bien (à savoir s'assurer de la convergence des séries associées).
- La convergence du terme général vers 0 ne suffit pas pour assurer la convergence de la série associée.
- Le paramètre q dans les séries géométriques, et le paramètre x dans les séries exponentielles doivent être indépendants des variables k et n définissant u_k (ou u_n) ainsi que $S_n = \sum_{k=0}^{n} u_k$.

Corrigé

Corrigé des exercices

Exercice 25.1

1. Puisque $\lim\limits_{n\to+\infty} \dfrac{1}{n} = 0$, on en déduit : $a_n \underset{+\infty}{\sim} \dfrac{1}{n}$ (on a utilisé l'équivalent $e^x - 1 \underset{0}{\sim} x$).

De plus, la série de terme général $\dfrac{1}{n}$ diverge (série harmonique). Le critère d'équivalence pour les séries à termes positifs permet de conclure que la série de terme général a_n diverge.

⇨ *Méthode 25.2*

2. C'est une situation où il faut penser à faire un test de Riemann :

$\dfrac{b_n}{\frac{1}{n^2}} = n^2\, b_n = \dfrac{(\ln n)^2}{n}$. De plus, $\lim\limits_{n\to+\infty} \dfrac{(\ln n)^2}{n} = \lim\limits_{n\to+\infty} \left(\frac{\ln n}{\sqrt{n}}\right)^2 = 0$ donc : $b_n \underset{+\infty}{=} o\left(\frac{1}{n^2}\right)$.

Ensuite, la série de terme général $\dfrac{1}{n^2}$ est convergente (série de Riemann de paramètre 2 > 1). Les séries considérées étant à termes positifs, on conclut, grâce au critère de négligeabilité, que la série de terme général b_n est convergente.

⇨ *Méthode 25.4*

3. Pour tout entier naturel n non nul, $|c_n| \leq \dfrac{1}{n^2}\left(|\cos n| + |\sin n|\right) \leq \dfrac{2}{n^2}$.

La série de terme général $\dfrac{2}{n^2}$ est de même nature que la série de terme général $\dfrac{1}{n^2}$ qui converge en tant que série de Riemann de paramètre $2 > 1$. Grâce au critère de comparaison pour les séries à termes positifs, la série de terme général c_n converge absolument donc converge.

⇨ *Méthodes 25.3, 25.5*

Exercice 25.2

1. Pour tout entier naturel n, on a : $a_n = n\left(\frac{1}{e^2}\right)^n = \frac{1}{e^2} \times n\left(\frac{1}{e^2}\right)^{n-1}$.

La série de terme général $n\left(\frac{1}{e^2}\right)^{n-1}$ converge en tant que série géométrique dérivée d'ordre 1 de raison $\dfrac{1}{e^2}$, avec $\left|\dfrac{1}{e^2}\right| < 1$. La série de terme général a_n est donc convergente.

De plus, $\displaystyle\sum_{n=1}^{+\infty} a_n = \frac{1}{e^2}\sum_{n=1}^{+\infty} n\left(\tfrac{1}{e^2}\right)^{n-1} = \frac{1}{e^2} \times \frac{1}{\left(1-\frac{1}{e^2}\right)^2} = \frac{1}{e^2} \times \frac{e^4}{\left(e^2-1\right)^2} = \frac{e^2}{\left(e^2-1\right)^2}$.

⇨ *Méthode 25.7*

2. Pour tout entier n supérieur ou égal à 3, $b_n = \dfrac{n^2}{(n-1)!} = \dfrac{n(n-1)+n}{(n-1)!} = \dfrac{n}{(n-2)!} + \dfrac{n}{(n-1)!}$.

On poursuit ce raisonnement : $\dfrac{n}{(n-2)!} = \dfrac{(n-2)+2}{(n-2)!} = \dfrac{1}{(n-3)!} + \dfrac{2}{(n-2)!}$.

De plus, on a : $\dfrac{n}{(n-1)!} = \dfrac{(n-1)+1}{(n-1)!} = \dfrac{1}{(n-2)!} + \dfrac{1}{(n-1)!}$.

Finalement, on obtient : $\forall n \geq 3,\ \ b_n = \dfrac{1}{(n-3)!} + \dfrac{3}{(n-2)!} + \dfrac{1}{(n-1)!}$.

Les séries de termes généraux $\dfrac{1}{(n-1)!}$, $\dfrac{1}{(n-2)!}$ et $\dfrac{1}{(n-3)!}$ convergent en tant que séries exponentielles de paramètre 1. On en déduit que la série de terme général b_n converge.

De plus, $\displaystyle\sum_{n=1}^{+\infty} b_n = b_1 + b_2 + \sum_{n=3}^{+\infty}\left(\frac{1}{(n-3)!} + \frac{3}{(n-2)!} + \frac{1}{(n-1)!}\right)$.

Puisque toutes les séries convergent, on a : $\displaystyle\sum_{n=1}^{+\infty} b_n = 5 + \sum_{n=3}^{+\infty}\frac{1}{(n-3)!} + 3\sum_{n=3}^{+\infty}\frac{1}{(n-2)!} + \sum_{n=3}^{+\infty}\frac{1}{(n-1)!}$.

Calculons ces trois sommes :

- $\displaystyle\sum_{n=3}^{+\infty}\frac{1}{(n-3)!} = \sum_{n=0}^{+\infty}\frac{1}{n!} = e$.
- $\displaystyle\sum_{n=3}^{+\infty}\frac{1}{(n-2)!} = \sum_{n=2}^{+\infty}\frac{1}{(n-2)!} - 1 = \sum_{n=0}^{+\infty}\frac{1}{n!} - 1 = e - 1$.
- $\displaystyle\sum_{n=3}^{+\infty}\frac{1}{(n-1)!} = \sum_{n=1}^{+\infty}\frac{1}{(n-1)!} - (1+1) = \sum_{n=0}^{+\infty}\frac{1}{n!} - 2 = e - 2$.

Finalement : $\displaystyle\sum_{n=1}^{+\infty} b_n = 5e$.

⇨ *Méthode 25.7*

3. Pour tout entier naturel n supérieur ou égal à 1, on a :

$$c_n = \frac{n^2}{2^n} = \left(n(n-1)+n\right)\left(\tfrac{1}{2}\right)^n = n(n-1)\left(\tfrac{1}{2}\right)^n + n\left(\tfrac{1}{2}\right)^n = \frac{1}{4}n(n-1)\left(\tfrac{1}{2}\right)^{n-2} + \frac{1}{2}n\left(\tfrac{1}{2}\right)^{n-1}.$$

Les séries de termes généraux $n(n-1)\left(\tfrac{1}{2}\right)^{n-2}$ et $n\left(\tfrac{1}{2}\right)^{n-1}$ convergent en tant que séries géométriques (dérivée d'ordre 2 pour la première et d'ordre 1 pour la seconde) dont la raison est strictement comprise entre -1 et 1, donc la série de terme général c_n converge aussi.

De plus, $\displaystyle\sum_{n=1}^{+\infty} c_n = \frac{1}{4}\sum_{n=1}^{+\infty} n(n-1)\left(\tfrac{1}{2}\right)^{n-2} + \frac{1}{2}\sum_{n=1}^{+\infty} n\left(\tfrac{1}{2}\right)^{n-1} = \frac{1}{4}\sum_{n=2}^{+\infty} n(n-1)\left(\tfrac{1}{2}\right)^{n-2} + \frac{1}{2}\sum_{n=1}^{+\infty} n\left(\tfrac{1}{2}\right)^{n-1}$.

Corrigé

On en déduit que : $\displaystyle\sum_{n=1}^{+\infty} c_n = \frac{1}{4}\times\frac{2}{\left(1-\frac{1}{2}\right)^3}+\frac{1}{2}\times\frac{1}{\left(1-\frac{1}{2}\right)^2}=\frac{1}{4}\times 16+\frac{1}{2}\times 4 = 6$.

⇨ *Méthode 25.7*

Exercice 25.3

1. On remarque que : $\forall k \in \mathbb{N}^*,\ k^2+3k+2=(k+1)(k+2)$.

Ainsi, on a : $\ln\left(1+\dfrac{2}{k(k+3)}\right)=\ln\left(\dfrac{k^2+3k+2}{k(k+3)}\right)=\ln\left(\dfrac{(k+1)(k+2)}{k(k+3)}\right)=\ln\left(\dfrac{k+1}{k+3}\right)-\ln\left(\dfrac{k}{k+2}\right)$.

En posant $u_k=\ln\left(\dfrac{k}{k+2}\right)$, on en déduit que : $\ln\left(1+\dfrac{2}{k(k+3)}\right)=u_{k+1}-u_k$.

2. La question précédente donne : $\forall n\in\mathbb{N}^*,\ \displaystyle\sum_{k=1}^{n} v_k=\sum_{k=1}^{n}(u_{k+1}-u_k)$.

Par télescopage, on obtient : $\forall n\in\mathbb{N}^*,\ \displaystyle\sum_{k=1}^{n} v_k = u_{n+1}-u_1 = \ln\left(\frac{n+1}{n+3}\right)+\ln 3$.

Comme $\displaystyle\lim_{n\to+\infty}\frac{n+1}{n+3}=1$, on en déduit (par continuité de ln en 1) que : $\displaystyle\lim_{n\to+\infty}\ln\left(\frac{n+1}{n+3}\right)=0$.

Finalement, la série de terme général v_n converge et on a : $\displaystyle\sum_{k=1}^{+\infty} v_n=\ln 3$.

⇨ *Méthode 25.6*

Exercice 25.4

1. Pour tout entier naturel k non nul, on a :

$$\frac{k}{4k^2-1}=\frac{a}{2k+1}+\frac{b}{2k-1}\Leftrightarrow\frac{k}{4k^2-1}=\frac{2(a+b)k+(b-a)}{(2k+1)(2k+1)}\Leftrightarrow k=2(a+b)k+(b-a).$$

$$\frac{k}{4k^2-1}=\frac{a}{2k+1}+\frac{b}{2k-1}\Leftrightarrow\begin{cases}2(a+b)=1\\ b-a=0\end{cases}\text{ (par identification des coefficients).}$$

On a donc : $a=b=\dfrac{1}{4}$. Finalement : $\forall k\in\mathbb{N}^*,\ \dfrac{k}{4k^2-1}=\dfrac{1}{4}\times\dfrac{1}{2k+1}+\dfrac{1}{4}\times\dfrac{1}{2k-1}$.

2. La question **1** nous permet d'écrire : $\forall n\geq 1,\ \displaystyle\sum_{k=1}^{n}\frac{(-1)^{k+1}k}{4k^2-1}=\frac{1}{4}\left(\sum_{k=1}^{n}\frac{(-1)^{k+1}}{2k+1}+\sum_{k=1}^{n}\frac{(-1)^{k+1}}{2k-1}\right)$.

Après le changement d'indice $j=k-1$ dans la seconde somme, on obtient :

$\sum_{k=1}^{n}\frac{(-1)^{k+1}k}{4k^2-1}=\frac{1}{4}\left(\sum_{k=1}^{n}\frac{(-1)^{k+1}}{2k+1}+\sum_{j=0}^{n-1}\frac{(-1)^{j+2}}{2j+1}\right)=\frac{1}{4}\left(\sum_{k=1}^{n}\frac{(-1)^{k+1}}{2k+1}-\sum_{j=0}^{n-1}\frac{(-1)^{j+1}}{2j+1}\right)$, où l'on a utilisé le fait que $(-1)^{j+2}=-(-1)^{j+1}$ pour la deuxième égalité.

Par télescopage, on obtient : $\sum_{k=1}^{n}\frac{(-1)^{k+1}k}{4k^2-1}=\frac{1}{4}\left(\frac{(-1)^{n+1}}{2n+1}+1\right)$.

Remarquons alors que : $\lim_{n\to+\infty}\left|\frac{(-1)^{n+1}}{2n+1}\right|=\lim_{n\to+\infty}\frac{1}{2n+1}=0$. Ainsi, on a : $\lim_{n\to+\infty}\frac{(-1)^{n+1}}{2n+1}=0$.

Ceci prouve que la série de terme général $\frac{(-1)^{k+1}k}{4k^2-1}$ converge et, en passant à la limite sur la somme partielle, on trouve : $\sum_{k=1}^{+\infty}\frac{(-1)^{k+1}k}{4k^2-1}=\frac{1}{4}$.

⇨ *Méthode 25.6*

Exercice 25.5

1. a) Pour tout entier naturel k non nul, la fonction ln est continue et dérivable sur $[k,\,k+1]$.

De plus, pour tout x de $[k,k+1]$, $\ln'(x)=\frac{1}{x}$ et $\frac{1}{k+1}\leq\frac{1}{x}\leq\frac{1}{k}$.

L'inégalité des accroissements finis assure que : $\frac{1}{k+1}(k+1-k)\leq\ln(k+1)-\ln k\leq\frac{1}{k}(k+1-k)$.

Ainsi, pour tout entier naturel k non nul, $\frac{1}{k+1}\leq\ln(k+1)-\ln k\leq\frac{1}{k}$.

En sommant pour k allant de 1 à n ($n\geq 1$), on obtient : $\sum_{k=1}^{n}\frac{1}{k+1}\leq\sum_{k=1}^{n}(\ln(k+1)-\ln k)\leq\sum_{k=1}^{n}\frac{1}{k}$.

Après télescopage dans la somme centrale et changement d'indice dans la somme de gauche, on trouve : $\sum_{k=2}^{n+1}\frac{1}{k}\leq\ln(n+1)\leq\sum_{k=1}^{n}\frac{1}{k}$. On déduit de l'inégalité de droite que :

$$\forall n\in\mathbb{N}^*,\ S_n\geq\ln(n+1)$$

b) Comme $\lim_{n\to+\infty}\ln(n+1)=+\infty$, le théorème de comparaison assure que $\lim_{n\to+\infty}S_n=+\infty$.

On en conclut que la série harmonique diverge, avec de plus $\lim_{n\to+\infty}\sum_{k=1}^{n}\frac{1}{k}=+\infty$.

⇨ *Méthode 25.1*

2. a) Soit n un entier naturel non nul.

On a : $S_{2n}-S_n=\sum_{k=1}^{2n}\frac{1}{k}-\sum_{k=1}^{n}\frac{1}{k}=\sum_{k=n+1}^{2n}\frac{1}{k}$. De plus pour tout k de $[\![n+1,2n]\!]$, on a : $\frac{1}{k}\geq\frac{1}{2n}$.

Corrigé

En sommant cette inégalité pour k allant de $n+1$ à $2n$ (sachant qu'il y a donc n termes) on obtient : $S_{2n} - S_n \geq n \times \frac{1}{2n}$. Finalement, pour tout entier naturel n non nul, $S_{2n} - S_n \geq \frac{1}{2}$.

b) Supposons que la suite (S_n) converge et notons ℓ sa limite.
On en déduit que la suite (S_{2n}) converge aussi vers ℓ donc la suite $(S_{2n} - S_n)$ converge vers 0.
En passant à la limite dans l'inégalité obtenue en **2.a)**, on obtient : $0 \geq \frac{1}{2}$, ce qui est absurde.
Par conséquent, la suite (S_n) diverge, ce qui signifie que la série harmonique diverge.

⇨ *Méthode 25.1*

Exercice 25.6

1. On a : $x \in D_f \Leftrightarrow x > 0$ et $\ln x > 0 \Leftrightarrow x > 1$. On en déduit que : $D_f =]1, +\infty[$.
De plus, f est deux fois dérivable sur D_f et on a : $\forall x > 1,\ f'(x) = \frac{1}{x \ln x}$ et $f''(x) = -\frac{\ln x + 1}{(x \ln x)^2}$.

Pour tout réel x de D_f, on a : $(x \ln x)^2 > 0$ et $\ln x > 0$ donc $\ln x + 1 > 1 > 0$. On en déduit que f'' est strictement négative sur D_f. La fonction f' est donc strictement décroissante sur D_f et en particulier strictement décroissante sur $[2, +\infty[$.

2. a) La fonction f' est décroissante sur $[k, k+1]$ et strictement positive (car pour tout x élément de D_f on a $x \ln x > 0$) donc on a : $\forall t \in [k, k+1],\ 0 < f'(t) \leq \frac{1}{k \ln k}$.
L'inégalité des accroissements finis appliquée à f sur l'intervalle $[k, k+1]$ donne alors :

$$0 \leq f(k+1) - f(k) \leq \frac{1}{k \ln k}$$

Finalement, pour tout entier k supérieur ou égal à 2, on a : $f(k+1) - f(k) \leq \frac{1}{k \ln k}$.

b) En sommant la relation précédente pour k allant de 2 à n (avec $n \geq 2$), on trouve :

$$\sum_{k=2}^{n} \left(f(k+1) - f(k) \right) \leq \sum_{k=2}^{n} \frac{1}{k \ln k}$$

Après télescopage dans le membre de gauche, on obtient : $\sum_{k=2}^{n} \frac{1}{k \ln k} \geq \ln(\ln(n+1)) - \ln(\ln 2)$.

c) Puisque $\lim_{n \to +\infty} \ln(n+1) = +\infty$, par composition, on a : $\lim_{n \to +\infty} \ln(\ln(n+1)) = +\infty$.

Par minoration, on obtient $\lim\limits_{n\to+\infty}\sum_{k=2}^{n}\frac{1}{k\ln k}=+\infty$ et ainsi, la série de terme général $\frac{1}{k\ln k}$ diverge.

Exercice 25.7

1. a) Pour tout entier naturel n, posons $R(n)$: " $u_n\in\left]0,1\right[$ ".

- $R(0)$ est vraie par définition de la suite u.
- Soit n un entier naturel tel que $R(n)$ est vraie.

Par hypothèse de récurrence, u_n est un élément de $\left]0,1\right[$ donc $1-u_n$ est aussi dans $\left]0,1\right[$.

Ainsi, on a $0<u_n(1-u_n)<1$, c'est-à-dire : $0<u_{n+1}<1$. Dès lors, $R(n+1)$ est vraie.

- Finalement : $\forall n\in\mathbb{N},\ u_n\in\left]0,1\right[$.

b) Pour tout entier naturel n, on a : $u_{n+1}-u_n=-u_n^2<0$. La suite (u_n) est donc décroissante. Comme elle est minorée par 0, on en déduit qu'elle converge vers un élément ℓ de $[0,1]$.

Enfin, si $\lim\limits_{n\to+\infty}u_n=\ell$, alors $\lim\limits_{n\to+\infty}u_{n+1}=\ell$ et $\lim\limits_{n\to+\infty}(u_n)^2=\ell^2$ donc, en passant à la limite dans la relation $u_{n+1}+u_n^2=u_n$, on obtient $\ell+\ell^2=\ell$, ce qui équivaut à $\ell^2=0$. On conclut : $\ell=0$.

2.a) Pour tout entier naturel n, $\sum_{k=0}^{n}(\ln u_{k+1}-\ln u_k)=\ln u_{n+1}-\ln u_0$ (par télescopage).

Comme la suite (u_n) converge vers 0, on en déduit : $\lim\limits_{n\to+\infty}\ln u_{n+1}=-\infty$.

La suite des sommes partielles associée à la série de terme général $\ln u_{n+1}-\ln u_n$ diverge (puisqu'elle tend vers $-\infty$). On en conclut que la série de terme général $\ln u_{n+1}-\ln u_n$ diverge.

⇨ *Méthode 25.1*

b) Pour tout entier naturel n, on a : $\ln u_{n+1}-\ln u_n=\ln\left(\frac{u_{n+1}}{u_n}\right)=\ln(1-u_n)$.

Puisque $\lim\limits_{n\to+\infty}u_n=0$, on a : $\ln(1-u_n)\underset{+\infty}{\sim}-u_n$.

De plus, pour tout entier naturel n, u_n est dans $\left]0,1\right[$ donc $\ln(1-u_n)$ est dans $\left]-\infty,0\right[$.

Comme la série de terme général $\ln(1-u_n)$ diverge (question **2.a)**), alors, grâce au critère d'équivalence pour les séries à termes généraux négatifs, la série de terme général u_n diverge.

⇨ *Méthode 25.2*

Exercice 25.8

1. On a : $\forall x\geq 0,\ \forall k\in\mathbb{N},\ 2^k+x\geq 2^k>0$. On en déduit que : $\forall k\in\mathbb{N},\ 0\leq\frac{1}{2^k+x}\leq\left(\frac{1}{2}\right)^k$.

La série de terme général $\left(\frac{1}{2}\right)^k$ converge en tant que série géométrique de paramètre $\frac{1}{2} \in]-1,1[$. Le critère de comparaison pour les séries à termes positifs assure que la série de terme général $\frac{1}{2^k + x}$ converge pour tout réel x positif ou nul.

⇨ *Méthode 25.3*

2. a) On a : $\forall n \in \mathbb{N}^*$, $\sum_{k=0}^{n} \frac{1}{2^k + 2x} = \frac{1}{1+2x} + \sum_{k=1}^{n} \frac{1}{2^k + 2x} = \frac{1}{1+2x} + \frac{1}{2}\sum_{k=1}^{n} \frac{1}{2^{k-1} + x}$.

En posant $j = k-1$, on obtient : $\sum_{k=0}^{n} \frac{1}{2^k + 2x} = \frac{1}{1+2x} + \frac{1}{2}\sum_{j=0}^{n-1} \frac{1}{2^j + x}$.

En passant à la limite quand n tend vers $+\infty$ (toutes les séries convergent d'après la question **1.**), on obtient : $f(2x) = \frac{1}{2} f(x) + \frac{1}{1+2x}$.

b) Soit x et y deux réels positifs ou nuls tels que : $x < y$. Montrons que $f(x) \geq f(y)$.

De l'inégalité $x < y$, on déduit que : $\forall k \in \mathbb{N},\ 0 < 2^k + x < 2^k + y$ puis $\frac{1}{2^k + y} < \frac{1}{2^k + x}$.

En sommant cette dernière inégalité pour k allant de 0 à $+\infty$ (les séries convergent d'après la première question), on obtient : $f(y) \leq f(x)$. On peut conclure que f est décroissante sur $\mathbb{R}_+$.

c) En tant que somme de termes positifs, pour tout réel positif ou nul x, $f(x) \geq 0$.
f est donc décroissante et minorée sur $[0, +\infty[$. Elle possède donc une limite finie en $+\infty$.
Notons ℓ cette limite. En passant à la limite quand x tend vers $+\infty$ dans la relation obtenue en question **2.a)**, on obtient : $\ell = \frac{1}{2}\ell + 0$ soit $\ell = 0$.

Exercice 25.9

1. a) Soit q un élément de $]0,1[$.

- Cas $r = 0$. Pour tout entier naturel n, on a alors : $S_n(0) = \sum_{k=0}^{n} \binom{k}{0} q^k = \sum_{k=0}^{n} q^k$.

Le cours assure que $(S_n(0))_{n\geq 0}$ converge et que : $\lim_{n\to+\infty} S_n(0) = \frac{1}{1-q}$ (car $|q| < 1$).

- Cas $r = 1$. Pour tout entier naturel $n \geq 1$, on a alors : $S_n(1) = \sum_{k=1}^{n} \binom{k}{1} q^{k-1} = \sum_{k=1}^{n} k q^{k-1}$.

Le cours assure encore que $(S_n(1))_{n\geq 1}$ converge et que $\lim_{n\to+\infty} S_n(1) = \frac{1}{(1-q)^2}$.

• Cas $r = 2$. Pour tout entier naturel $n \geq 2$, on a alors : $S_n(2) = \sum_{k=2}^{n} \binom{k}{2} q^{k-2} = \sum_{k=2}^{n} \frac{k(k-1)}{2} q^{k-2}$.

Le cours assure que $\left(S_n(2)\right)_{n\geq 2}$ converge et que :

$$\lim_{n\to+\infty} S_n(2) = \frac{1}{2}\sum_{k=2}^{+\infty} k(k-1)q^{k-2} = \frac{1}{2}\times\frac{2}{(1-q)^3} = \frac{1}{(1-q)^3}$$

b) Soit r un entier naturel fixé.

On a : $\binom{n}{r+1} = \frac{n!}{(r+1)!(n-r-1)!} = \frac{n(n-1)\dots(n-r)}{(r+1)!}$.

Le numérateur de ce quotient est constitué de $(r+1)$ termes tous équivalents à n.

Par compatibilité du produit et du quotient avec les équivalents, $\binom{n}{r+1} \underset{n\to+\infty}{\sim} \frac{n^{r+1}}{(r+1)!}$.

On en déduit que : $\binom{n}{r+1} q^{n-r} \underset{n\to+\infty}{\sim} \frac{1}{(r+1)!} n^{r+1} q^{n-r}$. On a : $n^{r+1}q^{n-r} = \frac{1}{q^r} n^{r+1} q^n$.

Comme q^r ne dépend pas de n, il reste à trouver la limite lorsque n tend vers $+\infty$, de $n^{r+1}q^n$ et, comme q est élément de $]0,1[$ et $r+1>0$, le **théorème 24.8** du **chapitre 24** garantit que $q^n \underset{n\to+\infty}{=} o\left(\frac{1}{n^{r+1}}\right)$, soit : $\lim_{n\to+\infty} n^{r+1}q^n = 0$.

Démontrons ce résultat (pour le plaisir). On a : $\ln(n^{r+1}q^n) = (r+1)\ln n + n\ln q$, d'où :

$$\ln(n^{r+1}q^n) = n\left((r+1)\frac{\ln n}{n} + \ln q\right)$$

Par croissances comparées, $\lim_{n\to+\infty} \frac{\ln n}{n} = 0$, ce qui assure que la parenthèse tend vers $\ln q$, qui est strictement négatif, donc on a : $\lim_{n\to+\infty} \ln(n^{r+1}q^n) = -\infty$. On en déduit : $\lim_{n\to+\infty} n^{r+1}q^n = 0$.

Finalement, $\lim_{n\to+\infty} \frac{1}{(r+1)!} n^{r+1}q^{n-r} = 0$ donc : $\lim_{n\to+\infty} \binom{n}{r+1} q^{n-r} = 0$.

2. a) $\forall n \geq r+1$, $(1-q)S_n(r+1) = (1-q)\sum_{k=r+1}^{n} \binom{k}{r+1} q^{k-r-1} = \sum_{k=r+1}^{n} \binom{k}{r+1} q^{k-r-1} - \sum_{k=r+1}^{n} \binom{k}{r+1} q^{k-r}$.

En posant $j = k-1$ dans la première somme, puis en isolant les termes d'indice $j = r$ dans la première somme et $k = n$ dans la seconde somme, on obtient :

$$(1-q)S_n(r+1) = \sum_{j=r}^{n-1} \binom{j+1}{r+1} q^{j-r} - \sum_{k=r+1}^{n} \binom{k}{r+1} q^{k-r} = \sum_{j=r+1}^{n-1} \left(\binom{j+1}{r+1} - \binom{j}{r+1}\right) q^{j-r} + 1 - \binom{n}{r+1} q^{n-r}.$$

On en déduit que : $(1-q)S_n(r+1) = \sum_{j=r+1}^{n-1} \left(\binom{j+1}{r+1} - \binom{j}{r+1}\right) q^{j-r} + 1 - \binom{n}{r+1} q^{n-r}$.

Corrigé

La formule du triangle de Pascal donne : $(1-q)S_n(r+1)=\sum_{j=r+1}^{n-1}\binom{j}{r}q^{j-r}+1-\binom{n}{r+1}q^{n-r}$.

On réincorpore le 1 dans la somme (c'est le terme d'indice $j=r$) et on trouve :

$$(1-q)S_n(r+1)=\sum_{j=r}^{n-1}\binom{j}{r}q^{j-r}-\binom{n}{r+1}q^{n-r}$$

On en conclut que : $(1-q)S_n(r+1)=S_{n-1}(r)-\binom{n}{r+1}q^{n-r}$.

b) Soit r un entier naturel tel que $\sum\binom{j}{r}q^{j-r}$ converge et $\sum_{j=r}^{+\infty}\binom{j}{r}q^{j-r}=\frac{1}{(1-q)^{r+1}}$.

$\sum\binom{j}{r}q^{j-r}$ converge signifie que $S_{n-1}(r)$ possède une limite finie quand n tend vers $+\infty$.

Comme $\lim\limits_{n\to+\infty}\binom{n}{r+1}q^{n-r}=0$ (d'après la question **1.b)**), la relation de la question **2.a)** permet d'affirmer que $S_n(r+1)$ possède une limite finie quand n tend vers $+\infty$.

Ceci signifie exactement que la série de terme général $\binom{k}{r+1}q^{k-r-1}$ converge.

De plus, en passant à la limite sur n dans la relation de la question **2.a)**, on obtient :

$$(1-q)\sum_{k=r+1}^{+\infty}\binom{k}{r+1}q^{k-r-1}=\sum_{k=r}^{+\infty}\binom{k}{r}q^{n-r}-0$$

Comme on a supposé que $\sum_{k=r}^{+\infty}\binom{k}{r}q^{n-r}=\frac{1}{(1-q)^{r+1}}$, on en déduit alors :

$(1-q)\sum_{k=r+1}^{+\infty}\binom{k}{r+1}q^{k-r-1}=\frac{1}{(1-q)^{r+1}}$, soit $\sum_{k=r+1}^{+\infty}\binom{k}{r+1}q^{k-r-1}=\frac{1}{(1-q)^{r+2}}$.

c) Pour tout entier naturel r, on pose :

$$R(r):\text{" }\sum\binom{k}{r}q^{k-r}\text{ converge et }\sum_{k=r}^{+\infty}\binom{k}{r}q^{k-r}=\frac{1}{(1-q)^{r+1}}\text{ "}$$

L'initialisation $R(0)$ a été faite à la question **1.a)**.
Soit r un entier naturel tel que $R(r)$ est vraie.
La question **2.b)** donne alors :

$\sum\binom{k}{r+1}q^{k-r-1}$ converge et $\sum_{k=r+1}^{+\infty}\binom{k}{r+1}q^{k-r-1}=\frac{1}{(1-q)^{r+2}}$, c'est-à-dire que $R(r+1)$ est vraie.

Finalement, par récurrence, pour tout entier naturel r, $\sum\binom{k}{r}q^{k-r}$ converge et :

$$\sum_{k=r}^{+\infty}\binom{k}{r}q^{k-r}=\frac{1}{(1-q)^{r+1}}$$

⇨ *Méthode 25.6*

Chapitre 26
Dérivées successives

Philosophe et mathématicien, **Leibniz** introduit le calcul différentiel et intégral dans divers travaux écrit entre 1773 et 1777. Quelques années auparavant, **Newton** l'avait fait aussi par des méthodes un peu différentes mais le savant anglais n'avait rien publié. Encore de nos jours les notations de **Leibniz** sont en vigueur comme l'utilisation de dx pour dénoter un accroissement infiniment petit de la variable, de dy/dx pour noter la dérivée et du symbole $\int$, initiale du terme latin *summa* signifiant *somme*.

Gottfried Leibniz
1646-1716

Objectifs

Les incontournables

- ▷ Savoir calculer la dérivée $n^{ème}$ d'une fonction.
- ▷ Savoir étudier la convexité d'une fonction et en déduire des inégalités.
- ▷ Savoir utiliser la formule de Leibniz.

Et plus si affinités

- ▷ Savoir utiliser l'inégalité de convexité généralisée.

Résumé de cours

Fonctions de classe C

Dérivée $k^{\text{ème}}$

Définition 26.1. — Soit une fonction f définie sur un intervalle I de $\mathbb{R}$. Si f est dérivable k fois de suite sur I, ($k \in \mathbb{N}$), on note $f^{(k)}$ la dérivée $k^{\text{ème}}$ de f.

On a $f^{(0)} = f$ et, pour tout k de $\mathbb{N}^*$: $f^{(k)} = \left(f^{(k-1)}\right)'$.

Remarque 26.1. — La dérivée seconde de f est notée f''.

Définition 26.2 — Soit une fonction f définie sur un intervalle I de $\mathbb{R}$. Si f est dérivable k fois sur I et si $f^{(k)}$ est continue sur I, alors f est dite *de classe* C^k sur I.
On note $C^k(I)$ l'ensemble des fonctions f de classe C^k sur I.
On note enfin $C^\infty(I)$ l'ensemble des fonctions indéfiniment dérivables sur I, c'est-à-dire de classe C^k sur I, pour tout entier naturel k.

Théorème 26.1. — Les fonctions usuelles (voir le **théorème 13.4**) sont de classe C^∞ là où elles sont définies, sauf valeur absolue et racine $n^{\text{ème}}$ ($n \geq 2$) qui ne le sont pas en 0.

Théorème 26.2. — Sommes, combinaisons linéaires, produits, quotients bien définis, composées de fonctions de classe C^k, k étant un entier naturel, sont encore des fonctions de classe C^k. On a les mêmes résultats pour la classe C^∞.

Dérivées successives d'un polynôme

Propriété 26.1. — Soit n un entier naturel et P un polynôme de degré inférieur ou égal à n.
Les dérivées d'ordre supérieur ou égal à $n+1$ de P sont nulles.

Formule de Leibniz

Théorème 26.3. — Soit un entier naturel n et un intervalle I de $\mathbb{R}$. Si f et g sont deux fonctions n fois dérivables sur I, on a :

$$\forall x \in I,\ (fg)^{(n)}(x) = \sum_{k=0}^{n} \binom{n}{k} f^{(k)}(x) g^{(n-k)}(x)$$

⇨ **Méthode 26.1. Comment utiliser la formule de Leibniz ?**

■ Extremums

Théorème 26.4 — Toute fonction continue sur un segment est bornée et atteint ses bornes sur ce segment.

Remarque 26.2 — Ce théorème garantit que toute fonction continue sur un segment admet des extrema globaux sur ce segment, mais il ne donne pas leur valeur ni comment les trouver.

Définition 26.3 — Soit f une fonction dérivable sur un intervalle ouvert I. On appelle *point critique* de f tout réel x élément de I tel que $f'(x)=0$.

Propriété 26.2 — Soit f une fonction dérivable sur un intervalle ouvert I et x_0 un élément de I. Si f possède un extremum local en x_0 alors x_0 est un point critique de f.

Remarque 26.3 — Ce résultat est faux si l'étude est faite sur un intervalle qui n'est pas ouvert. Considérons la fonction f définie sur $[1,2]$ par : $f(x)=x^2$.

On observe que la dérivée de f ne s'annule pas sur $[1,2]$. Pourtant cette fonction possède un minimum atteint en 1 qui vaut 1 et un maximum atteint en 2 qui vaut 4.

Théorème 26.5 — Soit f une fonction de classe C^2 sur un intervalle ouvert I et x_0 un point critique de f.
Si $f''(x_0)>0$, alors f possède un minimum local en x_0.
Si $f''(x_0)<0$, alors f possède un maximum local en x_0.
Si $f''(x_0)=0$, on ne peut rien conclure.

Remarque 26.4 — Comme f'' est continue, la condition $f''(x_0)>0$ implique que f'' est positive sur un voisinage de x_0, ce qui signifie que f' est croissante sur ce voisinage et comme f' s'annule en x_0, on retrouve le fait que f' est négative à gauche de x_0 et positive à droite de x_0, et enfin que f décroît sur un voisinage à gauche de x_0 et croît sur un voisinage à droite de x_0 ce qui est bien la définition d'un minimum local en x_0.

Exemple 26.1. — La fonction carrée est de classe C^2 sur l'intervalle ouvert $\mathbb{R}$. Le réel 0 est le seul point critique de f. Enfin, on a : $\forall x\in\mathbb{R}, f''(x)=2>0$.
On retrouve donc bien le fait que la fonction carrée a un minimum local en 0.

■ Convexité et concavité

❑ Définition

Définition 26.4. — Soit une fonction f et un intervalle I inclus dans l'ensemble de définition de f. La fonction f est dite *convexe* sur I lorsque, quel que soit le segment $[a,b]$ inclus dans I, et quel que soit le réel t de $[0,1]$, on a :

$$f(ta+(1-t)b)\leq t\,f(a)+(1-t)f(b)$$

La fonction f est dite *concave* sur I lorsque, avec les mêmes notations, l'inégalité est :

$$f(ta+(1-t)b)\geq t\,f(a)+(1-t)f(b)\,.$$

Remarque 26.5 — L'inégalité traduisant le fait qu'une fonction f convexe est au-dessus de ses tangentes s'appelle communément *inégalité de convexité*.

Propriété 26.3. — La fonction f est concave sur I si, et seulement si, $-f$ est convexe sur I.

❑ Interprétation géométrique

L'ensemble des réels $ta+(1-t)b$ lorsque t parcourt $[0,1]$ est le segment $[a,b]$.

Graphiquement (voir ci-contre), f est *convexe* sur l'intervalle I lorsque la portion de (C_f) correspondant à tout segment $[a,b]$ inclus dans I, est en dessous de la *corde* passant par les points $(a,f(a))$ et $(b,f(b))$.

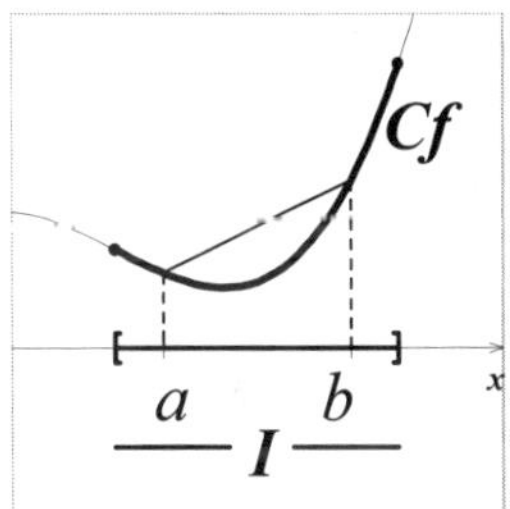

Elle est concave quand (C_f) est au-dessus de ses *cordes*.

❑ Généralisation de l'inégalité de convexité

Propriété 26.4. — Soit n un entier naturel non nul, f une fonction convexe sur l'intervalle I et $(\lambda_1,\ldots,\lambda_n)$ un n-uplet d'éléments de $[0,1]$ tels que $\sum_{k-1}^{n}\lambda_k=1$. On a :

$$\forall(x_1,\ldots,x_n)\in I^n,\ f\left(\sum_{k=1}^{n}\lambda_k x_k\right)\leq\sum_{k=1}^{n}\lambda_k f(x_k)$$

Remarque 26.6. — Sous les mêmes conditions mais avec f concave, on a :

$$\forall(x_1,\ldots,x_n)\in I^n,\ f\left(\sum_{k=1}^{n}\lambda_k x_k\right)\geq\sum_{k=1}^{n}\lambda_k f(x_k)$$

❑ Caractérisation de la convexité pour les fonctions de classe C^1

Théorème 26.6. — Soit une fonction f de classe C^1 sur un intervalle I.
Les propositions suivantes sont équivalentes :
- f est convexe sur I.
- f' est croissante sur I.
- La portion de (C_f) sur I est au-dessus de chacune de ses tangentes.

⇨ **Méthode 26.2. Comment utiliser la convexité ?**

Remarque 26.7. — Avec la même hypothèse de classe C^1 sur I, on a les équivalences :
- f est concave sur I.
- f' est décroissante sur I.
- La portion de (C_f) sur I est en dessous de chacune de ses tangentes.

❑ Caractérisation de la convexité pour les fonctions de classe C^2

Théorème 26.7. — Soit une fonction f de classe C^2 sur un intervalle I.

f est convexe sur I si, et seulement si : $\forall x \in I,\ f''(x) \geq 0$

Remarque 26.8. — Avec la même hypothèse, f est concave sur I si, et seulement si, pour tout réel x de I, on a : $f''(x) \leq 0$.

❑ Point d'inflexion

Définition 26.5. — Soit une fonction f définie au voisinage d'un réel x_0 de son ensemble de définition. On dit que le point $(x_0, f(x_0))$ est un *point d'inflexion* de la courbe (C_f) lorsque f passe de "convexe" à "concave", ou de "concave" à "convexe", en x_0.

Propriété 26.5. — Soit une fonction f dérivable en x_0.
(C_f) présente un point d'inflexion en $(x_0, f(x_0))$, si et seulement si la tangente à (C_f) en ce point "*traverse*" (C_f).

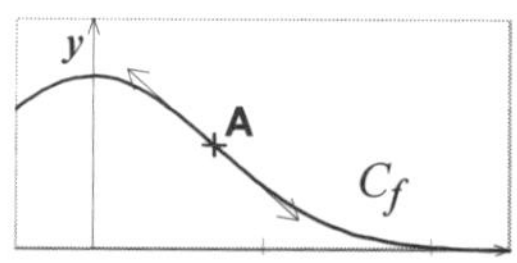

Théorème 26.8. — Soit une fonction f de classe C^2 sur un intervalle I et x_0 un élément intérieur à I (c'est-à-dire pas une extrémité).
Le point $(x_0, f(x_0))$ est un point d'inflexion de f si, et seulement si, f'' s'annule en changeant de signe en x_0.

Méthodes

Dérivées successives

Méthode 26.1. Comment utiliser la formule de Leibniz ?

Cette formule est utilisée pour dériver n fois un produit de deux fonctions n fois dérivables, les deux fonctions étant telles que la somme obtenue soit simplifiable.

⇨ Exercice 26.2.

Exemple. On considère la fonction f définie pour tout réel x par : $f(x) = x^2e^x$.

Déterminer, pour tout entier naturel n, $f^{(n)}(x)$.

Les fonctions $x \mapsto x^2$ et $x \mapsto e^x$ sont de classe C^∞ sur $\mathbb{R}$ donc on peut appliquer la formule de Leibniz : $\forall x \in \mathbb{R},\ f^{(n)}(x) = \sum_{k=0}^{n} \binom{n}{k} (x^2)^{(k)} (e^x)^{(n-k)}$ (les notations utilisées sont abusives mais bien pratiques dans ce cas). Seuls les deux premiers termes de la somme subsistent, puisque, à partir de la dérivée troisième, les dérivées successives de $x \mapsto x^2$ sont nulles. On trouve alors :

$$\forall x \in \mathbb{R},\ f^{(n)}(x) = x^2e^x + 2nxe^x + 2\frac{n(n-1)}{2}e^x = \left(x^2 + 2nx + n(n-1)\right)e^x.$$

Méthode 26.2. Comment utiliser la convexité ?

La convexité de la fonction f permet d'obtenir certaines inégalités en écrivant, soit que (C_f) est en dessous de chacune de ses cordes soit que (C_f) est au-dessus de chacune de ses tangentes. Ces résultats sont inversés pour une fonction concave.

⇨ Exercices 26.4, 26.6

Exemple. Montrer que : $\forall x \in \mathbb{R},\ e^x \geq x + 1$.

La fonction exp est de classe C^2, et quel que soit le réel x, $(\exp)''(x) = \exp x > 0$.

La fonction exp est convexe sur $\mathbb{R}$. Par suite, la courbe $(C_{\exp})$ est toujours au dessus de chacune de ses tangentes. En particulier, $(C_{\exp})$ est au-dessus de sa tangente au point d'abscisse 0, dont une équation est : $y = 1 \times (x - 0) + 1$, c'est-à-dire $y = x + 1$. On a donc : $\forall x \in \mathbb{R},\ e^x \geq x + 1$.

Remarque importante. Pour établir des inégalités telles que celle obtenue ci-dessus, on peut également tout faire passer dans le même membre puis étudier, si besoin est, la fonction ainsi obtenue.

Méthodes

Vrai/Faux

		Vrai	Faux
1.	La fonction $f: x \mapsto x\|x\|$ est de classe C^1 sur $\mathbb{R}$.	☐	☐
2.	Pour tout couple d'entiers naturels (k, n) tels que $k \leq n$, la dérivée $k^{\text{ème}}$ de la fonction $x \mapsto x^n$ est la fonction $x \mapsto \dfrac{n!}{(n-k)!} x^{n-k}$.	☐	☐
3.	La fonction *arc tangente* est convexe sur $\mathbb{R}$.	☐	☐
4.	Soit f la fonction logarithme népérien. Pour tout entier naturel n non nul, on a : $\forall x \in \mathbb{R}_+^*,\ f^{(n)}(x) = \dfrac{(-1)^{n-1}}{x^n}$.	☐	☐
5.	Soit α un réel. La fonction $x \mapsto x^\alpha$ est convexe sur $\mathbb{R}_+^*$.	☐	☐
6.	Une fonction qui n'est pas convexe est concave.	☐	☐
7.	Si f et g sont deux fonctions définies sur un même intervalle I et toutes deux convexes, alors $f + g$ est convexe.	☐	☐
8.	Soit g une fonction convexe sur I à valeurs dans J. Soit f une fonction croissante et convexe sur J. Alors $f \circ g$ est convexe sur I.	☐	☐
9.	Une fonction convexe sur $\mathbb{R}$ a un minimum.	☐	☐
10.	Si f est une fonction de classe C^2 sur $\mathbb{R}$, convexe et impaire, alors f'' est nulle sur $\mathbb{R}$.	☐	☐

■■ Énoncé des exercices

❑ **Exercice 26.1.** — On désigne par n un entier naturel. Calculer la dérivée $n^{\text{ème}}$ de la fonction f dans chacun des deux cas suivants :

1. $\forall x \in \mathbb{R},\ f(x) = x^k$, où k est un entier naturel. **2.** $\forall x > -1,\ f(x) = \ln(1+x)$.

❑ **Exercice 26.2.** * — Pour tout entier naturel n, on considère l'application H_n de $\mathbb{R}$ dans $\mathbb{R}$ définie pour tout réel x par : $H_n(x) = (-1)^n e^{\frac{x^2}{2}} \left(e^{-\frac{x^2}{2}} \right)^{(n)}$, où l'on a noté de façon un peu abusive, mais consacrée par l'usage pour sa commodité, $(f(x))^{(n)}$ à la place de $f^{(n)}(x)$.

Pour tout entier naturel n non nul, montrer que : $\forall x \in \mathbb{R},\ H_{n+1}(x) = xH_n(x) - nH_{n-1}(x)$.

❑ **Exercice 26.3.** * — Soit un entier naturel n non nul et une fonction f, n fois dérivable sur un intervalle $[a,b]$ (avec $a < b$), et s'annulant en $n+1$ points distincts de $[a,b]$.

1. Montrer que la dérivée de f s'annule en au moins n points distincts de $]a,b[$.

2. Montrer qu'il existe un réel c de $]a,b[$ tel que $f^{(n)}(c) = 0$.

3. Application : montrer que, pour tout polynôme P, l'équation $P(x) = e^x$ a un nombre fini de solutions (éventuellement aucune).

D'après ESCP

❑ **Exercice 26.4.** — En utilisant la convexité (ou la concavité) de fonctions connues, montrer les inégalités suivantes :

1. $\forall x > -1,\ \ln(1+x) \leq x$. **2.** $\forall x \in [1,e],\ \ln x \geq \dfrac{x-1}{e-1}$. **3.** $\forall x \in \left[0, \dfrac{\pi}{2}\right],\ \dfrac{2x}{\pi} \leq \sin x \leq x$.

❑ **Exercice 26.5.** — Soit la fonction f définie pour tout réel x par : $f(x) = \exp\left(-\dfrac{x^2}{2}\right)$.

Déterminer les points d'inflexion de la courbe représentative de f.

❑ **Exercice 26.6.** * — Soit n un entier naturel non nul. Montrer que, pour tout n-uplet de réels strictement positifs $(x_1, \ldots x_n)$, on a :

$$\sqrt[n]{x_1 \ldots x_n} \leq \frac{1}{n} \sum_{i=1}^{n} x_i$$

Pour vous aider à démarrer

Exercice 26.1. Pour la question **1**, faire deux cas : $n > k$ et $n \leq k$.
Pour la question **2**, conjecturer puis démontrer par récurrence.
Exercice 26.2. Utiliser la formule de Leibniz.
Exercice 26.3. Pour la question **1**, utiliser le théorème de Rolle en notant $a_0, \ldots, a_n$ les $(n+1)$ réels distincts en lesquels *f* s'annule, avec : $a \leq a_0 < a_1 < \cdots < a_n \leq b$.
Pour la question **2**, effectuer une récurrence finie.
Pour la question **3**, considérer la fonction *g* définie par $g(x) = P(x) - e^x$. En notant *n* le degré de *P*, supposer que l'équation $g(x) = 0$ ait au moins $(n+2)$ solutions distinctes et aboutir à une contradiction.
Exercice 26.4. Pour la question **1**, utiliser la concavité et considérer une tangente.
Pour la question **2**, utiliser la concavité et considérer une corde.
Pour la question **3**, utiliser la concavité et considérer une corde et une tangente.
Exercice 26.6. Prouver par récurrence que, pour tout entier naturel *n* non nul, on a :

$$\ln\left(\frac{1}{n}\sum_{i=1}^{n} x_i\right) \geq \frac{1}{n}\sum_{i=1}^{n} \ln x_i$$

Corrigé des vrai/faux

1.	2.	3.	4.	5.	6.	7.	8.	9.	10.
V	V	F	F	F	F	V	V	F	V

1. • Pour tout x strictement négatif, on a $f(x)=-x^2$ donc f est dérivable sur $]-\infty,0[$.

• Pour tout x strictement positif, on a $f(x)=x^2$ donc f est dérivable sur $]0,+\infty[$.

• De plus, pour tout x non nul, on a : $\dfrac{f(x)-f(0)}{x-0}=\dfrac{x|x|}{x}=|x|$.

On en déduit que $\lim\limits_{x\to 0}\dfrac{f(x)-f(0)}{x-0}=\lim\limits_{x\to 0}|x|=0$ donc f est dérivable en 0 et $f'(0)=0$.

Conclusion : f est dérivable sur $\mathbb{R}$.

• Étudions maintenant la continuité de f'. On déduit des deux premiers points que l'on a, pour tout x strictement négatif, $f'(x)=-2x$ et, pour tout x strictement positif, $f'(x)=2x$. On en déduit que f' est continue sur $]-\infty,0[$ et sur $]0,+\infty[$.

De plus, on a $\lim\limits_{x\to 0^+}f'(x)=\lim\limits_{x\to 0^-}f'(x)=0=f'(0)$. On en conclut que f' est continue sur $\mathbb{R}$.

Finalement, f est de classe C^1 sur $\mathbb{R}$.

2. Pour tout entier naturel n, pour tout réel x, on pose $f_n(x)=x^n$. La fonction f_n est de classe C^∞ sur $\mathbb{R}$.

Pour tout entier naturel k inférieur ou égal à n, on pose :

$$P(k):\text{" }\forall x\in\mathbb{R},\ f_n^{(k)}(x)=\frac{n!}{(n-k)!}x^{n-k}\text{ "}$$

• Pour $k=0$, pour tout réel x, on a : $f_n^{(0)}(x)=f_n(x)=x^n$ et $\dfrac{n!}{(n-0)!}x^{n-0}=x^n$. On en déduit que $P(0)$ est vraie.

• Soit k un entier de $[\![0,n-1]\!]$ fixé tel que $P(k)$ est vraie.

Pour tout réel x, on a : $f_n^{(k+1)}(x)=\left(f_n^{(k)}\right)'(x)=\dfrac{n!}{(n-k)!}(n-k)x^{n-k-1}=\dfrac{n!}{(n-k-1)!}x^{n-k-1}$. On en conclut que $P(k+1)$ est vraie.

• Finalement, par récurrence (finie), pour tout entier naturel k inférieur ou égal à n, on a :

$$\forall x\in\mathbb{R},\ f_n^{(k)}(x)=\frac{n!}{(n-k)!}x^{n-k}$$

3. La fonction Arctan est de classe C^2 sur $\mathbb{R}$. Pour tout réel x, on a :

$$\text{Arctan}'(x)=\frac{1}{1+x^2} \text{ et } \text{Arctan}''(x)=\frac{-2x}{(1+x^2)^2}$$

On en déduit : $\text{Arctan}''(x)\geq 0$ si $x\in\mathbb{R}_-$ et $\text{Arctan}''(x)\leq 0$ si $x\in\mathbb{R}_+$. On en conclut que Arctan est convexe sur $\mathbb{R}_-$ et concave sur $\mathbb{R}_+$.

4. • Pour $n=1$, on a bien : $f^{(1)}(x)=f'(x)=\frac{1}{x}=\frac{(-1)^0}{x^1}$.

• Pour $n=2$, on a bien : $f^{(2)}(x)=f''(x)=-\frac{1}{x^2}=\frac{(-1)^{2-1}}{x^2}$.

• Mais pour $n=3$, on a : $f^{(3)}(x)=\frac{2}{x^3}$ et $\frac{(-1)^{3-1}}{x^3}\neq\frac{2}{x^3}$.

5. Soit α un réel. Pour tout x de $\mathbb{R}_+^*$, on note : $f(x)=x^\alpha$. La fonction f est deux fois dérivable sur $\mathbb{R}_+^*$ et on a : $f'(x)=\alpha x^{\alpha-1}$ et $f''(x)=\alpha(\alpha-1)x^{\alpha-2}$. Pour tout x de $\mathbb{R}_+^*$, on a : $x^{\alpha-2}>0$. Le signe de $f''(x)$ dépend donc du signe de $\alpha(\alpha-1)$, qui n'est pas toujours positif (par exemple, pour $\alpha=\frac{1}{2}$). On en conclut que f n'est pas convexe sur $\mathbb{R}_+^*$.

6. Pour tout réel x, on pose $f(x)=x^3$. La fonction f est de classe C^2 sur $\mathbb{R}$ et, pour tout réel x, on a : $f'(x)=3x^2$ et $f''(x)=6x$. On en déduit : $f''(x)\leq 0$ si $x\leq 0$ et $f''(x)>0$ si $x>0$. En conclusion, f est concave sur $\mathbb{R}_-$ et convexe sur $\mathbb{R}_+$ donc f n'est ni convexe, ni concave sur $\mathbb{R}$.

7. Si f et g sont deux fonctions convexes sur un intervalle I, alors, quel que soit le réel t de $[0,1]$, on a, pour tout couple (a,b) de I^2 : $\begin{cases} f(ta+(1-t)b)\leq t\,f(a)+(1-t)f(b) \\ g(ta+(1-t)b)\leq t\,g(a)+(1-t)g(b)\end{cases}$

En ajoutant membre à membre, on en déduit :

$$(f+g)(ta+(1-t)b)\leq t(f+g)(a)+(1-t)(f+g)(b)$$

Conclusion : $f+g$ est convexe.

Remarque 1. On ferait la même démonstration si f et g étaient concaves (avec les inégalités dans l'autre sens).

Remarque 2. L'énoncé ne donnait aucun renseignement sur la dérivabilité de f et g, il fallait donc éviter d'utiliser des caractérisations utilisant f' et g', ou pire, f'' et g''.

8. Comme g est convexe sur I, on a :

$$\forall\lambda\in[0,1],\ \forall(x,y)\in I^2,\ g(\lambda x+(1-\lambda)y)\leq\lambda g(x)+(1-\lambda)g(y)$$

Comme f est croissante sur J, on obtient : $f\left(g\left(\lambda x+(1-\lambda)y\right)\right)\leq f\left(\lambda g(x)+(1-\lambda)g(y)\right)$. De plus, f est convexe sur J donc : $f\left(\lambda g(x)+(1-\lambda)g(y)\right)\leq \lambda f\left(g(x)\right)+(1-\lambda)f\left(g(y)\right)$.

Finalement, on a : $(f\circ g)\left(\lambda x+(1-\lambda)y\right)\leq \lambda(f\circ g)(x)+(1-\lambda)(f\circ g)(y)$.

Autrement dit : $f\circ g$ est convexe sur I.

Remarque. On ne pouvait pas utiliser l'arme de la dérivation puisque f et g ne sont pas données deux fois dérivables (ni même une fois).

9. Considérons une fonction convexe simple : la fonction exponentielle exponentielle.
On sait que exp réalise une bijection de $\mathbb{R}$ sur $\mathbb{R}_+^*$ et donc, pour tout réel x, on a : $\exp(x)>0$.
Pourtant la valeur 0 n'est jamais atteinte donc exp n'a pas de minimum.

10. Comme f est convexe, alors f'' est positive sur $\mathbb{R}$, ce qui donne :

$$\forall x\in\mathbb{R},\ f''(x)\geq 0 \text{ et } f''(-x)\geq 0 \qquad (1)$$

De plus, comme f est impaire, on prouve que f'' est également impaire en dérivant deux fois l'égalité $f(-x)=-f(x)$, ce qui donne $f'(x)=f'(-x)$ puis enfin :

$$\forall x\in\mathbb{R},\ f''(x)=-f''(-x) \qquad (2)$$

D'après (1), $f''(-x)\geq 0$ donc, grâce à (2), on en déduit : $f''(x)\leq 0$.

Comme d'après (1), on a $f''(x)\geq 0$, on en conclut que : $\forall x\in\mathbb{R},\ f''(x)=0$.

❑ Les erreurs classiques

- Ne pas se contenter de calculer une ou deux dérivées pour émettre une hypothèse de récurrence sur la dérivée $n^{\text{ème}}$.
- Il faut s'assurer que f est bien de classe C^2 avant d'utiliser la caractérisation de la convexité avec f''.
- Faire attention que l'on peut "fabriquer" une fonction de classe C^1 avec des fonctions qui ne sont pas de classe C^1 (voir **V/F 1**).
- Ne pas oublier que "concave" n'est pas le contraire de "convexe" (voir **V/F 6**).

Corrigé

Corrigé des exercices

Exercice 26.1

1. Soit n et k deux entiers naturels et f la fonction définie par $f(x)=x^k$.

La fonction f est de classe C^∞ sur $\mathbb{R}$ en tant que fonction polynomiale.
On obtient alors, pour tout réel x :

• Si n est inférieur ou égal à k, on a : $f^{(n)}(x)=\dfrac{k!}{(k-n)!}x^{k-n}$.

On prouve ce résultat par récurrence finie sur n appartenant à $[\![0,k]\!]$: pour $n = 0$, c'est évident, et si l'on suppose que, pour un certain n de $[\![0,k-1]\!]$, on a $f^{(n)}(x)=\dfrac{k!}{(k-n)!}x^{k-n}$, alors :

$$f^{(n+1)}(x)=\frac{k!}{(k-n)!}(k-n)x^{k-n-1}=\frac{k!}{(k-n-1)!}x^{k-n-1}=\frac{k!}{(k-(n+1))!}x^{k-(n+1)}.$$

• Si n est strictement supérieur à k, on a : $f^{(n)}(x)=0$ (on dérive un nombre de fois supérieur strictement au degré de la fonction).

2. Dans cette question, on a : $f(x)=\ln(1+x)$. Comme composée, la fonction f est de classe C^∞ sur $]-1,+\infty[$. Pour tout réel x de $]-1,+\infty[$, on a : $f'(x)=\dfrac{1}{1+x}$, $f''(x)=\dfrac{-1}{(1+x)^2}$, $f^{(3)}(x)=\dfrac{2}{(1+x)^3}$, $f^{(4)}(x)=\dfrac{-6}{(1+x)^4}$, etc.

Le calcul des premières dérivées nous fait conjecturer que : $\forall n\in\mathbb{N}^*, f^{(n)}(x)=\dfrac{(-1)^{n-1}(n-1)!}{(1+x)^n}$.

Prouvons ce résultat par récurrence sur n en posant $R(n)$: $f^{(n)}(x)=\dfrac{(-1)^{n-1}(n-1)!}{(1+x)^n}$.

$R(1)$ est vraie. En effet : $f'(x)=\dfrac{1}{x+1}=\dfrac{(-1)^0 0!}{(x+1)^1}$.

Soit n un entier naturel non nul tel que $R(n)$ est vraie.

On a alors : $f^{(n+1)}(x)=\left(f^{(n)}\right)'(x)=-\dfrac{(-1)^{n-1}(n-1)!\,n(1+x)^{n-1}}{(1+x)^{2n}}$.

Après simplifications, on trouve : $f^{(n+1)}(x)=\dfrac{(-1)^n n!}{(1+x)^{n+1}}$ et, ainsi $R(n+1)$ est vraie.

On en conclut, par récurrence, que pour tout entier naturel n non nul, on a, pour tout x strictement supérieur à -1 : $f^{(n)}(x)=\dfrac{(-1)^{n-1}(n-1)!}{(1+x)^n}$, avec de plus $f^{(0)}(x)=\ln(1+x)$.

Exercice 26.2

On a, pour tout réel x : $H_{n+1}(x)=(-1)^{n+1}e^{\frac{x^2}{2}}\left(e^{-\frac{x^2}{2}}\right)^{(n+1)}=(-1)^{n+1}e^{\frac{x^2}{2}}\left(-xe^{-\frac{x^2}{2}}\right)^{(n)}$.

En utilisant la formule de Leibniz, on obtient : $\left(-xe^{-\frac{x^2}{2}}\right)^{(n)}=-\sum_{k=0}^{n}\binom{n}{k}(x)^{(k)}\left(e^{-\frac{x^2}{2}}\right)^{(n-k)}$.

Or la fonction $x\mapsto x$ a une dérivée $k^{\text{ème}}$ nulle dès que k est supérieur ou égal à 2, il reste donc :

$$\left(-xe^{-\frac{x^2}{2}}\right)^{(n)}=-\left(\binom{n}{0}x\left(e^{-\frac{x^2}{2}}\right)^{(n)}+\binom{n}{1}\left(e^{-\frac{x^2}{2}}\right)^{(n-1)}\right).$$

On trouve alors : $H_{n+1}(x)=-(-1)^{n+1}e^{\frac{x^2}{2}}\left(x\left(e^{-\frac{x^2}{2}}\right)^{(n)}+n\left(e^{-\frac{x^2}{2}}\right)^{(n-1)}\right)$.

En arrangeant un peu, on a finalement :

$$H_{n+1}(x)=x(-1)^n e^{\frac{x^2}{2}}\left(e^{-\frac{x^2}{2}}\right)^{(n)}-n(-1)^{n-1}e^{\frac{x^2}{2}}\left(e^{-\frac{x^2}{2}}\right)^{(n-1)}=xH_n(x)-nH_{n-1}(x).$$

⇨ *Méthode 26.1*

Exercice 26.3

Soit n un entier naturel non nul et f une fonction n fois dérivable sur $[a,b]$ et s'annulant en $(n+1)$ points distincts de $[a,b]$. Notons ces points $(a_i)_{0\le i\le n}$, avec $a\le a_0<a_1<\ldots<a_n\le b$.

1. Pour tout i de $[\![0,n-1]\!]$, la fonction f est continue sur $[a_i,a_{i+1}]$, dérivable sur $]a_i,a_{i+1}[$ et on a : $f(a_i)=f(a_{i+1})=0$. Le théorème de Rolle assure que : $\exists c_i\in\,]a_i,a_{i+1}[\,\subset\,]a,b[,f'(c_i)=0$.
On en conclut que f' s'annule en au moins n points distincts de $]a,b[$: $c_0,c_1,\ldots,c_{n-1}$.

2. Soit k appartenant à $[\![1,n]\!]$. On pose $P(k)$: « $f^{(k)}$ s'annule en au moins $(n-k+1)$ points distincts de $]a,b[$ ». Prouvons la propriété $P(k)$ par récurrence finie.
La propriété $P(1)$ est vraie d'après la question **1**.
Soit k un élément de $[\![1,n-1]\!]$ tel que $P(k)$ est vraie.
Notons $(d_i)_{0\le i\le n-k}$, avec $d_0<d_1<\ldots<d_{n-k}$, les $(n-k+1)$ points distincts de $]a,b[$ en lesquels $f^{(k)}$ s'annule.

Corrigé

En appliquant le théorème de Rolle sur chaque intervalle $\left]d_i, d_{i+1}\right[$ (pour i élément de $[\![0, n-k-1]\!]$), on prouve qu'il existe e_i dans $\left]d_i, d_{i+1}\right[\subset \left]a, b\right[$ tel que : $f^{(k+1)}(e_i) = 0$.
Il existe donc au moins $(n-k)$ points distincts de $]a,b[$ en lesquels $f^{(k+1)}$ s'annule.
Ainsi, $P(k+1)$ est vraie.
Conclusion : pour tout entier naturel k de $[\![1, n]\!]$, $f^{(k)}$ s'annule en au moins $(n-k+1)$ points distincts de $]a,b[$.
En particulier pour $k = n$, $f^{(n)}$ s'annule en au moins un élément c de $]a,b[$.

3. Soit P un polynôme et g la fonction définie sur $\mathbb{R}$ par : $g(x) = P(x) - e^x$.
Notons n le degré de P. La fonction g est de classe C^∞ sur $\mathbb{R}$.
Supposons que l'équation $g(x) = 0$ possède au moins $n+2$ solutions distinctes.
D'après la question **2**, l'équation $g^{(n+1)}(x) = 0$ possède alors au moins une solution.
Mais, P étant de degré n, sa dérivée $(n+1)^{\text{ème}}$ est nulle et ainsi :

$$g^{(n+1)}(x) = 0 \text{ équivaut à } -e^x = 0$$

Comme ceci est impossible, l'équation $P(x) = e^x$ possède au plus $n+1$ solutions distinctes.
On en conclut que pour tout polynôme P, l'équation $P(x) = e^x$ possède un nombre fini de solutions.

Exercice 26.4

1. La fonction ln est de classe C^2 sur $\mathbb{R}_+^*$, et quel que soit le réel x de $\mathbb{R}_+^*$, $\ln''(x) = -\dfrac{1}{x^2} < 0$.
La fonction ln est donc concave sur $\mathbb{R}_+^*$ donc sa courbe est en dessous de ses tangentes.
Or $y = x - 1$ est une équation de sa tangente au point d'abscisse 1.
On en déduit que : $\forall x > 0, \ln x \leq x - 1$.
Enfin, en posant $t = x - 1$, on obtient : $\forall t > -1, \ln(1+t) \leq t$.

2. Comme la fonction ln est concave sur $\mathbb{R}_+^*$, sa courbe est au-dessus de ses cordes.
La corde qui passe par les points de coordonnées $(1,0)$ et $(e,1)$ a pour équation :

$$y = \frac{1}{e-1}x - \frac{1}{e-1} = \frac{x-1}{e-1}.$$

On en déduit : $\forall x \in [1, e], \ln x \geq \dfrac{x-1}{e-1}$.

3. La fonction sinus est de classe C^2 sur $\mathbb{R}$ et $\sin'' = -\sin$. Sur $\left[0, \dfrac{\pi}{2}\right]$, la fonction sinus prend des valeurs positives donc $\sin''$ prend des valeurs négatives. Par conséquent, la fonction sinus est concave sur $\left[0,\frac{\pi}{2}\right]$ et sa courbe se situe en dessous de ses tangentes. Comme la tangente au point d'abscisse 0 a pour équation $y=x$, on obtient alors :

$$\forall x\in\left[0,\frac{\pi}{2}\right],\ \sin x\le x$$

De plus, la courbe de la fonction sinus se situe au-dessus de ses cordes sur $\left[0,\frac{\pi}{2}\right]$.

Comme la corde reliant l'origine et le point de coordonnées $\left(\frac{\pi}{2},1\right)$ a pour équation $y=\frac{2}{\pi}x$, on en déduit que : $\forall x\in\left[0,\frac{\pi}{2}\right], \frac{2}{\pi}x\le\sin x$.

Finalement : $\forall x\in\left[0,\frac{\pi}{2}\right],\ \frac{2}{\pi}x\le\sin x\le x$.

⇨ *Méthode 26.2*

Remarque. Comme à la **méthode 26.2**, les inégalités obtenues dans cet exercice peuvent s'obtenir en faisant tout passer dans le même membre puis en étudiant la fonction obtenue.

Exercice 26.5

La fonction f est de classe C^2 sur $\mathbb{R}$.

Pour tout réel x, on trouve : $f'(x)=-x\exp\left(-\frac{x^2}{2}\right)$ et $f''(x)=\left(-1+x^2\right)\exp\left(-\frac{x^2}{2}\right)$.

La fonction exponentielle étant à valeurs strictement positives, on en déduit que $f''(x)$ est du signe de x^2-1, qui ne s'annule en changeant de signe qu'en -1 et en 1.
Finalement, la courbe représentative de f possède deux points d'inflexion qui ont pour coordonnées : $\left(-1,\exp\left(-\frac{1}{2}\right)\right)$ et $\left(1,\exp\left(-\frac{1}{2}\right)\right)$.

Remarque. Il est normal de trouver deux points d'inflexion symétriques par rapport à l'axe des ordonnées puisque f est une fonction paire.

Exercice 26.6

Soit $x_1,\dots,x_n$ n réels strictement positifs. On a : $\ln\left(\sqrt[n]{x_1\dots x_n}\right)=\ln\left(\left(x_1\dots x_n\right)^{\frac{1}{n}}\right)=\frac{1}{n}\sum_{i=1}^{n}\ln\left(x_i\right)$.

On va donc montrer que $\ln\left(\frac{1}{n}\sum_{i=1}^{n}x_i\right)\ge\frac{1}{n}\sum_{i=1}^{n}\ln x_i$.

On peut reconnaître l'inégalité généralisée de concavité pour la fonction ln, mais on va la démontrer par récurrence car il est prudent de connaître cette preuve.

Pour tout entier naturel n non nul, on pose $P(n)$: $\ln\left(\frac{1}{n}\sum_{i=1}^{n} x_i\right) \geq \frac{1}{n}\sum_{i=1}^{n} \ln x_i$.

• Pour $n=1$, on a bien $\ln(x_1) \leq \ln(x_1)$, donc $P(1)$ est vraie.

• Soit n un entier naturel non nul tel que $P(n)$ est vraie.

Considérons $n+1$ réels strictement positifs $x_1, \ldots, x_{n+1}$.

On a : $\ln\left(\frac{1}{n+1}\sum_{i=1}^{n+1} x_i\right) = \ln\left(\frac{1}{n+1}\sum_{i=1}^{n} x_i + \frac{1}{n+1}x_{n+1}\right) = \ln\left(\frac{n}{n+1}\left(\frac{1}{n}\sum_{i=1}^{n} x_i\right) + \frac{1}{n+1}x_{n+1}\right)$.

On remarque que $\frac{1}{n+1} \in [0,1]$ et $1 - \frac{1}{n+1} = \frac{n}{n+1}$.

Comme ln est concave sur $\mathbb{R}_+^*$, on obtient, par définition de la concavité (avec $\frac{1}{n}\sum_{i=1}^{n} x_i > 0$) :

$$\ln\left(\frac{n}{n+1}\left(\frac{1}{n}\sum_{i=1}^{n} x_i\right) + \frac{1}{n+1}x_{n+1}\right) \geq \frac{n}{n+1}\ln\left(\frac{1}{n}\sum_{i=1}^{n} x_i\right) + \frac{1}{n+1}\ln x_{n+1}.$$

D'après $P(n)$, on sait que $\ln\left(\frac{1}{n}\sum_{i=1}^{n} x_i\right) \geq \frac{1}{n}\sum_{i=1}^{n} \ln x_i$ donc on en déduit :

$$\ln\left(\frac{1}{n+1}\sum_{i=1}^{n+1} x_i\right) \geq \frac{n}{n+1} \times \frac{1}{n}\sum_{i=1}^{n} \ln x_i + \frac{1}{n+1}\ln x_{n+1}.$$

Finalement, on trouve : $\ln\left(\frac{1}{n+1}\sum_{i=1}^{n+1} x_i\right) \geq \frac{1}{n+1}\sum_{i=1}^{n+1} \ln x_i$, c'est-à-dire que $P(n+1)$ est vraie.

• On en conclut, par récurrence, que pour tout entier naturel n non nul, on a :

$$\ln\left(\frac{1}{n}\sum_{i=1}^{n} x_i\right) \geq \frac{1}{n}\sum_{i=1}^{n} \ln x_i$$

En revenant à l'égalité de départ, on obtient : $\ln\left(\sqrt[n]{x_1 \ldots x_n}\right) \leq \ln\left(\frac{1}{n}\sum_{i=1}^{n} x_i\right)$. Comme ln est strictement croissante sur $\mathbb{R}_+^*$, on en déduit : $\sqrt[n]{x_1 \ldots x_n} \leq \frac{1}{n}\sum_{i=1}^{n} x_i$.

Chapitre 27
Formules de Taylor Développements limités

Le conflit entre **Newton** et **Leibniz** sur la primauté de la découverte du calcul différentiel et intégral a été relayé par leurs disciples. Le mathématicien anglais Brook **Taylor** énonce en 1715 la formule qui porte son nom en écrivant $f(a+h) = f(a) + hf'(a) + 1/2\, h^2 f''(a) + \ldots$ sans se soucier de la convergence de la série. Jean **Bernoulli**, grand défenseur de Leibniz et pionnier des applications du calcul différentiel avoua en 1718 :

J'ai bien dit des injures, & de bien grosses,
à mon ami Mr Taylor, sur l'obscurité étonnante,
& la mauvaise façon de son livre.

Par la suite, Joseph **Lagrange** remarqua qu'on peut arrêter la formule à l'ordre n en introduisant un terme dépendant de la dérivée $(n+1)^{\text{ème}}$. Il introduisit ainsi les développements limités.

Brook Taylor
1685-1731

■■ Objectifs

■ Les incontournables

- ▷ Savoir appliquer les différentes formules de Taylor.
- ▷ Savoir écrire des développements limités.

■ Et plus si affinités

- ▷ Savoir utiliser les développements limités pour étudier localement une courbe.

Résumé de cours

Dans tout ce chapitre, n désigne un entier naturel, et I un intervalle de $\mathbb{R}$.

Formules de Taylor globales

Formule de Taylor avec reste intégral à l'ordre n

Théorème 27.1. — Si une fonction f est de classe C^{n+1} sur I, alors, pour tout couple (a, b) de I^2 ($a \le b$ ou $b \le a$), on a :

$$f(b) = f(a) + f'(a)(b-a) + \frac{f''(a)}{2}(b-a)^2 + \cdots + \frac{f^{(n)}(a)}{n!}(b-a)^n + \int_a^b \frac{(b-t)^n}{n!} f^{(n+1)}(t)dt$$

⇨ **Méthode 27.1. Comment obtenir des inégalités grâce à la formule de Taylor avec reste intégral ?**

Cas particulier 27.1. — Avec $a = 0$ et $b = x$: $f(x) = \sum_{k=0}^{n} \frac{f^{(k)}(0)}{k!} x^k + \int_0^x \frac{(x-t)^n}{n!} f^{(n+1)}(t)dt$.

Inégalité de Taylor-Lagrange à l'ordre n

Théorème 27.2. — Si f est de classe C^{n+1} sur I, si a et b sont dans I ($a \le b$ ou $b \le a$), et si, pour tout réel x de I, $\left|f^{(n+1)}(x)\right| \le M$, alors :

$$\left| f(b) - \sum_{k=0}^{n} \frac{f^{(k)}(a)}{k!}(b-a)^k \right| \le \frac{M\left|b-a\right|^{n+1}}{(n+1)!}$$

⇨ **Méthode 27.2. Comment obtenir des inégalités grâce à l'inégalité de Taylor-Lagrange ?**

Égalité de Taylor pour les polynômes

Théorème 27.3. — Soit P un polynôme de degré n, a et x deux réels. On a :

$$P(x) = P(a) + P'(a)(x-a) + \frac{P''(a)}{2}(x-a)^2 + \cdots + \frac{P^{(n)}(a)}{n!}(x-a)^n$$

Remarque 27.1. — La disparition du "reste intégral" est justifiée par le fait que $P^{(n+1)} = 0$.
Remarque 27.2. — Cette égalité permet de prouver que le réel a est racine d'ordre m de P si, et seulement si : $\forall k \in [\![0, m-1]\!]$, $P^{(k)}(a) = 0$ et $P^{(m)}(a) \neq 0$.

Cas particulier 27.2. — Avec $a = 0$. Si P désigne un polynôme de degré n, on a :

$$\forall x \in \mathbb{R},\ P(x) = \sum_{k=0}^{n} \frac{P^{(k)}(0)}{k!} x^k$$

■ Développements limités

❑ Formule de Taylor-Young à l'ordre n

Théorème 27.4. — Soit f une fonction de classe C^n sur I et a un élément quelconque de I (éventuellement une extrémité de I).
Lorsque x est au voisinage de a, on a :

$$f(x)\underset{a}{=}f(a)+f'(a)(x-a)+\frac{f''(a)}{2}(x-a)^2+\cdots+\frac{f^{(n)}(a)}{n!}(x-a)^n+o\left((x-a)^n\right)$$

En posant $h=x-a$, on obtient, lorsque h est au voisinage de 0 :

$$f(a+h)\underset{0}{=}f(a)+f'(a)\frac{h}{1!}+f''(a)\frac{h^2}{2!}+\cdots+f^{(n)}(a)\frac{h^n}{n!}+o(h^n)$$

❑ Développement limité d'ordre n

Définition 27.1. — On dit qu'une fonction f définie au voisinage d'un réel x_0 admet un *développement limité d'ordre n* en x_0 lorsqu'il existe $n+1$ réels $a_0,a_1,\ldots,a_n$ tels que, au voisinage de x_0 :

$$f(x)\underset{x_0}{=}\underbrace{a_0+a_1(x-x_0)+a_2(x-x_0)^2+\cdots+a_n(x-x_0)^n}_{\text{ce polynôme est appelé la } \textit{partie régulière} \text{ du développement limité}}+o\left((x-x_0)^n\right)$$

Théorème 27.5. — Unicité. Si une fonction admet un développement limité, alors il est unique.

Théorème 27.6. — Existence. Si une fonction est de classe C^n au voisinage de x_0, alors elle admet un développement limité d'ordre n en x_0, donné par la formule de Taylor-Young.

⇨ **Méthode 27.3. Comment obtenir un développement limité grâce à la formule de Taylor-Young ?**

Propriété 27.1. — Une fonction f est continue en x_0 si, et seulement si, au voisinage de x_0, elle admet le développement d'ordre 0 suivant : $f(x)\underset{0}{=}f(x_0)+o(1)$.

Propriété 27.2. — La fonction f admet un développement limité en x_0 à l'ordre 1 si, et seulement si, f est dérivable en x_0. Dans ce cas, on a, au voisinage de x_0 :

$$f(x)\underset{x_0}{=}f(x_0)+a(x-x_0)+o(x-x_0),\text{ avec } a=f'(x_0)$$

Remarque 27.3. — Par la suite, x_0 sera égal à 0 car tous les autres cas peuvent s'y ramener par changement de variable.

Propriété 27.3. — Si f est paire (respectivement impaire) et admet un développement limité en 0, alors sa partie régulière ne comporte que des puissances paires (respectivement impaires).

❑ Développements limités usuels au voisinage de 0

Théorème 27.7. — $\dfrac{1}{1-u} \underset{0}{=} 1+u+u^2+\ldots+u^n+o\left(u^n\right)$.

$\dfrac{1}{1+u} \underset{0}{=} 1-u+u^2-u^3+\ldots+(-1)^n u^n+o\left(u^n\right)$.

Théorème 27.8. — Pour tout réel α, on a :

$(1+u)^\alpha \underset{0}{=} 1+\dfrac{\alpha}{1!}u+\dfrac{\alpha(\alpha-1)}{2!}u^2+\ldots+\dfrac{\alpha(\alpha-1)\ldots(\alpha-n+1)}{n!}u^n+o\left(u^n\right)$.

Théorème 27.9. — $\ln(1+u) \underset{0}{=} u-\dfrac{u^2}{2}+\dfrac{u^3}{3}+\cdots+(-1)^{n-1}\dfrac{u^n}{n}+o(u^n)$.

Théorème 27.10. — $e^u \underset{0}{=} 1+\dfrac{u}{1!}+\dfrac{u^2}{2!}+\ldots+\dfrac{u^n}{n!}+o\left(u^n\right)$.

Théorème 27.11. — Fonctions trigonométriques

$\sin u \underset{0}{=} u-\dfrac{u^3}{3!}+\cdots+(-1)^n\dfrac{u^{2n+1}}{(2n+1)!}+o(u^{2n+1})$ et $\cos u \underset{0}{=} 1-\dfrac{u^2}{2!}+\dfrac{u^4}{4!}+\cdots+(-1)^n\dfrac{u^{2n}}{(2n)!}+o(u^{2n})$.

Remarque 27.4. — S'il en est besoin, on peut aussi écrire :

$\sin u \underset{0}{=} u-\dfrac{u^3}{3!}+\cdots+(-1)^n\dfrac{u^{2n+1}}{(2n+1)!}+o(u^{2n+2})$: en effet la fonction *sinus* étant impaire, la partie principale du développement limité ne contient pas de terme en u^{2n+2}.

$\cos u \underset{0}{=} 1-\dfrac{u^2}{2!}+\dfrac{u^4}{4!}+\cdots+(-1)^n\dfrac{u^{2n}}{(2n)!}+o(u^{2n+1})$: en effet la fonction *cosinus* étant paire, la partie principale du développement limité ne contient pas de terme en u^{2n+1}.

❑ Opérations sur les développements limités

Théorème 27.12. — Combinaison linéaire. Si deux fonctions f et g admettent chacune un développement limité en 0, à l'ordre n (on note P le polynôme définissant la partie régulière de f, et Q celui définissant celle de g), alors quels que soient les réels a et b, $af+bg$ admet un développement limité en 0, à l'ordre n.
Le polynôme définissant la partie régulière du développement limité de $af+bg$ est $aP+bQ$.

Théorème 27.13. — Produit. Si deux fonctions f et g admettent chacune un développement limité en 0, à l'ordre n (on note P le polynôme définissant la partie régulière de f, et Q celui définissant celle de g), alors fg admet un développement limité en 0, à l'ordre n.
On obtient la partie régulière du développement limité de fg en ne gardant que les termes dont le degré est inférieur ou égal à n dans le produit PQ.

⇨ **Méthode 27.4. Comment déterminer le développement limité de *fg* ?**

❑ Développements limités et équivalents

Théorème 27.14. — S'il existe deux entiers naturels p et n tels que $p \leq n$ pour lesquels on a $f(x) \underset{0}{=} a_p x^p + ... + a_n x^n + o(x^n)$, avec $a_p \neq 0$, alors : $f(x) \underset{0}{\sim} a_p x^p$.

Remarque 27.5. — En termes simples : une fonction est équivalente au premier terme non nul de son développement limité.

❑ Utilisation des développements limités

• Pour lever des indéterminations dans les calculs de limites.

⇨ **Méthode 27.5. Comment lever une indétermination ?**

• Pour étudier localement la position d'une courbe par rapport à sa tangente en un point ou la position d'une courbe par rapport à une asymptote (**exercices 27.7** et **27.8**).

⇨ **Méthode 27.6. Comment faire l'étude locale d'une courbe en un point ?**

• Pour déterminer des équivalents et, par exemple, en déduire la nature d'une série.

⇨ **Méthode 27.7. Comment étudier la nature d'une série ?**

Méthodes

Formules de Taylor globales

Méthode 27.1. Comment obtenir des inégalités grâce à la formule de Taylor avec reste intégral ?

La formule de Taylor avec reste intégral peut se montrer utile dès qu'il s'agit de comparer une certaine fonction avec un polynôme. Si ce polynôme est la partie polynomiale de la formule de Taylor associée à la fonction, il ne reste plus qu'à étudier le signe du reste intégral.
On pensera à la formule avec reste intégral de préférence à l'inégalité de Taylor-Lagrange dès qu'il n'y a pas de valeur absolue dans l'inégalité demandée.

⇨ Exercice 27.1

Exemple. Montrer que, pour tout réel x positif, $\sqrt{1+x} \leq 1+\frac{1}{2}x-\frac{1}{8}x^2+\frac{1}{16}x^3$.

Notons f la fonction définie par $f(t)=\sqrt{1+t}$. Étant donné le degré du polynôme dans le membre de droite, il est raisonnable de chercher à écrire une formule de Taylor à l'ordre 3.
La fonction f est de classe C^4 sur $]-1,+\infty[$, on peut lui appliquer la formule de Taylor-Lagrange avec reste intégral, entre 0 et x (x choisi positif), à l'ordre 3 :

$$f(x)=f(0)+f'(0)x+\frac{f''(0)}{2}x^2+\frac{f^{(3)}(0)}{6}x^3+\int_0^x \frac{(x-t)^3}{6}f^{(4)}(t)dt.$$

Calculons donc les dérivées successives de f en 0 :

$\forall t>-1,\ f'(t)=\frac{1}{2}(1+t)^{-\frac{1}{2}},\ f''(t)=-\frac{1}{4}(1+t)^{-\frac{3}{2}},\ f^{(3)}(t)=\frac{3}{8}(1+t)^{-\frac{5}{2}}$ et $f^{(4)}(t)=-\frac{15}{16}(1+t)^{-\frac{7}{2}}$

donc, $f(0)=1,\ f'(0)=\frac{1}{2},\ f''(0)=-\frac{1}{4}$ et $f^{(3)}(0)=\frac{3}{8}$. En reportant dans la formule :

$$\sqrt{1+x}=1+\frac{1}{2}x-\frac{1}{2\times 4}x^2+\frac{3}{6\times 8}x^3-\frac{15}{16\times 6}\int_0^x (x-t)^3(1+t)^{-7/2}dt.$$

Soit : $\sqrt{1+x}-\left(1+\frac{1}{2}x-\frac{1}{8}x^2+\frac{1}{16}x^3\right)=-\frac{5}{32}\int_0^x (x-t)^3(1+t)^{-7/2}dt$.

Or, pour tout réel t de $[0,x]$, $(x-t)^3(1+t)^{-7/2}\geq 0$. En intégrant cette inégalité (les bornes sont dans le bon sens car $x\geq 0$), on a $\int_0^x (x-t)^3(1+t)^{-7/2}dt\geq 0$, d'où $-\frac{5}{32}\int_0^x (x-t)^3(1+t)^{-7/2}dt\leq 0$.

Par suite, $\sqrt{1+x}-\left(1+\frac{1}{2}x-\frac{1}{8}x^2+\frac{1}{16}x^3\right)\leq 0$, et on en déduit l'inégalité demandée.

Méthodes

❑ Méthode 27.2. Comment obtenir des inégalités grâce à l'inégalité de Taylor-Lagrange ?

On pensera à employer l'inégalité de Taylor-Lagrange dès qu'il s'agira de majorer la valeur absolue de la différence entre une fonction et un polynôme. Si on décide de l'écrire pour une fonction f entre deux réels a et b (a n'a pas besoin d'être inférieur à b), à l'ordre n :

- On commence par s'assurer que f est de classe C^{n+1} sur un intervalle I contenant a et b (éventuellement l'intervalle $[a,b]$).
- On majore ensuite $\left|f^{(n+1)}\right|$ sur $[a,b]$ (une majoration sur I suffit).

Ce n'est que lorsque ces deux points sont vérifiés que l'on peut écrire l'inégalité de Taylor-Lagrange. Il ne reste plus alors qu'à le faire...

⇨ **Exercice 27.2**

Exemple. Soit la fonction φ définie sur $]0,+\infty[$ par $\varphi(t)=\dfrac{1}{t}$, et un entier n non nul.

Montrer que : $\forall(x,x_0)\in[n,+\infty[^2,\ \left|\varphi(x)-\varphi(x_0)-(x-x_0)\varphi'(x_0)\right|\leq\dfrac{(x-x_0)^2}{n^3}$.

La première idée qui vient à l'esprit (et ce sera la bonne) est d'écrire l'inégalité de Taylor-Lagrange à φ entre x et x_0 (x et x_0 donnés supérieurs ou égaux à n), à l'ordre 1.

φ est de classe C^2 sur $[n,+\infty[$ et, pour tout réel t de $[n,+\infty[$, $\left|\varphi''(t)\right|=\left|\dfrac{2}{t^3}\right|=\dfrac{2}{t^3}\leq\dfrac{2}{n^3}$.

L'inégalité de Taylor-Lagrange appliquée à φ entre x et x_0, à l'ordre 1, s'écrit alors :

$$\forall(x,x_0)\in[n,+\infty[^2,\left|\varphi(x)-\varphi(x_0)-(x-x_0)\varphi'(x_0)\right|\leq\frac{2\left|x-x_0\right|^2}{2n^3}.$$

Il reste à simplifier par 2, à remarquer que $\left|x-x_0\right|^2=(x-x_0)^2$ et le tour est joué.

■ Développements limités

❑ Méthode 27.3. Comment obtenir un développement limité grâce à la formule de Taylor-Young ?

La formule de Taylor-Young donne le développement limité d'une fonction f en un point a, à l'ordre n, dès que cette fonction est de classe C^n au voisinage de a. Dans la pratique, on réserve l'emploi de cette formule aux exercices théoriques ou difficiles (voir le **V/F 9**).

⇨ **Exercice 27.5**

Exemple (d'après HEC). Soit une fonction f de classe C^2 sur $\mathbb{R}$ et un réel x.

Calculer $\lim\limits_{h\to 0}\dfrac{f(x+h)+f(x-h)-2f(x)}{h^2}$.

La fonction f étant de classe C^2 sur $\mathbb{R}$, elle admet un développement limité en x, à l'ordre 2. Lorsque h est au voisinage de 0, on a : $f(x+h)=f(x)+f'(x)h+\dfrac{f''(x)}{2}h^2+o(h^2)$. Et puisque $(-h)$ tend vers 0 quand h tend vers 0, alors on peut remplacer h par $(-h)$ dans ce développement limité. Toujours au voisinage de 0, on a aussi :

$f(x-h)=f(x)+f'(x)(-h)+\dfrac{f''(x)}{2}(-h)^2+o((-h)^2)$, c'est-à-dire :

$f(x-h)=f(x)-f'(x)h+\dfrac{f''(x)}{2}h^2+o(h^2)$. En ajoutant ces deux développements limités (ils sont du même ordre), on trouve : $f(x+h)+f(x-h)=2f(x)+f''(x)h^2+o(h^2)$. On a donc, au voisinage de 0 : $f(x+h)+f(x-h)-2f(x)=f''(x)h^2+o(h^2)$. On a ainsi, toujours lorsque h est au voisinage de 0 : $\dfrac{f(x+h)+f(x-h)-2f(x)}{h^2}=\dfrac{f''(x)h^2+o(h^2)}{h^2}=f''(x)+o(1)$.

Finalement, $\lim\limits_{h\to 0}\dfrac{f(x+h)+f(x-h)-2f(x)}{h^2}=f''(x)$.

❑ Méthode 27.4. Comment déterminer le développement limité de *fg* ?

La méthode est simple :

- On commence par écrire les développements limités de f et g en 0, à l'ordre n

$$f(x)=a_0+a_1x+\cdots+a_nx^n+o(x^n) \text{ et } g(x)=b_0+b_1x+\cdots+b_nx^n+o(x^n).$$

- Le développement limité du produit fg en 0, à l'ordre n, est alors :

$$f(x)g(x)=(a_0+a_1x+\cdots+a_nx^n)(b_0+b_1x+\cdots+b_nx^n)+o(x^n).$$

Dans le développement de $(a_0+a_1x+\cdots+a_nx^n)(b_0+b_1x+\cdots+b_nx^n)$, on ne garde que les termes dont le degré est inférieur ou égal à n (ce qui allège les calculs !).

Remarque. Ceci reste évidemment valable si f ou g est polynomiale.

⇨ **Exercices 27.7, 27.8**

Exemple. Écrire le développement limité de f définie par $f(x)=\dfrac{e^x}{1-x}$, en 0, à l'ordre 2.

$f(x)=e^x\times\dfrac{1}{1-x}$, et au voisinage de 0, $e^x=1+x+\dfrac{1}{2}x^2+o(x^2)$ et $\dfrac{1}{1-x}=1+x+x^2+o(x^2)$.

On a donc, $f(x)=\underbrace{(1+x+\frac{1}{2}x^2)(1+x+x^2)}_{\text{on ne retient que les termes de degré inférieur à 2}}+o(x^2)=1+x+x^2+x+x^2+\dfrac{1}{2}x^2+o(x^2)$.

Le développement limité cherché est donc : $f(x)=1+2x+\dfrac{5}{2}x^2+o(x^2)$.

■ Utilité des développements limités

❑ Méthode 27.5. Comment lever une indétermination ?

Contrairement aux équivalents, les développements limités donnent de « vraies » égalités, ce qui fait qu'on peut les additionner ou les soustraire.
Une remarque très utile : une fonction est équivalente au premier terme **non nul** de son développement limité.

⇨ **Exercice 27.3**

Exemple. Calculer $\lim\limits_{x\to 0}\left(\dfrac{1}{x}-\dfrac{1}{\ln(1+x)}\right)$.

Il s'agit bien ici d'une forme indéterminée, et les équivalents ne permettent pas de conclure à eux seuls (hors de question de dire que $\ln(1+x)\underset{0}{\sim}x$, puis soustraire pour dire que la limite vaut 0 : on ne soustrait pas les équivalents).

Remarquons que, au voisinage de 0, on a : $\dfrac{1}{x}-\dfrac{1}{\ln(1+x)}\underset{0}{=}\dfrac{\ln(1+x)-x}{x\ln(1+x)}$.

• Dénominateur : $\ln(1+x)\underset{0}{\sim}x$, donc $x\ln(1+x)\underset{0}{\sim}x^2$ (pas de problème avec la multiplication)

• Numérateur : au voisinage de 0, on a $\ln(1+x)\underset{0}{=}x-\dfrac{1}{2}x^2+o(x^2)$, d'où :

$\ln(1+x)-x\underset{0}{=}-\dfrac{1}{2}x^2+o(x^2)$ (l'ordre du développement limité est suggéré par l'équivalent déjà trouvé du dénominateur). On en déduit un équivalent du numérateur : $\ln(1+x)-x\underset{0}{\sim}-\dfrac{1}{2}x^2$.

Par suite, $\dfrac{1}{x}-\dfrac{1}{\ln(1+x)}\underset{0}{\sim}\dfrac{-x^2/2}{x^2}$ et on obtient : $\lim\limits_{x\to 0}\left(\dfrac{1}{x}-\dfrac{1}{\ln(1+x)}\right)=-\dfrac{1}{2}$.

❑ Méthode 27.6. Comment faire l'étude locale d'une courbe en un point ?

Si, au voisinage de 0, on a $f(x)=a_0+a_1x+a_2x^2+o(x^2)$, alors :
• La droite d'équation $y=a_0+a_1x$ est tangente à (C_f) au point A d'abscisse 0.
• Si $a_2<0$, alors (C_f) est localement située en dessous de sa tangente.
• Si $a_2>0$, alors (C_f) est localement située au-dessus de sa tangente.

⇨ **Exercices 27.7, 27.8**

Exemple. Faire l'étude locale complète en 0 de la fonction *f* définie par $f(x)=e^{-2x}\sqrt{1+x}$.

• Au voisinage de 0, $e^u \underset{0}{=} 1+u+\frac{1}{2}u^2+o(u^2)$ et $\lim_{x\to 0}(-2x)=0$, on peut donc remplacer u par $(-2x)$ dans le développement limité au voisinage de 0, on obtient : $e^{-2x} \underset{0}{=} 1-2x+2x^2+o(x^2)$.

• Au voisinage de 0, on a : $\sqrt{1+x}=(1+x)^{1/2} \underset{0}{=} 1+\frac{1}{2}x-\frac{1}{8}x^2+o(x^2)$.

Il reste à multiplier : $e^{-2x}\sqrt{1+x} \underset{0}{=} (1-2x+2x^2)(1+\frac{1}{2}x-\frac{1}{8}x^2)+o(x^2)$

$$e^{-2x}\sqrt{1+x} \underset{0}{=} 1+\frac{1}{2}x-\frac{1}{8}x^2-2x-x^2+2x^2+o(x^2) \underset{0}{=} 1-\frac{3}{2}x+\frac{7}{8}x^2+o(x^2).$$

Conclusion : la tangente à (C_f) au point d'abscisse 0 est la droite d'équation $y=-\frac{3}{2}x+1$, et puisque $\frac{7}{8}x^2 \geq 0$, la courbe (C_f) est au-dessus de cette tangente au voisinage de 0.

❑ Méthode 27.7. Comment étudier la nature d'une série ?

> Parfois le terme général u_n est trop compliqué pour pouvoir en déterminer un équivalent facilement (par exemple si u_n se présente sous la forme d'une somme). Dans ce cas, l'usage d'un développement limité en $\frac{1}{n}$ s'impose.

⇨ Exercice 27.4

Exemple. Quelle est la nature de la série de terme général $u_n = \frac{1}{n} - \ln(1+\frac{1}{n})$?

On sait que, lorsque u est au voisinage de 0, on a : $\ln(1+u) \underset{0}{=} u-\frac{u^2}{2}+o(u^2)$.

Comme $\lim_{n\to+\infty}\frac{1}{n}=0$, on peut appliquer ce développement limité avec $u=\frac{1}{n}$ et on obtient :

$u_n \underset{+\infty}{=} \frac{1}{n} - \left(\frac{1}{n}-\frac{1}{2n^2}+o(\frac{1}{n^2})\right) \underset{+\infty}{=} \frac{1}{2n^2}+o(\frac{1}{n^2})$. On en déduit que : $u_n \underset{+\infty}{\sim} \frac{1}{2n^2}$.

Comme la série de terme général $\frac{1}{n^2}$ converge (série de Riemann de paramètre 2 > 1), le critère d'équivalence pour les séries à termes positifs assure que la série de terme général u_n converge.

■■ Vrai/Faux

		Vrai	Faux
1.	L'inégalité de Taylor-Lagrange à l'ordre 0 n'est autre que l'une des deux versions de l'inégalité des accroissements finis.	☐	☐
2.	Pour montrer que, quel que soit le réel positif x, $e^x \geq 1+x+\dfrac{x^2}{2}$, une bonne idée est d'utiliser la formule de Taylor-Young à l'ordre 2.	☐	☐
3.	Soit f la fonction définie sur $[-2,+\infty[$ par $f(x)=\sqrt{x+2}$. Son développement limité en 0 à l'ordre 1 est : $f(x) \underset{0}{=} 2+\dfrac{x}{2}+o(x)$.	☐	☐
4.	Les coefficients de la partie polynomiale du développement limité de la fonction $u \mapsto \ln(1-u)$ en 0, sont tous négatifs.	☐	☐
5.	Le développement limité à l'ordre 2 de $\ln x$ au voisinage de 0 est : $\ln x \underset{0}{=} x-\dfrac{x^2}{2}+o(x^2)$.	☐	☐
6.	$1+x+x^2+x^3\ln x$ admet un développement limité d'ordre 2 en 0^+.	☐	☐
7.	Le coefficient de x^n (n étant un entier naturel) dans le développement limité de $\sqrt{1+x}$ en 0, est $\dfrac{(-1)^{n-1}(2n)!}{(2n-1)4^n(n!)^2}$.	☐	☐
8.	Si le développement limité d'une fonction f impaire, en 0, à l'ordre 3, est $f(x) \underset{0}{=} x-x^3+o(x^3)$, alors son développement limité à l'ordre 4, en 0, est $f(x) \underset{0}{=} x-x^3+o(x^4)$.	☐	☐
9.	On a : $\tan x \underset{0}{=} x+\dfrac{x^3}{3}+o(x^3)$.	☐	☐
10.	Puisque, au voisinage de 0, $e^u \underset{0}{=} 1+u+\dfrac{u^2}{2}+o(u^2)$, et puisque $(1+u)(1+u+\dfrac{u^2}{2})=1+2u+\dfrac{3u^2}{2}+\dfrac{u^3}{2}$, alors le développement limité de $(1+u)e^u$ en 0, à l'ordre 3, est $(1+u)e^u \underset{0}{=} 1+2u+\dfrac{3u^2}{2}+\dfrac{u^3}{2}+o(u^3)$.	☐	☐

Énoncé des exercices

❑ **Exercice 27.1.** — Soit un entier naturel n et un réel x négatif. Montrer que :

$$\sum_{k=0}^{2n+1} \frac{x^k}{k!} \leq e^x \leq \sum_{k=0}^{2n} \frac{x^k}{k!}$$

❑ **Exercice 27.2.** * — On désigne par n un entier naturel non nul.

1. Exprimer la dérivée $n^{\text{ème}}$ de la fonction f définie par $f(x) = \ln(1+x)$.

2. Montrer que, pour tout réel x positif, $\left| \ln(1+x) - \sum_{k=1}^{n} \frac{(-1)^{k-1}}{k} x^k \right| \leq \frac{x^{n+1}}{n+1}$.

3. En déduire que la série $\sum \frac{(-1)^{k-1}}{k}$ converge et donner sa somme.

❑ **Exercice 27.3.** * — Soit la fonction f définie sur $\mathbb{R}$ par : $\begin{cases} f(x) = \dfrac{e^{-x}-1}{x} & \text{si } x \neq 0 \\ f(0) = -1 \end{cases}$.

1. Montrer que f est continue sur $\mathbb{R}$.

2. a) Montrer que f est de classe C^1 sur $\mathbb{R}_+^*$ et sur $\mathbb{R}_-^*$, et exprimer $f'(x)$ pour tout x non nul.

b) Calculer la limite de $f'(x)$ lorsque x tend vers 0.

c) Montrer que f est de classe C^1 sur $\mathbb{R}$.

❑ **Exercice 27.4.** * — Un exemple de développement asymptotique.

1. Rappeler le développement limité de $\ln(1+u)$ à l'ordre 2 lorsque u est au voisinage de 0.

2. En déduire la nature de la série de terme général $u_n = \left(1 - \frac{1}{\sqrt{n}}\right)^n$.

❑ **Exercice 27.5.** * — Soit φ la fonction définie sur $\mathbb{R}$ par $\varphi(x) = \int_0^x f(t)\,dt$, où f est une fonction de classe C^1 sur $\mathbb{R}$ telle que $f(0) = 0$ et $f'(0) \neq 0$.

1. Donner un équivalent de $\varphi(x)$ au voisinage de 0.

2. Application : donner un équivalent, lorsque n est au voisinage de $+\infty$, de $\int_0^{1/n} \ln(1+x)\,dx$.

❑ **Exercice 27.6.** * — Écrire le développement limité de la fonction f définie par $f(x) = \ln(2+x)$, en 0, à l'ordre 2.

❑ **Exercice 27.7.** * — Soit f la fonction définie par : $f(x)=\dfrac{\sqrt{1-x}}{1+x}$. Faire l'étude locale de f au voisinage de 0 (tangente au point (0, 1) et position de la courbe par rapport à cette tangente).

❑ **Exercice 27.8.** * — Pour tout entier naturel n non nul, on considère la fonction f_n définie sur $]0,+\infty[$ par $f_n(x)=x\,e^{-n/x}$ et on note (C_n) sa courbe dans un repère orthonormé $(O,\vec{i},\vec{j})$.

1. a) Rappeler le développement limité à l'ordre 2 de e^u lorsque u est au voisinage de 0.

b) En déduire que, lorsque x est au voisinage de $+\infty$, on a : $f_n(x)=x-n+\dfrac{n^2}{2x}+o\left(\dfrac{1}{x}\right)$.

2. En déduire qu'au voisinage de $+\infty$, (C_n) admet une asymptote "oblique" (D_n) dont on donnera une équation. Préciser la position relative de (D_n) et (C_n) au voisinage de $+\infty$.

D'après EDHEC

■ Pour vous aider à démarrer

Exercice 27.1. Appliquer deux fois la formule de Taylor avec reste intégral .

Exercice 27.2. Pour la question **1**, conjecturer à l'aide des premières valeurs de n, puis en faire la preuve par récurrence.
Pour la question **3**, remplacer x par 1 dans l'inégalité obtenue à la question **2**.

Exercice 27.3. Pour la question **2.b)**, écrire le développement limité de e^{-x} en 0, à l'ordre 2, en déduire celui de $1-(x+1)e^{-x}$ en 0, à l'ordre 2, puis un équivalent du numérateur de $f'(x)$ en 0.
Pour la question **2.c)**, c'est le théorème de prolongement des fonctions de classe C^1.

Exercice 27.4. Pour la question **2**, écrire u_n sous forme exponentielle.

Exercice 27.5. Pour la question **1**, écrire la formule de Taylor-Young pour φ à l'ordre 2 en 0.

Exercice 27.6. Mettre 2 en facteur, puis poser $u=x/2$.

Exercice 27.7. Faire le produit des développements limités de $\sqrt{1-x}$ et $\dfrac{1}{1+x}$.

Exercice 27.8. Pour la question **2**, calculer $\lim\limits_{x\to+\infty}\left(f_n(x)-(x-n)\right)$.

Corrigé des vrai/faux

1.	2.	3.	4.	5.	6.	7.	8.	9.	10.
V	F	F	V	F	V	V	F	V	F

1. L'inégalité de Taylor-Lagrange à l'ordre 0 donne : $\forall(a,b)\in I^2, \left|f(b)-f(a)\right|\leq M\left|b-a\right|$ où M est un majorant de $|f'|$ sur I. On retrouve une inégalité des accroissements finis.

2. La formule de Taylor-Young donne des informations locales et non globales, on ne peut donc pas en déduire le signe d'une expression sur $\mathbb{R}_+$ mais seulement au voisinage d'un réel.

3. Pour tout réel x de $[-2,+\infty[$, on a : $f(x)=\left(2\left(\frac{x}{2}+1\right)\right)^{\frac{1}{2}}=\sqrt{2}\left(1+\frac{x}{2}\right)^{\frac{1}{2}}$. Les formules usuelles donnent : $f(x)\underset{0}{=}\sqrt{2}\left(1+\frac{1}{2}\times\frac{x}{2}+o(x)\right)\underset{0}{=}\sqrt{2}+\frac{x}{2\sqrt{2}}+o(x)$.

Remarque. On pouvait simplement remarquer que le terme constant du développement limité proposé n'était pas égal à $f(0)$.

4. On sait que, en 0 : $\ln(1+x)\underset{0}{=}\sum_{k=1}^{n}\frac{(-1)^{k-1}x^k}{k}+o(x^n)$.

Comme $\lim_{u\to 0}(-u)=0$, on en déduit que :

$$\ln(1-u)\underset{0}{=}\sum_{k=1}^{n}\frac{(-1)^{k-1}(-u)^k}{k}+o(u^n)\underset{0}{=}-\sum_{k=1}^{n}\frac{u^k}{k}+o(u^n)$$

Les coefficients de la partie polynomiale du développement limité de la fonction $u\mapsto\ln(1-u)$ en 0, sont donc tous négatifs.

5. Le développement limité proposé dans cette question est celui de $\ln(1+x)$.
Malheureusement, on peut montrer que $\ln x$ n'a pas de développement limité au voisinage de 0 (car cette fonction n'a pas de limite finie en 0).

6. Comme $\lim_{x\to 0^+}\frac{x^3\ln x}{x^2}=\lim_{x\to 0^+}x\ln x=0$, alors $x^3\ln x\underset{0^+}{=}o(x^2)$ et on peut écrire :

$$1+x+x^2+x^3\ln x\underset{0^+}{=}1+x+x^2+o(x^2)$$

Corrigé

7. Soit n un entier naturel.

Le coefficient de x^n dans le développement limité de $\sqrt{1+x}$ en 0 est :

$$\frac{1}{n!}\times\left(\frac{1}{2}\times(\frac{1}{2}-1)\times\cdots\times(\frac{1}{2}-n+1)\right).$$

Puisqu'il y a n facteurs dans la parenthèse, on en déduit que :

$$\frac{1}{2}\times(\frac{1}{2}-1)\times\cdots\times(\frac{1}{2}-n+1)=\frac{1(1-2)(1-4)...(1-2n+2)}{2^n}=\frac{(-1)(-3)...(-2n+3)}{2^n}.$$

Ainsi, comme le produit du numérateur de la dernière fraction contient $n-1$ facteurs, on obtient : $\frac{1}{2}\times(\frac{1}{2}-1)\times\cdots\times(\frac{1}{2}-n+1)=\frac{(-1)^{n-1}(1\times3\times...\times(2n-3))}{2^n}\times\frac{2n-1}{2n-1}$.

Il manque au numérateur tous les termes pairs de 2 à $2n$ pour obtenir $(2n)!$.

Au dénominateur, il vient alors $2\times4\times...\times2n=2^n n!$.

On obtient finalement comme coefficient : $\frac{(-1)^{n-1}(2n)!}{(2n-1)4^n(n!)^2}$.

8. Considérons la fonction f définie sur $\mathbb{R}$ par : $f(x)=x-x^3+x^3\sqrt{|x|}$.

La fonction f est bien impaire.

En effet, $D_f=\mathbb{R}$ et, pour tout réel x, on a :

$$f(-x)=(-x)-(-x)^3+(-x)^3\sqrt{|-x|}=-x+x^3-x^3\sqrt{|-x|}=-f(x).$$

De plus, on a : $\frac{x^3\sqrt{|x|}}{x^3}=\sqrt{|x|}$ qui tend bien vers 0 quand x tend vers 0.

On peut donc écrire : $x^3\sqrt{|x|}\underset{0}{=}o(x^3)$.

Ainsi, on a : $f(x)\underset{0}{=}x-x^3+o(x^3)$. Il s'agit bien (par unicité) du développement limité en 0 à l'ordre 3 de f.

En revanche, $x^3\sqrt{|x|}$ n'est pas négligeable devant x^4 (le quotient $\frac{x^3\sqrt{|x|}}{x^4}=\frac{\sqrt{|x|}}{x}$ ne tend pas vers 0). Ainsi, on ne peut pas écrire : $f(x)\underset{0}{=}x-x^3+o(x^4)$.

Remarque. Le problème vient du fait que f n'admet pas de développement limité à l'ordre 4 (sinon l'assertion proposée était vraie).

9. La fonction tangente est de classe $C^{+\infty}$ sur $\left]-\frac{\pi}{2},\frac{\pi}{2}\right[$ et on a :

$\tan'(x)=1+\tan^2 x$.

$\tan''(x)=2\tan x(1+\tan^2 x)=2\tan x+2\tan^3 x$.

$\tan^{(3)}(x) = 2(1+\tan^2 x) + 6(1+\tan^2 x)\tan^2 x = 2 + 8\tan^2 x + 6\tan^4 x$

Comme $\tan 0 = 0$, on en déduit : $\tan'(0) = 1$, $\tan''(0) = 0$ et $\tan^{(3)}(0) = 2$.

La formule de Taylor-Young appliquée à l'ordre 3 donne alors :

$$\tan x \underset{0}{=} \tan 0 + x\tan'(0) + \frac{x^2}{2!}\tan''(0) + \frac{x^3}{3!}\tan^{(3)}(0) + o(x^3).$$

En remplaçant, on trouve bien : $\tan x \underset{0}{=} x + \dfrac{x^3}{3} + o(x^3)$

10. Pour obtenir un développement limité en 0 à l'ordre 3 de $(1+u)e^u$, il faut donner un développement limité en 0 à l'ordre 3 de e^u.

Comme $e^u \underset{0}{=} 1 + u + \dfrac{u^2}{2} + \dfrac{u^3}{6} + o(u^3)$ et $(1+u)(1+u+\dfrac{u^2}{2}+\dfrac{u^3}{6}) = 1 + 2u + \dfrac{3u^2}{2} + \dfrac{2u^3}{3} + \dfrac{u^4}{6}$.

On tronque alors les puissances supérieures ou égales à 4 et on obtient le développement limité en 0 à l'ordre 3 cherché : $(1+u)e^u \underset{0}{=} 1 + 2u + \dfrac{3u^2}{2} + \dfrac{2u^3}{3} + o(u^3)$.

❑ Les erreurs classiques

- Il faut bien comprendre que la formule de Taylor-Young ne donne que des informations locales alors que les autres formules de Taylor donnent des résultats globaux.
- Dans les recherches de limites, la technique du développement limité doit être utilisée uniquement après s'être assuré que les autres techniques (astuce, limites remarquables, expression conjuguée, équivalents, etc.) ne sont pas efficaces.
- Il faut être très vigilant lors de la formation de développements limités de produit. L'oubli de la troncature peut être catastrophique.
- Remarquer que le terme constant du développement limité d'une fonction f au voisinage de 0 est égal à $f(0)$ permet d'éviter des erreurs grossières.

Corrigé

Corrigé des exercices

Exercice 27.1

Procédons en deux temps.

- Appliquons la formule de Taylor avec reste intégral à l'ordre $2n$ entre 0 et x à la fonction exponentielle. On obtient : $e^x = \sum_{k=0}^{2n} \frac{x^k}{k!} + \int_0^x \frac{(x-t)^{2n}}{(2n)!} e^t dt$.

La fonction $t \mapsto \frac{(x-t)^{2n}}{(2n)!} e^t$ est continue et positive ($2n$ est pair) sur $\mathbb{R}$ et comme x est négatif, on obtient : $\int_0^x \frac{(x-t)^{2n}}{(2n)!} e^t dt \leq 0$. On en conclut que : $e^x \leq \sum_{k=0}^{2n} \frac{x^k}{k!}$.

- Appliquons la formule de Taylor avec reste intégral à l'ordre $2n+1$ entre 0 et x à la fonction exponentielle. On obtient : $e^x = \sum_{k=0}^{2n+1} \frac{x^k}{k!} + \int_0^x \frac{(x-t)^{2n+1}}{(2n+1)!} e^t dt$.

La fonction $t \mapsto \frac{(x-t)^{2n+1}}{(2n+1)!} e^t$ est continue et négative ($x-t$ est négatif pour tout t dans $[x,0]$ et $2n+1$ est impair) sur $\mathbb{R}$ et comme x est négatif, on obtient : $\int_0^x \frac{(x-t)^{2n+1}}{(2n+1)!} e^t dt \geq 0$.

On en conclut que : $e^x \geq \sum_{k=0}^{2n+1} \frac{x^k}{k!}$.

Finalement, pour tout réel x négatif, on a : $\sum_{k=0}^{2n+1} \frac{x^k}{k!} \leq e^x \leq \sum_{k=0}^{2n} \frac{x^k}{k!}$.

⇨ *Méthode 27.1*

Exercice 27.2

1. La fonction f est de classe C^n sur $]-1,+\infty[$.

De plus, pour tout x strictement supérieur à -1, on a :

$$f'(x) = \frac{1}{1+x},\ f''(x) = \frac{-1}{(1+x)^2} \text{ et } f^{(3)}(x) = \frac{2}{(1+x)^3}$$

On conjecture que : $\forall k \in \mathbb{N}^*, f^{(k)}(x) = \dfrac{(-1)^{k-1}(k-1)!}{(1+x)^k}$, ce qui se prouve par récurrence, l'initialisation ayant été copieusement faite. Pour l'hérédité, on suppose que $f^{(k)}(x)$ s'écrit comme ci-dessus et on prouve, en dérivant $f^{(k)}(x)$ que l'on a : $f^{(k+1)}(x) = \dfrac{(-1)^k k!}{(1+x)^{k+1}}$.

2. Soit x un réel positif.
Appliquons l'inégalité de Taylor Lagrange à la fonction f à l'ordre n entre 0 et x.
On obtient, d'après la question **1**, et après simplification par $(k-1)!$:

$\left| \ln(1+x) - \displaystyle\sum_{k=1}^{n} \frac{(-1)^{k-1}}{k} x^k \right| \leq \dfrac{|x|^{n+1}}{(n+1)!} M$, où M est un majorant de $\left| f^{(n+1)} \right|$ sur $\mathbb{R}_+$.

On a, pour tout t positif : $\left| f^{(n+1)}(t) \right| = \dfrac{n!}{(1+t)^{n+1}}$. Comme t est positif, alors $1+t$ est supérieur à 1, donc $\dfrac{1}{(1+t)^{n+1}} \leq 1$. On peut donc choisir $M = n!$, puis conclure :

$$\forall x \in \mathbb{R}_+, \left| \ln(1+x) - \sum_{k=1}^{n} \frac{(-1)^{k-1}}{k} x^k \right| \leq \frac{x^{n+1}}{n+1}$$

⇨ *Méthode 27.2*

3. Appliquons l'inégalité précédente avec $x = 1$. On en déduit que : $\left| \ln 2 - \displaystyle\sum_{k=1}^{n} \frac{(-1)^{k-1}}{k} \right| \leq \dfrac{1}{n+1}$.

Comme $\displaystyle\lim_{n\to+\infty} \frac{1}{n+1} = 0$, le théorème d'encadrement permet de conclure que :

$$\lim_{n\to+\infty} \sum_{k=1}^{n} \frac{(-1)^{k-1}}{k} = \ln 2$$

Ceci signifie que la série $\sum \dfrac{(-1)^{k-1}}{k}$ converge, et que $\displaystyle\sum_{k=1}^{+\infty} \frac{(-1)^{k-1}}{k} = \ln 2$.

Exercice 27.3

1. La fonction $x \mapsto \dfrac{e^{-x}-1}{x}$ est continue sur $\mathbb{R}_+^*$ et sur $\mathbb{R}_-^*$ en tant que quotient de fonctions continues sur ces intervalles dont le dénominateur ne s'annule pas. La fonction f est donc continue sur $\mathbb{R}_+^*$ et sur $\mathbb{R}_-^*$.

De plus, $\lim_{x\to 0} f(x) = -\lim_{x\to 0} \frac{e^{-x}-1}{-x} = -1$ (car $\lim_{u\to 0} \frac{e^{u}-1}{u} = 1$). Ainsi, $\lim_{x\to 0} f(x) = f(0)$, ce qui fait que la fonction *f* est continue en 0.
On en conclut que *f* est continue sur $\mathbb{R}$.

2. a) La fonction *f* est de classe C^1 sur $\mathbb{R}_+^*$ et sur $\mathbb{R}_-^*$ en tant que quotient de fonctions de classe C^1 sur $\mathbb{R}_+^*$ et sur $\mathbb{R}_-^*$, dont le dénominateur ne s'annule pas.

De plus, pour tout x non nul, on a : $f'(x) = \frac{-xe^{-x} - (e^{-x}-1)}{x^2} = \frac{-xe^{-x} - e^{-x} + 1}{x^2}$.

b) On est face à une forme indéterminée du type "$\frac{0}{0}$". Les équivalents ne nous permettent pas d'en sortir à cause de la somme au numérateur qui est incompatible avec ces derniers.
On procède par développement limité à l'ordre 2 en 0.

En utilisant un développement limité à l'ordre 2, on a : $e^{-x} \underset{0}{=} 1 - x + \frac{x^2}{2} + o(x^2)$

On en déduit, en tronquant à l'ordre 2 : $xe^{-x} \underset{0}{=} x - x^2 + o(x^2)$.

On en conclut que : $-xe^{-x} - e^{-x} + 1 \underset{0}{=} \frac{1}{2}x^2 + o(x^2)$ donc $-xe^{-x} - e^{-x} + 1 \underset{0}{\sim} \frac{1}{2}x^2$.

Conclusion : $\lim_{x\to 0} f'(x) = \lim_{x\to 0} \frac{x^2/2}{x^2} = \frac{1}{2}$.

⇨ *Méthode 27.5*

c) On vient de prouver que *f* est continue sur $\mathbb{R}$, de classe C^1 sur $\mathbb{R}_+^*$ et sur $\mathbb{R}_-^*$ et que l'on a $\lim_{x\to 0} f'(x) = \frac{1}{2}$. Le théorème de prolongement des fonctions de classe C^1 garantit que *f* est de classe C^1 sur $\mathbb{R}$ et que $f'(0) = \frac{1}{2}$.

Exercice 27.4

1. On sait que : $\ln(1+u) \underset{0}{=} u - \frac{1}{2}u^2 + o(u^2)$.

2. Pour tout entier naturel n supérieur ou égal à 2, on a : $u_n = e^{n\ln\left(1-\frac{1}{\sqrt{n}}\right)}$.

Comme $\lim_{n\to+\infty} \frac{1}{\sqrt{n}} = 0$, on obtient : $\ln(1-\frac{1}{\sqrt{n}}) \underset{+\infty}{=} -\frac{1}{\sqrt{n}} - \frac{1}{2n} + o(\frac{1}{n})$, puis :

$n\ln(1-\frac{1}{\sqrt{n}}) \underset{+\infty}{=} -\sqrt{n} - \frac{1}{2} + o(1)$. On a alors : $u_n \underset{+\infty}{=} e^{-\sqrt{n}-\frac{1}{2}+o(1)} \underset{+\infty}{=} \frac{1}{\sqrt{e}} e^{-\sqrt{n}} e^{o(1)}$.

On fait un test de Riemann : $n^2 u_n \underset{+\infty}{=} \frac{1}{\sqrt{e}} n^2 e^{-\sqrt{n}} e^{o(1)} \underset{+\infty}{=} \frac{1}{\sqrt{e}} (\sqrt{n})^4 e^{-\sqrt{n}} e^{o(1)}$.

Comme $o(1)$ désigne une fonction qui tend vers 0 lorsque n tend vers $+\infty$, on obtient : $\lim_{n\to+\infty} n^2 u_n = 0$, car $\lim_{n\to+\infty} (\sqrt{n})^4 e^{-\sqrt{n}} = 0$ (par croissances comparées) et $\lim_{n\to+\infty} e^{o(1)} = 1$. On en déduit que : $u_n \underset{+\infty}{=} o\left(\frac{1}{n^2}\right)$, et comme la série de terme général $\frac{1}{n^2}$ converge (série de Riemann de paramètre 2), on obtient, par critère de négligeabilité pour les séries à termes positifs, la convergence de la série de terme général u_n.

⇨ *Méthode 27.7*

Exercice 27.5

1. La fonction f étant de classe C^1 sur $\mathbb{R}$, la fonction φ est de classe C^2 sur $\mathbb{R}$ (en tant que primitive de f) et pour tout réel x, on a : $\varphi'(x) = f(x)$ et $\varphi''(x) = f'(x)$.

On applique la formule de Taylor-Young à la fonction φ à l'ordre 2 au voisinage de 0 :

$$\varphi(x) \underset{0}{=} 0 + x \times 0 + \frac{x^2}{2} f'(0) + o(x^2) \underset{0}{=} \frac{x^2}{2} f'(0) + o(x^2).$$

Comme $f'(0) \neq 0$, on en déduit : $\varphi(x) \underset{0}{\sim} \frac{x^2}{2} f'(0)$.

2. La fonction $f : x \mapsto \ln(1+x)$ est de classe C^1 sur $\mathbb{R}_+$, et telle que $f(0) = 0$ et $f'(0) = 1 \neq 0$. On a alors, pour tout entier naturel n non nul : $\varphi\left(\frac{1}{n}\right) = \int_0^{1/n} f(t)\,dt$. Comme $\lim_{n\to+\infty} \frac{1}{n} = 0$, d'après la question **1**, on trouve $\varphi\left(\frac{1}{n}\right) \underset{+\infty}{\sim} \frac{1}{2n^2}$, soit : $\int_0^{1/n} \ln(1+x)\,dx \underset{+\infty}{\sim} \frac{1}{2n^2}$.

⇨ *Méthode 27.3*

Exercice 27.6

Pour tout réel x strictement supérieur à -2, on a : $\ln(2+x) = \ln\left(2\left(1+\frac{x}{2}\right)\right) = \ln 2 + \ln\left(1+\frac{x}{2}\right)$.

On sait que : $\ln(1+u) \underset{0}{=} u - \frac{u^2}{2} + o(u^2)$.

Comme $\lim_{x\to 0} \frac{x}{2} = 0$, en posant $u = \frac{x}{2}$, on obtient : $\ln\left(1+\frac{x}{2}\right) \underset{0}{=} \frac{x}{2} - \frac{x^2}{8} + o(x^2)$

Finalement, on a : $\ln(2+x) \underset{0}{=} \ln 2 + \frac{x}{2} - \frac{x^2}{8} + o(x^2)$.

Exercice 27.7

On remarque tout d'abord que : $f(x) = \sqrt{1-x} \times \dfrac{1}{1+x}$.

• D'une part, on sait que : $\sqrt{1-x} = (1-x)^{\frac{1}{2}}$, pour tout x de $]-\infty, 1[$.

De plus, $(1+u)^{\frac{1}{2}} \underset{0}{=} 1 + \dfrac{1}{2}u - \dfrac{1}{8}u^2 + o(u^2)$.

En posant $u = -x$ ($-x$ tend bien vers 0 quand x tend vers 0) on en déduit :

$$\sqrt{1-x} \underset{0}{=} 1 - \frac{1}{2}x - \frac{1}{8}x^2 + o(x^2)$$

• D'autre part, on a : $\dfrac{1}{1+x} \underset{0}{=} 1 - x + x^2 + o(x^2)$.

On en conclut que : $f(x) \underset{0}{=} \left(1 - \dfrac{1}{2}x - \dfrac{1}{8}x^2\right)(1 - x + x^2) + o(x^2)$.

Finalement, on obtient : $f(x) \underset{0}{=} 1 - \dfrac{3}{2}x + \dfrac{11}{8}x^2 + o(x^2)$.

On en conclut qu'une équation de la tangente, au point d'abscisse 0, à la courbe représentative de f est : $y = 1 - \dfrac{3}{2}x$. De plus, puisque $\dfrac{11}{8}x^2 + o(x^2)$ est positif au voisinage de 0, la courbe est au-dessus de cette tangente au voisinage du point d'abscisse 0.

⇨ *Méthodes 27.4, 27.6*

Exercice 27.8

1. a) $e^u \underset{0}{=} 1 + u + \dfrac{u^2}{2!} + o(u^2)$.

b) Comme $\lim\limits_{x \to +\infty} -\dfrac{n}{x} = 0$, on peut remplacer u par $-\dfrac{n}{x}$ dans le développement limité ci-dessus, lorsque x est au voisinage de $+\infty$ (ce serait aussi valable au voisinage de $-\infty$).

On obtient alors : $e^{-\frac{n}{x}} \underset{+\infty}{=} 1 - \dfrac{n}{x} + \dfrac{n^2}{2x^2} + o(\dfrac{1}{x^2})$, puis : $f_n(x) = x e^{-\frac{n}{x}} \underset{+\infty}{=} x - n + \dfrac{n^2}{2x} + o(\dfrac{1}{x})$.

⇨ *Méthodes 27.4, 27.6*

2. D'après ce qui précède, on peut écrire : $f_n(x) - (x-n) \underset{+\infty}{=} \dfrac{n^2}{2x} + o(\dfrac{1}{x})$, d'où l'on déduit : $\lim\limits_{x \to +\infty} \left(f_n(x) - (x-n)\right) = 0$. Ceci signifie que la droite (D_n) d'équation $y = x - n$ est asymptote à la courbe représentative de f_n au voisinage de $+\infty$.

Lorsque x est au voisinage de $+\infty$, on a $\dfrac{n^2}{2x} + o(\dfrac{1}{x}) > 0$ donc la courbe (C_n) est au-dessus de la droite (D_n) au voisinage de $+\infty$.

Chapitre **28**

Intégrales impropres

Introduite parallèlement par Isaac **Newton** et Gottfried **Leibniz** à la fin du XVIIe siècle, la notion d'intégrale est utilisée tout au long du siècle suivant, sans souci de justification de son existence ni de précision de la classe des fonctions que l'on peut intégrer. Augustin-Louis **Cauchy** est le premier à le faire mais se restreint aux fonctions continues. L'apport du mathématicien allemand Bernhard **Riemann** est fondamental. Il définit l'intégrale de fonctions plus générales, englobant les fonctions continues, et justifie la conservation des propriétés essentielles à son utilisation. Le mathématicien français Henri **Lebesgue** fait en 1902 un nouveau pas, grâce à une approche partant de mesures d'ensembles. Ceci permettra de nouvelles généralisations vers ce qu'on appelle l'intégrale abstraite, qui englobe de nombreuses théories comme celle des probabilités ou des sommations de séries.

Bernhard Riemann
1826-1866

Objectifs

Les incontournables

- ▷ Savoir établir la convergence et donner la valeur d'une intégrale impropre grâce à la définition.
- ▷ Savoir utiliser les critères de convergence d'une intégrale impropre.
- ▷ Connaître et utiliser les intégrales de Riemann.

Et plus si affinités

- ▷ Savoir intégrer par parties dans une intégrale impropre.
- ▷ Savoir effectuer un changement de variable dans une intégrale impropre.
- ▷ Savoir étudier la convergence d'une intégrale plusieurs fois impropre.

Résumé de cours

Généralités

Définitions d'une intégrale impropre

Définition 28.1. — Soit une fonction f continue sur $[a,b[$, où $a < b \leq +\infty$.

On dit que l'intégrale $\int_a^b f(t)\,dt$ est *impropre* (ou *généralisée*) en b.

Exemple 28.1. — L'intégrale $\int_0^1 \frac{dt}{1-t}$ est impropre en 1, $\int_0^{+\infty} e^{-u}\,du$ est impropre en $+\infty$.

Définition 28.2. — Soit une fonction f continue sur $]a,b]$, où $-\infty \leq a < b$.

On dit que l'intégrale $\int_a^b f(t)\,dt$ est *impropre* (ou *généralisée*) en a.

Exemple 28.2. — L'intégrale $\int_0^1 \frac{dt}{t}$ est impropre en 0, $\int_{-\infty}^0 e^u\,du$ est impropre en $-\infty$.

Convergence d'une intégrale impropre

Définition 28.3 — Si f est continue sur $[a,b[$, avec b réel ou $b = +\infty$, on dit que l'intégrale $\int_a^b f(t)\,dt$ *converge* si $\int_a^x f(t)\,dt$ admet une limite finie lorsque x tend vers b. On a alors :

$$\int_a^b f(t)\,dt = \lim_{x \to b} \int_a^x f(t)\,dt$$

Exemple 28.3. — L'intégrale impropre $\int_1^{+\infty} \frac{dt}{t^2}$ converge. En effet, $t \mapsto \frac{1}{t^2}$ est continue sur $[1,+\infty[$ et on a : $\forall x \geq 1$, $\int_1^x \frac{dt}{t^2} = \left[\frac{-1}{t}\right]_1^x = \frac{-1}{x} + 1$. On a donc $\lim_{x \to +\infty} \int_1^x \frac{dt}{t} = 1$ et ainsi : $\int_1^{+\infty} \frac{dt}{t^2} = 1$.

Définition 28.4 — Si f est continue sur $]a,b]$, avec a réel ou $a = -\infty$, on dit que l'intégrale $\int_a^b f(t)\,dt$ *converge* si $\int_x^b f(t)\,dt$ admet une limite finie lorsque x tend vers a. On a alors :

$$\int_a^b f(t)\,dt = \lim_{x \to a} \int_x^b f(t)\,dt$$

Exemple 28.4. — L'intégrale $\int_0^1 \frac{dt}{\sqrt{t}}$ converge. En effet, $t \mapsto 1/\sqrt{t}$ est continue sur $]0,1]$, et on a : $\forall x > 0, \int_x^1 \frac{dt}{\sqrt{t}} = \left[2\sqrt{t}\right]_x^1 = 2 - 2\sqrt{x}$. Par conséquent, $\lim_{x \to 0^+} \int_x^1 \frac{dt}{\sqrt{t}} = 2$ et ainsi : $\int_0^1 \frac{dx}{\sqrt{x}} = 2$.

Définition 28.5. — On dit qu'une intégrale *diverge* si elle n'est pas convergente.
Étudier la *nature* d'une intégrale impropre, c'est déterminer si elle converge ou non.

⇨ **Méthode 28.1. Comment étudier la nature d'une intégrale une fois impropre grâce à la définition et, le cas échéant, donner sa valeur ?**

❑ Cas d'une intégrale "faussement" impropre

Théorème 28.1. — Si une fonction f est continue sur $[a,b[$, et prolongeable par continuité en b, alors l'intégrale $\int_a^b f(t)dt$ converge. En notant $\tilde{f}$ ce prolongement, on a :
$\int_a^b f(t)dt = \int_a^b \tilde{f}(t)dt$. On dit parfois que l'intégrale $\int_a^b f(t)dt$ est "*faussement*" *impropre*.

Remarque 28.1. — Dans ce cas, la borne b ne peut être qu'un nombre réel.

Exemple 28.5. — L'intégrale $\int_0^1 t\ln t\,dt$ est "faussement" impropre (car la fonction $t \mapsto t\ln t$ est continue sur $]0,1]$ et prolongeable par continuité en 0 puisque $\lim_{t \to 0^+} t\ln t = 0$). L'intégrale $\int_0^1 t\ln t\,dt$ est donc une intégrale convergente.

❑ Cas d'une intégrale deux fois impropre

Définition 28.6. — Si f est continue sur $]a, b[$, on dit que l'intégrale $\int_a^b f(t)dt$, impropre en a et en b, est convergente lorsque, pour un réel c arbitrairement choisi dans $]a,b[$, les deux intégrales, chacune une fois impropre, $\int_a^c f(t)dt$ et $\int_c^b f(t)dt$ convergent. On pose alors :

$$\int_a^b f(t)dt = \int_a^c f(t)dt + \int_c^b f(t)dt$$

Sinon (c'est-à-dire si au moins l'une des deux diverge), l'intégrale $\int_a^b f(t)dt$ est dite divergente.

⇨ **Méthode 28.3. Comment étudier la nature d'une intégrale deux fois impropre ?**

Remarque 28.2. — Le résultat précédent ne dépend pas du réel c choisi.

■ Propriétés des intégrales impropres

❑ Linéarité de l'intégration

Théorème 28.2. — Si les intégrales $\int_a^b f(t)\,dt$ et $\int_a^b g(t)\,dt$ convergent, alors quels que soient les réels λ et μ, l'intégrale $\int_a^b (\lambda f(t)+\mu g(t))\,dt$ converge. En outre, l'intégration est linéaire, c'est-à-dire que l'on a : $\int_a^b (\lambda f(t)+\mu g(t))\,dt = \lambda\int_a^b f(t)\,dt + \mu\int_a^b g(t)\,dt$.

Remarque 28.3. — La condition pour écrire « $\int_a^b (\lambda f(t)+\mu g(t))\,dt = \lambda\int_a^b f(t)\,dt + \mu\int_a^b g(t)\,dt$ » est la convergence des deux intégrales de droite, et pas seulement celle de l'intégrale de gauche !

❑ Relation de Chasles

Théorème 28.3. — Soit une fonction *f* continue sur $[a,b[$, et un réel *c* de $[a,b[$. Si l'intégrale $\int_a^b f(t)\,dt$ converge, alors $\int_a^b f(t)\,dt = \int_a^c f(t)\,dt + \int_c^b f(t)\,dt$.

❑ Positivité de l'intégrale

Théorème 28.4. — On suppose que $-\infty \leq a < b \leq +\infty$.
Si *f* est continue et positive sur $[a,b[$ et si l'intégrale $\int_a^b f(t)\,dt$ converge, alors $\int_a^b f(t)\,dt \geq 0$.

❑ Stricte positivité de l'intégrale

Théorème 28.5. — On suppose que $-\infty \leq a < b \leq +\infty$.
Soit *f* une fonction continue et positive sur $[a,b[$ telle que $\int_a^b f(t)\,dt$ converge.

- Si *f* n'est pas identiquement nulle sur $[a,b[$, alors $\int_a^b f(t)\,dt > 0$.
- Si $\int_a^b f(t)\,dt = 0$, alors *f* est identiquement nulle sur $[a,b[$.

❑ Croissance de l'intégration

Théorème 28.6. — Si *f* et *g* sont deux fonctions continues sur $[a,b[$ telles que pour tout réel *t* de $[a,b[$, on a $f(t) \leq g(t)$, et si les intégrales impropres $\int_a^b f(t)\,dt$ et $\int_a^b g(t)\,dt$ convergent, alors on a : $\int_a^b f(t)\,dt \leq \int_a^b g(t)\,dt$.

Remarque 28.4. — Ces propriétés restent valables si les intégrales sont deux fois impropres.

■ Calculs des intégrales impropres

❑ Intégration par parties

Théorème 28.7. — On ne procède pas à une intégration par parties directement dans une intégrale impropre. On se ramène à une intégrale définie sur un segment et on passe ensuite à la limite.

❑ Changement de variable

Théorème 28.8. — On ne procède pas à un changement de variable directement dans une intégrale impropre. On se ramène à une intégrale définie sur un segment et on passe ensuite à la limite.

Remarque 28.5. — En seconde année, on donnera une condition suffisante avec laquelle on peut faire un changement de variable directement sur une intégrale impropre.

❑ Parité-imparité

Théorème 28.9. — Si $\int_0^{+\infty} f(t)dt$ converge avec *f* paire ou impaire, alors $\int_{-\infty}^{+\infty} f(t)dt$ converge. Si *f* est paire, alors $\int_{-\infty}^{+\infty} f(t)dt = 2\int_0^{+\infty} f(t)dt$, et si *f* est impaire, alors $\int_{-\infty}^{+\infty} f(t)dt = 0$.

■ Nature des intégrales impropres de fonctions positives

❑ Convergence et intégrale partielle

Théorème 28.10. — Si *f* est continue et positive sur $[a,b[$, alors l'intégrale $\int_a^b f(t)dt$ converge si, et seulement si, la fonction $x \mapsto \int_a^x f(t)dt$ est majorée sur $[a,b[$.

Remarque 28.6. — Effectivement, comme f est positive, la fonction $h :\ x \mapsto \int_a^x f(t)dt$ est croissante sur $[a,b[$ puisque $h'(x) = f(x) \geq 0$. Si de plus, h est majorée sur $[a,b[$, alors elle a une limite finie lorsque *x* tend vers *b* (fonction croissante et majorée).

❑ Critère d'équivalence

Théorème 28.11. — Si f et g sont continues sur $[a,b[$ et de signe constant au voisinage de b et si $f(t) \underset{t\to b^-}{\sim} g(t)$, alors les intégrales $\int_a^b f(t)dt$ et $\int_a^b g(t)dt$ sont de même nature.

❑ Critère de négligeabilité

Théorème 28.12. — Soit f et g deux fonctions continues sur $[a,b[$, positives au voisinage de b, et telles que $f(t) \underset{b}{=} o(g(t))$.

Si l'intégrale $\int_a^b g(t)dt$ converge, alors l'intégrale $\int_a^b f(t)dt$ converge.

❑ Critère de comparaison

Théorème 28.13. — Soit f et g deux fonctions continues sur $[a,b[$ telles que, au voisinage de b, on ait : $0 \leq f(t) \leq g(t)$, alors :

- Si $\int_a^b g(t)dt$ converge, alors $\int_a^b f(t)dt$ converge.
- Si $\int_a^b f(t)dt$ diverge, alors $\int_a^b g(t)dt$ diverge.

Remarque 28.7. — On adapte les résultats précédents pour des intégrales impropres en a.

⇨ **Méthode 28.2. Comment utiliser les critères de convergence ?**

■ Convergence absolue

Définition 28.7. — L'intégrale $\int_a^b f(t)dt$ est *absolument convergente* si $\int_a^b |f(t)|dt$ converge.

Théorème 28.14. — Toute intégrale absolument convergente est convergente, mais la réciproque est fausse.

Théorème 28.15. — Inégalité triangulaire.
Si l'intégrale $\int_a^b f(t)dt$ est absolument convergente, et si $a \leq b$, alors : $\left|\int_a^b f(t)dt\right| \leq \int_a^b |f(t)|dt$.

■ Intégrales de référence

❑ Intégrales de Riemann

Définition 28.8. — Soit α un réel. Les intégrales $\int_0^b \frac{dx}{x^\alpha}$, avec $b > 0$ (impropre en 0) et $\int_a^{+\infty} \frac{dx}{x^\alpha}$, avec $a > 0$ (impropre en $+\infty$) sont appelées *intégrales de Riemann* de paramètre α.

Remarque 28.8. — Les intégrales de Riemann les plus utilisées sont $\int_0^1 \frac{dx}{x^\alpha}$ (impropre en 0) et $\int_1^{+\infty} \frac{dx}{x^\alpha}$ (impropre en $+\infty$). On a choisi $b = 1$ pour la première et $a = 1$ pour la deuxième.

Théorème 28.16. — Cas d'une intégrale de Riemann impropre en 0.
Pour tout réel b strictement positif, l'intégrale $\int_0^b \frac{dx}{x^\alpha}$ converge si, et seulement si : $\alpha < 1$.

Théorème 28.17. — On désigne par a et b des réels tels que $a < b$.
Les intégrales $\int_a^b \frac{dx}{(b-x)^\alpha}$ et $\int_a^b \frac{dx}{(x-a)^\alpha}$ convergent si, et seulement si : $\alpha < 1$.

Remarque 28.9. — On peut montrer ce dernier théorème en effectuant un changement de variable pour se ramener aux intégrales citées dans la **définition 28.8** ou le **théorème 28.16**).

Théorème 28.18. — Cas d'une intégrale de Riemann impropre en $+\infty$.
Pour tout réel a strictement positif, l'intégrale $\int_a^{+\infty} \frac{dx}{x^\alpha}$ converge si, et seulement si : $\alpha > 1$.

❑ Autres intégrales de référence

Théorème 28.19. — L'intégrale $\int_0^{+\infty} e^{-\lambda x} dx$ converge si, et seulement si : $\lambda > 0$.

Remarque 28.10. — Nous verrons au **chapitre 33** certaines fonctions, appelées *densités*, qui fournissent des exemples d'intégrales convergentes dont on connaît la valeur.
Voici la plus célèbre :

$$\int_{-\infty}^{+\infty} e^{-\frac{x^2}{2}} dx = \sqrt{2\pi}$$

■ Nature d'une intégrale impropre

Rappels

- Si une borne de l'intégrale est infinie, alors l'intégrale est impropre en cette borne.
- Si la fonction intégrée n'est pas définie ou présente une discontinuité en un point de l'intervalle d'intégration (bornes comprises), alors l'intégrale est impropre en ce point.

❑ Méthode 28.1. Comment étudier la nature d'une intégrale une fois impropre grâce à la définition et, le cas échéant, donner sa valeur ?

On calcule une intégrale définie, obtenue en remplaçant la borne qui crée l'impropreté par une borne sans danger, puis, si cette intégrale possède une limite finie, alors l'intégrale de départ converge et sa valeur est égale à la limite en question, et sinon, l'intégrale de départ diverge.
Par exemple, avec une fonction f continue sur $[a,+\infty[$:

- Si $\int_a^x f(t)dt$ a une limite finie lorsque x tend vers $+\infty$, alors $\int_a^{+\infty} f(t)dt$ converge et on a : $\int_a^{+\infty} f(t)dt = \lim_{x\to+\infty} \int_a^x f(t)dt$.

- Si $\int_a^x f(t)dt$ n'a pas de limite finie lorsque x tend vers $+\infty$, alors $\int_a^{+\infty} f(t)dt$ diverge.

Remarque. Tout ceci reste valable si la fonction f est seulement continue par morceaux.

⇨ **Exercices 28.1, 28.2, 28.5**

Exemple 1. Étudier la nature de l'intégrale $\int_0^{+\infty} e^{-t}\,dt$.

• La fonction $t \mapsto e^{-t}$ est continue sur $[0,+\infty[$: l'intégrale étudiée est impropre en $+\infty$.

• Pour tout réel A positif, on a : $\int_0^A e^{-t}\,dt = [-e^{-t}]_0^A = -e^{-A} + 1$.

Comme $\lim_{A\to+\infty} (-e^{-A}+1) = 1$, alors $\lim_{A\to+\infty} \int_0^A e^{-t}\,dt = 1$.

• Bilan. L'intégrale $\int_0^{+\infty} e^{-t}\,dt$ converge (on le savait grâce au **théorème 28.19**) et de plus, on a :

$$\int_0^{+\infty} e^{-t}\,dt = 1$$

Exemple 2. Étudier la nature de l'intégrale $\int_0^1 \frac{dt}{t^2}$.

• La fonction $t \mapsto \frac{1}{t^2}$ est continue sur $]0,1]$: l'intégrale étudiée est une fois impropre, en 0.

• Pour tout x de $]0,1]$, on a : $\int_x^1 \frac{dt}{t^2} = \left[-\frac{1}{t}\right]_x^1 = -1+\frac{1}{x}$.

Comme $\lim_{x \to 0^+}\left(-1+\frac{1}{x}\right) = +\infty$, alors $\lim_{x \to 0^+} \int_x^1 \frac{dt}{t^2} = +\infty$.

• Bilan. L'intégrale $\int_0^1 \frac{dt}{t^2}$ diverge (on connaissait la réponse grâce au **théorème 28.16**).

❑ Méthode 28.2. Comment utiliser les critères de convergence ?

Si la question porte seulement sur la nature de l'intégrale et pas sur sa valeur, alors il faut penser à utiliser l'un des critères de convergence (sauf bien sûr si l'on connaît une primitive de la fonction intégrée).
• Critère d'équivalence (voir l'**exemple 1** qui suit).
• Critère de négligeabilité (voir l'**exemple 2** qui suit).
• Critère de comparaison (voir l'**exemple 3** qui suit).

⇨ **Exercices 28.1, 28.3, 28.4**

Exemple 1. Étudier la nature de l'intégrale $\int_0^{+\infty} \frac{t^2 dt}{(1+t^2)^2}$.

On peut penser au critère d'équivalence car il est facile d'en obtenir un...

• La fonction $t \mapsto \frac{t^2}{(1+t^2)^2}$ est continue sur $[0,+\infty[$.

• On a l'équivalent suivant : $\frac{t^2}{(1+t^2)^2} \underset{+\infty}{\sim} \frac{t^2}{t^4} \underset{+\infty}{\sim} \frac{1}{t^2}$.

• Les fonctions $t \mapsto \frac{t^2}{(1+t^2)^2}$ et $t \mapsto \frac{1}{t^2}$ étant positives et continues au voisinage de $+\infty$, le critère d'équivalence s'applique : les intégrales $\int_1^{+\infty} \frac{t^2 dt}{(1+t^2)^2}$ et $\int_1^{+\infty} \frac{dt}{t^2}$ sont de même nature.

L'intégrale $\int_1^{+\infty} \frac{dt}{t^2}$ est une intégrale de Riemann, de paramètre $\alpha = 2$, convergente (car $\alpha > 1$), donc l'intégrale $\int_1^{+\infty} \frac{t^2 dt}{(1+t^2)^2}$ converge.

Remarque. Ne surtout pas citer comme référence l'intégrale $\int_0^{+\infty} \frac{dt}{t^2}$ qui est divergente (à cause de la borne 0).

• Pour finir, l'intégrale $\int_0^1 \frac{t^2 dt}{(1+t^2)^2}$ est définie (fonction continue sur un segment) et la relation de Chasles permet de conclure que $\int_0^{+\infty} \frac{t^2 dt}{(1+t^2)^2}$ converge.

Exemple 2. Étudier la nature de l'intégrale $\int_1^{+\infty} \frac{\ln t}{1+t^2} dt$.

On peut penser au critère de négligeabilité à cause de la présence du logarithme (même chose avec une exponentielle).

• La fonction $t \mapsto \frac{\ln t}{1+t^2}$ est continue sur $[1,+\infty[$. L'intégrale étudiée est donc impropre en $+\infty$.

• $t^{3/2} \frac{\ln t}{1+t^2} \underset{+\infty}{\sim} \frac{t^{3/2} \ln t}{t^2} \underset{+\infty}{\sim} \frac{\ln t}{\sqrt{t}}$ et $\lim\limits_{t \to +\infty} \frac{\ln t}{\sqrt{t}} = 0$ (croissance comparée), donc $\lim\limits_{t \to +\infty} t^{3/2} \frac{\ln t}{1+t^2} = 0$ et ainsi, on a : $\frac{\ln t}{1+t^2} \underset{+\infty}{=} o\left(\frac{1}{t^{3/2}}\right)$.

• L'intégrale $\int_1^{+\infty} \frac{dt}{t^{3/2}}$ est une intégrale de Riemann de paramètre $\alpha = \frac{3}{2}$, convergente car $\alpha > 1$. Les fonctions $t \mapsto \frac{\ln t}{1+t^2}$ et $t \mapsto \frac{1}{t^{3/2}}$ étant positives et continues au voisinage de $+\infty$, le critère de négligeabilité s'applique et permet de conclure : l'intégrale $\int_1^{+\infty} \frac{\ln t}{1+t^2} dt$ converge.

Exemple 3. Étudier la nature de l'intégrale $\int_1^{+\infty} \frac{\sin t}{t^2} dt$.

On peut penser au critère de comparaison car $|\sin t|$ est majoré par 1.

• La fonction $t \mapsto \frac{\sin t}{t^2}$ est continue sur $[1,+\infty[$. L'intégrale étudiée est donc impropre en $+\infty$.

• Pour tout réel t, on a $|\sin t| \leq 1$ et on en déduit : $\forall t \in [1, +\infty[, \ \frac{|\sin t|}{t^2} \leq \frac{1}{t^2}$.

L'intégrale $\int_1^{+\infty} \frac{dt}{t^2}$ est une intégrale de Riemann, de paramètre $\alpha = 2$, convergente (car $\alpha > 1$) donc, grâce au critère de comparaison pour les intégrales de fonctions positives et continues, l'intégrale $\int_1^{+\infty} \frac{|\sin t|}{t^2} dt$ converge également.

• Bilan. L'intégrale $\int_1^{+\infty} \frac{\sin t}{t^2} dt$ est absolument convergente donc convergente.

Méthodes

❑ Méthode 28.3. Comment étudier la nature d'une intégrale deux fois impropre ?

• Dans le cas général, pour étudier la nature d'une intégrale $\int_a^b f(t)dt$ impropre à la fois en a et en b (avec $-\infty \leq a < b \leq +\infty$), on choisit un réel c quelconque appartenant à $]a,b[$.

• Si les deux intégrales $\int_a^c f(t)dt$ et $\int_c^b f(t)dt$ convergent, alors l'intégrale $\int_a^b f(t)dt$ converge, et on a : $\int_a^b f(t)dt = \int_a^c f(t)dt + \int_c^b f(t)dt$.

• Si l'une des intégrales $\int_a^c f(t)dt$ et $\int_c^b f(t)dt$ diverge, alors $\int_a^b f(t)dt$ diverge.

• Dans le cas particulier où f est paire ou impaire, on peut se référer au **théorème 28.9** face à une intégrale du genre $\int_{-\infty}^{+\infty} f(t)dt$.

⇨ **Exercices 28.2, 28.3, 28.5**

Mise en garde. Pour étudier la nature de l'intégrale $\int_a^b f(t)dt$, on ne commence pas par écrire « $\int_a^b f(t)dt = \int_a^c f(t)dt + \int_c^b f(t)dt$ ». Cette égalité ne pourra être écrite qu'une fois la convergence de $\int_a^c f(t)dt$ et $\int_c^b f(t)dt$ acquise.

Exemple. Montrer que l'intégrale $\int_0^{+\infty} t^{x-1}e^{-t}\, dt$ existe si et seulement si x est strictement positif.

• La fonction $t \mapsto t^{x-1}e^{-t}$ est continue sur $]0,+\infty[$. L'intégrale $\int_0^{+\infty} t^{x-1}e^{-t}\, dt$ est donc deux fois impropre, en 0 et en $+\infty$.

• Étude de la nature de $\int_0^1 t^{x-1}e^{-t}\, dt$, une fois impropre en 0.

$\lim\limits_{t\to 0} e^{-t} = 1$ donc $t^{x-1}e^{-t} \underset{t\to 0}{\sim} t^{x-1}$, c'est-à-dire : $t^{x-1}e^{-t} \underset{t\to 0}{\sim} \dfrac{1}{t^{1-x}}$. Les fonctions en jeu étant positives et continues au voisinage de 0^+, le critère d'équivalence s'applique : les intégrales $\int_0^1 t^{x-1}e^{-t}\, dt$ et $\int_0^1 \frac{1}{t^{1-x}}dt$ sont de même nature. Or $\int_0^1 \frac{1}{t^{1-x}}dt$ est une intégrale de Riemann de paramètre $1-x$, impropre en 0, qui converge si, et seulement si, $1-x<1$, c'est-à-dire si : $x>0$. Ainsi, l'intégrale $\int_0^1 t^{x-1}e^{-t}\, dt$ converge si, et seulement si, x est strictement positif.

• Étude de la nature de $\int_1^{+\infty} t^{x-1}e^{-t}\,dt$, une fois impropre en $+\infty$.

Par négligeabilité classique, on a : $\forall x \in \mathbb{R},\ \lim_{t\to+\infty} t^2 t^{x-1}e^{-t} = \lim_{t\to+\infty} t^{x+1}e^{-t} = 0$.

On a donc : $t^{x-1}e^{-t} \underset{t\to+\infty}{=} o\left(\frac{1}{t^2}\right)$. L'intégrale $\int_1^{+\infty} \frac{dt}{t^2}$ étant une intégrale de Riemann de paramètre $\alpha = 2$, impropre en $+\infty$, convergente (car $\alpha > 1$), et comme les fonctions en jeu sont positives et continues au voisinage de $+\infty$, le critère de négligeabilité s'applique et permet de conclure : l'intégrale $\int_1^{+\infty} t^{x-1}e^{-t}\,dt$ converge, ceci quel que soit le réel x.

• Bilan : les intégrales $\int_0^1 t^{x-1}e^{-t}\,dt$ et $\int_1^{+\infty} t^{x-1}e^{-t}\,dt$ ne convergent toutes les deux que si $x > 0$, et on peut finalement conclure que l'intégrale $\int_0^{+\infty} t^{x-1}e^{-t}\,dt$ converge si, et seulement si, $x > 0$.

Remarque. La fonction qui, à tout réel x strictement positif, associe $\Gamma(x) = \int_0^{+\infty} t^{x-1}e^{-t}\,dt$, est la fonction "gamma" et sera étudiée dans le **tome 2**.

Méthodes

Vrai/Faux

		Vrai	Faux
1.	Si une fonction f est continue sur $[1,+\infty[$ et tend vers 0 en $+\infty$, alors l'intégrale $\int_0^{+\infty} f(t)\,dt$ converge.	☐	☐
2.	Si une fonction f est continue sur $]0,+\infty[$, alors $\lim\limits_{x\to 0^+} \int_x^{2x} f(t)\,dt = 0$.	☐	☐
3.	L'intégrale $\int_0^{+\infty} \frac{dt}{t^\alpha}$ ne converge pour aucune valeur du réel α.	☐	☐
4.	La fonction $t \mapsto \frac{t}{1+t^2}$ étant impaire, on a : $\int_{-\infty}^{+\infty} \frac{t}{1+t^2}\,dt = 0$.	☐	☐
5.	Si les intégrales $\int_a^b f(t)\,dt$ et $\int_a^b g(t)\,dt$ convergent, alors l'intégrale $\int_a^b f(t)g(t)\,dt$ converge.	☐	☐
6.	L'intégrale $\int_0^1 \frac{dt}{t^2}$ diverge car $\lim\limits_{t\to 0^+} \frac{1}{t^2} = +\infty$.	☐	☐
7.	Si l'intégrale $\int_a^b f(t)\,dt$ converge et si l'intégrale $\int_a^b g(t)\,dt$ diverge, alors on ne peut rien dire de la nature de l'intégrale $\int_a^b \big(f(t)+g(t)\big)\,dt$.	☐	☐
8.	Comme $\frac{1}{1+t^2} \underset{+\infty}{\sim} \frac{1}{t^2}$ et comme les fonctions en présence sont continues et positives au voisinage de $+\infty$, l'intégrale $\int_0^{+\infty} \frac{dt}{1+t^2}$ est de même nature que l'intégrale $\int_0^{+\infty} \frac{dt}{t^2}$.	☐	☐
9.	L'intégrale $\int_0^{+\infty} e^{-t}\,dt$ est faussement impropre en $+\infty$.	☐	☐
10.	Soit une fonction f continue sur $\mathbb{R}$. Si $\lim\limits_{A\to+\infty} \int_{-A}^{+A} f(t)\,dt$ existe, alors l'intégrale $\int_{-\infty}^{+\infty} f(t)\,dt$ converge.	☐	☐

Énoncé des exercices

❑ **Exercice 28.1.** — Étudier la nature des intégrales suivantes :

1. $\int_1^{+\infty} \frac{\ln t}{t} dt$. **2.** $\int_1^{+\infty} \ln\left(1+\frac{1}{x^2}\right) dx$. **3.** $\int_0^1 \frac{1-e^{-u}}{u} du$.

❑ **Exercice 28.2.** * — Montrer que les intégrales suivantes convergent et donner leur valeur :

1. $\int_0^1 \ln t \, dt$. **2.** $\int_{-\infty}^{+\infty} \frac{dx}{1+x^2}$.

❑ **Exercice 28.3.** — Un grand classique : le calcul de $\int_{-\infty}^{+\infty} t^n e^{-t^2} dt$.

1. a) Justifier que, pour tout entier naturel n, on a : $t^n e^{-t^2} \underset{t \to +\infty}{=} o\left(1/t^2\right)$.

b) En déduire que, pour tout entier n de $\mathbb{N}$, l'intégrale $\int_{-\infty}^{+\infty} t^n e^{-t^2} dt$ converge. On la note I_n.

2. Déterminer, pour tout entier naturel n, la valeur de I_{2n+1}.

3. a) On pose $J_n = \int_0^{+\infty} t^n e^{-t^2} dt$. Montrer que, pour tout entier naturel n, $J_{n+2} = \frac{n+1}{2} J_n$.

b) On admet que $I_0 = \sqrt{\pi}$. Montrer que, pour tout entier naturel n, $I_{2n} = \frac{(2n)!}{4^n n!}\sqrt{\pi}$.

D'après EML

❑ **Exercice 28.4.** * * — Un exemple de fonction définie par une intégrale impropre.

1. Montrer que, pour tout réel x strictement positif, l'intégrale $\int_x^{+\infty} \frac{e^{-t^2}}{t} dt$ converge.

On définit alors la fonction f sur $]0,+\infty[$ par : $x \mapsto f(x) = \int_x^{+\infty} \frac{e^{-t^2}}{t} dt$.

2. a) Montrer que la fonction g définie sur $\mathbb{R}_+^*$ par $g(x) = \int_x^1 \frac{1-e^{-t^2}}{t} dt$ a une limite finie à droite en 0.

b) Vérifier que : $\forall x > 0,\ g(x) = -\ln x - f(x) + f(1)$.

En déduire que : $f(x) \underset{0}{\sim} -\ln x$.

D'après HEC

❑ **Exercice 28.5.** — Soit la fonction f définie sur $\mathbb{R}$ par $f(x)=\dfrac{e^x}{(1+e^x)^2}$.

1. Étudier la parité de f.

2. a) Donner une primitive de f sur $\mathbb{R}$.

b) Justifier la convergence de l'intégrale $\displaystyle\int_0^{+\infty}\frac{e^x}{(1+e^x)^2}dx$ et préciser sa valeur.

c) En déduire la convergence et la valeur de $\displaystyle\int_{-\infty}^{+\infty}\frac{e^x}{(1+e^x)^2}dx$.

3. a) Démontrer, à l'aide d'une intégration par parties, que : $\displaystyle\int_0^{+\infty}\frac{xe^x}{(1+e^x)^2}dx=\ln 2$.

b) En déduire la convergence et la valeur de $\displaystyle\int_{-\infty}^{+\infty}\frac{xe^x}{(1+e^x)^2}dx$.

D'après ESSEC

■ Pour vous aider à démarrer

Exercice 28.1. Pour la question **2**, trouver un équivalent de l'intégrande là où est l'impropreté.
Pour la question **3**, trouver la limite de l'intégrande là où est l'impropreté.
Exercice 28.2. Pour la question **1**, $t\mapsto t\ln t-t$ est une primitive de $t\mapsto \ln t$ sur $\mathbb{R}_+^*$.
Pour la question **2**, une primitive de l'intégrande est connue.
Exercice 28.3. Pour la question **3.a)**, faire une intégration par parties dans l'intégrale $J_{n+2}(A)=\displaystyle\int_0^A t^{n+2}e^{-t^2}dt$.
Exercice 28.4. Pour la question **2.a)**, il suffit de prouver que l'intégrale $\displaystyle\int_0^1\frac{1-e^{-t^2}}{t}dt$ est convergente.
Pour la question **2.b)**, scinder l'intégrale définissant $g(x)$.
Exercice 28.5. Pour la question **3.a)**, après avoir intégré par parties, écrire que $\dfrac{1}{1+e^x}=\dfrac{e^{-x}}{e^{-x}+1}$ pour calculer l'intégrale restante.

Corrigé des vrai/faux

1.	2.	3.	4.	5.	6.	7.	8.	9.	10.
F	F	V	F	F	F	F	F	F	F

1. Considérons la fonction f définie sur $[1,+\infty[$ par : $f(x)=\dfrac{1}{x}$.

La fonction f est continue sur $]1,+\infty[$ et on a facilement : $\lim\limits_{x\to+\infty} f(x)=\lim\limits_{x\to+\infty}\dfrac{1}{x}=0$. Pourtant, l'intégrale $\displaystyle\int_1^{+\infty}\frac{dt}{t}$ est une intégrale divergente (intégrale de Riemann de paramètre 1).

2. Considérons la fonction f définie pour tout réel t de $]0,+\infty[$ par : $f(t)=\dfrac{1}{t^2}$. Cette fonction est bien continue sur $]0,+\infty[$. On a : $\forall x>0,\ \displaystyle\int_x^{2x} f(t)dt=\int_x^{2x}\frac{1}{t^2}dt=\left[-\frac{1}{t}\right]_x^{2x}=-\frac{1}{2x}+\frac{1}{x}=\frac{1}{2x}$.

On obtient alors : $\displaystyle\lim_{x\to0^+}\int_x^{2x} f(t)dt=+\infty$.

3. Pour tout réel t strictement positif, on a : $t^\alpha=e^{\alpha\ln t}$. La fonction $t\mapsto e^{\alpha\ln t}$ est continue sur $]0,+\infty[$ donc l'intégrale $\displaystyle\int_0^{+\infty}\frac{dt}{t^\alpha}$ est deux fois impropre.

- Considérons l'intégrale $\displaystyle\int_0^1\frac{dt}{t^\alpha}$. C'est une intégrale de Riemann qui converge si et seulement si $\alpha<1$.
- Considérons l'intégrale $\displaystyle\int_1^{+\infty}\frac{dt}{t^\alpha}$. C'est une intégrale de Riemann qui converge si et seulement si $\alpha>1$.

Les deux intégrales ne peuvent pas converger simultanément donc l'intégrale $\displaystyle\int_0^{+\infty}\frac{dt}{t^\alpha}$ ne converge pour aucune valeur de α.

4. La fonction $f : t\mapsto\dfrac{t}{1+t^2}$ étant impaire, l'intégrale $\displaystyle\int_{-\infty}^{+\infty}\frac{t}{1+t^2}dt$ converge si et seulement si l'intégrale $\displaystyle\int_0^{+\infty}\frac{t}{1+t^2}dt$ converge. Cette intégrale est impropre en $+\infty$.

On a : $f(t) \underset{+\infty}{\sim} \frac{1}{t}$. La fonction *f* et la fonction inverse sont continues et positives sur $\mathbb{R}_+^*$, donc grâce au critère d'équivalence pour les intégrales de fonctions continues et positives, les intégrales $\int_1^{+\infty} f(t)dt$ et $\int_1^{+\infty} \frac{dt}{t}$ sont de même nature.

L'intégrale $\int_1^{+\infty} \frac{1}{t}dt$ diverge en tant qu'intégrale de Riemann de paramètre 1, on en conclut que l'intégrale $\int_1^{+\infty} f(t)dt$ diverge. Bien que l'intégrale $\int_0^1 f(t)dt$ soit définie (fonction continue sur un segment), l'intégrale $\int_0^{+\infty} f(t)dt$ diverge. Finalement l'intégrale $\int_{-\infty}^{+\infty} \frac{t}{1+t^2}dt$ diverge.

5. On pose $a=0$, $b=1$ et $f(t)=g(t)=\frac{1}{\sqrt{t}}$ pour tout *t* de $]0,1]$.

Les intégrales $\int_0^1 f(t)dt$ et $\int_0^1 g(t)dt$ convergent en tant qu'intégrales de Riemann de paramètre $\frac{1}{2}$ (avec $\frac{1}{2}<1$).

Pourtant, on a, pour tout *t* de $]0,1]$, $f(t)g(t)=\frac{1}{t}$, et l'intégrale $\int_0^1 f(t)g(t)dt$ diverge en tant qu'intégrale de Riemann de paramètre égal à 1.

6. L'intégrale $\int_0^1 \frac{dt}{t^2}$ diverge en tant qu'intégrale de Riemann de paramètre 2, pour autant le fait que $\lim_{t\to 0^+} \frac{1}{t^2}=+\infty$ ne suffit pas à justifier sa divergence. En effet, si l'on considère la fonction $f : t \mapsto \frac{1}{t^{1/2}}$, on a bien $\lim_{t\to 0^+} f(t)=+\infty$, pourtant, l'intégrale $\int_0^1 f(t)dt$ converge en tant qu'intégrale de Riemann de paramètre $\frac{1}{2}$ (l'intégrale $\int_0^1 \frac{1}{\sqrt{t}}dt$ est d'ailleurs égale à 2).

7. Soit deux fonctions *f* et *g* telles que l'intégrale $\int_a^b f(t)dt$ converge et l'intégrale $\int_a^b g(t)dt$ diverge.

L'intégrale $\int_a^b f(t)dt$ converge donc l'intégrale $\int_a^b -f(t)dt$ converge aussi.

Si l'intégrale $\int_a^b (f(t)+g(t))dt$ convergeait, on en déduirait, grâce au **théorème 28.2** que l'intégrale $\int_a^b (f(t)+g(t)-f(t))dt$ serait convergente, c'est-à-dire que l'intégrale $\int_a^b g(t)dt$

convergerait. Ceci est contraire à l'hypothèse et on en conclut que l'intégrale $\int_a^b (f(t)+g(t))dt$ diverge.

8. On a bien : $\frac{1}{1+t^2} \underset{+\infty}{\sim} \frac{1}{t^2}$ et les fonctions en présence sont continues et positives au voisinage de $+\infty$. Pourtant, on ne peut pas conclure que les intégrales $\int_0^{+\infty} \frac{dt}{1+t^2}$ et $\int_0^{+\infty} \frac{dt}{t^2}$ sont de même nature. En effet, les intégrales $\int_1^{+\infty} \frac{dt}{1+t^2}$ et $\int_1^{+\infty} \frac{dt}{t^2}$ sont de même nature grâce au critère d'équivalence pour les intégrales de fonctions continues et positives sur $[1, +\infty[$, mais l'intégrale $\int_0^1 \frac{dt}{t^2}$ est divergente (intégrale de Riemann impropre en 0 et de paramètre supérieur ou égal à 1), alors que $\int_0^1 \frac{dt}{1+t^2}$ est convergente (intégrale d'une fonction continue sur un segment).

Conclusion : $\int_0^{+\infty} \frac{dt}{1+t^2}$ converge et $\int_0^{+\infty} \frac{dt}{t^2}$ diverge.

9. Il n'y a pas de prolongement par continuité d'une fonction en l'infini, la notion de fausse impropreté n'a donc pas de sens pour une borne infinie.

10. Considérons la fonction $f : t \mapsto t$ définie sur $\mathbb{R}$. Cette fonction est bien continue sur $\mathbb{R}$ et pour tout réel A, on a : $\int_{-A}^{A} f(t)dt = \left[\frac{t^2}{2}\right]_{-A}^{A} = 0$. Ainsi, $\lim\limits_{A\to+\infty} \int_{-A}^{+A} f(t)dt$ existe.

Pourtant, $\int_0^{+\infty} f(t)dt$ diverge (intégrale de Riemann de paramètre -1) donc d'après la **définition 28.6**, l'intégrale $\int_{-\infty}^{+\infty} f(t)dt$ diverge.

❑ Les erreurs classiques

- La notion d'intégrale faussement impropre n'existe que pour une impropreté en une borne réelle.
- Ne jamais étudier deux impropretés de front : il faut découper l'intégrale en deux intégrales, chacune étant une seule fois impropre.
- Il ne faut jamais écrire de relation (égalité, inégalité...) entre intégrales si la convergence de ces dernières n'a pas été justifiée.
- Le fait que $\lim\limits_{t\to+\infty} f(t) = 0$ ne garantit pas que l'intégrale $\int_a^{+\infty} f(t)dt$ converge.

De même, si f est continue sur]0, 1], le fait que $\lim_{t \to 0^+} f(t) = \pm\infty$ ne garantit pas la divergence de l'intégrale $\int_0^1 f(t)dt$.

• Si une fonction f est impaire, on ne peut pas écrire que $\int_{-\infty}^{+\infty} f(t)dt = 0$ sans avoir montré auparavant la convergence de $\int_0^{+\infty} f(t)dt$ (ou celle de $\int_{-\infty}^{0} f(t)dt$).

• Si une fonction f est paire, on ne peut pas écrire que $\int_{-\infty}^{+\infty} f(t)dt = 2\int_0^{+\infty} f(t)dt$ sans avoir montré auparavant la convergence de $\int_0^{+\infty} f(t)dt$.

• L'intégrale $\int_a^b f(t)g(t)dt$ n'est pas égale au produit $\int_a^b f(t)dt \int_a^b g(t)dt$ (peu importe d'ailleurs que ces intégrales soient définies ou impropres).

Corrigé des exercices

Exercice 28.1

1. La fonction $t \mapsto \dfrac{\ln t}{t}$ est continue sur $[1,+\infty[$ donc $\int_1^{+\infty} \dfrac{\ln t}{t}dt$ est une fois impropre, en $+\infty$. Pour tout réel A supérieur ou égal à 1, on a :

$$\int_1^A \frac{\ln t}{t}dt = \int_1^A \frac{1}{t}\times \ln t\, dt = \left[\frac{(\ln t)^2}{2}\right]_1^A = \frac{(\ln A)^2}{2}$$

Comme $\lim\limits_{A\to+\infty} \dfrac{(\ln A)^2}{2} = +\infty$, on en conclut que l'intégrale $\int_1^{+\infty} \dfrac{\ln t}{t}dt$ diverge.

⇨ *Méthode 28.1*

Remarque. On pouvait aussi minorer $\dfrac{\ln t}{t}$ par $\dfrac{1}{t}$ dès que t est supérieur à e.

2. La fonction $x \mapsto \ln\left(1+\dfrac{1}{x^2}\right)$ est continue sur $[1,+\infty[$ donc $\int_1^{+\infty} \ln\left(1+\dfrac{1}{x^2}\right)dx$ est une fois impropre, en $+\infty$. De plus, comme $\lim\limits_{x\to+\infty} \dfrac{1}{x^2} = 0$, on a : $\ln\left(1+\dfrac{1}{x^2}\right) \underset{+\infty}{\sim} \dfrac{1}{x^2}$.

Les fonctions $x \mapsto \ln\left(1+\dfrac{1}{x^2}\right)$ et $x \mapsto \dfrac{1}{x^2}$ sont continues et positives sur $[1,+\infty[$. On en déduit, grâce au critère d'équivalence pour les intégrales de fonctions continues positives, que les intégrales $\int_1^{+\infty} \ln\left(1+\dfrac{1}{x^2}\right)dx$ et $\int_1^{+\infty} \dfrac{1}{x^2}dx$ sont de même nature.

Comme l'intégrale $\int_1^{+\infty} \dfrac{dx}{x^2}$ converge (intégrale de Riemann de paramètre $2 > 1$), on en déduit que l'intégrale $\int_1^{+\infty} \ln\left(1+\dfrac{1}{x^2}\right)dx$ converge aussi.

⇨ *Méthode 28.2*

3. $u \mapsto \dfrac{1-e^{-u}}{u}$ est continue sur $]0,1]$ donc $\int_0^1 \dfrac{1-e^{-u}}{u}du$ est une fois impropre, en 0.

Comme $\lim\limits_{u\to0} \dfrac{1-e^{-u}}{u} = \lim\limits_{u\to0} \dfrac{e^{-u}-1}{-u} = \lim\limits_{v\to0} \dfrac{e^{v}-1}{v} = 1$, l'intégrale est faussement impropre en 0 donc elle est convergente.

Corrigé

Exercice 28.2

1. On remarque que la fonction ln est continue sur $]0,1]$. Cela nous permet d'affirmer que l'intégrale étudiée est une fois impropre, en 0.

$\forall \alpha \in]0,1[,\ \int_\alpha^1 \ln t\,dt = [t\ln t - t]_\alpha^1 = -1-\alpha\ln\alpha+\alpha$ (car $t \mapsto t\ln t - t$ est une primitive de $t\mapsto \ln t$ sur $\mathbb{R}_+^*$). Comme $\lim\limits_{\alpha\to 0^+} \alpha\ln\alpha = 0$, alors $\lim\limits_{\alpha\to 0^+}(-1-\alpha\ln\alpha+\alpha) = -1$ et $\lim\limits_{\alpha\to 0^+}\int_\alpha^1 \ln t\,dt = -1$.

Bilan. L'intégrale $\int_0^1 \ln t\,dt$ converge et $\int_0^1 \ln t\,dt = -1$.

⇨ *Méthode 28.1*

2. $x \mapsto \dfrac{1}{1+x^2}$ est continue sur $\mathbb{R}$ donc $\int_{-\infty}^{+\infty}\dfrac{1}{1+x^2}dx$ est deux fois impropre, en $-\infty$ et $+\infty$.

Examinons d'abord la convergence de l'intégrale $\int_0^{+\infty}\dfrac{1}{1+x^2}dx$.

Pour tout réel A positif, on a : $\int_0^A \dfrac{1}{1+x^2}dx = \left[\operatorname{Arctan} x\right]_0^A = \operatorname{Arctan} A$.

Comme $\lim\limits_{A\to+\infty}\operatorname{Arctan} A = \dfrac{\pi}{2}$, on conclut que l'intégrale $\int_0^{+\infty}\dfrac{1}{1+x^2}dx$ converge et vaut $\dfrac{\pi}{2}$.

Enfin, comme la fonction $x\mapsto \dfrac{1}{1+x^2}$ est paire, l'intégrale $\int_{-\infty}^{+\infty}\dfrac{1}{1+x^2}dx$ converge et vaut π.

⇨ *Méthodes 28.1, 28.3*

Exercice 28.3

1. a) En posant $X = t^2$, on a : $\lim\limits_{t\to+\infty} t^{n+2}e^{-t^2} = \lim\limits_{X\to+\infty} X^{\frac{n}{2}+1}e^{-X} = 0$.

On en conclut : $t^n e^{-t^2} \underset{t\to+\infty}{=} o\left(1/t^2\right)$.

b) Les fonctions $t\mapsto t^n e^{-t^2}$ et $t\mapsto \dfrac{1}{t^2}$ sont continues et positives sur $\left[1,+\infty\right[$ et l'intégrale $\int_1^{+\infty}\dfrac{dt}{t^2}$ converge en tant qu'intégrale de Riemann de paramètre $2>1$.

Le critère de négligeabilité pour les intégrales de fonctions continues et positives assure alors que l'intégrale $\int_1^{+\infty} t^n e^{-t^2}dt$ converge.

La continuité de la fonction $t\mapsto t^n e^{-t^2}$ sur $[0,1]$ assure que l'intégrale $\int_0^1 t^n e^{-t^2}dt$ existe, et la relation de Chasles permet alors de conclure que l'intégrale $\int_0^{+\infty} t^n e^{-t^2}dt$ converge.

Enfin, la fonction $t \mapsto t^n e^{-t^2}$ étant paire si n est pair et impaire si n est impair, on en déduit que l'intégrale $\int_{-\infty}^{+\infty} t^n e^{-t^2} dt$ converge.

⇨ *Méthodes 28.2, 28.3*

2. Pour tout entier naturel n, la fonction $t \mapsto t^{2n+1} e^{-t^2}$ est continue sur $\mathbb{R}$ et impaire.
La convergence de I_{2n+1} assure que : $\forall n \in \mathbb{N}, I_{2n+1} = 0$.

3. a) Pour tout réel A positif, on considère l'intégrale $\int_0^A t^{n+2} e^{-t^2} dt$.

Posons $u'(t) = te^{-t^2}$ et $v(t) = t^{n+1}$, on a alors : $u(t) = -\frac{1}{2}e^{-t^2}$ et $v'(t) = (n+1)t^n$.

Les fonctions u et v étant de classe C^1 sur $[0, A]$, une intégration par parties donne :

$$\int_0^A t^{n+2} e^{-t^2} dt = \left[-t^{n+1} \frac{e^{-t^2}}{2} \right]_0^A + \frac{n+1}{2} \int_0^A t^n e^{-t^2} dt = -A^{n+1} \frac{e^{-A^2}}{2} + \frac{n+1}{2} \int_0^A t^n e^{-t^2} dt.$$

Comme les intégrales I_n et I_{n+2} convergent et comme $\lim_{n \to +\infty} A^{n+1} e^{-A^2} = 0$, on peut passer à la limite quand A tend vers $+\infty$ et on obtient : $\int_0^{+\infty} t^{n+2} e^{-t^2} dt = \frac{n+1}{2} \int_0^{+\infty} t^n e^{-t^2} dt$.

Finalement, on a : $J_{n+2} = \frac{n+1}{2} J_n$.

b) Pour tout entier naturel n, notons $P(n)$ la propriété : $I_{2n} = \frac{(2n)!}{4^n n!} \sqrt{\pi}$.

On a admis que $I_0 = \sqrt{\pi}$ (ce résultat est vu au **chapitre 33** dans le paragraphe concernant les lois normales) donc on a bien $I_0 = \frac{0!}{4^0 0!} \sqrt{\pi}$ et la propriété $P(0)$ est vraie.

Soit n un entier naturel tel que $P(n)$ est vraie.

D'après la question **3.a)**, on a : $J_{2n+2} = \frac{2n+1}{2} J_{2n}$. Comme la fonction $t \mapsto t^{2n} e^{-t^2}$ est paire on a $I_{2n} = 2J_{2n}$, ce qui donne : $I_{2n+2} = \frac{2n+1}{2} I_{2n}$. En utilisant $P(n)$, on obtient finalement :

$$I_{2n+2} = \frac{2n+1}{2} I_{2n} = \frac{2n+1}{2} \times \frac{(2n)!}{4^n n!} \sqrt{\pi} = \frac{(2n+1)!}{2 \times 4^n n!} \sqrt{\pi} = \frac{(2n+2)(2n+1)!}{4 \times (n+1) \times 4^n n!} \sqrt{\pi}.$$

$I_{2n+2} = \frac{(2n+2)!}{4^{n+1}(n+1)!} \sqrt{\pi}$. Ainsi, la propriété $P(n+1)$ est vraie.

Par récurrence, pour tout entier naturel n, on a : $I_{2n} = \frac{(2n)!}{4^n n!} \sqrt{\pi}$.

Corrigé

Exercice 28.4

1. Pour tout réel x strictement positif, la fonction $t \mapsto \dfrac{e^{-t^2}}{t}$ est continue sur $[x,+\infty[$.

De plus, on a : $\lim\limits_{t\to+\infty} t^2 \dfrac{e^{-t^2}}{t} = \lim\limits_{t\to+\infty} t\, e^{-t^2} = \lim\limits_{X\to+\infty} X^{1/2} e^{-X} = 0$.

Par conséquent, on obtient : $\dfrac{e^{-t^2}}{t} \underset{+\infty}{=} o\left(\dfrac{1}{t^2}\right)$.

Les fonctions $t \mapsto \dfrac{e^{-t^2}}{t}$ et $t \mapsto \dfrac{1}{t^2}$ sont continues et positives sur $[x,+\infty[$ et l'intégrale $\displaystyle\int_x^{+\infty} \frac{dt}{t^2}$ converge en tant qu'intégrale de Riemann de paramètre $2 > 1$.
Le critère de négligeabilité pour les intégrales de fonctions continues et positives assure que l'intégrale $\displaystyle\int_x^{+\infty} \frac{e^{-t^2}}{t} dt$ converge.

⇨ *Méthode 28.2*

2. a) Pour tout réel x strictement positif, on a : $g(x) = \displaystyle\int_x^1 \frac{1-e^{-t^2}}{t} dt$

La fonction $t \mapsto \dfrac{1-e^{-t^2}}{t}$ est continue sur $\mathbb{R}_+^*$. Comme $\lim\limits_{t\to 0}\left(-t^2\right) = 0$, on a : $e^{-t^2} - 1 \underset{0}{\sim} -t^2$.

Ainsi, on obtient : $\dfrac{1-e^{-t^2}}{t} \underset{0}{\sim} t$. On en conclut : $\lim\limits_{t\to 0} \dfrac{1-e^{-t^2}}{t} = 0$.

Ainsi, la fonction $t \mapsto \dfrac{1-e^{-t^2}}{t}$ se prolonge par continuité en 0 et l'intégrale $\displaystyle\int_0^1 \frac{1-e^{-t^2}}{t} dt$ est faussement impropre donc convergente. La fonction g a donc une limite finie à droite en 0.

b) En utilisant la linéarité de l'intégration, puis la relation de Chasles (toutes les intégrales convergent), on trouve : $\forall x > 0,\ g(x) = \displaystyle\int_x^1 \frac{dt}{t} - \int_x^1 \frac{e^{-t^2}}{t} dt = -\ln x - \left(\int_x^{+\infty} \frac{e^{-t^2}}{t} dt - \int_1^{+\infty} \frac{e^{-t^2}}{t} dt \right)$.

On en conclut : $\forall x > 0,\ g(x) = -\ln x - f(x) + f(1)$.

On a alors : $\forall x > 0,\ f(x) = -\ln x - g(x) + f(1)$

Pour tout x de $]0, 1[$, en divisant l'égalité précédente par $-\ln x$ (qui est non nul), on obtient :

$$\frac{f(x)}{-\ln x} = 1 + \frac{g(x)}{\ln x} - \frac{f(1)}{\ln x}$$

Comme $\lim\limits_{x\to 0^+} \ln x = -\infty$, on a : $\lim\limits_{x\to 0^+} \dfrac{f(1)}{-\ln x} = 0$. De plus, comme g possède une limite finie à droite en 0, on a aussi : $\lim\limits_{x\to 0^+} \dfrac{g(x)}{\ln x} = 0$. On en déduit : $\lim\limits_{x\to 0^+} \dfrac{f(x)}{-\ln x} = 1$.

Finalement, on a : $f(x) \underset{0^+}{\sim} -\ln x$.

Exercice 28.5

1. Pour tout réel x, on a : $f(-x)=\dfrac{e^{-x}}{\left(1+e^{-x}\right)^2}=\dfrac{e^{-x}}{e^{-2x}\left(e^x+1\right)^2}=\dfrac{e^x}{\left(1+e^x\right)^2}=f(x)$.

On en déduit que la fonction f est paire.

2. a) La fonction f est continue sur $\mathbb{R}$ donc elle possède des primitives sur $\mathbb{R}$. De plus, f est de la forme $\dfrac{u'}{u^2}$ (en posant $u: x\mapsto e^x+1$).

On en conclut que la fonction $F: x\mapsto -\dfrac{1}{1+e^x}$ est une primitive de f sur $\mathbb{R}$.

b) La fonction f est continue sur $[0,+\infty[$ donc $\int_0^{+\infty} f(x)dx$ est une fois impropre, en $+\infty$.

Pour tout réel positif A, on a : $\int_0^A f(x)dx=\left[F(x)\right]_0^A=F(A)-F(0)=\dfrac{1}{2}-\dfrac{1}{1+e^A}$.

Comme $\lim\limits_{A\to+\infty}\dfrac{1}{1+e^A}=0$, on en déduit : $\int_0^{+\infty}\dfrac{e^x}{(1+e^x)^2}dx$ converge et $\int_0^{+\infty}\dfrac{e^x}{(1+e^x)^2}dx=\dfrac{1}{2}$.

⇨ *Méthode 28.1*

c) La fonction f est paire et l'intégrale $\int_0^{+\infty}\dfrac{e^x}{(1+e^x)^2}dx$ converge donc $\int_{-\infty}^{+\infty}\dfrac{e^x}{(1+e^x)^2}dx$ converge également (**théorème 28.9**).

De plus, $\int_0^{+\infty}\dfrac{e^x}{(1+e^x)^2}dx=\dfrac{1}{2}$ donc : $\int_{-\infty}^{+\infty}\dfrac{e^x}{(1+e^x)^2}dx=2\int_0^{+\infty}\dfrac{e^x}{(1+e^x)^2}dx=1$.

⇨ *Méthode 28.3*

3. a) Pour tout réel positif A, examinons : $\int_0^A\dfrac{xe^x}{(1+e^x)^2}dx$.

Posons $\begin{cases}u'(x)=\dfrac{e^x}{\left(1+e^x\right)^2}\\ u(x)=-\dfrac{1}{1+e^x}\end{cases}$ et $\begin{cases}v(x)=x\\ v'(x)=1\end{cases}$. Les fonctions u et v étant de classe C^1 sur $[0,A]$, on peut intégrer par parties : $\int_0^A\dfrac{xe^x}{(1+e^x)^2}dx=\left[\dfrac{-x}{1+e^x}\right]_0^A-\int_0^A\dfrac{-1}{1+e^x}dx=\dfrac{-A}{1+e^A}+\int_0^A\dfrac{1}{1+e^x}dx$.

On remarque que, pour tout réel x, on a : $\dfrac{1}{1+e^x}=\dfrac{1}{1+e^x}\times\dfrac{e^{-x}}{e^{-x}}=\dfrac{e^{-x}}{e^{-x}+1}$.

On en déduit : $\int_0^A\dfrac{1}{1+e^x}dx=\int_0^A\dfrac{e^{-x}}{1+e^{-x}}dx=\left[-\ln\left(1+e^{-x}\right)\right]_0^A=\ln 2-\ln\left(1+e^{-A}\right)$.

Corrigé

On obtient ainsi : $\int_0^A \frac{xe^x}{(1+e^x)^2}dx = \frac{-A}{1+e^A} + \ln 2 - \ln\left(1+e^{-A}\right)$.

Comme $\lim_{A\to+\infty} \frac{-A}{1+e^A} = \lim_{A\to+\infty} \frac{-A}{1+e^A} \times \frac{e^{-A}}{e^{-A}} = \lim_{A\to+\infty} \frac{-Ae^{-A}}{e^{-A}+1} = 0$ et comme $\lim_{A\to+\infty} \ln\left(1+e^{-A}\right) = 0$, on conclut : $\int_0^{+\infty} \frac{xe^x}{\left(1+e^x\right)^2}dx = \ln 2$.

⇨ *Méthode 28.1*

b) En posant $g(x) = \frac{xe^x}{\left(1+e^x\right)^2} = x f(x)$, on a : $g(-x) = -x f(-x) = -x f(x)$, car f est paire.

On en déduit que g est impaire et comme, d'après la question **3.a)** l'intégrale $\int_0^{+\infty} g(x)dx$ converge, on en déduit que $\int_{-\infty}^{+\infty} g(x)dx$ converge également et est nulle (**théorème 28.9**).

⇨ *Méthode 28.3*

Chapitre 29
Espaces probabilisés

Le mathématicien russe Andreï **Kolmogorov** comprend le besoin de donner au calcul des probabilités une assise mathématique. Grand connaisseur de la théorie des ensembles développée depuis 1870 et de la nouvelle théorie de l'intégration présentée en 1902 par Henri **Lebesgue**, il utilise ses compétences en calcul des probabilités, très en vogue à l'époque en Russie, pour élaborer en 1929 l'axiomatique utilisée désormais universellement pour étudier cette théorie.

Andreï Kolmogorov
1903-1987

Objectifs

Les incontournables

- ▷ Savoir manipuler réunions et intersections infinies.
- ▷ Savoir démontrer une inclusion entre deux événements.
- ▷ Savoir utiliser l'une des conséquences des théorèmes de limite monotone.

Et plus si affinités

- ▷ Savoir utiliser les théorèmes de limite monotone.

Résumé de cours

Ce chapitre généralise les notions abordées dans le chapitre 17 au cas d'un univers Ω infini

Tribu et événements

Épreuve aléatoire (Rappel)

Définitions 29.1. — On appelle *épreuve aléatoire* (ou expérience aléatoire) une expérience dont les résultats ne dépendent que du hasard. L'ensemble de tous les résultats possibles, noté Ω, est appelé *univers* associé à l'expérience. Un *événement* est une partie de Ω.

Remarque 29.1. — Lorsque Ω est infini et non dénombrable, les parties de Ω n'ont pas toutes droit au statut d'événements et on exige que celles qui seront les événements associés à une certaine expérience aléatoire forment un ensemble, inclus dans $\mathcal{P}(\Omega)$, appelé *tribu*, et qui vérifie certaines propriétés de stabilité indispensables.
Lorsque Ω est infini dénombrable, on peut choisir $\mathcal{P}(\Omega)$ comme tribu, mais on peut aussi se contenter d'une tribu plus petite et plus adaptée à l'épreuve aléatoire effectuée.

Tribu d'événements

Définition 29.2. — On appelle *tribu* (ou σ-algèbre) tout sous-ensemble de $\mathcal{P}(\Omega)$, noté $\mathcal{A}$, et vérifiant :

(1) $\Omega \in \mathcal{A}$.

(2) Si $A \in \mathcal{A}$, alors $\overline{A} \in \mathcal{A}$.

(3) Si I désigne une partie (finie ou non) de $\mathbb{N}$ et si $(A_k)_{k \in I}$ est une suite d'événements (éléments de $\mathcal{A}$), alors $\bigcup_{k \in I} A_k \in \mathcal{A}$ (ce qui signifie que $\bigcup_{k \in I} A_k$ est un événement).

Définition 29.3. — Tout élément de la tribu $\mathcal{A}$ est appelé *événement*.

Définition 29.4. — Le couple $(\Omega, \mathcal{A})$ est appelé *espace probabilisable*.

Remarque 29.2. — Lorsque Ω est fini, dans la pratique, on prend toujours $\mathcal{P}(\Omega)$ comme tribu mais ce n'est pas obligatoire.
Par exemple, lors du lancer d'un dé pour lequel on décide que le joueur gagne s'il obtient le 6, on a $\Omega = \{1,2,3,4,5,6\}$ et une tribu adaptée est : $\mathcal{A} = \{\varnothing, \{6\}, \{1,2,3,4,5\}, \Omega\}$.

Propriété 29.1. — Si I désigne une partie (finie ou non) de $\mathbb{N}$, et si $(A_k)_{k\in I}$ est une suite d'événements (c'est-à-dire d'éléments de $\mathcal{A}$), alors $\bigcap_{k\in I} A_k \in \mathcal{A}$ (c'est-à-dire que $\bigcap_{k\in I} A_k$ est un événement).

❑ Intersection et réunion d'événements (rappel)

Définition 29.5. — Si I désigne une partie (finie ou non) de $\mathbb{N}$ et si $(A_n)_{n\in I}$ est une suite d'événements tous définis sur un espace probabilisable $(\Omega, \mathcal{A})$, alors on a :

$$\omega \in \bigcap_{k\in I} A_k \Leftrightarrow \forall k \in I, \omega \in A_k$$

Autrement dit : $\bigcap_{k\in I} A_k$ est réalisé si et seulement si, pour tout k de I, A_k est réalisé.

Définition 29.6. — Si I désigne une partie (finie ou non) de $\mathbb{N}$ et si $(A_n)_{n\in I}$ est une suite d'événements tous définis sur un espace probabilisable $(\Omega, \mathcal{A})$, alors on a :

$$\omega \in \bigcup_{k\in I} A_k \Leftrightarrow \exists k \in I, \omega \in A_k$$

Autrement dit, $\bigcup_{k\in I} A_k$ est réalisé si et seulement si, il existe au moins un k de I pour lequel A_k est réalisé.

❑ Distributivité généralisée

Théorème 29.1 — Si I désigne une partie (finie ou non) de $\mathbb{N}$ et si $(A_n)_{n\in I}$ est une suite d'événements tous définis sur un espace probabilisable $(\Omega, \mathcal{A})$, alors, pour tout événement B de $(\Omega, \mathcal{A})$, on a :

$$B \cap \left(\bigcup_{k\in I} A_k\right) = \bigcup_{k\in I}(B \cap A_k) \text{ et } B \cup \left(\bigcap_{k\in I} A_k\right) = \bigcap_{k\in I}(B \cup A_k)$$

❑ Lois de Morgan généralisées

Théorème 29.2 — Si I désigne une partie (finie ou non) de $\mathbb{N}$ et si $(A_n)_{n\in I}$ est une suite d'événements tous définis sur un espace probabilisable $(\Omega, \mathcal{A})$, alors on a :

$$\overline{\bigcap_{k\in I} A_k} = \bigcup_{k\in I} \overline{A_k} \text{ et } \overline{\bigcup_{k\in I} A_k} = \bigcap_{k\in I} \overline{A_k}$$

❑ Système complet d'événements

Définition 29.7. — On appelle *système complet d'événements* toute famille d'événements deux à deux incompatibles et dont la réunion est Ω.

Définition 29.8. — En désignant par I une partie (finie ou non) de $\mathbb{N}$, la famille $(A_k)_{k\in I}$ est un système complet d'événements si les A_k sont deux à deux incompatibles et si $\bigcup_{k\in I} A_k = \Omega$.

Définition 29.9. — Soit S un système complet d'événements. La plus petite tribu contenant S est appelée la *tribu engendrée* par S.

■ Espace probabilisé

❑ Probabilité

Définition 29.10. — On appelle *probabilité* définie sur l'espace probabilisable $(\Omega, \mathcal{A})$, toute application P de $\mathcal{A}$ dans $[0, 1]$ vérifiant $P(\Omega) = 1$ et telle que, si I désigne une partie (finie ou non) de $\mathbb{N}$ et si $(A_k)_{k\in I}$ est une suite d'événements 2 à 2 incompatibles, alors on a :

$$P(\bigcup_{k\in I} A_k) = \sum_{k\in I} P(A_k)$$

On dit que P est *σ-additive*.

Définition 29.11. — Le triplet $(\Omega, \mathcal{A}, P)$ est appelé *espace probabilisé*.

❑ Quasi-certitude et quasi-impossibilité

Définition 29.12. — Un événement A, différent de Ω et de probabilité égale à 1, est dit "*quasi certain*". On dit aussi qu'*il est presque sûr* que A se réalise.

Définition 29.13. — Un événement A, non vide et de probabilité nulle, est dit "*quasi impossible*". On dit aussi que A est *négligeable*.

Exemple 29.1. — Lorsqu'on lance indéfiniment une pièce donnant "*Pile*" avec la probabilité p (avec $0 < p < 1$), l'événement : « on n'obtient que des "*Piles*" » est quasi-impossible et l'événement « on obtient au moins un "*Face*" » est quasi-certain (voir **méthode 29.2**).

❑ Théorèmes de limite monotone

Théorème 29.3. — Si $(A_n)_{n\geq m}$ est une suite **croissante** d'événements ($A_n \subset A_{n+1}$), alors :

$$P(\bigcup_{n=m}^{+\infty} A_n) = \lim_{n\to+\infty} P(A_n)$$

Théorème 29.4. — Si $(A_n)_{n\geq m}$ est une suite **décroissante** d'événements ($A_{n+1} \subset A_n$), alors :

$$P(\bigcap_{n=m}^{+\infty} A_n) = \lim_{n\to+\infty} P(A_n)$$

⇨ **Méthode 29.1. Comment utiliser les théorèmes de limite monotone ?**

❑ Conséquences importantes des théorèmes de limite monotone

Théorème 29.5 — Si $(A_n)_{n\geq m}$ est une suite quelconque d'événements, alors on a :

$$P(\bigcup_{n=m}^{+\infty} A_n) = \lim_{n\to+\infty} P(\bigcup_{k=m}^{n} A_k) \text{ et } P(\bigcap_{n=m}^{+\infty} A_n) = \lim_{n\to+\infty} P(\bigcap_{k=m}^{n} A_k)$$

⇨ **Méthode 29.2. Comment utiliser les conséquences des théorèmes de limite monotone ?**

■ Conditionnement

❑ Probabilités conditionnelles

Définition 29.14. — Soit A et B deux événements d'un espace probabilisé $(\Omega, \mathcal{A}, P)$, l'événement A étant de probabilité non nulle. On appelle « probabilité de B sachant que A est réalisé » le réel noté $P_A(B)$ défini par : $P_A(B) = \dfrac{P(A\cap B)}{P(A)}$.

Théorème 29.6. — L'application P_A est une probabilité définie sur $(\Omega, \mathcal{A})$.

Propriétés 29.2. — Quelques conséquences à connaître.
$P_A(\Omega) = 1$.
$P_A(\varnothing) = 0$.
$P_A(\overline{B}) = 1 - P_A(B)$.
$P_A(E\cup F) = P_A(E) + P_A(F) - P_A(E\cap F)$.

❑ Formule des probabilités composées

Théorème 29.7. — Si $A_1, A_2, ..., A_n$ sont n événements d'un espace probabilisé $(\Omega, \mathcal{A}, P)$, tels que $P\left(\bigcap_{k=1}^{n-1} A_k\right) \neq 0$, alors on a : $P\left(\bigcap_{k=1}^{n} A_k\right) = P(A_1)\, P_{A_1}(A_2)\, P_{A_1\cap A_2}(A_3) \dots P_{A_1\cap A_2\cap\dots\cap A_{n-1}}(A_n)$.

❑ Formule des probabilités totales

Théorème 29.8. — Soit I une partie, finie ou non, de $\mathbb{N}$.
Si $(A_k)_{k\in I}$ est un système complet d'événements de probabilités non nulles, alors pour tout événement B, on a :

$$P(B) = \sum_{k\in I} P(B\cap A_k) = \sum_{k\in I} P(A_k) P_{A_k}(B)$$

❑ Formule de Bayes

Théorème 29.9. — Si A et B sont deux événements de probabilités non nulles, on a :

$$P_B(A) = \frac{P(A)P_A(B)}{P(B)}$$

Théorème 29.10. — Formule de Bayes généralisée. Soit I une partie, finie ou non, de $\mathbb{N}$.
Si $(A_k)_{k\in I}$ est un système complet d'événements de probabilités non nulles, alors pour tout événement B de probabilité non nulle, on a : $\forall i \in I,\ P_B(A_i) = \dfrac{P(A_i)P_{A_i}(B)}{\sum_{k\in I} P(A_k)P_{A_k}(B)}$.

Remarque 29.3. — Les méthodes vues aux **chapitres 17** et **18** restent bien entendu, valables dans le cas d'un univers infini.

■ Indépendance

Les définitions de l'indépendance deux à deux et de l'indépendance mutuelle données au **chapitre 18**, ainsi que les propriétés qui s'y rattachent, restent valables dans le cas où l'univers n'est pas fini.
Voici une généralisation de la définition de l'indépendance mutuelle à une suite d'événements :

❑ Indépendance mutuelle de plusieurs événements

Définition 29.15. — Soit I une partie, finie ou non, de $\mathbb{N}$ et $(E_k)_{k\in I}$ une famille d'événements définis sur un espace probabilisé $(\Omega, \mathcal{A}, P)$.
On dit que ces événements sont mutuellement indépendants si, pour tout k de $\mathbb{N}^*$ et pour toute liste $(i_1, i_2, ..., i_k)$ d'éléments distincts de I, on a :

$$P(E_{i_1} \cap E_{i_2} \cap ... \cap E_{i_k}) = P(E_{i_1})P(E_{i_2}) ... P(E_{i_k})$$

■■ Méthodes

■ Opérations sur les événements

❑ Méthode 29.1. Comment utiliser les théorèmes de limite monotone ?

Il faut tout d'abord montrer que l'on a affaire :

- Soit à une suite croissante d'événements, et dans ce cas, on a :

$$P\left(\bigcup_{n=m}^{+\infty} A_n\right) = \lim_{n\to+\infty} P(A_n)$$

- Soit à une suite décroissante d'événements, et dans ce cas, on a :

$$P\left(\bigcap_{n=m}^{+\infty} A_n\right) = \lim_{n\to+\infty} P(A_n)$$

⇨ **Exercice 29.3**

Exemple. Une épreuve consiste à lancer une infinité de fois un dé équilibré et on veut déterminer la probabilité de l'événement A : « on obtient au moins un 6 ».
Pour cela, on introduit, pour tout entier naturel n non nul, l'événement A_n : « on obtient au moins un 6 lors des n premiers lancers ».
Montrer que la suite (A_n) est une suite croissante d'événements et en déduire $P(A)$.

Si l'on a obtenu au moins un 6 en n lancers, alors avec un lancer de plus, on aura soit le même nombre de 6, soit un 6 de plus, mais en tout cas, on aura obtenu au moins un 6 en $n+1$ lancers. Par conséquent : $A_n \subset A_{n+1}$.

Pour trouver la probabilité de A_n, on va chercher plutôt celle de $\overline{A_n}$ qui est réalisé si, et seulement si, on obtient à chacun des n lancers, un 1, un 2, un 3, un 4 ou un 5. Pour un lancer, la probabilité d'obtenir un 1, un 2, un 3, un 4 ou un 5 est égale à $\frac{5}{6}$ et, par indépendance, on obtient : $P\left(\overline{A_n}\right)=\left(\frac{5}{6}\right)^n$. On en déduit : $P(A_n)=1-\left(\frac{5}{6}\right)^n$.

Pour finir, on a : $A=\bigcup_{k=1}^{+\infty} A_k$ et d''après le théorème de limite monotone pour une suite croissante d'événements, on a : $P(A)=\lim_{n\to+\infty} P(A_n)$.

Comme $\frac{5}{6}\in\left]-1,1\right[$, on a $\lim_{n\to+\infty}\left(\frac{5}{6}\right)^n=0$ et on trouve : $P(A)=1$.

❑ Méthode 29.2. Comment utiliser les conséquences des théorèmes de limite monotone ?

> Ces conséquences sont assez naturelles : la probabilité d'une intersection (ou d'une réunion) infinie est la limite de la probabilité d'une intersection (ou d'une réunion) finie. De plus, aucune hypothèse n'est exigée sur les événements considérés.

⇨ **Exercice 29.4**

Exemple. Une épreuve consiste à lancer indéfiniment une pièce donnant *Pile* avec la probabilité p (avec $0 < p < 1$).
Pour tout entier naturel k non nul, on note P_k l'événement « on obtient *Pile* lors du $k^{\text{ème}}$ lancer », A_n l'événement « on n'obtient que des *Piles* pendant les n premiers lancers ». Calculer $P(A_n)$ et en déduire la probabilité de l'événement A : « on n'obtient que des *Piles* ».

On a vu à la **méthode 17.1** du **chapitre 17** que : $A_n = \bigcap_{k=1}^{n} P_k$.

Par indépendance des lancers, les événements P_k sont mutuellement indépendants donc on a :

$$P(A_n) = \prod_{k-1}^{n} P(P_k) = p^n .$$

L'événement A s'écrit : $A = \bigcap_{k=1}^{+\infty} P_k$ et d'après la conséquence d'un des théorèmes de limite monotone, on a : $P(A) = \lim_{n\to+\infty} P\left(\bigcap_{k=1}^{n} P_k\right) = \lim_{n\to+\infty} P(A_n)$.

Comme $|p| < 1$, on a $\lim_{n\to+\infty} P(A_n) = \lim_{n\to+\infty} p^n = 0$ donc : $P(A) = 0$.

Bilan : il est quasi-impossible de n'obtenir que des *Piles* au cours d'une infinité de lancers de cette pièce, ou si l'on préfère, il est quasi-certain d'obtenir au moins une fois *Face*.
De même, il est quasi-impossible de n'obtenir que des *Faces* au cours d'une infinité de lancers de cette pièce, ou encore, il est quasi-certain d'obtenir au moins une fois *Pile*.

Vrai/Faux

Dans les V/F 5 à 10, on considère une suite d'événements $(E_n)_{n\in\mathbb{N}^*}$. **Vrai** **Faux**

1. Un événement peut être indépendant de lui-même. ☐ ☐

2. Lorsqu'on lance indéfiniment une pièce, il est presque sûr que l'on obtienne au moins un "*Face*". ☐ ☐

3. On lance indéfiniment une pièce donnant *Pile* avec la probabilité p ($0<p<1$). Pour tout n de $\mathbb{N}^*$, on note P_n l'événement : « le $n^{\text{ème}}$ lancer donne un *Pile* » et on pose $E_n = P_n \cap P_{n+1}$.
Par indépendance des lancers, si $n \neq m$, on a : $P(E_n \cap E_m) = p^4$ ☐ ☐

4. La famille $(P_n)_{n\in\mathbb{N}^*}$ du **V/F 3** est un système complet d'événements. ☐ ☐

5. S'il existe un entier naturel n non nul tel que E_n soit quasi-certain, alors $\bigcup_{k=1}^{+\infty} E_k$ est également quasi-certain. ☐ ☐

6. S'il existe un entier naturel n non nul tel que E_n soit quasi-certain, alors $\bigcap_{k=1}^{+\infty} E_k$ est également quasi-certain. ☐ ☐

7. Si $\lim_{n\to+\infty} P(E_n)=1$, alors $P\left(\bigcup_{k=1}^{+\infty} E_k\right)=1$. ☐ ☐

8. Si les événements E_n sont mutuellement indépendants et de même probabilité p (avec $0<p<1$), alors on a : $P\left(\bigcap_{k=1}^{+\infty} E_k\right)=0$. ☐ ☐

9.** L'événement $\bigcup_{n=1}^{+\infty}\bigcap_{m=n}^{+\infty} E_m$ est réalisé si, et seulement si, les événements E_n sont tous réalisés à partir d'un certain rang. ☐ ☐

10.** Si l'événement $\bigcap_{n=1}^{+\infty}\bigcup_{m=n}^{+\infty} E_m$ est réalisé, alors une infinité d'événements E_n sont réalisés. ☐ ☐

■■ Énoncé des exercices

❑ **Exercice 29.1.** — On considère une particule se déposant à chaque seconde sur l'un des trois sommets A, B et C d'un triangle suivant le procédé décrit ainsi :
• si la particule se trouve en B, elle y reste
• si la particule se trouve en A, elle se trouve à la seconde suivante sur l'un des trois sommets de façon équiprobable
• si la particule se trouve en C, à la seconde suivante, elle y reste une fois sur trois et elle va en B sept fois plus souvent qu'en A.
À la première seconde, elle se pose au hasard sur l'un des trois sommets.
Pour tout n de $\mathbb{N}^*$, on note A_n (respectivement B_n et C_n) l'événement : « à la $n^{\text{ème}}$ seconde, la particule se trouve en A (respectivement B et C) » et on note a_n, b_n et c_n les probabilités de A_n, B_n et C_n.

1. Que valent a_1, b_1 et c_1 ?

2. Donner une relation de récurrence entre a_{n+1}, b_{n+1}, c_{n+1} et a_n, b_n, c_n.

3. Montrer que : $\forall n \in \mathbb{N}^*$, $c_n = \dfrac{1}{2^n} - \dfrac{1}{6^n}$. En déduire a_n et b_n en fonction de n.

4. Étudier la convergence des suites (a_n), (b_n) et (c_n).

D'après HEC

❑ **Exercice 29.2.** — On dispose de 2 pièces d'apparence identique, la pièce A donnant *Pile* avec la probabilité a, avec a dans $]0, 1[$, et la pièce B donnant *Pile* avec la probabilité b, avec b aussi dans $]0, 1[$.
Pour le premier lancer du jeu, on choisit une pièce au hasard et pour les coups suivants, on adopte la stratégie suivante : si on obtient *Pile*, on garde la pièce pour le lancer suivant et si on obtient *Face*, on change de pièce pour le lancer suivant.
On note, pour tout k de $\mathbb{N}^*$, A_k l'événement « le $k^{\text{ème}}$ lancer se fait avec la pièce A », $B_k = \overline{A_k}$ et E_k l'événement « le $k^{\text{ème}}$ lancer amène *Pile* ».

1. Trouver une relation entre $P(E_k)$ et $P(A_k)$.

2. Trouver une relation entre $P(A_{k+1})$ et $P(A_k)$.

3. En déduire $P(A_k)$ puis $P(E_k)$.

D'après HEC

❑ **Exercice 29.3.** * — On lance indéfiniment une pièce pour laquelle la probabilité d'obtenir *Pile* à un lancer quelconque est égale à $\dfrac{1}{2}$.
Montrer, en considérant l'événement A_n : « on obtient au moins un *Pile* pendant les n premiers lancers », que la probabilité de l'événement A : « on obtient au moins un *Pile* pendant une infinité de lancers » est égale à 1.

❑ **Exercice 29.4.** ** — Dans cet exercice, N désigne un entier naturel supérieur ou égal à 2 et k un entier naturel appartenant à $[\![1, N-1]\!]$.

On dispose d'une urne qui contient k boules rouges et $N-k$ boules blanches (l'urne contient donc en tout N boules).

Une épreuve aléatoire consiste à effectuer indéfiniment des tirages d'une boule, avec remise à chaque fois de la boule tirée, dans cette urne.

On note A_j l'événement « on n'obtient aucune boule blanche lors des j premiers tirages ».

On note A l'événement « on obtient au moins une boule blanche lors de cette épreuve ».

Calculer la probabilité de $\overline{A}$ en utilisant les événements A_j puis donner la valeur de $P(A)$.

❑ **Exercice 29.5.** * — Inégalité de Boole.

1. Soit $(A_n)_{n\in\mathbb{N}^*}$ une suite d'événements. Montrer que : $\forall n \in \mathbb{N}^*,\ P\left(\bigcup_{k=1}^{n} A_k\right) \leq \sum_{k=1}^{n} P(A_k)$.

2. En déduire que, si la série de terme général $P(A_n)$ converge, on a : $P\left(\bigcup_{n=1}^{+\infty} A_n\right) \leq \sum_{n=1}^{+\infty} P(A_n)$.

❑ **Exercice 29.6.** * — Un peu de dénombrement !

On désigne par n un entier naturel non nul et on considère l'ensemble $E = \{x_1, x_2, ..., x_n\}$.

On note les 2^n parties de E sur des morceaux de papier de telle façon que chaque morceau de papier contienne une partie de E.

On se donne une partie B de E, fixée et de cardinal k (avec k élément de $[\![0, n]\!]$).

On choisit au hasard un morceau de papier.

1. Quelle est la probabilité que la partie qui y est inscrite contienne la partie B ?

2. Quelle est la probabilité que la partie qui y est inscrite soit contenue dans la partie B ?

3. Quelle est la probabilité que la partie qui y est inscrite ne rencontre pas la partie B ?

❑ **Exercice 29.7.** ** — On admet la formule du crible généralisée permettant de déterminer la probabilité d'une réunion d'événements qui ne sont pas 2 à 2 incompatibles :

$$\forall n \in \mathbb{N}^*,\ P(B_1 \cup B_2 \cup ... \cup B_n) = \sum_{k=1}^{n} (-1)^{k-1} \sum_{1\leq i_1<i_2<...<i_k\leq n} P(B_{i_1} \cap B_{i_2} \cap ... \cap B_{i_k})$$

1. Montrer que la somme $\displaystyle\sum_{1\leq i_1<i_2<...<i_k\leq n} P(B_{i_1} \cap B_{i_2} \cap ... \cap B_{i_k})$ contient $\binom{n}{k}$ termes.

Soit n un entier naturel supérieur ou égal à 2 et m un entier naturel non nul. Une urne contient n boules numérotées de 1 à n. On tire m fois une boule de cette urne, avec remise à chaque fois de la boule tirée. Pour tout entier i tel que $1 \leq i \leq n$, on note B_i l'événement : « la boule numérotée i n'est pas apparue au cours des m premiers tirages ».

2. Calculer en fonction de n et m les probabilités $P(B_i)$ et $P(B_i \cap B_j)$ pour $i \neq j$.

3. Plus généralement, si $i_1, i_2, ..., i_k$ désignent k entiers distincts de $\{1, 2, ..., n\}$, calculer en fonction de n, m et k la probabilité $P(B_{i_1} \cap B_{i_2} \cap ... \cap B_{i_k})$.

4. En déduire la probabilité $P(B_1 \cup B_2 \cup ... \cup B_n)$ sous forme de somme.

D'après ESSEC

■ Pour vous aider à démarrer

Exercice 29.1. Pour la question **2**, (A_n, B_n, C_n) est un système complet d'événements et la formule des probabilités totales s'impose.
Exercice 29.2. Pour les questions **1** et **2**, utiliser encore la formule des probabilités totales.
Exercice 29.3. Utiliser la conséquence d'un théorème de limite monotone.
Exercice 29.4. Utiliser un théorème de limite monotone.
Exercices 29.5. Pour la question **1**, procéder par récurrence et pour l'hérédité, utiliser la formule du crible vue au **chapitre 17**.
Exercice 29.6. Pour les questions **1**, **2** et **3**, il faut se souvenir que le nombre de parties d'un ensemble à q éléments est égale à 2^q.
Exercice 29.7. Pour la question **2**, ne pas oublier que les tirages sont indépendants. Il suffit donc de se poser la question pour un seul tirage : quelle est la probabilité de ne pas obtenir la boule numérotée i ?
Pour la question **4**, appliquer la formule du crible généralisée.

Corrigé des vrai/faux

1.	2.	3.	4.	5.	6.	7.	8.	9.	10.
V	F	F	F	V	F	V	V	V	V

1. Un événement A est indépendant de lui-même si l'on a : $P(A \cap A) = P(A)P(A)$, ce qui se simplifie et donne : $P(A) = P(A)^2$.

Cette égalité est vraie si et seulement si : $P(A) = 0$ ou $P(A) = 1$.

Par conséquent, un événement est indépendant de lui-même s'il est quasi-impossible ou quasi-certain.

2. Attention ! On a vu à la **méthode 29.2** que, lorsqu'on lance indéfiniment une pièce, il est presque sûr que l'on obtienne au moins un "*Face*", mais à condition que cette pièce ne soit pas truquée au point que la probabilité de faire *Face* soit nulle !

Relire l'exemple de la **méthode 29.2** en imaginant que $p = 1$.

3. On a vu au **théorème 18.10** ("lemme des coalitions") que, si des événements sont mutuellement indépendants (ce qui est le cas des événements P_n ici), alors tout événement construit à partir de certains d'entre eux est indépendant de tout événement construit à partir d'autres.

Ceci garantit l'indépendance de E_n et E_m, mais seulement si $m \geq n+2$, et dans ce cas, comme $P(E_n) = P(E_m) = p^2$ on trouve bien : $P(E_n \cap E_m) = p^4$.

En revanche, si $m = n+1$, on a : $E_n = P_n \cap P_{n+1}$ et $E_{n+1} = P_{n+1} \cap P_{n+2}$. On en déduit alors : $E_n \cap E_{n+1} = P_n \cap P_{n+1} \cap P_{n+1} \cap P_{n+2} = P_n \cap P_{n+1} \cap P_{n+2}$. Par conséquent : $P(E_n \cap E_{n+1}) = p^3$.

4. Une bonne raison de montrer que la famille $(P_n)_{n \in \mathbb{N}^*}$ n'est pas un système complet d'événements, c'est de constater que les P_n ne sont pas deux à deux incompatibles : il est possible d'obtenir un *Pile* à deux lancers distincts !

5. On a l'inclusion $E_n \subset \bigcup_{k=1}^{+\infty} E_k$ (voir le **théorème 17.2**).

Par croissance de la probabilité, on obtient : $P(E_n) \leq P\left(\bigcup_{k=1}^{+\infty} E_k\right)$.

Comme E_n est quasi-certain, on en déduit $1 \leq P\left(\bigcup_{k=1}^{+\infty} E_k\right)$, c'est-à-dire $P\left(\bigcup_{k=1}^{+\infty} E_k\right) = 1$.

6. Ici, ce n'est pas du tout la même situation : l'inclusion du **V/F 5** est "inversée" (en effet, on a $\bigcap_{k=1}^{+\infty} E_k \subset E_n$). On peut donc penser que la proposition est fausse et on cherche un contre exemple.
Il suffit de prendre, par exemple, E_1 quasi-certain et tous les autres E_k impossibles. Dès lors, on a $\bigcap_{k=1}^{+\infty} E_k = \varnothing$, ce qui prouve que $\bigcap_{k=1}^{+\infty} E_k$ n'est pas quasi-certain (bien au contraire !).

Remarque. Si E_n était quasi-impossible, alors $\bigcap_{k=1}^{+\infty} E_k$ serait également quasi-impossible.

7. Ici aussi, on a l'inclusion $E_n \subset \bigcup_{k=1}^{+\infty} E_k$ puis l'inégalité : $P(E_n) \leq P\left(\bigcup_{k=1}^{+\infty} E_k\right)$.
Comme la probabilité du membre de droite ne dépend pas de n, on obtient, en faisant tendre n vers $+\infty$: $1 \leq P\left(\bigcup_{k=1}^{+\infty} E_k\right)$. On en déduit que $P\left(\bigcup_{k=1}^{+\infty} E_k\right) = 1$.

8. Grâce à la conséquence du théorème de limite monotone (**théorème 29.5**), on sait que :

$$P\left(\bigcap_{k=1}^{+\infty} E_k\right) = \lim_{n \to +\infty} P\left(\bigcap_{k=1}^{n} E_k\right)$$

Par indépendance, on obtient : $P\left(\bigcap_{k=1}^{+\infty} E_k\right) = \lim_{n \to +\infty} \left(\prod_{k=1}^{n} P(E_k)\right)$.

Par équiprobabilité, on trouve alors : $P\left(\bigcap_{k=1}^{+\infty} E_k\right) = \lim_{n \to +\infty} (p^n)$.

Comme $|p| < 1$, on conclut : $P\left(\bigcap_{k=1}^{+\infty} E_k\right) = 0$

9. En traduisant correctement la réunion puis l'intersection (**définitions 29.5** et **29.6**), on peut écrire : $\bigcup_{n=1}^{+\infty} \bigcap_{m=n}^{+\infty} E_m$ est réalisé si, et seulement si, il existe un entier naturel n non nul, tel que pour tout entier m supérieur ou égal à n, les événements E_m sont réalisés. Ceci prouve que tous les événements E_m sont réalisés à partir d'un certain rang.

10. L'événement $\bigcap_{n=1}^{+\infty} \bigcup_{m=n}^{+\infty} E_m$ est réalisé si, et seulement si, pour tout entier naturel n non nul, il existe un entier m supérieur ou égal à n, pour lequel E_m est réalisé. Ceci prouve qu'une infinité d'événements E_n sont réalisés. En effet, si seulement un nombre fini d'événements E_n étaient réalisés, alors en notant k l'indice du plus grand, l'événement $\bigcup_{m=k+1}^{+\infty} E_m$ ne serait pas réalisé, et a fortiori, $\bigcap_{n=1}^{+\infty}\bigcup_{m=n}^{+\infty} E_m$ ne le serait pas non plus.

Remarque. On peut en fait montrer l'équivalence : « $\bigcap_{n=1}^{+\infty}\bigcup_{m=n}^{+\infty} E_m$ est réalisé si, et seulement si, une infinité d'événements E_n sont réalisés ».

❑ Les erreurs classiques

- Méfiance avec l'indépendance : il faut se donner les moyens de prouver que des événements sont indépendants : l'intuition peut être très trompeuse.
- Le non respect des lois de Morgan entraîne de graves erreurs de logique (revoir à ce sujet les **chapitres 1**, **3** et **17**).
- Il faut gérer correctement les inclusions et ne pas "penser à l'envers".
- Revoir les **définitions 29.5** et **29.6** de l'intersection et de la réunion.

Corrigé des exercices

Exercice 29.1

1. La particule se posant au hasard à la première seconde, on en déduit que : $a_1 = b_1 = c_1 = \frac{1}{3}$.

2. On applique la formule des probabilités totales associée au système complet d'événements (A_n, B_n, C_n) pour déterminer $a_{n+1} = P(A_{n+1})$.

On a ainsi : $a_{n+1} = P_{A_n}(A_{n+1})P(A_n) + P_{B_n}(A_{n+1})P(B_n) + P_{C_n}(A_{n+1})P(C_n)$.

Les données de l'énoncé se traduisent par :

- Si la particule est en B, elle y reste et ne peut donc migrer vers A. Ainsi, $P_{B_n}(A_{n+1}) = 0$.
- Si la particule est en A, elle se déplace sur l'un des 3 sommets de façon équiprobable donc elle migre en A avec la probabilité $\frac{1}{3}$: $P_{A_n}(A_{n+1}) = \frac{1}{3}$.
- Si la particule est en C, elle y reste avec une probabilité $\frac{1}{3}$ et migre vers B sept fois plus souvent que vers A, ce qui veut dire : $P_{C_n}(C_{n+1}) = \frac{1}{3}$ et $P_{C_n}(B_{n+1}) = 7P_{C_n}(A_{n+1})$.

D'autre part, on sait que (A_{n+1}, B_{n+1}, C_{n+1}) est un système complet d'événements donc :
$P_{C_n}(A_{n+1}) + P_{C_n}(B_{n+1}) + P_{C_n}(A_{n+1}) = 1$.

On a donc : $\frac{1}{3} + 8P_{C_n}(A_{n+1}) = 1$ et on obtient facilement : $P_{C_n}(A_{n+1}) = \frac{1}{12}$ puis $P_{C_n}(B_{n+1}) = \frac{7}{12}$.

On a alors : $a_{n+1} = \frac{1}{3}a_n + \frac{1}{12}c_n$.

De la même façon, on obtient : $b_{n+1} = \frac{1}{3}a_n + b_n + \frac{7}{12}c_n$ et $c_{n+1} = \frac{1}{3}a_n + \frac{1}{3}c_n$.

3. La troisième relation donne : $c_{n+2} = \frac{1}{3}a_{n+1} + \frac{1}{3}c_{n+1}$.

Grâce à relation $a_{n+1} = \frac{1}{3}a_n + \frac{1}{12}c_n$, on obtient : $c_{n+2} = \frac{1}{9}a_n + \frac{1}{36}c_n + \frac{1}{3}c_{n+1}$.

En multipliant la relation $c_{n+1} = \frac{1}{3}a_n + \frac{1}{3}c_n$ par $\frac{1}{3}$, on a : $\frac{1}{9}a_n = \frac{1}{3}c_{n+1} - \frac{1}{9}c_n$.

On en déduit enfin que : $c_{n+2} = \frac{2}{3}c_{n+1} - \frac{1}{12}c_n$ ou encore $12c_{n+2} - 8c_{n+1} + c_n = 0$.

Corrigé

La suite $(c_n)_{n\in\mathbb{N}^*}$ vérifie une relation de récurrence linéaire d'ordre 2.

L'équation caractéristique associée est : $12x^2 - 8x + 1 = 0$. Elle a pour racines $\frac{1}{2}$ et $\frac{1}{6}$.

D'après le cours, il existe deux réels λ et μ tels que : $\forall n \in \mathbb{N}^*$, $c_n = \lambda\left(\frac{1}{2}\right)^n + \mu\left(\frac{1}{6}\right)^n$.

Comme $a_1 = b_1 = c_1 = \frac{1}{3}$, on trouve, avec la question **2** : $c_2 = \frac{1}{3}a_1 + \frac{1}{3}c_1 = \frac{1}{9} + \frac{1}{9} = \frac{2}{9}$.

Ainsi, pour $n = 1$ et $n = 2$, on obtient $\begin{cases} \lambda\frac{1}{2} + \mu\frac{1}{6} = \frac{1}{3} \\ \lambda\frac{1}{4} + \mu\frac{1}{36} = \frac{2}{9} \end{cases}$, ce qui donne : $\lambda = 1$ et $\mu = -1$.

Pour finir, on trouve : $\forall n \in \mathbb{N}^*$, $c_n = \left(\frac{1}{2}\right)^n - \left(\frac{1}{6}\right)^n$.

De la relation $a_n = 3c_{n+1} - c_n$, valable pour tout entier naturel n non nul, on déduit que :

$\forall n \in \mathbb{N}^*$, $a_n = \frac{1}{2}\left[\left(\frac{1}{2}\right)^n + \left(\frac{1}{6}\right)^n\right]$.

Enfin, comme pour tout entier naturel n non nul, (A_n, B_n, C_n) est un système complet d'événements, on en déduit : $\forall n \in \mathbb{N}^*, a_n + b_n + c_n = 1$.

Ainsi, pour tout entier naturel n non nul, $b_n = 1 - \frac{3}{2}\left(\frac{1}{2}\right)^n + \frac{1}{2}\left(\frac{1}{6}\right)^n$.

4. Comme $\frac{1}{2}$ et $\frac{1}{6}$ sont éléments de $]-1,1[$, on a : $\lim_{n\to+\infty}\left(\frac{1}{2}\right)^n = \lim_{n\to+\infty}\left(\frac{1}{6}\right)^n = 0$.

On en déduit : $\lim_{n\to+\infty} a_n = \lim_{n\to+\infty} c_n = 0$ et $\lim_{n\to+\infty} b_n = 1$.

Exercice 29.2

1. Le système $(A_k, \overline{A_k})$ est un système complet d'événements. La formule des probabilités totales donne alors : $P(E_k) = P_{A_k}(E_k)P(A_k) + P_{\overline{A_k}}(E_k)P(\overline{A_k})$.

La probabilité d'apparition de *Pile* avec la pièce A étant a et celle avec la pièce B étant b, on obtient que : $P(E_k) = aP(A_k) + bP(\overline{A_k})$.

Puisque $P(\overline{A_k}) = 1 - P(A_k)$, on en déduit que : $P(E_k) = (a-b)P(A_k) + b$.

2. La formule des probabilités totales appliquées au même système complet d'événements donne cette fois : $P(A_{k+1}) = P_{A_k}(A_{k+1})P(A_k) + P_{\overline{A_k}}(A_{k+1})P(\overline{A_k})$.

Sachant que le $k^{ème}$ lancer se fait avec la pièce A, il se fera avec la pièce A au lancer suivant si et seulement si le $k^{ème}$ lancer a donné *Pile* donc $P_{A_k}\left(A_{k+1}\right)=P_{A_k}\left(E_k\right)=a$.

De la même façon, on a : $P_{\overline{A_k}}\left(A_{k+1}\right)=P_{\overline{A_k}}\left(\overline{E_k}\right)=1-b$.

On a donc : $P\left(A_{k+1}\right)=aP\left(A_k\right)+\left(1-b\right)P\left(\overline{A_k}\right)$.

Avec $P\left(\overline{A_k}\right)=1-P\left(A_k\right)$, on obtient finalement : $P\left(A_{k+1}\right)=\left(a+b-1\right)P\left(A_k\right)+\left(1-b\right)$.

3. On a $a+b-1\neq 1$ (en effet, si l'on avait $a+b-1=1$, on aurait $a+b=2$, ce qui n'est pas possible avec a et b strictement inférieurs à 1).
On peut donc affirmer que la suite $\left(P\left(A_k\right)\right)_{k\in\mathbb{N}^*}$ est arithmético-géométrique mais pas arithmétique. L'équation $x=\left(1-b\right)+\left(a+b-1\right)x$ a pour solution $x=\dfrac{1-b}{2-a-b}$.

Le cours indique que la suite $\left(P\left(A_k\right)-\dfrac{1-b}{2-a-b}\right)_{k\geq 1}$ est géométrique, de raison $\left(a+b-1\right)$.

D'où : $P\left(A_k\right)-\dfrac{1-b}{2-a-b}=\left(a+b-1\right)^{k-1}\left(P\left(A_1\right)-\dfrac{1-b}{2-a-b}\right)$.

Le choix de la pièce se fait au hasard pour le premier tirage donc $P\left(A_1\right)=\dfrac{1}{2}$.

On en déduit que : $\forall k\in\mathbb{N}^*,\ P\left(A_k\right)=\dfrac{1-b}{2-a-b}+\dfrac{b-a}{2(2-b-a)}\left(a+b-1\right)^{k-1}$.

On obtient alors : $\forall k\in\mathbb{N}^*,\ P\left(E_k\right)=\left(a-b\right)\left(\dfrac{1-b}{2-a-b}+\dfrac{b-a}{2(2-b-a)}\left(a+b-1\right)^{k-1}\right)+b$.

Exercice 29.3

En désignant par P_n l'événement « on obtient *Pile* lors du $n^{\text{ème}}$ lancer », on voit que $A=\bigcup_{n=1}^{+\infty}P_n$.

On remarque également que $A_n=\bigcup_{k=1}^{n}P_k$. Grâce au **théorème 29.5**, on a : $P(A)=\lim_{n\to+\infty}P(A_n)$.

On a $\overline{A_n}=\bigcap_{k=1}^{n}\overline{P_k}$ et, par indépendance des lancers, on obtient : $P\left(\overline{A_n}\right)=\left(\dfrac{1}{2}\right)^n$.

On en déduit que $P(A)=\lim_{n\to+\infty}P(A_n)=\lim_{n\to+\infty}\left(1-\dfrac{1}{2^n}\right)=1$.

⇨ *Méthode 29.2*

Exercice 29.4

L'événement $\overline{A}$ signifie que l'on tire indéfiniment des boules rouges.

On a donc : $\overline{A} = \bigcap_{j=1}^{+\infty} A_j$. La suite (A_j) est une suite décroissante d'événements : en effet, si l'on n'a eu que des boules rouges lors des $(j + 1)$ premiers tirages, c'est bien que l'on n'a eu, en particulier, que des boules rouges lors des j premiers tirages, soit $A_{j+1} \subset A_j$.

Le théorème de limite monotone donne alors : $P\left(\overline{A}\right) = \lim\limits_{j \to +\infty} P\left(A_j\right)$.

Comme les j tirages se font avec remise, la probabilité de A_j est égale à $\left(\dfrac{k}{N}\right)^j$.

Comme k appartient à $[\![1, N-1]\!]$, on a : $-1 < \dfrac{k}{N} < 1$. Par conséquent : $\lim\limits_{j \to +\infty} \left(\dfrac{k}{N}\right)^j = 0$, ce qui prouve que $P(\overline{A}) = 0$. Finalement, on obtient $P\left(A\right) = 1$.

⇨ *Méthode 29.1*

Exercice 29.5

1. Pour tout entier naturel n non nul, posons $R(n)$: " $P\left(\bigcup_{k=1}^{n} A_k\right) \leq \sum_{k=1}^{n} P\left(A_k\right)$ ".

$R(1)$ est vraie. En effet, on a : $P\left(\bigcup_{k=1}^{1} A_k\right) = P\left(A_1\right) = \sum_{k=1}^{1} P\left(A_k\right)$.

Soit n dans $\mathbb{N}^*$ tel que $R(n)$ est vraie. On a : $P\left(\bigcup_{k=1}^{n+1} A_k\right) = P\left(\left(\bigcup_{k=1}^{n} A_k\right) \cup A_{n+1}\right)$.

La formule du crible donne ensuite : $P\left(\bigcup_{k=1}^{n+1} A_k\right) = P\left(\bigcup_{k=1}^{n} A_k\right) + P\left(A_{n+1}\right) - P\left(\left(\bigcup_{k=1}^{n} A_k\right) \cap A_{n+1}\right)$.

Une probabilité étant positive, on obtient :

$$P\left(\bigcup_{k=1}^{n} A_k\right) + P\left(A_{n+1}\right) - P\left(\left(\bigcup_{k=1}^{n} A_k\right) \cap A_{n+1}\right) \leq P\left(\bigcup_{k=1}^{n} A_k\right) + P\left(A_{n+1}\right)$$

On en déduit : $P\left(\bigcup_{k=1}^{n+1} A_k\right) \leq P\left(\bigcup_{k=1}^{n} A_k\right) + P\left(A_{n+1}\right)$.

Par hypothèse de récurrence, on a alors : $P\left(\bigcup_{k=1}^{n+1} A_k\right) \leq \sum_{k=1}^{n} P\left(A_k\right) + P\left(A_{n+1}\right)$. Ceci s'arrange et donne : $P\left(\bigcup_{k=1}^{n+1} A_k\right) \leq \sum_{k=1}^{n+1} P\left(A_k\right)$. Ainsi, $R(n + 1)$ est vraie.

Par récurrence, pour tout entier naturel n non nul, on a : $P\left(\bigcup_{k=1}^{n} A_k\right) \leq \sum_{k=1}^{n} P\left(A_k\right)$.

2. Comme la série de terme général $P(A_k)$ converge, on peut passer à la limite dans l'inégalité ci-dessus et on obtient : $\lim\limits_{n\to+\infty} P\left(\bigcup\limits_{k=1}^{n} A_k\right) \leq \sum\limits_{k=1}^{+\infty} P(A_k)$.

D'après la conséquence du théorème de limite monotone, on a donc : $P\left(\bigcup\limits_{k=1}^{+\infty} A_k\right) \leq \sum\limits_{k=1}^{+\infty} P(A_k)$.

Exercice 29.6

On note Ω l'ensemble des façons de choisir un morceau de papier et on a alors $\text{card}(\Omega) = 2^n$.

1. Notons A_1 l'événement : « la partie qui est inscrite sur le morceau de papier choisi contient la partie B ». Par équiprobabilité, on a : $P(A_1) = \dfrac{\text{card}(A_1)}{\text{card}(\Omega)}$.

Pour déterminer $\text{card}(A_1)$, il suffit de connaître le nombre de parties de E contenant B.
Ces parties peuvent contenir d'autres éléments que ceux de B et il faut dénombrer combien on a de choix pour ces éléments. Comme B contient k éléments, déterminer une telle partie revient à déterminer le nombre de parties à $n-k$ éléments (ceux de E qui ne sont pas dans B) et il y en a 2^{n-k}. Finalement, $\text{card}(A_1) = 2^{n-k}$ et $P(A_1) = \dfrac{2^{n-k}}{2^n} = \dfrac{1}{2^k}$.

2. Notons A_2 l'événement : « la partie qui est inscrite sur le morceau de papier choisi est contenue dans la partie B ». Par équiprobabilité, on a : $P(A_2) = \dfrac{\text{card}(A_2)}{\text{card}(\Omega)}$.

Pour déterminer $\text{card}(A_2)$, il suffit de connaître le nombre de parties de E contenues dans B.

Ce qui revient à connaître le nombre de parties d'un ensemble à k éléments. Il y en a 2^k.

Finalement, $\text{card}(A_2) = 2^k$ et ainsi $P(A_2) = \dfrac{2^k}{2^n} = \dfrac{1}{2^{n-k}}$.

3. Notons A_3 l'événement : « la partie qui est inscrite sur le morceau de papier choisi est disjointe de la partie B ». Par équiprobabilité, on a : $P(A_3) = \dfrac{\text{card}(A_3)}{\text{card}(\Omega)}$.

Pour déterminer $\text{card}(A_3)$, il suffit de connaître le nombre de parties de E contenues dans $\overline{B}$.

Puisque $\overline{B}$ contient $n-k$ éléments, ceci revient à connaître le nombre de parties d'un ensemble à $n-k$ éléments. Il y en a 2^{n-k}. Finalement, $\text{card}(A_3) = 2^{n-k}$ et ainsi $P(A_3) = \dfrac{1}{2^k}$.

Corrigé

Exercice 29.7

1. Une somme contient autant de termes qu'il y a de façons de choisir les valeurs possibles prises par les indices. Dans la somme considérée, il s'agit de choisir k valeurs distinctes parmi les n entiers de $[\![1, n]\!]$ donc cette somme contient $\binom{n}{k}$ termes.

Soit n un entier naturel supérieur ou égal à 2 (n est donné supérieur ou égal à 2 afin qu'il n'y ait pas qu'une seule boule dans l'urne) et m un entier naturel non nul.

2. Ne jamais obtenir la boule numérotée i durant les m tirages revient à n'obtenir la boule numérotée i ni au premier tirage, ni au deuxième tirage, ..., ni au $m^{ième}$ tirage. À chaque tirage, la probabilité de ne pas obtenir **la** boule numérotée i est égale à $\dfrac{n-1}{n}$. Par indépendance des tirages, la probabilité de ne pas obtenir la boule numérotée i durant les m tirages vaut $\left(\dfrac{n-1}{n}\right)^m$.

Conclusion : $\forall i \in [\![1,n]\!],\ P(B_i) = \left(\dfrac{n-1}{n}\right)^m$.

Ne jamais obtenir la boule numérotée i ni la boule numérotée j (avec $i \neq j$) durant les m tirages revient à n'obtenir les boules numérotées i et j , ni au premier tirage, ni au deuxième tirage, ..., ni au $m^{ème}$ tirage. On trouve cette fois (avec deux numéros interdits) :

$$\forall (i,j) \in [\![1,n]\!]^2,\ i \neq j,\ P(B_i \cap B_j) = \left(\frac{n-2}{n}\right)^m$$

3. Toujours de la même façon, mais cette fois, il y a k numéros interdits, on trouve :

$$P(B_{i_1} \cap B_{i_2} \cap \ldots \cap B_{i_k}) = \left(\frac{n-k}{n}\right)^m$$

4. On applique la formule du crible généralisée :

$$P(B_1 \cup B_2 \cup \ldots \cup B_n) = \sum_{k=1}^{n} (-1)^{k-1} \sum_{1 \le i_1 < i_2 < \ldots < i_k \le n} P(B_{i_1} \cap B_{i_2} \cap \ldots \cap B_{i_k}).$$

En utilisant la question **3**, on obtient :

$P(B_1 \cup B_2 \cup \ldots \cup B_n) = \displaystyle\sum_{k=1}^{n} (-1)^{k-1} \sum_{1 \le i_1 < i_2 < \ldots < i_k \le n} \left(\frac{n-k}{n}\right)^m$. Comme $\left(\dfrac{n-k}{n}\right)^m$ ne dépend pas des indices i_1, ..., i_k , on a : $P(B_1 \cup B_2 \cup \ldots \cup B_n) = \displaystyle\sum_{k=1}^{n} (-1)^{k-1} \left(\frac{n-k}{n}\right)^m \sum_{1 \le i_1 < i_2 < \ldots < i_k \le n} 1$

Cette deuxième somme contient $\binom{n}{k}$ termes donc on obtient :

$$P(B_1 \cup B_2 \cup \ldots \cup B_n) = \sum_{k=1}^{n} (-1)^{k-1} \left(\frac{n-k}{n}\right)^m \binom{n}{k}$$

Chapitre 30
Variables aléatoires discrètes

Les premiers mots pour désigner ce qui est incertain sont pris dans le langage courant. Le mot *hasard* est une francisation de l'arabe *az zahr*, *la fleur*. En effet, sur la face gagnante d'un dé était souvent représenté une fleur. Ainsi **Fermat** affirmait « *un seul dé produit trois hasards* ». Ecrivant en latin, certains savants utilisaient le mot *alea* qui désigne le dé à jouer. De lui en découle le mot *aléatoire*.

Chacun a en mémoire la phrase prononcée par Jules **César** en franchissant le Rubicon : « *alea jacta est* ». Alors que nous parlons de nos jours des cas favorables, Jacques **Bernoulli** opposait les cas fertiles ou féconds aux cas stériles.

Jules César
Env –100 - –44

■■ Objectifs

■ Les incontournables

- ▷ Savoir déterminer la loi d'une variable aléatoire discrète simple.
- ▷ Savoir déterminer la loi d'une variable aléatoire discrète fonction d'une autre.
- ▷ Savoir calculer les moments d'une variable aléatoire discrète.
- ▷ Savoir déterminer la fonction de répartition d'une variable aléatoire discrète.

■ Et plus si affinités

- ▷ Savoir utiliser le théorème de transfert.
- ▷ Savoir utiliser la fonction de répartition pour trouver la loi.

■■ Résumé de cours

Ce chapitre généralise les notions vues au chapitre 19

■ Variables aléatoires : généralités

❑ Définition

Définition 30.1. — Soit $(\Omega, \mathcal{A})$ un espace probabilisable. Une application X de Ω dans $\mathbb{R}$ est une variable aléatoire si pour tout réel x, l'ensemble $\{\omega \in \Omega, X(\omega) \leq x\}$ appartient à $\mathcal{A}$ (c'est-à-dire que cet ensemble est un événement).

Définition 30.2. — L'ensemble des valeurs que peut prendre une variable aléatoire X est appelé le support de X et est noté $X(\Omega)$.

Définitions 30.3. — Une variable aléatoire réelle est dite *discrète* si son support est fini ou dénombrable. Dans le premier cas, on dit qu'il s'agit d'une variable aléatoire discrète *finie* (comme celles étudiées au **chapitre 19**), dans le deuxième cas, on dit qu'il s'agit d'une variable aléatoire discrète *infinie*.

Remarque 30.1. — Dans le cadre du programme, il existe d'autres variables aléatoires que les variables discrètes, appelées variables à densité. Elles seront étudiées aux **chapitres 32** et **33**.

❑ Événements liés à une variable aléatoire

Notations 30.1 — L'événement $\{\omega \in \Omega, X(\omega) \leq x\}$ est noté $(X \leq x)$ ou $[X \leq x]$.
On définit de même $[X < x]$, $[X \geq x]$, $[X > x]$, $[x < X \leq y]$, $[x \leq X < y]$, $[x < X < y]$, $[x \leq X \leq y]$, $[X = x]$, $[X \in I]$, où I désigne un intervalle.

❑ Fonction de répartition d'une variable aléatoire

Définition 30.4. — Si X est une variable aléatoire, on appelle fonction de répartition de X, la fonction F_X définie, pour tout réel x, par $F_X(x) = P(X \leq x)$.

Propriété 30.1. — Toute fonction de répartition F_X, est croissante sur $\mathbb{R}$, continue à droite en tout réel, et est telle que : $\lim\limits_{x \to -\infty} F_X(x) = 0$ et $\lim\limits_{x \to +\infty} F_X(x) = 1$.

Propriété 30.2. — Soit X une variable aléatoire, de fonction de répartition F_X. Pour tout couple de réels (a, b) tel que $a < b$, on a : $P(a < X \leq b) = F_X(b) - F_X(a)$.

Remarque 30.2. — On a aussi, entre autres : $P(a < X < b) = F_X(b) - F_X(a) - P(X = b)$.

Propriété 30.3. — La fonction de répartition d'une variable aléatoire X détermine parfaitement la loi de X : si des variables aléatoires ont la même fonction de répartition, elles ont la même loi.

■ Variables aléatoires discrètes

❑ Loi d'une variable aléatoire discrète (rappel)

Définition 30.5. — Déterminer la loi d'une variable aléatoire discrète X, définie sur $(\Omega, \mathcal{A}, P)$, c'est trouver $X(\Omega)$, puis donner, pour tout x_k de $X(\Omega)$, la valeur de $P(X = x_k)$.

⇨ **Méthode 30.2. Comment déterminer directement la loi d'une variable discrète ?**

Exemple 30.1. — Pour la variable aléatoire S de l'**exemple 30.4**, on a $S(\Omega) = \{2, 3, \ldots, 12\}$ et :

k	2	3	4	5	6	7	8	9	10	11	12
$P(S = k)$	1/36	1/18	1/12	1/9	5/36	1/6	5/36	1/9	1/12	1/18	1/36

❑ Système complet d'événements associé à une variable aléatoire discrète

Définition 30.6. — Si X désigne une variable aléatoire discrète, la famille $\left([X = x_k] \right)_{x_k \in X(\Omega)}$ est appelée système complet d'événements associé à la variable aléatoire discrète X.

Propriété 30.4. — Si X est une variable aléatoire discrète définie sur $(\Omega, \mathcal{A}, P)$, on a :

$$\sum_{x_k \in X(\Omega)} P(X = x_k) = 1$$

Définition 30.7. — Soit une partie I de $\mathbb{Z}$.

Si une suite $(u_n)_{n \in I}$ positive vérifie $\sum_{n \in I} u_n = 1$, alors elle définit une loi de probabilité.

En d'autres termes, il existe un espace probabilisé $(\Omega, \mathcal{A}, P)$ et une variable aléatoire discrète X définie sur cet espace, telle que, si l'on a $X(\Omega) = \{x_n, n \in I\}$, alors : $\forall n \in I, P(X = x_n) = u_n$.

⇨ **Méthode 30.1. Comment vérifier qu'une suite de réels définit une loi de probabilité ?**

❑ Tribu associée à une variable aléatoire discrète

Définition 30.8. — Soit X une variable aléatoire définie sur $(\Omega, \mathcal{A})$. On appelle tribu associée à X (ou tribu engendrée par X) la partie de $\mathcal{A}$ engendrée par le système complet d'événements $\left([X = x] \right)_{x \in X(\Omega)}$. On dit que cette tribu est l'*information* apportée par X.

❑ Fonction de répartition d'une variable aléatoire discrète

Propriété 30.5. — Si X est une variable aléatoire discrète, alors sa fonction de répartition est définie par :

$$\forall x \in \mathbb{R}, F(x) = \sum_{\substack{x_k \in X(\Omega) \\ x_k \leq x}} P(X = x_k)$$

Exemple 30.2. — Si $X(\Omega) = \mathbb{N}$, alors, on a : $\forall n \in \mathbb{N}, F(n) = P(X \leq n) = \sum_{k=0}^{n} P(X = k)$.

Propriété 30.6. — Soit X une variable aléatoire discrète, à valeurs entières (c'est-à-dire que $X(\Omega)$ ne contient que des nombres entiers), et de fonction de répartition F. On a :

$$\forall k \in X(\Omega), P(X = k) = F(k) - F(k-1)$$

⇨ **Méthode 30.3. Comment déterminer la loi d'une variable discrète grâce à sa fonction de répartition ?**

❑ Transformée d'une variable aléatoire discrète

Théorème 30.1. — Soit une variable aléatoire discrète X définie sur $(\Omega, \mathcal{A})$ et g une application de $X(\Omega)$ dans $\mathbb{R}$. L'application Y de Ω dans $\mathbb{R}$, définie, pour tout ω de Ω, par $Y(\omega) = g(X(\omega))$, est une variable aléatoire réelle discrète notée $g(X)$.

■ Moments d'une variable aléatoire discrète

❑ Espérance d'une variable aléatoire discrète finie (rappel)

Définition 30.9. — Si X est une variable aléatoire définie sur $(\Omega, \mathcal{A}, P)$, telle que $X(\Omega) = \{x_1, x_2, ..., x_n\}$, l'espérance de X est définie par : $E(X) = \sum_{k=1}^{n} x_k P(X = x_k)$

Remarque 30.3. — Les variables discrètes finies ont toujours une espérance.

❑ Espérance d'une variable aléatoire discrète infinie

Définition 30.10. — Soit X une variable aléatoire discrète infinie, définie sur l'espace probabilisé $(\Omega, \mathcal{A}, P)$. On dit que X admet une espérance si la série de terme général $x_k P(X=x_k)$ est absolument convergente. Dans ce cas, l'espérance de X est le réel défini par :

$$E(X) = \sum_{x_k \in X(\Omega)} x_k P(X = x_k)$$

Exemple 30.3. — Si $X(\Omega) = \mathbb{N}$ et si X a une espérance, alors on a :

$$E(X) = \sum_{k=0}^{+\infty} k\,P(X = k) = \sum_{k=1}^{+\infty} k\,P(X = k)$$

⇨ **Méthode 30.4. Comment calculer l'espérance d'une variable discrète avec la loi de la variable aléatoire ?**

Remarque 30.4. — Il existe des variables aléatoires discrètes qui n'ont pas d'espérance.

❑ Théorème de transfert

Théorème 30.2. — Soit X une variable aléatoire discrète définie sur $(\Omega, \mathcal{A}, P)$ et g une application de $X(\Omega)$ dans $\mathbb{R}$. La variable aléatoire $g(X)$ possède une espérance si, et seulement si, la série de terme général $g(x_k)P(X = x_k)$ est absolument convergente. Si c'est le cas, on a :

$$E\big(g(X)\big) = \sum_{x_k \in X(\Omega)} g(x_k)P(X = x_k)$$

⇨ **Méthode 30.5. Comment calculer l'espérance d'une variable discrète grâce au théorème de transfert ?**

Remarque 30.5. — Si $X(\Omega) = \mathbb{N}$, les notations se simplifient et la condition d'existence de $E(\,g(X)\,)$ est la convergence absolue de la série de terme général $g(k)\,P(X = k)$.

Propriété 30.7. — Conséquence du théorème de transfert.
Si X est une variable aléatoire réelle admettant une espérance, alors, quels que soient les réels a et b, la variable aléatoire $aX + b$ admet elle aussi une espérance et on a :

$$E(aX + b) = a\,E(X) + b.$$

Définition 30.11. — Une variable aléatoire est dite *centrée* si son espérance est nulle.

Propriété 30.8. — Si la variable aléatoire X a une espérance, alors $X - E(X)$ est centrée.

Remarque 30.6. — D'autres propriétés de l'espérance (croissance et linéarité) seront énoncées dans le **tome 2**.

❑ Variance d'une variable aléatoire discrète

Définition 30.12. — Moment d'ordre r ($r \in \mathbb{N}$).

Soit X une variable aléatoire discrète définie sur $(\Omega, \mathcal{A}, P)$. Si la variable aléatoire X^r possède une espérance, alors le réel $E\left(X^r\right)$ est appelé moment d'ordre r de X et on a :

$$E\left(X^r\right) = \sum_{x_k \in X(\Omega)} x_k{}^r P(X = x_k)$$

Remarque 30.7. — Si la variable aléatoire X est infinie, l'existence de $E(\,X^r\,)$ est garantie par la convergence absolue de la série de terme général $x_k{}^r P(X = x_k)$.

Exemple 30.4. — Si $X(\Omega) = \mathbb{N}$ et si X a un moment d'ordre r, alors : $E\left(X^r\right)=\sum_{k=0}^{+\infty} k^r\, P(X=k)$.

En particulier, le moment d'ordre 2, très important, s'écrit : $E\left(X^2\right)=\sum_{k=0}^{+\infty} k^2\, P(X=k)$.

Définition 30.13. — Moment centré d'ordre r ($r \in \mathbb{N}$).

Si la variable aléatoire X^r possède une espérance, alors le réel $E\left(\left(X-E(X)\right)^r\right)$ est appelé moment centré d'ordre r de X. On a alors : $E\left(\left(X-E(X)\right)^r\right)=\sum_{x_k \in X(\Omega)} \left(x_k-E(X)\right)^r P(X=x_k)$.

Définition 30.14. — Variance d'une variable aléatoire discrète. Si X est une variable aléatoire discrète et si X admet un moment d'ordre 2, alors X admet un moment centré d'ordre 2. Ce dernier est appelé la variance de X et est noté $V(X)$. On a donc :

$$V(X)=E\left(\left(X-E(X)\right)^2\right)=\sum_{x_k \in X(\Omega)} \left(x_k-E(X)\right)^2 P(X=x_k)$$

Remarque 30.8. — La variance est un réel positif ou nul qui mesure la dispersion de la variable aléatoire par rapport à son espérance.

Définition 30.15. — Si X est une variable aléatoire discrète admettant une variance, on appelle écart type de X, le réel positif, noté σ_X, défini par : $\sigma_X = \sqrt{V(X)}$.

Propriété 30.9. — Formule de Koenig-Huygens. Si X est une variable aléatoire discrète admettant une variance, alors :

$$V(X)=E(X^2)-(E(X))^2$$

Propriété 30.10. — Si a et b sont deux réels et si X est une variable aléatoire discrète admettant une variance, alors la variable aléatoire $aX+b$ admet une variance et on a :

$$V(aX+b)=a^2V(X)$$

Définition 30.16. — Une variable aléatoire discrète ayant une variance est dite *réduite* si sa variance est égale à 1.

Définition 30.17. — Une variable aléatoire discrète X ayant une espérance et une variance est dite *centrée réduite* si : $E(X) = 0$ et $V(X) = 1$.

Propriété 30.11. — Si X possède une espérance et une variance et si sa variance n'est pas nulle, alors la variable aléatoire $X^* = \dfrac{X-E(X)}{\sqrt{V(X)}}$ est une variable centrée réduite : c'est la variable centrée réduite associée à X.

Méthodes

Loi de probabilité d'une variable aléatoire

Méthode 30.1. Comment vérifier qu'une suite de réels définit une loi de probabilité ?

Soit $(u_n)_{n\in I}$ une suite de réels, où I désigne une partie de $\mathbb{N}$. Voici deux exemples.

• Si $I = [\![0, n]\!]$, il faut vérifier **deux** propriétés.

1) La positivité de la suite (et même la stricte positivité, car si un terme est nul, il correspond à la probabilité d'un événement quasi-impossible).

2) $\sum_{k=0}^{n} u_k = 1$.

Dès lors, il est légitime de considérer une variable aléatoire X de support $[\![0, n]\!]$, et dont la loi de probabilité est donnée par : $\forall k \in [\![0, n]\!]$, $P(X = k) = u_k$.

• Si $I = \mathbb{N}$, il faut vérifier **trois** propriétés.

1) La positivité de la suite (et même la stricte positivité).
2) La convergence de la série de terme général u_n.
3) $\sum_{n=0}^{+\infty} u_n = 1$.

Dès lors, il est légitime de considérer une variable aléatoire X de support $\mathbb{N}$, et dont la loi de probabilité est donnée par : $\forall k \in \mathbb{N}$, $P(X = k) = u_k$.
Remarque. On adapte le support de la variable aléatoire X et les bornes de la somme, par exemple si $I = [\![1, n]\!]$ ou $I = \mathbb{N}^*$.

⇨ Exercice 30.1

Exemple. On considère la suite $(u_n)_{n\in\mathbb{N}^*}$ définie par : $\forall n \in \mathbb{N}^*$, $u_n = \frac{1}{n^2} - \frac{1}{(n+1)^2}$.

Montrer que la suite $(u_n)_{n\in\mathbb{N}^*}$ détermine une loi de probabilité.

• Comme n appartient à $\mathbb{N}^*$, chaque terme de la suite existe et comme $(n+1)^2 > n^2$, on a bien, par décroissance de la fonction inverse sur $\mathbb{R}_+^*$, $\frac{1}{(n+1)^2} < \frac{1}{n^2}$, soit : $u_n > 0$.

• Par ailleurs, on a : $\forall N \geq 1$, $\sum_{n=1}^{N} u_n = \sum_{n=1}^{N} (\frac{1}{n^2} - \frac{1}{(n+1)^2}) = 1 - \frac{1}{(N+1)^2}$.

Comme $\lim_{N\to+\infty} \frac{1}{(N+1)^2} = 0$, la convergence de la série $\sum u_n$ est assurée et on a $\sum_{n=1}^{+\infty} u_n = 1$.

• La suite $(u_n)_{n\in\mathbb{N}^*}$ détermine bien une loi de probabilité et, si X est une variable aléatoire ayant cette loi, on a alors : $X(\Omega) = \mathbb{N}^*$ et, pour tout n de $\mathbb{N}^*$, $P(X=n) = \frac{1}{n^2} - \frac{1}{(n+1)^2}$.

❑ Méthode 30.2. Comment déterminer directement la loi d'une variable discrète ?

Pour déterminer la loi d'une variable aléatoire X, il faut commencer par déterminer le support $X(\Omega)$. Ensuite, c'est presque un problème de traduction : il faut, sans interprétation subjective, écrire l'événement dont on cherche la probabilité, par exemple $(X = k)$, à l'aide des opérations usuelles (réunion, intersection, événement contraire) sur des événements connus et simples, liés à l'exercice.

⇨ **Exercice 30.3**

Exemple. On désigne par p un réel de $]0, 1[$ et on lance une indéfiniment une pièce qui donne *Pile* avec la probabilité p et *Face* avec la probabilité $1-p$. On note X le numéro du lancer auquel on obtient le premier *Pile* et on pose $X=0$ si l'on n'obtient jamais *Pile*.
Quelle est la loi de X ? On pourra noter P_k l'événement « on obtient *Pile* au $k^{\text{ème}}$ lancer ».

• Tout d'abord, on a : $X(\Omega) = \mathbb{N}$.

• On sait depuis l'exemple de la **méthode 29.2** du **chapitre 29**, que $P(X=0)=0$.

Ceci nous amènera dans la suite à considérer que $X(\Omega) = \mathbb{N}^*$.

• Enfin, on a $(X=1) = P_1$ et, pour tout entier naturel n supérieur ou égal à 2 :

$$(X=n) = \overline{P_1} \cap \ldots \cap \overline{P_{n-1}} \cap P_n$$

On en déduit $P(X=1) = p$, puis par indépendance des lancers, donc par indépendance des événements $\overline{P_1}, \ldots, \overline{P_{n-1}}$ et P_n, on trouve : $\forall n \geq 2$, $P(X=n) = (1-p)^{n-1} p$.

On peut regrouper et conclure : $\forall n \in \mathbb{N}^*$, $P(X=n) = (1-p)^{n-1} p$.

Remarque. La loi de X est la loi géométrique de paramètre p qui sera étudiée au **chapitre 31**.

❑ Méthode 30.3. Comment déterminer la loi d'une variable discrète grâce à sa fonction de répartition ?

Parfois, il est plus simple de déterminer la fonction de répartition d'une variable aléatoire que de déterminer sa loi.
C'est notamment le cas lorsque la variable aléatoire en question est définie comme étant la plus grande (ou la plus petite) de deux variables aléatoires.

⇨ **Exercice 30.4**

Méthodes

Exemple. On tire simultanément deux boules au hasard d'une urne contenant n boules numérotées de 1 à n. On appelle S la variable aléatoire égale au plus grand des numéros obtenus. Déterminer, pour tout k de $[\![2,n]\!]$, la probabilité $P(S \leq k)$ puis donner la loi de S.

On a bien sûr $S(\Omega) = [\![2,n]\!]$ et, pour tout k de $[\![2,n]\!]$, $(S \leq k)$ est réalisé si et seulement si les deux numéros obtenus sont inférieurs ou égaux à k (en effet, dire que le plus grand des deux numéros obtenus est inférieur ou égal à k, c'est dire que les deux le sont).
La probabilité $P(S \leq k)$ est la probabilité de tirer deux boules dont les numéros sont inférieurs ou égaux à k. On a donc, par équiprobabilité : $\forall k \in [\![2,n]\!],\ P(S \leq k) = \dfrac{\binom{k}{2}}{\binom{n}{2}} = \dfrac{k(k-1)}{n(n-1)}$. $\quad(*)$

Grâce à la **propriété 30.6**, on peut écrire : $\forall k \in [\![2,n]\!],\ P(S = k) = P(S \leq k) - P(S \leq k-1)$.
Remarquons que, pour $k = 2$, cette égalité fait intervenir la probabilité $P(S \leq 1)$ pour laquelle on peut tout de même utiliser l'expression $(*)$ puisqu'elle fournit $P(S \leq 1) = 0$, ce qui est correct. Ainsi, on en déduit : $P(S = k) = \dfrac{k(k-1)}{n(n-1)} - \dfrac{(k-1)(k-2)}{n(n-1)} = \dfrac{2(k-1)}{n(n-1)}$.

■ Espérance d'une variable aléatoire discrète

❑ Méthode 30.4. Comment calculer l'espérance d'une variable discrète avec la loi de la variable aléatoire ?

On applique la définition et on utilise les procédés de sommation que l'on connaît concernant les sommes finies ou les séries. Dans ce dernier cas, il faut s'assurer de la convergence absolue de la série définissant l'espérance.

⇨ **Exercices 30.1, 30.2, 30.3, 30.4**

Exemple 1. On reprend l'exemple de la variable aléatoire S de la **méthode 30.3**.
On sait que : $\forall k \in [\![2, n]\!],\ P(S = k) = \dfrac{2(k-1)}{n(n-1)}$.

Comme S est une variable finie, elle possède une espérance et on a : $E(S) = \sum\limits_{k=2}^{n} k\,P(S = k)$.

En remplaçant, on trouve : $E(S) = \sum\limits_{k=2}^{n} k\dfrac{2(k-1)}{n(n-1)} = \dfrac{2}{n(n-1)}\sum\limits_{k=2}^{n} k(k-1) = \dfrac{2}{n(n-1)}\sum\limits_{k=2}^{n}(k^2-k)$.
On peut ajouter le terme correspondant à $k = 1$ puisqu'il est nul, ce qui donne :

$$E(S) = \frac{2}{n(n-1)}\left(\sum_{k=1}^{n} k^2 - \sum_{k=1}^{n} k\right) = \frac{2}{n(n-1)}\left(\frac{n(n+1)(2n+1)}{6} - \frac{n(n+1)}{2}\right).$$

On trouve finalement : $E(S) = \dfrac{2(n+1)}{(n-1)} \times \dfrac{(2n+1)-3}{6} = \dfrac{2n+2}{3}$

Exemple 2. On considère la variable aléatoire X vue à la **méthode 30.2**, dont la loi est donnée par : $\forall n \in \mathbb{N}^*,\ P(X = n) = (1-p)^{n-1} p$.

Montrer que X possède une espérance et la calculer.

Pour tout entier naturel n non nul, on a : $nP(X = n) = n(1-p)^{n-1} p$. Comme p appartient à $]0, 1[$, on a $0 < 1-p < 1$, et ainsi la série de terme général $n(1-p)^{n-1}$ est absolument convergente (série géométrique "dérivée" dont la raison $1-p$ est telle que $|1-p| < 1$). Par conséquent, X a une espérance et on a :

$$E(X) = \sum_{n=1}^{+\infty} n(1-p)^{n-1} p = p\sum_{n=1}^{+\infty} n(1-p)^{n-1} = p \times \frac{1}{\left(1-(1-p)\right)^2} = p \times \frac{1}{p^2} = \frac{1}{p}.$$

❑ Méthode 30.5. Comment calculer l'espérance d'une variable discrète grâce au théorème de transfert ?

> Le théorème de transfert permet de calculer l'espérance d'une variable aléatoire Y fonction d'une variable aléatoire X, sans avoir besoin de déterminer la loi de Y.
> Si par exemple on a $Y = g(X)$, il ne faut pas oublier d'établir l'existence de la dite espérance, donc le cas échéant, prouver la convergence absolue de la série de terme général $g(x_k)P(X = x_k)$. Voir l'**exercice 30.6** pour plus de précisions.

⇨ Exercices 30.1, 30.6

Exemple. On considère une variable aléatoire X dont la loi est donnée par :

$$\forall k \in [\![1, n]\!],\ P(X = k) = \frac{1}{n}$$

Déterminer $E\left(e^X\right)$.

Comme X est finie, l'espérance de e^X existe et, d'après le théorème de transfert, on a :

$$E\left(e^X\right) = \sum_{k=1}^{n} e^k P(X = k) = \sum_{k=1}^{n} e^k \times \frac{1}{n} = \frac{1}{n}\sum_{k=1}^{n} e^k = \frac{1}{n}\left(\sum_{k=0}^{n} e^k - 1\right) = \frac{1}{n}\left(\frac{1-e^{n+1}}{1-e} - 1\right)$$

En arrangeant, on trouve : $E\left(e^X\right) = \dfrac{1}{n} \times \dfrac{1-e^{n+1}-1+e}{1-e} = \dfrac{1}{n} \times \dfrac{-e^{n+1}+e}{1-e} = \dfrac{1}{n} \times \dfrac{e^{n+1}-e}{e-1}$.

Vrai/Faux

		Vrai	Faux
1.	Soit X une variable aléatoire ayant une espérance. On a : $$E(\lvert X\rvert)=\lvert E(X)\rvert$$	☐	☐
2.	Si $X(\Omega)$ est fini ou dénombrable, la fonction de répartition de X n'est pas strictement croissante.	☐	☐
3.	Il est possible que l'on ait $V(X)=0$.	☐	☐
4.	Si $X(\Omega)=\mathbb{N}^*$ et si X possède une espérance, alors $\frac{1}{X}$ possède aussi une espérance.	☐	☐
5.	Si X admet une espérance, alors $\lvert X\rvert$ admet aussi une espérance.	☐	☐
6.	Si $X(\Omega)=\mathbb{N}^*$ et si X possède une espérance, alors $\ln X$ possède aussi une espérance.	☐	☐
7.	Si $X(\Omega)=\mathbb{Z}$ et si X possède un moment d'ordre 2, alors X possède une espérance.	☐	☐
8.	Si X a pour espérance m, alors $X(X+1)$ a pour espérance $m(m+1)$.	☐	☐
9.	On désigne par c un réel et on suppose que la variable aléatoire X possède une variance. Les variables aléatoires X, $c+X$ et $c-X$ ont la même variance.	☐	☐
10.	Si X et $\lvert X\rvert$ admettent une variance, alors $V(X)=V(\lvert X\rvert)$.	☐	☐

Énoncé des exercices

❑ **Exercice 30.1.** — On considère la suite $(u_n)_{n\geq 1}$ définie par : $\forall n \in \mathbb{N}^*$, $u_n = \dfrac{1}{n(n+1)}$.

1. Vérifier que la suite $(u_n)_{n\geq 1}$ définit une loi de probabilité.
On note alors X une variable aléatoire dont la loi est donnée par : $\forall n \in \mathbb{N}^*$, $P(X = n) = u_n$.
2. Montrer que X ne possède pas d'espérance.
3. Montrer que la variable aléatoire $\sqrt{X}$ possède une espérance (ne pas chercher à la calculer).

❑ **Exercice 30.2.** — On reprend l'exemple de la **méthode 30.1**, où l'on a :

$$\forall n \in \mathbb{N}^*,\ P(X = n) = \frac{1}{n^2} - \frac{1}{(n+1)^2}$$

1. Montrer que X possède une espérance, puis établir que $E(X) = \displaystyle\sum_{k=1}^{+\infty} \frac{1}{k^2}$.

2. Justifier que X ne possède pas de variance.

❑ **Exercice 30.3.** — Un sauteur en hauteur tente de franchir des hauteurs successives numérotées 1, 2, ..., n, ... Il ne peut tenter de passer la hauteur $(n + 1)$ que s'il a réussi les sauts aux hauteurs 1, 2, ..., n. On suppose que la probabilité de succès au $n^{\text{ème}}$ saut est $p_n = \dfrac{1}{n}$.

Pour tout k de $\mathbb{N}^*$, on note S_k l'événement « le sauteur réussit son $k^{\text{ème}}$ saut » et on note X la variable aléatoire égale au numéro du dernier saut réussi.

1. Pour tout n de $\mathbb{N}^*$, exprimer $(X = n)$ en fonction d'événements du type S_k, puis déterminer la loi de X. Vérifier que $\displaystyle\sum_{n=1}^{+\infty} P(X = n) = 1$.

2. Montrer que X possède une espérance et la calculer.

❑ **Exercice 30.4.** ** — On désigne par k et n deux entiers naturels non nuls. On dispose de k urnes contenant chacune n boules numérotées de 1 à n. On tire une boule au hasard de chaque urne et on désigne par X_n la variable aléatoire égale au plus grand des numéros obtenus et par Y_n la variable aléatoire égale au plus petit des numéros obtenus.

1. a) Pour tout i de $[\![1, n]\!]$, déterminer $P(X_n \leq i)$, puis en déduire la loi de X_n.

b) Montrer que $E(X_n) = n - \displaystyle\sum_{i=0}^{n-1}\left(\frac{i}{n}\right)^k$, puis vérifier que $E(X_n) \underset{n\to+\infty}{\sim} \dfrac{nk}{k+1}$.

2. a) Pour tout i de $[\![1, n]\!]$, déterminer $P(Y_n > i)$, puis $P(Y_n = i)$.

b) Montrer que $E(Y_n)=\dfrac{1}{n^k}\sum_{i=1}^{n} i^k$, puis vérifier que $E(Y_n) \underset{n\to+\infty}{\sim} \dfrac{n}{k+1}$.

❑ **Exercice 30.5.** * * — On réalise une suite de lancers indépendants d'une pièce équilibrée, chaque lancer amenant donc "pile" ou "face" avec la probabilité 1/2 chacun. On note P_k (respectivement F_k) l'événement : « on obtient "pile" (respectivement "face") au $k^{\text{ème}}$ lancer ».
On note X la variable aléatoire qui prend la valeur k si l'on obtient, pour la première fois, "pile" puis "face" dans cet ordre aux lancers $k-1$ et k (k désignant un entier supérieur ou égal à 2).
1. Montrer, en considérant le résultat du premier lancer, que :

$$\forall k \geq 3, P(X=k) = \frac{1}{2}P(X=k-1)+\frac{1}{2^k}$$

2. On pose, pour tout entier k supérieur ou égal à 2, $u_k = 2^k P(X=k)$.
Montrer que la suite $(u_k)_{k\geq 2}$ est arithmétique puis déterminer $P(X=k)$ pour tout entier $k \geq 2$.

❑ **Exercice 30.6.** — Soit λ un réel strictement positif et X une variable aléatoire dont la loi est donnée par : $\forall k \in \mathbb{N}$, $P(X=k)=\dfrac{\lambda^k}{k!}e^{-\lambda}$ (on dit que X suit une loi de Poisson : voir le **chapitre 31**). Montrer que la variable aléatoire e^{tX} possède une espérance et la déterminer.

❑ **Exercice 30.7.** * * — On considère des variables aléatoires, $N, X_1, X_2, ..., X_n, ...$ définies sur le même espace probabilisé $(\Omega, \mathcal{A}, P)$, N ayant $\mathbb{N}^*$ comme support. On pose $Y=\sum_{k=1}^{N} X_k$.
Montrer, à l'aide de la définition, que Y est une variable aléatoire définie sur $(\Omega, \mathcal{A}, P)$.

■ Pour vous aider à démarrer

Exercice 30.1. Pour la question **3**, utiliser le théorème de transfert.
Exercice 30.2. Pour la question **1**, le calcul de $E(X)$ se fait en séparant la somme définissant $E(X)$ en deux sommes, puis changer d'indice dans l'une d'elles.
Exercice 30.3. Pour la question **1**, utiliser la formule des probabilités composées.
Exercice 30.4. Pour la question **1.a)**, noter N_j le numéro de la boule extraite de l'urne j et établir que : $\forall i \in [\![1, n]\!]$, $(X_n \leq i) = \bigcap_{j=1}^{k}(N_j \leq i)$.

Pour la question **1.b)**, diviser $E(X_n)$ par $\dfrac{nk}{k+1}$ et utiliser une somme de Riemann
Pour la question **2.a)**, même genre de technique que pour **1.a)**.
Exercice 30.5. Pour la question **1**, utiliser la formule des probabilités totales associée au système complet d'événements (P_1, F_1).

■■ Corrigé des vrai/faux

1.	2.	3.	4.	5.	6.	7.	8.	9.	10.
F	V	V	V	V	V	V	F	V	F

1. Soit X une variable aléatoire dont la loi est donnée par :

$$P(X=-1)=\frac{1}{4},\ P(X=0)=\frac{1}{4} \text{ et } P(X=1)=\frac{1}{2}$$

D'une part, on a, après un petit calcul : $E(X)=\frac{1}{4}$.

D'autre part, grâce au théorème de transfert, on a :
$E(|X|)=|-1|P(X=-1)+|0|P(X=0)+|1|P(X=1)$.

Ceci se simplifie : $E(|X|)=P(X=-1)+P(X=1)=\frac{1}{4}+\frac{1}{2}=\frac{3}{4}$. On a donc : $E(|X|)\neq|E(X)|$.

2. Considérons une variable aléatoire X dont le support est dénombrable.
On pose : $X(\Omega)=\{x_1,x_2,\dots,x_n,\dots\}$ avec les x_i rangés dans l'ordre croissant. En notant F la fonction de répartition de X, on a par exemple :
$\forall t\in\,]-\infty, x_1[, F(t)=P(X\leq t)=0$. La fonction F est constante sur $]-\infty, x_1[$, elle n'est donc pas strictement croissante.
Remarque. On peut montrer que F est aussi constante sur chaque intervalle $[x_i,x_{i+1}[$.
L'**exercice 19.5** du **chapitre 19** illustrait ceci dans le cas d'un support fini.

3. Il est possible que $V(X)=0$. Il suffit de choisir une variable aléatoire X ne prenant qu'une seule valeur a, avec la probabilité 1.
On a alors :

- $E(X)=a\times 1=a$.
- $E(X^2)=a^2\times 1=a^2$.
- $V(X)=E(X^2)-(E(X))^2=a^2-a^2=0$.

Remarque. On peut prouver que c'est la seule façon d'obtenir une variance nulle.

4. Pour tout entier naturel k non nul, on a : $\frac{1}{k}\leq k$ (puisque $k^2\geq 1$). En multipliant par $P(X=k)$ qui est positif, on obtient : $\frac{1}{k}P(X=k)\leq k\,P(X=k)$. Le critère de comparaison pour les séries à termes positifs garantit que si X a une espérance (c'est-à-dire que la série de

Corrigé

terme général $k\,P(X=k)$ converge absolument ou converge tout simplement puisqu'elle est à termes positifs), alors $\frac{1}{X}$ a une espérance (c'est-à-dire que la série de terme général $\frac{1}{k}P(X=k)$ converge absolument ou converge tout simplement).

5. Soit X une variable aléatoire discrète telle que $X(\Omega)=\{x_i\,,i\in I\}$, où I est une partie de $\mathbb{N}$. X possède une espérance signifie que la série $\sum_{i\in I} x_i P(X=x_i)$ converge absolument, c'est-à-dire que la série $\sum\left|x_i P(X=x_i)\right|$ converge, ou encore que la série $\sum |x_i|\,P(X=x_i)$ converge. Cette dernière série étant celle qui définit l'espérance de $|X|$, on en conclut que, si X admet une espérance, alors $|X|$ en admet une aussi.

6. Pour tout entier naturel k non nul, on a : $0\leq \ln k\leq k$ (l'inégalité de gauche se démontre en étudiant la fonction $x\mapsto x-\ln x$ sur $[1,+\infty[$ ou bien en citant la concavité de la fonction ln qui assure que $\ln x\leq x-1$). En multipliant par $P(X=k)$ qui est positif, on obtient :

$$0\leq \ln k\,P(X=k)\leq k\,P(X=k)$$

Le critère de comparaison pour les séries à termes positifs garantit que si X a une espérance (c'est-à-dire que la série de terme général $k\,P(X=k)\geq 0$ converge), alors $\ln X$ a une espérance (c'est-à-dire que la série de terme général $\ln k\,P(X=k)\geq 0$ converge).

7. Pour tout entier k, on a : $|k|\leq k^2$. En effet :

• Si $k<0$, on a : $|k|\leq k^2 \Leftrightarrow -k\leq k^2 \Leftrightarrow 0\leq k(k+1)$, ce qui est vrai puisque les deux facteurs sont négatifs.

• Si $k\geq 0$, on a : $|k|\leq k^2 \Leftrightarrow k\leq k^2 \Leftrightarrow 0\leq k(k-1)$, ce qui est vrai puisque les deux facteurs sont positifs si $k\geq 1$ et l'un des facteurs négatif, mais l'autre est nul si $k=0$).

En multipliant par $P(X=k)$ qui est positif, on obtient : $|k|P(X=k)\leq k^2P(X=k)$. Le critère de comparaison pour les séries à termes positifs garantit que si X a un moment d'ordre 2 (c'est-à-dire que la série de terme général $k^2P(X=k)$ converge), alors X a une espérance (c'est-à-dire que la série de terme général $|k|P(X=k)$ converge).

8. C'est faux car, si jamais les deux espérances existent, on a, en prenant une variable aléatoire X à valeurs dans $\mathbb{N}$ et en posant $E(X)=m$:

$$m=\sum_{k=0}^{+\infty} k\,P(X=k) \text{ et } E(X(X+1))=\sum_{k=0}^{+\infty} k(k+1)P(X=k).$$

Rien ne permet de penser que : $\sum_{k=0}^{+\infty} k(k+1)P(X=k)=m(m+1)$.

Pour enfoncer le clou, X ayant une espérance, il n'est pas évident que $X(X+1)$ en ait une ! Considérons, en reprenant l'exemple de la **méthode 30.1**, une variable aléatoire X dont la loi est donnée par : $\forall n \in \mathbb{N}^*,\ P(X=n) = \dfrac{1}{n^2} - \dfrac{1}{(n+1)^2}$.

Pour tout n de $\mathbb{N}^*$, on a $nP(X=n) = n\left(\dfrac{1}{n^2} - \dfrac{1}{(n+1)^2}\right) = \dfrac{2n+1}{n(n+1)^2}$.

On en déduit que : $nP(X=n) \underset{+\infty}{\sim} \dfrac{2}{n^2}$. Comme la série de terme général $\dfrac{1}{n^2}$ est (absolument) convergente, le critère d'équivalence pour les séries à termes positifs assure que la série de terme général $nP(X=n)$ est elle aussi (absolument) convergente, ce qui prouve que X a une espérance.

En revanche, on a $n(n+1)P(X=n) = n(n+1)\left(\dfrac{1}{n^2} - \dfrac{1}{(n+1)^2}\right) = \dfrac{2n+1}{n(n+1)}$.

On en déduit que : $n(n+1)P(X=n) \underset{+\infty}{\sim} \dfrac{2}{n}$. Comme la série de terme général $\dfrac{1}{n}$ est divergente, le critère d'équivalence pour les séries à termes positifs assure que la série de terme général $nP(X=n)$ est elle aussi divergente, ce qui prouve que $X(X+1)$ n'a pas d'espérance.

9. En appliquant la **propriété 30.11**, avec $a=1$ et $b=c$, puis avec $a=-1$ et $b=c$, on a bien :

$$V(X) = V(c+X) = V(c-X)$$

10. Soit une variable X dont la loi est donnée par : $X(\Omega) = \{-1, 1\}$,

$P(X=1) = P(X=-1) = \dfrac{1}{2}$. On a : $E(X)=0$, $E(X^2)=1$ et $V(X) = E(X^2) - (E(X))^2 = 1$.

Ensuite, en posant $Y = |X|$, on a : $Y(\Omega) = \{1\}$ et $P(Y=1)=1$.

On trouve successivement $E(Y)=1$, $E(Y^2)=1$ et $V(Y)=0$, d'où : $V(Y) \neq V(X)$.

❑ Les erreurs classiques

- Faire très attention à la différence entre inégalités strictes et larges.
- Lorsqu'on donne la loi d'une variable aléatoire X dont le support est $X(\Omega) = \{x_k, k \in I\}$, il est bon de vérifier que $\sum_{k\in I} P(X=x_k) = 1$.
- Une variable aléatoire à support fini possède toujours une espérance mais lorsque le support n'est pas fini, il ne faut jamais écrire "$E(X) = \ldots$" avant d'avoir justifié la convergence absolue de la série $\sum x_k P(X=x_k)$.
- L'espérance n'est pas forcément positive, mais la variance l'est.

Corrigé

Corrigé des exercices

Exercice 30.1

1. Pour tout entier naturel n non nul, $u_n = \dfrac{1}{n(n+1)}$ donc $u_n > 0$.

De plus, on a : $\displaystyle\sum_{k=1}^{n} \frac{1}{k(k+1)} = \sum_{k=1}^{n} \left(\frac{1}{k} - \frac{1}{k+1}\right)$ (décomposition vue au **chapitre 2**).

Ainsi : $\displaystyle\sum_{k=1}^{n} \frac{1}{k(k+1)} = 1 - \frac{1}{n+1}$ par télescopage. Comme $\displaystyle\lim_{n\to+\infty} \left(1 - \frac{1}{n+1}\right) = 1$, on en déduit que la série de terme général u_n converge et que $\displaystyle\sum_{k=1}^{+\infty} u_k = 1$.

D'après la **définition 30.7**, la suite $(u_n)_{n\in\mathbb{N}^*}$ définit bien une loi de probabilité.

⇨ *Méthode 30.1*

2. On a, pour tout entier naturel n non nul : $\left|nP(X=n)\right| = \dfrac{1}{n+1}$. De plus : $\dfrac{1}{n+1} \underset{+\infty}{\sim} \dfrac{1}{n}$, on reconnaît le terme général d'une série divergente (série de Riemann de paramètre 1). On en conclut, par critère d'équivalence sur les séries à termes positifs, que la série de terme général $nP(X=n)$ ne converge pas absolument et donc que X ne possède pas d'espérance.

⇨ *Méthode 30.4*

3. Pour tout entier naturel n non nul : $\left|\sqrt{n}P(X=n)\right| = \dfrac{\sqrt{n}}{n(n+1)} = \dfrac{1}{\sqrt{n}(n+1)}$.

De plus, $\dfrac{1}{\sqrt{n}(n+1)} \underset{+\infty}{\sim} \dfrac{1}{n^{\frac{3}{2}}}$, et on reconnaît le terme général d'une série convergente (série de Riemann de paramètre $\dfrac{3}{2}$). On en conclut, par critère d'équivalence sur les séries à termes positifs, que la série de terme général $\sqrt{n}P(X=n)$ converge absolument et que, par théorème de transfert, $\sqrt{X}$ possède une espérance.

⇨ *Méthode 30.5*

Exercice 30.2

1. On considère une variable aléatoire X dont la loi est donnée par :

$\forall n \in \mathbb{N}^*, P(X=n) = \frac{1}{n^2} - \frac{1}{(n+1)^2}$.

• On va tout d'abord établir l'existence de l'espérance (c'est inutile puisqu'il faudra la calculer en considérant une somme partielle et en calculant la limite de cette dernière, mais c'est prudent au cas où l'on ne soit pas capable de mener le calcul jusqu'au bout, et dans ce cas, on a tout de même établi l'existence de l'espérance).

$\forall n \in \mathbb{N}^*, n\,P(X=n) = n(\frac{1}{n^2} - \frac{1}{(n+1)^2}) = n\frac{2n+1}{n^2(n+1)^2} = \frac{2n+1}{n(n+1)^2}$ donc : $n\,P(X=n) \underset{+\infty}{\sim} \frac{2}{n^2}$.

Comme la série de terme général $\frac{1}{n^2}$ est convergente (en tant que série de Riemann de paramètre $2 > 1$), le critère d'équivalence pour les séries à termes positifs assure que la série de terme général $nP(X = n)$ converge (la convergence est absolue, puisque la série est à termes positifs). On peut conclure que X possède une espérance.

• Calcul de $E(X)$.

Pour tout entier N supérieur ou égal à 1, on a :

$$\sum_{n=1}^{N} n\,P(X=n) = \sum_{n=1}^{N}(\frac{1}{n} - \frac{n}{(n+1)^2}) = \sum_{n=1}^{N}\frac{1}{n} - \sum_{n=1}^{N}\frac{n}{(n+1)^2}.$$

On pose $k = n+1$ dans la deuxième somme et on a : $\sum_{n=1}^{N} n\,P(X=n) = \sum_{n=1}^{N}\frac{1}{n} - \sum_{k=2}^{N+1}\frac{k-1}{k^2}$.

On scinde la deuxième somme en 2 sommes et on trouve :

$$\sum_{n=1}^{N} n\,P(X=n) = \sum_{n=1}^{N}\frac{1}{n} - \sum_{k=2}^{N+1}\frac{1}{k} + \sum_{k=2}^{N+1}\frac{1}{k^2} = 1 - \frac{1}{N+1} + \sum_{k=2}^{N+1}\frac{1}{k^2} = -\frac{1}{N+1} + \sum_{k=1}^{N+1}\frac{1}{k^2}.$$

Comme $\lim\limits_{N\to+\infty} \frac{1}{N+1} = 0$, et comme la série de terme général $\frac{1}{n^2}$ converge, on peut passer à la limite et conclure que : $E(X) = \sum_{k=1}^{+\infty}\frac{1}{k^2}$.

⇨ *Méthode 30.4*

2. On a : $n^2P(X=n) = n^2(\frac{1}{n^2} - \frac{1}{(n+1)^2}) = n^2\frac{2n+1}{n^2(n+1)^2} = \frac{2n+1}{(n+1)^2}$ donc $n^2P(X=n) \underset{+\infty}{\sim} \frac{2}{n}$.

La série de terme général $\frac{1}{n}$ est divergente (en tant que série de Riemann de paramètre 1), et le critère d'équivalence pour les séries à termes positifs assure alors que la série de terme général $n^2P(X=n)$ diverge : X ne possède pas de moment d'ordre 2, donc pas de variance.

Exercice 30.3

1. On a déjà : $X(\Omega)=\mathbb{N}^*$ (il réussit au moins le premier saut car $p_1=1$).

Pour tout entier naturel n non nul, $(X=n)$ signifie que le sauteur a réussi tous les sauts jusqu'au saut numéro n puis raté le numéro $n+1$. Ainsi, $(X=n)=\bigcap_{k=1}^{n} S_k \cap \overline{S_{n+1}}$.

On utilise alors la formule des probabilités composées :

$$P(X=n)=P(S_1)P_{S_1}(S_2)\dots P_{\bigcap_{k=1}^{n-1} S_k}(S_n)P_{\bigcap_{k=1}^{n} S_k}\left(\overline{S_{n+1}}\right).$$

Avec les notations de l'énoncé, on obtient : $P(X=n)=p_1\,p_2\dots p_n(1-p_{n+1})$.

Finalement, pour tout entier naturel n non nul, $P(X=n)=\dfrac{1}{n!}\left(1-\dfrac{1}{n+1}\right)$.

Pour tout entier naturel N non nul, $\displaystyle\sum_{n=1}^{N} P(X=n)=\sum_{n=1}^{N}\frac{1}{n!}\left(1-\frac{1}{n+1}\right)=\sum_{n=1}^{N}\frac{1}{n!}-\sum_{n=1}^{N}\frac{1}{(n+1)!}$.

Un télescopage donne facilement : $\displaystyle\sum_{n=1}^{N} P(X=n)=1-\frac{1}{(N+1)!}$.

Comme $\displaystyle\lim_{N\to+\infty}(N+1)!=+\infty$, on en déduit que : $\displaystyle\sum_{n=1}^{+\infty} P(X=n)=1$.

⇨ *Méthode 30.2*

2. La série de terme général $n\,P(X=n)$ étant à termes positifs il suffit d'établir sa convergence pour montrer que X possède une espérance.

Pour tout entier naturel N non nul, on a : $\displaystyle\sum_{n=1}^{N} nP(X=n)=\sum_{n=1}^{N}\frac{1}{(n-1)!}-\sum_{n=1}^{N} n\frac{1}{(n+1)!}$.

Or, $\displaystyle\sum_{n=1}^{N} n\frac{1}{(n+1)!}=\sum_{n=1}^{N}(n+1-1)\frac{1}{(n+1)!}=\sum_{n=1}^{N}\frac{n+1}{(n+1)!}-\sum_{n=1}^{N}\frac{1}{(n+1)!}=\sum_{n=1}^{N}\frac{1}{n!}-\sum_{n=1}^{N}\frac{1}{(n+1)!}$.

Ainsi, $\displaystyle\sum_{n=1}^{N} nP(X=n)=\sum_{n=1}^{N}\frac{1}{(n-1)!}-\left(\sum_{n=1}^{N}\frac{1}{n!}-\sum_{n=1}^{N}\frac{1}{(n+1)!}\right)=\sum_{n=1}^{N}\frac{1}{(n-1)!}-\sum_{n=1}^{N}\frac{1}{n!}+\sum_{n=1}^{N}\frac{1}{(n+1)!}$.

Après télescopage des deux premières sommes, il reste : $\displaystyle\sum_{n=1}^{N} nP(X=n)=1-\frac{1}{N!}+\sum_{n=1}^{N}\frac{1}{(n+1)!}$.

Ensuite, $\displaystyle\sum_{n=1}^{N}\frac{1}{(n+1)!}=\sum_{n=2}^{N+1}\frac{1}{n!}=\sum_{n=0}^{N+1}\frac{1}{n!}-2$ et finalement : $\displaystyle\sum_{n=1}^{N} nP(X=n)=-\frac{1}{N!}+\sum_{n=0}^{N+1}\frac{1}{n!}-1$.

Comme $\displaystyle\lim_{N\to+\infty}-\frac{1}{N!}=0$ et que la série $\displaystyle\sum\frac{1}{n!}$ est convergente de somme e^1 en tant que série exponentielle de paramètre 1. On peut donc passer à la limite dans la relation précédente et conclure ainsi que X possède une espérance et que : $E(X)=e-1$.

⇨ *Méthode 30.4*

Exercice 30.4

1. a) • Chaque urne contenant n boules numérotées de 1 à n, le plus grand numéro pouvant être obtenu est n. La plus grande valeur prise par X_n est donc n.

• La plus petite valeur prise par X_n est 1. Il suffit, en effet, de piocher dans chaque urne la boule portant le numéro 1.

• Toute valeur intermédiaire j peut être atteinte : il suffit par exemple que $k-1$ urnes donnent la boule portant le numéro 1 et qu'une urne donne le numéro j pour que X_n prenne la valeur j.

Finalement, on obtient : $X_n(\Omega)=[\![1, n]\!]$.

En notant noter N_j le numéro de la boule extraite de l'urne j, on a, pour tout i de $[\![1,n]\!]$:

$$(X_n \leq i)=\bigcap_{j=1}^{k}(N_j \leq i)$$

En effet, "le plus grand numéro est inférieur ou égal à i" signifie que "tous les numéros sont inférieurs ou égaux à i".

Les tirages d'une urne à l'autre étant indépendants, on en déduit : $P(X_n \leq i)=\prod_{j=1}^{k} P(N_j \leq i)$.

Comme pour tout j de $[\![1,k]\!]$, $P(N_j \leq i)=P\left(\bigcup_{m=1}^{i}(N_j=m)\right)$, par incompatibilité de ces événements, on trouve : $P(N_j \leq i)=\sum_{m=1}^{i} P(N_j=m)=\sum_{m=1}^{i}\frac{1}{n}=\frac{i}{n}$.

Finalement, pour tout i de $[\![1,n]\!]$, $P(X_n \leq i)=\left(\frac{i}{n}\right)^k$.

Enfin, pour tout i de $[\![1,n]\!]$, $P(X_n=i)=P(X_n \leq i)-P(X_n \leq i-1)$ d'après la **propriété 30.6**.

On en déduit : $\forall i \in [\![1,n]\!]$, $P(X_n=i)=\dfrac{i^k-(i-1)^k}{n^k}$.

⇨ *Méthode 30.3*

b) La variable aléatoire X_n ayant un support fini, elle possède une espérance.

De plus, $E(X_n)=\sum_{i=1}^{n} i\dfrac{i^k-(i-1)^k}{n^k}=\dfrac{1}{n^k}\sum_{i=1}^{n}\left(i^{k+1}-i(i-1)^k\right)=\dfrac{1}{n^k}\left(\sum_{i=1}^{n} i^{k+1}-\sum_{i=1}^{n} i(i-1)^k\right)$.

Or $\sum_{i=1}^{n} i(i-1)^k=\sum_{i=0}^{n-1}(i+1)i^k=\sum_{i=0}^{n-1}\left(i^{k+1}+i^k\right)$ donc : $E(X_n)=\dfrac{1}{n^k}\left(\sum_{i=1}^{n} i^{k+1}-\sum_{i=0}^{n-1} i^{k+1}-\sum_{i=0}^{n-1} i^k\right)$.

Après simplification des deux premières sommes, on obtient :

$$E(X_n)=\frac{1}{n^k}\left(n^{k+1}-\sum_{i=0}^{n-1} i^k\right)=n-\frac{1}{n^k}\sum_{i=0}^{n-1} i^k=n-\sum_{i=0}^{n-1}\left(\frac{i}{n}\right)^k=n\left(1-\frac{1}{n}\sum_{i=0}^{n-1}\left(\frac{i}{n}\right)^k\right)$$

Montrons alors que : $E(X_n) \underset{n\to+\infty}{\sim} \dfrac{nk}{k+1}$.

On remarque que : $\dfrac{E(X_n)}{\frac{nk}{k+1}} = \dfrac{k+1}{nk}E(X_n) = \dfrac{k+1}{k}\left(1-\dfrac{1}{n}\sum_{i=0}^{n-1}\left(\dfrac{i}{n}\right)^k\right)$.

De plus, $\lim\limits_{n\to+\infty}\dfrac{1}{n}\sum_{i=0}^{n-1}\left(\frac{i}{n}\right)^k = \int_0^1 t^k dt = \dfrac{1}{k+1}$: il s'agit en effet de la limite d'une somme de Riemann associée à la fonction $t \mapsto t^k$, qui est continue sur [0, 1].

Ainsi, $\lim\limits_{n\to+\infty}\left(1-\dfrac{1}{n}\sum_{i=0}^{n-1}\left(\frac{i}{n}\right)^k\right) = 1-\dfrac{1}{k+1} = \dfrac{k}{k+1}$ donc $\lim\limits_{n\to+\infty}\dfrac{k+1}{nk}E(X_n) = 1$.

On vient bien de prouver que : $E(X_n) \underset{n\to+\infty}{\sim} \dfrac{nk}{k+1}$.

➪ *Méthode 30.4*

2. a) On trouve par des raisonnements analogues à ceux vus aux questions **1.a)** et **1.b)** :

- $Y_n(\Omega) = [\![1,n]\!]$.
- $\forall i \in [\![1,n]\!]$, $(Y_n > i) = \bigcap_{j=1}^{k}(N_j > i)$. En effet, "le plus petit numéro est strictement supérieur à i" signifie que "tous les numéros sont strictement supérieurs à i".

Les tirages d'une urne à l'autre étant indépendants, $P(Y_n > i) = \prod_{j=1}^{k} P(N_j > i)$.

Pour tout j de $[\![1,k]\!]$, $P(N_j > i) = 1 - P(N_j \le i) = 1 - P\left(\bigcup_{m=1}^{i}(N_j = m)\right) = 1 - \sum_{m=1}^{i} P(N_j = m)$ par incompatibilité, d'où $P(N_j > i) = 1 - \dfrac{i}{n} = \dfrac{n-i}{n}$.

Finalement, pour tout i de $[\![1,n]\!]$, $P(Y_n > i) = \left(\frac{n-i}{n}\right)^k$.

On sait, grâce à la propriété vue dans le **V/F 2** du **chapitre 19** que, puisque Y_n prend des valeurs entières, alors, pour tout i de $[\![1,n]\!]$, on a : $P(Y_n = i) = P(Y_n > i-1) - P(Y_n > i)$.

On en déduit que pour tout i de $[\![1,n]\!]$, on a : $P(Y_n = i) = \dfrac{(n-i+1)^k - (n-i)^k}{n^k}$.

➪ *Méthode 30.3*

b) La variable aléatoire Y_n ayant un support fini, elle possède une espérance.

De plus, $E(Y_n) = \dfrac{1}{n^k}\sum_{i=1}^{n} i\left((n-i+1)^k - (n-i)^k\right) = \dfrac{1}{n^k}\sum_{i=1}^{n} i(n-i+1)^k - \dfrac{1}{n^k}\sum_{i=1}^{n} i(n-i)^k$.

On remarque qu'alors : $\sum_{i=1}^{n} i(n-i+1)^k = \sum_{i=0}^{n-1}(i+1)(n-i)^k = \sum_{i=0}^{n-1} i(n-i)^k + \sum_{i=0}^{n-1}(n-i)^k$.

On en déduit, après télescopage, que : $E(Y_n) = \frac{1}{n^k}\sum_{i=0}^{n-1}(n-i)^k = \frac{1}{n^k}\sum_{i=1}^{n} i^k$.

• Montrons que : $E(Y_n) \underset{n\to+\infty}{\sim} \frac{n}{k+1}$.

On a : $\frac{E(Y_n)}{\frac{n}{k+1}} = \frac{k+1}{n}E(Y_n) = (k+1)\times\frac{1}{n}\sum_{i=1}^{n}\left(\frac{i}{n}\right)^k$.

Comme $\lim_{n\to+\infty}\frac{1}{n}\sum_{i=1}^{n}\left(\frac{i}{n}\right)^k = \int_0^1 t^k dt = \frac{1}{k+1}$, on obtient : $\lim_{n\to+\infty}\frac{k+1}{n}E(Y_n) = 1$.

On vient bien de prouver que : $E(Y_n) \underset{n\to+\infty}{\sim} \frac{n}{k+1}$.

⇨ *Méthode 30.4*

Exercice 30.5

1. L'énoncé conseillant de considérer le résultat du premier lancer, on utilise donc la formule des probabilités totales associée au système complet d'événements (P_1, F_1).

• Si le premier lancer est un "pile", l'événement ($X = k$) ne se réalise que si l'on n'obtient pas de "face" avant le $k^{\text{ème}}$ lancer (sinon X prendrait une valeur plus petite que k : par exemple $X = 2$ si "face" se produisait au deuxième lancer).

En conclusion : $P_{P_1}(X = k) = P(P_2 \cap P_3 \cap \ldots \cap P_{k-1} \cap F_k) = \frac{1}{2^{k-1}}$ (indépendance des lancers).

• Si le premier lancer est un "face", tout se passe comme si le jeu débutait seulement au deuxième lancer (F_1 est neutre) et ($X = k$) est réalisé si l'on a, lors de cette nouvelle suite de $(k-1)$ lancers, "pile" puis "face", pour la première fois, aux lancers $(k-2)$ et $(k-1)$. Comme les lancers sont **indépendants**, la probabilité $P_{F_1}(X = k)$ est celle de l'événement $(X - k - 1)$.

On conclut : $P_{F_1}(X = k) = P(X = k-1)$.

Remarque. Si les lancers n'étaient pas indépendants, il se pourrait que les conditions dans lesquelles ont lieu les lancers 2, 3, …, k ne soient pas les mêmes que celles dans lesquelles ont lieu les lancers 1, 2, …, $k-1$, ce qui empêcherait de conclure.

• La formule des probabilités totales associée au système complet d'événements (P_1, F_1) s'écrit :

$P(X = k) = P(P_1)P_{P_1}(X = k) + P(F_1)P_{F_1}(X = k) = \frac{1}{2}P_{P_1}(X = k) + \frac{1}{2}P_{F_1}(X = k)$.

En remplaçant, on obtient : $\forall k \geq 3$, $P(X = k) = \frac{1}{2^k} + \frac{1}{2}P(X = k-1)$.

Corrigé

2. En multipliant l'égalité ci-dessus par 2^k, on obtient : $u_k = 1 + u_{k-1}$. La suite (u_k) est donc bien arithmétique de raison 1 et de premier terme $u_2 = 1$. On en déduit alors que : $\forall k \geq 2,\ u_k = k-1$, ce qui donne : $\forall k \geq 2,\ P(X = k) = \dfrac{u_k}{2^k} = \dfrac{k-1}{2^k}$.

Exercice 30.6

D'après le théorème de transfert, la série définissant l'espérance de e^{tX} a pour terme général $e^{tk}P(X=k)$ et, pour tout entier naturel k, on a : $e^{tk}P(X=k) = e^{tk}\dfrac{\lambda^k}{k!}e^{-\lambda} = e^{-\lambda}\dfrac{\left(\lambda e^t\right)^k}{k!}$.

La série de terme général $\dfrac{\left(\lambda e^t\right)^k}{k!}$ est une série exponentielle absolument convergente donc e^{tX} possède une espérance et on a :

$$E(e^{tX}) = \sum_{k=0}^{+\infty} e^{tk}P(X=k) = e^{-\lambda}\sum_{k=0}^{+\infty}\frac{\left(\lambda e^t\right)^k}{k!} = e^{-\lambda}e^{\lambda e^t} = e^{\lambda(e^t-1)}.$$

⇨ *Méthode 30.5*

Exercice 30.7

Avec le système complet d'événements $(N=n)_{n\in\mathbb{N}^*}$, on peut écrire, pour tout réel x :

$$(Y\leq x) = (Y\leq x)\cap\Omega = (Y\leq x)\cap\left(\bigcup_{n=1}^{+\infty}(N=n)\right) = \bigcup_{n=1}^{+\infty}\left((Y\leq x)\cap(N=n)\right).$$

En remplaçant Y, on a : $(Y\leq x) = \displaystyle\bigcup_{n=1}^{+\infty}\left(\left(\sum_{k=1}^{N}X_k\leq x\right)\cap(N=n)\right) = \bigcup_{n=1}^{+\infty}\left(\left(\sum_{k=1}^{n}X_k\leq x\right)\cap(N=n)\right)$.

Comme $\displaystyle\sum_{k=1}^{n}X_k$ est une variable aléatoire (somme finie bien déterminée de variables aléatoires) alors $\left(\displaystyle\sum_{k=1}^{n}X_k\leq x\right)$ est un événement, ainsi, comme N est aussi une variable aléatoire, $\left(\displaystyle\sum_{k=1}^{n}X_k\leq x\right)\cap(N=n)$ est un événement (en tant qu'intersection d'événements) et enfin $\displaystyle\bigcup_{n=1}^{+\infty}\left(\left(\sum_{k=1}^{n}X_k\leq x\right)\cap(N=n)\right)$ est un événement (en tant que réunion d'événements), ce qui montre que $(Y\leq x)$ est un événement, et ainsi Y est une variable aléatoire.

Chapitre 31
Lois discrètes usuelles

Le mathématicien et physicien français Denis **Poisson** maîtrise toutes les notions d'analyse connues à son époque et les applique dans des domaines très variés comme la géométrie, la mécanique ou l'électrostatique. En 1837, il publie un ouvrage intitulé *Recherches sur la probabilité des jugements* ; on y trouve la loi qui porte désormais son nom qu'il obtient comme limite de la loi binomiale $\mathcal{B}(n, p)$ avec np constant.

Denis Poisson
1781-1840

Objectifs

Les incontournables

▷ Connaître les caractéristiques des lois usuelles (support, loi, espérance et variance).

▷ Savoir reconnaître une situation dans laquelle une variable aléatoire suit une loi usuelle.

Et plus si affinités

▷ Savoir utiliser une loi usuelle pour en étudier une qui semble proche par changement de variable aléatoire.

■■ Résumé de cours

■ Les lois discrètes finies (rappels et compléments)

❑ Variable aléatoire certaine (ou constante)

Définition 31.1. — Une variable aléatoire X est certaine si elle ne prend qu'une seule valeur a. On a alors : $P(X = a) = 1$.

Propriété 31.1. — Si X est certaine, avec $X(\Omega) = \{a\}$, alors $E(X) = a$ et $V(X) = 0$.

Définition 31.2. — On dit qu'une variable aléatoire X est une variable quasi-certaine s'il existe un élément a de $X(\Omega)$ tel que $P(X = a) = 1$. Dans ce cas, on a encore $E(X) = a$ et $V(X) = 0$.

Remarque 31.1. — La différence entre variable certaine et variable quasi-certaine est très subtile et se rapproche de ce qui a été vu au **chapitre 29**, concernant un événement A, de probabilité égale à 1 (quasi certain), mais pourtant différent de Ω.

Théorème 31.1. — Si X est une variable aléatoire discrète de variance nulle, alors X est une variable quasi-certaine.

❑ Loi uniforme $\mathcal{U}(\llbracket 1, n \rrbracket)$

Définition 31.3. — Une variable aléatoire X suit la loi uniforme sur $\llbracket 1, n \rrbracket$, ce que l'on note $X \hookrightarrow \mathcal{U}(\llbracket 1, n \rrbracket)$, si : $X(\Omega) = \llbracket 1, n \rrbracket$ et $\forall k \in \llbracket 1, n \rrbracket$, $P(X = k) = \dfrac{1}{n}$

Propriété 31.2. — Si X est une variable aléatoire suivant la loi uniforme $\mathcal{U}(\llbracket 1, n \rrbracket)$, alors X possède une espérance et une variance données par : $E(X) = \dfrac{n+1}{2}$ et $V(X) = \dfrac{n^2 - 1}{12}$.

⇨ **Méthode 31.1. Comment reconnaître une loi uniforme ?**

Définition 31.4. — Généralisation. On désigne par a et b deux entiers tels que $a < b$.
Une variable aléatoire X suit la loi uniforme $\mathcal{U}(\llbracket a, b \rrbracket)$, ce que l'on note $X \hookrightarrow \mathcal{U}(\llbracket a, b \rrbracket)$, si :

$$\forall k \in \llbracket a, b \rrbracket, \ P(X = k) = \frac{1}{b - a + 1}$$

Propriété 31.3. — Soit a et b deux entiers tels que $a < b$.

$$X \hookrightarrow \mathcal{U}(\llbracket a, b \rrbracket) \iff X - a + 1 \hookrightarrow \mathcal{U}(\llbracket 1, b - a + 1 \rrbracket)$$

Propriété 31.4. — Conséquence.
Si X est une variable aléatoire suivant la loi uniforme $\mathcal{U}(\llbracket a, b \rrbracket)$, alors X possède une espérance et une variance données par : $E(X) = \dfrac{a+b}{2}$ et $V(X) = \dfrac{(b-a+1)^2 - 1}{12}$.

Remarque 31.2. — Les **propriétés 31.3** et **31.4** sont démontrées à l'**exercice 31.1** et il est prudent d'en connaître la démonstration.

❑ Loi de Bernoulli de paramètre p ($p \in [0, 1]$) : $\mathcal{B}(p)$

Définition 31.5. — Une variable aléatoire suit la loi de Bernoulli de paramètre p, ce que l'on note $X \hookrightarrow \mathcal{B}(p)$, si :

$$X(\Omega) = \{0, 1\} \text{ et } P(X = 1) = p$$

Remarque 31.3. — On a bien sûr $P(X = 0) = 1 - p$.

Propriété 31.5. — Si X est une variable aléatoire suivant la loi de Bernoulli $\mathcal{B}(p)$, alors X possède une espérance et une variance données par : $E(X) = p$ et $V(X) = p(1-p)$.

⇨ **Méthode 31.2. Comment reconnaître une loi de Bernoulli ?**

Définition 31.6. — Soit A un événement. La variable aléatoire de Bernoulli qui prend la valeur 1 lorsque A est réalisé (et 0 sinon) est appelée variable aléatoire *indicatrice* de l'événement A. On la note parfois $\mathbb{1}_A$.

Remarque 31.4. — Si A est quasi-impossible, la variable indicatrice de A est la variable quasi-certaine égale à 0 et si A est quasi-certain, la variable indicatrice de A est la variable quasi-certaine égale à 1.

❑ Loi binomiale de paramètres n et p ($p \in [0, 1]$) : $\mathcal{B}(n, p)$

Définition 31.7. — Une variable aléatoire suit la loi binomiale de paramètres n et p, ce que l'on note $X \hookrightarrow \mathcal{B}(n, p)$, si : $X(\Omega) = \llbracket 0, n \rrbracket$ et $\forall k \in \llbracket 0, n \rrbracket$, $P(X = k) = \binom{n}{k} p^k (1-p)^{n-k}$

Propriété 31.6. — Si X est une variable aléatoire suivant la loi binomiale $\mathcal{B}(n, p)$, alors X possède une espérance et une variance données par : $E(X) = np$ et $V(X) = np(1-p)$.

Théorème 31.2. — Une variable aléatoire suivant la loi binomiale $\mathcal{B}(n, p)$ peut être considérée comme le nombre de succès obtenus au cours de n épreuves *indépendantes*, chacune ayant deux issues possibles, le succès de probabilité p et l'échec de probabilité $1 - p$.

⇨ **Méthode 31.3. Comment reconnaître une loi binomiale ?**

Les lois discrètes infinies

Loi géométrique de paramètre p ($0 < p < 1$) : $\mathcal{G}(p)$

Définition 31.8. — Une variable aléatoire X suit la loi géométrique $\mathcal{G}(p)$ si :

$$X(\Omega) = \mathbb{N}^* \text{ et } \forall k \in \mathbb{N}^*, P(X = k) = (1-p)^{k-1} p.$$

Propriété 31.7. — Si X est une variable aléatoire suivant la loi géométrique $\mathcal{G}(p)$, alors X possède une espérance et une variance données par : $E(X) = \dfrac{1}{p}$ et $V(X) = \dfrac{1-p}{p^2}$.

Théorème 31.3. — Une variable aléatoire géométrique peut être considérée comme le temps d'attente du premier succès obtenu au cours d'une succession d'épreuves *indépendantes*, chacune ayant deux issues possibles, le succès de probabilité p et l'échec de probabilité $1-p$.

⇨ **Méthode 31.4. Comment reconnaître une loi géométrique ?**

Remarque 31.5. — On vérifie que $\sum_{k=1}^{+\infty} P(X = k) = 1$: ceci garantit, d'une part que X, ainsi définie, est bien une variable aléatoire, et d'autre part que lors d'une série d'épreuves indépendantes à deux issues, il est quasi-certain d'obtenir au moins une fois un succès.

Loi de Poisson de paramètre λ ($\lambda > 0$) : $\mathcal{P}(\lambda)$

Définition 31.9. — Une variable aléatoire X suit la loi de Poisson $\mathcal{P}(\lambda)$ si :

$$X(\Omega) = \mathbb{N} \text{ et } \forall k \in \mathbb{N}, P(X = k) = \frac{\lambda^k}{k!} e^{-\lambda}.$$

Propriété 31.8. — Si X est une variable aléatoire suivant la loi de Poisson $\mathcal{P}(\lambda)$, alors X possède une espérance et une variance données par : $E(X) = \lambda$ et $V(X) = \lambda$.

Remarque 31.6. — Il n'y a pas de modèle probabiliste exact pour une loi de Poisson mais cette loi est utilisée pour approcher la loi binomiale lorsque p est petit (voir livre de deuxième année).

■■ Méthodes

■ Comment reconnaître une loi usuelle ?

Les trois premières méthodes ont été abordées dans le chapitre 20, nous donnons ici des exemples différents et un peu moins évidents.

❑ Méthode 31.1. Comment reconnaître une loi uniforme ?

La loi uniforme est la loi de l'équiprobabilité, garantie par la locution « au hasard ». Dans ces conditions, la probabilité d'un événement A est égale à $\dfrac{\text{card}(A)}{\text{card}(\Omega)}$, où Ω est l'ensemble de toutes les éventualités liées à l'expérience réalisée.

⇨ **Exercices 31.1,**

Exemple. Soit $E_n = [\![1, n]\!]$, on considère l'ensemble des $n!$ permutations de E_n que l'on assimile à des n-listes d'entiers distincts de E_n. On écrit ces listes sur des morceaux de papier que l'on mélange dans une urne et on extrait au hasard un papier de l'urne. Quelle est la probabilité d'extraire de l'urne le papier sur lequel figure la liste $(1, 2, ..., n)$?
Les $n!$ tirages de papier possibles sont équiprobables et la probabilité de tomber sur le papier sur lequel figure la liste $(1, 2, ..., n)$ vaut $\dfrac{1}{n!}$.

❑ Méthode 31.2. Comment reconnaître une loi de Bernoulli ?

La variable aléatoire X suit une loi de Bernoulli si c'est l'indicatrice de l'événement « obtenir un succès » lors d'une seule épreuve à deux issues (succès et échec) : elle prend deux valeurs 0 (échec) et 1 (succès), et le paramètre de la loi est $P(X = 1)$.

⇨ **Exercice 31.3**

Exemple. On tire une boule au hasard dans une urne contenant n boules blanches ($n \geq 1$) et m boules noires ($m \geq 1$). On note X la variable aléatoire qui vaut 1 si l'on obtient une boule blanche et 0 si l'on obtient une boule noire. Quelle est la loi de X ?
Il y a $n + m$ boules dans l'urne dont n sont des boules blanches. La probabilité d'obtenir une boule blanche lors de ce tirage est donc $\dfrac{n}{n+m}$ (par équiprobabilité).

Par conséquent, X suit la loi de Bernoulli de paramètre $\dfrac{n}{n+m}$.

❑ Méthode 31.3. Comment reconnaître une loi binomiale ?

> Une variable binomiale est un compteur de succès lors de la répétition de plusieurs épreuves identiques, indépendantes, et à deux issues (succès ou échec).

⇨ **Exercices 31.4, 31.5, 31.6, 31.7**

Exemple. On procède à n tirages d'une boule au hasard dans une urne contenant des boules blanches en proportion p et des boules noires en proportion q et des boules rouges en proportion r, avec $p+q+r=1$. Après chaque tirage, on remet la boule tirée dans l'urne. On note X la variable aléatoire égale au nombre de boules rouges obtenues lors de ces n tirages et Y la variable aléatoire égale au nombre cumulé des boules rouges et des boules noires obtenues lors de ces n tirages Quelles sont les lois de X et Y ?
Les tirages ayant lieu avec remise, ils sont indépendants et la probabilité d'obtenir une boule rouge est la même (r) pour chaque tirage. Par conséquent, comme X est égale au nombre de boules rouges (succès) obtenues, on peut affirmer que X suit la loi binomiale $\mathcal{B}(n, r)$.
La probabilité de piocher, à chaque tirage, une boule qui soit rouge ou bien noire est égale à $q+r$ et, par un raisonnement analogue, on trouve que Y suit la loi binomiale $\mathcal{B}(n, q+r)$ ou si l'on préfère $\mathcal{B}(n, 1-p)$.

❑ Méthode 31.4. Comment reconnaître une loi géométrique ?

> Une variable géométrique est le temps d'attente du 1er succès lors de la répétition d'épreuves indépendantes à deux issues (succès de probabilité p, échec de probabilité $1-p$).

⇨ **Exercices 31.8, 31.9, 31.10, 31.11**

Exemple 1. On procède à des tirages d'une boule au hasard dans une urne contenant des boules blanches en proportion p et des boules noires en proportion $1-p$. Après chaque tirage, on remet la boule tirée dans l'urne. On note X la variable aléatoire égale au numéro du tirage où l'on obtient, pour la première fois, une boule blanche. Quelle est la loi de X ?
Les tirages ayant lieu avec remise, ils sont indépendants et la probabilité d'obtenir une boule blanche est la même (p) pour chaque tirage. Par conséquent, comme X est égale au temps d'attente de la première boule blanche, on peut affirmer que X suit la loi $\mathcal{G}(p)$.

Vrai/Faux

		Vrai	Faux
1.	Si X suit la loi $\mathcal{U}_{[\![1,n]\!]}$, alors $2X$ suit la loi $\mathcal{U}_{[\![2,\,2n]\!]}$.	☐	☐
2.	Si X suit la loi $\mathcal{U}_{[\![1,n+1]\!]}$, alors on a : $E(X) = \dfrac{n+2}{2}$ et $V(X) = \dfrac{n^2}{12}$.	☐	☐
3.	Si X suit la loi $\mathcal{B}(p)$, alors $1-X$ suit aussi la loi $\mathcal{B}(p)$.	☐	☐
4.	Les deux propositions suivantes sont équivalentes : « X suit la loi uniforme sur $[\![0,1]\!]$ » et « X suit la loi de Bernoulli de paramètre $\dfrac{1}{2}$ ».	☐	☐
5.	Si la loi de X est donnée par : $P(X=1) = P(X=2) = \dfrac{1}{2}$, alors X suit la loi de Bernoulli de paramètre $\dfrac{1}{2}$.	☐	☐
6.	Si la loi de X est donnée par : $P(X=1) = P(X=2) = \dfrac{1}{2}$, alors X suit une loi uniforme.	☐	☐
7.	Si X suit la loi $\mathcal{B}(n,p)$, alors on a : $P(X \geq 1) = 1 - p^n$.	☐	☐
8.	Si X suit la loi $\mathcal{B}(n,p)$, alors on a : $P(X=0) = (1-p)^n$.	☐	☐
9.	Si X suit la loi $\mathcal{G}(p)$, alors on a : $P(X > n) = (1-p)^n$.	☐	☐
10.	Si X suit la loi $\mathcal{P}(\lambda)$, alors on a : $P(X > 0) = 1$.	☐	☐

■■ Énoncé des exercices

❑ **Exercice 31.1.** — Calcul de l'espérance et de la variance d'une variable aléatoire X suivant la loi uniforme sur $[\![a, b]\!]$, avec a et b entiers tels que $a < b$.

1. On pose $Y = X - a + 1$. Donner le support $Y(\Omega)$ de la variable aléatoire Y, puis reconnaître la loi de Y.

2. En déduire l'espérance et la variance de Y, puis celles de X.

❑ **Exercice 31.2.** * — Cet exercice généralise l'**exercice 20.5**.
On désigne par p un réel de $]0, 1[$. Montrer que si X suit la loi $\mathcal{B}(p)$, alors, pour tout n de $\mathbb{N}^*$, on a : $X = X^n$.

❑ **Exercice 31.3.** — On désigne par n un entier naturel supérieur ou égal à 2 et on dispose d'une urne contenant n boules blanches et n boules noires, ces boules étant, bien sûr, indiscernables au toucher.
On effectue dans cette urne deux tirages successifs au hasard d'une boule sans remettre la première boule tirée dans l'urne. On note X la variable aléatoire qui vaut 1 si l'on obtient deux boules de même couleur et qui vaut 0 sinon. Donner la loi de X et rappeler son espérance et sa variance.

❑ **Exercice 31.4.** — On procède à n épreuves consistant chacune à lancer un dé blanc et un dé vert, les faces de chaque dé étant numérotées de 1 à 6. On note X la variable aléatoire égale au nombre de fois où l'on obtient une paire (c'est-à-dire deux numéros identiques). Quelle est la loi de X ?

❑ **Exercice 31.5.** — On désigne par n un entier naturel supérieur ou égal à 2 et on dispose d'une urne contenant n boules numérotées de 1 à n et indiscernables au toucher.
On effectue dans cette urne une suite de tirages d'une boule au hasard avec remise à chaque fois de la boule tirée dans l'urne. Pour tout i de $[\![1, n]\!]$, on note X_i la variable aléatoire égale au nombre de fois où l'on a obtenu la boule portant le numéro i lors des k premiers tirages.
Donner la loi de X_i, ainsi que son espérance et sa variance.

❑ **Exercice 31.6.** — On reprend la situation décrite dans l'**exercice 31.3**. On désigne donc par n un entier naturel supérieur ou égal à 2 et on dispose d'une urne contenant n boules blanches et n boules noires, ces boules étant, bien sûr, indiscernables au toucher.
On considère l'épreuve aléatoire consistant à piocher au hasard une boule de cette urne, sans la remettre, puis à piocher, toujours au hasard, une deuxième boule, et enfin à remettre les deux boules piochées dans l'urne.
On effectue k fois cette épreuve et on note Z_k la variable aléatoire égale au nombre de fois où l'on a obtenu deux boules blanches. Donner la loi de Z_k, ainsi que son espérance et sa variance.

❑ **Exercice 31.7.**** — On effectue une suite de tirages avec remise dans une urne contenant des boules blanches en proportion p élément de $]0, 1[$ et des boules noires en proportion $1-p$, ces boules étant indiscernables au toucher.

Pour tout k de $\mathbb{N}^*$, on désigne par X_k la variable aléatoire égale au nombre de boules blanches obtenues lors des k premiers tirages et on note B_k l'événement « on obtient une boule blanche au $k^{\text{ème}}$ tirage ». Pour tout n de $\mathbb{N}^*$, on note Y_n la variable aléatoire égale au numéro du tirage où l'on obtient la $n^{\text{ème}}$ boule blanche.

1. Reconnaître la loi de X_k.

2. a) Déterminer $Y_n(\Omega)$, puis, pour tout i de $Y_n(\Omega)$, écrire l'événement $(Y_n = i)$ à l'aide de la variable aléatoire X_{i-1} et de l'événement B_i.

b) En déduire la loi de Y_n puis utiliser le résultat de l'**exercice 25.9** pour montrer que Y_n possède une espérance et la déterminer.

❑ **Exercice 31.8.** — On procède à des lancers d'un dé dont les six faces sont numérotées de 1 à 6. On note X la variable aléatoire égale au rang du lancer où l'on obtient pour la première fois un numéro supérieur ou égal à 5. Quelle est la loi de X ?

❑ **Exercice 31.9.** — On désigne par p un réel de $]0, 1[$. On suppose que la fonction de répartition F d'une variable aléatoire X à valeurs dans $\mathbb{N}^*$ vérifie : $\forall n \in \mathbb{N}^*, F(n) = 1-(1-p)^n$.
Donner la loi de X.

❑ **Exercice 31.10.** — On considère un entier naturel n supérieur ou égal à 2 et on dispose d'une urne contenant $2n$ boules numérotées de 1 à n, chaque numéro apparaissant deux fois.

On effectue au hasard une suite de tirages simultanés de deux boules de cette urne et tant que les deux boules tirées ne portent pas le même numéro, elles sont remises dans l'urne avant de procéder au tirage suivant. On note T la variable aléatoire égale au rang où l'on obtient pour la première fois deux boules de même numéro. Déterminer la loi de T ainsi que son espérance et sa variance.

D'après EDHEC

❑ **Exercice 31.11.** — On lance indéfiniment une pièce, donnant *Pile* avec la probabilité p et *Face* avec la probabilité $1-p$ (avec $0 < p < 1$). Les lancers sont supposés indépendants.
Pour tout k de $\mathbb{N}^*$, on note P_k l'événement « obtenir *Pile* au $k^{\text{ème}}$ lancer » et F_k l'événement « obtenir *Face* au $k^{\text{ème}}$ lancer ».
On considère la variable aléatoire X égale au nombre de *Faces* précédant le premier *Pile*.

1. a) Déterminer $X(\Omega)$, puis écrire, pour tout n de $X(\Omega)$, l'événement $(X = n)$ à l'aide de certains des événements P_k et F_k, puis donner la loi de X.

b) Montrer que X possède une espérance et calculer $E(X)$.

2. On pose $Y = X + 1$. Reconnaître la loi de Y, donner son espérance et retrouver ainsi la valeur de $E(X)$ trouvée à la première question.

❑ **Exercice 31.12.** — On considère une variable aléatoire X suivant la loi géométrique de paramètre p, avec p élément de $]0,1[$.
Montrer que X est une variable aléatoire "sans mémoire sur $\mathbb{N}^*$", c'est-à-dire que :

$$\forall (n, m) \in \mathbb{N}^* \times \mathbb{N}^*,\ P_{(X>n)}(X > n+m) = P(X > m)$$

❑ **Exercice 31.13.*** — On désigne par a un réel strictement positif et on considère une variable aléatoire X dont le support est $\mathbb{N}^*$ et qui vérifie : $\forall n \in \mathbb{N}^*,\ P(X = n+1) = \dfrac{a}{n} P(X = n)$.

1. Pour tout n de $\mathbb{N}^*$, on pose $u_n = (n-1)!\, P(X = n)$. Déterminer l'expression de u_n en fonction de a, n et $P(X = 1)$.

2. Utiliser le fait que $X(\Omega) = \mathbb{N}^*$ pour déterminer $P(X = 1)$, puis donner la loi de X.

3. On pose $Y = X - 1$. Reconnaître la loi de Y, donner $E(Y)$ et $V(Y)$ et en déduire $E(X)$ et $V(X)$.

D'après ESCP

■ Pour vous aider à démarrer

Exercice 31.2. Pour la question **2.a)**, il faut montrer que, pour tout ω de Ω, on a :

$$X(\omega) - X(\omega)^n = 0$$

Exercice 31.3. La variable X prend les deux valeurs 0 et 1 ce qui renseigne sur le type de loi suivie par X.
Exercice 31.4. On dirait bien que X est un nombre de succès…
Exercice 31.5. On dirait, ici aussi, que X est un nombre de succès…
Exercice 31.6. Le fait de remettre les deux boules piochées dans l'urne garantit l'indépendance des épreuves, ce qui donne une indication intéressante.
Exercice 31.7. Pour la question **2.a)**, établir : $(Y_n = i) = (X_{i-1} = n-1) \cap B_i$.
Exercice 31.9. Se souvenir que : $P(X = n) = F(n) - F(n-1)$.
Exercice 31.10. Procéder par dénombrement.
Exercice 31.11. Pour la question **2**, Y est le temps d'attente du premier "Pile".
Exercice 31.12. Utiliser la formule $P_B(A) = \dfrac{P(A \cap B)}{P(B)}$. Il faut ensuite savoir, ou savoir retrouver, que l'on a : $\forall j \in \mathbb{N}^*,\ P(X > j) = (1-p)^j$.
Exercice 31.13. Pour la question **1**, on trouve que la suite (u_n) est géométrique.
Pour la question **2**, se souvenir de la valeur de $\displaystyle\sum_{n=1}^{+\infty} P(X = n)$.

■■ Corrigé des vrai/faux

1.	2.	3.	4.	5.	6.	7.	8.	9.	10.
F	F	F	V	F	V	F	V	V	F

1. Si X suit la loi uniforme sur $[\![1,n]\!]$, alors le support de la variable $2X$ est $\{2, 4, 6,..., 2n\}$ qui est différent de $[\![2,2n]\!]$. Ainsi, la variable $2X$ ne suit pas la loi uniforme sur $[\![2,2n]\!]$.

2. On sait que si X suit la loi uniforme sur $[\![1,n]\!]$, alors : $E(X)=\frac{n+1}{2}$ et $V(X)=\frac{n^2-1}{12}$.
On en déduit que si X suit la loi uniforme sur $[\![1,n+1]\!]$, on a (en remplaçant n par $n+1$) :
$E(X)=\frac{n+2}{2}$ et $V(X)=\frac{(n+1)^2-1}{12}=\frac{n^2+2n}{12}$. Ainsi, $V(X)\neq\frac{n^2}{12}$.

3. Soit X une variable aléatoire suivant la loi de Bernoulli de paramètre p.
Le support de la variable aléatoire $1-X$ est $\{0,1\}$ et on a :
$P(1-X=0)=P(X=1)=p$ et $P(1-X=1)=P(X=0)=1-p$.
On en déduit que la variable $1-X$ suit la loi de Bernoulli de paramètre $1-p$.

4. X suit la loi uniforme sur $[\![0,1]\!]$ signifie : $X(\Omega)=[\![0,1]\!]$ et $P(X=1)=P(X=0)=\frac{1}{2}$.
X suit la loi de Bernoulli de paramètre $\frac{1}{2}$ signifie : $X(\Omega)=[\![0,1]\!]$ et $P(X=1)=P(X=0)=\frac{1}{2}$.
La proposition « X suit la loi uniforme sur $[\![0,1]\!]$ » est bien équivalente à « X suit la loi de Bernoulli de paramètre $\frac{1}{2}$ ».

5. Le support d'une variable suivant une loi de Bernoulli est l'ensemble $\{0, 1\}$.
Ici, on a $X(\Omega) = \{1, 2\}$ donc X ne suit pas une loi de Bernoulli.

6. Le fait que : $P(X=1)=P(X=2)=\frac{1}{2}$ définit complètement la loi de la variable X puisque $P(X=1)+P(X=2)=1$. L'équiprobabilité garantit que X suit la loi uniforme sur $[\![1,2]\!]$.

7. Si X suit la loi binomiale de paramètres n et p, alors, en posant $q=1-p$, on a :
$P(X\geq 1)=P(\overline{X=0})=1-P(X=0)=1-q^n$, ce qui n'est pas nécessairement égal à $1-p^n$ (sauf si $p=q$, c'est-à-dire si $p=\frac{1}{2}$).

8. Si X suit la loi binomiale de paramètres n et p, alors on a effectivement :

$$P(X=0)=\binom{n}{0}p^0(1-p)^{n-0}=(1-p)^n$$

9. Si X suit la loi géométrique de paramètre p, en posant $q=1-p$, on a :

$$P(X>n)=P(\overline{X\leq n})=1-P(X\leq n)$$

Or, $P(X\leq n)=P\left(\bigcup_{k=1}^{n}(X=k)\right)$ et, par incompatibilité des événements $(X=k)_{1\leq k\leq n}$, on en déduit que : $P(X\leq n)=\sum_{k=1}^{n}P(X=k)=\sum_{k=1}^{n}q^{k-1}p=p\frac{1-q^n}{1-q}=1-q^n$ (car q est différent de 1).

On a donc bien : $P(X>n)=q^n$.

Remarque. Plus élégamment, si l'on se souvient que X est le temps d'attente du premier succès, dire que $(X>n)$ est réalisé, c'est dire que les n premières épreuves ont été des échecs. Par indépendance de ces épreuves, on a tout de suite : $P(X>n)=q^n$.

10. Si X suit la loi de Poisson de paramètre λ, on a : $X(\Omega)=\mathbb{N}$.

On en déduit ainsi que : $P(X>0)=P(\overline{X=0})=1-P(X=0)=1-\frac{\lambda^0}{0!}e^{-\lambda}$.

On obtient alors : $P(X>0)=1-e^{-\lambda}\neq 1$.

❑ Les erreurs classiques

- À elles seules, les valeurs des $P(X=x_k)$ ne suffisent pas pour reconnaître une loi usuelle, on a besoin en plus de vérifier que le support de X est "le bon". Il faut absolument connaître les supports des lois usuelles par cœur.
- La loi géométrique a pour support $\mathbb{N}^*$ et pas $\mathbb{N}$.
- La loi de Poisson a pour support $\mathbb{N}$ et pas $\mathbb{N}^*$.

Corrigé

Corrigé des exercices

Exercice 31.1

Pour tous réels a et b tels que $a<b$, on considère une variable aléatoire X suivant la loi uniforme sur $[\![a,b]\!]$ et on pose $Y=X-a+1$.

1. En enlevant a et en ajoutant 1 à chaque élément de $X(\Omega)=[\![a,b]\!]$, on trouve :

$$Y(\Omega)=[\![1,\, b-a+1]\!]$$

De plus, pour tout k de $[\![1,\, b-a+1]\!]$, on a :

$P(Y=k)=P(X-a+1=k)=P(X=k+a-1)=\dfrac{1}{b-a+1}$, car X suit la loi uniforme sur $[\![a,b]\!]$.

On en conclut que Y suit la loi uniforme sur $[\![1,\, b-a+1]\!]$.

2. On sait ainsi que : $E(Y)=\dfrac{b-a+2}{2}$ et $V(Y)=\dfrac{(b-a+1)^2-1}{12}$.

Comme $X=Y+a-1$, on en déduit par linéarité de l'espérance, que :

$E(X)=E(Y+a-1)=E(Y)+a-1$. Ainsi, on trouve : $E(X)=\dfrac{b+a}{2}$.

Comme $V(X)=V(Y+a-1)=V(Y)$, on en déduit : $V(X)=\dfrac{(b-a+1)^2-1}{12}$.

Exercice 31.2

Le cas $n=1$ est évident. Soit alors n un entier naturel supérieur ou égal à 2.

Pour tout ω de Ω, on a $X^n(\omega)-X(\omega)=X(\omega)\left(X^{n-1}(\omega)-1\right)$. Comme X ne prend que les valeurs 0 et 1, ce dernier produit de nombres réels est toujours nul (le premier facteur est nul si X prend la valeur 0 et le deuxième est nul si X prend la valeur 1, puisque $n-1\geq 1$).

On a donc : $\forall \omega \in \Omega,\ X^n(\omega)=X(\omega)$.

Par définition de l'égalité de deux applications, on en déduit : $X^n=X$.

Exercice 31.3

Comme X prend seulement les valeurs 0 et 1, on est sûr que X suit une loi de Bernoulli et il reste à en trouver le paramètre, c'est-à-dire la probabilité d'obtenir deux boules de même couleur.

Si l'on note B_k (respectivement N_k) l'événement « le $k^{\text{ème}}$ tirage donne une boule blanche (respectivement noire) », on a : $(X=1)=(B_1\cap B_2)\cup(N_1\cap N_2)$.

Par incompatibilité des événements entre parenthèses, on obtient :

$P(X=1)=P(B_1\cap B_2)+P(N_1\cap N_2)$.

On en déduit : $P(X=1)=P(B_1)P_{B_1}(B_2)+P(N_1)P_{N_1}(N_2)=\frac{n}{2n}\times\frac{n-1}{2n-1}+\frac{n}{2n}\times\frac{n-1}{2n-1}=\frac{n-1}{2n-1}$.

Conclusion : X suit la loi de Bernoulli $\mathcal{B}(\frac{n-1}{2n-1})$.

⇨ *Méthode 31.2*

Exercice 31.4

Les lancers de dés sont "naturellement" indépendants et X compte le nombre de succès (obtenir une paire) lors de n épreuves identiques et indépendantes donc on peut conclure que X suit une loi binomiale de premier paramètre n. La probabilité du succès à chaque épreuve est égale à $\frac{6}{36}=\frac{1}{6}$ (en effet, sur les 36 résultats possibles, 6 donnent des paires : $(1,1)$, $(2,2)$, ..., $(6,6)$.

Conclusion : X suit la loi $\mathcal{B}(n,\frac{1}{6})$.

⇨ *Méthode 31.3*

Exercice 31.5

Comme X_i est égale au nombre d'obtentions de la boule portant le numéro i lors des k premiers tirages et comme les tirages sont indépendants (remise), on sait que X_i suit une loi binomiale (c'est un nombre de succès dans des épreuves identiques et indépendantes) dont le premier paramètre est égal à k.

Comme la probabilité de piocher la boule portant le numéro i lors d'un tirage est égale à $\frac{1}{n}$, on peut conclure que X_i suit la loi binomiale $\mathcal{B}(k,\frac{1}{n})$ et on a :

$$E(X_i)=\frac{k}{n} \text{ et } V(X_i)=k\times\frac{1}{n}\times\left(1-\frac{1}{n}\right)=\frac{k(n-1)}{n^2}$$

⇨ *Méthode 31.3*

Exercice 31.6

Le fait de remettre les deux boules piochées dans l'urne garantit que les k épreuves réalisées sont indépendantes et sont effectuées dans les mêmes conditions. Ceci prouve que Z_k suit une loi binomiale dont le premier paramètre est égal à k.
Pour finir, la probabilité, à chaque épreuve, d'obtenir deux boules blanches est égale à :

$$P(B_1\cap B_2)=P(B_1)P_{B_1}(B_2)=\frac{n}{2n}\times\frac{n-1}{2n-1}=\frac{n-1}{2(2n-1)}$$

Conclusion : Z_k suit la loi binomiale $\mathcal{B}(k,\frac{n-1}{2(2n-1)})$.

Corrigé

On en déduit : $E(Z)=\dfrac{k(n-1)}{2(2n-1)}$ et $V(Z)=k\times\dfrac{(n-1)}{2(2n-1)}\times\left(1-\dfrac{n-1}{2(2n-1)}\right)=\dfrac{k(n-1)(3n-1)}{4(2n-1)^2}$.

⇨ *Méthode 31.3*

Exercice 31.7

1. La variable aléatoire X_k compte le nombre de succès (tirer une boule blanche), de probabilité p, lors d'une suite de k tirages indépendants (car les tirages sont effectués avec remise). Elle suit donc la loi binomiale de paramètres k et p.

⇨ *Méthode 31.3*

2. a) La plus petite valeur prise par Y_n est n, il s'agit du cas où les n premiers tirages ont donné n boules blanches.
La variable aléatoire Y_n peut prendre toute valeur entière supérieure à n. On en conclut que :

$$Y_n(\Omega)=\{k\in\mathbb{N},\ k\geq n\}$$

De plus, pour tout i de $Y_n(\Omega)$, l'événement $(Y_n=i)$ signifie qu'il a fallu i tirages pour obtenir la $n^{\text{ème}}$ boule blanche. Cela veut dire que, pendant les $(i-1)$ premiers tirages, on a obtenu $(n-1)$ boules blanches, et que la $n^{\text{ème}}$ boule blanche est apparue au $i^{\text{ème}}$ tirage.
On a ainsi : $(Y_n=i)=(X_{i-1}=n-1)\cap B_i$.

b) • Soit i un élément de $Y_n(\Omega)$, c'est-à-dire un entier supérieur ou égal à n.
Les événements B_i et $(X_{i-1}=n-1)$ sont indépendants (tirages avec remise), on en déduit que :

$$P(Y_n=i)=P(X_{i-1}=n-1)P(B_i)$$

Comme X_{i-1} suit la loi binomiale de paramètres $i-1$ et p, on a :

$$P(X_{i-1}=n-1)=\binom{i-1}{n-1}p^{n-1}q^{i-n}$$

De plus, $P(B_i)=p$ (il y a toujours une proportion p de boules blanches lors du $i^{\text{ème}}$ tirage).
Finalement, on obtient : $P(Y_n=i)=\binom{i-1}{n-1}p^nq^{i-n}$.

• Pour déterminer si Y_n possède une espérance, examinons la convergence (les termes étant positifs, la convergence sera absolue) de la série dont le terme général est égal à $u_i=iP(Y_n=i)=i\binom{i-1}{n-1}p^nq^{i-n}$, où i est un entier prenant des valeurs supérieures ou égales à n.

Tout d'abord, on remarque que $i\binom{i-1}{n-1}=n\binom{i}{n}$, ce qui donne $u_i=n\,p^n\binom{i}{n}q^{i-n}$. On s'intéresse alors à la convergence de la série de terme général $v_i=\binom{i}{n}q^{i-n}$. D'après l'**exercice 25.9**, cette série converge et on a : $\displaystyle\sum_{i=n}^{+\infty}\binom{i}{n}q^{i-n}=\frac{1}{(1-q)^{n+1}}=\frac{1}{p^{n+1}}$.

On en conclut que : $E(Y_n) = np^n \dfrac{1}{(1-q)^{n+1}} = \dfrac{n}{p}$.

Exercice 31.8

En notant A_n l'événement « obtenir un numéro supérieur ou égal à 5 au $n^{\text{ème}}$ lancer», on a :

$$P(A_n) = \frac{2}{6} = \frac{1}{3}$$

Les lancers de dés sont "naturellement" indépendants donc les événements A_n et $\overline{A_n}$ le sont aussi, et comme X est égale au temps d'attente du premier événement A_n, on peut conclure que X suit la loi $\mathcal{G}(\frac{1}{3})$.

➪ *Méthode 31.4*

Exercice 31.9

Soit p un réel de $]0,1[$. On suppose que : $\forall n \in \mathbb{N}^*, F(n) = 1-(1-p)^n$.

Profitons de cet exercice pour démontrer la **propriété 30.6** du chapitre précédent.

Pour tout entier naturel n supérieur ou égal à 1, on a : $(X \leq n) = (X = n) \cup (X < n)$.

La variable X étant à valeurs entières, on a également : $(X < n) = (X \leq n-1)$.

On en déduit que : $(X \leq n) = (X = n) \cup (X < n-1)$.

Ces deux événements sont incompatibles donc : $F(n) = P(X = n) + F(n-1)$.

On a donc : $P(X = n) = F(n) - F(n-1) = (1-p)^{n-1} - (1-p)^n = (1-p)^{n-1}(1-(1-p))$.

Finalement, on a : $\forall n \in \mathbb{N}^*, P(X = n) = p(1-p)^{n-1}$.

On en conclut que X suit la loi géométrique de paramètre p.

➪ *Méthode 31.4*

Exercice 31.10

Tant que l'on n'obtient pas deux boules de même numéro (appelons ceci une paire), les boules sont remises dans l'urne et on réalise ainsi une suite d'épreuves indépendantes à deux issues, le succès consistant à obtenir une paire et l'échec à obtenir deux numéros distincts. La variable aléatoire T suit donc une loi géométrique dont il reste à déterminer le paramètre. Pour ce faire, on procède à un petit dénombrement : on tire deux boules simultanément parmi $2n$ boules donc à chaque tirage, il y a $\binom{2n}{2}$ "pioches" possibles. Parmi toutes ces "pioches" il y en a n qui donnent une paire (soit on a les deux boules numérotées 1, soit les deux boules numérotées 2, ..., soit les deux boules numérotées n)

La probabilité d'obtenir une paire à un tirage est donc égale à $\dfrac{n}{\binom{2n}{2}}$, soit $\dfrac{1}{2n-1}$.

Corrigé

Conclusion : T suit la loi géométrique de paramètre $\dfrac{1}{2n-1}$.

D'après le cours, on a :

$$E(T)=2n-1 \text{ et } V(T)=\frac{1-\dfrac{1}{2n-1}}{\left(\dfrac{1}{2n-1}\right)^2}=(2n-1)^2\times\frac{2n-2}{2n-1}=2(n-1)(2n-1).$$

⇨ *Méthode 31.4*

Exercice 31.11

Pour tout entier naturel non nul k, on note P_k l'événement « obtenir *Pile* au $k^{ème}$ lancer » et F_k l'événement « obtenir *Face* au $k^{ème}$ lancer ».
Soit X la variable aléatoire donnant le nombre de *Faces* précédant le premier *Pile*.

1. a) Déterminons $X(\Omega)$.

Le nombre de *Faces* précédant le premier *Pile* peut prendre n'importe quelle valeur entière (on peut avoir un *Pile* tout de suite et ($X=0$) est réalisé, ou pas...). On a donc : $X(\Omega)=\mathbb{N}$.

Pour tout n de $\mathbb{N}$, l'événement $(X=n)$ signifie : « obtenir n fois *Face* avant d'obtenir pour la première fois *Pile* ».

- Si $n=0$, on a : $(X=0)=P_1$ et $P(X=0)=p$.
- Sinon, on a : $(X=n)=\left(\bigcap_{k=1}^{n}F_k\right)\cap P_{n+1}$, et comme les lancers sont indépendants, on en déduit :

$P(X=n)=\prod_{k=1}^{n}P(F_k)P(P_{n+1})=p(1-p)^n$ (on retrouve pour $n=0$, la valeur de $P(X=0)$).

Dans tous les cas, on trouve : $\forall n\in\mathbb{N},\ P(X=n)=p(1-p)^n$.

b) X possède une espérance si la série de terme général $n\,p(1-p)^n$ converge absolument.

Comme $n\,p(1-p)^n$ est positif, il nous suffit d'examiner la convergence de cette série.

On a $n\,p(1-p)^n = p(1-p)\times n(1-p)^{n-1}$.

Puisque p appartient à $]0,1[$, $1-p$ appartient aussi à $]0,1[$ donc la série de terme général $n(1-p)^{n-1}$ converge en tant que série géométrique dérivée. On a alors :

$$\sum_{n=1}^{+\infty}n(1-p)^{n-1}=\frac{1}{\left(1-(1-p)\right)^2}=\frac{1}{p^2}.$$

On en déduit que la série de terme général $n\,p(1-p)^n$ converge (elle est proportionnelle à la précédente) donc X possède une espérance et : $E(X)=p(1-p)\dfrac{1}{p^2}=\dfrac{1-p}{p}$.

2. On pose $Y = X+1$. Puisque $X(\Omega)=\mathbb{N}$, on a : $Y(\Omega)=\mathbb{N}^*$.

De plus, pour tout entier naturel n non nul, on a : $P(Y=n)=P(X+1=n)=P(X=n-1)$.

Ainsi, pour tout entier naturel n non nul, $P(Y=n)=p(1-p)^{n-1}$.

La variable aléatoire Y suit donc la loi géométrique de paramètre p et on a : $E(Y)=\dfrac{1}{p}$.

✎ *On pouvait aussi remarquer que comme X est égal au nombre d'échecs avant le premier succès, X + 1 est égale au rang du premier succès (celui qui arrive après les X premiers échecs) dans une suite d'épreuves indépendantes où le succès a la probabilité p, d'où le résultat.*

De plus, comme $X = Y-1$, par linéarité de l'espérance, on a : $E(X)=E(Y)-1=\dfrac{1}{p}-1=\dfrac{1-p}{p}$.

⇨ *Méthode 31.4*

Exercice 31.12

Soit X une variable aléatoire suivant la loi géométrique de paramètre p, avec p dans $]0,1[$.

On a déjà vu, dans le **V/F 9** de ce chapitre, que : $\forall n \in \mathbb{N}^*$, $P(X>n)=(1-p)^n$.

Cette dernière expression étant non nulle, alors, par définition d'une probabilité conditionnelle,

on a : $P_{(X>n)}(X>m+n)=\dfrac{P\big((X>n)\cap(X>m+n)\big)}{P(X>n)}$.

Comme $m>0$, on a $m+n>n$, ce qui permet d'en déduire : $(X>m+n)\subset(X>n)$.

On en déduit : $P\big((X>n)\cap(X>m+n)\big)=P(X>m+n)$.

Ainsi, $P_{(X>n)}(X>m+n)=\dfrac{P(X>m+n)}{P(X>n)}=\dfrac{(1-p)^{m+n}}{(1-p)^n}$.

En simplifiant, on obtient bien : $P_{(X>n)}(X>m+n)=(1-p)^m=P(X>m)$.

Exercice 31.13

Soit a un réel strictement positif et X une variable aléatoire telle que $X(\Omega)=\mathbb{N}^*$, et pour tout entier naturel n non nul, $P(X=n+1)=\dfrac{a}{n}P(X=n)$.

1. Pour tout entier naturel n non nul, en posant $u_n=(n-1)!P(X=n)$, on a :

$u_{n+1}=n!P(X=n+1)=n!\dfrac{a}{n}P(X=n)=a(n-1)!P(X=n)=au_n$.

La suite $(u_n)_{n\in\mathbb{N}^*}$ est donc une suite géométrique de raison a et de premier terme $u_1=P(X=1)$.

Ainsi : $\forall n\in\mathbb{N}^*$, $u_n=a^{n-1}P(X=1)$.

Corrigé

2. On obtient alors, en remplaçant : $\forall n \in \mathbb{N}^*,\ P(X=n)=\dfrac{u_n}{(n-1)!}=\dfrac{a^{n-1}}{(n-1)!}P(X=1)$.

Comme $X(\Omega)=\mathbb{N}^*$, on a, par définition d'une loi de probabilité : $\sum_{n=1}^{+\infty} P(X=n)=1$.

Ceci se traduit par : $P(X=1)\sum_{n=1}^{+\infty}\dfrac{a^{n-1}}{(n-1)!}=1$.

Comme $\sum_{n=1}^{+\infty}\dfrac{a^{n-1}}{(n-1)!}=\sum_{n=0}^{+\infty}\dfrac{a^n}{n!}=e^a$ (série exponentielle connue), on trouve : $P(X=1)=e^{-a}$.

On en déduit que, pour tout entier naturel n non nul, on a : $P(X=n)=\dfrac{a^{n-1}}{(n-1)!}e^{-a}$.

3. Posons $Y=X-1$. Comme $X(\Omega)=\mathbb{N}^*$, on a : $Y(\Omega)=\mathbb{N}$.

De plus, pour tout entier naturel n, $P(Y=n)=P(X-1=n)=P(X=n+1)=\dfrac{a^n}{n!}e^{-a}$.

On en déduit que Y suit la loi de Poisson de paramètre a et, par conséquent : $E(Y)=a$.

La linéarité de l'espérance donne alors : $E(X)=E(Y+1)=E(Y)+1=a+1$.

Enfin, on sait aussi que $V(Y)=a$ et on en déduit : $V(X)=V(Y+1)=V(Y)=a$.

Chapitre 32
Variables aléatoires à densité

À l'origine, une variable aléatoire était une fonction de gain. **Pascal**, sans doute le premier, se pose la question de répartir les mises à un jeu interrompu avant son terme.
Christiaan **Huygens** s'intéresse au gain moyen auquel on peut s'attendre ; pour le nommer, il hésite entre les mots latin *spes (espoir)* et *expectatio* qui signifie plutôt *attente* que *espérance*.
C'est pourtant ce dernier terme qui s'imposera en français.
Ce n'est qu'au début des années 1920 que la notion de variable aléatoire est formalisée. On le doit à deux mathématiciens de talent : le russe Alexandre **Khintchine** et le français Paul **Lévy**.

Paul Levy
1886-1971

Objectifs

Les incontournables

- Savoir montrer qu'une fonction est une densité.
- Savoir trouver la fonction de répartition d'une variable aléatoire dont on connaît une densité.
- Savoir déterminer la fonction de répartition d'une variable aléatoire fonction d'une variable à densité.
- Savoir calculer l'espérance d'une variable à densité.

Et plus si affinités

- Savoir montrer qu''une variable aléatoire est à densité.
- Savoir déterminer la loi de la partie entière d'une variable à densité.

■■ Résumé de cours

■ Variables aléatoires à densité

❑ Définition

Définition 32.1. — Soit X une variable aléatoire définie sur un espace probabilisé $(\Omega, \mathcal{A}, P)$ et F_X sa fonction de répartition. On dit que X est une *variable à densité* lorsque F_X est continue sur $\mathbb{R}$ et est de classe C^1 sur $\mathbb{R}$, sauf éventuellement en un nombre fini de points.

⇨ **Méthode 32.1. Comment montrer qu'une variable aléatoire est à densité ?**

❑ Densité

Définition 32.2. — Si X est une variable à densité, de fonction de répartition F_X, alors toute fonction f_X positive sur $\mathbb{R}$ telle que $f_X(x) = F_X'(x)$, en chaque réel x où F_X est de classe C^1, est appelée une *densité* de X. On a alors les égalités très importantes :

$$\forall x \in \mathbb{R}\,,\ F_X(x) = P(X \leq x) = \int_{-\infty}^{x} f_X(t)\,dt$$

⇨ **Méthode 32.2. Comment trouver la fonction de répartition d'une variable à densité ?**

Remarque 32.1. — Comme $\lim\limits_{x \to +\infty} F_X(x) = 1$, on a : $\int_{-\infty}^{+\infty} f_X(t)\,dt = 1$.

Remarque 32.2. — Pour définir f_X sur $\mathbb{R}$ tout entier, on lui donne une valeur arbitraire, positive ou nulle, en les points où F_X n'est pas de classe C^1. La fonction f_X possède alors un nombre fini de points de discontinuité (ceux en lesquels F_X n'est pas de classe C^1).

Théorème 32.1. — Toute fonction f_X à valeurs positives, qui ne diffère de F_X' qu'en un nombre fini de points (éventuellement aucun), est une densité de X.

Remarque 32.3. — Ceci tient au fait que l'on ne change pas la valeur d'une intégrale si l'on change la valeur de la fonction en un nombre fini de points.

Théorème 32.2. — $\forall x \in \mathbb{R}\,,\ 1 - F_X(x) = P(X > x) = \int_{x}^{+\infty} f_X(t)\,dt$.

Théorème 32.3. — Une fonction f est une densité si et seulement si :
- f est définie sur $\mathbb{R}$ et continue sauf peut-être en un nombre fini de points.
- f est une fonction à valeurs positives.
- L'intégrale $\int_{-\infty}^{+\infty} f(t)\,dt$ converge et est égale à 1.

⇨ **Méthode 32.3. Comment montrer qu'une fonction est une densité ?**

Remarque 32.4. — Si X est une variable aléatoire de densité f_X, alors on peut choisir comme support : $X(\Omega) = \{x \in \mathbb{R}, f_X(x) \neq 0\}$. Nous verrons, au **chapitre 33**, qu'il y a d'autres choix.

Propriété 32.1. — Si X est une variable aléatoire à densité, alors on a : $\forall x \in \mathbb{R}$, $P(X = x) = 0$.

Remarque 32.5. — Cette propriété provient de la continuité de la fonction de répartition et se démontre à l'aide d'un théorème de limite monotone.

Propriété 32.2. — Soit X une variable aléatoire de densité f_X, dont la fonction de répartition est notée F_X. Pour tout couple (a, b) de réels tels que $a < b$, on a :

$$P(a < X \leq b) = P(a \leq X \leq b) = P(a \leq X < b) = P(a < X < b) = F_X(b) - F_X(a) = \int_a^b f_X(t)\,dt.$$

❑ Fonction affine d'une variable à densité

Théorème 32.4. — Soit X une variable aléatoire à densité définie sur $(\Omega, \mathcal{A})$ et deux réels a et b. Si $a \neq 0$, alors $aX + b$ est une variable aléatoire à densité.

Remarques 32.6. — L'**exercice 32.8** propose de déterminer une densité de $aX + b$ connaissant une densité de X : il faut savoir le résoudre.
D'autres transformations seront étudiées au **chapitre 33** ainsi que dans le **tome 2**.

❑ Espérance d'une variable à densité

Définition 32.3. — Sous réserve de convergence absolue de l'intégrale écrite, l'espérance de la variable X est le réel, noté $E(X)$, défini par :

$$E(X) = \int_{-\infty}^{+\infty} t\, f_X(t)\,dt$$

⇨ **Méthode 32.4. Comment montrer qu'une variable à densité possède une espérance (ou non) et comment la calculer le cas échéant ?**

Remarque 32.7. — En fait, la convergence *absolue* n'est pas nécessaire dans la mesure où la convergence de l'intégrale définissant l'espérance équivaut à la convergence de chacune des intégrales $\int_{-\infty}^{0} t\, f_X(t)\,dt$ et $\int_0^{+\infty} t\, f_X(t)\,dt$, où la fonction intégrée est de *signe constant.*

Propriété 32.3. — Si a et b sont deux réels et si X est une variable aléatoire à densité admettant une espérance, alors on a : $E(aX + b) = aE(X) + b$.

Définition 32.4. — Une variable aléatoire est dite *centrée* si son espérance est nulle.

Propriété 32.4. — Si la variable aléatoire X a une espérance, alors $X - E(X)$ est centrée.

Remarque 32.8. — L'étude des moments d'ordres supérieurs sera faite en deuxième année.

■■ Méthodes

■ Densité, fonction de répartition

❑ Méthode 32.1. Comment montrer qu'une variable aléatoire est à densité ?

Pour montrer que la variable aléatoire X est une variable à densité, il suffit de vérifier que sa fonction de répartition F_X est continue sur $\mathbb{R}$ et est de classe C^1 sur $\mathbb{R}$ sauf éventuellement en un nombre fini de points (en lesquels on n'est absolument pas obligé d'aller voir ce qui se passe du point de vue de la classe C^1).

⇨ **Exercice 32.8**

Exemple. On considère une variable aléatoire X et on admet que sa fonction de répartition est la fonction F définie par : $F(x) = \dfrac{1}{1+e^{-x}}$. Montrer que X est une variable aléatoire à densité.

- La fonction F est continue sur $\mathbb{R}$ comme quotient bien défini de fonctions continues sur $\mathbb{R}$.
- La fonction F est de classe C^1 sur $\mathbb{R}$ comme quotient bien défini de fonctions de classe C^1 sur $\mathbb{R}$ (il n'y a même pas de points "à problème").
- En conclusion, X est une variable aléatoire à densité.

❑ Méthode 32.2. Comment trouver la fonction de répartition d'une variable à densité ?

Il n'y a qu'une seule façon de faire, c'est d'utiliser la définition :

$$\forall x \in \mathbb{R},\ F_X(x) = P(X \leq x) = \int_{-\infty}^{x} f_X(t)\,dt.$$

Ne pas oublier que la fonction F_X a autant de facettes (intervalles sur lesquels elle est définie différemment) que la fonction f_X, et ce sont les mêmes facettes.

⇨ **Exercices 32.2, 32.4, 32.6, 32.7**

Exemple. On considère une variable aléatoire X admettant pour densité la fonction f définie, pour tout réel x, par : $f(x) = \begin{cases} e^{-x} \text{ si } x \geq 0 \\ 0 \text{ si } x < 0 \end{cases}$ (ceci sera montré dans l'**exemple** de la méthode suivante). Déterminer la fonction de répartition F de X.

• Pour tout réel x strictement négatif, on a : $F(x) = \int_{-\infty}^{x} f(t)dt = \int_{-\infty}^{x} 0\,dt = 0$.

• Pour tout réel x positif, on a : $F(x) = \int_{-\infty}^{x} f(t)\,dt = \int_{-\infty}^{0} 0\,dt + \int_{0}^{x} e^{-t}\,dt = 0 + 1 - e^{-x} = 1 - e^{-x}$.

• Pour résumer, la fonction de répartition F de X est définie par : $F(x) = \begin{cases} 0 \text{ si } x < 0 \\ 1 - e^{-x} \text{ si } x \geq 0 \end{cases}$.

❑ Méthode 32.3. Comment montrer qu'une fonction est une densité ?

Pour montrer qu'une fonction f est une densité, on vérifie les trois points suivants :

- f est une fonction définie sur $\mathbb{R}$ et à valeurs positives.
- f possède un nombre fini de points de discontinuité.
- $\int_{-\infty}^{+\infty} f(t)\,dt$ converge et est égale à 1.

⇨ **Exercices 32.1, 32.2, 32.3, 32.4, 32.5, 32.6, 32.7**

Exemple. Soit f la fonction définie par : $f(x) = \begin{cases} e^{-x} \text{ si } x \geq 0 \\ 0 \text{ si } x < 0 \end{cases}$. Montrer que f est une densité.

• La restriction de f à $]-\infty, 0[$ est nulle donc positive ou nulle. La restriction de f à $[0, +\infty[$ est une fonction exponentielle strictement positive.
Bilan : la fonction f est donc positive sur $\mathbb{R}$.

• La restriction de f à $]-\infty, 0[$ est nulle donc continue. La restriction de f à $[0, +\infty[$ est une fonction usuelle, continue sur $[0, +\infty[$.
Bilan : la fonction f est continue sur $\mathbb{R}$, sauf peut-être en 0 (on pourrait vérifier rapidement que f n'est pas continue en 0, mais on n'est pas obligé de le faire).

• Comme f est nulle sur $]-\infty, 0[$, alors $\int_{-\infty}^{0} f(t)\,dt$ converge et est égale à 0.

Pour tout $A \geq 0$, on a : $\int_{0}^{A} f(t)dt = \int_{0}^{A} e^{-t}\,dt = \left[-e^{-t}\right]_{0}^{A} = -e^{-A} + 1$. Comme $\lim\limits_{A \to +\infty} e^{-A} = 0$, on peut conclure (par définition de la convergence d'une intégrale impropre) que $\int_{0}^{+\infty} f(t)\,dt$ converge et vaut 1.

Par définition de la convergence d'une intégrale impropre, $\int_{-\infty}^{+\infty} f(t)\,dt$ converge et vaut 1.

• Conclusion : la fonction f est une densité.

■ Espérance d'une variable à densité

❑ Méthode 32.4. Comment montrer qu'une variable à densité possède une espérance (ou non) et comment la calculer le cas échéant ?

Pour montrer qu'une variable à densité X (de densité f) possède une espérance, il faut vérifier que l'intégrale $\int_{-\infty}^{+\infty} t\,f(t)\,dt$ est absolument convergente et, dans ce cas, sa valeur est égale à $E(X)$.

- Si le calcul de l'espérance est demandé, alors il faut calculer des intégrales partielles (voir l'**exemple**), puis passer à la limite ensuite.
- Si le calcul de l'espérance n'est pas demandé, il est possible que la variable aléatoire ne possède pas d'espérance ou que l'espérance ne soit pas possible à calculer : dans ce cas, on considère la fonction $t \mapsto t\,f(t)$ et, soit on reconnaît cette fonction comme étant d'intégrale convergente ou divergente (fonction de référence), soit on lui applique un critère (équivalence, comparaison ou négligeabilité) qui prouve la convergence ou la divergence de son intégrale.

⇨ **Exercices 32.1, 32.2, 32.4, 32.5, 32.6**

Exemple. On considère une variable aléatoire X dont une densité est la fonction f définie par :

$f(x) = \begin{cases} e^{-x} \text{ si } x \geq 0 \\ 0 \text{ si } x < 0 \end{cases}$ (voir **méthodes 32.2** et **32.3**).

Montrer que X admet une espérance et la calculer.

- Comme f est nulle sur $]-\infty, 0[$, alors $\int_{-\infty}^{0} t\,f(t)\,dt$ converge et est égale à 0.
- Pour tout $A \geq 0$, on a : $\int_{0}^{A} t\,f(t)\,dt = \int_{0}^{A} t\,e^{-t}\,dt$. On effectue une intégration par parties en posant $u(t) = t$ et $v'(t) = e^{-t}$ avec $u'(t) = 1$ et $v(t) = -e^{-t}$. Les fonctions u et v sont bien de classe C^1 sur $[0, A]$ et on obtient : $\int_{0}^{A} t\,e^{-t}\,dt = \left[-t\,e^{-t}\right]_0^A + \int_{0}^{A} e^{-t}\,dt = -A e^{-A} + \int_{0}^{A} e^{-t}\,dt$.

Comme $\lim_{A\to+\infty} A e^{-A} = 0$, et comme $\lim_{A\to+\infty} \int_{0}^{A} e^{-t}\,dt = \int_{0}^{+\infty} e^{-t}\,dt = 1$, on peut conclure (par définition de la convergence d'une intégrale impropre) que $\int_{0}^{+\infty} t\,f(t)\,dt$ est absolument convergente et vaut 1.

- Conclusion, $\int_{-\infty}^{+\infty} t\,f(t)\,dt$ est absolument convergente et vaut 1, ce qui assure que X possède une espérance et que $E(X) = 1$.

Méthodes

Vrai/Faux

		Vrai	Faux
1.	La fonction de répartition d'une variable aléatoire à densité est de classe C^1 sur $\mathbb{R}$.	☐	☐
2.	Une densité est croissante (au sens large) sur $\mathbb{R}$.	☐	☐
3.	Si X est une variable aléatoire, de densité f paire, alors sa fonction de répartition est impaire.	☐	☐
4.	La fonction de répartition d'une variable aléatoire à densité ne peut pas être paire.	☐	☐
5.	Si X est une variable aléatoire à densité, de densité paire, et si X possède une espérance, alors on a : $E(X) = 0$.	☐	☐
6.	Si F est la fonction de répartition d'une variable aléatoire X à densité, alors on a : $\forall x \in \mathbb{R}$, $F(x) \in]0, 1[$.	☐	☐
7.	Si X est une variable à densité prenant ses valeurs dans $[a, b]$, avec bien sûr $a < b$, alors sa fonction de répartition est nulle sauf sur $[a, b]$.	☐	☐
8.	Soit X une variable aléatoire dont le support est $\mathbb{N}^*$. On pose $Y = \dfrac{1}{X}$ et on admet que Y est une variable aléatoire. On a alors : $Y(\Omega) =]0,1]$.	☐	☐
9.	Soit X une variable aléatoire dont une densité f est la fonction qui vaut 1/4 sur [0, 1], 3/4 sur [1, 2] et 0 ailleurs. En désignant par F la fonction de répartition de X, alors on a : $\forall x \in [1, 2]$, $F(x) = \int_1^x \frac{3}{4} dt$.	☐	☐
10.	Soit X une variable à densité prenant ses valeurs dans $\mathbb{R}_+$. On admet que la partie entière de X, notée $\lfloor X \rfloor$ est une variable aléatoire. La variable aléatoire $X - \lfloor X \rfloor$ prend ses valeurs dans $[0, 1[$.	☐	☐

Énoncé des exercices

Exercice 32.1. — Soit f la fonction définie par : $f(x)=\begin{cases}\dfrac{1}{x^2} & \text{si } x\geq 1\\ 0 \text{ si } x<1\end{cases}$.

1. Montrer que f est une densité.

2. On considère maintenant une variable aléatoire X dont une densité est la fonction f.
Montrer que X n'admet pas d'espérance.

Exercice 32.2. — On considère la fonction f définie par $f(x)=\begin{cases}|x| \text{ si } x\in[-1,1]\\ 0 \text{ sinon}\end{cases}$.

1. Montrer que f peut être considérée comme densité d'une variable aléatoire X.
2. Montrer que X possède une espérance et la déterminer.
3. Déterminer la fonction de répartition de X.

Exercice 32.3. — On considère la fonction f définie par : $\forall x\in\mathbb{R}, f(x)=\dfrac{1}{2}e^{-|x|}$.

1. Montrer que f est paire.
2. Montrer que f peut être considérée comme une densité.

Exercice 32.4. — On considère la fonction f définie par : $f(x)=\begin{cases}\dfrac{1}{x\sqrt{2x}} & \text{si } x\geq 2\\ 0 \text{ si } x<2\end{cases}$.

1. Montrer que l'intégrale $\displaystyle\int_2^{+\infty}\frac{1}{x\sqrt{x}}dx$ est convergente et donner sa valeur.

2. Montrer que la fonction f est une densité.

3. On considère maintenant une variable aléatoire X admettant f pour densité.
  a) Déterminer la fonction de répartition de X.
  b) La variable aléatoire X admet-elle une espérance ?

Exercice 32.5. — Partie entière d'une variable à densité.

1. Montrer que l'intégrale $\displaystyle\int_2^{+\infty}\frac{1}{3^t}dt$ est convergente et déterminer sa valeur que l'on note α.

On considère la fonction g définie par : $g(t)=\begin{cases}\dfrac{1}{\alpha 3^t} & \text{si } t\geq 2\\ 0 \text{ si } t<2\end{cases}$.

2. Montrer que g est une densité de probabilité.
On considère désormais une variable aléatoire Y admettant g comme densité.
3. Montrer que Y possède une espérance et donner sa valeur.
4. On note Z la variable aléatoire égale à la partie entière de Y, ce qui signifie que, pour tout entier k supérieur ou égal à 2, on a : $(Z = k) = (k \leq Y < k+1)$. On constate ainsi que Z est bien une variable aléatoire. Déterminer la loi de probabilité de Z.

D'après EML

❑ **Exercice 32.6.** * — On considère la fonction f définie par : $\forall x \in \mathbb{R}, f(x) = \dfrac{1}{\pi(1+x^2)}$.

1. a) Vérifier que f est une fonction paire.
b) Montrer que f est une densité.
On considère dorénavant une variable aléatoire X admettant f comme densité et on dit que X suit la loi de Cauchy.
2. Montrer que X ne possède pas d'espérance.
3. Vérifier que la fonction de répartition de X est donnée par : $\forall x \in \mathbb{R}, F(x) = \dfrac{1}{\pi}\arctan(x) + \dfrac{1}{2}$.

D'après ECRICOME

❑ **Exercice 32.7.** — Soit f la fonction définie par : $f(x) = \begin{cases} 0 & \text{si } x < 0. \\ xe^{-\frac{x^2}{2}} & \text{si } x \geq 0. \end{cases}$.

1. Vérifier que f est une densité de probabilité.
La durée de vie d'un certain composant électronique est une variable aléatoire X dont une densité est f (on dit que X suit la loi de Rayleigh).
2. a) Déterminer la fonction de répartition F de X.
b) Déterminer le réel μ, appelé médiane de X, tel que $F(\mu) = \dfrac{1}{2}$.
3. On appelle mode de la variable aléatoire X tout réel x en lequel f atteint son maximum. Montrer que X a un seul mode, noté M_0, et le déterminer.

❑ **Exercice 32.8.** * — On considère une variable aléatoire X de densité f_X et on pose $Y = aX + b$, où a désigne un réel non nul.
En admettant que Y est une variable aléatoire, montrer, en distinguant les cas $a > 0$ et $a < 0$ que Y est une variable aléatoire à densité, puis donner une densité f_Y de Y à l'aide de a, b et f_X.

■ Pour vous aider à démarrer

Exercice 32.1. Pour la question **1**, utiliser la **méthode 32.3**.
Pour la question **2**, citer une intégrale de Riemann.
Exercice 32.2. Pour la question **1**, utiliser la **méthode 32.3**.
Pour la question **2**, pas de problème d'existence puisque les seules intégrales calculées sont des intégrales de fonctions continues sur $[-1, 1]$, ailleurs f est nulle et les intégrales sont nulles aussi.
Pour la question **3**, faire attention que l'expression de la fonction de répartition est différente selon que $x < -1$, $x \in [-1, 1]$ ou $x > 1$.

Exercice 32.3. Pour la question **2**, calculer d'abord $\int_0^{+\infty} f(x)dx$ puis utiliser la parité de f.

Exercice 32.4. Pour la question **1**, écrire $\dfrac{1}{x\sqrt{x}} = x^{-\frac{3}{2}}$ pour le calcul de l'intégrale.

Exercice 32.5. Pour les questions **1**, **2** et **3**, il peut être utile, afin d'obtenir des primitives sans trop d'effort, d'écrire : $\dfrac{1}{3^t} = e^{-t\ln 3}$.

Exercice 32.6. Pour la question **1.b)**, se souvenir qu'une primitive de $x \mapsto \dfrac{1}{1+x^2}$ est $x \mapsto \arctan x$.
Pour la question **2**, étudier la nature de $\int_{-\infty}^{+\infty} x f(x) dx$.

Exercice 32.7. Pour la question **1**, la fonction f se "primitive" facilement.
Pour la question **2.a)**, il faut, comme d'habitude, distinguer les deux facettes, qui sont ici : $x < 0$ et $x \geq 0$.
Pour la question **3**, il faut étudier la fonction f.

■■ Corrigé des vrai/faux

1.	2.	3.	4.	5.	6.	7.	8.	9.	10.
F	F	F	V	V	F	F	F	F	V

1. Reprenons l'exemple de la **méthode 32.2**. La fonction de répartition de la variable étudiée était F telle que : $F(x)=\begin{cases} 0 & \text{si}\, x<0 \\ 1-e^{-x} & \text{si}\, x\geq 0 \end{cases}$. On peut prouver que cette fonction est bien continue sur $\mathbb{R}$. Mais elle n'est pas dérivable en 0. En effet, on a : $\lim_{x\to 0^+} \frac{F(x)-F(0)}{x-0} = \lim_{x\to 0^+} \frac{1-e^{-x}}{x} = 1$ alors que $\lim_{x\to 0^-} \frac{F(x)-F(0)}{x-0} = 0$. Cette fonction n'est donc pas de classe C^1 sur $\mathbb{R}$.

2. En reprenant encore l'exemple de la **méthode 32.2**, la fonction $f(x)=\begin{cases} e^{-x} & \text{si}\, x\geq 0 \\ 0 & \text{si}\, x<0 \end{cases}$ est une densité. Pourtant, cette fonction est strictement décroissante sur $\mathbb{R}_+$.

3. La fonction de répartition F d'une variable X à densité prend ses valeurs dans $[0, 1]$: on ne peut donc pas avoir $F(-x) = -F(x)$, sauf si $F(x)$ est nul pour tout x, ce qui est impossible car $\lim_{x\to+\infty} F(x)=1$. La fonction F n'est donc pas impaire.

Remarque. On aurait pu raisonner sur les limites de F : si F était impaire, sa limite en $-\infty$ serait l'opposé de sa limite en $+\infty$, ce qui n'est jamais le cas (la première vaut 0 et la deuxième vaut 1)

4. Supposons qu'une variable aléatoire à densité possède une fonction de répartition F paire.

- D'une part, comme F est une fonction de répartition, on sait que $\lim_{x\to-\infty} F(x)=0$.
- D'autre part, on a en posant $x=-t$, puis en tenant compte de la parité de F :

$\lim_{x\to-\infty} F(x) = \lim_{t\to+\infty} F(-t) = \lim_{t\to+\infty} F(t) = 1$.

Ces deux résultats sont en contradiction donc il n'existe pas de fonction de répartition paire.

5. Comme f est paire la fonction g qui à tout réel x associe $x\,f(x)$ est impaire.

En effet : $\forall x\in\mathbb{R}$, $g(-x)=-x\,f(-x)=-x\,f(x)=-g(x)$.

L'existence de l'espérance étant garantie par l'énoncé, on est certain que l'intégrale $\int_{-\infty}^{+\infty} x\,f(x)dx$ est convergente et d'après le **théorème 28.9**, on sait qu'elle est nulle.

Remarque. Si l'existence de l'espérance n'avait pas été mentionnée, la bonne réponse aurait été "Faux".

6. Soit *X* une variable aléatoire dont une densité est celle vue dans le corrigé du **V/F 2**.

Pour tout x strictement inférieur à 0, on a : $F(x)=\int_{-\infty}^{x} f(t)dt=\int_{-\infty}^{x} 0dt=0$

On n'a donc pas : $\forall x\in\mathbb{R}, F(x)\in\,]0,1[$.

7. Soit *X* une variable à densité prenant ses valeurs dans $[a,b]$ avec $a<b$. Notons *f* une densité de *X*. On a alors : $\forall x\in\mathbb{R}\setminus[a,b], f(x)=0$. On en déduit :

- Si $x<a$, $F(x)=\int_{-\infty}^{x} f(t)dt=\int_{-\infty}^{x} 0\,dt=0$.
- Si x appartient à $[a,b]$, $F(x)=\int_{-\infty}^{x} f(t)dt=\int_{-\infty}^{a} 0\,dt+\int_{a}^{x} f(t)dt=\int_{a}^{x} f(t)dt$
- Si $x>b$, on obtient :

$F(x)=\int_{-\infty}^{x} f(t)dt=\int_{-\infty}^{a} 0dt+\int_{a}^{b} f(t)dt+\int_{b}^{x} 0dt=\int_{a}^{b} f(t)dt=1$ (cette intégrale vaut 1 car *f* est une densité).

La fonction *F* n'est donc pas nulle sur $]b,+\infty[$.

Remarque. Plus simplement, le fait d'affirmer que *F* est nulle sur $]b,+\infty[$ est une hérésie, puisque l'on doit avoir $\lim_{x\to+\infty} F(x)=1$ (!).

8. Comme $X(\Omega)=\mathbb{N}^*$ et comme $Y=\dfrac{1}{X}$, les valeurs que prend Y sont les inverses des entiers naturels non nuls et ainsi, on a : $Y(\Omega)=\left\{1,\dfrac{1}{2},\dfrac{1}{3},\dots\right\}$.

Les éléments de $Y(\Omega)$ sont bien des réels de l'intervalle $]0,1]$ mais $Y(\Omega)$ ne contient pas tous les réels de $]0,1]$. Par exemple, $\dfrac{\pi}{4}$ n'appartient pas à $Y(\Omega)$.

Conclusion : $Y(\Omega)\neq\,]0,1]$.

9. Pour tout x de $[1,2]$, on a, grâce à la relation de Chasles :

$$F(x)=\int_{-\infty}^{x} f(t)dt=\int_{-\infty}^{0} f(t)dt+\int_{0}^{1} f(t)dt+\int_{1}^{x} f(t)dt.$$

Avec les données de l'énoncé, on déduit : $F(x)=\int_{-\infty}^{0} 0dt+\int_{0}^{1}\dfrac{1}{4}dt+\int_{1}^{x}\dfrac{3}{4}dt=\dfrac{1}{4}+\int_{1}^{x}\dfrac{3}{4}dt$.

Finalement, on n'a pas : $\forall x\in[1,2], F(x)=\int_{1}^{x}\dfrac{3}{4}dt$.

10. Notons *Y* la variable aléatoire égale à $X-\lfloor X\rfloor$.

Par définition de la partie entière, on a : $\forall\omega\in\Omega, \lfloor X(\omega)\rfloor\leq X(\omega)<\lfloor X(\omega)\rfloor+1$.

Corrigé

On en déduit : $\forall \omega \in \Omega,\ 0 \leq X(\omega) - \lfloor X(\omega) \rfloor < 1$.

On en conclut : $\forall \omega \in \Omega,\ 0 \leq Y(\omega) < 1$. La variable Y prend donc ses valeurs dans $[0,1[$.

❑ Les erreurs classiques

• Attention à ne pas confondre les propriétés des densités et les propriétés des fonctions de répartition. Ainsi, une fonction de répartition ne peut être ni paire ni impaire, alors qu'une densité peut être paire (mais sûrement pas impaire puisqu'elle est positive).
La fonction de répartition est croissante alors qu'une densité ne l'est pas.

• Comme pour les variables discrètes, il faut toujours prouver l'existence de l'espérance avant de la calculer : dans le cas des variables à densité, il s'agit d'un problème d'absolue convergence d'intégrale(s) impropre(s).

• Lors du calcul de la fonction de répartition, attention à bien "cumuler toutes les valeurs de la variable". Ainsi, pour tout x élément de $[a,b]$, on a :

$F(x) = \int_{-\infty}^{x} f(t)\,dt = \int_{-\infty}^{a} f(t)\,dt + \int_{a}^{x} f(t)\,dt$, ce qui ne veut pas forcément dire que $F(x) = \int_{a}^{x} f(t)\,dt$ (ceci n'est vrai que si f est nulle sur $]-\infty, a]$ ou $]-\infty, a[$.

• La fonction de répartition d'une variable aléatoire est à valeurs dans [0, 1] et pas toujours dans]0, 1[: ceci n'est vrai que si F est strictement croissante sur $\mathbb{R}$.

Corrigé des exercices

Exercice 32.1

1. • La restriction de f à $]-\infty, 1[$ est nulle donc positive ou nulle. La restriction de f à $[1, +\infty[$ est bien définie en tant que fonction rationnelle de dénominateur strictement positif et elle est strictement positive car $1 > 0$ et $x^2 > 0$ sur $[1, +\infty[$.
La fonction f est donc positive sur $\mathbb{R}$.
• La restriction de f à $]-\infty, 1[$ est nulle donc continue. La restriction de f à $]1, +\infty[$ est une fonction rationnelle bien définie, elle est donc continue.
La fonction f est donc continue sur $\mathbb{R}$, sauf peut-être en 1.
• Comme f est nulle sur $]-\infty, 1[$, alors $\int_{-\infty}^{1} f(t)\,dt$ converge et est égale à 0.

Pour tout $A \geq 1$, on a : $\int_1^A f(t)\,dt = \int_1^A \frac{1}{t^2}\,dt = \left[-\frac{1}{t}\right]_0^A = -\frac{1}{A}+1$. Comme $\lim\limits_{A\to+\infty} \frac{1}{A} = 0$, on peut conclure (par définition de la convergence d'une intégrale impropre) que $\int_1^{+\infty} f(t)\,dt$ converge et vaut 1. Par définition de la convergence d'une intégrale deux fois impropre (relire la **définition 28.6** du **chapitre 28**), on a bien : $\int_{-\infty}^{+\infty} f(t)\,dt$ converge et vaut 1.

• Conclusion : la fonction f est une densité.

⇨ *Méthode 32.3*

2. Pour tout réel x supérieur ou égal à 1, on a : $x\,f(x) = \frac{1}{x}$. Comme $\int_1^{+\infty} \frac{1}{x}dx$ est divergente (intégrale de Riemann de paramètre 1), on peut en déduire que $\int_1^{+\infty} x\,f(x)\,dx$ est divergente, ce qui prouve que X n'a pas d'espérance.

⇨ *Méthode 32.4*

Exercice 32.2

1. La restriction de f à $\left]-\infty,-1\right[$ et à $\left]1,+\infty\right[$ est nulle donc continue. Comme la fonction valeur absolue est continue sur $\mathbb{R}$, la restriction de f à $\left[-1, 1\right]$ est continue.
La fonction f est donc continue sur $\mathbb{R}$, sauf éventuellement en -1 et 1.
La restriction de f à $\left]-\infty,-1\right[$ et à $\left]1,+\infty\right[$ est nulle donc positive. La positivité de la valeur absolue assure que f est à valeurs positives sur $\left[-1,1\right]$. La fonction f est donc positive sur $\mathbb{R}$.

Corrigé

Comme f est nulle sur $]-\infty,-1[$ et $]1,+\infty[$, les intégrales $\int_{-\infty}^{-1} f(x)dx$ et $\int_{1}^{+\infty} f(x)dx$ convergent et valent 0.

Enfin, on a : $\int_{-1}^{1} f(x)dx = \int_{-1}^{1} |x|dx = \int_{-1}^{0} -x\,dx + \int_{0}^{1} x\,dx = \left[\frac{-x^2}{2}\right]_{-1}^{0} + \left[\frac{x^2}{2}\right]_{0}^{1} = 1$.

Par définition, l'intégrale $\int_{-\infty}^{+\infty} f(x)dx$ converge et vaut 1.

On en conclut que la fonction f est bien une densité d'une certaine variable aléatoire X.

➪ *Méthode 32.3*

2. Comme f est nulle sur $]-\infty,-1[$ et $]1,+\infty[$, les intégrales $\int_{-\infty}^{-1} x f(x)dx$ et $\int_{1}^{+\infty} x f(x)dx$ convergent (absolument) et valent 0.

De plus, on a : $\int_{-1}^{1} x f(x)dx = \int_{-1}^{1} x|x|dx = \int_{-1}^{0} -x^2dx + \int_{0}^{1} x^2dx = \left[\frac{-x^3}{3}\right]_{-1}^{0} + \left[\frac{x^3}{3}\right]_{0}^{1} = 0$.

Remarque. Pour ce dernier calcul, on pouvait aussi remarquer que $x \mapsto x f(x)$ est impaire et continue sur [–1, 1], ce qui implique que $\int_{-1}^{1} x f(x)dx = 0$.

Pour finir, on conclut que l'intégrale $\int_{-\infty}^{+\infty} x f(x)dx$ converge (absolument) et vaut 0. Ainsi, la variable X possède une espérance et $E(X) = 0$.

➪ *Méthode 32.4*

3. Notons F la fonction de répartition de X. On a : $\forall x \in \mathbb{R},\ F(x) = \int_{-\infty}^{x} f(t)dt$.

- Si x est strictement inférieur à -1, on a : $F(x) = \int_{-\infty}^{x} 0dt = 0$.
- Si x appartient à $[-1, 1]$, on a : $F(x) - \int_{-\infty}^{-1} 0dt + \int_{-1}^{x} |t|dt - \int_{-1}^{x} |t|dt$.

    Si x appartient à $[-1, 0]$, on obtient alors : $F(x) = \int_{-1}^{x} -t\,dt = \left[-\frac{t^2}{2}\right]_{-1}^{x} = \frac{1-x^2}{2}$.

    Si x appartient à $[0, 1]$, on obtient : $F(x) = \int_{-1}^{0} -t\,dt + \int_{0}^{x} t\,dt = \frac{1+x^2}{2}$.

- Si x est strictement supérieur à 1, on a : $F(x) = \int_{-\infty}^{-1} 0dt + \int_{-1}^{0} -t\,dt + \int_{0}^{1} t\,dt + \int_{1}^{x} 0dt = 1$.

➪ *Méthode 32.2*

Exercice 32.3

1. La fonction valeur absolue est paire, ce qui signifie que $|-x| = |x|$.

Pour tout réel x, on a alors $f(-x) = \frac{1}{2}e^{-|-x|} = \frac{1}{2}e^{-|x|} = f(x)$. Conclusion : f est paire.

2. • La fonction f est continue sur $\mathbb{R}$ (car les fonctions "valeur absolue" et "exponentielle" sont continues sur $\mathbb{R}$).

• De plus, f est positive car la fonction exponentielle est positive.

• Pour tout réel x positif, on a :

$$\int_0^x f(t)dt = \frac{1}{2}\int_0^x e^{-|t|}dt = \frac{1}{2}\int_0^x e^{-t}dt = \frac{1}{2}\left[-e^{-t}\right]_0^x = \frac{1}{2}\left(-e^{-x}+1\right)$$

Comme $\lim\limits_{x\to+\infty} e^{-x} = 0$, alors $\int_0^{+\infty} f(x)dx$ converge et vaut $\frac{1}{2}$.

La fonction f étant paire, l'intégrale $\int_{-\infty}^0 f(x)dx$ converge aussi et vaut également $\frac{1}{2}$.

Par définition de la convergence d'une intégrale deux fois impropre, $\int_{-\infty}^{+\infty} f(x)dx$ converge et on a $\int_{-\infty}^{+\infty} f(x)dx = 1$.

Les trois points précédents montrent que f est une densité.

⇨ *Méthode 32.3*

Exercice 32.4

1. La fonction $x \mapsto \frac{1}{x\sqrt{x}}$ est continue sur $[2, +\infty[$ donc $\int_2^{+\infty} \frac{1}{x\sqrt{x}}dx$ n'est impropre qu'en $+\infty$.

Pour tout réel z supérieur ou égal à 2, on a : $\int_2^z \frac{1}{x\sqrt{x}}dx = \int_2^z x^{-\frac{3}{2}}dx = \left[-2x^{-\frac{1}{2}}\right]_2^z$.

On a alors : $\int_2^z \frac{1}{x\sqrt{x}}dx = -2(\frac{1}{\sqrt{z}} - \frac{1}{\sqrt{2}}) = \sqrt{2} - \frac{2}{\sqrt{z}}$.

Comme $\lim\limits_{z\to+\infty} \frac{1}{\sqrt{z}} = 0$, l'intégrale $\int_2^z \frac{1}{x\sqrt{x}}dx$ a une limite finie lorsque z tend vers $+\infty$, ce qui prouve que l'intégrale $\int_2^{+\infty} \frac{1}{x\sqrt{x}}dx$ converge et vaut $\sqrt{2}$.

2. • La fonction f est positive sur $[2, +\infty[$ et nulle ailleurs, elle est donc positive ou nulle.

• Elle est continue sur $]2, +\infty[$ comme quotient bien défini de fonctions continues, et aussi sur $]-\infty, 2[$ où sa restriction est la fonction nulle qui est bien sûr continue.
La fonction f est donc continue sauf éventuellement en 2 (en fait elle est discontinue en 2).

• $\int_{-\infty}^2 f(x)dx$ converge et vaut 0 (aucun problème) et, comme l'intégrale $\int_2^{+\infty} \frac{1}{x\sqrt{x}}dx$ converge et vaut $\sqrt{2}$, en divisant par $\sqrt{2}$, on obtient : $\int_2^{+\infty} \frac{1}{x\sqrt{2x}}dx$ converge et vaut 1.

Par définition : $\int_{-\infty}^{+\infty} f(x)dx$ converge et vaut 1.

Bilan : f est bien une densité.

⇨ *Méthode 32.3*

3. Soit X une variable aléatoire réelle admettant f pour densité.

a) La fonction de répartition de X est donnée par : $F(x) = \int_{-\infty}^{x} f(t)\,dt$.

• Si $x < 2$, alors f est nulle sur $]-\infty, x]$ et $F(x) = 0$.

• Si $x \geq 2$, alors $F(x) = \int_{-\infty}^{2} f(t)\,dt + \int_{2}^{x} f(t)\,dt = 0 + \frac{1}{\sqrt{2}} \int_{2}^{x} \frac{1}{t\sqrt{t}}\,dt$.

D'après le calcul fait dans la première question, on trouve : $F(x) = \frac{1}{\sqrt{2}}(\sqrt{2} - \frac{2}{\sqrt{x}}) = 1 - \frac{\sqrt{2}}{\sqrt{x}}$.

Bilan : $F(x) = \begin{cases} 1 - \frac{\sqrt{2}}{\sqrt{x}} \text{ si } x \geq 2 \\ 0 \text{ si } x < 2 \end{cases}$.

⇨ *Méthode 32.2*

b) La variable aléatoire X admet une espérance si et seulement si $\int_{-\infty}^{+\infty} x f(x)\,dx$ est absolument convergente, c'est-à-dire si et seulement si $\int_{2}^{+\infty} x f(x)\,dx$ est absolument convergente, puisque $\int_{-\infty}^{2} x f(x)\,dx$ converge et vaut 0.

Comme $x f(x) = \frac{1}{\sqrt{2}} \times \frac{1}{\sqrt{x}}$, l'intégrale $\int_{2}^{+\infty} x f(x)\,dx$ diverge (intégrale de Riemann de paramètre $\frac{1}{2}$ inférieur ou égal à 1) donc X n'a pas d'espérance.

⇨ *Méthode 32.4*

Exercice 32.5

1. La fonction $t \mapsto \frac{1}{3^t}$ est continue sur $[2, +\infty[$. De plus, pour tout x supérieur ou égal à 2, on a : $\int_{2}^{x} \frac{1}{3^t}\,dt = \int_{2}^{x} e^{-t\ln 3}\,dt = \left[-\frac{e^{-t\ln 3}}{\ln 3}\right]_2^x = -\frac{e^{-x\ln 3}}{\ln 3} + \frac{e^{-2\ln 3}}{\ln 3}$. Comme $\lim_{x\to+\infty} e^{-x\ln 3} = 0$, on obtient : $\lim_{x\to+\infty} \int_{2}^{x} \frac{1}{3^t}\,dt = \frac{e^{-2\ln 3}}{\ln 3} = \frac{1}{9\ln 3}$. On a donc : $\alpha = \int_{2}^{+\infty} \frac{1}{3^t}\,dt = \frac{1}{9\ln 3}$.

2. • Comme g est nulle sur $]-\infty, 2[$, elle est positive sur cet intervalle. De plus, g est positive sur $[2, +\infty[$ car α est positif. Ainsi, g est positive sur $\mathbb{R}$.

• De même, la fonction g est continue sur $\mathbb{R}$ sauf éventuellement en 2.

• La fonction g étant nulle sur $]-\infty, 2[$, l'intégrale $\int_{-\infty}^{2} g(t)\,dt$ converge et vaut 0.

On a vu à la question **1** que : $\int_2^{+\infty} g(t)\,dt = \int_2^{+\infty} 9\ln 3 \frac{1}{3^t}\,dt = 1$.

Par définition de la convergence d'une intégrale deux fois impropre, on peut conclure :

$$\int_{-\infty}^{+\infty} g(t)\,dt \text{ converge et vaut } 1$$

En conclusion, g est une densité.

⇨ *Méthode 32.3*

3. Considérons, pour tout x supérieur à 2, l'intégrale $\int_2^x t\,e^{-t\ln 3}\,dt$.

On effectue une intégration par parties avec $u(t) = t$, $v'(t) = e^{-t\ln 3}$, $u'(t) = 1$ et $v(t) = -\frac{e^{-t\ln 3}}{\ln 3}$.

Les fonctions u et v étant bien de classe C^1 sur $[2, x]$, on obtient :

$$\int_2^x t\,e^{-t\ln 3}\,dt = \left[-\frac{te^{-t\ln 3}}{\ln 3}\right]_2^x + \int_2^x \frac{e^{-t\ln 3}}{\ln 3}\,dt = -\frac{xe^{-x\ln 3}}{\ln 3} + \frac{2e^{-2\ln 3}}{\ln 3} + \frac{1}{\ln 3}\int_2^x e^{-t\ln 3}\,dt .$$

On a donc : $\int_2^x te^{-t\ln 3}\,dt = -\frac{xe^{-x\ln 3}}{\ln 3} + \frac{2}{9\ln 3} + \frac{1}{\ln 3}\int_2^x e^{-t\ln 3}\,dt$.

Comme $\lim\limits_{x\to+\infty} \frac{xe^{-x\ln 3}}{\ln 3} = 0$ et comme $\lim\limits_{x\to+\infty} \frac{1}{\ln 3}\int_2^x e^{-t\ln 3}\,dt = \frac{1}{9(\ln 3)^2}$, l'intégrale $\int_2^{+\infty} t\,e^{-t\ln 3}\,dt$ est (absolument) convergente.

La variable aléatoire Y a donc une espérance et on a :

$$E(Y) = \int_{-\infty}^{+\infty} t\,g(t)\,dt = \int_2^{+\infty} 9\ln 3\; t\,e^{-t\ln 3}\,dt = 9\ln 3\int_2^{+\infty} t\,e^{-t\ln 3}\,dt = 9\ln 3\left(\frac{2}{9\ln 3} + \frac{1}{9(\ln 3)^2}\right) = 2 + \frac{1}{\ln 3}.$$

⇨ *Méthode 32.4*

4. Z prend ses valeurs dans $\mathbb{N} \setminus \{0, 1\}$, et pour tout entier k supérieur ou égal à 2, on a :

$$P(Z = k) = P(k \le Y < k+1) = \int_k^{k+1} g(t)\,dt = 9\ln 3\int_k^{k+1} e^{-t\ln 3}\,dt = 9\ln 3\left[-\frac{e^{\ t\ln 3}}{\ln 3}\right]_k^{k+1}$$

$$P(Z = k) = 9[-e^{-(k+1)\ln 3} + e^{-k\ln 3}] = 9[e^{-k\ln 3}(1 - e^{-\ln 3})] = 9\left(\frac{1}{3}\right)^k\left(1 - \frac{1}{3}\right) = 6\left(\frac{1}{3}\right)^k .$$

Exercice 32.6

1. a) La fonction f est définie sur $\mathbb{R}$ qui est un intervalle symétrique par rapport à 0.

De plus, pour tout réel x, on a : $f(-x) = \frac{1}{\pi\left(1+(-x)^2\right)} = \frac{1}{\pi\left(1+x^2\right)} = f(x)$.

La fonction f est donc paire.

b) La fonction f est bien continue (fonction rationnelle définie sur $\mathbb{R}$) et positive en tant qu'inverse d'une somme de carrés.

De plus, pour tout réel A positif, on a : $\displaystyle\int_0^A \frac{dx}{\pi(1+x^2)} = \frac{1}{\pi}[\text{Arctan}\, x]_0^A = \frac{1}{\pi}(\text{Arctan}\, A)$.

Comme $\displaystyle\lim_{A\to+\infty} \text{Arctan}\, A = \frac{\pi}{2}$, on conclut que l'intégrale $\displaystyle\int_0^{+\infty} f(x)dx$ converge et vaut $\dfrac{1}{2}$.

La fonction f étant paire, on en déduit que l'intégrale $\displaystyle\int_{-\infty}^{+\infty} f(x)dx$ converge et on a :

$$\int_{-\infty}^{+\infty} f(x)dx = 2\int_0^{+\infty} f(x)dx = 1$$

Bilan : f est bien une densité.

⇨ *Méthode 32.3*

2. On a : $\forall A \geq 0$, $\displaystyle\int_0^A x f(x)dx = \int_0^A \frac{x\,dx}{\pi(1+x^2)} = \frac{1}{2\pi}\left[\ln(1+x^2)\right]_0^A = \frac{1}{2\pi}\left(\ln(1+A^2)\right)$.

On sait que $\displaystyle\lim_{A\to+\infty} \ln(1+A^2) = +\infty$ donc l'intégrale $\displaystyle\int_0^{+\infty} x f(x)dx$ diverge.

L'intégrale $\displaystyle\int_{-\infty}^{+\infty} x f(x)dx$ diverge : X ne possède pas d'espérance.

Remarque. On pouvait aussi utiliser un équivalent de $x f(x)$ au voisinage de $+\infty$ pour conclure.

⇨ *Méthode 32.4*

3. Pour tout réel x, on a : $F(x) = \displaystyle\int_{-\infty}^{x} f(t)dt$.

Pour tout réel A inférieur à x, on a : $\displaystyle\int_A^x f(t)dt = \frac{1}{\pi}\int_A^x \frac{dt}{1+t^2} = \frac{1}{\pi}(\text{Arctan}\, x - \text{Arctan}\, A)$.

On sait que : $\displaystyle\lim_{A\to-\infty} \text{Arctan}\, A = -\frac{\pi}{2}$.

On en déduit que l'intégrale $\displaystyle\int_{-\infty}^{x} f(t)dt$ converge et vaut $\dfrac{1}{\pi}\left(\text{Arctan}\, x + \dfrac{\pi}{2}\right)$.

Finalement, pour tout réel x, on a : $F(x) = \dfrac{1}{\pi}\text{Arctan}\, x + \dfrac{1}{2}$.

⇨ *Méthode 32.2*

Exercice 32.7

1. • La restriction de f à $]-\infty, 0[$ est nulle donc positive ou nulle. La restriction de f à $[0, +\infty[$ est positive car x est positif et la fonction exponentielle est positive.
La fonction f est donc positive sur $\mathbb{R}$.

• La restriction de f à $]-\infty, 0[$ est nulle donc continue. La restriction de f à $]0, +\infty[$ est une fonction usuelle, continue sur $]0, +\infty[$.

La fonction f est donc continue sur $\mathbb{R}$, sauf peut-être en 0.

- Comme f est nulle sur $]-\infty, 0[$, alors $\int_{-\infty}^{0} f(t)dt$ converge et est égale à 0.

Pour tout $x \geq 0$, on a : $\int_0^x f(t)dt = \int_0^x te^{-\frac{t^2}{2}}dt = \left[-e^{-\frac{t^2}{2}}\right]_0^x = -e^{-\frac{x^2}{2}} + 1$.

Comme $\lim\limits_{x \to +\infty} e^{-\frac{x^2}{2}} = 0$, on peut conclure que $\int_0^{+\infty} f(t)dt$ converge et vaut 1.

Par définition, $\int_{-\infty}^{+\infty} f(t)dt$ converge et vaut 1.

- Conclusion : f est une densité.

⇨ *Méthode 32.3*

2. a) On a, par définition : $\forall x \in \mathbb{R}$, $F(x) = \int_{-\infty}^{x} f(t)dt$.

- Si x est strictement négatif, on obtient : $F(x) = \int_{-\infty}^{x} 0dt = 0$.
- Si x est positif ou nul, on obtient : $F(x) = \int_{-\infty}^{0} 0dt + \int_0^x te^{-\frac{t^2}{2}}dt = \left[-e^{-\frac{t^2}{2}}\right]_0^x = 1 - e^{-\frac{x^2}{2}}$.

⇨ *Méthode 32.2*

b) Par définition de la fonction de répartition, on a : $P(X \leq \mu) = F(\mu)$.

Comme $F(x) = 0$ pour tout réel x négatif, μ est nécessairement positif.

On cherche donc à résoudre : $1 - e^{-\frac{\mu^2}{2}} = \frac{1}{2}$. $\qquad (E)$

On a alors : $(E) \Leftrightarrow e^{-\frac{\mu^2}{2}} = \frac{1}{2} \Leftrightarrow -\frac{\mu^2}{2} = -\ln 2 \Leftrightarrow \mu^2 = 2\ln 2$.

Comme μ est positif, on en conclut que la médiane de X vaut $\sqrt{2\ln 2}$.

3. La fonction f est nulle sur $\mathbb{R}_-^*$ et positive sur $\mathbb{R}_+$. Le maximum de f, s'il existe, est donc atteint sur $\mathbb{R}_+$. La fonction f est dérivable sur $\mathbb{R}_+^*$ et, pour tout x strictement positif, on a :

$f'(x) = e^{-\frac{x^2}{2}}(1 - x^2)$. On en déduit que $f'(x)$ est du signe de $1 - x^2$ sur $\mathbb{R}_+$.

La fonction f est donc croissante sur $[0, 1]$ puis décroissante sur $[1, +\infty[$, elle atteint donc un maximum en 1 (qui vaut $e^{-\frac{1}{2}} = \frac{1}{\sqrt{e}}$). On en déduit que la variable X n'a qu'un seul mode et que ce mode vaut $M_0 = 1$.

Exercice 32.8

Notons F_X et F_Y les fonctions de répartition de X et Y.

Pour tout réel x, on a : $F_Y(x) = P(Y \leq x) = P(aX + b \leq x) = P(aX \leq x - b)$.

À ce stade, on n'a pas d'autre choix que de distinguer les cas $a > 0$ et $a < 0$ afin de pouvoir diviser sereinement par a dans l'inégalité.

• Si $a > 0$, on obtient : $\forall x \in \mathbb{R}$, $F_Y(x) = P\left(X \leq \dfrac{x-b}{a}\right) = F_X\left(\dfrac{x-b}{a}\right)$.

Comme X est une variable aléatoire à densité, sa fonction de répartition F_X est continue sur $\mathbb{R}$ et de classe C^1 sur $\mathbb{R}$ sauf peut-être en quelques points $x_1, ..., x_n$. De plus, la fonction $x \mapsto \dfrac{x-b}{a}$ est de classe C^1 sur $\mathbb{R}$ et, par composition, F_Y est continue sur $\mathbb{R}$ et de classe C^1 sur $\mathbb{R}$ sauf peut-être en $x_1, ..., x_n$, ce qui prouve que Y est une variable aléatoire à densité.

⇨ *Méthode 32.1*

En dérivant sauf en $x_1, ..., x_n$, on a : $\forall x \in \mathbb{R} \setminus \{x_1, ..., x_n\}$, $F_Y'(x) = \dfrac{1}{a} f_X\left(\dfrac{x-b}{a}\right)$.

En posant, pour tout i de $[\![1, n]\!]$, $f_Y(x_i) = \dfrac{1}{a} f_X\left(\dfrac{x_i - b}{a}\right)$, on obtient une densité f_Y de Y définie par : $\forall x \in \mathbb{R}$, $f_Y(x) = \dfrac{1}{a} f_X\left(\dfrac{x-b}{a}\right)$.

• Si $a < 0$, on obtient : $F_Y(x) = P\left(X \geq \dfrac{x-b}{a}\right) = P\left(X > \dfrac{x-b}{a}\right) = 1 - F_X\left(\dfrac{x-b}{a}\right)$.

Les mêmes arguments que dans le cas où a est strictement positif permettent de donner une densité de Y dans ce cas : $\forall x \in \mathbb{R}$, $f_Y(x) = -\dfrac{1}{a} f_X\left(\dfrac{x-b}{a}\right)$.

On peut résumer les deux cas à l'aide de la fonction valeur absolue :

$$\forall x \in \mathbb{R}, \ f_Y(x) = \frac{1}{|a|} f_X\left(\frac{x-b}{a}\right)$$

Chapitre 33
Lois à densité usuelles

Abraham **de Moivre** introduit le premier, au début du XVIIIe siècle, ce que nous appelons de nos jours la loi normale ; il la considère comme la limite de la loi binomiale. Pierre-Simon **Laplace** donne un sens précis à cette affirmation et l'utilise pour donner une marge d'erreur à une estimation de la population française en 1785.
En 1809, **Gauss** s'y intéresse pour évaluer les erreurs lors d'observations astronomiques. Ceci explique que cette loi porte aussi le nom de *Laplace-Gauss*. Cependant, Henri **Poincaré** préfère la baptiser *loi normale* et ce nom lui est resté.

Karl Friedrich Gauss
1777-1857

■■ Objectifs

■ Les incontournables

- ▷ Connaître les caractéristiques des lois usuelles (support, densité, espérance).
- ▷ Connaître les propriétés de la fonction de répartition Φ de la loi normale centrée réduite.
- ▷ Connaître l'expression des fonctions de répartition des lois uniformes et exponentielles.

■ Et plus si affinités

- ▷ Savoir étudier une variable aléatoire fonction d'une variable usuelle.
- ▷ Connaître la caractérisation des lois exponentielles (absence de mémoire).

Résumé de cours

Nous profitons de ce chapitre pour proposer dans les méthodes un entraînement à la recherche de lois de variables aléatoires qui sont fonctions de variables aléatoires suivant des lois usuelles. Ceci sera approfondi dans le **tome 2**.

Les lois uniformes

Loi uniforme sur [*a*, *b*] : $\mathcal{U}([a, b])$, avec a < b

Définition 33.1. — Une variable aléatoire X suit la loi uniforme $\mathcal{U}([a, b])$ si X a pour densité la fonction f définie par : $f(x) = \begin{cases} \dfrac{1}{b-a} & \text{si } x \in [a, b] \\ 0 \text{ sinon} \end{cases}$.

Remarque 33.1. — Le support de X peut donc être choisi égal à l'intervalle $[a, b]$.

Remarque 33.2. — En relation avec la **remarque 32.4** faite au **chapitre 32**, comme la probabilité $P(X = b)$ est nulle, on peut également considérer que $X(\Omega) = [a, b[$, et on peut alors décider sans risque qu'une densité d'une variable aléatoire X suivant la loi $\mathcal{U}([a, b])$, ou $\mathcal{U}([a, b[)$, est la fonction f définie par : $f(x) = \begin{cases} \dfrac{1}{b-a} & \text{si } x \in [a, b[\\ 0 \text{ sinon} \end{cases}$.

Théorème 33.1. — La fonction de répartition d'une variable aléatoire qui suit la loi $\mathcal{U}([a, b])$, est la fonction F définie pour tout réel x, par : $F(x) = \begin{cases} 0 \text{ si } x < a \\ \dfrac{x-a}{b-a} & \text{si } x \in [a,b] \\ 1 \text{ si } x > b \end{cases}$.

⇨ **Méthode 33.1. Comment trouver la loi de la variable aléatoire | X | ?**

Propriété 33.1. — Si X est une variable aléatoire suivant la loi uniforme $\mathcal{U}([a, b])$, alors X possède une espérance donnée par : $E(X) = \dfrac{a+b}{2}$.

❑ Cas particulier : loi uniforme sur [0, 1] : $\mathcal{U}([0, 1])$

Définition 33.2. — Une variable aléatoire X suit la loi uniforme $\mathcal{U}([0, 1])$ si X a pour densité la fonction f définie par : $f(x) = \begin{cases} 1 \text{ si } x \in [0, 1] \\ 0 \text{ sinon} \end{cases}$.

Remarque 33.3. — Les remarques émises au sujet de la loi uniforme sur $[a, b]$ restent valables.

Théorème 33.2. — La fonction de répartition d'une variable aléatoire qui suit la loi $\mathcal{U}([0, 1])$, est la fonction F définie pour tout réel x, par : $F(x) = \begin{cases} 0 \text{ si } x < 0 \\ x \text{ si } x \in [0, 1] \\ 1 \text{ si } x > 1 \end{cases}$.

Propriété 33.2. — Si X suit la loi uniforme $\mathcal{U}([0, 1])$, alors X a une espérance : $E(X) = \dfrac{1}{2}$.

❑ Changement de variables uniformes

Propriété 33.3. — Pour tout couple de réels (a, b) tel que $a < b$, on a :

$$X \text{ suit la loi } \mathcal{U}([0, 1]) \Leftrightarrow (b-a)X + a \text{ suit la loi } \mathcal{U}([a, b])$$

■ Les lois exponentielles

❑ Loi exponentielle de paramètre λ, avec λ > 0.

Définition 33.3. — Une variable aléatoire X suit la loi exponentielle de paramètre λ, notée $\mathcal{E}(\lambda)$, si une densité de X est la fonction f définie par : $f(x) = \begin{cases} 0 \text{ si } x < 0 \\ \lambda e^{-\lambda x} \text{ si } x \geq 0 \end{cases}$.

Remarque 33.4. — Le support de X peut donc être choisi égal à $\mathbb{R}_+$.

Remarque 33.5. — On peut, ici aussi, considérer que $X(\Omega) = \mathbb{R}_+^*$, et qu'une densité d'une variable aléatoire X suivant la loi $\mathcal{E}(\lambda)$ est la fonction f définie par : $f(x) = \begin{cases} 0 \text{ si } x \leq 0 \\ \lambda e^{-\lambda x} \text{ si } x > 0 \end{cases}$.

⇨ **Méthode 33.2. Comment trouver la loi de la variable aléatoire X^2 ?**
⇨ **Méthode 33.5. Comment trouver la loi de la variable aléatoire $\lfloor X \rfloor$?**

Théorème 33.3. — La fonction de répartition d'une variable aléatoire qui suit la loi $\mathcal{E}(\lambda)$, est la fonction F définie pour tout réel x, par : $F(x) = \begin{cases} 0 \text{ si } x < 0 \\ 1 - e^{-\lambda x} \text{ si } x \geq 0 \end{cases}$.

Propriété 33.4. — Si X est une variable aléatoire suivant la loi $\mathcal{E}(\lambda)$, alors X possède une espérance donnée par : $E(X) = \dfrac{1}{\lambda}$.

❑ Caractérisation des lois exponentielles

Définition 33.4. — On dit qu'une variable aléatoire, à valeurs positives, est "sans mémoire" ou "sans vieillissement" si, pour tout couple (t, h) de réels positifs, on a :

$$P(X > t + h) = P(X > t)P(X > h)$$

Théorème 33.4. — Les variables aléatoires suivant une loi exponentielle sont (mises à part la variable quasi-certaine égale à 0) les seules variables aléatoires positives sans mémoire.

Remarque 33.6. — Si $P(X > h) \neq 0$, la propriété d'absence de vieillissement s'écrit :

$$\forall (t, h) \in (\mathbb{R}_+)^2,\ P_{(X>h)}(X > t + h) = P(X > t)$$

Cette égalité montre très bien pourquoi l'on parle d'absence de mémoire.

Remarque 33.7. — Les variables aléatoires suivant une loi géométrique vérifient cette propriété, mais seulement pour t et h entiers naturels.

⇨ **Méthode 33.3. Comment trouver la loi de la variable aléatoire ln X ?**

❑ Changement de variables exponentielles

Propriété 33.5. — Pour tout réel $\lambda > 0$, on a :

$$X \text{ suit } \mathcal{E}(1) \iff \frac{1}{\lambda}X \text{ suit } \mathcal{E}(\lambda)$$

■ Les lois "normales"

❑ Loi de Laplace-Gauss ou loi normale : $\mathcal{N}(m, \sigma^2)$, avec $\sigma > 0$

Définition 33.5. — Une variable aléatoire X suit la loi $\mathcal{N}(m, \sigma^2)$ si une densité de X est la fonction $\varphi_{m,\sigma}$ définie, pour tout réel x, par : $\varphi_{m,\sigma}(x) = \dfrac{1}{\sigma\sqrt{2\pi}} e^{-\frac{(x-m)^2}{2\sigma^2}}$.

Remarque 33.8. — Le support de X peut donc être choisi égal à $\mathbb{R}$ (et on prend toujours $\mathbb{R}$).

Notation 33.1. — La fonction de répartition d'une variable aléatoire qui suit la loi $\mathcal{N}(m, \sigma^2)$ est la fonction, notée $\Phi_{m,\sigma}$, définie pour tout réel x, par : $\Phi_{m,\sigma}(x) = \dfrac{1}{\sigma\sqrt{2\pi}} \displaystyle\int_{-\infty}^{x} e^{-\frac{(t-m)^2}{2\sigma^2}} dt$.

Propriété 33.6. — Si X est une variable aléatoire suivant la loi $\mathcal{N}(m, \sigma^2)$, alors X possède une espérance donnée par : $E(X) = m$.

❑ Cas particulier : loi normale centrée réduite : $\mathcal{N}(0, 1)$

Définition 33.6. — Une variable aléatoire X suit la loi $\mathcal{N}(0, 1)$ si une densité de X est la fonction φ définie, pour tout réel x, par : $\varphi(x) = \dfrac{1}{\sqrt{2\pi}} e^{-\frac{x^2}{2}}$.

Remarque 33.9. — Le support de X est, dans ce cas particulier aussi, égal à $\mathbb{R}$.

Notation 33.2. — La fonction de répartition d'une variable aléatoire qui suit la loi $\mathcal{N}(0, 1)$ est la fonction, notée Φ, définie pour tout réel x, par : $\Phi(x) = \dfrac{1}{\sqrt{2\pi}} \displaystyle\int_{-\infty}^{x} e^{-\frac{t^2}{2}} dt$.

⇨ **Méthode 33.4. Comment trouver la loi de la variable aléatoire exp(X) ?**

Propriété 33.7. — Pour tout réel x, on a : $\Phi(-x) = 1 - \Phi(x)$. En particulier : $\Phi(0) = \dfrac{1}{2}$.

Propriété 33.8. — Si X est une variable aléatoire suivant la loi $\mathcal{N}(0, 1)$, alors X possède une espérance donnée par : $E(X) = 0$.

Remarque 33.10. — On ne sait pas expliciter Φ et $\Phi_{m,\sigma}$ à l'aide des fonctions usuelles.

❑ Changements de variables normales

Propriété 33.9. — Pour tout réel m et pour tout réel $\sigma > 0$, on a :

$$X \text{ suit la loi } \mathcal{N}(m, \sigma^2) \Leftrightarrow \frac{X - m}{\sigma} \text{ suit la loi } \mathcal{N}(0, 1)$$

■ Fonctions (autres que partie entière) de variables à densité usuelles

❑ Méthode 33.1. Comment trouver la loi de la variable aléatoire $|X|$?

• Il faut, en tout premier lieu, déterminer le support de $|X|$.

Exemple : si $X(\Omega) = [-2, 1]$, alors $(|X|)(\Omega) = [0, 2]$.

Remarque : $(|X|)(\Omega)$ est toujours inclus dans $\mathbb{R}_+$.

• Ensuite, on cherche la fonction de répartition de $|X|$ en utilisant une propriété importante de la valeur absolue, qu'il faut connaître :

$$\forall x \in \mathbb{R}_+,\ \left(|X| \leq x\right) = \left(-x \leq X \leq x\right)$$

⇨ **Exercices 33.2, 33.8**

Exemple. Soit X une variable aléatoire qui suit la loi uniforme sur $[-1, 1]$. On pose $Y = |X|$ et on admet que Y est une variable à densité. Reconnaître la loi de Y.
Comme X prend ses valeurs dans $[-1, 1]$, alors $|X|$ prend ses valeurs dans $[0, 1]$. On a donc : $Y(\Omega) = [0, 1]$. Notons F_X la fonction de répartition de X et F_Y la fonction de répartition de Y. Comme $Y(\Omega) = [0, 1]$, on sait déjà que :

(1) $\quad \forall x < 0,\ F_Y(x) = 0$ et $\forall x > 1,\ F_Y(x) = 1$ (voir **V/F 7** du **chapitre 32**).

$\forall x \in [0, 1],\ F_Y(x) = P(Y \leq x) = P\left(|X| \leq x\right) = P\left(-x \leq X \leq x\right) = F_X(x) - F_X(-x).$

Comme x appartient à $[0, 1]$, on est sûr que x et $-x$ appartiennent à $[-1, 1]$ et on peut remplacer sans danger $F_X(x)$ et $F_X(-x)$ par leurs expressions :

$$(2) \qquad \forall x \in [0, 1],\ F_Y(x) = \frac{x+1}{2} - \frac{-x+1}{2} = x$$

En résumé, on reconnaît avec les égalités (1) et (2) que Y suit la loi uniforme sur $[0, 1]$.

❑ Méthode 33.2. Comment trouver la loi de la variable aléatoire X^2 ?

- Il faut, en tout premier lieu, déterminer le support de X^2.
  Exemple : si $X(\Omega) = [-2, 1]$, alors $(X^2)(\Omega) = [0, 4]$.
  Remarque : $(X^2)(\Omega)$ est toujours inclus dans $\mathbb{R}_+$.
- Ensuite, on cherche la fonction de répartition de X^2 en utilisant une propriété importante de la fonction "carré", qu'il faut connaître aussi :

$$\forall x \in \mathbb{R}_+,\ \left(X^2 \leq x\right) = \left(-\sqrt{x} \leq X \leq \sqrt{x}\right)$$

⇨ Exercice 33.3

Exemple. Soit X une variable aléatoire qui suit la loi exponentielle de paramètre λ (avec $\lambda > 0$). On pose $Y = X^2$ et on admet que Y est une variable à densité. Déterminer une densité de Y.
Comme X prend ses valeurs dans $\mathbb{R}_+$, X^2 prend aussi ses valeurs dans $\mathbb{R}_+$ donc $Y(\Omega) = \mathbb{R}_+$.
Notons F_X la fonction de répartition de X et F_Y la fonction de répartition de Y.
Comme $Y(\Omega) = \mathbb{R}_+$, on sait déjà que : $\forall x < 0,\ F_Y(x) = 0$.
$\forall x \in \mathbb{R}_+,\ F_Y(x) = P(Y \leq x) = P\left(X^2 \leq x\right) = P\left(-\sqrt{x} \leq X \leq \sqrt{x}\right) = F_X(\sqrt{x}) - F_X(-\sqrt{x})$.
Ici, il faut faire attention car $\sqrt{x}$ appartient à $\mathbb{R}_+$ mais $-\sqrt{x}$ n'appartient pas à $\mathbb{R}_+$: on a donc $F_X(\sqrt{x}) = 1 - e^{-\lambda\sqrt{x}}$ et $F_X(-\sqrt{x}) = 0$. On en déduit alors : $\forall x \in \mathbb{R}_+,\ F_Y(x) = 1 - e^{-\lambda\sqrt{x}}$.
On dérive F_Y, sauf en 0, ce qui donne : $\forall x < 0,\ F_Y'(x) = 0$ et $\forall x > 0,\ F_Y'(x) = \dfrac{\lambda}{2\sqrt{x}} e^{-\lambda\sqrt{x}}$.
On trouve une densité f_Y de Y en posant, par exemple, $f_Y(0) = 0$ et on obtient :

$$f_Y(x) = \begin{cases} 0 \text{ si } x \leq 0 \\ \dfrac{\lambda}{2\sqrt{x}} e^{-\lambda\sqrt{x}} \text{ si } x > 0 \end{cases}$$

❑ Méthode 33.3. Comment trouver la loi de la variable aléatoire $\ln X$?

- Il faut, en tout premier lieu, déterminer le support de $\ln X$.
  Exemple : si $X(\Omega) = [1, +\infty[$, alors $(\ln X)(\Omega) = [0, +\infty[$.
- Ensuite, on cherche la fonction de répartition de $\ln(X)$ en utilisant l'égalité :

$$\forall x \in (\ln X)(\Omega),\ (\ln(X) \leq x) = (X \leq e^x)$$

Cette égalité se justifie par le fait que la fonction exponentielle est une bijection (strictement) croissante de $\mathbb{R}$ sur $\mathbb{R}_+^*$.

⇨ Exercices 33.4, 33.5

Remarque. On ne peut prendre le logarithme népérien que d'une variable aléatoire presque sûrement strictement positive.

Exemple. Soit X une variable aléatoire suivant la loi uniforme sur $[1,2]$. On pose $Y = \ln X$ et on admet que Y est une variable à densité. Déterminer une densité de Y.

Comme $X(\Omega)=[1,2]$, on a : $Y(\Omega)=[0,\ln 2]$.

Notons F_X la fonction de répartition de X et F_Y la fonction de répartition de Y.

On a d'ores et déjà :

- $\forall x<0,\ F_Y(x)=0$
- $\forall x>\ln 2,\ F_Y(x)=1$.

Par ailleurs, pour tout x de $[0,\ln 2]$, on a : $F_Y(x)=P(Y\leq x)=P(\ln X\leq x)$.

Comme la fonction exponentielle est une bijection strictement croissante de $\mathbb{R}$ sur $\mathbb{R}_+^*$, on obtient : $F_Y(x)=P(X\leq e^x)=F_X(e^x)$. Comme x est élément de $[0,\ln 2]$, on est certain que e^x appartient à $[1,2]$ et on peut en déduire : $F_Y(x)=\dfrac{e^x-1}{2-1}=e^x-1$.

Bilan : $F_Y(x)=\begin{cases}0 \text{ si } x<0\\ e^x-1 \text{ si } 0\leq x\leq \ln 2\\ 1 \text{ si } x>\ln 2\end{cases}$. On dérive F_Y, sauf en 0 et en $\ln 2$, ce qui donne : $F_Y'(x)=\begin{cases}0 \text{ si } x<0\\ e^x \text{ si } 0<x<\ln 2\\ 0 \text{ si } x>\ln 2\end{cases}$. On obtient une densité f_Y de Y en posant par exemple $f_Y(0)=1$ et $f_Y(\ln 2)=2$, ce qui donne : $f_Y(x)=\begin{cases}e^x \text{ si } 0\leq x\leq \ln 2\\ 0 \text{ sinon}\end{cases}$.

❑ Méthode 33.4. Comment trouver la loi de la variable aléatoire exp(*X*) ?

- Il faut, en tout premier lieu, déterminer le support de e^X.
  Exemple : si $X(\Omega) = [0, +\infty[$, alors $(e^X)(\Omega) = [1, +\infty[$.
- Ensuite, on cherche la fonction de répartition de e^X en utilisant l'égalité :
$$\forall x\in (e^X)(\Omega),\ (e^X\leq x)=(X\leq \ln x)$$

Cette égalité se justifie par le fait que la fonction logarithme népérien est une bijection (strictement) croissante de $\mathbb{R}_+^*$ sur $\mathbb{R}$.

⇨ Exercice 33.6

Exemple. Soit X une variable aléatoire suivant la loi normale centrée réduite.

On pose $Y = e^X$ et on admet que Y est une variable à densité. Déterminer une densité de Y.

Comme X prend ses valeurs dans $\mathbb{R}$, alors $\exp(X)$ prend ses valeurs dans $\mathbb{R}_+^*$.

On a donc : $Y(\Omega) = \mathbb{R}_+^*$.

On désigne par Φ la fonction de répartition de X et par F_Y celle de Y.

Comme $Y(\Omega) = \mathbb{R}_+^*$, on sait déjà que : $\forall x \leq 0,\ F_Y(x) = 0$.

$\forall x \in \mathbb{R}_+^*,\ F_Y(x) = P(Y \leq x) = P\big(\exp(X) \leq x\big) = P\big(X \leq \ln x\big) = \Phi(\ln x)$.

L'avant-dernière égalité étant justifiée par le fait que la fonction logarithme népérien est une bijection croissante de $\mathbb{R}_+^*$ sur $\mathbb{R}$.

Ici aussi, ne connaissant pas explicitement Φ, on n'a pas d'autre choix que de dériver pour obtenir une densité. La fonction F_Y est de classe C^1 sur $\mathbb{R}_-^*$ (elle y coïncide avec la fonction nulle) et sur $\mathbb{R}_+^*$ comme composée de la fonction logarithme népérien qui est de classe C^1 sur $\mathbb{R}_+^*$ à valeurs dans $\mathbb{R}$ et de Φ qui est de classe C^1 sur $\mathbb{R}$. On dérive F_Y, sauf en 0, ce qui donne : $\forall x < 0,\ F_Y'(x) = 0$ et $\forall x > 0,\ F_Y'(x) = \dfrac{1}{x}\varphi(\ln x) = \dfrac{1}{x\sqrt{2\pi}} e^{-\frac{(\ln x)^2}{2}}$.

En posant $f_Y(0) = 0$, on obtient une densité f_Y de Y : $f_Y(x) = \begin{cases} 0 \text{ si } x \leq 0 \\ \dfrac{1}{x\sqrt{2\pi}} e^{-\frac{(\ln x)^2}{2}} \text{ si } x > 0 \end{cases}$

■ Partie entière d'une variable aléatoire à densité

❑ Méthode 33.5. Comment trouver la loi de la variable aléatoire $\lfloor X \rfloor$?

• Une remarque importante pour commencer : la partie entière d'une variable aléatoire à densité est une variable aléatoire discrète, on ne cherchera donc pas sa fonction de répartition, mais on calculera les probabilités ponctuelles.

• Il faut, en tout premier lieu, déterminer le support de $\lfloor X \rfloor$.

Exemples : si $X(\Omega) = \mathbb{R}$, alors $\big(\lfloor X \rfloor\big)(\Omega) = \mathbb{Z}$.

si $X(\Omega) = \mathbb{R}_+$ (ou $\mathbb{R}_+^*$), alors $\big(\lfloor X \rfloor\big)(\Omega) = \mathbb{N}$.

• Ensuite, tout repose sur la définition de la partie entière, retranscrite en termes d'événements : $\forall k \in \big(\lfloor X \rfloor\big)(\Omega),\ \big(\lfloor X \rfloor = k\big) = \big(k \leq X < k+1\big)$.

⇨ Exercice 33.7

Exemple. Soit X une variable aléatoire suivant la loi uniforme sur $[0, 2]$.

On pose $Y = \lfloor X \rfloor$ et on admet que Y est une variable aléatoire. Quelle est la loi de Y ?

On a $Y(\Omega) = \{0, 1\}$ puisque $P(Y = 2) = P(X = 2) = 0$.

De plus, on a : $P(Y = 1) = P(1 \leq X < 2) = P(1 < X \leq 2) = F_X(2) - F_X(1) = 1 - \dfrac{1}{2} = \dfrac{1}{2}$.

Conclusion : Y suit la loi de Bernoulli de paramètre $\dfrac{1}{2}$.

■■ Vrai/Faux

	Vrai	Faux
1. Si X suit la loi uniforme sur $[0, 1]$, alors sa fonction de répartition F est définie par : $F(x) = \begin{cases} x \text{ si } x \in [0, 1] \\ 0 \text{ sinon} \end{cases}$.	☐	☐
2. Si X suit la loi uniforme sur $[0, 1]$, alors X^2 suit aussi la loi uniforme sur $[0, 1]$.	☐	☐
3. Si X est une variable aléatoire suivant la loi exponentielle de paramètre λ (avec $\lambda > 0$), alors $X+1$ suit aussi une loi exponentielle.	☐	☐
4. Si X suit la loi exponentielle de paramètre λ (avec $\lambda > 0$), alors $2X$ suit la loi exponentielle de paramètre 2λ.	☐	☐
5. Si X suit la loi exponentielle de paramètre λ (avec $\lambda > 0$), alors on a : $E(X) = \int_{-\infty}^{+\infty} \lambda x e^{-\lambda x} dx = \frac{1}{\lambda}$	☐	☐
6. Soit λ un réel strictement positif et f la fonction définie par : $f(t) = \begin{cases} 0 & \text{si } t < 0 \\ \lambda^2 t e^{-\lambda t} & \text{si } t \geq 0 \end{cases}$. La fonction f est une densité.	☐	☐
7. Soit f la fonction définie par : $f(x) = e^{-\pi x^2}$. La fonction f est une densité.	☐	☐
8. Soit f la fonction définie par : $\forall x \in \mathbb{R}$, $f(x) = \frac{1}{\sqrt{\pi}} e^{-x^2}$. La fonction f est une densité de loi normale.	☐	☐
9. $\int_{-\infty}^{+\infty} x e^{-\frac{x^2}{2}} dx = 0$.	☐	☐
10. On considère la fonction f définie par : $f(x) = \begin{cases} \frac{1}{\sqrt{2\pi}} e^{-\frac{x^2}{2}} \text{ si } x \geq 0 \\ 0 \text{ si } x < 0 \end{cases}$. La fonction f est une densité.	☐	☐

Énoncé des exercices

❑ **Exercice 33.1.** —Montrer que, si X est une variable aléatoire suivant la loi normale centrée réduite, alors $-X$ suit aussi la loi normale centrée réduite.

❑ **Exercice 33.2.** — Montrer que, si X est une variable aléatoire suivant la loi normale centrée réduite, alors : $\forall x \in \mathbb{R}_+,\ P(|X| \leq x) = 2\Phi(x) - 1$.

❑ **Exercice 33.3.** — Soit f la fonction définie par : $f(x) = \begin{cases} 0 & \text{si } x < 0. \\ xe^{-\frac{x^2}{2}} & \text{si } x \geq 0. \end{cases}$

On rappelle (voir l'**exercice 32.7** du **chapitre 32**) que f est une densité de probabilité d'une variable aléatoire X.

On pose $Y = X^2$ et on admet que Y est une variable aléatoire.

Déterminer la fonction de répartition de Y, puis reconnaître la loi suivie par Y.

❑ **Exercice 33.4.** * — On désigne par x_0 et α deux réels vérifiant : $\alpha > 0$ et $x_0 > 0$.

On considère la fonction f définie sur $\mathbb{R}$ par : $f(x) = \begin{cases} \alpha \dfrac{x_0{}^{\alpha}}{x^{\alpha+1}} \text{ si } x \geq x_0 \\ 0 \text{ si } x < x_0 \end{cases}$.

1. Vérifier que f est une densité.

On désigne désormais par X une variable aléatoire admettant f pour densité. On dit que X suit la loi de Pareto de paramètres α et x_0.

2. Déterminer la fonction de répartition de X.

3. On pose $Y = \ln \dfrac{X}{x_0}$.

Démontrer que Y suit une loi exponentielle dont on donnera le paramètre.

D'après ESSEC

❑ **Exercice 33.5.** — On note f la fonction définie par : $f(x) = \begin{cases} \dfrac{1}{2x\sqrt{x}} \text{ si } x \in [1, +\infty[\\ 0 \text{ sinon} \end{cases}$.

1. Vérifier que f est une densité.

2. Déterminer la fonction de répartition F de X.

3. Montrer que X ne possède pas d'espérance.

4. On pose $Z = \ln X$. Déterminer la fonction de répartition de Z et vérifier que Z suit une loi exponentielle dont on donnera le paramètre.

❑ **Exercice 33.6.** * — On considère une variable aléatoire X suivant la loi exponentielle de paramètre 1. On pose $Y = e^{-X}$ et on admet que Y est une variable aléatoire à densité.
On note F_X et F_Y les fonctions de répartition de X et Y.
Reconnaître la loi de Y.

❑ **Exercice 33.7.** * — Soit X une variable aléatoire qui suit la loi exponentielle de paramètre λ (avec $\lambda > 0$). On pose $Y = \lfloor X \rfloor$, $Z = Y + 1$ et on admet que Y et Z sont des variables aléatoires.

1. Déterminer la loi de Y.

2. a) Reconnaître la loi de Z.

b) En déduire l'espérance de Y presque sans calcul.

D'après EDHEC

❑ **Exercice 33.8.** * — Soit f la fonction définie par : $\forall x \in \mathbb{R}, f(x) = \frac{1}{2} e^{-|x|}$.

On rappelle que d'après l'**exercice 32.3**, f est une densité d'une certaine variable aléatoire X dont on note F la fonction de répartition.

1. a) Montrer que, pour tout réel x négatif, on a : $F(x) = \frac{1}{2} e^{x}$.

b) Montrer que, pour tout réel x positif, on a : $F(x) = 1 - \frac{1}{2} e^{-x}$.

2. On pose $Y = |X|$ et on admet que Y est une variable aléatoire définie sur le même espace probabilisé que X. On note G la fonction de répartition de Y.
Pour tout réel x, déterminer $G(x)$ en fonction de x puis reconnaître la loi de Y.

■ Pour vous aider à démarrer

Exercice 33.1. Exprimer la fonction de répartition de $-X$ en fonction de Φ.
Exercice 33.2. Ne pas oublier que : $\Phi(-x) = 1 - \Phi(x)$.
Exercice 33.4. Pour la question **2**, ne pas oublier que la fonction de répartition possède les deux mêmes facettes que la densité f, en l'occurrence : $x < x_0$ et $x \geq x_0$.
Exercice 33.5. Pour la question **2**, il faut étudier les deux cas : $x < 1$ et $x \geq 1$.
Pour la question **4**, remarquer d'abord que $Z(\Omega) = \mathbb{R}_+$.
Exercice 33.6. Vérifier que $Y(\Omega) =]0, 1]$, puis établir que, pour tout x de $]0, 1]$, on a : $F_Y(x) = 1 - F_X(-\ln x)$.
Exercice 33.7. Pour la question **1**, utiliser la **méthode 33.5**.
Pour la question **2.a)**, on trouve que Z suit une loi géométrique.
Exercice 33.8. Pour la question **2**, utiliser la **méthode 33.1**.

Corrigé des vrai/faux

1.	2.	3.	4.	5.	6.	7.	8.	9.	10.
F	F	F	F	F	V	V	V	V	F

1. On sait que toute fonction de répartition admet 1 comme limite en $+\infty$.
Ce n'est pas le cas de la fonction F proposée donc F n'est pas une fonction de répartition.

2. Comme $X(\Omega)=[0,1]$, on a : $X^2(\Omega)=[0,1]$. Notons F la fonction de répartition de X.

Pour tout x de $[0,1]$, on a : $P\left(X^2 \leq x\right)=P\left(-\sqrt{x} \leq X \leq \sqrt{x}\right)=F\left(\sqrt{x}\right)-F\left(-\sqrt{x}\right)$.

Comme x appartient à $[0,1]$ alors $\sqrt{x}$ aussi et on obtient $F\left(\sqrt{x}\right)=\sqrt{x}$.

De plus, $-\sqrt{x}$ est négatif et on a : $F\left(-\sqrt{x}\right)=0$.

On en conclut : $\forall x \in[0,1],\ P\left(X^2 \leq x\right)=\sqrt{x}$.

Inutile de regarder ce qu'il se passe en dehors de $[0,1]$, on peut conclure dès maintenant que X^2 ne suit pas la loi uniforme sur $[0,1]$.

3. Comme X suit la loi exponentielle de paramètre λ, on a : $X(\Omega)=\mathbb{R}_+$.

On en déduit alors : $(X+1)(\Omega)=[1,+\infty[$. Ce support n'est pas le support d'une loi exponentielle, on en conclut que $X+1$ ne suit pas une loi exponentielle.

4. Comme X suit la loi exponentielle de paramètre λ, on a : $X(\Omega)=(2X)(\Omega)=\mathbb{R}_+$.

En notant F_{2X} la fonction de répartition de $2X$, on a, pour tout réel x négatif : $F_{2X}(x)=0$.

Pour tout réel x strictement positif, on a : $F_{2X}(x)=P(2X \leq x)=P(X \leq \frac{x}{2})=1-e^{-\lambda\frac{x}{2}}$.

Ces égalités prouvent que $2X$ suit la loi exponentielle de paramètre $\frac{\lambda}{2}$ (et non pas 2λ).

Remarque. On peut généraliser facilement ce résultat : si X suit la loi exponentielle de paramètre λ, alors, pour tout réel α strictement positif, la variable aléatoire αX suit la loi exponentielle de paramètre $\frac{\lambda}{\alpha}$.

5. Si X suit la loi exponentielle de paramètre λ, on sait qu'une densité de X est donnée par :

$$f(x) = \begin{cases} 0 \text{ si } x < 0 \\ \lambda e^{-\lambda x} \text{ si } x \geq 0 \end{cases}$$

L'espérance de X, dont on sait qu'elle existe, est donnée par : $E(X) = \int_{-\infty}^{+\infty} x f(x) dx$.

Comme f est nulle sur $\mathbb{R}_-^*$, on peut écrire : $E(X) = \int_{-\infty}^{0} 0dx + \int_0^{+\infty} \lambda x e^{-\lambda x} dx = \int_0^{+\infty} \lambda x e^{-\lambda x} dx$.

Cette expression est différente de $\int_{-\infty}^{+\infty} \lambda x e^{-\lambda x} dx$ (cette dernière intégrale étant d'ailleurs divergente car $\int_{-\infty}^{0} \lambda x e^{-\lambda x} dx$ diverge : une intégration par parties sur $\int_A^0 \lambda x e^{-\lambda x} dx$ permet de se convaincre que cette intégrale n'a pas de limite finie lorsque A tend vers $-\infty$).

6. • La fonction f est positive (nulle sur $\mathbb{R}_-^*$ et produit de deux facteurs positifs sur $\mathbb{R}_+$).

• La fonction f est continue sur $\mathbb{R}_-^*$ puisque sa restriction à cet intervalle est la fonction nulle et continue sur $\mathbb{R}_+^*$ comme produit d'une fonction monôme et d'une fonction exponentielle toutes deux continues.

• Comme la restriction de f à $\mathbb{R}_-^*$ est nulle, on a : $\int_{-\infty}^{0} f(t) dt = 0$.

Par ailleurs, on sait qu'une variable aléatoire Y suivant la loi exponentielle de paramètre λ possède une espérance et on a : $E(Y) = \int_0^{+\infty} t\lambda e^{-\lambda t} dt = \frac{1}{\lambda}$.

Par conséquent, comme $f(t) = \lambda\left(t\lambda e^{-\lambda t}\right)$, l'intégrale $\int_0^{+\infty} f(t) dt$ converge et :

$$\int_0^{+\infty} f(t) dt = \lambda \int_0^{+\infty} t\lambda e^{-\lambda t} dt = \lambda \times \frac{1}{\lambda} = 1$$

La fonction f est donc bien une densité.

7. La fonction f proposée est bien positive (fonction exponentielle) et continue sur $\mathbb{R}$.
Qu'en est-il de son intégrale de $-\infty$ à $+\infty$? Comme on ne sait pas exprimer une primitive de f (il faut savoir ce que l'on ne sait pas !), la seule issue est que ce soit une densité de loi normale (on y pense à cause du "x^2"). Et c'est le cas ! En effet, il suffit de prendre $m = 0$ et $\sigma = \frac{1}{\sqrt{2\pi}}$ dans la **définition 33.5** pour se convaincre que f est une densité de la loi normale $\mathcal{N}(0, \frac{1}{\sqrt{2\pi}})$.

Corrigé

8. Cherchons s'il existe deux réels m et σ tels que : $\forall x \in \mathbb{R}$, $\frac{1}{\sigma\sqrt{2\pi}}e^{-\frac{(x-m)^2}{2\sigma^2}} = \frac{1}{\sqrt{\pi}}e^{-x^2}$.

En choisissant $\sigma = \frac{1}{\sqrt{2}}$ et $m = 0$, la relation ci-dessus est bien vérifiée. Ainsi, la fonction f, définie, par $f(x) = \frac{1}{\sqrt{\pi}}e^{-x^2}$ (pour tout réel x) est une densité de la loi normale $\mathcal{N}(0, \frac{1}{2})$.

9. Une variable qui suit une loi normale centrée réduite possède une espérance dont l'expression est donnée par : $E(X) = \frac{1}{\sqrt{2\pi}}\int_{-\infty}^{+\infty} xe^{-\frac{x^2}{2}}dx$.

On sait de plus que $E(X) = 0$ donc $\int_{-\infty}^{+\infty} xe^{-\frac{x^2}{2}}dx = 0$.

10. La fonction f proposée est bien positive (fonction nulle ou exponentielle) et continue sur $\mathbb{R}_-^*$ (fonction nulle) et sur $\mathbb{R}_+^*$ (composée de polynôme et d'exponentielle).
On sait, par définition d'une densité de la loi normale centrée réduite que :
$\frac{1}{\sqrt{2\pi}}\int_{-\infty}^{+\infty} e^{-\frac{x^2}{2}}dx = 1$. Cette densité est paire, on en déduit : $\frac{1}{\sqrt{2\pi}}\int_{0}^{+\infty} e^{-\frac{x^2}{2}}dx = \frac{1}{2}$.

On obtient alors : $\int_0^{+\infty} f(x)dx = \frac{1}{2}$.

La fonction f étant nulle sur $]-\infty, 0[$, l'intégrale $\int_{-\infty}^{0} f(x)dx$ converge et vaut 0.

Finalement, l'intégrale $\int_{-\infty}^{+\infty} f(x)dx$ converge et vaut $\frac{1}{2}$. La fonction f n'est pas une densité.

Remarque. La fonction g définie par $g(x) = 2f(x)$ est une densité.

❑ Les erreurs classiques

- La première erreur est de ne pas connaître par cœur les densités des lois usuelles !
- La connaissance des supports des lois usuelles est également un gros atout : elle permet d'éviter des erreurs grossières.
- Il faut connaître également les fonctions de répartition explicitées dans le cours (loi uniforme et loi exponentielle) ainsi que les propriétés de la fonction Φ.

Corrigé des exercices

Exercice 33.1

Comme X suit la loi normale centrée réduite, on a : $X(\Omega)=\mathbb{R}$.

On en déduit : $(-X)(\Omega)=\mathbb{R}$. En notant F_{-X} la fonction de répartition de $-X$, on a, pour tout réel x : $F_{-X}(x)=P(-X\leq x)=P(X\geq -x)=1-P(X<-x)$.

Comme X est une variable à densité, $P(X=-x)=0$ donc on obtient :

$F_{-X}(x)=1-P(X\leq -x)=1-\Phi(-x)=\Phi(x)$, d'après la **propriété 33.7**.

Conclusion : la variable aléatoire $-X$ suit la loi normale centrée réduite.

Exercice 33.2

Pour tout réel positif x, on a : $P(|X|\leq x)=P(-x\leq X\leq x)=\Phi(x)-\Phi(-x)$.

Toujours d'après la **propriété 33.7**, on obtient : $P(|X|\leq x)=\Phi(x)-(1-\Phi(x))=2\Phi(x)-1$.

⇨ *Méthode 33.1*

Exercice 33.3

Notons G la fonction de répartition de la variable Y.

On a : $\forall x\in\mathbb{R}, G(x)=P(Y\leq x)$. De plus, on a : $(Y\leq x)=(X^2\leq x)$.

- Si x est strictement négatif, l'événement $(X^2\leq x)$ est impossible, on a donc : $G(x)=0$.
- Si x est positif ou nul, on a : $(Y\leq x)=(X^2\leq x)=(-\sqrt{x}\leq X\leq\sqrt{x})$.

On en déduit : $G(x)=F(\sqrt{x})-F(-\sqrt{x})$ et comme $-\sqrt{x}$ est négatif, on a : $F(-\sqrt{x})=0$.

On en déduit : $\forall x\geq 0, G(x)=1-e^{-\frac{(\sqrt{x})^2}{2}}=1-e^{-\frac{x}{2}}$.

- D'après les deux points précédents, Y suit la loi exponentielle de paramètre $\frac{1}{2}$.

⇨ *Méthode 33.2*

Exercice 33.4

1. • La fonction $x\mapsto\alpha\frac{x_0{}^{\alpha}}{x^{\alpha+1}}$ est continue sur $[x_0,+\infty[$ en tant que fraction rationnelle de dénominateur non nul ($x\geq x_0>0$). Par ailleurs la restriction de f à $]-\infty, x_0[$ est continue puisque c'est la fonction nulle.

On peut donc conclure : la fonction f est continue sur $\mathbb{R}$ sauf éventuellement en x_0.

Corrigé

- Comme α est aussi positif, la fonction *f* est bien à valeurs positives.
- De plus, comme *f* est nulle sur $]-\infty, x_0[$, l'intégrale $\int_{-\infty}^{x_0} f(t)dt$ converge et vaut 0.

Enfin, pour tout réel *x* supérieur ou égal à x_0, on a : $\int_{x_0}^{x} f(t)dt = x_0{}^{\alpha}\int_{x_0}^{x} \frac{\alpha\, dt}{t^{\alpha+1}} = x_0{}^{\alpha}\left[\frac{-1}{t^{\alpha}}\right]_{x_0}^{x}$.

On en déduit : $\int_{x_0}^{x} f(t)dt = x_0{}^{\alpha}\left(\frac{1}{x_0{}^{\alpha}} - \frac{1}{x^{\alpha}}\right) = 1 - \frac{x_0{}^{\alpha}}{x^{\alpha}}$.

Comme α est strictement positif, on a $\lim\limits_{x\to+\infty} \frac{1}{x^{\alpha}} = 0$ donc $\int_{x_0}^{+\infty} f(t)dt$ converge et vaut 1.

Par définition de la convergence d'une intégrale deux fois impropre, l'intégrale $\int_{-\infty}^{+\infty} f(t)dt$ converge et vaut 1.

Finalement, *f* est bien une densité.

2. Notons *F* la fonction de répartition de *X*.

Pour tout réel *x*, on a : $F(x) = \int_{-\infty}^{x} f(t)dt$.

Deux cas se présentent alors :

- Si *x* est strictement inférieur à x_0 alors, *f* étant nulle sur $]-\infty, x_0[$, on a : $F(x) = \int_{-\infty}^{x} 0\, dt = 0$.
- Sinon, grâce à la relation de Chasles, on a :

$$F(x) = \int_{-\infty}^{x_0} 0 dt + \int_{x_0}^{x} \alpha \frac{x_0{}^{\alpha}}{t^{\alpha+1}} dt = x_0{}^{\alpha}\int_{x_0}^{x} \frac{\alpha}{t^{\alpha+1}} dt = x_0{}^{\alpha}\left[\frac{-1}{t^{\alpha}}\right]_{x_0}^{x} = x_0{}^{\alpha}\left(\frac{1}{x_0{}^{\alpha}} - \frac{1}{x^{\alpha}}\right) = 1 - \left(\frac{x_0}{x}\right)^{\alpha}.$$

Finalement, la fonction de répartition de *X* est *F* définie par : $F(x) = \begin{cases} 0 & \text{si } x < x_0 \\ 1 - \left(\frac{x_0}{x}\right)^{\alpha} & \text{sinon} \end{cases}$.

3. Le support de *X* est $[x_0, +\infty[$ et comme $x_0 > 0$, on a : $\left(\frac{X}{x_0}\right)(\Omega) = [1, +\infty[$.

La fonction *ln* étant une bijection de $[1, +\infty[$ sur $\mathbb{R}_+$, on obtient alors : $Y(\Omega) = \mathbb{R}_+$

Ainsi, pour tout réel *x* strictement négatif, on a : $P(Y \leq x) = 0$.

De plus, pour tout réel *x* positif, comme la fonction exponentielle est une bijection croissante sur $\mathbb{R}$, on a : $P(Y \leq x) = P\left(\frac{X}{x_0} \leq e^x\right)$.

Comme x_0 est strictement positif, on obtient : $P(Y \leq x) = P(X \leq x_0 e^x) = F(x_0 e^x)$.

Comme $x_0 e^x$ est strictement positif, on déduit de la question **1** : $P(Y \leq x) = 1 - \left(\frac{x_0}{x_0 e^x}\right)^{\alpha}$.

Après simplification, on trouve : $P(Y \leq x) = 1 - e^{-\alpha x}$.

Finalement, la fonction de répartition de Y est la fonction G définie par :

$G(x) = \begin{cases} 0 & \text{si } x < 0 \\ 1 - e^{-\alpha x} & \text{si } x \geq 0 \end{cases}$. On en déduit que Y suit la loi exponentielle de paramètre α.

➪ *Méthode 33.3*

Exercice 33.5

1. • La restriction de f à $]-\infty, 1[$ est nulle donc positive ou nulle. La restriction de f à $[1, +\infty[$ est l'inverse du produit de l'identité par la racine carrée et est donc positive.
La fonction f est donc positive sur $\mathbb{R}$.

• La restriction de f à $]-\infty, 1[$ est nulle donc continue. La restriction de f à $]1, +\infty[$ est l'inverse du produit de deux fonctions usuelles qui ne s'annulent pas, elle est donc continue sur $]1, +\infty[$. La fonction f est donc continue sur $\mathbb{R}$, sauf peut-être en 1.

• Comme f est nulle sur $]-\infty, 1[$, alors l'intégrale $\int_{-\infty}^{1} f(t)\,dt$ converge et est égale à 0.

Pour tout $A \geq 1$, on a : $\int_1^A f(t)\,dt = \int_1^A \frac{1}{2t\sqrt{t}}\,dt = \left[-\frac{1}{\sqrt{t}}\right]_1^A = -\frac{1}{\sqrt{A}} + 1$. Comme $\lim\limits_{A \to +\infty} \frac{1}{\sqrt{A}} = 0$,

on peut conclure que $\int_1^{+\infty} f(t)\,dt$ converge et vaut 1.

Toujours par définition, l'intégrale $\int_{-\infty}^{+\infty} f(t)\,dt$ converge et vaut 1.

Conclusion : la fonction f est une densité de probabilité.

2. On sait que : $\forall x \in \mathbb{R},\ F(x) = \int_{-\infty}^{x} f(t)\,dt$.

• Si x est strictement inférieur à 1, f est nulle sur $]-\infty, x]$, on a donc : $F(x) = \int_{-\infty}^{x} 0\,dt = 0$.

• Sinon, grâce à la relation de Chasles, on a : $F(x) = \int_{-\infty}^{1} 0\,dt + \int_1^x \frac{1}{2t\sqrt{t}}\,dt = \left[-\frac{1}{\sqrt{t}}\right]_1^x = 1 - \frac{1}{\sqrt{x}}$.

Finalement, la fonction de répartition F de X est définie par : $F(x) = \begin{cases} 0 & \text{si } x < 1 \\ 1 - \frac{1}{\sqrt{x}} & \text{si } x \leq 1 \end{cases}$.

3. Pour tout A supérieur ou égal à 1, on a : $\int_1^A t\,f(t)\,dt = \int_1^A \frac{1}{2\sqrt{t}}\,dt = \left[\sqrt{t}\right]_1^A = \sqrt{A} - 1$.

Comme $\sqrt{A} - 1$ tend vers $+\infty$ quand A tend vers $+\infty$, on en déduit : $\lim\limits_{A \to +\infty} \int_1^A t\,f(t)\,dt = +\infty$.

Ainsi, l'intégrale $\int_1^{+\infty} t\,f(t)\,dt$ diverge donc $\int_{-\infty}^{+\infty} t\,f(t)\,dt$ aussi et X ne possède pas d'espérance.

Corrigé

4. Le support de X est $[1,+\infty[$ et $Z=\ln X$ donc le support de Z est $\mathbb{R}_+$. Notons $F_Z(x)$ la fonction de répartition de Z.

- Si $x<0$, on a $F_Z(x)=P(Z\leq x)=0$.
- De plus, pour tout réel x positif, comme la fonction exponentielle est une bijection croissante, on a : $F_Z(x)=P(Z\leq x)=P(\ln X\leq x)=P(X\leq e^x)=F(e^x)$.

Comme e^x est supérieur à 1, on obtient : $\forall x\geq 0,\ F_Z(x)=1-\dfrac{1}{\sqrt{e^x}}=1-e^{-\frac{1}{2}x}$.

Finalement, on a $F_Z(x)=\begin{cases}0 & \text{si } x<0\\ 1-e^{-\frac{1}{2}x} & \text{sinon}\end{cases}$ donc Z suit la loi exponentielle de paramètre $\dfrac{1}{2}$.

⇨ *Méthode 33.3*

Exercice 33.6

- On sait que $X(\Omega)=\mathbb{R}_+$ et on a $Y=e^{-X}$. Comme la fonction exponentielle établit une bijection de $\mathbb{R}_+$ vers $]0,1]$, on en déduit que $Y(\Omega)=]0,1]$.

Dès lors, on a : • $\forall x\leq 0$, $F_Y(x)=0$.
• $\forall x>1$, $F_Y(x)=1$.

- Pour tout x élément de $]0,1]$, on a : $F_Y(x)=P(Y\leq x)=P(e^{-X}\leq x)$.

Comme ln est une bijection croissante de $\mathbb{R}_+^*$ sur $\mathbb{R}$, on trouve :
$F_Y(x)=P(-X\leq \ln x)=P(X\geq -\ln x)=1-F_X(-\ln x)$.
Comme x appartient à $]0,1]$, $-\ln x$ est positif et on a : $F_Y(x)=1-\left(1-e^{\ln x}\right)=x$.

Finalement, on a : $F_Y(x)=\begin{cases}0 \text{ si } x\leq 0\\ x \text{ si } x\in]0,1]\\ 1 \text{ si } x>1\end{cases}$. On en conclut que Y suit la loi uniforme sur $]0,1]$.

⇨ *Méthode 33.4*

Exercice 33.7

1. La variable X prend ses valeurs dans $\mathbb{R}_+$ donc sa partie entière, Y, prend ses valeurs dans $\mathbb{N}$. Pour tout k de $\mathbb{N}$, $(Y=k)=(k\leq X<k+1)$, d'où l'on déduit, en passant aux probabilités : $P(Y=k)=P(k\leq X<k+1)=F_X(k+1)-F_X(k)$, où F_X désigne la fonction de répartition de X (la dernière égalité est vraie car X est une variable à densité, elle serait fausse dans le cas contraire). En remplaçant F_X par son expression, on trouve :

$$P(Y=k)=\left(1-e^{-\lambda(k+1)}\right)-\left(1-e^{-\lambda k}\right)=e^{-\lambda k}-e^{-\lambda(k+1)}$$

En mettant $e^{-\lambda k}$ en facteur, on obtient : $\forall k\in\mathbb{N}$, $P(Y=k)=e^{-\lambda k}(1-e^{-\lambda})$.

⇨ *Méthode 33.5*

2. a) On a : $Z(\Omega) = (Y+1)(\Omega) = \mathbb{N}^*$ et : $\forall k \in \mathbb{N}^*$, $P(Z=k) = P(Y+1=k) = P(Y=k-1)$.
Compte tenu du résultat de la question précédente, on obtient alors, pour tout k de $\mathbb{N}^*$:

$$P(Z=k) = e^{-\lambda(k-1)}(1-e^{-\lambda}) = (e^{-\lambda})^{k-1}(1-e^{-\lambda})$$

Comme λ est strictement positif, $e^{-\lambda}$ est plus petit que 1 donc : $1 > 1-e^{-\lambda} > 0$.
On peut alors affirmer que Z suit la loi géométrique de paramètre $1-e^{-\lambda}$.

b) Comme Z a une espérance et comme $Y = Z-1$ alors Y a aussi une espérance et, par propriété de l'espérance, on a : $E(Y) = E(Z) - 1 = \dfrac{1}{1-e^{-\lambda}} - 1 = \dfrac{e^{-\lambda}}{1-e^{-\lambda}} = \dfrac{1}{e^{\lambda}-1}$.

Exercice 33.8

1. a) Par définition, pour tout réel x, on a : $F(x) = \int_{-\infty}^{x} f(t)\,dt$.

Pour tout x négatif, on a, pour tout t de $]-\infty, x[$: $f(t) = \dfrac{1}{2}e^{t}$ (car $|t| = -t$).

Par conséquent : $\forall x<0$, $F(x) = \int_{-\infty}^{x} \dfrac{1}{2}e^{t}dt = \lim\limits_{A\to+\infty} \int_{A}^{x} \dfrac{1}{2}e^{t}dt = \lim\limits_{A\to+\infty} \left[\dfrac{1}{2}e^{t}\right]_{A}^{x} = \lim\limits_{A\to+\infty} \dfrac{1}{2}(e^{x} - e^{A})$.

Comme $\lim\limits_{A\to-\infty} e^{A} = 0$, on obtient : $\forall x < 0$, $F(x) = \dfrac{1}{2}e^{x}$.

b) Pour tout réel x positif, on a $F(x) = \int_{-\infty}^{0} f(t)\,dt + \int_{0}^{x} f(t)\,dt$.

Pour tout t de $]-\infty, 0[$, on a $f(t) = \dfrac{1}{2}e^{t}$ et, pour tout t de $[0, x]$, on a $f(t) = \dfrac{1}{2}e^{-t}$.

Par conséquent : $F(x) = \int_{-\infty}^{0} \dfrac{1}{2}e^{t}dt + \int_{0}^{x} \dfrac{1}{2}e^{-t}dt$.

D'après le calcul fait à la question précédente, on a : $\int_{-\infty}^{0} \dfrac{1}{2}e^{t}dt = \dfrac{1}{2}$.

De plus, $\int_{0}^{x} \dfrac{1}{2}e^{-t}dt = \left[-\dfrac{1}{2}e^{-t}\right]_{0}^{x} = -\dfrac{1}{2}(e^{-x}-1)$.

On a donc : $\forall x \geq 0$, $F(x) = \dfrac{1}{2} - \dfrac{1}{2}(e^{-x}-1)$. En arrangeant, on obtient : $\forall x \geq 0$, $F(x) = 1 - \dfrac{1}{2}e^{-x}$.

2. • Comme $Y = |X|$, on a $Y(\Omega) = \mathbb{R}_+$.
On en déduit que, pour tout x strictement négatif, on a $P(Y \leq x) = 0$, soit : $\forall x < 0$, $G(x) = 0$.

• Pour tout réel x positif, $G(x) = P(Y \leq x) = P(-x \leq X \leq x) = F(x) - F(-x)$.

Corrigé

D'après la question **1.b)**, comme $x \geq 0$, on a : $F(x) = 1-\frac{1}{2}e^{-x}$ et, d'après la question **1.a)**, comme $-x \leq 0$, on a : $F(-x) = \frac{1}{2}e^{-x}$ (expression valable même si $x = 0$, puisque F est continue en 0). Au final : $\forall x \geq 0$, $G(x) = 1-e^{-x}$.
D'après les deux points précédents, Y suit la loi exponentielle de paramètre 1.

⇨ *Méthode 33.1*

Chapitre 34
Convergence en probabilité Convergence en loi

Le mathématicien russe Pafnouti **Tchebychev** se lie d'amitié, lors d'un voyage en France, au statisticien Irénée Jules **Bienaymé**. Ils s'intéressent tous deux au calcul des probabilités. Le Russe démontre la loi faible des grands nombres à l'aide d'un résultat établi par son ami français et connu sous le nom d'inégalité de Bienaymé-Tchebychev. Ainsi, les deux hommes sont unis pour la postérité.

Pafnouti Tchebychev
1821-1894

■■ Objectifs

■ Les incontournables

▷ Savoir utiliser l'inégalité de Markov.

▷ Savoir utiliser l'inégalité de Bienaymé-Tchebychev.

▷ Connaître les définitions des convergences (en loi et en probabilité).

■ Et plus si affinités

▷ Savoir utiliser le théorème de la limite centrée.

Résumé de cours

Les résultats donnés dans ce chapitre seront généralisés dans le **tome 2**.

Convergence en probabilité

Inégalité de Markov

Théorème 34.1. — Si X est une variable aléatoire discrète, définie sur un espace probabilisé $(\Omega, \mathcal{A}, P)$, prenant des valeurs positives et possédant une espérance, alors on a :

$$\forall a > 0,\ P(X \geq a) \leq \frac{E(X)}{a}$$

⇨ **Méthode 34.1. Comment utiliser l'inégalité de Markov ?**

Inégalité de Bienaymé-Tchebychev

Théorème 34.2. — Si X est une variable aléatoire discrète, définie sur un espace probabilisé $(\Omega, \mathcal{A}, P)$ et possédant une espérance et une variance, alors on a :

$$\forall \varepsilon > 0,\ P(\left| X - E(X) \right| \geq \varepsilon) \leq \frac{V(X)}{\varepsilon^2}$$

⇨ **Méthode 34.2. Comment utiliser l'inégalité de Bienaymé-Tchebychev ?**

Remarque 34.1 — L'inégalité de Bienaymé-Tchebychev s'obtient en appliquant l'inégalité de Markov à la variable aléatoire $\left(X - E(X)\right)^2$ avec $a = \varepsilon^2$.

Remarque 34.2 — L'inégalité de Bienaymé-Tchebychev est universelle dans la mesure où elle ne dépend pas de la loi de X (seulement de son espérance et de sa variance), mais elle fournit un majorant assez grossier de la probabilité $P(\left| X - E(X) \right| \geq \varepsilon)$.

Convergence en probabilité

Définition 34.1. — Soit une variable aléatoire X et une suite $(X_n)_{n\in\mathbb{N}^*}$ de variables aléatoires, définies sur le même espace probabilisé. On dit que la suite $(X_n)_{n\in\mathbb{N}^*}$ converge en probabilité vers la variable aléatoire X si : $\forall \varepsilon > 0,\ \lim\limits_{n\to+\infty} P(\left| X_n - X \right| \geq \varepsilon) = 0$.

On note alors : $X_n \overset{P}{\to} X$.

⇨ **Méthode 34.3. Comment montrer qu'une suite de variables aléatoires converge en probabilité ?**

❑ Loi faible des grands nombres (cas particulier)

Théorème 34.3. — Soit $(X_n)_{n\in\mathbb{N}^*}$ une suite de variables aléatoires définies sur le même espace probabilisé et telles que X_n suit la loi $\mathcal{B}(n, p)$. Si l'on pose $Z_n = \dfrac{X_n}{n}$, alors la suite $(Z_n)_{n\in\mathbb{N}^*}$ converge en probabilité vers la variable certaine égale à p.

Plus précisément, on a : $\forall \varepsilon > 0,\ 0 \leq P(|Z_n - p| \geq \varepsilon) \leq \dfrac{p(1-p)}{n\varepsilon^2} \leq \dfrac{1}{4n\varepsilon^2}$.

Remarque 34.3 — La loi faible des grands nombres est une conséquence de l'inégalité de Bienaymé-Tchebychev : il suffit d'appliquer cette dernière à la variable aléatoire Z_n.

Remarque 34.4 — Ce résultat prouve que, lors d'une succession d'épreuves de Bernoulli, indépendantes, pour lesquelles la probabilité de succès est égale à p, la fréquence des succès (Z_n) converge en probabilité vers la probabilité théorique p du succès, ce qui justifie la notion de probabilité telle qu'elle a été définie historiquement à partir des propriétés de la fréquence statistique.

Remarque 34.5 — La deuxième inégalité s'obtient en prouvant que : $\forall p \in [0,1],\ p(1-p) \leq \dfrac{1}{4}$.

■ Convergence en loi

❑ Définitions

Définition 34.2. — Soit $(X_n)_{n\in\mathbb{N}^*}$ une suite de variables aléatoires définies sur $(\Omega, \mathcal{A}, P)$.

Pour tout entier naturel n, on note F_n la fonction de répartition de X_n. Soit X une variable aléatoire définie également sur $(\Omega, \mathcal{A}, P)$ et de fonction de répartition F.

On dit que la suite $(X_n)_{n\in\mathbb{N}^*}$ converge en loi vers X si, en tout point x où F est continue, on a :

$$\lim_{n\to+\infty} F_n(x) = F(x)$$

Notation. 34.1— Pour écrire que la suite $(X_n)_{n\in\mathbb{N}^*}$ converge en loi vers X, on note : $X_n \xrightarrow{L} X$.

⇨ **Méthode 34.4. Comment montrer qu'une suite de variables aléatoires converge en loi ?**

Théorème 34.4. — Soit $(X_n)_{n\in\mathbb{N}^*}$ une suite de variables aléatoires discrètes et X une variable aléatoire discrète. On suppose que les supports de toutes ces variables sont inclus dans un ensemble K. La suite $(X_n)_{n\in\mathbb{N}^*}$ converge en loi vers X si et seulement si :

$$\forall k \in K,\ \lim_{n\to+\infty} P(X_n = k) = P(X = k).$$

⇨ **Méthode 34.5. Comment montrer qu'une suite de variables discrètes converge en loi vers une variable discrète ?**

Théorème 34.5. — Soit λ un réel strictement positif. Si $(X_n)_{n\in\mathbb{N}^*}$ est une suite de variables aléatoires, définies sur le même espace probabilisé $(\Omega, \mathcal{A}, P)$, et telles que, pour tout entier naturel n non nul, X_n suit la loi binomiale $\mathcal{B}(n, p_n)$, avec $\lim\limits_{n\to+\infty} n\,p_n = \lambda$, alors la suite $(X_n)_{n\in\mathbb{N}^*}$ converge en loi vers une variable aléatoire X suivant la loi de Poisson de paramètre λ.

Remarque 34.6 — Ce théorème sera démontré à l'**exercice 34.8**.

❑ Théorème de la limite centrée (pour la loi binomiale)

Théorème 34.6. — Soit $(X_n)_{n\in\mathbb{N}^*}$ une suite de variables aléatoires définies sur le même espace probabilisé, indépendantes, et telles que X_n suit la loi $\mathcal{B}(n, p)$.

En notant X_n^* la variable centrée réduite associée à X_n, la suite $(X_n^*)_{n\in\mathbb{N}^*}$ converge en loi vers une variable aléatoire suivant la loi normale centrée réduite. On a donc :

$$\forall x \in \mathbb{R}, \quad \lim_{n\to+\infty} P(X_n^* \leq x) = \Phi(x)$$

Remarque 34.7 — Si X_n suit la loi $\mathcal{B}(n, p)$, on a $X_n^* = \dfrac{X_n - np}{\sqrt{np(1-p)}}$.

❑ Théorème de la limite centrée (pour la loi de Poisson)

Théorème 34.7. — Soit $(X_n)_{n\in\mathbb{N}^*}$ une suite de variables aléatoires définies sur le même espace probabilisé, indépendantes, et telles que X_n suit la loi $\mathcal{P}(n\lambda)$.

En notant X_n^* la variable centrée réduite associée à X_n, la suite $(X_n^*)_{n\in\mathbb{N}^*}$ converge en loi vers une variable aléatoire suivant la loi normale centrée réduite. On a donc :

$$\forall x \in \mathbb{R}, \quad \lim_{n\to+\infty} P(X_n^* \leq x) = \Phi(x)$$

⇨ **Méthode 34.6. Comment utiliser le théorème de la limite centrée ?**

Remarque 34.8 — Si X_n suit la loi $\mathcal{P}(n\lambda)$, on a $X_n^* = \dfrac{X_n - n\lambda}{\sqrt{n\lambda}}$.

Méthodes

Convergence en probabilité

Méthode 34.1. Comment utiliser l'inégalité de Markov ?

Souvent, on reconnaît qu'il faut se servir de l'inégalité de Markov parce que l'on veut majorer une probabilité.

⇨ Exercices 34.1, 34.2

Exemple 1. Soit X une variable suivant la loi de Poisson de paramètre λ (avec $\lambda > 0$).

Montrer que : $P\left(X \geq \lambda^2\right) \leq \dfrac{1}{\lambda}$.

En appliquant l'inégalité de Markov à la variable aléatoire X (qui est bien à valeurs positives) dont l'espérance vaut λ et en choisissant $a = \lambda^2 > 0$, on obtient : $P\left(X \geq \lambda^2\right) \leq \dfrac{\lambda}{\lambda^2}$.

En simplifiant, on trouve bien : $P\left(X \geq \lambda^2\right) \leq \dfrac{1}{\lambda}$.

Méthode 34.2. Comment utiliser l'inégalité de Bienaymé-Tchebychev ?

Souvent, on reconnaît qu'il faut se servir de l'inégalité de Bienaymé-Tchebychev grâce aux valeurs absolues présentes dans la probabilité que l'on veut majorer.

⇨ Exercices 34.1, 34.6

Exemple. Soit X une variable suivant la loi de Poisson de paramètre λ (avec $\lambda > 0$).

Montrer que : $P\left(\left| X - \lambda \right| \geq \lambda\right) \leq \dfrac{1}{\lambda}$.

En appliquant l'inégalité de Bienaymé-Tchebychev à la variable aléatoire X dont l'espérance vaut λ et la variance λ, et en choisissant $\varepsilon = \lambda > 0$, on obtient : $P\left(\left| X - \lambda \right| \geq \lambda\right) \leq \dfrac{1}{\lambda}$.

En simplifiant, on trouve bien : $P\left(\left| X - \lambda \right| \geq \lambda^2\right) \leq \dfrac{1}{\lambda^3}$

❑ Méthode 34.3. Comment montrer qu'une suite de variables aléatoires converge en probabilité ?

• Dans la majorité des cas, on écrit l'inégalité de Bienaymé-Tchebychev pour une suite $(X_n)_{n\in\mathbb{N}^*}$ dont l'espérance est constante (égale à m) puis, par positivité d'une probabilité, on en déduit l'encadrement :

$$\forall\varepsilon>0,\ 0\leq P(\left|X_n-m\right|\geq\varepsilon)\leq\frac{V(X_n)}{\varepsilon^2}$$

Il reste à prouver que la variance de X_n tend vers 0 et on conclut par encadrement que la suite $(X_n)_{n\in\mathbb{N}^*}$ converge en probabilité vers la variable certaine égale à m.

• Pour les cas pathologiques, il faut se laisser guider par l'énoncé (rendez-vous au **tome 2**).

⇨ **Exercice 34.6**

Exemple. Soit une suite $(X_n)_{n\in\mathbb{N}^*}$ de variables aléatoires, définies sur un même espace probabilisé, indépendantes, et qui suivent toutes la loi de Poisson de paramètre λ.

Pour tout n de $\mathbb{N}^*$, on pose $S_n=\frac{1}{n}\sum_{i=1}^{n}X_i$. Montrer que la suite (S_n) converge en probabilité vers la variable certaine égale à λ.

On a par linéarité de l'espérance : $E(S_n)=\frac{1}{n}\sum_{i=1}^{n}E(X_i)=\frac{1}{n}\sum_{i=1}^{n}\lambda=\frac{1}{n}\times n\lambda=\lambda$.

par propriété de la variance, on a $V(S_n)=\frac{1}{n^2}V\left(\sum_{i=1}^{n}X_i\right)$, puis par indépendance des variables X_i, on obtient : $V(S_n)=\frac{1}{n^2}V\left(\sum_{i=1}^{n}X_i\right)=\frac{1}{n^2}\sum_{i=1}^{n}V(X_i)=\frac{1}{n^2}\sum_{i=1}^{n}\lambda=\frac{1}{n^2}\times n\lambda=\frac{\lambda}{n}$.

L'inégalité de Bienaymé-Tchebychev, appliquée à la variable aléatoire S_n s'écrit :

$$\forall\varepsilon>0,\ 0<P(\left|S_n-\lambda\right|\geq\varepsilon)\leq\frac{\lambda}{n\varepsilon^2}.$$

Comme $\lim_{n\to+\infty}\frac{\lambda}{n\varepsilon^2}=0$, on a, par encadrement : $\forall\varepsilon>0,\ \lim_{n\to+\infty}P(\left|S_n-\lambda\right|\geq\varepsilon)=0$.

Ceci démontre bien le résultat annoncé.

■ Convergence en loi

❑ Méthode 34.4. Comment montrer qu'une suite de variables aléatoires converge en loi ?

La convergence en loi est la "convergence des fonctions de répartitions". Il s'agit donc de faire un calcul de limite. La suite $(X_n)_{n\in\mathbb{N}}$ (dont on note les fonctions de répartition F_n) converge en loi vers X (de fonction de répartition F) si, en tout point x où F est continue, on a :

$$\lim_{n\to+\infty} F_n(x) = F(x)$$

⇨ Exercice 34.7

Exemple. Soit X une variable aléatoire à densité. Pour tout entier naturel n non nul, on pose :

$$X_n = X\, e^{\frac{1}{n}}$$

Montrer que la suite (X_n) converge en loi vers X.

Notons F (respectivement F_n) la fonction de répartition de X (respectivement X_n).
Pour tout réel x, on a :

$$F_n(x) = P(X_n \leq x) = P(X\, e^{\frac{1}{n}} \leq x) = P(X \leq x\, e^{-\frac{1}{n}}) = F(x\, e^{-\frac{1}{n}}).$$

Comme $\lim\limits_{n\to+\infty} x\, e^{-\frac{1}{n}} = x$ et comme F est continue sur $\mathbb{R}$ (c'est la fonction de répartition d'une variable aléatoire *à densité*), on obtient : $\lim\limits_{n\to+\infty} F_n(x) = \lim\limits_{n\to+\infty} F(x\, e^{-\frac{1}{n}}) = F(x)$.
La suite (X_n) converge en loi vers X.

❑ Méthode 34.5. Comment montrer qu'une suite de variables discrètes converge en loi vers une variable discrète ?

Pour montrer qu'une suite (X_n) de variables aléatoires discrètes converge en loi vers une variable discrète X, il suffit de montrer que la suite des probabilités $P(X_n = k)$ converge vers la probabilité $P(X = k)$.

⇨ Exercice 34.8

Exemple. Soit une suite $(X_n)_{n\in\mathbb{N}^*}$ de variables aléatoires telles que, pour tout n de $\mathbb{N}^*$, X_n suit la loi $\mathcal{P}(\frac{1}{n})$.

Montrer que la suite $(X_n)_{n\in\mathbb{N}^*}$ converge en loi vers la variable certaine égale à 0.

Pour tout entier naturel k, on a : $P(X_n = k) = \dfrac{1}{n^k k!} e^{-\frac{1}{n}}$

On a : $\lim\limits_{n \to +\infty} P(X_n = 0) = \lim\limits_{n \to +\infty} e^{-\frac{1}{n}} = 1$

On a aussi : $\forall k \geq 1,\ \lim\limits_{n \to +\infty} P(X_n = k) = \lim\limits_{n \to +\infty} \dfrac{1}{n^k k!} e^{-\frac{1}{n}} = 0$ (car $\lim\limits_{n \to +\infty} \dfrac{1}{n^k} = 0$).

On a bien montré que la suite $(X_n)_{n \in \mathbb{N}^*}$ converge en loi vers la variable certaine égale à 0.

❑ Méthode 34.6. Comment utiliser le théorème de la limite centrée ?

On pense au théorème de la limite centrée dès que l'on cherche la limite d'une probabilité concernant une variable aléatoire suivant la loi $\mathcal{B}(n, p)$ ou la loi $\mathcal{P}(n\lambda)$.

⇨ **Exercices 34.3, 34.4, 34.5, 34.6**

Exemple. Pour tout entier naturel n, on considère une variable aléatoire S_n suivant la loi binomiale de paramètres n et p (avec $0 < p < 1$). Déterminer $\lim\limits_{n \to +\infty} P(S_n \leq np)$.

On a $E(S_n) = np$ et $V(S_n) = np(1-p)$ donc $S_n^* = \dfrac{S_n - np}{\sqrt{np(1-p)}}$.

On a alors : $(S_n \leq np) = (S_n - np \leq 0) = \left(\dfrac{S_n - np}{\sqrt{np(1-p)}} \leq 0 \right)$, car $\sqrt{np(1-p)} > 0$.

Au final, on obtient : $(S_n \leq np) = (S_n^* \leq 0)$.

D'après le théorème de la limite centrée, on a : $\lim\limits_{n \to +\infty} P(S_n^* \leq 0) = \Phi(0)$. D'après l'égalité obtenue une ligne au dessus et en se souvenant que $\Phi(0) = \dfrac{1}{2}$, on a : $\lim\limits_{n \to +\infty} P(S_n \leq np) = \dfrac{1}{2}$.

■■ Vrai/Faux

Dans la suite X désigne une variable aléatoire discrète ayant une espérance et une variance.

		Vrai	Faux
1.	$\forall \varepsilon > 0,\ P(\lvert X - E(X)\rvert < \varepsilon) \leq 1 - \dfrac{V(X)}{\varepsilon^2}$.	☐	☐
2.	$\forall \varepsilon > 0,\ P(X - E(X) \geq \varepsilon) \leq \dfrac{V(X)}{\varepsilon^2}$.	☐	☐
3.	$\forall \varepsilon > 0,\ P(\lvert X - E(X)\rvert > \varepsilon) \leq \dfrac{V(X)}{\varepsilon^2}$.	☐	☐
4.	Si $E(X) = 3$ et $V(X) = \dfrac{3}{2}$, alors : $P(\lvert X - 3\rvert \geq 2) \leq \dfrac{3}{8}$.	☐	☐
5.	Si X est à valeurs positives et si $E(X) = 1$ alors : $P(X \geq 4) \leq \dfrac{1}{4}$.	☐	☐
6.	Si X est à valeurs positives et si $E\left(X^2\right) = 1$, alors : $P(X \geq 2) \leq \dfrac{1}{4}$.	☐	☐
7.	Il n'existe pas de valeur de ε ($\varepsilon > 0$) pour laquelle l'inégalité de Bienaymé-Tchebychev n'est pas performante.	☐	☐
8.	Si X est une variable aléatoire possédant un moment d'ordre 2, alors on a : $\forall \varepsilon > 0,\ P(\lvert X\rvert \geq \varepsilon) \leq \dfrac{E(X^2)}{\varepsilon^2}$.	☐	☐
9.	Une suite $(X_n)_{n\in\mathbb{N}^*}$ de variables aléatoires discrètes peut converger en loi vers une variable aléatoire X à densité.	☐	☐
10.	Si S_n est une variable aléatoire suivant la loi $\mathcal{P}(n)$, alors on a : $$\lim_{n\to+\infty} P(S_n > n) = \frac{1}{2}$$	☐	☐

Énoncé des exercices

❑ **Exercice 34.1.** — Soit n un entier naturel non nul et X une variable aléatoire suivant la loi géométrique de paramètre $\frac{1}{n}$.

1. Montrer que : $P\left(X \geq n^2\right) \leq \frac{1}{n}$.

2. a) Montrer que $P\left(\left|X-n\right| \geq n\right) \leq 1-\frac{1}{n}$.

b) En déduire que $P\left(X \geq 2n\right) \leq 1-\frac{1}{n}$.

❑ **Exercice 34.2.** — Soit a un réel et X une variable aléatoire suivant la loi binomiale de paramètres n et p, avec $n \in \mathbb{N}^*$ et $0 < p < 1$.

1. Calculer, pour tout réel t, l'espérance de la variable aléatoire e^{tX}.

2. Montrer que, pour tout réel t strictement positif, on a : $P\left(X \geq a\right) \leq e^{-ta}\left(1-p+pe^t\right)^n$.

❑ **Exercice 34.3.** — Soit $(X_n)_{n\in\mathbb{N}^*}$ une suite de variables aléatoires définies sur le même espace probabilisé, indépendantes, et telles que X_n suit la loi $\mathcal{B}(n, p)$, avec $n \in \mathbb{N}^*$ et $0 < p < 1$.
En utilisant le théorème de la limite centrée, calculer $\lim\limits_{n\to+\infty} P\left(X_n > np\right)$.

❑ **Exercice 34.4.*** — On considère une variable aléatoire Y_k suivant la loi de Poisson de paramètre $5\,k$ (avec k entier naturel).

1. Rappeler sans démonstration la valeur de $E(Y_k)$ et $V(Y_k)$.

2. Justifier l'existence d'un unique réel t_0 strictement positif tel que : $\int_{-\infty}^{t_0} \frac{1}{\sqrt{2\pi}} e^{-\frac{x^2}{2}}\,dx = 0{,}99$.

3. Établir le résultat limite suivant : $\lim\limits_{k\to+\infty} P(Y_k - 5k > t_0\sqrt{5k}) = 0{,}01$.

D'après ESSEC

❑ **Exercice 34.5.*** — Pour tout n de $\mathbb{N}^*$, on pose $u_n = e^{-n}\sum\limits_{i=0}^{n}\frac{n^i}{i!}$.

On considère une suite $(X_n)_{n\in\mathbb{N}^*}$ de variables aléatoires, définies sur un même espace probabilisé $(\Omega, \mathcal{A}, P)$, indépendantes, et qui suivent toutes la loi de Poisson de paramètre n.

1. Donner l'espérance et la variance de X_n.

2. Pour tout n de $\mathbb{N}^*$, exprimer u_n à l'aide de la variable aléatoire X_n.

3. En déduire, en appliquant le théorème de la limite centrée, la valeur de $\lim\limits_{n\to+\infty} u_n$.

D'après HEC

❑ **Exercice 34.6.** — On considère une suite $(S_n)_{n\in\mathbb{N}^*}$ de variables aléatoires indépendantes, définies sur le même espace probabilisé $(\Omega, \mathcal{A}, P)$, et suivant toutes la loi binomiale de paramètres n et $\frac{1}{2}$

1. Donner l'espérance et la variance de S_n, puis celles de $\frac{S_n}{n}$.

2. a) Montrer que, pour tout réel ε strictement positif, on peut trouver une constante K_ε telle que, pour tout entier n supérieur ou égal à 1, on ait l'égalité : $P\left(\left|\frac{S_n}{n}-\frac{1}{2}\right| \geq \varepsilon\right) \leq \frac{K_\varepsilon}{n}$.

Quelle est la limite en probabilité de la suite $(\frac{S_n}{n})$?

b) En déduire que, pour tout réel r vérifiant $0 < r < \frac{1}{2}$, on a : $\lim\limits_{n\to+\infty} P\left(\left|\frac{S_n}{n}-\frac{1}{2}\right| \geq \frac{1}{n^r}\right) = 0$.

3. En utilisant le théorème de la limite centrée, montrer d'autre part que $P\left(\left|\frac{S_n}{n}-\frac{1}{2}\right| \geq \frac{1}{\sqrt{n}}\right)$ admet une limite non nulle lorsque n tend vers $+\infty$.

D'après HEC

❑ **Exercice 34.7.**** — Toutes les variables aléatoires intervenant dans cet exercice sont supposées définies sur le même espace probabilisé $(\Omega, \mathcal{A}, P)$.

1. On considère la suite de fonction $(f_n)_{n\in\mathbb{N}^*}$ définie par :

$$f_n(x) = \begin{cases} 1-\cos(2n\pi x) & \text{si } x \in [0, 1] \\ 0 & \text{sinon} \end{cases}$$

Vérifier que, pour tout n de $\mathbb{N}^*$, f_n est une densité de probabilité.

On considère une suite $(X_n)_{n\in\mathbb{N}^*}$ de variables aléatoires ayant toutes f_n comme densité.

2. a) Pour tout n de $\mathbb{N}^*$, déterminer la fonction de répartition F_n de X_n.

b) En déduire que la suite $(X_n)_{n\in\mathbb{N}^*}$ converge en loi vers une variable aléatoire dont on donnera la loi.

❑ **Exercice 34.8.**** — Démonstration du **théorème 34.5**. Soit λ un réel strictement positif. On considère une suite $(X_n)_{n\in\mathbb{N}^*}$ de variables aléatoires, définies sur un même espace probabilisé, et telles que X_n suit la loi binomiale $\mathcal{B}(n, p_n)$, avec $\lim\limits_{n\to+\infty} n p_n = \lambda$

1. Écrire, pour tout k de $[\![0, n]\!]$, la probabilité $P(X_n = k)$ en fonction de k, n et p_n.

2. a) Montrer que : $\binom{n}{k} \underset{n\to+\infty}{\sim} \dfrac{n^k}{k!}$.

b) Montrer que : $\lim\limits_{n\to+\infty} (n-k)\ln\left(1-p_n\right) = -\lambda$.

c) Conclure que : $\lim\limits_{n\to+\infty} P(X_n = k) = \dfrac{\lambda^k}{k!}e^{-\lambda}$.

❑ **Exercice 34.9.** ** — Démonstration de l'inégalité de Markov (une démonstration plus générale incluant les variables à densité sera donnée dans le **tome 2**).

Soit Y une variable aléatoire discrète, à valeurs positives et ayant une espérance.

On note $Y(\Omega) = \{y_0, y_1, ..., y_n, ...\}$.

Montrer, en minorant $E(Y)$, que : $\forall a > 0,\ P(Y \geq a) \leq \dfrac{E(Y)}{a}$.

■ Pour vous aider à démarrer

Exercice 34.1. Pour la question **1**, utiliser l'inégalité de Markov.
Pour la question **2.a)**, utiliser l'inégalité de Bienaymé-Tchebychev.
Exercice 34.2. Pour la question **2**, utiliser l'inégalité de Markov.
Exercice 34.4. Pour la question **2**, remarquer que Φ est une bijection strictement croissante de $\mathbb{R}$ sur $]0,1[$.
Pour la question **3**, utiliser le théorème de la limite centrée.
Exercice 34.5. Pour la question **2**, vérifier que $u_n = P(X_n \leq n)$.
Exercice 34.6. Pour la question **2.a)**, utiliser l'inégalité de Bienaymé-Tchebychev.
Exercice 34.7. Pour la question **2.a)**, distinguer 3 cas : $x < 0$, $x \in [0,1]$ et $x > 1$.
Exercice 34.8. Pour la question **2.a)**, écrire $\binom{n}{k} = \dfrac{n(n-1)...(n-k+1)}{k!}$.
Pour la question **2.b)**, utiliser un équivalent de $\ln\left(1-p_n\right)$.
Pour la question **2.c)**, la continuité d'exponentielle en $-\lambda$ permet de conclure.
Exercice 34.9. Partager $Y\left(\Omega\right)$ en deux sous-ensembles : l'un contenant les y_k inférieurs strictement à a et l'autre les y_k supérieurs ou égaux à a.

Corrigé des vrai/faux

1.	2.	3.	4.	5.	6.	7.	8.	9.	10.
F	V	V	V	V	V	F	V	V	V

1. D'après l'inégalité de Bienaymé Tchebychev, on a : $\forall \varepsilon > 0,\ P(\lvert X - E(X)\rvert \geq \varepsilon) \leq \dfrac{V(X)}{\varepsilon^2}$.

On en déduit : $P(\lvert X - E(X)\rvert < \varepsilon) = 1 - P(\lvert X - E(X)\rvert \geq \varepsilon) \geq 1 - \dfrac{V(X)}{\varepsilon^2}$.

Remarque. Méfiance lorsque l'on multiplie les deux membres d'une inégalité par un nombre négatif (ici -1), l'inégalité change de sens.

2. Par propriété de la valeur absolue, on a :
$\forall \varepsilon > 0,\ \left(\lvert X - E(X)\rvert \geq \varepsilon\right) = \left(X - E(X) \geq \varepsilon\right) \cup \left(X - E(X) \leq -\varepsilon\right)$.

On en déduit : $\left(X - E(X) \geq \varepsilon\right) \subset \left(\lvert X - E(X)\rvert \geq \varepsilon\right)$.

On obtient alors : $P\left(X - E(X) \geq \varepsilon\right) \leq P\left(\lvert X - E(X)\rvert \geq \varepsilon\right)$.

Grâce à l'inégalité de Bienaymé Tchebychev, on trouve : $P(X - E(X) \geq \varepsilon) \leq \dfrac{V(X)}{\varepsilon^2}$.

3. On a : $\forall \varepsilon > 0,\ (\lvert X - E(X)\rvert > \varepsilon) \subset (\lvert X - E(X)\rvert \geq \varepsilon)$.

On obtient alors : $P(\lvert X - E(X)\rvert > \varepsilon) \leq P(\lvert X - E(X)\rvert \geq \varepsilon)$.

Grâce à l'inégalité de Bienaymé Tchebychev, on trouve : $P(\lvert X - E(X)\rvert > \varepsilon) \leq \dfrac{V(X)}{\varepsilon^2}$.

4. En appliquant l'inégalité de Bienaymé Tchebychev à la variable X pour $\varepsilon = 2$, on obtient :
$P(\lvert X - E(X)\rvert \geq 2) \leq \dfrac{V(X)}{4}$.

Les valeurs de l'espérance et de la variance donnent bien : $P(\lvert X - 3\rvert \geq 2) \leq \dfrac{3}{8}$.

5. Si X est à valeurs positives et si $E(X) = 1$, on peut appliquer l'inégalité de Markov, avec $a = 4$ et on trouve bien : $P(X \geq 4) \leq \dfrac{1}{4}$.

6. Comme $E\left(X^2\right) = 1$, on peut appliquer l'inégalité de Markov à la variable X^2 (qui est bien positive) avec $a = 4$ et on trouve : $P(X^2 \geq 4) \leq \dfrac{1}{4}$.

Pour terminer, comme la fonction $x \mapsto \sqrt{x}$ est une bijection strictement croissante de $\mathbb{R}_+$ sur $\mathbb{R}_+$, on a $(X^2 \geq 4) = (|X| \geq 2)$, mais X est à valeurs positives donc on a finalement $(X^2 \geq 4) = (X \geq 2)$. On obtient finalement : $P(X \geq 2) \leq \frac{1}{4}$.

7. Si l'on choisit $\varepsilon = \sqrt{V(X)}$, alors l'inégalité de Bienaymé-Tchebychev donne :
$P(|X - E(X)| \geq \varepsilon) \leq 1$, ce que l'on sait déjà car une probabilité est majorée par 1. Dans ce cas, l'inégalité n'est pas performante. Pour $\varepsilon < \sqrt{V(X)}$, c'est encore pire !

8. Si on écrit l'inégalité de Markov pour la variable aléatoire X^2, qui est bien positive, en prenant $a = \varepsilon^2 > 0$, on obtient : $P(X^2 \geq \varepsilon^2) \leq \frac{E(X^2)}{\varepsilon^2}$.

Comme au **V/F 6**, on a $(X^2 \geq \varepsilon^2) = (|X| \geq |\varepsilon|) = (|X| \geq \varepsilon)$, car $\varepsilon > 0$, et on trouve :

$$\forall \varepsilon > 0,\ P(|X| \geq \varepsilon) \leq \frac{E(X^2)}{\varepsilon^2}$$

9. Chacune des deux versions du théorème de la limite centrée prouve qu'une suite de variables aléatoires discrètes peut converger vers une variable aléatoire à densité (en l'occurrence, une variable suivant la loi normale centrée réduite).

10. Comme S_n suit la loi la loi $\mathcal{P}(n)$, on a $E(S_n) = n$ et $V(S_n = n)$.

Dès lors, en notant S_n^* la variable centrée réduite associée à S_n, on peut écrire :

$$(S_n > n) = (S_n - n > 0) = \left(\frac{S_n - n}{\sqrt{n}} > 0\right) = (S_n^* > 0)$$

D'après le théorème de la limite centrée on sait que: $\lim\limits_{n \to +\infty} P(S_n^* \leq 0) = \Phi(0) = \frac{1}{2}$.

Comme $P(S_n^* > 0) = 1 - P(S_n^* \leq 0)$, on en déduit $\lim\limits_{n \to +\infty} P(S_n^* > 0) = \frac{1}{2}$.

On peut conclure que $\lim\limits_{n \to +\infty} P(S_n > n) = \frac{1}{2}$.

❑ Les erreurs classiques

- Il faut éviter les erreurs dues à la manipulation de l'inclusion.
- Il est également bon de ne pas se tromper sur les propriétés de la valeur absolue, notamment celles qui concernent des inégalités.

Corrigé des exercices

Exercice 34.1

1. La variable aléatoire X est à valeurs positives donc on peut lui appliquer l'inégalité de Markov : $\forall a>0$, $P(X \geq a) \leq \frac{E(X)}{a}$.

En se souvenant que $E(X)=n$ et en faisant $a=n^2>0$, on obtient : $P(X \geq n^2) \leq \frac{1}{n}$.

⇨ *Méthode 34.1*

2. a) L'inégalité de Bienaymé-Tchebychev s'écrit : $\forall \varepsilon>0$, $P(|X-E(X)| \geq \varepsilon) \leq \frac{V(X)}{\varepsilon^2}$.

Comme $E(X)=n$ et $V(X)=\frac{1-\frac{1}{n}}{\frac{1}{n^2}}=n(n-1)$, on a : $\forall \varepsilon>0$, $P(|X-n)| \geq \varepsilon) \leq \frac{n(n-1)}{\varepsilon^2}$

Il reste à choisir $\varepsilon=n$ (qui est bien strictement positif), et on trouve : $P(|X-n| \geq n) \leq 1-\frac{1}{n}$.

⇨ *Méthode 34.2*

b) On écrit l'événement $(|X-n| \geq n)$ sans les valeurs absolues, ce qui donne :

$(|X-n| \geq n)=(X-n \geq n) \cup (X-n \leq -n)=(X \geq 2n) \cup (X \leq 0)$.

Comme $X(\Omega)=\mathbb{N}^*$, on a $(X \leq 0)=\varnothing$ et il reste : $(|X-n| \geq n)=(X \geq 2n)$

D'après la question **2.a)**, on obtient : $P(X \geq 2n) \leq 1-\frac{1}{n}$.

Exercice 34.2

1. La variable aléatoire e^{tX} est finie donc possède une espérance et, d'après le théorème de transfert, on a : $E(e^{tX})=\sum_{k=0}^{n} e^{tk}\binom{n}{k}p^k(1-p)^{n-k}$

En regroupant les facteurs d'exposant k, on en déduit, avec la formule du binôme :

$$E(e^{tX})=\sum_{k=0}^{n}\binom{n}{k}(pe^t)^k(1-p)^{n-k}=(1-p+pe^t)^n$$

2. On pense à utiliser l'inégalité de Markov appliquée à la variable X, mais le réel a n'est pas strictement positif et de plus, on ne voit pas trop comment on trouverait le membre de droite de l'inégalité proposée. Il faut ruser… Comme t est strictement positif, on a : $(X \geq a) = (tX \geq ta)$.
De plus, comme la fonction exponentielle est une bijection strictement croissante de $\mathbb{R}$ vers $\mathbb{R}_+^*$, on a : $(X \geq a) = (tX \geq ta) = \left(e^{tX} \geq e^{ta}\right)$.
On applique alors l'inégalité de Markov à la variable e^{tX} (qui est bien sûr à valeurs positives) et on obtient (e^{ta} est strictement positif) : $P\left(e^{tX} \geq e^{ta}\right) \leq \dfrac{E\left(e^{tX}\right)}{e^{ta}}$.
D'après la première question, ceci devient : $P\left(e^{tX} \geq e^{ta}\right) \leq e^{-ta}\left(1-p+pe^t\right)^n$
Finalement, pour tout réel t strictement positif, on a : $P(X \geq a) \leq e^{-ta}\left(pe^t + 1 - p\right)^n$.

➪ *Méthode 34.1*

Exercice 34.3

Soit X_n^* la variable centrée réduite associée à X_n. On a : $X_n^* = \dfrac{X_n - E(X_n)}{\sqrt{V(X_n)}} = \dfrac{X_n - np}{\sqrt{np(1-p)}}$.

On peut alors écrire sans risque, puisque $np(1-p) > 0$:

$$P(X_n > np) = P(X_n - np > 0) = P\left(\frac{X_n - np}{\sqrt{np(1-p)}} > 0\right) = P(X_n^* > 0) = 1 - P(X_n^* \leq 0).$$

D'après le théorème de la limite centrée (cas de la loi binomiale), on a :

$$\lim_{n \to +\infty} P(X_n^* \leq 0) = \Phi(0) = \frac{1}{2}$$

Par conséquent, on obtient : $\lim\limits_{n \to +\infty} P(X_n > np) = 1 - \dfrac{1}{2} = \dfrac{1}{2}$.

➪ *Méthode 34.6*

Exercice 34.4

1. D'après le cours, on a : $E(Y_k) = V(Y_k) = 5k$.

2. La fonction $\Phi : t \mapsto \displaystyle\int_{-\infty}^{t} \frac{1}{\sqrt{2\pi}} e^{-\frac{x^2}{2}} dx$ est la fonction de répartition d'une variable aléatoire suivant la loi normale centrée réduite. Cette fonction est strictement croissante sur $\mathbb{R}$ (sa dérivée φ est strictement positive) et elle est continue (fonction de répartition d'une variable à densité), elle réalise donc une bijection de $\mathbb{R}$ sur $]0,1[$.
Ainsi pour tout y de $]0,1[$, il existe un unique réel t tel que $\Phi(t) = y$.
En particulier, pour $y = 0,99$, il existe un unique réel t_0 tel que $\Phi(t_0) = 0,99$.

De plus, comme $\Phi(0)=\frac{1}{2}$, on a : $\Phi(t_0)>\Phi(0)$. Puisque Φ est strictement croissante sur $\mathbb{R}$, on obtient : $t_0>0$.

Finalement, il existe un unique réel t_0 strictement positif tel que : $\int_{-\infty}^{t_0}\frac{1}{\sqrt{2\pi}}e^{-\frac{x^2}{2}}dx=0,99$.

3. On a : $P\left(Y_k-5k>t_0\sqrt{5k}\right)=P\left(\frac{Y_k-5k}{\sqrt{5k}}>t_0\right)=1-P\left(\frac{Y_k-E(Y_k)}{\sqrt{V(Y_k)}}\leq t_0\right)=1-P\left(Y_k^*\leq t_0\right)$.

Grâce au théorème de la limite centrée (cas de la loi de Poisson), on obtient :

$$\lim_{k\to+\infty}P\left(Y_k^*\leq t_0\right)=\Phi(t_0)$$

On conclut, grâce à la question **2** : $\lim_{k\to+\infty}P\left(Y_k-5k>t_0\sqrt{5k}\right)=1-\Phi(t_0)=0,01$.

⇨ *Méthode 34.6*

Exercice 34.5

1. La variable X_n suit la loi de Poisson de paramètre n donc : $E(X_n)=V(X_n)=n$.

2. Pour tout entier naturel n non nul, on a :

$$u_n=\sum_{i=0}^{n}\frac{n^i}{i!}e^{-n}=\sum_{i=0}^{n}P(X_n=i)=P\left(\bigcup_{i=0}^{n}(X_n=i)\right)=P(X_n\leq n).$$

3. Pour tout entier naturel n non nul, on a alors :

$$u_n=P(X_n-n\leq 0)=P(X_n-E(X_n)\leq 0)=P\left(\frac{X_n-E(X_n)}{\sqrt{V(X_n)}}\leq 0\right)=P(X_n^*\leq 0).$$

En appliquant le théorème de la limite centrée (cas de la loi de Poisson), on en déduit :

$$\lim_{n\to+\infty}u_n=\Phi(0)=\frac{1}{2}$$

⇨ *Méthode 34.6*

Exercice 34.6

1. La variable aléatoire S_n suit la loi binomiale de paramètres n et $\frac{1}{2}$ donc :

$$E(S_n)=\frac{n}{2}\text{ et }V(S_n)=\frac{n}{4}$$

On en déduit par propriété de l'espérance et de la variance :

- $E\left(\frac{S_n}{n}\right)=\frac{1}{n}E(S_n)=\frac{1}{2}$
- $V\left(\frac{S_n}{n}\right)=\frac{1}{n^2}V(S_n)=\frac{1}{4n}$

2. a) L'inégalité de Bienaymé-Tchebychev s'écrit : $\forall \varepsilon > 0,\ P\left(\left|\frac{S_n}{n} - E\left(\frac{S_n}{n}\right)\right| \geq \varepsilon\right) \leq \frac{V\left(\frac{S_n}{n}\right)}{\varepsilon^2}$

On obtient alors : $\forall \varepsilon > 0,\ P\left(\left|\frac{S_n}{n} - \frac{1}{2}\right| \geq \varepsilon\right) \leq \frac{1}{4n\varepsilon^2}$.

On en conclut que, pour tout ε strictement positif, il existe une constante $K_\varepsilon = \frac{1}{4\varepsilon^2}$ telle que :

$$P\left(\left|\frac{S_n}{n} - \frac{1}{2}\right| \geq \varepsilon\right) \leq \frac{K_\varepsilon}{n}$$

Comme une probabilité est positive et que $\lim_{n\to+\infty} \frac{K_\varepsilon}{n} = 0$, le théorème d'encadrement permet de conclure : $\forall \varepsilon > 0,\ \lim_{n\to+\infty} P\left(\left|\frac{S_n}{n} - \frac{1}{2}\right| \geq \varepsilon\right) = 0$.

Ainsi, la suite $\left(\frac{S_n}{n}\right)_{n\in\mathbb{N}^*}$ converge en probabilité vers la variable certaine égale à $\frac{1}{2}$.

⇨ *Méthodes 34.2, 34.3*

b) Pour tout r de $\left]0, \frac{1}{2}\right[$, on applique la question **2.a)** pour $\varepsilon = \frac{1}{n^r}$ qui est strictement positif, on obtient : $K_\varepsilon = \frac{n^{2r}}{4}$. On en conclut : $0 \leq P\left(\left|\frac{S_n}{n} - \frac{1}{2}\right| \geq \frac{1}{n^r}\right) \leq \frac{1}{4n^{1-2r}}$.

Comme r appartient à $\left]0, \frac{1}{2}\right[$, $1-2r$ appartient à $]0,1[$ et on a : $\lim_{n\to+\infty} \frac{1}{4n^{1-2r}} = 0$.

D'après le théorème d'encadrement, on obtient : $\lim_{n\to+\infty} P\left(\left|\frac{S_n}{n} - \frac{1}{2}\right| \geq \frac{1}{n^r}\right) = 0$.

3. En utilisant les résultats de la question **1**, on a :

$$P\left(\left|\frac{S_n}{n} - \frac{1}{2}\right| \geq \frac{1}{\sqrt{n}}\right) = P\left(\left|\frac{1}{n}\left(S_n - E\left(\frac{S_n}{n}\right)\right)\right| \geq \frac{1}{\sqrt{n}}\right) = P\left(\left|\frac{1}{n}(S_n - E(S_n))\right| \geq \frac{1}{\sqrt{n}}\right).$$

$$= P\left(\left|\frac{S_n - E(S_n)}{\sqrt{n}}\right| \geq 1\right) = P\left(\left|\frac{S_n - E(S_n)}{\sqrt{\frac{n}{4}}}\right| \geq 2\right) = P\left(\left|\frac{S_n - E(S_n)}{\sqrt{V(S_n)}}\right| \geq 2\right).$$

On obtient donc : $P\left(\left|\frac{S_n}{n} - \frac{1}{2}\right| \geq \frac{1}{\sqrt{n}}\right) = P\left(\left(\frac{S_n - E(S_n)}{\sqrt{V(S_n)}} \geq 2\right) \cup \left(\frac{S_n - E(S_n)}{\sqrt{V(S_n)}} \leq -2\right)\right)$.

Corrigé

Par incompatibilité, on a : $P\left(\left|\frac{S_n}{n}-\frac{1}{2}\right|\geq\frac{1}{\sqrt{n}}\right)=P\left(\frac{S_n-E(S_n)}{\sqrt{V(S_n)}}\geq 2\right)+P\left(\frac{S_n-E(S_n)}{\sqrt{V(S_n)}}\leq -2\right)$.

Le théorème de la limite centrée (cas de la loi binomiale) assure que :

$\lim\limits_{n\to+\infty}P\left(\frac{S_n-E(S_n)}{\sqrt{V(S_n)}}\geq 2\right)=1-\Phi(2)$ et $\lim\limits_{n\to+\infty}P\left(\frac{S_n-E(S_n)}{\sqrt{V(S_n)}}\leq -2\right)=\Phi(-2)$.

On conclut : $\lim\limits_{n\to+\infty}P\left(\left|\frac{S_n}{n}-\frac{1}{2}\right|\geq\frac{1}{\sqrt{n}}\right)=1-\Phi(2)+\Phi(-2)=1-\Phi(2)+1-\Phi(2)=2(1-\Phi(2))$.

Comme Φ est strictement croissante et de limite 1 en $+\infty$, on a : $\Phi(2)<1$.

Ainsi, $P\left(\left|\frac{S_n}{n}-\frac{1}{2}\right|\geq\frac{1}{\sqrt{n}}\right)$ possède une limite non nulle quand n tend vers $+\infty$.

⇨ *Méthode 34.6*

Exercice 34.7

1. • La continuité sur $\mathbb{R}$ de la fonction cosinus assure que f_n est continue sur $]0,1[$. De plus, f_n est continue sur $]-\infty,0[$ et sur $]1,+\infty[$ car sa restriction à ces intervalles est la fonction nulle. Ainsi, f_n est continue sur $\mathbb{R}$ sauf éventuellement en 0 et en 1.

• La fonction cosinus est à valeurs dans $[-1,1]$. Ainsi, pour tout x de $[0,1]$, $f_n(x)=1-\cos(2n\pi x)$ est positive. D'autre part, f_n est nulle donc positive sur $]-\infty,0[$ et sur $]1,+\infty[$. On en conclut que la fonction f_n est à valeurs positives.

• La fonction f_n étant nulle sur $]-\infty,0[$ et sur $]1,+\infty[$, les intégrales $\int_{-\infty}^{0}f_n(x)dx$ et $\int_{1}^{+\infty}f_n(x)dx$ sont convergentes et valent 0.

Enfin, on a : $\int_0^1 f_n(x)dx=\int_0^1(1-\cos(2n\pi x))dx=1-\left[\frac{\sin(2n\pi x)}{2n\pi}\right]_0^1=1-\frac{\sin 2n\pi-\sin 0}{2n\pi}=1$.

On en déduit, par définition, que l'intégrale $\int_{-\infty}^{+\infty}f_n(x)dx$ converge et vaut 1.

On en conclut que la fonction f_n est une densité de probabilité.

2. a) Pour tout réel x, on a : $F_n(x)=\int_{-\infty}^{x}f_n(t)dt$.

• Si $x<0$, la fonction f_n est nulle sur $]-\infty,x]$ donc : $F_n(x)=0$.

• Si x appartient à $[0,1]$, on a : $F_n(x)=\int_{-\infty}^{x}f_n(t)dt=\int_{-\infty}^{0}f_n(t)dt+\int_{0}^{x}f_n(t)dt$.

La fonction f_n est nulle sur $]-\infty,0[$ donc on a :

$$F_n(x)=\int_0^x f_n(t)\,dt=\int_0^x\left(1-\cos(2n\pi t)\right)dt=\left[t-\frac{\sin 2n\pi t}{2n\pi}\right]_0^x=x-\frac{\sin(2n\pi x)}{2n\pi}.$$

- Si $x>1$, on a : $F_n(x)=\int_{-\infty}^x f_n(t)\,dt=\int_{-\infty}^0 f_n(t)\,dt+\int_0^1 f_n(t)\,dt+\int_1^x f_n(t)\,dt$.

On en déduit : $F_n(x)=0+\left(1-\dfrac{\sin(2n\pi)}{2n\pi}\right)+\int_1^x 0\,dt=1$.

b) Pour tout entier naturel n non nul et pour tout x de $[0,1]$, on a : $-1\leq\sin(2n\pi x)\leq 1$.

On en déduit : $\forall x\in[0,1],\ \dfrac{-1}{2n\pi}\leq\dfrac{\sin(2n\pi x)}{2n\pi}\leq\dfrac{1}{2n\pi}$.

Comme $\lim\limits_{n\to+\infty}\dfrac{1}{2n\pi}=0$, on a, par encadrement : $\forall x\in[0,1],\ \lim\limits_{n\to+\infty}F_n(x)=x$.

De plus, pour tout x de $]-\infty,0[$, $\lim\limits_{n\to+\infty}F_n(x)=\lim\limits_{n\to+\infty}0=0$.

Enfin, on a, pour tout x de $]1,+\infty[$, $\lim\limits_{n\to+\infty}F_n(x)=\lim\limits_{n\to+\infty}1=1$.

On en conclut : $\forall x\in\mathbb{R},\ \lim\limits_{n\to+\infty}F_n(x)=F(x)$, où F est la fonction de répartition d'une variable X suivant la loi uniforme sur $[0,1]$. La suite $(X_n)_{n\in\mathbb{N}^*}$ converge donc en loi vers X, variable aléatoire suivant la loi uniforme sur $[0,1]$.

⇨ *Méthode 34.4*

Exercice 34.8

1. D'après le cours sur la loi binomiale, on a : $\forall k\in[\![0,n]\!],\ P(X_n=k)=\binom{n}{k}p_n^k(1-p_n)^{n-k}$.

2. a) On a : $\binom{n}{k}=\dfrac{n!}{k!(n-k)!}=\dfrac{n(n-1)\ldots(n-k+1)}{k!}$.

De plus, pour tout j de $[\![0,k-1]\!]$, on a : $n-j\underset{n\to+\infty}{\sim}n$.

Par conséquent, le numérateur de $\binom{n}{k}$ est composé de k facteurs, tous équivalents à n, donc par compatibilité des équivalents avec le produit, on obtient : $\binom{n}{k}\underset{n\to+\infty}{\sim}\dfrac{n^k}{k!}$.

b) Comme $\lim\limits_{n\to+\infty}n\,p_n=\lambda$, on a : $\lim\limits_{n\to+\infty}\dfrac{n\,p_n}{\lambda}=1$. Ceci prouve que : $p_n\underset{+\infty}{\sim}\dfrac{\lambda}{n}$. On en déduit que $\lim\limits_{n\to+\infty}p_n=0$ et ainsi : $\ln(1-p_n)\underset{+\infty}{\sim}-p_n$.

On a alors $(n-k)\ln(1-p_n)\underset{+\infty}{\sim}-n\,p_n$ et ainsi : $\lim\limits_{n\to+\infty}(n-k)\ln(1-p_n)=-\lambda$.

Corrigé

c) Des questions **1** et **2.a)**, on déduit : $P(X_n = k) \underset{n\to+\infty}{\sim} \dfrac{n^k}{k!} p_n{}^k (1-p_n)^{n-k}$.

Ainsi, on a : $P(X_n = k) \underset{n\to+\infty}{\sim} \dfrac{(n\,p_n)^k}{k!}(1-p_n)^{n-k}$.

- Par hypothèse, on a $\lim\limits_{n\to+\infty} n\,p_n = \lambda$.
- De plus, d'après la question **2.b)**, on a : $\lim\limits_{n\to+\infty} \ln\left((1-p_n)^{n-k}\right) = \lim\limits_{n\to+\infty} (n-k)\ln(1-p_n) = -\lambda$.

Comme la fonction exponentielle est continue sur $\mathbb{R}$, on obtient : $\lim\limits_{n\to+\infty} (1-p_n)^{n-k} = e^{-\lambda}$.

- On conclut : $\lim\limits_{n\to+\infty} P(X_n = k) = \dfrac{\lambda^k}{k!} e^{-\lambda}$.

⇨ *Méthode 34.5*

Exercice 34.9

Par hypothèse, la variable Y a une espérance et $E(Y) = \sum\limits_{k=0}^{+\infty} y_k P(Y = y_k)$.

On partage $\mathbb{N}$ en deux sous-ensembles I et J (l'ensemble I contenant les indices k pour lesquels on a $y_k < a$ et l'ensemble J contenant les indices k pour lesquels on a $y_k \geq a$), puis on scinde la somme définissant $E(Y)$ en deux sommes, l'une pour les indices appartenant à I et l'autre pour les indices appartenant à J (on peut scinder la somme car la série est absolument convergente).

On a alors : $E(Y) = \sum\limits_{k=0}^{+\infty} y_k P(Y = y_k) = \sum\limits_{k\in I} y_k P(Y = y_k) + \sum\limits_{k\in J}^{+\infty} y_k P(Y = y_k)$ (l'une ou l'autre des sommes pouvant être nulle selon qu'éventuellement I ou J soit vide). Les sommes contiennent des termes positifs (ou pas de termes), on en déduit que : $E(Y) \geq \sum\limits_{k\in J}^{+\infty} y_k P(Y = y_k)$. Or pour tout k élément de J, $y_k \geq a$, on peut donc minorer encore : $E(Y) \geq \sum\limits_{k\in J}^{+\infty} a P(Y = y_k)$, ce qui donne $E(Y) \geq a \sum\limits_{k\in J}^{+\infty} P(Y = y_k)$. La somme restante étant égale à $P(Y \geq a)$ puisqu'elle s'écrit aussi $\sum\limits_{y_k \geq a} P(Y = y_k)$, on a bien : $E(Y) \geq a\,P(Y \geq a)$.

En divisant par a strictement positif, on obtient : $\forall a > 0$, $P(Y \geq a) \leq \dfrac{E(Y)}{a}$.

Chapitre 35
Informatique

Les premiers ordinateurs sont apparus à la fin de la Deuxième Guerre mondiale. Pourtant, le mot *ordinator* existait déjà en latin et désignait celui qui met de l'ordre, qui règle les choses. Devenu *ordinateur* en français, l'Église l'utilise pour désigner celui qui dirige les cérémonies. C'est pourquoi on parle de l'ordination des prêtres. Contacté en 1955 par IBM pour trouver un nom français à ces nouvelles machines, le linguiste Jacques **Perret** choisit ce terme tombé en désuétude ; c'est très judicieux puisque cela préfigure le rôle que jouera l'ordinateur pour l'organisation sociale. Le mot *computer*, utilisé en anglais, est plus réducteur puisque étymologiquement, il signifie *calculateur*. Le mot *informatique* apparu en 1962 est construit sur le mot *information*.

Objectifs

Les incontournables

- ▷ Connaître les mots clés de Scilab.
- ▷ Connaître les fonctions mathématiques prédéfinies.
- ▷ Connaître les instructions essentielles comme l'instruction d'affectation, les instructions conditionnelles, les boucles.
- ▷ Savoir programmer le calcul des termes d'une suite.

Et plus si affinités

- ▷ Connaître la fonction "rand" de génération de nombres aléatoires.
- ▷ Savoir simuler des variables aléatoires.

Résumé de cours

Présentation de Scilab

Introduction

Scilab est un logiciel mathématique qui peut être utilisé comme un simple calculateur (avec des nombres ou des matrices) ou bien comme un langage de programmation. Ce résumé de cours traite des deux aspects, mais les exercices sont centrés sur le deuxième aspect.

La console

Lorsqu'on ouvre *Scilab*, on se trouve sur ce que l'on appelle la *console*, dont on peut se servir pour exécuter une *instruction* (on dit aussi une *commande*) ou une suite d'instructions qui doivent être séparées par des virgules ou des points-virgules. L'invite est le symbole `-->` derrière lequel on doit écrire les instructions que l'on souhaite voir effectuées.
On valide les instructions en appuyant sur la touche "entrée" (retour ligne) du clavier, puis *Scilab* affiche le ou les résultats demandés.
Dans le cas d'une instruction suivie d'un point-virgule, le résultat (s'il y en a un) n'est pas affiché après la compilation.

L'éditeur Scinotes

On accède à *Scinotes* en cliquant sur l'icône la plus à gauche ou avec le menu déroulant des applications. Dans *Scinotes*, on peut écrire des fonctions ou des programmes et surtout les enregistrer avec "Fichier→Enregistrer" (ce qui est impossible sur la console). On sépare les instructions par des virgules ou des points-virgules, ou tout simplement en allant à la ligne, ce que l'on ne peut pas faire sur la console mais qui, pourtant, rend l'ensemble plus agréable à lire.
Si l'on veut adjoindre des commentaires afin d'éclairer le sens des instructions écrites, il faut les faire précéder de // pour que *Scilab* ne les compile pas.
Pour plus de lisibilité, les fonctions et les programmes proposés dans cet ouvrage apparaitront comme s'ils étaient écrits dans *Scinotes*.
Pour compiler (faire fonctionner) un programme écrit dans *Scinotes*, on l'appelle grâce à "Fichier→Exécuter" et l'exécution a lieu dans la console.
Un fichier programme est appelé le *script* de ce programme.

Les acteurs de Scilab

Les constantes

Définition 35.1. — Scilab connaît 2 constantes réelles, π qui est noté `%pi` et e qui est noté `%e`.
Scilab possède aussi 2 constantes "booléennes" : vrai qui est noté `%t` et faux qui est noté `%f`.

Remarque 35.1. — Le "t" de `%t` désigne le mot anglais true.

❑ Les chaînes de caractères

Définition 35.2. — Une chaîne de caractères est une suite de caractères écrits entre apostrophes. Si la chaîne contient une apostrophe, il faut la doubler pour qu'elle apparaisse correctement.

❑ Les variables

Définition 35.3. — Une variable est un emplacement de mémoire (une "boîte") dans lequel on peut stocker un contenu (numérique, matriciel ou autre).

❑ L'affectation

Définition 35.4. — L'instruction d'affectation permet d'affecter une valeur à une variable. Elle est notée "=" et spécifie que la valeur placée à droite de ce symbole est affectée à la variable dont le nom est écrit à gauche.

Mise en garde 35.1. — Pour Scilab, le symbole "=" ne représente pas l'égalité (voir plus loin).

Exemple 35.1. — L'instruction `a = 2` consiste à placer le nombre 2 dans une variable appelée *a* et créée spontanément par Scilab.

Remarque 35.2. — En usage "calculateur", si un calcul n'est pas affecté à une variable, Scilab place d'autorité le résultat dans une variable nommée *ans* (answer en anglais).

Exemple 35.2. — Sur la console, l'instruction `2+3` provoque la réponse :

```
ans =
     5.
```

■ Instructions d'entrée et de sortie

❑ Instruction input

Définition 35.5. — L'instruction `a = input('texte')` affiche le texte écrit en argument (entre parenthèses), puis Scilab attend une réponse. Si cette réponse est correcte, Scilab l'affecte à la variable `a`.

Exemple 35.3. — Lors de la compilation d'un programme contenant l'instruction

```
a = input('entrez un nombre entier')
```

ou bien après avoir écrit sur la console

```
a = input('entrez un nombre entier')
```

Scilab affiche :

```
entrez un nombre entier
```

Le pointeur clignote au bout de cette phrase et l'utilisateur doit entrer un nombre entier, puis valider en appuyant sur la touche "entrée" du clavier : cet entier sera alors affecté à la variable *a* et Scilab proposera de continuer la compilation en passant à l'instruction suivante.

❑ Instruction disp (pour display)

Définition 35.6. — L'instruction `disp(a)` affiche le contenu de la variable *a*.
L'instruction `disp('texte')` affiche le texte écrit entre apostrophes.

Remarque 35.3. — Une curiosité : avec l'instruction `disp(a, 'le résultat vaut :')`, si la variable *a* contient la valeur 8, Scilab affiche, après validation par la touche "entrée" :

```
Le résultat vaut :
      8
```

Il faut donc écrire en premier la variable et ensuite, après une virgule et entre apostrophes, la phrase qui présente le contenu de la variable si l'on souhaite en écrire une.

■ Les opérateurs usuels de Scilab

❑ Les opérations sur les nombres

addition	soustraction	multiplication	division	puissance
$a+b$	$a-b$	$a*b$	a/b	a ^ b

Exemples 35.4. — Soit l'enchaînement :

```
a = input ('entrez la valeur de a :') ; a = (a+1)^2 - 3*a ; disp(a)
```

Si l'on a entré 5 à l'invite `entrer la valeur de a`, Scilab affiche, après validation par la touche "entrée" :

```
entrez la valeur de a : 5
  21.
```

❑ Les opérateurs relationnels

Il y en a deux dans le cadre de notre programme :
"**&**" qui désigne le "et" de la langue française et "|" qui désigne le "ou".

❑ Les opérateurs de test logique

== (égal à), < (inférieur strictement à), > (supérieur strictement à), <= (inférieur ou égal à), >= (supérieur ou égal à) et < > (différent de).

❑ Les fonctions réelles

Ce sont les fonctions mathématiques prédéfinies dans le langage Scilab. En voici la liste :
abs (valeur absolue), **cos** (cosinus), **sin** (sinus), **log** (logarithme népérien), **exp** (exponentielle), **sqrt** (racine carrée) et **floor** (partie entière).

Exemple 35.5. — Après l'instruction `floor(sqrt(5))`, Scilab affiche, après validation par la touche "entrée" :

```
ans =
    2.
```

■ Calcul matriciel

❑ Définition d'une matrice (ou d'un vecteur)

Pour définir une matrice, il suffit d'écrire la liste de ses éléments entre crochets de la façon suivante :

- Les éléments d'une ligne sont séparés par des virgules ou des espaces.
- Les éléments d'une colonne sont séparés par des points-virgules.

Exemples 35.6. — Définitions de vecteurs-lignes, de vecteurs-colonnes et de matrices.

- Après l'instruction `L =[1 2 3]`, Scilab affiche, après validation par "entrée" :

```
L  =
     1.    2.    3.
```

- Après l'instruction `C =[1 ; 2 ; 3]`, Scilab affiche, après validation par "entrée" :

```
C  =
     1.
     2.
     3.
```

- Après l'instruction `M =[1 2 3 ; 4 5 6]`, Scilab affiche, après validation par "entrée" :

```
M  =
     1.    2.    3.
     4.    5.    6.
```

❑ Opérations sur les matrices

On considère deux matrices A et B, pour lesquelles les opérations ci-dessous sont possibles, et un entier k (naturel ou pas).

Syntaxe	`A+B`	`A-B`	`A*B`	`A^k`	`inv(A)`	`A'`
Signification	$A+B$	$A-B$	AB	A^k	A^{-1}	${}^tA$

❑ Opérations élément à élément

On considère deux matrices $A=(a_{i,j})$ et $B=(b_{i,j})$ de même format et un entier k.

Syntaxe	`A.*B`	`A./B`	`A.^k`
Matrice renvoyée	$(a_{i,j}\,b_{i,j})$	$(a_{i,j}\,/\,b_{i,j})$	$(a_{i,j}^k)$

❑ Fonctions de matrices

Si A est une matrice et si f est une fonction connue de Scilab, l'instruction `f(A)` renvoie la matrice dont tous les éléments sont les images par f des éléments de A.

Exemple 35.7. — Utilisation d'une fonction matricielle.

Après la suite d'instructions `A=[1 -2 3;4 2 -3];B=abs(A)`, Scilab affiche :

```
B  =
     1.    2.    3.
     4.    2.    3.
```

❑ Rang et taille d'une matrice

• L'instruction `rank(A)`, suivie de la validation par la touche entrée, renvoie le rang de la matrice A.

• L'instruction `size(A)`, suivie de la validation par la touche entrée, renvoie le format de la matrice A.

Exemple 35.8. — Rang et taille d'une matrice.

Après la suite d'instructions « `A=[1 2 3;4 2 3],r=rank(A),size(A)` », Scilab affiche, après validation par la touche "entrée" :

```
A  =
    1.     2.     3.
    4.     2.     3.
r  =
    2.
ans  =
    2.     3.
```

Remarque 35.4. — La dernière réponse signifie que A possède 2 lignes et 3 colonnes.

❑ Résolution de systèmes linéaires

On considère une matrice $A \in \mathcal{M}_{n,p}(\mathbb{R})$ et un vecteur colonne $B \in \mathcal{M}_{n,1}(\mathbb{R})$. Scilab permet de déterminer les solutions du système $AX = B$, d'inconnue $X \in \mathcal{M}_{p,1}(\mathbb{R})$ de trois façons :

• L'instruction `A\B` donne une solution particulière du système, mais pas toutes les solutions.

• L'instruction `linsolve(A,-B)` renvoie :

Soit le vecteur vide si le système n'a pas de solution.

Soit le vecteur solution (si le système a une seule solution), soit une solution particulière si le système a plusieurs solutions.

• L'instruction `[u,v]=linsolve(A,-B)` renvoie :

Une matrice v dont les colonnes forment une base orthonormale (voir le cours d'algèbre bilinéaire dans le **tome 2**) de l'espace vectoriel des solutions du système homogène $AX = 0$, puis un vecteur u solution particulière du système $AX = B$.

Si le système a une seule solution, la matrice v est vide (elle est affichée sous la forme [ ]).

❑ Extraction de certains éléments d'une matrice

Soit une variable u contenant un vecteur (ligne ou colonne) et une variable A contenant une matrice.

• L'instruction `u(k)` extrait la $k^{\text{ème}}$ composante de u.

• L'instruction `A(i,j)` extrait le coefficient de la $i^{\text{ème}}$ ligne et la $j^{\text{ème}}$ colonne.

• L'instruction `A(i,:)` extrait la $i^{\text{ème}}$ ligne de A.

• L'instruction `A(:,j)` extrait la $j^{\text{ème}}$ colonne de A.

❑ Modification de certains éléments d'une matrice

Soit une variable u contenant un vecteur (ligne ou colonne) et une variable A contenant une matrice de $\mathcal{M}_{n,p}(\mathbb{R})$.

On considère un réel b, un vecteur ligne L de $\mathcal{M}_{1,p}(\mathbb{R})$ et une matrice colonne C de $\mathcal{M}_{n,1}(\mathbb{R})$.

- L'instruction `u(k)=b` modifie la $k^{\text{ème}}$ composante de u en la remplaçant par b.
- L'instruction `A(i,j)=b` modifie le coefficient $A(i,j)$ en le remplaçant par b.
- L'instruction `A(i,:)=L` modifie la $i^{\text{ème}}$ ligne de A en la remplaçant par L.
- L'instruction `A(:,j)=C` modifie la $j^{\text{ème}}$ colonne de A en la remplaçant par C.

❑ Fonction find

Soit A une matrice de réels.
L'instruction `find(A test logique)` renvoie sur une ligne les positions des éléments de A qui rendent le test vrai, ces positions étant comptées comme si la matrice A était considérée comme un vecteur colonne contenant les colonnes de A écrites l'une sous l'autre.

Exemple 35.9. — Après la suite d'instructions

```
A=[0.12 0.56 0.25;0.78 0.63 0.31 ;0.22 0.84 0.14],
find(A<0.5),size(find(A<0.5))
```

Scilab affiche, après validation par la touche "entrée" :

```
A  =
     0.12    0.56    0.25
     0.78    0.63    0.31
     0.22    0.84    0.14
ans  =
   1.    3.    7.    8.    9.
ans  =
   1.    5.
```

Remarque 35.5. — L'instruction `size(find(A<0.5))` permet de savoir combien d'éléments de la matrice A rendent le test vrai (ici, il y a 5 éléments de A qui sont inférieurs à $1/2$).
Ceci est utile lorsque l'on fait des simulations de variables aléatoires en créant des matrices aléatoires de grande taille (voir le paragraphe suivant).

■ Simulation d'épreuves aléatoires

❑ La fonction rand

Définition 35.7. — L'instruction `rand()` renvoie un nombre choisi au hasard dans l'intervalle [0,1], c'est-à-dire que `rand()` simule la valeur prise par une variable aléatoire qui suit la loi uniforme sur $[0, 1]$.

Si n et m sont deux entiers naturels non nuls, `rand(n,m)` renvoie une matrice de $\mathcal{M}_{n,m}(\mathbb{R})$ dont les éléments sont les valeurs prises par nm variables aléatoires indépendantes qui suivent la loi uniforme sur $[0, 1]$.

Théorème 35.1. — Par défaut le générateur aléatoire `rand` simule la loi uniforme sur $[0, 1]$.
On peut lui faire simuler la loi normale centrée réduite en tapant l'instruction `rand ('normal')` suivie de `rand()` ou de `rand(n,m)`, puis en appuyant sur enter.
On revient à la simulation de la loi uniforme sur $[0, 1]$ en tapant l'instruction `rand('uniforme')`, suivie de `rand()` ou de `rand(n,m)`, puis en appuyant sur enter.

❑ La fonction grand

La fonction `grand` est plus puissante que la fonction `rand` et elle permet de simuler toutes les lois usuelles du cours de probabilités. Si la loi simulée dépend de p paramètres elle s'utilise toujours sous la forme :

grand(n, m, 'loi', paramètre 1, paramètre 2,...,paramètre p)

Elle renvoie une matrice dont les éléments sont les valeurs prises par nm variables aléatoires indépendantes qui suivent la loi en question.

Théorème 35.2. — Simulation de variables discrètes.
- Loi uniforme sur $[\![a, b]\!]$, avec a et b **entiers** tels que $a < b$: `grand(n,m,'uin',a,b)`.
- Loi binomiale de paramètres N et p : `grand(n,m,'bin',N,p)`.
- Loi géométrique de paramètre p : `grand(n,m,'geom',p)`.
- Loi de Poisson de paramètre λ : `grand(n,m,'poi',lambda)`.

Théorème 35.3. — Simulation de variables à densité.
- Loi uniforme sur $[a, b]$, avec a et b **réels** tels que $a < b$: `grand(n,m,'unf',a,b)`.
- Loi exponentielle de paramètre λ : `grand(n,m,'exp',lambda)`.
- Loi normale $\mathcal{N}(\mu, \sigma^2)$: `grand(n,m,'nor',mu,sigma)`.

Mise en garde 35.2. — Dans l'instruction `grand(n,m,'nor',mu,sigma)`, le deuxième paramètre est l'écart type et non pas la variance.

■ Graphes en deux dimensions

❑ Fonction « plot »

Pour deux variables x et y contenant les vecteurs ligne $(x_1, \ldots, x_n)$ et $(y_1, \ldots, y_n)$, « `plot(x,y)` » commande le tracé du graphe obtenu en reliant les points de coordonnées (x_i, y_i) par des lignes.

❑ Graphe d'une fonction

Pour tracer le graphe d'une fonction f sur un intervalle I, l'idée est de relier les points de la forme (x_i, y_i) où $y_i = f(x_i)$ en choisissant les points x_i suffisamment rapprochés pour donner l'illusion d'un tracé de courbe (en réalité, Scilab trace une succession de petits segments).
On définit donc un vecteur $x = (x_i)$ dont les extrémités sont celles de I, et dont le *pas* est suffisamment petit pour donner l'illusion d'une courbe, par une instruction du type `x= min:pas:max`. On poursuit par l'instruction `plot(x,f(x))`.

Exemple 35.10. — Traçons le graphe de la fonction $f : x \mapsto \exp(-x^2)$ sur $[-3,3]$.

```
--> x=-3:0.1:3;plot(x,exp(-x^2))
```

Le pas choisi, ici égal à 0,1, est assez petit pour donner l'illusion d'une courbe.

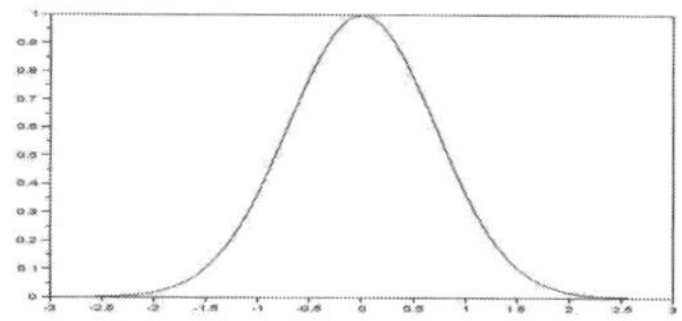

❑ Diagramme en bâtons (voir le cours de statistiques dans le tome 2)

Soit $x = (x_1, x_2, \ldots, x_p)$ et $y = (n_1, n_2, \ldots, n_p)$ deux vecteurs de même longueur. L'instruction `bar(x,y)` commande le tracé du diagramme en bâtons associé à la série statistique dont les modalités sont les x_i et dont les effectifs associés sont les n_i.

❑ Histogramme (voir le cours de statistiques dans le tome 2)

Soit un vecteur ligne $x = (x_1, x_2, \ldots, x_p)$ que l'on considère ici comme une série statistique.

L'instruction `c=linspace(valeur mini, valeur maxi, n+1)` permet de regrouper les x_i en n classes (il y a donc $n+1$ extrémités de classes). Ensuite, l'instruction `histplot(c, x)` permet d'obtenir l'histogramme correspondant.

Exemple 35.11. — Histogramme d'une série statistique engendrée par la simulation de 1000 variables aléatoires indépendantes suivant toutes la loi binomiale de paramètres 20 et 0,5.

```
x=grand(1000,1, 'bin',20,0.5) ;
c=linspace(0,20,21)    // 20 classes : [0,1], [1,2], …, [19,20]
histplot(c,x)
```

Après exécution, ce script renvoie l'histogramme suivant :

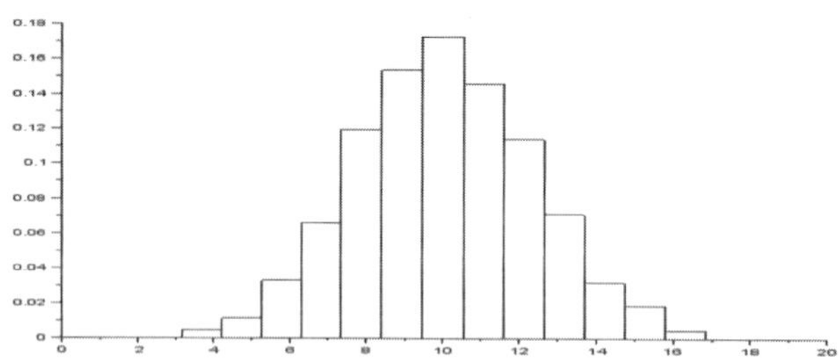

■ Programmation

❑ Les instructions conditionnelles

Théorème 35.4. — L'instruction

```
if condition then instruction, end
```

permet d'effectuer une instruction si une condition est satisfaite.

Exemple 35.12. — L'instruction `if a==3 then b=5` spécifie que si la variable a contient la valeur 3, alors la valeur 5 est affectée à la variable b. Sinon, l'instruction `b=5` est ignorée.

Théorème 35.5. — L'instruction

```
if condition 1 then instruction 1, else instruction 2, end
```

permet d'effectuer une instruction si une condition est satisfaite et sinon, d'effectuer une deuxième instruction.

Exemple 35.13. — L'instruction `if a==3 then b=5, else b=10, end` spécifie que si la variable a contient la valeur 3, alors la valeur 5 est affectée à la variable b, sinon, c'est la valeur 10 qui est affectée à b.

Remarque 35.6. — Si plusieurs instructions suivent `then` ou `else` il faut les séparer par des virgules (ou des points-virgules) ou (dans Scinotes uniquement) aller à la ligne entre chaque.

Remarque 35.7. — On peut ne pas écrire `then` si on le souhaite, mais écrire par exemple :

```
if a==3 b=5, else b=10 end
```

❑ Les boucles "for"

Théorème 35.6. — La boucle

```
for k = n1:n2 instruction, end
```

permet de répéter une instruction (ou plusieurs, séparées par des virgules ou des points-virgules) pour $k = n_1$, $k = n_1 + 1$, …, $k = n_2$.

Exemple 35.14. — Calcul et affichage du $(n + 1)^{\text{ème}}$ terme de la suite (u_n), de premier terme $u_0 = 1$ et vérifiant la relation de récurrence : $u_{n+1} = u_n^2 + 1$.

Voici un script possible :

```
n=input('entrez un entier naturel n :');
u=1; // premier terme u0
for k = 1:n u=u^2+1;
end
disp(u)
```

Si l'on a entré 3 à l'invite `entrer un entier naturel n`, Scilab affiche :

```
entrez un entier naturel n :3
26
```

Remarque 35.8. — Si l'on enlève les points-virgules, Scilab affiche les termes u_0, u_1, u_2 et u_3 de la suite (u_n) et pas seulement u_3.

Théorème 35.7. — La boucle

```
for k = n1:p:n2 instruction,end
```

permet de répéter une instruction (ou plusieurs, séparées par des virgules ou des points-virgules) pour $k = n_1$, $k = n_1 + p$, $k = n_1 + 2p$ …, jusqu'à ce que k prenne la plus grande valeur possible inférieure ou égale à n_2. Le réel p est le *pas* de la boucle.

⇨ **Méthode 35.1. Comment utiliser la boucle "for"?**

❑ La boucle "while"

Théorème 35.8. — La boucle

`while condition do instruction, end`

permet d'effectuer une instruction (ou plusieurs, séparées par des virgules ou des points-virgules) un certain nombre de fois, inconnu a priori (à savoir tant que la condition est vraie).

Remarque 35.9 — On peut ne pas écrire `do` si on le souhaite.
Remarque 35.10 — Il se peut que l'instruction ne soit jamais exécutée dans le cas d'un test qui se révèle faux dès le 1er passage.
Remarque 35.11 — En fait, la boucle "while" est utile surtout pour afficher le plus petit entier i pour lequel la condition est fausse.

⇨ **Méthode 35.2. Comment utiliser la boucle "while" ?**

■ Définition de fonctions

Quand on définit une fonction dans Scinotes ou sur la console, aucun calcul n'est effectué. Les calculs ne sont effectués que lors de l'appel de la fonction dans le script qui la contient.

Théorème 35.9. — L'instruction

`function [z]=g(x), [instructions], endfunction`

permet de créer la fonction nommée g qui à chaque réel x associe le réel z décrit dans `instructions` par `z=---`.

Remarque 35.12 — Les crochets autour des instructions ne sont obligatoires que s'il y a plusieurs instructions (voir le **tome 2** où l'on s'intéressera aux fonctions de plusieurs variables).

Exemple 35.15. — L'instruction

`function [z]=g(x), z = 1 + 4*x + 7*x^2 - 5*x^3, endfunction`

permet de créer la fonction g définie par $g(x)=1+4x+7x^2-5x^3$.

• Si la fonction g est définie sur la console, il suffit de valider par la touche entrée, puis de taper $g(3)$ pour obtenir –59.
• Si la fonction g est définie dans un script, elle ne sera exécutée que par ce script appelé depuis la console par "Fichier→Exécuter".

Exemple 35.16. — Voici un script qui permet de tracer le morceau de la courbe représentative de la fonction g ci-dessus correspondant à des abscisses comprises entre –1 et 2 :

```
function [z]=g(x), z = 1 + 4*x + 7*x^2 - 5*x^3, endfunction
x=-1:0.1:2 ; plot(x,g(x))
```

Après exécution, on obtient :

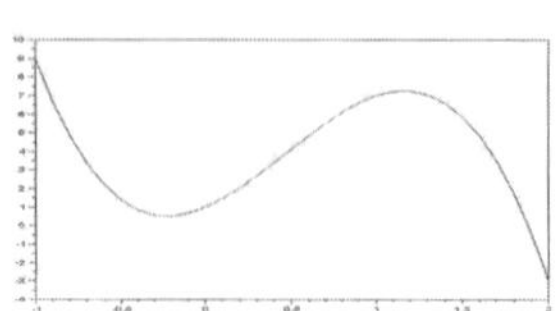

Méthodes

Programmes de calcul

Méthode 35.1. Comment utiliser la boucle "for" ?

• Pour calculer la somme $S_n = \sum_{k=0}^{n} f(k)$, on écrit la séquence :

```
s=0, for k=0:n s=s+f(k),end
```

Remarque. Pour les sommes, `s=0` est une initialisation neutre.

• Pour calculer le produit $P_n = \prod_{k=0}^{n} f(k)$, on écrit la séquence :

```
p=1, for k=0:n p=p *f(k), end
```

Remarque. Pour les produits, `p=1` est une initialisation neutre.

• Pour calculer les termes de la suite (u_n) définie par son premier terme $u_0 = a$ et la relation $u_{n+1} = f(u_n)$, on écrit la séquence :

```
u=a, for k=1:n u=f(u), end
```

Remarque. Si l'on décide de n'afficher que le dernier terme de la suite, on remplace les virgules par des points-virgules et on ajoute l'instruction `disp(u)` après la boucle.

⇨ Exercices 35.5, 35.6, 35.7, 35.10, 35.11, 35.14, 35.16, 35.17

Exemple 1. On donne pour tout entier naturel non nul, $S_n = \sum_{k=1}^{n} \frac{1}{k}$.

Écrire un script qui calcule et affiche la valeur de S_n lorsque n est un entier naturel non nul entré au clavier par l'utilisateur.
Voici un script possible, écrit dans Scinotes (pour plus de lisibilité) :

```
n=input('Entrer n :')
s=0;
for k=1:n s=s+1/k; end
disp(s, 'la somme vaut')
```

Exemple 2. On donne pour tout entier naturel non nul, $P_n = \prod_{k=1}^{n}\left(1+\frac{1}{k^2}\right)$.

Écrire un script qui calcule et affiche la valeur de P_n lorsque n est un entier naturel non nul entré au clavier par l'utilisateur.
Voici un script possible, toujours écrit dans Scinotes :

```
n=input('Entrer n :')
p=1;
for k=1:n p=p*(1+1/k^2); end
disp(p, 'le produit vaut')
```

Exemple 3. Soit $(u_n)_{n\in\mathbb{N}^*}$ la suite définie par $u_1 = 2$ et la relation : $\forall n \in \mathbb{N}^*$, $u_{n+1} = 1 - e^{-u_n}$.
Écrire un script qui affiche u_n pour un entier n entré par l'utilisateur.

Voici un script possible, toujours écrit dans Scinotes :

```
n=input('Entrer n :')
u=2 ;
for k=2:n u=1-exp(-u); end
disp(u)
```

❑ Méthode 35.2. Comment utiliser la boucle "while" ?

On utilise la boucle while lorsque l'on doit effectuer une ou plusieurs instructions tant qu'une condition est vérifiée. L'instruction incontournable dans cette boucle est l'incrémentation d'un compteur, du genre `n=n+1`, qui permet de connaître le premier rang pour lequel la condition n'est plus vérifiée.
Exemples : • Déterminer le plus petit indice à partir duquel les termes d'une suite deviennent plus grands (ou plus petits) qu'une quantité fixée à l'avance.
• Simuler la répétition d'une épreuve aléatoire pour laquelle on souhaite connaître le rang d'apparition d'un événement donné.

⇨ **Exercices 35.8, 35.12, 35.14**

Exemple 1. — Soit la suite (u_n), de premier terme $u_0 = 1$ et vérifiant la relation de récurrence : $\forall n \in \mathbb{N}$, $u_{n+1} = u_n^2 + 1$. Écrire un script qui calcule et affiche le rang du premier terme de cette suite qui est strictement supérieur à un réel a donné.
Voici un script possible :

```
a=input('entrer un réel a :')
u=1; // premier terme u0
n=0 ; // rang du premier terme u0
while u < a do n= n + 1;u=u^2+1;end
disp(n, 'le rang du premier terme strictement supérieur
à a est')
```

Si l'on a entré 1 000 000 à l'invite `'entrer un réel a :'`, Scilab affiche :

```
entrez un réel : 1000000
a =
  1000000.
le rang du premier terme strictement supérieur à a est
  6.
```

Exemple 2. Soit la suite $(u_n)_{n\in\mathbb{N}}$ définie par $u_0 = 1$ et la relation : $\forall n \in \mathbb{N}$, $u_{n+1} = \dfrac{1}{2}\left(u_n + \dfrac{2}{u_n}\right)$.

On admet que la suite (u_n) converge vers $\sqrt{2}$. Écrire un script qui calcule et affiche le plus petit entier naturel n_0 tel que $\left|u_{n_0} - \sqrt{2}\right| < \varepsilon$ lorsque l'utilisateur entre la valeur de ε au clavier.

Voici un script possible :

```
eps=input("Entrez la valeur de epsilon : ")
u=1 ; n=0 ;
while abs(u-sqrt(2))>= eps do n=n+1 ; u=(u+2/u)/2 ; end
disp(n)
```

Remarque. Si l'on rentre 0,001 comme valeur de ε, la réponse est $n = 3$.

Exemple 3. Soit la suite (S_n) définie par : $\forall n \in \mathbb{N}^*$, $S_n = \sum_{k=1}^{n} \dfrac{1}{k}$. On admet que $\lim_{n\to+\infty} S_n = +\infty$.

Écrire un script qui permet de calculer et d'afficher le plus petit entier naturel n_0 tel que $S_{n_0} > 100$.

Voici un script possible :

```
s=1 ; n=1 ;
while s<=10 do n = n+1 ; s = s+1/n ; end
disp(n)
```

Remarque. La réponse est $n = 12363$.

Méthodes

Vrai/Faux

1. Après la suite d'instructions « `u = 1, u = u + 1, u = 3*u + 2,` », la variable u contient la valeur 5. ☐ ☐

2. La suite d'instructions « `u = v ; v = u` » permet d'échanger les contenus des variables u et v. ☐ ☐

3. On considère le script suivant : ☐ ☐

```
if a < 0 then instruction 1, end
if a == 0 then instruction 2
else instruction 3, end
```

À l'exécution, l'instruction 3 n'est réalisée que si $a > 0$.

4. Les instructions « `x=rand( ) ; disp(rand( ))` » permet d'affecter à la variable x une valeur choisie au hasard, puis d'afficher cette valeur. ☐ ☐

5. Le test « `rand( ) ==0.5` » simule un événement dont la probabilité est égale à 1/2. ☐ ☐

6. L'instruction « `1 + floor(6*rand( ))` » simule le lancer d'un dé à 6 faces. ☐ ☐

7. La séquence d'instructions « `u = 1 ; s = 0 ; for k = 1:n u = 2*u ; s = s + u, end` » affecte à s la valeur $2^{n+1} - 2$. ☐ ☐

8. La séquence « `x = 2 ; for k = 1:n x = x*x,` » permet de calculer 2^n. ☐ ☐

9. La séquence « `u = 3 ; s = 3 ; for k = 1:3 u = u + k, s = s + u, end,` » affecte à s la valeur 22. ☐ ☐

10. Le booléen « `n == 2*floor(n/2)` » est vrai si, et seulement si, n est pair. ☐ ☐

■■ Énoncé des exercices

❑ **Exercice 35.1.** — Soit les nombres réels :

$$a = \left(2e^{\pi} + 3\right)^2,\ b = \frac{\sqrt{3} - 4\sqrt{7} + 2\ln 6}{5},\ c = \sqrt{\left|\ln\left(\cos\frac{\pi}{5}\right)\right|}.$$

Compléter les instructions `x = ... ; y = ... ; z = ...` pour qu'elles affectent respectivement aux variables x, y et z les réels a, b et c.

❑ **Exercice 35.2.** — On considère le script suivant

```
a = input('Entrez a : ')
b = input('Entrez b : ')
c = input('Entrez c :')
c = a + b, a = a*c, b = a + c
disp(c,b,a)
```

On suppose qu'à son exécution, l'utilisateur entre les valeurs 4, 5 et 6 au clavier. Quelles sont alors les valeurs affichées à l'issue de l'exécution de la commande « `disp(c,b,a)` » ?

❑ **Exercice 35.3.** — Quelles sont les valeurs affichées à l'issue de l'exécution des instructions de la ligne suivante (commandée dans la console Scilab) :

```
-->x=3 ; y=%e, floor(y), y=ans+x ; ans=ans^2, x-10, x=ans-x
```

❑ **Exercice 35.4.** — Écrire des instructions permettant d'échanger les contenus de deux variables a et b.

❑ **Exercice 35.5.** — On considère la suite (u_n) définie par la donnée de u_0 et la relation de récurrence, valable pour tout entier naturel n : $u_{n+1} = \sqrt{u_n^2 + 1}$.

Écrire un script qui calcule et affiche les termes u_0, u_1, ..., u_n de la suite (u_n) lorsque n (entier naturel non nul) et u_0 réel sont entrés au clavier par l'utilisateur.

❑ **Exercice 35.6.** — Pour tout entier naturel n, on pose : $u_n = \sum_{k=0}^{n} \frac{3^k}{k!}$.

Écrire un script qui calcule et affiche les termes u_0, u_1, ..., u_n de la suite (u_n) lorsque n est un entier naturel entré au clavier par l'utilisateur.

❑ **Exercice 35.7.** — On considère la suite (u_n) définie par : $\begin{cases} u_0 = 1,\ u_1 = 1 \\ \forall n \in \mathbb{N},\ u_{n+2} = u_{n+1} + u_n \end{cases}$

Écrire un script qui calcule et affiche les termes u_0, u_1, ..., u_n de la suite (u_n) lorsque n est un entier naturel non nul entré au clavier par l'utilisateur.

❑ Exercice 35.8. — La conjecture de Syracuse.

On désigne par k un entier naturel et on considère la suite (u_n) définie par $u_0 = k$ et, pour tout entier naturel n : $u_{n+1} = \begin{cases} \dfrac{u_n}{2} \text{ si } u_n \text{ est pair} \\ 3u_n + 1 \text{ si } u_n \text{ est impair} \end{cases}$.

Une célèbre conjecture mathématique annonce que l'on finit toujours par trouver un terme de cette suite qui vaut 1, le suivant valant donc 4, celui d'après 2 et on retombe sur 1, etc.
Cette conjecture n'est pas encore prouvée, avis aux amateurs…
Utiliser le **V/F 10** pour écrire un script qui, pour un entier naturel k entré par l'utilisateur, détermine et affiche le plus petit entier n tel que $u_n = 1$.

❑ Exercice 35.9. — Écrire une fonction Scilab qui renvoie le plus petit de deux réels a et b.

❑ Exercice 35.10. — Écrire une fonction Scilab qui, pour tout entier naturel n, renvoie $n!$.

❑ Exercice 35.11.* — Écrire une fonction Scilab qui, pour tout couple (k, n) d'entiers naturels, renvoie $\binom{n}{k}$.

❑ Exercice 35.12. — On rappelle que $e = \sum_{k=0}^{+\infty} \frac{1}{k!}$ et on admet que :

$$\forall n \geq 1, \left| e - \sum_{k=0}^{n} \frac{1}{k!} \right| \leq \frac{1}{n.n!}$$

En déduire la façon de compléter les (++++) du script suivant de telle sorte qu'il permette d'obtenir une valeur approchée de e à une précision égale à 10^{-5}.

```
n=0,   fact=1,   erreur=1,
s=1
while erreur > 0.00001
    n=n+1
    fact=(++++)
    s=s+1/fact
    erreur=(++++)
end
disp(s)
```

❑ Exercice 35.13. — Résolution du système $\begin{cases} x+y+z=3 \\ x-y=2 \\ 2y+z=1 \end{cases}$.

Utiliser les trois instructions vues dans la partie cours pour résoudre le système proposé.

❑ Exercice 35.14. — Le raisonnement par dichotomie.

Soit deux réels a et b tels que $a<b$. On considère une fonction f continue et strictement monotone sur un intervalle $[a, b]$ et telle que $f(a)f(b)<0$. Le théorème de la bijection assure que l'équation $f(x)=0$ possède une unique solution α sur $]a, b[$. Pour obtenir une valeur approchée de α à ε près, avec $\varepsilon>0$, on construit une suite d'intervalles $]a_n, b_n[$, dont la longueur est divisée par 2 à chaque étape et qui contiennent tous α.

• **Étape 1.** On pose $a_0=a$ et $b_0=b$.

• **Étape 2.** On note c_0 le milieu de $]a_0, b_0[$, on a donc $c_0=\dfrac{a_0+b_0}{2}$, et on calcule $f(a_0)f(c_0)$.

→ Si $f(a_0)f(c_0)=0$, alors $\alpha=c_0$ (et on a trouvé la solution).

→ Si $f(a_0)f(c_0)<0$, alors α appartient à $]a_0, c_0[$ et on pose : $a_1=a_0$ et $b_1=c_0$.

→ Si $f(a_0)f(c_0)>0$, alors α appartient à $]c_0, b_0[$ et on pose : $a_1=c_0$ et $b_1=b_0$.

À l'issue de cette première étape, soit on a trouvé α, soit on l'a localisé dans l'intervalle $]a_1, b_1[$ dont la longueur est : $b_1-a_1=\dfrac{b_0-a_0}{2}=\dfrac{b-a}{2}$.

• **Étape 3.** Si l'on n'a pas trouvé α, alors on répète l'opération en posant $c_1=\dfrac{a_1+b_1}{2}$, et on calcule $f(a_1)f(c_1)$.

→ Si $f(a_1)f(c_1)=0$, alors $\alpha=c_1$ (et on a trouvé la solution).

→ Si $f(a_1)f(c_1)<0$, alors α appartient à $]a_1, c_1[$ et on pose : $a_2=a_1$ et $b_2=c_1$.

→ Si $f(a_1)f(c_1)>0$, alors α appartient à $[c_1, b_1]$ et on pose : $a_2=c_1$ et $b_2=b_1$.

À l'issue de cette première étape, soit on a trouvé α, soit on l'a localisé dans l'intervalle $]a_2, b_2[$ dont la longueur est : $b_2-a_2=\dfrac{b_1-a_1}{2}=\dfrac{b-a}{2^2}$.

• **Étapes suivantes.** On procède ainsi jusqu'à ce que l'on ait obtenu un intervalle dont la longueur est inférieure à ε, ce qui garantit que l'on a obtenu la précision souhaitée.

Si $]a_n, b_n[$ est l'intervalle obtenu à la fin de ce procédé, on a : $b_n-a_n=\dfrac{b-a}{2^n}$

1. On considère l'équation (E) : $\ln x+x=2$, où x désigne un réel strictement positif. On note f la fonction définie sur $]0,+\infty[$ par : $f(x)=\ln x+x-2$.

a) Justifier que (E) possède une unique solution α et vérifier que α appartient à $]1, 2[$.

b) Écrire un script permettant de trouver et d'afficher une valeur approchée de la solution de cette équation à 0,001 près.

2. On considère l'équation (E) : $x^2 \ln x = 1$, où $x \in [1, +\infty[$.

a) Justifier que (E) possède une unique solution α et vérifier que α appartient à $]1, 2[$.

b) Écrire un script permettant de trouver et d'afficher une valeur approchée de la solution de cette équation à 0,001 près.

❑ **Exercice 35.15.** — Soit a et b deux entiers naturels donnés tels que : $a < b$. Écrire un script , n'utilisant pas la fonction `grand`, qui simule les valeurs prises par une variable aléatoire suivant la loi uniforme sur $[\![a,b]\!]$, les valeurs de a et b étant entrées par l'utilisateur. On rappelle que `rand()` renvoie au hasard un réel de $[0,1[$.

❑ **Exercice 35.16.** — Soit n un entier naturel non nul et p un réel donné dans $]0,1[$.
Écrire un script, n'utilisant pas la fonction `grand`, qui affiche la valeur prise par une variable aléatoire X suivant la loi binomiale de paramètres n et p.

❑ **Exercice 35.17.** — On considère une urne U contenant des boules de couleurs C_1, C_2, C_3 en proportion $\frac{1}{4}$, $\frac{1}{4}$, $\frac{1}{2}$. On tire au hasard n boules de l'urne U en remettant dans l'urne, à chaque fois, la boule tirée. Pour tout i de $[\![1,n]\!]$, on pose $x_i = k$ si la $i^{\text{ème}}$ boule tirée est de couleur C_k, avec $k \in \{1,2,3\}$.
Écrire un script, utilisant la fonction `grand`, qui permette de simuler l'expérience et d'afficher $x_1, x_2, \ldots, x_n$ lorsque n est entré au clavier par l'utilisateur.

■ Pour vous aider à démarrer

Exercice 35.3. Respecter l'ordre des instructions.
Exercice 35.4. Utiliser une variable *aux* qui jouera le rôle de "boîte aux lettres".
Exercice 35.6. Il ne faut pas chercher à programmer la fonction factorielle. Si on pose $v_k = \dfrac{3^k}{k!}$, on a $v_0 = 1$ et pour tout entier naturel k non nul $v_k = \dfrac{3}{k} v_{k-1}$.
Exercice 35.7. Définir deux variables u et v contenant successivement u_0 et u_1, puis u_1 et u_2, puis u_2 et u_3, etc. jusqu'à u_{n-1} et u_n. On pourra s'aider pour cela d'une variable aux qui jouera, ici aussi, le rôle de "boîte aux lettres".
Exercice 35.8. Pour tester la parité de n, on se reportera au **V/F 10**.
Exercice 35.9. Utiliser une instruction "if … then … else" pour tester qui est le plus petit entre a et b.
Exercice 35.10. Utiliser une boucle "for".
Exercice 35.11. Lorsque k est inférieur ou égal à n, on a :

$\binom{n}{k} = \frac{n-k+1}{1} \times \frac{n-k+2}{2} \times \cdots \times \frac{n-1}{k-1} \times \frac{n}{k} = \prod_{i=1}^{k} \frac{n-k+i}{i}$. Ensuite, une boucle "for" fait l'affaire.

Exercice 35.12. Pour un entier naturel n non nul fixé, l'erreur est $\frac{1}{n.n!}$.

Exercice 35.14. Pour les questions **1.b)** et **2.b)**, on cherche le plus petit entier n tel que $|b_n - a_n| \leq 0{,}001$. On peut le calculer et utiliser une boucle "for" ou bien ne pas le calculer et utiliser une boucle "while".

Exercice 35.15. Que penser de la partie entière d'un réel choisi au hasard dans l'intervalle $[a,\ b+1[$? Dès lors, méditer sur l'algorithme suivant : prendre un réel au hasard dans [0,1[, le multiplier par $b+1-a$, ajouter a, prendre la partie entière.

Exercice 35.16. L'instruction `rand()<p` permet de simuler un événement de probabilité égale à p.

Exercice 35.17. L'instruction `x = grand(1,1,'uin',1,4)` permet de renvoyer au hasard un nombre dans $[\![1,4]\!]$. Ensuite, on peut décider que si on obtient 1, la boule tirée est de couleur 1, si on obtient 2, la boule tirée est de couleur 2 et si on obtient 3 ou 4, la boule tirée est de couleur 3.

Corrigé des vrai/faux

1.	2.	3.	4.	5.	6.	7.	8.	9.	10.
F	F	F	F	F	V	V	F	V	V

1. Après l'instruction « `u = 1, u = u + 1,` », la variable *u* contient la valeur 2. Ensuite, après l'instruction « `u = 3*u + 2,` », la variable *u* contient la valeur 8.

2. Piège ! Démontons ces instructions à l'aide d'un exemple. Supposons que *u* contienne 1 et *v* contienne 2 et aidons-nous d'un tableau dans lequel chaque ligne rend compte de l'exécution d'une instruction.

	u	*v*
Initialisation	1	2
`u = v`	2	2
`v = u`	2	2

Pour savoir ce qu'il aurait fallu faire pour échanger les contenus de *u* et *v*, se reporter à l'**exercice 35.4.**

3. L'instruction 3 venant après un else, elle est conditionnée par la non réalisation de ce qui vient après le if correspondant, c'est-à-dire ici : « a == 0 ». L'instruction 3 est donc réalisée dès que $a \neq 0$, et pas seulement lorsque $a > 0$.
Remarque. Si l'on avait voulu que ce soit le cas, il aurait fallu écrire :

```
if a<0 then (instruction1)
       else if a= =0 then (instruction2)
                      else (instruction3)
            end
end
```

4. L'appel de la fonction rand() renvoie automatiquement un réel choisi au hasard dans [0,1[. Deux appels de cette fonction renvoient donc deux valeurs de [0,1[a priori différentes. La valeur affectée à la variable *x* et celle affichée ne sont donc pas, a priori, les mêmes.

5. La commande « `rand() == 0.5` » définit un booléen qui n'est vrai que lorsque rand() renvoie la valeur 0,5. Or, rand() simule une variable aléatoire à densité (de loi uniforme sur [0,1[d'ailleurs), donc la probabilité qu'elle renvoie un réel donné, en particulier 0,5 est nulle. Pour simuler un événement de probabilité égale à 0,5, il faut commander « rand() < 0.5 ».

6. « `rand()` » renvoie un réel choisi avec la probabilité uniforme sur [0,1[, donc « `6*rand()` » renvoie un réel choisi avec la probabilité uniforme sur [0,6[.
Par suite, l'instruction « `floor(6*rand())` » renvoie un entier choisi avec la probabilité uniforme sur $\{0, 1, 2, 3, 4, 5\}$. En effet, la valeur 0 est renvoyée si le réel est choisi dans [0,1[, 1 est renvoyé si le réel est choisi dans [1,2[, etc, chacun des intervalles [0,1[, [1,2[,..., [5,6[ayant la même probabilité (égale à 1/6) d'être choisi par « `6*rand()` ».
Enfin, « `1+floor(6*rand())` » renvoie un entier choisi avec la probabilité uniforme sur $\{1, 2, 3, 4, 5, 6\}$, ce qui simule bien le lancer d'un dé.

7. Examinons la suite des instructions contenues dans la boucle.

		k	u	s
	`u = 1`		1	
	`s = 0`		1	0
boucle « for »	`u = 2*u ; s = s + u`	1	2	2
	`u = 2*u ; s = s + u`	2	2^2	$2+2^2$
	`u = 2*u ; s = s + u`	3	2^3	$2+2^2+2^3$
	⋮	⋮	⋮	⋮
	`u = 2*u ; s = s + u`	n	2^n	$2+2^2+\cdots+2^n=2^{n+1}-2$

Remarque. L'égalité $2+2^2+\cdots+2^n=2^{n+1}-2$ s'explique par les calculs suivants :

$$2+2^2+\cdots+2^n=2\left(1+2+\cdots+2^{n-1}\right)=2\times\frac{1-2^n}{1-2}=-2\left(1-2^n\right)=2^{n+1}-2.$$

8. Les apparences sont trompeuses !

		k	x
`x = 2`			2
boucle **for**	`x = x*x`	1	$2\times 2-2^2$
	`x = x*x`	2	$2^2\times 2^2=2^4$
	`x = x*x`	3	$2^4\times 2^4=2^8$
		⋮	⋮
	`x = x*x`	n	$2^{2^{n-1}}\times 2^{2^{n-1}}=2^{2^n}$

9. Il faut faire attention au fait que la boucle « for » se termine après la commande « end », donc l'instruction `s = s+u` est exécutée dans la boucle (et ceci, à chaque tour). Le tableau ci-dessous montre que s contient bien la valeur 22.

`u = 3, s = 3`		k	u	s
boucle « for »		1	4	7
		2	6	13
		3	9	22

10. Si n est pair, alors $n = 2k$, où k est un entier. Dans ce cas, `2*floor(n/2)` renvoie $2\left\lfloor \frac{2k}{2} \right\rfloor$, c'est-à-dire $2\lfloor k \rfloor$, soit $2k$, c'est-à-dire n. Si n est impair, alors $n = 2k + 1$, où k est un entier. Dans ce cas, `2*floor(n/2)` renvoie $2\left\lfloor \frac{2k+1}{2} \right\rfloor$, c'est-à-dire $2\left\lfloor k+\frac{1}{2} \right\rfloor$, soit $2k$, qui est différent de n. On a donc montré, par disjonction des cas, que `2*floor(n/2)` ne renvoyait n que lorsque n est pair.

❑ Les erreurs classiques

- Les fautes les plus fréquentes sont bien sûr les erreurs formelles : il faut connaître les mots-clés du langage Scilab et les règles d'écriture de ce langage.
- Il ne faut pas perdre de vue le fait que, lors d'une affectation d'une variable, l'ancien contenu est écrasé par le nouveau. Il est donc perdu. Si cet ancien contenu nous est nécessaire dans la suite du programme, il faut alors prévoir de le sauvegarder dans une variable créée à cet effet.
- Il ne faut pas confondre les boucles « for » avec les boucles « while ». On utilise les premières lorsque l'on sait à l'avance combien de fois les instructions sont à répéter.
- Oublier que les différents appels de la fonction rand renvoient à chaque fois un réel choisi au hasard.

Corrigé des exercices

Exercice 35.1

```
--> x=(2*exp(%pi)+3)^2
--> y=(sqrt(3)-4*sqrt(7)+2*log(6))/5
--> z=sqrt(abs(log(%pi/5)))
```

Exercice 35.2

Aidons-nous d'un tableau

	a	*b*	*c*

`a = input('Entrer a : ')`
`b = input('Entrer b : ')`
`c = input('Entrer c : ')`
	4	5	6

`c = a + b`	4	5	9
`a = a*c`	36	5	9
`b =  a + c`	36	45	9

À la fin, *a* contient 36, *b* contient 45, *c* contient 9.

Rappel : la commande « disp » inverse l'ordre d'affichage, on obtient donc l'affichage suivant :

```
Entrer a : 4
Entrer b : 5
Entrer c : 6
    36.
    45.
    9.
```

Exercice 35.3

Aidons-nous là encore d'un tableau et rappelons que, lorsque le résultat d'un calcul n'est pas affecté à une variable, Scilab l'affecte par défaut à la variable ans.

	x	*y*	ans	Affichage
`x=3`	3			Non
`y=%e`		*e*		Oui
`floor(y)`			2	Oui
`y=ans+x`		5		Non
`ans=ans^2`			4	Oui
`x-10`			–7	Oui
`x=ans-x`	–10			Oui

L'affichage est donc le suivant :

```
y  =
    2.7182818
ans  =
    2.
ans  =
    4.
ans  =
  - 7.
x  =
  - 10.
```


Corrigé

Exercice 35.4

```
--> aux = a ; a = b ; b = aux
```

Instructions	Commentaires
`aux=a`	Le contenu initial de la variable a est sauvegardé dans la variable aux
`a=b`	La variable a contient maintenant la valeur initiale de la variable b
`b=aux`	La variable b contient maintenant la valeur de aux, c'est-à-dire le contenu initial de la variable a

Exercice 35.5

Voici un script possible

```
u=input('Entrez u0 : ')
disp(u)
n=input('Entrez n : ')
for k=1:n
    u=sqrt(u^2+1)
    disp(u)
end
```

➪ *Méthode 35.1*

Exercice 35.6

Voici un script possible

```
n = input('Entrer n : ')
u = 1
disp(u)
aux = 1
for k = 1: n
aux = 3*aux/k
u = u+aux
disp(u)
end
```

➪ *Méthode 35.1*

Remarque. On a initialisé la somme u_n à son premier terme $u_0 = \frac{3^0}{0!} = 1$ puisque l'on ne peut pas faire calculer 0! dans la boucle, ensuite on ajoute $3 \times 1 = 3 = \frac{3^1}{1!}$ au premier tour de boucle, puis on ajoute $3 \times \frac{3}{2} = \frac{9}{2} = \frac{3^2}{2!}$ au deuxième tour, puis on ajoute $3 \times \frac{9}{6} = \frac{3^3}{3!}$ au troisième tour, etc.

Exercice 35.7

On met u_0 dans la variable *u*, puis u_1 dans la variable *v*, ensuite, on met u_1 "à l'abri" dans *aux*, puis on calcule $u_0 + u_1$ (u_0 est bien dans *u* et u_1 est toujours dans *v*), ce qui donne u_2 que l'on met dans *v*, puis on remet u_1 dans *u* (à la place de u_0 qui ne servira plus jamais), et on recommence avec les termes suivants : puisque l'on a u_1 dans *u* et u_2 dans *v*, le prochain tour de boucle permettra le calcul de u_3, etc.

```
n = input('Entrer n : ')
u = 1,v = 1
disp(u), disp(v)
for k = 2:n
    aux=v
    v = u+v
    u = aux
    disp(v)
end
```

Remarque. La variable *aux* sert à sauvegarder u_1 lorsque $k = 2$, puis u_2 lorsque $k = 3$, etc.
Pour visualiser, voici ce qui se passe lors des deux premiers tours de boucle et du dernier :

		k	*aux*	u	v
initialisation				u_0	u_1
	aux = v		u_1	u_0	u_1
	v = u + v	2	u_1	u_0	$u_0 + u_1 = u_2$
	u = aux		u_1	u_1	u_2
	aux = v		u_2	u_1	u_2
boucle « for »	v = u + v	3	u_2	u_1	$u_1 + u_2 = u_3$
	u = aux		u_2	u_2	u_3
	⋮	⋮	⋮	⋮	⋮
	aux = v		u_{n-1}	u_{n-2}	u_{n-1}
	v = u + v	n	u_{n-1}	u_{n-2}	$u_{n-2} + u_{n-1} = u_n$
	u = aux		u_{n-1}	u_{n-1}	u_n

⇨ *Méthode 35.1*

Exercice 35.8

Le calcul des termes de la suite (u_n) s'arrête lorsque la condition $u_n = 1$ est vraie donc on choisit une boucle « while ».
De plus, nous avons vu que le test `u == 2*floor(u/2)` est vrai si *u* est pair et faux sinon (voir **V/F 10**), ce qui va nous permettre de programmer cette suite.
Voici donc un script possible :

```
u = input('Entrez u0 : ')
n = 0
while u< >1 do
    n = n + 1
    if u == 2*floor(u/2) then u = u/2
                          else u = 3*u + 1
    end
end
disp(n)
```

⇨ *Méthode 35.2*

Exercice 35.9

```
function[x] = min(a, b), if a < b then x = a else x = b
endfunction
```

Exercice 35.10

Il faut se souvenir du fait que $0\,! = 1$ et $k\,! = k \times (k-1)\,!$

On utilise donc une boucle "for" et voici une définition possible :

```
function [z]=fact(n),z=1,for k=1:n z=z*k,end,endfunction
```

⇨ *Méthode 35.1*

Exercice 35.11

Si $k > n$, on a $\binom{n}{k} = 0$, sinon on a :

$$\binom{n}{k} = \frac{n(n-1)\times\ldots\times(n-k+2)(n-k+1)}{k(k-1)\times\ldots\times 2\times 1} = \frac{n-k+1}{1}\times\frac{n-k+2}{2}\times\ldots\times\frac{n-1}{k-1}\times\frac{n}{k} = \prod_{i=1}^{k}\frac{n-k+i}{i}.$$

On initialise une variable C à la valeur 1 (on a affaire à un produit) et on multiplie C par $\frac{n-k+1}{1}$, puis par $\frac{n-k+2}{2}$, jusqu'à $\frac{n}{k}$ à l'aide d'une boucle "for".

On obtient la déclaration de fonction suivante :

```
function C=coeffbin(k,n)
if k > n then C = 0, end
if k <= n then
  C = 1,
    for i = 1:k
    C = C*(n-k+i)/i
    end
end
endfunction
```

⇨ *Méthode 35.1*

Exercice 35.12

D'après ce qui est admis par l'énoncé, $\sum_{k=0}^{n} \frac{1}{k!}$ est une valeur approchée de e à $\frac{1}{n \times n!}$ près. On sait calculer $\frac{1}{n \times n!}$, d'où le script suivant :

La variable fact contient les valeurs successives de k !

```
n = 0,  fact = 1,  erreur = 1,
s = 1
while erreur > 0.00001 do
      n = n+1
      fact = fact*n
      s = s+1/fact
      erreur = 1/(n*fact)
end
disp(s)
```

La variable erreur contient les valeurs successives de $\frac{1}{k.k!}$

➪ *Méthode 35.2*

Exercice 35.13

• Après la suite d'instructions :

`A=[1 1 1;1 -1 0 ;0 2 1] ; B=[3;2;1] ; A\B`, Scilab affiche

```
ans  =
     2.5
     0.5
     0.
```

Remarque. Il faut comprendre qu'**une** solution de ce système est : $\left(\frac{5}{2}, \frac{1}{2}, 0\right)$.

• Après la suite d'instructions :

`A=[1 1 1;1 -1 0 ;0 2 1] ; B=[3;2;1] ; linsolve(A,-B)`, Scilab affiche :

```
ans  =
     2.
     1.360D-16
     1.
```

Remarque. Il faut comprendre qu'**une** solution de ce système est : $(2, 0, 1)$.

• Après la suite d'instructions :

`A=[1 1 1;1 -1 0 ;0 2 1] ; B=[3;2;1] ; [u,v]=linsolve(A,-B)`

Scilab affiche :

```
v  =
     0.4082483
     0.4082483
   - 0.8164966
```

```
u  =

    2.
    1.360D-16
    1.
```

Remarque. Il faut comprendre que **les** solutions sont de la forme : $\begin{pmatrix}2\\0\\1\end{pmatrix}+y\begin{pmatrix}1/\sqrt{6}\\1/\sqrt{6}\\-2/\sqrt{6}\end{pmatrix}$.

Exercice 35.14

1. a) La fonction f est continue et strictement croissante sur $]0,+\infty[$ puisque sa dérivée est positive (on a $f'(x)=\dfrac{1}{x}+1\geq 1>0$). Comme $\lim\limits_{x\to 0^+} f(x)=-\infty$ et $\lim\limits_{x\to+\infty} f(x)=+\infty$, f réalise une bijection strictement croissante de $]0,+\infty[$ sur $\mathbb{R}$.

L'équation (E) admet donc une unique solution strictement positive α. En outre, $f(1)=-1$ et $f(2)=\ln 2$, donc $f(1)<f(\alpha)<f(2)$. La fonction f étant strictement croissante sur $]0,+\infty[$, qui contient 1, α et 2, on a donc $1<\alpha<2$.

b) On sait que a_n et b_n sont des valeurs approchées de α à 0,001 près, dès que $b_n-a_n\leq 0{,}001$, c'est-à-dire dès que $\dfrac{b-a}{2^n}\leq 0{,}001$.

On a donc deux options :

• Soit une boucle "while", ce qui donne le script suivant dans Scinotes :

```
function[z]=f(x),z=log(x)+x-2,endfunction
a = 1 ; b = 2 ;
while (b-a) > 0.001 do
if f((a + b)/2) > 0 then b = (a+b)/2 ; end
if f((a + b)/2) < 0 then a = (a+b)/2 ; end
if f((a + b)/2) = = 0 then b = (a+b)/2 ; a = (a+b)/2; end
end
disp(a,'Une valeur approchée de alpha à 0,001 près est :')
```

Après exécution, Scilab affiche :

```
Une valeur approchée de alpha à 0,001 près est :

    1.5571289
```

• Soit une boucle "for", après avoir calculé le plus petit entier naturel n pour lequel on a $\dfrac{b-a}{2^n}\leq\dfrac{1}{1000}$. Comme $a=1$ et $b=2$, ceci donne $2^n\geq 1000$, d'où l'on déduit : $n\ln 2\geq\ln 1000$ et enfin : $n\geq\dfrac{\ln 1000}{\ln 2}$. L'entier naturel cherché est donc : $n=1+\left\lfloor\dfrac{\ln 1000}{\ln 2}\right\rfloor$.

On a alors le script suivant dans Scinotes :

```
function[z]=f(x),z=log(x)+x-2,endfunction
for k = 1:1+floor(log(1000)/log(2))
if f((a + b)/2) > 0 then b = (a+b)/2 ; end
if f((a + b)/2) < 0 then a = (a+b)/2 ; end
if f((a + b)/2) = = 0 then b = (a+b)/2 ; a = (a+b)/2; end
end
disp(a,'Une valeur approchée de alpha à 0,001 près est : ')
```

Après exécution, Scilab affiche bien sûr la même valeur que précédemment.

2. On considère l'équation (E) : $x^2 \ln x = 1$, où $x \in [1, +\infty[$ et on pose $f(x) = x^2 \ln x - 1$

a) La fonction f est continue et strictement croissante sur $[1, +\infty[$ puisque sa dérivée est positive (on a $f'(x) = x(1 + 2\ln x)$ et, comme x est supérieur à 1, $\ln x$ est positif, ce qui implique que $f'(x)$ est positif en tant que produit de nombres positifs). Comme $f(1) = -1$ et $\lim_{x \to +\infty} f(x) = +\infty$, f réalise une bijection strictement croissante de $[1, +\infty[$ sur $[-1, +\infty[$.

L'équation (E) admet donc une unique solution α dans $[1, +\infty[$. En outre, $f(1) = -1 < 0$ et $f(2) = 4\ln 2 - 1 \simeq 1{,}76 > 0$, donc $f(1) < f(\alpha) < f(2)$. La fonction f étant strictement croissante sur $[1, +\infty[$, intervalle qui contient 1, α et 2, on a donc : $1 < \alpha < 2$.

b) On a toujours deux options :

• Avec une boucle "while" :

```
function[z]=f(x),z=x*x*log(x)-1,endfunction
a = 1 ; b = 2 ;
while (b-a) > 0.001 do
if f((a + b)/2) > 0 then b = (a+b)/2 ; end
if f((a + b)/2) < 0 then a = (a+b)/2 ; end
if f((a + b)/2) = = 0 then b = (a+b)/2 ; a = (a+b)/2; end
end
disp(a,'Une valeur approchée de alpha à 0,001 près est : ')
```

• Avec unc boucle "for" :

On a alors le script suivant dans Scinotes :

```
function[z]=f(x),z=x*x*log(x)-1,endfunction
for k = 1:1+floor(log(1000)/log(2))
if f((a + b)/2) > 0 then b = (a+b)/2 ; end
if f((a + b)/2) < 0 then a = (a+b)/2 ; end
if f((a + b)/2) = = 0 then b = (a+b)/2 ; a = (a+b)/2; end
end
disp(a,'Une valeur approchée de alpha à 0,001 près est : ')
```

Dans les deux cas, après exécution, Scilab affiche :

```
Une valeur approchée de alpha à 0,001 près est :

    1.53125
```

➪ *Méthodes 35.1, 35.2*

Corrigé

Exercice 35.15

Choisir un entier au hasard dans l'ensemble d'entiers $\{a,\ a+1,\ \ldots,\ b\}$ revient à choisir un réel au hasard dans l'intervalle $[a, b+1[$, puis à prendre la partie entière de ce réel.
Or, choisir un réel au hasard dans l'intervalle $[a, b+1[$ revient à choisir un réel au hasard dans l'intervalle $[0, b+1-a\,[$, puis à lui ajouter a.
Enfin, choisir un réel au hasard dans l'intervalle $[0, b+1-a\,[$ revient à choisir un réel au hasard dans l'intervalle $[0,1[$ puis à le multiplier par $(b+1-a)$. Mais ceci tombe bien puisque « rand() » permet justement de choisir un réel au hasard dans $[0,1[$, d'où la fonction suivante :

```
a=input('entrez la valeur de a :')
b=input('entrez la valeur de b :')
X=floor((b+1-a)*rand()+a)
disp(X)
```

Exercice 35.16

Il suffit de répéter n fois une épreuve de Bernoulli pour laquelle le succès est de probabilité égale à p. Le test "`rand()<=p`", ou, si l'on préfère, "`rand()<p`", permettant de simuler un événement de probabilité p, on obtient :

```
n=input('entrez la valeur de n :')
p=input('entrez la valeur de p :')
x=0;
for k=1:n if rand()<p then x=x+1;end
end
disp(x)
```

⇨ *Méthode 35.1*

Exercice 35.17

Les couleurs C_1, C_2 et C_3 sont codées, respectivement, par 1, 2 et 3. On doit donc affecter à chacune des n variables $x_1, x_2, \ldots, x_n$ l'un des nombres 1, 2 ou 3 selon le procédé suivant : 1 et 2 chacun avec la probabilité $\frac{1}{4}$, et 3 avec la probabilité $\frac{1}{2}$. On va donc simuler la loi uniforme sur $[\![1, 4]\!]$ qui renvoie 4 valeurs, chacune avec la probabilité $\frac{1}{4}$, et convenir que l'on regroupe les valeurs 3 et 4 en une seule, la valeur 3, qui est donc obtenue avec la probabilité $\frac{1}{2}$.

On peut alors écrire le script qui suit :

```
n=input('entrez la valeur de n :')
for k = 1:n  x = grand(1,1,'uin',1,4) ;
  if x >= 3 then x = 3 ; end      // le 'end' du 'if'
disp(x)
end              // le 'end' du 'for'
```

⇨ *Méthode 35.1*

Index

A

B

C

H

I

K

L

M

N

O

P

Q

R

S

T

U

V

CPI
AUBIN IMPRIMEUR

Achevé d'imprimer en juin 2013
N° d'impression 1306.0139
Dépôt légal, juin 2013
Imprimé en France